本书受东南大学出版资助

中国建筑文化研究 文库

主　编/高介华

Research Library of Chinese Architectural Culture

中国历代名建筑志（上）

The Record of Historical Famous Chinese Architecture

喻学才　贾鸿雁　张维亚　龚伶俐/著

长江出版传媒 | 湖北教育出版社

论中国建筑文化的研究与创造

吴 良 镛

1 新时期的建筑文化危机

1.1 欣欣向荣的建筑市场中地域文化的失落

当前,中国经济快速稳步发展,建筑设计、城市设计的"市场"欣欣向荣,非常热闹。大小竞赛不断,并且似乎非国际招标不足以显示其"规格"。影响所及,国际上一些建筑事务所纷纷来中国的主要城市"抢滩",进行一场"混战"(说它是混战,因为出题往往未经过深入的可行性研究,发标、评委组织匆匆忙忙)。由于目前中国建筑师新生力量在茁长,设计机构在重组,经不住大型竞赛的诱惑,因此只能被动地参战。这不免令人联想到 1920—1930 年代中国建筑事务所在上海等地的租界争一席之地的情况。尽管经过半个多世纪以来的大发展,过去与今天已不能相提并论,但**目前中国建筑师正面临新一轮的力量不平衡甚至不公平的竞争**则是无疑的。

繁荣的建筑市场中的设计竞赛,广义地看,是科学技术与经济实力的竞争,也是地域文化的竞争。一般说来,科学技术与经济竞争的目标和要求较为明显,"指标"具体,而建筑文化的竞争、设计艺术匠心的酝酿则较难捉摸,但非常重要。目前,一般商品市场的竞争战略观念已经从产品竞争转变到核心竞争力,要求掌握"核心专长",即要拥有别人所没有的优势资源。有人说 21 世纪竞争将取决于"文化力"的较量,对建筑来说,颇为确切。中国建筑师理应熟悉本土文化,才能够赢得这方面的竞争,但事实上未必如此。兹举首都博物馆的例子说明。应该说首都博物馆设计不是一般的建筑设计,它本身是文化建筑,又建在中国文化中心、首位历史文化名城中的主要大街上,建筑构思理应追求更多一些文化内涵和地方文化特色,事实却很令人失望。从参赛的一些方案包括中标的方案中,我们并不能得到这种印象。这并不是孤立的现象。在国家大剧院设计竞赛中,由于操办者的偏颇以及中国某些同行们的哄抬,那位建筑师扬言"对待传统的最好办法就是把它逼到危险的境地"，今天试看到处"欧陆风"建筑的兴起，到处不顾条件地争请"洋"建筑师来本地创名牌，甚至有愈演愈烈之势……种种现象都反映了我们对**中国建筑文化缺乏应有的自信**。

1.2 城市"大建设"高潮中对传统文化的"大破坏"

浙江绍兴原是一个规模并不大、河网纵横、保存得也相当完整的历史文化名城。它与苏州分庭抗礼，分别是越文化与吴文化的代表，对绍兴不难进行整体保护，甚至有条件申请人类文化遗产，可决策者却偏偏按捺不住"寂寞"去赶时髦，中心开花，大拆大改，建大高楼、大广场、大草地，并安放两组不伦不类的庞大的近代建筑。不久前我旧地重游，黯然神伤。这种遭遇何止一地？在"三面荷花一面柳，一城山色半城湖"的济南大明湖，现在因为湖边高楼四起，在湖中只能看到残山剩水，已失去昔日烟波浩渺的诗情画意。目前，中国城市化已经进入加速阶段，在大建设的高潮中这类"建设性破坏"已经时有发生，北京从1980年代后期兴起的危房改造，确实改造了一些危旧房，但拆个不停，现已从旧城边缘拆到历史保护地段的城市中心精华地区，眼看雕梁画栋、绿阴满院的住宅，一夜之间夷为平地，不禁为之黯然神伤。

上述两点危机绝非孤立现象，尽管情况错综复杂，其共同点则可以归结为对传统建筑文化价值的近乎无知与糟蹋，以及对西方建筑文化的盲目崇拜，而实质上是全球化与地域文化激烈碰撞的反映。

1.3 全球化对地域文化的撞击

全球化是一个尚在争议的话题。随着科学技术的发展、交通传媒的进步，全球经济一体化的到来，从积极的意义来说，其经济方面可以促进文化交流，给地域文化发展以新的内容、新的启示、新的机遇；地域文化与世界文化的沟通，也可以对世界文化发展有所贡献[1]。连美国塞缪尔·亨廷顿也说："在未来世界上将不会出现一个单一的普世文化，而是将有许多不同的文化和文明相互并存……在人类历史上全球政治首次成了多极的和多文化的……"[2]。但是，事实上，全球化的发展与所在地的文化和经济日益脱节，**面临席卷而来的"强势"文化，处于"弱势"的地域文化如果缺乏内在的活力，没有明确的发展方向和自强意识，不自觉地保护与发展，就会显得被动，有可能丧失自我的创造力与竞争力，淹没在世界"文化趋同"的大潮中**。源远流长的中国文化当然不能算是弱势文化[3]，但是由于近百年来中国政治、经济、社会发展缓慢，科学技术落后，建筑科学发展长期停滞不前。虽然在1920—30年代涌现出近代建筑的先驱者，努力不懈地介绍西方建筑，整理中国遗产，创建名作，功不可没，但1950年代后，由于国内政治经济形势影响，对世界建筑思想的发展缺乏全面的了解，甚至仍在为过时的学术思想等所支配。如对国际式建筑、现代建筑拳拳服膺。现代形形色色的流派劈天盖地而来,建筑市场上光怪陆离,使得一些并不成熟的中国建筑师难免眼花缭乱;与此同时,由于对自己本土文化又往往缺乏深厚的功力,甚至存在不正确的偏见,因此尽管中国文化源远流长,博大精深,面对全球强势文化,我们一时仍然显得"头重脚轻",无所适从。

失去建筑的一些基本准则,漠视中国文化,无视历史文脉的继承和发展,放弃对中国历史文化内涵的探索,显然是一种误解与迷茫。成功的建筑师从来就不是拘泥于国际式的现代建筑的樊篱,美国建筑师事务所设计的上海金茂大厦就是一个证明。可惜我们自己的建筑师队伍对中国文化认识还不够,钻研不深。

2 "城市黄金时代"与城市振兴的机遇

2.1 一本书的启示

城市文明与文化一直为学者们所倡导。在 1940 年代,美国评论家、在历史人文社会诸多领域著作等身的学者芒福德(L.Mumford)鉴于资本主义社会城市的兴起与当时的社会现象,曾撰写了《城市文化》(*The Culture of Cities*)[4]一书,后意犹未尽,又进一步发展为《历史中的城市》(*Cities in History*)[5],受到国际、国内学术界的关注。在上个世纪末,英国城市学家霍尔(P.Hall)在写了《明日之城市》(*Cities of Tomorrow*)[6]之后,又撰写《城市文明》(*Cities in Civilization*)[7]一书,进一步选择西方 2500 年文明史中的 21 个城市,细评其发展源流、文化与城市建设特点,指出城市在市政创新中具有四个方面的独特表现:①城市发展与文化艺术的创造,②技术的进步,③文化与技术的结合,④针对现实存在的问题寻找答案。他指出,在城市发展史中有十分难得的"城市黄金时代"现象。这特别的窗口同时照亮了世界内外,如公元前 5 世纪的雅典,14 世纪的佛罗伦萨,16 世纪的伦敦,18—19 世纪的维也纳,以及 19 世纪末的巴黎等等,清晰可见。为什么它形成在特定的城市,并在特定的时期内,突然地显现其创造力?为什么这种精神之花在历史的长河中短暂即逝,一般在十几年、二十年左右,就像它匆匆而来一样又悄然逝去?为什么少数城市能有不止一个黄金时代?为什么又难以捕捉并创造这智慧的火花?在此我们无法对这本巨著所涉及的城市作摘要叙述,对书中的观点也未必全然同意,且作者声明,这本书并不试图说明一切。该书对 5000 年的中华文化等尚未涉及,这就从另一角度促使我们思考自己的文化史、城市史。中国黄金的城市时代是什么?对唐长安、洛阳、北宋汴梁、南宋杭州、元大都以至明清北京等一般的情况,学者们大体有所了解,我们可以从中再发现什么?(说到这里,我很懊悔自己当年林徽因先生在病榻上与我聊汴梁的时候,我未能一一记录下来。)我们不一定像霍尔那样得出同样的结论,但是这些城市确有极盛一时的辉煌,它的发展规律等待我们去发掘和阐明。

2.2 中国的城市黄金时代已经到来

事实上,今天的中国城市无论沿海还是内地都处在大规模的建设高潮之中,可以说已经进入城市的黄金时代;并且,依笔者所见,与西方可能有所不同的是,中国可以有若干城市同时塑造它们的黄金时代。在此情形下,关键就看我们如何在国家或主管部门总的建设纲领的指导下,审时度势,及时地根据当地条件,针对自己的特有问题,利用技术进步,创造性地加以解决。每个城市如果真正地深入地研究自己的历史文化,总结其历史经验,捕捉当前发展的有利条件,创造性地制定发展战略,不失时机地调动多方面的条件包括文化优势,等等,城市发展必将大有可为。最近苏州召开"吴文化与现代化论坛",研讨会就颇有创意,首次公开向社会公开招标,征集研究课题,把研讨会当作过程来办,促成了营造社会氛围和抓好研究成果的互动;我大致浏览该论坛的文集[8],觉得它给我们的启发还不仅在对吴文化本身的历史发展(从吴越文化到六朝及以后的江南文化等),还在于通过对吴文化价值的新认识,将吴文化研究的主题从历史推向了现代。鸦片战争后,上海开辟租界,"海派文化"的兴起,至少使我国江南文化推向一个新的历史阶段,反过来又影响江南文化的发展,至今上海及长江三角洲的发展仍然具有巨大的活力。不久前,上海召开"中华学人与二十一世纪上海发展国际研讨会",美国百人会常务理事、百人会文化协会主席杨雪兰女士指出:"文化是上海发展的原动力","上海具有丰富和多彩的文化历史,并且已经开辟了特定的文化基础的通道,上海目前需要的是一个全面的、战略性的计划去推动和促进其充满活力和独创的文化,从而来显示上海在中国和世界的独特位置。"[9]

在《城市文明》一书中,霍尔批判了斯宾格勒(Spengler)所说的"西方文化的衰落"(也包括对芒福德的批判)。在斯宾格勒预言的80年后,芒福德预言的60年后,霍尔以本人的著述为证持有异议。在世界大城市中都一直保持着持续的创造力与持续的再创造,而整个过程似无尽头,无论西方文化或西方城市都无衰微的迹象。中心的问题是,为什么城市生命能自我更新,更确切的要问,点燃城市之火的创造的火花的本质是什么?我们可以思考霍氏所提的问题,但更要反躬自问,难道中国建筑文化传统真的成为"弱势文化"?处在"危险的边缘"?在燎原的全球文化下,就如此一蹶不振?面对中国如此蓬勃的建设形势,除了吸取西方所长外,就如此碌碌无所作为?我们不能不反求诸己。

在此,我想再次重申曾经说过的一句话:"我们在全球化进程中,学习吸取先进的科学技术,创造全球优秀文化的同时,对本土文化更要有一种文化自觉的意识,文化自尊的态度,文化自强的精神。"[10]

3 开拓性地、创造性地研究中国建筑文化遗产

综上所述，我们迫切需要加强对中国建筑文化遗产的研究并向全国学人及全社会广为介绍，这是时代的任务。中国史家对建筑文化的研究不遗余力。1940年代，梁思成先生首著《中国建筑史》；1960年代，经刘敦桢、梁思成、刘秀峰[11]等人的倡导，曾组织当时全国的建筑研究力量，编纂《中国建筑史》，八易其稿；1980年代，十年动乱刚结束即着手编纂《中国古代建筑技术史》，《华夏意匠》也问世；嗣后，《中国大百科全书》之"建筑·园林·城市规划"分卷中，中国建筑部分以其严谨的内容，光彩照人；近年来，一系列大型中国建筑图书编辑出版，亦为盛事。如果说1960年代《中国建筑史》的编纂是第一代、第二代建筑史家结合的盛举，文革后的《中国古代建筑技术史》是第二代的成果，那么近几年来除了第二代的建筑史家力著相继问世外，一系列中国建筑新图书的出版，如《中国民族建筑》、《中国建筑艺术史》，以及《古建园林技术》杂志等，青年史家脱颖而出。应该说中国古建筑研究经过三代之努力已经蔚为大观，功绩卓著，形势喜人。

但是，从现实要求看，已有的工作还远不能适应时代需要。一般讨论建筑文化，每每就建筑论建筑，从形式、技法等论建筑，或仅整理、记录历史，应该说这方面的努力有成功、成熟与开拓之作，这是一个方面。今天，建筑与城市面临新的发展形势，我们宜乎以更为宽阔的视野，看待建筑与城市文化问题。过去，我不惭浅陋，对建筑与城市文化方面曾作了一些评论，如对城市文化[12]、地域文化[13]、地区建筑学[14]的提倡，在建筑创作中提高文化内涵等理论的阐述，此处不再重复了。现针对经济与城市化大发展，以及欣欣向荣的建筑市场，对建筑与城市文化发展作一些新的探索。

（1）着眼于地域文化，深化对中国建筑与城市文化的研究。

文化是有地域性的，中国城市生长于特定的地域中，或者说处于不同的地域文化的哺育之中。愈来愈多的考古发掘成果证明，历史久远的中华文化实际上是多种聚落的镶嵌。如就全中华而言，亦可称亚文化的镶嵌(mosaic of subculture)，如河姆渡文化、良渚文化、龙山文化、二里头文化、三星堆文化、巴渝文化等，地域文化发掘连绵不断。地域文化是人们生活在特定的地理环境和历史条件下，世代耕耘经营、创造、演变的结果。一方水土养一方人，哺育并形成了独具特色的地域文化；各具特色的地域文化相互交融，相互影响，共同组合出色彩斑斓的中国文化空间的万花筒式图景。

如果说中国古代建筑史研究在通史、断代史方面已经做了大量的、开创性的工作，相应地，在地域文化研究方面则相对不足，甚至有经缺纬（地域文化不是没有人做，但分散而不平衡）。多年来，本人提倡地区建筑学，其理论与实践不能没有地域文化研究的根基，否则就是无源之水，无本之木。这次去西藏就深感对地域文化的再发现尤为重要，很惭愧年迈八十方初窥宝库，相见恨晚。西藏幅员之广阔，文化之深厚，民族之纯朴，实给我以极大的教育,亦坚定我对地域文化研究之责任与信心。

前人云"十步之内必有芳草",地域文化有待我们发掘、学习、光大。当然这里指的地域建筑文化内涵较为广泛,从建筑到城市,从人工建筑文化到山水文化,从文态到生态的综合内容。例如,中国的山水文化有了不起的蕴藏。中国的名山文化基于不同哲理的审美精神,并与传统的诗画中的意境美相结合,别有天地。在我们对西方园林、地景领域中有所浏览之后,再把中国园林山水下一番功夫,当更能领略天地之大美。

另外必须说明的是,地域文化本身是一潭活水,而不是一成不变的。有学者谓全球文化为"杂合"文化(Hybridization)[15]。地域文化本身也具有"杂合"性质,不能简单理解为纯之又纯,随着时代的发展,地域文化也要发展变化;另一方面,随着本土文化的积淀,它又在新形式的创造与构成中发挥一定的影响。这些都属于较为专门的问题,此处不多申述。

(2)从史实研究上升到理论研究

中国建筑文化研究向来重史实,这是前贤留给我们的一个很好的传统,但理论建树必须要跟上。[16]对建筑文化遗产研究要发掘其"义理",即对今天仍然不失光彩的一些基本原则,如朴素的可持续发展思想,环境伦理思想,"惜物"等有益的节约资源的观念。从经典建筑群中,我们可以总结建筑规划苗长的艺术规律,例如举世闻名的布达拉宫中,顺治初年的三座殿堂,后来又经过不同时代断断续续的添建,从中可以领悟建筑群递增的规律(growth development)与自组织现象。

在理论研究中,不可忽略的一个方面是对中国近代建筑文化的研究。中国近代本身就是中与西、新与旧、成功与失败、革新与保守交融的时期,从历史经典的作品,建筑师本人的身上,也可以找出时代发展的轨迹。以前文已述及的"海派文化"为例(建筑部分),这里充满传统与革新、碰撞与融合、理论的困惑与矛盾,又有中西合璧的"石库门"建筑的实践,其探索对今天仍不无启发。因此,可以说抛却近代历史,理论研究也就不完整。

就理论研究来说,我们有必要加强"西学"与"中学"根基。我已多次介绍过王国维先生的名言:**"中西之学,盛则俱盛,衰则俱衰。风气既开,互相推动。且居今日之世,讲究今日之学,未有西学不兴而中学能兴者,亦未有中学不兴而西学能兴者。"**[17]当前中国建筑师在国际竞赛中处于弱势,一个很重要的原因就在于"西学"与"中学"根基都不够宽厚。相比之下,"中学"的根基尤为薄弱。就素质来讲,我们的学生是非常优秀的,我倒不愁他们对当前国际建筑成就吸收的能力。但是他们需要有正确的观点和方向,辨别精华糟粕,同时更希望他们在"中学"上要打好基础,在科学上要有整体性理解,在艺术修养上要达到高境界,在思想感情上要对吾土吾民有发自内心的挚爱。最近我成行西藏,动力就来自对祖国"宝藏"补课的愿望,它激发我对祖国文化宝藏进一步学习和发掘的信心,因此我也联想到中国建筑文化的"文艺复兴"。我无意低估西方建筑师在中国的可能贡献(例如在近代上海就曾经出现过"万国博览会"),但中流砥柱,有理由更寄期望于我们的学人打好根基,才能与时并进。当然,加强"西学"与"中学"根基,并不是要求每个人都能像梁思成先生、童寯先生那样融会贯通。但我们在治学的态度和方法论上,也应该向这个方向努力,把历史和现实中纷繁的、似乎"孤立"的现象连缀为线索,渐成系统,并作东西比较研究,这是提高文化修养,激发对新事物的敏感,促进创作意匠的关键之点。

(3)追溯原型,探讨范式

为了较为自觉地把研究推向更高的境界,要注意追溯原型,探讨范式。建筑历史文化研究一般常总结过去,找出原型(prototype),并理出发展源流,例如中国各地民居的基本类型、中国各种类型建筑的发展源流、聚居形式的发展以及城市演变,等等。找出原型及发展变化就易于理出其发展规律。但作为建筑与规划研究不仅要追溯过去,还要面向未来,特别要从纷繁的当代社会现象中尝试予以理论诠释,并预测未来。因为我们研究世界的目的不仅在于解释世界,更重要的是改造世界,对建筑文化探讨的基本任务亦在于此。历史和现实留存了许多尚待解决的问题,如当前全球文化与地域文化的关系并未弄清楚,作为研究工作者,总要有一种看法与见解。当然随着形势的发展可以不断修正、充实、完善,也有可能否定。如果继续深入研究,就不仅是一种看法,甚至可以提高到对某种范式(paradigm)的建构,可以促使我们较为自觉地把理论与实践推向更高的境界。这是我们观察事物的着眼点、立足点,这样可以促使我们开阔视野,激发思考,我们的历史研究就必然逐渐从专史到史论,从单纯的历史、文化研究到关注现实,关注未来,并以多学科的视野寻找焦点、生长点,探索"可能的未来"。其实,有创见、有贡献的中西方学者多是这样一步步走过来的,现实也要求、迫使我们非如此不可,时代在前进,我们要随时代改进我们的学习。

(4)以审美意识来发掘遗产,总结美的规律,运用于实践。

科学和艺术在建筑上应是统一的,21世纪建筑需要科学的拓展,也需要寄托于艺术的创造。艺术的追求是无止境的,高低之分、文野之分、功力之深浅等一经比较就立即显现。如果我们在研究中能结合建筑与城市设计创作实践,以审美的意识来发掘其有用的题材,借题发挥,当能另辟蹊径,用以丰富其文化内涵。

例如,我们在山东曲阜孔子研究院的设计创作中,对这样建立在特殊地点(孔子家乡)的特殊功能的建筑物(以研究和发挥儒学文化为内容)的建筑,它必须是一座现代建筑屹立在这文化之乡,同时自当具备特有的文化内涵。果然在对孔子同时代——战国时代的建筑文化,及对中国书院建筑的发展沿革、形制,进行一番探讨之后,我们从建筑构图、总体布局、室内外造型上,包括装饰纹样等方面进行了规划设计。最终建筑既选择其内在的"含义"(meaning),又予以现代形象表达,创造一种"欢乐的圣地感"(sacred space)。因此整个设计能独树一帜,被誉为该市的现代标志性建筑。[18]

像中国这样一个历史悠久的国家,除列入保护名册的历史名城与历史地段外,可以借题发挥大做文章的城市、地段几乎所在皆是,就看你如何去因借创造。有了丰富的历史、地理、文化知识,就好像顿生慧眼,山还是那个山,水还是那个水,但有了李、杜题韵,东坡记游,立即光彩照人。"落花流水皆文章",涌出了无穷的想象力,促使建筑师、规划师以生花之笔勾画出情理兼融的大块文章。

(5)推进并开拓文物保护工作

中国古建筑研究的先驱者如梁思成等在从事历史研究,即重视文物保护工作(修缮、复原设计以至历史名城保护,抢救因城市发展行将被拆除的文物等),据理力争,做了大量工作的同时,还形成了较为系统的思想理论体系。改革开放以后,文保工作的情况发生很大变化,建设规模变大,内容变多,时间紧急,保护规划工作一般跟不上,并且由于投资者各种方式幕前幕后的介入,法制的不完善,这项工作的复杂性与日俱增,破坏文物的行为此起彼伏,几乎日有所闻,文物保护工作异常艰苦,收效甚微。当前的客观情况要求必须积极推进并开拓文物保护工作,包括扩大保护工作的内容(从古建筑园林到城市,从人工建筑到自然景观),研究符合实际的可供操作的保护措施(例如适当地再利用等);争取更多的专业工作者合作;吸收社会各阶层热心人士参与,唤起全社会的认识与关注,乃至争取决策者的秉公支持,力挽当前混乱局面。在所有这些工作中,出于专业职责和对历史与后人负责的考虑,文物学术界有识之士在发掘史实,参考国际成功经验与理论,密切与规划工作者结合,投身实际,提出切实措施等方面,更是当仁不让,义不容辞。

4 喜赞"中国建筑文化研究文库"的编纂与发行

从文化角度研究建筑,或从建筑论文化问题,应视为近十年来中国建筑研究工作的一大进展,其中有两件事值得提出(也是我亲身经历的):一是自1989年在湖南大学"千年学府"的岳麓书院召开的"建筑与文化"学术讨论会,前后开了6次会议,从不同侧面推动了研究的进展;二是1996年建筑与文化国际学术讨论会后,在高介华先生的努力下,组织"中国建筑文化研究文库"的编纂,计划出书30余种,蔚成系列,短短几年,已见成果,将在今年10月庐山召开的会议上先推出第一辑。我尚未读过书稿,但"文库"总目所列,正是涉及中国建筑文化方方面面的重大问题,是值得加以研读的,也正是我个人渴望猎取的知识。它的出版必将对中国建筑研究以大的推动,欣喜之余,聊书感怀,权代总序。

最后要补充说明的是，文化的内容非常广泛，这里所说的文化主要是指科学技术与人文两方面的结合；写这篇文章时面对很多现实的问题，需要从多方面进行思考，文化方面的探讨只是尝试之一，思考还远不成熟，但结稿时间在即，匆匆提出，希望能引起大家的讨论和研究。

2002 年 8 月 25 日

［1］赖纳·特茨拉夫.全球化——第三世界——前景忧虑与赶超希望之间的文化

［2］塞缪尔·亨廷顿.文明的冲突和世界秩序的重建.北京：新华出版社，1998

［3］据美国百人会在 1995 年做过的一次调查，"美国人在不少方面对中国持有否定态度，但美国人对中国的文化却有强烈的肯定和崇敬的态度与浓厚的兴趣。"见：Shirley Young. *Cultural as an enginefor Shanghai's development*（杨雪兰.文化是上海发展的原动力.中华学人与二十一世纪上海发展国际研讨会）.中国上海.2002 年 7 月 25 日

［4］Mumford，L. *The Culture of Cities*. New York: Harcourt, Brace and Company, 1938

［5］芒福德.城市发展史（倪文彦 宋峻岭译）.北京：中国建筑工业出版社，1989

［6］Hall，P. *Clties of Tomorrow*. Oxford：Blackwell Publishers Ltd，1988

［7］Hall，P. *Cities in Civilization*. New York：Fromm International，2001

［8］周向群主编.吴文化与现代化论坛：苏州现代化进程中的吴文化研究.南京：江苏古籍出版社，2002

［9］杨雪兰.文化是上海发展的原动力.中华学人与二十一世纪上海发展国际研讨会.中国上海.2002 年 7 月 25 日

［10］吴良镛.基本理念·地域文化·时代模式——对中国建筑发展道路的探索.建筑学报，2002(2)；吴良镛.广义建筑学·文化论.北京：清华大学出版社，1989

［11］刘秀峰同志，共和国第一任建设部长，可以被看作建筑界行政官员学习专业的代表，对建筑学专业他有两件值得纪念的事，一是在 1950 年代批判所谓"复古主义"后的 1958 年，他在上海组织了建筑理论座谈，探索新中国的社会主义建筑新风格；二是在 1960 年代后期，他组织了古建筑研究老中青的代表人物参加，刘敦桢主编《中国古代建筑史》，他也亲自筹划、组织并伏案编写，终能在文革前夕得以完成，实功不可没。

［12］1985 年在城市科学研究会成立大会上的讲话"论城市文化"，中国重庆；文章修改稿见：吴良镛.迎接新世纪的来临——吴良镛城市研究论文集.中国建筑工业出版社，1996

［13］吴良镛.地方文化与全球文明：面向新的中国地区建筑学.1997年9月现代乡土建筑国际会议大会主旨报告人之一,中国北京

［14］吴良镛.面向新的中国地区建筑学.华中建筑,1998(3);吴良镛.江南建筑文化与地区建筑学,1995—1996,见:吴良镛.迎接新世纪的来临——吴良镛城市研究论文集.中国建筑工业出版社,1996;吴良镛.建筑文化与地区建筑学.华中建筑,1997(1)

［15］皮特斯.作为杂合的全球化.见:梁展编选.全球化话语.上海:上海三联书店,2002

［16］吴良镛.关于古建筑理论研究.建筑学报,1999(4)

［17］王国维.观堂别集.国学丛刊·序.

［18］吴良镛.曲阜孔子研究院设计的学术报告——在曲阜孔子研究院设计学术讨论会上的发言·建筑学报,2000(7)

总 序(二)

齐 康

　　泱泱中华,方圆九州,五千年古国,星移物换。西起世界的屋脊喜马拉雅山脉,东至太平洋的东海岸,在这片广大的地域中,高原、山地、丘陵平原、江河湖泊,所有这些大自然的赐予,滋育了伟大的中华民族。由汉、回、壮、藏、蒙等56个民族组成的中华民族共同创造、发展,丰富了以汉族文化为主体的中华民族文化。她有着五千多年的深厚积淀。在这漫长的岁月里,积累、融合和创新,虽经无数次纷争离合,但始终凝聚着一种精神,那就是中华民族不屈不挠,永远向上的精神——民族魂。中华民族的古代文化博大精深,辉煌灿烂。中国是世界四大文明发源地之一。在四大文明古国中,只有她蕴藏着强大的凝聚力,颂扬着自己的文明,荣耀着自己的文化,不断抗击着外来者的入侵。古代四大文明中,有的消失了,有的残缺了,有的转化了,惟有中华民族的文明能不断继承、发扬和创新,昂然屹立于世界的东方。她是一颗璀璨的明珠,永远闪亮。虽然经过了屈辱的年代,终能坚强地站起来,为世人刮目。近百年来,她屡遭列强的侵略、蹂躏,英雄的中国人民在中国共产党的领导下,前仆后继,经过了短短的五十年,焕发出青春。人民需要历史的记载,人民需要历史的回忆、历史的总结,更需要历史的开创,让存在和延续了五千年的文化具有新的魅力和价值。这个价值是我们伟大民族存在的基础,是启迪我们未来的信念和信仰的基石。我们每前进一步都不能忘却和割断自己的历史,因为我们是中华民族的子孙。

　　中华民族文化深厚广博,不论是在音乐歌舞、诗文书画中,还是在典章文物、礼俗制度中都蕴涵铭记着中华民族深沉的情感,反映出他们的审美情趣,哲学思考。而在所有的艺术形式中,建筑艺术的表现最具有综合性,表现方式独树一帜,表现效果遒劲有力。建筑是艺术和生活的空间载体,是技术和艺术的结晶,是文明形成、发展的物化体现。

原始人群聚集生活开始后,尝试用树枝、泥土、石头等原始材料来构筑生存空间,建筑活动开始了。在进一步的演化发展中产生了城市,城市是人类高效的聚集形态。中国城市有着悠久的历史和独特的形制,作为社会体制的空间体现,具有显明的东方特征,是世界城市史宝库的重要组成部分。古代城市是农业社会的城市,是具有防御功能的城市。中国古代建筑受宗教、礼仪的影响,受儒家思想的制约,有严格的等级性,王城之内,宫城居中,前朝后市,早在周代,已有都城"营国制度"。中央政权统治和管辖着地方行政,控制着地区经济的发展,在黄河、长江流域逐渐形成了以行政体系为主的城镇体系。在汉民族文化的强大影响下,少数民族城镇仍然保持并逐渐形成了自己的特点。这些特点必然依托区域政治、经济特点和文化特点,且受到民俗文化的影响。丰富的城市形态遍布于全中国,并不断地延续其生命力,虽然它们有的被战争破坏,被自然灾害所湮灭,但对于它们的发掘和研究仍然是现代城市发展的基础,是中华民族建筑文化生命力延续的象征。中国的城市选址注重依托水系,水系依托大江大湖,江湖依托自然生灵,自然生灵的生存离不开古代的自然生态。虽然经过了几次大的人口迁移和社会变迁,但中国城市始终存在一种相对固定的模式。在相当长的历史时期内,城市历史形态和形象特点,始终得以保持,那些壮丽的城墙、城门、城楼、护城河等构成了城市的坚不可摧的军事防御性建筑形象。

　　山地的城市与建筑,为适应自然地貌的特性,沿着蜿蜒的山麓,利用易于建筑的地段,与山形和自然环境浑然一体。都城的选址,意在"象天法地"。北京城选址在华北平原,历经千年修葺,特别是明代的大规模建设,使之成为世界城市的瑰宝,保留了最为完整的城垣。西安也是历史文化名城,历经朝代的更替,依然保留了城墙和城市结构的特点。南京是一座宏伟的城市,明代建设的城墙,宽达9m,高13m左右,至今没有哪个城市能与之比肩,它顺应自然形态,蜿蜒于钟山之下,北起长江,南至秦淮河,城中有山,山中有水,是适应自然与军事防御相结合的城池典范。东海之滨,历史上有许多海防城市,如惠安崇武古城至今保存完好,在抗击外敌入侵中起过很大作用。中国最宏伟的城墙是长城,从战国时始筑,至明清一直修筑不止,成为人类建筑史上的奇迹。

　　由于中国幅员广大,从风光绮丽的北国到绿林茂盛的南疆,由于自然地理条件的隔绝,影响了各地区人民的交往,但另一方面,却使各地区的城镇和建筑形成了自己的特点。文化的交流、民族的融合,不断地融入中华民族的大家庭,这些都是中国城市和建筑发展历史的丰富资源和历史见证,更是新时代技术、文明和文化发展的不竭动力。

　　我们难以想象如果没有布达拉宫,没有长城,没有故宫、天坛,没有承德避暑山庄,没有各地民居和少数民族的建筑等等,又怎么能够让人们完整地理解中国丰富的古代文化,中国各地丰富多彩的文化,在某种意义上讲是以它们为载体的。文化是人的文化、生活的文化,文明是文化的凝结。中国各地的民居绮丽多彩,由于各地的气候、地理、人文、生活习俗之不同而呈现出千姿百态,并仍统一在相对固定的院落模式中。从冰封千里的东北看厚大石墙的四合院,从云、贵、黔山地看山寨的吊脚楼,从闽江、珠江流域看飘逸通透的闽粤民宅,真是缤纷多彩。皖南民居依山面水,一簇簇、一群群,展现着独特的地域文化风情。除黄河、长江外,我国还有许多重要的河流,孕育、产生了不同的地域建筑文化。在大西北的黄土高原,人们利用黄土夯筑墙垣、城墙,城楼建筑十分壮丽。窑洞民居,浑然天成,形成一道道美丽的风景线。

中国的山林一般都与人文文化相融合,如泰山、华山、衡山、峨眉山、武当山、武夷山、雁荡山等等,几乎所有的名山大川,都深含文化根基。中国的山水是文化的山水,是与人民息息相关,有血有肉的山水。

中国古代建筑的技术和艺术水平,曾经达到了世界建筑文化的顶峰。建筑以"间"为单元,形成以木构架为主的结构体系,并以砖、石、土材相配合,形成一种特有的组合体,它们具有以下主要特点:

中国古代城市营造中的朴素自然观,曾创造了宜人的人居环境,城市、建筑、园林是一个有机整体。城市的选址依托大自然,城市周围或有绿色的山林,或有优美的水面;城市中的水网系统充分利用自然水系,沿主要水系形成绿色地带。都城中按方位的不同建有皇家坛、庙,皆有大片绿地林木环抱。城中官衙、民居的合院以至私家园林也均有绿化,更不用说皇家园林了。中国古代的城市、建筑、园林一体化,组成了适合人们游憩栖居的良好人居环境。

中国古代建筑虽以"间"为单位组成四合院,但相互组织的单位是"群","群"是中国建筑的基础。"间"和"群"是体现和谐之美的所在。这些"间"、"群"又与自然山形、水面结合,丰富了山水城市的内涵。在城市中,"间"和"群"又形成分层次的街巷空间结构,城市群落有机的组织是中国城市美的主要特点。这些山水城市注重宅第的选址、排水,及有利于城市基础设施的建设。街坊、里弄成为组织、管理生活的基本要素。以"间"为基本单位,形成单体,再由单体围合组织成建筑群体。群体的组织,反映了社会层次的高低,也反映出贫富的等级性。故此,我们便能看到故宫壮丽、天坛均衡、孔庙庄严、民居活泼的各类建筑群体。木构架的使用和形制的完善,是中国古代建筑的另一重要特点。举架、开间作为形制的基本标准,既可适应社会组织结构中不同等级层次的要求,也能适应不同建筑功能的需要。四合院空间的穿透组织,不论是连续的建筑群,还是独立的"一颗印"民居合院组合,由于防御和气候的需要,也多采用内向的院落式布局,强调围合,都具有内向封闭的空间特点。院落式的围合布局形成了建筑和宅居的群体。由于南北气候的不同,乡村和城市对地形环境适应的不同,贫富差别反映在群体规模上的不同,防御性强弱的不同等因素,会影响到群体组合形态的特征。

重人伦,强调空间秩序。中国古代传统建筑的群体往往以轴线的方式组织空间,空间结构往往与社会中的等级结构相对应,分别轻、重、主、次,使空间组织秩序井然。中国古代社会是以血缘为纽带的组织结构,在建筑、聚落和城市中也有空间表现,大量的坛庙、祠堂、厅堂,是祖先祭祀的空间体现。

中国古代建筑以木结构为主体,进入封建社会中期后,木结构建筑,特别是官式大木结构,具有大体一致的形制和模式。这一木结构体系具有广泛的适应性,综合解决了不同使用功能要求和艺术要求的各种建筑需要,充分体现出它的"通用"特征。而民间匠人和建筑的使用者,有些为文人墨客,参与了建筑的设计与营造,他们充分利用木材的特性,配合砖石,有的地方用夯土墙围护木结构,就地取材,丰富了建筑的空间和形式表现力。中国建筑以自己独特的优美线形成为世界建筑史中独树一帜的美丽建筑形体,那飘浮流畅的屋顶,黄色、绿色、蓝色的琉璃,出挑深远的檐口,层层叠叠的斗拱,都显示出中国古代劳动人民对木构技术的充分理解。中国古代建筑的结构形式也是多样的,虽然木构建筑是一条发展的主线,有完善的形制,但用于墓葬、军事防御、天象观测及桥梁等用途的建筑,却以砖石为基本材料,砖、石拱结构技术达到了较高水平。各种类型的塔,在高层结构技术上也达到了很高的水平。木构建筑的坡屋顶,在形式上很有表现力。木构架有一定的可变性、弹性,对抗震有好处。然而,中国古代传统建筑发展过程中的某些方面也有不足之处:1.从总体上来看,结构上无重大的、跃进式的突破。2.木构建筑围护体系的保温、隔热、防视线干扰的物理性能较差。3.垂直交通系统不够发达,建筑多为单层,超过二层的建筑比较少,且多为塔、阁等特殊类型的建筑。所以,中国古代建筑及其群体大都朝水平的横向发展。

中国古代传统建筑地区差异较大。中国古代建筑的地方性特征明显。地方的风土民俗、建筑材料、装饰细部等等,反映在建筑上,形成了浓郁的地方建筑风格。建材的地方化,木材、砖石、竹子、陶瓷、琉璃制品,即使是同一种材料,如土坯墙,各地的具体做法亦有所不同,形式上亦各有特色。不同的地方材料也丰富了建筑的外观造型。各地区都有结合自然环境的建筑群体,结合地形,利用山水,适应地方气候和地理环境,使群体形态多种多样,丰富多彩。虽然中国古代建筑地区性特征明显,但是地区与地区之间、国家与国家之间从来也没有停止过建筑文化的交流。中国古代建筑文化曾广泛影响过周边国家和地区,同时,在某些方面也受到其他国家和地区的影响,产生过合璧的新的建筑类型、新的建筑空间和形式。

使用功能要求、建筑材料、构造、结构,结合度较高。在构造上结合并发挥木材的特性,创造了斗拱这一空间结构,寓美观于其中,材料和形式美达到高度统一。在木材的连接,木材与其他辅材的连接上,构造的功能作用与形式美也是统一的,是建筑材料和构造的真实反映和美的组织。为保护梁柱,雕梁画栋,装饰、材料与功能结合一体。构架组合一般都分为三段:屋顶、墙身、基座,在整体上产生一种和谐的美感。

中国古代建筑集中了多种装饰手法及艺术表现方式,主要有圆雕、浮雕、砖雕、彩画、壁画、编织物、书画、金属饰件等等。装饰纹样的题材多样,深入到生活的各个层面,内容丰富。装饰的部位有梁柱、屋脊、马头山墙、檐口等等。建筑的用色大胆、丰富、醒目,强调与环境的配合协调。中国的东南部建筑有多种色彩的配合,适应山清水秀的环境。寺庙建筑多用黄色墙体,掩映在绿水青山中,体现出浓郁的宗教气氛。青藏高原的寺庙、宫殿建筑色彩尤为鲜艳明亮,在茫茫荒漠的景色中,突出了建筑对环境的控制力和影响力。

中国古代建筑的营造过程中技术分工明确,高等级建筑的营造,分大木作、小木作、瓦作、砖作、石作、彩画作等等。后期,发展到30多个匠作种类,形成了繁复的内、外檐装修体系。建筑施工工序计划极为周密。

中国古代建筑的营造,在组织机构上有完善的工官制度,国家设立了专司管营造的将作监(将作少府或工部)。在建筑设计上,很早就采用了模型审定的方式。为了准确地估算工程量、征集材料与加强施工管理的需要,制订了各种法式或作法则例,最著名的是宋代李诫的《营造法式》和清代《工部工程做法》。在施工中则运用了图纸放样的方法。严密的施工组织管理制度加上以木构件的标准断面为设计模数的方法,简化并系统化了材料的加工程序,便大大地提高了设计、施工效率,加快了营建速度,大量的民间匠人是建筑设计,营造的主力军。

充分利用大自然的赐予。在建筑中充分利用自然通风、采光。在黄土高原,窑洞建筑有良好的保温、隔热、防风效果;在气候恶劣的青藏高原,不仅运用开窗大小和布幔来控制通风采光,而且采用芦草做外墙,以提高墙体的保温性能;运用对景、借景的园林手法,将大自然的美与建筑中人的审美结合起来。聚落和城市的选址具有防灾观,濒水筑城,城内的水系有利于防火。防火山墙及建筑群内的水井、水池等也有利于防火,但建筑的用材及建筑密集程度往往又构成了防火的不利条件。

中国具有5000多年深厚的建筑文化传统,中国古代建筑在世界建筑史上写下了辉煌的篇章。但是,我们也要看到近百年来,封建思想意识的落后面,工业化的滞后加上外敌入侵和军阀割据混战,使国力衰弱。在外来文化面前,古老的中华传统建筑文化,在整体上变成了弱势文化。在社会的激烈变迁中,中国建筑缺乏功能的提升,技术的飞跃和空间形象的大突破。即便如此,中国近代也出现了一批有作为的真正意义上的建筑师,他们吸取国外的经验,奠定了开业建筑师制度和中国建筑学教育的基础,探索了一条吸收、传承和转换的建筑创作和建筑教育的道路。所以,在当时特定的历史条件和文化背景下,很自然的形成了近代五种建筑形态的特征:

1. 帝国主义列强带来的早期现代建筑和殖民样式建筑。

2. 出自对中国传统建筑文化的尊重和崇敬,外国建筑师探索、设计的中式建筑,以及大量的中国建筑师对传统建筑文化的传承和创新之作。

3. 学成归来和本土的中国建筑师,运用所学而创作的早期现代建筑。

4. 由于文化的交融,为适合业主的兴趣与当地建筑杂交而产生的一批地方的加洋式的或中国古代传统样式加洋式的,变异多类的民国建筑。

5. 由于地区发展的不平衡和传统的农业生产方式的稳定性、封闭性,一方面保存了大量传统的地方建筑;另一方面,民间的乡土建筑不断更新,清末、民初的地方乡土建筑没有停止过发展。

尽管如此,我们应当清楚的认识到,上述五种子建筑文化的类型的混杂所体现出的传统建筑文化的整体性弱势,在中国不太可能在传统的地区建筑文化中产生新的地域主义。所以,从近代开始,在对外开埠的城市,在传统建筑文化整体弱势的形势下,具有了与西方交流的特征。这个分化分离的过程,强势外来建筑文化必然对这些地区和城市的传统建筑文化产生冲击和破坏,从而使它们失去了原有的魅力,发生了一次无序的新陈代谢过程。从近代的民国时期一直到今天,中国传统的建筑文化没有很好地完成"传承—转换—创新"的过程,没能在整体上将传统的建筑文化转化推进成强势建筑文化。同时也缺少对建筑历史的深层次的思考。所以,在建筑学上难以形成完善的体系,只能从国外生硬地搬来,消化、转化、进化得不够。

近50年来,中国的各项事业都有了极大的发展,特别是改革开放以后,加快了中国建筑业的现代化进程。随着科学技术的进步,社会的发展,更需要树立国人的建筑意识观,有必要向社会普及建筑文化知识。应当看到,中国现代建筑的发展道路上还有许多问题需要我们去创造性的解决,这些问题包括:

1. 行政权力过多的干预,有时阻碍了建筑师聪明才智的发挥。

2. 城市和建筑的设计与建造过程中,相关的法律法规体系还要进一步加强。有法可依、有法必依要落到实处。

3. 人们还没有从大量的建设中理解城市和建筑的本体。

4. 缺乏对城市和建筑的整体研究。

5.缺乏对地域主义的理解和研究,缺乏对传统和地域建筑文化的现代表现及其他与地区现代建筑设计和建造体系结合的整体研究。

6.对建造过程与地区建筑文化传统的研究还有待加强;对地区建筑的材料、构造、结构的关系的研究还有待系统地深入。在此基础上,建构新的有传统和地区精神的现代建筑设计和建筑教育体系的工作需要大力推进。

7.建筑师缺乏独立自主意识,在外来强势建筑文化的冲击下,缺少自己的主张和创新意识,因此要加快建立自我的建筑文化价值体系。在建筑的创作过程中,离不开合作、协作,因此要强调团队精神。

8.对现代建筑技术缺乏整体、深入的研究,在传统和地区建筑文化背景下,转化运用现代建筑技术的途径和方法还有待进一步探讨。

9.现代建筑技术与艺术的结合方式和途径在探索之中,适应时代发展和国情的建筑教育体系,还在改进和建立完善之中。

10.对城市和建筑中人的行为、活动、交往缺乏整体、深入、细致的分析研究;在人和社会的需要与建筑功能的转化之间也缺少系统的研究。

在这样的背景下,《中国建筑文化研究文库》的编纂出版实具有重要的历史意义和现实意义。为了开创中国建筑文化的新时代,我们要研究如何吸收外来建筑文化的精髓,同时要克服、摒弃人们的屈从思想。要有更新、创造的主体意识,探索出一条中国自身的建筑文化发展道路。文库的出版本身就是一种振兴传统建筑文化之举,会极大地提高人们的民族自豪感,激发民族的振兴和创新意识。

我们还应发挥建筑评论和建筑批评的作用,这些作用体现在以下方面:①促使中国整体建筑设计水平和建筑建造质量的提高;②统一和提高建筑设计者、使用者和管理者的认识,知道什么是好的城市环境,什么是好的建筑;③促进建筑艺术和建筑技术水平的提高;④促进建筑设计手法的丰富和建筑空间构成艺术的提高;⑤让社会更关注城市的环境和建筑,促进全社会建筑意识的提高,培养大众的建筑鉴赏兴趣,提高大众的建筑素养,以便他们在参与设计中,更好的发挥作用。对于古代建筑历史和传统建筑文化的整体研究,无疑是建筑评论和建筑批评的基础之一。《中国建筑文化研究文库》的出版在这方面会起到良好的促进作用。

希望中国的建筑文化,像一条巨龙,又腾飞起来。我们要继承吸取祖先创造的建筑文化的精粹,积累发展的力量,创造发展的条件,奠定发展的基础,建立新的价值观。从这层意义上讲,《文库》的出版增强了人们的自信,振奋了人们的精神。寻求地区自身的优秀建筑文化的发展,在对传统文化深入地剖析和深层次的思考的同时,还要看到世界现代建筑的发展,在兼容并蓄的同时,追求地区文化的保护、再生和创造。实际上,保护建筑文化的多样性,就像保护生物种类的多样性一样,是人类自身发展的需要。所以,我们不能固步自封,要创造合理的机制,寻求完善的体制,更要培养大量优秀的规划师、建筑师、建筑教育家以及城市和建筑的管理者。

学传统、研究传统不是造反,也不是自大狂妄。完善的建筑意识观的形成,不可能完全脱离民族和地区的传统,不要把传统当成前进的负担,要有"古为今用,洋为中用"的胸怀和气概。

《中国建筑文化研究文库》的选题所涉范围是比较全面的,从中国古代建筑思想、理论,建筑制度、建筑文化观、建筑艺术、建筑形制、中西建筑文化交融等各个层面来阐释中国建筑文化的特征,是一套全面研究中国传统建筑文化的大型学术丛书。这在国内还属首次,必将促进我国建筑研究学术水平的提高,并对完善全社会的建筑意识产生积极作用,发挥广泛深远的社会效益。在对中国古代建筑文化的研究中,还要进一步重视对传统建筑技术和建造过程的整体研究,鼓励用新的方法,新的视点来重新诠释古代传统建筑文化,所以文库要不断地充实。中国建筑需要建构适应时代新发展的"传承—转换—创新"机制。建筑是大地的印记,优秀的建筑师的创作一定有广阔的天地。《中国建筑文化研究文库》的出版,就像茫茫大海与天相接处出现的一片建筑文化的船帆,正向我们驶来,俞来愈近,愈来愈清晰。

2001 年 11 月于南京

编纂"中国建筑文化研究文库"的缘起

高 介 华

如果说在英国的建筑史学家弗列治次所编绘的"建筑之树"这棵大树上,"中国及日本的建筑"还能凑合成一小小的枝丫得到存在,那么英国建筑师法古孙(James Fergusson)就干脆把中国的文化也一股脑儿压入了地下。因为"中国无哲学、无文学、无艺术,建筑中无艺术价值,只可视为一种工业。此种工业极低级而不合理,类似儿戏。"这使我们联想到中国的某些老奶奶在跟自己的小孙子"儿戏"时会开开玩笑说:"你是从你妈的腋窝里生出来的"一样地有意思,因为小孙子毕竟对自己怎样出世的还茫然无知。

新派建筑人有一句口头语:建筑是要用心去"读"的。看来是有点道理。

西方人多热爱"茶花女",却少有知道《桃花扇》和李香君的;不少中国人也爱奥赛罗和朱丽叶,却少有知道窦娥和杜丽娘的,大概也就是少"读"的缘故吧!

名著《红楼梦》用上的汉字可能不足四千个,一般读者大体上不会将字读白。如果读了半天,还只知道贾宝玉爱林妹妹,焦大却不喜欢,恐怕会使地下的曹雪芹感到悲哀。所以有大大小小、形形色色的红学家在不倦地精读。

对于法古孙和弗列治次的断语,好在有他们的老乡李约瑟博士在生前作了回答,原因是博士用了60多年的时间来攻"读"中国文化。

用心"读"中国建筑的西方人并非没有。曾任第一任罗马教廷驻华使节的刚恒毅枢机主教就是一例。他确立的北京辅仁大学校舍的建设方针是:"整个建筑采用中国古典艺术式,象征着对中国文化的尊重和信仰。我们很悲痛地看到中国举世无双的古老艺术倒塌、拆毁或弃而不修。我们要在新文化运动中保留着中国古老的文化艺术,但此建筑的形式不是一座无生气的复制品,而是象征着中国文化复兴与时代之需要。"[1]辅仁大学的总建筑师、比利时艺术家格里森(Dom Adelbert Gresnigt O.S.B)在他的

Chinese Architecture 著述中饱蘸浓墨,激动地写道:"一个不容置疑的事实是:中国建筑是中国人思想感情的具体表现方式,寄托了他们的愿望,包含着他们民族的历史和传统。与其他民族的文化一样,中国人也在他们的艺术中表现出本民族的特征和理想。中国建筑在反映中国民族精神的特征和创造方面并不亚于他们的文学成就,这是显示中国民族精神的一种无声语言。""在华教会采用糅合中国建筑形式的最终目的,是想以这种与众不同的建筑形态来反映真正的中国精神,充分表现出中国建筑美学观念,为创造性地解决这一问题提供更广阔的前景。"[2]

我们知道,早在中国的春秋时代,孔子就对楚文化给予了高度评价,他所谓的"南方之强也,,就是指的楚国,他怀着恐惧而又欣慰的心情感叹:"微管仲,吾将披发左衽矣!"还认为南方文化比周文化更文雅,更有文采。可是,仅仅在半个世纪以前,有多少人谈论过楚文化呢?由于新中国考古事业的飞速发展,以及哲学、史学、历史地理学、文学艺术以至于城市、建筑等多学科领域的研究,楚文化的奇谲瑰丽才展现于世界。如今,楚文化已被公认为"光彩神州,丰润中华""宛如太极之两仪""与西方希腊文化竞辉齐光"的灿烂文化,不就是能让世人瞩目多"读"的缘故吗?"楚学文库"面世后,中外学术界更惊奇地发现,原来楚学是一片值得研究的学术沃土。

自1989年始,中国建筑学术界配合联合国教科文组织开展的"世界文化发展十年"("VNESCO World Decade On Cultural development 1988—1997")紧扣国际建筑师协会提出的"建筑与文化"这一研究主题,开展了全国性的"建筑与文化"研究学术活动。与此同时,自然要广涉中国文化与建筑的再发掘和研究。在"建筑与文化1996国际学术讨论会"上提出的一系列专题研究中,不少是属于中国建筑文化的范畴。又经过一年来的努力,而有编纂"中国建筑文化研究文库"之举。

中国建筑文化是各民族长期共同熔铸的亦属于多元一体的文化结晶,无论是文献、实物,皆有深厚的底蕴。近现代的老一辈建筑学者对于中国传统建筑特别是形制方面已做了大量的研究工作。但从文化高度切入的多层面的全方位的研究尚在开创阶段。

就本"文库"的系列而言,从建筑文化学到建筑思想的渊源、流变,从建筑的词源到典章制度的考录,从墓葬建筑到园林,从史前的聚落形态到历代城市的演变,从创作理论到形制的源流,从装饰艺术到小品的文化观,从建筑的外部空间构成到环境生态观,从历代名作、名匠到军事、桥梁建筑艺术莫不包罗并列、几乎各专著本身即具有新创性。

诚然,我们的心情也像20世纪初侨居中国的刚恒毅主教一样,"很悲痛地看到中国举世无双的古老艺术(中的某些绝世珍品)倒塌"了。毕竟,刚恒毅惋惜的只是某些建筑实体的毁弃,而中国建筑所铸成的历史文化丰碑是不会倒塌的。"文库"的奉献就在于提供一些"读"本。

中国建筑文化源远流长,且形成了多个亚文化圈内的特色。至于是否博大精深,还是让读者自己去精心品味,作出客观的评判吧!须得申明的是,"文库"的主旨重在催动中国新建筑文化的开拓与发展。就研究中国建筑文化而言,是在前人研究成果的基础上向前迈出了大大的一步,放眼观之,则此路方长,绝非终结。

1997 年 5 月 31 日于武昌

---

[1][2] 参见董黎.中西建筑文化的交汇与建筑形态的构成——中国教会大学建筑研究.南京:东南大学建筑研究所博士学位论文,1995.3。

目录

8

　　中国远古的建筑共有三种形态。一曰巢居，一曰穴居，一曰帐居。如果我们把两湖云贵等地区至今仍在使用的吊脚楼看成是巢居时代的发展，那么我们可以说，远古中国先民所创造的三种居住建筑形态，至今都还有活标本存在。从这个意义上讲，窑洞、吊脚楼、蒙古包也可以说是我们中华民族历史上最悠久的名建筑。进入阶级社会，中国古代的先民们在认识自然的过程中，不断地改进自己的居住条件。但自秦始皇统一六国建立大一统的郡县制国家以来，中国社会便以历史学家所说的超稳定结构存在。许多建筑形态没有太大的变化，特别是唐宋以来，官式建筑已经很少有大的变化，建筑风格上的创新并不是十分突出。欧洲建筑在风格上追求创新，评价其建筑的特色相对容易一些，建筑材料多为石构，保存起来比中国的木构建筑要容易些。中国古代许多优秀建筑因为是木制的，往往不是烂了，就是烧了，或者被拆了。而且除了文献记载，很多建筑在地面已经了无痕迹。如果我们评价古代的建筑，一定要有实物留存，用欧洲建筑遗产的标准，则根本行不通。因此，中国建筑遗产价值的评价，应该制定建立在木构建筑属性特点基础上的评价标准，而不应该简单地全盘接受欧洲标准，即建立在石构建筑基础上的标准。作为遗产保护的标准，在中国，应该石构建筑和木构建筑遗产保护两个标准并用，这样才是符合中国实际的评价标准。建筑遗产评价是这样，世界文化遗产评价的标准也应该是这样。因此，我们主张，凡是在历史上产生过深刻影响的建筑，就可称之为名建筑。换句话说，本书所谓古代建筑中的名建筑，既包括建筑技巧上有创新贡献的建筑，也包括在历史上影响巨大的建筑；既看重现在还保存着的有迹可寻的名建筑，也看重现在已经没有实物留存仅仅只是以文献方式留存的建筑。我们认为，非如此不足以囊括中国古代的名建筑。

　　中国是一个建筑文献很丰富的国度。历朝历代官方的地方志，民间的家谱，乃至与每处建筑不可分割的建造

1

记和修缮记一类的碑刻文字,构成了我国建筑文献的完整谱系。近一个世纪以来,我们的考古学取得了举世瞩目的成绩。大量的地下发掘为我们认识古代建筑遗产提供了实物遗址场景,也是我们今天为古代名建筑造作身份证的重要资料来源。更重要的是,我们拥有大量的保存下来、或者经过多少代修缮或恢复的著名古建筑,这些建筑由于历代修缮都有记录,那些碑刻,那些建筑实体都是我们为其造作身份证的重要信息来源。

尽管有如此多的信息资源可以利用,但要给一个古老的文明国家的著名古建筑造作身份证,工作的难度是可想而知的。这主要体现在古建筑不像新建筑那样单纯。一般而言,古建筑中建筑年代明确、至今仍然完好存在的十分有限,大体上呈现出以明清时期的古建筑为主愈往上去原真建筑留存愈少的情形。有点类似于金字塔:清代名建筑为金字塔底,明代为一层,元代的为一层,宋辽金时期的就已经很少见了。到了秦代,主要就是都江堰、灵渠、始皇陵以及若干古城遗址。许多在历史上产生过重大影响的古建筑,如周朝的灵台,秦朝的阿房宫,隋朝的迷楼等已无踪可寻了。其次,许多建筑的年代不好断定。有的建筑创建很早,但一千多年传承,数十次的修缮、复建和改建(有的名建筑甚至是21世纪重新修缮或改建的),如果坚持原真性标准,那么像滕王阁、黄鹤楼之类的仿古建筑的文化学价值就得不到彰显。

如果用西方标准,坚持非原真建筑不列,则本书的写作要省事得多。但这套丛书的定位是中国建筑文化。如果把历史上产生过重大影响,现在没有实物留存的遗址型的名建筑剔除掉,把历史上一直没有中断过建设维修记录以及今天的实物建筑早已不是当年创建时样子的那些名建筑也剔除掉的话,我们的工作量会少许多,但我们就不可能给读者一个相对完整的中国历代名建筑的历史图景。

本书以朝代为纲,以分类名建筑为目,将相关名建筑列入该时代该类型之下。每座名建筑都要求提供以下信息:1.建筑所处位置。2.建筑始建时间。3.最早的文字记载。4.建筑名称的来历。5.建筑兴毁及修葺情况。6.建筑师及资金来源。7.建筑特征及其原创意义。8.关于建筑的经典文字轶闻。9.建筑图样。10.引用文献出处。

这10条信息看起来不多,实际要落实就会感觉困难重重。一般而言,建筑所处位置还好说,难就难在建筑师的姓名,建筑始建时间,关于该建筑的最早文字记载,建筑资金来源,建筑的特征及原创意义的概括和描述,经典文字轶闻的搜集。并且我们给自己定了一个比较严苛的要求,每一条信息都要求有明确的出处。中国自古以来不缺少建筑文献,但太分散,太浩瀚,一般读者翻检不易。而坊间常见的通俗读物,又基本不注出处。高等院校的建筑史教材又显得太专业,且内容过于丰富,如五卷本《中国建筑史》,一般读者用起来也不方便。且限于体例,教材要讲求一个全面,并不是以建筑档案为主的专书。要给每一座在历史上产生过重大影响的或者在建筑本身有独特创造的名建筑造作身份证,是一件十分困难的事情。有时查阅文献整日无收获者也是有的。

中国历代名建筑志

第一章

先秦时期名建筑

绪 论

先秦时期，上起远古，下止秦统一。历时既久，而实物与文献均不足征。加之去古久远，遗迹留存无多。所谓名建筑，只能是从文献记载，考古发掘两方面努力。有些见于古文献记载的名建筑，暂时又没有考古发掘的遗迹来佐证。有些考古发掘的古建筑遗迹，又缺少古文献的记录。夏商周断代工程已经为古史研究提供了一个很好的时间框架，接下来，我们的科学家可能还要进军三皇五帝时期的断代工程。随着地下考古的进展，相信不远的将来，我们许多关于中华民族远古历史的文献记载都会进一步得到印证。20世纪初兴起的疑古学派，在解放人们的思想方面贡献卓著，但疑古风气也带给历史研究以不良的影响。近半个世纪以来，大量的地下考古成果问世，有力地驳斥了疑古学派的大胆假设。缘此，本书在对待先秦古文献的态度上，则宁信其有不信其无，宁信其真不信其假。例如《帝王世纪》、《路史》、《世本》的相关记载等等。

先秦时期的名建筑，主要有古代都城、古代宫殿、古代运河、古代陵墓等类型。如前所述，说它们有名，是指该建筑在历史上产生过巨大的影响。古人已矣，我们只能通过当时相关的文献记载以及当代的考古发掘，来判断它们的价值。

（一）志都城

都，指"国君所居，人所都会"的地方（《释名》）。都城一般要满足两个条件：一是必须是规模较大的人居聚落。二是必须要"有宗庙先君之主"。如果没有宗庙没有祖先的牌位，则只能称"邑"，不能称"都"。这是《春秋左氏传》的说法。这种说法的局限性很明显。因为包括周朝在内，都城称邑的比比皆是。如舜都安邑，周都洛邑。古代都城，也称京师。"京师者何？天子所居也。京，大也；师，众也。言天子所居，必以众大言之也。"这是《春秋公羊传》的说法。中国上古帝王的都城，"唐虞以前，都名不著，自夏之后，各有所称。" 唐虞以前，都名不著。那是因为时代久远，因此，其都城的名称对于大多数人就必然觉得陌生："伏羲都陈（今河南淮阳），神农亦都陈，又营曲阜。黄帝都涿鹿（今河北涿鹿），或曰都有熊（今河南新郑）。少昊都穷桑（今山东曲阜），颛顼都高阳（今河南濮阳）。帝喾都亳（今安徽亳州），一曰都高辛（今河南偃师）。尧始封于唐，后徙晋阳，即帝位，都平阳（今山西临汾）。舜都蒲阪（今山西永济）。禹本封于夏，为夏伯。及舜禅，都平阳，或在安邑（亦在山西蒲州境内，待考）。汤都亳（今河南偃师）。至仲丁迁嚣，或曰敖（今河南敖仓），河亶甲居相。祖乙居耿。及盘庚五迁，复南都亳之殷地（今河南偃师）。周文王都丰，武王都镐。周公相成王,以丰镐偏处西方,方贡不均,乃营洛邑(今河南洛阳)。成王即洛邑建明堂,朝诸侯,复还丰镐。至幽王为犬戎所杀,平王东迁,乃居洛邑。及敬王时又迁成周。"(《帝王世纪》)此则秦前历代都城之简目,秦后都城,书史易得,兹不赘述。

凡有保君卫民功能的防卫建筑,都可叫城。绝大多数情况下,城和都是一回事。"城,盛也。盛受国都也。"(《释名》)意思是说,城是一种容器,用它来装君主和人民。关于中国古代究竟谁最先发明筑城方法,汉代的著作《淮南子》和《吴越春秋》都认为是"鲧作城"。不同的是,《吴越春秋》认为,"鲧筑城以卫君,造郭以守民。"这是我国历史上最早关于建造都城的记录。

都城建设,有着严格的尊卑制度。突破了就是僭越。如:"天子之城千雉,高七雉;公侯百雉,高五雉;男五雉,高三雉。"(《公羊春秋传注》)这是关于城墙长度和高度的规定。何时筑城,何时补城,都有时节规定。如:"每岁孟秋之月,补城郭;仲秋之月,筑城郭。"(《礼记·月令》)还包括筑城的程序步骤:"计丈数,揣高卑,度厚薄,仞沟洫,物土方,议远迩,量事期,计徒庸,虑财用,书糇粮,以令役。"(《春秋左氏传》)

但在秦以后实行郡县制以来,城的内涵有了拓展。郡县地方政府用于保护行政机构和市民的城墙建筑也叫城。总之,城有分封制度下的城和郡县制度下的城这样两种。城墙的修筑早期材料主要是土,建筑技术主要是版筑;而秦汉之后,始有用砖石砌筑的。但城墙中仍然以土筑为主。两面则砌以砖石,既求美观,亦保坚固。

中国建都始于伏羲。两都始于神农,迁都始于少昊。土城始于伏羲,石城始于神农。

由于岁月邈远,地面遗迹无多。我们只能通过近百年来的考古发掘已理清头绪者重点介绍若干,以管窥豹而已。至于全貌,则有赖日后之地下发掘。

志都城第一。

一、二里头夏都宫殿遗址

1.建筑所处位置。遗址位于河南省偃师县二里头村南,北临洛河。据考古发掘和文献记载推测,此地应为夏都城之一斟鄩①。

2.建筑始建时间。夏代。前 2146 年左右②。

3.最早的文字记载。"太康居斟鄩,羿亦居之,桀又居之③"。

4.建筑名称的来历。二里头系地名,此夏代宫殿遗址因地而名。

5.建筑特征及其原创意义。考古发现大规模宫殿遗址,占地 8 万平方米,周围分布有青铜冶铸,陶器骨器制作的作坊及居民区,总面积达 9 平方千米,目前尚未发现城垣遗址。已发掘有 1 号、2 号宫殿遗址。1 号基址略呈正方形,为一廊院式建筑,主殿位于基址偏北部台基上,由四周柱穴排列可推测其为一座四阿重屋(即四坡顶重檐式建筑)式殿堂,面阔 8 间,进深 3 间,殿前为一广宽的庭院,大门位于南墙中部,三通道。东北角有两小门。该宫殿建于二里头文化第二期,毁于二里头文化第三期,是至今发现的我国最早的规模较大的木构架夯土建筑和庭院之实例。2 号基址为长方形,形制与 1 号相仿,基址四周亦有围墙及廊庑建筑,大门位于南墙偏东处,中央为门道,两侧有塾,东廊下有陶质排水管道。建于第三期,第四期仍使用。

二里头宫殿建筑,从形制到结构都保留了早期宫殿的某些特点,很多地方为后代宫殿所沿用。就建筑技术而论,作为主体建筑的殿堂,下有基座,上为四阿式屋顶的宫室和回廊,说明当时建筑技术已达到一定水平④。

参考文献

①④中国科学院考古研究所洛阳发掘队:《河南偃师二里头遗址发掘简报》,《考古》1965年第5期。中国科学院考古研究所二里头工作队:《河南偃师二里头早商宫殿遗址发掘简报》,《考古》,1974年第4期。中国社会科学院考古研究所二里头工作队:《河南偃师二里头2号宫殿遗址》,《考古》,1983年第3期。

②依据一:其时禹已接受虞舜的禅让。依据二:《世本》有禹作城的记载。依据三:《汲冢古文》载明"太康居斟郡,羿亦居之,桀又居之"(《水经注·巨洋水注》引《汲冢古文》)。可见此城始建时间很可能是禹之时代。

③《水经注·巨洋水注》引《汲冢古文》。

二、偃师尸乡沟商城

1.建筑所处位置。尸乡沟商城位于河南省偃师县城西,洛河北岸,被认为是商汤灭夏建都于亳的"西亳"。该城背负邙山,濒临洛水,居洛阳盆地之东,西距今洛阳市区约30千米①。

2.建筑始建时间。前1675年左右。

3.最早的文字记载。"尸乡,殷汤所都"②。

4.建筑名称的来历。尸乡沟因田横自刎于该地而得名。该城因地得名③。

5.建筑特征及其原创意义。该城平面略呈长方形,占地190万平方米,分外城、内城、宫城。东西北三面城墙几乎皆为夯土筑成,南临洛河,无城墙发现,可能已被洛河冲毁。城墙已探出七门,东西各三门,北墙一门,城门之间均有大道相通,道宽约8米,城门中有四座东西对峙。城内大路纵横交错,基本构成棋盘式交通网络。全城规划布局重点突出,主次分明,布局合理。宫城区在城南部居中,周有2米厚的围墙,呈正方形。宫城中部为一数十米长之宫殿基址,其左右又各有面积与之相似的宫殿基址排列。宫城之南有大道直通南门,大道两侧各有数十座小型建筑基址。正殿后亦有宫殿建筑几座,其面积较小。如此组成一庞大完整之宫殿建筑群。

该城是我国古代都城遗址中被发现最早、保存最好且具有整齐严格规划的一座商代都城,在中国城市建设史上具有重要的意义。

参考文献

①《1983年秋季河南偃师商城发掘简报》,《考古》,1984年第10期。

②《汉书·地理志》河南郡偃师条下班固自注引自《左传·昭公四年》,晋代杜预《左传》注:"河南巩县西南有汤亭,或言亳即偃师。"

③偃师商城的初步勘探和发掘》,《考古》,1984年第6期。

三、盘龙城

1.建筑所处位置。该城位于汉水北岸的武汉市黄陂区叶店盘龙湖畔。

2.建筑始建时间。它的历史,至少可追溯到商代早期,距今已有3500年。这座古城遗址,是1954年武汉人民抗击特大洪水时取土发现的。

3.最早的文字记载。1954年发现的盘龙城在1963年首次发掘后,又于20世纪70年代先后经过了两次大规模发掘①。此后,盘龙城考古工作站在此进行了长达20多年的田野考古及整理研究工作。于2001年出版的《盘龙城——1963—1994年考古发掘报告》,全面汇集了盘龙城已有资料及全部发掘成果,并以附录形式收录了有关盘龙城性质、年代、宫殿建筑、出土青铜器、玉石器、陶器等方面的研究成果,为全面了解和认识盘龙城以及研究中国南方的商代文化提供了较为详尽的资料。

4.建筑名称的来历。因城池遗址濒临盘龙湖而得名。

5.建筑特征及其原创意义。城基址位于府河北岸高地偏东南部,平面略呈方形,东西约260米,南北约290米,城门开于中部,城垣乃夯筑而成;内侧有斜坡以便登临,外侧陡峭以御敌。城垣外有深4米宽14米的壕沟,且有桥桩柱穴,推测为当时架桥通过之用。城北及城南有2处居住遗址,城东分布有当时的墓地。

城内东北部高地区上有大面积夯土台基,上列有三座前后并列坐北朝南的大型宫殿基址。其中1号基址长39.8米,宽12.3米,有高20厘米的夯土台基。整个建筑面阔38.2米,进深11米,四开间,四壁为木骨泥墙,围以宽敞外廊。据其柱穴和墙基等遗存,可复原为一座"茅茨土阶"的四阿重屋。2号基址位于1号南13米处,建筑技法相同,但其檐柱前后左右对称,推测其顶上之梁架结构当比1号基址整齐。该址西侧发现有陶管相连接之排水设施。

盘龙城城内仅有宫殿,具宫城性质,城外有居民区和手工业区,说明其尚属早期城市形态。据考古发掘,认为其属商文化系统,可能是商人在长江之滨建立的一个重要方国之城。

这个发现的重要意义在于,它与其他后来的许多考古发现一样,证明华夏文明的发祥地,除了黄河流域以外,至少还有汉水流域和长江流域。它使过去传统的看法受到冲击。传统看法认为,华夏文明的摇篮是黄河流域,夏、商两代王朝,疆域都不到长江,怎么可能在长江中游出现一座商代古城呢? 然而,这是实实在在的存在[2]。

图 1-1-1 盘龙城商代宫殿复原总体鸟瞰

6.关于建筑的经典文字轶闻。盘龙城的宫殿建筑是一组规模宏大的建筑群。经古建筑学家杨鸿勋先生研究,采用的是"前朝后寝"的格局,这是我国最早采用此格局的建筑。"前朝后寝"、廊庑环绕庭院成为此后3000多年来中国宫殿建筑的基本模式[3]。

参考文献

①河北省博物馆、北京大学考古专业盘龙城发掘队:《盘龙城1974年度田野考古纪要》,《文物》1976年第2期。

②《盘龙城——1963—1994年考古发掘报告》(上、下册),文物出版社,2001年。

③杨鸿勋:《建筑考古论文集》,文物出版社,1987年。

四、郑州商城

1.建筑所处位置。该城位于郑州商代遗址中部,即今河南省郑州市区偏东部的郑县旧城及北关一带[①]。

2.建筑始建时间。前 1675 年左右(此采商汤筑城的说法,即"亳都"说),一说始建于前 1464 年左右(此采仲丁筑城的说法,即"隞都"说),第三种说法是前 1075 年左右(此采杨宽周初"关都"说)[②]。

3.最早的文字记载。1950 年河南省文物工作队考古发现该遗址。河南省文化局文物工作队的考古报告《郑州二里冈》,是迄今为止所能见到的关于该遗址的最早文字记载[③]。

4.建筑名称的来历。关于郑州商城遗址的地名,迄今为止,共有三说。一为成汤"亳都"说;二为商代"隞都"说;三为周初别都——"关都"说[④]。

5.建筑兴毁及修葺情况。按商初建造夯土之亳都,作为成汤等帝王的别都。战国时在商汤夯土城墙外壁附加有一道城墙,城墙上有战国文化层。汉代以后仍在利用这座古城墙,有修补的痕迹,但城垣缩小了三分之一。在北部另筑了一道北城墙,把三分之一的面积隔在外面,外面部分便成了外郭。

6.建筑特征及其原创意义。该城平面呈长方形,城垣周长约 7 千米,墙基最宽处达 32 米,城周有缺口 11 个,推测为城门。城墙采用分段版筑法逐段夯筑而成,相当坚固,城墙内侧或内外两侧有夯土结构的护城坡。城内分布有大面积商代文化层和房基、水井等各种遗迹。城内东北部近 40 万平方米的较高地带,有大、中型夯土台基遗存,基址均用红土与黄土夯筑,夯层均匀,夯土技术已达成熟阶段,台基平面多呈长方形,表面排列有整齐的柱穴,间距 2 米左右,底部有柱础石。有的台基表面还有坚硬的"白灰面"或黄泥地坪。宫殿区内发现有一南北向之濠沟,中有人头骨,于宫殿区东北部较高地带发现有狗坑,内埋狗及人骨,推测与宫殿区内祭祀活动有关。

城内还发现有小型的方形或长方形地面建筑和半穴式建筑遗址,城周围发现有与商城同时的铸铜、制陶、制骨等作坊遗址和居民区及中、小型墓地遗址。

商城规模较大,遗迹多,其发现对研究商代历史和古代城市发现史具有重要价值[⑤]。

参考文献

①③河南省文化局文物工作队:《郑州二里冈》,科学出版社,1959 年。

②④一为邹衡先生的成汤"亳都"说(《论汤都郑亳及其前后的迁徙》,见《夏殷周考古论文集》);二为安金槐先生的"隞都"说(《试论郑州商代城址——隞都》,见《文物》1961 年第 4,5 期);三为杨宽先生的周初别都——"关都"说("关"与"管"通)(见《中国古代都城制度史研究》)。

⑤河南省博物馆、郑州市博物馆:《郑州商代遗址发掘报告》,《文物资料丛刊》第 1 辑,文物出版社,1977 年。

五、安阳殷墟

1.建筑所处位置。该城位于河南省安阳市西北郊洹河两岸,面积约 24 平方千米,为商王朝后期都城遗址。

2.建筑始建时间。前 1402 年左右。

3.最早的文字记载。"自盘庚徙殷,至纣之灭,二百七十三年,更不徙都。纣时稍大其邑,南距朝歌,北据邯郸及沙王,皆为离宫别馆。[①]"

4.建筑名称的来历。"殷墟"为考古学名词,以朝代名,因商别称殷,故名。

5.建筑兴毁及修葺情况。殷墟本为殷商王朝后期近 300 年的都城,在周武王灭殷后不久即遭废弃。

6.建筑特征及其原创意义。城址中部靠洹水曲折处以现小屯村东北地为中心是宫殿宗庙区,西面、南面有制骨、冶铜作坊区,北面、东面有墓葬区,洹河北岸侯家庄与武宫村北地为王陵区。墓葬区内散布有当时的居民点及作坊区,宫殿区亦有作坊与墓葬分布,殷墟外围有简陋之地面式房基。可推测当时的殷都并无严格的区划。

其宫殿区北面、东面面临洹水,已发现建筑基址50余座,分为甲、乙、丙三区,甲区基址15座,分布于北边,以东西向为主,大体有东西成排平行分布的特点,基址下无人畜葬坑,推测为王室居住区;乙区21座,位于甲区之南,作庭院布置,门多向南,轴线上有门址三进,轴线最后有一中小建筑,基址下有人畜葬坑,门址下有持戈、持盾之跪葬侍卫,推测为其朝廷、宗庙部分;丙区位于乙区西南,规模较小,建筑年代亦较晚,有17座,作轴线对称布置,下有人畜葬坑,推测为其祭祀场所。三区建筑基址年代,以甲区最早,丙区最晚。宫室周围的奴隶住房,仍为长方形与圆形的穴居。区内未发现瓦,仍属"茅茨土阶",内有"铜锧"出土,乃柱下带纹饰之支垫物,说明木柱已从栽柱演进为露明柱的迹象,表明上部木构的稳定性已有进步。

安阳殷墟宫殿建筑群规模较大,各宫室方正整齐,分三区自北向南排列,北、东临洹水,西、南有濠沟防护,王陵区位于洹水北岸,分东、西二区,东区有密集的祭祀坑,关于古代都城宫殿和陵墓的布局,安阳殷墟提供了最早的实例,亦代表了商代晚期文化发展的最高水平②。

7.关于建筑的经典文字轶闻。关于殷墟是否为商朝后期的国都问题,其实是有争议的。《古本竹书纪年》上说,"自盘庚徙殷,至纣之灭,二百七十三年,更不徙都。纣时稍大其邑,南距朝歌,北据邯郸及沙王,皆为离宫别馆。"但对这段记载,理解出现偏差。有人认为如果自盘庚迁殷后这里就一直是国都的话,那么就不好解释周武王灭商,主战场选择在牧野而不是今天的殷墟这个问题。或者说,商纣王为什么要住在牧野?因此,古代还有"庚丁崩,子帝武乙立,殷复去亳,徙朝歌,其子纣仍都焉。"(《史记·周本纪》)殷墟现在经过几十年的发掘(1928年南京中央研究院始掘,新中国继续发掘)后,大体范围已经清楚,但却找不到城墙等军事防御设施,亦不可解。杨宽先生的意见最值得重视,杨宽认为,《古本竹书纪年》上已经暗示,朝歌是商王朝的别都③。

参考文献

①《古本竹书纪年·殷纪》。

②中国社会科学院考古研究所:《殷墟发掘报告》(1958—1961),文物出版社,1987年。

③杨宽:《中国古代都城制度史研究》,上海古籍出版社,1993年。

六、西周东都洛邑

1.建筑所处位置。洛邑,即西周之陪都,位置在今洛阳涧河两岸,王城公园一带。

2.建筑始建时间。周公姬旦摄政第七年即周成王亲政第一年(前1059)。

3.最早的文字记载。灭商之后,周武王夜不能寐,派人找来他的弟弟周公旦,交代他营造洛邑这个军事要地的构想。他说:"呜呼,旦!我图夷兹殷,其惟依天。其有宪命,求兹无远。天有求绎,相我不难。自洛汭延于伊汭,居阳无固,其有夏之居。我南望过于三涂,我北望过于有岳,鄙顾瞻过于河,宛瞻于伊洛,无远天室,其曰兹曰度邑。①"

4.建筑名称的来历。因其都城地块在洛水的转弯处,故名。另,东周王城当与洛邑的王城区为一重叠概念。考其外郭形势,当知二者为一。

5.建筑兴毁及修葺情况。周成王亲政之第一年,周公自归于臣列,开始正式营造都城洛邑,先派召公"相宅"。周公"复卜审视,卒营筑,居九鼎焉"。周公认为"此天下之中,四方入,道里均"。并作《召诰》、《洛诰》以明营造东都及周公、召公职责相关诸事宜。根据《原尊铭文》推测,周成王曾卜居洛阳,以镇抚东夷,统辖全局。当时洛邑地位颇为重要,是为东都,其建置乃中国城市建设史上一划时代之大事,为以后之两京制度或多京制度提供了范本。

6.建筑设计师及捐资情况。周武王姬发、周公姬旦、召公姬奭均是洛邑营造的重要规划师。至于营造资金,自然是国家行为②。

7.建筑特征及其原创意义。周公自己曾经有一段话叙述他所营造的洛邑之特征:"予畏周室不延,俾中天下。及将致政,乃作大邑成周于土中。立城方千七百二十丈,郭方七十里(多数学者认为此七十里当为十七里之误。),南系于洛水,北因于郏山,以为天下之大凑。制郊甸方六百里,因西土为方千里。分为百县。县有四郡,郡有四鄙。大县立城,方王城三之一。小县立城,方王城九之一,都鄙不过百室,以便野事。③"

杨宽认为,西周营造洛邑实际上开创了小城配大郭的新都城制度。整个城址平面略呈不规则正方形,周长约12千米,面积约2890米×3320米,折合成周代尺度与"方九里"大致相近。城墙乃夯筑而成,宫殿区位于城址中偏南处,有大型夯土建筑基址两处,与"王城居中"记载大致相符。城北部有制陶、制骨、制石和铸铜作坊,西南隅有地下粮仓,城北芝山一带还有大量周代墓葬群,城内还有居民住址,排水设施等。城址中部为汉河南县城叠压,因其城址均在今洛阳市区下,难以详细探查,道路布局及其他基址状况尚不甚清楚。相传该城完全按周礼规划设计,即"匠人营国,方九里,旁三门,国中九经九纬,经涂九轨,左祖右社,前朝后市"④。

8.关于建筑的经典文字轶闻。明万历年间大旅行家王士性在《广志绎》卷三《江北四省》条写道:"周公卜洛时,未有堪舆家也,然圣人作事,已自先具后世堪舆之说。龙门作阙,伊水前朝,邙山后环,瀍涧内裹,大洛西来,横绕于前,出自艮方。嵩高为龙,左耸秦山为虎,右伏黄河为玄武,后缠四山,城郭重重无空隙。余行天下郡邑,未见山水整齐于此者,独南北略浅偪耳。⑤"

参考文献

①《逸周书·度邑解第四十四》。
②喻学才:《中国历代名匠志》,湖北教育出版社,2006年。
③《逸周书·作洛篇》。
④《周礼·考工记》。
⑤《广志绎》。

七、春秋淹城

1.建筑所处位置。该城位于江苏省武进县湖塘乡淹城村。

2.建筑始建时间。前1040—前1036年间①。

3.最早的文字记载。"毗陵县城南,故古淹君地也。东南大冢,淹君之女冢也,去县十八里,吴所葬。②"

4.建筑名称的来历。传统说法认为这里是古淹君的都城,遗址因而得名淹城。但《越绝书》并未交代清楚,因为淹,或作奄,确为殷商时期的诸侯国名,在今山东曲阜附近,但该国被周成王灭掉,史有明文。《世本·氏姓篇》云:"奄,国号,即商奄也。"《史记·周本纪》云:"成王既迁殷遗民,周公以王命告,作《多士》、《无佚》。召公为保,周公为师,东伐淮夷,残奄,迁其君薄姑。""薄姑"系地名,故址在今山东临淄、博兴一带。显见淹城不可能是奄君的安置地。疑淹城为延陵之误。另,《左传·昭公九年》周天子的代表责备晋国侵占奄地田土时说:"及武王克商,蒲姑、商奄,吾东土也。"周天子的代表当时将周王朝版图的西土、东土、南土、北土一一重复一遍,话说得很明确,位于今日曲阜附近的古奄国属于周王朝的版图。蒲姑、商奄均在齐境,即今天的山东省境内③。

5. 建筑兴毁及修葺情况。传统说法是该城因系安置淹君而修,则始修时间当在前1040—前1036年间。从护城河里出土的独木舟(现存中国历史博物馆)的年代看,该城在秦汉时期还有人生活其中④。我们认为,这里很可能是吴国公子季札的封地延陵的读音讹变。

6.建筑特征及其原创意义。该城有外城、内城及子城三重土城及三道城濠。子城俗称王城,又称紫罗城,呈方形,周长不足500米;内城又称里罗城,也呈方形,周长1500米,外城为不规则圆形,周长2500米。城基宽25米,内外护城河宽45—50米。古无陆路,以水道相通,进出凭借独木舟。三重城垣都只存一个旱路城门,且三个城门都不开在同一方向上,可谓层层设防,固若金汤⑤。

7.辩证。关于淹城,除前面已经提到的淹城乃周成王安置奄君的地方一说外,另有一说认为淹城乃春秋时期吴国贤人季札的墓地。因季札封地在延陵,而《越绝书》又曾说过"毗陵上湖中冢者,延陵季子冢也。去县七十里,上湖通上洲。季子冢古名延陵墟"。可见,《越绝书》中的毗陵即季札的封地延陵。吴文化研究促进会编辑的《勾吴史迹》第69页注释2解释说:"近人以为今常州城南十八里淹城遗址,即越绝书所称之淹君城。淹城东北五华里有留城遗址,淹延双声相通,留陵双声相转,古韵亦近,故或曰淹留二城即古延陵也。"

南京大学马永立则认为淹城乃延陵季札封地的城池,只是没有说明理由。若然,则淹城有奄君安置地、季札墓地和季札封地三说。实际上周成王安置奄君说是站不住脚的。因为奄国被周成王灭掉后,将奄君迁到薄姑,"薄姑"故址在今山东博兴。而毗陵在历史上从来没有叫过薄姑,曾经叫过的名字是

图1-1-2 淹城现状

延陵,显见淹城不可能是奄君的安置地。至于吴国贤人季札的封地说,倒是根据比较充足的。至于淹城为季札墓地说,因《越绝书》记载的方位和距离与毗陵的距离不合,暂难定论。

考季札故里在镇江九里镇,墓地在江阴,则封地行政管理机构设在今常州淹城所在地,是合乎情理的。

参考文献

①②据《越绝书》,则其建城时间不会早于周成王伐淮夷时。

③据《世本》《左传》《史记》等书。

④⑤《常州市环境预测对策图集》,西安地图出版社,1990年。

八、战国齐都临淄城

1.建筑所处位置。城址位于山东省淄博市临淄区旧临淄县城北,为西周至战国的齐都城。

2.建筑始建时间。自周武王封太公望于齐就开始在营丘(今临淄)营造都城,其时间在前1046年武王灭纣后不久。此后,齐国曾经迁都薄姑(今山东博兴)。七世献公率营丘人杀其兄胡公,返都营丘,其时间在前859年[1]。

3.最早的文字记载。史载武王灭商王天下,封师吕尚于齐,建都营丘,"成王时"为大国,都营丘。后至献公元年"因徙薄姑都,治临菑。"[2]当时的临淄乃战国最大最繁华的城市,工商业繁荣[3]。

4.建筑名称的来历。因临近淄水,故名临淄。

5.建筑兴毁及修葺情况。临淄城当毁于秦始皇统一六国后的毁城行动[4]。

6.建筑特征及其原创意义。该城南北长约5千米,东西宽约4千米,由大小两城相套而成。小城是宫城,位于大城西南,部分嵌入城西南角之高地上,平面略呈长方形。有城门5座,南2,东西北各1,城门外口两侧土墙往往凸出,已具后代瓮城雏形。城墙外有城濠。大城乃官吏和百姓的居住、活动区,平面略呈长方形,东墙沿淄河而筑故曲折不整齐。据记载城门13座,已探出11座,推测东门有2座,被淄河冲毁。城内散布有冶铁、铸铁及制骨等作坊,并有全城性的排水系统,大小二城均有水道,大城西北隅城墙处,有大石垒砌三涵洞。大小城内街道均与城门相接,把大城分切成棋盘格式之区域。齐都临淄已列入国家申报世遗的预备名单。位列第17位。

图1-1-3 临淄齐都遗址

7.关于建筑的经典文字轶闻。《战国策·齐策》载:"临淄之中七万户……甚富而实。其民无不吹竽鼓瑟,击筑弹琴;斗鸡走犬,六博蹹踘者;临淄之途,车毂击,人肩摩,连衽成帷,举袂成幕,挥汗成雨,家敦而富,志高而扬。"

参考文献

① 《临淄齐国故城勘探纪要》,《文物》,1972年第5期。

②③ 《史记·齐太公世家》。

④ 今存考古遗址报告详《临淄齐国故城勘探纪要》,《文物》,1972年第5期和杨宽《战国史》,上海人民出版社,1980年。

九、战国燕下都

1.建筑所处位置。城址位于河北省易县东南2.5千米处,居易水之滨,为战国中、晚期的燕国都城,为战国时期都城中面积最大的一座。

2.建筑始建时间。前311—前279年间。

3.最早的文字记载。"武阳,盖燕昭王之所城也。[1]"

4.建筑名称的来历。周武王灭商后封召公于北燕,成王时召公之子就国,都于蓟,即后世所称之燕上都。最后迁都于此,称为燕下都[2]。

5.建筑兴毁及修葺情况。下都处于燕长城的西北端,是一所军事防御性质明显的别都。该别都由东、西两城组成,中间为一南北向的河流所隔断。历史毁坏情况不详,现在只有考古遗址了[3]。

6.建筑特征及其原创意义。该城位于北易水和中易水之间,东西约8千米,南北约4千米,平面呈长方形。城市分为东西两部分,东城为其主体,平面略呈方形,东西约4.5千米,南北约 4 千米,夯土城墙基宽约 40 米,东西北三面各发现有一城门,南垣外以中易水为天然城濠,东西两垣外有人工河道为城濠,北垣外之北易水亦起着城濠的作用。东城中间有一道东西走向的横隔墙和一条自西垣外古河道引出的分为南北两支的古河道。古河道南支以北,包括北墙外大片地段为宫殿区,北支东端有蓄水池,《水经注·易水》称为"金台陂"。古河道南支以南,有众多居民区。可见其东城内已有宫城、郭城之分。其中宫殿建筑以武阳台为中心,向北有望景台、张公台、老姆台等大型夯土台址,宫殿区西北部集中有作坊遗址,居民区内亦分布有作坊。东城西北隅有公室墓区两个,其一为虚粮冢墓区(《水经注·易水》谓为柏冢)。

西城平面亦略为方形,北垣中部向外突出,习称北斗城。城垣系分段夹板夯筑而成,推测为军事防守需要而增设的附郭城④。

参考文献

①《水经注·易水》。

②《史记·燕召公世家》。

③杨宽:《中国古代都城制度史研究》,上海人民出版社,1993 年。

④河北省文化局文物工作队:《河北易县燕下都城勘察和试掘》,《考古学报》1965 年第 1 期。

十、赵邯郸故城

1.建筑所处位置。位于河北省邯郸市。

2.建筑始建时间。赵敬侯元年(前 386)①。

3.最早的文字记载。"层楼疏阁,连栋结阶。峙华爵以表甍,若翔凤之将飞。正殿俨其天造,朱榱赫以舒光。盘虬螭之蜿蜒,承雄虹之飞梁。②"

4.建筑名称的来历。邯郸之名初见于《春秋·谷梁传》,卫献公弟姬专逃到晋国,"织绚邯郸,终身不言卫"③。

5.建筑兴毁及修葺情况。该城最初的破坏当在齐国攻打赵国的那次战役,历史上所谓"鲁酒薄而邯郸围"典故指的就是那次事件。当然,主要的破坏来自战国后期秦灭六国的历次战争。最后的破坏当在前 220 年左右④。

6.建筑特征及其原创意义。邯郸故城包括赵王城及大北城两部分。赵王城为赵都宫城遗址,分东、西、北三城,平面呈"品"字形。城内地面上有布局严整的龙台、南北将台等夯土台,地下有面积宽广的夯土基址,显示了我国封建社会初期都市建筑的基本面貌。大北城发现了作坊、炼铁、陶窑遗址⑤。

参考文献

①《史记·赵世家》。

②(三国)刘邵:《赵都赋》。

③《春秋·谷梁传》。

④《史记·赵世家》。

⑤杨宽:《中国古代都城制度史研究》,上海人民出版社,1993 年。

十一、秦都咸阳

1.建筑所处位置。位于今陕西省咸阳市东渭水两岸。

2.建筑始建时间。秦孝公十二年(前 350)。

3.最早的文字记载。秦孝公十二年(前 350)"作为咸阳,筑冀阙,秦徙都之"①。

4.建筑名称的来历。都城以咸阳名,是因为秦都所处位置在九嵕山之南和渭水之北。古人以山南水北为阳。故曰咸阳。

5.建筑兴毁及修葺情况。秦孝公十二年(前 350)始建设咸阳宫殿。又商鞅"作为冀阙宫廷于咸阳,秦自雍徙都之"②。后又经惠文王到庄襄王近百年时间经营,到秦王政二十六年(前 221)统一六国,以此为都,至二世胡亥亡止(前 207)为秦都历时 144 年。其中,秦始皇主政期间曾经大规模扩建。

6.建筑设计师及捐资情况。张仪③、李斯④。

7.建筑特征及其原创意义。关于秦咸阳城的建置布局,史书无直接明确的记载,由于渭水河道北移,临河而建之咸阳城南部被冲毁,城的全貌尚不明朗。但据《吕氏春秋·安死篇》讲秦之陵寝制度说:"其设阙庭,为宫室,造滨阼也若都邑。"秦始皇陵园据"事死如生"之礼制仿秦都布局设计,可据陵园布局推测秦咸阳城由大、小二城组成,小城,王城;大城,盛民。据考古发掘,其宫殿都建立在夯土台基上,每座建筑物自成一独立体,相互之间以甬道、复道等相连接成一组合体。从每座建筑物的间次门道设计及建筑群整体设计均用对称式布局,其形制和构造对汉代宫殿建筑有直接影响⑤。

秦都咸阳之布局颇富独创性,以渭水为界,北置其政治中心,列宫室,南置诸庙及章台,上林等皇家苑囿,陵寝及部分离宫别馆。

8.关于建筑的经典文字轶闻。对于秦都咸阳城及其离宫别馆等,《三辅黄图》中有详细记载,如谓始皇"引渭水贯都,以象天汉。横桥南渡,以法牵牛","咸阳北至九嵕、甘泉,南至鄠、杜,东至河,西至汧、渭之交,东西八百里,南北四百里,离宫别馆,弥山跨谷,辇道相联属。木衣绨绣,土被朱紫。宫人不移,乐不改悬,穷年忘归,犹不能遍。"此外,《汉书·地理志》,《后汉书·郡国志》及《水经注》和杜牧之《阿房宫赋》等书中亦有述及。

参考文献

①《史记·秦本纪》,《三辅黄图》卷一。

②《史记·商君列传》。

③④《华阳国志·蜀志》云:惠王二十七年仪(张仪)与若(张若)城成都,周回二十里,高七丈……与咸阳同制;《七国考》说:"扬雄云:秦使张一作小咸阳于蜀。""小咸阳"的意思就是按照咸阳的规划图纸来建造。李斯当时任职宰相,咸阳扩建规划为其分内之事。说详《中国历代名匠志》。

⑤夏鼐:《中国大百科全书》之《考古学》卷,中国大百科全书出版社,1986 年。

(二)志台

台在三代,为时尚之建筑样式。考当年国君,莫不以台高宫多为荣。殷纣掌权之初,即"造倾宫,作瑶室琼台"。又在朝歌之北"筑沙丘台,多取飞禽野兽置其中"。(《太平寰宇记》五十九)当时的做法是筑高台以为基础,在其上建造宫殿群。如殷纣所造的琼台之上"其大宫百,小宫七十三处"。上面宽阔到"车行酒,马行炙"的程度。台式建筑,在周秦之际,为最重要之建筑。楚国之章华台、晋国之虒祁之台、齐国景公时的路寝之台都是当时令人艳美，同时也是耗竭民力备受直臣批评的建筑。然而有一种和老百姓日常生活相关联的台即观象台，却能得到老百姓的支持。如周文王造灵台，老百姓自发地来工作。《诗》云："经始灵台，经之营之。庶民攻之，不日成之。经始勿亟，庶民子来。"

先秦建筑以高台建筑为主，最早的台系燧人氏时期所创造。《外纪》："燧人氏为台传教。"《古三坟》："燧人氏有传教之台，有结绳之政。"可见台这种建筑最初是上古君王开会所用。当时可能就是垒土为台，设台阶上下而已。史载黄帝时期就已经开始崇尚台式建筑了。《封禅书》上说黄帝最后"厌世于昆台之上"，而所谓昆台者，就是"鼎湖之极峻处"。黄帝"立馆于其下"。（《拾遗集》卷一）这里，黄帝的昆台很显然是利用山体之自然地貌。他所造的简易建筑只能依山麓而建。盖因当时的技术还没有发展到垒土为台，然后以此为基础在其上建筑宫殿。

先秦台式建筑，一开始是为了娱神，其时间范围大概在三皇五帝时期；后来变成娱人，受到统治者的青睐。其时间大致在夏商周时期，夏桀之迷恋瑶台，殷纣之自焚鹿台，燕昭之登崇霞之台、握日之台；楚灵王之游章华之台，周穆王接待西极化人于中天之台，皆是也。再到后来，便发展成为纪念性建筑了。其时间大致为春秋战国。比较典型的是山西绵山的思烟台。思烟台的建造，源于寒食节故事的主人公。"（鲁）僖公十四年，晋文公焚林以求介之推。有白鸦绕烟而飞，或集之介之推侧，火不能焚。晋人嘉之，起一高台，名曰思烟台。"（《拾遗集》卷三）值得注意的是，娱人和纪念在相当长一段时间内并行发展，很难截然分开。世传越王勾践进入吴国，"有丹乌夹王而飞，故勾践之霸也，起望乌台，言丹乌之异也。"（《拾遗集》卷三）。显然，这个望乌台也是一处纪念性建筑。

周代的高台建筑耗费木材十分惊人。即以周灵王二十三年所起的昆昭之台为例。"台高百丈"。其高度已经惊人；只用一棵树，所谓"崿谷阴生之树，其树千寻，文理盘错，以此一树，而台用足焉。大干为桁栋，小枝为栭楠。其木有龙蛇百兽之形。"其装饰亦惊人：因为它需要"筛水晶以为泥"。（《拾遗集》卷三）而建造的目的只是"升之以观云色"。作者随后还绘声绘色地描写了两个魔术师把小环境变冷和变热的精彩表演。很显然这种高台建筑休闲娱乐的色彩已经很浓厚了。秦始皇亦喜欢高台建筑，他曾"起云明之台，穷四方之珍木，搜天下之巧工"。（《拾遗集》卷四）

秦始皇时期为了营造超群出众的高台建筑，搜集全国各地的珍奇树木等建筑材料："南得烟丘碧桂，丽水燃沙，贲都朱泥，云冈素竹；东得葱峦锦柏，漂樛龙松，寒河星柘，岷山云梓；西得漏海浮金，狼渊羽璧，涤嶂霞桑，沉塘员筹；北得冥阜干漆，阴坂文杞，襄流黑魄，暗海香琼，珍异是集。"（《拾遗集》卷四）这份清单可以视为秦代的一份珍贵建筑材料产地地图。

台式建筑，至汉代尤受欢迎。汉昭帝"元凤二年，于淋池之南起桂台，以望远气"。（《拾遗集》卷六）汉文帝为了迎接美人薛灵芸，曾经在经过之路旁"筑土为台，基高三十丈，列烛于台下，名曰烛台。远望如列星之坠地"。则这时的高台建筑已经不能和春秋战国前后比较了。充其量只是取悦女人的一个小摆设而已。至三国魏晋时期，台式建筑已经发生很大变化。变化之一是台已经不高了，如魏明帝起凌云台，其高才十三丈。变化之二是已经变土为木了，即主要建筑材料为木料；其三，建台目的单纯为了游观。

中国文化有一个重要的传统，就是重视安民养德，垂拱而治。反对大兴土木和奢侈游观。在古代正统儒家的眼内，最理想的历史时期是尧舜禹的时代，那时的国君在宫室建筑和饮食享受上崇尚"采椽不斫"和"卑宫菲食"的作风。到夏商周三代，情况发生了很大的变化。君主们"伤财弊力，以骄丽相夸，琼室之侈，璧台之富，穷神工之奇妙，人力勤苦"。春秋时期，情况更糟。"王室凌废，城者作讴。疲于勤劳。晋筑祈虒之宫，为功动于民怨；宋兴泽门之役,劳者以为深嗟。姑苏积费于前,阿房奋竭于后……"列国君主竞赛似的大兴土木。秦始皇统一六国后,更是变本加厉,阿房宫未竣工而刘项已兵临城下。

志台第二

一、观象台

1.建筑所处位置。陶寺城址位于山西襄汾县城东南的陶寺、李庄、中梁和东坡沟四个自然村之间。观象台位于山西襄汾陶寺城遗址宫殿区中。

2.建筑始建时间。前 2600—前 2200 年。

3.最早的文字记载。"乃命羲和,钦若昊天,历象日月星辰,敬授民时,分命羲仲,宅嵎夷,曰旸谷,寅宾出日平秩东作。[①]"

4.建筑特征及其原创意义。2002 年,考古工作者在陶寺中期城址内发掘出一座总面积为 1400 平方米的半圆形大型夯土基址,并发现了三道夯土挡土墙和 11 根夯土柱遗迹。从半圆的圆心外侧的半圆形夯土墙有意留出的几道缝隙中向东望去,恰好是春分、秋分、夏至、冬至时太阳从遗址以东的帽儿山升起的位置。该发现证实了《尚书·尧典》中观天授时的记载,将我国古代观天授时的考古证据上推到 4100 年以前。

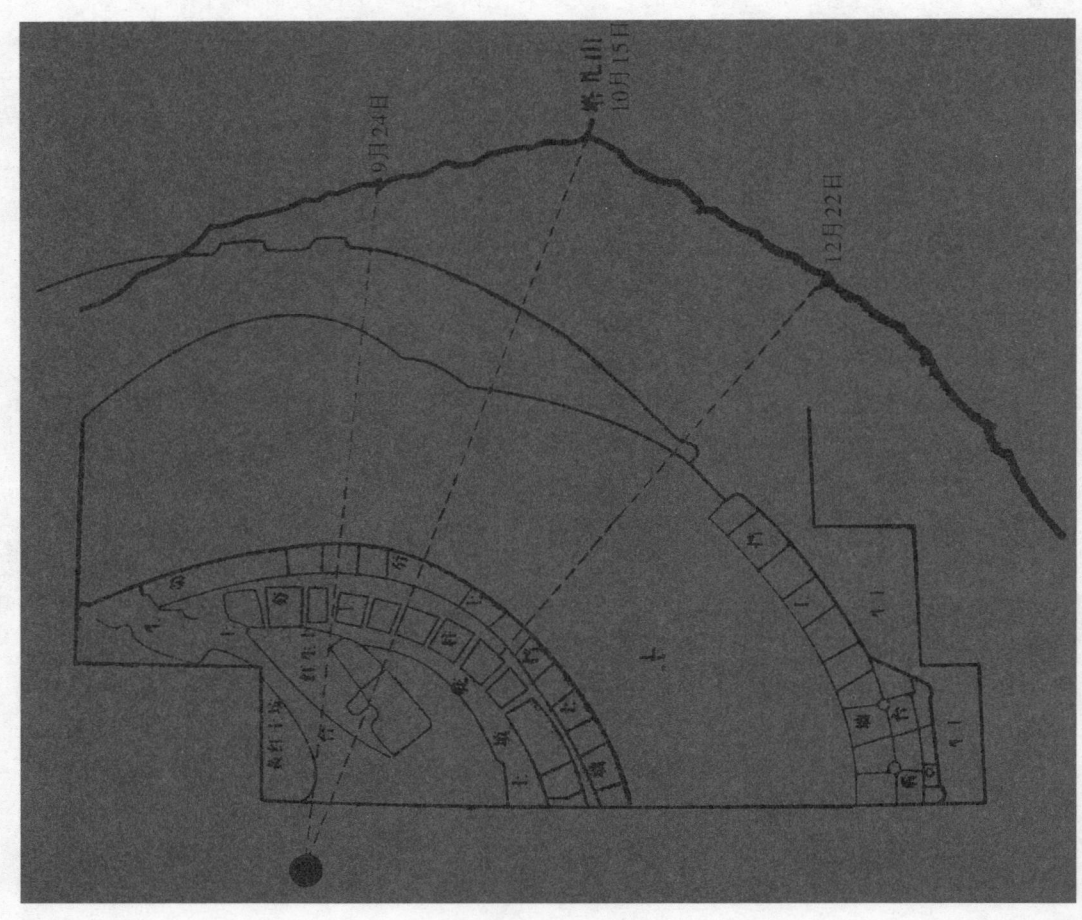

图 1-2-1 观象台(山西省博物馆复原图)

5.关于建筑的经典文字轶闻。2003年冬至当天,考古人员发现在一个缝里面正好可以看见日出。其观测结果和《尚书·尧典》里"观象授时"的记载吻合。(李学勤的演讲《中国文明的起源》)中科院院士王绶琯认为,陶寺城址天文观测点的发现在世界科学史上有重要价值。他在陶寺城址论证会的推荐书中写道:"中国有着五千年光辉灿烂的文明史,中国天文学在近代以前一直处于世界领先地位。但由于文献记载的缺失,我们对于商周以前上古天文学的发达水平,知之甚少,陶寺城址的考古发掘弥补了这一缺憾。"他认为,目前重要的工作是搞好科学论证和综合研究,使这一重要发现得到学术界及国际同行们的认同。②

参考文献

①《尚书·尧典》。

②《专家称山西襄汾陶寺城址是中国最早的天文观测点》,《光明日报》2005 年 10 月 27 日。

二、瑶台

桀作瑶台,罢民力,殚民财①。

参考文献

①《新序·刺奢》。

三、鹿台

1.建筑所处位置。殷商之别都朝歌,今河南淇县。

2.建筑始建时间。约前 1075—前 1046 年。

3.最早的文字记载。"纣为鹿台,七年而成。其大二里,高千尺。临望云雨。①"

4.建筑兴毁及修葺情况。纣王性喜奢华,在他登上王位第五年,"果造倾宫,作琼室瑶台,饰以美玉,七年乃成。其大三里,其高千丈。其大宫百,其小宫七十三处。宫中九市,车行酒,马行炙,以百二十日为一夜。"在他登上宝座后第七年"发民猎于西山"。第八年,"天下大风雨,飘牛马,坏屋树,天火烧其宫,两日并尽。"纣即位三十三年,"正月甲子败绩,赴宫登鹿台,蒙宝衣玉,自投于火而死。""纣作倾宫,多发美女以充之。②"除开火灾烧毁倾宫、瑶台、琼室外,周武王伐纣只是"命南宫适散鹿台之财,发巨桥之粟,以赈贫弱萌隶"③,未见拆毁鹿台的记载。

5.建筑设计师及捐资情况。建筑设计师待考。"辛纣暴虐,玩其经费,金镂倾宫,广延百里,玉饰鹿台,崇高千仞。宫中九市,各有女司。厚赋以实鹿台之钱,大敛以增巨桥之粟,多发妖冶以充倾宫之丽,广收珍玩以备沙丘之游。悬肉成林,积醴为沼,使男女裸体相逐于其间,伏诣酒池中牛饮者三千余人,宫中以锦绮为席,绫纨为荐。④"可见营建费用都是靠积敛而来。

6.建筑特征及其原创意义。"其大三里,其高千丈。其大宫百,其小宫七十三处。宫中九市,车行酒,马行炙,以百二十日为一夜。""纣为鹿台糟丘,酒池肉林,宫墙文画,雕凿刻镂,锦绣被堂,金玉珍玮。⑤"

7.关于建筑的经典文字轶闻。纣造鹿台,一是用来登高望远,二是用来储蓄宝物钱财。前 1029 年武王伐纣,"正月甲子败绩,赴宫登鹿台,蒙宝衣玉,自投于火而死。⑥"

参考文献

①《新序》。

②《帝王世纪》。

③《史记·周本纪》。

④《晋书·食货志》。

⑤《新序·反质》。

⑥《帝王世纪》。

四、灵台

1.建筑所处位置。在今西安市雩县境内。

2.建筑始建时间。前 1053 年。

3.最早的文字记载。"经始灵台,经之营之。庶民攻之,不日成之。①"

4.考证:"灵台,周之故台。今雩县东五里有丰宫,又东二十五里有灵囿,囿中有台。《诗·大雅》:经始灵台。②"古人又说:"昌二十九年,伐崇侯,作灵台。③"那么为什么说西伯在前 1053 年造灵台?因为商纣十三年(前 1062)始赐西伯弓矢铁钺,得专征伐,然后始称西伯,此前只能称昌。此后每年的大事都被记录下来,至商纣十九年(前 1056)始伐崇飞虎,遂作丰邑,立灵台,建辟雍。逾年而去世。他去世虽无明确纪年,但他的儿子姬发即周武王在父亲死后守丧两年才伐纣。伐纣的年份是可以考证的,即前 1046 年。逆推二年,即前 1048 年。可得文王立灵台的大致时间为前 1053 年。

5.建筑兴毁及修葺情况。该建筑已无物质遗存。从 1962 年开始,中国科学院考古研究所长期在这里进行全面的调查发掘,究明了城的平面形状、城墙的规模、城门和城内主要街道的分布、武库和太仓的位置,并根据城门和街道的分布情形,推定东汉南宫和北宫的范围,发现了北魏宫城的主要遗迹。发掘工作的重点,在于城南的明堂、辟雍和灵台,它们是中国古代都城特有的礼制建筑,灵台则是当时的天文台。最高学府太学的遗址也经勘察和部分发掘,出土许多石经的残块。

6.建筑设计师及捐资情况。当属西伯规划、百姓合作建筑而成。

7.建筑特征及其原创意义。灵台即观察天象的观象台。"台高二丈,周四百二十步。④"

8.关于建筑的经典文字轶闻。周文王作灵台,及为池沼,掘地得死人之骨,吏以闻于文王,文王曰更葬之。吏曰:此无主矣。文王曰:有天下者,天下之主也;有一国者,一国之主也。寡人固其主,又安求主?遂令吏以衣冠更葬之。天下闻之,皆曰:文王贤矣,泽及枯骨,又况于人乎⑤?

参考文献

①《诗·大雅·灵台》。

②《左传·注》。

③《易乾凿度》。

④《三辅黄图》。

⑤《新序》。

五、章华台

1.建筑所处位置。位于今湖北省监利县周老嘴一带,东荆河南岸。汉水于潜江泽口分流为东荆河,河水自北垂直向南,经潜江全境,至老新镇直角折向东流①。

2.建筑始建时间。"章华宫"这一建筑名称见诸历史记载始于楚灵王时代。可以肯定的是该建筑的主体工程完成时间不会迟于灵王时代。因为当时灵王为了称雄诸侯,曾遍请列国君王前来参加落成典礼。章华宫与章华台的关系,除了前述一物二名说外,也有人不赞同明人董说的见解,认为恰好应该倒过来,是"盖台以宫名也"。持是说者认为,章华台是章华宫的主体建筑,或与章华宫近连,或与章华宫遥属。《左传》里面分得很清楚,"纳亡人以实之"的,是"章华之宫";"愿与诸侯落之"的,是"章华之台。②"

章华宫始建时间是鲁昭公二年(前540)楚灵王即位当年。《左传·昭公七年》记载云:"(楚灵王)及即位,为章华宫,纳亡人以实之。"其核心建筑落成时间当在鲁昭公七年(前535)。历时六年完工。司马迁 《史记·楚世家》云:"(楚灵王)七年,就章华台,下令纳亡人实之。"一个"就"字说得很清楚。而《左传》所言,实在是侧重起始,只是出于记事简洁的体例限制,不得不合起始与竣工而言之。"章华宫是一个巨大的宫殿群,遍及云梦泽,断非一代君主所能成事。史乘所载,上自文王,下至襄王,都可能有建置。可以相信,章华宫的历史,与楚国相始终。③"

3.最早的文字记载。"筑台于章华之上,阙为石郭,陂汉以象帝舜。④"三国韦昭注云:"章华,地名;阙,穿也;陂,雍也。舜葬九疑,其山体水旋其丘,故雍汉水使旋石郭,以象之也。"

4.建筑名称的来历。章华宫,亦称章华台,又称三休台。把章华宫和章华台混称源自《史记》,"盖宫以台名也"⑤。

5.建筑兴毁及修葺情况。章华宫是春秋后期鲁昭公元年(前541)前后熊围(楚灵王)为首的好几代君王建设的巨大的宫殿建筑群的总称⑥。

6.建筑特征及其原创意义。《国语》:"筑台于章华之上,阙为石郭,陂汉以象帝舜。"三国韦昭注云:章华,地名;阙,穿也;陂,雍也。舜葬九疑,其山体水旋其丘,故雍汉水使旋石郭,以象之也。"郦道元《水经注·沔水》章云:"章华台,台高十丈,基广十五丈。左丘明曰,楚筑台于章华之上。⑦"

7.关于建筑的经典文字轶闻。"楚子成章华之台,愿与诸侯落之……楚子享公于新台,使长鬣者相,好以大屈,既而悔之。⑧"

参考文献

①郑昌琳:《楚国史编年辑注》,湖北人民出版社,1999年。

②张正明:《章华台遗址琐议》,《楚章华台学术讨论会论文集》,武汉大学出版社,1988年。

③张良皋:《章华台杂议》,《楚章华台学术讨论会论文集》,武汉大学出版社,1988年。

④左丘明:《国语·吴语》三国韦昭注。

⑤(明)董说《七国考·楚宫室》。

⑥张良皋教授持是说,说详《章华台杂议》。

⑦《水经注·沔水》。

⑧《左传·昭公七年》。

六、丛台

1.建筑所处位置。位于河北省邯郸市中华路西侧人民公园内。

2.建筑始建时间。建于赵国武灵王时期(前325—前299)。

3.最早的文字记载。"十七年,王出九门,为野台,以望齐、中山之境。①"

4.建筑名称的来历。"连聚非一,故名丛台。"通俗地说,就是因为该建筑系由许多台子连接垒列而成②。

5.建筑兴毁及修葺情况。赵武灵王建筑丛台的目的,是为了"以望齐、中山之境"。

见于正史记载的第一次遭遇火灾,是在汉朝初年,丛台为赵王宫内游乐场所。《汉书·高后纪》载,高后元年"夏五月丙申赵王宫丛台灾"。北魏学者郦道元在《水经注·浊漳水》

中写道:"其水(牛首水)又东经丛台南,六国时赵王之台也……今遗基旧墉尚存。"据地方志载,自明朝中叶以来,就修复了十多次。其中清代乾隆十五年(1750)建行宫于台上,后在道光十年(1830)遇地震连台毁坏。现在我们所见之丛台,是清同治年间(1862—1874)修建的,以后又进行过重修。1963年邯郸大雨成灾,丛台东南面坍塌③。

6.建筑特征及其原创意义。丛台高26米,南北皆有门。从南门级级而上,东墙有"滏流东渐,紫气西来"八个古体大字,正门外有郭沫若1961年秋登临丛台时题写诗句的碑刻。从北门沿着用砖和条石铺成的踏道,步步登高跨过门槛,迎门而立的碑刻,正面刻有清代乾隆皇帝《登丛台》的一首律诗,背面是他的古风《邯郸行》词。丛台的第一层是个院落。院内坐北朝南的亭屋叫"武灵馆",西屋为"如意轩",院中间有"回澜亭",为1931年增设。院内台壁上嵌有进士王韵泉和举人李少安分别画的"梅"、"兰"石碣。丛台的二层坐北朝南的圆拱门门楣上,写有"武灵丛台"四个古体黑字,门里边还刻有"夫妻南北,兄妹沾襟"的朱红大字,流传很久的"忠孝节义二度梅"的故事,就发生在这里。进圆拱门,有个建筑精美的小凉亭,红柱碧瓦,画栋雕梁,重檐兽角。再上三级台阶,推开红色雕花木门,进入约一间屋大小的方形亭间,石桌、石墩古色古香。

7.关于建筑的经典文字轶闻。赵武灵王是赵国历史上一位很有作为的国君,为了使国家强大起来,他对作战方法进行改革,变车战为骑战,推行"胡服骑射",并身体力行,训练兵马,军队的战斗力大大提高,使赵国成为"战国七雄"之一。登上丛台极目远眺,西边的巍巍太行山层峦起伏,西南赵国都城遗址赵王城蜿蜒的城墙隐约可见,西北便是赵国的铸箭炉、梳妆楼和插箭岭的遗址。俯视台下,碧水清波,荷花飘香,垂柳倒影。台西有湖,湖中有六角亭,名"望诸榭"。相传很早以前湖中有个小土丘,丘上有个小庙是早年间修建的乐毅庙。现在的"望诸榭"是80多年前重建的。乐毅是燕国"黄金台招贤"选中的大将,在燕、赵、韩、魏、楚五国伐齐时,担任统帅,一气攻下齐国70余座城池,几乎亡齐。燕国封乐毅为昌国君。燕昭王死后,燕惠王听信齐国田单的反间计,召乐毅回燕都,欲阴谋杀害他。乐毅识破燕惠王的图谋,直回赵国,被赵王封为"望诸君"。"望诸榭"就是后人为了纪念这位政治家、军事家的功绩而修建的。据地方志载,现在邯郸市东南30里的乐家堡,就是当年乐毅的故居。

图1-2-2 赵丛台

丛台的北侧有座七贤祠,是为纪念赵国的韩厥、程婴、公孙杵臼、蔺相如、廉颇、李牧和赵奢而建立的。这"七君子"事迹,在《史记》等史书里均有记载,大体上依据史书编写而成的《东周列国志》在"围下宫程婴匿孤"等章节里,就记述了"三忠"(程婴、公孙杵臼、韩厥)为救赵氏孤儿舍身忘命的事迹。

参考文献

①《史记·赵世家》。

七、周公测景台

1.建筑所在位置。河南省登封市告成镇。

2.建筑始建时间。前1059年。

3.最早的文字记载。"惟太保先周公相宅。越若来三月，惟丙午朏，越三日戊申，太保朝至于洛，卜宅。厥既得卜，则经营。越三日庚戌，太保乃以庶殷攻位于洛汭，越五日甲寅，位成。""予惟乙卯，朝至于洛师。我卜河朔黎水，我乃卜涧水东、瀍水西，惟洛食，我又卜瀍水西，亦惟洛食。伻来以图及献卜。①"

4.建筑名称的来历。测景台因周公姬旦曾在此处立圭表以测日影，发现这里是天下之中，为营建新都找到了理由，故名。按《周礼》的说法，这找到的地中是"天地之所合也，四风之所交也，风雨之所会也，阴阳之所和也，然则百物阜安，乃建王国焉"。周成王主政之初，"使召公复营洛邑，如武王之意。周公复卜申视，卒营筑，居九鼎焉。曰：此天下之中，四方入贡道里均。作《召诰》《洛诰》。②"

5.建筑兴毁及修葺情况。测景台最初只是周公测量日影架设仪器的地方。如此重要的天下之中的地标，建都后一定有建筑存在。但历史记载语焉不详。现存的周公测影台为石圭石表，系唐开元十一年（723）由太史监南宫说所改建③。查阅嵩山地方文献，知后世时有修葺④。现该建筑在周公庙内。

6. 建筑特征及其原创意义。门口照壁上有"千古传承"四个大字。测景台是个狭长的院落，内存周公测影的土圭。

7. 关于建筑的经典文字轶闻。在周公庙内测景台后，是元代天文学家郭守敬所建造的观象台。元朝初年，郭守敬主持制定历法，他利用高表测影的方法，最终确定一个回归年的长度为365日5时49分12秒，与现在测定的回归年长度365日5时48分46秒仅仅相差26秒，与现行的公历即《格里高利历》则分秒不差。而《授时历》颁布于元至元十七年（1280），格历颁布于1582年，前者早了302年。

图1-2-3　周公测景台

周公测影台的后面便是郭守敬观象台遗址。观象台主要是由量天尺和天文台两大部分构成，四周还分布着几个辅助性的天文测量器具。

参考文献

①《尚书·召诰》、《尚书·洛诰》。

②《史记·周本纪》。

③（明）傅梅：《嵩书》卷三。

④《嵩书》卷二二收有明弘治伦文叔《重修测景台碑记》。

八、楼观台

1.建筑所处位置。位于秦岭西部北麓陕西省周至县境内。东距古城西安70千米，与陇海铁路、西宝高速公路、108国道相接。

2.建筑始建时间。"尹喜结草为楼，精思至道，周康王闻之，拜为大夫。以其楼观望，故号此宅为关令尹草楼观，即观之始也。①"另一说小有不同，其略云：楼观台原为周康王大夫尹喜住宅。周穆王为召幽逸之人，置为道院，相承至秦汉，皆有道士居之，晋惠帝时重置。其地旧有尹先生楼，因名楼观。②

3.最早的文字记载。"草楼荒井闭空山，关令乘云去不还。羽盖霓笙何处在，空余药臼在人间。③"

4.建筑名称的来历。"楼观者，昔周康王大夫关令尹之故宅也，以结草为楼，观星望气，因以名楼观。④"

5.建筑兴毁及修葺情况。楼观台，最初相传周大夫、函谷关令尹喜曾在这里结草为楼，精思至道，称"草楼观"。后来老子西游入关，在楼南高冈筑台，讲授《道德经》，故又称"楼观台"、"说经台"。唐武德七年（624）李渊改楼观台为宗圣宫。唐玄宗尊崇道教，把宗圣宫改称宗圣观，大加营建。唐代修筑的台、殿、阁、宫、亭、塔、洞、池、泉等有50余处。北宋端拱元年（988）改称顺天兴国观，元中统二年（1261）改称宗圣宫。金、元、明屡有修葺，清康熙二十年（1681）重建。现存说经台、炼丹炉、吕祖洞、宗圣宫、显灵山、衣钵塔、化女泉、仰天池、老子系牛柏和银杏树等。并有石牛、石狮，碑、碣70余通，欧阳询的隶书《大唐宗圣观记碑》、苏灵芝的行书《唐老君显见碑》以及米芾行书"第一山"最为著名。唐宋以来文人学士如欧阳询、岑参、王维、李白、白居易、苏轼、韩琦、米芾、赵孟頫等均在此游历并题咏留念⑤。

6.建筑设计师及捐资情况。该观在唐代以前，建筑当由私人捐资。如尹喜结草为楼。唐代以后，此处基本是朝廷敕建。

7.建筑特征及其原创意义。"天下名宫伟观多矣，原其所起，斯楼观者，张本之地也。⑥"

8.关于建筑的经典文字轶闻。老子骑青牛出关，为尹喜所请，在尹喜故宅为其说道德经五千言⑦。

参考文献

①《关令尹传》，见宋王应麟：《玉海》卷一百。

②（宋）宋敏求：《长安志》卷一八。

③（唐）岑参：《楼观诗》。

④⑦《楼观本起传》，《终南山说经台历代真仙碑记》。

⑤据清毕沅《关中胜迹志》综合。

⑥（元）石志坚：《终南山古楼观宗圣宫之图跋》。

（三）志宫、殿

宫室之作，始于黄帝。《吕氏春秋》"高元作室"。注：高元，黄帝臣名。在周代以前，宫并非天子所居处之专名。古时贵贱所居皆称宫室，《周礼·注》："妇人称寝曰宫。隐蔽之谓。"至秦则定为帝王所居之专称。

古代建筑物脊饰常见的鸱吻，起源于汉代。《墨客挥麈》："汉代宫殿多灾，术者言天上有鱼尾星，宜为其象冠于室以禳之。不知何时，易名为鸱吻。《名义考》：以鸱为蚩。殿庭曰吻，衙舍曰兽头。"

行宫始于尧。（《汉书·地理志》）

古者室屋高大则通呼为殿，情形正与古时贵贱所居皆得称宫同。只是崇卑广狭有别。（据《黄帝经序》颜师古注）殿之成为专名，事在秦始皇。在秦始皇前，殿屋并无专门名称。《史记·荆轲传注》：至始皇并天下，殿屋相属。又作甘泉前殿，然后殿之名始立。

汉代成帝好微行，曾于太液池旁起宵游宫，性喜黑色，故建筑悉用黑颜色装饰之。更因"好夕出游，造飞行殿，方一丈，如今之辇，选羽林之士负之以趋"。（《拾遗集》卷六）这种建筑与后世之轿子当属同类。

汉灵帝起裸游馆千间。（《拾遗集》卷六）

魏晋时期，大兴土木乐此不疲的当首推魏明帝曹睿。他在位期间，"增崇宫殿，雕饰观阁。凿太行之石英，采谷城之文石，起景阳山于芳林之园，建昭阳殿于太极之北，铸作黄龙凤凰奇伟之兽，饰金墉、陵云台、陵霄阙。百役繁兴，作者万数，公卿以下至于学生，莫不展力，帝乃躬自掘土以率之。"（《三国志·魏书·高堂隆传》）《拾遗集》上也说，"魏明帝起陵云台，躬自掘土，群臣皆负畚锸，天阴冻寒，死者相枕。"

"石虎于太极殿前起楼，高四十丈，结珠为帘，垂五色玉珮，风至铿锵，和鸣清雅。盛夏之时，登高楼以望四极，奏金石丝竹之乐，以日继夜。"他的高楼建筑奢侈至极，以至于用文石丹砂彩画来装潢马垺射场。他的高楼屋柱皆雕镂"龙凤百兽之形"。他下令"雕斫众宝，以饰楹柱。"又为四时浴室，用鍮石珷玞为堤岸，或以琥珀为瓶勺。夏则引渠水以为池，池中皆以纱縠为囊，盛百杂香，渍于水中。严冰之时，作铜屈龙数千枚，各重数十斤，烧如火色，投入水中，则池水恒温，名曰焦龙温池。引凤文锦步幛萦蔽浴所，共宫人宠嬖者解裘服宴戏，弥于日夜，名曰清嬉浴室。（《拾遗集》卷九）

志宫殿第三。

一、渚宫

1.建筑所处位置。在今荆州城望江楼附近①。

2.建筑始建时间。前633年之前。《左传·文公十年》："子西缢而县绝，王使适至，遂止之，使为商公。沿汉溯江，将入郢，王在渚宫下见之。"《水经注·江水》："又南过江陵县南。"（《经》）"今城，楚船官地也。"（《注》）晋、楚城濮之战在楚成王三十九年（前633）夏，子西入郢在是役之后,可见此时渚宫早已建成。其规模形制已难考,南朝梁元帝定都江陵,建"楚宫",即系采取渚宫之意,就其故址扩建宫苑。唐余知古搜罗楚之旧事以成《渚宫旧事》一书。渚宫所在,楚之船官地,当可停泊船舰,兼设船坞,有船官驻此。杜预云:"小洲曰渚。"成王在渚宫下见子西,可见渚宫是建在水泊之中的小洲上的,舟行亦达于江。孤洲在水,清幽净洁②。

3.最早的文字记载。《左传·文公十年》,文详上。

4.建筑名称的来历。楚王建在江边小洲上的离宫③。

5.建筑兴毁及修葺情况。随着楚国的衰败渚宫渐渐被湮没,至宋代时早已荒废成遗迹。

6.建筑特征及其原创意义。此宫的设计者充分巧借了大水面为主的四维宏大景观,扩大感觉空间。于建筑整体环境之利用,拓自天工,巧施人作,使南国园林情趣别具一格。具匠心之独运,开水园之先河,楚例居先④。

7.关于建筑的经典文字轶闻。唐代郑谷、罗隐、齐己等人都曾做过数首与渚宫相关的诗,但历史上最有名的还是苏轼写的那首《渚宫》:

渚宫寂寞依古郢,楚地荒茫非故基。二王台阁已卤莽,何况远问纵横时。楚王猎罢击灵鼓,猛士操舟张水嬉。钓鱼不复数鱼鳖,大鼎千石烹蛟螭。当时郢人架宫殿,意思绝妙般与倕。飞楼百尺照湖水,上有燕赵千娥眉。临风扬扬意自得,长使宋玉作楚词。秦兵西来取钟虡,故宫禾黍秋离离。千年壮观不可复,今之存者盖已卑。池空野迥楼阁小,惟有深竹藏狐狸。台中绛帐谁复见,台下野水(一作鸭)浮清漪。绿窗朱户春昼闭,想见深屋弹朱丝。腐儒亦解爱声色,何用白首谈孔姬。沙泉半涸草堂在,破窗无纸风飔飔。陈公踪迹最未远,七瑞寥落今何之。百年人事知几变,直恐荒废成空陂。谁能为我访遗迹,草中应有湘东碑⑤。

参考文献

①《水经注》云:"今城,楚船官地也,春秋之渚宫矣。"《元和郡县志》云:"今州所治,即其地。"清初孔自来《江陵志余》据相关史料云:"渚宫,在江陵故城东南。"又云:"史称梁元帝即位楚宫,即此。后梁萧诣皆居之。"

②④高介华、刘玉堂:《楚国的城市与建筑》,湖北教育出版社,1996年。

③《尔雅》云:"小洲曰渚。"《元和郡县志》云:"渚宫,楚别宫。"

⑤《东坡全集》卷二七。

二、兰台宫

1.建筑所处位置。位于湖北省钟祥市城关镇钟祥一中。

2.建筑始建时间。楚襄王时期(前298—前263)。

3.最早的文字记载。宋玉《风赋》"楚襄王游于兰台之宫"。①

4.建筑名称的来历。兰台宫亦称南台或楚台。②

5.建筑兴毁及修葺情况。兰台故址一说在原秭归县城,建筑已毁。现已淹没在三峡水库下面了。

6.辨证。兰台的位置,有钟祥、秭归两说。持钟祥说者的依据是宋玉的作品、今存的古迹。宋玉作品《风赋》所写侍顷襄王游处即为钟祥兰台宫。而在钟祥还有白雪楼、宋玉井、莫愁湖等多处与宋玉有关的名胜。第一,"宋玉为楚人"之"楚",实际内容就是宋玉从事政治活动和文学创作活动的地方;第二,宋玉事楚襄王,活动地方的中心在兰台之宫;第三,宋玉成才于兰台;第四,"兰台"、"阳春"、"白雪"的故乡即是宋玉的故乡。四层线索,层层归一,层层具体,而兰台位于楚别邑郊郢,"阳春白雪"的入歌传唱完成于郊郢,"阳春白雪"青石巨碑今尚存于钟祥博物馆,古《乐府》又有吟兰台泮水和宋玉井泗泉水"冉冉水上云,曾听屈宋鸣;涓涓水中月,曾照莫愁行"的诗句,所以宋玉确为楚国别邑郊郢人,即今湖北省钟祥市郢中人③。持秭归说者的依据是《楚人以弋说楚王》:(顷襄王)"十八年,楚人有好以弱弓微缴加归雁之上者。顷襄王闻,召而问之,对曰:'……王绩缴兰台,饮马西河,定魏大梁,此一发之乐也'。"《集解》:"兰台,桓之别名也。"按:桓山即为恒山,在今山西浑源县。就是北岳庙所在的今河北曲阳,也非顷襄王可到之地。因此,"楚襄王游于兰台之宫"应不是此兰台,而是在楚境之内。《七国考》:"兰台一名南台,时所谓楚台也。"《湖广志》:"楚台山在归州城中。"如是,兰台即是楚台,楚台在归州(今湖北秭归县)城中,盖山以台名也④。此说有历史文献的依据,但没有名胜遗迹可资佐证。

参考文献

①《文选》。

②《史记·楚世家》。

③吴广平:《宋玉研究》,岳麓书社,2004年。

④高介华、刘玉堂:《楚国的城市与建筑》,湖北教育出版社,1996年。

三、洞庭宫

1.建筑所处位置。故址在洞庭湖中的君山。

2.建筑始建时间。疑建造于楚怀王时期即前328—前299年间。

3.最早的文字记载。"洞庭之山,浮于水上。其下金堂数百间,帝女居之,四时闻金石丝竹之音,彻于山顶。楚怀王之时,与群才赋诗于水湄。""金堂"就是悬置编钟等金石乐器的乐厅。每逢四时之节,怀王渡湖来此,广聚贤才,赋诗于水湄,时称"潇湘洞庭之乐"。山南当有一组地面游宫,其于绕山庭筑自亦可观①。

4.建筑名称的来历。因湖而名宫。

5.建筑兴毁及修葺情况。其迹已湮。

6.建筑特征及其原创意义。洞庭宫是一组水上的而又是地上地下立体组合的大型游乐离宫,是楚离宫园林中极为奇特的宏构和杰作,对于现代园林设计有较高的借鉴价值②。

参考文献

①(前秦)王嘉:《拾遗记》

②高介华、刘玉堂:《楚国的城市与建筑》,湖北教育出版社,1996年。

四、雪宫

1.建筑所处位置。在今淄博市临淄区齐故都东北六里处今皇城镇曹村东。

2.建筑始建时间。始建于齐顷公在位年间(前600—前585)。

3.最早的文字记载。《孟子·梁惠王下》①。

4.建筑名称的来历。齐国的宫外之宫,因处齐城雪门外而得名。

5.建筑兴毁及修葺情况。历史上,齐宣王曾对雪宫进行过扩建,当年方圆四十里,其内馆阁池沼,奇树珍禽一应俱全,为齐侯宴享宾客、游猎娱乐之离宫。现台高5米,南北长30米,东西宽50米。

6.建筑特征及其原创意义。雪宫为齐王会见宾客、游乐、欢宴之处。《孟子·梁惠王下》

记载齐宣王曾在此宫接见孟子。相传齐宣王时,钟离春冒死进谏,献治国之策,宣王见其贤,纳为正宫的故事,也发生于此[2]。

7.关于建筑的经典文字轶闻。齐宣王问曰:文王之囿方七十里,有诸?孟子曰:于传有之。曰:若是其大乎?曰:民犹以为小也。曰:寡人之囿方四十里,民犹以为大,何也?曰:文王之囿方七十里,刍荛者往焉,雉兔者往焉,与民同之,民以为小,不亦宜乎……臣闻郊关之内有囿方四十里,杀其麋鹿者如杀人之罪,则是方四十里为阱于国中,民以为大,不亦宜乎?"

图 1-3-1 临淄齐国雪宫遗址

齐宣王见孟子于雪宫。王曰:'贤者亦有此乐乎?孟子对曰:有。人不得则非其上矣。不得而非其上者非也,为民上而不与民同乐者亦非也,乐民之乐者民亦乐其乐,忧民之忧者民亦忧其忧。乐以天下,忧以天下,然而不王者,未之有也。[3]"

参考文献

①考证:《元和郡县志》云《晏子春秋》中有"齐侯见晏子于雪宫"的记载。经查,今本《晏子春秋》无此记载。

②民国 9 年《临淄县志》。

③《孟子·梁惠王下》。

五、阿房宫

1.建筑所处位置。阿房宫遗址位于今西安市西郊阿房村一带。

2.建筑始建时间。秦始皇三十五年(前 212)。

3.最早的文字记载。"(始皇)三十五年(前 212)"作宫阿房,故天下谓之阿房宫。[1]"

4.建筑名称的来历。关于阿房宫的名称来历,计有:地名说。即认为阿房宫所在地块原名阿房[2],日人中井积德则主张阿房宫名源自山名[3]。距离说。即认为阿房宫距咸阳故宫距离近,故名[4]。形制说。即认为阿房宫"四阿旁广也"[5]。因阿城旧基说。该说认为阿房宫是在阿城的基础上建造的,本想另外取好听的名字,但没有来得及,老百姓就这么叫开了[6]。喻按:余意诸说均不确切。秦始皇营造渭南朝宫,整个规划思想就是要模拟天上的星宿。阿房宫对于秦咸阳宫殿而言,只是故宫旁边的一处新宫,两者隔着渭水。按照秦代的规划理念,咸阳宫殿所在位置对应天上的房宿,又称营室。秦始皇实施都城西扩战略,修了阁道连接故宫和新宫,目的无外乎说明新宫和故宫的主从关系。阿房,咸阳宫旁边宫殿群的意思。或者不如说是规划中的一组休闲性质的离宫建筑群。

5.建筑兴毁及修葺情况。"阿房宫,亦曰'阿城'。惠文王造,宫未成而亡。始皇广其宫,规恢三百余里。离宫别馆,弥山跨谷,辇道相属,阁道通骊山八十余里。表南山之巅以为阙,络樊川以为池"[7]。但秦始皇这个庞大的新都规划并没有来得及全面建设,秦王朝就灭亡了。真正动工的只是整个阿房宫的前殿部分。即司马迁《史记》中所说的"先作前殿阿房,东西五百步,南北五十丈,上可以坐万人,下可以建五丈旗"的阿房。司马迁用字很讲究,于朝宫即整个新都宫殿群则用"营作"两字,意思是规划建造。于阿房,则用"作"。秦始皇三十五年(前212)开始营建。秦二世"复起阿房,未完而亡"(《汉书·五行志下》)。汉武帝扩建上林苑,阿城被纳入苑中⑧。南北朝时期在前殿基址上曾建有大型佛寺。宋以后逐渐夷为耕地。今发掘阿房宫遗址"前殿"部分东西跨度1320米,南北进深420米,全系由黄土夯筑起的7~10米的台基。

6.建筑设计师。秦始皇、李斯⑨。

7.建筑特征及其原创意义。先作前殿阿房,东西五百步,南北五十丈,上可以坐万人,下可以建五丈旗。周弛为阁道,自殿下直抵南山。表南山之颠以为阙。为复道自阿房渡渭,属之咸阳,以象天极阁道,绝汉抵营室也⑩。

8.关于建筑的经典文字轶闻。"六王毕,四海一;蜀山兀,阿房出。覆压三百余里,隔离天日。骊山北构而西折,直走咸阳。二川溶溶,流入宫墙。五步一楼,十步一阁;廊腰缦回,檐牙高啄;各抱地势,钩心斗角。盘盘焉,囷囷焉,蜂房水涡,矗不知乎几千万落!长桥卧波,未云何龙?複道行空,不霁何虹?高低冥迷,不知西东。歌台暖响,春光融融;舞殿冷袖,风雨凄凄。一日之内,一宫之间,而气候不齐"⑪。另,围绕"阿房宫"三个字的前两个字的读音,学术界存在争议。第一种观点以郝铭鉴为代表,主张念 ē pāng;第二种观点以辽宁大学教授张杰为代表,他认为应该念 ē fáng;第三种观点以中国社科院刘庆柱教授为代表,主张念 ā fáng。

9.辨正。好大喜功的秦始皇以大为美。他统一天下后,便以改造咸阳宫为开端,揭开了咸阳城改造的序幕。他先改造"咸阳宫",以其象征天帝居住的"紫宫"星宿。他将流经咸阳的渭水比为银河,河上的"横桥"象征鹊桥,将新建的"信宫"改作"极庙",同天上的南斗星对应。在阿房宫里建起了"复道"(地、空双层道路),再横绝渭水,连接北区的诸多宫殿。正像天帝的"天极"星(北斗星)有"阁道"一样,跨过天河就可抵达离宫别馆区域的"营室"。咸阳的其他宫苑、池囿、府库等重大建筑,似乎都可从天上找到和它们对应的星宿。如东郊的"兰池宫"和宫中的"兰池",对应着天上毕宿中的"五车"和"咸池";南岸的"宜春苑"、"上林苑",对应的是昴宿的"天苑";咸阳的诸府库,在天就有奎宿的"天府"、胃宿的"天囷"、"天廪";都城中皇帝的各种御道,同样对应天上天帝的"辇道"、"阁道"等等。王学理《苦寻消逝了的壮美——我对秦都咸阳考古的亲历与研究》一文中根据咸阳宫遗址观测的天象和秦都城市规划格局所绘制的对应关系图,极便于读者了解秦始皇以大为美、法天象为城郭的规划思想。同时亦可纠正阿房宫只是一座孤立宫殿的名称之误解。

参考文献

①⑩《史记·秦始皇本纪》。

②《括地志》。

③《史记会注考证》引。

④《史记正义》。

⑤《史记索隐》。

⑥⑦《三辅黄图》。

⑧"汉之上林苑即秦之旧苑也。"《三辅黄图》。

⑨喻学才:《中国历代名匠志》,湖北教育出版社,2006年。

⑪杜牧:《阿房宫赋》。

六、咸阳宫

1.建筑所处位置。位于今西安市渭城区窑店镇东北牛羊沟东西两侧①。

2.建筑始建时间。前306—前256年间。咸阳宫最早见于记载在秦昭王时代。"秦于渭南有兴乐宫,渭北有咸阳宫,秦昭王欲通二宫之间,造横桥。"②到了秦孝公十二年,"作为咸阳,筑冀阙,秦徙都之。③"

3.最早的文字记载。"秦孝公十二年(前350)作为咸阳,筑冀阙④,秦迁都于此。

4.建筑名称的来历。"古语山南水北为阳。秦之所都,若概举其凡,则在九嵕山之南,渭水之北。若细推之,则秦之朝宫苑殿固在渭北,而秦都实跨渭水。⑤"故曰咸阳。

5.建筑兴毁及修葺情况。咸阳宫是战国中晚期直到秦统一前在秦都咸阳长期兴建的一个庞大的宫殿群。秦昭王时已有咸阳宫的名称。《三辅旧事》有"秦于渭南有兴乐宫,渭北有咸阳宫,秦昭王欲通二宫之间,造横桥"的记载。秦始皇当政后,对咸阳宫进行大规模的扩建:"筑咸阳宫,因北陵营殿,端门四达,以则紫宫,象帝居,渭水贯都,以象天汉,横桥南渡,以法牵牛⑥。"(《三辅黄图》)咸阳宫的结构是大宫套小宫,其中包括诸王举行朝仪的朝堂、寝宫、后妃居住的宫室以及府库等附属建筑。秦统一前后一些重大政治活动都在此宫举行。这个庞大的宫殿建筑群毁于秦末农民起义的战火。据考古研究,秦咸阳宫殿群建筑遗址集中分布在今咸阳市渭城区窑店乡东北,南距渭河3千米的咸阳第一道原上下,西起十三号公路东到刘家沟长达3千米的范围内,在一个长方形围墙内发现了二十七座宫殿遗址。可能就是当年咸阳宫殿遗址⑦。

6.建筑特征及其原创意义。咸阳宫的结构是大宫套小宫,其中包括诸王举行朝仪的朝堂、寝宫、后妃居住的宫室以及府库等附属建筑。其最大的规划特色在于城市规划模拟天上北斗七星的布局。营造以咸阳故宫为核心的众星参北斗的布局模式。

根据对咸阳宫遗址的考察,在其遗址之内约250米见方的范围内分布着五座相互联系的高台宫殿遗址,其大小不等,其中以咸阳宫一号宫殿遗址较为完整。

秦咸阳宫一号宫殿遗址位于窑店乡牛羊村北原上,已发掘3100平方米,这是一座以平面呈长方曲尺形的多层夯土高台为基础,凭台重叠高起的楼阁建筑。台顶中部有两层楼堂构成的主体宫室,四周布置有上下不同层次的其他较小宫室,底层建筑的周围有回廊环绕。其建筑特点是,把不同用途的宫室集中到一个空间范围内。结构相当紧凑,布局高下错落,主次分明。

对宫殿区夯土基址和宫殿遗址勘查发现,秦宫殿建筑群都是建在夯土台基上。每座建筑自成一独立体,互相之间又以甬道、复道等连接成一组合体。在夯土壁上依础位挖出柱槽并主柱,使壁柱起到加固夯土台和承重的双重作用。转角处仍采用较原始的二柱并立手法,但主室中央已经使用都柱。墙面粉刷成红色、白色或彩色壁画。地面呈朱红或青灰色,经磨光处理,少数用方砖铺地。室内设置取暖炉,室内、外有竖井式储物窖穴和比较完备的排水系统。排水池做成漏斗式,排水管道已采用虹吸装置,通风、采光。门窗饰有青铜铺首,适用铰链、合叶等金属构件⑧。

7.关于建筑的经典文字轶闻。"咸阳宫阙郁嵯峨,六国楼台艳绮罗。自是当时天帝醉,不关秦地有山河。⑨"

参考文献
①⑦《陕西考古重大发现》。
②《三辅旧事》。

③④《史记·秦本纪》。
⑤《关中胜迹图志》卷四。
⑥《三辅黄图》。
⑧《咸阳市志》,2000年版。
⑨《李义山集》卷上。

(四)志陵

古之葬者,不封不树。黄帝时已经开始置墓,《黄帝内传》云:"(黄)帝斩蚩尤,因置墓冢。"可能当时还没有普及。只是社会上层重要人物死了才置墓。至周则封而又树。《周礼·冢人》冢人掌邱封之度。《注》:王公曰"邱",诸臣曰封。孔子逝世,弟子各自他方持其异木为之树。《仪礼》:"大夫树柏,士树杨。"已经明确按照死者身份地位确定墓前树种。到了汉代,坟墓的高度开始有"国家标准"了。《汉律》曰:"列侯坟高四丈,关内侯以下至庶人有差。"而墓前种柏作祠堂已经成风。(《汉书·龚胜传》)

古者帝王之葬皆称墓。《左传》崤有二陵。其南陵夏后皋之墓也。《周礼·周官》冢人掌公墓之地。春秋时楚昭王墓称昭邱,吴阖闾墓称虎邱。《史记·赵世家》:肃侯十五年起寿陵。《秦本纪》:惠文王葬公陵。悼武王葬永陵。孝文王葬寿陵。墓始称陵。汉高祖葬长陵。以后无不称陵。《晋书·索綝传》:建兴中盗发汉霸、杜二陵,多获珍宝。帝问綝曰:汉陵中物何乃多耶?对曰:汉天子即位一年而为陵。天下贡赋三分之,一供宗庙,一供宾客,一充山陵。武帝享年长久,比崩,而茂陵不复容物。其树皆以可拱。赤眉取陵中物,不能减半。此二陵是简者耳。据此,则预作寿陵自汉始。(《一是纪始》卷五)

志陵墓第四

一、禹陵

1.建筑所处位置。浙江省绍兴市区东南4千米的会稽山麓。

2.建筑始建时间。距今约4200年①。

3.最早的文字记载。"禹葬会稽,衣衾三领,桐棺三寸,葛以缄之,绞之不合,道之不垫,土地之深,下不及泉。上册通臭,既葬,收余壤,其上垄若参耕之亩。②"

4.建筑名称的来历。禹陵古称禹穴,为大禹之葬地,它背靠会稽山,前临禹池。

5.建筑兴毁及修葺情况。《水经注》:"会稽山上有禹冢,昔大禹即位十年,东巡狩,崩于会稽。因而葬之。有鸟来为之耘,春拔草根,秋啄其秽。是以县官禁民不得妄害此鸟,犯则刑无赦。"禹陵最初十分简陋。地面仅存当时下葬用于绞棺的窆石。至汉,始有"窆石铭","永建元年五月"上石。至唐,始有"禹穴碑"。"郑鲂序,元稹铭,韩籀材书。宝历二年九月立。③"

明嘉靖年间,福建人郑善夫和绍兴知府南大吉曾登会稽山访禹陵故址,在葬地为之立"大禹陵"三字穹碑,字迹端庄秀丽,红色髹漆,在松竹掩映下显得格外清新悦目,典雅庄严。1979年浙江省政府在此建碑亭一座，飞檐翘角。亭四周植有古槐、松、竹。距碑亭不远又建有"鼓乐亭"，相传此地乃当年祭祀大禹时奏乐之处。碑南有"禹穴亭"。"禹穴"相传是大禹藏书所，再往南是青石砌的牌坊，为禹陵的门户。陵前原有陵殿三间，称为"龙瑞宫"，今已废。

6.建筑特征及其原创意义。"禹葬会稽，苇椁桐棺，穿圹七尺，上无漏泄，下无即水，坛高三尺，土阶三等，延袤一亩。④"今存之大禹陵由三部分建筑群组成：禹庙、禹陵和禹祠，占地40余亩，总面积有3.3万平方米，建筑面积2700平方米，被列为全国重点文物保护单位。也是全国百家爱国主义教育示范基地。禹陵面临禹池，前有石构牌坊，过百米甬道，有"大禹陵"碑亭，字体敦厚隽永，为明嘉靖年间绍兴知府南大吉手笔。禹庙在禹陵的东北面，坐北朝南，是一处宫殿式建筑，始建于南朝梁初，其中轴线建筑自南而北依次为：照壁、岣嵝碑亭、午门、拜厅、大殿。建筑依山势而逐渐升高。禹祠位于禹陵左侧，为二进三开间平屋，祠前一泓清池，悠然如镜，曰"放生池"。绍兴大禹陵坐东朝西，入口处的大禹陵牌坊前，有一横卧的青铜柱子，名龙杠。龙杠两侧各有一柱，名拴马桩。凡进入陵区拜谒者，上至皇帝，下至百姓，须在此下马、下轿，步行入内，以示对大禹的尊崇。龙杠上有"宿禹之域，礼禹之区"的铭文。神道两旁安放着由整块石头雕塑的熊、野猪、三足鳖、九尾狐、应龙，相传这些神兽都是帮助过大禹治水的神奇动物或大禹自己所变。

从神道经禹陵广场，跨过禹贡大桥，站在甬道前古朴的棂星门下，即可望见大禹陵碑亭。碑后是禹王山，相传大禹即葬于此。

禹祠是夏王朝第六代君王少康封其庶子无余赴此守护大禹陵时创建，是定居在禹陵的姒姓宗族祭祀、供奉大禹的宗祠。目前，这里的姒姓已传至145代共数百人，主要居住在禹陵前的禹陵村。禹祠陈列着大禹在绍兴的遗迹照片和《姒氏世谱》及记载历代祭禹情况的《祀禹录》等。廊下壁间嵌有清代毛奇龄《禹穴辩》和昝尉林所书"禹穴"碑。在绍兴有"禹穴"两处，一处在宛委山，传为禹得黄帝书处；一处即于此，乃禹葬处，即今大禹陵碑后侧。在禹祠的左侧有一井，名曰"禹井"，相传为禹所凿。岣嵝碑亭前是午门。午门有三门，中门常闭，据说只有举行祭禹典礼和皇帝祭禹时才能打开，而且只有皇帝才有资格跨越中门，其他人等只能从两旁的边门出入。穿过午门，走过一段石板路，登上百步禁阶即到拜厅。拜厅，也称祭厅，是祭祀的地方。拜厅和大殿之间有清乾隆十六年（1771）三月八日乾隆皇帝在此祭禹后留下的诗碑，又称"御书碑"。大殿的屋脊，有康熙皇帝所题"地平天成"四字。大殿是整个禹庙建筑群的最高建筑物，曾于1929年倒塌，现存大殿为1932年动工重建，1933年竣工。殿内大禹塑像高6米，头戴冕旒，手执玉圭，身披朱雀双龙华衮，雍容大度，令人望而起敬。

7.建筑设计师及捐资情况。上古时候的禹陵建设因为文献难征，无法考证。自汉以来的大禹陵建设，虽有史可考。但没有关于设计开发者的记载。此类记载，当自明朝郑善夫和南大吉始。

8.关于建筑的经典文字轶闻。"禹周行天下，还大越，登茅山，更名曰会稽。凤凰栖于树，鸾鸟巢于侧。麒麟步于庭，百鸟佃于泽，将老，命群臣曰：我百世之后，葬我会稽之山。葬之后，无改亩。禹崩，众瑞并去。⑤"

"夏禹名曰文命"亦称大禹、夏禹、戎禹。大禹之时，洪水泛滥，百姓流离失所。他的父亲鲧奉尧帝命治水，用筑堤防的方法，经9年而无功，被舜杀死在羽山。舜命禹承父业继续治水，他采用兴修沟渠，疏通江河的方法，历经13年，三过家门而不入，"尽力乎沟洫"。因其治水有功，受舜禅。他铸九鼎，在位45年，"百岁而崩"⑥。"舜南治水，死于苍梧；禹东治水，死于会稽；贤圣家天下，故国葬焉。"相传大禹当年巡游到此，不幸病殁，葬于会稽⑦。

古人唯家庙有碑,庙中者以系牲。冢上四角四碑以系索下棺。棺既下,则埋于四角,所谓丰碑也。或因而刻字于其上。后人凡碑则无不刻之,且于中间剜孔,不知何用。今会稽大禹庙有一碑,下广而上小,不方不圆,尚用以系牲云。是当时葬禹之物。上有篆字,盖后人刻之也⑧。

在大禹陵附近,有禹陵村。该村人姓姒,为大禹后裔。四千年来坚持为大禹守陵。大禹死后,禹子启即位,每年春秋派人祭禹,并在南山上建了宗庙;禹的五世孙少康即位后,派庶子无余到会稽守禹冢,并建祠定居。几千年的岁月,有时因战乱等原因,村里也曾人烟稀少过,但主持守陵的宗族负责人还是灯火相传,把为大禹守陵的使命坚持到了现在。现在禹陵旅游度假区正在规划建设。届时一个融遗产保护与旅游休闲于一体的既古老又年轻的禹陵村将赢得国内外游客的喜爱。

参考文献

①陆峻岭、林干:《中国历代各族纪年表》,内蒙古人民出版社,1980 年。

②《墨子·禹葬》。

③《金石录》。

④《越绝书》卷八。

⑤《吴越春秋》。

⑥《史记·夏本纪》。

⑦《论衡·书虚篇》。

⑧《朱子语类》。

二、孔林

1.建筑所处位置。"孔子葬鲁城北泗上。①"即今孔林内东周墓地的西北部,享殿后。

2.建筑始建时间。鲁哀公十六年(前479)孔子逝世后,"弟子皆服三年。三年心丧毕,相诀而去,则哭,各复尽哀;或复留。唯子贡庐于冢上,凡六年,然后去。弟子及鲁人往从冢而家者百有余室,因命曰孔里。②"

3.最早的文字记载。"夏四月己丑,孔丘卒……③"

"孔子之丧,门人疑所服。子贡曰:昔者夫子之丧颜渊,若丧子而无服,丧子路亦然。请丧夫子,若丧父而无服。④"

4.建筑名称的来历。汉时孔子墓地就已经有"孔里"的叫法;明代就有"至圣林"的名称。今日之孔林当是汉代"孔里"和明代"至圣林"之合称。

5.建筑兴毁及修葺情况。孔子墓的形制尊重了他生前的选择,即采用"马鬣封"的形制⑤。孔子的丧事是由弟子公西赤主持的,棺,用四寸桐木板,椁则用五寸柏木板。棺椁的装饰则从内到外分别使用了夏商周三代的礼仪制度。这样做的目的是为了"尊师且备古也"。当初的墓地"高四尺,树松柏为志焉。""孔子冢大一顷。故所居堂、弟子内,后世因庙,藏孔子衣冠琴车书,至于汉,二百余年不绝。⑥"其后历代增扩重修十六次,增植树株五次,东汉永寿三年(157),鲁相韩敕修孔子墓,造神门,建斋宿;南北朝时植树六万株;宋代拨调军士守卫,元至顺二年(1331)建林墙,筑林门;明洪武、永乐年间相继扩增,扩至占地达十八顷,清康熙二十三年(1684),清圣祖康熙帝至孔林祭祀,应孔尚任之请扩地十一顷多,将孔林增至两百万平方米,雍正八年(1730)耗银25200多两重修门坊、林墙⑦。孔子殁后,埋葬在鲁国都城北墙外洙泗之间,其子孙接冢而葬,两千多年从未间断。至今已延续2400多年,葬人近80世,林内墓冢累累,多达10万余座。

6.建筑设计师及捐资情况。多数时间是朝廷出资。少数时间如战乱之余孔子被冷落时也有家族后裔、地方官集资修整的。

7.建筑特征及其原创意义。孔林本称至圣林,是孔子及其家族的墓地。据统计,自汉以来,历代对孔林重修、增修过 13 次,增植树株 5 次,扩充林地 3 次。整个孔林周围垣墙长达 7.25 千米,墙高 3 米多,厚约 5 米,总面积为 2 平方千米,比曲阜城要大得多。孔林作为一处氏族墓地,2000 多年来葬埋从未间断。在这里既可考春秋之葬、证秦汉之墓,又可研究我国历代政治、经济、文化的发展和丧葬风俗的演变。1961 年国务院公布为第一批全国重点文物保护单位。"墓古千年在,林深五月寒",孔林内现已有树 10 万多株。相传孔子死后,"弟子各以四方奇木来植,故多异树,鲁人世世代代无能名者",时至今日孔林内的一些树株人们仍叫不出它们的名字。其中柏、桧、柞、榆、槐、楷、朴、枫、杨、柳、檀、雒离、女贞、五味、樱花等各类大树,盘根错节,枝繁叶茂;野菊、半夏、柴胡、太子参、灵芝等数百种植物,也依时争荣。孔林不愧是一座天然的植物园。

"断碑深树里,无路可寻看"。在万木掩映的孔林中,碑石如林,石仪成群,除一批著名的汉碑移入孔庙外,林内尚有李东阳、严嵩、翁方钢、何绍基、康有为等明清书法名家亲笔题写的墓碑。因此,孔林又称得上是名副其实的碑林。

神道　北出曲阜城门,就见两行苍桧翠柏,如龙如虹,夹道而立,这就是孔林神道。道中巍然屹立着一座万古长春坊。这是一座六楹精雕的石坊,其支撑的 6 根石柱上,两面蹲踞着 12 个神态不同的石狮子。坊中的"万古长春"四字,为明万历二十二年(1594)初建时所刻,清雍正年间却又在坊上刻了"清雍正十年七月奉敕重修"的字样。石坊上雕有盘龙、舞凤、麒麟、骏马、斑鹿、团花、祥云等,中雕二龙戏珠,旁陪丹凤朝阳纹饰,整个石坊气势宏伟,造型优美。

坊东西两侧各有绿瓦方亭一座,亭内各立一大石碑。东为明万历二十二年(1594)明代官僚郑汝璧及连标等所立,上刻"大成至圣先师孔子神道"十个大字;西为次年二人立的"阙里重修林庙碑"。两碑均甚高大,碑头有精雕的花纹,碑下有形态生动的龟趺。

洙水桥　由至圣林门西行为辇路,前行约 200 米,路北有一座雕刻云龙、辟邪的石坊。坊的两面各刻"洙水桥"三字,北面署明嘉靖二年衍圣公孔闻韶立,南面署雍正十年年号。坊北有一券隆起颇高的拱桥架于洙水之上。

洙水本是古代的一条河流,与泗水合流,至曲阜北又分为二水。春秋时孔子讲学洙泗之间,后人以洙泗作为儒家代称。但洙水河道久湮,为纪念孔子,后人将鲁国的护城河指为洙水,并修了精致的坊和桥。桥的南北各有历代浚修洙水桥的碑记。洙水桥桥上有青石雕栏,桥北东侧有一方正的四合院,称作思堂,堂广 3 间,东西 3 间厢房,为当年祭孔时祭者更衣之所。室内墙上镶嵌着大量后世文人赞颂孔林的石碑,如"凤凰有时集嘉树,凡鸟不敢巢深林","荆棘不生茔域地,鸟巢长避楷林风"等等。此院东邻的另一小院,门额上刻"神庖"二字,是当年祭孔时宰杀牲畜之处。

享殿　洙水桥北,先是一座绿瓦三楹的高台大门——挡墓门,后面就到了供奉孔子木主的享殿。去享殿的甬道旁,有四对石雕,名曰华表、文豹、角端、翁仲。华表系墓前的石柱,又称望柱;文豹,形象似豹,腋下喷火,温顺善良,用以守墓;角端,也是一种传说的怪兽,传说日行 1 万 8 千里,通四方语言,明外方幽远之事;翁仲,石人像,传为秦代骁将,威震边塞,后为对称,雕文、武两像,均称翁仲,用以守墓。两对石兽为宋宣和年间所刻,翁仲是清雍正年间刻制的,文者执笏,武者按剑。甬道正面是享殿,殿广 5 间,黄瓦歇山顶,前后廊式木架,檐下用重昂五踩斗拱。殿内现存清帝弘历手书"谒孔林酹酒碑",中有"教泽垂千古,泰山终未颓"等诗句。

孔子墓　享殿之后是孔林的中心所在——孔子墓。此墓似一隆起的马背,称马鬣封。墓周环以红色垣墙,周长里许。墓前有篆刻"大成至圣文宣王墓"碑,是明正统八年(1443)黄养正书。墓前的石台,初为汉修,唐时改为泰山运来的封禅石筑砌,清乾隆时又予扩大。孔子墓东为其子孔鲤墓,南为其孙孔伋墓,这种墓葬布局名为携子抱孙。

子贡庐墓处　孔子墓西的3间西屋为子贡庐墓处。孔子死后,众弟子守墓3年,相诀而去,独子贡在此又守3年。后人为纪念此事,建屋3间,立碑一座,题为"子贡庐墓处"。享殿之后,另有一座灰瓦攒尖顶的方亭,称"楷亭"。亭内石碑上刻着一棵古老的楷树,即摹自其南侧的"子贡手植楷"。相传子贡奔丧来后,将一棵楷树苗栽于其师墓旁,后成大树。清康熙间遭雷火焚死,后人将枯干图像刻于石上。

楷亭北有3座四角多棂碑亭,为驻跸亭,北面绿瓦所覆的碑亭是为纪念宋真宗赵恒祭祀孔子所建的, 中间及南面黄瓦所覆的二碑亭为纪念清帝玄烨及弘历祭祀孔子所建。"跸"是皇帝出行的车驾,此三亭即皇帝祭祀驻车之处。亭内尚有当时的石碑。

孔尚任墓　沿环林路东行,在孔林东北方向,过一石坊后,路旁立一巨碑,上写"奉直大夫户部广东清吏司员外郎东塘先生之墓"这就是清初著名剧作家、《桃花扇》作者孔尚任的墓碑。由此向西,有一座上书 "鸾音褒德"的墓群,孔子的后裔孔谦、孔宙、孔彪、孔褒等均埋葬于此。自汉墓群西行还有明墓群,那里墓冢点点,碑碣累累,石兽成群,明代名书法家李东阳、严嵩等所书写的碑石立于其间。

于氏坊　为清朝皇帝乾隆之女立的纪念牌坊。传乾隆女儿脸上有黑痣,算命先生说:"主一生有灾,须嫁有福之人才可免去灾祸。"朝中议论,只有圣人后代最妥,由于满汉不准通婚,乾隆让女儿认协办大学士兼户部尚书于敏中为义父,改姓于后下嫁孔家。此坊为纪念于氏而立。

8.关于建筑的经典文字轶闻。清高宗弘历曲阜祭孔时,专临孔林圣墓留下诗篇,其以泰山比做孔子思想,千古不朽,成为历代帝王尊孔诗文的代表作。其诗曰:"宫墙亲释奠,林墓此重来。地辟天开处,泗南洙北限。春鸣仙乐鸟,冬绿石碑苔。教泽垂千古,泰山终未颓。"

参考文献

①②⑥《史记·孔子世家》。

③《左传·哀公十六年》。

④⑤《礼记·檀弓》)。

⑦彭卿云:《中国历代名人胜迹大词典》,上海文艺出版社,1995年。

三、秦始皇陵

1.建筑所处位置。今西安市以东35千米的临潼区境内骊山。

2.建筑始建时间。公元前246年。

3.最早的文字记载。"太子胡亥袭位,为二世皇帝。九月,葬始皇骊山。[1]"

4.建筑名称的来历。对于名称的来历目前有不同的观点:

观点一:临潼县博物馆馆长、考古专家赵康民先生首次提出了"秦始皇陵园称骊山园,坟墓称骊山"的学术观点。理由:北魏时期的郦道元在《水经注》一书中曾指出:"秦名天子冢曰山,汉曰陵。"而且赵康民先生本人曾于秦始皇陵园发现一件刻有"骊山园容十二斗三升,重二钧十三斤八两"的铜缶。(《秦始皇陵原名"丽山"》,赵康民,《考古与文物》,1980年第3期)

观点二:张占民对赵康民先生的观点提出质疑,认为秦代国君墓也有称陵的,而汉代天子墓有称陵的,也有称山的。如高祖长陵既称长陵,也称长陵山,所以他认为《水经注》的结论也未必正确,又提出了秦始皇坟墓有可能称始皇陵的学术观点,这是有关秦皇陵的又一种学术见解。

观点三:张占民详细考察了秦公陵墓名称演变的历史,认为秦始皇陵当年并没有具体的名称。陵墓名称与冢墓的出现密切相关,冢墓出现以前似乎不存在名称问题,那时即使国君墓也没有明显的特殊标志。因而国君墓也就没什么特别名称,如秦国早期国君墓一般通用某公葬某地的惯例。随着国君冢墓的出现自然带来了陵墓名称问题。秦国国君最早兴起冢墓的是秦献公。从此之后的几代国君都奉行冢墓。献公与孝公的冢墓只是在冢字前边加上王公名,如献公冢、孝公冢是也,秦惠文王时又改称为陵。他的坟墓不称冢。昭襄王时放弃了新兴的称冢或称陵的制度,又重新回到了献公以前的"某公葬某地"的惯例,如"昭襄王葬芷阳"就是这一早期惯例的再现。秦始皇陵究竟是沿用了早期惯例呢?还是仿照献公称冢或仿照惠文王称陵呢? 这里不妨看一下《史记》是怎样记述的。《史记·秦始皇本纪》曰:"葬始皇骊山。"很显然这里的"骊山"似指地名,葬骊山实际上就是葬某地的意思。它与二世皇帝"葬宜春苑"的意义完全相同。所以,秦始皇与昭襄王、庄襄王一样都沿用了早期葬某地的惯例。这与秦始皇生前害怕人们谈论其死事的思想也是吻合的。至于始皇陵之称则是后人仿照当时的习俗附加的[②]。

5.建筑兴毁及修葺情况。修陵大体经历了以下阶段:一是从始皇帝即位至前221年统一六国;二是从统一六国至始皇三十七年逝世葬于骊山。前后历时37年,其大规模的修建工程是在统一后进行的。由于赢政是在出巡途中猝死,当时陵园工程并未竣工,二世继位后继续营建。如果把二世时的修陵工程计算在内,始皇陵园的修建实际上经历了三个阶段,前后历时38年。"始皇初即位,穿治骊山,及并天下,以七十余万人穿三泉下铜而致椁,宫观、百官、奇器、珍怪,徙藏满之。令匠作机弩矢,有所穿近者辄射之。以水银为百川、江河、大海,机相灌输。上具天文,下具地理。以人鱼膏为烛,度不灭者久之。[③]""项籍燔其宫室营宇,往者咸见发掘。其后牧儿亡羊,羊入其凿,牧者持火照求羊,失火,烧其藏椁。[④]""项羽入关发之,以三十万人,三十日运物不能穷,关东盗贼销椁为铜。[⑤]"五代后唐时的温韬以筹措军费为名,遍挖关中帝王陵墓,使秦始皇陵又遭破坏[⑥]。到宋代,对秦始皇陵曾进行过维修,宋太祖赵匡胤在开宝三年(970)九月,曾诏修关中27帝陵。"临潼奉诏修者秦始皇陵也"[⑦]。到明代旅行家都穆旅游始皇陵时,还能看出地面陵邑的空间结构:"始皇陵内城周五里,旧有门四。外城周十二里。其址俱存。自南登之,二丘并峙,人曰此南门也。右门石枢犹露土中。陵高可四丈,昔项羽、黄巢皆尝发之。老人云:始皇葬山中,此特其虚冢。[⑧]"经过两千余年的历史风雨,除了封土和南部的内城垣仍有局部残留之外,秦始皇陵园的建筑(地面部分)几近荡然无存。

6.建筑设计师及捐资情况。秦始皇陵园前后规划建设近四十年,动用了大量的人力物力资源。即以规划设计人才论,也当以数十人计。但现在有文献依据的只有秦始皇和李斯二人。总体规划思路当出自秦始皇,具体施工当由丞相李斯主持。"始皇使丞相李斯将天下刑人隶徒七十二万人作陵三十七岁,深极不可入,奏之曰:'丞相臣斯昧死言:臣所将隶、徒治骊山者,已深已极,凿之不入,烧之不然,叩之空空,如天下状。'制曰:'其旁行三百丈乃止。'[⑨]"此外,像建议用武装修陵人以对付陈胜义军的少府章邯(《史记》),好畤工伙、美阳工苍、宜阳工成、乌氏工昌、频阳工处等大量的来自全国各地的工匠也都是修陵的工匠[⑩]。

7.建筑特征及其原创意义。建筑特征:秦始皇陵的城垣由内外两重构成,两座城垣都是呈南北向的长方形,相互套合,呈南北长东西窄的"回"字形。其城墙总长约 12 千米,与西安的明代城墙长度相近。陵园占地面积 2.13 平方千米,整个陵园像是一座设计规整,建筑宏伟的都城。

原创意义:

(1)秦始皇陵园中寝殿便殿的设置,证明了《后汉书·祭祀志》中"秦始出寝,起于墓侧,汉因而弗改"记载的正确。秦始皇陵园制度对以后的帝王陵园产生了重要的影响。

(2)秦始皇十六年,"置丽邑",丽邑是为秦始皇陵而设立的,开了中国历史上帝王陵设邑的先例。也证明了"园邑之兴,始自强秦"⑪。陵邑制度在中国古代产生了重要的影响,汉代设置了五陵邑⑫。

(3)秦始皇陵是"依山环水"造陵的典范。秦始皇陵园南依骊山,北临渭水,这是大家有目共睹的事实。然而在秦始皇陵的东侧也有一道人工改造的鱼池水。按《水经注》记载:"水出骊山东北,本导源北流,后秦始皇葬于山北,水过而曲行,东注北转,始皇造陵取土,其地汙深,水积成池,谓之鱼池也。……池水西北流途经始皇冢北"。秦代"依山环水"的造陵观念对后代建陵产生了深远的影响。西汉帝陵如高祖长陵、文帝霸陵、景帝阳陵、武帝茂陵等就是仿效秦始皇陵"依山环水"的风水思想选择的。以后历代陵墓基本上继承了"依山环水"的建陵思想。

8.关于建筑的经典文字轶闻。始皇命工匠在墓室内模拟日月星辰五湖四海:"以水银为百川江河大海,机相灌输,上具天文,下具地理。以人鱼膏为烛,度其不灭者久之。⑬"
(唐)李白《古风》:秦皇扫六合,虎视何雄哉。飞剑决浮云,诸侯尽西来。明断自天启,大略驾群才。收兵铸金人,函谷正东开。铭功会稽岭,骋望琅琊台。刑徒七十万,起土骊山隈。尚采不死药,茫然使心哀。连弩射海鱼,长鲸正崔嵬。额鼻象五岳,扬波喷云雷。鬐鬣蔽青天,何由睹蓬莱。徐市载秦女,楼船几时回。但见三泉下,金棺葬寒灰⑭。

图 1-4-1 秦始皇陵兵马俑

（唐）曹邺《始皇陵下作》：千金买鱼灯，泉下照狐兔。行人上陵过，却吊扶苏墓。累累圹中物，多于养生具。若使山可移，应将秦国去。舜殁虽在前，今犹未封树[15]。

（唐）鲍溶《经秦皇墓》：左岗青虬盘，右坂白虎踞。谁识此中陵，祖龙藏身处。别为一天地，下入三泉路。珠华翔青鸟，玉影耀白兔。山河一易姓，万事随人去。白昼盗开陵，玄冬火焚树。哀哉送死厚，乃为弃身具。死者不复知，回看汉文墓[16]。

参考文献

① ③ ⑪ ⑫ ⑬《史记·秦始皇本纪》。

②张占民：《秦陵之谜新探》，陕西人民美术出版社，1992年。

④《汉书》卷二六。

⑤《水经注》。

⑥⑦乾隆《临潼县志》。

⑧《骊山记》

⑨《旧汉仪》。

⑩袁仲一：《秦始皇帝陵兵马俑辞典》。

⑭《李太白诗集注》卷二。

⑮《曹祠部集》卷二。

⑯《鲍溶诗集》卷一。

（五）志庙

古代祭祀五岳，只有坛壝（wei），不设庙。有庙自后魏始。后魏始置庙于桑乾水之阴。唐则各置庙于五岳之麓。至宋，则东岳庙遍布于郡县。（《一是纪始》卷二）

志庙第五

一、中岳庙

1.建筑所处位置。位于河南省郑州市登封县太室山东南麓黄盖峰下，在登封城东4千米处。

2.建筑始建时间。始建于秦（前221—前207）。汉安帝元初年间，已经在中岳庙南建石阙。

3.最早的文字记载。《汉书·武帝纪》：元封元年（前110）诏书："朕用事华山，至于中岳，……翌日，亲登嵩高，御史乘属，在庙旁吏卒咸闻呼万岁者三。登礼罔不答。其令祠官加增太室祠，禁无伐其草木，以山下户三百为之奉邑，名曰崇高，独给祠，复亡所与。"喻按：此诏为中国历史上造神活动之始。

4.建筑名称的来历。庙因山名。

5.建筑兴毁及修葺情况。中岳庙前身是太室祠。据《山海经·中山经》载，先秦时即已有之，以祀太室山神。据《汉书·武帝纪》载，西汉元封元年（前110）正月，汉武帝从华山至中岳,登嵩山,令祠官增建太室祠,禁止砍伐树木,并以山下 300 户为之奉邑,同时在山上建万岁亭,山下建万岁观。神爵元年(前 61)汉宣帝祀中岳。南北朝时期,魏太武帝于太延元年(435)立庙于嵩岳之上,从此把本来为祭祀太室山的衙署变为道教的寺庙。魏太安年间(455—459)徙中岳庙于神盖山(黄盖山)。唐开元十八年(730),玄宗李隆基仿效汉武帝增建太室祠,再次修饰中岳庙,奠定了今日庙址基础。宋太祖乾德元年(963),赵匡胤为中岳之神制作衣、冠、笏、履,中岳之神着衣戴冠,始于此时。太宗赵光义于太平兴国八年(983)赠五岳封号,名中岳之神为"中天崇圣帝",帝后号"正明"。开宝六年(973)敕修中岳庙,诏县令兼任庙令,县尉兼任庙丞。此时政教合一,道教发展很快。宋真宗大中祥符六年(1013)又"增修殿宇并创造碑楼等八百五十间"。金世宗十六至十八年(1176—1178)再次对中岳庙进行整修,"总为屋二百三十有八间",今庙内保存的金代庙图碑,记录了当时的规模。元代原有殿堂 700 余间,末年败落为百余间。明清(明成化、嘉靖;清顺治、乾隆等)两代对中岳庙进行大规模修整,现存的建筑与规模,便是此时形成的。

6.建筑设计师及捐资情况。中岳庙的兴建与修复为历代朝廷的大事,设计师当由当时朝廷的工匠执行,资金筹措亦由国库拨给。

7.建筑特征及其原创意义。中岳庙坐北朝南,从中华门向北至御书楼共 11 进院落,地势由低至高相差 27 米,甬道全部用磨光石平铺而成。庙院南北长 650 米,宽 166 米,面积约 10 万平方米。庙院现存形制是清代乾隆年间按照北京皇宫布局重修的,有殿、宫、楼、阁、亭、台、廊、庑等明清建筑 400 余间,汉至清的古柏 300 余株,金石铸器、石刻造像等金石文物百余件。是五岳中现存规模最大的古建筑群。

中岳庙沿中轴线,由南向北主要有太室阙、中华门、天中阁、崇圣门、化三门、峻极殿、中岳大殿、寝殿、御书楼。

8.关于建筑的经典文字轶闻。黄久约《大金重修中岳庙碑》云:"旧有庙在东南岭上,年祀绵邈,莫知其经始之由。(北)魏大安(即太安,455—459)中,尝徙于神盖山。唐开元(713—741)间,始改卜于此。①"清景日昣《说嵩》卷四"中岳庙"条称:"岳之有庙,从来久矣。《汉书》:武帝礼登,诏令加增其祠,则庙盖建于元封(前 110—前 105)以前。《唐书》载:元魏徙庙于东南岭上,大安中迁神盖山。今黄盖峰上之庙是已。②"现庙内存有《中岳嵩高灵庙之碑》,是该庙最古之碑刻。中云:"天师寇君谦(缺四字)高(缺二字)志,隐处中岳卅余年,岳(缺二十字)是(缺二字)降临,授以九州真师,理治人(缺四字)国(缺二字)辅导真君,成太平之化,……以旧祠毁坏,奏请道士杨龙子更造新……③"一般认为此碑建于北魏,也有认为是唐碑者。

据《说嵩》载,该庙在唐代曾经修葺,有李方郁《修中岳庙记》记其事④。宋太祖乾德二年(964),也曾修葺,有骆文蔚《重修中岳庙记》记其事⑤。最大的一次修葺在金大定十六年(1176),黄久约《大金重修中岳碑》云:"遭宋靖康兵革之难,……庙之基构仅存,而缮修不时,上漏旁穿……殆不能支。"从金大定十四年起,即谋求恢复,大定十五年正式下达重修之命,于是"诹日鸠工,众作毕举。庙制规摹,大小广狭,位置像设,悉仍其旧。……总为屋二百三十有八间,其西斋厅以待每岁季夏遣使祭祀之次舍不与焉。始事于十六年四月丁未,绝手于十八年六月戊子。⑥"《说嵩》卷四云:据"金承安间图,廊房八百余间,碑楼七十余所,可以想见其盛"⑦。此后,金正大五年(1228),又曾做过修葺,李子樗为作《中岳庙记》⑧。元代不见重修记载。元末兵乱中曾遭严重破坏。明杨守陈《中岳庙碑》云:"元末兵荒之后,仅存百数间,余皆臛矣。存者,累岁风雨震凌,濅殆于敝,惟寝殿七间尤甚。"又云:"(明)成化丁酉(1477),大风雨,寝殿之瓦坠几尽,栋榱亦多挠崩。"明成化十七年(1481),

决定重建，"购材佣匠，悉撤寝殿而重构之，如旧间数，且加壮伟，其余亦皆缮葺可久。"

景日畛《说嵩》卷十五云："国初，邑人王贡募建正殿、寝殿、峻极殿、左右廊、四岳殿，余俱补葺。⑨"

图 1-5-1　中岳庙峻极殿

"历数十年，稍稍损落矣。康熙五十二年（1713）。中丞鹿佑以祈醮贲此，捐俸重修，增饰补葺，糜三千金，属予记其梗概，观察使张伯琮书，立碑于崇圣门外东庭。"较之清初，已有所缩小，但规模仍然甚大。人们可以看到，从中华门起，经遥参亭、天中阁、配天作镇坊、崇圣门、化三门、峻极门、

崧高峻极坊、中岳大殿、寝殿，到御书楼，共十一进，长达里余，面积十余万平方米。现存楼、阁、宫、殿、台廊、碑楼等建筑四百余间。其中中岳大殿占四十五间，红墙黄瓦，气势雄伟。为河南现存最大的寺庙殿宇。

参考文献

①③⑥⑦《道家金石略》，文物出版社，1988 年。

②④⑤⑧⑨《说嵩》，台湾文海出版社，1971 年。

二、孔庙

1.建筑所处位置。孔庙位于曲阜市南门内，是奉祀孔子的庙宇。

2.建筑始建时间。孔庙始建于公元前 478 年，最初的孔庙系鲁哀公十七年（前 478）众弟子因孔子故宅而庙，以便保存孔子平生的衣冠琴车书①。按：时下坊间有所谓哀公建庙说，实在没有根据。若有其事，司马迁在《鲁世家》里就不会只孤零零地留下"孔丘卒"三个字。

3.最早的文字记载。"夏四月己丑，孔丘卒。公诔之曰：旻天不弔，不慭遗一老，俾屏余一人以在位，茕茕余在疚。呜呼哀哉！尼父！无自律。②"查东汉建宁元年四月史晨拜谒孔庙所刻碑文，知当时这里仍是"依依旧宅，神之所安"。史晨感叹孔子之庙仍"无公出享献之庆③。"可见直到东汉建宁元年，孔庙仍是当年因宅为庙的老样子，朝廷并无修建。

4.建筑名称的来历。因孔子而名。

5.建筑兴毁及修葺情况。孔庙是中国现存规模仅次于故宫的古建筑群，堪称中国古代大型祠庙建筑的典范。整个建筑群前后共九进院落，布局严谨，左右对称。庙内保存有大量历代塑像、绘画和石刻，这些是研究封建社会政治、经济、文化、艺术的珍贵史料。

6.建筑设计师及捐资情况。最初的孔庙乃弟子们以孔子旧宅为基础而建设,后世则为历代统治者所建设维护。

7.建筑特征及其原创意义。现存孔庙占地 327.5 亩,建筑物 466 间,前后有九进院落,纵向轴线贯穿整个建筑群,左右对称,布局严谨,气势宏伟。前三进院落布置导向性建筑物,如门或牌坊。第四进院有一座三重檐的高阁奎文阁,其中藏有历代皇帝赏赐的图书。第七进院落中有"杏坛",是孔子生前讲学处。孔庙的主殿大成殿高 31.89 米,宽 54 米,进深 34 米。廊下有 28 根石柱,每根石柱都用整块石材雕成。前廊下的十根石柱用深浮雕的手法雕成双龙对舞,衬以云朵、山石、波涛,造型优美生动,是罕见的艺术瑰宝。孔庙中还存有大量的碑刻及画像砖,是研究中国古代书法和文化艺术的宝贵资料④。

8.关于建筑的经典文字轶闻。五代冯道镇南阳,郡中宣圣庙坏,有酒户千余辈投状乞修。道未及判。有幕客题《状》后云:"槐影参差覆杏坛,儒门子弟尽高官。却教酒户重修庙,觅我惭惶也不难。"冯道遽罢其请,出己俸重修。(《全唐诗》卷八百七十)虽非曲阜孔庙,然可见孔子在国人心目中之神圣地位,故并及之。

参考文献

①《史记·孔子世家》。

②《左传·哀公十七年》。

③《史晨享孔庙碑》。

④彭卿云:《中国历代名人胜迹大词典》,上海文艺出版社,1995 年。

三、黄陵庙

1.建筑所处位置。位于湖北省巴东县至宜昌市之间西陵峡中段黄牛山麓。

2.建筑始建时间。庙始建于汉。

3.最早的文字记载。东汉荆州牧刘表曾刊石立碑树之于黄陵庙(本名二妃庙,祀娥皇、女英)以旌不朽之传①,后世却传诸葛亮作《黄陵庙记》(今庙中仍存此碑),然文笔不类诸葛亮,似为后人伪托②。

4.建筑名称的来历。原名黄牛庙。相传大禹治水到此,土星化为黄牛助其导江,功成留影像于山岩而去,因此以黄牛名山,后人纪念大禹治水功绩,在此修建庙宇,亦以黄牛冠名。

历史上有关黄陵庙的传说很多,"黄陵"之称也令人费解。黄陵庙原名黄牛庙,据《宜昌府志》载:此庙为纪念大禹治水的丰功伟绩而建于春秋战国时期。清同治甲子年(1864)的《续修东湖县志》载:"峡之险匪一,而黄牛为最,武侯谓乱石排空,惊涛拍岸,剑巨石于江中。"又曰"神像影现,犹有董工开导之势,因而兴复大禹神庙,数千载如新"。

目前黄陵庙中尚存一块诸葛亮为重建黄牛庙而撰刻的《黄牛庙记》碑,碑文云:"……古传所载,黄牛助禹开江治水,九载而功成,信不诬也,惜乎庙貌废去,使人太息,神有功助禹开江,不事凿斧,顺济舟航,当庙食兹土,仆复而兴之,再建其庙号,目之曰黄牛庙。"

1985 年,对黄陵庙内的禹王殿进行大修期间,出土了唐代莲花瓣石柱础残片数块,花瓣硕大,似金柱础,同时出土两件完整莲花瓣石柱础,做工规整,似可证明唐代曾重建过黄陵庙。北宋欧阳修于 1036 年 10 月至 1038 年 3 月在夷陵(今宜昌)任县令时,留有《黄牛峡词》:"石马系祠前,山鸦噪丛木,……朝朝暮暮见黄牛,徒使行人过此愁!"

宋孝宗乾道六年(1170)十月初九,陆游在《入蜀记》中云:"……九日微雪,过扇子峡……晚次黄牛庙,山复高峻,村人来买茶菜者甚众。……传云,神佑夏禹治水有功,故食于此。门左右各一石马,颇卑小,以小屋覆之,其右马无左耳,盖欧阳公所见,……欧诗刻庙中。"

1986年,在翻修禹王殿前十二级石阶时,于左边象眼石中拆除石马头一个。马头仅存顶部、眼睛、鼻子、嘴巴、脖子及马铃,其他部位均被打凿成长条规整石材,作为象眼石砌在石阶的侧面,石马面部朝内。应是欧阳修当年所见石马无疑。

《东湖县志》卷二十六载:明洪武初,正式封黄牛庙所祀之牛为神,永乐壬寅(1422)年冬,佥事张思安按部夷陵(今宜昌),闻黄陵江石滩群虎为害,当地设井捕获十有三焉,遂率夷陵守汪善并拜之,感谢黄陵神之灵应默佑斯民,并撰《黄陵神灵应碑记》。

同治末年(1874),清典史黄肇敏因专事制作峡江纪游图,于黄陵庙撰刻《游黄陵庙记》,记中云:"考诸古迹,今庙之基,即汉建黄牛庙之遗址也。庙遭兵焚,古碣无存,迨明季重建,廓而大之,兼奉神禹,盖嫌牛字不敬,故改为黄陵……"又曰:"殿供大禹,楹楚镌万历四十六(1618)旧州人建,旁有断碑仆地,拂尘读之,乃黄陵神赞颂,正德庚辰(1520)南太仆少卿西蜀刘瑞撰,后殿供如道教老子像,云即黄陵神也,座侧立一牛,木质。尝闻国朝宋琬题楹贴云:奇迹著三巴,圭璧无劳沈白马,神功符大禹,烟峦犹见策黄牛,今亡矣。后又一殿,供释迦牟尼像。"据此而知,明正德年间,黄陵庙尚存,不知毁于何时,故明万历四十六年重建,且屹立至今。

据上述所载,以及维修过程中发现的遗物、遗迹证明,黄陵庙的确历史悠久,始建于汉代当无问题[③]。

5.建筑兴毁及修葺情况。庙始建于汉,后毁。唐大中元年(847)复建。现仅存明万历四十六年(1618)重修的禹王殿、武侯祠等。

6.建筑特征及其原创意义。黄陵庙的占地面积不是很大,建筑也不多,但却有一定的布局,特别是其主要建筑是见证长江特大洪水的实物资料,在长江水文考古史上有其重要的地位。黄陵庙的内部建筑大体分为主轴线建筑和附属建筑两大部分:

一、主轴线建筑

黄陵庙坐南偏西40度,庙主轴线上的建筑有山门、禹王殿、屈原殿、祖师殿(亦谓佛爷殿),分别建筑在逐级升高的四个台地上,各台基相距高度2米左右。

山门 山门建筑在海拔75.56米的江边台地上。宋代尚见有两匹石马的山门,清嘉庆年以前为"敕书楼",嘉庆八年(1803)重庆府事赵田坤见敕书楼中殿宫墙因多年风雨侵蚀而崩塌,宦囊乐输倡导重修,将敕书楼中殿改建为戏台,并撰刻"万世流芳碑记",至今尚存庙中。

《东湖县志·艺文志》载,清人王柏心于同治甲子年(1864)撰写的《补修黄牛峡武侯祠并造像记》中,通篇言及补修武侯祠和装治旧像等,只字未提山门毁于洪水或重修山门之句。这从一个侧面说明了山门在建成后经受了1860年长江特大洪水的考验。但从黄陵庙现存的1874年黄肇敏所刻《游黄陵庙记》中"至庙,山门已圮,盖同治九年为水所浸,碎瓦颓垣堆积盈地"的记载,可以推测出黄陵庙的山门应该是毁于同治九年(1870)即老庚午年长江特大洪水。

黄陵庙现存山门为清光绪十二年(1886)冬季重新修建的,为穿架式砖木结构建筑,山门外尚有石阶三十三步又十八级,寓意三十三重天和十八层地狱。

禹王殿 该殿是黄陵庙现存建筑群的主体建筑,修建在比山门地基高19米的台地上,为重檐歇山顶,穿斗式木结构建筑,八架椽屋。原为灰筒、板瓦屋面,面阔进深均为五开间,面阔18.44米,进深16.02米,柱网面积295.4平方米,台明高19米,通高17.74米。占地面积4000平方米。梁枋上刻记有:"皇明万历戊午孟冬吉旦奉直大夫知夷陵州事豫章吴从哲征事郎判官将事郎吏目三源候应得本镇善士……同建"。大殿金柱柱础上圆额小碑,俗称七寸碑刻字还隐约可见,横批是:"永远万世",竖刻为"大明园湖广荆州府归州信士万历四十六年□月"。殿正面下檐匾额为阳刻"玄功万古"四字,落款是"崇祯岁次辛巳年季春月敕日立惠王题",上檐匾额阴刻"砥定江澜"四字,落款是"乾隆十四年岁冬己巳觉罗齐格题并书"。

1983 年,在拟定对黄陵庙禹王殿进行大修的同时,古建筑专家们对该殿进行了科学的勘测和论证,指出"据殿内梁额上的题字,它于明万历四十六年(1618)重建,清雍正、乾隆、光绪年间多次重修,在光绪十七年进行过较大规模的翻修,其主要构架和上檐斗拱仍然是明代的遗存……结构简练明快,用材经济合理,是明代末期较好的建筑"。"一座单体建筑主要以台明、木构架、屋顶三部分组成……大殿三大组成部分是完整的明代原物"。

从黄陵庙现保存的遗物、遗迹、水文碑刻、史志记载、民间传说中也可以证明禹王殿根本没有被特大洪水冲毁。

禹王殿内三十六根楠木立柱均保存有 1870 年水平一致的洪水澄江泥痕迹,且高达 37 米。水淹波及阑额,下檐"玄功万古"匾被淹浸 47 厘米,立柱黑黄分明,未被洪水淹浸的上端为黑色,即本色;被洪水淹浸过的下端为淡黄色,且澄江泥至今尚敷着在立柱表面的裂缝之中。据水利部长江水利委员会的专家们介绍,1870 年长江特大洪水的水位为海拔 81.16 米,秒流量 11 万立方米。1985 年维修中,经科学测量,确认大殿内三十六根楠木立柱上的水浸痕迹是长江三峡 1870 年特大洪水水位的历史记录。1985 年,对禹王殿维修油饰过程中,考虑到其在长江水文历史上的重要地位,特别于殿内东北角保留了两根立柱未做油漆,作为重要的水文文物标志予以保护。

屈原殿 1860 年洪水未涉及此殿,1870 年洪水进殿水深 1 米。此殿建筑在比禹王殿基高 27 米的台地上,清雍正年间已有该殿,咸丰、同治年间重修过,抗日战争时期被国民党三十军所部拆毁烧了。

祖师殿 又称佛爷殿,1870 年洪水若再涨三步台阶即 50 厘米,水将进入此殿。该殿建筑在比屈原殿基高 15 米的台地上,据《游黄陵庙记》,此殿始建于明代,且明朝历代皇帝多信奉道教。毁败情况同屈原殿。

据 20 世纪 40 年代在庙里当过和尚的杨昌明老人(本地人,1995 年去世)讲:抗战前,庙里主持名宽德,日本人占领宜昌,国民党军队退到庙里驻防,把和尚都赶走了。禹王殿因为存放军粮马料未拆毁,屈原殿和佛爷殿都被拆毁烧了。老庚午年(1870)洪水大得很,屈原殿齐腰深的水,若再涨三个阶檐坎,就淹到佛爷殿了。

二、附属建筑

武侯祠 坏于 1860 年洪水,毁于 1870 年洪水。该建筑是后人为纪念诸葛亮重建黄牛庙的功德而修,始建年代不详。据《东湖县志·艺文志》载,明末祭祀诸葛亮于禹王殿内大禹像背后,武侯像是巾帼英雄秦良玉(1574—1648)造,清乾隆三十五年(1770)前便已有武侯祠了,乾隆五十二年(1787)重修,清人王柏心在《补修黄牛峡武侯祠并造像记》一文中记载得极其确凿:"……咸丰庚申(1860)夏,泯江大溢,祠中水深丈许,缭垣尽圮,像亦剥落不全。"故于同治三年(1864)郡守聂光鉴会同本任金大镛"已醵金若干,付主者令装治旧像,补完如初,其橼瓦穿漏者易之,其墙石之颓□者□之,丹青庙貌,将悉还旧观……"同治三年(1864)补修的武侯祠则被 1870 年大水彻底冲毁,祠内壁嵌光绪十三年(1887)罗缙绅所撰刻的碑记中有:"光绪二年创高救生船只,沿江上下拜禹庙及武侯祠肃然起敬,因咸丰庚申同治庚午两次水灾倒塌不堪,缙绅目击心伤……。"

武侯祠为清光绪十二年(1886)罗缙绅重建,原本倚靠在禹王殿左侧台明处,正与禹王殿前檐基本成一条线,基础比禹王殿基低70厘米。建筑占地155.6平方米,面阔12.2米,三开间,进深12.58米,四间,穿架式砖木结构,单檐硬山顶,小青瓦屋面,通高9.6米。

1983年对禹王殿拟定维修方案时,专家们鉴于武侯祠紧连大殿,既破坏了大殿凝重壮观的形象,又妨碍大殿搭架施工,故将武侯祠原物迁建到大殿后东北角,另成轴线。该建筑占地160平方米,祠内表现三国历史故事的塑像和壁画惟妙惟肖,悬挂飘拂的帷幄中羽扇纶巾的诸葛亮坐像,再现了诸葛亮足智多谋的形象。

玉皇阁 经过咸丰十年、同治九年两次大水,阁貌已倾颓无存。此阁原建筑在黄陵庙左侧,相距200米,俗称"小庙",黄陵庙则为"大庙"。阁基比禹王殿低42厘米。现在庙内的光绪十九年(1893)《重修玉皇阁落成序》碑中云:"夷陵上游九十里,有玉皇阁者,系黄牛辅之伟观,宫殿巍峨与黄陵庙并传不朽,至今百有余年……。"

由此可知,此阁兴建年代至迟在清乾隆年间,经过咸丰十年、同治九年两次大水"神像则漂流几尽,庙貌则倾颓无存"。而阁后尚存咸丰四年(1854)和尚墓,该墓为石质宝塔形,它经历了1860年、1870年两次大洪水而未倾覆。

光绪十九年(1893)重修的玉皇阁于1954年毁于白蚁危害,阁址尚存。黄陵庙明清两代古建筑保留下来的1860年、1870年长江洪水水位的记录与庙内现保存的1874年黄肇敏撰刻的《游黄陵庙记》、1887年的《钦加提督衔湖北宜昌总镇都督府管带水师健捷副营乌珍马巴图鲁罗缙绅功德碑》和《重修玉皇阁落成序》等水文碑刻中洪水记载相一致。《宜昌府志》《东湖县志》洪水记载与黄陵庙古建筑保留的遗物、遗迹和历史水文碑刻记载也基本吻合。

黄陵庙是三峡地区一处重要的历史文化遗产,1956年湖北省人民政府公布为湖北省第一批重点文物保护单位。

8.关于建筑的经典文字轶闻。宋朝文学家欧阳修任夷陵(今宜昌)县令时,只信禹王开山之功,不信神牛触石之说,将"黄牛庙"名改回为"黄陵庙"。为此,他还特地写了《黄牛峡祠》:"江水东流不暂停,黄牛千古长如故";"黄牛不下江头饮,行人惟向舟中望"。[3]对于欧阳修的这一见解,苏东坡是表示赞成的。同样,他也写了一首题为《黄陵庙》的七言古风,诗云:"江边石壁高无路,上有黄牛不服箱。庙前行客拜且舞,击鼓吹箫屠白羊。山下耕牛荒碌确,两耳磨崖四蹄湿。青刍三束长苦饥,仰看黄牛安可及。"以述己见。名诗传千古,黄陵庙也就更加名扬四方了[4]。

参考文献

①《水经注·江水篇》。
②(明)杨时伟:《诸葛忠武书》。
③《欧阳忠公集》卷一。
④《东坡全集》卷八五。

四、绍兴禹王庙

1.建筑所处位置。绍兴禹王庙又称禹庙,在浙江省绍兴市的禹陵乡禹陵村,坐落于会稽山麓。北距市区约5千米。这是后人为祭祀远古时期著名的部落联盟首领大禹而修建的一处古代祠堂建筑群。现在,它和旁边的大禹陵一起,已被国务院列为全国重点文物保护单位。

2.建筑始建时间。前 2025 年①。

3.最早的文字记载。岣嵝碑。碑文据明代学者杨慎考证,为夏代文字,即蝌蚪文,内容为记载治水经过②。

4.建筑名称的来历。禹庙紧靠禹陵。庙因人名。

5.建筑兴毁及修葺情况。禹庙与禹陵相邻,据史籍记载,夏启和少康都曾修建禹庙,但遗迹已难辨考。现存禹庙始建于南朝梁大同十一年(545),后经历代修葺扩建,到明代已颇为壮观。除大成殿为 1934 年重建外,禹庙的主体结构都还保持清代早期的建筑风格。

6.建筑特征及其原创意义。大禹庙和大禹陵背靠会稽山,前临禹池,左右两侧小山分列,陵墓选址符合古代堪舆学说。禹陵古称"禹穴",其建筑"穿地深七尺,上无泻泄,下无流水,坛高三尺,土阶三等,周围方一亩"③。这与我们今天看到的墓地地形有相似之处。

禹陵入口处为一条百米青石甬道,甬道尽头建有一座禹陵碑亭。亭内 4.10 米高的碑石上刻着"大禹陵"三个鲜红夺目的大字,此系明代嘉靖年间会稽郡守南大吉所书。碑亭斗拱环侍、翼角昂然,饰以砖雕彩绘。亭周古槐幡郁、松竹苍翠,清雅幽静。碑亭右侧还建有一座六角重檐石亭,名曰"咸若亭",俗称"鼓乐亭",系明代所建。左侧尚立有"禹穴辨碑亭",碑文记述了有关禹穴的来历,对大禹所葬之地做了考证,此文系"西泠八家"之一丁敬所作。碑亭南侧的陵殿和禹祠是在原有旧址上重建的,粉墙黑瓦,古朴庄重,建筑风格富有绍兴特色。

坐北朝南的绍兴禹王庙依山而建。各类殿堂和配房高低错落,井然有序。殿宇之间,布列着花木、台阶、甬道和广场,气氛庄严而肃穆。在它的中轴线上,由南向北,依次安排着照壁,岣嵝碑亭,棂星门,午门,祭厅和大殿。两侧分列着东、西配殿和御碑亭等建筑。

高大宽厚的照壁,位居禹王庙的最南端。照壁下中,浮雕有"贪兽顾日"的图案,体现了大禹治水有方,为民造福的历史功绩。重建于清代雍正十三年(1735)的午门,是一座单檐歇山式的建筑物。面宽三门,11.6 米;进深 7.05 米。三扇大门上,分别安有七行门钉。祭厅也称拜厅。它的结构与午门相同。这是历代皇帝和政府官员祭祀大禹的地方。在两侧的配殿中,保存有明、清碑刻三十余座。碑文均是对大禹的颂词。

大殿,又名正殿、禹王殿。重檐歇山顶。这座大殿高、宽各为 24 米,深 22 米。重建于民国 23 年(1934)。为钢筋混凝土仿木结构。在屋脊上,用石灰堆塑出龙凤图案。在屋顶上,悬挂着"地平天成"的横匾。这是清朝康熙皇帝在康熙二十八年(1689)巡幸时题写的。殿内设有神龛。神龛中供有高达 6 米的大禹全身立像。在神龛背后的墙壁上,绘有九斧宸图,象征着大禹治理了九州洪水。神龛之前有一副康熙皇帝题写的对联:"江淮河汉思明德,精一危微见道心。"

在绍兴禹王庙中,还保存着许多十分珍贵的文物。

御碑亭,位于大殿之前。亭中的石碑上,刻有着清代乾隆皇帝亲笔所书歌颂大禹的诗文。

岣嵝碑。位居东、西辕门之间。这块碑石原来安置在湖南省衡山的云密峰上。因为衡山又叫岣嵝山,所以石碑也被叫做岣嵝碑。碑高 4 米、宽 1.9 米。碑文 6 行,凡 77 字,字体奇特。相传为大禹述事碑,故又称"禹王碑"。从字面上看,碑文是对大禹功绩的歌颂。但是,碑文的文字不是蝌蚪文,也不是隶书和草书。据记载,现在的这块岣嵝碑,是明代的嘉靖二十年(1541)由绍兴知府张明道依照岳麓书院的藏本复刻的。

窆石亭。位于大殿东南侧的小山坡上。亭内保存着一块怪石:形似秤锤,上小下大,顶有圆孔,人称窆石。这块窆石高 2.06 米,底边周长 2.3 米,石上布有历代题写的文字,其中最早的汉篆题刻于顺帝永建元年(126)。因年代久远,有些文字已经模糊不清。从宋至清代有许多金石考古学家如王顺伯、翁方纲、阮元、俞樾等都对它做过考证,鲁迅先生也曾撰写《会稽禹庙窆石考》一文。

人们在窆石旁还可看到两块碑石,上书"石纽"、"禹穴"。传说大禹出生于西羌石纽村,葬于会稽,故有此二碑。历史上相传禹以姒姓,至今大禹陵一带还生活着姓姒的居民[④]。

7.关于建筑的经典文字轶闻。在浙江省绍兴东北 6 千米大禹陵附近,有一个禹陵村。村民姒姓,为大禹后裔。4000 年来该家族一直以守护大禹陵为历史使命。《绍兴日报》2006 年 4 月 3 日有关于禹陵村正式对外开放的报道,其开篇有一段话:"一个古老的氏族,历 4000 余年不易其姓而绵绵不绝,聚居一地且世系历历可数,被人尊之为"天下第一村。"作为全国独一无二的"守陵文化"的传承和创造者,耗资 7000 多万元整修后的禹陵村,向世人展示了大禹"姒"姓宗族古老而淳朴的历史文化脉络。该村现已作为旅游景点对外开放。村中有:禹陵村记、古戏台、禹祀馆、宫河埠头、禹裔馆、禹会茶馆、村碑石等游览处所,更有古色古香的禹裔住宅。

参考文献

①此依据《夏商周断代年表》和《夏朝帝王谱》推定。司马迁《史记·夏本纪》载:"禹会诸侯江南,计功而崩,因葬焉,命曰会稽。"

②(明)杨慎:《升庵集》。

③(明)杨奂:《山陵杂记》,见《说郛》卷二七。

④沈建中:《大禹颂》,浙江人民出版社,1995 年。

(六)志渠

渠始创于夏。《汉书·沟洫志》:"禹以为河所从来者高水湍悍难以行平地。数为败,乃厮二渠以引其河。"

渠,指水渠。也就是沟洫。在夏代,禹是一个"尽力乎沟洫"的君王(《论语·泰伯》)。《史记》首设《河渠书》,足见其重要。盖因人工开凿运河、水渠,为的是利漕运和利灌溉。虽然河、渠不像通常所说的建筑那样和人的栖息息息相关。但在古代中国,其交通地位和对农业的重要性是不言而喻的。其关系国计民生匪浅。

志河渠第六

灵 渠

1.建筑所处位置。灵渠位于广西壮族自治区兴安县城东南部,是我国古代水利工程的杰作,是世界上最古老的人工运河之一。

2.建筑始建时间。建成于前 214 年。

3.最早的文字记载。"又利越之犀角象齿,翡翠珠玑……使监禄无以转饷,又以卒凿渠而通粮道"。①"灵渠源即漓水,在桂州兴安县之北,经县郭而南,其初乃秦史禄所凿,以下兵于南越者。②"

4.建筑名称的来历。又名湘桂运河、兴安运河,俗称陡河。

5.建筑兴毁及修葺情况。公元前221年秦王嬴政灭六国。为巩固政权,始皇发兵五十万分五路大举进攻岭南。因山路崎岖,粮草不济而久攻不下。于是令史禄凿灵渠以通粮道。史禄率众四经寒署,终于凿渠成功。灵渠对维护国家统一、促进中原与岭南经济文化交流作出了重要贡献。灵渠是国家重点文物保护单位,是兴安最重要的景点。该渠修成后,汉代马援将军的南征之师曾通过该渠转输粮草,唐代宝历年间观察使李勃曾立斗门以通漕舟;宋初,计使边翊始修之。嘉祐四年(1059),提刑李师中领河渠事重辟,发包近县民夫1400人,作34日,乃成③。

6.建筑设计师及捐资情况。秦国监禄无以主持,国家投资。灵渠虽为中国古代伟大的水利工程,但时至今日,其规划设计者为谁仍未弄清。关于该项工程最早的文献记载是《淮南子·人间训》,书上说秦始皇二十八年(前219)布置重兵进击岭南,"使监禄无以转饷,又以卒凿渠而通粮道"。司马迁《史记》秦始皇本纪上则说:"又使尉佗、屠睢将楼船之士南攻百越,使监禄凿渠运粮"。按《淮南子》文,则"监禄无以"只管转饷,而凿渠系朝廷另外安排。到太史公手里,负责转饷的监禄则不仅运粮而且凿渠。到了宋代,欧阳修主笔的《新唐书·李渤传》中则"监禄"变成了"史禄"。其原文曰:"桂有漓水,出海阳山。世言秦命史禄代粤,凿为漕……"。

《宋史·河渠志七》"广西水"条也明确写道:"其初乃秦史禄所凿,以下兵于南越者。"则"史禄"之名乃欧阳修所定无疑。笔者以为灵渠设计师当以《淮南子·人间训》为据,即监禄无以。

7.建筑特征及其原创意义。灵渠分南北两渠,主要工程包括铧嘴、天平、渠道、陡门和秦堤。铧嘴,又名铧堤,是劈水分流的工程,四周用条石叠砌,中间用砂卵石回填。前锐后钝,形如犁铧。长90米,宽22.5米,高5米。

天平分大、小天平和泄水天平,是自动调节水量的工程,紧接在铧嘴之后,两侧分别向南北伸延,和分水塘两岸相接,与铧嘴合成"人"字形。用条石砌成,有内堤和外堤,内高外低,成斜坡状。大天平在北侧,长344米,宽12.9~25.2米;小天平在南侧,长130米,宽24.3米。平时拦河蓄水,导湘江上游来水入渠道,保证渠道里有足够的水通航;汛期,多余的水越过堤面泄入湘江故道,保证渠道的安全流量。既可拦水,又能泄洪,不用设闸起闭,能自动调节水量,保持渠水相对平稳。泄水天平有4处,南渠3处,北渠1处,采用侧堰溢洪控制入渠流量,或用石筑堤障阻故道使蓄水缓缓而进,保护渠堤安全。

渠道是灵渠的主体工程,分南、北两渠。南渠从南陡口引水入渠,向西北经兴安县城、大湾陡、铁炉陡,连接始安水,入灵河,折向西南经青石陡与石龙江、螺蛳水、大溶江汇合,进入漓江。全程33.15千米。从南陡口到大湾陡一段为劈开三道土岭的山麓挖出的渠道,一面靠岭脚,另一面靠人工筑砌的堤岸维护。自大湾陡至铁炉陡一段则凿通太史庙山,形成深陷的渠槽。铁炉陡以下利用自然河道拓展改造而成。渠道水面宽6~50米,水深0.2~3米,利用陡闸,足可行船。北渠开挖在湘江河谷平原上,几乎与湘江故道平行。由大天平拦水入渠,作S形行进,至高塘村对面汇入湘江,流程3.25千米。

灵渠设陡闸,是为了提高水位,蓄水通舟。陡门设置在渠道较浅、水流较急的地方,分布于南北二渠。陡门较多的时期是宋、明两代,最多时有36陡,其中南渠31陡,北渠5陡,至今仍有遗址可查。陡门都用方形石块叠砌而成,两岸相对作半圆形,弧线相向。陡堤上凿有搁面杠的凹槽,一边堤根有搁底杠的鱼嘴,水底铺鱼鳞石。塞陡用竹箔。船来之时,先架陡杠(包括面杠、底杠和小杠),再将竹箔逆水置在陡杠上,等水位升高到可以行船时,将陡杠抽去,船就可过陡门,使往来船只"循崖而上,建瓴而下",出现爬山越岭的奇观。陡门最宽者6.8米,最窄者4.7米,大部分在5.5~5.9米之间。

8.关于建筑的经典文字轶闻。游览灵渠,先要看分水塘的铧嘴观澜。分水铧嘴的石坝伸入江心,在分水塘这个地方,将湘江上游的海洋河一分为二,使其十分之三的水流入了漓江,十分之七的水进入了湘江。这就是人们所说的"三分漓水七分湘"。

参考文献

①《淮南子·人间训》。
②《宋史·河渠志》。
③《旧唐书·李勃传》、《宋史·河渠志》。

(七)志桥

史载黄帝"变乘桴以造舟楫"(《拾遗记》卷一)。《汉书·文帝纪》"诽谤之木"条下注:"服虔曰尧作之桥梁。"《史记》则记载商纣王已有钜桥(《殷本纪》)。而浮桥之发明则始于周文王时。依据是《诗》"造舟为梁"注:"郑氏曰天子造舟,周制也。殷时未有此制。孔子曰文王始作而用之。"

江苏常州武进淹城遗址20世纪60年代曾经出土两条独木舟。现存中国历史博物馆。独木舟当是原始先民主要的水上交通工具,其技术形态较原始。也可能是桥的最早形态。《诗经·大雅·大明》中有"亲迎于渭,造舟为梁"的记载。周文王造舟为梁,时间约在前1134年。这可能是我国见于文字记载的浮桥建造之始。当然,这桥是浮桥。周赧王二十八年(前287)秦始作浮桥于河(《春秋后传》)。这时已经可以在黄河上架设浮桥了。

志桥第七

一、钜桥

1.建筑所处位置。位于今河北省曲周县东北,跨漳水。

2.建筑始建时间。建于殷代(前11世纪),是座木梁桥,也是我国有记载的最早的桥梁。

3.最早的文字记载。帝纣"厚赋税以实鹿台之钱,而盈巨桥之粟"①。"衡漳又北,迳钜桥邸阁西,旧有大染横水,故有钜桥之称。昔武王伐纣发钜桥之粟,以赈之饥民"②。

4.建筑名称的来历。不详,当因桥之体量超常,故国人呼之以巨。

5.建筑兴毁及修葺情况。不详。但据前引《水经注》可知郦道元时桥虽不存,但邸阁还在。

6.建筑特征及原创意义。据上古史料推测,巨桥的巨可能一在长度,二在桥头邸阁的高度。邸阁当是商纣储备粮食的仓库。

7.关于建筑的经典文字轶闻。具有讽刺意味的是商纣在邸阁储备的粮食,周武王打下朝歌后正好在这里把粮食散发给饥民。

参考文献

①《史记·殷本纪》。

②《水经注·漳水》。

二、祁宫桥

1.建筑所处位置。位于今山西省曲沃县西南,跨汾水,木梁桥。

2.建筑始建时间。前557—前531年。

3.最早的文字记载。师旷批评晋平公正在修建的虒祁宫是"今宫室崇侈,民力凋尽"①。另:"(今山西侯马)中地土广,西约于汾……汾水西迳祁宫北,横水有故梁,截汾水中,凡有三十柱,柱径五尺,裁与水平,盖晋平公(前557—前531)之故梁也。物在水,故能持久而不败。②"

4.建筑名称的来历。按春秋时期列国国君竞筑高台离宫以相夸耀。晋平公曾经要和楚灵王的章华台竞赛,在汾水边上盖造了著名的虒祁宫。该桥疑即是虒祁宫的配套建筑。

5.关于建筑的经典文字轶闻。"叔弓如晋,贺虒祁也。游吉相郑伯以如晋,亦贺虒祁也。史赵见子太叔,曰:甚哉,其相蒙也!可吊也,而又贺之。子太叔曰:若何吊也?其非唯我贺,将天下实贺。③"

参考文献

①③《左传·昭公八年》。

②《水经注·汾水》。

三、蓝桥

1.建筑所处位置。位于今陕西省蓝田县东南50里的兰峪水上。

2.建筑始建时间。建于春秋战国时期。

3.最早的文字记载。"尾生与女子期于梁下,女子不来,水至不去,抱柱而死"①。这是苏秦以尾生的守信而游说燕王的故事。成了中国桥梁发展史的有力佐证。因为能让人抱柱而死的桥一定是梁柱式桥,并且是木梁木柱桥,粗大的石柱是抱不住的。

4.建筑名称的来历。当因桥架蓝峪水上而得名。

5.关于建筑的经典文字轶闻。晚唐的温庭筠有诗曰:"尾生桥下未为痴,暮雨朝云世间少。②"赞美男子忠于爱情约言,值得称许。

顾颉刚先生对该故事作了地理学的解释:"此故事甚简单。尾生与女子期于梁下,梁者桥也,卑暗之地便于幽会。北方河道深浅不常,平日涓涓之流仅河中一线,不难揭衣而涉。梁架其上,柱下九成尽陆地;一旦秋水暴至,或雨后山洪突发,人苟不登高岸即有灭顶之灾。尾生与女子期会于是,水至本当疾趋岸上,徒以守信不肯去,遂至抱柱而死。其人虽行涉佻达而爱出至诚,故此事一经传播,时人美其守死善道之精神,直以曾参辈之苦行比而称焉。③"顾先生此论最精彩的是结尾一句:"直以曾参辈之苦行比而称焉。"这是批《战国策·燕策一》"信如尾生,廉如伯夷,孝如曾参,三者天下之高行"而言。尾生之信,确实能和伯夷、曾参的廉孝相比。其实非但能比,且等而上之,更具人生的真美、大美。

参考文献
①《庄子·盗跖》。
②《答段柯古见嘲》,《温飞卿诗集笺注》卷九,中华书局,1963年。
③顾颉刚:《史林杂识初编》,中华书局,2005年。

四、渭水三桥

1.建筑所处位置。中渭桥位于今陕西省咸阳市窑店乡南的古渭城。

2.建筑始建时间。秦昭王时,前306—前251年。

3.最早的文字记载。"始皇穷极奢侈,筑咸阳宫,因北营殿,端门四达,以则紫宫,象帝居。渭水贯都,以象天汉;横桥南渡,以法牵牛。桥广六丈,南北一百八十步,六十八间,八百五十柱,二百一十二梁。桥之南北堤,激立石柱。①"

4.建筑名称的来历。秦时于渭水之上筑桥,名"渭桥"②。汉代又在秦造渭桥之东西渭河上各筑一桥。即东渭桥和西渭桥。东渭桥作于汉景帝五年(前152)三月,当时桥名"阳陵渭桥"。西渭桥造于汉武帝建元三年(前138)初。此桥与长安城西边南端城门章城门相对,而章城门又称便门,故又名便民桥③。

5.建筑兴毁及修葺情况。该桥初建于秦昭王,因"秦于渭南有兴乐宫,渭北有咸阳宫。秦昭王欲通二宫之间,造横桥长三百八十步"④。汉代仍袭秦名。《史记》中有多处关于渭桥的记载。东汉末为董卓所焚,魏文帝曹丕重建,南朝宋刘裕入关时又毁,北朝后魏再建。北魏郦道元《水经注》中有对中渭桥结构、规模的记载。到了唐太宗贞观十年(636),中渭桥桥址东移约5千米,在今西安市正北⑤。

6.建筑设计师及捐资情况。其时秦朝主持修造始皇陵墓等大型工程者为李斯⑥。

7.建筑特征及其原创意义。是三座多跨木梁石柱桥,现均无存,但遗迹可考。"始皇……筑咸阳宫,因北陵营殿,端门四达,以则紫宫,象帝居。渭水贯都,以象天汉;横桥南渡,以法牵牛。桥广六丈,南北二百八十步,六十八间,八百五十柱,二百一十二梁。桥之南北堤,激立石柱。""柱南京兆主之,柱北冯翊主之。有令丞领徒一千人。桥之北首垒石水中。⑦"

8.关于建筑的经典文字轶闻。"桥北垒石水中,旧有忖留神像。此神曾与鲁班语,班令其出。忖留曰:'我貌丑,卿善图物容。'班于是拱手与语,曰:'出头见我。'忖留乃出首。班以脚画地。忖留觉之便没水。故置其像于水上。惟有腰以上,魏太祖马见而惊,命移下之。⑧"

唐人乔潭则描述了渭桥的壮丽繁盛景况:"自鸟鼠穴者,兹水广矣;依凤凰城者,兹桥壮矣。水朝巨海而不竭,桥通大路而居要。不然,自秦至我唐,六千甲子而犹存也……连横门,抵禁苑。

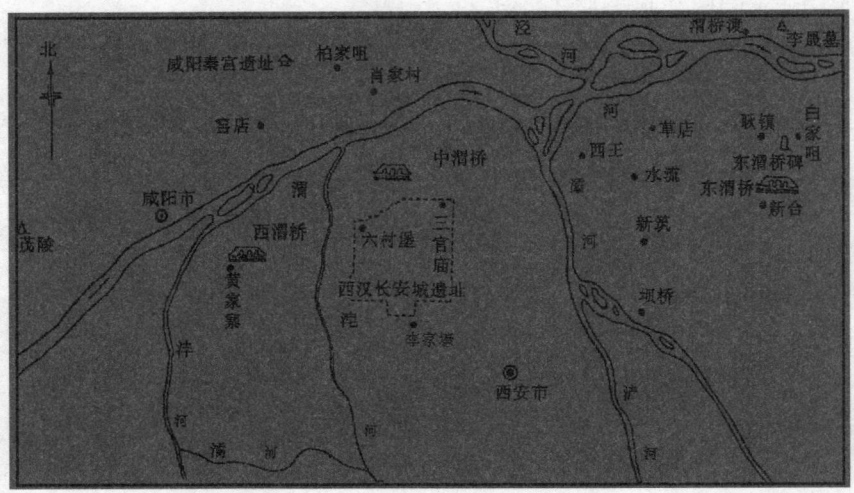

图 1-7-1 渭水三桥遗址分布示意图

南弛终岭商洛,北走滇池酆畤。济济有众,憧憧往来。车马载驰而不危,水潦起涨而转固。⑨"

参考文献

①《三辅黄图》卷一。

②《关中记》,(宋)王应麟《玉海》卷一七二《汉横桥》条引。

③此据《史记》《景帝本纪》和《武帝本纪》。

④⑧《括地志》。

⑤据(唐)佚名《三辅旧事》,清人张澍辑本。

⑥说详《中国历代名匠志》"李斯"条。

⑦(清)孙星衍辑:《三辅黄图》。

⑨《中渭桥记》,《全唐文》卷四五〇。

五、邯郸学步桥

1.建筑所处位置。位于河北省邯郸市区北关街,沁河公园西段。

2.最早的文字记载。《庄子·秋水》:"子独不闻寿陵余子之学行于邯郸欤?未得国能,又失其故行矣,直匍匐而归耳。"成玄英疏:"寿陵,燕之邑;邯郸,赵之都;弱龄未壮谓之余子;赵都之地,俗甚能行,故燕国少年远来学步。①"

3.建筑名称的来历。据文献记载,邯郸学步桥为赵国邯郸人据"邯郸学步"的典故在邯郸城内沁河上建的一座木桥。

4.建筑兴毁及修葺情况。明神宗万历四十五年(1617)改建为石拱桥②。

5.建筑特征及其原创意义。学步桥为联拱式三孔石桥,南北向,在4个桥墩上各有一个小拱桥,桥型别致新颖。全桥长35米,宽8.3米,通高4米。桥面两侧有护栏,上有人物、走兽浮雕。栏板浮雕人物,这在古桥装饰中比较少见。1987年邯郸市政府拨款,按原貌重修,并在桥北端立"学步桥"石碑,建"邯郸学步"石雕。

6.关于建筑的经典文字轶闻。本桥因"邯郸学步"这一典故而闻名于世。唐代大诗人李白曾有"东施来效颦,还家惊四邻,寿陵失本步,笑煞邯郸人"的诗句歌咏其事③。

参考文献

①(清)王先谦:《庄子集解》。

②邯郸县地方志编纂委员会:《邯郸县志》,方志出版社,1993年。

③《李太白全集》卷二,中华书局,1977年。

中国历代名建筑志

第二章

两汉时期名建筑

绪　论

汉代是中国历史上一个令人神往的朝代。中国的历史,许多东西都是在汉朝就定下来了的。比如,把孔子思想作为国民教育的主导思想,即所谓"罢黜百家,独尊儒术"。两千年间,总体没有大的改变。孔子思想始终是治国平天下的首选。又比如,中国的国土范围,也基本上就是汉朝定下的规模。至于行政管理体制,郡县制虽然创始于秦始皇,但真正推广完善还是自汉朝始。直到今天,我们还在实行郡县制。郡县制对中国后世的历史超稳态发展格局的形成,对于中华民族大一统意识的形成,都具有不可磨灭的贡献。

至于建筑,汉朝留下的建筑遗产也是琳琅满目,美不胜收。从与人民群众日常生活息息相关的建筑谈起,汉代墓葬出土文物中留下了大量的陶楼等民居建筑模型,具有浓郁的生活气息。汉代倡导以孝治天下,国人厚葬成风。由此也繁荣了该时代的墓葬文化。如原本用于作为城市或街区或住宅的标志物的阙,在汉代被大量应用于墓地神道前的装饰,出现了繁荣一时的阙文化现象。至于墓室的构造,建筑材料的选择,也是极尽奢华。如,扬州汉墓中著名的黄肠题凑木椁结构就是一例。汉代祠堂和墓室中出土的画像砖石、明器以及壁画,几乎可以复原汉代百姓的日常生活图景,包括日常使用的家具如榻、床、几、案、屏、帏帐、灯具等等。

如果我们把目光聚焦朝廷的建设项目,则汉代都城的建设,汉代宫殿的建设,汉代的宗教礼制建筑,汉代的长城建筑,汉代的园囿建筑,都是大气磅礴的建筑。就建筑技术层面言之,汉代的大木作技术广泛应用,无论是活人享用的宫殿还是安置死人的墓室,这种大木作技术都得到了广泛的成熟的应用。无论是考古发掘出来的实物遗存,还是汉赋类文学作品的精彩描绘,都足以令后世读者叹为观止!

汉代的营造活动,从一开始就显现出壮丽宏敞的艺术追求。当刘邦坐上宝座不久,萧何就开始了未央宫的营造。那座未央宫"因龙首山,制前殿,建北阙。未央宫周回二十二里九十五步五尺,街道周回七十里。台殿四十三,其三十二处在外,其十一在后宫。池十三,山六,池一,山一,亦在后宫,门闼凡九十五。"(《西京杂记》)大概宫殿的壮丽程度让刘邦看了也心里不安,故冲着萧何发了脾气:"天下匈匈,劳苦数岁,成败未可知,是何制宫室之过度也!"但萧何的回答却显露出大汉气象:"天子以四海为家,非壮丽无以重威,且无令后世有以加也。"(《汉书·高帝纪》)汉朝初年的皇帝还知道以亡秦的历史教训为戒,最典型的例子是汉文帝,"即位二十三年,宫室园囿狗马服御无所增益,有不便,则弛以利民。尝欲作露台,召匠计之,直百金。上曰:百金,中民十家之产,吾奉先帝宫室,常恐羞之,何以台为?"(《史记·孝文本纪》)但经过文、景两帝数十年的休养生息,发展到汉武帝的时代,国力开始富强。出现了太仓之粟腐烂不可食,铜钱塞满了国库,因年深日久没有动用,串钱的绳子都朽坏了的情形。这是富足的象征。于是,汉武帝便开始了他的大兴土木的工作。为了美化环境,他把老祖宗留下的宫殿如未央宫以及保存下来继续使用的秦始皇离宫都装饰一新。史书上说,他在装修未央宫时是极尽豪奢之能事。如"以木兰为棼橑,文杏为梁柱,金铺玉户,华榱璧珰。雕楹玉碣,重轩镂槛,青琐丹墀,左碱,右平,黄金为璧带,间以何氏珍玉,风至,其声玲珑然也。"(《三辅黄图》卷二)关于对秦始皇离宫的修缮和装潢,班固在他的《西京赋》中也有简略的描述:"前乘秦岭,后越九嵕;东薄河、华,西涉雍、歧,宫馆所历,百有余区。"到了桓、灵之际,国库储蓄已经不敷使用了,所以汉灵帝时为了修复被火烧坏的宫殿,只有"收天下田,亩十钱,以治宫殿。"利用增加农业税(田赋)的办法来集资建设宫殿(司马彪《续汉书》,见《太平御览》卷九〇四引)。至于建设帝王陵墓,费用也十分惊人。查阅汉代的文献,没有看到关于建设陵墓的费用说明,但《晋书·索靖传》却透露了一个重要的历史信息。书中记载靖子索琳回答晋愍帝关于汉代造陵费用时说,"汉天子即位,一年而为陵,天下贡献三分之,一供宗庙,一供宾客,一充山陵。"查汉代后期诸帝,为造陵事而遭直臣极谏者不少,如汉成帝时造昌陵,因劳民伤财,就遭到刘向的批评(《汉书·楚元王传》)。

秦汉时期,可以说是中国古代建筑的第一个高峰。诚如傅熹年先生所总结的:汉代建筑中,宫城占据着最主要地位,其他建筑只能插空当布置,虽然突出了皇权的至高无上,但难免显得凌乱。在建筑组群布局上,汉代是以高台为核心的聚集式布局。在单体建筑设计方面,汉代建筑是以直柱、直檐口、直坡屋面等构成的端严雄强的建筑风格(五卷本《中国建筑史》第二册)。

西汉时期就已经出现富有阶层建造私家园林的热潮,其中最具代表性的是富人袁广汉位于北邙山下的园子。东汉则富有阶层竞造第宅,代表人物有梁冀。可参看《中国历代名匠志》。

汉代民居有一种新的形式,就是坞堡。这种形式的民居有很强的防御功能。一直延续到南北朝时期。

台式建筑,至汉代尤受欢迎。汉昭帝"元凤二年,于淋池之南起桂台,以望远气"。(《拾遗记》卷六)汉文帝为了迎接美人薛灵芸,曾经在经过之路旁"筑土为台,基高三十丈,列烛于台下,名曰烛台。远望如列星之坠地"。则这时的高台建筑已经不能和春秋战国前后比较了。充其量只是取悦女人的一个小摆设而已。至三国魏晋时期,台式建筑已经发生很大变化。变化之一是台已经不高了,如魏明帝起凌云台,其高才十三丈。变化之二是已经变土为木了,即主要建筑材料为木料;其三,建台目的单纯为了游观。

(一)志祠

祠,最初的意思是祭神的专用名词。后来逐步演化为祭神的场所。再后来演化为祭祀祖先的场所,或祭祀先贤的场所。一般称祠堂,或祠宇。也有称祠寺的。祠堂实际是从远古的宗庙制度发展下来的。在秦始皇之前,从天子到官员到师保,家里都是可以建宗庙的。那时也是可以称庙的。秦始皇为了达到尊君卑臣的目的,不允许庶民营造宗庙。虽然秦祚短暂,但汉代在很多方面都沿袭了秦的做法。因此,汉代人不再建造家庙,而是直接在墓地前营造祠堂。成为一代风气。(详参宋人《司马温公文集·文潞公家庙碑》)征诸文献,中国古代的宗庙起源甚早。实际上从虞舜时已经有了宗庙,不然,也就不会诞生舜这个大孝子。也就不会有孝顺的理念。从王国维先生始开风气,学者们根据出土的金文铭文研究商周两代的庙制。就说明早在商代以前就有宗庙存在(详参刘源《商周祭祖礼研究》,商务印书馆,2004年;刘正《金文庙制研究》,中国社会科学出版社,2004年)。

汉代重视祠堂建设,是一代风气。据研究,汉代的祠堂实际上也有祠墓分离的情况存在。如《汉书·龚胜传》上记载拒绝和王莽合作的龚胜在绝食前叮嘱后人:"衣周于身,棺周于衣。勿随俗动吾冢,种柏,作祠堂。"从一贯主张简约,反对奢侈的龚胜临绝食前所说的话,不难看出,当时的社会风气都是重视厚葬,并重视在墓地造作祠堂的。龚胜担心儿孙厚葬,并且在墓地造祠堂祭祀,给盗墓贼提供线索。因此坚决反对在墓冢旁栽柏树,造祠堂。

中国的祠堂,在秦代和西汉初年,由于受秦朝法律的影响,家庭规模一般都不大。约同于后世的三口之家(因为子女多了不分家,就要缴纳双倍的赋税)。因此,墓葬也通常是单体墓葬,祠堂也是一墓一祠。但到了西汉中期,情况发生了变化,大家庭几代聚居在提倡以孝治天下的时代风气中得到了鼓励。于是,出现了一祠多墓的新格局。位于山东省嘉祥县著名的武梁祠就是一个规模很大的家族墓祠。

汉代以后,实际上祠庙并提的情况很多。直到今天,许多名人的纪念场所或称庙,或称祠。基本是一回事。

志祠第八

一、武梁祠

1.建筑所处位置:山东省嘉祥县纸坊镇武翟山北麓。

2.建筑始建时间:汉桓帝建和元年(147)[①]。

3.最早的文字记载。一是最早的刻石文字。见祠前西阙铭文。一是金石学家最早的记载[②]。

4.建筑名称的来历。因该祠重要主人之一的武梁德高望重而得名。

5.建筑兴毁及修葺情况。武梁祠始建于东汉桓帝时期。因为主体部分是石构,上面有画像。因此在北宋时期就得到了欧阳修父子的关注,到稍后的金石学家赵明诚手里,拓片资料的收集就大体齐全了。欧阳修的《集古录》和他儿子欧阳斐的《集古录目》加上赵明诚的《金石录》记录了宋代武梁祠墓前石室的画像等情况。三位宋代金石学家的笔下都没有提及武梁祠遭破坏的事情。武梁祠初毁于元至正四年(1344)的大洪水。洪水冲毁了该家族墓群的所有祠堂。并将其掩埋于土中[③]。这种情况直到乾隆四十二年(1777)还是这样"久没土中,不尽者三尺"[④]。首批武梁祠画像石的出土时间是乾隆五十一年(1786)。当时的发掘工作由考古学家黄易负责进行。发掘出来的画像石都是被洪水冲散的。因此,就有一个如何恢复墓地前的祠堂也即石室的问题。他根据出土材料、原石形状、相应的文献记载、同时代的参照物四个要件进行恢复尝试[⑤]。复原工作做得很有成效。稍后的另一位对武梁祠进行复原研究的是《汉武梁祠建筑原形考》的作者费慰梅(该文发表于1941年)。费氏除肯定了清代学者黄易对武梁祠结构的看法外,还复原了左石室和前石室。她认为这两座祠堂都是两间式结构,后壁由两块大条石上下构成。每座祠堂前方正中有一根立柱,支撑三角隔梁石的顶端。此后,日本学者秋山进午和中国学者蒋英炬、吴文祺等也进行了成功的复原研究[⑥]。

6.建筑设计师及捐资情况。该祠的主要设计师是孟孚、李丁卯。依据是该祠石刻西阙铭文。该祠堂群的建造非一时一人。总的数据无法取得。但西阙铭文仍然给我们提供了当年的物价:双石阙花了15万钱,雕塑石狮子花了4万钱。

7.建筑特征及其原创意义。先说该墓地下部分:20世纪90年代,考古队在武梁祠保管所院内东南部发掘了两座墓葬。均以石材构造。每座墓由前室、前室旁两侧室、主室以及围绕主室的围廊组成⑦;次说地面的石室建筑。地面建筑因为遭元至正四年大洪水冲毁,真实面貌无人得知。宋代的金石学家只关心画像石的拓片,对祠堂建筑并无记载。因此,复原武梁祠的地面建筑是一件难度很大的事情。学者们的恢复努力见本条第5部分⑧。

8.关于建筑的经典文字轶闻。武梁祠创建于以孝治天下的东汉社会。其建筑上的图文内容丰富。其一,建祠人自己把建设费用刻在石阙上,虽然不无自我标榜的嫌疑,但毕竟为后世保留了当年的物价信息。其二,武梁祠画像石内容更丰富。几乎囊括了汉以前著名的历史人物故事、民间信仰传说。是研究汉代民俗文化的重要物证。

参考文献

①(宋)洪适:《隶释》《隶续》,中华书局,1986年。

②(宋)欧阳修:《集古录》。

③⑤(清)方朔:《枕经堂金石书画题跋》卷二。

④光绪《嘉祥县志》。

⑥⑧[美]巫鸿著,柳杨、岑河译:《武梁祠——中国古代画像艺术的思想性》,三联书店,2006年。

⑦蒋英炬、吴文祺:《汉代武氏墓群石刻研究》,山东美术出版社,1995年。

二、孝堂山郭氏墓石祠

1.建筑所处位置。位于山东省长清县孝里铺的孝堂山。

2.建筑始建时间。此石祠建筑时间当在东汉初年。根据祠内汉代永建四年(129)的参观题记和另一题记"泰山高令永康元年(167)十月二十一日敬故来观记之"推测可知。

3.最早的文字记载。最早记载郭氏墓石祠事者为北齐时期的陇东王胡长仁。现在石祠西山墙外侧北齐时代所刻的《陇东王感孝颂》当是最早的文字记载①。据该颂知胡长仁认定该祠祠主即孝子郭巨,时在齐武平元年(570)。

4.建筑名称的来历。孝堂山,据《水经注》记,原名巫山。相传为孝子郭巨之墓,今之孝堂山、孝里铺皆由此得名。《陇东王感孝颂》认为,孝堂山石祠,是汉孝子郭巨墓前的石堂。但是宋代金石学家赵明诚,已对此说表示怀疑。他说:"右北齐《陇东王感孝颂》,陇东王者,胡长仁也,武平中(570—575)为齐州刺史,道经平阴有古冢,寻访耆旧,以为郭巨之墓,遂命僚佐刻此颂焉。墓在今平阴县东北官道旁小山顶上,……冢上有石室,制作工巧,其内镌人物车马,似是后汉时人所为。余自青社如京师,往还过之,累登其上,按刘向《孝子图》云,郭巨河内温(今河南沁阳)人,而郦道元《水经注》云,平阴东北巫山之上有石室,世谓之孝子堂,亦不指言为何人之冢,不知长仁何所据,遂以为巨墓乎?②"石祠院东侧有明成化二十二年(1486)立的"汉孝子郭巨之墓"石碑。1961年国务院在此室前西旁立了"孝堂山郭氏墓石祠"大理石碑,列入国家第一批重点文物保护单位③。

5.建筑兴毁及修葺情况。石祠的墙壁均以石材砌成,厚20厘米左右,东西山墙上端作三角形的大石,顶端直抵前后坡屋顶交叉点上,以承托屋顶两边的重量。后墙为长方形石块,承受后半坡屋顶的重量。前面东西两檐角下,各有竖立石条一块,以支持前檐的重量。前檐有三根八角形石柱,两端各一根,直径较小,中间一根较大,上下端各有一个大斗,斗高均为27厘米,八角柱高86厘米,下面的大斗斗口向下,起柱础的作用,上面的大斗斗口向上,因需承托巨大的三角石梁的挑檐石的缘故,比例非常之大。上下大斗与八角柱系用一块整石刻成,非常坚固,经两千年的沧桑变迁,石祠没有坍塌、变形,即与此支柱有关。而两旁的小八角柱,是后代人为了补充前檐的两端支顶力量添加的。东边石柱上,刻有"维大中五年(851)九月十四日建"11 个大字,西边石柱上,刻有"大宋崇宁五年(1106)岁次丙戌七月庚寅朔初三日,郭华自备重添此柱,并垒外墙"字样,可知,唐宋时代,即曾先后有人对石祠采取维护加固措施。石祠外面原来曾有罩室,年久已废。为了保护好这一珍贵历史文物,新中国于 1953 年重建罩室,并加筑了一道围墙。

6.建筑设计师及捐资情况。郭巨是西汉时人,家居河南沁阳,距山东有千里之遥,显然不可能安葬于千里迢迢之外的异乡。而且壁画内容也完全与郭巨生平无关。目前考古学者,多认为石祠主人,应是汉代一个身份高贵的王者。很可能是某一位济北王。因为墓室的壁画暗示了主人的身份。

7.建筑特征及其原创意义。该石祠为中国地面现存最早的实物房屋建筑。石祠坐北朝南,平面为长方形,室内东西长 3.8 米,南北进深 2.13 米。前正中用八角石柱分隔为二,在八角石柱与后墙之间置三角石梁,使祠成为两间。石室内的北墙下横列东西向的低矮石台一座,系作为供奉祭祀用的。前檐东、西角有小八角柱各一,并有后代所加石板,支撑着前部房檐。

石祠屋顶的重量约 20 吨,主要落在东、西、北三面石板墙壁和南面三根八角石柱上。同时,在正中八角柱与后墙之间,安置了一副三角石梁,净跨 2.03 米,高 0.78 米,后山并有小出头,在前檐与三角石梁直角相交处,安设有石制挑檐枋一条,搁于八角柱和两端竖立的石条之上,以承托出挑之前檐。

石祠为两面坡的石板屋顶,雕刻出脊背、瓦垄、勾头、椽头、连檐等形状。屋顶单檐悬山卷棚式,在前后两坡相交的屋脊上,瓦垄作成卷背式,屋顶瓦垄用板瓦仰铺,筒瓦俯铺,檐头的结构是在挑檐枋之上出大连檐,刻出椽子出头,椽子头上承托小连檐,小连檐头上刻出仰置板瓦和瓦当,无飞檐。椽头与瓦当数目一致,但上下并不对齐,板瓦没有滴水。在屋顶的两端,即悬出两山之上的部分,以 5 行横向的短瓦垄作成"排山"的形式,檐角的一垄作 45 度的斜出形状[④]。

石祠为一单檐悬山顶面阔两间的结构形式,是我国现存建筑时间最早的一座祠堂建筑,也是我国现存最早、保存最好的一处地面房屋建筑。祠内还保存着数量不少的历史题刻和内容丰富的汉代画像石,历来备受重视。自南北朝以来,此山就因建有一座郭氏墓石祠而闻名天下。1961 年,国务院将其列为全国第一批重点文物保护单位。

在孝堂山石祠内的墙壁、瓦当、山墙和八角立柱的大斗等部位,还存有许多内容丰富的汉代石刻像。山川、草木、禽兽、人物、楼阁、车骑等,应有尽有。在这里,有王者出巡图、外宾来朝图、迎宾图、王母献寿图、伏羲女娲图等,也有百戏图、行乐图、狩猎图等,还有人喊马嘶的战争场面,以及大雁、蕨草、垂帐等组成的装饰图案。尊贵的大王,勇敢的骑士,多才的艺人,美貌的仕女,均跃然壁上;各种乐器、仪仗、饰物,琳琅满目,丰富多彩。孝堂山石祠用石刻画的方式,为我们保留了难得一见的汉代社会生活场面。这是孝堂山石祠为我们保存的又一项历史珍品。

8.关于建筑的经典文字轶闻。"郭巨,孝堂山下人,父早逝,事母至孝,家贫,甘旨苦不继。有子方三岁,虑其常分母食,因与妻谋曰:'吾家财用寡乏,既不能致丰美以奉母,又分其半以饲子,是贻亲以饥馁也,思子可复得,而亲之年不可复得,不如陇此子并力以事母。'遂掘地欲埋之,至尺余,得金一釜,镌字十余曰:'天赐郭巨,官不得取,民不得夺。'其纯孝格天如此。迄今《二十四孝录》尤传其事。[⑤]"在孝堂山石祠内的各幅石刻画像上,都保留着近于标题性的题记。在石祠的不少构件上,也保留着历代名士和达官贵人游览后留下的石刻。这些题刻,除前已提到的东汉遗作外,还有北魏的、北齐的,也有唐代的。它们为我们研究我国建筑史、雕刻和金石史,汉代历史,孝堂山石祠的变迁、历史和人们前来的游览的情况,提供了可靠的历史资料。

参考文献

①(宋)赵明诚:《金石录》卷三。

②(宋)赵明诚:《金石录》卷二二。

③④长清县志编纂委员会:《长清县志》,济南出版社,1992年。

⑤(清)倪企望总修,钟廷瑛纂辑:《长清县志》,嘉庆六年刊本。

(二)志阙

阙者,古代建于宫殿、祠堂和陵墓前的对称性建筑物。通常左右各一,建成高台,于台上起楼阁。以两阙之间有空缺,故名阙。阙之建设,所用建材多为石质。通常用来记官爵、纪功勋。也有纯粹为了装饰效果而建设者。阙通常为两两相对,但也有于主阙旁边另建新阙,体量略小,称子母阙。最早对阙进行定义的是南唐文字学家徐锴。他说:阙,"盖为二台于门外,人君作楼观于上,上圆下方。以其阙然为道,谓之阙。以其上可远观,谓之观。以其悬法,谓之象魏。"(《说文解字系传》卷二十三。)

阙这种建筑样式,确切的起源时间待考。但主要产于汉代则无疑义。由于绝大多数阙都是采用石块砌筑而成,因此保存下来的也就相对多些。计阙之用途,当最先用于装饰宫殿入口区以作导引,后被用于名山纪念区作导引标志。后又被用于墓地作导引标志。大抵前两类阙,习惯上称为城阙、宫阙或关阙。世家大族的门口也设阙以壮观瞻,俗称绰楔或阀阅。后一类阙则被称为墓阙。事死如事生。中国传统文化重视孝道,此种风气之转移实在自然得很。现存汉阙主要集中在四川一省,共22处。此外河南6处,山东5处,北京1处。总计34处。汉阙多用石材,这是就保存下来的而言。也有用木头或土筑的。大抵用石材砖块者,亦是外包而已。内层多填土筑成,外观多有雕刻或粉刷;用木头架构和泥土夯筑者外观则必用油漆,并附以彩绘图案(参见《陈明达古建筑与雕塑史论·汉代的石阙》)。

志阙第九

一、太室阙

1.建筑所处位置。河南省登封市城东4千米太室山南麓中岳庙前,距庙门300米。

2.建筑始建时间。为东汉安帝元初五年(118)。

3.最早的文字记载。见于阙上题额。题额刻在两阙南面上部,阳刻篆书,现仅存"中岳太室阳城"六字。题额下刻有篆隶参半的铭记,在两阙北面也刻有铭记,主要是赞颂中岳神君的灵应和吕常等人建阙的缘由。西阙北面刻铭文,中有"元初五年四月阳城□长左冯翊吕常始造作此石阙……"。

4.建筑名称的来历。中岳庙的前身为太室祠。因为太室阙原来是太室山庙的神道阙,后来庙不存在了,唯有古阙犹存,所以后来人称该阙为太室阙。

5.建筑兴毁及修葺情况。庙毁阙存。庙毁于何年,待考。

6.建筑设计师及捐资情况。阳城长吕常为该阙建造主持者,因汉代已将太室、少室列入祀典,则显系朝廷敕造。

7.建筑特征及其原创意义。太室阙分为东西两阙,系凿石砌成,通高3.96米。东西两阙结构相同,由阙基、阙身、阙顶三部分构成。每阙又分正阙和子阙,相互连成一体,正阙高,子阙低;正阙在内,子阙在外;正阙为四阿顶,子阙紧靠正阙,其顶为半个四阿顶式。顶刻仿木构建筑的正脊、垂脊、瓦垅、瓦当和檐下椽,脊的一端及瓦当皆饰柿蒂纹。阙身用长方石块垒砌,四壁除刻有铭文外,其余均以石块为单位饰剔地浅浮雕画像。保存较好的画像有50幅,内容为车马出行、马戏、倒立、斗鸡、舞剑、龙、虎、犬逐兔、熊、羊头、鲧、龙穿壁等[1]。

参考文献

①陈明达:《古建筑与雕塑史论》,文物出版社,1998年。

二、少室阙

1.建筑所处位置。河南省登封市城西6千米邢家铺村西嵩山南麓。

2.建筑始建时间。约建于东汉元初五年至延光二年(118—123)。少室阙始建年代,因阙铭仅残存"三月三日"4字,故不得而知其准确年份。少室阙题铭为篆书,可拓摹者,只有22行,除3、7、19等3行已没有文字外,余每行4字。从阙铭中君丞零陵以下的题名"泉陵薛政"、"五官橡阴林"、"户曹史夏效"、"两河圜阳长冯宝"、"廷橡赵穆"、"户曹史张诗"、"将作橡严寿"等,和启母阙题名中的官职姓名均相同,而且两阙的形制也很相似,可知少室阙的建造年代与启母阙同[1]。

3.最早的文字记载。阙上石刻铭文当即是最早的文字记载。

4.建筑名称的来历。因为少室阙原来是少室山庙的神道阙,后来庙不存在了,唯有古阙犹存,所以后来人称之为少室阙。

5.建筑兴毁及修葺情况。庙毁于何时,铭文毁损于何时,不见记载,待考。

6.建筑设计师及捐资情况。据阙上铭文知将作橡严寿当为该阙设计师。此外还有"五官橡阴林"、"户曹史夏效"、"户曹史张诗"见于铭文。而建庙竖阙,当系政府行为。

7.建筑特征及其原创意义。少室阙顶部损毁较严重。东西两阙基本相同,东阙通高3.37米,西阙通高3.75米。两阙间距7.6米。西阙阙基是用两层长方形石板平铺于坚实的黄土上,下层铺石板,阙身用长方形石块垂直垒砌10层,高2.99米。最上层雕斗拱,上承阙顶。阙顶3块巨石雕四阿顶,顶上雕瓦垅、垂脊,四边雕柿蒂纹瓦当和板瓦,下面雕椽。正脊单独用一块长石雕成瓦条脊,中间低两端高。子阙顶比正阙顶低1.04米,一侧与正阙相连,一侧雕出两垂脊和瓦垅,下部雕椽。东阙与西阙结构相同。西阙北面篆书题额"少室神道之阙。南面和东阙北面原有题名,但大都剥蚀,了不可读[2]。

8.关于建筑的经典文字轶闻。少室阙为"中岳汉三阙"(太室阙、少室阙、启母阙)之一。据史书记载,少室山为夏初涂山氏之妹即夏禹之妃居所,俗称"少室庙"为"少姊庙"。《汉书·武帝纪》载:"(元封元年)春正月,行幸缑氏。诏曰:'朕用事华山,至于中岳,获熙,见夏后启母石。"颜师古注云:《史记·夏本纪》。禹治洪水,通辕辕山,化为熊。谓涂山氏曰:"欲饷,闻鼓声乃来。"禹跳石,误中鼓。涂山氏往,见禹方作熊,惭而去。至嵩山下,化为石,方生启。禹曰:"归我子! "石破北方而生启。事见《淮南子》[3]。喻按:这段注文说明禹妻乃涂山氏。但涂山氏送饭被化为熊劳作的丈夫吓死,化为石而生启,则类同神话。不管怎么说,在汉武帝时嵩山已经有了启母石这个古迹是没有问题的。姐姐死了,妹妹继之。也是符合常情的。故后人思念大禹,建双阙以纪念涂山氏姐妹。

参考文献

①叶井叔:《嵩阳石刻记》。

②陈明达:《汉代的石阙》,《文物》,1961年第12期。

③《汉书》颜师古注。

三、启母阙

1.建筑所处位置。位于河南省登封市区北2千米处嵩山南麓万岁峰下的阳坡上。

2.建筑始建时间。始建于东汉安帝延光二年(123)①。

3.最早的文字记载。阙上石刻铭文②。

4.建筑名称的来历。因为启母阙原来是启母庙的神道阙,后来庙不存在了,唯有古阙犹存,所以后来人称之为启母阙。另,启母阙又名开母阙。这是因为"汉避景帝讳,改'启'之字为'开'"③。

5.建筑兴毁及修葺情况。启母阙在汉三阙中损毁最为严重,阙顶已部分遗失,阙身下部《请雨铭》铭文大部分已经剥落,20世纪50年代建造的土坯结构的小保护房也已破旧不堪。为确保启母阙的安全,登封市文物局多方筹资70余万元,拆除了原保护房,建起了面阔5间、进深4间、上部为木质结构、下部为钢筋混凝土、建筑面积为298.2平方米的重檐仿汉建筑保护房。

6.建筑设计师及捐资情况。将作橡严寿④。

7.建筑特征及其原创意义。与太室阙的结构相同,残损较严重。阙门间距6米,阙高3.55米,阙身用长方形石块垒砌而成,其上部有小篆铭文,记述了大禹及父亲伯鲧治水、启母助夫治水的事迹;其下部是东汉熹平四年(175)中郎将堂溪典用隶书所写的《请雨铭》,字体遒劲俊逸,是我国古代书法中的精品,为研究我国书法艺术以及文字的演变提供了珍贵的实物资料。阙身四周刻有蹴鞠(踢足球)、斗鸡、驯象、虎逐鹿、对马双骑等浮雕60余幅,是研究汉代社会生活状况的宝贵资料。其中的蹴鞠图上有一女子高挽发髻、双足跳起,踢向足球,有力地证明了足球运动起源于我国的史实。

8.关于建筑的经典文字轶闻。启母阙北边190米处有一开裂巨石,世称启母石,启母石即上古神话故事中大禹之妻涂山氏所化之石,传说巨石从北面破裂而生启(启为我国第一个奴隶制国家第一位君主),所以得名。《淮南子》:禹治洪水,通辕辕山,化为熊。谓涂山氏曰:欲饷,闻鼓声乃来,禹跳石,误中鼓,涂山氏往,见禹方作熊,惭而去。至嵩高山下,化为石,方生启。禹曰:归我子。石破北方而启生。⑤汉武帝游览嵩山时被大禹治水的故事所感动,为启母石建立了启母庙。东汉延光二年(123)颍川太守朱宠于启母庙前建立了启母阙(阙即庙、墓、城门、宫门前象征性的大门),汉代因避景帝刘启之讳改名为开母庙、开母阙。

参考文献

①根据阙上铭文,知道这是东汉延光二年(123)颍川太守朱宠等为启母庙所兴治的神道阙。

②(清)叶封:《嵩阳石刻集记》。

③(唐)崔融:《启母庙碑》。

④《开母庙石阙铭》。

⑤(宋)洪兴祖:《楚辞补注》引《淮南子》。

四、高颐阙

1.建筑所处位置。位于今四川省雅安市城市建设新区,成都至雅安高速公路金鸡关出口处。

2.建筑始建时间。建于汉献帝建安十四年(209)①。

3.最早的文字记载。阙身北面刻"汉故益州太守武阴令上计史举孝廉诸部从事高君字贯方铭"铭文。

4.建筑名称的来历。墓主高颐字贯方,建安十四年殁于益州太守任所,因政绩显著,死后,朝廷敕建石阙以表其功②。

5.建筑兴毁及修葺情况。东阙仅存阙身,西阙保存良好。

6.建筑特征及其原创意义。为单檐出山阙形制。东西两阙相距13.6米,东阙清代时曾镶砌夹石及顶盖。

西阙现高6米,母阙阙身宽1.6米,厚0.9米,子阙高3.39米,宽1.1米,厚0.5米。全阙由13层大小不同的32块石料叠砌而成,大体可以分为基台、阙身、斗拱及梁枋、屋顶四部分。西阙是四川诸阙中保存最完整、雕刻最精致的一阙。阙身上面所雕枋子、斗拱棱角犹新;阙座四周雕蜀柱斗子,阙顶正脊当中雕一鹰口衔组绶,都是较少见的。

基座由一整块石料凿成,四隅及中部施立柱,柱上置扁石,似为简化之栌斗。母阙及子阙均承于此基座之上。此基座东西广3.23米,南北进深1.64米(最大),高0.42米。

母阙与子阙阙身之表面均隐出如倚柱之浅刻线脚。另母阙阙身上部浮刻车马出行图。其前列执戟之伍伯八人,后随二马曳引之轺车,有二人坐于车上。子阙阙身由整石刻成,表面除倚柱外,无其他纹饰。

现阙阙身上端列扁平栌斗三枚,上承纵横放置之枋材三层,其最上层亦作成井干式框架。四隅各有一力神承托。再上列一斗二升斗拱三朵(两侧为曲茎拱),拱身下并有皿板之表现。诸斗拱均于拱身上缘中点与所承横枋间,增加一矩形支承块,其形式与山东沂南汉画像石墓前室中央都柱上之斗拱颇为相似。它使得主要之荷载转变为轴心受力,缓解了拱臂的剪力,在结构上是一项重要的改进,并成为日后使用的一斗三升典型式样发展的基础。斗拱以上至屋檐下,浮刻有神人、异兽及历史故事,装饰极为华丽。子阙阙身以上之斗拱及梁枋组合亦大体同于母阙,仅形制稍简。如下层栌斗中未承枋,其上之横枋亦仅二层。斗拱二朵,示用曲茎拱。

母阙屋顶为复合式单檐四坡顶,其正脊高起约0.5米,两端起翘,中央及脊端均有装饰。屋面坡度仍甚平缓,并琢刻出筒瓦、板瓦、瓦当、斜脊等构件。檐下施圆形断面之檐椽,自外端向内有显著之收杀。子阙屋面为简单之单檐四坡,其斜脊末端已有凸起,未施高出之正脊③。

参考文献

①陈明达:《古建筑与雕塑史论》,文物出版社,1998年。
②(清)陆增祥:《八琼室金石补正》卷七,文物出版社,1985年。

（三）志明堂

明堂是古代中国的礼制建筑。它是天子召见诸侯颁布政令,并兼祭祀祖宗和祭祀天地的专用场所,是一种礼仪功能和祭祀功能兼而有之的建筑。最早记载明堂的文献是《考工记》。那上面有对夏商周三代明堂建筑特征之描述:"夏后氏世室,堂修二七,广四修一。五室,三四步,四三尺。九阶,四旁两夹。窗白盛。门堂,三之二,室,三之一。殷人重屋,堂修七寻,堂崇三尺,四阿,重屋。周人明堂,度九尺之筵。东西九筵,南北七筵,堂崇一筵。五室,凡室二筵。"所述最受人重视。但《周书》所说则比较清晰:"明堂,方一百一十二尺,室中方六十尺。东方曰青阳,南方曰明堂,西方曰总章,北方曰玄堂,中央曰太庙。亦曰太室。左为左个,右为右个。"这个解释把明堂的基本结构和建筑面积说清楚了。

《大戴礼》则说:"明堂,凡有九室。一室而有四户八牖。总三十六户,七十二牖。以茅盖屋。"这个解释把明堂的房间总数、门窗总数和屋顶用材说清楚了。

桓谭《新论》则这样描述:"王者造明堂,上圆下方,以象天地。为四面堂,各从其色,以仿四方。天称明,故称明堂。"这个解释说出了明堂的颜色。

关于明堂的形制。历代学者聚讼纷纭,莫衷一是,杂见历代正史。今人王世仁有《明堂制度研究》(见《王世仁建筑历史论文集》,中国建筑工业出版社 2001 年版)。张一兵有同名著作,为中华书局 2005 年版。另有《明堂制度渊源考》,人民出版社 2007 年版。可以参考。

志明堂第十

汉明堂

1.建筑所处位置。其遗址位于泰山主峰东南麓今西城村东。

2.建筑始建时间。汉武帝元封二年(前 109)[①]。

3.最早的文字记载。"济南人公玉带上黄帝时明堂图。明堂图中有一殿,四面无壁,以茅盖,通水,圜宫垣为复道,上有楼,从西南入,命曰昆仑。天子从之入,以拜祠上帝焉。于是上令奉高作明堂汶上,如带图。[②]"

4.建筑名称的来历。周礼曰"夏后氏太室,殷人重屋,周人明堂"。可见,"明堂"是周代的称谓。所谓明堂,其用途有三,"天道之堂也,所以顺四时,行月令;宗祀先王;祭五帝。故谓之明堂。[③]"

5.建筑兴毁及修葺情况。兴建于汉武帝时期封禅泰山期间。毁坏时间待考。现基址周围的园子占地 20 多亩,充满了浓郁的文化气息。园内点缀着历经风雨剥蚀的石碑、石刻、石雕。园内还有一处博物馆,里面收藏着数百件石器,内容包括佛教石刻、古建筑构件、民间建筑构件等。百狮园内则摆放着各种古代石狮雕刻,栩栩如生。遗址东西长 180 米,南北宽 80 米,高 17.6 米,文化层堆积厚达 1~3 米,东北侧是石壁,其余三面剖面上均能看到红烧土、灰坑等痕迹。曾出土周及汉代遗物,传为汉明堂故址[④]。

6.建筑设计师及捐资情况。汉明堂是当年汉武帝东封泰山时所立,系朝廷行为。其主

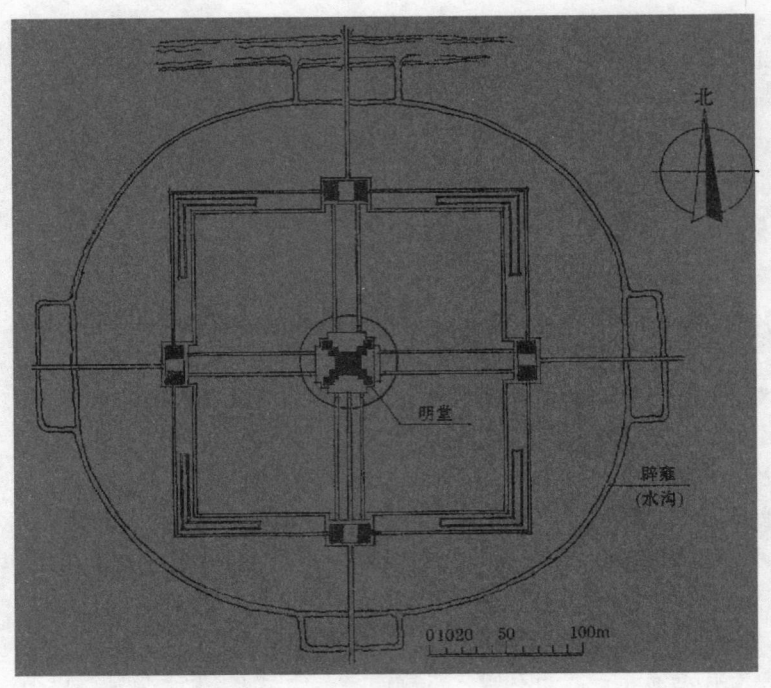

持人当为武帝朝将作大匠。但因秦火之后,文献缺失。将作大匠也不清楚明堂该怎么建,于是才有儒生公玉带向朝廷献明堂图的事情出现。

7. 建筑特征及其原创意义。当年所造的明堂就是采用济南人公玉带所上黄帝明堂图那份图纸建的。其特征已见前述。

8. 关于建筑的经典文字轶闻。明堂问题在中国学术史上聚讼千年,至今仍无定论。"夏后氏曰世室,殷人

图 2-3-1 汉明堂总平面图

曰重屋,周人曰明堂。"度以九尺之筵。又曰明堂者,明诸侯之尊卑⑤。(《周礼》)不仅名称上夏代、商代和周代的叫法不同。关于明堂的形制更是言人人殊,莫衷一是。二十五史多有记载,如《隋书·牛弘传》。近人熊罗宿有《明堂图说》一卷,疏证《考工记》句读尺度后世注解之误⑥。当代则有王世仁先生《明堂形制初探》《王世仁建筑历史理论文集》,张一兵《明堂制度研究》。

参考文献

①《汉书·地理志》泰山郡条:"奉高,有明堂,在西南四里;武帝元封二年造。"
②《史记·封禅书》。
③《三辅黄图》。
④杨永生:《中国古建筑全览》,天津科学技术出版社,1996年。
⑤《周礼·考工记》。
⑥喻学才:《中国历代名匠志》,湖北教育出版社,2006年。

(四)志庙

一、曹娥孝女庙

1.建筑所处位置。位于浙江省上虞县百官镇2千米处的古舜江西岸。

两 汉 时 期 名 建 筑

2.建筑始建时间。该庙始建于东汉元嘉元年(151)①。

3.最早的文字记载。《曹娥碑碑文》。

后汉会稽孝女之碑:上虞县令度尚字博平、弟子邯郸淳字子礼撰。蔡邕题其碑阴云"黄绢幼妇外孙齑臼"。其碑文曰:"孝女曹娥者,上虞曹盱之女也。其先与周同祖,末胄荒沉,爰兹适居。盱能抚节按歌,婆娑乐神。汉安二年五月,时迎伍君,逆涛而上,为水所淹,不得其尸。娥时年十四,号慕思盱,哀吟泽畔,旬有七日,遂自投江死。经五日,抱父尸出。以汉安迄于永嘉青龙辛卯,莫之有表。度尚设祭,谋之词曰:伊唯孝女,晔晔之姿。偏其反而,令色孔仪,窈窕淑女,巧笑倩兮,宜其室家,在洽之阳。大礼未施,嗟丧慈父。彼苍伊何,无父孰怙?诉神告哀,赴江永号。视死如归,是以眇然轻绝,投入沙泥。翩翩孝女,载沉载浮。或泊洲屿,或在中流,或趋湍濑,或逐波涛。千夫失声悼痛,万余观者填道。云集路衢,泣泪掩涕,惊动国都。是以哀姜哭市,杞崩城隅。或有刻面引镜,劓耳用刀,坐台待水,抱柱而烧。於戏孝女!德茂此俦。何者大国,防礼自修。岂况庶民露屋,草茅不扶自直,不斫自雕,越梁过宋,比之有殊。哀此贞励,千载不渝,呜呼哀哉!铭曰:名勒金石,质之乾坤。岁数历祀,立庙起坟。光于后土,显昭夫人。生贱死贵,利之仪门。何怅花落,飘零早兮,葩艳窈窕,永世配神。若尧二女,为湘夫人。时效仿佛,以昭后昆。宋元祐八年正月左朝请郎、充龙图阁待制、知越州军州事蔡卞重书。

4.建筑名称的来历。是为彰扬东汉上虞孝女曹娥而建的一处纪念性建筑,早年又叫灵孝庙、孝女庙。

5.建筑兴毁及修葺情况。曹娥庙始建于东汉元嘉元年(151),发展到今天,主要经历了以下几个大的发展阶段。一是有近六百年历史的江东庙。这一阶段庙宇虽也几度兴废,但囿于"铁面曹江"作祟,规模上没有大的发展。二是北宋元祐年间庙西迁现址。据清光绪《上虞县志》载:"曹娥庙在十都曹娥江西岸,旧在江东,属上虞,后以风潮啮坏,移置今处,隶会稽。"庙宇西迁后规模有所扩大,但也仅建正殿五间。三是南宋嘉定年间,郡守汪纲扩建了曹府君祠及朱娥祠五间,另在正殿北首建双桧亭。四是民国18年(1929)庙遭大火后,乡绅任凤奎募民资重建。这次修建不但进一步扩大了正殿范围,而且还添建了饮酒亭、戏台等,奠定了现有庙宇布局严谨、错落有致、气势恢宏的基调。鉴于年久失修,加之"文革"人为破坏,庙宇濒临坍塌,1984年浙江省、上虞市人民政府拨款,在文物部门主持下,鸠工庀材,历时三载修葺庙宇,使这处古老的建筑重新焕发出青春②。

6.建筑特征及其原创意义。曹娥庙坐西朝东,背依凤凰山,面向曹娥江,占地6000平方米,建筑面积达3840平方米,主要建筑分布在三条轴线上。北轴线为三开间,依次有:石牌坊、饮酒亭、碑廊、双桧亭、曹娥墓;中轴线为五开间,依次有:罩墙、御碑亭、山门、戏台、正殿、曹府君祠;南轴线为三开间,依次有:山门、戏台、土谷祠、沈公祠、戏台、东岳殿、阎王殿。

正殿。正殿是人们瞻仰、纪念孝女曹娥的主要场所,处于全庙中心,通高18米,面宽21米,进深25米,顶作硬山式,明间、次间为抬梁式梁架,梢间山墙为穿斗式构筑。明间的四根金柱净高15米,直径0.6米,木质坚硬若铁,系购自南洋的铜操木。外翻的三道卷棚,既在结构上为减柱造法提供了便利,增大了空间容量,同时又为游人进入角色创造了庄严肃穆的氛围。

暖阁。暖阁位于正殿中央,玲珑剔透,富丽堂皇,有浩然之气。暖阁原指供贵妇、小姐使用,为防寒而从大屋分隔出来的小居。古代官署大堂置案处下填底座,背设屏风,两侧安有隔扇的也叫暖阁。此暖阁通高6.5米,为三间六柱歇山重檐法式,屋面为黄色琉璃,上圆雕铁拐李、汉钟离、韩湘子等八仙人物,檐檩、额坊间以斗拱,金丝走边,下置透雕花板

61

数道,明间双柱盘降龙两条,左右对峙,声雷目电,神态不凡。孝女曹娥凤冠霞帔端坐其中,神采奕奕。

后殿。后殿又名曹府君祠、双亲殿,历史上是供奉孝女曹娥父母雕像之所,郡守汪纲建于南宋嘉定十七年(1224)。淳祐六年(1246)宋理宗敕封曹娥父母为"和应侯"和"庆善夫人"。后殿的结构与正殿基本相似,只是二十二扇朱漆大门厚重严实,别具神韵。明间为三关六门,次间、梢间均作二关四门。门上部格心嵌框圆润工巧;下部中窗、裙板浮雕满布、细腻传神。特别是明间中窗花板,雕刻突破取材传统的俗套,另辟蹊径,引唐诗入画,反映了工匠扎实的技艺和深厚的文化素养。

曹娥碑。东汉元嘉元年(151),上虞县令度尚将曹娥孝迹上报朝廷表为孝女,并为之立碑。碑文由邯郸淳书写。此碑早年散失。东晋升平二年(358),王羲之到庙以小楷书曹娥碑文,文字由新安吴茂先镌刻上石。此碑所据之绢本手迹现存辽宁博物馆,上有梁代徐僧权、满骞、怀充等人题名,还有韩愈、宋高宗等人题款。

现存的曹娥碑系在宋元祐八年(1093)由王安石女婿蔡卞重书。此碑高2.3米,宽1米,为行楷体,笔力遒劲,流畅爽利,在我国书法史上有较高的地位。已历千年,弥足珍贵。

7.关于建筑的经典文字轶闻。曹娥(130—143),上虞曹家堡村人。母早亡,娥父曹盱为一巫者,善于"抚节安歌,婆娑乐神"。按汉代吴越地区逢端午节有祭祀潮神伍子胥的习俗,这一天都要在舜江上驾船逆潮而上祭祀和迎接潮神。这个传统风俗,主要是为纪念吴越忠臣伍子胥和文种,传说这两个忠魂死后被封为潮神,伍子胥为前潮,文种为后潮,祈潮可保地方平安,渔业丰收。汉安二年(143)五月五日,江上举行迎潮神仪式,曹盱不幸溺水而死,尸体亦被浪涛卷走。年仅14岁的曹娥痛失慈父,昼夜不停地哭喊着沿江寻找。到十七天时,她脱下外衣投入江中,对天祷祝说:若父尸尚在,让衣服下沉;如已不在,让衣服浮起。言毕,衣服旋即沉没,她即于此处投江寻父。三日后,已溺水身亡的曹娥竟背负父尸浮出了水面。曹娥孝行感动乡里,迅速传扬开去,轰动朝野。世人为曹娥孝心忠烈,终得父尸所感动,把她埋在江边,并将舜江易名为曹娥江。八年以后,也就是汉桓帝元嘉元年(151),有个原在皇帝身边当郎中(侍卫)的官,派到上虞当县令,名叫度尚,他为官清正,深察民情,对曹娥投江救父的事迹非常感动,就上报朝廷封其为孝女,改葬曹娥于"江南道旁",为其立碑建庙[3]。

东汉兴平二年(195)中郎蔡邕题"黄绢幼妇,外孙齑臼"八字于碑阴。为中华第一字谜。建安二十三年(218),魏武帝曹操率军队途经蔡邕庄,在蔡家小憩时看到挂着的曹娥碑图轴,赞叹之余对蔡邕所题八字大惑不解,问及蔡邕之女文姬,也说不知所云。出庄后骑马苦思三里,便问杨修。杨修解曰:黄绢者,色之丝也,色旁加丝于字为"绝";幼妇者,少女也,女旁少字于字为"妙";外孙,女之子也,女旁子字于字为"好";齑臼乃受五辛之器,受旁辛字是"辤"(辞)字。这是蔡邕留下的一个隐语,意为"绝妙好辞"[4]。

参考文献

[1]《后汉书·曹娥传》。

[2]上虞县志编纂委员会:《上虞县志》,浙江人民出版社,1990年。

[3](晋)虞预:《会稽典录》,鲁迅辑校本,见《会稽郡故书杂集》,1915年。

[4](宋)蔡卞重书《曹娥碑文》及《世说新语·捷悟》。

二、岱庙

1.建筑所处位置。山东省泰安县城东北泰山南麓。

2.建筑始建时间。汉武帝元封二年(前109)①。

3.最早的文字记载。"博,有泰山庙"②。

4.建筑名称的来历。庙以泰山称"岱宗"而得名,是奉祀东岳泰山神的神庙,号称"东岳神府",自秦汉以来为历代帝王举行封禅大典的场所。"泰山,一曰岱宗。言王者受命易姓,报功告成。必于岱宗也。东方万物始交代之处;宗,长也。言为群岳之长。③""泰山,一曰天孙。言为天帝孙也,主招魂。东方万物始成,故知人生命之长短。④"

5.建筑兴毁及修葺情况。汉武帝元封年间始建。东魏兴和三年(541),兖州刺史李仲璇重修岱岳祠,并"虔修岱像(泰山神像)"。此为岳庙设立泰山神像之始。

隋开皇二十年(600)十二月,文帝下诏保护泰山等神造像,称:"五岳四镇,节宣云雨,利益兆人,故建庙立祀,以时恭敬。敢有毁坏偷盗岳镇海渎神形者,以不道论。"

唐武周时期(690—704),武则天命将岱岳庙(岱庙)由汉址升元观前(今岱宗坊西南)移建于今址。

开元十三年(725)十一月,玄宗封泰山,禅社首山。日本、新罗、大食等数十国皆遣使从封。礼成后诏封泰山神为天齐王,命拓修泰山庙。

天宝十一年(752),朝廷遣朝议郎、行掖令孙惠仙诸人修整岱岳庙告成,立题名碑柱于庙庭。

五代后晋高祖天福二年(937)八月,晋高祖诏差官祭告泰山等五岳,令州官对各岳庙"量事修崇",近庙山林,禁止樵采、放牧。

宋太祖开宝三年(970),遣太子右赞善大夫袁仁甫等重修岳渎祠庙,此为东岳庙入宋后首次重修。

宋真宗大中祥符元年(1008)七月,创建天贶殿。十月,诏封泰山神为"仁圣天齐王"。

哲宗元符三年(1100),宋廷诏修东岳庙,因旧益新,总修屋宇七百九十三区。大殿名嘉宁殿(今岱庙大殿址)。诏翰林学士曾肇撰记之。

政和五年(1115),河东路都运使陈知存、京东路转运使高某等分别捐施款项,修葺东岳庙嘉宁殿。

宣和六年(1124),宋徽宗嗣位后,屡降诏命,增葺岳庙,至是竣工,称"凡为殿、寝、堂、阁、门、亭、库、馆、楼、观、廊、庑,合八百一十有三楹"。诏翰林学士宇文粹中撰《宣和重修泰岳庙碑》。

金熙宗皇统七年(1147),东岳庙历经宋金构兵,殿宇间有损毁,自本年起渐次修筑。三月,有信众捐资重修岳庙正门太岳门。

金世宗大定十八年(1178),东岳庙发生火灾,唯存门墙,堂室荡然。次年金廷敕令知泰安军事徐伟等加以重修。

大定二十一年(1181)正月,东岳庙各殿门陆续修复。金世宗敕命为"东岳宫(岱庙)里盖底来的五大殿、三大门撰名"。闰三月,廷臣奏定正殿名仁安,皇后殿名蕃祉,寝殿曰嘉祥,真君殿曰广福,炳灵王殿曰威明,外门曰配天,东门曰晨晖,西门曰圆景。

大定二十二年(1182)二月,兵部呈请称岳庙殿廊共八百五十四间,拟设兵士三十人,日夜巡防。如有修造,便充夫役。金廷允准。

四月,世宗以修盖东岳庙告成,敕令翰林侍讲学士杨伯仁撰《大金重修东岳庙碑》,立石庙中(今存)。

金章宗泰和六年(1206)五月,重修岱岳庙。

金宣宗贞祐四年(1216),岳庙因遭战火,殿宇尽焚,仅存延禧与诚明堂。

元世祖中统四年(1263),元廷以岳渎诸庙多毁于金末兵火,命掌教宗师诚明真人张志敬分别修复。张志敬委泰山道士张志纯提举东岳庙事务。

至元三年(1266)四月,元世祖诏命重修东岳庙,构建仁安殿,以奉祀泰山神。

至元二十九年(1292)三月,御史台呈文中书省,称:"近为东岳庙荒废不曾修理,合从朝省选差有德道士,主管祠事。"中书省据集贤院道教所呈文,令遣道士为岳庙住持提点道官,收管得钱,增修庙宇。

至正十三年(1353)四月,提点东岳庙事、道士范德清发起重修东岳庙延禧殿与诚明堂。次年告竣,殿堂廊庑焕然一新。

元末,战事频繁,东岳庙被毁。

明成祖永乐元年(1403)十二月,下诏修泰安州东岳庙。

明宣宗宣德三年(1428)三月,东岳庙大火。

明英宗正统元年(1436)九月,英宗准山东按察司佥事李珝奏请,诏修东岳泰山神祠。

天顺五年(1461),山东巡抚贾铨重修泰安东岳庙,历时一年,殿宇周廊、门观缭垣,全部修整完工。翰林学士李贤与礼部侍郎薛瑄分别为撰碑记。

明孝宗弘治三年(1490)十月,山东巡抚王霁重修泰安东岳庙廊庑,委泰安州判崔震等分理其事。至弘治六年(1493)九月告成。户部尚书周经为撰碑记。

弘治十五年(1502),孝宗发帑拨银八千余两,命太监苗逵会同山东镇巡等修葺岳庙,至翌年夏告成。此次自三殿而下,皆加修整。孝宗御制《重修东岳庙碑》立于庙中。

明武宗正德十六年(1521)三月,泰安东岳庙东廊起火。

明世宗嘉靖元年(1522),山东参政吕经改泰安东岳庙前草参亭为遥参亭。遥参亭原为岱庙之第一门,明代奉祀元君像于其中,遂与岱庙分隔。

嘉靖二十六年(1547)十二月,岱庙起火,正殿、门廊俱焚,仅存寝宫及炳灵、延禧二殿。古树、碑刻也多被毁。此后朝议重修,聚材鸠工,历时十余年始开工重建。

嘉靖四十二年(1563),山东巡抚朱衡委派济南同知翟涛重修泰安东岳庙,四十一年春兴工,至本年夏告成。自殿堂以下,皆行修复。

明神宗万历十二年(1584)八月,山东左参政屠元沐以东岳庙渐圮,请于抚按,兴工修葺,至是告成。参政许于赠撰记碑。

万历十四年(1586),山东盐司同知查志隆见岱庙环咏亭久废,石刻散落,乃倡仍其旧址,复构亭宇,以存古刻。

清康熙六年(1667),山东巡抚刘芳躅重修泰安东岳庙,次年竣工。

康熙七年(1668)六月十七日夜,泰安发生强烈地震,东岳庙配天门、三灵侯殿、大殿等墙垣坍塌。

康熙十六年(1677)五月,重修泰安东岳庙竣工。此前东岳庙建筑多因康熙七年地震而毁,山东布政使施天裔委张所存督工营缮,全部工程历时十年。殿宇门墙皆予重修,并于正阳门前创建岱庙石坊一座。同期,在岱庙施工期间,泰安民间画工刘志学等人应召在峻极殿(即今岱庙大殿)绘制《泰山神启跸回銮图》壁画。构图宏大,画笔精工,时人推为巨作。

康熙二十四年(1685),泰安官府于岱庙建御墨亭,以庋圣祖登岱手书。

康熙三十八年(1699)清廷兴工重修东岳庙,命曲阜衍圣公府属官按品级捐助银两。

康熙四十二年(1703),东岳庙发生火灾。

雍正七年(1729),清廷发帑重修岱庙。

乾隆三十五年(1770)十月,高宗为贺其六十寿诞,遣内务府大臣刘浩重修岱庙,历时年余,至是告成,凡神像、大殿以及各殿宇、廊庑、门垣皆拆改重修,并增建遥参亭坊。告成后高宗御制满汉文《重修岱庙碑》记其事。

嘉庆十九年（1814），泰安府奉旨重修岱庙。

嘉庆二十三年（1818）正月，山东巡抚陈预奏称岱庙各处工程均多倾圮，请求修整。获得允准，乃委泰安知府廷璐与历城名匠魏祥主持工役。

同治十一年（1872），泰安山口泥塑画匠吴开福重新描画东岳庙大殿壁画《泰山神启跸回銮图》。

光绪十一年（1885），泰安知县吴士恺重修岱庙遥参亭，自正殿以迄大门，皆作补葺，并复新殿壁绘画。历年而成。工竣，士恺自撰碑记之。

"中华民国"时期。民国五年（1916），泰安县知事沈兆伟在岱庙东御座创办通俗图书馆，将天书观小学藏书移入馆内，其中有经书类 42 种，并陆续购进通俗小说及少年丛书200 余册。馆内还设阅报所，每日阅报者数十人。

民国 17 年（1928），国民党省政府发帑 10 万元，撤除天贶殿神像，在大殿西壁修建戏台，致使壁画多处受损。环咏亭和雨花道院改为旅馆、浴池。诸多石刻被凿为石料。城墙多处被拆毁，四角楼及门楼仅存正阳门左右二楼。岱庙及附近庙宇历代牌匾多被毁作桌凳。

民国 19 年（1930），因"中原大战"岱庙成为兵营。是役岱庙壁画被"炮毁数处"。此后，在岱庙唐槐院驻军、饲马，唐槐被摧残殆枯。

民国 20 年（1931）10 月，泰安县县长周百锽和赵正印报请山东省政府批准，维修、保护天贶殿壁画，并在壁画之下设铁质护栏。民国 20 年（1931）10 月，国民党山东省政府用以工代赈方法修复泰山古迹、盘道，修葺岱庙峻极殿后，改额"宋天贶殿"（赵正印撰记文，摩刻于云步桥南石壁上）。

中华人民共和国时期。1949 年 7 月，开始修复岱庙。自清末至 1948 年泰安解放前夕，岱庙建筑、文物遭到严重破坏，到处断垣残壁，破败不堪。至 20 世纪 50 年代初，人民政府先后多次拨款对岱庙进行修葺，先后换顶、勾抹、翻修天贶殿、配天门、仁安门、三灵侯殿及太尉殿、东西二神门等；对李斯小篆碑、唐槐、汉柏等增设护栏；将历代珍贵碑刻移至一处排列存放，加以保护。

1953 年，整修岱庙天贶殿、东御座等主要建筑 8 处。

1955 年，泰山整修委员会成立，对岱庙等泰山古建筑整修，次年 4 月竣工。

1957 年，翻修岱庙后寝宫、东灵侯殿、太尉殿、配天门等；汉柏院新建假山，并将石碑镶嵌在该院东墙。

1962 年，临摹天贶殿壁画。

1963 年，彩画天贶殿外檐。

1966 年，天贶殿壁画被刷大字。

1968 年，岱庙配天门、仁安门两侧古建筑被拆除，建成水泥结构的现代展览馆。

1972 年，修复天贶殿壁画（现留有修复痕迹）。

1973 年，彩画天贶殿内檐。

1978 年，重修岱庙天贶殿、配天门、仁安门、遥参亭、东御座、后寝宫。

1983 年，整修岱庙遥参亭，翻修大门、配房等 12 间。在岱庙重立"禁止舍身碑"、"五三惨案纪念碑"。投资 15 万元彩画装点东西碑廊并安装门窗，将汉"张迁碑"、"衡方碑"等 19通著名碑碣放置东廊房。汉画像石 40 余块置于西廊房。对院内部分古树名木增设石护栏，并补植部分松柏银杏。11 月 8 日开始在西院建民族风格的四合院式的两层楼房（建筑面积 1500 余平方米）作为文物库房，年底完成主体工程，共投资 30 万元，此工程为国家计委批准建设。

同年,在岱庙景点新添部分石匾联。

1984 年 5 月 1 日　泰山岱庙天贶殿东岳大帝神像重塑完工,塑像高 4.4 米。原塑像毁于"文革"。

同年,复建岱庙厚载门、正阳门。厚载门建筑面积 165 平方米。厚载门两侧恢复城墙 96.5 米,并新建仿古建筑 100 平方米。翻修御碑亭,续建廊房 15 间。

1985 年,岱庙正阳门、厚载门及门楼复建竣工,复建岱庙西南角楼——坤楼。

1986 年 2 月 1 日　泰安市博物馆成立,馆址设在岱庙。

1987 年,复建岱庙钟楼及东南角楼——巽楼。

1988 年 2 月,岱庙被列入第三批全国重点文物保护单位。

1992 年,复建正阳门城楼马道。

1994 年,泰山登天景区保护建设工程中,复建岱庙东北角楼——艮楼和西北角楼——乾楼。

1997 年,对岱庙坊实施结构加固复原及表面化学保护工程。

1998 年,配天门角柱加固。复建太尉殿、三灵侯殿、东西神门及复廊、延禧门。

1999 年,清理、恢复唐槐院。西南 80 米城墙砌筑。延禧门彩画结束。

2000 年,后寝宫柱子纠偏,挖排水沟。遥参亭东配殿修补。雨花道院进行考古挖掘。

2001 年,太尉殿、三灵侯殿、东西神门、东西廊房彩画。

2002 年,仁安门屋面拆除,重新苫背挂瓦,梁架结构加固处理。岱庙西北城墙修复 273 米。

2004 年,修复岱庙北、东城墙部分,至此岱庙城墙完善工程,基本完成。⑤

6.建筑设计师及捐资情况。最初的设计师不详。后世复建和维修工匠见于记载的除前文中所提及之行政长官外,于清朝康熙十六年(1677)五月,重修泰安东岳庙竣工。此前东岳庙建筑多因康熙七年地震而毁,山东布政使施天裔委张所存督工营缮,全部工程历时十年。殿宇门墙皆予重修,并于正阳门前创建岱庙石坊一座。同期,在岱庙施工期间,泰安民间画工刘志学等人应召在峻极殿(即今岱庙大殿)绘制《泰山神启跸回銮图》壁画。构图宏大,画笔精工,时人推为巨作。

嘉庆二十三年(1818)正月,山东巡抚陈预奏称岱庙各处工程均多倾圮,请求修整。获得允准,乃委泰安知府廷璐与历城名匠魏祥主持工役。

同治十一年(1872),泰安山口泥塑画匠吴开福重新描画东岳庙大殿壁画《泰山神启跸回銮图》⑥。

7.建筑特征及其原创意义。岱庙南北长 405.7 米,东西宽 236.2 米,占地约 9.66 多万平方米。岱庙的建筑,采用了中国古代纵横双方扩展的形式,总体布局以南北为纵轴线,划分为东、中、西三轴。东轴前后设汉柏院(原有炳灵殿等建筑已不存,院中保存古柏数株)、东御座(又称迎宾堂,在东华门内北侧,回廊式四合院建筑)等;西轴前后有唐槐院、环咏亭院、雨花道院(原有延禧门、延禧殿、环咏亭、雨花道院等建筑,或已无存,或改建他用,仅存古槐一株,传系唐代遗物,故称唐槐院);中轴前后建有遥参亭、岱庙坊、正阳门(岱庙的正门)、天贶殿(岱庙的正殿)、寝宫、厚载门。出厚载门穿岱宗坊就可直通登泰山古御道。岱庙主体建筑宋天贶殿位于岱庙内后半部,高踞台基之上,其他建筑则设在中心院落之外,彼此独立,又有内在联系。这种建筑布局是按照宗教的需要和宫城的格局构思设计的,分区鲜明,主次有序,庄严古朴。岱庙城堞高筑,周长三华里,高三丈,四周 8 个门,向南开的 5 个,中为正阳门,即正门,左为东掖门,再左名仰高门;右为西掖门,再右名见大门;向东的名青阳门,也叫东华门;向西的名素景门,也叫西华门;向北的名鲁瞻门,也叫厚载门。每个城门上皆有城楼,前门称五凤楼,后门称望岳楼。岱庙的四隅有角楼,按八卦各随其方而名:东北为艮,东南为巽,西北为乾,西南为坤。门楼、角楼均于民国年间毁坏。1985年重建正阳门和五凤楼,黄瓦盖顶,点金彩绘,富丽堂皇,高耸巍峨。1988年至1989年重建巽、坤二楼,五彩斗拱,飞檐凌云。岱庙整座建筑群雄伟壮观,气势磅礴,犹如一座帝王的宫阙。

遥参亭。为岱庙前庭,旧称草参门、草参亭。古人凡有事于泰山,必先至此进行简单参拜,而后入庙祭神。今院内一直举办泰安民俗展。亭为二进院落。前院正殿,明清时祀碧霞元君;两侧为东西配殿;院中有清康熙五十九年(1720)同知泰安州事张奇逢立《禁止舍身碑》。后院中立四角亭,1983年重建;后山门内东侧有1990年立日本书法家柳田泰云书《李白登岱六首》诗碑。亭前有石坊,额书"遥参亭"。两侧铁狮对峙,旗杆高竖。坊前为双龙池,清光绪六年(1880)为引王母池水而建。池南为通天街,池西有唐槐一株,池北有1929年立《济南五三惨案纪念碑》。遥参亭是一个具有独立性的建筑群体,其既独立又相互联系的设计烘托出岱庙的尊崇气氛,这是我国现存古建筑群艺术处理上不多见的范例。

岱庙坊。出遥参亭北山门后,迎面有一座高耸的石坊,叫"岱庙坊",又名玲珑坊。高12米,宽9.8米,进深3米,清康熙十一年(1672)山东巡抚兵部右侍郎赵祥星与提督布政使施天裔所建。坊起三架,中高错落,重梁四柱,通体浮雕。为清代石雕建筑的珍品。坊下有方石座,座上均立双柱,柱侧滚墩石上前后各有圆雕蹲狮两对,雄者戏耍绣球,雌者嬉闹幼狮,姿态各异,生动活泼。梁柱、额板及滚墩石上,分别环雕着铺首衔环、丹凤朝阳、二龙戏珠、群鹤闹莲、天马行空、神牛角斗、麒麟送宝及喜鹊登梅等30余幅栩栩如生的祥兽瑞禽图。图案对称统一,构图设计和雕刻手法变化多端,迥然不同,各具特色。当年施天裔重修岱庙时一并撰书楹联:"峻极于天,赞化体元生万物;帝出乎震,赫声濯灵镇东方。"

正阳门。岱庙坊之北是岱庙大院,四周围筑城墙,周环1.5千米。南向五门正中为正阳门。正阳门内迎面是配天门,穿堂式,筑于石砌高台上。门上悬当代书法家舒同书额。门内原祀青龙、白虎、朱雀、玄武神像,1928年毁,今为大汶口文化展室。两侧原有配殿:东为三灵侯殿,祀周朝谏官唐宸、葛雍、周武;西为太尉殿,祀唐武宗时中书郎杜琮。两配殿神像毁于1928年。

门前有明代铜狮一对。1958年在院内建花圃,如今花木交错,牡丹、芍药、月季、凌霄、碧桃等争芳斗艳。门两侧有碑碣21块。东侧有《宣和重修泰岳庙碑》《大元太师泰安武穆王神道之碑铭》《大元重修东岳蒿里山神祠记》《创塑州学七十子记》《康熙重修青帝宫记》等;西侧有《大宋封东岳天齐仁圣帝碑》《大元创建藏峰寺记》《供祀泰山蒿里祠记》《可摘星辰方碑》《泰山赞碑》等。配天门向北是仁安门,门前石狮蹲列,樱花簇簇,左右莲池对称。门内陈列出土文物。门两侧原有东、西神门,1968年拆除改建为平顶房,辟为毛泽东思想展览馆,今为泰安市科技展览馆展室。

天贶殿。仁安门向北进入宽阔的大院,古柏参天,浓荫蔽日,透过空隙即可看到一座巍峨峻极、金碧辉煌的宫殿,这便是岱庙主体建筑——宋天贶殿。传为创建于宋大中祥符二年(1009),元称仁安殿,明称峻极殿,民国始称今名,缘自宋真宗假造"天书"之事。宋真宗时,辽军大举进犯,一时席卷黄河以北的广大地区,宋真宗被迫御驾亲征至澶州(今河南濮阳),前方将士英勇作战,一举打退了辽军的侵略,可昏庸的真宗赵恒,却没有抓住有利战机彻底打败辽兵,相反与辽订立一个屈辱苟安的"澶渊之盟",以规定每年向辽进贡白银十万两、绢二十万匹告终。和议给宋真宗换取了一个暂时喘息的机会,但时局仍动荡不安,真宗极力想寻找一条"镇服四海,夸示外国"的出路,佞臣王钦若便抓住他享乐厌战的心理,策划了一场"泰山降天书"的假戏。宋真宗在这场假戏中为答谢"天恩",于公元1008 年 10 月来泰山举行了规模空前的封禅大典,晋封"泰山神"为"天齐仁圣皇帝",传旨大兴土木,拓修岱庙。天贶殿便是答谢上天"泰山降天书"的产物,"贶"即恩施的意思。

由于"东岳泰山"之神自唐代开始被封建帝王人格化为"王",宋又加晋为"帝",所以这位人们想象出来的泰山神自然要在建筑上享受封建帝王的规格。大殿面阔九间,进深五间,通高 22 米,面积近 970 平方米,重檐庑殿式,上覆黄琉璃瓦,檐下 8 根大红明柱,檐施彩绘,辉煌壮丽,为中国古代三大宫殿式建筑之一。大殿巍然矗立在一座绕以汉白玉栏杆的高大石质台基上,云形望柱齐列,玉阶曲回,气象庄严,整个建筑酷似故宫的金銮殿,因此有比金銮殿矮三砖的说法。殿内原供奉东岳泰山之神塑像,已毁,现挂有东岳大帝的画像。像高 4.4 米,头顶冕旒,身着衮袍,手持圭板,俨然帝君。民间传说此神即黄飞虎。《封神演义》中,姜子牙奉太上元始天尊敕命,封屡树战功的武将黄飞虎为"东岳泰山天齐仁圣大帝",命他总管天地人间的吉凶祸福。龛上悬清康熙皇帝题"配天作镇"匾,门内上悬乾隆皇帝题"大德曰生"匾。像前陈列明、清铜五供各一套及铜鼎、铜釜、卤簿等。

大殿东次间有明代铜铸"照妖镜"一架,原在遥参亭,1936 年移此。殿内东、西、北墙壁上有《泰山神启跸回銮图》,壁画高 3 米多,长有 62 米,东半部是启跸图,西半部是回銮图。"启"是出发,"跸"是清道静街,亦作停留意,"回銮"是返回之意。壁画描绘了泰山神出巡的浩荡壮观的场面。从画面形式看,东西两部基本相同,画面场景阵势都十分浩大,人物个个形态逼真。但两者在主题上略有区别,西半部增加了二夜叉纵步抬虎、骆驼背驮宗卷、乐队高歌同庆等内容,象征着"泰山神"出巡的圆满成功。据说壁画的构思实际上就是宋真宗封禅泰山盛况的形象再现。壁画共有 657 个姿态各异的人物,加以祥兽坐骑、山石林木、宫殿桥涵,疏密相间,繁而不杂。它构图宏伟,图案绚丽,形象生动逼真,具有较高的文化艺术价值。相传这幅壁画是宋代遗作,后代虽屡经增补,但仍不失宋代画风,极为难得,是中国道教壁画杰作之一,也是泰山人文景观之一绝。

走出大殿,可见重台宽广,雕栏环抱。中置明代铁铸大香炉和宋代两大铁桶;两侧有御碑亭,内立乾隆皇帝谒岱庙诗碑。

重台南有小露台,台上一石卓然中立,名扶桑石,又名介石,俗称迷糊石。石北 14 米处,一古柏挺立,传为唐代忠臣安金藏来泰山神前告武则天灭子之状,化为此柏,因名孤忠柏。

小露台南有石栏方池,跨道中通,名阁老池。池内及周围有玲珑石 9 块,金大安元年(1209)奉符县(今泰安)令吴侃同母王氏所献。均具有透、露、瘦、垢、皱、丑、秀等特点。

殿两侧原有环廊百间,与仁安门两侧的东西神门连接,内绘十殿阎罗、七十二司。东廊中间有鼓楼,西廊中间有钟楼,均毁于清末。1982 年后,陆续重建环廊与钟楼。今东廊内陈列历代碑刻,自北而南有《仿秦刻石二十九字碑》《汉衡方碑》《汉张迁碑》《晋孙夫人碑》《魏齐隋唐造像记刻石》《大唐齐州神宝寺之碣》《唐鸳鸯碑》《唐经幢》《宋升元观敕牒碑》《金泺庄创佛堂之记》《金重修天封寺碑》《五岳真形图碑》《登岱八首》《太极图》《谷山寺敕牒碑》《颂岱诗》《乾隆御制诗》《望岳诗》《筑桥碑记》等名碑 19 块。西廊内陈列汉画像石 48 块。1990 年钟楼更为鼓楼,辟为古币展室。大殿东侧北廊内 1989 年辟为封禅蜡像馆,塑宋真宗、王旦、王钦若等 19 尊蜡像,造型逼真,栩栩如生。

殿前院碑碣林立:东有《宋封祀坛颂碑》《金重修东岳庙碑》、清乾隆皇帝御制《重修岱庙碑记》;西有《大宋天贶殿碑铭》、明太祖御制《封东岳泰山之神碑》;中立《大观圣作之碑》、清康熙年间《重修岱庙记》等。

天贶殿后为后寝三宫,系宋真宗为东岳大帝封"淑明后"而建,今为泰山文物展室。宫前银杏双挺,高大擎云,每年盛夏群鸟集栖,生机盎然。

天贶殿后的寝宫是根据"前朝后寝"的规制建造,它是泰山神与后妃的寝宫,分东、中、西三路。东路为汉柏院,东御座。西路有唐槐院等。

汉柏院。岱庙东南隅,院内原有炳灵殿,又有汉柏,故旧称炳灵宫或东宫,今称汉柏院。门内巨匾高悬,李铎书"炳灵门"。院中有八角石栏水池,1961年建,可凭栏观赏汉柏翠影,因名影翠池。周围有古柏5株,据汉《郡国志》载,传为汉武帝东封时所植。古人誉为"汉柏凌寒",为泰安八景之一。树下有清康熙年间河道总督张鹏翮题《汉柏诗碣》。院北部原有炳灵殿,内祀泰山三郎炳灵王。殿毁于1929年,1959年在此建汉碑亭。亭耸立于3层台基上,气势宏敞,内置《汉衡方碑》及汉画像石。1967年撤汉碑易为毛泽东诗词碑,遂改称汉柏亭。登亭可瞻岱宗雄姿,可瞰泰城全貌,可眺徂徕如屏,可观晚霞夕照。院南部原为北宋学者孙明复、石介讲学旧址,1965年建茶室。院内存碑碣90块,其中亭台及东墙内嵌70余块。著名的有张衡《四思篇》、曹植《飞龙篇》、陆机《泰山吟》、米芾《第一山》、乾隆帝《登岱诗》、邓颖超题"登泰山看祖国山河之壮丽"、朱德诗碑、陈毅诗碑及刘海粟书"汉柏"、舒同书"汉柏凌寒"、沙孟海书"荡胸生层云,决眦入归鸟"等碣。

东御座。位于汉柏院北,原为清代皇帝驻跸之所,所以又叫"驻跸亭",按北方典型的四合院形制建造。其垂花门与东华门相直,大门与汉柏亭相对。院内殿宇毗连,步廊环围,1985年辟为泰山珍贵文物陈列室。东御座由垂花门、仪门、大门、正殿和厢房组成。门上新悬金龙匾,当代书法家李传周大书"东御座"三字,苍劲有力,金光闪闪。正殿内按清宫设置作复原陈列,有龙墩、龙椅、立柜、方桌等紫檀古木家具及各种大理石花饰挂屏。东西配殿各三间,陈列泰山祭器,陶瓷、金银器等,其中有明代成化年间的黄底蓝花"釉瓷葫芦"、"沉香狮子"和"温凉玉圭",素有"泰山三宝"之称。

殿前松柏下共存碑碣15块,东有宋真宗御制《青帝广生帝君之赞碑》,西有驰名中外的《泰山秦刻石》残字碑,是泰山石刻中时代最早的作品,也是我国已发现的刻石中最古的一块文字刻石。此刻石是秦二世胡亥于公元前209年下诏书,由丞相李斯以小篆字体书刻制成的。小篆字体笔画简易而形体整齐秀美,较繁赘的大篆更为人们所喜爱。《泰山秦刻石》原在岱顶玉女池旁,后渐磨损。至清代移存山下岱庙,曾被盗而又追回。刻石原文222字,历经沧桑,现仅存十字,"臣去疾臣请矣臣"七字完整,"斯昧死"三字残泐。秦泰山刻石被列为国家一级文物,堪称稀世珍宝。南廊内嵌郭沫若1961年登岱时即兴赋诗六首之碑及1965年所书《孟子》语"挟泰山以超北海"和《庄子》语:"驭大鹏而游南溟"。院内还有朱德、陈毅等书写的诗文石刻。这里是泰山文物的主要集聚地。

1986年,在汉柏亭南筑墙,将亭纳入东御座,辟为茶亭。同时,在亭北建御香春茶室7间。东御座之北,原为东道院,今为泰安市御座宾馆。

唐槐院。位于庙西南隅,因院内有唐槐而名。原树高大茂盛,蔽荫亩许,民国年间枯死。1952年在枯槐内植新槐,今已扶疏郁茂,俗称"唐槐抱子"。树下有明万历年间甘一骥书"唐槐"大字碑,又有清康熙年间张鹏翮题《唐槐诗》碑。唐槐北为延禧殿旧址,原祀延禧真人。宋元时在殿北建诚明堂、馆宾堂、御香亭、庖厨、浴室、环廊等;明清时又在其废址建环咏亭、藏经堂、鲁班殿等。环咏亭四壁嵌历代名碑,其中有韩琦、蔡襄、范仲淹、欧阳修、石曼卿等大家手笔。民国年间殿、堂、亭均毁,古碑碣大部凿毁散佚。1984年,在此建仿古卷棚歇山顶环形文物库房楼,内藏文物数千件、古籍3万余册。

后花园。位于后寝宫北面。园内东置盆景,以泰山松柏为主,千姿百态,情趣盎然;西为花卉园,栽置各种名贵花木。东南隅有铜亭,西南隅有铁塔。铜亭,又名"金阙",为明万历四十三年(1615)铸,重檐歇山式鎏金顶,仿木结构,工艺精巧。原在岱顶碧霞祠内,明末李自成大顺军攻占泰城后移至山下灵应宫大殿前,1972年移此。此亭系明代铸造艺术精品,为我国三大铜亭(北京颐和园宝云阁、武当山天柱峰顶金殿、昆明金殿)之一。铁塔为明嘉靖年间铸,原有13级,立于泰城天书观,抗日战争中被日军飞机炸毁,仅存3级,1973年移此。

此外,庙内还有古柏六景:正阳门内有"挂印封侯(猴)",汉柏院西墙外有"百鸟朝岱",阁老池旁有"麒麟望月",扶桑石北有"孤柏披衰",大殿前甬道西侧有"灰鹤展翅",后花园西墙内有"云列三台"等,天然成趣,耐人寻味。

花园北是厚载门,三开间门楼与正阳门形式相仿。上有望岳楼,1984年重建,仿宋建筑,黄瓦明廊,红柱隔扇,如云端琼阙。北出厚载门缘路直登泰山。

岱庙是泰山文物最集中的地方。这里保存了琳琅满目的历代帝王祭祀泰山神的祭器、供品、工艺品,也有闪烁着华夏文明光华的泰山出土文物和革命历史文物,并保存了大量的泰山典籍和道经。更为珍贵的是还有184块历代碑刻和48块汉画像石,成为我国继西安、曲阜之后的第三座碑林。除国宝李斯篆书之外,仅次就为东汉的衡方碑、张迁碑,西晋孙夫人碑,唐神宝寺碑,还有魏、齐、隋、唐的造像碑。从书圣王羲之、王献之父子至宋朝的苏、黄、米、蔡四大家以及近代朱德、陈毅、郭沫若,正草篆、颜、柳、欧、赵各体俱全,可谓集我国书法艺术之大成。其中《晋孙夫人碑》刻立于西晋武帝泰始八年(272),碑文颂扬了古任城太守孙夫人节、孝、贤、淑的美德,它与"历城郛休碑"、"河南太公望碑"同为晋代三大丰碑。岱庙又是一座赏心悦目的古典园林。虬龙蟠旋的古柏,遮天蔽日的银杏,玲珑精美的盆景,争奇斗艳的花卉,又为古朴典雅的亭、台、楼、阁增添了万种风情的媚态。岱庙,一年四季景色如画,吸引了众多的中外游客。庄严、雄伟的岱庙,殿宇辉煌,文物荟萃。这里的每一处建筑都体现着中国古代建筑艺术的风采,每一件文物都反映了泰山的文明发展。巍巍岱庙,是一座融建筑、园林、雕刻、绘画于一体的古代艺术博物馆。

8.关于建筑的经典文字轶闻。参见《天贶殿碑》《宣和碑》等[7]。

在山东泰安,关于《泰山神启跸回銮图》这幅壁画还有一个传说,说是宋真宗封禅泰山以后,龙颜大悦,为了感谢"天书",就下旨在泰山下修这座天贶殿,并在殿内墙上画一幅巨幅壁画,表现泰山神出巡的宏大场面。

泰安县令接旨后,精心组织施工,大殿很快就建好了。可是,殿中的壁画却让他费尽了心机。当时,县令把附近有名的画师都找来了,让他们设计出草稿请皇上审定,结果反反复复送了五六次,真宗仍是不满意,并下旨道:十天之内不设计出好的画样,就拿县令问罪。县令本想借建造大殿的机会立上一功,以便升迁做大官,不想这下却惹怒了皇帝,眼看升迁的事就要泡汤,他十分气恼,于是把气出在画师身上,下令五天之内,如果画不出皇上满意的画稿,将重打八十大板,打入死牢。

县令在公堂上大发雷霆以后,回到家中,夫人见他一脸的哭丧样,便知又惹上了麻烦事。问清原委后,夫人对县令说:"老爷真是糊涂。如果把那些画师都打入死牢,你还想不想活命?"

"此话怎讲?"县令神情紧张地问道。

"你想,如果把这些画师都打

图2-4-1 岱庙天贶殿

入死牢,老爷再去请谁来设计画稿呢? 以妾愚见,作画是需要灵气的,你这样粗暴地对待他们,他们还有什么作画的心情? 不如以礼相待,给他们好吃好喝,让他们安心画画,或许能帮老爷渡过这一关。"

县令闻听此言,也觉得有理,便又下令对画师酒肉相待,精心侍候。

却说那些画师只想画画,如果画不好,皇帝老子怪罪下来就要丢了性命,早就吓得七魂六魄都没了,谁还能安下心来画画。就在他们走投无路的时候,县令的夫人传出话来说:"皇帝不是嫌你们画得不够气派威风吗? 皇上来封禅的时候你们都见过了,照着那场面画下来,皇上准满意。"一句话提醒了众画师,他们连夜赶制,第二天便把画稿送到了县令手中。县令呈给宋真宗,果然赢得了皇上的欢心。于是,岱庙就有了这样气势宏伟的壁画。

参考文献

①⑤⑥曲进贤:《泰山通鉴》,齐鲁书社,2005 年。

②《汉书·地理志》泰山郡条。

③(汉)刘向:《五经通义》,(清)马国翰辑本。

④《博物志》。

⑦刘慧:《泰山岱庙考》,齐鲁书社,2003 年。

三、西岳庙

1.建筑所处位置。位于华山山麓以北 5 千米处的岳镇东端,西距华阴县 1.5 千米。

2.建筑始建时间。始建于汉武帝时①。

3.最早的文字记载。"余少时为中郎,从孝成帝出祠甘泉、河东,见郊先置华阴集灵宫。宫在华山之下,武帝所造,欲以怀集仙者王乔、赤松子,故名殿为存仙。②"

4.建筑名称的来历。西岳庙初名"集灵宫"。因汉武帝欲怀集仙者,故名。后因在五岳之中,以其方位在西,故名西岳,庙以山名。西岳庙之名当在汉世,因为东汉光和二年(179)华山修西岳庙复民赋碑在唐朝兴元元年(784)被华阴县令卢仿求得,并作记。碑名全称为《樊毅复华下民租碑》。而宋欧阳修《集古录》署为《修西岳庙复民赋碑》。③

5.建筑兴毁及修葺情况。北周天和二年(567)及唐开成元年(836)均曾重修。北宋建隆二年(961)又作大修。明清两代也多次修葺。

6.建筑特征及其原创意义。基址规模宏大,南北长 525 米,东西宽 225 米。庙宇基址坐北朝南,正面遥对华山三峰,在总体布局上构成一条通景轴线,是遥望华山三峰最好的地点④。清代毕沅在奉旨修复西岳庙后给乾隆皇帝的奏章中,曾经详细介绍了"庙制:旧正殿六楹,寝殿四楹,前为灏灵门,再为棂星门,再为五凤楼。楼前为灏灵门,殿后为万寿阁。臣于乾隆四十一年(1776)七月入觐,面奉谕旨修建。今正殿廊八楹,寝殿廊六楹,万寿阁前设碑楼一座。凡两翼司房以及穿堂、配殿、牌坊、钟楼、鼓楼、香亭、碑亭、石栏、界墙等处,无不踵事增饰物。"⑤

自创建以来历代均有修葺和扩建,至明清两代形成今日格局。庙宇四周城墙环绕,布局严谨,气势宏伟,沿南北中轴线依次建有遥参亭、影壁、灏灵门、五凤楼(午门)、棂星门、金城门、金水桥、灏灵殿、寝宫、放生池、御书楼、万寿阁、灵官殿、冥王殿、御碑楼等。组成了宫殿重城式六进院落,使空间组合疏密有致。三座石牌坊分立于各个院落,造型独特的角楼分立于城墙四隅,重城两侧为东西道院和三圣母庙。主要建筑均覆以等级最高的黄色琉璃瓦,气势恢宏,雄伟壮丽,与巍峨峻拔的华山浑然一体,颇具皇家气派。

7.关于建筑的经典文字轶闻。宋真宗大中祥符四年(1011)车驾至华阴祭祀西岳神,诏封为金天王,上仍自书、制碑文以宠异之。碑高五十余尺,阔丈余,厚四五尺,天下碑莫及也。其余刻扈从太子、王公以下百官名氏。制作壮丽,巧无伦比[6]。

参考文献

①《汉书·地理志》京兆尹条记载:"太华山在南,有祠。集灵宫,武帝起。"

②(汉)桓谭:《仙赋》,《历代赋汇》卷一〇五。

③据《汉隶字源》卷一和毕沅《关中胜迹图志》卷一三。

④佟裕哲:《陕西古代景园建筑》。

⑤《关中胜迹图志》卷一三。

⑥《关中胜迹图志》卷十三引《春明退朝录》。

(五)志寺

寺,乃居僧之所。所谓寺,有其独特的建造要求。在古印度,原始的寺乃"穿大石山作之,有五重。最下为雁形,第二层作狮子形,第三层作马形,第四层作牛形,第五层作鸽形。名为波罗越(《阿含经》和《佛游天竺本纪》)。很显然,在印度,古代的寺就是人工开凿的石窟。

中国建设佛教寺庙始于汉代。佛教传入中华经过了三个阶段。第一阶段是在周穆王时期。当时有西极化人来中国,穆王事之于中天之台。另有一说,周穆王时,已有曼殊法师驻锡清凉山(即今之五台山),周穆王于中造庙祀之(《大唐感通传》,见明释镇澄《五台山志》)。第二阶段,秦始皇时期。沙门室利房等至,秦始皇异而囚之,夜有金人破屋出(《历代三宝记》)。汉武帝元狩中,北征匈奴的霍去病至皋兰,"过居延,斩首大获。昆邪王杀休屠王,将其众五万来降。获其金人,帝以为大神,列于甘泉宫,金人率长丈余,不祭祀,但烧香礼拜而已"(《魏书·释老志》)。东汉明帝时始崇奉佛教。朝廷遣蔡愔迎接迦叶摩腾、竺法兰二僧并首度带来佛说四十二章经。迦叶摩腾、竺法兰二僧初舍鸿胪寺,白马驮经并藏寺中。寻明帝于东都城门外另立精舍以处摩腾与经。遂名白马寺。是为中国佛教建寺之首。(《高僧传》)

因此,《大宋僧史略》解释"寺"这个名称的来历时说:"寺者,《释名》曰:寺,嗣也。治事者相嗣续于其内也。本是司名。西僧乍来,权止公司;移入别居,不忘其本,还标寺号。僧寺之名,始于此也。"

专门的居住尼姑的寺庙始于晋代。在佛教史上,释迦牟尼佛的姨妈瞿昙弥出家为尼,这是西域女性出家为比丘尼的开始。中国晋明帝时朝廷曾有诏令同意洛阳妇女阿潘等为尼。《僧史略》明确记载用于居住尼姑的寺庙为"东晋何充舍宅安尼"。

除沿自印度的石窟寺形式外,佛寺在中国的演变,经历了较原始的宫塔式阶段,稍后的楼塔式阶段以及后来的廊院式三个阶段。在天竺,佛寺的主体形制为四方宫塔式。佛教初入中华,当年的佛寺建筑带有明显的模仿天竺佛寺规制之特点,如汉代的洛阳白马寺、曹魏洛阳宫西寺、龟兹雀离大寺等都是四方宫塔式格局。据张弓先生的研究,"汉唐时代,葱岭以东至敦煌以西地区,宫塔式始终是佛寺形制的主流,显示天竺佛寺样式对我国西陲的影响强于中原。"(《汉唐佛寺文化史》上册)古印度的建筑为石结构传统,进入中土后,遭遇上我们国家的木结构建筑传统。由是而发生了两次演变,第一次是演化为楼塔式佛寺。即天竺佛寺和我国的楼阁式建筑的结合,由是在天竺原本是实心的佛塔内部变成了空心;原本在塔之外部以龛的形式供奉的佛像,现在也就移入塔内了;原本围绕佛塔诵经的习惯也因建筑的改变而可以在塔内进行。甚至信徒和游客还可以从塔内登高望远。记载这种变化的案例有汉末徐州的浮屠寺、东晋的宣城寺、北魏时期的洛阳永宁寺等。南北朝末年,佛寺进一步和中国建筑传统融合,出现了新的廊院式佛寺。在廊院式佛寺中,佛塔的位置已经比较次要了,有的寺庙甚至不用塔。由此,以佛塔为中心的建筑格局结束了,代之而起的是以佛殿为中心钟鼓楼等次要建筑左右对称的殿塔楼阁组群廊院结构式佛寺新格局。

佛教初入中国的汉魏时期,朝廷只准外国僧人建立佛寺,不准中土人士自行建设佛寺。所以《高僧传》说,佛教"初传其道"阶段,"唯听西域人得立寺都邑,以奉其神。其汉人皆不得出家。魏承汉制,亦循前规。"因此,汉魏时期的佛寺建设就必然是随西域僧人的行止而设。到了两晋,情况就不同了。西晋朝廷开始在两京"广树伽蓝",由于朝廷提倡,佛寺发展很快,但当年的佛寺建筑主要分布在水陆交通便利的都会之地。南北朝时期,佛教在中土的传播进入黄金时期,佛寺建筑在全国范围出现网式寺群。这与南朝皇帝和北朝皇帝都崇奉佛教有密切关系。南朝佛寺保留下来并见于近代记载者855所,北朝佛寺有306所保留到近代而著录于各类志书。寺到了唐代,海内出现大一统的佛寺群系(张弓《汉唐佛寺文化史》上)。

志寺第十一

一、白马寺

1.建筑所处位置。位于河南省洛阳市东 12 千米,东汉都城洛阳西侧 1.5 千米处。北依邙山,南望洛水。

2.建筑始建时间。寺创建于东汉明帝永平十一年(68)。"汉明帝所立也。佛入中国之始寺。在西阳门外三里御道南"①。

3.最早的文字记载。"初,帝于梦见金人,长大而项有日月光。以问群臣,或曰:西方有神,其名曰佛,其形长大,而问其道术,遂于中国图其形像。②"

4.建筑名称的来历。一说:"外国国王尝毁破诸寺,唯招提寺未及毁坏。夜有一白马绕塔悲鸣,即以启王,王即停坏诸寺。因改'招提'以为'白马'。故诸寺立名多取则焉"③。一说:汉明"帝梦金神长丈六,项背日月光明。金神号曰佛。遣使向西域求之。乃得经像焉。时白马负而来。因以为名"④。

5. 建筑兴毁及修葺情况。历史上白马寺多次毁而复建。现存寺院为清康熙五十二(1713)重修。白马寺为武则天垂拱元年(685),曾被大修过一次。宋淳化三年(992),元至顺四年(1333),明洪武二十三年(1390)俱重建。清代以后多次修葺。白马寺于 1952 年、1957 年、1971—1975 年多次维修。1972 年洛阳市成立白马寺汉魏故城文物保管所。1983 年归宗教部门使用⑤。

6.建筑设计师及捐资情况。在汉代初建时系国库出资。设计师当即是摄摩腾和竺法兰两位高僧。因为其时中华无寺,匠人不明规制。唐武则天时期薛怀义大修白马寺,也属于国家出资。薛怀义曾帮武则天搞过明堂工程等。本寺大修,当由他主持其事。其他待考。

7.建筑特征及其原创意义。现寺院平面呈长方形,南向。南北长239.5米,东西宽135.5米。沿中轴线主要建筑依次为山门、天王殿、大佛殿、大雄殿、接引殿、清凉台及毗卢阁。两侧有门头室、六祖堂、祖堂客室、禅堂及方丈院等。共有房屋百余间。山门为牌坊式石砌券门三间,灰瓦歇山顶。天王殿与大佛殿均为单檐歇山式建筑,大小相近,面阔五间,进深三间,前后有门,四周有回道。大佛殿的后壁和两山皆用梯形青石、梯形青砖和大青砖镶砌,这种做法在其他地方很少见。梯形青石砖大小略同,每块高约46厘米,上宽约29厘米,下宽约35厘米。大雄殿原为寺内最大的一座建筑,歇山顶,后代修葺时改作悬山顶,殿的面积缩小了,也是面阔五间,进深三间,广19.95米,进深11.07米,前有月台。在殿内地面发现一个唐代覆钵式石柱础,推测此殿可能是唐代大殿的位置所在。寺内最大的一组建筑是清凉台及毗卢阁。汉代以来均为藏经之所。台高约6米,长43米,宽33米。四周砖砌,台下券洞。砌法及券石上匠人题字均具东汉风格。台上毗卢阁为重檐歇山,面阔五间,广17米,进深三间,宽11米。彩棚朱柱,具有鲜明的东方建筑特色。阁前左右各有三开间的配殿。台周围有几组小型建筑,构成几所幽雅的小庭院。白马寺建筑以中轴线五重斗拱式楼阁建筑为主,配合两侧的廊庑式厢房附属建筑,布局规整,左右对称,主次分明,表明了中国古代的建筑风格和建筑艺术。寺内有宋代以后碑石数十通。大佛殿前和西侧还有唐代和宋代石经幢各1座。寺东南有金大定十五年(1175)建造的齐云塔,也称释迦舍利塔,密檐式砖塔,底长宽各 7.8米,高约25米。下面为二层须弥座。塔身13层,每层砖砌出檐,尚存唐塔遗风,由下而上,外形略呈抛物线形。自第五层以上,塔身收杀,使塔身上部更为圆和,呈现稳健玲珑的形象,在古塔中独具特点。

8.关于建筑的经典文字轶闻。"汉永平中,明皇帝夜梦金人飞空而至,乃大集群臣以占所梦。通人傅毅奉答:臣闻西域有神,其名曰'佛',陛下所梦,将必是乎? 帝以为然,即使遣郎中蔡愔、博士弟子秦景等使往天竺,寻访佛法。愔等于彼遇见摩腾,乃要还汉地。腾誓志宏通,不惮疲苦,冒涉流沙,至乎洛邑。明帝甚加赏接,于城西门外立精舍以处之,汉地有沙门之始也。⑥"

参考文献

①④《洛阳伽蓝记》卷四。

②(东晋)袁宏:《后汉纪》卷十。

③(唐)释道世:《法苑珠林》卷二〇。

⑤徐金星、黄明兰:《洛阳文物志》,洛阳市文化局,1985年。

⑥(梁)释慧皎:《高僧传》第一。

二、保国寺

1.建筑所处位置。位于浙江省宁波市郊区洪塘镇北的灵山山腹,距市区15千米。

2.建筑始建时间。始建于东汉。"回溯东汉之世,古灵山中有张侯父子隐居乐善,以后舍宅基为寺基,名灵山寺,此为最始之建置。①"

3.最早的文字记载。内容同上,见《四明谈助》。

4.建筑名称的来历。因唐僖宗赐匾"保国寺"而得名②。

5.建筑兴毁及修葺情况。唐武宗会昌五年废,僖宗广明元年(880)再兴,僖宗赐名保国寺。宋真宗大中祥符四年(1011)德贤尊者来主持,将"山门、大殿,悉鼎新之"。至大中祥符六年(1013)佛殿建成,同时期还造天王殿,并于天禧四年(1020)建方丈室。宋仁宗庆历年间(1041—1048)建祖堂,至南宋绍兴年间(1131—1162)建法堂、净土池、十六观堂等。宋代建筑现存大殿和净土池,其余无存,或于原址重建,或易为其他殿堂。天王殿,钟、鼓楼,法堂,藏经楼等,皆清代重修的遗物。大殿也于清康熙二十三年(1684)将原有宋代殿宇"前拔游、巡两翼,增广重檐"。又于乾隆十年(1745)"移梁换柱,立磉植楹"。至乾隆三十一年(1766)"内外殿基悉以石铺"③。

6.建筑设计师及捐资情况。据《四明谈助》记载,灵山寺为张意及其儿子张齐芳舍宅为寺,故可知此二人为保国寺土地之提供者。唐僖宗时当系奉敕重建④。至于宋代大中祥符四年(1011)所建的"保国寺"则主要是由住持德贤尊者所主持修造。其新建部分主要是山门和大殿。至于真正的设计师,显然是一位熟悉大木作技术的朝廷都料匠。宋仁宗庆历年间(1041—1048),僧若水建祖堂,奉保国寺祖先。明弘治癸丑年(1493),僧清隐重建,更名云堂。清康熙甲子年(1684),僧显斋重修。乾隆乙丑年(1745),体斋重修。乾隆三十年(1765),殿基及殿前明堂,僧常斋悉以石板铺之。僧敏庵偕徒永斋开广筑墈重建殿宇,以石铺之。法堂为宋哲宗绍圣间(1094—1097)寺僧仲卿所建,清顺治十五年(1658)戊戌,西房僧石瑛重建。康熙廿三年(1684)甲子僧显斋重修,乾隆五十二年僧常州斋同孙敏庵重建。宋绍兴年间,僧宗普凿净土地,栽四色莲花。清朝康熙年间僧显斋立石头栏杆于四围。前明御史颜鲸中题"一碧涵空"。乾隆十九年甲戌,僧体斋同孙常斋新建钟楼,嘉庆戊辰年(1808)僧敏庵移建于大殿之东。乾隆十九年僧体斋同孙常斋同建斋楼四间。乾隆五年僧体斋在法堂东楼外建厨房三间。嘉庆戊辰年僧敏庵同徒永斋改建。法堂东、西楼:计各六间,乾隆元年僧显斋自云堂迁于斯堂之侧。乾隆五年庚申,僧唯庵偕徒体斋营造两楼,乾隆十五年,僧常斋重建。嘉庆朝,僧敏庵改建文武祠于钟楼后。嘉庆戊辰,僧敏庵同徒永斋新建东客堂。其他禅堂钟鼓楼并余屋自嘉庆庚午年起至壬申年新建⑤。1983年迁入明代厅堂三间,1984年迁入唐代经幢两座。

7.建筑特征及其原创意义。保国寺整个建筑坐落在灵山山腰,周围环境清幽脱俗。寺院坐北朝南,依山而建。中轴线上依次有天王殿,大殿,观音殿和藏经楼,轴线两侧建有配殿、僧房、客堂等附属建筑,大殿月台前左右建有钟楼和鼓楼。但该寺最有特色的建筑还是大中祥符间(1008—1016)所建造的大殿遗构。该大殿为浙江境内现存最早、甚至在整个江南地区也十分罕见的宋代木构建筑遗存。其特点有四:一是进深大于面阔,呈纵长方形。保存了北宋官式做法。二是它的柱子做法,即瓜棱柱加侧脚的做法。三是整个大殿的结构不用铁钉等加固,完全靠斗拱和榫卯的衔接,支撑承托起整个殿堂屋顶约50吨重的重量。四是在大殿前槽天花板上安排了三个和整体结构有机衔接的藻井,客观上造成一种无梁殿的错觉。简言之,保国寺大殿十分典型地体现了《营造法式》木构技艺的南方因素。

8.关于建筑的经典文字轶闻。宋构大殿内燕雀不入,蜘蛛不网,灰尘不沾。成为一个耐人寻思的难解之谜。有人说是因为建造大殿所用的木头自身散发出一种气味,为鸟雀所畏闻。有的说,是因为大殿设计特别,产生一种气旋,鸟雀蚊蝇无法驻足,灰尘自然随气旋流出。直到今天,依然没有统一的说法。但一直是游客所津津乐道的话题。

参考文献

①⑤(清)释敏安:嘉庆《保国寺志》,中国佛寺志丛刊第83册,广陵书社,2006年。

②(宋)徐兆昺:《四明谈助》。

③④郭黛姮:《中国古代建筑史》(五卷本)第三卷,中国建筑工业出版社,2001年。

三、显通寺

1.建筑所处位置。显通寺位于台怀镇五台山中心区大白塔北侧、菩萨顶脚下。

2.建筑始建时间。"汉明帝永平年间(58—75),(摄摩)腾、(竺法)兰西至,见此山,乃文殊住处,兼有佛舍利塔,奏帝建寺。①"

3.最早的文字记载。宋张商英《咏五台诗》七律六首②。

4.建筑名称的来历。"大显通寺古名大孚灵鹫寺,……腾以山形若天竺灵鹫,寺依山名,帝以始信佛化,乃加大孚二字。武后以新译华严经中载有此山名,改称大华严寺;至明太宗文皇帝敕建重建,感通神应,自昔未有,故赐额大显通"③。

5.建筑兴毁及修葺情况。据《清凉山志》知,元魏孝文帝再建大孚灵鹫寺,置十二院。岁时香火,遣官修敬。唐太宗时重修,明太宗时重建。现存建筑均为明、清重修后形制。

6.建筑设计师及捐资情况。该寺初创于汉明帝永平年间,与洛阳白马寺同时略晚。系汉明帝应印度高僧摄摩腾、竺法兰要求在五台山(当时叫清凉山)所建。因此,经费当系国家划拨。而设计和白马寺同,必是摄摩腾、竺法兰两高僧指导当时工匠建造而成⑤。

7.建筑特征及其原创意义。寺院面积8公顷(120亩),各种建筑400多间,多为明清遗物。排列于中轴线上有七座高大的建筑,很有气势。

大雄宝殿,重顶飞檐,巍峨宽大,占地约670平方米,为五台殿宇之最,木雕彩绘,肃穆堂皇。殿内佛像高大,金碧辉煌。五台山的重大法事活动,多在此殿举行。无量殿是我国砖石建筑艺术的

图2-5-1　显通寺铜殿

杰作。高20米,面宽28米,进深16米,从外面看是七间两层楼房,殿内却是三间穹隆顶砖窑,形制奇特,雕饰精细,宏伟壮观,又称无梁殿。在显通寺的后高殿前,是一座用青铜铸件组装而成的纯粹金属建筑物,人称"显通铜殿"。铜殿建于明代万历三十七年(1609)。殿高8.3米,宽4.7米,入深4.5米,它是我国仅有的三座铜殿中的一座。另外两座,一在浙江的普陀山,一在四川的峨眉山。不过就其建筑艺术和美观俊雅而言,那两座都不及这座铜殿,而且峨眉山的铜殿早已在战火中焚毁。

铜殿外观为重檐歇山顶,共分两层,上层四周各有六面门扇,下层四周各有八面门扇。每面门扇的下端铸有花卉、松柏、鸟兽等图案。"龙虎斗"、"龙凤配"、"喜鹊登梅"、"玉兔拜瓢"……形态逼真,栩栩如生,每面门扇的上端都有精细的花卉图案,形态各异,玲珑

剔透。正面横梁上的"二龙戏珠"和"双凤朝阳"更是活灵活现。第二层的四周,有大约1米高的铜栏杆,其24面门上均有各式图案。殿脊的两端有铜铸的似龙非龙的宝瓶,光芒四射,耀眼夺目。

8.关于建筑的经典文字轶闻。汉明帝应摄摩腾、竺法兰两高僧要求建起了大孚灵鹫寺,"始度僧数十居之"。后不久,原来山上的道士对"胡神乱夏,人主信邪"的局面不满。永平十四年(71)也就是大孚灵鹫寺建成后第三年,矛盾闹大了。五台道士白岳、五岳道士储善信等给明帝上奏折,要求和佛教僧人比赛烧经书以区分真伪。明帝准奏。结果道士们"纵火焚经,经从火化。悉成煨烬。道士失色,欲禁不能","时佛经像,烈火不烧。舍利光明,旋空成盖。腾、兰涌身虚空,现十八变。为帝说偈曰:狐非狮子类,灯非日月明。泡无巨海纳,丘无嵩岳荣。法云垂法界,法雨润群萌。显通希有事,处处化群生。事毕,即旋印度焉。唐太宗文皇帝《登焚经台》诗云:'门径萧萧长绿苔,一回登此一徘徊。青牛漫说函关去,白马亲从印度来。确定是非凭烈焰,要分真伪筑高台。春风也解嫌狼藉,吹尽当年道教灰。④'"喻按:此事此诗,只见佛家著作。源头发自何处,待考。明释镇澄《五台山志》《摩腾、法兰传》载其事,亦附其诗。查全唐诗、全唐诗补遗均不见唐太宗也不见唐文宗有此诗。很大可能是佛道矛盾斗争背景下的伪作。虽可能属于伪作,然亦游山者所当知。而考晚清四川僧人惟静、圆乘所著、校的《佛教历史》,亦录此段比赛烧经的故事,后面还多出了当时现场被感动出家的僧尼人数。但没有所谓唐太宗文皇帝的登焚经台诗。此段笔墨官司待暇时详细考证。先抄在这里,供读者了解。

大显通寺还有一个关于文殊师化贫女乞食的故事:"(北魏)孝文帝重建环山复置院十二,前有杂花园,亦名花园寺,尝设无遮斋,有贫女剪发作布施,从二犬乞斋,俄化菩萨相,因以所施发建塔,在大塔院寺东,即古杂花园也"⑤

参考文献

①②③《清凉山志》。

④释惟静著,释圆乘校:《佛教历史》(上),广陵古籍刻印社,1996年。

⑤雍正《山西通志》卷171。

四、广胜寺

1.建筑所处位置。位于山西省洪洞县东北17千米霍山南麓。

2.建筑始建时间。东汉建和元年(147)①。

3.最早的文字记载。唐太宗李世民《广胜寺赞》②。

4.建筑名称的来历。古名俱卢舍寺,又名阿育王塔院。到了唐代,此寺改称广胜寺③。

5.建筑兴毁及修葺情况。唐大历四年(769),中书令、汾阳王郭子仪奏请重建。到金代时,又是"兵戈相寻,寺庙煨尽"。到元大德七年(1303)平阳一带大地震,震中地区恰在洪洞一带。有关碑碣记述这次地震情况为"河东本县尤重,靡有孑遗,玉石俱焚"。广胜寺和水神庙被全部震毁。此后,从大德九年(1305)秋又开始重建。到明嘉靖三十四年(1555)和清康熙三十四年(1695)平阳一带又发生了两次大地震,康熙年间震级尤大(约为里氏八级),然而元代重建起来的广胜寺却较完整地保留了下来③。现存实物,下寺和水神庙多为元建,上寺除飞虹塔外,虽经明代重修,但大都还保持着元代的遗构。

6.建筑特征及其原创意义。广胜寺分上、下寺和水神庙三处。上寺在山巅,下寺在山脚,水神庙位于下寺西侧,墙垣相连。上下寺之间相距里许,高差约160米,水平间距380米。上寺寺前为三间悬山顶山门。门内北面台阶上筑有悬山门楼一座,院内矗立着高大的

图 2-5-2 广胜上寺飞虹塔

琉璃砖塔——飞虹塔。塔后为前殿五间,再北为大雄宝殿,最后为毗卢殿。

飞虹塔平面八角形,共十三级,底层围廊,总高 47 米有余。塔的轮廓由下向上逐级收缩,形如锥体。塔身全部砖砌,外表饰以黄绿蓝三彩斗拱、角柱、人物、花卉等构件。塔上第二层施平座,安有琉璃烧制的栏板和望柱。第三层至第十层各面砌有券龛和门洞。塔下嵌石,铭刻着建塔的主持僧人和建造年代。此塔始自明正德十年(1515),完成于明嘉靖六年(1527)。设计建造者为襄汾籍僧人达连。事见建塔碑记。

前殿,又称弥陀殿,面宽五间,进深四间六架椽,单檐歇山顶。前后檐明间开间,四壁无窗。殿内使用减柱造。殿身檐柱上施五铺作斗拱,前后檐重拱双下昂,两山施双抄无昂,各攒斗拱后尾耍头之上施杠杆挑承着下平槫。弥陀殿内寺内前殿,明嘉靖十一年(1532)重建,面宽五间,进深六椽,单檐歇山顶。大殿在建筑方面富有创造性,上部用额梁构成了镜口形框架,四侧又使用了六根大斜梁,用以支撑上部梁架的压力。整个大殿,结构巧妙,独到新颖,在我国现存明代建筑中可谓独辟蹊径。

大雄宝殿为明景泰三年(1452)重建,面宽五间,进深六架椽,单檐悬山顶。前檐五间插廊,后檐出抱厦一间。

毗卢殿为弘治十年(1497)重建,面宽五间,进深四间六椽单檐四阿顶。殿基依山崖而建。

下寺依地势而建,高低叠置,主次分明。山门、前殿、后大殿都排列在中轴线上。

山门殿身宽三间,四架椽,重檐歇山顶。檐下无廊柱,施四铺作斗拱,倒悬八角垂柱。这种做法形制特殊,为国内罕见。

前殿元代建,明成化八年(1472)重修。宽五间,深三间,六架椽,单檐悬山顶,前后檐明间开门,两次间设直棂窗。

后殿元至大二年(1309)重建,面宽七间,九檩八椽,单檐悬山顶。殿内前后槽内柱两列,用减柱法和移柱法。殿内四壁原来绘满壁画,是与殿同时的作品。现仅存东山墙上角几小块。1928 年帝国主义分子勾结当地土豪劣绅李宗剑等人和寺僧贞达,以 1600 元之价卖出国外。此殿壁画现在美国堪萨斯城纳尔逊艺术博物馆陈列。

水神庙分前后两进院落,除明应王殿外,山门、仪门和两厢都是清代重建。

明应王殿,元延祐六年(1319)重建。此殿面宽、进深各五间,四周围廊,实际殿身只有三间,重檐歇山顶。殿内四壁绘满壁画,共计197平方米,是元泰定元年(1324)洪、赵两县匠师的作品。东西壁为祈雨、降雨图、下棋图、卖鱼图、广胜上寺图、庭院梳妆图、太宗千里行径图;北壁为王宫尚宝图和司宝图;南壁西半部为霍泉玉渊图,东半部为著名元代戏剧壁画④。

7.关于建筑的经典文字轶闻。现广胜寺尚存有唐太宗李世民《广胜寺赞》石刻,诗曰:"鹤立蛇行势未休,五天文字鬼神愁。龙蟠梵质层峰峭,凤展翎仪已卷收。正觉印同真圣道,邪魔交闭绝踪由。儒门弟子应难识,穿耳胡僧笑点头"⑤。该诗不见于《全唐诗》,当系漏收。

8.辩证。广胜寺所藏唐太宗《广胜寺赞》石刻诗,最早版本为陕西省卧龙寺刻本,作者为太宗,刻石时在1077年。又见河南登封,内容相同,但作者为唐玄宗,刻石时间为元至大元年(1308)中元日,未知孰是。

参考文献

①③(清)刘修、孔尚任纂修:《平阳府志》。

②⑤洪桐县志编纂委员会:《洪桐县志》,山西春秋电子音像出版社,2005年。

④柴泽俊:《柴泽俊古建筑文集》,文物出版社,1999年。

五、定慧寺

1.建筑所处位置。位于江苏省镇江焦山南麓。

2.建筑始建时间。始建于东汉兴平元年(194)。

3.最早的文字记载。《润州类集》记载:"旧经云:'焦光所隐,故名。'①"

4.建筑名称的来历。初名普济寺,宋景定中(1260—1264)重建,改名焦山寺②,清康熙二十五年(1686)康熙帝南巡,取佛家"因戒生定,因定生慧"和"寂照双融,定慧均等"之意,敕赐定慧寺,沿用至今③。

5.建筑兴毁及修葺情况。焦山自唐代法宝寂法师创建大雄宝殿,神邕法师扩建寺宇。"景定癸亥,寺毁于火,主僧德瞋复建。""寺旧无浮图,大德二年(1298),江浙令省周文英渡江,阻风不能济,遂许建塔于寺,有顷风止。……是岁,乃捐己资建塔,及九年而后成"④。至民国时期,主要建筑有山门、御碑亭、天王殿、大雄宝殿、藏经楼、法堂、瘗鹤铭碑亭等房屋百余间。1937年12月8日,日寇攻占镇江、轰炸焦山,伊楼、鹤寿堂、枕江阁、听潮阁及库房等均毁。11日日寇占领焦山后,又纵火焚毁方丈楼、御书楼、法堂、石肯堂、枯木堂、彭来阁。大雄宝殿以西,除祖堂、华严阁残存外,全部被毁。1966年"文化大革命",毁佛像,焚藏经,逐僧侣。1979年后寺庙逐步恢复。现存主要建筑有:山门、天王殿、大雄宝殿、藏经楼、海云堂、念佛堂、毗卢殿、伽蓝殿、祖堂、华严阁、万佛塔、塔院、焦公纪念堂等。

6.建筑设计师及捐资情况。定慧寺的最早建筑设计师为东汉隐士焦光。焦光曾隐居焦山,《润州类集》记载:"旧经云:'焦光所隐,故名。'"考寺史,大雄宝殿系唐初玄奘法师弟子法宝寂始建,宋景定四年(1263)毁于火,德慎和尚依原式重建。此后,历代住持不断修缮。天王殿,明正统间宏衍禅师募建,为重檐庑殿。清光绪二十九年(1903)住持仁寿按原式重建。1983年因白蚁侵蚀,拆卸翻建,仍保持原建筑风格。藏经楼初建于明正统十年(1445),也曾几毁几建。1968年因暴雨山体滑坡冲毁楼之西角。时值"文革"浩劫,无僧看管,致遭拆毁。1995年为主持茗山法师募建。钢混结构,仿明宫廷风格。山门系清朝康熙四十八年(1709)行载禅师募建。为重檐歇山式。

7.建筑特征及其原创意义。古城镇江段长江边上自西而东依次有三座著名的佛寺:金山寺、甘露寺和定慧寺。这三座名寺的建筑布局完全不同。金山寺依山而建,层层拔起,寺庙建筑完全将山包住,民间习称"金山寺包山"。焦山植被极好,宛如江中翠螺,定慧寺就坐落于焦山山麓,小坡乔木将佛殿遮掩,从外面望去,只能依稀见到几段黄墙,民间习称"焦山山包寺"。北固山位于镇江市东北江滨,居金山和焦山之间。高约53米,长2千米,北临长江,山壁陡峭,形势险峻,因名"北固",向以"天下第一江山"而著称于世。突兀于江边,沿江一溜绝壁悬崖,甘露寺雄踞于山巅,人称"北固寺镇山"。上述三山佛寺建筑群是因地制宜布局的典型。

8.关于建筑的经典文字轶闻。乾隆皇帝南巡,对金山和焦山作过比较。他在《游焦山作歌》中比较两山的风格:"金山似谢安,丝管春风醉华屋。焦山似羲之,偃卧东床坦其腹。此难为弟彼难兄,元方季方各腾声。"他表白自己的喜好:"若以本色论山水,我意在此不在彼。⑤"说明乾隆作为游客,其审美观还是偏重自然。

参考文献

①一作《润州类稿》十卷,(宋)曾旼纂辑。
②③④焦山志编纂委员会:《焦山志》,方志出版社,1999年。
⑤(清)爱新觉罗·弘历:《御制诗集》第二集卷二三。

六、甘露寺

1.建筑所处位置。位于江苏省镇江北固山后峰上。

2.建筑始建时间。三国时东吴甘露年(265)①。

3.最早的文字记载。寺外有一座宋代的铁塔即李卫公塔,铁塔西侧有日本遣唐使阿倍仲麻吕诗碑,"翘首望东天,神驰奈良边。三笠山顶上,想又皎月圆。"

4.建筑名称的来历。因始建于三国时东吴甘露年而得名。

5.建筑兴毁及修葺情况。"按《图志》,寺建于三国甘露元年(265)至唐李德裕(787—850)割地以辟其址。宋大中祥符年间(1008—1016),住山大沙门传祖宣禅师,乃国之舅氏,欲迁寺绝顶,郡守闻于朝,得旨遂其志,复赐今额,乃拨丹阳练湖巨庄以资岁入。""元祐(1086—1094)末焚,寻复建。归附后,至元十六年(1279)又焚,主僧普鉴鼎建,智本继成之。""建炎间(1127—1130),厄于兵焰,继成于绍兴(1131—1162)。至嘉定中(1215),住山祖灯振起化力,大兴土木而新之。皇朝至元己丑(1289),寺复为胜热婆罗门所摄。住山普鉴大展宏规,材与匠称,心与力侔。碧瓦朱甍,荡摩星月。阅年代之既夥,振斧斤之尤奢。未有若今日全美而大备者也。复增市丹阳、吕城膏腴田二十顷,补其伏腊。""天历二年(1329),又焚,智本遂移建山下。山下即淮海书院故址。至顺四年(1333)春,乃始经营故址而缔构之。"但规模"视旧未能百一也"。

"多景楼,在山之绝顶,元符(1098—1100)后因焚荡再建,然非旧址。"……乾道庚寅(1170),主僧化昭徒,立榜以米元章旧迹,郡守陈天麟为记。淳熙中(1181)耿守秉重修,吴总领琚大书其匾:"天下第一江山。"②

现甘露寺是清光绪十六年(1890),由镇江观察使黄祖络筹款修建的。史载唐代甘露寺究竟建在何处,一直是北固山的文化之谜。镇江古城考古研究所的考古人员在北固山铁塔西侧的后峰山腰平台进行考古勘探时,发现了一处以殿址为主的大型庭院建筑遗迹,并发掘出有明显中晚唐特征的瓷器和建材。考古人员根据遗迹格局、位置及出土文物的年代,认定这里即是唐代所建甘露寺遗迹。北固山后峰发现的唐代甘露寺这一保存完好的遗迹填补了中国唐代南方寺院考古的空白③。

6.建筑设计师及捐资情况。始建人不详。唐前不详。唐代李德裕曾在北固山上辟址扩建。宋元祐间普鉴、大沙门传祖宣禅师、智本、化昭等住持僧均对甘露寺进行过修建④。

7.建筑特征及其原创意义。考《丹阳类集》:"寺,凡楼观四,雨华、清晖、凝虚,多景其一也。劫火之余,踪迹难辨。近岁有言于太守方公滋者,指优婆塞之居为旧址,公因至其所,启窗东向,仅得汝、焦、石数山,长江一曲,则景固未尝多也。下临峭壁,岸稍稍坏,难于立屋。主僧化昭危之,乃相地于寝室之西,为屋五楹,榜以元章旧迹,登者以为得江山之胜。盖东瞰海门,西望浮玉。江流萦带,海潮腾迅。而惟扬城堞浮图,陈于几席之外;断山零落,出没于烟云杳霭之间。至天清月明,一目万里。则是楼也,安知其非故处? 不然,亦足以实其名矣。京口气象雄伟,殆甲东南。北固濒江而山,耸峙斗绝,在京口为最胜处。"《至顺镇江志》中的这段引文所描述的是对宋代甘露寺整个环境的描写。

8.关于建筑的经典文字轶闻。《三国演义》第五十四回中"刘备招亲甘露寺"的典故即以本寺为背景⑤。另一趣闻则与宋代大书法家米芾有关。杨万里《诚斋诗话》记载:"润州大火,惟存李卫公塔、米元章庵。元章喜题一诗云:色改重重构,春归户户岚。槎浮龙委骨,画失兽遗眈。神护卫公塔,天留米老庵。柏梁终厌胜,会副越人谈"。有轻薄子于塔、庵二字上添注爷、娘二字。元章见之大骂。盖元章母尝乳哺宫中,故云。元人陶宗仪《辍耕录》卷二十六还记载了李德裕离开润州时前往甘露寺做告别游,和老僧院公话别时将自己的一支方竹手杖赠给他。那手杖"虽竹而方,所持向上节眼须牙四面对出,天生可爱。"后来李德裕又官润州,重访老僧问及方竹杖,云:"至今宝之。"公请出观之,则老僧规圆而漆之矣。公嗟叹再弥日,自此不复目其僧矣。

9.辩证。关于甘露寺的始建年代,元俞希鲁在《至顺镇江志》中只笼统地说建于三国甘露年间。实际上三国时魏国也有甘露年号,时在公元256—260年之间。而吴国末帝孙皓也曾用过甘露年号,时在265年。镇江在吴境,吴未亡安有用魏年号之理。就目前所掌握的情况看,甘露寺建于唐代李德裕主政润州时的可能性为大。一则有《至顺镇江志》为依据,二则有近年在北固山后山发现的唐代所建甘露寺遗迹做佐证。

参考文献

①④(元)俞希鲁:《至顺镇江志》"甘露寺"条。

②据释明本〈甘露寺记〉(见《至顺镇江志》"甘露寺"条)整理。

③镇江市志编纂委员会:《镇江市志》(上、下),上海社会科学院出版社,1993年。

⑤(明)罗贯中:《三国演义》第五十四回。

(六)志塔

中国之塔创自孙吴。康僧会于吴赤乌十年(247)至建业。孙权使人求舍利子。既得之,乃造塔藏之。此为中国造塔之始。(《高僧传》)

塔原名窣突坡(stupa),是印度梵语的音译。塔之起源,在于纪念释迦牟尼。最初只是供养释迦牟尼舍利子。后来传入东土后,逐渐演化成埋藏历代高僧舍利子、收藏经卷的建筑，以至衍生出文风塔、文笔塔等等用于强化修饰山水景观。虽与佛教无涉，但却成为城乡人居聚落的一道道风景。塔之形式，也逐渐由古印度的半球状、东南亚的铃状，演变成我国的方形或八角形。塔之用途，本不用于登览，传到东土，就和中国秦汉时期的楼阁建筑结合，逐渐演化成名山大川登高览胜的所在。塔之用于登高览胜，早在魏晋之际已经出现(详《中国历代名匠志》"曹丕"条)。只不过当时还称台不称塔。到了北魏时期，永宁寺塔是当时和此前所有佛塔中最高的木塔，并且已经明确地用于登高览胜。胡太后一时兴起，登塔游览，大臣们紧张万分，担心她摔坏了身子。还给她提意见呢。从造塔所用材质看，最初的塔都是木塔(汉晋时期)。最早造木塔的人当是江苏丹阳境内三国时期的笮融(《后汉书·陶谦传》)。后来木砖并重(晋宋齐梁以及北朝)。到了隋唐宋时期，塔之建设，量大质优。或木，或砖，或石，各种皆有。而保存至今的不多。唐塔除关中、河南、北京等地尚有外，其他地方已经很罕见了。宋塔现存较多。

志塔第十二

一、普彤寺塔

1.建筑所处位置。在河北省南宫市旧城内。

2.建筑始建时间。普彤寺建于东汉永平十年(67)，比著名的河南洛阳白马寺早建一年。永平十五年(72)正月十五日落成，比洛阳白马寺塔还早建成两年，堪称"中国第一佛塔"。

3.最早的文字记载。"世传明帝梦见金人长大，顶有光明，以问群臣。或曰：'西方有神，名曰佛，其形长丈六尺，面金黄色。'帝于是遣使天竺问佛道法，遂于中国图画形象焉。"(《后汉书》卷一百十八)"明帝刘庄永平中，遣郎中蔡愔博士弟子秦景等往西域天竺寻求佛法。在月氏，(今阿富汗一带)遇摄摩腾、竺法兰，邀二人来中国……。"(《高僧传》卷一)相传，建佛塔选址南宫城内，是因汉明帝刘庄随其父皇光武帝刘秀被王莽追杀曾在南宫驻跸并在大风亭下，对灶燎衣，吃饭歇息。刘秀言此地是风水宝地[①]。摄摩腾和竺法兰在回洛阳途中，明帝刘庄命其在南宫大风亭附近修建佛塔为记，以示此地为神圣，需人天敬养，千年后还有高僧驻锡。

4.建筑名称的来历。塔名取"普彤"，二字源自于佛经《妙法莲华经冠科卷感观世音菩萨普门品》的解释："普以周普为义。"佛学"普度"指大慈大悲，普度众生。"彤"为朱色。东汉时，娘娘住的皇宫涂红色，叫"彤庭"，因为塔后普彤寺内供奉着菩萨，塔身及寺均为朱色，故取"彤"字。所以取"普彤塔"。

5.建筑兴毁及修葺情况。原为南宫城普彤寺内的建筑，始建成于后汉明帝永平十五年正月十五日，唐贞观四年(630)重修，明成化十四年(1478)故城被洪水淹没，县城迁至今址。当时故寺被毁，仅留此塔。为我国现存最早创建的佛塔。明嘉靖年间再度修葺[②]。

6.建筑设计师及捐资情况。后汉时建院的规划建设当系汉明帝刘庄主张，实为纪念其父亲的历险经历而建。当时的设计师是摄摩腾、竺法兰。唐代大耳禅师当是该塔重修时的主要设计师。最初兴建系朝廷拨款，后世修复当以信士捐资为主。明嘉靖年间大修时设计师待考。依据：1966年邢台地震，塔顶震掉铜佛三尊，均为红铜质菩萨像，最大的一尊是观音菩萨，高41厘米，重2.85千克。观音菩萨安详地坐于"海天佛国"(东海小岛普陀山)海岸，手扶佛经、口念经语，衣着佛珠、一足蹬着海岸，足下蹬莲，一足伸向海水，水中生莲一株，海水波涛滚滚，上浮海马、鱼、海螺等海生动物和佛经、元宝等物，观音菩萨大慈大悲，救苦救难、广大灵感、普度众生慈悲、庄严的形象栩栩如生。背部刻有铭文："永平十五年正月十五日摩腾、竺法兰建,大耳三藏公至太和四年(830)正月初五日海和尚重修,至嘉靖十五年正月十五日重建。"

7.建筑特征及其原创意义。砖结构,平面八角形,八层高,33米,实心密檐式。塔座八角形,高5米。每层檐下置斗拱,第八层斗拱外出翘头上不施令拱,而置山斗一枚托住塔檐,使每面略呈弧形,两角翘起,形制奇特。塔身自下而上递减,轮廓柔和,结构清秀。

8.关于建筑的经典文字轶闻。"大耳禅师不知何许人也。唐贞元年间居普彤寺,建浮屠。高十余丈。不烦其募,而砖石俱有。饶数日而功千就。每一入定,闭目饮气,月余不出,然人或见其在塔顶危坐云。忽自言曰:吾将税驾于苍岩山谷矣,瞑目而化,人有自西来者睹禅师在苍岩山壁间手持柳枝诵不辍。③"1992年,中国佛教协会常务理事、河北省佛教协会副会长弘川法师在重建普彤寺的施工中,又发现了清光绪十二年《重修普彤塔庙碑记》碑,碑文为:"南邑之有普彤塔也,建自汉明帝永平十年,至唐贞观四年,大耳禅师重修建。基周三十二年武,高十仞,为本邑十景之一,由来久矣"④。两处记载,时间不一。

参考文献

①③明《嘉靖南宫县志》,民国南宫邢氏求己斋影印本。

②④光绪十二年(1886)《重修普彤塔庙碑记》。

二、瑞光寺塔

1.建筑所处位置。位于江苏省苏州盘门内。

2.建筑始建时间。寺始建于三国吴赤乌四年(244)①。

3.最早的文字记载。瑞光禅院在吴县西南,旧普济院,宣政间朱勔建浮屠十三级,靖康焚毁。淳熙十三年寺僧重葺,稍复旧观。②

4.建筑名称的来历。宋宣和间(1119—1125),朱勔改建浮屠十三级,五色光现,故名③。

5.建筑兴毁及修葺情况。吴赤乌四年孙权为报母恩建舍利塔十三级。僧性康居之。当时叫普济禅院。后唐天福二年(937)僧智明、琼远重修宝塔④。宋宣和年间,苏州人朱勔改建浮屠十三级,宋徽宗赐"瑞光禅寺",赐塔名为"天宁万寿宝塔"。"靖康兵毁。淳熙十三年,法林重葺,并复塔七级。"元至正(1341—1368)寺毁。明洪武辛未(1391),昙芳重葺。永乐元年(1403),普震再修;十五年,法涌极力兴复。后圮,有智涌、顾章修塔⑤。

6.建筑设计师及捐资情况。该塔最初为孙权所造,经费当系国家划拨。后唐天福二年僧智明、琼远重修宝塔。宋神宗元丰二年(1079),曾诏命漕运史李复圭延请僧圆照、宗本来寺说法。按照常情,李复圭也应该是该寺的大施主。宋宣和中的建筑设计师当是朱勔。勔时因花石纲发迹,富贵逼人。此塔经费自然以他的捐建为主⑥。

7.建筑特征及其原创意义。该塔残高43.2米,七级八面。砖木楼阁式。由外壁、回廊、塔心三部分构成。外壁以砖木斗拱挑出木构腰檐和平座。每面以柱划分为三间,当心间辟壶门或隐出直棂窗。底层四面辟门,第二、三两层八面辟门,第四至七层则上下交错四面置门。内外转角处均砌出圆形带卷刹的倚柱,柱头承阑额,上施斗拱。外壁转角铺作出华拱三缝,补间铺作三层以下每面两朵,四层以上减为一朵。全塔腰檐、平座、副阶、内壁面、塔心柱以及藻井、门道、佛龛诸处,共有各种木、砖斗拱380余朵。修复后通高约53.6米,底层外壁对边11.2米。层高逐层递减,面积也相应收敛,外轮廓微呈曲线,显得清秀柔和。入塔门,经过道即回廊,回廊两壁施木梁连接,铺设楼面,第二、四层转角铺作上有月梁联系内外倚柱,廊内置登塔木梯。一至五层回廊当中砌八角形塔心砖柱,底层作须弥座式,第六、七两层改用立柱、额枋和卧地对角梁组成的群柱框架木结构,对角梁中心与大柁上立刹杆木支承塔顶屋架和刹体。塔身底层周匝副阶,立廊柱 24 根,下承八角形基台,周边为青石须弥座,对边 23 米,镌有狮兽、人物、如意、流云,简练流畅,生动自然,堪称宋代石雕佳作。基台东边有横长方形月台伸出,正面砌踏道。

此塔砖砌塔身基本上是宋代原构,第六、七两层及塔顶木构架虽为后代重修,但其群柱框架结构在现存古塔中并不多见。第三层为全塔的核心部位,砌有梁枋式塔心基座,抹角及瓜棱形倚柱、额枋、壁龛、壸门等处还有"七朱八白"、"折枝花"等红白两色宋代粉彩壁塑残迹。底层塔心的"永定柱"作法,在现存古建筑中尚属罕见,从而为研究宋"营造法式"提供了实物依据。瑞光寺塔建造精巧,造型优美,用材讲究,宝藏丰富,是宋代南方砖木混合结构楼阁式仿木塔比较成熟的代表作,是研究此类古塔演变发展及建筑技术的重要实例。

8.关于建筑的经典文字轶闻。1978 年发现秘藏珍贵文物的暗窟——"天宫"就在该塔第三层塔心内。当时从天宫中共发现五代手书经卷、北宋初期的木版经卷、木、石、铜质佛像,镏金塔、珍珠舍利宝幢等许多稀世珍宝[7]。

9.辩证。关于瑞光塔的建造年代,依据地方文献《吴郡志》,《百城烟水》则造于宣和年间。依据 1978 年出土文物断代,则此塔当建造于大中祥符年间。两种说法差异 100 来年。其实,这并不矛盾。徐松用了一个"改"字,说明朱勔不是始建,而是在原有基础上加高。

图 2-6-1 瑞光寺塔剖面

参考文献

①④《古今图书集成·职方典》第 678 卷。

②(宋)范成大:《吴郡志》卷三一。

③⑤(清)徐松、张大纯辑:《百城烟水》。

⑥(清)徐松、张大纯辑:《百城烟水》和《古今图书集成·职方典》第 678 卷。

⑦沈文娟:《苏州市旅游志》,广陵书社,2009 年。

三、报恩寺塔

1.建筑所处位置。位于江苏省苏州城区北部报恩寺内,是江南最古老的佛塔之一。

2.建筑始建时间。寺始建于吴赤乌初(238)。塔始建于南朝梁代①。

3.最早的文字记载。唐韦应物任苏州刺史期间,曾游览过开元寺,留下一首五言律诗:《游开元精舍》②。诗曰:"夏衣始轻体,游步爱僧居。果园新雨后,香台照日初。绿荫生昼静,孤花表春余。符竹方为累,形迹一来疏。

4.建筑名称的来历。北寺是苏州人的俗称,因其在苏州府城北,故名。北寺的正式名称是报恩寺。1800 多年来该寺变迁不少:最初,该寺叫通玄寺,是苏州最古老的佛寺,距今已 1800 多年。三国吴赤乌年间,吴帝为其乳母祈福建寺。得名报恩③。

唐开元年间(713—741)全国大建"开元寺",报恩寺易名为"开元寺"。五代后周显德年间(954—960)"钱氏于故开元寺基建寺,移唐报恩寺(喻按:唐报恩寺在支硎山,疑是开元年间为了完成国家计划,不得已将原报恩寺移建于支硎山。后毁于唐武宗灭佛期间)名于此为额,即今寺也(按:即宋时之报恩寺,今之北寺)。④"

5. 建筑兴毁及修葺情况。北寺塔可谓屡经兴废、饱经沧桑。南宋绍兴年间(1131—1162)重建。明朝正德年间,宝塔遭雷击起火,并殃及塔后卧佛殿,一夜之间殿塔全部焚坏;清康熙重修,大逾前规;咸丰、同治年间,太平军攻占苏州及李鸿章部下进攻苏州,两次战祸,宝塔侥幸逃脱被毁厄运。1965 年至 1967 年,市佛教协会和灵岩山寺出资,将宝塔大修至今;"文革"期间,塔内佛像及庄严物品悉数被毁,巍然古塔尚庆幸存⑤。

6.建筑设计师及捐资情况。寺最初系孙权为报答其乳母之恩而建造。寺塔为南朝梁代高僧正慧建造。宋元丰年间,寺曾重建。建炎四年,金兵南侵,焚掠平江(苏州),塔与寺同毁。现存之塔为绍兴二十三年(1153)行者金大圆主持募建的九级塔。明清几度修葺,1965 年至 1967 年又全面整修⑥。今北寺塔六层以下砖砌塔体基本为宋代遗构。

7.建筑特征及其原创意义。北寺塔是中国楼阁式佛塔,为 11 层宝塔。南宋绍兴二十三年(1153)改建成八面九层宝塔。楼阁式塔有三种类型,第一种类型是砖木混合结构——塔身砖造、外围采用木构,北寺塔正是这种结构。其塔身为砖砌的"双套筒",各层外壁施木构平坐、腰檐,底层出宽大的副阶回廊。疏朗的平坐勾阑和翼角高翘的飞檐,表现出江南建筑的轻巧、飘逸,显现出整个塔体的高大、秀美⑦。

现存北寺塔的砖结构塔身就是构筑于当时的原物。向有"姑苏诸塔之冠,江南第一名塔"之誉。北寺塔原高十一层,北宋时改筑为九层,塔高 76 米,砖木结构,八角九层,重檐复宇,飞檐四出,气魄雄伟。该塔由外壁、回廊、内壁、塔心室组成,是我国两千多座楼阁式宝塔中"上系金盘,下为重楼"的典型。塔东侧是明万历十年(1582)重建的楠木观音殿,是保存完整的明代古建筑。内有数十幅画工精细、色彩调和、风格独特的彩绘。塔北碑亭置《张士诚纪功碑》,记张士诚降元后设宴款待元使伯颜的场面,有一百十八人,主次分明,栩栩如生,为罕见的元代纪事石刻精品。碑亭以北,是以平远山水为意境的古典山水寺园,池面宽阔,山石空灵,俯视水中巍峨塔影,别有一番情趣⑧。

8.关于建筑的经典文字轶闻。开元中,诏天下置开元寺,遂改名开元,金书额以赐之。寺中有金铜玄宗御容。当天下升平,富商大贾远以财施,日或有数千缗。至于梁柱栾楹之间,皆缀珠玑,饰金玉,莲房藻井,悉皆宝玩,光明相辉,若星辰相罗列也⑨。宋代大文豪苏轼在宋元丰年间该寺重建之际还曾舍铜龟以藏舍利⑩。

参考文献

①②③《古今图书集成·职方典》。

④(宋)朱长文:《吴郡图经续集》卷中。

⑤⑥沈文娟:《苏州市旅游志》,广陵书社,2009年。

⑦侯幼彬、李婉贞:《中国古代建筑历史图说》,中国建筑工业出版社,2002年。

⑧黄铭杰:《苏州旅游经济大全》,上海人民出版社,1992年。

⑨(宋)朱长文:《吴郡图经续集》卷中。

⑩《江南通志》卷四四。

(七)志宅

宅,也就是今天所说的民居。它的意思是"择吉处而营之也。"(《释名》)宅的最本质的特征是人所营造的居所。在古代,有时宅也就是宫,只不过宫的规模大一些,豪华一些而已。如:"天子之宅千亩,诸侯百亩,大夫以下里舍九亩。"(《尉缭子》)宅亦称第。"有甲乙次第,故曰第。"(《汉书·高祖本纪注》)。住宅称第,当自战国时期的齐国称始。《史记·淳于髡传》:"齐自淳于髡以下皆命曰列大夫,为开第康庄之衢。高门大屋,尊宠之。览天下诸侯宾客,言齐能致天下贤士也。"后世的大夫第,盖源于此。另有一说:所谓"第",指的是"出不由里门,面大道者。"也就是说,建筑物的主入口大门面临主要干道,不通过里巷大门的民居才能称第。没有"万户侯"的资格,即使你有侯爵的封号,宅在里中,也不能称"第"。夏侯婴为刘邦的兄弟,一生战功卓著,但直到刘邦去世,他的军功也只挣得六千九百户。仍不够资格造第。还是惠帝感念夏侯婴当年的救命之恩,才给他起了一栋"甲第",用来尊崇他与众不同的地位(《汉书·夏侯婴》)。

古代文献中记载的名人宅第甚多。如戴延之《西征记》所载蒲阪城外的舜宅,《濑乡记》中所载谯城西的老子宅,《汉书》所载鲁国孔子宅,《水经注》所载齐城北门外晏婴宅,《荆州记》中所载屈原宅。

汉代民宅,见于史册者有袁广汉和郭况。广汉之建造园林,建筑史界多知之。郭乃光武皇后之弟,累金数亿,……工冶之声,震于都鄙……庭中起高阁长庑,置衡石于其上,以称量珠玉也。阁下有藏金窟,列武士以卫之。错杂宝以饰台榭,悬明珠于四垂,昼视之如星,夜视之如月。(《拾遗集》卷六)

自此以后,历代正史都不乏权豪势要大兴土木建造豪宅者。在中国历史上,大兴土木,建造豪华住宅的,基本分两个层次:一是帝王群体;一是官商群体。而经过岁月淘洗得以留存至今,或曰被历史认同屡废屡兴的名宅则往往不是达官贵人,而是记载奇人逸士生活的历史空间以及富商大贾遗下的豪宅,如三国时的诸葛亮隆中旧居、刘禹锡的和县陋室,济南的李清照纪念馆、南京的甘熙宅第。

志宅第十三

一、孔府

1.建筑所处位置。位于山东省曲阜明故城中部,孔庙东侧。

2.建筑始建时间。汉元帝时期。

3.最早的文字记载。汉元帝封孔子十二代孙孔霸为"关内侯,食邑八百户,赐金二百斤,宅一区"①。

4.建筑名称的来历。是孔子世袭"衍圣公"的世代嫡裔子孙居住的地方,故名。旧称衍圣公府。

5.建筑兴毁及修葺情况。汉元帝封孔子十二代孙孔霸为"关内侯,食邑八百户,赐金二百斤,宅一区",这是封建帝王赐孔子后裔府第的最早记载。宋至和二年(1055)封孔子46世孙孔宗愿为衍圣公,其视事厅附设于孔庙内。明洪武十年(1377)太祖朱元璋诏令衍圣公设置官司署,特命在阙里故宅以东重建府第,弘治十六年(1503)重修拓广,嘉靖年间(1522—1565)重修。清代又在原有的基础上进行了较大规模的重修。道光十八年(1838)扩修,光绪九年(1883)火烧内宅7楼,光绪十一年(1885)重建。

6.建筑设计师及捐资情况。汉元帝时将作大匠以及后世历代朝廷工部匠师。

7.建筑特征及其原创意义。孔府占地约7.5万平方米,现存楼房厅堂等43间,院落9进,是前堂后寝,衙宅合一的庞大建筑群。其布局分三路:东路为东学,是衍圣公习读之处,有报本堂、祧堂、一贯堂、慕恩堂、接待朝廷钦差大臣的兰堂等;西路即西学,是衍圣公学习及会客的地方,有红萼轩、忠恕堂、安怀堂、南北花厅等。孔府的主体部分在中路,前为官衙,有三堂六厅,后为内宅,有前上房、前后堂楼、配楼、后六间等,最后为花园。府内厅堂轩敞,陈设华丽。现存孔府基本上是明、清两代的建筑,包括厅、堂、楼、轩等,是一座典型的中国贵族宅第。主要建筑有:大门,3间,高7.95米,长14.36米,宽9.67米,主体结构及外观均保持明代式样和风格。重光门,约明弘治十六年(1503)建。高5.95米,长6.24米,宽2.03米,门上悬"恩赐重光"匾,又称"仪门"或"塞门"。六厅,位于重光门两侧,是孔府仿照封建王朝的六部而设的六厅。大堂,明代建筑,5间,高11.5米,长28.65米,宽16.12米,面阔五间,进深三间。灰瓦,悬山顶,脊施瓦兽,九檩四柱前后廊式木架,内设朱红暖阁、公案及一品官仪仗,衍圣公在此迎接圣旨、接见官员、申饬家法族规、审理重大案件以及节日、寿辰举行仪式等活动。二堂,也叫后厅,是当年衍圣公会见四品以上官僚及受皇帝委托每年替朝廷考试礼学、乐学、童生的地方,明代建筑,5间,高10.2米,长19米,宽7米,明间南向开门,以穿廊与大堂连接,两堂呈"工"字形。上悬清圣祖书"节并松筠"匾和清高宗书"诗书礼乐"匾,近此墙立清碑7通,为清道光、咸丰帝和慈禧太后御笔诗画等。两稍间板墙分隔,西为伴官厅,东为启事厅。三堂。又称退厅,是衍圣公处理家庭内部纠纷和事务的地方。明代建筑,高9.95米,长27.42米,宽11.8米,堂内明次间前设格扇门,内设公案,室内上悬高宗书"六代含饴"匾。稍间以实墙分隔,东为会客室,西为书写官撰奏章处。内宅门。为官衙与住处的分界处,明代建筑,高6.5米,长11.8米,宽6.10米,明间中柱间设门,门后面北彩绘獬豸,獬豸贪,以警人为官清廉公正。前上房。是孔府主人接待至亲和近支族人的客厅,也是他们举行家宴和婚丧仪式的主要场所。明代建筑。7间,高8.6米,长30.88米,宽8.6米,院两侧有东西厢房,各5间,清代建筑,为府内收藏礼品的库房和账房。前堂楼。清光绪十二年(1886)重建。7间2层,高13.10米,长30.96米,宽11.3米,是衍圣公住所,明次间为客厅,东西两套间为卧室。楼前有垂珠门,3间,清代建筑。两侧有东西配楼,清代建筑,3间2层,长10.16米,宽6.5米,楼后出轩1间,长7.15

米,宽 8.15 米,高 5.6 米。后堂楼。清光绪十二年重建,高 13.60 米,长 31.23 米,宽 11.88,形制与前堂楼同。铁山园,即孔府花园,在孔府北部,因清嘉庆年间七十三代衍圣公孔庆镕重建此园时以铁石装点园景而得名。园内南北小路将花园分为两区,西区有牡丹池、芍药园、竹林、铁山等景致,东区有翠柏书屋、荷花池、凉亭、水池,池南为太湖石堆砌的假山。园中古树名木十数株,一柏五枝、中生槐树的"五柏抱槐"尤为人称道。红萼轩为清代建筑,五间,灰瓦硬山顶,七檩四柱前后廊式木架。前出廊。廊下置坐凳木栏。轩前有小露台,院内有假山花草树木。孔府内保存有大量珍贵文物:青铜玉器、书版字画、衣冠家具,是不可多得的历史实物宝库。还有明嘉靖十三年(1534)至 1948 年的档案,已整理出 9000多卷,是珍贵的历史资料。②

8.关于建筑的经典文字轶闻。唐玄宗李隆基《经鲁祭孔子而叹之》:"夫子何为者?栖栖一代中。地犹鄹氏邑,宅即鲁王宫。叹凤嗟身否,伤麟怨道穷。今看两楹奠,当与梦时同。③"

参考文献

①《汉书》卷八一《匡张孔马传第五十一》。

②骆承烈汇编:《石头上的儒家文献》,齐鲁书社,2001 年。孔繁银、孔祥龄:《孔府内宅生活》,齐鲁书社,2002 年。

③《全唐诗》卷三。

二、古隆中

1.建筑所处的位置。位于湖北省襄阳城西 13 千米处的隆中山中。

2.建筑的始建时间。诸葛草庐:诸葛亮十七岁至二十七岁(198—208)隐居此间的旧宅①。

3.最早的文字记载。诸葛亮:"臣本布衣,躬耕于南阳……先帝不以臣卑鄙,猥自枉屈,三顾臣于草庐之中,咨臣以当世之事。②"

4.建筑名称的来历。因诸葛亮隐居地名隆中山,故名。

5.建筑的兴毁和修葺情况。西晋永兴年间(304—306),镇南将军、襄阳郡守刘弘到隆中寻访诸葛旧居,其时草庐已经破败不堪。为了保护遗迹,刘弘为诸葛草庐立碣表闾。东晋穆帝升平五年(361),荆州刺史别驾、史学家习凿齿来隆中凭吊诸葛亮故居,留下了《诸葛故宅铭》,从铭文中的"雕薄蔚采,鸥阆唯丰"不难证明此前故宅已经重修过。由晋及隋,三百多年间诸葛故宅时有修葺。到唐代大中三年(849),诸葛亮的隆中故宅出现了"蜀丞相武乡侯诸葛公碑",碑文记载了诸葛亮身后五百多年梁、汉等地人民还在怀念他的历史事实。唐昭宗光化三年(900)朝廷改封诸葛亮为武灵王,并立碑纪念。宋代,古隆中诸葛草庐的规模更大,已经出现三顾门。元代至正年间(1341—1368),广德寺书院也迁移到隆中诸葛草庐了。明宪宗成化初(1465—1470),荆南道观察使吴绶对诸葛草庐还进行过修葺。明孝宗弘治二年(1489)襄简王朱见淑因迷信风水,为了给自己选择好墓地,强占诸葛草庐,将其作为自己墓地的座山,而把诸葛草庐强行迁徙到隆中山左臂安置。一千二百多年的诸葛草庐被毁掉了。明朝正德二年(1507),暂理襄阳府事的光化王朱右质奏请朝廷将诸葛草庐迁至今武侯祠下 50 米处。万历二十年(1592)都察院左佥都御史李桢见诸葛草庐已经朽坏不堪,乃在东山洼里重建草庐。崇祯十六年(1643)四月,闯王李自成改襄阳为襄京,同时挖掘了朱见淑的坟墓。清康熙五十九年(1720)郧襄观察使赵弘恩到隆中寻访草庐故址,只见衰草残阳,断碑卧水,乃在襄简王的墓坑旁建设了一个草亭,作为草庐原址的一个标志。雍正七年(1729),襄阳府事尹会一在赵弘恩支持下,改建了草庐。该草庐亭即 1984 年改建卧龙深处的野云庵。清乾隆三十八年(1773)中宪大夫、湖北分守、安襄郧兵备道兼理水利事务永升等维修了诸葛草庐。民国 21 年(1932),"中华民国"军事委员会委员长蒋介石到隆中,将赵弘恩、尹会一所修的草庐亭改为砖墙瓦亭。中华人民共和国成立后,湖北省、襄阳地区、襄樊市人民政府曾于 1954、1957、1964、1979 年多次对草庐亭进行维修。

6.建筑设计师及捐资情况。关于诸葛草庐的建筑设计,史无明文。但据唐孙樵《刻武侯碑阴》:"武侯死殆五百载,迄今梁、汉之民,歌道遗烈,庙而祭者如在,其爱于民如此而久也。"③在唐朝之前,关于诸葛亮草庐以及祠庙建筑,只有民间自发集资的可能。其后世历代的修葺费用,大抵皆由主事官员捐俸或筹集以及朝廷明定的祭田收入。如明代正德年间郑杰《重修诸葛武侯祠记》就有"经度筹画材埴砥锻丹垩工食之费,悉需公帑,分毫无染于民"的明确记载④。清赵弘恩是对古隆中修复贡献较大的一位,据其《重修武侯祠碑记》,知他在乾隆五十八年所进行的修建工程的所有开销,皆出自他本人捐俸所得。赵记中还提到"历来祭田之目",可见祭田的收益是常规维修保养的主要来源。据清裕禄《重修襄阳隆中山诸葛忠武侯草庐碑记》可知光绪年间时任湖广总督的裕禄是采取地域性官员集资的办法筹集资金的。当时他发函募集,凡"系官守职司于楚者"都在集资范围之内。该次共集资 2300 余两黄金⑤。

7.建筑特征及其原创意义。诸葛草庐的意义主要是文化学的意义,而不在纯粹的建筑特征上。历代碑刻文字反复强调:古隆中的诸葛草庐只不过是诸葛亮青少年时期暂居的场所,其对后人的影响力却超过许多历史名人久居的故居。从某种意义上说,历代官员反反复复地多次修葺,主要还是诸葛亮伟大人格的感召力作用的结果⑥。

至于建筑特征,主要是清代襄阳地方的民居建筑特色体现得比较充分。具体说来,每组建筑的平面都是四合院式结构。殿堂只带前廊,形制等同民居。所有建筑都是木步架和硬山砖墙结合,不施斗拱,不用飞檐。最突出的特色是牌坊。山门中央必定贴墙矗立高出屋面的仿木构架砖雕牌坊,上多浮雕。硬山的封檐轮廓多折线,挺拔秀丽。博风有彩绘,博风头墙尖除中央翘尖外,两角常飞出双龙和双凤等造型。顶脊花饰繁衍,顶面只疏点人兽,龙吻轻巧⑦。

8.关于建筑的经典文字轶闻。"刘备三顾茅庐"的故事就发生在这里,脍炙人口的"隆中对"的出典就在这里⑧。

9.衍生建筑。古隆中最初以诸葛亮草庐著称。近两千年来,随着时间的推移,衍生出一个以诸葛亮的人生轨迹为核心的纪念性建筑组群。包括古隆中石牌坊(清光绪年间建造,距今 100 来年)、武侯祠、三顾堂、野云庵(卧龙深处)、抱膝亭、抱膝石、六角井、小虹桥、躬耕田、梁父岩、半月溪、老龙洞。

参考文献

①⑤⑥袁本清:《隆中志》,襄樊市园林局、襄樊市隆中风景区管理处印行,1987 年。

②诸葛亮:《出师表》,《六臣注文选》卷三七。

③(唐)孙樵:《刻武侯碑阴》。

④(明)郑杰:《重修诸葛武侯祠记》。

⑦杨永生:《古建筑游览指南》,中国建筑工业出版社,1988 年。

⑧《三国志·蜀书·诸葛亮传》。

（八）志宫

一、长乐宫

1.建筑所处位置。在陕西省长安县西北①。长乐宫是在秦离宫兴乐宫基础上改建而成的西汉第一座正规宫殿，位于长安城内东南隅②。

2.建筑始建时间。始建于汉高帝五年（前202），两年后竣工。

3.最早的文字记载。汉高祖七年"二月，高祖自平城过赵、雒阳，至长安。长乐宫成，丞相已下徙治长安"③。

4.建筑名称的来历。考秦汉时期的建筑构件瓦当，多有长乐、未央之类的名称。当是期盼吉祥的意思。

5.建筑兴毁及修葺情况。在秦离宫兴乐宫基础上改建而成。《三辅旧事》《宫殿疏》皆曰兴乐宫秦始皇造，汉修饰之。王莽改长乐宫为常乐室，在长安城中，近东直杜门。《汉书》：惠帝四年，长乐宫鸿台灾④。

6.建筑设计师及捐资情况。萧何督造。国库划拨经费。

7.建筑特征及其原创意义。长乐宫周回二十余里，前殿东西二十九丈七尺，两杼（一作序。）中二十五丈，深十二丈。长乐宫有鸿台，有临华殿，有温室殿，有长信宫、长秋、永寿、永宁四殿。高帝居此，后太后尝居之⑤。

遗址平面呈矩形，东西宽2900米，南北长2400米，约占长安总面积的六分之一。据记载，此宫四面各开宫门一座，仅东门和西门有阙。宫中有前殿，为朝廷所在。西为后宫。高帝九年（前198），朝廷迁往未央宫，长乐宫改为太后住所。

8.关于建筑的经典文字轶闻。秦末战乱，刘邦率兵先入咸阳。秦亡国之君子婴将"天子玺"献给刘邦。刘邦建汉登基，佩此传国玉玺，号称"汉传国玺"。此后玉玺珍藏在长乐宫，成为皇权象征。西汉末王莽篡权，皇帝刘婴仅两岁，玉玺由孝元太后掌管。王莽命安阳侯王舜逼太后交出玉玺，遭太后怒斥。太后怒中掷玉玺于地时，玉玺被摔掉一角，后以金补之，从此留下瑕痕。

王莽败后，玉玺几经转手，最终落到汉光武帝刘秀手里，并传于东汉诸帝。东汉末，十常侍作乱，少帝仓皇出逃，来不及带走玉玺，返宫后发现玉玺失踪。旋"十八路诸侯讨董卓"，孙坚部下在洛阳城南甄宫井中打捞出一宫女尸体，从她颈下锦囊中发现"传国玉玺"，孙坚视为吉祥之兆，于是做起了当皇帝的美梦。不料孙坚军中有人将此事告知袁绍，袁绍闻之，立即扣押孙坚之妻，逼孙坚交出玉玺。后来袁绍兄弟败死，"传国玉玺"复归汉献帝⑥。

参考文献

①（唐）张守节：《史记正义》。

②乔匀、刘叙杰、潘谷西、郭黛姮：《中国古代建筑》，新世界出版社，2002年。

③《史记·高祖本纪》。

④⑤(清)顾炎武:《历代帝王宅京记》卷四。

⑥(汉)乐资:《山阳公载纪》,(元)陶宗仪:《南村辍耕录》。

二、未央宫

1.建筑所处位置。位于今西安市西北十里长安故城中①。

2.建筑始建时间。高帝七年(前200),萧何督造②。(九年)未央宫成(《史记·高祖本纪》)。汉高帝五年(前202),开始营造长安城。汉高帝命丞相萧何主持营建工程,以秦章台为基础修建了未央宫。

3.最早的文字记载。《史记·高祖本纪》,内容详本篇第八条。

4.建筑名称的来历。"夜如何其?夜未央。③"

5.建筑兴毁及修葺情况。"初王莽败,惟未央宫被焚而已,其余宫馆无一所毁,宫女数千,备列后庭。④"东汉末董卓复葺未央殿。《三辅黄图·汉宫》:"未央宫,周回二十八里,前殿东西五十丈,深五十丈,高三十五丈。"东汉、隋、唐各代曾多次修葺,唐末又毁⑤。

6.建筑设计师及捐资情况。萧何⑥。国库划拨经费。

7.建筑特征及其原创意义。立东阙、北阙,前殿武库,太仓。未央宫,周二十八里。前殿东西五十丈,深十五丈,高三十五丈。营未央宫,因龙首山以制前殿……宫有宣室、麒麟、金华、承明、武台等殿。又有殿阁三十有二,有寿成、万岁、广明、椒房、清凉、永延、玉堂、寿安、平就、宣德、东明、飞羽、凤凰、通光、青琐门、玄武、苍龙二阙、朱雀堂、画堂、甲观、非常室⑦。《西京杂记》曰:未央宫周回二十二里九十五步五尺,街道周回七十里,台殿四十三,其三十二在外,其十一在后。宫池十三,山六,池一,山一,亦在后宫。门达凡九十五。《汉武故事》云:神明殿在未央宫。王莽改未央宫曰寿成室,前殿曰王路堂。平面略呈方形,东西宽2250米,南北长2150米,面积约占长安城的七分之一,较长乐宫稍小,但建筑本身的壮丽宏伟则有过之。据记载,四面建宫门各一,唯东门和北门有阙。宫内有殿堂四十余座,还有六座小山和多处水池,大小门户近百,与长乐宫之间又建有阁道相通。今日发现的建筑遗迹,有位于中央的大夯土台,东西宽约200米,南北长约350米,最高处15米,当系依土岗龙首原所建前殿的所在。第二号宫殿遗址在前殿之北,第三号宫殿遗址在前殿之西北,均为建于夯土台上的组群建筑,各有门殿多重。据出土遗物推断,前者为后妃居住的后宫,后者属宫廷的官署。较为特殊的是,二号宫殿的夯土基下掘有地道多条,其墙立壁柱,墙面则涂草泥抹白灰,地面铺以条砖。

8.关于建筑的经典文字轶闻。(八年)萧丞相营作未央宫,立东阙、北阙、前殿、武库、太仓。高祖还,见宫阙壮甚,怒,谓萧何曰:"天下匈匈苦战数岁,成败未可知,是何治宫室过度也?"萧何曰:"天下方未定,故可因遂就宫室。且夫天子以四海为家,非壮丽无以重威,且无令后世有以加也。⑧"

参考文献

①《括地志》。

②⑥⑧《史记·高祖本纪》。

③《诗·小雅·庭燎》。

④《后汉书·刘玄传》。

⑤《关中圣迹图志》。

⑦(清)顾炎武:《历代帝王宅京记》卷四。

三、建章宫

1.建筑所处位置。"在雍州长安县西二十里长安故城西。①"

2.建筑始建时间。汉太初元年(前104)二月起建章宫②。

3.最早的文字记载。"太初元年二月起建章宫。③"

4.建筑名称的来历。汉武帝时,"柏梁台灾,越巫勇之曰:越俗有火灾,复起屋,必以大,用胜服之。于是作建章宫,度为千门万户"④。

5.建筑兴毁及修葺情况。建章宫毁于西汉末年王莽篡汉期间。王莽因要修建九庙,建材不足,乃"坏彻城西苑中建章、承光、包阳、大台、储元宫及平乐、当路、阳禄馆,凡十余所,取其材瓦,以起九庙"(《汉书·王莽传》)。建章宫门北起圆阙,高二十五丈,上有铜凤凰,赤眉贼坏之⑤。

6.建筑设计师及捐资情况。刘彻。"陛下以城内为小,图起建章"⑥。勇之。勇之乃越巫。曾积极建言规划建章宫,他说:"越俗有火灾,复起屋,必以大,用胜服之。⑦""柏梁既灾,越巫陈方。建章是经,用厌火祥。⑧"

7.建筑特征及其原创意义。于是作建章宫,度为千门万户。前殿度高未央。其东则凤阙,高二十余丈。其西则唐中,数十里虎圈。其北治大池,渐台高二十余丈,名曰泰液池,中有蓬莱、方丈、瀛洲、壶梁,象海中神山龟鱼之属。其南有玉堂、璧门、大鸟之属。乃立神明台、井干楼,度五十余丈,辇道相属焉⑨(《史记·孝武本纪》)。建章宫在长安城外,与未央诸宫隔城相望,故跨城而为阁道⑩。

宫中建前殿及其他殿堂二十余座。又有广大水面太液池,池中三岛,象征三神山。另构筑迎仙之神明台及托承露盘之仙人铜像。此宫主要用作游息,以补城内正规宫殿未央宫之不足。就建章宫的布局来看,从正门圆阙、玉堂、建章前殿和天梁宫形成一条中轴线,其他宫室分布在左右,全部围以阁道。宫城内北部为太液池,筑有三神山,宫城西面为唐中庭、唐中池。中轴线上有多重门、阙,正门曰阊阖,也叫璧门,高二十五丈,是城关式建筑。后为玉堂,建台上。屋顶上有铜凤,高五尺,饰黄金,下有转枢,可随风转动。在璧门北,起圆阙,高二十五丈,其左有别凤阙,其右有井干楼。进圆阙门内二百步,最后到达建在高台上的建章前殿,气魄十分雄伟。宫城中还分布众多不同组合的殿堂建筑。璧门之西有神明,台高五十丈,为祭金人处,有铜仙人舒掌捧铜盘玉杯,承接雨露。

建章宫北为太液池。"其北治大池,渐台高二十余丈,名曰太液池,中有蓬莱、方丈、瀛洲、壶梁象海中神山,龟鱼之属。⑪"太液池是一个相当宽广的人工湖,因池中筑有三神山而著称。这种"一池三山"的布局对后世园林有深远影响,并成为创作池山的一种模式⑫。

太液池畔有石雕装饰。"池北岸有石鱼,长二丈,广五尺,西岸有龟二枚,各长六尺。⑬""太液池边皆是雕胡(茭白之结实者)、紫择(葭芦)、绿节(茭白)之类……其间凫雏雁子,布满充积,又多紫龟绿鳖。池边多平沙,沙上鹈鹕、鹧鸪、鹪青、鸿鹔,动辄成群。⑭"

8.关于建筑的经典文字轶闻。"按建章宫在长安城外,与未央诸宫隔城相望,故跨城而为阁道,尤与常异。⑮""帝于未央宫营造日广,以城中为小,乃于宫西跨城池作飞阁,通建章宫,构辇道以上下。⑯""神明台在建章宫,故垂栋飞阁从宫中西上跨城而出,乃达建章也。""桂宫在未央北,中有明光殿土山,复道从宫中西上城,至建章神明台蓬莱山。⑰"

参考文献

①《括地志》。

②《关中胜迹图志》。

③⑪《汉书·武帝本纪》。

④《汉书·郊祀志》。

⑤《三辅黄图》。

⑥《汉书·东方朔传》。

⑦《史记·孝武本纪》。

⑧张衡:《西京赋》。

⑨《史记·孝武本纪》。

⑩《雍录》。

⑫王毅:《园林与中国文化》。

⑬《三辅故事》。

⑭《西京杂记》。

⑮《雍录》。

⑯《三辅故事》记载。

⑰《关辅记》《三辅黄图》。

四、崇福宫

1.建筑所处位置。位于河南登封城北 2 千米的嵩山南麓万岁峰下①。

2.建筑始建时间。始建于汉武帝元封元年,初名万岁观②。

3.最早的文字记载。汉武帝《加增太室祠诏》③。另:《武帝内传》:"元封元年甲子,祭嵩山,起神宫,帝斋七日,祠讫乃还。"

4.建筑名称的来历。元封元年(前110)三月,汉武帝"东幸缑氏,礼登中岳太室。从官在山下闻若呼'万岁'者三。问上,上不言;问下,下不言。于是诏以三百户封太室奉祠,命曰崇高邑。禁民无伐其山木。④""唐改曰太乙,宋升为崇福宫"⑤。

5.建筑兴毁及修葺情况。该建筑在唐代"其栋宇宏杰,金碧绚丽,极一时之盛。迄于五季,崇奉益虔,修饰弥壮。宋改崇福宫,其正殿曰祈真保祥。殿之左右,建真宗御容、像真二殿。别建三亭,以为士大夫游憩之所。"元季厄于兵燹,⋯⋯其巍然独存者唯三清古殿。虽山巅之甘泉亭,亦仅存遗址耳。⑥"崇福宫"毁于金兵"。元初,知宫道士王德明"以纲纪自任,缮毁起废,创构七真堂、钟吕祠、方丈、厨湢、庾库,百务咸兴"。这次修复历时数年,"乔真人倡于前,而罗公缵于后,厥功浩博,固有加于曩昔,然揆之旧宋,十犹未一。⑦"明成化癸巳年(1473)道士李本聪提出重修,同年六月朔动工,十二月望竣工,"百年之废,兴于一旦"⑧。

明代以后,道教逐渐衰退。崇福宫的建筑和其他设施,今仅存泛觞亭遗址、几块石刻碑记和庙房数间。如今的崇福宫,经过改建,风景依然秀丽,可惜已被畜牧场占用,脏乱不堪。正待改进。

6.建筑设计师及捐资情况。该建筑自汉代以来,主要经历了汉、唐、宋、元、明五个朝代的修建。其中鼎盛时期在唐宋时期。因此,规划修建的工匠及其组织者也是很庞杂的。其中可考者主要有宋代修宫使丁谓、元末的道士王德明、明代的道士李本聪等⑨。

7.建筑特征及其原创意义。该建筑的特征是在宗教建筑功能满足的同时,还修建方便游客登览的游观建筑:"别建三亭,以为士大夫游憩之所,曰弈棋、曰雩蒲、曰泛觞。山直巅又有甘泉亭,引流曲水,以娱登览者。⑩"

8.关于建筑的经典文字轶闻。宋人有诗写当年的崇福宫盛况:"上都太一临天街,千乘万骑频往回。神崧太一古所治,曷日属车游豫来。昔年章圣奉玄寂,离宫万堵临崔嵬。定陵弓剑隔重岭,金碧渝暗翠鸳摧。重门铜兽闭永日,灵囿御坐生苍苔。达官乞开奉祠事,肉食罔知真可哈。小臣作诗非望幸,欲写万壑松风哀⑪。"

参考文献

①(明)傅梅:《嵩书》卷三。

②⑤⑦⑨(元)梁宜:《嵩阳崇福宫修建碑》,《嵩书》卷二一。

③《嵩书》卷一九。

④《嵩书》卷四。

⑥⑧⑩(明)张祚:《重修崇福观记》。

⑪(宋)李鹰:《崇福宫》,《济南集》卷二。

五、崂山太清宫

1.建筑所处位置。位于崂山东南角。

2.建筑始建时间。太清宫始建于西汉武帝建元元年(前140)①。

3.最早的文字记载。"泰山虽云高,不如东海崂"②。

4.建筑名称的来历。先释崂山。据《寰宇记》:"始皇登劳盛,望蓬莱,以劳于陟,即名劳;又以驱之不动,称牢。"清顾炎武引申此意云:"秦皇登之,是必万人除道,百官扈从,千人拥挽而后上也。……是必一郡供张,数县储待,四民废业,千里驿骚而后上也。于是齐人苦之,而名曰劳山也。③"次释太清。道教谓太清、玉清、上清为三清,此三清既指最高仙境,又指最高尊神。太清为三处最高仙境之一,亦为三位最高尊神之一。系由大罗天所生元气生成。其境曰太清,其神曰道德天尊(太上老君)。另外对应玉清境的神为元始天尊,对应于上清境的尊神为灵宝天尊(太上道君)。

5.建筑兴毁及修葺情况。张廉夫当时率弟子仅筑茅庵一所,供奉三官大帝神位,名为三官庙。建元三年(前138),又筑庙宇供奉三清神像,名曰太清宫。唐天祐元年(904),河南蓝荑人李哲玄东游崂山,久住太清宫,又扩建殿房,供奉三皇神像,名曰三皇庵。后唐同光二年(924),道人刘若拙自四川来崂山太清宫,在宫旁自修一庵,供奉老子神像。宋太祖建隆元年(960),刘若拙被敕封为华盖真人,赐重修庙宇,太清宫得到一次大规模的修缮。南宋庆元、嘉定(1195—1224)年间邱处机曾两度来崂山说法讲道。元初,成吉思汗深契其说,赐以虎符、玺书,主管天下教事,太清宫遂名扬天下。明万历十三年憨山大师建海印寺于宫前,二十八年朝廷降旨毁寺复宫。复宫后的太清宫比原来更加壮观,现存的太清宫,大体是这一时期的建筑⑤。

6.建筑设计师及捐资情况。崂山太清宫的主要设计师当系汉朝张廉夫、后唐刘若拙和元代邱处机等著名道士。自然也不排除朝廷委派工部匠官来进行技术指导的可能。至于捐资情况,主体部分应该是信徒,少数几次大修得到过朝廷资助。

7.建筑特征及其原创意义。太清宫自东向西共分三个独立院落,一百五十多间殿宇,每个院落都有独立的围墙,单开山门。东南院是三官殿,殿内塑有"天官"、"地官"、"水官"等神像。出三官殿西边门,进中间的院落便是三清殿,殿内塑有"道德天尊"、"元始天尊"、"灵宝天尊"的神像。三清殿之西,便是三皇殿,殿内塑有"伏羲"、"神农"、"轩辕大帝"的神像。

太清宫中历代名人诗文、题刻很多,三皇殿门外两侧的石墙上,各镶着一块石碑,碑上刻着元太祖成吉思汗给太清宫的道长邱处机的圣旨全文。《聊斋志异》的作者蒲松龄游崂山时,下榻太清宫,写出了有名的神话故事。清末名人康有为曾两游太清宫,也留有诗句和题跋的刻石⑥。

8.关于建筑的经典文字轶闻。在三皇殿之东西两壁上嵌有1223年成吉思汗圣御刻石:宣差阿里鲜面奉成吉思汗皇帝圣旨。邱神仙奏知来底公事是也,好。我前时已有圣旨文字与你来,教你天下应有底出家善人都管着者,好底歹底,邱神仙你就便理会,只你识者,奉到如此。癸未年九月二十四日。西域化胡归顺,回至燕京。皇帝感劳,即赐金虎符牌曰:"真人到处如朕亲临,邱神仙至汉地,凡朕所有之城池,其欲居者居之。掌管天下道门事务,以听神仙处置,他人勿得干预。宫观差役尽行蠲免,所在官司常切护卫。"天乐道人李道谦书。钦差近侍刘仲禄奉成吉思汗皇帝圣旨道与诸处官员每:"邱神仙应有底修行底院舍等,系逐日念诵经文告天底下人每与皇帝祝寿万万岁者,所据大小差发税赋都休教著者,据邱神仙底应系出家门人等随处院舍都教免了差发税赋者,其外诈推出家影占差发底人每告到官司治罪断按主者。奉道如此,不得违错。须至给付照用,右付神仙门下收执照,使所据神仙应系出家门下精严住持院子底人等,并免差发税赋,准此。癸未羊儿年三月御宝。"

参考文献

①青岛市文管会:《青岛胜迹集粹》,1986年。

②(南燕)晏谟:《齐记》,转引自(元)于钦《齐乘》卷一。

③(清)顾炎武:《崂山志·序》,(明)黄宗昌《崂山志》,即墨新民印书馆1916年10月发行。

④据《道教义枢》所引《太真科》和《道教宗源》。

⑤⑥周宗颐:《太清宫志》,1944年印行。

中国历代名建筑志

第三章

三国魏晋南北朝
时期名建筑

绪　论

　　三国魏晋南北朝时期,共有 360 年的岁月,其中只有西晋统治的 52 年为全国统一时期。这个历史时期是中国历史上第一个分裂时日多于统一时日的时段。

　　这一历史时期是民族大融合的时期,匈奴、鲜卑、羯、氐、羌等西北少数民族上层分子利用中原汉族政权西晋内部矛盾和中原汉族争夺地盘, 在血与火的拼杀过程中进行融合;同时这一历史时期也是文化大融合的时期,佛教的日益中国化和道教儒教冲突过程中也出现了大融合。

　　与此特点相联系,这一历史时期的建筑文化也呈现出不同于以往的特点:

　　一、佛教经过东汉以来的发展,借助汉末群雄割据、天下大乱、民不聊生的历史机遇,得到了快速发展。佛教初入中国的汉魏时期,朝廷只准外国僧人建立佛寺,不准中土人士自行建设佛寺。所以《高僧传》说,佛教"初传其道"阶段,"唯听西域人得立寺都邑,以奉其神。其汉人皆不得出家。魏承汉制,亦循前规。"因此,汉魏时期的佛寺建设就必然是随西域僧人的行止而设。到了两晋,情况就不同了。西晋朝廷开始在两京"广树伽蓝",由于朝廷提倡,佛寺发展很快,但当年的佛寺建筑主要分布在水陆交通便利的都会之地。南北朝时期,佛教在中土的传播进入黄金时期,佛寺建筑在全国范围出现网式寺群。这与南朝皇帝和北朝皇帝都崇奉佛教有密切关系。南朝佛寺保留下来并见于近代记载者 855 所,北朝佛寺有 306 所保留到近代而著录于各类志书。寺到了唐代,海内出现大一统的佛寺群系(张弓《汉唐佛寺文化史》上)。

　　更重要的是,这一时期的佛教发展由于政权分裂疆域阻隔以及佛教传入中华的路径的不同(南传和北传的不同)等原因,使该时期的佛教建筑出现了南北差异:北传佛教通过丝绸之路传入,寺庙多为石窟,而南传佛教则主要通过缅甸和云南间的古老通道传入,其佛教建筑则多为平地置寺。"南朝四百八十寺,多少楼台烟雨中。"中国南方本来早在殷周时期就出现了在崖壁凿石窟以居人,或安葬死者,但在南方利用石窟作佛教寺庙的现象并不像北方那样普遍。

　　佛寺在中国的演变,经历了较原始的宫塔式阶段、稍后的楼塔式阶段以及后来的廊院式三个阶段。在天竺,佛寺的主体形制为四方式的宫塔。佛教初入中华,当年的佛寺建筑带有明显的模仿天竺佛寺规制之特点,如汉代的洛阳白马寺、曹魏洛阳宫西寺、龟兹雀离大寺等都是四方宫塔式格局。据张弓先生的研究,"汉唐时代,葱岭以东至敦煌以西地区, 宫塔式始终是佛寺形制的主流,显示天竺佛寺样式对我国西陲的影响强于中原。"(《汉唐佛寺文化史》上册)古印度的建筑为石结构传统,进入中土后,遭遇上我们国家的木结构建筑传统。由是而发生了两次演变,第一次是演化为楼塔式佛寺,即天竺佛寺和我国的楼阁式建筑的结合, 由是在天竺原本是实心的佛塔内部变成了空心;原本在塔之外部以龛的形式供奉的佛像,现在也就移入塔内了;原本围绕佛塔诵经的习惯也因建筑的改变而可以在塔内进行,甚至信徒和游客还可以从塔内登高望远。记载这种变化的案例有汉末徐州的浮屠寺、东晋的宣城寺、北魏时期的洛阳永宁寺等。南北朝末年,佛寺进一步和中国建筑传统融合,出现了新的廊院式佛寺。在廊院式佛寺中,佛塔的位置已经比较次要了,有的寺庙甚至不用塔。由此,以佛塔为中心的建筑格局结束了,代之而起的是以佛殿为中心钟鼓楼等次要建筑左右对称的殿塔楼阁组群廊院结构式佛寺新格局。

魏晋南北朝时期还是佛教中国化的一个重要时期。佛教传教人为了获得中华大地南北信徒的接受,采取了一系列的变通办法,为信教者提供方便。最初,传教者以信佛可生西方净土为引子,吸引信徒,后来要求信徒在禅定时要"心念佛","无他心间杂,心心相次乃至十念。"要求信徒心里念着佛的法号,想着佛的法相、佛的神力、佛的智慧、佛的本愿等等。但传教者后来发觉信徒没有那么大的耐性,于是又由观察念佛变为称命念佛,后来为了减轻信徒的负担,甚至提出只要布施也可享受佛的保佑。这种种的妥协让步,终于使佛教在中国成为普遍被接受的外国宗教(据昙鸾《略论安乐净土义》)。类似的为信徒提供方便法门的做法在南中国也出现过,比如庐山的东晋高僧慧远。于是南方中国有钱人为了得到佛的保佑,许多人舍宅为寺;北方许多信徒则花钱开凿石窟,为佛造像。形成风气,影响深远。

这一历史时期出现了东晋法显的《佛国记》和北魏杨衒之的《洛阳伽蓝记》两部记载佛教寺庙遗迹的名著。前者主要是记载天竺等佛教原产地的佛教遗迹,后者则记载北魏一朝佛寺的繁荣景象。北魏郦道元为《水经》作注,留下了不朽名著《水经注》,其中有大量的三国魏晋南北朝建筑遗产的记述。

二、都城建设方面,魏晋南北朝时期也有一个很有意思的特点,这就是无论哪个政权,在建筑上都希望自己是正宗,或者说,都要以汉族王朝宫殿洛阳宫殿或建康宫殿为正统。后来南北朝对立,北魏要建造都城,先派人去洛阳调查汉魏宫城遗址,后又暗中派遣技术官僚蒋少游到南朝齐都建康出差,偷偷摹写宫城图形以便回去照样建设。这说明北方少数民族对汉文化的高度认同感,同时也说明汉族对外族的包容精神。

三、南北朝在建筑上还有一个创新,由于受汉代楼阁式建筑的影响,导致了北魏前后木塔建筑的流行。最具代表性的木塔是永宁寺塔。

四、魏晋南北朝时期的园林建设显示出一种写意的风味。小规模,低配置,强调游人的感悟。相对大汉园林而言,无论是皇家的园囿还是私人的园林,都显得小气。这种小气固然有国力不足的因素,但更主要的还是受魏晋玄学影响的结果。因为魏晋玄学强调主观感悟,对人的主观能动性重视有加。这是汉代的园林创造者所不曾梦见的。如魏明帝带领百僚兴建华林园,群臣负土,植树,放生鸟兽。(《魏略》《三国志·魏书·明帝纪》)

这一时期的原始建筑保存下来的主要是佛教石窟。

(一)志祠

一、武侯祠

1.建筑所处位置。位于四川省成都市南门大桥西侧。

2.建筑始建时间。始建于西晋末年十六国成汉李雄时期(304—334)[①]。

3.最早的文字记载。(唐)裴度《蜀汉丞相诸葛武侯祠堂碑》②。

4.建筑名称的来历。武侯祠是纪念蜀汉丞相诸葛亮的祠堂,因诸葛亮生前被封为武乡侯而得名。

5.建筑兴毁及修葺情况。6世纪时迁往成都南郊,与祭祀刘备的汉昭烈庙为邻,到唐代已颇具规模。明朝初年重建时将武侯祠搬进汉昭烈庙内,以前后两大殿分祀刘备与诸葛亮,形成了君臣合庙的特有格局。明末战乱毁于兵火。清康熙十一年(1672)在刘备庙的废墟上重建③。

6.建筑设计师及捐资情况。成汉皇帝李雄④。

7.建筑特征及其原创意义。主体建筑坐北朝南,排列在一条中轴线上,殿宇高大宽敞,布局严整。刘备殿与东、西两廊和二门,诸葛亮殿与两侧书房、客室及过厅,各自形成一组严整的四合院,中有花木山石陪衬。殿宇西侧是刘备墓,史称惠陵。轴线建筑两侧配有园林景点和附属建筑。祠内塑有蜀汉历史人物像47尊、碑碣53块,其中称为"三绝碑"的唐碑最为著名,还有匾额楹联61件,鼎、炉、钟、鼓10余件。刘备殿又称昭烈庙,在武侯祠正门后,气势宏大。正殿中置刘备全身贴金泥塑坐像,高3米;左侧陪祀其孙北地王刘谌像。东西偏殿配祀分别为关羽、张飞塑像,两廊为28名蜀汉文臣武将塑像,每个塑像如真人大小,像前立有一通小石碑,刊其姓名、生平。昭烈庙正殿西壁挂有木刻《出师表》,相传为岳飞亲书,东壁为现代书法家沈尹默书《隆中对》。诸葛亮殿在昭烈庙后,正殿中奉祀诸葛亮祖孙三代塑像。正龛右侧陈列的三面铜鼓称为诸葛鼓,据传为诸葛亮南征时所造。武侯祠君臣合庙的格局是古建筑中的一个特例,古代的设计师们匠心独运,既突出刘备的地位,又不压抑诸葛亮。整组建筑以刘备殿为主体,诸葛亮殿紧随其后,但刘备殿殿基高大,而诸葛亮殿的殿基就矮小了许多。诸葛亮殿内装饰简朴,庄重典雅,正是诸葛亮"淡泊以明志,宁静以致远"的精神体现,因此又名静远堂。两侧并立飞檐重阁的钟鼓二楼,左、右走廊以青石为栏,栏柱上刻有珍禽异兽。院中环境清幽,恬淡怡人。各类人物塑像、碑刻、匾联等文物在武侯祠中占了相当的比例,反映了有关诸葛亮的历史事迹。其中三绝碑最令人称道。三绝碑本名《蜀丞相诸葛武侯祠堂碑》,在武侯祠大门至二门之间的东侧碑亭中。碑高367厘米,宽95厘米,厚25厘米,唐宪宗元和四年(809)刻建。由唐代宰相裴度撰文,书法家柳公绰(柳公权之兄)书写,石工鲁建镌刻。裴文、柳书、鲁刻,三者俱佳,所以后世誉为三绝碑。碑阳、碑阴、碑侧遍刻唐、宋、明、清时代的题诗、题名、跋语⑤。

8.关于建筑的经典文字轶闻。(唐)杜甫《蜀相》:"丞相祠堂何处寻,锦官城外柏森森。映阶碧草自春色,隔叶黄鹂空好音。三顾频烦天下计,两朝开济老臣心。出师未捷身先死,长使英雄泪满襟。"

参考文献

①④(宋)乐史:《太平寰宇记》。卷七二:"李雄称王,始为庙于少城内,桓温平蜀,城内独存孔明庙。"
②《全唐文》卷五三八。
③陶元甘:《武侯祠沿革考》,《文史杂志》,1992第1期。
⑤张宗荣:《成都武侯祠的建筑与园林》,四川人民出版社,1998年。

二、汉太史公祠

1.建筑所处位置。位于陕西省韩城市南10千米芝川镇的韩奕坡悬崖上①。

2.建筑始建时间。西晋永嘉四年(310)。

3.最早的文字记载。"陶渠水(即芝水)夏阳故城东南,有司马子长墓址。墓前有庙,庙前有碑。永嘉四年,汉阳太守(注:应为夏阳太守)殷济瞻仰遗文,大其功德,遂建石室,立碑,树垣。太史公自叙曰:迁生龙门,是其坟墟所在矣。[2]"

4.建筑名称的来历。司马迁曾为汉太史令,史称太史公。

5.建筑兴毁及修葺情况。现存的寝宫、献殿是北宋宣和七年(1125)修复或新建的,墓经金、元、明数次修葺,清康熙七年(1668)又对司马迁祠墓进行大规模扩建。康熙三十八年(1699)和嘉庆十九年(1814)加以修缮。1957年大修[3]。

6.建筑设计师及捐资情况。晋夏阳太守殷济。

7.建筑特征及其原创意义。整座祠院由砖砌女墙围绕,面对黄河,背负梁山,两旁峭壁千尺,雄伟壮观。祠的各个建筑依从山势,高下错落分布在依次升高的4层台地上,各台之间由石阶相连,层层上升,共99级。在4层台地上建有4道牌坊。自下而上,第一台木牌坊上书"高山仰止"四个字,第二台上砖砌牌坊上书"龙门才子故里"六个字,第三台上砖砌牌坊上书"河山之阳"四个字。第四层台是全部建筑的主体,献殿、寝殿和墓冢分为前后两个小院落。寝殿正中龛阁里有一尊高4米的司马迁彩色塑像。献殿5间,有宋、金、元、明、清历代碑碣60余通。寝殿、献殿后边是司马迁的墓冢。墓呈圆形,高2.5米,直径5米,青砖砌筑,墓前有一通清乾隆年间陕西巡抚毕沅书写的"汉太史公墓"碑,围墙上雕有八卦和花木图案。墓顶有5棵苍柏,如蟠龙卧顶,喻五子登科,分外壮观。司马迁祠雄奇高耸,气势非凡,强烈地体现了司马迁的伟人品格。

8.关于建筑的经典文字轶闻。清·李因笃《寄题子长先生墓》:"六经删后已森森,几委秦烟不可寻。海岳飘零同绝笔,乾坤一半到斯岑。尚余古柏风霜苦,空对长河日夜深。故国抚尘迟缩酒,天涯回首漫沾襟。"清·魏源《太史公墓》:"河岳高深气,离骚郁律膺。龙门神禹穴,马鬣李陵朋。萧瑟嵯峨地,牛羊樵牧登。茂陵云树接,同此夕阳凭。"郭沫若《题司马迁墓》:"龙门有灵秀,钟毓人中龙。学殖空前富,文章旷代雄。怜才膺斧钺,吐气作霓虹。功业追尼父,千秋太史公。"

参考文献

①③韩城县文化馆:《汉太史司马迁祠墓沿革》,《陕西师范大学学报》(哲学社会科学版),1982 第3期。

②(北魏)郦道元:《水经注》卷四《河水篇》。

(二)志庙

周处庙

1.建筑所处位置。位于江苏省宜兴宜城镇南大街东庙巷底。

2.建筑始建时间。始建于西晋元康九年(299)。

3.最早的文字记载。周处庙《平西将军周府君碑》,陆机撰文、王羲之书,唐元和六年(811)义兴知县陈从谏重立①。

4.建筑名称的来历。为祭祀晋平西将军周处而建。周处战死沙场，被赐封清流亭孝侯，后人称"周孝侯"，因此庙又称英烈庙、周王庙或周孝侯庙。

5.建筑兴毁及修葺情况。由于历代战乱，祠庙几经兴废。现存建筑为明嘉靖四十五年（1566）重建[②]，清顺治十二年（1655）、乾隆五十五年（1790）重修，光绪六年（1880）复建廊庑，二十七年（1901）又重修东庑。1984年江苏省文化厅拨款修复大殿。

6.建筑设计师及捐资情况。官府所建。

7.建筑特征及其原创意义。周王庙现存建筑共三进。第一进为两层建筑凹字形结构，门楼5间，戏楼1座，东西看楼6间，为1994年重建。中部有戏楼相连，西北正门上悬著名书法家赵朴初题"周孝侯庙"朱底金字匾额。第二进为大殿5间，单檐歇山顶，面阔5间，进深9架，前为轩廊，单檐歇山顶。大殿框架为明嘉靖年间重建，清、民国年间又数次修缮。大殿正中塑周处塑像，上悬"阳羡第一人物"匾额，两壁绘有《射虎》《斩蛟》两幅大型壁画，东西侧厢陈列周处生平事迹资料和周墓墩出土文物复制品等。大殿两侧还有唐至清代碑刻20余块，其中尤以陆机撰文、王羲之书《平西将军周府君碑》最为珍贵。第三进建筑为后殿，面阔5间，进深8架。整组祠庙巍峨宏伟，庄严肃穆，殿宇北枕荆溪，南眺铜峰，环境清幽，风景绝佳。

8.关于建筑的经典文字轶闻。公元3世纪中叶，义兴阳羡（今宜兴市）传颂着周处除三害的故事。周处自幼父母双亡，年少时臂力过人，好驰骋田猎，不修细行，纵情肆欲，横行乡里。乡邻将他与当地南山猛虎和长桥恶蛟并称为"三害"。周处闻讯后，自知为人所厌恶，于是入山射虎，下水搏蛟，经三日三夜，在水中追逐数十里，终于斩杀孽蛟。此后发愤改过自新，折节读书，拜文学家陆机、陆云为师，于是才兼文武[③]。明朝人黄伯羽据此改编为《蛟虎记》传奇，广为流传，至今京剧中仍保留有《除三害》剧目。清代宜兴县令齐彦槐撰写对联："朝有奸党，岂能成将帅之功，若教仗钺专征，蛟虎犹非对手敌；世无圣人，不当在弟子之列，谁信读书折节，机云曾作抗颜师"（悬周处庙大殿）。

参考文献

①碑文亦见于《续修四库全书》集部第1304册（线装书局2002年出版），（晋）陆机撰《陆士衡文集》。
②明嘉靖四十五年（1566）《重建周孝侯庙记》四面碑。
③《晋书·周处传》和《世说新语》。

（三）志寺

一、潭柘寺

1.建筑所处位置。位于北京城西门头沟区潭柘山山腰。

2.建筑始建时间。西晋永嘉元年（307），一说始建于西晋愍帝建兴四年（316）。

3.最早的文字记载。后唐从实禅师碑记谓："潭柘山怀有古刹，俗呼潭柘寺·随山而名之也。其址本青龙潭。所谓海眼。华严师时潭龙听法，师欲开山，龙即让宅。一夕大风雷雨,青龙避去,潭则平地,两鸥吻涌出,今殿角鸥也,开创于晋,时谓之嘉福寺。肇兴于唐朝,名曰龙泉寺。"①

4.建筑名称的来历。初名嘉福寺,因王浚建于"永嘉"年间、为其妻华芳祈福而得名。唐代改名龙泉寺,金皇统年间(1141—1149)改名大万寿寺②,明代又先后恢复了龙泉寺和嘉福寺的旧称,清康熙三十一年(1692)改名岫云寺,但因其寺后有龙潭,山上有柘树,故而民间一直称其为潭柘寺。

5.建筑兴毁及修葺情况。历代多次重修扩建。从金代熙宗皇帝(1135—1148年间在位)之后,各个朝代都有皇帝到潭柘寺来进香礼佛,游山玩水,并且拨出款项,整修和扩建寺院。清康熙皇帝(1662—1721年间在位)把潭柘寺定为"敕建",使其成为北京地区规模最大的一座皇家寺院。现存的建筑多为明清所遗存。1978年北京市政府拨款对潭柘寺进行了为期两年的大规模整修。

6.建筑设计师及捐资情况。西晋后期镇守北方的幽州刺史王浚捐资创始,尔后多为朝廷敕建③。

7.建筑特征及其原创意义。潭柘寺寺院面积121公顷,现共有房舍943间,其中古建殿堂638间,建筑保持着明清时期的风貌,是北京郊区最大的一处寺庙古建筑群。寺院依山而建,建筑布局分东、西、中三路。中路建筑金碧辉煌,有牌楼、山门、天王殿、大雄宝殿、毗卢阁。大雄宝殿大脊两端处碧绿的琉璃鸥吻高2.9米,气势轩昂,是北京市古建筑中最好最大的一对鸥吻。毗卢阁是中路的最高建筑,二层,木结构,阁前有千年银杏树"帝王树"和"配王树"。东路是一组庭院式建筑,碧瓦朱栏,幽雅别致,有方丈院、延清阁、流杯亭、帝后宫、舍利塔、地藏殿、元通殿和竹林院等。西路建筑庄严肃穆,有戒台、观音殿、龙王殿、祖师殿、西南斋、大悲坛和写经室等。寺外还有安乐延寿堂和塔院,塔院中保存有金、元、明、清各代75座僧塔。潭柘寺四面环山,九峰拥立,古树参天,佛塔林立,殿宇巍峨,庭院清幽,早在清代"潭柘十景"就已经名扬京华。

图3-3-1 北京潭柘寺山门

8.关于建筑的经典文字轶闻。(明)吴惟英《潭柘寺》:"兰若藏山腹,门中当远峰。人闲堪僻径,僧老浑高踪。古柘栖驯鸽,寒潭隐蛰龙。更从何处去,前路野云封。"清世宗胤禛作《潭柘寺》:"省耕郊外鸟声欢,敬从祇林拥八鸾。法苑风飘花作雨,香溪水激石鸣湍。含桃密缀红珠树,嫩箨新抽碧玉竿。胜地从容驻清跸,慈云镇日护岩峦。"又:"忆在天成寺,禅房有句留。山川原并美,岁月几迁流。龙卧深潭底,鸟吟高树头。闲云知我意,到处分相投。"赵朴初对联:"气摄太行半,地辟幽州先。"朱自清《潭柘寺戒坛寺》。

参考文献

①③(清)神穆德、释义庵:《潭柘山岫云寺志》,光绪九年刻本。

②(明)谢迁:《重修潭柘嘉福寺碑记》。

二、天宁寺

1.建筑所处位置。位于江苏省扬州市区城北丰乐上街 3 号。

2.建筑始建时间。东晋①,原为谢安别墅,后舍宅为寺。

3.最早的文字记载。宋宝祐《维扬志》记载,寺始建于武周证圣元年,名证圣寺,宋政和间始赐名天宁寺②。

4.建筑名称的来历。东晋谢安子司空谢琰请准舍宅为寺,名谢司空寺。武周证圣元年(695)改为证圣寺,北宋政和年间(1111—1118)始赐名天宁禅寺。

5.建筑兴毁及修葺情况。明洪武年间重建,正统、天顺、成化、嘉靖间屡经修葺。清代列扬州八大古刹之首,康熙帝六次南巡均曾驻跸于此,乾隆帝二次南巡前,于寺西建行宫、御花园和御码头,御花园内建有御书楼——文汇阁。咸丰间寺又毁于兵火。同治四年(1865)至宣统三年(1911)屡次重建。抗日战争期间,天宁寺为日军所占,沦为兵营。由于年久失修,使用不当,至 20 世纪 70 年代末已面目全非。自 1984 年夏进行大修,修复后作为扬州博物馆新址。

6.建筑设计师及捐资情况。世传柳毅舍宅为寺,寺有柳长者像。一说原为谢安别墅,后其子谢琰请准舍宅为寺③。

7.建筑特征及其原创意义。寺建筑面积 5000 多平方米,中轴线上有山门殿、天王殿、大雄宝殿、华严阁,两侧有廊房 92 间。整个建筑布局对称、严谨。山门殿单檐歇山顶,面阔 3 间。天王殿亦为单檐歇山顶,四面有廊,面阔 5 间 28.4 米。大殿重檐歇山顶,四面有廊,前后有月台,面阔 5 间 32.8 米,进深 15 檩 25 米,脊檩高 19 米。殿后走廊东壁嵌有清同治十一年(1872)立《重修天宁寺碑》,西壁嵌有 1987 年立《重修天宁寺碑记》。

8.关于建筑的经典文字轶闻。《扬州画舫录》:"天宁寺居扬州八大刹之首,……世传柳毅舍宅为寺,寺有柳长者像。又传晋时为谢安别墅,……又城中法云寺志云:晋宁康三年,谢安领扬州刺史,建宅于此。至太元十年,移居新城,其姑就本宅为尼,建寺名法云,手植双桧。"康熙《幸天宁寺一》(康熙四十二年):"空蒙为洗竹,风过惜残梅。鸟语当阶树,云行早动雷。晨钟接豹尾,僧舍踏芳埃。更觉清心赏,尘襟笑口开。"乾隆题天宁寺联:"楚尾吴头开画境;林光鸟语入吟轩。"

参考文献

①③(清)李斗:《扬州画舫录》卷四。
②(宋)宝祐:《维扬志》。

三、灵泉寺

1.建筑所处位置。位于湖北省鄂州市西山东坡中部。

2.建筑始建时间。始建于晋太元年间(376—396)①。

3.最早的文字记载。"又昔浔阳陶侃经镇广州,有渔人于海中见神光每夕艳发,经旬弥盛,怪以白侃。侃往详视乃是阿育王像,即接归以送武昌寒溪寺。寺主僧珍尝往夏口,夜梦寺遭火,而此像屋独有龙神围绕。珍觉驰还寺。寺既焚尽,唯像屋存焉。侃后移镇,以像有威灵遣使迎接,数十人举之至水及上船,船又覆没,使者惧而反之,竟不能获。侃幼出雄武,素薄信情,故荆楚之间为之谣曰:'陶惟剑雄,像以神标,云翔泥宿,邈何遥遥,可以诚致,难以力招.'及远创寺既成,祈心奉请,乃飘然自轻,往还无梗,方知远之神感证在风谚矣.②"

4.建筑名称的来历。寺在西山主峰东侧山腰,以山而名,称西山寺;因其前有菩萨泉,亦称灵泉寺。

5.建筑兴毁及修葺情况。东晋建武元年(317),名僧慧远得文殊师利菩萨金像于吴王孙权避暑宫故址,于是在此建寺。后屡毁屡修。有文字可考证的,从元代到清末,曾六废七建,最后一次为清同治三年(1864)由湖广总督官文捐资重修。同治三年八月,官文督师黄州,渡江巡视,船泊于西山寒溪口,灵泉寺住持宏濡常汲灵泉水,带上自种的地瓜,送到船上给军士品尝,深得官文好感,遂应其之求,捐资白银三千五百两,并派属员一人协同地方政府办理修复事宜,兴建了武圣殿和大佛殿。1938年秋,山寺连遭日军空袭,毁坏多处,后由寺僧证一、会焱二人集众僧伽,苦行募化,从废墟中清出残料修复。现有文殊师利堂、天王殿、拜殿、大雄宝殿、武圣殿、英雄避暑门、读书堂、才子赋佳门等,系清同治三年(1864)重建与现在重新修葺的。

6.建筑设计师及捐资情况。东晋名僧慧远③。

7.建筑特征及其原创意义。灵泉寺是我国佛教净土宗的发源地之一,鄂南地区较大的一处宗教建筑,现有文殊师利堂、天王殿、拜殿、大雄宝殿、观音殿、武圣殿、念佛殿等建筑。天王殿中间龛内坐着的是大肚弥勒佛,笑容可掬,两旁为彩塑四大天王。大雄宝殿正面是3尊金身佛像,两厢列坐十八罗汉。寺中有东晋时代传下来的文殊菩萨金像,价值连城。又有古僧种的千年古银一株。其中巍峨挺拔者,飞青施朱;灵秀清致者,漾红荡绿;质朴古雅者,风格独具;塑像生动,丰神别饶。灵泉寺后山冈上,有松风阁遗址,宋代大文豪黄庭坚所书《松风阁诗》手卷至今尚存。寺四周峰回路曲,鸟语花香,极富山林意趣。

8.关于建筑的经典文字轶闻。苏轼《菩萨泉铭并序》:"陶侃为广州刺史,有渔人每夕见神光海上,以白侃。侃使迹之,得金像。视其款识,阿育王所铸文殊师利像也。初送武昌寒溪寺,及侃迁荆州,欲以像行,人力不能动,益以牛车三十乘,乃能至船,船复没,遂以还寺。其后,慧远法师迎像归庐山,了无艰碍。山中世以二僧守之。会昌中,诏毁天下寺,二僧藏像锦绣谷。比释教复兴,求像不可得,而谷中至今有光景,往往发见,如峨眉、五台山所见,盖远师文集载处士张文逸之文,及山中父老所传如此。今寒溪少西数百步,别为西山寺,有泉出于嵌窦间,色白而甘,号菩萨泉。人莫知其本末。建昌李常谓余:岂昔像之所在乎?且属余为铭。铭曰:像在庐阜,宵光烛天,旦朝视之,寥寥空山。谁谓寒溪,尚有斯泉,盍往鉴之,文殊了然。"

参考文献

①高介华:《西山灵泉寺始建考》,《江汉考古》,1984,第2期。

②(梁)释慧皎:《高僧传卷六·释慧远一》。

③光绪《武昌县志》附王家璧《武昌西山佛殿记》:"山中故实有陶士行以阿育王铸文殊师利金像送寒溪事,远公(慧远)在寒溪兼辟此寺。"

四、灵隐寺

1.建筑所处位置。位于杭州西湖西北北高峰山麓飞来峰前。

2.建筑始建时间。东晋咸和元年(326)。《咸淳临安志》载:(灵隐寺)"在武林山,东晋咸和元年梵僧慧理建。①"

3.最早的文字记载。唐·宋之问《灵隐寺》。

4.建筑名称的来历。印度高僧慧理面对飞来峰说:"此天竺(古印度)灵鹫峰之一小岭,不知何代飞来?佛在世日,多为仙灵所隐,今复尔耶?"于是面山建寺,名山曰飞来峰,建寺为灵隐寺②。清康熙南巡,有感于寺景幽静,借用杜甫"江汉终我老,云林得尔曹"的诗句,赐寺名为"云林禅寺"。

5.建筑兴毁及修葺情况。"盖灵隐自晋咸和元年,僧慧理建,山门匾曰'景胜觉场',相传葛洪所书。寺有石塔四,钱武肃王所建。宋景德四年,改景德灵隐禅寺,元至正三年毁。明洪武初再建,改灵隐寺。宣德七年,僧昙赞建山门,良玠建大殿。殿中有拜石,长丈余,有花卉鳞甲之文,工巧如画。正统十一年,玹理建直指堂,堂文额为张即之所书,隆庆三年毁。万历十二年,僧如通重建;二十八年司礼监孙隆重修,至崇祯十三年又毁。③"清顺治年间,具德和尚花了十八年,终于使灵隐寺面貌焕然一新,修复后的灵隐寺规模非常之大,共建成"七殿"、"十二堂"、"四阁"、"三楼"、"三轩"等。清代康、乾时达到极盛。嘉庆二十一年(1816),寺毁于火,在清政府和达官贵人的资助下,次第修复和扩建。咸丰十年(1860),太平军攻占杭州,灵隐寺又遭毁坏,仅存天王殿和罗汉堂。1910年,住持昔征在盛宣怀的支持下,重建了大雄宝殿。1936年,罗汉堂不慎毁于火。1937年底,日军入侵杭州,灵隐寺成为灾民收容所,随后客堂、伽蓝殿、东山门及梵香阁都失火被焚。现建筑为近代重建。1956年和1970年曾两次大修。

6.建筑设计师及捐资情况。印度僧人慧理。《灵隐寺志·开山卷》称:"慧理连建五刹,灵鹫、灵山、灵峰等或废或更,而灵隐独存,历代以来,永为禅窟。"

7.建筑特征及其原创意义。寺有东西二山门,与天王殿并列,天王殿居中。天王殿面阔7间,进深4间,单层重檐歇山式,高22米。正中佛龛供弥勒佛坐像,两边为四大天王,弥勒背后韦驮立像为独块香樟木雕成,传为南宋遗物。大雄宝殿原称觉皇殿,单层三叠重檐歇山式,面阔7间,进深6间,高33.6米,高甍飞宇,琉璃瓦顶,为名刹大雄宝殿之冠。1949年后为根本解决白蚁蛀腐,全部换成钢筋混凝土结构。殿内供奉的释迦牟尼佛像是1956年以唐代禅宗著名雕塑为蓝本,用24块香樟木雕成的,通高19.6米,妙相庄严,高踞莲花座之上,是我国最高大的木雕坐式佛像之一。像后影壁上齐殿顶,壁背面为《五十三参》彩绘群塑,共有姿态各异的大小佛教塑像150尊。殿左有联灯阁、大悲阁。殿前有两座八角九层石塔,仿木结构,塔身浮雕佛像;天王殿前有两座石经幢,原为11层,现已残损,均为五代吴越国末期遗物。大雄宝殿后有新建药师殿,殿中供奉药师佛像及日天、月天。殿左有重建的罗汉堂,陈列五百罗汉像线刻石。灵隐寺前古木苍郁,遮天蔽日,冷泉流经处筑有春淙、壑雷、冷泉诸亭,清幽静谧。灵隐寺深得"隐"字之意趣。

8.关于建筑的经典文字轶闻。唐·宋之问《灵隐寺》:"鹫岭郁岧峣,龙宫锁寂寥。楼观沧海日,门对浙江潮。桂子月中落,天香云外飘。扪萝登塔远,刳木取泉遥。霜薄花更发,冰轻叶未凋。凤龄尚遄异,搜对涤烦嚣。待入天台路,看余度石桥。④"陆羽的《天竺灵隐二寺记》载:"晋宋已降,贤能迭居,碑残简文之辞,榜蠹稚川之字。榭亭岿然,袁松多寿,绣角画拱,霞晕于九霄;藻井丹楹,华垂于四照。修廊重复,潜奔潜玉之泉;飞阁岩晓,下映垂珠之树。风铎触钧天之乐,花鬘搜陆海之珍。碧树花枝,春荣冬茂;翠岚清籁,朝融夕凝。"宋代苏轼《闻林夫当徙灵隐寺寓居,戏作灵隐前一首》:"灵隐前,天竺后,两涧春淙一灵鹫。不知水从何处来,跳波赴壑如奔雷。⑤"康熙题"云林禅寺":康熙二十八年(1689),康熙皇帝来到灵隐寺,灵隐寺的方丈为他备好笔墨,请他赐题寺名。康熙提笔直书,把灵(繁体为靈)的雨字头写得过大,正当他犹豫之际,礼部侍郎高士奇默默将手心中"云(雲)林"两字示皇上,于是康熙机智地写下了"云林禅寺"四字。这块匾额300年来一直高悬在天王殿上。

参考文献

①（宋）潜说友：《咸淳临安志》卷八十（志六十五）。

②（清）孙治、徐增：《灵隐寺志》，江苏广陵古籍刻印社，1996 年。

③（明）张岱：《西湖梦寻》卷二《西湖西路·灵隐寺》。

④《全唐诗》卷五三。

⑤释巨赞：《灵隐小志》，灵隐禅寺，1982 年。

五、天童寺

1.建筑所处位置。位于浙江省宁波市东南 27 千米的鄞州区东乡太白山麓。

2.建筑始建时间。西晋永康元年（300）。

3.最早的文字记载。义兴祖师之多宝塔铭文。塔乃唐开元间秘书省正字万齐融建，万公自记，备述义兴祖师开山事。

4.建筑名称的来历。西晋时期僧人义兴云游至南山之东谷，见此地山明水秀，遂结茅修持，当时有童子日奉薪水，临辞时自称是"太白金星"化身，受玉帝派遣前来护持，自此山名"太白"，寺曰"天童"①。

5.建筑兴毁及修葺情况。唐开元二十年（732），法璿禅师于东谷建太白精舍；至德二年（757），因东谷地狭谷浅，宗弼、禅师将寺迁到太白峰下，即今寺址；乾元二年（759），唐肃宗赐名为"天童玲珑寺"。咸通十年（869）唐懿宗敕赐"天寿寺"名。宋景德四年（1007），宋真宗敕赐"天童景德禅寺"额；南宋绍兴四年（1134），寺内修建能容纳千人的僧堂，继而扩大山门，成为巍峨杰阁，安奉千佛，中建卢舍那阁，称"千佛阁"。其时，寺内常住僧人上千，被称为中兴时期。绍熙四年（1193），虚庵禅师扩建千佛阁，使之高三层十二丈，成为东南第一大殿，嘉定年间被列为"禅院五山"之第三山。明洪武十五年（1382），朱元璋赐名天童禅寺，为禅宗五山之第二山。万历十五年（1587），寺院毁于特大水灾。崇祯四年（1631），临济宗第三十世密云禅师住持天童，先后修建天王殿、先觉堂、藏经阁、云水堂、东西禅堂、回光阁、返照楼等，重开万工池，修造七宝塔，奠定今日寺院布局和规模，被称为天童寺鼎盛时期。天童寺几经荣枯，现存建筑为清代重建。民国年间又增天王殿、客堂、晒经书、返照楼、南山大僧桥、罗汉堂、罗汉桥等建筑。1949 年后"文革"期间遭破坏，1979 年全面整修。

6.建筑设计师及捐资情况。义兴祖师。

7.建筑特征及其原创意义。天童寺坐北朝南，依山而建，其建筑布局风格是依山就势，层叠递进升高，并且十分讲究风水取势的高低错落。中轴线上依次分布着雄伟高大的天王殿、佛殿、法堂、藏经楼、罗汉堂等主体殿堂。东边是新新堂、伽蓝殿、云水堂、自得斋、立雪轩；西边相对称地分布着客堂、祖师殿、应供堂、静观堂、面壁居等僧房殿堂，与主体殿堂互相呼应。另外按照地形还建有钟楼、东西禅堂、戒堂、如意寮、御书楼、库房、先觉堂、长庚楼、东柱堂等十余处建筑。所有建筑都按照古寺庙建筑形式，重檐叠阁，雕梁画栋，古朴庄严。每座殿堂楼阁均以长廊相连，一入寺门，可通过长廊到达任何一处。天童寺寺前和山门内，各有一泓澄清如镜的池水，是寺里的放生池，因花费两万多人工开掘而成，故称为"万工池"。寺照壁上有"海天佛国"四个大字，引人注目。照壁后即天王殿，广 7 间 32 米，深 6 间 24 米，高 18 米。大雄宝殿高 18.9 米，广 7 间 36 米，深 6 间 27 米，重檐歇山式琉璃顶，殿正中供奉三世佛，高 13.5 米，两侧是姿态各异的十八罗汉泥塑镀金坐像。在天童寺的建筑中，位于大雄宝殿东南的钟楼是一座比较特殊的建筑。钟楼三重檐歇山顶，建

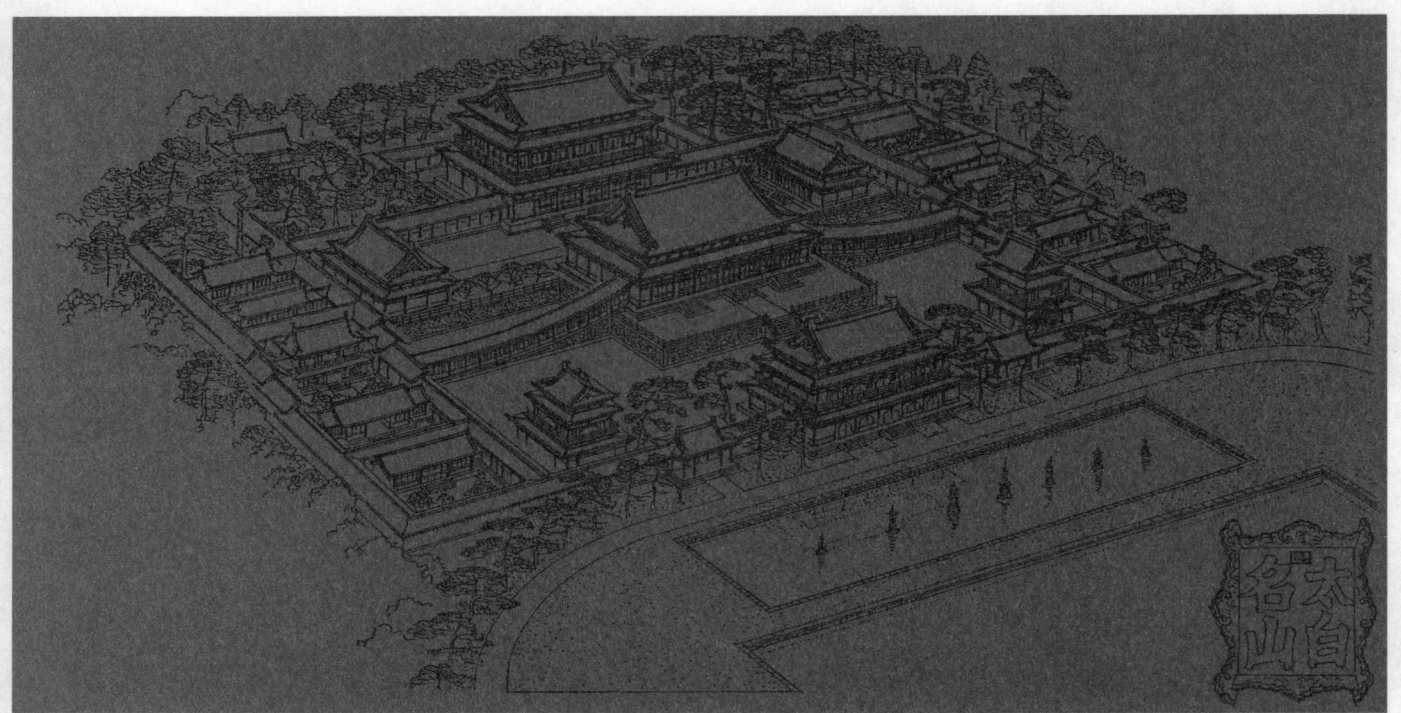

图 3-3-2　宁波南宋明州
天童寺复原图

于明永乐十五年(1417),高达 20 余米,称得上是寺庙中的钟楼之冠。此寺只有钟楼而无鼓楼,是因讲究风水所致。寺内珍藏着许多有价值的文物,如宋碑、八指头陀石刻画像、千僧铜钵等。天童寺总计占地面积 7.64 万平方米,建筑面积 2.88 万平方米,各类建筑 999 间,是汉地寺院中规模较大的一座。其布局严谨,结构精致,主次分明,疏密得体,气势磅礴,周围风光也旖旎迷人,有天童十大胜景和十小丽景。天童寺还是日本曹洞宗的祖庭,在国内外享有盛名[②]。

8.关于建筑的经典文字轶闻。(清)道忞禅师《开山义兴祖师塔铭序》:"义兴师,不知何处人,以时考之,盖在孙吴间,诛茅于越东之绝壑,云深路僻人迹罕经之所,时山尚未有名,西晋永康元年传有童子来供薪水之役欠之,告归。辞去。曰:我本太白星,玉帝以师道行高卓,故命我化身执事耳,由是厥后,山名太白,寺号天童。"王安石有《游天童寺》诗云:"村村桑柘绿浮空,春日莺啼谷口风,二十里松行欲尽,青山捧出梵王宫。"明代金湜诗曰:"行尽青松始见山,暖风微雨路斑斑;欲寻开土栖禅处,直到中峰叠翠间。"当代书法大师沙孟海书寺大门对联:"两浙仰禅林首溯玲珑古迹,四明称佛地群推太白名山。"

参考文献

①(清)释德介:《天童寺志》,江苏广陵古籍刻印社,1996 年。
②《新修天童寺志》,宗教文化出版社,1997 年。

六、灵谷寺

1.建筑所处位置。位于江苏省南京市紫金山东麓。
2.建筑始建时间。南朝梁武帝时期。
3.最早的文字记载。(南朝梁)徐伯阳《游钟山开善寺》:"聊追邺城友,蹒步出兰宫。法侣殊人世,天花异俗中,鸟声不测处,松吟未觉风。此时超爱网,还复洗尘蒙。[①]"朱元璋《灵谷寺记》："朕起寒微,奉天继元,统一华夷,鼎定金陵,宫室于钟山之阳。密迩保志之刹,其营修者升高俯下,日月殿阁有所未宜,特敕移寺。凡两迁方已。当欲迁寺之时,命大师于某诸山择地,及其归告,乃云山川形势,非寻常之地。其旁川旷水萦,且左包以重山,右掩以峻岭,皆蠹穹岑,排森松,以摩霄汉。虎啸幽谷,应孤灯而侣影;莺转岩前,启修人之清兴。饮洁流于山根,洗钵于湍外。鱼跃于前渊。鸟栖于乔木,鹿鸣呦呦,为食野之萍。云之若是,既听斯言,朕欢忻不已。此真释迦道场之所也。即日召工曹,会百工,趋所在而建址。百工闻用伎以妥保志,曜灵佛法,人皆如流之趋下。呜呼! 地势之胜,岂独禽兽水族之乐。伎艺之人惟利是务,云何闻建道场,不惮劳苦,一心归向? 自洪武某年某月某日时某甲子工兴,至某月日时工曹奏朕,为释迦道场役百工,各施其伎。今百工告成,朕善其伎。特命礼曹赐给之。工曹复奏:伎艺若是,有犯役者五千余人,为之奈何? 朕忽然有觉,嘻! 佛善无上,道场既完,安可再罪? 当体释迦大慈大悯,虽然真犯,特以眚灾,一赦既临,轻者本劳而逸;死者本死而生。欢声动地,感佛慈悲。吁! 佛之愿力辉增日月,法轮建枢灯继香连。於戏,盛矣哉! 愿力之深乎! 然是时国务浩繁,不暇礼视。身虽未至,梦游几番。此观之欤? 梦之欤? 呜呼! 未尝不欲体佛之心而谓众生误,奈何愈治而愈乱? 不治而愈坏? 斯言乃格前王之所以。今欲宽不可,猛不可,奈何? 然一日洁已而往礼视,去将近刹余里,俄谷深处岚霞之杪出一浮图,又一里,既将近三门,立骑四顾,见山环水迂,禽兽之所以,果然左群山,右峻岭,北倚天之迭嶂,复穷岑以排空。诸峦布势,若堆螺髻于天边,朝鹤摩天而翅去,暮猿挽树而跳归。乔松偃塞于崖畔,洞云射五色以霞天。此果白毫之像耶? 谷灵之见耶? 朕欲有谓,而恐惑人,故默是耳。今天人师有殿,诸经有阁,禅室有龛,云水有寮斋,有大厦香积之所,周全庄严备具,以足朕心矣。故敕记之。[2]"

4.建筑名称的来历。本名道林寺,梁武帝为宝志禅师建塔于玩珠峰前,名曰开善寺。宋曰太平兴国寺,后为蒋山寺。明洪武十四年(1381)移于东麓,赐名灵谷寺[3]。

5.建筑兴毁及修葺情况。明初的灵谷寺。因朝廷规定:"刺史还任,例种松千头,山在六朝,故多林木。明朝为陵园地,龙鳞虬鬣,弥遍山谷,上陵者寒涛天籁中不复见山"。"一径入青松,楼台峙化宫。雨深山果落,云去石床空。树老多巢鹤,潭清或见龙。上方禅寂地,暂得寄尘踪。[4]"但到了清朝顺治年间,这里已经"十九供樵矣,寺毁于乙酉、丙戌间。惟无量殿、宝公塔存。……三绝碑亦毁于火。三绝者张僧繇画志公像、李太白赞、颜鲁公书也。寺旧有志公法衣、革履,吴道子画折芦渡江、鸟巢、佛印三教画壁,皆不见,惟颓壁数版,丹青漫漶如天吴紫凤颠倒裋褐而已。稍东为说法台址,旁即八功德水,榛荆茸,无复涓滴。南为琵琶街,僧雏拊掌隐若弦丝之音。殿前有巨铁剪,锲大吴字。上人讹为赤乌时物。按明高帝初定建康为吴国公,八年为吴王。此当是未改元时所作。然不识何所用之。[5]"

现在的灵谷寺是1928年至1935年在原寺址建成的国民革命军阵亡将士公墓。建国后改名为灵谷公园,但习惯上仍称灵谷寺。

6.建筑设计师及捐资情况。灵谷寺及其前身开善寺因其地处都城,自六朝以来,多由朝廷敕建和修葺。

7.建筑特征及其原创意义。最初在今明孝陵所在地,后因兴建明孝陵而迁至今址。这里松木参天,景色宜人,有"灵谷深松"之称。

现存寺建于明初,当时规模十分宏大,占地500亩,从山门至大殿长达5华里,还设有鹿苑,养鹿无数。现在寺址仅是明初灵谷寺龙王殿的一部分。

灵谷寺大门是一座三拱门的门厅,上覆绿色琉璃瓦,两侧是红墙。中门上题"灵谷胜境",两侧偏门各书"松声"、"泉涛"。大门正南有一个长近百米的月牙形放生池,又称万工池,相传是朱元璋调用万名军工挖掘而成。

灵谷寺主体建筑无量殿(无梁殿),因供奉无量佛而得名,是原灵谷寺仅存的一座建筑,从基到顶,全部砖砌,不用一寸木材。殿高22米,宽53.8米,纵深37.85米,分作五楹。其工程艰巨复杂,是用造拱桥方法,先砌五个桥洞,合缝后再连迭成一个大型拱圆殿顶,所以特别坚固,几百年来,历经沧桑,仍完好无损。有人认为,在我国现存的几座无量殿(无梁殿)中,以灵谷寺的无量殿气势最雄伟,是我国古代砖石建筑的杰作。1928年国民政府把无量殿改为国民革命将士纪念堂。

无量殿前有一座五楹带顶的阵亡将士牌坊,中间坊额刻"大仁大义",背面刻"救国救民"。坊前置一对汉白玉雕成的貔貅。殿内墙上书刻于右任手书孙中山的《总理遗嘱》,还书刻国民革命阵亡将士名单。无梁殿后是阵亡将士第一公墓,此墓连同位于东西各300米处的第二、第三公墓共埋葬北伐与抗日阵亡将士1029名,弧形墓墙后是松风阁,建于几十级台阶之上,阁高10米,宽41.7米,九楹二层,外有回廊,四周红柱环绕,二楼为中空式,顶覆绿色琉璃瓦,蓝色披檐。

再向北约百米是灵谷寺的标志性景点灵谷塔,塔高66米,九层八面,底层直径14米,顶层直径9米,为花岗石和钢筋混凝土混合结构。1933年建成,当时称阵亡将士纪念塔,俗称九层塔。塔内有螺旋式台阶绕中心石柱而上,计252级,每层均以蓝色琉璃瓦披檐,塔外是一圈走廊,廊沿有石栏围护,供游人凭栏远眺。

无梁殿东有灵谷寺,寺内大雄宝殿供如来佛;大道觉堂供玄奘法师灵骨;观音宝阁供观音菩萨。此外还有三绝碑、松风阁等胜迹。

8.关于建筑的经典文字轶闻。有明一代,特别是明朝前期,灵谷寺一直是为纪念太祖等而举行法事的所在。其中,永乐年间朱棣为纪念太祖朱元璋找外国高僧主持法事,赏赐之厚,世所罕见;而故意人为制造迷信,自欺欺人,亦前史所罕见:"永乐二年春,命西僧尚师哈立麻于灵谷寺作法事,上荐皇考妣卿云天花甘雨甘露舍利祥光青鸟白鹤,连日毕集,一夕桧栢生金色花,遍于都城。金仙罗汉化现云表,白象青狮庄严妙相。天灯道引,旛盖施绕,种种不绝。又闻梵呗空乐自天而降,群臣上表称贺,学士胡广献圣孝瑞应歌颂。十七年

图 3-3-3 灵谷寺全景图

秋,颁佛经于大报恩寺,本寺塔见舍利光如宝珠。又现五色毫光卿云捧日,千佛观音菩萨罗汉相毕集。续颁御制佛曲,至淮安又见五色圆光彩云满天,云中菩萨及天花宝塔龙凤狮象。又有红鸟白鹤盘旋飞绕,续又命尚书吕震、都御史王彰赍捧诸佛世尊如来菩萨尊者名称歌曲往陕西、河南,神明协应,屡现卿云圆光宝塔之祥。文武群臣上表称贺。此等俱圣朝旧事,越岁二百未敢定断虚实。然窃有疑者:自竺法入中华,崇尚已非一代。而此異未有前闻,若果皆昔无今有,岂竺法灵响亦有盛衰欤?灵谷之異人有谓西僧善幻,此是其幻术夫?幻不幻所未暇论,即令真为瑞应,我圣祖明灵陟降上帝,断不由竺法升沉。而明主大孝光隆继述,亦不以瑞应加万分之一也。载观当时股肱诸贤纳忠之意,往往侈言符瑞。如永乐十五年建北京宫殿,督工夫臣奏闻瑞光庆云诸異。二十一年万寿圣节太和山金殿现圆光紫云。大臣具图以献,此等亦皆臣工遥奏,之圣主未亲目睹也。夫游气浮光,倏忽便为消息。万一或指诸仿佛,或据所相传焉,知泰山牵犬老父及呼万岁之声,今古不同出一机乎?夫玉杯天书有亡,已章前史。乃并在英主之朝,太平之日。微意所及,百巧横投。彼亦何待幻而后有?声影附会,媚耳娱心。遂以侈诸表章,实诸竹帛,不知圣朝粹德崇功自足流光百代,不以此类有无略关轻重也。⑥"

参考文献

① 《古诗纪》卷一一六。
② 《明太祖文集》卷一四。
③ 《大清一统志》卷五二。
④ (明)李祯:《运甓漫稿》卷三。
⑤ (清)王士祯:《游记》,《江南通志》卷四三。
⑥ (明)徐三重:《采芹录》卷三。

七、大佛寺

1.建筑所处位置。位于新昌县西南石城山谷中。

2.建筑始建时间。东晋永和初年,至今已有一千六百多年的历史。寺内石雕弥勒佛像系南朝齐梁年间凿成,刘勰撰《梁建安王造剡山石城寺石像碑》记,誉为"不世之宝,无等之业。①"

3.最早的文字记载。据《高僧传》记载,公元345年,高僧昙光为领略浙东的奇山異水,尤其受当时杰出的高僧竺道潜和支遁归隐浙东的影响,慕名来到石城山。昙光栖于石室,草建"隐岳寺",这就有了新昌大佛寺的开始②。

4.建筑名称的来历。东晋永和元年(345)高僧昙光首创隐岳寺,后名石城寺、瑞像寺、宝相寺③。大佛寺实为俗称。

5.建筑兴毁及修葺情况。释昙光,一作帛僧光。为新昌大佛寺的筚路蓝缕开山者。东晋永和元年(345)来到石城山,山民告以有猛兽之灾,人踪久绝。昙光"了无惧色,雇人开剪,负杖而前",是为隐岳寺之开创者。396年昙光圆寂。世寿110岁。南朝齐永明四年(486),僧护憩隐岳,靓仙髻岩,时闻岩间仙乐之声,又现佛像之形,遂立愿造百尺弥勒。建武年中(494—498)开凿,积年仅成面璞。护终,僧淑继事,亦因资力莫由而未果。梁天监十二年(513),建安王萧伟请定林寺僧祐专任像事。集三百工匠,深入铲进岩壁五丈,公元516年终于镌成旷代之鸿作——弥勒石像。

唐会昌五年(845),寺建瑞像阁,石佛从露天"进入"阁内,后阁几度兴废,清光绪三十二年(1906),重建5层歇山式高阁,自下而上分别为7、5、3、3、1楹。飞檐翘角,阁建崖上,浑然一体。

6.建筑师及其捐助情况。六朝时期,江南佛学中心大佛寺隐藏在石城山峡谷中,始建于晋永和初,时名隐岳,由开山祖师昙光开创。接着有竺昙猷、支昙兰等高僧隐居修禅,成为江南习禅中心。三位高僧都是江南早期佛教中习禅的代表人物,事迹均载入《高僧传》中。与禅学并立的是般若学,成为新昌早期佛教的奇观。六朝"般若学"为佛教中国化的标志,分为六家七宗,新昌(时称剡东)七居其六,代表人物为竺潜、支遁、于法兰、于法开、于道邃、竺法蕴。支遁于石城建栖光寺,于法兰师徒三人在石城建元化寺(今千佛院之前身)④。简言之,东晋永和(345—356)中,释昙光建隐岳寺,于法兰建元化寺,支遁建石城寺。梁天监中,三寺合而为一⑤。

7.建筑特征及其原创意义。大佛宝像坐落在石城山仙髻岩的一穴石窟之内,石窟之外有建筑宏伟的大雄宝殿。宝像庄严,慈眉善目,似在微笑着凝视每个前来礼佛之人。大佛造像座高2米,身高13.74米,头部高4.8米,耳长2.8米,鼻长1.48米。整个造像比例协调,充分考虑了人们观赏的视角,被学界称之为"江南第一大佛"。

龛窟外的殿阁,为清代晚期重建,中华人民共和国建国以后于1980年代大修。殿倚崖作势,靠窟构殿,八柱七楹,五层殿阁倚锲仙髻岩前,佛龛和大殿浑然一体。

8.关于建筑的经典文字轶闻。说起大佛的来历,还得交代佛像的打造经过。据记载,南朝齐永明四年(486),石城山来了一位叫僧护的和尚。相传僧护常见仙髻岩的崖壁上有佛光出现,于是他发誓要在此岩壁上雕刻巨型弥勒佛大像。但在他的有生之年只成造像的面幞,临终前仍发誓"来生再造成此佛"。后来僧淑续凿,但也没有成功。直到梁天监六年(507),梁建安王萧伟派当时最著名和尚僧祐到此主持续凿工程。在僧祐的计算和指挥之下,终于在天监十五年(516)大功告成,名扬天下,从此开始了真正大佛寺的历史。由于凿刻大佛的传奇故事,人们也称大佛为"三生圣迹"。大佛寺的开凿年代与规模和山西云冈、河南龙门相近,比四川乐山大佛早200多年。

千佛禅院位于大佛寺西北约300米,紧邻大佛寺的外山门,是除大佛之外的另一处石窟造像。因石窟内佛像总数超过一千,故名千佛禅院,俗称千佛岩。

千佛岩,佛像确有千尊以上,据统计,石窟内共有佛像1075尊,大的有1米之多,小的仅数寸。千佛禅院前身是高僧竺法兰创建的元化寺,成寺于公元345—356年,可见千佛岩的造像早于大佛。南朝时,南方很少有石窟造像,因此位于新昌石城山的千佛岩就显得异常珍贵。千佛禅院在"文革"时曾遭到损坏,但大多得到了保留,是很有研究价值的古代石窟造像艺术建筑。

参考文献

①(南朝·梁)刘勰:《梁建安王造剡山石城寺石像碑》。

②《高僧传》卷一一。

③④陈百刚:《大佛寺志》,大佛寺内部印行,2001年。

⑤臧维熙:《中国旅游文化大辞典》,上海古籍出版社,2001年。

八、南台寺

1.建筑所处位置。湖南省衡阳市南岳区白龙村瑞应峰下,素有"天下法源"之称。

2.建筑始建时间。梁武帝天监年间(502—519)海印禅师创建。寺左崖壁刻"南台寺",旁刻"梁天监年建""沙门海印"两直行小字①。

3.最早的文字记载。寺左崖壁石刻文字。"南台寺",旁刻"梁天监年建""沙门海印"②。

4.建筑名称的来历。原是海印和尚修行的处所,在寺院后左边的南山岩壁上,有一如台的大石。据说当年海印和尚常在这块石上坐禅念经,所以寺名"南台"。现在台边还清晰可见"南台寺"三个大字。

5.建筑兴毁及修葺情况。直到宋代乾道元年(1165)才得重新修缮。元朝时期沦为废墟,有僧人在衡山另建寺庙,有老南台、新南台之分。明朝初年,寺院荒废。明弘治年间,无碍和尚重建。清乾隆间(1736—1795)寺废;有些僧徒趁机分移寺产,在山下岳庙旁各建小寺,自称南台嫡系正派。光绪年间衡阳人淡云和尚与其徒,见新老南台真伪并出,"争利于禅林,有辱佛门",便下决心重振南台正宗。光绪十六年(1890),他找到了南台寺旧址。募捐一万八千余贯,光绪二十八年(1902)开始动工,历时四年,到乙巳年(1905)将寺建成。

6.建筑设计师及捐资情况。梁海印禅师创建。明弘治年间,无碍和尚重建。清乾隆间(1736—1795)寺废;光绪年间衡阳人淡云和尚与其徒募捐一万八千余贯,在南台寺旧址重建寺庙。

7.建筑特征及其原创意义。现存的南台寺是清光绪年间(1875—1908)由淡云和尚在南台寺旧址上修建的,经营十余年,建筑雄伟,巍峨壮观,超过历代所建的规模。

南台寺坐北朝南,砖木结构,建筑面积9226平方米;抬梁式木构架,单檐硬山顶,山面出埠头,盖小青瓦。中轴线上由南至北依次为关帝殿、大雄宝殿、方丈室(楼为藏经阁),两侧有禅堂、祖堂、云水堂、说法堂、知客厅、家房、库房、斋堂、香积厨等,以左右走廊回环相通。关帝殿正门施"南台禅寺"门额;山门位于关帝殿西侧,悬"古南台寺"匾。南台寺为南岳佛教五大丛林之一。

8.关于建筑的经典文字轶闻。唐天宝年间(742—756),禅宗高僧希迁(700—790)来到南台寺。希迁,俗姓陈,端州高要(广东高要市)人。他到南华寺投慧能门下,受度为沙弥。慧能圆寂后又前往江西吉州青原山净居寺,拜行思禅师,后又到南岳拜七祖怀让为师。唐玄宗天宝初年(742),希迁离开青原山来到南岳,住南台寺。寺东有大石,平坦如台,希迁就在石上结庵而居,世称"石头和尚"。该寺也定名为南台寺,希迁的禅法是"不论禅定精进达佛之知见,即心即佛,心佛众生,菩提烦恼,各异体一。"著《参同契》《草庵歌》,与马祖道齐称并世二大士。圆寂又谥"无际大师"。

希迁的弟子众多,著名的法嗣有药山惟俨、天皇道悟、丹霞天然、招提慧朗等。药山惟俨传法云岩昙晟,又续传洞山良价、曹山本寂,形成禅宗曹洞宗。曹洞宗禅学修持上讲究善善诱导,回互叮咛,亲切绵密,颇重传授,与临济宗的棒喝峻烈形成对比。希迁的禅法,到五代时更衍为云门、法眼两宗。后曹洞宗传入日本,法眼宗流传于朝鲜。所以南台寺被称为"天下法源"。

南台寺有一条小路通南岳古镇。中经一个大石坡,石坡间有石磴数百余级。在岩石上,好像天梯架于岩壁上,故名天生磴。梯下悬崖峭壁,有挂着铁链的石栏杆,山坡旁边有一石,名叫金牛石,相传上面印有金牛足迹。明正德十年(1515)秋天,夏良用在金牛壁刻上了一首诗云:"手招黄鹤来,脚踏金牛背。尘世无人知,白云久相待。"沿山坡下行四里即到黄庭观,从此走上坦道,便可迤逦直达南岳古镇。

1903年,日僧梅晓(号六休上人)来到南台寺,他自称是希迁第四十二代法孙,前来崇拜希迁祖塔,连接宗源。淡云法师厚礼相待,向他讲述了发现"梁天监年建","沙门海印"所刻"南台寺"石刻经过,并请他参观了建寺情况,梅晓深受感动,许下宏愿,要在寺宇落成之时,赠寺全部藏经。梅晓回国四年后,终于把成套的藏经由日本运送到南台寺。这套藏经包括黄檗藏经、高丽明北藏本、铁眼和尚仿明本、岛田善根缩高丽本、新刻合校本、辑续各宗禅师语录本各一部,共700多卷,十分珍贵。淡云和尚为迎接这批宝藏,设禅斋,立道场,举办了七天隆重的法会。淡云与梅晓亲手翻新海印题刻的"南台寺",重树"南台禅寺碑"和希迁和尚的"草庵歌参同契"石刻。梅晓归日后,淡云请王闿运撰写了《日本僧赠南台寺藏经记》刻于石。

参考文献

①②臧维熙:《中国旅游文化大辞典》,上海古籍出版社,2000年。

九、阿育王寺

1.建筑所处位置。位于浙江省宁波市城东20千米鄞州区五乡镇宝幢阿育王山西麓。

2.建筑始建时间。西晋太康三年(282)。

3.最早的文字记载。(唐)道宣《律相感通传》,乾封二年(667)。①

4.建筑名称的来历。据传孔雀王朝的阿育王皈依佛教,造了八万四千座宝塔,每座塔中均藏释迦牟尼佛的真身舍利。造好后遍安于天下"八吉祥六殊胜地"。西晋太康三年(282),僧慧达为求宝塔,行至此处,忽闻地下有铮铮钟声,祷告之后,果然从地下出现宝塔,即阿育王所造八万四千座舍利塔之一。慧达寻得宝塔后,即就地修持行道,结茅供养。因此寺名阿育王寺。

5.建筑兴毁及修葺情况。东晋义熙元年(405),安帝敕建塔亭、禅室;南朝宋元嘉二年(425),宋文帝敕寺僧佑创寺院,立阿育王常住田,十二年又建塔寺,至此寺院初具规模。梁武帝普通三年(522)再度扩建寺院,赐"阿育王寺"额,阿育王寺名闻天下。北宋大中祥符元年(1008),阿育王寺被朝廷定名为"阿育王山广利禅寺",拓展为十方禅刹。元世祖时重修殿宇,至正二年(1342)又建祖堂、法堂、廊庑、库房、杂屋等,使阿育王寺成了一处名副其实的大丛林。明初定名"育王禅寺",诏定为"天下禅宗五山第五"。清康熙元年(1662),寺毁于火,康熙十八年(1679)开始重修。光绪年间掀起了一个修建阿育王寺的热潮,自光绪十一年至二十九年(1885—1903),修建普同塔院、养心堂、云水堂、灵菊轩、方丈室、天王殿90余间,并疏通阿耨达池,筑围墙,栽松柏竹梅,宣统三年(1911)又重修大殿。民国元年至5年(1912—1916)先后重建了舍利殿、藏经楼,全部盖以琉璃瓦。1979年全面整修。

6.建筑设计师及捐资情况。慧达②。

7.建筑特征及其原创意义。阿育王寺占地12.44万平方米,建筑面积约2.3万平方米,不仅殿宇巍峨,而且极富园林色彩,山光水色衬托着千年古刹,堪称梵王之宫。中轴线上的建筑有阿耨达池(放生池)、天王殿、大雄宝殿、舍利殿、藏经楼等;中轴线以东有钟楼、养心堂、先觉堂、大悲阁,以西有普同塔院、祖师殿、傅宗堂、宸奎阁等。阿育王寺最有特色的建筑有:(一)阿耨达池:依印度阿耨达池而建,长约50米,宽约30米,池四周原装有金属栏杆。池东北角是三重檐歇山式三开间钟楼。阿育王寺与天童寺一样,寺内只有钟楼而没有鼓楼。(二)天王殿:重檐歇山黑瓦顶底层开间,上层5间,高约14米,正脊上有"国基巩固"四字;殿内石壁嵌有金刚经石刻18块。(三)大雄宝殿:面宽7间,重檐歇山黑瓦顶建筑,高约14米,正脊上有"风调雨顺"字样及龙鱼戏珠彩塑,殿之中塑释迦牟尼佛,东塑药师佛及阿难尊者,西为阿弥陀佛及迦叶尊者。两旁十八罗汉,后面塑有善财童子五十三参《海岛图》及文殊、普贤像。(四)舍利殿:面宽5间,重檐歇山黄琉璃顶建筑,高约13米。殿前屏门,浮雕绮丽。檐间方形额,上书"妙胜之殿",为宋孝宗御制;殿后壁外有4座护法神雕,为唐朝作品;殿内正中梁上悬竖额"佛顶光明之塔",是宋高宗御书;殿正中是高7米的石塔,内放置七宝镶嵌的"舍利放光"木塔,石塔后供置长约4米的释迦牟尼卧佛像;殿前月台两侧壁上立有4块珍贵的碑记,其中有唐朝万齐融撰文、处士范的书《大唐阿育王寺常住田碑》,宋朝苏轼为寺内宸奎阁落成书写的记事文章和张九成撰并书的《妙喜泉铭》碑。在寺内众多建筑中,舍利殿是文物比较集中的建筑区。(五)法堂、藏经楼:在舍利殿后之左侧,2层5间,高约12.5米。楼下为法堂,楼上为藏经楼,楼内珍藏释迦牟尼真身舍利塔原物,以及清代和民国时期的藏经等珍贵文物。寺西侧有下塔,砖木结构,高36米,为浙江省境内仅存的元代古塔。

8.关于建筑的经典文字轶闻。宋代舒亶《和楼试可游育王》诗曰:"参天松柏绿阴阴,古佛岩前一路深。猿鸟不惊如有日,云山相对自无心。数泓寒水云藏雨,十里轻沙地布金。杖履更知非世境,上方日日海潮音。③"

(明)张岱《陶庵梦忆·阿育王寺舍利》:"阿育王寺,梵宇深静,阶前老松八九棵,森罗有古色。殿隔山门远,烟光树樾,摄入山门,望空视明,冰凉晶沁。右旋至方丈门外,有娑罗二株,高插霄汉。便殿供旃檀佛,中储一铜塔,铜色甚古,万历间慈圣皇太后所赐,藏舍利子塔也。舍利子常放光,琉璃五彩,百道迸裂,出塔缝中,岁三四见。凡人瞻礼舍利,随人因缘现诸色相。如墨墨无所见者,是人必死。昔湛和尚至寺,亦不见舍利,而是年死。屡有验。次早,日光初曙,僧导余礼佛,开铜塔,一紫檀佛龛供一小塔,如笔筒,六角,非木非楮,非皮非漆,上下鞔定,四围镂刻花楞梵字。舍利子悬塔顶,下垂摇摇不定,人透眼光入楞内,复目氏眼上视舍利,辨其形状。余初见三珠连络如牟尼串,煜煜有光。余复下顶礼,求见形相,再视之,见一白衣观音小像,眉目分明,髭鬟皆见。秦一生反复视之,讫无所见,一生遑邃,面发赤,出涕而去。一生果以是年八月死,奇验若此。"

参考文献

①(唐)释道宣《感通传》载:晋太康二年,惠达(即慧达)东诣鄮县,入乌石岙,结茅以寓,遍访海滨名山。忽一夜闻土下钟声,即标志其处。越三日,见梵僧七人,行道空中,地形如涌,为方岩状(即涌现岩),神光照映,因刨土求之,得一石函,中有舍利宝塔。六僧腾空而去,一僧化为乌石,因以名岙焉。

②雍正《浙江通志》记载:"晋武帝太康三年(282),有高僧慧达求得舍利宝塔于会稽之鄮山,遂于其地结庐守护,是为阿育王寺之创始。"

③(宋)张津:《乾道四明图经》卷八。

十、光孝寺

1.建筑所处位置。位于广州市光孝路。

2.建筑始建时间。三国时期。

3.最早的文字记载。僧人昙摩耶舍"以晋隆安中初达广州,住白沙寺"①。

4.建筑名称的来历。该寺最初是南越王赵佗第三代子孙赵建德的住宅。三国时吴国都尉虞翻因忠谏吴王被贬广州,住在此地,并在此扩建住宅讲学,虞翻死后,家人把住宅改为庙宇,命名"制止寺"。东晋安帝隆安年间(397—401),改名"王苑延寺",又称"王园寺"。唐贞观十九年(645),称为"乾明法性寺"。北宋初,称"乾明禅院"。南宋高宗绍兴七年(1137)诏改报恩广孝禅寺,二十一年(1151)改为报恩光孝寺。明宪宗成化二年(1466),始称"光孝寺",明成化十八年(1482),明宪宗敕赐"光孝禅寺"之匾额②。

5.建筑兴毁及修葺情况。东晋安帝隆安元年(397)至五年(401),罽宾(今克什米尔)僧人昙摩耶舍到广州传法,在此建大殿。刘宋武帝永初元年(420)梵僧求那跋陀三藏法师至此,始创戒坛,立制止道场。明嘉靖十九年(1540)本寺僧众捐资重修寺宇。

6.建筑设计师及捐资情况。虞翻家人。

7.建筑特征及其原创意义。全寺面积约3.1万平方米,现寺内建筑有山门、天王殿、大雄宝殿、瘗发塔,其西有大悲幢、西铁塔、墨廊,其东有六祖殿、伽蓝殿、洗钵泉、碑廊,再东有睡佛阁、洗砚池、东铁塔等。山门与天王殿实际上是连为一体的,连脊通檐,前一进为山门,后则为天王殿。大雄宝殿为东晋隆安五年(401)罽宾国(今克什米尔)僧人昙摩耶舍始建,历代均有重修。清顺治十一年(1654)由5开间扩至7开间。现面阔7间35.36米、进深6间24.80米、高13.6米,重檐9脊殿顶。殿前有宽敞的月台,一对花岗石法幢分立左右,7级塔式。全殿坐落在1.4米高石台基上,绕以石栏杆,殿后整列为南宋年间的撮项云栱单勾栏,望柱头饰雄健的石狮,其余栏杆为后代重制。大殿的屋檐斗拱层层向外延伸,使屋背跨度增大,体现了中国唐代以来的建筑风格。中国南部的许多寺院都仿照该寺的样式。大悲幢建于唐宝历二年(826),是寺内现存文物中可考年代最早的。西、东两铁塔分别建于南汉大宝六年(963)和十年(967),是国内现存最古的铁塔。东铁塔呈四方形,7层,高6.35米,有石刻须弥座,全身共有900多个小佛龛,每龛有小佛像,工艺精致。铁塔下部有莲花状铁座。两塔造型相似,东铁塔是仿照西铁塔建造的。唐仪凤元年(676),禅宗六祖慧能到寺与僧人论风幡后,削发受戒,故有瘗发塔、六祖殿等以为纪念。瘗发塔高7.8米,呈八角形,7层,每层有8个神龛。此塔造型古朴庄重,极有古风。现存的唐塔多为方塔,如此多棱面的塔是比较罕见的。光孝寺规模宏大,号称岭南丛林之冠,建筑结构严谨,殿宇雄伟壮观,有许多珍贵的佛教遗迹遗物。历史上不少印度、南亚高僧曾来寺传教译经,对中外文化交流有很大的影响。

8.关于建筑的经典文字轶闻。"光孝寺自昙摩耶舍、求那跋陀罗二尊者创建道场,嗣后达摩始祖、惠能六祖先后显迹于此,一时宝坊净域,为震旦称首"③。梁武帝天监元年(502)梵僧智药三藏自印度携来菩提树植于戒坛前,留下预言:"吾过后一百七十年有肉身菩萨于此树下开演上乘度无量众"。唐高宗仪凤元年(676)六祖慧能剃发菩提树下,遂开东山法门。中宗神龙元年(705)西域僧般剌密谛三藏于此寺译楞严经,中国之有楞严,自岭南始。

参考文献

①(梁)释慧皎:《高僧传》卷一。
②③(清)顾光:《光孝寺志》,江苏广陵古籍刻印社,1996年。

十一、东林寺

1.建筑所处位置。位于江西省九江市庐山西麓,北距九江市16千米,东距庐山牯岭街50千米。

2.建筑始建时间。东晋太元十一年(386)。

3.最早的文字记载。"时有沙门慧永,居在西林,与远同门旧好,遂要远同止。永谓刺史桓伊曰:'远公方当弘道,今徒属已广而来者方多,贫道所栖褊狭不足相处,如何?'桓乃为远复于山东更立房殿。即东林是也。①""远乃迁于寻阳,葺宇庐岳。江州刺史桓伊为造殿房。②"

4.建筑名称的来历。与西林寺相去不过百米,在西林寺之东,故名。

5.建筑兴毁及修葺情况。千百年,东林寺几经兴衰,现今的殿宇建筑,多为1978年全面修复的,1984年和1993年又进行了扩建,增建了善财厅、译经台、客堂、茶厅、接引桥、下方塔院等建筑。

6.建筑设计师及捐资情况。江州刺史桓伊资助,慧远兴建。

7.建筑特征及其原创意义。寺院主要建筑由山门、护法殿(又叫弥勒殿)、神运宝殿、三笑堂等。主体建筑神运宝殿，殿堂高大，精雕细镂，周体回廊，丹碧映辉，殿中神座内置高大的释迦牟尼塑像，殿背设观音铜像，两侧为文殊、普贤佛像。紧依神运宝殿的是三笑堂，得名于"虎溪三笑"的传说。神运宝殿后，有一个1米见方的泉池，名聪明泉。寺中还有唐经幢、护法力士、柳公权东林寺残碑、李北海东林寺残碑、王阳明游东林寺碑等珍贵文物③。

8.关于建筑的经典文字轶闻。慧远在《庐山略记》中，对东林寺周围的自然环境，津津乐道："北负重阜，前带双流。所背之山，左有龙形而右塔基焉。下有甘泉涌出，冷暖与寒暑相变，盈减经水旱而不异，寻其源，出自龙首也。南对高岑，上有奇木，独绝于林表数十丈；其下似一层浮图，白鸥之所翔，玄云之所入也。东南有香炉山，孤峰独秀起，游气笼其上，则氤氲若香烟，白云映其外，则炳然与众峰殊别。"虎溪三笑：寺前有一清澈小溪自南向西回流，名虎溪。上建有石拱桥——虎溪桥。相传慧远"送客不过虎溪桥"，如若过桥，后山上的神虎便会吼叫起来。一天，慧远与陶渊明、陆修静谈儒论道出来，三人携手畅谈，乐而忘返，不觉过了虎溪桥，山上神虎便吼叫不止，三人相视大笑。这个文坛佳话，称为"虎溪三笑"，一直流传至今。唐杜牧《行经庐山东林寺》："离魂断续楚江壖，叶坠初红十月天。紫陌事多难暂息，青山长在好闲眠。方趋上国期干禄，未得空堂学坐禅。他岁若教如范蠡，也应须入五湖烟。"

参考文献

①（梁）释慧皎：《高僧传》卷六。
②（梁）释僧祐：《出三藏记集》卷一五。
③吴宗慈：《庐山志》卷首。

十二、西林寺

1.建筑所处位置。位于江西省九江市庐山西麓。

2.建筑始建时间。东晋太元二年（377）。

3.最早的文字记载。《高僧传》"时有沙门慧永，居在西林"①。

4.建筑名称的来历。与东林寺相对而立，在西，因名西林寺。

5.建筑兴毁及修葺情况。初是沙门竺昙结庵草舍，死后慧永继承师业。到东晋太元二年（377）江州刺史陶范为之立庙，命名为西林寺。自晋至唐一直鼎盛，隋朝智锴、慧达二僧扩置了7幢极尽壮丽的楼阁。宋太宗赐寺"太平兴国乾明禅寺"额。元为兵焚，明洪武十四年（1381），又对西林寺进行了复建，崇祯四年（1631）继续拓置。清乾隆年间（1736—1795）寺坍塌，埋没榛棘；咸丰四年（1854），又被太平军摧毁；咸丰十一年（1861）麓松住持西林寺，重修殿宇，新塑佛像，使丛林再度复兴。后又荒圮冷落。1989年至1996年重建，修复了千佛宝塔，新建大雄宝殿、左右寮房、接待室、膳厅、山门、天王殿、阿弥陀佛殿、地藏殿、观音殿、藏经殿、大客堂、大斋堂以及佛池两个，总建筑面积9000平方米。

6.建筑设计师及捐资情况。晋江州刺史陶范为僧慧永建②。

7.建筑特征及其原创意义。西林寺与东林寺均依庐山而立，相距不过百米，景观各有千秋。东林寺规模宏大，气势雄伟；西林寺则小巧紧凑，秀丽严谨，得荒野之趣。寺为近年重建，有山门、天王殿、大雄宝殿、藏经殿等建筑，以唐代七层千佛宝塔最有特色。塔位于寺后，也称西林寺塔或慧永塔，唐开元年间由唐玄宗敕建，原是石塔，高约丈余。北宋庆历元年（1041），管仲文耗时九年将石塔改建为七层六面楼阁式，高46米，周长32.4米的砖塔。塔身六面七层，朝南每层门顶上皆有题额。从底层依次题"千佛塔"、"羽宝才"、"金刚"、"灵就来"、"无止法"、"聪雨花"、"光明藏"。东面二层开门,塔外登梯入塔室,可攀梯直登七层览胜。明崇祯五年(1632),照真法师对宝塔进行了大修,每层内外均设有佛龛,供奉佛像,佛像高尺余,全是泥塑,有的装金,有的粉彩,各有不同,现尚存数十尊已重新装金供奉塔内。1988年经全面修复,装潢完善,同时从缅甸请来玉雕佛,供奉在顶层,又专程赴江西景德镇订制仿明瓷佛像数百尊安置外围佛龛供奉。塔内外供奉佛像共计1008尊。从此千年千佛宝塔,重振雄风,不逊昔日光彩。寺内另有《十八罗汉图》《五百罗汉图》等画卷,《大藏经》及各类佛学经典图书千余册,晋、明二代碑刻、塑像数件。

8.关于建筑的经典文字轶闻。苏轼《题西林壁》诗:"横看成岭侧成峰,远近高低各不同。不识庐山真面目,只缘身在此山中。"

参考文献

①(梁)释慧皎:《高僧传》卷六。

②吴宗慈:《庐山志》卷首。

十三、万年寺

1.建筑所处位置。位于四川省峨眉山主峰东观心坡下。

2.建筑始建时间。晋隆安年间(397—401)。晋代高僧慧远之弟慧持和尚欲观瞻峨眉,振锡岷岫,乃以晋隆安三年(399)辞远入蜀,受到蜀地刺史毛璩的热情接待。不久上峨眉山,择地建庵(址在今万年寺)①。

3.最早的文字记载。《高僧传》卷六。

4.建筑名称的来历。创建于晋,称普贤寺,唐时改名白水寺,宋时为白水普贤寺。明万历二十九年(1601)七月修复竣工时,正逢明神宗母亲七十圣诞,为给太后祝寿,神宗即赐白水普贤寺为"圣寿万年寺"②。

5.建筑兴毁及修葺情况。宋太平兴国五年(980),茂真禅师奉诏入朝,太宗命他回山重兴六大寺庙,并派遣大臣张仁赞,携带黄金三千两,于成都铸普贤铜像,运至万年寺供奉。明万历二十七年(1599)失火,寺庙焚毁,仅存铜像未损。万历二十八(1600),朝廷赐金修复,台泉和尚建造了无梁砖殿,次年七月竣工,明神宗赐名白水普贤寺"圣寿万年寺"。明末三次遭火灾,清康熙年间重修,后又毁又建。民国三十五年(1946)万年寺又遭火劫,除无梁砖殿外,全部被焚。1954年人民政府拨款修复有大雄殿、巍峨殿、行愿楼、斋堂;1986年修山门、弥勒殿、毗卢殿、般若堂;1991年又重建了左边的幽冥钟楼、右边的鼓楼长廊和围墙,成为峨眉山规模最大的寺庙。

6.建筑设计师及捐资情况。慧持大师所建,宋太宗敕重修。

7.建筑特征及其原创意义。现存寺庙建筑除明代砖殿以外,多为新中国成立后重建。第一座殿是弥勒殿,供弥勒佛,后殿供观音立像,均为木雕金身。殿后坝子左边是毗卢殿,为法物流通处;右边般若堂,楼上为客房。后为著名的砖殿。砖殿又称无梁殿,建于明万历年间,高16米,长宽各16.02米,仿印度佛寺形式,上为半球形屋顶,下面为正方形殿堂,暗合"天圆地方"之意,殿顶四角及正中竖有5座白塔和4只吉祥兽,这种建筑设计的风格堪称标新立异。全殿用砖砌成,通体无梁,全靠拱顶受力。400余年来,历经里氏5—7.9级地震多次,至今纤毫未损,被称为我国古代建筑史上的奇迹③。殿前后有门对通,殿内正中供奉普贤菩萨骑六牙白象的铜像,重62吨,为北宋太平兴国五年(980)铸造的原物。殿内顶部饰飞天藻井,四周有七层环形龛座,有小佛像331尊,颇具小巧玲珑之美。在万年寺的行愿楼上,还有在佛教界极受尊崇的"峨眉山佛门三宝",即明代高僧从缅甸请回的贝叶经、南宋僧人从锡兰请回的迦叶佛牙、明代万历年间皇帝亲赐的印文为"普贤愿王之宝"的铜印。巍峨宝殿内供阿弥陀佛铜像,为明嘉靖年间铸造。后殿为韦驮彩绘泥塑像。大雄宝殿内有三尊铜像,为三身佛,每尊高 3.85 米,铜铸敷金,嘉靖年间别传和尚筹铸,左右两厢供十八罗汉。万年寺在峨眉山极为重要,是普贤道场的正中心所在,景致也非常优美,"白水秋风"为"峨眉山十景"之一。

8.关于建筑的经典文字轶闻。唐代开元年间,诗人李白来游峨眉山时,住在万年寺毗卢殿,尝听广浚和尚弹琴。后人曾在白水池畔建立廊亭为之纪念,上置木牌,刻"大唐李白听琴处"。李白下山后还写了一首《听蜀僧浚弹琴》:"蜀僧抱绿绮,西下峨眉峰。为我一挥手,如听万壑松。客心洗流水,余响入霜钟。不觉碧山暮,秋云暗几重。④"

参考文献

①(梁)慧皎《高僧传》卷六。

②(清)蒋超撰,(民国)释印光重修:《峨眉山志》,台北:明文书局,1994 年。

③罗友援:《造型奇特的峨眉山万年寺无梁砖殿》,《四川文物》,1987 年第 4 期。

④《全唐诗》卷一八三。

十四、大明寺

1.建筑所处位置。位于江苏省扬州市区西北郊蜀冈中峰。

2.建筑始建时间。南朝宋大明年间(457—464)。

3.最早的文字记载。李白《秋日登扬州西灵塔》,有"宝塔凌苍苍,登攀览四方"等句①。

4.建筑名称的来历。因始建于南朝宋大明年间,故名。唐以前的有关志乘中未见有建寺的记载与大明寺之名。关于大明寺与大明年号的关系,现存最早的说法为明人罗玘的《重修大明寺碑记》记云:"距扬城西下五七里许,有寺曰大明,盖宋孝武时所建也。孝武纪年以大明,而此寺始创于其时,故为名。"隋文帝仁寿元年(601)诏于全国三十州各建舍利塔一座,指定扬州的建塔之处为"西寺",盖寺在郡城之西,故名。塔成曰"栖灵塔",寺以塔名,此后遂有栖灵寺或栖灵塔寺之称②。

5.建筑兴毁及修葺情况。隋仁寿元年(601),文帝诏令在大明寺内建塔以供奉舍利,称"栖灵塔"。唐会昌三年(843),栖灵塔遭大火焚毁。会昌五年,寺毁于"会昌法难"。唐末吴王杨行密兴修殿宇,并更名为"秤平"。宋景德年间(1004—1007),僧人可政化缘募捐集资建塔七级,名"多宝",真宗赐名"普惠"。寺庙自宋末历经元朝至明初沿称"大明寺"。明天顺五年(1461),僧人智沧溟决心重建庙宇,经师徒三代经营,规模渐复;后经变乱,塔寺变为荒丘。万历年间郡守吴秀建寺复圮。崇祯年间巡漕御史杨仁愿又重建寺庙。清康熙年间因讳称大明,沿称栖灵寺。康熙、乾隆二帝多次南巡维扬,寺庙不断增建,规模日益宏大,清光禄寺少卿汪应庚费力颇多。乾隆三十年(1765)高宗南巡时,敕赐"法净寺",为当时扬州八大名刹之首。咸丰三年(1853),法净寺毁于太平军与清军之兵燹。同治九年(1870),盐运使方浚颐重建。民国 23 年(1934),国民党中央执行委员王柏龄(字茂如)一度重修寺庙。民国三十三年,大明寺住持昌泉禅师与程帧祥募集资金,由王靖和董理工程,重修庙宇佛像。1951 年修建寺庙。1963 年,又重修寺庙。1973 年,鉴真纪念堂建成。1979 年 3 月,寺庙全面维修,所有佛像贴金箔,此后至今寺内香火不断,中外宾客云集于此以祈求吉祥。1980 年,为迎接鉴真大师像从日本回扬州"探亲",又将"法净寺"复名为"大明寺"。

6.建筑设计师及捐资情况。南朝宋孝武帝敕建。

7.建筑特征及其原创意义。现大明寺主要建筑均是清代所建,寺前为牌楼,正北是天门殿、大雄宝殿。牌楼为纪念栖灵塔和栖灵寺而建,四柱三楹,下砌石础,仰如华盖。中门之上面南有篆书"栖灵遗址"四字,为清光绪年间盐运使姚煜手书。山门殿兼作天王殿,殿内供有弥勒坐像、韦驮天将和四大天王。大雄宝殿为清代建筑,面阔三间,前后回廊,檐高三重,镂空花脊。屋脊高处嵌有宝镜,阳有"国泰民安"四字,阴有"风调雨顺"四字。西部有平山堂、谷林堂、欧阳文忠公祠、西园,东部有平远楼、鉴真纪念堂、东苑、藏经楼、栖灵塔等寺庙园林景点。藏经楼 1985 年建成,二层 5 楹,轩敞疏廊,屋脊之上阳嵌"法轮常转",阴刻"国泰民安"。平远楼为清雍正十年(1732)光禄寺少卿汪应庚初建,楼名取自宋代画家郭熙《山水训》中:"自近山而望远山,谓之平远。"咸丰年间楼毁于兵火。同治年间两淮盐运使方浚颐重建,增题"平远楼"额。平山堂建于北宋庆历八年(1048)欧阳修知扬州时,为游宴之所,现存建筑为清同治九年(1870)重建,立堂前平台,可眺江南诸山。鉴真纪念堂 1973 年落成,由门厅、碑亭、回廊和正堂组成,整个建筑为唐代风格。正堂仿鉴真在日本主持建造的唐招提寺金堂,堂内正中供奉鉴真干漆夹苎像。西园一名御苑,因位于大名寺西部而得名,始建于清乾隆元年(1736),咸丰间毁于兵火,同治间重修,1949年后又多次重修。园中古木参天,怪石嶙峋,池水潋滟,亭榭典雅,是饶有山林野趣的寺庙园林。

8.关于建筑的经典文字轶闻。宋秦观《广陵五题其二·次韵子由题平山堂》诗:"栋宇高开今古间,尽数佳处入雕栏。山浮海上青螺远,天转江南碧玉宽。雨槛幽花滋浅泪,风亭清酒涨微澜。游人若论登临美,须作淮东第一观。"

参考文献

①《全唐诗》卷一八〇。

②王虎华、许凤仪:《大明寺志》,中国文史出版社,2004 年。

十五、栖霞寺

1.建筑所处位置。位于江苏省南京市东北 20 千米处栖霞山中峰西麓。

2.建筑始建时间。南朝齐永明元年(483)(一说七年,即公元 489 年)。

3.最早的文字记载。梁萧绎《摄山栖霞寺碑》①。

4.建筑名称的来历。南朝齐永明年间,隐居摄山的明僧绍舍宅为寺,称"栖霞精舍"。

5.建筑兴毁及修葺情况。齐、梁时期在寺后山崖上开凿了如"鸽房蜂舍"的千佛岩,有大小佛龛 394 个,造像 515 尊。唐高祖李渊对寺院进行了大规模扩建,增建殿宇楼阁 49 座,改名功德寺,是当时最大的佛寺之一,与山东长清灵岩寺、湖北当阳玉泉寺、浙江天台国清寺并称"四大丛林"。后改寺为隐君栖霞寺,武宗会昌中废。宣宗大中五年(851)重建。南唐时改称妙音寺,宋太平兴国五年(980)改为普云寺,真宗景德四年(1007)改为栖霞禅院,又称景德栖霞寺、虎穴寺。明洪武二十五年(1392)敕书栖霞寺②。清咸丰五年(1855)毁于兵火,光绪三十四年(1908)镇江金山寺僧宗仰募款,若舜主持重建,孙中山先生为报答宗仰上人早年慷慨资助革命,捐银万元。"文革"期间,寺院遭到破坏。1978 年以后重修,恢复旧观。

6.建筑设计师及捐资情况。明僧绍舍宅为寺③,僧(智)辩创建④。

7.建筑特征及其原创意义。寺内主要建筑有山门、弥勒佛殿、毗卢宝殿、法堂、念佛堂、藏经楼、过海大师纪念堂、舍利石塔,依山势层层上升,格局严整美观。寺前有明征君碑,寺后有千佛崖等众多名胜。寺前是一片开阔的绿色草坪,明镜湖和形如弯月的白莲池。左

图 3-3-4 南京栖霞寺全景(1980 年)

侧有明征君碑,是唐上元三年(676)为纪念明僧绍而立,碑文为唐高宗李治撰文,唐代书法家高正臣所书,碑阴"栖霞"二字,传为李治亲笔所题,此乃江南古碑之一。弥勒佛殿供奉弥勒佛,背后韦驮天王。寺内主要殿堂大雄宝殿供奉高达 10 米的释迦牟尼佛。其后为毗卢宝殿,雄伟庄严,正中供奉高约 5 米的金身毗卢遮那佛。毗卢宝殿后依山而建的是法堂、念佛堂和藏经楼。藏经楼左侧为"过海大师纪念堂",堂内供奉着鉴真和尚脱纱像,陈列着鉴真和尚第六次东渡图以及鉴真和尚纪念集等文物。寺外右侧是舍利塔。寺前千佛崖始于南齐永明年间明僧绍之子在崖上镌造无量寿佛和观音、大势至菩萨,此后至明代各代均有增添,现存大小佛龛 294 个,佛像 515 尊,是江苏省唯一留存的南朝佛教石窟。其造像风格圆润细致,秀美典雅,与北朝的云冈、龙门石窟遥相辉映。

8.关于建筑的经典文字轶闻。中国佛教协会赵朴初会长撰写《重修栖霞寺碑文》全文如下:

摄山栖霞寺为南朝古刹,以山多药草可以摄养故名摄山。初齐居士明僧绍隐居于此,会法度禅师自黄龙来,讲《无量寿经》于山舍,僧绍深敬重之,因舍为寺以奉。时为齐永明七年也。后僧朗法师来自辽东,大弘三论之学,世称为江南三论之祖。僧诠、法朗诸师继之,其学益盛。先是僧绍欲于此山造佛像未果,其子仲纬继其志,与度禅师就西峰石壁造无量寿佛及二菩萨,高俱三丈有余。梁大同中,齐文惠太子与诸王又各造大小诸佛像于千佛岩。仁寿元年,隋文帝于八十三州造舍利塔,其立舍利塔诏以蒋州栖霞寺为首。唐代寺运益隆,遂与台州国清寺、荆州玉泉寺、济州岩灵寺并称为天下四绝。

鉴真和尚第五次东渡未成,归途曾驻锡于此。宋元以降兴衰不一。明末清初云谷觉浪二师并加修葺。清乾隆帝五次南巡俱设行宫于栖霞,益增殊胜。太平天国以后乃趋萧条。民国初年,诗僧宗仰自金山来稍事复兴,未竟全功而殁。其后寺僧以水泥修补千佛岩,佛首涂抹失真,识者臧焉。新中国成立以来政府对此名刹甚为关注。1963年中日两国饰教文化等各界人士共同举行纪念鉴真和尚圆寂一千二百年盛大活动,日本佛教界以鉴真和尚雕像斋赠中国,奉安此寺。1966年,四凶之乱,经像法器多遭破坏,寺僧散于四方,而千佛岩之佛首又被毁殿堂赖部队保护未受摧残,鉴真像亦幸无恙。今年,中国佛教堂供奉鉴真像,以为中日世代友好之纪念。如此千年古刹今后宜如何保护盖后之责也,固略述栖霞寺之盛衰往迹以谂来者。

参考文献

①《艺文类聚》卷七六。

②(清)释浑融辑:《栖霞寺志》,江苏广陵古籍刻印社,1996年。

③(陈)江总:《摄山栖霞寺碑》,载《艺文类聚》卷七六。

④(唐)李治:《摄山栖霞寺明征君碑》。

十六、龙泉寺

1.建筑所处位置。位于福建省长乐市沙京莲花山麓,距长乐市区6千米。

2.建筑始建时间。始建于南朝梁承圣四年(555)①。

3.最早的文字记载。唐陈诩所撰《唐洪州百丈山故怀海禅师塔铭》②。

4.建筑名称的来历。"因山中有龙泉溪从高山流过寺前,故名。龙泉寺历史悠久,原名为西山寺,唐咸通中赐额龙泉。③"

5.建筑兴毁及修葺情况。龙泉寺历经多次兴衰。五代天福年间,僧普明开拓其寺基。宋淳化年间(990—994),乡人潘宗捐资修寺,治平年间(1064—1067),有大规模修葺。宋绍圣(1094)后,有林君然、郑建州、林龙图等文人来寺中赋咏,寺为之兴盛一时。明天顺(1457)初,寺田荒芜,寺院被毁坏,法堂地沦为停柩场所。明万历丙子至己卯年间(1576—1579)重新修复此寺,由知府陈玉、县丞叶时敏等地方官修复。叶时敏儿子叶有禄与住持僧隆琦同建弥陀殿、观音堂等。清初兵燹,寺毁僧散。乾隆间,黄檗智幢和尚、鼓山常明禅师入主,僧众达二三百人。二十六年(1761)辛巳九月,重建大殿及东西两舍各五间,又于大廊下分建伽蓝百丈庭等。一时与福州鼓山涌泉寺、福清黄檗寺鼎足而立。咸丰八年(1858)邑人李德憨重修。至民国,寺又式微。抗战后期,长乐曾陷敌手,僧散寺墟④。1949年后,又有"文革"之厄,寺更凋零,一度废为畜牧场,牛羊当道,豕鼠纵横,巨柱孤耸,荒草齐人⑤。1983年,福建闽侯雪峰崇圣禅寺首座瑞淼上人率徒来山重建,广禅法师继之,经二十多年,渐复旧观。

6.建筑设计师及捐资情况。唐百丈怀海曾兴西山寺。

7.建筑特征及其原创意义。现在龙泉寺是中国佛教协会直属管理的寺院,面积一万多平方米,主要建筑包括天王殿、大雄宝殿、伽蓝殿、西归祠、观音阁、祖师堂、方丈堂、和尚塔等,多是"文革"后修复起来的。

大雄宝殿内前后竖立的16株双人合抱的大石柱,每株高6米,径围3米,重约4.5吨,这些石柱及柱础、础盘均为唐代百丈禅师建寺遗物。这么大的石柱,当时是怎么运来的,又是怎么竖立起来的?寺内现存清乾隆二十六年(1761)碑刻《龙泉重兴》记:"寺肇自梁承圣三年,原名西山,唐百丈禅师落发于此,道成创建法堂,咒立石柱,懿宗赐名龙泉,称大丛林焉,厥后兴废不一……"石柱上还有北宋元符(1098)户曹参军林君然、泰兴令曾升仲、节度推官方道辅等题刻。

殿后壁立巨石上刻有一尊"流米佛",其特别之处就在佛的肚脐眼。相传当年百丈禅师主持建龙泉寺时,忙于各种建寺事务,为了解决粮食的运输问题,命人在这块岩石上刻出这尊佛像,借佛脐来运送米粮。说来也怪,在佛像刻好之后,那白花花的大米就从佛肚脐中源源不断地流出,据说那米吃起来特别香,人们就叫它"香米"。不过可惜的是,有一天寺内来了很多游客,煮了三大锅饭还不够,眼看第四锅的水就要烧开了,从佛脐流出的米还没满,一个煮饭的寺僧嫌米流得太慢,便用火钳捅佛的肚脐,结果再也流不出米来了。"流米佛"侧左右分镌字迹"皇帝","万岁",也是唐代文物⑥。

大殿西侧的祖师堂供百丈禅师怀海画像,取自《佛祖正宗道影》卷二。禅宗寺院祖师堂里通常供奉三位祖师:正中是东土第一祖又称初祖的达摩禅师,左方为"创丛林"的马祖禅师,右方为"立清规"的百丈禅师。可见百丈在禅宗中的地位之显赫。

7.关于建筑的经典文字轶闻。龙泉寺的兴盛缘于唐代百丈怀海禅师。怀海俗名王木尊,长乐沙京村人,生于唐开元八年(720)。传说王木尊幼年时不能说话,一天祖母带他到附近的龙泉寺烧香,却突然开口说话,回到家里又成了哑巴,于是到寺中落发为僧。后来又去江西百丈山(今阜新县)师从高僧马祖道一修禅。他针对当时丛林初立,未订规章,便参照大小乘戒律,制定了各派都接受的《禅门规式》,被寺院普遍推广,世称《百丈清规》。宋初《百丈清规》被定为天下禅林必须奉行的管理条例,一直沿用至今。其中"一日不作,一日不食"的风尚,最为著名。怀海晚年回家乡西山寺任住持,重建寺院,于唐宪宗元和九年(814)圆寂,享年95岁,谥"大智怀海禅师"。龙泉寺因此光芒四射,在中国佛教界享有崇高的声誉,备受唐朝皇帝重视,懿宗皇帝亲笔题写龙泉禅寺山门匾额。此外,龙泉寺与日本佛教"黄檗宗"关系密切。清顺治时福清黄檗寺高僧隐元禅师应聘东渡日本前曾来龙泉寺住持。

乾隆年间长乐县令贺世骏作《龙泉寺记》中,有这样描绘,"涧古松幽,顿浣尘怀。抵山门,云窝静壑,花木清香。石柱屹然,龙井澄澈,玉带宛在,米佛犹存。摄衣高峰,徘徊四望。则见御笏东朝,首石西峙,筹石拥其北,溟海环其南,俯视万山,星罗棋布,孤峰独卧,与闽之涌泉、福之黄檗,可称鼎足。"所传诗歌,不乏优美诗句,如明代闽中十才子之一的邑人高廷礼《游龙泉感怀》"惟有残僧愁独坐,松房半掩五峰青"创造出一种独特的意境,让人如临其境。明代工部郎中邑人谢肇淛《初夏同陈鸣鹤宿龙泉寺夜闻僧课有作》诗云:"漏转莲花心池寂,一天松霞满阶苔。"透出一种孤寂的气氛。明代闽中诗坛领袖、闽县人徐渤《龙泉古寺》诗云:"祖师金骨何须问,且读清规悟正宗。"点出龙泉寺与怀海大师的血脉关系。

唐释齐己《乱后经西山寺》:松烧寺破是刀兵,谷变陵迁事可惊。云里乍逢新住主,石边重认旧题名。闲临菡萏荒池坐,乱踏鸳鸯破瓦行。欲伴高僧重结社,此身无计舍前程⑦。

参考文献

①(宋)梁克家:《三山志》。
②《全唐文》卷四四六。
③(清)林翰墨:《沙京龙泉寺志》。
④⑤⑥高宇彤:《长乐市志》,福建人民出版社,2001年。
⑦(唐)释齐己:《白莲集》卷八。

十七、六榕寺

1.建筑所处位置。位于广州市越秀区六榕路。

2.建筑始建时间。南朝宋(420—479)名为宝庄严寺。梁大同三年(537)昙裕法师建宝庄严寺舍利塔①。

3.最早的文字记载。唐王勃《宝庄严寺舍利塔碑》,现寺内有该碑刻存在②。

4.建筑名称的来历。宋元符三年(1100)著名文学家、书法家苏东坡曾来寺游览,见寺内有老榕六株,欣然题书"六榕"二字,后人遂称为六榕寺。

5.建筑兴毁及修葺情况。宋初寺塔毁于火,北宋端拱二年(989)重建,改名为净慧寺。而重修之塔塔身斑斓,后人称为花塔;塔内供贤劫千佛像,故称"千佛塔"。当年,初唐四杰之一的诗人王勃途经这里,曾写下了一篇《宝庄严寺舍利塔碑》,更为六榕寺增色不少。清代,重修六榕塔,主体仍照宋代貌,但各层琉璃瓦檐则改为清代样式,塔内朱栏碧瓦,丹柱粉墙,遥望犹如冲霄花柱。

因此,六榕寺大门对联"一塔有碑留博士,六榕无树记东坡"便不难理解了。其中的"博士"实指王勃;如今六株榕树已经没有了,所以"六榕"实际上是历史古迹,仅留追忆罢了。门前"六榕"二字是苏东坡手迹。

6.建筑设计师及捐资情况。昙裕法师创建宝庄严寺塔。另一说,广州刺史萧裕为瘗藏梁武帝母舅从海外带回的佛骨而建③。

7.建筑特征及其原创意义。寺内有巍峨的千佛宝塔,原名舍利塔,是广州有名的古代高层建筑。塔东为山门、弥勒殿、天王殿和韦驮殿。塔西为庄严华丽的大雄宝殿,供奉清康熙二年(1663)以黄铜精铸的三尊大佛像。该佛像是广东省现存最大的古代铜像。

寺内的榕荫园内有六祖堂,供奉禅宗第六代祖师慧能的铜像。六祖是唐代杰出的高僧,随五祖弘忍学法,很得弘忍赏识,后衣钵而归,创南宗学派。其铜像铸造于北宋端拱二年(989),高1.8米,重约1吨。法貌庄严而性格化,垂目坐禅,神态栩栩如生。六祖堂前榕荫苍翠,菩提婆娑,别致的补榕亭和苏东坡书的"证道歌"碑刻,掩映于绿荫丛中。

进入六榕寺,但见巍峨壮丽的花塔屹立在寺院中央,塔身除斗拱及楼层用木制外,各层砌砖叠涩挑承平座和瓦檐,并逐层向内收进,塔身尚存北宋铭文砖和保存北宋重建时的风貌。塔顶层的塔刹为铜柱,铸于元至正十八年(1358),柱身密布1023尊浮雕小佛像,连同塔顶金色火焰宝珠、双龙珠、九霄盘和八根铁链等构件重逾5吨,庄严、绚丽,直指苍穹,蔚为壮观。

塔东为天王殿,建筑为明代风格。塔西为大殿,供奉三尊清康熙三年(1664)铸造的高6米、每尊重10吨的铜佛,分别为阿弥陀佛(过去)、释迦牟尼佛(现在)和无量寿佛(未来)。塔北有一小庭园,内殿供奉一尊泰国佛。

8.关于建筑的经典文字轶闻。唐王勃《宝庄严寺舍利塔碑》。

参考文献

①②《王子安集》卷一六。

③臧维熙:《中国旅游文化大辞典》,上海古籍出版社,2000 年。

十八、南华禅寺

1.建筑所处位置。寺庙位于广东省韶关市曲江区马坝镇以东 7 千米的曹溪北岸,峰峦奇秀,景色优美。

2.建筑始建时间。南朝梁武帝天监元年(502),天监三年建成①。

3.最早的文字记载。《六祖坛经》②。

4.建筑名称的来历。初名宝林寺,唐名中兴寺、法泉寺,北宋太祖赐名"南华禅寺"。

5.建筑兴毁及修葺情况。隋朝末年,南华寺遭兵火,遂至荒废。至唐仪凤二年(677)六祖慧能驻锡曹溪,得地主陈亚仙施地,宝林寺得以中兴。唐中宗神龙元年(705),中宗皇帝诏六祖赴京,六祖谢辞,中宗派人赐物,并将"宝林寺"改为"中兴寺";三年后又敕额为"法泉寺",并重加崇饰。

宋初,南汉残兵为患,寺毁于火灾。宋太祖开宝元年(968),太祖皇帝令修复全寺,赐名"南华禅寺"。

元末,南华禅寺三遭兵火,颓败不堪,众僧日散,祖庭衰落。至明万历二十八年(1600),憨山禅师大力中兴,僧风日盛。然至明末,南华寺又复荒废。清康熙七年(1668),平南王尚可喜将全寺重新修饰,使禅宗名刹焕然一新。

建国后,人民政府对这座古寺和历史文物极为重视。南华寺于1962年被列为广东省文物保护单位。1982年人民政府落实宗教政策,恢复了丛林方丈制度,惟因法师受请为南华禅寺方丈③。

6.建筑设计师及捐资情况。印度高僧智药三藏见此地"山水回合,峰峦奇秀,叹如西天宝林山也",遂建议地方官奏请武帝建寺④。

7.建筑特征及其原创意义。今南华寺占地总面积约42.5万平方米,主体建筑群总面积1.2万平方米。为阶梯式中轴线对称平面布局。寺坐北朝南,中轴线上由南至北依次为曹溪门(头山门)、放生池(上筑五香亭)、宝林门(二山门)、天王殿、大雄宝殿、藏经阁、灵照塔、祖殿、方丈室。东侧依次为钟楼、客堂、伽蓝殿、斋堂等;西侧依次为鼓楼、祖师殿、功德堂(亦称西归堂)、禅堂、僧伽培训班等。主体建筑院落外,北侧有卓锡泉(俗名九龙泉)、伏虎亭、飞锡桥;西侧有无尽庵、海会塔、虚云和尚舍利塔;东侧有中山亭。

全寺殿堂飞檐斗拱,以重檐歇山顶、一斗三升居多。青砖灰沙砌墙,琉璃碧瓦为面,灰脊、琉璃珠脊刹、蔓草式脊吻。重要殿堂脊吻与脊刹间置琉璃鳌鱼,正脊两端饰夔龙脊头。多用木圆柱为支柱并将殿堂分为多间,石柱础多覆盆式。主要殿堂和钟鼓楼的大木梁都是用巨大铁力木(坤甸木)架成(为清初平南王尚可喜重修南华寺时所用之木)。大雄宝殿高16.7米、宽34.2米(七间)、进深28.5米(七间)。重檐歇山顶,前后乳栿用七柱、二十六檩,柱头铺作为六铺作,三抄,无昂,偷心座,补间铺作用二朵。琉璃碧瓦,灰脊,蔓草脊吻,琉璃珠脊刹。格子窗棂,前后均花格门。是广东省最大的寺庙建筑。

灵照塔为楼阁式八角五层涩檐出平座砖塔。塔高29.6米,底径11米。塔顶用生铁铸成"堵婆"式,铜铸宝瓶塔刹。初建于唐先天年间(712—713),唐元和七年(812)宪宗赐额曰"元和灵照之塔"。初建时为木塔,多次焚毁重建,至明成化年间(1465—1487)始改为砖塔。今仍保持明代原貌,为南华寺最古、最高的建筑。祖殿中央三座仿阿育王式木塔佛龛分别供奉着三具肉体真身菩萨,左为明代丹田和尚真身,右为明代憨山德清和尚真身,居中者则为禅宗六祖慧能和尚真身⑤。

8.关于建筑的经典文字轶闻。六祖慧能(一作惠能)俗姓卢,原籍河北范阳(今北京郊区)人。慧能之父原有官职,后被降于新州(今广东新兴县),永作新州百姓。其母李氏,本地人,唐贞观十二年(638)二月初八生慧能。慧能三岁丧父,母亲孤遗,家境贫寒,长大后靠砍柴供养其母。一日慧能卖柴于市,听一客诵经,慧能一听即能领悟,于是问所诵何经?客曰:金刚经。慧能又问经从何得来?客曰:得于黄梅寺弘忍大师。慧能归家告其母,矢志出家,几经周折,母从其志。慧能安置母亲后,于龙朔二年(662)直达湖北黄梅寺,拜弘忍和尚为师。弘忍略问其意,便知慧能聪慧过人。为避他人之嫌,弘忍故命慧能踏碓春米,经八月有余。

五祖弘忍挑选继承人,一日聚集众僧,告取自本心般若之性,令其徒各作一偈,若悟大意,可付衣钵为第六代祖。时有上座僧神秀,学识渊博,思作一偈,写于廊壁间。偈曰:

"身是菩提树,心如明镜台。时时勤拂拭,勿使惹尘埃。"慧能闻诵后,问是何人章句,有人告之,慧能听后则说,"美则美矣,了则未了。"众徒听了笑其庸流浅智。慧能亦无怪意,说吾亦有一偈,于是夜间请人代书于神秀偈旁。偈曰:"菩提本无树,明镜亦非台。本来无一物,何处惹尘埃。"众见偈惊异,各相谓言,奇哉不可以貌看人。五祖见众惊,恐人加害慧能,于是用鞋抹去慧能之偈,故意曰"亦未见性",众以为然。此日五祖到碓场,见慧能在腰间绑着石头舂米,心有感叹。五祖问话之后故意以杖击碓三下,默然而去。慧能会其意,三更时入祖室,五祖授予衣法,命其为第六代祖。令即南归,并嘱慧能不可立即说法;又曰:"衣钵乃争端之物,至汝止传。"六祖辞师南归,渡九江,行至大庾岭,发现有人追逐,知为衣钵而来。中有一僧慧明,原是四品将军,捷足先登,追及六祖。六祖为其说善恶正法,慧明悟,拜六祖为师。慧明辞回,对后追逐来的人说,前路崎岖,行人绝迹,到别处寻去,六祖于是免遭于难。慧能行至韶州,初往曹溪,约九月余。又有恶徒追寻,六祖急逃广东四会,隐于山区猎人之列,达十五年之久。唐仪凤元年(676),六祖出山到广州法性寺(即光孝寺)。时有主持印宗法师,知慧能得黄梅真传,遂拜为师,并为之落发。过了两年,六祖复归南华寺主持,传法三十六载,得法弟子43人,传播全国各地,后来形成河北临济、湖南沩仰、江西曹洞、广东云门、南京法眼五宗,即所谓"一花五叶"。法眼宗远传于泰国、朝鲜;曹洞、临济盛行于日本;云门及临济更远播于欧美,故南华寺有"祖庭"之称。唐先天二年(713)七月,慧能归新州,八月三日坐化于新州国恩寺,亨年七十六岁。后其徒广集六祖语录,撰成《六祖坛经》。慧能真身于1981年农历十月开座于修建焕然一新的六祖殿中,以供参拜。千百年来,南华寺与六祖名字连在一起,著称于世[6]。

参考文献

①陈泽泓:《岭南建筑志》,广东人民出版社,1999年。
②《六祖坛经》。
③④⑤⑥韶关市地方志编纂委员会:《韶关市志》,中华书局,2001年。

十九、保圣寺

1.建筑所处位置。江苏省苏州市吴中区甪直镇。

2.建筑始建时间。"保圣教寺,梁天监二年(503)创。宋大中祥符六年(1013)赐紫僧惟吉重建。[1]"

3.最早的文字记载。《保圣寺安隐堂记》[2]。

4.建筑名称的来历。保圣寺原名保圣教寺。

5.建筑兴毁及修葺情况。梁武帝萧衍笃信佛教,一做皇帝就大兴寺庙。保圣教寺即是"南朝四百八十寺"之一。在历史上几废几兴。北宋大中祥符六年(1013)再次重建。经一代代主持僧如惟吉、法如、志良等人的先后努力,寺院及庙产不断扩大,最盛时据称殿宇有五千多间,僧众千人,范围达半个镇,甪直几乎成了和尚世界。到民国初年,寺内殿宇坍塌殆尽,杂草丛生,部分寺基改建了学校。后经蔡元培等人倡修,改建为古物馆,存放九尊罗汉,成为著名的"天下罗汉两堂半"中的半堂。寺内现存之塑像,举世无双,堪称国宝。

1949年后,人民政府为保护文物古迹,多次拨款对保圣寺作了整修和维护。

6.建筑师及其捐助情况。惟吉重建。1930年在大雄宝殿原址修建古物馆,由范文照设计。

7.建筑特征及其原创意义。寺内天王殿坐北朝南,面阔三间,约11米。进深二间,约7米。石拱殿门左右各有圆花窗一轮,屋顶作单檐歇山式,屋脊两端均有鸱尾吻兽的装饰,戗角起翘采用立脚飞檐式,完全是江南佛殿的风格。天王殿以北即是庭院。

庭院之北,就是在大雄宝殿原址上建立起来的古物馆,内有世界闻名的"塑壁罗汉"。

罗汉像分别置于以罗汉修行时所处的山岩、云水、洞壁之间,强烈地烘托出了不同形象的性格特征。这些罗汉像形态高度逼真,比例适度,神情生动,个性突出。居中结跏趺坐的达摩,闭目入定,为修养很深的老僧形象;其西侧为一袒腹的胖大罗汉,神态安详;还有一个驼背而清癯的老年罗汉与肌肤丰腴的年轻罗汉对谈,有"讲经罗汉"与"听经罗汉"之称,其余各像也有很高造诣。旧传这些罗汉像出于唐代雕塑大师杨惠之之手,但经多方鉴定,仍推其为宋塑。

寺西有唐末名贤、诗人陆龟蒙隐居时遗迹,斗鸡池、清风亭、垂虹桥等。

8.关于建筑的经典文字轶闻。赵孟頫题写大殿抱柱联"梵宫敕建梁朝,甫里禅林第一;罗汉溯源惠之,为江南佛像无双。"明归有光撰《保圣寺安隐堂记》。

参考文献

①康熙《吴郡甫里志》卷五。

②(明)归有光:《保圣寺安隐堂记》(嘉靖四十三年)。

二十、相国寺

1.建筑所处位置。位于河南省开封市内自由路北侧。

2.建筑始建时间。北齐天保六年(555)。

3.最早的文字记载。唐李邕《大相国寺碑》。

4.建筑名称的来历。唐睿宗延和元年(712),以其旧封相王即皇帝位,因为感梦,遂改名相国寺①。

5.建筑兴毁及修葺情况。原为战国时魏公子信陵君故宅②,北齐天保六年(555)创建寺院,称建国寺。后毁于战火。唐睿宗景云二年(711)僧人慧云重建时,挖出了北齐建国寺的旧碑,寺仍名"建国"。睿宗延和元年(712)赐以今名,并御书"大相国寺"匾额③。当时,相国寺规模宏大,建筑豪华,而且都是中国传统的木结构建筑,其中最高的一座是排云阁,高30余丈。唐昭宗大顺二年(891),排云阁为迅雷所击,引起大火,三日不灭。后有高僧贞峻主持募化修葺,"前后数年,重新廊庑,殿宇增华"。宋初,寺扩为八院,皇帝常来此祈祷,多次为之"赐名"、"题额",中外名僧往来频繁,同时还是一个商业贸易和文艺娱乐的中心,据宋人记载:"东京相国寺乃瓦市也,僧房散处,而中庭两庑可容万人,凡商旅交易,皆萃其中"④。北宋末至元末,开封屡经战火,致使相国寺损毁严重。明代,相国寺经过

图 3-3-5　开封大相国寺罗汉殿

多次重修,同时在洪武年间又将南、北大黄寺、景福寺这三座寺院并入相国寺,因此,相国寺虽然不及宋代的兴盛,却不失为国内极具盛名的宏大寺院。清初,在废墟上重建寺院,首先是清顺治十八年(1661)重修大殿等,复名相国寺;康熙十年(1671)拆明代钟楼,以其材料在相国寺建藏经楼一座。乾隆三十一年(1766)大规模重修。此次修建由乾隆皇帝亲自批准动用库款银一万两,大兴土木,历时两年多,大功告竣,但规模已远不及唐宋。除山门、钟鼓楼、接引殿、大殿、罗汉殿、藏经楼以及观音、地藏二阁外,寺西并建一个名"祇园小筑"的园林建筑。乾隆亲为题额"敕修相国寺",其墨迹保存至今。道光二十一年(1841)黄河再次决口,开封城内水深丈余,寺中建筑损毁严重,幸存的几座古代建筑,孤立于混乱不堪的店铺摊贩之中,残破倾圮。1927年,冯玉祥在河南灭佛,寺被改为中山市场。1949年后对寺内殿阁进行全面修葺。

6.建筑设计师及捐资情况。北齐天保六年(555)在此兴建寺院,名建国寺,后毁于战火。唐初这里成了歙州司马郑景的宅园。唐长安元年(701)名僧慧云从南方来到开封,用募化来的钱买下郑景的住宅和花园,于唐景云二年(711)兴建寺院⑤。

7.建筑特征及其原创意义。目前保存的殿宇有天王殿(二殿)、大雄宝殿、八角琉璃殿、藏经楼、观音阁(东阁)、地藏阁(西阁)等。正殿为清建筑,重檐高耸,顶以黄绿琉璃瓦覆盖,殿与月台皆以白石栏环护,上下对比鲜明,益显色彩斑斓。八角琉璃殿俗称罗汉殿,高亭耸立于中央,游廊回护于四周,顶盖琉璃瓦,角悬迎风铃,造型别致,世所罕见。殿内有一尊木雕四面千手千眼观音像、高约7米,全身贴金,约雕成于清乾隆三十一年(1766)之前。殿内还有12尊罗汉像。藏经殿亦为清建筑,其垂脊挑角处皆饰以琉璃狮,下悬风铃。钟楼内的巨钟高约4米,重逾万斤,铸于清乾隆三十三年(1768)。据说,每当清秋霜天时击撞此钟,其声传得最远,故"相国霜钟"闻名遐迩,成为开封八景之一。

8.关于建筑的经典文字轶闻。李邕《大相国寺碑》记载大相国寺"棋布黄金,图拟碧络。云廊八景,雨散四花。国土盛神,塔庙崇丽,此其极也。虽五香紫府,太息芳馨,千灯赤城,永怀照灼。人间天上,物外异乡,固可得而言也。"《东京梦华录》记载有"相国寺每月五次开放,万姓交易"之盛况⑥。

参考文献

①③⑤(唐)李邕:《大相国寺碑》,载《文苑英华》卷八五八。

②(宋)魏泰:《东轩笔录》卷一三。

④(宋)王栐:《燕翼贻谋录》卷二。

⑥(宋)孟元老:《东京梦华录》卷三。

二十一、龙门寺

1.建筑所处位置。位于山西省平顺县城西北65千米龙门山腰。

2.建筑始建时间。北齐天保年元年(550)。

3.最早的文字记载。北宋政和二年(1112)《大宋隆德府黎城县天台山惠日禅院主持赐紫沙门思昊预修塔铭》载:"寺创建于北齐武定八年"[武定是东魏孝静帝的年号,武定八年五月,改元为北齐文宣帝高洋天保元年(550)]①。

4.建筑名称的来历。初名法华寺,北宋乾德年间(963—968)改今名,因该地山峦耸峙,峭壁悬崖,谷夹内石凸起,形如龙首,故曰龙门山,寺建于此,名亦因之。

5.建筑兴毁及修葺情况。南北朝北齐天保年间法聪和尚始建,初名法华寺。后唐时有50余间殿宇,宋时增至百余间。宋太祖赵匡胤敕赐寺额为"龙门山惠日院",又名惠日院。

乾德年间更名为龙门寺。元代,寺院方圆七里山上山下地、庙皆属本寺。元末遭兵燹,多数建筑废圮,明清两代予以重葺和增建。

6.建筑设计师及捐资情况。北齐文宣帝敕修,法聪和尚建。

7.建筑特征及其原创意义。寺院坐北向南,总体布局共分三条轴线,即中、东、西线,每条轴线上又分前后数进院落。中线可分四进院落,由南向北依次有金刚殿、天王殿、大雄宝殿、燃灯佛殿、千佛阁。东西两侧配以碑亭、廊庑、观音殿、地藏殿及厢房僧舍等建筑。其中金刚殿、碑亭、千佛阁早已残毁仅存遗址,其余殿堂保存基本完整。西线可分为五组院落。后三院均为四合院形式,多为清代的僧舍和库房等建筑。东线分为三进院落,主要建筑有圣僧堂、水陆殿、神堂、僧舍等附属建筑,多为明末清初所建。寺内保存最早的木结构殿堂为中轴线西侧的观音殿(西配殿),始建于五代十国时期的后唐同光三年(925),三开间悬山顶,殿内无金柱,梁枋简洁规整,柱头铺作出华拱一跳,无补间铺作,呈唐代建筑风格,在我国现存同一时期的古建筑中也是独此一例。位于中轴线中央的大雄宝殿(正殿),建于北宋绍圣五年(1098),是寺内等级最高的一座单体建筑。该殿台基高峙,广深各三间,平面近方形,斗拱五铺作单抄单下昂,斗拱与梁架结构在一起,共承屋顶负荷。单檐九脊顶,殿顶琉璃脊兽,形制古朴,色泽浑厚,为元代烧制。天王殿(山门)构造灵活,外形秀美和谐,各部构件比例适度,梁枋断面不尽一致,悬山式屋顶,尤其明间补间出45°斜拱,显系金代建筑风格。中轴线上的后殿为燃灯佛殿,面阔三间,单檐悬山式。梁架用原始材料稍加砍制使用,富有自然的流线形,斗拱疏朗,肥厚敦实,无补间铺作。主要构件构造纯朴,有显著的元代建筑特征。其余殿堂均为明清两代重建。寺院各殿的塑像、壁画、典籍和供器等附属文物大多已经损毁流散,仅剩3尊后唐时期的石佛身、佛座和元明时期残存的壁画。寺院内还保留着五代后汉隐帝乾祐三年(950)的经幢1通和北宋乾德五年(967)立的"故大师塔记"等历代碑碣20通;寺外西沟有祖师坟茔1处,寺院东南坡有和尚坟10余座和宋明等历代墓塔4座。寺内还保存着明成化年间铸造的大铁钟1口和历代题记。龙门寺以其现存建筑年代之广,屋顶形制之多,集后唐、宋、金、元、明、清六朝建筑于一处而著称于世,为全国仅有,具有极为珍贵的历史研究价值和文物游览价值。寺四周三山一水环绕,景致幽雅。

8.关于建筑的经典文字轶闻。唐·陆海《题龙门寺》:"窗灯林霭里,闻磬水声中。更与龙华会,炉烟满夕风。②"明平顺人申以祥《龙门奋蜇》:"巍然盘石枕漳隈,龙卧遗踪特异哉。奋起南山开洞穴,飞腾北海震云堆。一天雨露苍生润,百代祯祥赤壁培。疑是地灵多孕秀,故教神物兆奇媒。"

参考文献

①宋文强:《平顺龙门寺历史沿革考》,《文物世界》,2010年第3期。

②《全唐诗》卷一二四。

二十二、大兴善寺

1.建筑所处位置。位于陕西省西安市区南部兴善寺西街。

2.建筑始建时间。西晋武帝泰始至太康年间(265—289)。

3.最早的文字记载。白居易《西京兴善寺传法堂碑铭(并序)》:"王城离域,有佛寺号兴善寺"①。

4.建筑名称的来历。因寺址在隋大兴城靖善坊,"寺取大兴两字,坊名一字"②。

5.建筑兴毁及修葺情况。隋文帝移都,先置此寺。隋初印度僧人那连提黎耶舍、阇那崛多、达摩笈多在此传播密宗法旨。唐玄宗时印度善无畏、金刚智和狮子国(今斯里兰卡)不空在此译经 500 余部,是当时长安三大译场之一。唐武宗会昌年间(841—846)大举灭佛,大兴善寺也被废除,建筑被毁,僧人被勒令还俗。宋元时期,大兴善寺一直很冷寂。明永乐年间(1403—1424),云峰禅师居大兴善寺,修造了殿堂和钟楼。清顺治、康熙年间(1644—1722)先后重修了方丈室、殿堂、钟、鼓楼和山门等,现存规模在此时形成。同治年间,寺院建筑再次被毁,仅存钟、鼓楼和前门。近代辟为公园。1955 年进行了大规模的整修。"文革"中寺内所藏宋代木雕千手观音像被毁。1984 年修复殿堂、僧房 41 间,并重塑了一些破毁佛像,整治环境,兴善寺面貌大为改观。1996 年,界明方丈着手恢复昔日辉煌的密宗祖庭。

6.建筑设计师及捐资情况。隋为敕修,后为历代僧人修建。

7.建筑特征及其原创意义。现在寺内建筑包括山门、金刚大殿(天王殿)、钟鼓楼、观音殿、方丈室等,沿正南正北方向呈一字形排列在中轴线上。天王殿,内供弥勒菩萨;大雄宝殿,内供释迦牟尼佛、阿弥陀佛、药师佛、十八罗汉以及地藏菩萨青铜塑像一尊,为日本国高野山真言宗空海大师赠;观音殿,内供明雕檀香千手千眼菩萨一尊;东西禅堂,西禅堂壁间的大镜框内装有"开元三大士传略",是研究大兴善寺的宝贵资料;后殿藏有唐代铜佛像和宋代造像,形态各异,独具风格,此殿为大兴善寺的法堂。大殿北边有唐转法轮殿遗址。寺内文物还有唐代石雕龙头、元明时期绘制的佛像、清碑四方:即清康熙年间《重修隋唐敕建大兴善禅寺来源记碑》、《重修大兴善寺碑记》、乾隆年间《隋唐敕建大兴善寺祖庭重口口口记》和咸丰年间《大兴善寺法源碑记》,皆为研究大兴善寺的重要史料,以及三帧巨幅清朝西藏彩绘《阿弥陀佛像》、《极乐世界图》和《弥勒像》,均有较高的文物价值。

8.关于建筑的经典文字轶闻。《长安志》卷七:(大兴善寺)"寺殿崇广为京城之最。号曰大兴佛殿,制度与太庙同。③"《辩正论》卷三详细地描绘了大兴善寺的碧瓦飞甍,金殿巍峨的气派:"京师造大兴善寺,大启灵塔,广置天宫。像设冯(凭)虚,梅梁架迥,壁珰曜彩,玉题含辉,画拱承云,丹炉捧日,风和宝铎,雨润珠幡,林开七觉之花,池漾八功之水。召六大德及四海名僧,常有三百许人,四事供养。④"

参考文献

①《全唐文》卷六七八。

②(唐)段成式:《酉阳杂俎》续集卷五《寺塔记》。

③(宋)宋敏求:《长安志》卷七。

④(唐)释法琳:《辩正论》卷三。

二十三、青山禅院

1.建筑所处位置。位于香港屯门区青山山腰。

2.建筑始建时间。东晋末年。

3.最早的文字记载。《东莞县志》中记载:"广州图经,杯渡之山在东莞屯门界三十八里。耆旧相传,昔日杯渡师来居屯门,因而得名。①"

4.建筑名称的来历。最初叫普渡寺,后曾称斗姆宫、杯渡寺、杯渡庵、青云观等,20 世纪以来始称青山禅院。

5.建筑兴毁及修葺情况。几经改建,南朝刘宋时杯渡禅师曾主持此处,是香港最古老的寺院②。宋时杯渡山北腰上,建成有杯渡寺(又名杯渡庵),乃后人纪念禅师而建,后因清初迁海令而荒废。清道光年间,杯渡庵被改建成为青云观,因日久失修,渐开荒圮,原有胜迹湮没,仅有小屋一间,是一位叫黄姑的女道士所建。现在的青山禅院是 1918 年修建的,

1926年青山禅院落成举行开光典礼。

6.建筑设计师及捐资情况。始建者不详。现在的青山禅院是1918年由显奇法师及张纯白募捐集资修建的。

7.建筑特征及其原创意义。禅院有大雄宝殿、护法殿、青云观、五德观、诸天宝殿、望月亭、方丈室、居士林、地藏菩萨殿、牌坊及山门等建筑,构成一处庄严宏伟的建筑群,并保留了不少文物古迹。护法殿大部分建筑保留完好,屋檐两旁的彩凤和顶上的陶塑人物,虽饱经风霜,形态依然生动。尤其顶上双龙奔珠,百多年来色泽依旧明艳。护法殿下有一和合山门,传说会自动朝开暮合云云。护法殿右方是青云观,建于1843年,内奉观音菩萨像。青云观后有一座古铜钟和一块龙骨化石,铜钟为清道光年间制,龙骨石据说为史前恐龙化石。大雄宝殿后有石级登山,可到杯渡岩睹杯渡禅师像及"高山第一"碑。禅院前还有挹晓亭、"香海名山"石牌坊、"高山第一"刻石、"韩陵片石亭"等。

8.关于建筑的经典文字轶闻。楹联:"十里松杉藏古寺,百重云水绕青山。"

参考文献

①陈伯陶等纂修《东莞县志》(清宣统)。东莞养和印务局,民国16年(1927)。卷四十《古迹略四》附"杯渡庵"。

②(清)舒懋官修,(清)王崇熙纂。嘉庆《新安县志》卷一八《胜迹略》载:"杯渡禅师,不知姓名,尝挈木杯渡水,因以为号,游止靡定,不修细行,神力卓越,莫测其由。……后五年(按:元嘉五年,公元428年)三月……遂以木杯渡海,憩邑屯门山,后人因名杯渡山。"《新安县志》,据清嘉庆二十四年(1819)刻本影印,上海书店,2003年。

(四)志观

一、玄妙观

1.建筑所处位置。位于江苏省苏州市中心观前街。

2.建筑始建时间。始建于西晋咸宁二年(276)①。

3.最早的文字记载。《玄妙观重修三门记》碑②。

4.建筑名称的来历。初名真庆道院。东晋太宁二年(324),敕改上真道院。唐开元二年(714),更名开元宫。北宋至道年间(995—997),改为玉清道院。大中祥符二年(1009),诏改天庆观。元成宗元贞元年(1295),取《道德经》"玄之又玄,众妙之门"句,始称玄妙观③。清代,为避康熙皇帝名讳,改玄妙观为圆妙观,又名元妙观。直到民国后,才恢复玄妙观的旧称。

5.建筑兴毁及修葺情况。东晋太宁二年(324),明帝敕旨重修道院。唐开元二年(714),玄宗赐内帑重修。唐僖宗乾符元年(874),又在开元宫内增设"文昌"、"张仙"二殿。唐末大顺元年(890)遭受兵火,仅存山门,正殿。后在五代至宋初的百余年中,先后在观内修复并兴建了玉皇殿、天医殿、高真殿、三茅观及转藏、丰教、十王诸殿。宋太平兴国年间(976—

984），开元宫扩建为"太乙宫"。大中祥符二年（1009），宋真宗诏改天庆观，赐帑建东西南北四庑，新修东西墙垣，增建了净乐宫、八仙堂、灵宝院等殿宇，殿堂焕然一新，并由专业画师画成"三天天官胜景"巨幅壁画，颁敕"金宝牌"永镇观内④。皇祐年间（1049—1054），又改建山门，使其更加雄伟庄严。宣和七年（1125），宋徽宗赵佶敕赐香火田五十顷，使玄妙观冠于江南道观之首，臻于历史鼎盛时期。南宋建炎四年（1130），金兵焚掠平江（苏州），天庆观配殿及庑廊又毁于兵火。自高宗绍兴十六年（1146）起，苏州太守王焕及陈岘先后发起修复。宝祐二年（1254）、景定二年（1261）又重修。元贞元年（1295），改天庆观为玄妙观，时道士严焕文、张渊等又募捐重修，规模十分宏大。至正二十六年（1366）十二月至次年九月，朱元璋命徐达、常遇春率二十万大军围攻平江城，玄妙观又遭炮火，幸未全毁。明洪武四年（1371），朱元璋整顿道教，赐封玄妙观为正一丛林，并设专管道教的官吏"道纪司"于此。明宣德年间（1426—1435），道士张宗继倡建弥罗宝阁，正统三年（1438），巡抚周忱、知府况钟首捐俸资，于正统五年建成弥罗宝阁，惜毁于明万历三十年（1602）。嘉靖十六年（1537）重修玄妙观。清康熙初年（1662），再次大修，耗白金四万两，历时3年乃成。康熙十二年（1673），布政司慕天颜重建弥罗阁，复还旧观⑤。咸丰十年（1860）毁于战火。同光年间，红顶商人胡雪岩独立捐资重建宝阁。民国元年（1912）8月28日傍晚，宝阁突然起火，全部烧毁。1933年，苏州各界在其旧址上建起了一座中山堂。玄妙观在乾隆、嘉庆、咸丰、同治年间多次重修，但咸丰、同治之际遭受战祸波及后，即渐趋落，未能恢复旧观。1949年后，苏州市政府对玄妙观的古建筑进行了保护，并于1956年7月至次年2月整修了三清殿、正山门及东、西诸殿门墙。1966年后，受"文革"冲击遭到破坏。改革开放以来，人民政府投入了大量的人力物力，对玄妙观进行了多次整修。

　　6.建筑设计师及捐资情况。东晋太宁二年（324），明帝敕旨重修。

　　7.建筑特征及其原创意义。玄妙观虽历经各朝的重修增建，然其基本结构和营造法式仍保留着宋代以来的建筑群体风格。据道光《元妙观志》图载，清代玄妙观全盛时占地约5.5万平方米，共有30多座殿阁。中轴线上自南而北依次为正山门、三清殿、弥罗宝阁，山门外原先还有观桥和照墙。其他殿阁分布在20多处自成一体的子院落内，如众星拱月般从东、西、北三面围绕着中轴线上的重要殿阁，形成一片巍峨的建筑群，为苏州道观之首。现有山门、主殿（三清殿）、副殿（弥罗宝阁）及21座配殿。三清殿屹立中央，气势雄伟；东有斗姥阁、文昌殿、火神殿、机房殿、三茅殿；西有雷尊殿、三官殿、财神殿；正山门居前，弥罗宝阁坐后，前后呼应，布局整齐，雄伟壮观。三清殿是玄妙观整体建筑群中的主要殿堂，系南宋淳熙六年（1179）重建，为当时提刑赵伯骕重新设计，几经重修。殿坐北朝南，面阔9间43米，进深6间25米，高27米，面积达1382平方米。屋脊高达2.4米，正中饰铁铸的"瓶升三戟"（寓意"平升三级"），两端有一对砖刻大龙头，是江南龙吻之最，屋面盖有黑色筒瓦。重檐歇山顶、翘角脊瓦，殿内屋顶有出挑的柱头拱。殿柱作"满堂柱"排列，纵横成行，内外一致，共7列，每列10柱。四周檐柱为八角形石柱。殿内诸柱除内中三间四根后金柱为抹角石柱外，均为圆木柱，并于础上加石鼓，柱粗须三人合抱。殿的下檐斗拱为四辅作单昂，昂的下缘向上微微反曲，较为罕见。上檐内槽中央四缝用六铺作重抄上昂斗拱，为国内现存最古实例。整座三清殿石柱环列，斗拱雄健，月梁壮硕，合乎宋代营造法式。三清殿作为南宋时代的木结构建筑，不仅在江南地区是绝无仅有的，在全国也只有北京故宫的太和殿和山东曲阜的大成殿可与之相比，堪称国宝，在我国建筑史上占有的重要地位。三清殿的孝子像碑，系唐代著名画家吴道子画像，颜真卿书丹，唐玄宗御赞，由宋代刻石高手张允迪摹刻，可称"四绝"碑，是目前国内仅存的两块老子像碑之一。三清殿及弥罗宝阁之石驳脚及石栏杆上，均有镌刻极细的人物、走兽、飞禽、水族等画像。雕刻的图案为封侯挂帅、蛟龙戏珠、鹿饮东海、麒麟祝寿、仙鹿衔芝、鲤鱼化龙、彩凤展翅、双狮相争、雷公腾云、金猴蟠桃等。这些图案及所依据的典故，除装饰宫观面貌以壮威仪之外，同时也反映了道教宫观艺术与中国俗文化的关系。此外，祖师殿的铜殿，铸于明代，仿武当山金顶，铸工极细。弥罗宝阁的壁画，绘洛神、刘海戏金蟾像，高丈余，笔意灵动如生，为钱塘人杨芝所绘。两廊"灵宝度人经变相"画，为郡守王焕重召画工集体创作，绘于南宋绍兴十六年，图案极工细致。

8.关于建筑的经典文字轶闻。《玄妙观重修三门记》。元代正一道著名道士吴全节《玄妙观》诗："榴皮书壁走龙蛇，池上芭蕉又见花。北阙恩承新雨露，西湖光动日烟霞。春风日长元都树，秋水星回碧汉槎。修月功成三万户，蕊珠宫里诵《南华》。⑥"

参考文献

①③④⑤《重印玄妙观志》,《藏外道书》,巴蜀书社,1992 年。

②(元)牟巘撰文,赵孟頫书写:《玄妙观重修三门记》石碑。

⑥(清)顾嗣立编选:《元诗选·二集·壬集》。

二、天师府

1.建筑所处位置。位于江西省鹰潭市贵溪市上清镇。

2.建筑始建时间。据说由张陵第四代孙张盛建于西晋永嘉年间(307—313),初名传箓坛。北宋崇宁四年(1105)始建于上清镇,明洪武元年(1368),太祖朱元璋赐白金十五镒敕第 42 代天师张正常在今址重新修建。

3.最早的文字记载。《敕赐玄教宗传之碑》,元代著名文学家虞集撰,艺术家赵孟頫书①。

4.建筑名称的来历。原称"真仙观",建在龙虎山脚下。北宋崇宁四年(1105),迁建于上清关门口上,始称"天师府"。元世祖忽必烈封第三十六代天师张宗演为"嗣汉天师",其意表明自东汉始,代代相袭,道脉悠长,后遂称天师府为"嗣汉天师府"②。

5.建筑兴毁及修葺情况。宋崇宁四年(1105)建于上清镇关门口,元延祐六年(1319)迁建于上清镇长庆坊,明洪武元年(1368),太祖朱元璋赐白金十五镒敕第 42 代天师张正常在今址重新修建,同时封张正常为"正一嗣教大真人",因之天师府又称"大真人府"。成化二十一年(1485)、正德五年(1510)均先后整修府第。明嘉靖年间(1522—1566)进行了大规模的修缮和扩建,设敕书阁、家庙、万法宗坛等,但大部分建筑于清康熙十三年(1674)被焚毁。乾隆四十三年(1778)重建,咸丰七年(1857)又遭受战火之灾。同治年间(1862—1874)第 61 代天师张仁政予以维修③。1949 年第 63 代天师张恩溥移居台湾后,天师府改作他用。1983 年国务院确定"嗣汉天师府"为全国重点宫观并对外开放,先后拨巨款予以修复,由第 63 代天师张恩溥的嫡孙张金涛继承祖业担任主持,几年中,改建了大部分殿堂,并陆续新建了玉皇殿、玄坛殿、法箓局、甲子殿等。

6.建筑设计师及捐资情况。初为张陵第四代孙张盛建。明洪武元年(1368),太祖朱元璋赐白金十五镒敕第 42 代天师张正常在今址重新修建。

7.建筑特征及其原创意义。天师府为历代张天师的起居之所和曾经掌管天下道教事务的办公衙门。经各朝维修、重建,现占地(红墙之内)4.2 万平方米,建筑面积 1.4 万平方米。它坐北朝南,在保持明清建筑的基础上,以府门、仪门、二门和私第为中轴线,修建了玉皇殿、天师殿、玄坛殿、法箓局和提举署、万法宗坛等,从而把宫观与王府建筑合为一体。天师府府门 1990 年重建,五间三门式,正上方悬"嗣汉天师府"直匾。御赐仪门牌楼为最近恢复修建,东有玄坛殿,奉祀财神赵公明;西有法箓局和提举署,分别是天师府制作法箓的地方和天师掌管道教事务之办公场所,在 2000 年修复后,就原有建制正殿三间,南北配殿各三间,改为殿堂。二门系 1996 年重建,三间三门式结构,东西耳房各一间,上悬"敕灵旨"匾额。二门后为一大院,院内甬道中有据传为南宋著名道士白玉蟾"灵泉井"。古井后即是玉皇殿,原为天师的演法大堂,1993 年重建,重檐歇山式,占地 600 余平方米,是府内最大最高的宫殿。玉皇殿后是私第,即历代天师的住宅。私第前厅原称三省堂,是天师府的议事之所。1985 年改建为天师殿。私第中厅原为壶仙堂,系接待贵宾之处。私第后厅也叫上房,是天师食宿生活之处。私第后原有灵芝园、敕书阁、纳凉居。私第东面原有天师家庙和味腴书屋。私第以西的院落为万法宗坛,院内有三大殿,正殿为三清殿,原为木质,现改为钢筋水泥仿古建筑;两侧配殿分别为灵官殿和财神殿。天师府整组建筑重檐、丹楹、彤壁、朱扉,曲径回廊,甬道贯通,楼房殿阁,形似皇宫,龙柱金壁,雕梁画栋;院内古木参天,阴翳蔽日,环境清幽,显示出道教宫观建筑的独特风格。府内保存有众多文物古迹,如元代铸造的 9999 斤重的大钟、赵孟頫手书的道教碑及历代匾额楹联等。

8.关于建筑的经典文字轶闻。府门楹联:"麒麟殿上神仙客,龙虎山中宰相家。"(明·董其昌书)。

参考文献

①(元)虞集:《敕赐玄教宗传之碑》。
②(元)元明善辑修,(明)张国祥续修:《续修龙虎山志》。
③(清)娄近垣编撰,张炜、汪继东校注:《龙虎山志》,江西人民出版社,1996 年。

(五)志塔

一、大胜宝塔

1.建筑所处位置。位于江西省九江市浔阳区庾亮南路 168 号能仁寺内。

2.建筑始建时间。南朝梁武帝(502—549)时代。"能仁寺,在县治东。旧名承天院,肇自梁武帝,宋仁宗时白云端禅师主席,元壬辰兵毁①"。现塔应为宋庆历年间重建的遗构②。

3.最早的文字记载。"能仁寺唐大历间开创,元壬辰兵毁,塔存。我朝洪武十二年僧永胜,永乐十一年僧祚町,宣德二年都纲祖昙,弘治间慈萤,嘉靖间僧行涌次第重修,本府习仪立焉。③"

4.建筑名称的来历。位于能仁寺内,又名能仁寺塔。

5.建筑兴毁及修葺情况。宋庆历年间(1041—1048),白云端禅师重建,至明残颓。明洪武十二年(1379)重建,永乐十一年、宣德二年、弘治年间、嘉靖年间重修。咸丰年间九江战事频繁,兵火毁塔上部,同治九年(1870)由九江兵备巡道白景福率邑人重建④。

6.建筑设计师及捐资情况。宋白云端禅师重建。

7.建筑特征及其原创意义。塔为砖石结构,七级六面楼阁式,通高 42.26 米,底层对角直径长 8.9 米,通体呈六角锥状。石凿斗拱,砖彻牙檐。塔门朝西,从第二层起,每层六面均有门,三实三虚,塔内有砖砌梯阶,如此可盘旋而上。此种塔梯结构在我国众多的古塔中仅为一例。塔顶六角攒尖、铜刹高耸。左侧底层镶嵌石碑一座,系同治十一年(1872)白景福所撰之重修大胜宝塔碑记。此塔千余年来饱经地震及风雨剥蚀,仍巍然屹立。缘梯盘旋而上,攀顶远眺,浔城风光尽收眼底,匡庐雄姿历历在目。该塔为九江的标志建筑。

8.关于建筑的经典文字轶闻。同治九年,九江关督唐英(字隽人,号蜗寄老人)为新建的山门撰联曰:"古刹有真如,是庄严七层宝塔;老僧无障碍,大供养一个庐山。"又为塔作联曰:"七层宝塔为禅杖;一个庐山作钵盂。"清人小说《儿女英雄传》中的"十三妹大闹能仁寺"故事取材于此。

参考文献

①(清)陈鼎修:《德化县志》,同治十一年刻本。

②吴宜先,徐安奎:《论大胜塔的断代》,《南方文物》,1999年第4期。

③(明)冯曾修:嘉靖《九江府志》,上海古籍书店,1962年。《天一阁明代方志选刊》影印本。

④白景福:《重修大胜宝塔碑记》同治十一年。

二、海宝塔

1.建筑所处位置。位于宁夏回族自治区银川市北郊海宝塔寺内。

2.建筑始建时间。始建年代不详①。

3.最早的文字记载。最早的地方文献见于明弘治《宁夏新志》:"黑宝塔在城北三里,不知始建所由。②"

4.建筑名称的来历。明弘治《宁夏新志》称"黑宝塔",清康熙间《重修宁夏卫海宝塔记》说:"惟赫连勃勃曾为重修,遂有讹为赫宝塔者"③。海宝、黑宝、赫宝三个名称读音相近,很可能是由一个"赫"字讹传的。赫连勃勃曾在今银川建饮汗城,他在这里建寺立塔的可能性很大。因塔位于城北,当地人又称之为"北塔"。

5.建筑兴毁及修葺情况。相传为5世纪初十六国夏国王赫连勃勃重修,后曾屡遭劫难,大的破坏有两次:第一次是清康熙四十八年(1709)地震,毁其巅4层,于康熙四十九至五十一年(1710—1712)修复;第二次是乾隆三年(1738)冬地震,寺塔全被震坍,"惟存塔台塔址",乾隆四十三年(1778)重建④,这就是我们今天看到的佛塔。中华人民共和国建立后,曾数次维修。1963—1966年,加固塔刹,安装避雷设施,并划定了保护范围,树立了保护标志,设专人管理。1977—1980年,采用拉杆,加固塔身,翻修塔座、踏步、扶梯、门窗。

6.建筑设计师及捐资情况。始建者不详,赫连勃勃曾重修。

7.建筑特征及其原创意义。海宝塔建在寺院大佛殿和韦陀殿之间中轴线上,为方形9层11级楼阁式砖塔,由塔座、塔身和塔刹组成,通高53.9米。平面呈亚字形。底层即塔座,为两层方形高台,高9.9米,正面设阶。上层塔座后三壁置券形壁龛,正壁辟券门,门前立抱厦一间,突出了塔的入口处。抱厦的卷棚歇山顶起翘很高,玲珑俊俏,富于装饰效果。进门入室,室呈方形,内置暗道,通塔座台面。塔身底层每边长10米,向上逐层收分。各层叠涩砖挑出平座、腰檐。每层墙面分成3间,每面明间出轩,并开券门,次间各一拱形壁龛,其中第2、4、6、8层隐砌为尖拱形。塔身四壁因均有出轩,成为"十字折角"的平面。由于出轩的纵深只有60厘米,因此塔身远看仍呈方形。在高层楼阁式塔中,此种形式尚无先例。塔室为方筒形,各层隔铺楼板,设扶梯。每层四面与券门相接,用以采光。塔身9层之上又加一层腰檐,形成内9层外10层的结构。塔身内部为上下相通的方形空间,各层之间以木梁楼板相隔,沿楼梯辗转而上,可达顶层。每层室内四面均有拱券通道与券门相接,既可采光通风,又能供游人眺望。塔顶构成 12 面攒尖式,刹座上置一庞大的桃形绿色琉璃塔刹,与灰色的塔身形成鲜明的对比,使人感到端庄明快的色彩美。从塔的形式上看,采用方形,塔的基座仍保持了十六国时期常用的高台形式,这些都是我国早期佛塔的特点。

8.关于建筑的经典文字轶闻。董必武 1963 年登海宝塔,赋诗一首:"银川郊外赫连塔,高势孤危欲出云。直以方形风格异,只缘本色火砖分。登临百级莫嫌陡,俯视三区极可欣。四野农民皆组社,庆丰收亦乐清芳。"(《登银川市北塔》)⑤

参考文献

①万历《朔方新志》载:"黑宝塔,赫连勃勃重修",清代方志大都沿袭这一说法。《乾隆宁夏府志》载:"黑宝塔,盖汉、晋间物矣。"清乾隆年间闽浙总督赵宏燮撰写《重修海宝塔记》云:"旧有海宝塔,挺然插天,岁远年湮,而咸莫知所自始,惟相传赫连宝塔"。

②(明)王觐修,(明)胡汝砺纂:弘治《宁夏新志》八卷,上海古籍书店,1961 年。

③④(清)张金城修、(清)杨浣雨纂,陈明猷校点:《乾隆宁夏府志》二十二卷,卷四。宁夏人民出版社,1992 年。

⑤牛达生、林京:《海宝塔》,《朔方》,1978 年第 5 期。

三、应天塔

1.建筑所处位置。位于浙江省绍兴市区南隅塔山之巅。

2.建筑始建时间。始建于东晋末。

3.最早的文字记载。北宋名臣赵汴有《观宝林院塔偶成》诗:"宝山新塔冠山形,心匠经营不日成。突兀插天三百尺,庄严容佛一千名。下临泉窦灵鳗喜,上拂云端过雁惊。入境行人十余里,指浮图认越王城。①"

4.建筑名称的来历。晋朝末年,沙门昙彦与许询同造砖木二塔,有神异,天降相轮,故有应天之号,名曰应天②。

5.建筑兴毁及修葺情况。始建于晋末,塔成后百余年(473),惠基法师在飞来山上建宝林寺,塔遂成寺内建筑。唐会昌年间(841—846)遭损。不久,僧人皓仁于唐乾符元年(874)复建塔,为 9 层,高 23 丈。南宋乾道末年(1173)藻绘尤盛。后频毁。明嘉靖三年(1524)郡人萧鸣凤言于郡,召僧人铁瓦重建应天塔,改为七层六面。万历六年(1578)寺僧真理又募资重修。清康熙初期,僧性觉募修③。1984 年,绍兴市园林管理处对应天塔做了大规模的复原整修,塔外支起"塔衣"(外走廊、围栏、檐口),塔内架起盘梯,塔顶盖以铸铁覆盆,保留"宋风明塔"的格局。

6.建筑设计师及捐资情况。晋末宝林寺沙门昙彦和名士许询等。

7.建筑特征及其原创意义。应天塔系一座七层六角形木檐砖身的楼阁式塔。塔身平面分别由平座、塔壁和塔室三部分组成。塔基直接立于山顶岩石上。现存塔顶覆盆上口至塔室地面通高 38.83 米。塔身直径自下而上随高度之异而逐层向内收敛,底层直径 652 厘米,顶层直径 388 厘米。塔壁壶门底层以六向辟设,以上各层均相对开设二门,并逐层旋转变换方向④。塔身内置缘梯,塔顶盖以铸铁覆盆,巍峨壮观。缘盘梯登上顶层,依栏四望,便觉得云低天开,古城绍兴尽收眼底。塔内尚存明嘉靖十二年(1533)砖雕 20 方,其中 2 方雕以佛像,铁盖上镌刻的明嘉靖十三年(1534)修塔题记,仍明晰可见。

8.关于建筑的经典文字轶闻。宋王安石《登飞来峰》:"飞来山上千寻塔,闻说鸡鸣见日升。不畏浮云遮望眼,自缘身在最高层。"宋刘学箕《登应天塔》:"云级涌青冥,金鳌载宝轮。地高心自逸,天近足无尘。图画千峰晚,楼台万井春。三生许元度,曾此证前身。"

浮船与撑杆的故事:相传古代绍兴虽经马臻修筑鉴湖,但此后依然水患不断。时人以为绍兴地形南北狭长,酷似船形,只有小船不再飘浮,水患才能终止。至南朝梁武帝年间,有一番僧来到绍兴,他建言绍兴必须以两支撑杆支住,才不会漂浮,而这两支撑杆须用七级浮屠制成。经他实地考察,最后船头的撑杆定在当时新建的"大善禅寺"院内,船尾的撑杆则建在飞来山上,大善塔与应天塔就这样建成了。

参考文献

①(宋)赵汴:《清献集》。

②③(清)徐元梅修,(清)朱文翰等纂:《嘉庆山阴县志》,上海书店,1993 影印本。

④梁志明:《浙江绍兴应天塔考察及修复》,《古建园林技术》,1998 年第 4 期。

四、山东历城神通寺龙虎塔

1.建筑所处位置。位于山东省济南市历城区神通寺内,坐落在祖师林南,与四门塔隔谷相望。

2.建筑始建时间。在县东七十里琨瑞山中,符秦时沙门竺僧朗隐居也。朗少事佛图澄,尤明气纬。隐于此谷,因谓之朗公谷[①]。南燕慕容德二年(398)慕容德为僧朗拨款修建神通寺[②]。

3.最早的文字记载。是年(慕容德二年,398)德为僧朗建神通寺于齐州,仍遗书于朗曰:敬问太山朗和尚:遭家多难,灾祸屡臻。昔在建兴,王室西越,赖武王中兴,神武御世,大启东夏,拯拔区域。遐迩蒙苏,天下幸甚。天未忘灾,武王即宴。永康之始,东倾西荡。京华播越,每思灵阙。屏营饮泪,朕以寡德,生在乱兵遗民,未几继承大统,幸和尚大恩,神祇盖护,今使使者送绢百疋,并假东齐王奉高、山荏二县封给。书不尽意,称朕心焉。朗答书曰:陛下龙飞,统御百国。天地融溢,皇泽载赖。善逢高鉴,惠济黔首。荡平之期,何忧不一。陛下信向三宝,恩旨殊隆。贫道味静深山,岂临此位!且领民户,兴造灵刹,所崇像福,冥报有归[③]。

4.建筑名称的来历。朗公寺,泰山神通寺,即南燕主慕容德为僧朗禅师之所立也。上下诸院十有余所,长廊延袤千有余间,三度废教,人无敢撤,欲有犯者,朗辄现形以锡杖拂之。病困垂死求悔先过,还差如初。寺立已来四百余载,佛像鲜荣,色如新造,众禽不践,于今俨然。古号为朗公寺,以其感灵即目,故天下崇焉。开皇三年文帝以通徵屡感,故改曰神通也[④]。以塔身雕有龙虎而得名。

5.建筑兴毁及修葺情况。塔始建年代无考,据建筑风格推断,塔基、塔身建于唐,塔顶补建于宋[⑤]。

图 3-5-1　山东历城神通寺龙虎塔

此塔原在柳埠镇北面约十公里外的突泉村,1972年移置于此[6]。龙虎塔北有僧墓塔林46座,多系宋元和尚墓葬,其中比较重要的是元代道兴禅师塔和德云禅师塔。

6.建筑设计师及捐资情况。唐塔建筑设计师以及捐资者失考。神通寺的建筑最初当是僧朗。其他参上。

7.建筑特征及其原创意义。龙虎塔造型优美,与四门塔古朴的风貌,形成鲜明的对照。龙虎塔高10.8米,砖石结构。塔身每面有刻着火焰状纹样的券门,周身布有刻工精致的高浮雕龙虎、罗汉、力士、伎乐、飞天等形象,气势飞动,华丽壮观。三层平台大檐华拱的塔顶,形式十分优美。塔室内有石雕四面的佛龛,龛额刻飞天。龛内四个佛像突胸细腰,脸型瘦长。这里还有一座唐开元五年(717)的七级(现存六级)小型石雕塔,塔身正面也有高浮雕的龙虎,所以人们称之为"小龙虎塔"。塔内有一佛二菩萨的雕像[7]。

8.关于建筑的经典文字轶闻。隋东都宝扬道场释法安,姓彭,安定鹑孤人。少出家在太白山九陇精舍,慕禅为业,粗食敝衣,卒于终老。开皇中,来至江都,令通晋王门人,以其形质矬陋,言笑轻举,并不为通。日立门首,喻遣不去。试为通之,王闻召入,相见如旧。便住慧日,王所游履,必赍随从。及驾幸泰山,时遇渴乏。四顾惟岩,无由致水。安以刀刺石,引水崩注,用给帝王,时大嗟之。问何力耶,答王力也。及从王入碛,达于泥海中,应遭变怪,皆预避之,得无损败。后往泰山,神通寺僧来请檀越,安为达之,王乃手书寺壁为弘护也。初与王入谷,安见一僧著敝衣,乘白驴而来。王问何人,安曰斯朗公也。即创造神通故来迎引。及至寺中,又见一神状甚伟大,在讲堂上,手凭鸱吻下观人众。王又问之,答曰:此太白山神,从王者也。尔后诸奇不可广录,大业之始,帝弥重之,威轹王公,见皆屈膝[8]。

(明)李攀龙《神通寺》:"相传精舍朗公开,千载金牛去不回。初地花间藏洞壑,诸天树杪出楼台。月高清梵西峰落,霜净疏钟下界来。岂谓投簪能避俗,将因卧病白云限。[9]"

参考文献

①《元和郡县志》卷一一。

②③《十六国春秋》卷六三《南燕录一》。

④(明)陈耀文:《天中记》卷三六引。

⑤⑥⑦山东历城县志编纂委员会:《历城县志》,济南出版社,1990年。

⑧(唐)释道宣:《续高僧传》卷二六。

⑨《沧溟集》卷九。

(六)志亭

然犀亭

1.建筑所处位置。在安徽省马鞍山市采石翠螺山东南麓临江处。

2.建筑始建时间。诸书但言温峤然犀事并云后人建亭其上。不言具体始建年月。

3.最早的文字记载。南宋吴渊《念奴娇》词有"谁著危亭当此处,占断古今愁绝。……追念照水然犀,男儿当似此,英雄豪杰"句①。

4.建筑名称的来历。采石矶原名牛渚矶,传有金牛出渚而得名。东晋咸和四年(329)骠骑将军温峤"至牛渚矶,水深不可测,世云其下多怪物,峤遂毁犀角而照之。须臾,见水族覆火,奇形异状,或乘马车着赤衣者。峤其夜梦人谓已曰:'与君幽明道别,何意相照也?'意甚恶之。②"后人遂在此建亭,故名燃犀亭,然与燃通。

5.建筑兴毁及修葺情况。约于清初重建,清乾隆三十七年(1772)黄景仁有"江从慈母矶边转,潮到然犀亭下回"句③。咸丰、同治年间被毁。现亭为光绪十三年(1887)长江水师提督李成谋重建。

6.建筑设计师及捐资情况。始建者不详,现亭为清李成谋重建。

7.建筑特征及其原创意义。然犀亭为四角攒尖式屋顶,小青瓦屋面,顶角飞翘,四角发戗,正面饰挂落;平面方形,擎以方石柱,淡雅朴素。亭题额"江天一览",亭内石碑刻"燃犀亭"三字,系清光绪年间水师提督李成谋手书。亭临大江,遥对天门,浪击峭壁,地势险要,风景优美。亭下崖壁有"天下太平"四字石刻。临江石上有鞋状龛窟,名"大脚印",传为明大将军常遇春攻打采石矶时留下的脚印。

8.关于建筑的经典文字轶闻。南宋吴渊《念奴娇》:"我来牛渚,聊登眺、客里襟怀如豁。谁著危亭当此处,占断古今愁绝。江势鲸奔,山形虎踞,天险非人设。向来舟舰,曾扫百万胡羯。追念照水然犀,男儿当似此,英雄豪杰。岁月匆匆留不住,鬓已星星堪镊。云暗江天,烟昏淮地,是断魂时节。栏干搥碎,酒狂忠愤俱发。"郭沫若《水调歌头·游采石矶》:"久慕然犀亭,来上青莲楼。日照长江如血,千里豁明眸。洲畔渔人布罟,正是鮒鱼时节,我欲泛中流。借问李夫子:愿否与同舟?君打桨,我操舵,同放讴。有兴何须美酒,何用月当头?畅好迎风诵去,传遍亚非欧。宇宙红旗展,胜似大鹏游。"

参考文献

①唐圭璋编纂,王仲闻参订,孔凡礼补辑:《全宋词》,中华书局,1999年。
②《晋书》卷六七《温峤传》。
③(清)黄景仁:《笥河先生偕宴太白楼醉中作歌》,《两当轩集》卷三。

(七)志台

一、教弩台

1.建筑所处位置。位于安徽省合肥市区淮河路东段北侧。

2.建筑始建时间。东汉末年曹操筑台教弩。其他建筑当此后陆续建成。

3.最早的文字记载。井栏题记:"晋泰始四年殿中司马夏侯胜造"。《方舆胜览》:教弩台在怀德坊明教寺。旧经云:昔魏武帝筑台,教强弩五百人,以御孙权櫂船。唐大历间因得铁佛高一丈八尺,刺史裴绢奏请为寺①。

4.建筑名称的来历。东汉末年曹操在此筑台,"教强弩以御吴舟师"②,故名"教弩台"。

5.建筑兴毁及修葺情况。南朝萧梁天监年间(502—519),魏武教弩台上始营佛刹,铸宝像,谓铁佛寺③。铁佛寺在兴建一百多年后,毁于隋末兵变。唐朝大历年间(766—779),在废墟中挖得铁佛一尊,高丈八,庐州刺史裴绢奏告朝廷,代宗皇帝李豫诏令重建,定名"明教院"。明朝以后改称"明教寺",沿用至今。明教寺历经沧桑,到清代咸丰三年(1853)全部毁于战火。现在的明教寺主体建筑为光绪十一年(1885)太平天国遗老袁宏谟(即通元上人)所建,耸立台上,雄伟壮观。

6.建筑设计师及捐资情况。曹操。

7.建筑特征及其原创意义。台高近5米,面积3700多平方米,略呈正方形,台基壁峭,俨如城堡。此台距淝水、津水和逍遥津都不远。三国时,曹操曾四次到合肥在此临阵指挥,"教强弩五百",以狙击东吴水师。台上有屋上井、听松阁两处古迹。屋上井因井口高出街上平房屋脊得名,亦称"高井"。井圈石色青润,光亮如玉,圈口被井绳磨成23条深沟,显得格外拙扑古老;圈外斑痕累累,镌刻"晋泰始四年殿中司马夏侯胜造"字样,由此可以推算出这口古井已有1700多年历史,是教弩台的早期遗物。听松阁是曹操"望敌情、运筹帷幄、纳凉休息"之所,周围松柏挺拔,浓荫蔽日,后被誉为庐阳八景之一的"教弩松荫"即此。

8.关于建筑的经典文字轶闻。唐人吴资《合肥怀古三首其二》:"曹公教弩台,今为比丘寺。东门小河桥,曾飞吴主骑。④"明教寺对联:"曹公教弩台尚在,吴主飞骑桥难寻。"

参考文献

① (宋)祝穆:《方舆胜览》——"古迹志"。
②③ (清)孙星衍:《嘉庆庐州府志》,江苏古籍出版社,1998年。
④ (宋)王象之:《舆地纪胜》卷四五。

二、铜雀台

1.建筑所处位置。位于河北省临漳县三台村。

2.建筑始建时间。东汉建安十五年(210)。"十五年……冬,做铜雀台"①。

3.最早的文字记载。曹丕、曹植《登台赋》等。

4.建筑名称的来历。台上有楼,作铜雀于楼顶,故名。

5.建筑兴毁及修葺情况。十六国后赵石虎时,在曹魏十丈高的基础上"更增二丈,立一屋,连栋接橑,弥覆其上,盘回隔之,名曰命子窟。又于屋上起五层楼,高十五丈,去地二十七丈,又作铜雀于楼巅,舒翼若飞。南则金虎台,高八丈,有屋百九间。北曰冰井台,亦高八丈,有屋百四十五间,上有冰室,室有数井,井深十五丈,藏冰及石墨焉。石墨可书,又然之难尽,亦谓之石炭。又有粟窖及盐窖,以备不虞。今窖上犹有石铭存焉。②"北齐天保九年(558),征发工匠三十万,大修三台。整修后,铜雀台改名为金凤台。唐朝又恢复了旧名。元末,铜雀台被漳水冲毁一角,周围尚有一百六十余步,高五丈,上建永宁寺。明朝中期,三台还存在。明末,铜雀台大半被漳水冲没。

6.建筑设计师及捐资情况。曹操始建,北齐文宣帝高洋整修。

7.建筑特征及其原创意义。金虎、铜雀、冰井三台建在邺城西城墙上,以城墙为基础,从南向北一字排开,铜雀台居中,"高十丈,有屋一百间"③,南与金虎台、北与冰井台(两台分别高八丈)相去各六十步,上有两座阁道式浮桥相连接,"三台列峙而峥嵘"④,足见当时建筑雄伟高大,气势磅礴。现部分遗址犹存。

8.关于建筑的经典文字轶闻。曹植《登台赋》:"从明后以嬉游兮,登层台以娱情。见太府之广开兮,观圣德之所营。建高门之嵯峨兮,浮双阙乎太清。立中天之华观兮,连飞阁乎西城。临漳水之长流兮,有玉龙与金凤。览二桥于东南兮,乐朝夕之与共。俯皇都之宏丽兮,瞰云霞之浮动。欣群采之来萃兮,协飞熊之吉梦。仰春风之和穆兮,听百鸟之悲鸣。天云垣其既立兮,家愿得乎双逞。扬仁化于宇宙兮,尽肃恭于上京。惟桓文之为盛兮,岂足方乎圣明?休矣!美矣!惠泽远扬。翼佐我皇家兮,宁彼四方。同天地之规量兮,齐日月之辉光。永贵尊而无机兮,等君寿于东黄。御龙旗以遨游兮,回鸾驾而周章。恩化及乎四海兮,嘉物阜而民康。愿斯台之永固兮,乐终古而未央!⑤"唐贾至《铜雀台》:"日暮铜台静,西陵鸟雀归。抚弦心断绝,听管泪霏微。灵几临朝奠,空床卷夜衣。苍苍川上月,应照妾魂飞。"⑥

参考文献

①《三国志》卷一《魏志·武帝纪》。

②③《水经注》卷十《浊漳水》。

④(晋)左思:《魏都赋》。

⑤(三国·魏)曹植撰,赵幼文校注:《曹植集校注》卷一,人民文学出版社,1998年。

⑥《全唐诗》卷二三五。

(八)志楼

一、黄鹤楼

1.建筑所处位置。位于湖北省武汉市武昌蛇山。

2.建筑始建时间。《元和郡县志》载:"(三国)吴黄武二年(223),城江夏,以安屯戍地也。城西临大江,西南角因矶为楼,名黄鹤楼。"①

3.最早的文字记载。《南齐书》:"黄鹤楼在黄鹄矶上,仙人子安乘黄鹤过此,又世传费祎登仙驾鹤憩此。"②

4.建筑名称的来历。"昔费祎登仙,每乘黄鹤于此憩驾,故号为黄鹤楼③。"

5.建筑兴毁及修葺情况。黄鹤楼始建于公元223年,至唐永泰元年(765)黄鹤楼已具规模,然而兵火频繁,黄鹤楼屡建屡废。最后一座"清楼"建于同治七年(1868),毁于光绪十年(1884),此后近百年未曾重修。1981年10月,黄鹤楼重修工程破土开工,1985年6月落成。

6.建筑设计师及捐资情况。孙权为实现"以武治国而昌",筑城为守,建楼以瞭望。

7.建筑特征及其原创意义。现黄鹤楼主楼以清同治年间样式为原型,重新设计兴建,但更高大雄伟。共5层,通高51.4米,比古楼高出将近20米;外形方正,四望如一,底层各宽30米,而古楼底层各宽15米;运用现代建筑技术施工,钢筋混凝土框架仿木结构,72根立柱拔地而起。飞檐5层,攒尖楼顶,金色琉璃瓦屋面,加5米高的葫芦形宝顶。全楼各层布置有大型壁画、楹联、文物等,楼外铸铜黄鹤造型、胜像宝塔、牌坊、轩廊、亭阁等一批辅助建筑,将主楼烘托得更加壮丽。与之交相辉映的白云阁,坐落在蛇山之巅,共4层,高

图 3-8-1 黄鹤楼

29.7 米。前楼后阁构成"白云黄鹤",成为武汉的标志物。

8.关于建筑的经典文字轶闻。黄鹤楼号为"天下江山第一楼",古来题咏极多。唐阎伯瑾于代宗永泰元年(765)撰《黄鹤楼记》:"观其耸构巍峨,高标龙伀,上依河汉,下临江流,重檐翼馆,四闼霞敞,坐窥井邑,俯拍云烟,亦荆吴形胜之最也。④"崔颢《黄鹤楼》为千古绝唱:"昔人已乘黄鹤去,此地空余黄鹤楼。黄鹤一去不复返,白云千载空悠悠。晴川历历汉阳树,芳草萋萋鹦鹉洲。日暮乡关何处是,烟波江上使人愁。"李白《黄鹤楼送孟浩然之广陵》:"故人西辞黄鹤楼,烟花三月下扬州。孤帆远影碧空尽,唯见长江天际流。"

《报恩录》:辛氏市酒黄鹄山头,有道士数诣饮,辛不索赀。道士临别,取桔皮画鹤于壁,曰:"客至,拍手引之,鹤当飞舞侑觞"。逾十年,道士复至,取所佩铁笛数弄,须臾,白云自空飞来,鹤亦下舞,道士乘鹤去。辛氏即以其地建楼,曰"辛氏楼"。

参考文献

①(唐)李吉甫:《元和郡县志》卷二八。

②《南齐书·州郡志》。

③(宋)乐史:《太平寰宇记》卷一一二。

④(唐)阎伯瑾:《黄鹤楼记》,《全唐文》卷四四〇。

二、八咏楼

1.建筑所处位置。位于浙江省金华城区东南隅,婺江北岸。

2.建筑始建时间。南朝齐隆昌元年(494)。明宋濂《八咏楼诗纪序》:"八咏楼在婺城上西南隅,其建立也实昉于武康之沈休文(按:即沈约)。齐隆昌初,休文以吏部郎出守是邦,民清讼简,号称无事,既创楼,名之曰玄畅,复为诗八咏,以写其山川景物之情"①。

3.最早的文字记载。沈约《登玄畅楼》,有"危峰带北阜,高顶出南岑。中有凌风榭,回望川之阴"等句。

4.建筑名称的来历。八咏楼原称元畅楼或玄畅楼,为南朝文学家、史学家沈约首倡创建。沈约又作《八咏诗》,诗作毕,沈氏意犹未了,于是又将诗中的每句为题,扩写了八首诗,每篇230—250字,为当时文坛长篇杰作,享誉盛隆。自唐代起,遂将楼名改为八咏楼,永志纪念②。

5.建筑兴毁及修葺情况。北宋乾德四年(966)刺史钱俨将宝婺观从城西北迁至玄畅楼与之联属,此后八咏楼、宝婺观、星君楼三者时分时合,时撤时建。南宋淳熙十四年(1187),知州李彦颖扩建此楼,将沈约的《八咏诗》勒于石碑③。元皇庆元年(1312)楼毁于火,延祐三年(1316)重建。明洪武五年(1372)楼与观因灾而毁,次年在楼址之南建灵华阁,东建玉皇阁,后玉皇阁毁,明万历年间(1573—1620)重建八咏楼。清顺治三年(1646)

楼毁于战火,后郡守夏之中重建。而后康熙、嘉庆、道光、光绪等朝又多次重建和修缮④。1984年大修。

6.建筑设计师及捐资情况。东阳郡太守、著名史学家和文学家沈约。宋朝叶适《宝婺观记》:"观即八咏楼也……浙以东兹楼称最焉,昔沈约始建。⑤"

7.建筑特征及其原创意义。楼坐北朝南,面临婺江,高数丈,耸立于石砌台基上,有石阶百余。整座楼分为前后两部分,前为重檐歇山顶亭楼,即八咏楼正楼,紧贴亭楼后是一组三进两廊的硬山顶木结构建筑,结构严谨,造型典雅,风格古朴,楼内雕梁画栋,飞檐朱窗,瑰丽精美。登楼远眺,仰望山峦连屏拥翠,俯视婺江碧波千里,风景极佳。楼在东南沿海一带,可谓首屈一指。

8.关于建筑的经典文字轶闻。沈约《登玄畅楼》:"危峰带北阜,高顶出南岑。中有凌风榭,回望川之阴。岸险每增减,湍平互浅深。水流本三派,台高乃四临。上有离群客,客有慕归心。落晖映长浦,焕景烛中浔。云生岭乍黑,日下溪半阴。信美非吾土,何事不抽簪。⑥"唐代诗人严维《送人入金华》诗:"明月双溪水,清风八咏楼。昔年为客处,今日送君游。⑦"宋李清照《题八咏楼》:"千古风流八咏楼,江山留与后人愁。水通南国三千里,气压江城十四州。⑧"

参考文献

①(明)宋濂:《宋学士全集》卷五。

②(明)吴之器:《婺书》记载:"唐世因改楼名曰八咏。"

③(宋)唐仲友:《悦斋文钞》卷十。

④康熙、道光、光绪朝所立《重建宝婺观八咏楼碑记》。

⑤(宋)叶适:《水心先生文集》卷一一。

⑥(南朝·梁)沈约撰,陈庆元校笺:《沈约集校笺》,浙江古籍出版社,1995年。

⑦《全唐诗》卷二六三。

⑧(宋)李清照著,王仲闻校注:《李清照集校注》,人民文学出版社,1979年。

(九)志窟

一、仙佛寺

1.建筑所处位置。位于湖北省恩施土家族苗族自治州来凤县城东7千米的酉水河边佛潭岩上。

2.建筑始建时间。东晋咸康元年(335),一说为五代前蜀咸康元年(925)。

3.最早的文字记载。在石佛北端的石壁上,刻有"仙佛寺"三字。旁边刻有"咸康元年五月"。据《来凤县志》记载:"咸康佛,在佛潭岩上,峭壁千寻,上刻古佛二尊,须眉如画。居人依石壁建阁三层……左镌有记,仅余'咸康元年五月'六字,文多不可辨"①。

4.建筑名称的来历。酉水河边有一座赭红色的山崖,高约百余米,壁上佛三尊,依壁建

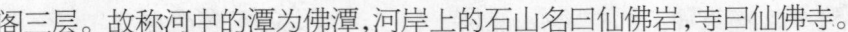

阁三层。故称河中的潭为佛潭，河岸上的石山名曰仙佛岩，寺曰仙佛寺。

5.建筑兴毁及修葺情况。仙佛寺始建于东晋咸康元年，距今已有1700多年历史，其供奉的古佛史称"咸康佛"，为江南摩崖石刻之最，早在1956年即被列为省级重点文物保护单位。在十年浩劫中，佛像被砸，经书古物被焚，庙寺被拆，碑、碣、基石被取，只是石壁上的摩石造像，还基本完整。

6.建筑设计师及捐资情况。阮璞先生推测为土家族首领所造[2]。

7.建筑特征及其原创意义。石壁上有大佛三龛，龛高7米，主佛高6米。中龛为一佛、二弟子、二菩萨，两侧的南北龛各为一佛、二弟子。南有石窟群，刻有1米高的小佛19尊，整座石窟全长35米。古寺上依绝壁，下临深潭，寺外古木参天，浓荫蔽日，青藤垂帘，清风徐徐，夏亦生寒。每当皓月当空，影映清潭，凭栏观赏，更觉景色宜人。

8.关于建筑的经典文字轶闻。寺中回文诗："花开菊白桂争妍，好景留人宜晚天。霞落潭中波漾影，纱笼树色月笼烟。"如将诗倒念，即："烟笼月色树笼纱，影漾波中潭落霞。天晚宜人留景好，妍争桂白菊开花。"该诗还可以减字读，如每句减去两个字，便成为："菊白桂争妍，留人宜晚天。潭中波漾影，树色月笼烟。"或每句减去第五、六两个字，可以读作："花开菊白妍，好景留人天。霞落潭中影，纱笼树色烟。"

参考文献

①（清）李勋修；（清）何远鉴等纂：《同治来凤县志》三十二卷卷首一卷卷末一卷。

②阮璞：《来凤仙佛寺的五代石窟造像："咸康佛"》，《新美术》，2009年第1期。

二、响堂山石窟

1.建筑所处位置。位于河北省邯郸城西南35千米处峰峰矿区响堂山（鼓山）上。

2.建筑始建时间。根据北响堂山石窟南洞外面北齐天统四年（568）至武平三年（572）唐邕的刻经记可以证明是北齐开凿，再以北洞造像风格论，可能要早到东魏[1]。南响堂山石窟最早草创于灵化寺比丘慧义，时为"齐国天统元年乙酉之岁"（565）。

3.最早的文字记载。"齐国天统元年乙酉之岁"题记。

4.建筑名称的来历。因在洞内拂袖、谈笑即能发出锣鼓铿锵之声而得名。

5.建筑兴毁及修葺情况。北周建德六年（577）左右武帝灭佛毁坏部分经像，有的没有完工，后隋、唐、宋、元、明、清各代，响堂山断断续续都有装修、造像活动。20世纪20年代，武安伪县长李聘三勾结袁世凯之子袁克文将许多造像及细部雕刻盗凿并运往国外，响堂山石窟遭到了有史以来最惨重的破坏。这次破坏导致并形成了现在缺头少臂的局面。1981—1982年邯郸市、峰峰矿区两文物保管所合作对石窟进行全面调查实测，建立资料档案，并先后维修了窟群的围墙及殿宇等附属建筑。1989年起维修南响堂石窟。

6.建筑设计师及捐资情况。北齐皇室贵族。

7.建筑特征及其原创意义。响堂山石窟包括位于山西麓北端的北响堂石窟、山南麓的南响堂石窟，两地相距15千米。此外在南响堂附近尚有水浴寺三窟造像，称小响堂石窟。北响堂山石窟开凿在陡峭的崖壁上，规模较大。九座石窟排列在鼓山中部天宫庙峰腰间，窟前有东西天宫庙等古建筑和一座八角九层的大石塔。九窟以北齐开凿的三大窟为中心，分南、北、中三组，每组有一个大窟。中组最有特色，窟门外峭壁上刻着两层石雕楼檐，外观如同楼阁。窟内整洁雅丽，佛像众多，四壁刻有浮雕花卉鸟兽图案。北组大佛洞规模最大，洞宽13.3米，进深12.5米，大佛高约4米，雄伟轩昂，造型浑厚匀称。虽经千年侵蚀，面部依然圆润光洁如新。北组刻经洞的内外壁刻满了佛经经文，旁有北齐天统四年

（568）至武平三年（572）唐邕书写的《维摩诘经》四部，碑文隶书，笔锋犀利，刚劲挺拔。南响堂石窟外土木结构建筑很多，层层叠叠。石窟毁坏严重。七座石窟分上下两层，其中千佛洞保存较完好，窟内凿有佛像1028尊，窟壁上布满一排排小佛像，千姿百态。洞顶雕有伎乐飞天，手持乐器为舞蹈伴奏，衣带飘拂，体态优美，十分生动。响堂山北齐石窟平面方形，平顶，分中心塔柱式与三壁三龛式两类，多具仿木结构窟廊，其中南响堂第3、7窟，北响堂第2、3窟，在窟前四柱三开间窟廊上方又凿有大型覆钵、山花蕉叶、刹杆及火焰宝珠等，形成了很有特色的塔形窟。窟门两侧雕八角束莲柱，门额饰以精致的宝塔、飞天，门侧壁浅雕肥大忍冬纹，整个外观装饰华丽。南响堂第2窟窟廊檐额上雕五铺作双抄偷心造斗拱，是石窟建筑中仅有的一例，为研究北朝建筑难得的实物资料[2]。

图3-9-1 响堂山石窟第7窟窟檐

8.关于建筑的经典文字轶闻。《资治通鉴》卷一百六十记："太清元年（547，东魏武定五年）……虚葬齐献武王（高欢）于漳水之西，潜凿成安鼓山石窟佛寺之旁为穴，纳其枢而塞之……"王去非先生在《参观三处石窟笔记》一文中，提到响堂山："第三洞在第二洞上方，有阶梯可以攀登，整个外观作塔上的复钵形……与第二洞合成一个完整的塔形……它的外形犹如第七洞壁面的塔形龛。[3]"

参考文献

①阎文儒：《中国石窟艺术总论》，广西师范大学出版社，2003年。关于响堂山石窟的开凿年代可参见赵立春《从文献资料论响堂山石窟的开凿年代》，《文物春秋》，2002年第2期、刘东光《响堂山石窟的凿建年代及分期》，《华夏考古》，1994年第2期等。

②参看以下著述：

赵立春：《响堂山石窟北齐塔形窟述论》，《敦煌研究》，1993年第2期。

李文生：《响堂山石窟造像的特征》，《中原文物》，1984年第1期。

③王去非：《参观三处石窟笔记》，《文物参考资料》，1956年第10期。

三、麦积山石窟

1.建筑所处位置。位于甘肃省天水市东南约50千米的群山中。

2.建筑始建时间。后秦（384—417）。窟中现存南宋绍兴二十七年（1157）铭文："麦积山胜迹，始建于姚秦，成于元魏。"

3.最早的文字记载。麦积山第115窟墨书张元伯开窟造像发愿文，"……麦积□□□□□□蓄为菩萨造石窟一躯……"时在北魏宣武帝景明三年（502）[1]。《高僧传·玄高传》："高乃杖策西秦，隐居麦积山，山学百余人，崇其义训，禀其禅道。[2]"

4.建筑名称的来历。山为西秦岭山脉小陇山中的一座孤峰，因"望之团团，如农家积麦之状"，故名。五代王仁裕《玉堂闲话》："麦积山者，北跨清渭，南渐两当，五百里岗峦，麦积处其半，崛起一块石，高百万寻，望之团团，如农家积麦之状，故有此名。[3]"

5.建筑兴毁及修葺情况。麦积山石窟约自十六国后秦时期创建,历经西秦、北魏、西魏、北周、隋、唐、宋、元、明、清各代,历时一千六百余年,都有不断开凿和修缮,也经历有史可查的 8 次大地震和 5 次火灾洗劫。麦积山石窟早期造像及壁画,大都经北魏太武帝灭佛焚毁。北魏文成帝复法后,不但修复了毁坏的塑像,而且掀起了前所未有的开窟造像热潮;北周时期,大兴崖阁,造像蔚然成风;宋代是大规模重修时期,重修塑像达 400 余身;明清,塑像、壁画多妆金,并修缮了瑞应寺④。20 世纪 40 年代初,当地学者冯国瑞负责修复了东崖卧佛洞到牛儿堂的栈道;50 年代初,人民政府接管石窟,修复了全部的栈道,加固了濒危塑像;60 年代和 70 年代中期又进行加固维修工程;2000 年对濒临塌毁的瑞应寺院进行重新维修,21 世纪开始了防渗水工程。对塑像和壁画的临摹、修复也一直在进行中。

6.建筑设计师及捐资情况。后秦统治天水时,名僧玄高隐居麦积,时已有"山学百余人"。西魏之初,在麦积山"再修崖阁,重兴寺宇"。北周保定、天和年间(561—572),秦州大都督李允信在麦积山"载辇疏山,穿龛架岭","梯云凿道,奉为亡父造七佛龛"⑤。隋文帝时曾再开龛窟,建宝塔。

7.建筑特征及其原创意义。麦积山石窟开凿在悬崖峭壁之上,唐开元二十年(732)大地震将崖面中段部分震毁,窟群被分为东西两部分,各洞窟之间有栈道相通。洞窟"密如蜂房",栈道"凌空飞架",层层相叠,形成一个宏伟壮观的立体建筑群。其仿木殿堂式石雕崖阁独具特色,洞窟多为佛殿式而无中心柱窟,明显带有地方特色。其中最宏伟,最壮丽的一座建筑是第 4 窟上七佛龛,又称"散花楼",位于东崖大佛上方,距地面约 80 米,为七间八柱庑殿式结构,高约 9 米,面阔 30 米,进深 8 米,分前廊后室两部分。立柱为八棱大

图 3-9-2 麦积山石窟东崖立面图

柱,覆莲瓣形柱础,建筑构件无不精雕细琢,体现了北周时期建筑技术的日臻成熟。后室由并列7个四角攒尖式帐形龛组成,帐幔层层重叠,龛内柱、梁等建筑构件均以浮雕表现。麦积山第4窟的建筑是全国各石窟中最大的一座模仿中国传统建筑形式的洞窟,是研究北朝木构建筑的重要资料,真正如实地表现了南北朝后期已经中国化了的佛殿的外部和内部面貌,在石窟发展史上具有重要的意义。现存窟龛194个,其中东崖54个,西崖140个,泥塑石雕、石胎泥塑7200余身,壁画1300余平方米。由于麦积山山体为第三纪沙砾岩,石质结构松散,不易精雕细镂,故以精美的泥塑著称于世,绝大部分泥塑彩妆,有高浮塑、圆塑、粘塑和壁塑等多种,现存造像中以北朝造像原作居多。各种塑像表情逼真,形神兼备,具有浓郁的民族传统和民间生活气息。麦积山还保留了很多历代名人墨迹题记,如庾信《秦州天水郡麦积崖佛龛铭并序》、唐杜甫《山寺》、宋李师中《麦积山寺》等。

8.关于建筑的经典文字轶闻。北周庾信《秦州天水郡麦积崖佛龛铭并序》:"麦积崖者,乃陇坻之名山,河西之灵岳。高峰寻云,深谷无量。方之鹫岛,迹遁三禅;譬彼鹤鸣,虚飞六甲。鸟道乍穷,羊肠或断。云如鹏翼,忽已垂天;树若桂华,翻能拂日。是以飞锡遥来,度杯远至,疏山凿洞,郁为净土。拜灯王于石室,乃假驭风;礼花首于山龛,方资控鹤。大都督李允信者,籍于宿植,深悟法门。乃于壁之南崖,梯云凿道,奉为王父造七佛龛。似刻浮檀,如攻水玉。从容满月,照曜青莲。影现须弥,香闻忉利。如斯尘野,还开说法之堂;犹彼香山,更对安居之佛。昔者如来追福,有报恩之经;菩萨去家,有思亲之供。敢缘斯义,乃作铭曰:镇地郁盘,基乾峻极。石关十上,铜梁九息。百仞崖横,千寻松直。阴兔假道,阳乌回翼。载葷疏山,穿龛架岭。纠纷星汉,回旋光景。壁累经文,龛重佛影。雕轮月殿,刻镜花堂。横镌石壁,暗凿山梁。雷乘法鼓,树积天香。嗽泉岷谷,吹尘石床。集灵真馆,藏仙册府。芝洞秋房,檀林春乳。冰谷银砂,山楼石柱。异岭共云,同峰别雨。冀城馀俗,河西旧风。水声幽咽,山势崆峒。法云常住,慧日无穷。方域芥尽,不变天宫。"

唐杜甫《山寺》:"野寺残僧少,山园细路高,麝香眠石竹,鹦鹉啄金桃。乱石通人过,悬崖置屋牢。上与重阁晚,百里见纤毫[⑥]。"

五代王仁裕《题麦积山天堂》:"蹑尽悬空万仞梯,等闲身与白云齐。檐前下视群山小,堂上平分落日低。绝顶路危人少到,古岩松健鹤频栖。天边为要留名姓,拂石殷勤手自题。"五代王仁裕《玉堂闲话》:"其青云之半,峭壁之间,镌石成佛,万龛千室,虽自人力,疑其鬼功。""古记云,六国共修,自平地积薪,至于岩巅,从上镌凿其龛室佛像。功毕,旋旋折薪而下,然后梯空架险而上。"

清王宽《麦积山》:"麦积通天栈,悬崖势仙垂。路盘七佛洞,龛蚀六朝碑。拓掌仙人立,登门石笋奇。寻幽探虎窟,为访杜陵诗。[⑦]"

当地长期流传"砍完南山柴,修起麦积崖"的民谣。

参考文献

①麦积山石窟艺术研究所:《麦积山石窟内容总录》,载《中国石窟·天水麦积山》,文物出版社,1998年,第285页。

②(南朝梁)释慧皎:《高僧传》卷一一。

③(五代)王仁裕:《玉堂闲话·麦积山》,载《太平广记》卷三九七《麦积山》,中华书局,1995年。

④东山健吾,官秀芳:《麦积山石窟的创建与佛像的源流》,《敦煌研究》,2003年第6期。刘雁翔、王仁裕:《〈玉堂闲话·麦积山〉注解》,《敦煌学辑刊》,2006年第2期。

⑤(南朝·梁)庾信:《秦州天水郡麦积崖佛龛铭并序》,载《全后周文》卷十二。

⑥《全唐诗》卷二二五。

⑦(民国)冯国瑞:《麦积山石窟志》,广陵书社,2006年。

四、炳灵寺石窟

1.建筑所处位置。位于甘肃省永靖县西南 35 千米处的小积石山中。

2.建筑始建时间。西秦建弘元年(420)之前。

3.最早的文字记载。第 169 窟中西秦建弘元年(420)的墨书题记。

4.建筑名称的来历。炳灵寺最早称"唐述窟",是羌语"鬼窟"之意。后历有龙兴寺、灵岩寺之称。明永乐年后喇嘛教在此建寺,取藏语"十万佛"之译音,称"炳灵寺"。

5.建筑兴毁及修葺情况。历经北魏、北周、隋、唐,不断进行开凿修造,特别经北魏、唐两个开窟高潮,炳灵寺积累了众多的造像,元明时期又因格鲁派密宗流行于青藏高原,留下不少藏密艺术品。由于自然条件相对良好,人为破坏又少,所以至今炳灵寺石窟保存得仍比较完整。

6.建筑设计师及捐资情况。地方官员及中央派往陇右的巡察官员等。

7.建筑特征及其原创意义。炳灵寺石窟包括上、下二寺,分布在南北长约 2000 米,高 60 米的崖面,现存窟龛 216 个,造像 776 身(其中石雕造像 694 身,泥塑 82 身),壁画 900 多平方米,西秦至清代墨书和石刻造像题记 51 则。石窟以位于悬崖高处的唐代"自然大佛"(171 窟)以及崖面中段的众多中小型窟龛构成其主体,其中唐窟约占 2/3,共计 20 窟,113 龛。北朝的代表性作品如 169 窟的泥塑观音,125 龛的石雕释迦牟尼和多宝佛等,均为炳灵寺石窟的艺术杰作。另有一座石雕的方塔和四座泥塑塔。炳灵寺最大的洞窟是 169 窟和 172 窟,高达 40 多米。郦道元的《水经注》中曾有记载:"河峡崖傍有二窟。一曰唐述窟,高四十丈。西二里,有时亮窟,高百丈、广二十丈、深三十丈,藏古书五笥。"二窟开凿在离地面六七十米的悬崖绝壁上,沿三转五回盘旋而上的栈道天梯可以到达二窟。西秦时开凿的 169 窟塑造了无量寿佛、观世音菩萨、大势至菩萨以及北壁正中的大立佛的形象,造型概括、手法简练、比例协调。该窟南壁的大立佛,眉目俊秀,衣纹线条简单流畅,衣服下面的肌肤依稀可见。171 龛是唐代的弥勒佛大像龛,依山开凿雕刻,高达 27 米,原来是石胎泥塑,现在泥塑部分早已经毁坏,虽不能看到它完整的体貌,但仍保存着唐代造像面型丰满、比例匀称的特征。炳灵寺十六国时期的壁画真实地反映了当时西北地区人民的社会风貌、音乐舞蹈以及装饰、建筑艺术。在 169 窟西秦建弘元年(420)的壁画中,可以看到与东晋画家顾恺之《女史箴图》中妇女形象极为相似的女供养人的形象,还有两幅维摩诘图。隋、唐的壁画,由于元、明以来密宗画的刷新和重制,保存下来的不多。隋代壁画主要是 8 窟南北壁的供养菩萨画像,姿态生动,神情各异。元、明两代的壁画比较有特色的有 3 窟西壁上层的元代佛教故事画,3 窟南壁元代的八臂观音和 168 窟南壁的明代八臂观音,以及 172 窟木阁上的明代木版画涅槃。这些壁画虽然都是以密宗为内容的,但是其绘画的技法却仍然继承了唐宋的传统,线条圆润严谨,使用浓重热烈的色彩来装饰。

8.关于建筑的经典文字轶闻。郦道元《水经注》中说:"河北有层山,山甚灵秀。山峰之上,立石数百丈,亭亭桀竖,竞势争高,远望嵾嵾,若攒图之托霄上。其下层岩峭壁,举岸无阶。悬岩之中,多石室焉。室中若有积卷矣。①"

参考文献

①《水经注》卷二《河水》。

五、北石窟寺

1.建筑所处位置。位于甘肃省庆阳市西南 25 千米处的覆钟山下,蒲河与茹河交汇处之东岸二级阶地处。

2.建筑始建时间。北魏永平二年(509)。清乾隆六十年《重修石窟寺诸神庙碑记》曰:"元魏永平二年,泾原节度使奚侯创建"。

3.最早的文字记载。《魏书·列传第六十一》:"康生久为将,及临州尹,多所杀戮。而乃信向佛道,数舍其居宅以立寺塔。凡历四州,皆有建置。"北石窟寺 165 窟内宋碑(残)第 5 行:"……□泾州节度使奚侯创置□历景□□……□屡经残毁。"

4.建筑名称的来历。因与其南 45 千米处同时代开凿的泾川南石窟寺相对应而得名北石窟寺。北石窟寺包括 5 处石窟群,其中寺沟窟群内涵最为丰富,是北石窟的主要所在,因也称寺沟石窟。

5.建筑兴毁及修葺情况。北石窟寺始建于北魏,经西魏,北周、隋、唐、宋代增修扩建,形成一处规模较大的石窟群,清末废弃①。由于长期无人管理,自然和人为的破坏极为严重,不少佛像头部和身部被砸毁,再被雨水剥蚀仅留残痕,完整的窟龛所剩无几。1959 年被重新发现,1961 年以后,甘肃省博物馆文物工作队多次对石窟进行勘察、测绘和清理,1963 年公布为省级文物保护单位,1964 年设立文物保管所。历年来政府多次拨款进行加固和维修,采取一系列措施,防止造像的进一步风化。

6.建筑设计师及捐资情况。泾州刺史奚康生主持开凿。

7.建筑特征及其原创意义。窟群包括今寺沟、石道坡、花鸨崖、石崖东台和楼底村等 5 个单元,南北延续 3 千米,精华洞窟集中在寺沟主窟群。寺沟石窟坐东面西,平面南北长 150 米,东西宽 40 米,有窟龛的黄砂岩崖体高 20 米,南北长 120 米,现有 283 个窟龛,其中北魏洞窟 7 个,西魏窟龛 3 个,北周的洞窟 13 个,隋代的窟龛 63 个,唐代的窟龛 196 个,宋代的洞窟 1 个,清代窟庙 1 个。北石窟寺的窟龛形制多样,有大、中、小三种,以中小石窟为主。平面有横长方形的、正方形的、半圆形的、马蹄形的;窟顶形状有覆斗顶、平顶、穹隆顶、圆拱顶等。现存有大小造像 2126 身,均为石雕。造像题材有七佛、三佛、阿弥陀佛、卢舍那佛、弥勒菩萨、普贤菩萨、观世音菩萨、胁侍菩萨、舒相菩萨、阿修罗天、守门天王、弟子、力士、飞天、佛传和佛本生故事等。绝大部分造像为半圆雕和圆雕或高浮雕。雕刻手法熟练,衣纹线条流畅生动。各个朝代的造像时代特色非常鲜明,人物的形象及性格的表现极为突出。造像原来均有彩绘,也有壁画。因年久剥落,仅留残迹,裸露在外的佛龛造像头部多残,风化也较为严重。窟内现存壁画 70 平方米,阴刻和墨书题记 150 方,石刻碑碣 8 通。窟院有清代献殿、钟楼、鼓楼建筑遗迹三处,晚清戏楼一座。最精美的洞窟有北魏的 165 号窟、西魏的 135 号窟、北周的 240 号窟和唐代的 222 号、263 号和 32 号窟等。165 号窟位于北石窟寺主窟群正中部,是北石窟寺开凿时代最早、规模最大、保存最完整的北魏洞窟。窟高 14.6 米、宽 21.7 米、进深 15.7 米,覆斗式顶,平面呈横长方形,东壁(正面)和南、北壁雕有 8 米高七身立佛。佛两侧雕十身 4 米高胁侍菩萨。佛为磨光高肉髻,面相方圆,细眉大眼,鼻高唇厚,头大肩窄,身内着僧祇支,外着通肩圆领褒衣博带袈裟,双手作"施无畏印",跣足。体态雄健,服饰厚重。胁侍菩萨形体修长,高发髻,上饰以花蔓,眉清目秀,长颈窄肩、身披天衣、手持花蕾。南壁两侧菩萨身着袈裟。均面容丰满而带微笑。西壁门内两侧,各雕交脚弥勒菩萨一身,高 5.8 米,头戴六棱方冠,肩披天衣,上身袒露,下着长裙,右手上举、掌心向前,左手握一花蕾置于左膝之上。面带微笑,颈戴宽项圈,上饰以铃铛和玉器。门内南侧雕一骑象菩萨,通高 3.05 米。象身长 2.5 米,菩萨头戴方冠,头后雕圆顶光,身披天衣,戴宽项圈,右手举于胸前,左手抚膝,右腿自然下垂,左腿盘于右膝之上,面容和善,仪态安详。其身后的弟子,半跪象背,身披袈裟,双手捧一如意宝珠,憨厚纯洁。身前的驱象奴,上身赤裸,下着莲叶短裙,双手持如意勾,锁眉怒目,双膝跪于象背。三者形象有别,神态各异,组合和谐。门内北侧,雕一位 3.05 米高的三头四肩的阿修罗天王,其三副面孔分别呈现出慈祥、愁、怒的不同神情,前两手持金刚杵,后两手高举日、月。这在全国石窟雕像中是唯一的一尊形象别致的造像。窟内满布浮雕,现存浮雕人物 110身,虽大部分剥蚀,但萨陲那太子舍身饲虎、尸毗王割肉贸鸽等本生故事和飞天、千佛等浮雕,尚清晰可见。窟门外左右各雕 5.8 米高天王像一尊,体形威武雄壮。天王外侧各雕一雄狮,张口而蹲,颇为勇猛。此窟在北魏石窟中具有特殊的地位,在中国古代佛教艺术中独树一帜。240 号窟是北石窟寺北周时期的代表洞窟。其三佛造像和菩萨的风姿,既继承了北魏以来秀骨清像的余韵,又是隋唐丰满富丽风格的先声,是北石窟寺佛教艺术从北魏向隋唐过渡转折阶段的造型风貌。唐代是北石窟寺佛教艺术发展的鼎盛时期,现存大小窟龛 196 个,其 222、263、32 窟石雕造像,细腻精美,生动逼真。佛像面形丰满,方圆适中,神情庄重,体态健壮。菩萨云髻高耸,体形俊秀,身躯多作三道弯,婀娜多姿,富有曲线;衣裙轻纱透体,有飘然欲动之感。雕刻刀法娴熟,线条流畅多变,造型极富情感[2]。

8.关于建筑的经典文字轶闻。清乾隆六十年《重修石窟寺诸神庙碑记》这样描绘北石窟寺:"泉石清幽,境况奇幻,龛像宏壮,阁楼严峻,非人力所为。"

参考文献

①崔惠萍:《北石窟寺发展历程概述》,《丝绸之路》,2003 年第 S2 期。
②甘肃省文物工作队,庆阳北石窟文管所:《庆阳北石窟寺》文物出版社,1985 年。

六、须弥山石窟

1.建筑所处位置。位于宁夏回族自治区固原市西北 58 千米的须弥山东麓。

2.建筑始建时间。约始凿于北魏孝文帝太和年间(477—499)。

3.最早的文字记载。"唐大中三年吕中万"题记。

4.建筑名称的来历。"须弥"系"苏迷卢"(梵文 sumeru)的讹略,意译"妙高"、"圣山",是古印度传说中的山名。而须弥山一名的称谓大约是在宋、西夏朝代,西夏时有宋军所设、所辖的须弥寨、须弥山,石窟因山而得名。

5.建筑兴毁及修葺情况。始建于北魏太和年间(477—499),西魏、北周、隋唐继续营造,宋、元、明、清各代曾修葺重妆。唐宋称景云寺,明朝正统年间,英宗赐名圆光寺,后日渐荒废。由于自然侵蚀,长期失修,又时遇劫难,石窟艺术遭到极大摧残,到中华人民共和国建国时,其中保存较为完整的只有 20 余窟。1956 年甘肃省博物馆在文物调查中重新发现。宁夏回族自治区成立后,自治区博物馆又先后做过专门调查。1982 年成立须弥山石窟文物管理所,同年自治区文物主管部门组织了窟区地形水文地质勘测,完成了洞窟的编号、著录、拍照、测绘等工作,并划定了保护范围,树立保护标志。1984 年开始,加固修缮了重点窟区,同时修复了重点洞窟。

6.建筑设计师及捐资情况。始建者不详,有唐代吕中万等题记。

7.建筑特征及其原创意义。窟区在南北长 1800 米,东西宽 700 米的范围内,分布在 8座独立山峦的东南崖壁上,自南往北渐高,计有大佛楼、子孙宫、圆光寺、相国寺、桃花洞、松树洼、三个窑、黑石沟 8 区,格局奇特,各沟之间有梯桥相连。现存洞窟 162 座,其中子孙宫区为北魏造像地,圆光寺区和相国寺区多北周造像,相国寺北和桃花洞区、大佛楼区等为唐窟集中区。现存有造像的石窟 70 余窟,其中造像保存较好的 20 余窟,主要是北魏、北周和唐代石窟。北魏的石窟,窟室为方形,室中方形塔柱 3—7 层,四面按层开龛造像,这种形制是印度"支提窟"演化而来的,塔柱周围是回旋礼拜的地方,窟室四壁亦有开龛造像,多是一佛二菩萨:佛像较大,居中端坐;菩萨矮小,侍立两旁。佛像造法古朴,面形丰满,其造型和衣着特点,是北魏孝文帝太和改制后南朝汉式衣冠和"秀骨清像"的艺术风格流传到北方的反映。北周石窟数量多、规模大、造像精,在须弥山石窟中占有突出的地位。这时窟室均为平面方形中心柱式,北魏的塔柱多层多龛消失了,主尊几十厘米高的小像消失了,取而代之的是方形塔柱四周各开一龛,没有收分,直接四坡式窟顶,龛中造像与人等高,而且窟室内雕凿出仿木构框架。造像组合多为一佛二菩萨,并同时出现了单龛立佛、一佛二菩萨二弟子、三身佛并列等组合形式。佛作低平肉髻,面相方圆,两肩宽厚,腹部突出,完全脱离了北魏造像清瘦的形态。菩萨服饰华丽,璎珞环身,微侧双肩和略呈 S 形体态,给人以生动亲切之感。北周造像已摆脱前代清秀程式化表现趋于现实,雕刻体现衣着疏密相间,采用平行阶梯式衣纹。北周石窟以第 45、46、48、51 窟为代表。其中 45、46 两窟是须弥山造像最多、雕饰最繁丽的洞窟;51 窟由主室、前室和左右配室组成,宽 26 米,进深 18 米,像高 7 米多,是须弥山规模最大的石窟,为我国石窟艺术的杰作。唐代须弥山石窟艺术进入最繁荣时期,凿窟数量和雕刻技术达到空前水平。普遍形制为平面方形,沿正壁和左、右壁设马蹄形宝坛。一般窟室进深在 4—5 米之间,宝坛高 0.7—0.8 米,宽 0.6—0.7 米。造像配置一佛二弟子二菩萨二天王(或二力士),七身一铺组合形式,并着力刻画菩萨。唐代造像从北周造像中蜕变出来,向圆熟洗练、饱满瑰丽的风格发展,佛的森严、菩萨的温和妩媚、迦叶的含蓄、阿难的潇洒、天王力士的雄伟和威力都充满着青春活力,达到了前所未有的成熟与完善。唐代石窟以第 1、5、54、62、69、72、79、80、81、82、85、89、105 窟为代表。第 105 窟俗称"桃花洞",规模大、形制十分少见,是唯一保持中心塔柱的唐代石窟。第 5 窟在大龛内凿一尊 20.6 米高弥勒倚坐像,气势宏伟、技巧娴熟,可与著名的龙门石窟的卢舍那佛媲美,为我国唐代开凿大佛之一。须弥山石窟还保存有唐、宋、西夏、金、明时代汉文题记 11 则,藏文题记 1 则,明代石碑 3 座,具有重要史学价值。[①]

8.关于建筑的经典文字轶闻。明成化《重修圆光寺大佛楼记》碑。

参考文献

①宁夏回族自治区文物管理委员会,中央美术学院美术史系:《须弥山石窟》,文物出版社,1988 年。陈悦新:《须弥山早期洞窟的分期研究》,《华夏考古》,1995 年第 4 期。韩有成:《试论须弥山石窟艺术史上的六个高潮》,《四川文物》,2002 年第 5 期。

七、克孜尔千佛洞

1.建筑所处位置。位于新疆维吾尔自治区拜城县克孜尔乡。千佛洞窟群在克孜尔乡南约 7 千米处的木扎提河北岸,现已编号的 236 个洞窟分布在明屋达格山的山麓或峭壁断崖上。

2.建筑始建时间。公元 3 世纪后期,即东汉末。

3.最早的文字记载。该寺最初称达慕蓝,中唐时称为耶婆瑟鸡寺,据《悟空入竺记》称,安西(今库车)境内"有耶婆瑟鸡山,此山有水,滴溜成音,每岁一时,采以为曲,故有耶婆瑟鸡寺"①。

4.建筑名称的来历。克孜尔是维吾尔语的译音,意为"红色"。因石窟凿于明屋达格山火红的山崖上而得名。

5.建筑兴毁及修葺情况。石窟群始凿于公元3世纪后期,相继营造达500多年之久。以6—7世纪为盛,历代龟兹王对这项工作都极为重视;8世纪后期伊斯兰教传入后逐渐停建。其后历经自然和人为的破坏。19世纪初重新被发现。19世纪末20世纪初日本和德国一些探险队到此劫掠。1903年,日本人渡边哲信和崛贤雄,到克孜尔石窟切割壁画,盗掘文物。1913年日本人野村荣三郎、吉川小一郎对石窟进行调查。1906年和1913年,德国人格林韦德尔和勒柯克又进行了长时间的测绘、记录、拍照,劫去了大量精美的壁画、塑像和龟兹文文书等珍贵的文物。20世纪30年代初,德国柏林民俗博物馆考古队的勒柯克,从这里盗走的壁画、塑像和其他艺术品,以及手抄或印刷的汉文、梵文、突厥文、吐火罗文的文书,达上百箱。经此劫难,完整的壁画几乎消失殆尽。1928年,中国学者黄文弼对克孜尔石窟的140个洞窟进行了编号,并测绘、清理了部分洞窟。1953年西北区文化局新疆文物调查组对石窟进行了全面的勘察和测绘。1973年克孜尔石窟文物保管所又发现了一座洞窟。

6.建筑设计师及捐资情况。龟兹王室,题记所述供养人有龟兹国王和王后。

7.建筑特征及其原创意义。目前已发现的洞窟总数达339个,分布在明屋达格山的山麓或峭壁断崖上,谷西区、谷内区、谷东区和后山区,绵延3千米,层层叠叠,井然有序。目前窟形尚完整的有135个窟。其中有供僧徒礼佛观像和讲经说法用的支提窟,有供僧徒居住和坐禅用的毗呵罗窟,僧尼起居用的寮房,埋葬骨灰用的罗汉窟等等,这样完整的建筑体系,是世界上其他佛教中心所罕见的。支提窟中有窟室高大、窟门洞开,正壁塑立佛的大像窟;有主室作长方形,内设塔柱的中心柱窟;有窟室为较规则的方形窟。最能体现克孜尔石窟建筑特点的是中心柱式石窟,它分为主室和后室。石窟主室正壁为主尊释迦佛,两侧壁和窟顶则绘有释迦牟尼的事迹如"本生故事"等。看完主室后,应按顺时针方向进入后室,观看佛的"涅槃"像,然后再回到主室,抬头正好可以观看石窟入口上方的弥勒菩萨说法图。毗呵罗窟又称僧房,多为居室加甬道式结构,小室内有灶炕等简单生活设施。这些不同类型和用途的窟,多呈规律地修建在一起,组合成一个个单元。从配列的情况看,每个单元可能就是一座佛寺。这种窟室结构和布局,在我国石窟建筑中较为罕见。克孜尔千佛洞以绚丽多彩的壁画闻名于世,现存壁画总面积约1万平方米。壁画的内容,主要有佛经题材的释迦牟尼诸菩萨,比丘阿难众弟子,本生、佛传众故事,经变图画,天宫伎乐、飞天、供养人等。其中,描绘在大量菱形画面中的本生故事占有非常突出的地位,是克孜尔千佛洞的精华;还有许多表现耕种、狩猎、商旅、音乐舞蹈和民族风貌的壁画,多方面反映了古龟兹的社会图像。壁画直接画在泥壁上,采用具有独特风格的"湿画法",也称凹凸画法,是古龟兹国人的一种创造[2]。

8.关于建筑的经典文字轶闻。清嘉庆二十一年(1816)学者徐松曾经到过克孜尔石窟,并在《西域水道记》卷二中作了介绍:"赫色勒河(今克孜尔河)又南流三十里,经千佛洞,缘山法像,尚存金碧,壁有题字曰惠勒,盖僧名也。[3]"

参考文献

①(唐)圆照:《悟空入竺记》,见《大正藏》卷五十一。

②新疆龟兹石窟研究所编:《克孜尔石窟内容总录》,新疆美术摄影出版社,2000年。

北京大学考古学系,克孜尔千佛洞文物保管所:《新疆克孜尔石窟考古报告》第一卷,文物出版社,1997年。

③(清)徐松著,朱玉麒整理:《西域水道记》,中华书局,2005年。

（十）志宫

一、文昌宫

1.建筑所处位置。位于四川省绵阳市梓潼县城北 10 千米七曲山顶峰的古蜀道两旁。

2.建筑始建时间。晋代。

3.最早的文字记载。唐天宝十年（751），监察御史王岳灵入蜀，撰《张亚子庙碑》。李商隐有《张亚子庙》诗。元虞集有《四川顺庆路蓬州相如县大文昌万寿宫记》，见《道园学古录》卷四十一。

4.建筑名称的来历。因所祀张亚子被封文昌帝君得名。位于七曲山，是国内外文昌宫的发祥地，故又称七曲山大庙。

5.建筑兴毁及修葺情况。七曲山大庙是全国建造最早的文昌庙。大庙始建于晋代，为百姓祭祀张亚子而立，当初仅建一个小庙称"亚子祠"。唐玄宗天宝十四年（755）封张亚子为左丞相，随后建庙，唐末塌毁。从北宋开国皇帝起至南宋理宗时先后封张亚子为"忠文仁武孝德圣烈王"、"英显武烈王"、"神文圣武孝德忠仁王"等。元仁宗延祐三年（1316），封张亚子为"辅元开化文昌司禄宏仁帝君"后，文昌帝君同时被视为主宰功名利禄的神灵，成了人们祈祷求福消灾的偶像，在此建造了文昌宫。后经元、明、清三代多次扩建，形成一组建筑结构宏伟，体制完整的古建筑群。以后，常得保护和修葺，至今仍保存着完整的历史格局①。

6.建筑设计师及捐资情况。张亚子乡人始建，唐玄宗时敕修。

7.建筑特征及其原创意义。现存殿宇楼阁 23 座，占地面积 13000 多平方米。其中元代建筑有盘陀殿、天尊殿；明代建筑有家庆堂、桂香殿、风洞楼、白特殿、关圣殿、观象台、启圣宫、晋柏石栏、望水亭、瘟祖殿；清代建筑有正殿、百尺楼、灵宫殿、三霄殿、应梦床、钟鼓楼；民国时期有时雨亭、五瘟殿、客院；1949 年后建有晋柏亭、观音堂等。唐宋建筑有着局部遗构。大庙的主体建筑由设置在一条中轴线上的百尺楼、正殿、桂香殿三大殿宇组成，三层由低至天尊殿高升台阶，每层十丈以上，以示道家主师的尊严和对其的崇敬。在轴线两侧的殿宇依山而建。其左，北向为关帝庙，由山门、拜厅、正殿组成一个封闭型的院中之院；其右，南向建有风洞楼、家庆堂，山顶处的天尊殿，殿前有观天象的八方台等；其西侧，有早朝元代建筑盘陀石殿，明代建筑应梦仙台、晋柏石栏等。七曲文昌宫既有道家按八卦布局的一贯性，又有随七曲山地势错综起落，与一般道观不同的建筑个性。整个庙宇结构严谨、错落有致，画栋雕梁，莫不精工巧制，与周围 400 多亩古柏融为一体，从而形成深幽莫测、朦胧无尽的神仙境界。文昌宫的建筑既有北方宫苑式建筑，又有南方园林式建筑，同时还集官方和民间营造法式于一体，风格各异，法式多彩，较完整地展现了从元代到民国各时期的建筑风格。庙内有各种塑像 200 余尊，以及铁铸文昌帝君及陪侍像，还有铁铸花瓶等珍贵文物。

8.关于建筑的经典文字轶闻。唐诗人李商隐《张亚子庙》："下马捧椒浆,迎神白玉堂。如何铁如意,独自与姚苌。[2]"唐诗人王铎《谒梓潼张亚子庙》："盛唐圣主解青萍,欲振新封济顺名。夜雨龙抛三尺剑,春云凤入九重城。剑门喜气随雷动,玉垒韶光待贼平。惟报关东诸将相,柱天勋业赖阴兵。[3]"明张献忠带兵驻扎大庙山时写《敬亚子》诗曰:"七曲羊肠路,一线景色幽。天人皆一体,祖孙共源流。太庙千秋祀,同国与天休。从兹宏帝业,万事永无忧。"

参考文献

①中国道教协会:《道教大辞典》,华夏出版社,1994年。

②《全唐诗》卷五三九。

③《全唐诗》卷五五七。

二、万寿宫

1.建筑所处位置。位于江西省南昌市新建县西山镇逍遥山南。

2.建筑始建时间。东晋太元元年(376)。

3.最早的文字记载。唐(不注撰人)《孝道吴许二真君传》载,许逊于西山"飞升"当年,"府司闻奏后,奉敕差使造宅及造观"[1]。

4.建筑名称的来历。初名许仙祠,南北朝时改为游帷观,宋代起称玉隆万寿宫。

5.建筑兴毁及修葺情况。"观肇兴于晋,而盛于唐,尤莫盛于宋"[2]。西山万寿宫始建于东晋太元元年(376),初名许仙祠,南北朝改游帷观,宋真宗大中祥符三年(1010),升为玉隆官,并亲书"玉隆万寿宫"匾额。宋徽宗时仿西京(洛阳)崇福宫重建,兴建了正殿、三清殿、老祖殿、谌母殿、蓝公殿、玄帝殿和玉皇、紫微、三官、敕书、玉册5阁,以及12小殿、7楼、3廊、7门、36堂,成为中国最大的道教圣地之一。元顺帝时此宫被红巾军焚毁。明正德十五年(1520)对宫内建筑做了重大修葺,皇帝题额"妙济万寿宫"。后屡废屡兴,清代增建关帝阁、宫门,同治七年(1868)重修[3]。1959年时仍存5殿和院墙、山门、仪门等。20世纪80年代以来,旧宫修复并建新阁。

6.建筑设计师及捐资情况。许逊仙逝后,许氏族邻及百姓在其故居立许仙祠。

7.建筑特征及其原创意义。今万寿宫有殿堂数重,鳞次栉比,飞檐绿瓦。内饰以浮雕壁画,金碧辉煌,不减当年。正殿名高明殿,又名真君殿,同治六年(1867)修建,1984年重修。琉璃瓦顶,重檐画栋,殿内真君坐像头部为黄铜铸成,重500斤。十二真人分列两旁,吴猛、郭璞站立坛前。殿前6株参天古柏苍老道劲,相传最大一株为许真君亲手所植。又有三清殿、三官殿、谌母殿。宫门左侧的八角井,相传当年许真君铸铁为柱,链钩地脉,以绝水患。宫内尚存一块清乾隆四年(1739)江西巡抚岳浚撰写的"不朽仙踪"石碑。宫外还有大量的辅助建筑,如接仙台、云会常、冲升阁等。

8.关于建筑的经典文字轶闻。唐张九龄《登城楼望西山作》："城楼枕南浦,日夕顾西山。宛宛鸾鹤处,高高烟雾间。仙井今犹在,洪崖久不还。金编莫我授,羽驾亦难攀。檐际千峰出,云中一鸟闲。纵观穷水国,游思遍人寰。勿复尘埃事,归来且闭关。[4]"明代王室朱多煃《玉隆万寿宫》："西山迢递隐仙宫,谁信人间有路通。忽睹楼台苍蔼外,似闻鸡犬白云中。石幢苔灭三天字,碉道霜雕百尺枫。灵迹只余丹井在,清吟秋望意无穷。[5]"

参考文献

①《道藏》,文物出版社、上海书店、天津古籍出版社联合出版,1988年。

②(元)柳贯:《玉隆万寿宫兴修记》,《待制集》卷一四。

③（清）金桂馨,（清）漆逢源纂辑:光绪《逍遥山万寿宫通志》,江苏古籍出版社,2000年。

④《全唐诗》卷四九。

⑤（清）钱谦益:《列朝诗集》二八"甲"卷二下。

三、娲皇宫

1.建筑所处位置。位于河北省邯郸城西110千米处涉县城附近的凤凰山上。

2.建筑始建时间。北齐文宣帝高洋在位时(550—559)。

3.最早的文字记载。《停骖宫碑》载,北齐"文宣帝高洋,自邺返太原,尝道经山下,起离宫以备巡幸。"《涉县志》载:"传载文宣皇帝高洋自邺诣晋阳,往来山下,起离宫以备巡幸。于此山腰见数百僧行过,遂开三石室,刻诸尊像。及天保末,又使人往竹林寺取经函,勒之岩壁。今山上经像现存。"又载:"北齐离宫在唐王山麓,文宣帝高洋性侈,好土木,往来晋阳所过多起离宫,又信释氏,喜刻经像,山上遗迹犹存。①"

4.建筑名称的来历。因奉祀上古天神女娲氏而得名,又称"奶奶顶"。楼阁紧靠悬崖,凌空而起,背靠山崖处有8根铁索,凿崖而系,将楼阁缚在绝壁峭崖之上。据说,每逢游客云集之际,索即伸展,故有"活楼"、"吊庙"之美称,堪称中国建筑之一绝。

5.建筑兴毁及修葺情况。最初为北齐文宣帝高洋的离宫,并在山麓开凿石室,内刻佛像,以后又将佛经"勒之岩壁"。到明代又陆续修建了不少宫宇,清代又曾大规模重修②。

6.建筑设计师及捐资情况。北齐文宣帝高洋始创。

7.建筑特征及其原创意义。娲皇宫建筑群共有房屋135间,历代石碑75通,占地面积76万平方米。由四组建筑组成,山脚三处建筑,自下而上依次为朝元、停骖、广生三宫。朝元宫(十方院),为山前首庙,1938年被日寇焚烧;停骖宫(歇马殿)是一行宫,为圣驾及香客休憩处;广生宫(子孙殿)为一座神庙,乃神话传说中求子之场所。停骖、广生二宫,各有正殿、配殿,分别为悬山、硬山式建筑。娲皇宫是最后最高的一组主要建筑,于凤凰山崖险峻陡峭之处就势筑台而建。娲皇阁居中,梳妆楼、迎爽楼左右分立,钟楼、鼓楼南北对峙,北齐石窟、摩崖刻经蕴藏其里,还有山门、灵官阁和题有"娲皇古迹"的木牌坊等。娲皇阁亦称三阁楼,为娲皇宫主体建筑。它坐东面西,建在北齐大石窟的洞顶上,以条石拱券为基,上建三层楼阁,从下向上依次名之为"清虚"、"造化"、"补天"。高23米,面宽5间,进深3间,歇山琉璃瓦顶,檐下分别施七踩三下昂斗拱、三踩双昂斗拱、三踩单昂斗拱,属典型的清式建筑。各层均三面设廊,背倚悬崖,用铁索将阁与崖壁所凿8个拴马鼻相系,若游客盈楼,铁索即伸展,绷如弓弦,楼体前倾,因而又被称作"吊庙"、"活楼",构思奇巧,为建筑史上动静结合的杰作,其天然独特的地势和巧夺天工的建筑风格堪称一奇。全部建筑布局,充分利用了原有地形,依山就势,匠心独运。在娲皇阁外山崖上刻有崖佛经6部,13.74万余字,共分五处,总面积为165平方米。最大的一处面积54.18平方米,字数多达4.1万有余。字体全为魏碑书法,"银钩铁画,天下绝奇",堪称艺术珍品。所刻经文内容均属大乘佛教之经典,为研究佛教和北齐文化,提供了十分珍贵的历史标本和资料,国内罕见。娲皇宫的摩崖刻经被誉为"天下第一壁经群"。

8.关于建筑的经典文字轶闻。明万历三十七年(1609)《重修娲皇庙记》碑文。古有"倚崖凿险,杰构凌虚,金碧灿然,望若霞蔚"之称③。

参考文献

①②③（清）戚学标纂修:《嘉庆涉县志》八卷。

四、华清池

1.建筑所处位置。位于西安东约 30 千米的临潼骊山脚下北麓。

2.建筑始建时间。始建于北周武帝天和四年(569)。据《长安志》卷十五:"《十道志》曰:今案,泉有三所,其一处即皇堂石井。周武帝天和四年大冢宰宇文护所造。隋文帝开皇三年又修屋宇、列树松柏千株余。贞观十八年诏左屯卫大将军姜行本、将作少匠阎立德营建宫殿。①"

3.最早的文字记载。(唐)韩休《驾幸华清宫赋,以温泉愁涌荡邪难老为韵》:惟我皇御宇兮法象乾坤,天步顺动兮行幸斯存。雨师洒路兮九门洞启,千旗火生兮万乘雷奔。紫云霏微随六龙而欲散还聚,白日照耀候一人兮当寒却温。盖上豫游以叶运,岂伊沐浴而足论?若乃北骑殿后,钩陈启前。辞紫殿而鱼不在藻,出青门而龙乃见田。霜戟森森以星布,玉辂迢迢而天旋。声明动野,文物藻川。月落凤城已涉于元灞,日生旸谷俄届于甘泉。于是登三休兮憩神辔,朝百辟兮礼容备。玉堂凭岷,面鹑野以高明;石溜象蒙,绕龙宫之清憩。处无为兮既端拱,时或濯兮汤泉涌。圣躬清兮圣德广,四目明兮四聪朗。与元气之氛氲,如晴空之涤荡。观夫巍峨宫阙,隐映烟霞。上薄鸟道,经廻日车。路临八水,砌比万家。楼观排空,时既知于降圣;忠良在位,谅勿疑于去邪。儒有鹏无翼,风有抟,每俟命以居易,尚愧身于才难,观国光以举踵,历华清而展欢,不赓歌以抃舞,夫何足以自安。乃为歌曰:素秋归兮元冬早,王是时兮出西镐。幸华清兮顺天道,琼楼架虚兮仙灵保。长生殿前兮树难老,甘液流兮圣躬可澡,俾吾皇兮亿千寿考②。

4.建筑名称的来历。初名汤泉宫,(唐太宗)"御赐名汤泉宫"。"咸亨二年(671)始名温泉宫,天宝六载(747)更曰华清宫。③"

5.建筑兴毁及修葺情况。贞观十八年诏左屯卫大将军姜行本、将作少匠阎立德营建宫殿④。天宝六年(747)大加拓建,"……于官所立百司廨舍,以(房)琯雅有巧思,令充使缮理。⑤""(天宝)八载(749),四月,新作观风楼。⑥"代宗大历二年(767)大宦官鱼朝恩拆毁华清宫观风楼及百司廨舍,以其木修章敬寺,华清宫的外围部分遂被毁⑦。元稹所撰《两省供奉官谏驾幸温汤状》中"骊宫圮毁,永绝修营。官曹尽复于田莱,殿宇半堙于岩谷"之句可以看出当时损毁失修已极严重⑧。唐末战乱中,华清宫全部被毁。五代后晋天福四年(939)废为灵泉观。

6.建筑设计师及捐资情况。初由宇文护所造,唐时由姜行本、阎立德营建宫殿。

7.建筑特征及其原创意义。宫城南倚骊山,四面各开一门,城四角有角楼。正门津阳门向北,其东、南、西三面之门为开阳门、昭阳门和望京门。从实际地形看,自骊山北麓至今华清池前大道,深不过 230 米左右,其间还有温泉呈东西向排列,故华清宫应是东西向横长的矩形平面。宫内建筑分三条南北轴线布置。中轴线上为正殿一组,前为殿门,四面建廊庑,东西廊上有日华门、月华门。殿庭中建前后二殿。东侧轴线上为寝宫区,最北为瑶光楼。楼南即寝殿飞霜殿一组,有殿门、主殿、回廊,左右可能附有若干院落。西侧轴线为祠庙区,北为七圣殿,内供老子,自高祖至睿宗五代皇帝及睿宗二皇后着礼服的像侍立在周围。七圣殿南为功德院,内设羽帐,瑶坛,当是道观。宫的南部为温汤区。汤池源在飞霜殿正南骊山脚下,其北,自东向西在飞霜殿区之南有唐明皇的御汤和贵妃的海棠汤;在正殿区之南为太子汤等等。……宫城之外,于天宝六载建了罗城。百官廨署当在罗城内横街上。宫城南门昭阳门之南即骊山北麓,有登山御道通山顶,山上建有以祭祀老子为主题的朝元阁建筑组群⑨。

今天的华清池自然景区一分为三:东部为沐浴场所,设有尚食汤,少阳汤,长汤,冲浪浴等高档保健沐浴场所,西部为园林游览区,主体建筑飞霜殿殿宇轩昂,宜春殿左右相称。园林南部为文物保护区,千古流芳的骊山温泉就在于此。

环园是华清故园,荷花阁、望湖楼、飞虹桥、望河亭、飞霞阁、桐荫轩、棋亭、碑亭及"西安事变"时蒋介石下榻的五间厅等参差错落其间。历经一个世纪的风雨洗礼,环园更显古朴雅致。

骊山温泉,千古涌流,不盈不虚,水温恒止43摄氏度,内含多种矿物质,宜于沐浴疗疾。华清池现有各类浴池一百多间。

近年来,唐华清宫遗址区域内相继发掘、出土了我国现存唯一一处皇家御用汤池群落和我国最早的一所皇家艺术院校,并在其遗址上建起了唐御汤遗址博物馆、唐梨园艺术陈列馆,以翔实的文物资料展示出华清池的6000年沐浴史和3000年皇家园林史。

8.关于建筑的经典文字轶闻。白居易《长恨歌》:汉王重色思倾国,御宇多年求不得。杨家有女初长成,养在深闺人未识。天生丽质难自弃,一朝选在君王侧。回眸一笑百媚生,六宫粉黛无颜色。春寒赐浴华清池,温泉水滑洗凝脂。侍儿扶起娇无力,始是新承恩泽时。云鬓花颜金步摇,芙蓉帐暖度春宵。春宵苦短日高起,从此君王不早朝。承欢侍宴无闲暇,春从春游夜专夜。后宫佳丽三千人,三千宠爱在一身。金屋妆成娇侍夜,玉楼宴罢醉和春。姊妹弟兄皆列土,可怜光彩生门户。遂令天下父母心,不重生男重生女。骊宫高处入青云,仙乐风飘处处闻。缓歌漫舞凝丝竹,尽日君王看不足。渔阳鼙鼓动地来,惊破霓裳羽衣曲。九重城阙烟尘生,千乘万骑西南行。翠华摇摇行复止,西出都门百余里。六军不发无奈何,宛转蛾眉马前死。花钿委地无人收,翠翘金雀玉搔头。君王掩面救不得,回首血泪相和流。黄埃散漫风萧索,云栈萦纡登剑阁。峨眉山下少人行,旌旗无光日色薄。蜀江水碧蜀山青,圣主朝朝暮暮情。行宫见月伤心色,夜雨闻铃肠断声。天旋地转回龙驭,到此踌躇不能去。马嵬坡下泥土中,不见玉颜空死处。君臣相顾尽沾衣,东望都门信马归。归来池苑皆依旧,太液芙蓉未央柳。芙蓉如面柳如眉,对此如何不泪垂。春风桃李花开日,秋雨梧桐叶落时。西宫南内多秋草,落叶满阶红不扫。梨园弟子白发新,椒房阿监青娥老。夕殿萤飞思悄然,孤灯挑尽未成眠。迟迟钟鼓初长夜,耿耿星河欲曙天。鸳鸯瓦冷霜华重,翡翠衾寒谁与共,悠悠生死别经年,魂魄不曾来入梦。临邛道士鸿都客,能以精诚致魂魄。为感君王展转思,遂教方士殷勤觅。排空驭气奔如电,升天入地求之遍。上穷碧落下黄泉,两处茫茫皆不见。忽闻海上有仙山,山在虚无缥缈间。楼阁玲珑五云起,其中绰约多仙子。中有一人字太真,雪肤花貌参差是。金阙西厢叩玉扃,转教小玉报双成。闻道汉家天子使,九华帐里梦魂惊。揽衣推枕起徘徊,珠箔银屏迤逦开。云髻半偏新睡觉,花冠不整下堂来。风吹仙袂飘飘举,犹似霓裳羽衣舞。玉容寂寞泪阑干,梨花一枝春带雨。含情凝睇谢君王,一别音容两渺茫。昭阳殿里恩爱绝,蓬莱宫中日月长。回头下望人寰处,不见长安见尘雾。唯将旧物表深情,钿合金钗寄将去。钗留一股合一扇,钗擘黄金合分钿。但令心似金钿坚,天上人间会相见。临别殷勤重寄词,词中有誓两心知。七月七日长生殿,夜半无人私语时。在天愿作比翼鸟,在地愿为连理枝。天长地久有时尽,此恨绵绵无绝期⑧。

参考文献

①③④(宋)宋敏求:《长安志》卷一五。

②《文苑英华》卷五八。

⑤《旧唐书》卷一一一,《列传》六一。

⑥《唐会要》卷三〇,《华清宫》。

⑦《资治通鉴》卷二二四。

⑧《全唐文》卷六五一。

⑨傅熹年:《中国古代建筑史》(五卷本)第二卷,中国建筑工业出版社,2001年。
⑩《白氏长庆集》卷一二。

(十一)志城

一、曹魏邺城

1.建筑所处位置。城址位于今河北省临漳县西南12.5千米处漳河沿岸。为东汉末年魏王曹操所建之王都,后曹丕移都洛阳,此城列为北都①。

2.建筑始建时间。东汉建安九年(204)曹操平袁绍,开始修建邺都②。

3.最早的文字记载。晋朝左思《三都赋》中的《魏都赋》③。

4.建筑名称的来历。春秋齐桓公所筑城邑名称,《水经注》:"本齐桓公所置也。④"

5.建筑兴毁及修葺情况。建安九年(204)曹操大营此城,后又作玄武池,营铜雀、金虎、冰井三台,并"凿渠引漳水入白沟以通河"⑤。后又建宗庙,作泮宫于邺城南⑥。魏文帝移都洛阳,以此为北都。西晋末年受毁。后赵以此为都,石虎"盛兴宫室于邺,起台观四十余所",并崇饰三台,"甚于魏初"⑦。前燕都此时"缮修宫殿"⑧。北魏太武帝时"烧石虎残宫室"⑨。东魏都此时,"邺都虽旧,基址毁灭"⑩,营新宫,筑邺城⑪。北齐又都此,大营宫室及游豫之园,复营三台"改铜雀曰金凤,金虎曰圣应,冰井曰崇光"⑫。时邺城宫殿壮丽,华侈无比。后北周灭北齐,北周武帝设邺为相州治所⑬,静帝时,此城被毁废⑭,已无恢复可能。

6.建筑设计师及捐资情况。曹操。

7.建筑特征及其原创意义。因漳河频繁改道和泛滥,城址大部分被冲毁,遗迹只存城西垣金虎、铜雀二台之基和几处不知名夯土台基,现只能由文献记载来推断。此城呈长方形,"东西七里,南北五里",有七门:南三北二,东西各一⑮,特点是一条东西大道分城为南北两区,北区中部建宫城,正对南北中轴线为大朝所在,宫城东为贵族聚居之戚里和官署,西为铜雀园,苑内置武库、马厩及仓库,西城垣偏北以城垣为基础筑铜雀三台。南区大部分为居民里坊,有少数官署,全城中轴线上有南北干道直通城正南门,北达宫城。

邺城规划方正规整,功能分区明确,全城中轴对称,创中国都城规划规范之模式,对此后中国都城规划有深刻的影响。

8.关于建筑的经典文字轶闻。晋左思在《三都赋》之《魏都赋》中介绍了该城的规划理念为"览荀卿,采萧相"。明确道出该城的设计师学习了萧何规划汉初首都长安城的做法。荀子主张宫室台榭用以养德,非为夸泰。萧何规划汉长安城重视以坚固壮观来衬托新王朝。所以,邺都既有汉长安城的大气,又遵循了荀子的简朴风格要求。所以左思赞邺都"木无雕镂,土无绨锦"。

北魏郦道元《水经注·浊漳水注》中则对邺城的空间布局做了实录:"其城东西七里,南北五里,饰表以砖。百步一楼。凡诸宫殿门台隅雉,皆加观榭,层甍反宇,飞檐拂云,图以丹青,色以轻素,当其全盛之时,去邺六七十里,远望苕亭,巍若仙居。

著名古代建筑城规专家贺业钜在他的《中国古代城市规划史》第五章第三节评价邺城的规划创新时说:"曹魏邺城规划对发展营国制度是作出了重大的贡献的,不仅将东汉雒阳规划所展示的城市规划发展主流推进到一个新的演进水平,而且通过它的榜样作用,更给后世城市规划产生了深远影响,北魏洛都规划便是例证之一。由此可见,它在我国城市规划发展史中是占有相当重要地位的。"

参考文献

①⑤徐光冀、顾智界:《河北临漳邺北城遗址勘探发掘简报》,《考古》1990年第7期。

②《三国志·魏志·武帝纪》。

③《文选》卷六。

④⑤《水经注·浊漳水》。

⑥《宋书·礼志》(宋书·卷十四·志第四)。

⑦《晋书·石虎载记》。

⑧《晋书·慕容俊载记》。

⑨《晋书·鲁秀传》。

⑩《魏书·李业兴传》。

⑪《魏书·孝静帝纪》。

⑫《北齐书·本纪》。

⑬《周书·武帝记》"语曰:伪齐叛涣,穷有漳滨,世纵淫风,事穷雕饰,或穿池运石,为山学海,或层台累构,概日凌云……其东山,南园及三台可并毁撤……",又诏曰:"并邺二所,华侈过度,诸堂壮丽,并宜荡除。"

⑭《周书·静帝记》:"大象二年秋八月,移相州于安阳,其邺城及邑居皆毁废亡。"

二、六朝建康

1.建筑所处位置。位于南京市。

2.建筑始建时间。吴黄龙元年(229)。"秋九月,权迁都建业。①"

3.最早的文字记载。(晋)左思《吴都赋》②。

4.建筑名称的来历。西晋建兴元年(313)避晋愍帝司马邺名讳,改建业为建康。

5.建筑兴毁及修葺情况。吴黄龙元年(229)孙权迁都建业,以其兄孙策的长沙桓王故府为皇宫,规划并建造了周长约11千米的建业都城。东晋一朝建康基本形成都城规模;宋、齐、梁三朝,在东晋已有的基础上增添改建,使建康成为比北魏洛阳更壮丽繁华的都城;自557年陈建国至589年隋灭陈,城市没有新的重要发展;隋灭陈后,隋文帝下诏"建康城邑宫室并平荡耕垦,更于石头置蒋州"③,使这座六朝名都遭受到彻底破坏。

6.建筑设计师及捐资情况。孙权、王导等。

7.建筑特征及其原创意义。建康全盛时有城门十二,城内干道南北向六条,东西向三条,在城中形成方格干道网,其中经宫城大司马门经宣阳门向朱雀门的大道称为"御街",是建康城的南北主轴线。宫城居中,其西南建有东宫,宫内除殿宇外,还有仓库和驻军。御街两侧布置官署,有鸿胪寺、宗正寺、太仆寺、太府寺等,另外在宫前东面大道南侧和城外也有官署。主要居住区和商业区在城外,城东的青溪以东和城北的潮沟东北自东晋以来就是王侯显贵的居住区,河水回曲,景色优美。城内和近郊有大量佛寺,《南史》卷七十《郭祖深传》载郭祖深在上梁武帝的疏中说:"都下佛寺五百余所,穷极壮丽,僧尼十余万,资产丰沃"。建康城周围顺应经济发展和防守的需要,被陆续发展起来的冶城、越城、丹阳郡城、南琅琊郡城等小城环拥,适应经济发展的实际需要而形成空前广大的城市范围,在中

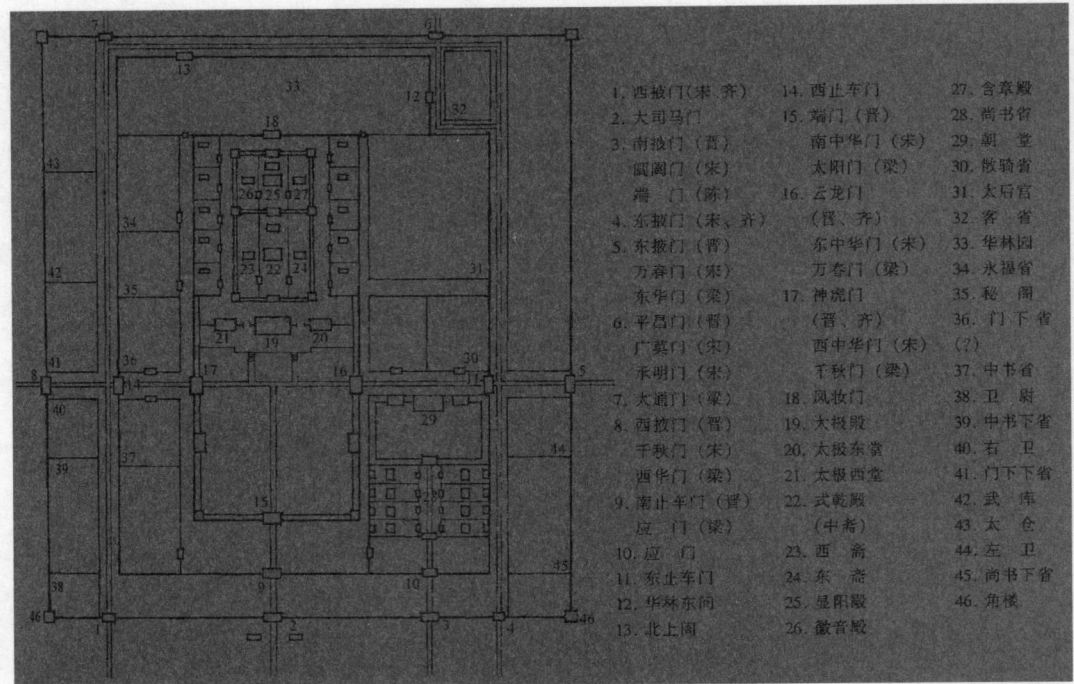

1、西掖门（宋、齐）	14、西止车门	27、含章殿
2、大司马门	15、端门（晋）	28、尚书省
3、南掖门（晋）	南中华门（宋）	29、朝堂
阊阖门（宋）	太阳门（梁）	30、散骑省
端门（陈）	16、云龙门	31、太后宫
4、东掖门（宋、齐）	（晋、齐）	32、客省
5、东掖门（晋）	东中华门（宋）	33、华林园
万春门（宋）	万春门（梁）	34、永福省
东华门（梁）	17、神虎门	35、秘阁
6、平昌门（晋）	（晋、齐）	36、门下省
广莫门（宋）	西中华门（宋）	（？）
承明门（宋）	千秋门（梁）	37、中书省
7、大通门（梁）	18、凤妆门	38、卫尉
8、西掖门（晋）	19、太极殿	39、中书下省
千秋门（宋）	20、太极东堂	40、右卫
西华门（梁）	21、太极西堂	41、门下下省
9、南止车门（晋）	22、式乾殿	42、武库
应门（梁）	（中斋）	43、太仓
10、应门	23、西斋	44、左卫
11、东止车门	24、东斋	45、尚书下省
12、华林东门	25、显阳殿	46、角楼
13、北上阁	26、徽音殿	

图 3-11-1 东晋南朝建康城平面复原示意图

国古代都城中是非常特殊的④。

8.关于建筑的经典文字轶闻。（晋）左思《吴都赋》。

参考文献

①《三国志·吴书·吴主传》。
②《文选》卷五。
③《资治通鉴》卷一七七《隋纪》一，开皇九年。
④傅熹年：《中国古代建筑史》（五卷本）第二卷，中国建筑工业出版社，2001年。

（十二）志冈

雍布拉冈

1.建筑所处位置。位于西藏自治区山南地区乃东县东南约5千米雅隆河东岸的小山上。

2.建筑始建时间。公元前1世纪。

3.最早的文字记载。《西藏王统记》载："（聂赤赞普）是为西藏最初之王，彼所建宫室，名雍布朗卡"①。

4.建筑名称的来历。"雍布"在藏语中是母鹿，就是指扎西次日山形像一只静卧的母

160

鹿,"拉"是后腿,雍布拉康意即"母鹿后腿上的宫殿"的意思。

5.建筑兴毁及修葺情况。松赞干布时在原来的基础上又修建了两层楼高的殿堂。据藏史载,当年文成公主入藏时曾在此稍住,作为夏宫,冬宫则迁昌珠寺。此后,雍布拉康由宫殿逐渐成了寺院,历代都曾有不同规模的扩建。例如五世达赖喇嘛阿旺·罗桑嘉措在雕楼式建筑上加盖了金顶。15世纪后,宗喀巴的弟子克珠顿珠在雍布拉康北创建了日鸟曲林,并由该寺管理雍布拉康的事务。"文化大革命"时,雍布拉康彻底被毁,仅存残垣断壁。1982年,当地政府拨专款对雍布拉康进行修复,使这座藏历史上著名的宫殿式寺院得以恢复。

6.建筑设计师及捐资情况。第一代藏王聂赤赞普始创,五世达赖等扩建。

7.建筑特征及其原创意义。是西藏第一座宫殿式建筑。分前后两部分,前部为一幢多层建筑,后部为一座方形碉堡式望楼,前后相连,均以石块砌成,巍峨挺拔,气势雄伟。山前有曲径盘旋而上,至宫门前有石阶数十级。前部建筑呈长方形,进门有一宽三间、深三间的门厅,再进为佛堂。宫内供奉有历代赞普的塑像及文成公主、尺尊公主的坐像,吐蕃时代著名大臣禄东赞和藏文创始人吞米·桑布扎的立像,以及诸佛像和《甘珠尔》、《丹珠尔》等经书。殿内前方是四大护法神像。雍布拉康原有许多壁书,但都已被毁。如今的壁书都是按原有内容新绘制的作品。其中较著名的一幅壁书是"雍布拉康修建园",生动形象地反映藏族历史出现的第一代藏王修建第一座王宫,以及雅隆江流域的农牧生产情况。

8.关于建筑的经典文字轶闻。《西藏档案史》:"谓彼(按:指聂赤赞普)初降于拉日若波山巅,纵目四望,见耶拉香布雪山之高峻,亚隆地土之美胜,遂止于赞唐贡玛山,为诸牧人所见。趋至其前,问所从来。王以手指天。众相谓云:'必是自天谪降之神子,我辈宜奉为主。'遂以肩为座,迎之以归,故号为聂赤赞普(原注云:时在佛灭度后二千余年)。是为藏地最初之王。彼所建宫室,名雍布朗卡。"

参考文献

①(明)索南坚赞著,刘立千译注:《西藏王统记》,民族出版社,2000年。

(十三)志桥

一、汶川太平索桥

1.建筑所处位置。位于四川省阿坝藏族羌族自治州汶川县城北关心寺旁湔水上。

2.建筑始建时间。始建于南朝梁普通三年(522)。

3.最早的文字记载。"绳桥在县西北三里,架大江水。篾笮四条,以葛藤纬络,布板其上。虽从风摇动而牢固有余。夷人驱牛马去来无惧。①"

4.建筑名称的来历。是一座用竹绳修造的单孔竹索桥,因绳上系铃,又名铃绳桥。

5.建筑兴毁及修葺情况。1933年叠溪大水后,河面加宽,桥梁改建,桥长增至200米。

每年按时进行修补。

6.建筑设计师及捐资情况。是由峡谷地区的羌族人民建造的。

7.建筑特征及其原创意义。太平桥跨湔水,长160米,宽2.67米,由22根粗半米的竹绳(粗竹索)组成。底用14绳,上铺木板,左右各用4根绳,旁用木栏翼之,栏杆下边有横木相扶。桥可渡牛马。东西两岸各立两柱,谓之将军柱,柱高2米,株间架横梁,绳绕梁过,使之不坠。两岸各建层楼,楼下设有立柱和转柱,分别用以系绳和绞绳。造桥用的绳索是特制的:用细竹为绳索,外边裹篾索,篾索三股合为一股,做成粗半米的竹绳,经久耐用。

8.关于建筑的经典文字轶闻。(唐)独孤及《笮桥赞》:笮桥横空,相引一索,人缀其上,如猱之缚;转帖入渊,如鸢之落。寻橦而上,如鱼之跃。顷刻不戒,陨无底壑。"(明)曹学佺记这种绳桥的基本工艺曰:"凡桥,每岁仲春于两岸各树两桌,长二丈有奇。桌上横穿二桐,上布竹绳亘两岸。绳之余者屈垂向下,辘轳绞束,复横以木梯,布以篾笆,周以栏索。其高低阔狭视江为度。③"

参考文献

①(唐)李吉甫:《元和郡县志》卷三三。

②(北魏)郦道元撰,(清)杨守敬、熊会贞疏:《水经注疏·江水》。

③(明)曹学佺:《蜀中名胜记》卷一四。

二、华阳万里桥

1.建筑所处位置。位于四川省成都市武侯区老南门外清水河上。

2.建筑始建时间。约建于公元前256—前251年间。

3.最早的文字记载。晋常璩《华阳国志》卷三《蜀志》载:"李冰造七桥,上应七星。①"

4.建筑名称的来历。初名长星桥,三国后名万里桥,因桥下有一笃泉,亦称笃泉桥。据唐李吉甫《元和郡县志》卷三十一:"万里桥架大江水,在(成都)县南八里。蜀使费祎聘吴,诸葛亮祖之。祎叹曰:'万里之路,始于此桥'因以为名。"该桥所在地属蜀汉华阳县,因称华阳万里桥。

5.建筑兴毁及修葺情况。初为秦国蜀郡守李冰修建的七桥之一,是我国古代修建较早的拱桥。据《华阳国志》和《古今图书集成》记载:"万里桥,原属石砌,桥高三丈,宽半之,长十余丈,势如饮虹"。北宋乾德至开宝元年(963—968)间,一位叫沈义伦的人和后来的转运使赵开,对万里桥进行了重大改造,建为石墩五孔木梁平桥,并在桥上用木料修建桥廊,廊上盖瓦,成为廊桥,极为壮观。明末清初毁于战火。康熙五年(1666)巡抚张德地、布政使郎廷相、按察使李翀霄率府县官吏捐俸重修,仍建为桥上有桥屋的木梁平桥,题其额为"武侯饯费祎处",知府冀应熊书"万里桥",刻石于桥旁。乾隆五十年(1785),四川总督李杰补修,并改建为石拱桥,桥高3丈,宽为1.5丈,长10多丈。光绪三十三年(1907)拓宽通藏大道,同时改建万里桥:加长引道,建为七孔石拱桥,桥长20丈,桥宽3丈余,建石板护照。宣统元年(1909)竣工,焕然一新,蔚为壮观,俗称南门大桥。桥上有集市,中通车马行人,恢复了往昔盛状。1939年下游建成新南门大桥,万里桥改称为老南门大桥。1949年后,成都市对万里桥进行维修和改造:加固桥基,加长引道,铺筑沥青路面,增设两侧钢桁架人行道,使古老的万里桥成为一座昼夜通行汽车上万辆次的现代化公路桥。桥上行车道宽为5米,两侧人行道各宽1.5米。但随着综合交通量的日益增大,桥上经常拥塞不畅。1988年成都市政交通部门利用该桥的桥墩,紧靠下游一侧加设4米宽的钢桁架木面人行附桥,分流行人和人力车。1995年,老南门大桥被拆除,在原址上新建了一座宽广平坦的现代化跨度单孔水泥大桥,成为南来北往的交通纽带,河边有一巨轮造型的"万里号"建筑。沿河下行,正在兴修三国纪念性建筑,正对"南门码头"。同时对原古桥作了异地搬迁,平移到了锦江上游的浣花风景区。

6.建筑设计师及捐资情况。秦国蜀守李冰始创。

7.建筑特征及其原创意义。该桥屡经变迁,现桥已不存。为了满足市民对古桥的缅怀之情,1997年底在浣花溪风景区重新修建了一座万里桥。该桥为石砌五孔,全长70米,宽7米,桥面为青石板,栏板由44块三国故事的浮雕石板组成,桥洞柱头有4个雕刻精美的花岗石龙头。

8.关于建筑的经典文字轶闻。唐朝陆肱有《万里桥赋》:"万里兮蜀郡隋都,二桥兮地角天隅。相去而如乖夷貊,曾游而只在寰区。倚槛多怀,结长悲而莫极;凭川试望,思远道以何殊。昔者沧海朝宗,岷山发迹。斯观理水之要,若启凿穴之役。逮夫东土为扬,西邦曰益。架长虹于两地,客思迢迢;浩积水于千秋,江流脉脉。宇宙绵绵,今来邈然。结构应似,途程甚偏。将暂游于楚岸,欲径度于巴川。目断波中,过巫峰之十二;心驰路半,到荆门而五千。徒观夫偃蹇东流,峥嵘二邑。揭华表以相效,刻仙禽而对立。俄惊回复,潮生而夕月初明;孰敢争先,帆去而秋滩正急。眇天末之殊方,有人间兮异乡。顾盼而层阴动色,徘徊而浮柱生光。饰丹朦以虽同,彼临淮海;度轩车而既异,此对铜梁。古来几许行人,曾游此路。跨绿岸以长存,俯清流而下注。宁为驻足之所,莫问伤心之故。复有逆旅伤情,临邛远行。壮宏制以灵矗,压洪流而砥平。家本江都,羡波涛而自返;身留蜀地,偶萍梗以堪惊。衍迤归遥,飘流恨结。之子去兮扬桂棹,长卿还兮建龙节。既风月以相间,固音尘之两绝。斯桥也,可以济巨川之往来,不可以携手而相别。②"

唐代诗人杜甫有"万里桥西一草堂"、"东行万里堪乘兴"、"万里桥西宅,百花潭北庄"等诗句,其《野望》云:"西山白雪三城戍,南浦清江万里桥。海内风尘诸弟隔,天涯涕泪一身遥。惟将迟暮供多病,未有涓埃答圣朝。跨马出郊时极目,不堪人事日萧条。③"

张籍《成都曲》有对万里桥一带美丽风光和繁荣市容的描绘:"锦江近西烟水绿,新雨山头荔枝熟。万里桥边多酒家,游人爱向谁家宿。④"

参考文献

①(晋)常璩《华阳国志》记载:"李冰造七桥,上应七星。南门有桥,名曰长星。"该桥自三国后,人们一直称之为"万里桥"。(宋)刘光祖《万里桥记》:"罗城南门外笮桥东,七星桥之一,曰长星者,古今相传孔明于此送吴使张温,曰:'此水至扬州万里',后因以为名。"《太平寰宇记》卷七二载:"万里桥在州南二里,亦名笮泉桥,桥之南有笮泉也。汉使费祎聘吴,诸葛亮祖之,祎叹曰:'万里之行始于此桥,故曰万里桥。'"

②(清)董诰等纂修:《全唐文》卷六二二。

③《全唐诗》卷二二七。

④《全唐诗》卷三八二。

（十四）志园

桃花源

1.建筑所处位置。位于湖南省桃源县西南 15 千米的水溪附近,距常德市 34 千米。南倚巍巍武陵,北临滔滔沅水,史称"黔川咽喉,云贵门户",要居衡山、君山、岳麓山、张家界、猛洞河诸风景名胜中枢,特殊的地理位置使桃花源得以吞洞庭湖色,纳湘西灵秀,沐五溪奇照,揽武陵风光。集山川胜状和诗情画意于一体,熔寓言典故与乡风民俗于一炉。

2.建筑始建时间。最早的建筑桃川宫始建于东晋。据《嘉靖常德府志》载:"桃川宫,晋人建。①"

另陶渊明的《桃花源记》称:晋太元中,武陵人发现了桃花源,入洞数日始出②。

3.最早的文字记载。东晋陶渊明《桃花源记并诗》:"晋太元中,武陵人捕鱼为业。缘溪行,忘路之远近,忽逢桃花林。夹岸数百步,中无杂树,芳草鲜美……愿言蹑清风,高举寻吾契。③"

4.建筑名称的来历。因东晋诗人陶渊明《桃花源记》而得名。桃花源在历史上就是中国古代道教圣地之一,有第三十五洞天、第四十六福地的美誉。不仅山因《桃花源记》而名,连桃源县也是因境内有桃花源而得名④。

5.建筑兴毁及修葺情况。大概道观的兴修肇端于晋,至唐初而规模初具,至盛唐而建置大备。北宋为鼎盛时期,宫观之多,香火之盛,都大超往昔,惜后来毁于兵燹。元代数十年间,统治者极不重视对文物古迹的保护。当时主持宫观的人,守成维艰。元末,全部建筑,皆付一炬。明清两代,琳宫亦时遭劫火,兴废屡建。即使勉力修复,矩度已远逊唐宋。迨至新中国成立前夕,已是破坏无余,满目荒凉。新中国成立后,始逐步恢复旧观,但十年浩劫,又遭破坏。三中全会后,正式全面规划,逐年拨款修缮扩建。⑤

6.建筑设计师及捐资情况。桃川宫,虽建自晋人,具体情况不详。唐朝天宝年间进行过较大规模的建设,当时的名字叫"桃源观"。狄中立代表唐朝廷立的《桃源观山界记》所明确的界限是:"准天宝七年五月十三日制,取近山三十户免除税赋,永充洒扫,守备山林。⑥"到了北宋时期,这里变成了"桃川万寿宫"。宋淳化元年(990)朗州地方官奉诏修建桃源观五百仙人阁,名为"望仙阁"。不久毁弃。政和元年(1111),权发遣广南西路转运副使张庄奏请重建桃川宫,并新建"景命万年殿"。及福寿二星、经、钟楼阁,斋寮、厨库、廊庑,方丈,凡一千三百三十楹。次年,赐额"桃川万寿宫",设提点掌之,以便祝厘。淳祐元年(1241),龙阳(今汉寿)富民文必胜施财谷,增创武当行宫于桃川宫之阴,规模略同唐太和年间所修的行宫。元末毁于兵燹。明洪武中(1378),道士龚贵卿沿旧创始,渐以修复。景泰六年(1455),道士谢智常奉中丞李某命,收集制书,立殿宇数楹,后毁于风雨。成化十八年(1482)道士冯信通奉本府同知李泰命,募修三清、龙虎殿各五间,法堂、官厅各三间。并装饰了诸神像。弘治十四年(1501),道士谭常仑建山门两层,清风桥一座。唯武当行宫荒废最久。正德十三年(1518)至嘉靖四十年(1561)道士曾世界显复建行宫,题曰玄岳。清嘉庆《常德府志》:"桃源洞,明嘉靖间(1522—1566)郡守林应亮于洞口建亭,题额曰:洞口长春。"万历十八年(1590)江东之倡建八方亭(今万竹亭),未成,去职。由参政陈性学续成,至二十三年(1595)竣工。三十二年(1604),分巡抚湖北道刘之龙捐金构"灵仙之府"(即今菊圃)。三十五年(1607),湖广按察司副使李廷谟复于灵仙之府两厢构室,缮廊三间,建房五间。三十七年(1609),分巡抚湖北道郭显忠建大士阁于桃华山顶,开石崖四十丈,据有其胜。从此,桃花源建筑群渐移至大士阁(今桃花观)一带。天启间(1621—1627),主簿孙廷薰重修秦人洞口的遇仙桥。明末,邑人罗其鼎于今菊圃建渊明祠,并于其前种桃千树。但濒沅水的桃川宫道观复毁于兵燹。清初重建桃川宫,但规模不如从前。清代民国以来,相关建筑旋复旋毁。全国解放后,1955年桃花源被定为省级文物保护单位。后来成立桃花源林场,兼管文物。1964年重修了穿林桥、古道,新建了玩月亭。1974年复建桃花源牌坊,重修蹑风亭和集贤祠,新辟了千丘池,1975年维修了桃花观。1978年以后,辟治菊圃等,基本形成现在桃花源景区格局⑦。

7.建筑特征及其原创意义。桃花源系一建筑群。它的范围,按《桃源县志》记载:"唐建中二年(781)所定山界:东西阔七里,南至障山四里,北至大江五里。障山在祠堂南四里,以山顶分水为界……"又据清嘉庆《桃源县志》所载:"桃源之山,西尽水溪,东逾桃花之溪,群山环拱,周围五十里,其首曰桃源洞山,一曰武陵之山。"唐宋年间,这里已被封建王朝重视。据有关资料记载:唐天宝七年(748)曾规定桃花源一带"三十户蠲免税赋,永充洒扫,守护山林。"北宋淳化元年(990),"诏隶二十户,免徭,以奉洒扫。"到了唐代,这里便形成了自沅水边至桃花山的巨大的建筑群。北宋淳化元年(990),朗州地方官奉诏修桃花源五百仙人阁成,名望仙阁。宋徽宗政和元年(1111),依桃源山势建道观,分上、中、下三宫,次年,钦赐"桃川万寿宫"宫名,形成颇具规模的建筑群,至元顺帝时(1333—1368)毁于战乱。明清两代,桃花源的建筑移至桃花山,以秦人洞侧之大士阁(今桃花观)为主体,时兴时毁。光绪十八年(1892),桃源知事余良栋重摹,雕刻"桃源佳致"碑,同时,还重修靖节祠,并沿山配置亭阁,按陶渊明桃花源诗命名。

古人游览桃花源景区的路线是:在桃源县城上船,溯沅水而上,再在问津处登陆。先游水府阁,后门洞、烂船洲,再溯桃花溪而上,可观赏空心杉,仰桃川宫、炼丹台、沧鼎池遗址,抵佳致碑。过佳致碑,进桃花源牌坊,跨穿林桥,穿二道门,便抵菊圃。方竹亭就在菊圃右上侧,亭边可遥望遇仙桥,在遇仙桥上小憩片刻,历石级而上,过水源亭、桃花潭,到秦人古洞。洞内可览豁然轩、千丘田、延至馆、高举阁、归鹤峰、摩顶松等风景与建筑。过摩顶松,顺坡势而下,可到渊明祠、桃花观、蹑风亭、玩月亭。穿桃花观山门,经集贤祠,右拐,沿寻契亭、既出亭,可从向路桥而出。

如今几经修葺、扩展,已将桃花源分成了桃仙岭、桃源山、桃花山和秦人村4个景区,景区面积由原来的不足半平方千米,扩大到近9平方千米。景点由原来的20余个,增加到70余个,这已非古桃花源可比拟了。此为21世纪初桃花源之景象。

8.关于建筑的经典文字轶闻。桃花源在唐宋时期是颇负盛名的道教圣地,有第三十五洞天、第四十六福地的美誉。千百年来,桃花源迎来了大批文人墨客,如陶渊明、孟浩然、王昌龄、王维、李白、杜牧、刘禹锡、韩愈、陆游、苏轼等都留下许多珍贵的墨迹。其中最著名的是陶渊明《桃花源记》《桃花源诗》。宋代大文豪苏轼酷爱陶渊明,他在流放海南期间,把陶渊明的全集和了个遍。其中,在《和陶渊明桃花源诗》前有篇小序,对桃花源这种文化现象首次进行了学理分析:

"世传桃源事多过其实。考渊明所记,止言先世避秦乱来此,则渔人所见似是其子孙,非秦人不死者也。又云杀鸡作食,岂有仙而杀者乎?旧说南阳有菊水,水甘而芳,民居三十余家,饮其水皆寿,或至百二三十岁。蜀青城山老人村有见五世孙者,道极险远,生不识盐醢,而溪中多枸杞,根如龙蛇,饮其水,故寿。近岁道稍通,渐能致五味,而寿亦衰。桃源盖此比也欤?使武陵太守得而至焉,则已化为争夺之场久矣。当思天壤之间,若此者甚众,不独桃源。⑧"

参考文献

①《嘉靖常德府志》。

②(晋)陶渊明:《桃花源记》。

③杨勇:《陶渊明集校笺》卷六。

④⑤⑦桃花源文物管理所:《桃花源志》。

⑥《全唐文》卷七六一。

⑧《东坡全集》卷三二。

中 国 历 代 名 建 筑 志

第四章

北魏时期名建筑

（一）志城

北魏洛阳城

1.建筑所处位置。城址位于今河南省洛阳市东 15 千米处。

2. 建筑始建时间。北魏孝文帝太和十九年（495）迁都于此至东魏孝静帝天平元年（534）共历时 40 年。

3.最早的文字记载。《洛阳伽蓝记序》："大和十七年,后魏高祖迁都洛阳,诏司空公穆亮营造宫室。洛阳城门,依魏、晋旧名。东面有三门。北头第一门曰'建春门',汉曰'上东门'。阮籍诗曰:'步出上东门'是也。魏、晋曰'建春门',高祖因而不改。次南曰'东阳门',汉曰'东中门',魏、晋曰'东阳门',高祖因而不改。次南曰'青阳门',汉曰'望京门'魏、晋曰'清明门',高祖改为'青阳门"。南面有四门。东头第一门曰 '开阳门'。初,汉光武迁都洛阳,作此门始成而未有名。忽夜中有柱自来在楼上。后琅玡郡开阳县言南门一柱飞去,使来视之,则是也。遂以'开阳'为名。自魏及晋,因而不改,高祖亦然。次西曰'平昌门',汉曰'平门',魏晋曰'平昌门',高祖因而不改。次西曰'宣阳门',汉曰'津门',魏、晋曰'津阳门',高祖因而不改。西面有四门。南头第一门曰'西明门',汉曰'广阳门'。魏、晋因而不改,高祖改为'西明门'。次北曰'西阳门',汉曰'雍门'。魏晋曰'西明门',高祖改为'西阳门'。次北曰'阊阖门',汉曰'上西门',上有铜璇玑玉衡,以齐七政。魏、晋曰'阊阖门',高祖因而不改。次北曰'承明门'。承明者,高祖所立,当金墉城前东西大道。迁京之始,宫阙未就,高祖住在金墉城。城西有王南寺,高祖数诣寺。沙门论议,故通此门,而未有名,世人谓之新门。时王公卿士常迎驾于新门。高祖谓御史中尉李彪曰:'曹植诗云:谒帝承明庐。此门宜以承明为称。'遂名之。北面有二门。西头曰'大夏门',汉曰'夏门',魏、晋曰'大夏门'。尝造三层楼,去地二十丈。洛阳城门楼皆两重,去地百尺,惟大夏门甍栋干云。东头曰'广莫门',汉曰'谷门',魏、晋曰'广莫门',高祖因而不改。广莫门以西,至于大夏门,宫观相连,被诸城上也。门有三道,所谓九轨。[①]"

4.建筑名称的来历。因袭旧名。

5.建筑兴毁及修葺情况。北魏洛阳城是在西晋废墟上重建而成的。魏孝文帝太和十七年(1493)"幸洛阳,周巡故宫基址",感"晋德不修",后又幸金墉城,诏征司空穆亮与尚书李冲,将作大将董爵经始洛京,十九年"金墉宫成",后"六宫及文武尽迁洛阳"[②],宣武帝景明年间(500-503)"发畿内夫五万人筑京师三百二十三坊,四旬而罢"[③],后又筑圆丘、太庙、明堂并营缮国学[④]。后孝静帝天平元年(534)东西魏分立,洛阳宫室民居被毁[⑤]。隋时洛阳城西移,此城逐渐废弃。

6.建筑设计师及捐资情况。魏孝文帝。司空穆亮、尚书李冲、将作大匠董爵主持规划建设[⑥]。

7.建筑特征及其原创意义。北魏洛阳城利用了东汉、魏晋的城墙。11 个城门于原址上

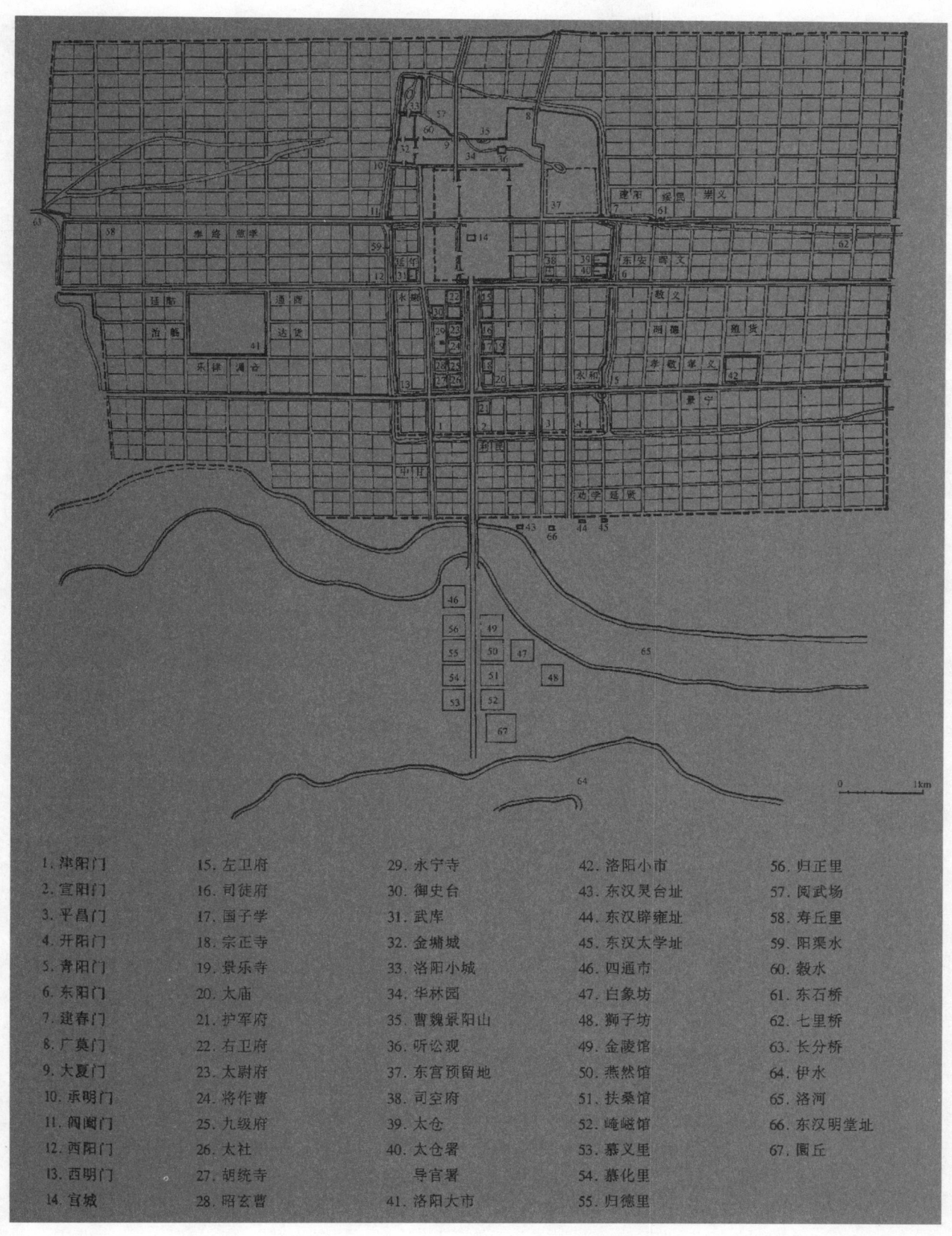

1. 津阳门	15. 左卫府	29. 永宁寺	42. 洛阳小市	56. 归正里
2. 宣阳门	16. 司徒府	30. 御史台	43. 东汉灵台址	57. 阅武场
3. 平昌门	17. 国子学	31. 武库	44. 东汉辟雍址	58. 寿丘里
4. 开阳门	18. 宗正寺	32. 金墉城	45. 东汉太学址	59. 阳渠水
5. 青阳门	19. 景乐寺	33. 洛阳小城	46. 四通市	60. 榖水
6. 东阳门	20. 太庙	34. 华林园	47. 白象坊	61. 东石桥
7. 建春门	21. 护军府	35. 曹魏景阳山	48. 狮子坊	62. 七里桥
8. 广莫门	22. 右卫府	36. 听讼观	49. 金陵馆	63. 长分桥
9. 大夏门	23. 太尉府	37. 东宫预留地	50. 燕然馆	64. 伊水
10. 承明门	24. 将作曹	38. 司空府	51. 扶桑馆	65. 洛河
11. 阊阖门	25. 九级府	39. 太仓	52. 崦嵫馆	66. 东汉明堂址
12. 西阳门	26. 太社	40. 太仓署	53. 慕义里	67. 圜丘
13. 西明门	27. 胡统寺	导官署	54. 慕化里	
14. 宫城	28. 昭玄曹	41. 洛阳大市	55. 归德里	

图 4-1-1　北魏洛阳城平
面复原图

重建,一城门(西阳门由汉之雍门旧址北移)北移,另于金墉城附近新开承明门,共13座城门。全城呈外郭、内城、宫城相套格局,宫城位于内城北偏西处,据汉魏北宫基础而建成,其平面呈长方形,四面筑墙。宫城分为朝会、寝宫南北两半。贯东阳门与西阳门之大街又分内城为两部分,北主要为宫室苑囿,南主要分布着官署、寺院和贵族邸宅。宫城南门与城南门间之南北向大街铜驼街为城中轴线,宗庙、社稷和太尉府、司徒府等高级官置分布街之两侧。城内道路呈方格形,有规整之里坊,其市皆设于城外,位于宫城之南。明堂、灵台、太学位于城南。北魏洛阳的形制和布局,承继以前都城建设经验,完成了三层相套之格局,并且大有发展变革,为隋唐长安及洛阳城建设开了先例。

8.关于建筑的经典文字轶闻。对于北魏洛阳之繁华,杨衒之《洛阳伽蓝记》等书中有载。

参考文献

①(北魏)杨衒之:《洛阳伽蓝记·序》。

②《魏书·高祖孝文帝纪》。

③④《魏书·世宗纪》。

⑤《魏书·孝静帝纪》,《北史·张耀传》。

⑥《魏书·高祖孝文帝纪》太和十七年(493)诏征司空穆亮与尚书李冲、将作大匠董爵经始洛京。

(二)志祠

晋祠

1.建筑所处位置。位于太原市区西南25千米处悬瓮山下。

2.建筑始建时间。修建的具体年代已不可考。

3.最早的文字记载。《水经注》:"昔智伯之遏晋水以灌晋阳,其川上溯,后人踵其遗迹,蓄以为沼。沼西际山枕水,有唐叔虞祠,水侧有凉堂,结飞梁于水上。①"

4.建筑名称的来历。据《史记·晋世家》的有关记载,周成王封同母弟叔虞于唐,称唐叔虞。叔虞的儿子燮,因境内有晋水,改国号为晋。后人为了奉祀叔虞,在晋水源头建立了祠宇,称唐叔虞祠,也叫"晋王祠",简称"晋祠"②。

5.建筑兴毁及修葺情况。晋祠曾经过多次修建和扩建,面貌不断改观。宋代以前,唐叔虞祠是整个祠庙建筑的主体。北齐文宣帝高洋天保年间(550—559)扩建晋祠,"大起楼观,穿筑池塘";隋开皇年间(581—600),在祠区西南方增建舍利生生塔;唐贞观二十年(646),太宗李世民到晋祠,撰写碑文《晋祠之铭并序》,并又一次进行扩建。宋太宗太平兴国四年(979)对晋祠进行大规模修缮扩建。宋仁宗天圣年间(1023—1032),追封唐叔虞为汾东王,并为唐叔虞之母邑姜修建了规模宏大的圣母殿,同时重建了鱼沼飞梁。熙宁年间(1068—1077)宋神宗又封邑姜为汾济王母,将晋祠更名为惠远寺。此后,晋祠主要转向供奉和祭祀唐叔虞的母亲邑姜,又铸造铁人,增建献殿、钟楼、鼓楼及水镜台等,以圣母殿为

图 4-2-1　晋祠圣母殿

主体的中轴线建筑物次第告成,祠区建筑布局大为改观,原来居于正位的唐叔虞祠被冷落在整个建筑群的北角。明清时期又建造了朝阳洞、三台阁、关帝庙、昊天祠、水母楼、东岳殿、文昌宫、三圣祠等建筑,逐步形成现在的规模和格局。今唐叔虞祠是清乾隆年间重建的。

6. 建筑设计及捐资情况。始建者不详。

7.建筑特征及其原创意义。晋祠现有宋、元、明、清各式建筑 100 余座,分为中、北、南三部分组成。中部建筑以圣母殿为中心,中轴线上的由东向西依次是:水镜台、会仙桥、金人台、对越坊、钟鼓二楼、献殿、鱼沼飞梁和圣母殿,系祠内建筑的

图 4-2-2　晋祠铁人

主体部分。这组建筑布局严谨,造型别致,以风格独特、艺术与历史价值甚高而著称于世。北部建筑东自文昌宫起,有锁虹桥、东岳庙、昊天神祠(关帝庙)、三清洞、钧天乐台、贞观宝翰亭、唐叔虞祠、莲池、善利泉亭、松水亭、苗裔堂、朝阳洞、开原洞、云陶洞、老君洞、待凤轩、三台阁、读书台、吕祖阁、顾亭及静怡园等。这组建筑依地势错综排列,崇楼高阁,参差叠置,以宏丽壮观、幽静飘逸取胜。南部建筑东自胜瀛楼起,有流碧榭、双桥、白鹤亭、同乐亭、傅山书画馆、三圣祠、真趣亭、分水堰、张郎塔、曲桥、洗耳洞、不系舟、难老泉亭、水母楼、台骀庙、公输子祠等。这组建筑既有楼台耸峙、亭桥点缀,又有泉水穿流,颇具园林特色和诗情画意。南向又有王玉祠、晋溪书院、董寿平美术馆、奉圣寺、留山园等。祠内整体布局疏密有致,严谨得体,既有寺观院落之特色,亦富皇室宫苑之韵致,恢弘壮阔,独具匠心。

晋祠的主体建筑圣母殿是宋代建筑中的代表作。殿高约19米,重檐歇山顶,面宽7间,进深6间,平面布置几乎成方形。殿身四周围廊,前廊进深两间,廊下宽敞。在我国古代建筑中,殿周围廊此为现存最早的一个实例,即宋《营造法式》记载"副阶周匝"做法。殿前八根廊柱上各缠绕木质盘龙一条,即《营造法式》所载的"缠龙柱",是现存宋代此种做法的孤例。殿周柱子略向内倾,四根角柱显著升高,使殿前檐曲线弧度很大。下翘的殿角与飞梁下折的两翼相互映衬,一起一伏,一张一弛,更显示出飞梁的巧妙和大殿的开阔。殿、桥、泉亭和鱼沼,相互陪衬,浑然一体。圣母殿采用"减柱法"营造,殿内外共减16根柱子,以廊柱和檐柱承托殿顶屋架,因此殿前廊和殿内十分宽敞。殿内共43尊泥塑彩绘人像,多为宋代原塑。主像圣母邑姜,曲膝盘坐在饰凤头的木靠椅上,凤冠蟒袍,霞帔珠璎,面目端庄,显示了统治者的尊贵和奢华。42个侍从像对称排列两边,或捧文印翰墨,或洒扫梳妆,或奏乐歌舞,形态各异。尤其是宫女形象造型生动,姿态自然,肢体身材比例适度,服饰美观大方,衣纹明快流畅,加之高度与真人相仿,更显得栩栩如生,是我国古代雕塑艺术中的珍品。

圣母殿前的鱼沼为一方形水池,是晋水的第二泉源。池中立34根小八角形石柱,柱顶架斗拱和梁木承托着十字形桥面。东西桥面长19.6米,宽5米,高出地面1.3米,西端分别与献殿和圣母殿相连接;南北桥面长19.5米,宽3.3米,两端下斜与地面相平。整个造型犹如展翅欲飞的大鸟,故称飞梁。鱼沼飞梁形制奇特、造型优美,这种十字形桥式,现存实物仅此一例,它对于研究我国古代桥梁建筑很有价值。

8.关于建筑的经典文字轶闻。北魏地理学家郦道元在他所著的《水经注》一书中,对当时的晋祠做了这样的描述:"沼西际山枕水,有唐叔虞祠,水侧有凉堂,结飞梁于水上。③"唐朝著名诗人李白赞美不绝,写下了"晋祠流水如碧玉"、"微波龙鳞莎草绿"的佳句④。欧阳修《晋祠》诗曰:"古城南出十里间,鸣渠夹路河潺潺。行人望祠下马谒,退即祠下窥水源。地灵草木得余润,郁郁古柏含苍烟"⑤。清朱彝尊《游晋祠记》。

参考文献

①③(北魏)郦道元:《水经注·晋水》。

②(清)刘大鹏:《晋祠志序》:"祠者何? 庙也。祠而曰晋者何? 以祠在晋水之源也。晋祠者何? 唐叔虞祠也。唐叔虞者何? 周武王之子,成王之母弟也。叔虞而曰唐者何? 成王灭唐乃剪桐叶以封于唐也。既为唐侯,都于晋阳,后人感其德泽,立庙于晋水之源以祀之,曰晋祠。"见清光绪王崇本《晋祠志》。

④(唐)李白:《忆旧游,寄谯郡元参军》,《全唐诗》卷一七二。

⑤《欧阳修集·居士集》卷二。

(三)志亭

历下亭

1.建筑所处位置。位于山东省济南市大明湖中的方形岛上。

2.建筑始建时间。始建于北魏时期。

3.最早的文字记载。据《水经注》记载,城西有沥水,"其水北为大明湖,西即大明寺,寺东、北两面侧湖,此水便成净池也。池上有客亭。①"此处的客亭即指历下亭。

4.建筑名称的来历。因为建在历山(千佛山)附近,故名。

5.建筑兴毁及修葺情况。历下亭历经沧桑,位置多有变迁。北魏时在五龙潭处,郦道元《水经注》称"客亭",是官家为迎宾接使所建。唐初始称"历下亭"。据《旧唐书》记载,天宝元年(742),齐州曾改为临淄郡,故此亭当时也称"临淄亭"。唐末,亭渐废。北宋曾巩在齐州任职时,将亭重建于州宅后。金末战乱,此亭化为废墟。元明重修,但明末又毁。至清初,山东盐运使李兴祖于康熙三十二年(1693)在大明湖今址,购买乡绅艾氏地产重新建之,其规模比以前宏大,坐北朝南,颜额为"古历亭"。竣工后,又在亭西偏南筑土垒台,建轩宇3间,题额"蔚蓝轩"。此后,历下亭的规模、型制又有变异。咸丰九年(1859)又重修历下亭。历下亭三度兴废:北魏至唐建于五龙潭畔;宋、金、元、明移址大明湖南岸;清代至今矗立在大明湖小岛中央。

6.建筑设计师及捐资情况。初为官家为迎宾接使所建。

7.建筑特征及其原创意义。整个建筑群主亭中立,附以前门、游廊、名士轩、四面亭等。主亭平面呈八角形,全木结构,重檐攒尖宝顶,红柱青瓦,斗拱承托,饰以吻兽,蔚为大观。亭身空透,檐悬清乾隆皇帝书写的"历下亭"匾额,内设石雕莲花桌凳。亭北为名士轩,是历代文人雅士宴集之地。该轩坐北朝南,面阔5间,匾额"名士轩",为1911年春朱庆元书。楹柱上悬挂着著名文学家郭沫若题写的对联:"杨柳春风万方极乐,芙蕖秋月一片大明。"轩内西壁嵌唐天宝年间北海太守、大书法家李邕和大诗人杜甫的线描石刻画像。东壁嵌有清代诗人、书法家何绍基题写的《历下亭》诗碑。历下亭西侧的蔚蓝轩,面阔3间,飞檐翘角,绕以回廊。亭南偏西与长廊相连处,为御碑亭,内立清乾隆十三年(1748)乾隆皇帝《大明湖题》诗碑。亭东大门楹联集杜甫诗句"海右此亭古,济南名士多",为何绍基手书。

8.关于建筑的经典文字轶闻。唐天宝四年(745),北海太守李邕在此亭宴请杜甫及济南名士,杜甫当即赋《陪李北海宴历下亭》诗:"东藩驻皂盖,北渚凌清河。海右此亭古,济南名士多。云山已发兴,玉佩仍当歌。修竹不受暑,交流空涌波。蕴真惬所遇,落日将如何。贵贱俱物役,从公难重过。②"清康熙三十二年(1693),蒲松龄作《重建古历亭》:"大明湖上一徘徊,两岸垂杨荫绿苔。大雅不随芳草没,新亭仍傍碧流开。雨余水涨双堤远,风起荷香四面来。遥羡当年贤太守,少陵嘉宴得追陪。"蒲松龄《古历亭赋》:"凭轩四望,俯瞰长渠;

顺水一航,直通高殿。笼笼树色,近环薜荔之墙;泛泛溪津,遥接芙蓉之苑。入眶清冷,狎鸥与野鹭兼飞;聒耳哜嘈,禽语共蝉声相乱。金梭织锦,喈呷蒲藻之乡;桂楫张筵,容与芦荻之岸。蒹葭挹露,翠生波而将流;荷芰连天,香随风而不断。蝶迷春草,疑谢氏之池塘;竹荫花斋,类王家之庭院。[3]"

参考文献

①(北魏)郦道元:《水经注·济水》。

②《全唐诗》卷二一六。

③(清)蒲松龄:《蒲松龄集》,上海古籍出版社,1986年。

(四)志窟

一、云冈石窟

1.建筑所处位置。在山西省大同市西 16 千米武周山南侧,东西绵延约 1 千米。

2.建筑始建时间。北魏文成帝和平年间(460—465)开始大规模营建。

3.最早的文字记载。《水经注》:"凿石开山,因岩结构,真容巨壮,世法所希。山堂水殿,

图 4-4-1　云冈石窟

烟寺相望,林渊锦镜,缀目新眺。①"

　　4.建筑名称的来历。北魏建窟以来称石窟寺为灵岩寺,后亦称武州山石窟寺,明代始称云冈。

　　5.建筑兴毁及修葺情况。《魏书》载,和平(460—465)初,僧人昙曜任沙门统,经他倡议,"于京城西武州塞凿山石壁,开窟五所,镌建佛像各一,高者七十尺,次六十尺,雕饰奇伟,冠于一世"②,即现在云冈石窟的第16~20窟。太和十八年(494)北魏由平城迁都洛阳后,大窟的营建明显减少,多为中小窟龛。北魏石窟的最后铭记纪年为正光五年(524),大约就是北魏营造活动的下限。北魏以后,直到初唐贞观(627—649)年间,石窟寺重又开始营建。辽兴宗重熙十八年(1049)至道宗清宁六年(1060)以及金皇统三至六年(1143—1146),石窟寺曾进行过两次大规模的整修和建设。

图4-4-2　云冈石窟第20窟

　　6.建筑设计师及捐资情况。最初在文成帝的支持下,由高僧昙曜主持开凿。

　　7.建筑特征及其原创意义。云冈石窟依山开凿,规模宏伟,是中国的大型石窟群之一。1961年定为全国重点文物保护单位。现存主要洞窟45个,计1100多个小龛,大小造像51000余尊。现存洞窟大多凿于太和十八年(494)迁洛前。云冈石窟分为三区:1.东部窟群,包括第1~4窟和碧霞宫。2.中央窟群,包括第5~20窟,其中第16~20窟被认为是北魏文成帝和平年间凉州禅师昙曜主持开凿的,通称"昙曜五窟"。3.西部窟群,包括第21~53窟。从开窟规模、造像风格以及窟型各方面综合比较,中央和东部窟群开凿时代较早,西部窟群比较零乱,当是北魏孝文帝迁都洛阳前后开凿的。云冈石窟以造像气魄雄伟、内容丰富多彩见称。最小的佛仅高几厘米,最大的高达17米,多为神态各异的宗教人物形象。石窟有形制多样的仿木构建筑物,有主题突出的佛传浮雕,有精细雕刻的装饰纹样,还有栩栩如生的乐舞雕刻,生动活泼,琳琅满目。其雕刻艺术继承并发展了秦汉雕刻艺术传统,吸取和融合了犍陀罗佛教艺术的精华,具有独特的艺术风格,对后来隋唐艺术的发展产生了深远的影响③。

　　8.关于建筑的经典文字轶闻。《水经注》:"凿石开山,因岩结构,真空巨壮,世法所希。"

参考文献

　　①④郦道元:《水经注·漯水》。

　　②《魏书·释老志》。

　　③傅熹年:《中国古代建筑史》(五卷本)第二卷,中国建筑工业出版社,2001年。

二、万佛堂石窟

　　1.建筑所处位置。位于辽宁省锦州市义县西北9千米万佛堂村南大凌河北岸悬崖上。

　　2.建筑始建时间。西区始建于北魏太和二十三年(499);东区始建于北魏景明三年

（502）。

3.最早的文字记载。西区第五窟的《平东将军营州刺史元景造像碑》及东区第五窟所存《韩贞造像题记》。

4.建筑名称的来历。因造像众多而得名。

5.建筑兴毁及修葺情况。北魏年间开凿的石窟,因为长年的自然风化与年久失修,大部分已经破损坍塌,不复存在了。现在仅存的石窟大部分是明朝嘉靖年间重修的。20世纪50年代以来多次加固,1994年到1997年经过历时4年的全面修缮。

6.建筑设计师及捐资情况。西区9窟系营州刺史元景为祈福禳灾所建;东区为慰喻契丹使韩贞等74人为祈福修建。

7.建筑特征及其原创意义。该石窟是辽宁境内最早、最大的石窟群,共有大小石窟16个,分为东、西二区。

西区分上下2层,下层为6个大窟,各窟之间还有一些小龛。除第1窟外,其余5窟由于大凌河水冲刷,前部已完全崩塌。故自第2窟起,各窟东西两侧都凿通相连,原窟门或全部堵塞,或仅露上部成为明窗。第1窟为平顶方形中心柱窟,高约5米,每壁长约7米,东西北三壁开龛,龛内造像及四角天王均系明清补作。中心柱四面开龛,上下2层,龛形皆为北魏时期,唯每面下层龛内佛像皆为后世所造,自尖拱以上,佛像、供养人及弧形华幔、化生童子等皆为北魏原作,与云冈同期造像风格极近。第2窟仅窟顶残存北魏时期的莲花和飞天以及原窟门东上角的弥勒菩萨像。第3窟风化颇甚。第4窟为不规则长方形,高2.4米,堵塞的窟门上刻有交脚弥勒,左右有2个较小的供养菩萨,东边刻有4排千佛,另有2个小龛雕像,一为释迦、多宝,一为维摩诘、文殊。第5窟高约5米,长7米,仅存后半部,尚可见尖拱上有5个化佛,拱端浮雕螭首,两前脚张开,尾向后翘起,卷上为拱的外边。下面为小坐佛、莲花、飞天等。东南角残留的《元景造像碑》的上半部浮雕小屋是研究北朝建筑的珍贵材料。第6窟为万佛堂最大的窟,东西长8米余,今仅存后壁正中大弥勒像,高3.2米,交脚倚坐,水波状发髻,长眼,高鼻,薄唇,有犍陀罗雕刻造型的影响,与云冈同期造像风格一致。佛后座尚有阿难像,东边上部有小龛,内刻一佛二菩萨,龛下刻小坐佛8身。此外尚残存二菩萨。第7、8、9窟在上层,窟内雕像全部风化。

东区石窟风化亦较重,仅第6窟遗留一些北朝作品,亦多不完整。该窟西向,后壁凿一大龛,内雕释迦坐像,高肉髻,长眉细目,高鼻薄唇,丰颐,系北朝中期风格。南壁尚残存浮雕维摩诘手持麈尾。南壁外面有残损的仁王等雕像。东区石窟的山顶上有一座圆柱形小塔,名为"文峰塔",是明成化十年(1474)左军都督府都督佥事骠骑将军王锴为他的母亲吴氏寿日祈寿所建[①]。

8.关于建筑的经典文字轶闻。第5窟《平东将军营州刺史元景造像碑》被梁启超评价为"天骨开张,光芒闪溢",康有为称其为"元魏诸碑之极品"。

参考文献
①刘建华:《义县万佛堂石窟》,科学出版社,2001年。

三、龙门石窟

1.建筑所处位置。位于河南省洛阳城南12千米处的洛阳市郊区龙门镇。

2.建筑始建时间。最初的经营开始于孝文帝在云冈为其亡父母开窟造像时(488或493)。"景明初(500),世宗诏大长秋卿白整准代京灵岩寺石窟,于洛南伊阙山,为高祖、文昭皇太后营石窟二所。初建之始,窟顶去地三百一十尺。至正始二年(505)中,始出斩山二十三丈。至大长秋卿王质,谓斩山太高,费功难就,奏求下移就平,去地一百尺,南北一百四十尺。永平中,中尹刘腾奏为世宗复造石窟一,凡为三所。①"

3.最早的文字记载。《洛阳伽蓝记》卷五记"京南关口有石窟寺、灵岩寺"。

4.建筑名称的来历。因位于龙门山而得名。

5.建筑兴毁及修葺情况。从北魏孝文帝时开始,历经北魏晚期和盛唐两次大规模的皇家营造和东魏、西魏、北齐、隋、唐、北宋数百年开凿。

6. 建筑设计师及捐资情况。北魏孝文、宣武、孝明帝,唐高宗、武则天等。

7.建筑特征及其原创意义。龙门石窟现存窟龛 2100 多个,造像 10 万余身,碑刻题记 3600 多品,佛塔 40 余座。石窟密布于伊水两岸的崖壁上, 南北长达 1 千

图 4-4-3 龙门石窟奉先寺

米。北魏时的古阳洞、宾阳洞、莲花洞,唐代的潜溪寺、万佛洞、看经寺、奉先寺等都是代表性的洞窟。古阳洞是北魏宣武帝胡太后之舅父、太尉公皇甫度的功德窟,为平面宽深约 1:2 的穹隆顶洞窟,洞壁上下罗列佛龛,刻有丰富的宗教艺术形象,龛旁及龛顶造像题铭众多,著名的魏碑精品"龙门二十品"中十九品选自古阳洞。窟内壁下层的礼佛图高 0.7 米,南北壁总长达 3.8 米,是龙门现存礼佛图中规模最大、保存较好者。宾阳三洞是北魏正始二年至正光四年(505—523)为宣武帝和其父母孝文帝、文昭皇太后开凿的功德窟,其中中洞窟制与造像皆完成于魏。中洞门券雕刻和浮雕颇有中土特色,窟顶正中倒悬一朵大莲花,天人流云当空飞旋,花幔流苏繁复瑰丽,地面雕以莲花、蔓草、水涡等纹样,与窟顶相辉映。后壁一铺五尊和左右各一铺三尊的大型圆雕占据了窟中绝大部分空间,造像和袈裟、帔帛样式皆具中原模式形成期的特点。北洞与南洞主佛则完成于初唐。位于宾阳中洞与南洞中间的《伊阙佛龛碑》为贞观十五年(641)岑文本撰文、褚遂良书写,是初唐楷书的精构。奉先寺始凿于唐代咸亨三年(672),上元二年(675)完成,是龙门石窟中规模最大、艺术精美、最具有代表性的大龛。南北宽约 34 米,东西深约 36 米。龛雕一佛、二弟子、二胁侍菩萨、二天王及力士等 11 尊大像,主从分明,高下有别,气势磅礴。主尊卢舍那大佛高 17.14 米,身披袈裟,面容丰满秀丽,双目宁静,嘴角微翘,显现出无限的智慧和慈祥;弟子迦叶严谨持重,阿难温顺虔诚;菩萨端丽矜持,天王蹙眉怒目,力士雄强威武,显示了盛唐雕塑艺术的高度成就②。

8.关于建筑的经典文字轶闻。白居易《修香山寺记》:"洛都四野山水之胜,龙门首焉。龙门十寺观游之胜,香山首焉"③。唐代戴叔伦的《宿灵岩寺》:"马疲盘道峻,投宿入招提。雨急山溪涨,云迷岭树低。凉风来殿角,赤日下天西。偃腹虚檐下,林空恣鸟啼。④"从诗景看,急雨中诗人所要投宿的招提,显然是指宾阳洞,即北魏所建立的灵岩寺。宋昱《题石窟寺魏孝文所置》:"梵宇开金地,香龛凿铁围。影中群象动,空里众灵飞。檐牖笼朱旭,房廊抱翠微。瑞莲生佛步,瑶树挂天衣。邀福功虽在,兴王代久非。谁知云朔外,更睹化胡归。⑤"此处的石窟寺即指古阳洞,为龙门石窟开凿最早的洞窟, 始凿于孝文帝太和十七年

（493），系一批追随孝文帝迁都的皇亲、国戚、王公、近臣等特为孝文帝开凿的石窟，窟内雕刻极其精美。在佛龛的龛楣雕刻中，即有一幅内容为"步步生莲"、"九龙浴太子"等场面组成的佛传故事雕刻，正与诗中"瑞莲生佛步"相吻合。刘沧的《游上方石窟寺》："苔径萦回景渐分，翛然空界静埃氛。一声疏磬过寒木，半壁危楼隐白云。雪下石龛僧在定，日西山木鸟成群。几来吟啸立朱槛，风起天香处处闻。⑥"此处的上方石窟寺，可能系指火烧洞南侧上方的"皇甫公窟"，开凿于北魏孝昌三年（527），俗称石窟寺。该窟位于西山南部山腰处，地势较高。

参考文献

①《魏书·释老志》。

②龙门文物保管所：《龙门石窟》，文物出版社，1980 年。温玉成：《龙门奉先寺遗址调查记》，《考古与文物》，1986 年第 2 期。富安敦：《龙门大奉先寺的起源及地位》，《中原文物》，1997 年第 2 期。

③《全唐文》卷六七六。

④《全唐诗》卷二七三。

⑤《全唐诗》卷一二一。

⑥《全唐诗》卷五八六。

（五）志书院

嵩阳书院

1. 建筑所处位置。位于河南省登封市城北 3 千米的峻极峰下。

2. 建筑始建时间。创建于北魏太和八年（484）。

3. 最早的文字记载。《洛阳伽蓝记》卷五记载嵩山中有嵩阳寺①。

4. 建筑名称的来历。因坐落于嵩山之阳，故名。

5. 建筑兴毁及修葺情况。隋大业间（605—617）更名为嵩阳观，唐麟德元年（664）在此营建奉天宫。五代后唐清泰元年至三年（934—936）进士庞世曾在嵩阳观聚徒讲学，后周时改名太乙书院。宋景祐二年（1035）赐名嵩阳书院，为宋代四大书院之一，名儒司马光、范仲淹、程颐、程颢等相继在此讲学。金大定年间（1161—1189）废，明重修后复名嵩阳书院。清康熙十三年（1674）知县叶封重修，康熙十六年（1677）耿介又复兴书院并增建修补②。

6. 建筑设计师及捐资情况。北魏孝文帝始创。

图 4-5-1　嵩阳书院将军柏

7.建筑特征及其原创意义。嵩阳书院基本保持了清代建筑布局,南北长128米,东西宽78米,现有房舍100余间,面积1万余平方米。中轴线上的主要建筑有5进,廊庑俱全,由南向北,最前为卷棚大门3间,其后依次为先师祠、讲堂、道统祠、藏经楼。中轴线两侧的配房有程朱祠、丽泽堂、书舍、学斋等。嵩阳书院建筑多为硬山滚脊灰筒瓦房,古朴大方,雅致不俗,与中原地区众多的红墙绿瓦、雕梁画栋的寺庙建筑截然不同,具有浓厚的地方建筑特色。院内原有古柏3株,现余2株,称"大将军柏"、"二将军柏",树龄均在2000年以上。院内还保存有《明登封县图碑》等数十通碑,院外有著名的《大唐嵩阳观纪圣德感应之颂碑》③。

8.关于建筑的经典文字轶闻。乾隆皇帝游历嵩山时,曾留下"书院嵩阳景最清,石幢犹记故宫铭"的诗句。书院大门对联:"近四旁惟中央,统泰华衡恒,四塞关河拱神岳;历九朝为都会,包伊洛瀍涧,三台风雨作高山。"

参考文献

①(北魏)杨衒之:《洛阳伽蓝记》卷五。

②(清)耿介:《嵩阳书院志》二卷。

③张家泰:《中岳三塔和嵩阳书院》,《中州学刊》,1982年第2期。

(六)志寺

一、灵岩寺

1.建筑所处位置。位于山东省济南市长清区万德镇灵岩峪方山(灵岩山)之阳。

2.建筑始建时间。创建于前秦苻坚永兴中(357—359)。北魏孝明帝正光年间(520—525)法定禅师重创寺院。

3.最早的文字记载。《神僧传》。

4.建筑名称的来历。《神僧传》云:"朗公和尚说法泰山北岩下,听者千人,石为之点头,众以告,公曰:此山灵也,为我解化。他时涅槃当埋于此。"灵岩由此而得名①。

5.建筑兴毁及修葺情况。北魏太平真君七年(446)太武帝灭佛,寺院被毁。孝明帝正光年间(520—525),法定禅师来此,重建寺院于方山之阴曰"神宝"(在小寺村南现仅存遗址),后又建寺于方山之阳曰"灵岩"(在今寺址东北甘露泉旁)。今灵岩寺是唐贞观年间(627—649)慧崇高僧建造的,但经宋、元、明几代修葺,已非原建(多属宋代)。宋真宗景德年间(1004—1007),灵岩寺改称"敕赐景德灵岩禅寺"。宋仁宗景祐年间(1034—1038)琼环长老(法号重净)拓广,重修五花殿(今已圮)。嘉祐六年(1061),重修千佛殿时又次扩建。明宪宗成化四年(1468)又改称"敕赐崇善禅寺",明世宗嘉靖年间(1522—1566)复名灵岩寺,至此灵岩寺的规模已相当可观。建国后,多次整修②。

6.建筑设计师及捐资情况。僧朗始创法定禅师重建,后历代高僧重修扩建。

7.建筑特征及其原创意义。灵岩寺坐北朝南,依山而建,沿山门内中轴线依次为天王殿、钟鼓楼、大雄宝殿、五花殿、千佛殿、般若殿、御书阁、辟支塔等。现存殿宇多为明清形制,但保留了不少宋代构件。千佛殿是寺中保存最完好、规模最大、最宏伟的建筑。始建于唐代,宋、明曾重修,现存殿宇为明嘉靖年间重建,柱础为唐宋遗物。殿面阔 7 间,进深 4 间,单檐庑殿式,上覆绿琉璃瓦。出檐檩特深,檐下斗拱额枋饰彩绘。殿顶有八角二龙戏珠藻井,明间二檐疏朗雄大,为宋元建筑风格。大殿前檐石柱周围刻深凹直楞 16 条,至顶微有收分,在国内建筑中少见。柱下石础,刻龙凤及花叶水波纹样,雕刻精美,出檐深远,保留宋金风格,房架结构为明代建筑。殿内有毗卢遮那、弥勒、药师等大小佛像,其中以 40 尊宋代罗汉像和高僧祖师的彩色泥塑像最为著名。塑像高 100~120 厘米,形态自然、真实,神情各异,有的闭目沉思,有的静穆慈祥,有的笑容可掬,有的怒目而视,刻画了不同人物富有性格特征的动态,色彩鲜明而有质感,充分反映了古代艺术匠师的高超技艺,这些彩塑被誉为"海内第一名塑"[3]。辟支塔位于千佛殿西,建于唐天宝年间(742—755),宋淳化五年(994)重修,全称是辟支迦佛驼塔,系砖砌楼阁式寺塔,八角九层,高 54 米,挺拔雄伟,耸立山腰,循级而上可登临塔顶,尽览灵岩景物。塔顶冠有铁刹,有铁链 8 条,分别由九层檐上的 8 尊金刚拽引加固。寺内还有各种碑刻题记,散存于山上窟龛和殿宇院壁,共计 420 余宗(件),内有唐李邕撰书《灵岩寺碑颂并序》等[4]。

8.关于建筑的经典文字轶闻。唐代李吉甫在《十道图》中将灵岩寺与浙江天台国清寺、湖北江陵玉泉寺、江苏南京栖霞寺同称"域中四绝"。宋代济南府从事卞育赞道:"屈指数四绝,四绝中最幽。此景冠天下,不独奇东州。"明代学者王世贞说:"灵岩为泰山北最幽绝处,登泰山不至灵岩不成游。"张公亮《齐州景德灵岩寺记》记载:"寺之殿堂廊庑厨僧房,间总五百四十,僧百,行童百有五十,举全数也。"

参考文献

①《神僧传》。

②灵岩寺编辑委员会:《灵岩寺》,文物出版社,1999 年。

③④张鹤云:《山东灵岩寺》,山东人民出版社,1983 年。

二、石窟寺

1.建筑所处位置。位于河南省巩义市河洛镇寺湾村。

2.建筑始建时间。创建于北魏孝文帝之时(471—499),宣武帝景明年间(500—503)造窟刻佛。

3.最早的文字记载。石窟寺第 4 窟外 119 号龛有唐高宗龙朔年间(661—663)刻"后魏孝文帝故希玄寺碑",碑文称孝文帝于该地创建伽蓝[1]。

4.建筑名称的来历。原名希玄寺,唐代称净土寺,清代称今名。

5.建筑兴毁及修葺情况。北魏孝文帝时期创建希玄寺,宣武帝景明年间(500—503)开凿石窟,以后孝明帝、北魏皇室贵族继续在此营建,使这里成为龙门而外又一处皇家石窟寺院。北魏以后不再有大规模的经营,但历经东魏、西魏、北齐、隋、唐、宋各代的开凿始终不断,遂成为巍然壮观的石窟群。

6.建筑设计师及捐资情况。北魏孝文帝、宣武帝、孝明帝及皇室贵族。

7.建筑特征及其原创意义。寺内现存洞窟 5 个,千佛龛 1 个,摩崖造像 3 尊,摩崖造像龛 255 个,碑刻题记 256 方,佛像 7743 尊。巩义石窟有别于国内其他石窟之处在于,除第 5 窟外,其他窟内正中均有一个顶天立地的中心方柱,方柱四周都凿有佛龛,龛内雕有一佛、二弟子、二菩萨,佛座下两侧一对狮子,蹲伏披毛,形象逼真。佛像的背后均有火焰纹,象征光明,两侧刻有飞天、化生和莲花,弹琵琶、吹横笛的伎乐飞天,生动活泼,栩栩如生,构成以佛为主,对称、协调的成组石雕。主柱的基座每一面都雕有力士,形态各异,力士下面雕千奇百怪的神王,面孔狰狞,姿态吓人,给人以恐怖感。方柱的上端每面都有化生、莲花和垂鳞纹、彩铃、飘带组成的垂幔,刻工精湛,美观而庄重。诸佛造像多为方圆脸型,神态文雅恬静,衣纹简练。礼佛图、飞天、神兽、佛教故事等是现存较完整的北魏浮雕造像。18 幅"帝后礼佛图"浮雕为全国现存石窟中所仅见。其中最为精美的为第一窟,构图分三层,东边是以皇帝为首的男供养人行列,西边是以皇后为首的女供养人行列,各以比丘和比丘尼为前导,画面中仪态雍雅的贵族和身体矮小的侍从形象形成了尊卑鲜明的对照。第四窟的人物造型独具匠心,前呼后拥的礼佛仪仗队中供养人大腹便便,相貌威严,侍从瘦小低微,比主像小 1/3。仪仗队中有的为帝后携提衣裙,有的执扇撑伞,有的手捧祭器,簇拥帝后进香礼佛,表现了皇室宗教活动的盛大场面,构图简练生动,刻工细腻,为我国石窟浮雕艺术中罕见的杰作。寺内建筑,仅有明代大殿和东西厢房尚存。巩义石窟寺虽远不及云冈、龙门石窟气势宏大,但以北魏晚期为主体的造像艺术在我国石窟艺术发展史上占有重要地位[2]。

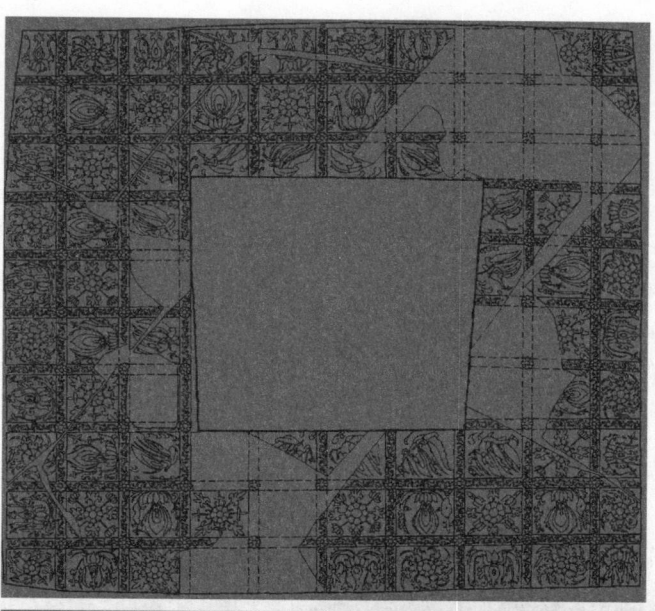

图 4-6-1　河南巩义石窟寺第 1 窟内顶平面图

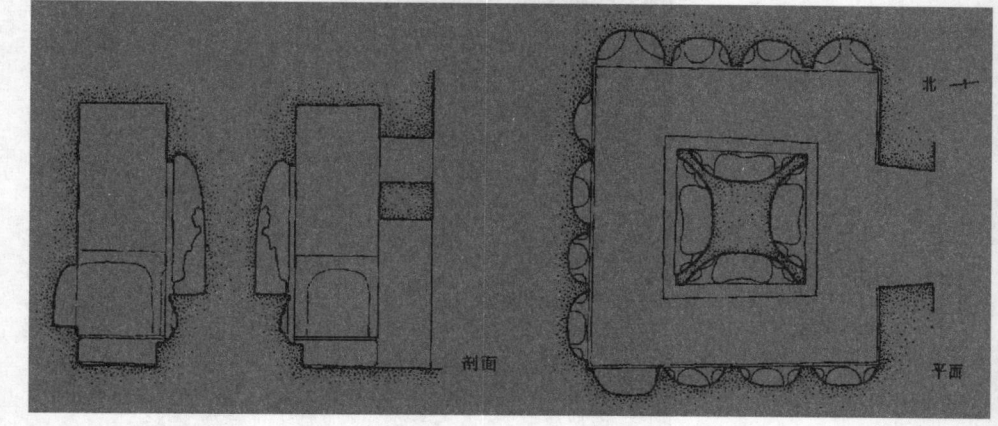

图 4-6-2　河南巩义石窟寺第 1 窟平、剖面图

8.关于建筑的经典文字轶闻。《重修石窟寺碑记》刻于清雍正十三年(1735),季场撰并书,碑中提到:"巩邑西北三里有石窟寺,邙山峙后,洛水京前,溪雾烟云,晨昏变现,波光树色,递绿呈青,依然幽栖胜地。"

参考文献

①《后魏孝文帝故希玄寺碑》。

②河南省文物研究所:《中国石窟:巩县石窟寺》,文物出版社,1989 年。

三、少林寺

1.建筑所处位置。位于河南省登封市西北 13 千米太室山南麓,面对少室山,背依五乳峰。

2.建筑始建时间。创建于北魏太和二十年(496)。

3.最早的文字记载。《魏书·释老志》:"又有西域沙门名跋陀,有道业,深为高祖所敬信。诏于少室山阴立少林寺而居之,公给衣供。[①]"

4.建筑名称的来历。因山而得名,清景日眕《说嵩》称:"少林者,少室之林也。"

5.建筑兴毁及修葺情况。北魏太和二十年(496),孝文帝敕令修建此寺以供西域沙门跋陀修行。跋陀之后印度僧人菩提达摩住持少林寺传播大乘佛教。北周大象年间(579—581),重整少林,同时将少林寺改名为陟岵寺。隋文帝开皇初年复改陟岵寺为少林寺,并赐少林寺田地一百顷为寺院庄园。隋末唐初,因"十三棍僧救唐王"有功,得到唐太宗封赏,少林寺发展到鼎盛时期,大加增建。此后历代均有修葺。元初,福裕主持少林时,创建钟楼、鼓楼,增修廊庑库厨,金碧辉煌,殿宇一新;明嘉靖时因寺僧抗倭有功,皇帝又大规模地修整了寺院,清雍正时创建山门[②]。清末以后,少林寺屡遭兵燹战火,1928年军阀石友三焚少林,大雄宝殿、天王殿、藏经阁、钟楼、鼓楼等付之一炬,大火延续四十余天。

图 4-6-3 少林寺山门

6.建筑设计师及捐资情况。北魏孝文帝敕建。

7.建筑特征及其原创意义。现存主体为常住院,依山而建,面积3万多平方米。中轴线上有7进建筑,从南向北依次为山门、天王殿、大雄宝殿、藏经阁、方丈室、达摩亭和千佛殿,两侧还有六祖殿、紧那罗殿、东西禅堂、地藏殿、白衣殿等建筑。山门创建于清雍正十三年(1735),面阔3间,进深3间,单檐歇山顶,门额悬康熙皇帝题"少林寺"匾额,左右各建硬山掖门。进山门中为甬道,道旁立唐、宋、元、明、清各代古碑30余通。天王殿,面阔5间,进深4间,重檐歇山琉璃瓦顶,左右单间掖山,系1982年重建。大雄宝殿,面阔5间,进深4间,重檐歇山绿色琉璃瓦顶,殿内供有佛教横三世佛,系1986年重建。大雄宝殿附近建有紧那罗殿、六祖殿、东西禅堂和僧院。西部塔院内有宋塔两座。大雄宝殿之后为法堂遗址,明代石檐柱犹存。后为方丈院。院东、院西两侧各有硬山寮房 5 间,墙上嵌宋至清代石刻 20 余品。立雪亭传为禅宗二祖慧可向初祖达摩求法的地方,东间有明万历十七年(1589)铜钟一口。千佛殿创建于明万历十六年(1588),又名毗卢殿,是少林寺历尽劫火保存下来的最大的佛殿,殿内供高 3 米的铜铸毗卢佛像,殿东端有玉雕阿弥陀佛像和达摩的脱沙像,均为明代遗物。殿内有明代"五百罗汉朝毗卢"大型壁画,总面积达 320 平方米,为明代无名氏所绘。千佛殿的左殿为白衣殿,内供有铜铸白衣观音像,因殿内绘有少林拳谱,又称拳谱殿。寺西有塔林,有唐至清代少林寺历代住持与高僧的墓塔 230 余座,占地 2 万平方米。北有初祖庵、达摩洞,西南有二祖庵,东有同光禅师塔、法如禅师塔和法华禅师塔。初祖庵建于北宋宣和七年(1125),是河南省现存最古老、价值最高的木构建筑。此殿斗拱大,昂尾长,极好地利用了力学原理,解决了木结构建筑檐下压力大、檐角下沉的难题③。

　　8.关于建筑的经典文字轶闻。唐代裴漼《皇唐嵩岳少林寺碑》:"海内灵岳,莫如嵩山,山中道场,兹为胜殿。"金元好问《少林》:"云林入清深,禅房坐萧爽。澄泉洁余习,高鸣唤长往。我无兀豹姿,漫有紫霞想。回首山中云,灵芝日应长。"

参考文献

①《魏书·释老志》。

②(清)叶封辑:《少林寺志》,广陵书社,2006 年。

③登封县志办公室:《新编少林寺志》,中国旅游出版社,1988 年。

四、会善寺

　　1.建筑所处位置。位于河南省登封市城北 3 千米的嵩山南麓积翠峰上。

　　2.建筑始建时间。创建于北魏孝文帝年间(471—499)①。

　　3.最早的文字记载。后魏神龟三年(520)七月会善寺浮图铭。

　　4.建筑名称的来历。原为北魏孝文帝离宫,正光元年(520)复建贤居寺。隋开皇中(585)改名嵩岳寺,后隋文帝赐名会善寺。五代时于嵩山琉璃戒坛纳法,又称封禅寺,宋初赵匡胤赐名"嵩岳琉璃戒坛"、"大会善寺",元代又称万寿禅寺②。而会善寺之名,流传至今。

　　5.建筑兴毁及修葺情况。原为北魏孝文帝离宫,正光元年(520)复建贤居寺,僧众达千人,殿宇千间。隋开皇中文帝赐名会善,进行了大规模增修,武则天巡幸此寺拜道安神师为国师,赐名安国寺。著名天文学家僧一行出家此寺,并与元同法师共创琉璃戒坛,此时又增建殿宇、塔等,规模宏大③。五代时又名封禅寺,后梁时废。宋太祖开宝五年(972)赐名"嵩岳琉璃戒坛大会善寺"。元至元年间又赐名为万寿禅寺。元、明、清均有整修,但规模逐渐缩小。

　　6.建筑设计师及捐资情况。北魏孝文帝始创。

　　7.建筑特征及其原创意义。今寺范围包括常住院、戒坛遗址、古塔及寺内碑碣、造像等。会善寺常住院,山门建制五间,中为拱门,正中书额"会善寺"三字,门内供额明成祖永乐七年(1409),周王生子时赠送的玉雕南无阿弥陀佛像一尊。会善寺大殿系元代建筑,是元代少有的现存实物例证之一,其建筑形制、技术对我国建筑史研究有着重要的意义。会善寺的附属文物有 4 座清代砖塔及大量石刻,其中琉璃戒坛和两座阁楼式砖塔尤具价值。其散存的东魏,北齐时期石刻造像,唐、明、清代碑碣 33 品(件),以及明代铁钟等文物,亦有较高的艺术、书法与史料价值。寺西侧山坡上有净藏禅师塔,建于唐天宝五年

（746），是我国现存最早的八角形仿木结构单层亭阁式墓塔，除塔刹为石雕外，全由青砖砌成。塔由基座、塔身和塔刹三部分组成，平面为等边八角形，通高10.4米，基座高2.6米，塔身为仿木结构亭式建筑，上部是石雕莲座及火焰宝珠状塔刹。这座唐代八角形古塔，在我国绝无仅有，有重要价值。

8.关于建筑的经典文字轶闻。净藏禅师是唐代著名高僧，是六祖慧能的得意弟子，自禅宗五祖之后，形成以神秀为代表的主张"渐悟"的北禅和以慧能为代表的主张"顿悟"的南禅。由于历史原因，北禅逐渐走向衰落，南禅逐步发展壮大。净藏禅师是禅宗七祖的代表人物之一，他把主张"顿悟"的南禅带回嵩山，使嵩山禅宗重新树立了中国佛教界的地位，被称为"净藏北归"。建于唐天宝五年（746）的净藏禅师塔为我国现存最早的八角砖塔。

参考文献

①北齐武平七年（576）《会善寺造像碑》，碑现存河南省博物馆。

②（清）叶封，焦贲亨：《嵩山志》。

③（唐）陆长源：《嵩山会善寺戒坛记》。文亦见《全唐文》卷五一〇。

五、菩萨顶（五台山）

1.建筑所处位置。位于山西省五台山台怀镇显通寺北侧的灵鹫峰上。

2.建筑始建时间。创建于北魏孝文帝时期（471—499）。

3.最早的文字记载。唐慧祥撰《古清凉传》①。

4.建筑名称的来历。相传为文殊菩萨居住之所，故名。

5.建筑兴毁及修葺情况。菩萨顶始建于北魏孝文帝时期，初名大文殊院。唐太宗贞观五年（631），僧人法云重建，称"真容院"。北宋太平兴国五年（980），敕造铜质文殊像一万尊，奉置于真容院。景德四年（1007），敕修五台真容院，建重阁，设文殊像。（景德年间（1004—1007）真宗敕建重修，并铸铜质文殊像一万尊，供奉在寺内。）南宋时改建，并将此寺易名为大文殊寺。明朝永乐（1403—1424）初年，始有菩萨顶的称谓。万历九年（1581），又对该寺进行了重修。清顺治十七年（1660），将菩萨顶改为黄庙（喇嘛庙），并从北京派去了住持喇嘛。清康熙年间（1662—1722），又敕令重修菩萨顶，并向该寺授"番汉提督印"。从此，按照清王朝的规定，菩萨顶的主要殿宇铺上了表示尊贵的黄色琉璃瓦，山门前的牌楼也修成了四柱七楼的形式。菩萨顶成了清朝皇室的庙宇。

6.建筑设计师及捐资情况。北魏孝文帝始创。

7.建筑特征及其原创意义。菩萨顶占地9100多平方米，现有殿堂楼房110多间，分前后院。中轴线上的主要建筑有山门、天王殿、大雄宝殿、文殊殿等，两旁对称排列钟楼、鼓楼、禅院等。主殿居中，高大雄伟；配殿位居两侧，左右对称。主建筑皆参照皇家《营造法式》建造，红柱红墙，金色琉璃瓦，显得金碧辉煌，华丽壮观，其建筑等级为五台山诸寺之首，其形态其气魄，不逊于皇家宫室。寺前有一百零八级石台阶，坡度很大，十分陡峻，仿佛一架天梯直架天宫。前院正殿为文殊殿，重建于清朝，阔三楹，进深两间，单檐庑殿顶，殿顶覆盖琉璃黄瓦，又称滴水殿，是一座比较特殊的建筑。旧时，在殿的前檐有一滴水的檐瓦，无论四季终日滴水，年深日久，承受水滴的地方就成了蜂窝状，传为文殊菩萨显灵所滴的甘露所致，实际上是文殊殿的建筑结构上有一特殊的蓄水层所致。但由于不了解，重修大殿后，此结构不复存在。殿内佛坛上为骑狻猊的文殊菩萨塑像，两侧为十八罗汉，此殿是朝圣信徒必至之所。后院有号称五台山之冠的四口大铜锅，每年腊八的佛成道日和六月大会各用一次,用来熬腊八粥和蒸白面。菩萨顶各主要大殿的布置和雕塑,具有浓烈的喇嘛教色彩。面阔七间的大雄宝殿内,后部供着毗卢佛、阿弥陀佛和药师佛,前面则供着喇嘛教黄教创始人宗喀巴像。文殊殿内的文殊像,与一般佛教寺庙(青庙)内的文殊菩萨像不同,它是按喇嘛教的经典规定制作的:头取旁观势,腰取扭动势,发取散披式,同时身挂璎珞,显得特别活泼、生动。两侧墙壁上,还挂着唐卡——绘在布上的藏画。另外,大雄宝殿、文殊殿的柱头上,还挂着桃形小匾,上写梵文咒语。这些,都是喇嘛教寺庙建筑装饰中所独有的[2]。

8.关于建筑的经典文字轶闻。清康熙十年(1671)《御制菩萨顶大文殊院碑记》称:"五台并高数十里,如覆盂,如县栈阁,如鹘摩天,如鳌脊出海。飞峙穹岫,飘缈超忽。……台怀居五台之中,左襟右带,前俯后仰,若在怀抱。其地阳陆平林,旧多梵刹。有菩萨顶文殊院者,相传文殊示现于此,其殿庑庄严弘邃,殆福地之精蓝,神坰之奥迹也。[3]"

参考文献

①(唐)慧祥:《古清凉传》二卷。

②王宝库、王鹏:《菩萨顶》,山西经济出版社,2002年。

③康熙《御制菩萨顶大文殊院碑记》。

六、玄中寺

1.建筑所处位置。位于山西省交城县城西北10千米石壁山中。

2.建筑始建时间。创建于北魏孝文帝延兴二年(472)。

3.最早的文字记载。寺中现存北魏延昌四年(515)造像残碑,记当地百姓为祈福造石佛像。据寺内所存唐穆宗长庆三年(823)《特赐寺庄山林地土四至记》碑铭记载,"时大魏第六王孝文皇帝延兴二年(472),石壁峪昙鸾祖师初建寺,至承明元年(476)寺方成就。"

4.建筑名称的来历。因所处地区奇峰陡立,山形如壁,绝壁如削,故又名"石壁寺",金代赐名玄中寺。

5.建筑兴毁及修葺情况。玄中寺于北魏延兴二年(472)创建,历时四年,承明元年(476)竣工。唐太宗李世民曾施舍"众宝名珍",重修寺宇,并赐名"石壁永宁寺";元和七年(812),唐宪宗又赐名为"龙山石壁永宁寺"。随着皇家对玄中寺的重视,寺院得到了不断的扩建。在宋哲宗赵煦元祐五年(1090)和金世宗大定二十六年(1186),寺院遭两次大火,烧毁大半,后分别由住持道珍、元钊主持修复。金末,寺院再度毁于兵火。元太宗窝阔台十年(1238),赐玄中寺为"龙山护国永宁十方大玄中禅寺"。住持惠信在蒙古统治者的支持下,重兴寺院。但元末的战乱,又使玄中寺化为灰烬。明、清两代,虽进行过修建,但均未达到以前兴盛时的规模。清同治、光绪年间,主要殿堂万佛殿、东西配殿、善法殿毁于火。从20世纪50年代起,各级人民政府拨出专款对玄中寺进行大规模的修缮,重建了大雄宝殿、七佛殿、千佛阁等主殿和祖师堂、禅堂院等建筑。香火也十分旺盛。之后,玄中寺在历史的长河中几经磨难,历尽沧桑[1]。

6.建筑设计师及捐资情况。昙鸾祖师初建寺,(碑记造像非建寺)后代有敕建。

7.建筑特征及其原创意义。玄中寺是佛教净土宗的祖庭。现有建筑有明代牌楼、山门、天王殿、钟鼓楼、大雄宝殿、七佛殿、碑廊、千佛阁等。1955年重建善法殿五间,五脊六兽悬山式,万佛殿五间,九脊十兽歇山屋,千佛阁三间硬山工,东西配殿各五间,飞檐斗拱,棂花装修,雕梁画栋,油饰彩画,莫不具备。殿内木雕佛造型生动,金碧辉煌。寺东山巅两层八角白色秋容塔,叠涩重檐,砖座宝顶,中空置佛,塔身挺秀。殿阁内供木雕、泥塑、铁铸佛像共七十余尊。寺中还保存者历代石刻造像、碑记四十多件。

8.关于建筑的经典文字轶闻。1957年9月,赵朴初陪同日本佛教访华团来到玄中寺,参加了庆祝净土古刹修复庆典和三祖师像开光大法会。在这次法会后,他写下了《礼玄中寺归途有作·调寄云淡秋空》:"千古玄中,一天凉月,四壁苍松。透破禅关,云封石锁,楼阁重重。回首白塔高峰,心会处风来一钟,挥别名山,几生忘得如此秋容。"还写了《玄中敬和高阶珑仙长老》诗:"火聚风轮几环空,相逢无恙道犹崇。东西岂有微尘隔,自是云仍一脉通。""念佛声中二谛融,玄中石壁十方通,禅师沧海浮天到,般若田中乐岁丰。"1964年7月,日本净土高僧菅原惠庆长老偕夫人来玄中寺朝拜时,将自己和夫人的落齿各一枚,埋在了祖庭的祖师殿门前,上立一通小碑,请朴老题词:"俱会一处"。为此,朴老专门写了《玄中双齿铭》:"亿年石壁千年寺,树荫花环一双齿。谁其藏之菅原氏,翁兮姬兮两闻士。浮天苍海轻万里,来礼祖庭敦友谊。心地开花一弹指,欢喜踊跃泪不止。分身此土情何极,平生志业良有以。保卫和平护真理,力制修罗真佛子。备历艰难善始终,子子孙孙毋忘此。两邦人民手足比,千秋万代相依倚。共为众生增福祉,人间净土看兴起。玄中佳话传青史,和风花雨无时已。"朴老还赠诗一首:"吾爱菅原老,年高道益尊。玄中承一脉,白日证同心。枣寺传芳讯,灵岩记胜因。新诗颂新岁,大张海潮音。[②]"

参考文献
[①][②]霍宝中,李彬:《古今名刹玄中寺》,山西人民出版社,1985年。

七、石马寺

1.建筑所处位置。山西省晋中市昔阳县西南15千米处的石马村。

2.建筑始建时间。北魏永熙三年(534)。

3.最早的文字记载。寺内石刻题记。

4.建筑名称的来历。原称石佛寺,后因寺前雕造石马一对,故改名石马寺。

5.建筑兴毁及修葺情况。根据寺内石刻题记和碑文记载,北魏永熙三年(534)始凿群佛像于一大孤石上,取名石佛寺。隋唐时继续镌造,并在后殿平台左右凿石马一对,改名石马寺。又据明天启四年(1624)《重修观音阁碑记》记载,北宋熙宁年间,由岳海主持即像造殿,始建殿宇廊房30余间[①]。到金、元、明、清时期又有重修、新建,遂成今日之规模。

6.建筑设计师及捐资情况。寺僧募化修建。

7.建筑特征及其原创意义。石马寺是一座石刻造像与庙堂建筑相结合的佛教寺宇。寺坐东向西,西端隔石马河建有戏台和石牌坊各1座。石马河上建有清乾隆十年(1745)石桥1座。过桥往东,现存四组建筑自北至南横列有序。正向为巨石雕凿的摩崖石窟造像,窟前有建于元至正年间(1341—1368)的建筑大佛殿,面阔3间,进深2间,现只存少许木构架。殿前雕有石马1对,钟鼓二楼分置南北。窟之左右,建有南北偏殿;窟之后侧正东为后殿;窟顶之上,建有六角山亭1座,小巧玲珑,可以鸟瞰全寺;窟北另有一处古庙,山门、药王殿、老爷殿,布局基本完整;窟南一组建筑,有观音阁、子孙殿、伽蓝殿等。寺之最南端为禅院、经舍、僧房,是僧人居住之处。寺内建筑有单檐歇山顶、重檐歇山顶,也有六角攒尖顶,形式多样,随其地形与造像的需要而定。石马寺的石刻造像尤其引人注目,石刻造像雕凿在大佛殿后的一块高17米、东西长正6米、南北宽15米的巨石周围和附近30多米高的石崖上,又在巨石四周根据地形券以围廊,兴建殿宇,形成一座佛殿、楼阁、廊庑、禅院、造像齐备的寺院。寺内现存石刻造像约1300余尊,最大者5米左右,小者仅仅有5厘米高。高1米以上的造像有66尊,其中北魏、北齐早期造像占70%,其余皆为隋唐时期的作品。魏齐造像以佛像、菩萨、力士、供养人等为主,肉髻磨光,面相削瘦,宽衣博带,肩胛狭窄,其中菩萨头戴高冠,腰束裙带,披帛垂肩。隋唐造像以弥陀、观音、十六罗汉等为主,佛相面形丰满,肩披袈裟。观音造像,侧身而坐,比例适度,颐态自如,不失娴雅风度,雕凿工艺十分精湛。寺内存石碑12通,其中民国书法家王谷撰写的石马造像记最为珍贵,是研究书法艺术的宝贵资料。

7.关于建筑的经典文字轶闻。传说石马寺最早叫落鹰寺,北魏石窟落成后,被取名为石佛寺。到唐朝,传说李世民在此遇险,被一神马所救,便赠此寺石马一对,故又易名为石马寺。石马寺属昔阳古代八景之一,素有石马寒云之传说,每当寺内一对石马口吐云雾时,必有甘霖降临,是人们祈求风调雨顺的圣地。明代吏部尚书乔宇诗云:"千古按图空做马,万年为瑞今从龙。"

参考文献

①天启四年(1624)《重修观音阁碑记》。

八、碧山寺

1.建筑所处位置。位于山西省忻州市五台县五台山台怀镇东2千米处的光明寺村。

2.建筑始建时间。北魏孝文帝时期(471—499)①。

3.最早的文字记载。唐慧祥撰《古清凉传》②。

4.建筑名称的来历。曾名普济寺、护国寺、北山寺等,清代改称碧山寺。

5.建筑兴毁及修葺情况。多年以来,这座寺院的建筑随毁随修。明代成化年间(1465—1487)重建,清代复修。清康熙三十七年(1698)发帑金,重兴寺宇,改名"碧山寺",并御书匾额"人云天籁"。据寺内《五台山碧山寺由广济茅蓬接法成就永为十方常住碑记》,宣统二年(1910),宝应僧人朝礼五台,见北台华严岭路有冻死之人,顿生慈悲之心,立誓要为朝礼北台的僧人、居士修一歇脚饮居之处,于是建"广济茅蓬",并从北台顶下购得一部分房产,使山上山下连为一体,碧山寺也由子孙庙改为十方丛林,寺名全称为"碧山十方普济禅寺"③。

6.建筑设计师及捐资情况。始建者不详。

7.建筑特征及其原创意义。碧山寺殿宇壮丽,建筑以牌坊、山门为前哨,方丈、禅堂、宾舍、香积等套院为两翼。中线分为前后两进,前院有天王殿、钟鼓楼、雷音殿、戒坛殿及东西配殿、厢房,后院地势凸起,设垂花门、藏经阁,左右为经堂香舍。前院多为单层殿堂,后院全为重檐楼阁,雕刻精细,别具一格。各殿塑像均为清代重装。戒坛殿内中心石坛宽大,是五台山唯一的一座戒坛,坛上有缅甸玉佛一躯,结跏趺坐,高约1.5米,雕工细致,姿态庄严。两侧置脱沙像十八罗汉,裱装精细,神情各异。藏经阁底层塑观音像尊,眉清目秀,姿态端庄。寺内有明成化、正德、嘉靖间碑刻,记事甚详④。

8.关于建筑的经典文字轶闻。《清凉山志》载明代高僧镇澄描述碧山寺的诗道:"落日北山寺,萧然古涧边。白云生翠岭,明月下寒泉。"碧山寺楹联:"掬水月在手,弄花香满衣"⑤。

参考文献

①震林:《碧山寺佛教简史》,《五台山研究》,1996年第2期。

②《古清凉传》。

③李俊堂:《碧山寺》,山西人民出版社,1985年。

④高明和:《碧山寺建筑与塑像概述》,《五台山研究》,1996年第2期。

⑤《清凉山志》。

187

（七）志塔

一、嵩岳寺塔

1.建筑所处位置。位于河南省登封市城西北 5 千米处的嵩山南麓峻极峰下嵩岳寺内。

2.建筑始建时间。北魏孝明帝正光元年（520）[①]。

3.最早的文字记载。地宫发现的造像题记"大魏正光四年"。

4.建筑名称的来历。嵩岳寺原为北魏皇室离宫。据唐李邕《嵩岳寺碑》及其他文字记载，约在永平至正光之间（508—520）舍作佛寺，初名闲居寺，隋仁寿元年（601）改名嵩岳寺。塔建于寺院的中心，以寺名。

5.建筑兴毁及修葺情况。塔历经 1400 多年风雨侵蚀仍巍然屹立，1989 年整修。

6.建筑设计师及捐资情况。北魏孝明帝。

7.建筑特征及其原创意义。嵩岳寺塔为中国最古老的密檐式砖塔，平面呈十二角形，是全国古塔中的孤例。塔总高 37.6 米，底层直径 10.16 米，内径 5 米余，壁体厚 2.5 米。塔由基台、塔身、15 层叠涩砖檐和宝刹组成。基台是全塔以下的砖台部分，随塔身砌作十二边形。塔前砌长方形月台，塔后砌砖铺甬道，与基台同高。基台之上为塔身，塔身中砌腰檐将其分作上下两段。下段为素壁，上段各角砌出倚柱，柱头饰火焰宝珠及莲瓣，柱身呈多边形，下有覆盆式柱础，为全塔最好装饰。东、西、南、北四面各辟一券门通向塔心室，门楣作尖拱状。塔身上部各面砌出 8 座塔形佛龛，凸出塔壁之外。龛内各有佛像 1 尊（已毁），龛内墙上尚存有背光彩绘。龛座正面各砌壶门 2 个，其内各雕不同姿态的砖狮 1 个。塔身上为 15 层叠涩密檐，檐宽逐层收分。第 15 层以上置塔刹，高 4.745 米，全部为石制，从外形上明显地分为刹座、刹身、刹顶三

图 4-7-1　嵩岳寺塔

部分。刹座是巨大的仰莲瓣组成的须弥座,上承托七重相轮组成的刹身,刹顶冠以巨大的宝珠。从建筑材料和外形特点可知该刹是北魏以后重修的。内部建有八角形塔室。塔室宽9米多,砖砌的塔壁厚5米。东西南北四面开门,门口宽2.5米。塔内的结构为空筒状,直通塔顶。壁面砌有八层叠涩密檐,将塔室分为9层,内壁南面计有7个与外壁相通的小门,主要用于通气,采光量很差。北壁自下而上有栈木孔及残留栈木,当为最简易的攀登设施。内顶以叠涩砖砌出高1.4米的斗八藻井。塔身内部下层与外部一致,同为十二角形,但自一层以上则改为八角形。整个塔体全用青砖以素泥浆砌造而成,外表涂白灰,外形呈抛物线状,既巍峨挺拔,又婉转柔和,其设计与建筑水平极高②。

8.关于建筑的经典文字轶闻。唐李邕《嵩岳寺碑》载:寺院为一"广大佛刹,殚极国材。济济僧徒,弥七百众;落落堂宇,豁一千间"。嵩岳寺塔 "发地四铺而耸,陵空八相而圆,方丈十二,户牖数百"③。

参考文献

①萧默:《嵩岳寺塔渊源考辨——兼谈嵩岳寺塔建筑年代》,《建筑学报》,1997年第4期。

②傅熹年:《中国古代建筑史》,中国建筑工业出版社,2001年。

③《全唐文》卷二六三。

二、永宁寺塔

1.建筑所处位置。位于河南省洛阳城东15千米汉魏洛阳故城遗址内。

2.建筑始建时间。北魏熙平元年(516)。《洛阳伽蓝记》:"永宁寺,熙平元年,灵太后胡氏所立也。……中有九层浮图一所。①"

3.最早的文字记载。《洛阳伽蓝记》载,永宁寺"中有九层浮图一所,架木为之,举高九十丈,有刹复高十丈,合去地一千尺。去京师百里,已遥见之。②"

4.建筑名称的来历。位于皇家寺院永宁寺内。

5.建筑兴毁及修葺情况。北魏永熙三年(534)被雷击焚毁。《洛阳伽蓝记》卷一"永熙三年二月,浮图为火所烧。"《续高僧传》卷一、《开元释教录》卷六作"为天所震"。

6.建筑设计师及捐资情况。北魏胡太后。

7.建筑特征及其原创意义。基座为方形,上下两层,下层位于今地表以下,上层基座长宽各38.2米,高2.2米,四面以青石垒砌镶包。塔高近百米,共九层,正方形,每面九间。每面有三门六窗,门漆成朱红色,门扉上有金环铺首及五行金钉,共用金钉五千四百枚。塔顶的刹上有金宝瓶,宝瓶下置金盘十一重,四周悬挂金铎。又有铁锁四道,将刹系住在塔顶的四角上,锁上悬金铎;塔九层檐的四角也都悬金铎;上下共有一百二十个金铎。百里以外便能望见,是历史上最大的木塔。

8.关于建筑的经典文字轶闻。《洛阳伽蓝记》卷一,永宁寺"中有九层浮图一所,架木为之,举高九十丈,有刹复高十丈,合去地一千尺。去京师百里,已遥见之。……刹上有金宝瓶,容二十五斛。宝瓶下有承露金盘一十一重,周匝皆垂金铎。复有铁锁四道,引刹向浮图四角。锁上亦有金铎,铎大小如一石瓮子。浮图有九级,角角皆悬金铎,合上下有一百二十铎。浮图有四面,面有三户六窗。户皆朱漆,扉上有五行金钉,其十二门二十四扇,合有五千四百枚。复有金环铺首。殚土木之功,穷造形之巧。佛事精妙,不可思议。绣柱金铺,骇人心目。至于高风永夜,宝铎和鸣,铿锵之声闻及十余里。""时有西域沙门菩提达摩者,波斯国胡人也。起自荒裔,来游中土,见金盘炫日,光照云表,宝铎含风,响出天外,歌咏赞叹,实是神功。自云:年一百五十岁,历涉诸国,靡不周遍,而此寺精丽,阎浮所无也,极佛

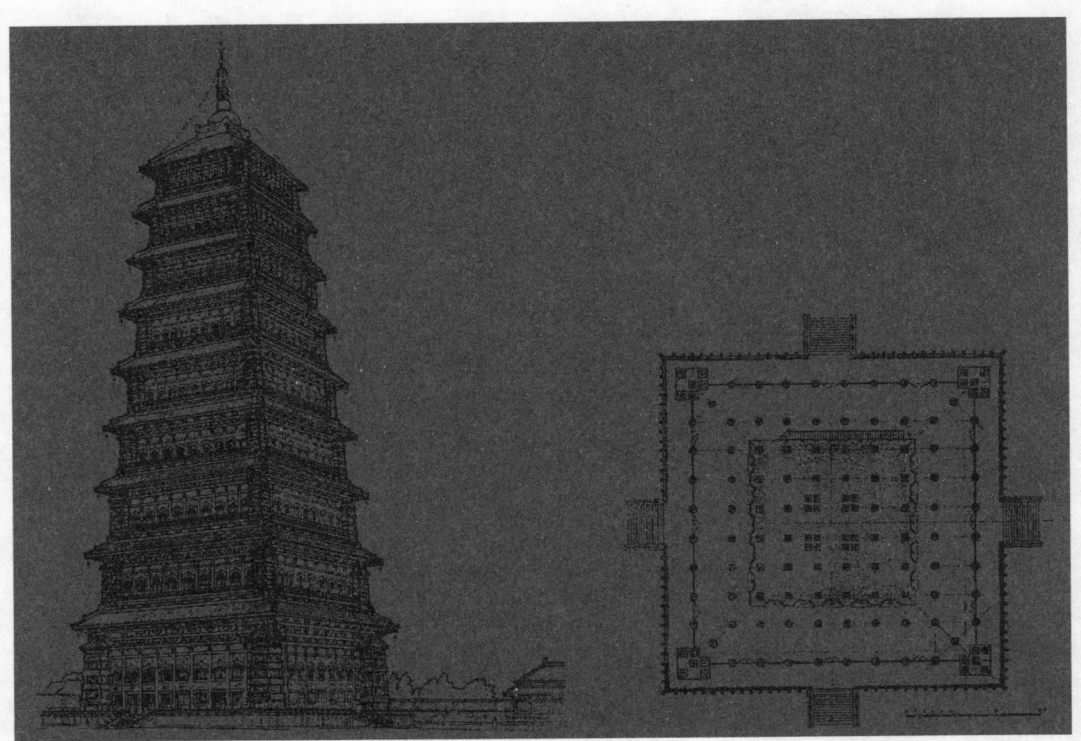

图 4-7-2 永宁寺塔复原图（杨鸿勋绘）

境界,亦未有此。口唱南无,合掌连日。"

《水经注》:"水西有永宁寺,熙平中创始也,作九层浮图。浮图下基方十四丈,自金露盘下至地四十九丈。取法代都七级而又高广之。虽二京之盛,五都之富,利刹灵图,未有若斯之构。③"

《魏书》:"肃宗熙平中,于城内太社西,起永宁寺。灵太后亲率百僚,表基立刹。佛图九层,高四十余丈。其诸费用,不可胜计"④。

参考文献

①②(北魏)杨衒之:《洛阳伽蓝记》卷一。

③《水经注》卷十六《谷水》。

④《魏书》卷一一四《释老志》。

三、风穴寺及塔林

1.建筑所处位置。位于河南省汝州市东北 9 千米的风穴山下。

2.建筑始建时间。创建于北魏。

3.最早的文字记载。后汉乾祐三年(950)《风穴七祖千峰白云禅院记》碑①。

4.建筑名称的来历。初名香积寺,隋代改名千峰寺,唐代扩建为白云寺。因寺东南山侧有穴,天变而出风,故山又名风穴山,寺也俗称风穴寺。

5.建筑兴毁及修葺情况。唐代进行了扩建,此后历代尤其是五代、明代和清代,都对寺庙进行过较大规模的修葺和增建。1978 年整修了钟楼,1982 年修缮了毗卢阁,1985 年以来相继整修了观音阁、涟漪亭、接圣桥、喜公池、接官厅和部分围墙、道路等。

6.建筑设计师及捐资情况。始建者不详。五代后汉"登仕郎、试大理司直、前守临汝县令兼中侍御史"虞希范撰《风穴七祖千峰白云禅院记》碑云:"后魏山前为香积寺,属当兵火,像毁寺焚。乡人卫大丑,收以材石,构成佛堂于此山之西北,镇压风穴,即今院基也。"碑文又说:"至隋又为千峰寺。大业中,释教中否,缁侣流离。直至唐初,只为阿兰若尔。开元间,有贞禅师,袭衡阳三昧,行化于此,溘然寂灭,示以阇维。有崔相国、李使君名矗与门人等收拾舍利数千粒,建塔九层。玄宗谥为七祖塔,今见存焉。②"

7.建筑特征及其原创意义。寺院坐东北,向西南。寺内有山门、天王殿、钟楼、中佛殿、七祖塔、毗卢殿、方丈院、罗汉殿、望州亭、接圣桥、观音阁、涟漪亭等,寺外建有奎光塔、上塔林、长命庵(窑洞群)以及古石桥等,现存唐金元明清历代遗构。建筑的总体布局有别于一般寺院中常见的中轴对称格局。寺依山临壑,建筑取山就势,因地而建,很好地利用了山崖溪流等自然条件,如平地建楼阁,高岭造望亭,溪边造小桥、水亭等,是一座很富园林特色的寺院。中佛殿位于寺院的前中部,建于金代,清康熙五十一年(1712)维修。殿面阔、进深各3间。单檐歇山顶,檐下用四铺作单下昂斗栱。殿内构架为彻上明造,其横断面为"六架椽屋乳栿对四椽栿用三柱式"。山墙下部,砌造手法与明、清作法显然不同,一是不讲究上下砖层对缝(即砖层"不岔分");二是砖层自下而上有收分,墙表显出层层微小的台阶,宋《营造法式》谓之"露龈造"。钟楼原名悬钟阁,位于中佛殿西南隅,创建于北宋,明代万历十三年(1585)重修。楼建在6米高的石台上,面阔、进深各三间,三重檐歇山顶,正脊饰大吻和铁凤鸟。钟楼构架主要由4根上下贯通的内柱承重。梁架上悬挂北宋宣和七年(1125)铸造的大铁钟一口,高8米,重4999.5千克。毗卢殿面阔五间、进深三间,单檐悬山顶,是全寺最大的木建筑。其殿前有月台,四隅置石兽,殿内中部为神坛,横占三间,上置明永乐七年(1409)周藩王朱橚所赠白玉石佛一尊,高2米多。七祖塔在中佛殿西北,为高僧贞禅师的墓塔,建于唐开元二十六年(738),为单层密檐式砖塔,平面方形,通高24.17米。塔身之上为九级塔檐,南面辟券门。塔外轮廓呈抛物线形。密檐之上为塔刹,由覆钵、相轮、宝盖和火焰等组成。塔身和塔刹都保存甚好,是中国现仅存的7座唐塔之一。塔林共计83座塔,其中元塔16座,余为明清塔。结构多为砖塔,部分为石塔。砖塔多为单层密檐式小塔,平面多为方形与六边形。至元十七年(1280)建造的"松齐慧公宗师之塔"为最好,平面为六角形,须弥基座,单层密檐式,塔檐5层,下作砖雕斗栱,塔身各面有造型精美的砖雕假门。石塔以南塔林的"窄堵婆"造型较为别致,高4.5米,仰伏莲基座,圆球形塔身③。

8.关于建筑的经典文字轶闻。清康熙间《风穴志略》载,龙山阳侧有大小二风穴洞,洞深数十里,天变时,洞内出风,猛不可挡,故名风穴山,寺因山而取名"风穴寺"④。据民间传说,唐初扩建寺院,院址初选龙山东南山下,待料物备齐,将要破土动工时,突然一阵大风将砖木石料一卷而起,到现在寺院上空,风停料落,因以"风"点穴,故名"风穴寺"。

参考文献

①②(五代·后汉)虞希范:《风穴七祖千峰白云禅院记碑》。
③王山林:《中州名刹风穴寺》,《文史知识》,2010年第11期。

四、天宁寺塔

1.建筑所处位置。位于北京市宣武区广安门外天宁寺内。

2.建筑始建时间。寺始建于北魏孝文帝时期(公元5世纪末),塔始建于隋,今塔建于辽天庆九年(1119)。

3.最早的文字记载。《法苑珠林》卷四十《舍利篇·感应缘》载隋仁寿元年、二年隋文帝命天下八十三州建仁寿舍利塔,天宁寺塔即其一①。

4.建筑名称的来历。初名为光林寺。隋仁寿二年(602)改名宏业寺,唐称天王寺,辽代在寺后增建了一座舍利塔,即今天宁寺塔。金称大万安禅寺。元末寺院毁于兵火,而塔幸免于灾。明初重修寺院,宣德间(1426—1435)改名天宁寺②。塔因寺名。

5.建筑兴毁及修葺情况。塔从辽代后经多次重修,塔顶的塔刹曾在1976年唐山大地震中被震落,后被修复。1994年,文物部门投资80万元,对天宁寺塔进行了修缮。

6.建筑设计师及捐资情况。隋塔为敕建。今塔为辽代秦晋国王耶律淳奉旨建造。

7.建筑特征及其原创意义。天宁寺塔是北京现存古塔中最古老的一个,为八角13层密檐式实心砖塔,通高57.8米,建于方形砖砌平台之上。平台以上是两层八角形基座,下层基座各面以短柱隔成六座壶门形龛,龛内雕狮头,龛与龛之间雕刻缠枝莲,转角处浮雕金刚力士像;上层基座较小,每面也以短柱隔为五座壶门形龛,龛内浮雕坐佛,转角处浮雕金刚力士像。基座之上为平座,平座斗拱为砖雕仿木重拱偷心造。补间铺作三朵,平座勾栏上雕刻缠枝莲、宝相花等纹饰。平座之上用三层仰莲座承托塔身。塔身平面也是八角形,八面间隔着隐作拱门和直棂窗,门窗上部及两侧浮雕有金刚力士、菩萨、天部等神像,塔身隅角处的砖柱上浮雕出升降龙。这些雕饰,造型优美,工艺精致,只是年久失修,而破损较多。塔身之上有隐作出的栏额和普柏枋,折角部位交叉出头处斫截平齐,一如辽式木结构建筑的做法。第一层塔身之上,施密檐十三层,塔檐紧密相叠,不设门窗,几乎看不出塔层的高度,是典型的辽代密檐砖塔风格。檐下均施仿木结构的砖制双抄斗拱。初层补间铺作一朵,转角及补间铺作均出45度斜拱,柱头栌斗之旁并有附角斗。其上各层均无斜拱,补间铺作均为两朵。各层塔檐的角梁均用木制,檐瓦和脊兽、套兽均为琉璃瓦装饰。每层塔檐自下而上逐次内收,递收率逐层向上加大,使塔的外轮廓呈现缓和的卷杀形状。塔顶用两层八角仰莲座,上承宝珠作为塔刹③。塔的整个造型极为优美,须弥座、第一层塔身、13层密檐、巨大的塔顶宝珠,相互组成了轻重、长短、疏密相间的艺术形象,在建筑艺术上收到很好的效果。著名建筑家梁思成先生曾盛赞此塔富有音乐韵律,为古代建筑设计的一个杰作。

图4-7-3 北京天宁寺塔

8.关于建筑的经典文字轶闻。清代诗人王士禛有《天宁寺观浮图》描绘塔的雄伟:"千载隋皇塔,嵯峨俯日京。相轮云外见,蛛网日边明。"张之洞《九日登天宁寺楼》:"过阙当行复暂留,数将新绿到深秋。贪看野色时停骑,坐尽斜阳尚倚楼。霜菊吐香侵岁晚,西山满眼隔前游。廊僧亦有苍茫感,何况当筵尽胜流。④"

参考文献

①(唐)道世:《法苑珠林》卷四十《舍利篇·感应缘》。

②寺中乾隆十一年(1756)《御制重修天宁寺碑记》。

③赵讯:《北京天宁寺》,《古建园林技术》,1983年第1期。

④徐世昌:《清诗汇》卷一六二。

五、修定寺塔

1.建筑所处位置。在今河南省安阳市西北 35 千米清凉山东南麓。

2.建筑始建时间。寺创建于北魏太和十八年(494),塔创建于北齐天保年间(550—559),隋唐重修,建于唐德宗贞元年间(785—805),一说隋开皇三年(583)①。

3.最早的文字记载。唐咸通十一年(870)题记:"林虑县令杨去惑邺县令裴□康游古,咸通十一年五月八日同题。"

4.建筑名称的来历。寺创建时名天城寺,北齐时易名合水寺,从隋代起改称修定寺。塔以寺名,称修定寺塔,俗称唐塔,因门楣上镌刻三世佛,又名"三生宝塔"。

5.建筑兴毁及修葺情况。塔始建于北齐,寺院历经兴毁,塔得留存。清光绪年间,外国侵略者进入中国,勾结古玩奸商大肆窃掠中国珍贵文物,修定寺被废毁,塔四壁雕砖被窃。当地群众为了保护古塔,用白泥灰将塔身雕砖全部覆盖起来,古塔从此"湮没"于世。1973 年,有关部门在人民群众的协助下,经过精心剔剥,古塔再现其华丽壮观的风姿。

6.建筑设计师及捐资情况。北齐僧法上以什物余积,增扩寺院,建此宝塔。

7.建筑特征及其原创意义。塔的形制为四方形单层单檐亭阁式,因塔身表面遍涂一层橘红色,故又称"红塔"(现红色大部分已脱落)。原塔高近 20 米,由塔基、塔身、塔顶构成。塔基平面呈八角形,下为束腰须弥座,内以六层夯土填实,外砌砖墙。砖面浮雕图案有力士、伎乐、飞天、滚龙、飞雁、帷幔、花卉计 20 余种。塔身呈方形,四壁遍嵌模制菱形、矩形、三角形、五边形以及直线和曲线组合的各种型制的高浮雕砖 3775 块,图案 76 种,装饰面积达 300 多平方米,不留一处空白。四隅装有砖雕马蹄形团花角柱各一根,两侧加滚龙攀缘副柱。塔心平面为正方形,内壁以绳纹小砖垒砌,并用澄浆泥黏结。外表浮雕砖的贴砌方法有 3 种:一是在浮雕砖的背面制作背榫,将榫楔入墙内,或用素面砖压在背榫上,使之稳固。二是利用浮雕砖的不同厚度,与内层素面砖互相嵌砌。三是利用大铁钉和铁片子以拉联支托。塔内安装有两层顶棚,第一层距地面 5.16 米,第二层距地面 6.90 米。每层各以 14 根枋木作架。第二层以上为塔檐,并向外挑出叠涩砖 62 层,至 62 层合拢后顶部形成一个攒尖的小平顶。塔刹原为一大型莲座,上承巨大宝珠,用琉璃制作,现已不存。修定寺塔构图讲究、结构严谨,远看外貌如一顶坐北朝南华贵的方轿,古朴大方,庄严瑰丽,近视则繁缛密致,精巧绝妙,无论从它的造型到结构,或从布局到工艺,都别具匠心,不愧为我国古塔中之瑰宝。该塔是我国唯一一座琉璃砖花塔②。

8.关于建筑的经典文字轶闻。唐开元七年(719)修定寺僧元昉《大唐邺县修定寺传记》:"次有沙门法上者,汲郡朝歌人也。业行优裕,声闻天朝。兴和三年,大将军尚书令高澄奏请入邺,为昭玄沙门都维那,居大定国寺而充道首,既非所好,辞乐幽

图 4-7-4 河南安阳修定寺塔

闲,不违所请,移居此寺。澄又别改本号为城山寺焉。魏历既革,禅位大齐,文宣登极,敬奉逾甚。天保元年八月,巡行此山,礼谒法师,进受菩萨戒,布发于地,令师践之,因以为大统。……师以什物余积,拟建支提。有一工人,忽焉而至,入定思虑,出观剞劂。穷陶甄之艺能,竭雕镂之微妙;写慈天之宝帐,图释主之金容。虽无优之役龙神,无以加也。自后齐师失律,鼎迁于周。建德六年,武帝纳张宾邪谏,先废释宗。邺城三县二十余寺,限十日内并使焚除。此寺于时,亦同毁灭,赖使者深重三宝,不忍全除,虽奉严敕,才烧栏槛阶砌,坼去露盘仙掌而已。是以齐国灵迹,此塔独存也。[3]"

参考文献

①曹汛:《安阳修定寺塔年代考证》,《建筑师》,2005 年第 4 期。

②杨宝顺、孙德宝:《安阳修定寺唐塔》,《中原文物》,1980 年第 2 期。

③(清)陆心源:《唐文拾遗》卷五○。

六、慈寿塔

1.建筑所处位置。位于江苏省镇江市金山西北顶峰。

2.建筑始建时间。始建于南朝萧梁时期(502—557)[1]。

3.最早的文字记载。宋王安石诗:"数层楼枕层层石,四壁窗开面面风。忽见鸟飞平地起,始惊身在半空中"。

4.建筑名称的来历。原为南北相对的双塔,称荐慈塔。宋丞相曾布于元符末年(1100)追荐其母,于金山山顶建双塔,请皇帝命名为荐慈塔、荐寿塔[2],后毁。明代重建一塔,名慈寿塔,又毁。清光绪二十年(1894)为庆祝慈禧 60 岁生日重建,仍名慈寿塔。

5.建筑兴毁及修葺情况。相传始建于 1400 余年前的齐梁时期,为南北相对的双塔。后毁。宋元符年间(1098—1100),丞相曾布为超荐亡母再建。明初,双塔倒塌。隆庆三年(1569),寺僧明了在北塔旧址重建一塔,后来又遭兵火毁坏。光绪二十年(1894),金山寺住持僧隐儒南北奔走,沿门托钵,约五年,募银 29600 两,于光绪二十六年(1900)八月再次重建而成[3]。中华人民共和国成立后,宝塔几次修缮。

6. 建筑设计师及捐资情况。曾布、明了、隐儒等。

7.建筑特征及其原创意义。塔为砖木混合结构,塔身砖砌,塔檐及平座栏杆均用木构。塔平面呈八角形,7 层,高约 40 米,每层有四扇券门,通四面回廊,内有梯级盘旋而上。塔下有青石条叠砌的须弥座,二层以上皆围有栏杆,立柱上方有象头雕塑,各翘檐下皆悬有铜风铃一只,清风徐来,叮咚作响,别有情趣。此塔玲珑、秀丽、挺拔,矗立于金山之巅,和整个金山及金山寺配合得恰到好处。塔外花墙上,刻有"天地同庚"四个大字,是清代光绪年间湖南一位八岁儿童李远安所写。塔中供奉金

图 4-7-5　慈寿塔

山祖师像 28 尊,每层塔檐四周还缀以彩灯,夜间亦可大放光明。登塔可俯览金山全景、镇江市景,以及长江和诸山之胜。

8.关于建筑的经典文字轶闻。元冯子振《游金玉岩诗》云:"双塔嵯峨耸碧空,烂银堆里紫金峰。江流吴楚三千里,山压蓬莱第一宫。"见于(清)顾嗣立编《元诗选三集》丙集,题宋王安石《登金山》诗:"数层楼枕层层石,四壁窗开面面风。忽见鸟飞平地起,始惊身在半空中。"

参考文献

①清代向万荣撰《重修金山慈寿塔记》云:"山有符图七级,名慈寿塔,创自齐梁。"

②清金山住持僧隐儒《重修金山慈寿塔记》云:"浮玉直巅有塔焉,创自萧梁,厥号荐慈。"《净谈志》载云:"宋元符丞相曾布,建双塔于半山腰,南北相向,请名于朝,曾布为超荐亡母,请皇帝命名为荐慈塔,荐寿塔。"

③(清)卢见曾:《金山寺志》。

七、智者大师塔院

1.建筑所处位置。位于浙江省天台县城北约 10 千米的天台山佛陇真觉寺中。

2.建筑始建时间。隋开皇十七年(597)。

3.最早的文字记载。院内后左角天井有唐碑《台州隋故智者大师修禅道场碑铭并序》①。

4.建筑名称的来历。南朝陈太建七年(575),智颛如天台山建草庵讲经说法,人称天台大师。隋开皇十一年(591)应晋王杨广之请到扬州为其授菩萨戒,受"智者"之号,所以又称智者大师。智者大师于开皇十七年圆寂后即移葬于此,故名。俗称"塔头寺"②。

5.建筑兴毁及修葺情况。陈代于佛陇修建禅寺,隋代号为道场。塔院始建于隋开皇十七年(597),明代重修,近年曾整修。隋开皇十七年(597),智颛圆寂于剡县石城寺,移葬于此,建肉身塔,名定慧真身塔院。宋大中祥符元年(1008)改真觉寺。后废。隆兴(1163—1164)间,僧真稔重兴佛殿僧房。清咸丰、同治之交(1861—1862),毁于战火,光绪十五年(1889)重建③。因智颛是中国佛教天台宗创始人,影响深远,1982 年 6 月,列为省级重点文物保护单位,更名为智者塔院。1989 年建成日本国天台宗般若心经塔。近年,智者塔院修葺一新。

6.建筑设计师及捐资情况。智颛弟子。

7.建筑特征及其原创意义。塔院正殿三开间,门匾为"智者大师肉身塔"。大殿中置有智者大师肉身塔。塔为仿木结构青石雕塔,六面两层,连座高约 7 米,有飞檐二重。第一层正面佛龛中设有智者大师坐像,殿壁上则悬挂天台宗 17 位祖师之画像。每层都细致地刻有斗、拱、枋、柱、护栏等木结构建筑构件以及精美的石雕。大殿墙壁上还有天台宗 17 位祖师的画像。两厢各为五开间,四角均有天井。寺门外有碑亭,安立唐代元和六年(811)翰林学士梁肃所撰、徐放所书之修禅道场碑一座。塔院还有天台宗师章安、荆溪、幽溪三高僧塔,附近有"普贤境界"、"教源"、"佛陇"等摩崖石刻,绿树翠萝,交结掩映,幽雅宜人。

8.关于建筑的经典文字轶闻。《台州隋故智者大师修禅道场碑铭并序》。《天台山方外志》载智者大师在新昌圆寂后,"弟子舁归,龛全身于真觉寺","累石周尸,龛前立二石塔院"④。

参考文献

①唐元和六年(811)翰林学士梁肃撰、台州刺史徐放书《台州隋故智者大师修禅道场碑铭并序》,文亦见于《全唐文》卷五二〇。

②③(清)张联元:《天台山全志》。

④（明）释传灯：《天台山方外志》，清光绪甲午佛陇真觉寺刻板。

八、栖霞寺舍利塔

1.建筑所处位置。位于江苏省南京市东北郊栖霞山麓的栖霞寺内大佛阁东。

2.建筑始建时间。隋文帝仁寿二年（602）。

3.最早的文字记载。《法苑珠林》卷四十《舍利篇·感应缘》载隋仁寿元年、二年隋文帝命天下八十三州建仁寿舍利塔，栖霞寺有其一①。

4.建筑名称的来历。隋文帝得舍利分给83个州建塔收藏，蒋州（南京）得其一，塔因埋藏舍利而得名。

5.建筑兴毁及修葺情况。初为5层方形木塔，后毁。五代时期，南唐的高越、林仁肇重建②，现存石塔为南唐时期（937—975）遗物。该塔保存较好，仅部分檐、座石块坠落损坏。1930年由建筑家刘敦桢设计，叶公绰主持维修，重新设计制作塔刹（原刹已毁），并修补基座损毁部分。20世纪50年代，据南唐样式复原基座石栏杆，并安装避雷设施；70年代，又增设铁栅护栏。1993年11月中旬，栖霞寺舍利塔抢救维修工程竣工。

6.建筑设计师及捐资情况。隋文帝时诏建。

7.建筑特征及其原创意义。塔为密檐式，五级八角形，通高18米，自下而上分为塔座、塔身和塔刹3部分，全用细致的白色石灰石砌造，石质极好，虽然经历千年的风雨雷电，仅有部分石檐崩坠，但仍巍然屹立。塔座由基座、须弥座、仰莲座3部分组成。基座、须弥座上下叠涩部分，侧面雕覆莲及石榴、狮子、凤凰纹饰，中间束腰部分作八面体，8个转角处均雕作半圆形角柱，柱上浮雕力士和立龙形象，柱间浮雕释迦牟尼"八相成道图"：托

图4-7-6 栖霞寺舍利塔

胎、诞生、出游、逾城、成道、说法、降魔、涅槃。须弥座上置有三层莲瓣的仰莲座，以承塔身。塔身5层，每层均出檐深远，檐口呈曲线，上刻莲纹圆形瓦当和重唇滴水，背端饰龙头。第一层较高，约3米，八角形，除正面的门外，其他各面镌刻四天王像和文殊、普贤菩萨像，门旁石柱刻《金刚经》，飞檐下刻有飞天游空像。八面转角雕作仿木倚柱，柱上设阑额。第二层高约1米，再上各层高度逐层减低。不设门，各层的8面都雕出两座圆拱状石龛，龛内浮雕一坐佛，共佛64尊，檐下斜面均刻着飞天、乐天、供养人等像。这种设台座的密檐式塔为现存石塔中最早的实例。栖霞寺舍利塔的价值不仅在于这是中国南方一处极为少见的五代时期的密檐式塔，还在于密布塔身的精美雕饰，整座

塔堪称是一件巨大的雕刻艺术品③。

8.关于建筑的经典文字轶闻。唐·蒋涣《登栖霞寺塔》:"三休寻磴道,九折步云霓。瀍涧临江北,郊原极海西。沙平瓜步出,树远绿杨低。南指晴天外,青峰是会稽。④"

参考文献

①(唐)释道世:《法苑珠林》卷四〇。

②(民国)陈邦贤:《栖霞寺新志》,转引自郑立君:《试析南京栖霞寺舍利塔天王、力士造像特点与风格》,《东南大学学报》(哲学社会科学版),2002年第5期。

③《南京栖霞寺舍利塔修复完成》,《法音》,1993年第12期。

④《全唐诗》卷二五八。

九、延庆寺塔

1.建筑所处位置。在浙江省松阳县西屏镇塔寺下村西1千米处。

2. 建筑始建时间。寺初创于南朝梁普通年间(520—527)。塔始建于北宋咸平二年(999),咸平五年(1002)建成①。

3.最早的文字记载。宋代朱琳《延庆寺塔记》云:"延庆寺塔,故行达禅师所藏释迦如来舍利塔也。②"

4.建筑名称的来历。因塔址在云龙山下延庆寺前,初名云龙,宋建炎四年(1130)改称延庆寺塔。因藏有舍利,又名舍利塔。

5.建筑兴毁及修葺情况。宋皇祐三年(1051)、建炎四年(1130)先后两次刷新。此后一直未加修葺,至1983年,已明显倾斜,严重缺损。1983年被列为浙江省重点维修项目,进行复原维修,1991年竣工。

6.建筑设计师及捐资情况。北宋行达禅师为藏舍利,多方筹募而建。

7.建筑特征及其原创意义。塔为楼阁式砖木结构,六面七级,残高37.2米,塔墙体为砖砌,其余楼板、扶梯、斗拱、腰檐等均是木构。外壁基座为须弥座式。底层原有副阶。上塔楼梯设在副阶内的东北面。塔壁做出八角形倚柱,柱间连阑额、地栿。塔中空,每层设有平座回廊,开券门6处,入券门可登塔顶。平座和方砖叠涩,同时挑出一(0.1米×0.2米×0.9米)木梁,梁上原铺木板,安装围栏。斗拱瓦铺作双卷头,出檐舒展平缓。塔内用木栅楼板隔层。塔顶用砖叠涩逐层收缩而成。铁质塔刹由覆盖、宝珠、露盘及相轮组成,相轮为卷草图案,曲线流畅。由于层高与塔内空间的差距较大,所以登塔时,先通过木楼梯,然后转入塔壁甬道踏跺,再转至上一层木楼梯,又转入塔壁甬道。如此一层层地盘旋而上。这种做法,此塔可算是最早的实物了。塔壁绘有朱画飞天,依稀可认,颇具唐塔风格③。

8.关于建筑的经典文字轶闻。宋朝诗人朱琳《延庆寺塔》:"只恐云霄有路通,层层登处接星宫。洗花寒滴翠檐雨,惊梦夜摇金铎风。僧老不离青嶂里,樵声多在白云中。相逢尽说从天降,七宝休夸是鬼工。"

参考文献

①(宋)朱琳:《延庆寺塔记》,载(清)佟庆年修。(清)胡世定纂:《顺治松阳县志》,上海书店,1993年。

②松阳县志编纂委员会:《松阳县志》,浙江人民出版社,1996年。

③叶坚红:《松阳延庆寺塔的建筑特色》,《文物世界》,2001年第2期。

十、花塔

1.建筑所处位置。在广东省广州市六榕路六榕寺内。

2.建筑始建时间。南朝梁大同三年(537)。

3.最早的文字记载。唐王勃《广州宝庄严寺舍利塔碑》。

4.建筑名称的来历。塔的整个造型别致,塔身色彩缤纷绚丽,远望如巨大的花蕊,故名。

5.建筑兴毁及修葺情况。最初为方形大木塔,唐高宗上元二年(675),将陈旧残损的宝塔彩绘藻饰,"基构鼎新",这是该塔的第一次修葺盛举。北宋初年塔被火焚毁。元祐元年(1086)六榕寺住持德超和尚等共议重建宝塔,绍圣四年(1097)方告竣工①,塔壁佛龛供奉贤劫千佛像,自此称千佛塔。以后又多次修缮,塔的主体仍为原物。清咸丰六年(1856),台风侵袭,塔顶坠于地,同治十三年(1874),清皇室从海防经费中拨出巨款大加修缮②。1915年,广州地震,塔内壁与千佛铜柱之间被震裂,1935年4月举行花塔重修落成典礼。1980年全面修葺。1998年塔出现大量裂缝,2000年2月开始进行新中国成立以来最大的一次维修工程,于2001年8月竣工。

6.建筑设计师及捐资情况。昙裕法师为瘗藏从海外带回的佛骨舍利而建。

7.建筑特征及其原创意义。花塔为八角9层楼阁式砖塔,高57.6米。塔身为井筒式结构,一层直径12米,并有副阶。塔内楼梯作穿塔壁绕平座式,各层塔身外层都有回廊围绕,各层层檐以绿色琉璃瓦覆顶,檐端微翘,形如飞鸟展翅,在阳光下彩釉生辉,朱栏碧瓦,丹柱粉壁。整座塔身犹如9朵雕花叠成,灿烂鲜艳。塔内采用木塔结构的做法,自1层以上每级皆有暗层,共17层,有梯级左右上下,这种结构设计在现存的砖塔或砖木混合式塔中是极为罕见的。塔顶为元至正十八年(1358)铸造的9.14米高千佛铜柱,柱身密布1023尊浮雕小佛,还有云彩缭绕的天宫宝塔图。千佛铜柱连同顶上的火焰宝珠、三层九霄宝盘、九层九霄宝轮、一层双龙宝盘及八根铁链等整串构件共重5吨。此塔壮观华丽,犹如冲霄花柱,挺拔俊秀。花塔矗立于广州市中心,为广州市增色不少。

8.关于建筑的经典文字轶闻。唐王勃《广州宝庄严寺舍利塔碑》:"此寺乃曩在宋朝,早延题目,法师聿提神足,愿启规模,爰于殿前,更须弥之塔。""是岁也,忽于此塔,重睹神光,玉林照灼,金山具足。倏来忽往,类奔电之舍云;吐焰流精,若繁星之转汉。倾都共仰,溢郭周窥。士女几乎数里,光景动乎七重。④"

参考文献

①北宋《重修广州净慧寺塔碑记》。

②道光《广东通志》。

③《全唐文》卷一八四。

十一、崇觉寺铁塔

1.建筑所处位置。坐落在山东省济宁市铁塔寺街路北原铁塔寺(崇觉寺)内。

2. 建筑始建时间。崇觉寺创建于北齐皇建元年(560)。铁塔始建于北宋崇宁四年(1105)。

3.最早的文字记载。塔身题记:"大宋崇宁乙酉(1105)常氏还夫徐永安愿谨铸。"

4.建筑名称的来历。崇觉寺又名释迦禅寺,宋代铁塔建成后又称铁塔寺。塔以寺名。

5.建筑兴毁及修葺情况。宋代的铁塔原为7层,当时建塔尚未铸顶,因变故停工。后人多在对铁塔的赞誉声中,不无遗憾地说:"塔无顶,譬伟丈夫剑佩峨然,唯冠冕不饰,谈者往往以为未尽观美……。"明万历九年(1581),在济宁道龚勉(锡山)的倡导下,协力聚财,增建塔身二级,至此塔成。抗日战争时期,铁塔遭日军飞机破坏,构件残损严重。中华人民共和国建立后,对铁塔进行了维护。1973年落架大修时,以砖石材料填实塔心,配补残毁部件,得以延年①。

6.建筑设计师及捐资情况。徐永安之妻常氏出资以铁浇铸。

7.建筑特征及其原创意义。塔通高23.8米,计塔座、刹顶在内共11层。下部是一个高大的砖砌八角形基座。塔基深1.9米,稍加夯实,基面以上,平地铺成须弥座,为防扭转以楠木井字架填心。由一根高大的杉木底上贯串,塔座设一西向塔室。塔室为砖砌,仿木建筑,内设藻井,均由青砖磨砌而成。室内有宋代石刻千手佛像和清光绪七年(1881)的塔铭。佛座三面刻有佛教神话、讲经、飞天等故事画面。铁铸塔身9层,高10余米,平面八角形。每层由平座、塔壁、塔檐分铸后组装。平座厚约5厘米,座下每面斗拱四垛,以作承托。平座以上,沿边缘安装围栏,栏高30厘米。栏板的花纹富于变化,浇铸精细,玲珑剔透。塔身每层四面均铸有20厘米的凹槽代替栏额,东、南、西、北正面饰长方形盲门,四侧面设龛祀坐佛。每层塔身上部各设飞檐,出挑30厘米,檐下配斗拱铺座四垛。飞檐深远,斗拱疏朗,铸作严谨,全不失木质结构建筑之特点,给人一种浑厚大方的感觉。顶层八角各悬风铎,上装铜质鎏金仰莲宝瓶塔刹。铁塔铭文,分别铸在第一层塔身的东南和东北的面壁上,瘦金体楷书"大宋崇宁乙酉常氏还夫徐永安愿谨铸",第二层塔身的东南面壁上浇铸有"皇帝万岁、众臣千秋"字样,第六层塔身西北面壁上亦有文字,惜因泐蚀严重,已难辨认。整个铁塔仿木构,铸工精湛,造型挺拔峻秀,历经数百年风雨剥蚀而无严重腐蚀,是我国珍贵的范铁艺术遗产②。

8.关于建筑的经典文字轶闻。1931年郯城大地震波及济宁,使这座著名的古建筑塔身稍有倾斜。抗日战争时期,为了防备日本侵占军飞机、大炮的轰击,市民和有识之士纷纷出工献料,用树枝将铁塔掩蔽伪装起来,由此可见市民保护文物的良苦用心。

参考文献

①②姜继兴:《济宁市铁塔寺》,《城乡建设》,2008年第3期。

十二、幽居寺塔

1.建筑所处位置。在河北省灵寿县西北山区的沙子洞村,距县城55千米。

2.建筑始建时间。北齐天保八年(557)。

3.最早的文字记载。《赵郡王高睿修寺颂德记碑》①。

4.建筑名称的来历。因寺背依翠峰,面临清流,景色秀丽,清静幽雅,因此得名幽居寺,塔以寺名。

5.建筑兴毁及修葺情况。原寺早年圮毁,塔为唐代重修,1991年进行维修。

6.建筑设计师及捐资情况。北齐使节散骑常侍、都督定州诸军事抚军将军、仪同三司、定州刺史、六州大都督赵郡王高睿为其亡父、母、伯、兄、妾及自身功德修建②。

7.建筑特征及其原创意义。塔为全砖结构,平面呈正方形,建于方形石基上,7级,高约23米。第一层正南面有拱券门,可以入内。门高一米,石券面满布线刻莲花化生童子、云龙、金翅鸟及忍冬纹,屈曲盘绕,纹迹突出,精巧细致,门两边各有小石狮一尊,强项怒目,矗卷雄踞,形态奇特。第二层以上,面阔和高度逐渐递减,每层塔檐为菱角牙子叠涩外出,各层共有汉白玉小石佛像 17 尊,并随塔层逐层缩小,刻工精细,为北齐石刻珍品。塔顶用仰莲花承托塔刹,颇具特色。整个塔体成方锥形,优雅简朴,挺拔稳固,建筑形制在古塔中实为罕见。塔内原三尊大像为北齐遗物,小型造像嵌入底层三面墙壁上。1986 年,三尊造像连同塔内的另外数尊佛像等移入河北省博物馆。

8.关于建筑的经典文字轶闻。《赵郡王高睿修寺颂德记碑》,碑文凡三千余字。

参考文献

①②《赵郡王高睿修寺颂德记碑》。

十三、北塔

1.建筑所处位置。在辽宁省朝阳市双塔区双塔街北端。

2.建筑始建时间。北塔始建于北魏孝文帝太和年间(485—490),是北魏文成明皇后冯氏在"三燕"故都龙城宫殿旧址上,为其祖父北燕王冯弘祈寿冥福和弘扬佛法而修建的"思燕佛图"(十六国的前燕、后燕和北燕均曾都于龙城,因此朝阳有"三燕故都"之称)。"思燕佛图"为木构楼阁式塔,后毁于火灾①。

3.最早的文字记载:"太后立文宣王庙于长安,又立思燕浮屠于龙城,皆刊石立碑。②"

4.建筑名称的来历。因市内原有 3 座古塔遥相对峙,此塔在北,故名。隋文帝时名为宝安寺塔,辽代称延昌寺塔。

5.建筑兴毁及修葺情况。北魏时初建,隋文帝仁寿年间(601—604),奉诏重建砖结构塔,名为宝安寺塔,唐天宝年间维修,北塔为方形空心十三级密檐式砖塔,高 42.6 米。辽代初期和重熙十三年(1044)又两度重修,更名延昌寺塔③。1984—1992 年由国家文物局拨款 200 多万元,对北塔进行了加固修缮工作④。

6.建筑设计师及捐资情况。北魏文成文明皇后冯氏始创。隋文帝时期朝廷下令重建。唐代和后来的辽朝陆续维修增饰。

7.建筑特征及其原创意义。现存的北塔以"思燕佛图"的台基为台基,隋唐砖塔为内核,辽塔为外表的朝阳北塔。其独特的"塔上塔"、"塔包塔"的构筑形式,以及"五世同堂"(燕、北魏、隋、唐、辽)的悠久历史,十分罕见,使北塔成为名副其实的东北第一塔。

塔平面为方形,十三层密檐式空心砖塔。高 42.6 米。塔基砖包砌筑。边长 21 米,高 6 米。基上为须弥座,南面开券门,门内外雕莲花、伎乐人、走兽等。其余三面砖雕假门,两侧雕守卫力士或飞天像。束腰四隔柱雕升龙。塔身四面雕坐像,旁为胁侍宝盖、飞天、小塔及楷书八大塔名。佛像结跏趺坐于莲座之上,莲座下四面分别雕双马、五雀、五鹏、五象。塔身四角为砖砌圆形倚柱,上有阑额、普柏枋,枋上承斗拱,斗拱上为柏木椽,椽上铺反叠涩砖,砖上覆筒、板布瓦⑤。

北塔雕刻:北塔塔身四面及须弥座上皆满施砖雕,……但各面总体构图佛像排列非常刻板⑥。

朝阳北塔从时代上讲早于洛阳永宁寺塔 30 年左右,从地理位置上讲,它建在中国的东北地区,因此具有极高的科研学术价值。

8.关于建筑的经典文字轶闻。清代佚名诗写"朝阳八景"云:"龙城三塔金燕稠,九凤朝阳几千秋。烟锁凌霄声名古,白狼金波卧小舟⑦。"

参考文献

①④⑥⑦董庆辉、赵飞:《东北第一塔—朝阳北塔》,《兰台世界》,2001 年第 9 期。

②《魏书》卷十三列传第一。

③⑤张洪波、林象贤:《朝阳三塔考》,《北方文物》,1992 年第 2 期。

(八)志桥

大同兴云桥

1.建筑所处位置。位于山西省大同市东关外,跨御河(古称如浑水)上。

2.建筑始建时间。始建于北魏。

3.最早的文字记载。(元)虞集《兴云桥记》①。

4.建筑名称的来历。跨御河(又名玉河,古称如浑水)上,又名玉(御)河桥。元泰定元年(1324)重修后题名"兴云之桥"②,"兴云桥"之名由此而始。大同古名"云中","兴云"或有振兴云中之意③。

5.建筑兴毁及修葺情况。据元虞集撰《兴云桥记》④,自元魏以来,如浑水上均造桥以通行旅,但由于历史久远,沿革已是不甚了了。唐、宋时屡修屡毁。金太宗完颜晟天会十年(1132),西京路留守高庆裔重建,天会十三年(1135)居民高居安又对因大雨雷电遭到破坏的兴云桥进行了修葺。大定二十二年(1182)西京留守完颜褒率众重修。130 余年后,元武宗至大三年(1310)官府又出资进行了一定的维修。至治元年(1321),桥再一次毁坏。泰定元年(1324),河东统帅连图绵主持重修,"达诸朝,得给钱,市材役民",役工采石建石桥,并由其副职孙侯具体负责建桥事项。孙侯征询桥工匠的意见,找出了过去屡修屡毁的原因。原来兴云桥共 27 孔,西 22 孔石柱,多年来被水毁,而东边 5 孔,正当河之主流,又系木柱,加之修桥时求快不求质,以致常常被水冲毁。为了改变以往屡修屡毁的状况,孙侯将桥改为 24 孔,全用石柱修筑,然后栈木甃石,植栏楯,表门阙,饰神祠官舍,并题名为"兴云桥"。明洪武十三年(1380),因循其旧,作了简单的修补。明宪宗成化十三年(1477),巡抚李敏阅兵郊外,见桥面狭窄,拥塞难行,遂不惜财力,扩建了兴云桥⑤。泰定元年重建至此的 140 多年中,再没有该桥被毁的记载,可见元泰定元年重建的兴云桥,质量之好,使用期限之长。万历八年(1580)兴云桥被山洪冲垮,大同总兵郭琥"拓故基更创",此时的兴云桥长 300 余米,宽 19 余米,是规制宏丽的 19 孔桥。万历三十四年(1606),大同总兵焦承勋、参议杨一葵又对兴云桥做了整修⑥。之后的康熙、乾隆年间也屡有修葺。嘉庆六年(1801),大同地区大雨六日,兴云桥受到严重冲击。嘉庆十年(1805),如浑水再一次因大雨暴涨,兴云桥倾圮⑦。

6.建筑设计师及捐资情况。始建者不详,历代重修者有高庆裔、高居安、完颜褒、连图绵、孙侯等。

7.建筑特征及其原创意义。金代的桥"凡二十有七间"。后桥东面四间因为石柱毁坏,人们以木柱暂代，故而屡建屡坏，而"其西不坏者，二十有三，石柱也"。元至治元年重修时，地方官吏命人采石于宏山之下，"凡为柱二十有四。……植栏楯，表门阙，饰神祠，官舍之属皆以次成。⑧"兴云桥成为24孔桥。明万历八年(1580)重修后成为长300余米，宽31米，规制宏丽、造型精美的19孔拱形石桥⑨。2003至2004年大同市在城区东门外御河动工兴建大同生态园，在施工现场发现大量石质桥梁构件，包括华表、栏板、望柱、涵洞，大量青石条、青石板等，另发现石兽2头、铁兽3头、柱头圆雕残小石狮1个、刻神兽头部的石质构件1个，为兴云桥遗物⑩。

8.关于建筑的经典文字轶闻。(元)虞集撰《兴云桥记》。

参考文献

①②④⑧(元)虞集：《道园类稿》卷二六，《元文人珍本丛刊》，台北：新文丰出版公司，1985年。亦见于明《大同府志》卷十二。

③⑩李树云、白勇：《大同兴云桥考释》，《文物世界》，2006年第5期。

⑤(明)刘□：《大同府重修兴云桥记》，明《大同府志》卷十二。

⑥⑨道光《大同县志》卷五《营建·桥梁》。

⑦(明)霍鹏：《重修兴云桥记》，明《云中郡志》卷一三《艺文志》。

中国历代名建筑志

第五章

隋代名建筑

绪　论

　　杨坚于公元 581 年代北周而建立隋朝,是为隋文帝。文帝于代周之后第 8 年灭陈,开始了全国统一的新时期。隋朝虽然享国短暂,但在中国历史上有五件事情却是影响深远。其一,曰兴科举。隋文帝决定通过科举选拔人才。从此以后,历隋唐五代宋元明清,直到晚清宣布废科举兴学校。科举成为中国历朝历代人才选拔的主要渠道。虽然有很多弊端,但其合理性也是不容否认的,对中国历史的贡献也是不容否认的。其二,曰修运河。中国的运河,自春秋战国以来,许多诸侯国为了各自的经济发展和军事保障等需要,都曾局部地修造过运河,如楚国,吴国。隋代的功绩是将历史上零星的片段的运河勾连起来,修成一条贯通中华版图南北的京杭大运河。对中国的经济文化的深刻影响也是举世公认的。其三曰营造大兴城。大兴城是隋文帝于汉魏长安城之东南方向兴建的新都城。这个新都城在规划方面继承了汉魏都城的长处,突破了此前都城的局限,正式将宫殿区和居民区分开。是一个历史性的进步。四是隋炀帝为了满足自己的游乐需要,大建离宫别馆,特别是在扬州营造的迷楼,虽然是以万民膏血供其淫欲,但当时建筑师惊世骇俗的创造力却赖其建筑而流传下来,为我中华增光添彩。其五是隋代宫殿设计建造已经能够模数化运作,极大地加快了宫殿建造的速度。因此才会出现 10 个月建造一座新都城这样的人间奇迹来。但隋文帝在中国历史上也做了些破坏建筑遗产的坏事。一是他在营建大兴新城过程中,很多建筑材料直接拆自汉魏故城的宫殿建筑,如太庙用符坚时的太庙旧材,修真坊南门用了北周太庙的门板等等。这种拆东墙补西墙的行径造成了南北朝建筑遗产的消失。二是他灭陈之后,下令将建康城(遗址在今南京市玄武湖至长江路一片)的南朝皇宫建筑尽行拆毁,并且还派人将地基犁个遍,惟恐留下一星半点的遗迹。其作为令人费解。简直比项羽的做法还不如。

(一)志城

一、隋唐大兴——唐长安城

1.建筑所处位置。位于西安市区。

2.建筑始建时间。隋文帝开皇二年(582)。

3.最早的文字记载。《隋书》卷一,《帝纪》第一,高祖上,开皇二年六月。

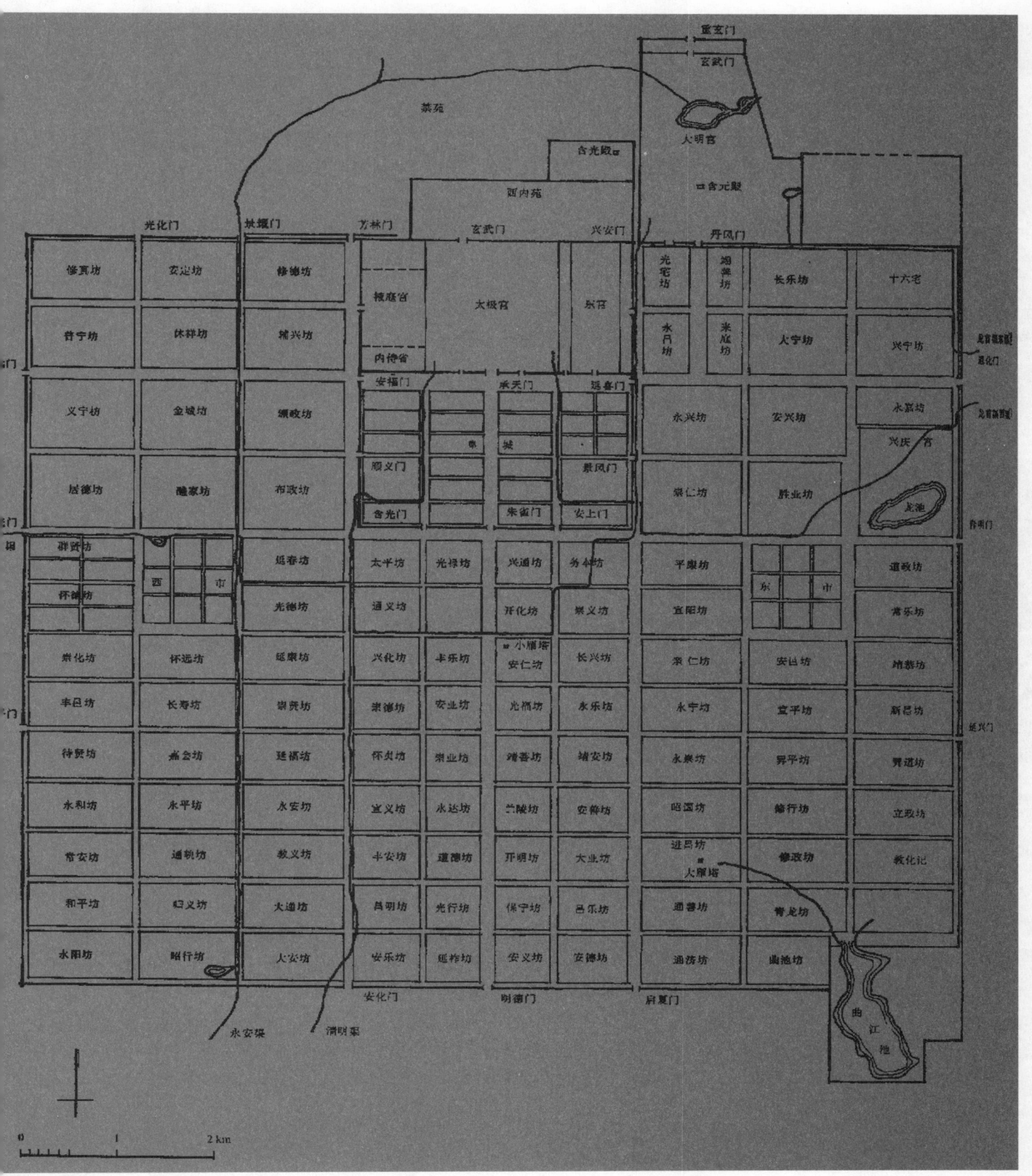

图 5-1-1 隋 大 兴——唐
长 安 城 平 面 复 原 图

205

4.建筑名称的来历。因隋文帝在北周时被封为大兴公,故新都称大兴城,唐代继续沿用大兴城为都城,易名长安。

5.建筑兴毁及修葺情况。公元581年,隋建都长安。隋文帝因旧城"水皆咸卤","凋残日久",宫室零乱,"不足建皇王之邑",于是诏左仆射高颎、将作大匠刘龙、巨鹿郡公贺娄子干、太府少卿高龙叉等创造新都①,名曰大兴城,历时近一年而成。城市具体规划由太子左庶子宇文恺负责②。炀帝时,"发丁男十万城大兴"③。唐因隋制,城市规制方面无甚变异,只是于皇城东北、禁苑东南部增建大明宫④:贞观八年"冬十月,营永安宫,改名大明宫,以备太上皇清暑"。高宗龙朔二年始大兴土木进行扩建,并筑长安外郭⑤,于城东部筑兴庆宫⑥。开元二年(714),"作兴庆宫",十四年扩建,于此置朝堂,天宝十三年,"筑兴庆宫墙,起楼观",并整治了曲江⑦。唐玄宗天宝十五年(756)六月,安禄山叛军入长安;中唐以后,长安又经历若干次叛乱的破坏,都次第修复。唐末破坏日甚。昭宗天祐元年(904)正月朱温挟唐帝迁都洛阳,"毁长安宫室、百司及民间庐舍,取其材,浮渭沿河而下,长安自此遂丘墟矣。⑧"后韩建(855—912)曾于此筑城,明初因此城进行了修葺。但规模已小得多,只是皇城范围。

6.建筑设计师及捐资情况。宇文恺主技设计建造。

7.建筑特征及其原创意义。由外郭城、宫城和皇城三部分组成。宫城在外郭城中轴线最北端,北倚北城墙而建,皇城在宫城之南,与宫城同宽。外郭城东西长9721米,南北宽8651.7米,周长36.7千米,是当时世界上最大的城市。城门15个,东墙由北向南有通化门、春明门、延兴门,南墙由东向西为启夏门、明德门、安化门,西墙自北向南为开远门、金光门和延平门,北墙中段即宫城北墙,宫城以东有丹凤门,宫城以西有芳林门(隋称华林门)、景耀门和光化门,玄武门和安礼门与宫城共用。外郭城内有南北向大街11条,东西向大街14条,城内大街把郭城分成110坊,坊内是居民住宅、王公宅第和寺观。在皇城东南和西南的外郭城内设有东西两市(隋代将东市称都会市,西市称利人市),市周围有夯土围墙,四边各开二门。市内9个区,每区四面临街店铺是长安手工业和商业的集中区域。宫城是供皇帝、皇室居住和处理朝政的地方,包括太极宫、东宫和掖庭宫,南北长1492.1米,东西宽2820.3米,周长8.6千米,位于长安城北部中央。皇城又称子城,位于宫城之南,北与宫城以横街相隔,东西宽2820.3米,南北长1843.6米,周长9.2千米。皇城内是中央官署和太庙、社稷。唐代在长安城还建有两座大的宫殿,大明宫位于城东北的龙首原上,因位于太极宫之东北,称"东内";位于春明门内的兴庆宫因在太极宫之南,称"南内"。长安城有完善的供水系统,有永安、清明、龙首三渠分别引进滈水、潏水与浐水,流经城内,北入宫苑;又修漕渠,引黄渠注入曲江池。城内街两旁广植槐树,城周又多有离宫别苑。隋唐长安城规模宏大,布局规整,分区明确,结构谨严,继承了汉魏、洛阳城及曹魏邺城的规划思想,创我国中世纪对称规整封闭型城市的典型,其形制对国内及国外一些城市的建设产生深远影响,在中国城市建筑史上居特殊地位。

8.关于建筑的经典文字轶闻。相关记载题咏甚多,如韦述之《西京记》、宋敏求《长安志》、徐松《西京城坊考》、顾炎武《历代宅京记》及诗词文赋小说等。(唐)白居易《登观音台望城》:"百千家如围棋局,十二街似种菜畦。遥认微微入朝火,一条星宿午门西"⑨。

参考文献

①《隋书》卷一《高祖纪》上。

②《隋书》卷五八《宇文恺传》。

③《隋书·炀帝纪》卷三。

④《旧唐书·太宗纪》卷二。

⑤《旧唐书·高宗纪》卷四。

⑥⑦《旧唐书·玄宗纪》卷八、九。

⑧《资治通鉴》卷二六四。

⑨《全唐诗》卷四四八。

二、隋唐东都洛阳城

1. 建筑所处位置。位于洛阳市城区及近郊。

2. 建筑始建时间。隋炀帝大业元年（605）。

3. 最早的文字记载。隋炀帝仁寿四年十一月癸丑诏书："今可于伊洛营建东京，便即设官分职以为民疾也。……今所营构，务从节俭。无令雕墙峻宇，复起于当今；欲使卑宫菲食，将贻于后世，有司明为条格，称朕意焉。①"

4. 建筑名称的来历。沿袭旧名。

5. 建筑兴毁及修葺情况。大业元年三月，炀帝以宇文恺为营东都副监，寻迁将作大匠。由杨素总管，宇文恺具体规划设计。恺揣测炀帝心喜宏侈，工程建设穷极壮丽。大业二年春，东都成，炀帝大悦。拜宇文恺工部尚书。唐武德四年（621），唐太宗平王世充，破东都，拆毁应天门、乾元殿，以表示反对炀帝的宫室绮丽。唐高宗龙朔（661）以后逐渐修缮洛阳宫，高宗、武后交替来往东西两京，在洛阳增建宿羽、高山、上阳等宫。武则天称帝后（684年后）改洛阳为神都，兴建明堂、天堂、"万国颂德天枢"等大工程。755年安史之乱，东都遭受严重破坏，762年唐借助回纥军收复东都，大肆劫掠，"东都残毁，百无一存"②。代宗大历初（766—779）张延赏逐渐修复。中唐以后宫阙失修。唐末昭宗天祐元年（904）朱温挟唐帝迁都洛阳，重修官室。五代末宋初破坏严重，虽经宋初逐渐恢复，但已非隋唐旧貌。

6. 建筑设计师及捐资情况。隋炀帝下令宰相杨素、杨达，将作大匠宇文恺营建。

7. 建筑特征及其原创意义。隋唐洛阳城北依邙山，洛水自西南向东北穿城而过，分全城为南北两部，占地较大

图 5-1-2 隋唐东都洛阳城平面复原图

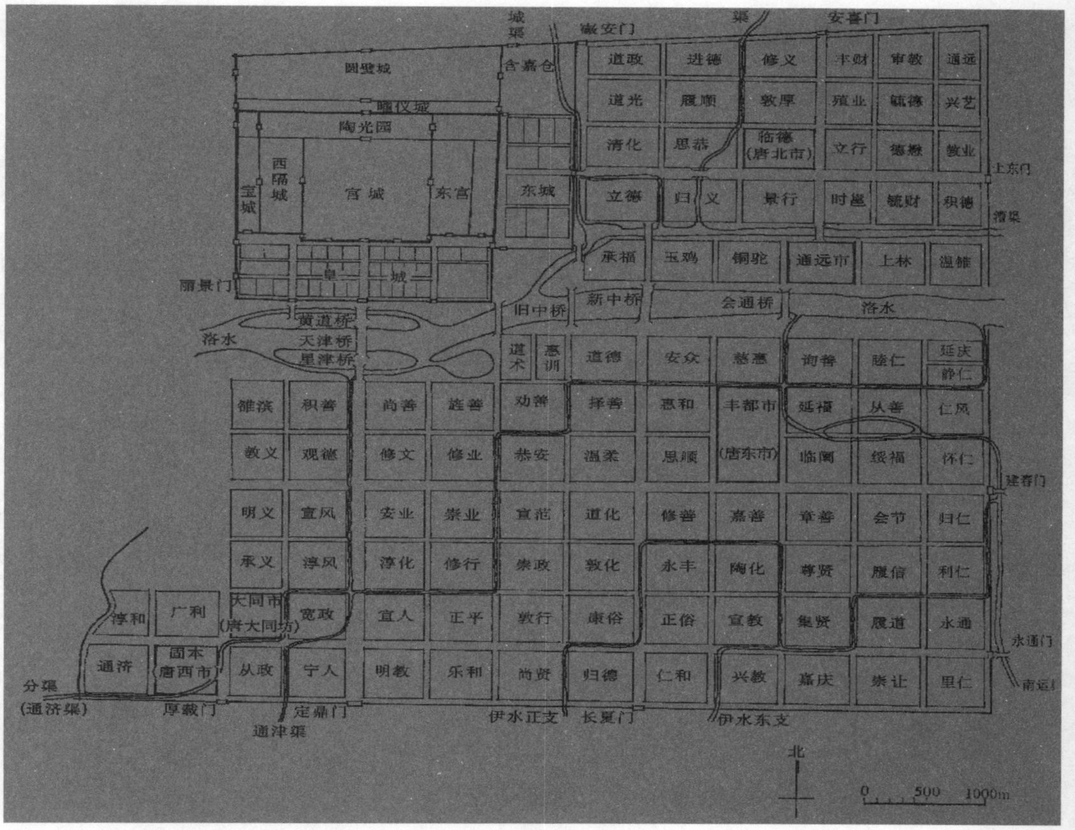

207

的皇城、宫城建在洛水北岸西侧较宽处,其余地区布置坊市。外郭城城垣周长约 27.5 千米,略呈正方形,内由宫城、皇城、东城、圆璧城、曜仪城、含嘉仓城等组成。皇城、宫城在外郭城的西北角,前后相重。皇城前临洛水,有浮桥横过洛水,南接全城主街定鼎门街,形成全城主轴线。方格网状的街道将全城分为 103 坊,中有三市。宫城地处郭城西北隅,四面有墙,有 6 座城门,西、北两面倚城,建有圆璧城、曜仪城等重城以加强防守。皇城地处宫城之南、东、西,为皇子皇孙的府第及百官衙署所在地。皇城东有东城,建于大业九年(613),城内布置官署。东城北面的含嘉仓城创建于大业年间(605—618),是隋唐两代大型官仓。四周有墙,面积 43 万平方米,内有排列整齐的密封式地下窖穴。隋唐洛阳城方正规整,分区明确,三城相嵌,在我国城市建设史上具重要地位,为一些地方政权及国外的城市规划所模仿。

8.关于建筑的经典文字轶闻。元人郑果《洛阳怀古》:"洛阳云树郁崔嵬,落日行人首重回。山势忽从平野断,河声偏到故宫哀。五噫拟逐梁鸿去,六印休惊季子来。惆怅青槐旧时路,年年无数野花开。[3]"

参考文献

①《隋书·炀帝上》。
②《旧唐书·刘晏传》。
③《全宋元诗会》卷七〇。

(二)志园

绛守居园池

1.建筑所处位置。绛守居园池位于山西新绛县城西北隅的高地上。

2.建筑始建时间。创建于隋开皇十六年(596)。

3.最早的文字记载。现存最早的文字记载时间是唐长庆三年(823)五月十七日,樊宗师《绛守居园池记》。

4.建筑名称的来历。该园林为隋唐时期著名的州衙园林,因位于绛州州衙所在地,故名"绛守居园池"。

5.建筑兴毁及修葺情况。该园始建于隋开皇间,隋代绛州井水碱咸,既不宜饮用,又无法灌田。内将军临汾县令梁轨于隋开皇十六年(596)修筑渠道,引九原山鼓堆泉水灌溉绛州,余水放衙署后部蓄为池沼,又建亭阁于池畔,始有园池。唐、宋、元、明、清均有重修。唐长庆年间绛州刺史樊宗师曾加以修复整理;明正德十六年(1521)知州李文洗、清末知州李寿芝、民国时县长白佩华等也均有修葺。1998 年绛守居园池复建工程启动,2000 年正式开放①。

6.建筑设计师及捐资情况。隋内将军临汾县令梁轨始整治园池,唐代长庆年间(821—824)的绛州刺史樊宗师对该园林的修整作过规划,并撰有《绛守居园池记》②,记录了这处园林的空间布局等情况。

7.建筑特征及其原创意义。该园平面呈不规则长方形,自西北角引来活水,横贯园之东、西,潴为两个水池。东面较大的水池名"苍塘",石砌驳岸,围以木栅。塘周围植桃李兰等果树和花木,可以乘凉。塘西北的一片高地名"鳌原",原上为刺史宴客和演奏音乐的地方,居高临下,从原上可以俯瞰苍塘中荡漾的碧波和嬉戏的水鸟鹭鸶、白鹇等。西面较小的水池当中筑有小岛,岛上建有小亭,名曰"洄涟"。岛的南北两端各架"子午梁"即虹桥以连通池岸。子午梁之南建轩舍名香轩,香轩周围缭以回廊,呈小院格局。香轩之东约当园的南墙之中部有小亭曰新亭。新亭前有巨槐,浓荫蔽日。新亭之南紧邻园外的公廨堂庑处有园中办公场所,亦可宴客。新亭之北,跨水渠之上有桥名望月,是园中联系南北交通的孔道。园的北面为一横亘东西的土堤即风堤,风堤同时也就是围墙,分别往南延伸以连州衙的围墙。园的南面围墙偏系设园门名虎豹门。门上绘制有图画。其左扇门上绘老虎与野猪相搏,右扇门上绘制外国猎人搏豹图。该园的布局以水景为中心,通过池、亭、堤、渠与高低错落的土丘相呼应,将景区切割分隔成原、隰、堤、溪、塈等景观。建筑物的体量小,数量少,布置疏朗有致。园中还种了柏、槐、梨、桃、李、兰、蕙、藤萝、蔷薇等树木花草,蓄养了白鹇、鹭鸶等水鸟。

8.关于建筑的经典文字轶闻。樊宗师《绛守居园池记》古奥奇涩,人难句读,遭到欧阳修的调侃。欧阳修《绛守居园池》:"尝闻绍述绛守居,偶来览登周四隅。异哉樊子怪可吁,心欲独出无古初。穷荒搜幽入有无,一语诘曲百盘纡。孰云已出不剽袭,句断欲学盘庚书。荒烟古木蔚遗墟,我来嗟祗得其余。柏槐端庄伟丈夫,苍颜郁郁老不枯。靓容新丽一何姝,清池翠盖拥红蕖。胡髯虎搏岂足道,记录细碎何区区。虑氏八卦画河图,禹汤皋咺暨唐虞。岂不古奥万世模,嫉世姣巧习卑污。以奇矫薄骇群愚,用此犹得追韩徒。我思其人为踟蹰,作诗聊谑为坐娱。[3]"也得到了范仲淹的欣赏。范仲淹有《绛州园池》诗云:"绛台使群府,亭台参园圃,一泉西北来,群峰高下睹。池鱼或跃金,水帘长布雨,怪柏锁蛟虬,丑石斗貔虎。群花相倚笑,垂杨自由舞。静境合通仙,清阴不知暑。每与风月期,可无诗酒助。登临问民俗,依旧陶唐古。[4]"

参考文献

①陈尔鹤:《绛守居园池考》,《文物季刊》1989 年第 1 期。
②(唐)樊宗师:《绛守居园池记》,《全唐文》卷七三〇。
③傅璇琮:《全宋诗》卷二八三。
④傅璇琮:《全宋诗》卷一六五。

(三)志塔

一、玉泉寺及铁塔

1.建筑所处位置。玉泉寺位于湖北省当阳市西南 15 千米的玉泉山(又名堆蓝山、覆船山)东麓,铁塔位于寺前的土丘上。"玉泉寺在覆船山东。去当阳县三十里,叠嶂回拥,飞泉迤逦,信荆人之净界,域中之绝景也。①"

2.建筑始建时间。寺创建于隋开皇十二年(592)。根据塔身的铸铭记载,塔铸造于宋嘉祐六年。

3.最早的文字记载。铁塔塔身有铸铭记载,此塔原名"佛牙舍利宝塔",铸造于"皇宋嘉祐六年辛丑岁八月十五日"。

4.建筑名称的来历。东汉建安二十三年(218),名僧普净禅师在此结草为庵,名普净庵。南朝梁宣帝在此敕建"覆船山寺"。隋代开皇年间(581—600),名僧智𫖮大师在此讲法,因山下一泓泉水自地下涌出,清澈晶莹,泡似连珠,取名珍珠泉,也叫玉泉,寺乃定名为"玉泉寺"。塔原名"佛牙舍利宝塔",为铁铸,因而称铁塔。

5.建筑兴毁及修葺情况。唐代贞观年间(627—649),法瑱大师增建了部分寺院。宋真宗天禧五年(1021),明肃皇后亲敕扩建玉泉寺,"占地左五里,右五里,前后十里。为楼者九,为殿者十八,僧舍三千七百。星环云绕,为荆楚丛林之冠。②"此后元、明、清各代均对其进行过修葺。中华人民共和国成立初期,全寺有殿宇50处,共396间,建筑面积达120亩,十年动乱中,不少庙宇佛像被毁坏。20世纪七八十年代先后对大殿蛀空的58根木柱进行了化学材料灌加固;进而又彻底翻修。1985年划归宗教部门管理使用后,重塑了3尊大佛及五百罗汉。铁塔在元朝、清朝和20世纪60年代曾进行过三次维修,1993—1995年间国家拨款100余万元再次进行维修。

6.建筑设计师及捐资情况。玉泉寺为隋代天台宗创始人智𫖮大师亲自创建。

7.建筑特征及其原创意义。寺院面东,现存天王殿、大雄宝殿、毗卢殿、藏经楼及东堂、西堂、般舟堂等禅堂、斋舍数百间。另恢复重建了讲经台、小关庙等殿堂。寺内尚有隋大业十一年(615)铸造的重达1.5吨的铁镬、唐代大画家吴道子所绘观音像碑和元代的铁钟、铁釜等附属文物。

山门是一座造型别致、气派浑厚的三圆门,上书"三楚名山"四个大字。大雄宝殿是寺院的主体建筑,面阔7间,进深5间,重檐歇山筒板布瓦顶,周围廊。通面阔40.26米,通进深28.16米(均包括廊间),通高21米多,占地1253平方米,外观庄严凝重。大殿平面的柱网排列整齐,共用柱72根,金柱、檐柱和廊柱各24根,全部用上等的金丝楠木制作。金柱直径65—57厘米,长10.88米。大殿上下檐及殿身内槽均施用斗栱,计有9种共154攒。梁架结构下架为抬梁式,其上架的九步脊檩、金檩等全部由置于承重梁上的童柱直接支承,各童柱之间串以扁枋,系穿逗式。这种抬梁和穿逗共用的结构在实物中并不多见。大

图5-3-1 当阳玉泉寺大雄宝殿

殿两山及前后檐的尽间砌筑砖墙。前后檐明、次、梢间均装六抹头正方格眼格门6扇。金柱所形成的内外槽斗拱之上共装方形天花板91块,上绘行龙、莲荷等图案。关于大殿建造年代没有明确记载,应是明初依照宋元风格建造的,而围廊则是崇祯十五年(1642)修葺时添建的。大雄宝殿之前平排着两个荷花池,种植名贵的二蒂二蕊千瓣并蒂莲,据说是隋代从普陀山带回的种子,池的两侧是讲经堂和伽蓝堂。大雄宝殿之后有毗卢殿,1990年8月,玉泉寺在毗卢殿新塑了五百罗汉像。般舟堂与毗卢殿南的藏经楼同为四合院式样,形制简朴。

铁塔原称"佛牙舍利塔",造型通体仿木结构,楼阁式,矗立在寺前方的丘台上。塔基为特制青砖砌成,双

层须弥座,塔座有八个金刚武士,托塔挺立,造型威武雄壮。塔身全为生铁铸造,高17.9米,重53.3吨,八角十三层,铸造于北宋嘉祐六年(1061),是中国现存最高、最重、最大的铁塔。铁塔的铸造方法是雕模范翻铸而成,分层铸造,全塔由41块预铸好的构件分层叠垒而成,每段均为扣接安装,未加焊接。各级塔身均设置腰檐平座,并作斗拱出檐;每面铸出柱额等构件,其四正面的奇数层和四斜面的偶数层正中均辟券门,自底层至顶层均有明显的收杀。各层塔身每一面都镶有佛像,或一佛二弟子或一佛二菩萨,或镶二弟子或二菩萨。斗拱的拱眼壁及阑额上槛之间满镶小坐佛,故有"千佛塔"之称。塔顶为仿木结构的腰檐斗拱,在角梁飞檐的前端,铸出凌空龙首,用以悬挂风铃。塔的上半身微向北倾斜,以减弱冬季凛冽的北风对铁塔的影响,特意将塔向北倾斜。这座铁塔已历经千年,依然巍然屹立,不愧是中国古建筑艺术和冶金技术史上的杰作。

8.关于建筑的经典文字轶闻。唐代李白《答族侄僧中孚赠玉泉仙人掌茶》:"原序:余闻荆州玉泉寺近清溪诸山。山洞往往有乳窟,窟中多玉泉交流。其中有白蝙蝠,大如鸦。按仙经,蝙蝠一名仙鼠,千岁之后,体白如雪。栖则倒悬,盖饮乳水而长生也。其水边处处有茗草罗生,枝叶如碧玉。惟玉泉真公常采而饮之。年八十余岁,颜色如桃李。而此茗清香滑熟,异于他者,所以能还童振枯、扶人寿也。余游金陵,见宗僧中孚,示余茶数十片,拳然重迭,其状如手,号为仙人掌茶。盖新出乎玉泉之山,旷古未觌。因持之见遗,兼赠诗。要余答之,遂有此作。后之高僧大隐,知仙人掌茶发乎中孚禅子及青莲居士李白也。"诗:"尝闻玉泉山,山洞多乳窟。仙鼠白如鸦,倒悬清溪月。茗生此中石,玉泉流不歇。根柯洒芳津,采服润肌骨。丛老卷绿叶,枝枝相接连。曝成仙人掌,以拍洪崖肩。举世未见之,其名定谁传。宗英乃禅伯,投赠有佳篇。清镜烛无盐,顾惭西子妍。朝坐有馀兴,长吟播诸天。③"

隋文帝《敕给荆州玉泉寺额书》:"皇帝敬问修禅寺智颛禅师:省书具至。意孟秋余热,道体何如?熏修禅悦有以怡慰。所须寺名额,今依来请。智邃师还,指宣往意。"颛以开皇十二年至荆州,于当阳玉泉创立精舍,意嫌迫隘,上金龙池北,趺坐入定,夕见有人威仪如王,曰:予即关某。此去一舍,山如覆船,弟子当与子平。师既出定,湫潭千丈,化为平阯。栋宇焕丽,领众入居。一日,神白师受戒,永为菩提之本。因奉书晋王,上伽蓝图。帝敕赐名玉泉。④

参考文献

①(唐)董侹:《重修玉泉关庙记》,《全唐文》卷六八四。

②(清)释天正,(清)松泉:《玉泉志》,江苏广陵古籍刻印社,1996年。

③《全唐诗》卷一七八。

④《释文纪》卷三八。

二、房山云居寺塔及石经

1.建筑所处位置。位于北京市西南75千米房山区石经山。

2.建筑始建时间。寺创建于隋大业年间(605—618)。

3.最早的文字记载。在云居寺雷音洞门左壁有唐贞观二年(628)静琬法师发心刻石经的题刻。全文如下:释迦如来正法、像法凡千五百岁,至今贞观二年已浸末法七十五载。佛曰既没,冥夜方深,瞽目群众,从兹失导。静琬为护正法,率己门徒知识及好施檀越,就此山岭刊《华严经》等一十二部,冀于旷劫济度苍生,一切道俗,同登正觉。

4.建筑名称的来历。北京房山西南有山,时有云雾绕山半腰,故又名云居山、白带山。僧静琬建寺,因"寺在云表,仅通鸟道"①,故称云居寺。辽、金时代云居寺因刻造石经知名,故有

"石经寺"之称。明代因在石经山东麓建东峪寺,而云居寺居山之西,故亦称"西峪寺",清初又改称"西峪云居禅林",仍然保留着云居之名。北塔由于塔身曾以红色涂染,俗称红塔。

5.建筑兴毁及修葺情况。寺始建于隋大业年间,五代时被火烧毁。辽、金、元屡次修建,最后的修缮年代是清康熙三十七年(1698),抗日战争时被毁,仅塔与石经得以保存。今寺中建筑为20世纪80年代后恢复。辽天庆年间(1111—1120)曾在寺内藏经穴南北各建一座佛塔,抗日战争时期,南塔毁于炮火,现仅存北塔及周围四座建于唐代的小塔。西南角的小塔建于唐开元十五年(727),西北角的一座建于唐景云二年(711),是北京地区现存最古的佛塔[2]。

6.建筑设计师及捐资情况。隋幽州比丘尼静琬(? —639)。

7.建筑特征及其原创意义。云居寺坐西朝东,依山势而建,分中、北、南三路。中路有院落五层,殿宇六进。塔位于寺北,称云居寺北塔,辽代创建。塔高30.4米,砖砌,塔身分为上下两段:下段为楼阁式,在八角须弥座上建有两层塔身,四周有拱门、假窗、佛龛浮雕;上段为覆钵式,圆锥形,有九重相轮、十三天塔刹等,塔顶宝珠突出天空。这种下部似楼阁,上部用覆钵和相轮的做法,为辽塔的典型特征。四隅有唐代石塔四座,高约10米,也分为上下两段:上部为楼阁式,六层密檐;下部开尖拱型塔门,内有菩萨浮雕像。尤以东北隅开元十年塔为其中精品。塔门两旁雕2尊力士,门内正面为一佛二胁侍。两侧壁供养人像,有深目丰髭的胡人形象,反映幽州地区民族团结的史实。檐间线雕奔象、驰鹿等,堪称一代佳作。

云居寺保存有世界上最早、最全、最好的石刻大藏经。在寺东北1.5千米处石经山上,有藏经洞9座,寺院南端有藏经穴,保存了自隋至明代刻制的石经板1.5万余石,除去重复刻造者外,计刻经1122部,3572卷。房山石经刻于隋代而终于明末,以盛唐、辽、金时期所刻数量最多。石经中还有大量题记,共约6051则,其中有明确纪年者1467则,唐代354则、辽代919则。这些题记反映了幽州范阳郡、行业组织情况,也涉及官爵的升迁、各州郡文武官员升降、郡邑增省以及刻工和书定者姓名等方面的情况。

房山石经是中国石经的宝库,对研究中国古代政治、经济、宗教、文化艺术都具有重大价值。1956—1958年中国佛教协会和有关单位对石经进行了全面的调查、发掘和整理拓印工作。1961年中华人民共和国国务院公布为全国重点文物保护单位。1971年开始对部分被损坏的石经洞门、北塔多次进行维修加固,安装避雷设施,并建立碑廊,把散存于附近的碑刻、经幢、小石塔移入碑廊或寺内保存。1981年新建石经库和展室,将部分石经上架保管和展出。1984年开始对云居寺遗址进行清理,1985年开始在原基址上复建殿堂,并将石经移入地宫保护[3]。

8.关于建筑的经典文字轶闻。明袁廷玉《石经山》:"匹马西风古树边,那知此地有西天。山藏石刻五千卷,寺号云居八百年。舍利含光缘未至,菩提无种世难传。客来龙去凭谁问,野烧余灰火洞前。"

参考文献

①《日下旧闻考》卷一三一。
②③黄炳章:《石经山和云居寺》,美术摄影出版社,2001年。

（四）志楼

迷楼

1.建筑所处位置。位于江苏省扬州市区西北郊蜀冈东峰唐城遗址西南角观音寺内。

2.建筑始建时间。隋炀帝大业年间（605—616）。

3.最早的文字记载。唐代颜师古的《大业拾遗记》载："帝尝幸昭明文选楼，车驾未至，先命宫娥数千人升楼迎侍。微风东来，宫娥衣被风绰直泊肩项。帝睹之，色荒愈炽，因此乃建迷楼。①"

4.建筑名称的来历。该建筑"曲折幽深，阁楼错落，轩帘掩映，互相连属，如仙人游"。隋炀帝赞美说"使真仙游其中，亦当自迷也，可目之曰迷楼。"②

5.建筑兴毁及修葺情况。"唐帝入京，见迷楼，曰：此皆民人膏血所为。乃命焚之，经月火不灭"③。原址今存鉴楼，取"前车之鉴"意。

6.建筑设计师及捐资情况。隋炀帝以浙江匠人项升设计建造，"凡役夫数万，经岁而成。④"

7.建筑特征及其原创意义。迷楼的主要建筑为蜀冈十宫：归雁宫、回流宫、九里宫、松林宫、枫林宫、大雷宫、小雷宫、春草宫、九华宫、光汾宫。迷楼中千门万户，复道连绵；幽房雅室，曲屋自通。步入迷楼，令人意夺神飞，不知所在。有误入者，终日而不能出。《寿春图经》记："隋十宫在（江都）县北五里长阜苑内，依林傍涧，疏迥跨岨，随地形置焉，并隋炀帝立也"⑤。

8.关于建筑的经典文字轶闻。韩偓作《迷楼记》载：炀帝晚年，尤沉迷女色。他日，顾谓近侍曰："人主享天地之富，亦欲极当年之乐，自快其意。今天下安富无外事，此吾得以遂其乐也。今宫殿虽壮丽显敞，苦无曲房小室，幽轩短槛。若得此，则吾期老于其中也。"近侍高昌奏曰："臣有友项升，浙人也，自言能构宫室。"翌日，召而问之。升曰："臣先乞奏图。"后数日，进图。帝披览，大悦。即日诏有司，供其材木。凡役夫数万，经岁而成。楼阁高下，轩窗掩映。幽房曲室，玉栏朱楯，互相连属，回环四合，曲屋自通。千门万户，上下金碧。金虬伏于栋下，玉兽蹲乎户旁，壁砌生光，琐窗射日。工巧云极，自古无有也。费用金玉，帑库为之一虚。人误入者，虽终日不能出。帝幸之，大喜，顾左右曰："使真仙游其中，亦当自迷也。可目之曰迷楼。"

唐代诗人李绅《宿扬州》："江横渡阔烟波晚，潮过金陵落叶秋。嘹唳塞鸿经楚泽，浅深红树见扬州。夜桥灯火连星汉，水郭帆樯近斗牛。今日市朝风俗变，不须开口问迷楼"⑥。

宋代词人秦观作《望海潮》赞叹迷楼、月观气象万千："追思故国繁雄，有迷楼挂斗，月观横空。⑦"

清人王士祯《浣溪沙·红桥怀古》："北郭清溪一带流，红桥风物眼中秋，绿杨城郭是扬州。西望雷塘何处是，香魂零落使人愁，淡烟芳草旧迷楼。⑧"

参考文献

①(唐)颜师古:《大业拾遗记》。

②③④(唐)韩偓:《迷楼记》。

⑤(宋)李昉:《太平御览·居处部》卷一七三。

⑥《全唐诗》卷四八一。

⑦(宋)秦观:《淮海集》。

⑧(清)孙默编选:《十五家词》卷二七。

（五）志桥

一、赵州桥

1.建筑所处位置。位于今河北省赵县城南 2.5 千米处,横跨洨河之上,又名安济桥、大石桥。"安济桥在州南五里洨水上,一名大石桥,乃隋匠李春所造,奇巧固护,甲于天下。上有兽迹,相传是张果老倒骑驴处……"①

2.建筑始建时间。始建于隋开皇十五年(595),隋炀帝大业元年(605)竣工,工期约 10 年。②

3.最早的文字记载。唐开元十三年(725)张嘉贞《石桥铭序》:"赵郡洨河石桥,隋匠李

图 5-5-1　易县赵州桥

春之迹也。制造奇特，人不知其所以为。③"

4.建筑名称的来历。此桥古名"安济"，后人根据地名命名为赵州桥。自北齐天宝二年（551）赵县长期为赵州治所，故桥有"赵州桥"之名。

5.建筑兴毁及修葺情况。赵州桥距今已1400年，经历了10次水灾，8次战乱和多次地震，仍保存完好。据记载，赵州桥自建成至今共修缮8次。唐贞元八年（792）七月，第一次修缮。④宋治平三年（1066），真定僧人怀丙第二次修缮⑤。明嘉靖年间第三、四、五次修缮⑥。万历二十五年秋（1597），第六次修缮。⑦清道光元年（1821）第七次修缮⑧。1920年，赵州桥东券塌坏两拱。1955年4月至1958年11月，在保存原状和不改变外形的原则下，又对其进行了认真修缮。这是自建桥后，修缮工程最大、修葺最彻底的一次行动。为了保护赵州桥，20世纪末在赵州桥东100米处新建的桥梁，其结构还是沿袭赵州桥，只是主拱上的小拱数量增加到一边5个。

6.建筑设计师及捐资情况。隋朝工匠李春、李通⑨等建造。

7.建筑特征及其原创意义。赵州桥是一座敞肩式单孔圆弧弓形石拱桥，总长64.4米，宽9米，由28道独立石拱纵向并列砌筑。敞肩式单孔净跨37米，拱矢高7.23米，是当今世界上跨径最大、建造最早的单孔敞肩型石拱桥。在大拱的双肩之上各有两个小拱，对称踞伏。赵州桥桥面平直，中间走车，两侧行人。桥侧栏板42块，上有浮雕，逼真多姿。望柱44根，形似竹节，中间几根望柱的顶上有狮首雕塑，精致秀丽。另在仰天石（帽石）和龙门石（锁口石）上面分别装饰着莲花、龙头，也都栩栩如生。

赵州桥在造型构思和施工技术上确有前无古人、后启来者的绝妙独特之处，主要表现在：1.桥台短小轻巧，桥基浅，拱脚低，施工简便，但桥台的坚固耐久却出人意料。其桥台仅用5层石料砌成，厚仅1.549米，长仅5米，台宽约10米，直接置于天然土层上，巧妙利用了天然地基；桥台两侧设有防止水流冲刷、保护桥基的金刚墙。2.桥拱圆弧甚扁，跨度大，桥面低，既有效降低了桥的坡度，减轻了桥的自重压力，又有利于水流的畅通和船只的通行。3.拱圈采用纵向并列砌筑法，简便安全，省工省木料，也便于修复；同时又采取拱顶拱圈稍窄于拱脚拱圈、拱石各面凿有细密斜纹，在拱背各圈拱石中间安放腰铁、在主拱跨中拱背上方安放铁拉杆、在两侧护拱石间放置钩石等措施，使28道独立拱圈紧密结合，浑然一体。4.首创敞肩拱，在主拱两肩各置两小拱，既便于泄洪，减轻洪水对桥的冲击力，又减轻了桥身自重对主拱和桥基的压力。

赵州桥整体显得十分稳重而又轻盈，雄伟而又秀逸，远望如"初月出云，长虹饮涧"，在造型、装饰艺术上也堪称独步，不愧是高度的科学性和完美的艺术性相结合的精品。1991年10月美国土木工程学会选定为第十二个国际历史土木工程里程碑，并建了标志。

8.关于建筑的经典文字轶闻。唐开元十三年（725）工部尚书张嘉贞《石桥铭》："试观乎用石之妙，楞平碪斲，方版促郁，缄穹隆崇，豁然无楹，吁可怪也！又详乎义插骈綮，磨砻致密，甃百像一，仍糊灰墨，腰纤铁蟠。两涯嵌四穴，盖以杀怒水之荡突，虽怀山而固护焉。非夫深智远虑，莫能创是。其栏槛华柱，锤斫龙兽之状，蟠绕挐踞，眭盱翕欻，若飞若动。……"⑩元刘百熙《安济桥》："谁知千古娲皇石，解补人间地不平。半夜移来山鬼泣，一虹横绝海神惊。水从碧玉环中过，人在苍龙背上行。日暮凭栏望河朔，不须击楫壮心声。"歌曲《小放牛》唱词："赵州石桥是鲁班爷爷修，玉栏杆是圣人留，张果老骑驴桥上走，柴王爷推车压了一道沟"。

参考文献

①光绪《赵州志》卷一。

②（唐）张彧：《赵郡南石桥铭并序》，载《全唐文》卷五一六。

③（唐）张嘉贞：《石桥铭序》，《全唐文》卷二九九。

④在桥东南河床中打捞出的八角石柱有刘超然的《新修石桥记》，文曰："隋人建石桥凡十百祀，壬申岁(792)七月囗水方割陷于梁北之左趾，下坟岸囗崩落，上排筅又嵌敧，则修之可为……贞元九年(793)四月十九日。"这是首次修缮的记录。

⑤《宋史》卷四六二《方技传下·僧怀丙》："赵州洨河凿石为桥，熔铁贯其中。自唐以来相传数百年，大水不能坏。岁久，乡民多盗凿铁，桥遂敧倒，计千夫不能正。怀丙不役众工，以术正之，使复故。"

⑥第三次修缮在明嘉靖四十至四十二年，见明代嘉靖四十三年(1564)孙人学所撰《重修大石桥记》："桥之上辙迹深处，积三十年为一易石……重为修饰，以永其胜，以利驰驱，嘉靖四十二年。"第四次修缮在明嘉靖癸亥年(1563)，据翟汝孝《重修大石仙桥记》称："嘉靖壬戌(1562)冬十二月兴工，至次年癸亥四月十五日告成。"主要修缮了"南北码头及栏槛柱脚。"并仿照原来栏板、望柱上的龙兽图案雕刻，"复如旧制。"另外增加了一些新的"故事展象"。由此施工"备极工巧"，所以，修葺后"焕然维新，境内改观矣。"第五次修缮于明嘉靖癸亥(1563)开始，据清光绪《赵州志》张居敬《重修大石桥记》曰："世庙初，有继薪者，以航运置桥下，火逸延焚，致桥石微隙，而腰铁因之剥削，且上为辎重穿敝。"因此，"癸亥岁，率里中杜税等肩其役，垂若而年，石敝如前。"此次因停息桥下的船民生火煮食所致，修复桥石缝隙，加固了腰铁。

⑦张居敬：《重修大石桥记》。

⑧光绪《赵州志》。

⑨赵州桥下曾发现过一块题名石，上面刻有"开皇十囗年"和"唐山石工李通"字样。

⑩(唐)张嘉贞：《石桥铭》。

二、灞桥

1.建筑所处位置。位于西安城东10余千米灞河上。

2.建筑始建时间。灞桥具体的建造年代不详，《水经注》记载："(灞水)古曰滋水矣，秦穆公霸世，更名滋水为霸水，以显霸功。……水上有桥，谓之灞桥"①。隋开皇三年(583)重修。

3.最早的文字记载。《史记》载：王翦伐荆，"始皇自送至灞上"。②

4.建筑名称的来历。因灞水而得名。

5.建筑兴毁及修葺情况。灞桥屡毁而复建。王莽地皇三年(22)二月灞桥火灾，"数千人以水沃救，不灭"，更名为长存桥③。鉴于汉建木桥易毁，隋初改建石桥。《咸宁长安两县续

图 5-5-2　灞桥

志·地理志·卷四》载：隋开皇三年(583)"营建京城置南桥，即今灞桥也。汉灞桥在北，隋谓之北桥"。唐中宗李显景龙四年(710)，在隋桥南建一桥，睿宗李旦时，又在原桥基础上进行了整修。宋神宗熙宁元年(1068)"桥圮，韩镇重修"。元至元三年(1266)，山东堂邑人(今聊城)刘斌重修灞桥，历30年乃成，新桥为石桥，宽二十四尺，长六百尺，共十五拱，中分三轨，旁翼两栏。灞桥两岸，筑堤五里，栽柳万株，游人肩摩毂击，为长安之壮观。灞桥面目一新。元顺帝至正三年(1343)"灞桥大修葺"。明宪宗成化六年(1470)布政使余子俊增修灞桥，久因泥沙壅而倾圮。④此后倾圮频繁，到清康熙六年(1667)遂改用舟、桥渡结合之法，康熙三十九年(1700)乃

造永久性桥,但三年后又毁。乾隆时灞桥两建两毁,仍用舟、桥渡结合之法。道光十三年(1833),在陕西等地广大百姓的推动下,陕西巡抚杨名飏主持了灞桥的重建工作,历时九个月告成。这次重建认真分析了灞河的具体情况,精心设计,优良施工,终于结束了灞桥屡建屡毁的历史。1957年改建古灞桥,在原石柱之上建造了混凝土实体墩以提高桥面,增大净空,上部桥跨结构改为钢筋混凝土板。

6.建筑特征及其原创意义。隋代灞桥是一座规模宏伟的多孔石拱桥,1994年在灞河取沙发现其遗址,陕西省考古所对该遗址进行了抢救性发掘,共清理出三孔桥洞、四座桥墩。桥墩长9.25—9.52米,宽2.4—2.53米,残高2.68米,墩距5.14—5.76米,以石条砌筑而成,造型为船形,东西方向排列,南北两端均呈尖状,有分水尖,其上部安装有石雕龙头装饰,雕刻精美,很有气势。四座桥墩的造型和大小基本一致。从发掘情况看,估计隋唐灞桥总长约400米。为中国已知时代最早、规模最大、跨度最长的一座大型石拱桥。清道光年间重建的灞桥,长近400米,宽约7米,67跨。桥墩由护底、柏木桩、石盘、石柱、盖梁组成。桥墩盖梁之上,各嵌托木15根;托木之上,架木制主梁,每跨15根;主梁之上满铺枋板;枋板之上,沿左右两侧均装栏土枋(后换成砖墙),其间填充灰土,最上铺设石板桥面。桥面两侧砌筑石墙栏,其上装有栏杆,并以石雕花果鸟兽为装饰。自下而上,层层叠压,紧密联结,坚固犹如一体。桥两头靠近平地处筑有神祠、候馆和碑亭,为祭祀神灵、迎送宾客和树立碑碣之所。为了护岸防坍,又在两岸加筑了三百丈(约合960米)长的灰土堤。1957年改建后的灞桥宽10米,其中车行道7米,两侧人行道各1.5米,全桥64孔,总长389米。灞桥两岸数十里河堤重新栽植10万余株杨柳,再现"灞柳杨柳"古景。

7.关于建筑的经典文字轶闻。隋唐灞桥是京城通往中原和江南的交通要道,长安人送客东行多在此折柳送别,《三辅黄图》记载:"灞桥在长安东,跨水作桥。汉人送客至此桥,折柳赠别。"⑤王仁裕在《开元天宝遗事》中说:"长安东灞陵有桥,来迎去送,皆至此桥,为离别之地。故人呼之为'销魂桥'。"⑥隋代重修灞桥后的约500年间,灞桥声名日隆,附近遍植翠柳,每逢春季团团柳絮随风飞舞,如风卷雪花,"灞柳风雪"为关中八景之一。当时人歌咏描写灞桥的诗文甚多,著名的有李白词《忆秦娥》、王昌龄《灞桥赋》、王之涣《送别》、杜牧《杜秋娘》、韦庄《秦妇吟》、罗隐《柳》等,为我们留下了当时灞桥的风情画面,保存了当年灞桥的气势、雄姿和其他有关史料。李白词《忆秦娥》词云:"箫声咽,秦娥梦断秦楼月。秦楼月,年年柳色,灞陵伤别。乐游原上清秋节,咸阳古道音尘绝。音尘绝,西风残照,汉家陵阙。"⑦罗隐《柳》诗云:"灞岸晴来送别频,相偎相倚不胜春。自家飞絮犹无定,争把长条绊得人。"⑧王昌龄《灞桥赋》云:"惟梁于灞,惟灞于源,当秦地之冲口,束东衢之走辕。拖偃蹇以横曳,若长虹之未翻;隥腾逐而水激,忽须臾而听繁。"⑨

参考文献

①《水经注》卷一九。

②《史记》卷七三《白起王翦列传》。

③《汉书》卷九九《王莽传》。

④(清)舒其绅修、严长明:乾隆《西安府志》八〇卷。喻学才:《中国历代名匠志》,湖北教育出版社,2006年。

⑤佚名撰,陈直校证:《三辅黄图校证》卷六《桥》,陕西人民出版社,1981年。

⑥(五代)王仁裕:《开元天宝遗事》卷三。

⑦《全唐诗》卷八九〇。

⑧《全唐诗》卷六五七。

⑨《全唐文》卷三三一。

（六）志河

京杭大运河

1.建筑所处位置。南到杭州,北到北京。

2.建筑始建时间。公元前486年。

3.最早的文字记载。"吴城邗,沟通江淮"①。

4.建筑名称的来历。南到杭州,北到北京,贯通南北。

5.建筑兴毁及修葺情况。京杭大运河从公元前486年始凿,至公元1293年全线通航,前后共持续了1779年,主要经历三次较大的兴修过程。第一次是在公元前五世纪的春秋末期。吴王夫差为了北上伐齐,调集民夫开挖自今扬州向东北,经射阳湖到淮安入淮河的运河,因途经邗城,故称"邗沟",全长170千米,沟通江淮两大水系,是大运河最早修建的一段。第二次是隋代。隋炀帝大业元年(605)开凿自洛阳以东黄河南岸的板渚(今荥阳北)至盱眙处入淮河,长约1000千米的通济渠;公元603年下令开凿从洛阳经山东临清至河北涿郡(今北京西南)长约1000千米的"永济渠";同年拓展邗沟,邗沟在开皇七年(587)平陈时曾加以疏浚;大业四年(608)始发河北诸郡民百余万开永济渠,自沁水南折入黄河处引水,抵涿郡(今北京),全长1000余千米;大业六年(610)开江南河,自镇江至杭州,全长400多千米。②隋炀帝开运河,历时六年,形成南到杭州,北到北京的南北贯通的大运河。第三次是在13世纪末元朝定都北京后,先后开挖洛州河、会通河和通惠河,把大运河北段局部改道,不经开封、板渚,而由山东直趋通县、北京。这样,杭州的漕船就可以直接行驶到北京城内,新的京杭大运河比绕道洛阳的大运河缩短了900多千米,京杭运河全线贯通。清咸丰五年(1855),黄河在兰考的铜瓦厢决口,致使京杭运河南北断流。

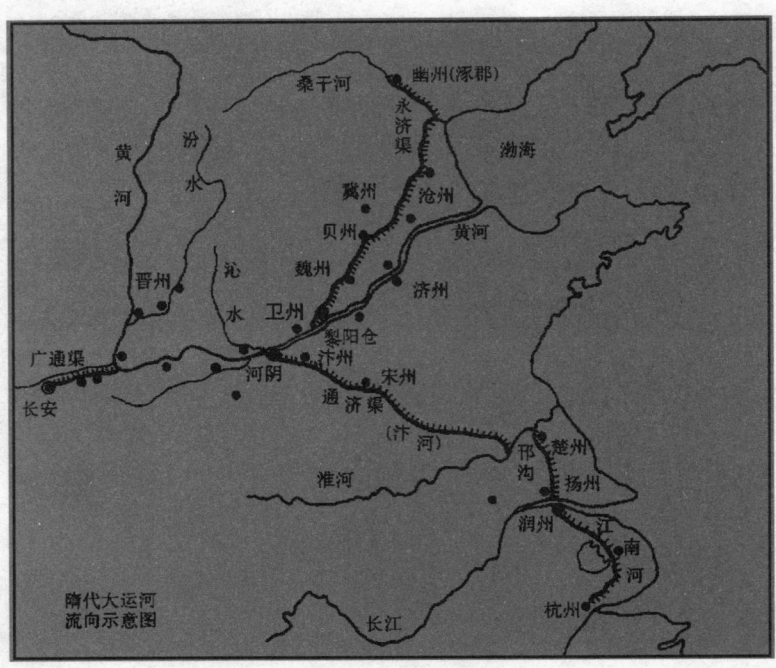

图5-6-1 隋代大运河流向示意图

光绪二十七年(1901),漕运完全废止,大运河的辉煌逐渐消失。1949年后,制定了改造大运河的计划,对运河很多区段进行了疏浚、扩展,沿河建设了不少航闸,两岸改建和新建了许多现代化码头。目前,大运河季节性通航里程已达1100千米。

6.建筑设计师及捐资情况。宇文恺等。

7.建筑特征及其原创意义。隋代完成的京杭运河包括通济渠、邗沟、永济渠、江南河四部分。通济渠自板渚引黄河水东行,经今郑州北至开封入汴河;引汴河东南行,经今杞县、夏邑、永城至宿州,再东行至夏丘,转南入淮河;利用淮河向东至山阳(今淮安)与邗沟相接,宽二十丈。邗沟自山阳至扬州南入长江。永济渠自沁水南折入黄河处引水,沿黄河北岸东北向行,经今新乡、汲县、浚县、内黄、大名、临清、武城、德州、东光、沧州、静海、天津、武清以至北京西南。江南河自镇江东南行经今常州、无锡、苏州、嘉兴,转向西南至杭州,河广十余丈。现京杭大运河由人工河道和部分河流、湖泊共同组成的,流经北京、河北、天津、山东、江苏、浙江六个省市,沟通了海河、黄河、淮河、长江、钱塘江五大水系,全长1794千米。全程可分为七段:(1)通惠河:北京市区至通县,连接温榆河、昆明湖、白河,并加以疏通而成;(2)北运河:通县至天津市,利用潮白河的下游挖成;(3)南运河:天津至临清,利用卫河的下游挖成;(4)鲁运河:临清至台儿庄,利用汶水、泗水的水源,沿途经东平湖、南阳湖、昭阳湖、微山湖等天然湖泊;(5)中运河:台儿庄至淮安;(6)里运河:淮安至扬州,入长江;(7)江南运河:镇江至杭州。

8.关于建筑的经典文字轶闻。辛亥,发河南诸郡男女百余万开通济渠,自西苑引谷、洛水达于河;自板渚引河通于淮。庚辰遣黄门侍郎王弘上仪同于壬澄往江南采木造龙舟凤艒黄龙赤舰楼船等数万艘。[3]

参考文献

①《左传》(周)敬王三十四年。

②《资治通鉴》卷一八一:(大业四年)"春,正月,乙巳,诏发河北诸军五百馀万众穿永济渠,引沁水南达于河,北通涿郡。"(大业六年)"敕穿江南河,自京口至馀杭,八百馀里,广十馀丈,使可通龙舟,并置驿宫、草顿,欲东巡会稽。"

③《隋书》卷三。

(七)志庙

运城解州关帝庙

1.建筑所处位置。在山西省运城市的解州镇西关,与市区相距20千米。

2.建筑始建时间。隋开皇九年(589)。

3.最早的文字记载。《关帝圣迹图》[1]。

4.建筑名称的来历。关羽是解州人,庙得名与其地望有关。解州关帝庙也被视为关羽的正祠,关庙的祖庭。

5.建筑兴毁及修葺情况。宋代大中祥符七年(1014)重建。明代洪熙元年(1425)士人刘恭远等彩饰崇宁殿正殿檐柱。②成化十四年(1478)知州张君宁重构崇宁殿,规制弘宏,其前沿以石为楹,树表于门之左右者二。③嘉靖二十五年(1546)庙内局部修理,崇宁殿等建筑皆油饰一新。④嘉靖三十五年(1556),解州关帝庙在强烈地震中被毁,不久重建。清朝康熙四十一年(1702),解州关帝庙又被大火烧毁,旋即重建,历时十年完工。这就是今日的解州关帝庙。⑤

6.建筑特征及其原创意义。解州关帝庙是遍布全国的祭祀关羽的诸多祠庙中名气最大的一座。解州关帝庙的布局采用了封建皇宫前廷后寝的布局模式,这在全国各地关帝庙中是很少见的,因此有"武庙之冠"的盛誉。解州关帝庙坐北朝南,占地面积达18300多平方米。全庙分为南、北两个部分。

南部为结义园。园中建筑有牌坊、结义阁、君子亭和假山等。君子亭内,有线刻的刘、关、张三结义图石碑。亭外广植桃树,充分体现了他们在涿州桃园三结义的情景。

北部是解州关帝庙的主庙,也是它的正庙,所谓前廷后寝的布局,指的就是这里。北部又分为前院和后院两个部分。在前院的中轴线上,建有端门、雉门、午门、山海门、御书楼、崇宁殿和木牌坊、石牌坊;两侧分别建有钟楼、鼓楼、碑亭和厢房。在院的中轴线上,建有气肃千秋坊、春秋楼;两侧分别建有刀楼、印楼等。而雉门是皇帝进出的通道。文经门、武纬门列于雉门的两侧,分别是文官和武将进出的通道。祠庙中的殿堂建筑,雄伟、庄重,建筑艺术高超,为我国古代建筑中的上乘之作。

端门为正庙第一道门,建于清代,通体砖构;歇山顶,檐下施仿木砖雕斗拱;下部辟三门,上部书"关帝庙"门匾与"精忠贯日"、"大义参天"、"扶汉人物"匾额。门匾四周砖浮雕图案尤佳,二龙飞舞,花团锦簇,人物表情温和,线条流畅,造型优美。端门前有建于明代的琉璃影壁,壁面以两条立龙与两条横飞龙为主画面,四龙张牙舞爪,曲绕自然,威猛雄健。端门前东西两侧各置巨型铁狮一尊,两狮皆铸于明万历四十八年(1620)。端门与影壁之间立有挡众。挡众为三根铁柱交叉固定设置,为文官下轿、武将下马,徐步缓行标志。

雉门又称大门,创建于明,清末毁于火,宣统三年(1911)重建。面阔三间,进深三间,单檐歇山琉璃顶。雉门背后连卷棚顶戏台,利用台阶踏道上面棚板作台面演戏。台口中部设木制隔屏,隔屏左右开上下场门,中门上方悬1916年李甲鼎敬题的"全部春秋"匾额,东上场门书"演古",西下场门书"证今",意在以关羽一生壮举,示古今道德楷模,讽寓教化民众。雉门正面上方悬:"关帝庙"楷书匾额,字迹工整有力。戏台两侧八字短墙嵌琉璃龙、虎图案,做工亦颇精致。

午门为关帝庙第三道门,建制非同寻常,正如1922年所立《重建午门记》所载:"庙制一如帝制,帝有午门,神亦有午门。"很清楚,帝庙才有此门,非帝庙无法享此殊荣。该门创建年代不详,明、清曾几次修葺,清末又毁于火,1920年10月重建。该门面阔三间,进深三间,单檐庑殿琉璃顶,这种顶式是封建社会等级最高的式样,可见关羽享受待遇之高。

御书楼原名八卦楼,清乾隆二十七年(1762)为纪念康熙皇帝御书"义炳乾坤"匾改名。该楼面阔、进深各五间,两层歇山琉璃顶。前檐出庑殿顶抱厦一间,后檐出卷棚顶抱厦三间。楼身四周建有回廊。台基高陡,前、后檐明间辟门砌石条踏道。上层有楼板,中空呈八边形,小垂柱环周小巧玲珑,八卦楼之名应由此而来。楼板四周设平座,可环绕远眺。该楼顶檐中心悬二龙戏珠木浮雕藻井,玲珑剔透,做工精细;下檐露明木柱,下置宝装莲瓣柱础,唐代遗风清晰可见;后檐抱厦檐柱前伸于台基之外,柱子与台基地面等高处开有榫卯,庙会时将木柱与台面相连接,在连接枋木上棚板可作戏台演戏。台口正对崇宁殿。楼身中檐下悬"御书楼"匾额,下檐前后悬清雍正、乾隆、道光、光绪诸时期牌匾六方,以乾隆时期解州州守言如泗狂草手书的诸葛武侯语"绝伦逸群"匾最引人注目。

崇宁殿是解州关帝庙北部前院的主殿，等级最高。此殿因关羽在北宋崇宁三年（1104）被封为崇宁真君而得名。该殿创建年代不详，现存之物为清代康熙五十二年（1713）重建后的遗物。崇宁殿是一座重檐歇山顶式楼阁建筑物。面宽七间，进深六间。四周建有回廊。檐下有丰富的装饰。殿内神龛中有关羽身着帝王装的塑像。崇宁殿建筑的特殊之处，是它的下层回廊上共有二十六根石雕蟠龙柱环绕其间。龙柱雕造粗犷古朴，粗壮硕大，依风格判断应为明代常见之物，拟或为清康熙四十一年（1702）火毁后原物再用。石雕柱柱头额枋雕刻甚为华丽，前檐枋木雕有飞龙、艳凤、麒麟、奔马、奔虎、孔雀、鹊鸟、牡丹、树木、天神、勇将、祥云等，其中东侧雕有鹊鸟达十九只之多。这些品类繁多的人兽花鸟，经巧妙排列，有机结合，组成一幅生动活泼、绚丽多姿的艺术画卷。这在全国的关帝庙中很为少见。

在崇宁殿的屋檐下，悬挂着康熙皇帝题写的"神勇"横匾。在门楣上方，挂着咸丰皇帝题写的"万世人极"横匾。在殿内神龛上，挂着康熙题写的"义炳乾坤"大匾。这三块匾不但是珍贵文物，而且也为崇宁殿增添了庄严色彩。

"威震华夏"木牌坊位于鼓楼西侧正庙之外，为四柱三门重檐三顶式建筑，檐下斗拱繁密。中门通路，侧门用矮砖墙围护。中门上部书"威震华夏"匾额与重修题款。基于稳固所需，四根立柱两侧撑戗柱予以加固。该坊原建于明，清乾隆二十七年（1762）、同治八年（1869）及1956年三次重修，规模雄冠所有牌坊。

"万代瞻仰"石牌坊建于明崇祯十年（1637）四月，为四柱三门三滴水五顶式建筑。檐下施五彩重翘斗拱，正面书"万代瞻仰"，背面书"正气常存"。牌坊造型优美，比例适度。立柱两侧抱鼓石门墩制作精致，上部雕胡人牵狮、幼狮上爬，中部抱鼓雕花卉缠绕，刀工与造型皆佳。尤其是正背两面柱头与柱间额枋浮雕堪称艺术精品。中门额枋浮雕四层，侧门额枋浮雕三层，皆为内容丰富的三国故事及相关神仙征战题材。这座明代石坊，以其巧妙

图5-7-1　解州关帝庙端门

的构思、丰富的内容、生动的表现、精湛的雕技,将脍炙人口的三国故事与相关神仙勇将传说融为一体,祥云瑞兽仙鸟添花点缀,动静结合,情景交融,堪称我国石雕艺术宝库中的难得珍品。

钟楼、鼓楼增建于明万历初。清末光绪、宣统年间两次火毁钟楼,1919年钟楼得以重建。两楼皆为重檐歇山顶,城楼式建筑。面阔、进深皆三间,高台基东西向辟门,装双扇大板门供行人出入。上、下檐皆施华丽斗拱。鼓楼内空,钟楼内悬大铁钟一口。

文经门和武纬门位于中轴线东西两侧。东为文经门,西为武纬门,相互对称,与雉门横向连接。皆面阔三间,进深两间,单檐歇山顶,门上悬匾。该门建于清代。古代文武官员各依其门进庙祀拜,宏伟壮观场面不难想见。

春秋楼又名麟经阁,因《春秋》又名《麟经》,关羽喜读《春秋》,故名。该楼为寝宫主体建筑,亦为庙内最高建筑,通高23.4米,初建于明代万历年间(1573—1619),现存结构为清同治九年(1870)重建之物。此楼因楼内有关羽夜读《春秋》的塑像而得名。

整个关帝庙前后院自成格局,但又是一个统一的整体,总共有廊屋百余间围护,形成左右对峙而又以中轴线为主体的我国古建筑传统风格,布局严谨,规模完整。

7.关于建筑的经典文字轶闻。明人吕子固《谒解庙》:"正气充盈穷宇宙,英灵烜赫几春秋。巍然庙貌环天下,不独乡关祀典修。"春秋楼楹联:"青灯观青史,着眼在春秋二字;赤面表赤心,满腔存汉鼎三分。""圣德服中外,大节共山河不变;英名振古今,精忠同日月常明。""北斗在当头,帘箔开时尖挂斗;南山在对面,春秋阅罢且看山。"

参考文献

①(清)卢湛辑:《关帝圣迹图》上海书店出版社,2005年。

②(清)王玉树辑:《关圣帝君胜迹图志全集》"艺文"条中明洪熙元年李永常撰《洪熙修庙记》碑,碑已不存。

③《关圣帝君胜迹图志全集》"艺文"条中周洪谟撰《成化修庙记》碑,碑已毁。

④言如泗等修,杜若抽等纂,《解州全志》(乾隆二十九年刻本)卷三"关圣庙"条中的嘉靖二十五年王抒撰《嘉靖重修武安王庙》碑,碑已毁。

⑤柴泽俊:《解州关帝庙》,文物出版社,2002年。

(八)志寺

一、福庆寺

1.建筑所处位置。位于河北省井陉县城东南30千米处的苍岩山上。

2.建筑始建时间。始建于隋。

3.最早的文字记载。宋乾兴元年(1022)《井陉县大化乡新修苍岩山福庆寺碑铭并序》。①(苍岩山现存)

4.建筑名称的来历。旧称兴善寺,宋初称山院。大中祥符七年(1014),宋真宗敕赐"福庆寺"。

5.建筑兴毁及修葺情况。北宋大中祥符年间和明代重修。

6.建筑设计师及捐资情况。传为隋炀帝长女南阳公主修行之地。

7.建筑特征及其原创意义。苍岩山的古代建筑颇多,多顺崖就势、涧上飞构,借山势的幽、峭成殿宇之秘奇。古建筑群以福庆寺为主体,按其空间格局可分为上、中、下三层:下层依次有山门牌楼、山门、钟楼、苍山书院、碑房、戏楼、万仙堂、行宫及铺筑在西南绝谷的300余级"云梯"等;中层依次有灵官殿、龙王庙、天王殿、桥楼殿、天桥、圆觉殿、中山栈道、僧舍、梳妆楼、关帝庙、峰回轩、烟霞山房、子孙殿、先贤祠、莲花塔、南阳公主祠、猴王庙、南天门、东天门等;上层依次有玉皇庙、王母殿、塔林等。其中桥楼殿堪称奇观,殿宇由西向东建在一座横跨两山峭壁之间的如彩虹般的桥上,高架在云天雾海之上,大有腾空欲飞之势。为我国三大悬空寺之一,据说始建年代早于赵州桥。殿之西20米处建有小桥楼殿,小石桥跨在两崖间峭壁上,两侧各有楼阁式建筑。在大桥楼殿东10米处,还有横跨在南北悬崖间的一座天桥,与之东西呼应。大小桥楼殿和天桥三者浑然一体,凌空飞架,令人叹绝!福庆寺的主体建筑是南阳公主祠,位于北峰峭壁顶上,背依峭壁面临幽谷,外护矮墙。据说南阳公主当年就居住在此。祠内正面中间有一座南阳公主彩塑,两侧侍立4个乐女。山墙上还绘有彩色壁画。寺内还有苍山书院、万仙堂、大佛殿、峰回轩、砖塔等建筑及数座碑碣,雕梁画栋,玲珑典雅。②

8.关于建筑的经典文字轶闻。据宋乾兴元年(1022)《井陉县大化乡新修苍岩山福庆寺碑铭并序》载,大中祥符六年,苍岩山主持诠悦与孤台僧人智赟得知"銮辂之将起"至谯郡(今安徽亳县)太清宫后,"整瓶钵以遽行",以"叩帝闻,用成佛事"。二人"自北徂南,披短袍而蹑长岐,敢言萧索;履芒鞋而陪绣毂,岂惮崎岖",可谓历尽艰险方到达谯郡。到谯郡后,二人"冒冕旒而抗疏,俟斧钺以甘刑",入太清宫谒见真宗,求其"特回舜目,大展尧眉"。③或许二僧的举动感动了天子,真宗当下便"许加名号"并"降符县城",诣令"检覆"。时井陉县宰清河公张献可据旨令到苍岩山进行了实地考察,并"依理以通抄",随后"郡牧具实而条奏",终于在大中祥符七年,苍岩兰若被真宗赐"福庆"寺额,并得到了重修的诏文,从而使苍岩兰若在"烟霾掩霭,荆棘连延,瓦砾蔽地,松萝隐天"的败落中得以振兴。

参考文献

①②(民国)王用舟等修、傅汝凤等纂:《井陉县志》,民国20年(1931)修,1988年整理重印。

二、龙藏寺

1.建筑所处位置。位于河北正定城内东门里街。

2.建筑始建时间。隋开皇六年(586)。①

3.最早的文字记载。隋龙藏寺碑,全称《恒州刺史鄂国公为国劝造龙藏寺碑》。该碑现立于龙藏寺内。

4.建筑名称的来历。初建时称龙藏寺。唐景龙元年(707)中宗复位,诏令天下各州立道观、佛寺各一所,均以"中兴"为额,同年改称"龙兴",龙藏寺改额龙兴寺。清康熙四十八年(1709)改为隆兴寺。②

5.建筑兴毁及修葺情况。开宝四年(971),宋太祖赵匡胤敕命在寺内铸造铜菩萨像,并大力扩建寺院,从而奠定了今日的规模。清康熙年间再次大规模维修,康熙五十二年(1713)赐额"隆兴寺",达到第二次鼎盛。③1944年重修时拆除了大悲阁两侧的建筑,阁本身缩小三分之一,阁内壁画也毁于一旦。但全寺宋代的形制及风格相沿不改。1959年将原

图 5-8-1 龙藏寺摩尼殿

正定县北门里崇因寺的主殿迁建至隆兴寺的北端，即毗卢殿。1997 年至 1999 年耗资 3200 余万元对大悲阁进行落架重修，同时恢复了东西两侧的御书楼、集庆阁。

6.建筑设计师及捐资情况。隋恒州刺史鄂国公王孝仙奉命劝奖州内士庶万余人修造。

7.建筑特征及其原创意义。寺院坐北朝南，平面呈长方形。主要建筑分布在南北中轴线及其两侧，迎门有琉璃照壁和三路单孔石桥，桥北依次是天王殿、大觉六师殿(遗址)、摩尼殿、戒坛、转轮藏阁、慈氏阁、康熙碑亭、乾隆碑亭、大悲阁、弥陀殿、毗卢殿和龙泉井亭。在隆兴寺众多的建筑中，摩尼殿是一座形制颇为独特的古建筑。该殿始建于北宋皇祐四年(1052)，平面呈十字形，中央部分为重檐歇山顶，而四面正中各出山花向前的抱厦，斗拱硕大，翼角弧度圆润而微微上挑，极富动感。明清两代进行过修葺，但主要结构仍为宋营造法式，是宋代建筑艺术的极品，被选入世界建筑史料。大悲阁位于寺的中部，又称佛香阁、天宁观音阁，高 33 米，五重檐三层楼阁，是寺内的主体建筑，内供宋代铜铸千手观音，高 21.3 米。

寺后部的毗卢殿建于明万历年间，因原所在寺残殿殆尽，1959 年依原殿的风格迁建至隆兴寺的北端。面宽 5 间，进深 5 间，面积 529 平方米，高 16.7 米。殿内正中供铜铸毗卢佛。莲座的千叶莲瓣上各有一尊小佛，共有佛像 1000 余尊，为明神宗与生母慈圣皇太后御制。慈氏阁和转轮藏阁建于北宋，对称分布于中轴线两侧。慈氏阁内置五彩弥勒佛一尊，高 7 米，系北宋时以独木雕制。转轮藏阁内置木制直径 7 米重檐转轮藏，结构巧妙。大悲阁月台东侧有龙藏寺碑，刻立于隋开皇六年十二月五日(586 年 1 月 19 日)。为我国著名的古碑刻之一。开府长史兼行参军张公礼撰文，未著书丹人姓名。但也有撰、书均为张公礼之说。[3]

8.关于建筑的经典文字轶闻。关于龙藏寺劝造人王孝仙，据龙藏寺碑文知其为北齐人。齐亡入周，周亡入隋。但奇怪的是这位鄂国公王孝仙碑上说他"世业重于金张，器识逾于许郭"，然北齐、周、隋诸史不见其父子名氏[4]。其碑字佳，有隋碑第一之誉。但上面却将"践阼"写成"践祚"，将"何人"写成"河人"、"伽蓝"写成"伽篮"，"五台"写成"吾台"。

参考文献

①《恒州刺史鄂国公为国劝造龙藏寺碑》。

②张秀生：《正定隆兴寺》，文物出版社，2000 年。

③隆兴寺内现存相关碑文：宋端拱二年(989)《重修铸镇州龙兴寺大悲像并阁碑铭并序》，宋崇宁年间(1102—1106)《敕赐阁记》，元延祐六年(1319)《重修大龙兴寺功德记》，至元元年(1335)《真定府龙兴寺重修大悲阁序》，清康熙五十二年(1713)《御制隆兴寺碑》，乾隆四十六年(1781)《重修隆兴寺碑记》等。

④(宋)欧阳修：《集古录》。

三、国清寺

1.建筑所处位置。位于距浙江天台县城约 3 千米处的天台山南麓。

2.建筑始建时间。前身为南朝陈时智𫖮创建的修禅寺,后寺废,智𫖮发愿在天台山另建佛刹,未如愿即圆寂。国清寺始建于隋开皇十八年(598)。

3.最早的文字记载。《国清百录》"敕立国清寺名第八十七":"又前为智𫖮造寺。权因山称。经论之内,复有胜名。可各述所怀。朕自详择"。"表国清启第八十八":"昔陈世有定光禅师,德行难测,迁神已后,智𫖮梦见其灵,云:'今欲造寺,未是其时,若三国为一家,有大力势人当为禅师起寺。寺若成,国必清,必呼为国清寺'"。①

4.建筑名称的来历。寺原名天台山寺。杨广称帝后,以智𫖮遗言"寺若成,国即清,当呼国清寺",赐寺额"国清寺"。

5.建筑兴毁及修葺情况。智𫖮圆寂后,弟子灌顶为完成其师遗愿,在晋王杨广的支持下,于隋开皇十八年(598)开始建寺。"至义宁(617—618)之初,寺宇方就;……广殿蹬于重岩,周廊庑于绝巘,峰台纳景,下视雁塔排云于中休……"②唐会昌五年(845),在灭佛的浪潮中,国清寺所有建筑物均被拆毁和焚烧,僧众还俗,田产归公。寺内物品仅隋炀帝和智𫖮大师帖真迹一部分,被僧清观拾于废墟中而保留下来。③大中五年(851)国清寺进行重建,唐宣宗加赐"大中"二字,诏散骑常侍柳公权为国清寺书额"大中国清之寺"④。五代吴越国时国清寺已逐步复苏,并开始呈现出一派欣欣向荣的新气象,建筑群体的规模也有一定的发展。寺内由德韶禅师新建砖塔二座,用以安放赤城山塔所出之佛舍利。⑤宋景德二年(1005)改名为"景德国清寺"。宣和年间(1119—1125)寺毁于寇。建炎二年(1128),国清寺奉诏修复,这次修复得到了天台县各地保甲的大力支持。⑥元至正元年(1341)曾进行修缮,后因僧相攻而衰落。明洪武十年(1384)为大风所毁,隆庆四年(1570)重建大殿,后又毁。万历二十五年(1597)又重建。⑦清雍正十一年至十三年(1733—1735)奉敕重建,《乾隆御题国清寺碑》记载此事。从唐大中朝到清雍正朝的880多年间,国清寺屡毁屡建,每次重修,寺宇规模都有所发展,位置也越来越往下移至山麓平旷地带。至迟在明代,国清寺已移至今址,并基本完成现在的布局。1973年国务院拨款整修。⑧

6.建筑设计师及捐资情况。晋王杨广承智𫖮遗意按其亲手所画样式派司马王弘于天台山麓监造。

7.建筑特征及其原创意义。国清寺坐北朝南,占地73000平方米,寺内建筑分布在5条轴线上,拥有600多间殿屋,依地势展开。主建筑均依清代宫式建筑法则营造,分布在3条主轴线上。整个寺院有数十个大小不等、风格各异的院落及建筑群,由近2000米的廊檐环绕贯穿,形成错落有致的整体。其中贯穿全寺的廊檐十分有特色,有挑檐廊、连檐柱廊、重檐柱廊、双层柱廊、单层柱廊、双层双廊等,堪称我国古代建筑中廊檐集大成之作,也是国清寺有别于其他寺院的特色所在,实为我国古建筑的瑰宝。

寺山门的设计别出心裁,与国清寺坐北朝南的取向相异的是,山门不朝南,而是作直转弯,向东开,迎着东来的溪流,背着进山的大道,使得山门的内外修竹夹道,浓荫蔽日,营造出曲折幽深的气氛。山门殿为3间歇山式建筑,西首鱼乐园是寺内放生池。天王殿(雨花殿)亦是面阔3间的歇山式建筑,殿内供奉四大天王。殿后东、西分列钟、鼓楼。天王殿西部是供奉香樟木雕全身贴金的立像千手观音的观音殿。大雄宝殿为面阔7间、进深5间的重檐歇山式建筑,供奉通高近7米的释迦牟尼坐像。大殿东侧为梅亭,亭前老梅传为首任住持灌顶禅师所植。寺后小山崖有许多唐宋书法家的石刻,如柳公权、米芾、黄庭坚等的大手笔。

8.关于建筑的经典文字轶闻。古诗:"台山一万重,帝割为佛国。刹院如星罗,国清最雄特。"

参考文献

①(隋)灌顶:《国清百录》卷三。

②(唐)李邕:《国清碑》。

③④(明)释传灯:《天台山方外志》卷四。

⑤(明)释传灯:《天台山方外志》卷一一。

⑥(清)张联元:《天台山全志》卷六。

⑦(明)释传灯:《天台山方外志》卷一二。

⑧任林豪:《天台国清寺盛衰考》,载叶哲明主编《浙江文史资料选辑第五十三辑——台州历史文化专辑》,浙江人民出版社出版,1993年。

四、普救寺

1.建筑所处位置。山西省永济市蒲州古城东3千米的峨嵋塬上。这里塬高29~31米,南、北、西三面临壑,惟东北向依塬平展。

2.建筑始建时间。至迟应在隋初①。

3.最早的文字记载。《莺莺传》②。

4.建筑名称的来历。唐时已称普救寺。《慈恩传》卷六载,在贞观十九年(645)参与玄奘译经的人当中,证义大德有"蒲州普救寺沙门钟秦",撰文大德有"蒲州普救沙门神宫"。这说明普救寺之名在唐初仍然沿用。又据,唐代诗人杨巨源,蒲州人,唐贞元五年(789)进士,曾写过一首《同赵校书题普救寺》,诗中描写了普救寺的地理形制和自然风光③。这也说明了在唐代普救寺即为蒲郡名刹,再者元稹的《会真记》中亦称其为普救寺。另一说为五代时才更名为普救寺,"旧名西永清院。五代汉乾祐元年,招讨使郭威督诸军讨河东贼李守贞,周岁城未下,召院僧善问之,对曰:'将军若发善心,城必克矣。'威折箭为誓,翌日城破,不戮一人,遂改曰普救。④"

5.建筑兴毁及修葺情况。宋代的情况如何,目前尚未发现具体记载,但根据发掘基址所得的资料分析,宋代对普救寺的修葺至少有两次以上,其规模之大不亚于唐代。在挖掘寺内天王殿基址时,于3米深的地层中发现了三层砖铺地面,下面两层均为宋代的方砖铺地,面积较大。在塔西、塔北、塔东也发现宋址多处。又据《山西古迹志》永济城东普救寺条载,1940年时,在一座倾圮的钟楼里,还有一口大宋宣和甲辰(1124)岁末铸造的铁钟,钟高2.10米,重万余斤。这些情况足以证实宋代普救寺修复之盛。董解元《西厢记诸宫调》产生于金代章宗时期(1190),上卷有一段张生眼中普救寺景物的描述:"祥云笼经阁,瑞蔼罩钟楼,三身殿琉璃吻高楼清虚,舍利塔金相轮直侵碧汉……",恰巧在此出土了三尊石雕佛像,即为法、报、应"三身佛",说明此处就是当年的三身殿,与"董西厢"描述完全吻合。这就足以说明宋金时期这座寺院的建筑保存尚完好。元代的普救寺仍然具有很大的规模,这从《山右石刻丛编》当中就可以看出,至元二十二年(1285)正月普救寺疏云:"七间大殿已成,五檐高阁未就","舍利塔高耸于云烟",等等。《大清一统志》中还记载,明代初年还把附近的广仪、旌勋、藏海、乾明四座寺院合并入普救寺。规模宏大的普救寺在明嘉靖乙卯冬(1556)一场大地震中废毁了,寺内现存嘉靖甲子(1564)张佳胤的《再建普救寺浮图辞》、石刻,记载明确。1986年至1989年底,山西省旅游局拨出专款,对普救寺进行了全面修复。⑤

6.建筑设计师及捐资情况。"先是沙门宝澄,隋初于普救寺创营大像百丈工才登其一,不卒此愿而澄早逝。乡邑耆艾请释道积继之,……修建十年,雕装都了"。捐资者有"仆射裴玄寂","刺史杜楚客"等。⑥

7.建筑特征及其原创意义。寺院坐北朝南,居高临下。寺在"蒲坂之阳,高爽华博。东临州里,南望河山。像设三层,岩廊四合,上坊下院,赫奕相临。园磑田蔬,周环俯就。"[7]杨巨源诗云:"东门高处天,一望几悠然。白浪过城下,青山满寺前。"说明了寺庙的地势方位环境。1986年新修复的普救寺建筑布局为上中下三层台,东中西三轴线(西轴为唐代,中轴为宋金两代,东轴为明清形制),规模恢宏,别具一格。从塬上到塬下,殿宇楼阁,廊榭佛塔,依塬托势,逐级升高,给人以雄浑庄严,挺拔俊逸之感。加之和《西厢记》故事密切关联的建筑:张生借宿的"西轩",崔莺莺一家寄居的"梨花深院",白马解围之后张生移居的"书斋院"穿插其间。寺后是一地势高低起伏,形式活泼的花园。园内叠石假山悬险如削,莺语双亭飞檐翘角。荷花池塘上横架曲径鹊桥,亭桥相接、湖山相衔[8]。

莺莺塔乃回音建筑。目前全国保留下来的回音建筑仅存四处,即北京天坛的回音壁,山西永济普救寺的莺莺塔,河南三门峡宝轮寺塔,四川潼南县大佛寺的"石磴琴声"。莺莺塔之所以成为我国四大回音建筑之一,首先是由于它具有特殊的声学效应——"蛙鸣",这种效应在方志中被称为"普救蟾声"。游人在塔的四周,以石相击,即可听到从塔上传来的"咯哇! 咯哇! "的蛙鸣声。几百年来,这一奇异的效应成为普救寺的一大奇观,吸引着成千上万的中外游客来此观光并为之赞叹称绝。

莺莺塔自明代嘉靖年间重修,至今已有430多年的历史了。据调查,除1953年和1991年,曾对该塔进行过剔补维修外,全部都保留着明代重修后的原状。普救寺原有的舍利塔有无蛙声这样的回声效应? 因没有确切的记载,无从查考。只有清乾隆乙亥重镌《蒲州府志》中有记载。可见,莺莺塔蛙声效应的发出,距今至少有200年以上。当地民谣称:"普救寺的莺莺塔,离天只有丈七八。站在塔顶举目看,能见玉帝金銮殿。"《蒲州府志》中称之为"普救蟾声",为古时永济八景之一。

8.关于建筑的经典文字轶闻。关于释道积建寺,有两个传说。一说他"受请之夕,寝梦崖傍见二师子于大像侧连吐明珠,相续不绝"。二说当年有个叫尧君素的武将镇守蒲城,欲强迫普救寺僧人登城守固。并威胁说敢谏者斩,释道积凭其胆识和口才,对尧君素动之以情,晓之以理。他说:"贫道闻人不畏死,不可以死怖之。今视死若生,但惧不得其死,死而有益,是所甘心。计城之存亡,公之略也;世之否泰,公之运也,岂在三五虚怯而能济乎?"尧君素不得不"舍而不问,放还本寺。[9]"

普救寺又是我国古典戏曲名著王实甫《西厢记》故事的发生地,王实甫《西厢记》则根据《董解元西厢记诸宫调》改编,董《西厢》则根据元稹《会真记》改编。由于《西厢记》的广泛流传,使得这个"普天下佛寺无过"的普救寺名声大噪。寺内紧靠西厢房的墙外,还有座花园。那花园是唐朝崔相国建造的佛居别墅,为女儿莺莺所住。"待月西厢下,迎风户半开;隔墙花影动,疑是玉人来。"张生和莺莺月下相会的地方就在这里。

参考文献

①(唐)释道宣:《续高僧传》卷二九《兴福篇·蒲州普救寺释道积传》。

②(唐)元稹:《元氏长庆集·补遗》卷六。

③《全唐诗》卷三三三。

④(清)爱新觉罗·石麟、朱曙荪:《山西通志》卷一六〇。

⑤⑧运城市地方志编纂委员会编:《运城市志》,三联书店,1994年。

⑥⑦⑨《法苑珠林》卷三六。

五、西禅寺

1.建筑所处位置。福建省福州市西门外约三华里的怡山之麓，工业路西边南侧。

2.建筑始建时间。始建于隋或更早，唐代咸通八年（867）重建。"西禅寺，永钦里，号怡山，一名城山，寺压其上。古号信首，即王霸所居，隋末废圮。咸通八年（867），观察使李景温招长沙沩山僧大安来居，起废而新之。[①]"

3.最早的文字记载。"懿宗丙戌岁（866）春离沩水，秋到福州，居府西八里怡山，禅宫俨豁，尝有千僧，闽之大乘以此兴盛，……癸巳年（873），门人惠真奏其继祖之德，蒙勅封所居为延寿禅院，度三十僧。[②]"

4.建筑名称的来历。该寺始建时的名称不可考。唐咸通十年（869）定名为清禅寺，咸通十四年（873）改称延寿禅院，五代后唐长兴四年（933）又称"长庆寺"，宋仁宗景祐五年（1038）敕号"怡山长庆禅寺[③]"

古时福州东西南北四郊均有禅寺，此寺因位于西郊，故俗称"西禅寺"[④]。

5.建筑兴毁及修葺情况。古号信首，即王霸所居，隋末废圮。咸通八年（867），观察使李景温招长沙沩山僧大安来居，起废而新之。"[⑤]定名为清禅寺，住僧三千人，后改名延寿寺。五代后唐长兴年间，闽王王延钧更名长庆寺[⑥]。宋朝时，释宗元和元智法师在天圣年间（1023—1031）和嘉熙年间（1237—1240）两次重修西禅寺。宋时住持西禅寺的高僧还有文慧、如然等禅师。元朝至正九年（1349），僧人又重修古刹。元朝的方丈有佛铿和道杰。明朝正统二年（1437），寺僧定心住持重修西禅寺。崇祯十年（1637），明梁法师再次重修。清朝初期，空隐、继云等禅师相继住持西禅寺，对寺庙进行了维修。光绪三年至十五年（1877—1889），微妙禅师多方集资，进行重修。同治末年回到西禅寺时，见殿堂废圮，大雄宝殿的三宝佛头戴斗笠以遮风避雨。微妙就立志要重修西禅寺。1876年，他赴京请经，光绪皇帝赐《龙藏》一部，康熙御书《药师经》一部。随后，微妙又到新加坡、马来西亚、印度、缅甸、菲律宾、泰国及台湾等地募款。回国后主持新建了藏经阁，重建了大雄宝殿、法堂、天王殿等30多座殿堂，形成今天西禅寺的规模和格局。

应部分华侨的请求，微妙禅师在寺内寄园旁修建了一座妈祖宫（又称天后宫），供奉妈祖神像。

1928年，住持智水、监院证亮重修寺院，增建明园阁一座，开辟寄园和放生池。抗战中，西禅寺的天王殿、大雄宝殿、方丈室、念佛堂都毁于炮火，后由监院证亮、梵辉等募款修复。中华人民共和国成立后，西禅寺又屡加修复，焕然一新[⑦]。

6.建筑特征及其原创意义。全寺占地面积一百多亩，殿阁巍峨，蔚然壮观。寺内现有天王殿、大雄宝殿、法堂、藏经阁、客堂、禅堂、方丈室、念佛堂、库房、斋堂、明远阁、钟楼、鼓楼等大小建筑36座。占地7.7公顷。

牌坊，山门后面，天王殿，到大雄宝殿。殿后通向法堂前庭，埕地清净，花丛幽雅。右有一株荔枝树，盘根错节，高不过3米，粗干则双臂难搂，标名"宋荔古迹"，非同凡品。对峙在左的一株唐代慧棱禅师手植的荔枝，俗名"天洗碗"，已枯毁。

法堂后面新建一座华严三圣佛殿，与西禅古寺三殿坐落在一个中轴线上。佛龛新铸三尊大佛，左文殊骑狮，右普贤驮象，形象逼真。从这里左行几十步，便进玉佛楼，径登阶石，步入观音阁。阁厅正中新塑一尊千手千眼观世音佛像，纯用黄铜铸成，重达29吨，为全国仅见。阁前玉佛楼，柱刻："宏法大雄，胜迹重开存宋荔；安禅贞志，空门高讽隐诗僧。"概述"胜迹重开"的艰辛和"宏法大雄"的盛况。

重修古寺的诗僧梵辉,著有《福建名山大寺丛谈》、《西禅古寺》等书行世。楼内有两尊玉雕佛像,全由海外侨胞捐赠。一在楼下,坐佛,身高 2.3 米,为释迦牟尼正面坐像;一在楼上,卧佛,身长 4 米,重 10 吨,为释迦牟尼卧像,属全国最大的玉佛之一。

藏经楼,藏有清康熙御笔的《药师经》、寺僧刺血缮写的《法华经》等,属于珍贵文物的经卷。

报恩塔,1990 年落成,乃新加坡双林寺住持谈禅法师募资建造。谈禅法师从 1983 年起,被西禅寺委派为双林寺继任住持。为答谢祖寺培育之恩,故命名石塔为"报恩塔"。报恩塔以钢筋水泥为骨,贴上色质高雅的花岗石,每层塔壁镶嵌精心雕刻的佛像和佛教故事,并以飞禽走兽、花草虫鱼的图案装饰其间,是一座庄严美丽的艺术石塔。这座以现代建筑材料施工的高塔,高 67 米,15 层。塔内设 8 厅,外造 9 廊,仿古建造 8 角飞檐,屹立突兀,为国内最高的石塔,塔旁新筑一座罗汉阁,塑有 500 罗汉,各具神态,栩栩如生。

寺内名胜古迹甚多,有传说梁代王霸升天之冲虚观及白龟吐泉的遗址、唐代开山祖师懒安禅师塔内真心铭碑、五代慧棱法师塔、唐代七星井,弘一法师放生池碑等。还有雪庵禅师朱底金字百寿屏、康熙御书《药师经》、寺僧刺血撰写的《法华经》、《楞严经》等。1983 年,被国务院确定为汉族地区佛教全国重点寺院。

西禅寺历史上拥有许多下院,在福州市的下院有开化寺、护国寺、观音阁、万寿头陀寺。新加坡双林寺,马来西亚槟城双庆寺,越南南普陀寺、二府庙、观音寺等寺院,都属西禅寺下院,至今仍由西禅寺派僧常住管理,所以说这里是福州与东南亚一带进行宗教文化交流的纽带和窗口,每年许多国外高僧信徒登临参谒,形成古刹与众不同的一大景观。

7.关于建筑的经典文字轶闻。西禅寺不仅以古刹闻名,现在寺内尚存一棵宋代的荔枝树,古姿迎人,荔枝驰誉。据《西禅荔枝谱》记载:荔枝"核小如丁香,亦谓之蛙核,皆小实也"。每年从小暑至末伏皆有。"怡山啖荔"成为福州人的时尚。自明朝开始,寺僧每年均举办荔枝会,邀请地方人士参加,寺里拿出保存的古今字画,请人赏析,人们品味荔枝之余,留下了很多啖荔诗篇。1937 年,著名文学家郁达夫啖荔后留下七绝一首:"鸢雏腐鼠漫相猜,世事困人百念灰。陈紫方红供大嚼,此行真为荔枝来。"1981 年赵朴初访西禅寺,亦留诗句:"禅师会得西来意,引向庭前看荔枝。"

宋代书法家蔡襄有吟西禅寺的诗一首,对其群山环抱的环境,以及荔枝风标,荷花颜色,给予了准确传神的写照:"山城只有四围青,野寺都无一点尘。荔子丰标全占夏,荷花颜色未饶春。"⑧

参考文献

①⑤《淳熙三山志》卷三四。

②《唐福州延寿禅院故延圣大师塔内真身记》石碑拓本影印件,梵辉《西禅古寺》,福建人民出版社,1987 年。

③(明)黄仲昭修纂:《八闽通志·寺观》怡山西禅长庆寺条。福建人民出版社,1991 年。

④⑤⑥⑦福州市地方志编纂委员会:《福州市志》,方志出版社 1999 年。

⑧喻学才:《中国旅游名胜诗话》,中国林业出版社,2002 年。

(九)志宫

太极宫

1.建筑所处位置。位于西安市区隋唐长安城遗址的北部。

2.建筑始建时间。隋文帝开皇二年(582)。"诏左仆射高颎、将作大匠刘龙、巨鹿郡公贺娄子干、太府少卿高龙义等创造新都。"①

3.最早的文字记载。《隋书》卷一,《帝纪》第一,高祖上,开皇二年六月诏书。

4.建筑名称的来历。原为隋大兴城的宫城,名大兴宫,唐睿宗景云元年(710),改称太极宫。②

5.建筑兴毁及修葺情况。隋文帝开皇二年(582)命宇文恺在汉长安城东南建新都,名大兴城。宫城位于都城南北中轴线的北部,称大兴宫。公元618年,李渊改大兴宫为太极宫。唐末黄巢攻入长安,城市遭到严重破坏。天祐元年(904),朱全忠挟持唐昭宗迁都洛阳,并把宫室拆毁,屋木也一起运走。隋大兴唐长安城及其宫殿宣告废弃。

6.建筑设计师及捐资情况。隋文帝命宇文恺建造。"及迁都,上以恺有巧思,诏领营新都副监。高颎虽总大纲,凡所规画,皆出于恺。"③

7.建筑特征及其原创意义。太极宫东西宽1285米,南北长1492米,面积1.9平方千米,为北京明清故宫的近三倍。宫墙四面共有十门,以凹字形平面的宫阙为正门,初称广阳门,仁寿元年(601)称昭阳门,唐武德元年(618)改称顺天门,神龙二年(706)始称承天门。门上建有楼观,凡元旦、冬至、登基、改元、大赦、受俘,"除旧布新"及受"万国之朝贡",宴"四夷之宾客",皇帝亲临承天门楼以听政及举行盛大朝会。门内正北为朝区主殿太极殿,是皇帝朔望(初一、十五两日)听政之处,比附周代宫殿之"中朝"或"日朝"。殿四周有廊庑围成巨大的宫院,四面开门,南门为太极门。太极殿一组宫院之东西侧建宫内官署,东侧为门下省、史馆、弘文馆等,西侧为中书省、舍人院等。太极殿后为宫内第一条东西横街,是朝区和寝区的分界线。横街北即寝区,正中为两仪门,门内即寝区正殿两仪殿,也由廊庑围成矩形宫院。此殿是皇帝隔日见群臣听政之处,比附周代宫殿的"内朝"或"常朝"。两仪殿东有万春殿,西有千秋殿,三殿都各有殿门,由廊庑围成宫院,与两仪殿并列。两仪等殿之北为宫中第二条东西横街,街东端有日华门,街西端有月华门,横街北即后妃居住的寝宫,大臣等不能进入。此部分正中为正殿甘露殿,殿东有神龙殿,殿西有安仁殿,三殿并列,以甘露殿为主,各有殿门廊庑形成独立宫院。前后两列,每列之殿是寝殿的核心,有围墙封闭,其中两仪殿和甘露殿性质上近于一般邸宅的前厅和后堂。甘露殿之北即苑囿,有亭台池沼,其北即宫城北墙,有玄武门通向宫外。在朝区门下省、中书省和寝区日华门、月华门之东西外侧,还各有若干宫院,是宫中次要建筑。朝寝两区各主要门殿承天门、太极门、太极殿、两仪门、两仪殿、甘露门、甘露殿等南北相重,共同形成全宫的中轴线。太极宫东连东宫,西连掖庭宫,分居太子和后妃。④

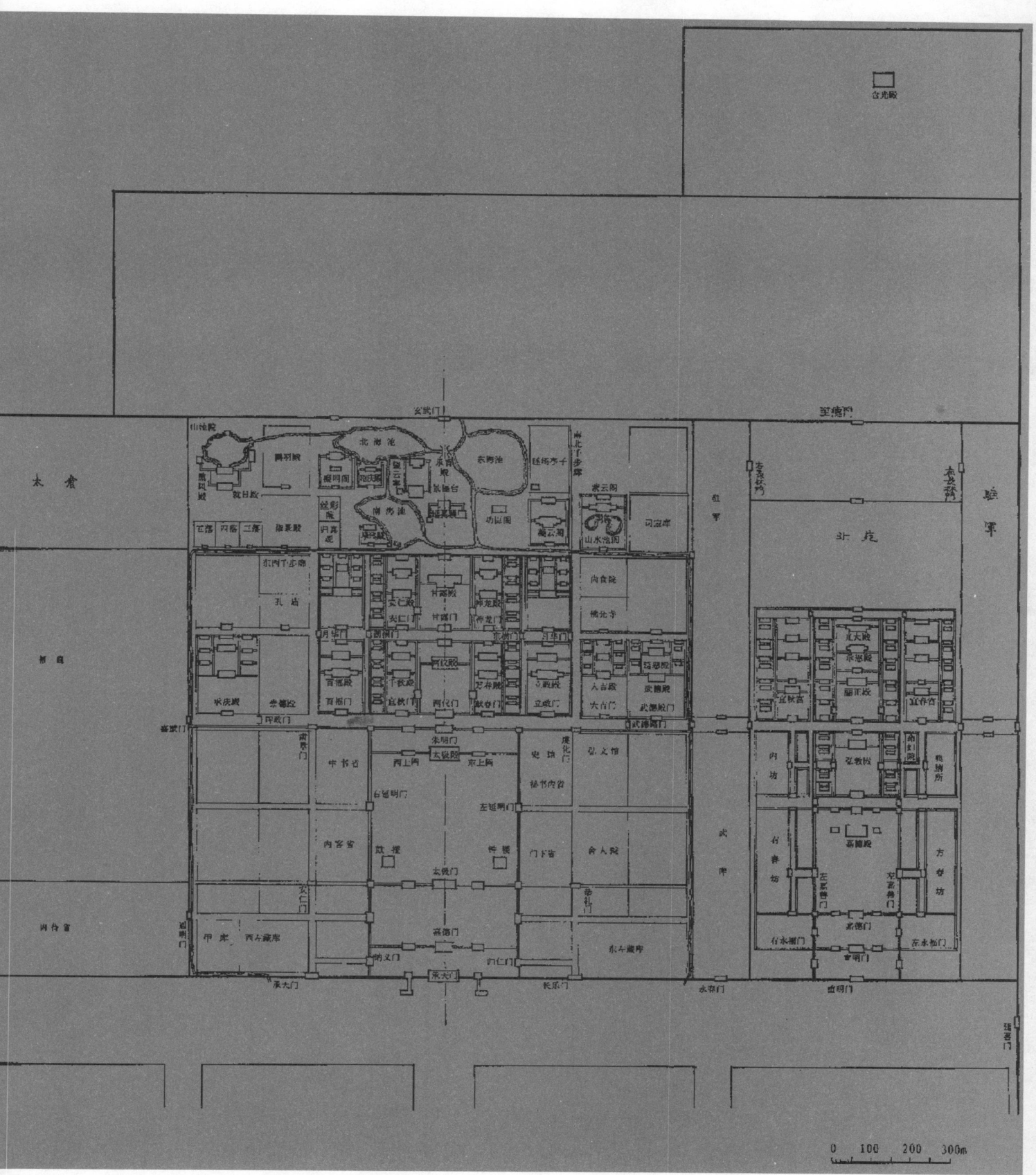

图 5-9-1 唐长安太极宫
平面复原示意图

8.关于建筑的经典文字轶闻。唐·刘公兴《望凌烟阁》:"画阁凌虚构,遥瞻在九天。丹楹崇壮丽,素壁绘勋贤。霭霭浮元气,亭亭出瑞烟。近看分百辟,远揖误群仙。图列青山外,仪型紫禁前。望中空霁景,骧首几留连。⑤"

参考文献

①《隋书》卷一。

②《唐会要》卷三一:"景云元年十月二十一日,以京大内为太极宫。"

③《隋书》卷六八《宇文恺传》。

④傅熹年《中国古代建筑史》,中国建筑工业出版社,2001年。

⑤《全唐诗》卷七八一。

中 国 历 代 名 建 筑 志

第六章

唐代名建筑

绪　论

唐代是中国历史的黄金时代。在建筑方面,虽然现在留存下来的实物遗产无多,但这丝毫掩盖不了该时代历史上曾经有过的辉煌。

1.都城营造以及避暑休闲场所的营造。唐代的都城建设,西都长安是在隋代大兴城的基础上修建的。其独特处有二:一是规模空前,学术界公认唐长安城在当时的中国是空前的,它在当时的世界上也是空前的大城。二是规划科学。宫殿区和里坊区分开,并且城市内设计有东、西二市。城市功能日臻完善。东都洛阳以龙门为自然的门户,选址一流。其最大的特点是以洛河自西向南贯通全城,形成以洛水为分界线的南北两个城区,这在北方中国的古都建设中是一个创举。唐代都城营造活动中特别值得一提的是唐太宗对陕西长安附近避暑宫殿的建设,武则天对嵩山避暑宫殿的建设,唐玄宗等对骊山避寒宫殿的营造。这些避暑或避寒宫殿在传统的都城建设之外谱写了新的篇章,在如何将规整的宫殿城池与自然山水融为一体上做出了有益的探索。

2.宗教建筑的营造。唐代是一个佛教和道教都得到空前发展的时期。道教因为李唐王室的提倡,其发展迅速,宫观建筑大量涌现;佛教因为深得文人墨客的青睐而得到超常的发展。众多佛教寺庙雨后春笋般地在全国各地竖立起来。宗教建筑因为帝王贵族和文人墨客的提倡和参与,其文化色彩和艺术精神自然不同凡响。

3.园林的营造。唐代的园林艺术一般不太为学者们重视。其实,唐代园林在很多方面已经开启了后世的道路。包括帝王园林和官僚士大夫别业两个系统。

4.城镇游观建筑的营造。有唐一代,柳宗元、李渤在任职地方官期间,积极建设游观建筑。唐人对后世地方官之建设游观建筑,开发和保护风景名胜,起到了导夫先路的作用。

这个时代还有一个奇特之处,那就是它诞生了中国历史上唯一的女皇武则天。洛阳龙门奉先寺石窟的凿造,武则天对明堂制度的改造,嵩山三阳宫的营造,也不好说她对唐代建筑没有贡献。

(一)志台

一、郁孤台

1.建筑所处位置。位于江西省赣州市区北部的贺兰山顶。

2.建筑始建时间。郁孤台明朝时已经莫知所始。

3.最早的文字记载。"郁孤台在府治西南,隆阜郁然孤起,登其上者如跨龟背而升方壶。台莫知所始,唐郡守李勉登临北望,慨然曰:'吾虽不及子牟,心悬魏阙一也,郁孤其令名乎?'乃易匾为望阙"①。

4.建筑名称的来历。郁孤台虽然早在唐代就已经有台。观唐李勉"郁孤其令名乎?"和易匾为望阙的言行,以及宋赵忭《郁孤台》诗:"群峰郁然起,惟此山独孤。筑台山之巅,郁孤名以呼。穷江足楼阁,危压斗牛墟。直登四临瞰,众势不可逾。赣川缭左右,庾岭前崎岖。望阙峙其后,北向日月都。人家杂烟木,原野周城郛。暄润或晴雨,明晦或晓晡。春荣夏物茂,秋肃冬林枯。气象日千变,一一如画图"。可以推测郁孤台的名称早在唐朝李勉为官赣州之前就已经存在。只是由于他太想去京师开封了,所以才用望阙台的牌匾来替代原来的郁孤台匾。而台名郁孤,实因山故。

5.建筑兴毁及修葺情况。赣州郁孤台,宋代郡守曾慥之前,建造情况不可考。曾慥在任期间曾"增筑两台,南为郁孤,北为望阙"②。清康熙进士赣州地方官刘阴枢曾修郁孤台③,清同治九年(1870)重建。④1959年修复。1982年3月拆除。1983年6月在原址大致按清代格局重建。

6.建筑设计师及捐资情况。宋代曾慥对郁孤台的建筑规划具有重要影响。至于筑台费用,按照惯例,应是官员捐俸首倡,然后僚属捐助,地方富户捐助。

7.建筑特征及其原创意义。1983年6月在原址大致按清代格局重建而成的台,分三层,高17米,仿木构钢筋混凝土结构,占地面积300平方米⑤。

8.关于建筑的经典文字轶闻。宋绍圣元年(1094),苏东坡因反对王安石变法被朝廷贬谪到岭南的惠州,在途经赣州逗留期间游览郁孤台,身临"掰开章贡江流去,分得崆峒山色来"之景,不禁诗兴大发,写下了《过虔州登郁孤台》:入境见图画,郁孤如旧游。山为翠浪涌,水作玉虹流。日丽崆峒晓,风酣章贡秋。丹青未变叶,鳞甲欲生洲。岚气昏城树,滩声入市楼。烟云侵岭路,草木半炎洲。故国千峰处,高台十日留。他年三宿处,准拟系行舟⑥。南宋咸淳十年(1274),一代名臣文天祥任赣州知州。任职期间,登临郁孤台,忧国忧民之情涌上心头,遂吟成《题郁孤台》一诗:城郭春声阔,楼台昼影迟。并天浮雪界,盖海出云旗。风雨十年梦,江湖万里思。倚栏时北顾,空翠湿朝曦⑦。在题咏郁孤台的众多诗词中,尤以南宋爱国大词人辛弃疾《菩萨蛮·郁孤台下清江水》一词最为著名,传诵千古。辛弃疾于淳熙二年(1175)在赣州就任江西提点刑狱。同年写下这首"慷慨纵横,有不可一世之慨"的词:郁孤台下清江水,中间多少行人泪。西北望长安,可怜无数山。青山遮不住,毕竟东流去。江晚正愁余,山深闻鹧鸪⑧。

参考文献

①雍正《江西通志》卷四二。

②《明一统志》卷五八。

③雍正《江西通志》卷四二。

④(清)黄德薄:《赣县志》。

⑤宋鸣总纂、江西赣州市地方志编纂委员会编:《赣州市志》,中国文史出版社,1999年。

⑥《东坡全集》卷二五。

⑦《文天祥集》卷二。

⑧《稼轩词》卷四。

二、经略台

1.建筑所处位置。位于广西壮族自治区容县容城东面人民公园内。

2.建筑始建时间。始建于唐乾元至大历年间（758—779）。另一说：经略台始建于唐乾元二年（759），著名诗人元结到容县都督府任容管经略使，在容州城东筑经略台，用以操练兵士，游观风光[①]。著名古建筑专家梁思成则认为该阁始建于1573年。此乃从现存建筑的有记载时间立论。（详《梁思成文集》第五卷P395）

3.最早的文字记载。《让容州表》[②]。

4.建筑名称的来历。因官职而名。该经略台实际就是老百姓对元结所建造的这个景观建筑的称谓。因为他当年的官职全称是"持节都督容州诸军事守容州刺史御使中丞充本管经略守捉使"[③]。

5.建筑兴毁及修葺情况。明万历元年（1573）钟继英在主持修复容县县学后，当地士绅反映唐元次山所建经略台"年久圮废"，"堪舆家言颇不利仕进"，于是钟继英"劝募邑民构复层楼于旧址"。这就是后来的元武阁（俗称真武阁）[④]。梁思成认为该建筑是"天南杰构"1982年被国务院定为全国重点文物保护单位。2005年3月22日上午7时42分，容县遭受了持续5分钟的12级大风伴随暴雨袭击，使全国重点文物保护单位容县经略台真武阁受损严重。每秒37米的狂风将经略台真武阁前面直径0.8米粗的榕树拦腰吹断，倒下来的榕树压到了真武阁的前亭。据景区管理部门检查，真武阁前亭西南角的第一、第二层的瓦面、脊饰已被树木压碎，一些木构件也被压断掉到了地上，亭子旁的围墙也被压塌。真武阁顶层屋脊与瓦面相连接的地方出现裂缝，雨水漏到了第三层的楼板上。真武阁西面的望江亭顶部的葫芦装饰物亦被吹断的相思树刮断掉到地上。至于真武阁的内部结构及前亭的主要构架的受损情况，暂时还无法进行鉴定[⑤]。

6.建筑设计师及捐资情况。唐元结任职容管经略使期间建[⑥]。明代地方官伍可受住持修复，是为真武阁[⑦]。费用当出自地方士绅捐助。（钟继英《重修容县学记》）

7.建筑特征及其原创意义。唐元结所建经略台建筑至明万历时已经圮废。这里所论建筑特征系就钟继英所主持修复者而言。1962年，著名建筑学家梁思成教授来到这里考察后曾说：真武阁的奇妙之处在于利用斗拱结构，将较长的拱身穿插通过檐柱，把檐柱作支点，以杠杆较长的一端挑起重量较轻而面积较小的悬柱、梁架、中部屋顶和楼板，这样便取得了平衡。他指出，像天平一样来维持一座建筑物的平衡，是从没有见过的。费孝通题词："杠杆结构，巧夺天工"；美国教授劳伦斯·泰勒的题词是："这座建筑表现了中国人民的知识、科学、精神上的完美结合。[⑧]"

8.关于建筑的经典文字轶闻。经略台的建造主持者元结因在安史之乱中有保城歼寇之功，被朝廷征召。他"承诏诣京师"，"至汝上，逢山龟亦承诏诣京师，遂与山龟一例乘邮而至"。元结"因上书韦陟尚书，愿不以朋齿于山龟而以士君子之礼见[⑨]"（明）万历时官员区龙祯《经略台怀古》：越南西去古铜开，样牁之水何年至？别有绣江绕故台，台自开元间树织。南屏矗矗都峤君，大容虎踞并超群。划成千古英雄地，往事升沉怅夕曛……间有漫叟为元氏，轻裘缓带羊叔子。文章已擅盛唐名，南海泱泱分赐履。忽忆莲湖面面亭，风流易尽留芳芷。行尘不隔荔枝红，杨湾尚在杨妃死。地灵人杰总一时，销越歇晋千江里。由来荒裔亦无常，一枰棋局等同戏。倏忽游移数百秋，山城辽绝如斗寄。人风遐想京洛遗，炙踝文身差可异。变闽化蜀总何人，海滨邹鲁宁殊地。曾不见濯缨石、钓鱼台，千年人去鹤归来。南山壁立还相对，江流不尽溯复洄。勋名几度成消长,徙倚城头玉漏催⑩。

参考文献

①⑧容县志编纂委员会:《容县志》,广西人民出版社,1993 年。

②③《全唐文》卷三八〇。

④(清)汪森辑:《粤西文载》卷二八。

⑤林照雄:《12 级大风伴随暴雨袭击广西容县 大榕树倒下砸伤经略台真武阁》,《新民晚报》,2005 年 3 月 27 日。

⑥《广西通志》卷四四。

⑦《粤西文载》卷二八。

⑨(宋)陈郁:《藏一话腴》乙集下。

⑩(清)汪森辑:《粤西诗载》卷九。

(二)志阁

一、滕王阁(江西)

1.建筑所处位置。江西省南昌章江边。它背城临江,面对西山,与肖峰、缑岭、双岭、安峰、梅岭、桃花岭、梦山、吴城山互为对景。

2.建筑始建时间。唐永徽四年(653)。

3.最早的文字记载。唐王勃的《秋日登洪府滕王阁饯别序》,简称《滕王阁序》。

4.建筑名称的来历。明代方志学家曹学佺所著《名胜志》载:"阁成而滕王之封适至,因以名之。"

5.建筑兴毁及修葺情况。唐贞元六年(790)王仲舒第一次重修,已无史料考证。唐元和十五年(820)王仲舒第二次重修,有韩愈《新修滕王阁记》可考。唐大中二年(848)由纥干众重修,韦悫有《重建滕王阁记》。宋大观二年(1108),滕王阁因年久失修而塌毁,侍郎范坦重建,比唐阁范围更为扩大,并在主阁的南北增建"压江"、"挹翠"二亭,逐渐形成以阁为主体的建筑群,华丽堂皇之形貌,宏伟壮观之气势被誉为"历代滕王阁之冠"。元代重修过二次,分别为至元三十一年(1294)和元统二年(1334)。明代吴润修迎恩馆,景泰三年(1452)迎恩馆毁于火。明代王佐、王在晋、解石帆三次重建。清代曾重修十余次,其中顺治十一年(1654)中丞都御史蔡士英所重建之阁,在蔡士英《重建滕王阁自记》中作了详细记载。1942 年,梁思成先生偕同其弟子莫宗江根据"天籁阁"旧藏宋画绘制了八幅《重建滕王阁计划草图》。在当代第 29 次重建之时,建筑师们以此作为依据,并参照宋代李明仲的《营造法式》设计了这座仿宋式的雄伟楼阁。

6.建筑设计师及捐资情况。唐高宗李治的叔父滕王李元婴。

7.建筑特征及其原创意义。今天的滕王阁为仿宋建筑。滕王阁主体建筑净高57.5米,建筑面积13000 平方米。其下部为象征古城墙的 12 米高台座,分为两级。台座以上的主阁取"明三暗七"格式,即从外面看是三层带回廊建筑,而内部却有七层,就是三个明层,三个暗层,加屋顶中的设备层。新阁的瓦件全部采用宜兴产碧色琉璃瓦,因唐宋多用此色。正脊鸱吻为仿宋特制,高达3.5米。勾头、滴水均特制瓦当,勾头为"滕阁秋风"四字,而滴水为"孤鹜"图案。台座之下,有南北相通的两个瓢形人工湖,北湖之上建有九曲风雨桥。

循南北两道石级登临一级高台。一级高台系钢筋混凝土筑体,踏步为花岗石打凿而成,墙体外贴江西星子县产金星青石。一级高台的南北两翼,有碧瓦长廊。长廊北端为四角重檐"挹翠"亭,长廊南端为四角重檐"压江亭"。从正面看,南北两亭与主阁组成一个倚天耸立的山字形;而从上俯瞰,滕王阁则如一只平展两翅凌空欲飞的鲲鹏。这种绝妙的立面和平面布局,正体现了设计人员的匠心。

二级高台的墙体及地坪,均为江西峡江县所产花岗石。高台的四周,为按宋代式样打凿而成的花岗石栏杆,古朴厚重,与瑰丽的主阁形成鲜明的对比。

二级高台与石作须弥坐垫托的主阁浑然一体。由高台登阁有三处入口,正东登石级经抱厦入阁,南北两面则由高低廊入阁,正东抱厦前,有青铜铸造的"八怪"宝鼎,鼎座用汉白玉打制,鼎高2.5米左右,下部为三足古鼎,上部是一座攒尖宝顶圆亭式鼎盖。此鼎仿北京大钟寺"八怪"鼎而造,寓有金石永固之意。

8.关于建筑的经典文字轶闻。滕王阁因"初唐四杰"之首的王勃所写《秋日登洪府滕王阁饯别序》(简称《滕王阁序》)而得以名贯古今。文以阁名,阁以文传。名句"落霞与孤鹜齐飞,秋水共长天一色"脍炙人口。另外,韩愈有《新修滕王阁记》。韩愈在《记》中写道:"余少时则闻江南多临观之美,而滕王阁独为第一,有瑰伟绝特之称。"《滕王阁序》原文如次:

南昌故郡,洪都新府。星分翼轸,地接衡庐。襟三江而带五湖,控蛮荆而引瓯越。物华天宝,龙光射牛斗之墟;人杰地灵,徐孺下陈蕃之榻。雄州雾列,俊采星驰,台隍枕夷夏之交,宾主尽东南之美。都督阎公之雅望,棨戟遥临;宇文新州之懿范,襜帷暂驻。十旬休假,胜友如云;千里逢迎,高朋满座。腾蛟起凤,孟学士之词宗;紫电青霜,王将军之武库。家君作宰,路出名区;童子何知,躬逢胜饯。

时维九月,序属三秋。潦水尽而寒潭清,烟光凝而暮山紫。俨骖騑于上路,访风景于崇阿。临帝子之长洲,得仙人之旧馆。层台耸翠,上出重霄;飞阁流丹,下临无地。鹤汀凫渚,穷岛屿之萦回;桂殿兰宫,列冈峦之体势。披绣闼,俯雕甍,山原旷其盈视,川泽盱其骇瞩。闾阎扑地,钟鸣鼎食之家;舸舰迷津,青雀黄龙之轴。虹销雨霁,彩彻区明。落霞与孤鹜齐飞,秋水共长天一色。渔舟唱晚,响穷彭蠡之滨;雁阵惊寒,声断衡阳之浦。

遥襟俯畅,逸兴遄飞。爽籁发而清风生,纤歌凝而白云过。睢园绿竹,气凌彭泽之樽;邺水朱华,光照临川之笔。四美具,二难并。穷睇眄于中天,极娱游于暇日。天高地迥,觉宇宙之无穷;兴尽悲来,识盈虚之有数。望长安于日下,指吴会于云间。地势极而南溟深,天柱高而北辰远。关山难越,谁悲失路之人?萍水相逢,尽是他乡之客。怀帝阍而不见,奉宣室以何年?

嗟乎!时运不济,命途多舛。冯唐易老,李广难封。屈贾谊于长沙,非无圣主;窜梁鸿于海曲,岂乏明时。所赖君子安贫,达人知命。老当益壮,宁移白首之心?穷且益坚,不坠青云之志。酌贪泉而觉爽,处涸辙以犹欢。北海虽赊,扶摇可接;东隅已逝,桑榆非晚。孟尝高洁,空怀报国之心;阮籍猖狂,岂效穷途之哭!

勃三尺微命,一介书生。无路请缨,等终军之弱冠;有怀投笔,慕宗悫之长风。舍簪笏于百龄,奉晨昏于万里。非谢家之宝树,接孟氏之芳邻。他日趋庭,叨陪鲤对;今晨捧袂,喜托龙门。杨意不逢,抚凌云而自惜;钟期既遇,奏流水以何惭?

呜呼!胜地不常,盛筵难再。兰亭已矣,梓泽丘墟。临别赠言,幸承恩于伟饯;登高作赋,是所望于群公。敢竭鄙诚,恭疏短引。一言均赋,四韵俱成。请洒潘江,各倾陆海云尔。

王勃作《滕王阁序》时的情景也是脍炙人口的佳话。上元二年(675)9 月 9 日,洪州都督阎伯与于此大宴宾客,王勃恰好路过南昌,亦属邀请之列。阎本拟让其婿写阁序以夸客,先命人取出纸笔,假意邀请在座的宾客为滕王阁写作序文,人们知道阎的意图,故意谦让,推辞不写。让至王勃时,这位年纪最轻的客人毫不客气,欣然命笔。阎都督见状,十分不满,愤怒离座挥袖而去,并嘱人监视王勃作文,随时传报。王勃开始写道:"南昌故郡,洪都新府",阎闻报笑曰:"不过老生常谈。"接着又报:"星分翼轸,地接衡庐。"阎又轻蔑地说:"无非是些旧事罢了。"又报:"襟三江而带五湖,控蛮荆而引瓯越。"阎听了便沉吟不语了。接着几人连续来报,阎不由得连连点头。当报至"落霞与孤鹜齐飞,秋水共长天一色"时,阎情不自禁地一跃而起,赞不绝口。满座宾朋也无不叹服。全文写完后,阎的女婿却说话了,说这是前人已有的文章,不足挂齿,接着一口气把《滕王阁序》一字不漏地背了出来,使得在座之人,也对他非凡的记忆力惊奇不已。王勃听后,也暗暗佩服,但灵机一动,问道:"序文之后还有一诗,能否也将诗背将出来?"那位女婿一听,不禁张口结舌了。王勃挥笔疾书,将诗写了出来:"滕王高阁临江渚,佩玉鸣鸾罢歌舞。画栋朝飞南浦云,朱帘暮卷西山雨。闲云潭影日悠悠,物换星移几度秋。阁中帝子今何在,槛外长江空自流。"

参考文献

南昌市地方志编纂委员会办公室:《滕王阁志》,江西人民出版社,1993 年。

二、滕王阁(四川)

1.建筑所处位置。位于四川省阆中古城北嘉陵江边玉台山上。

2.建筑始建时间。唐高宗仪凤四年(679)滕王李元婴由寿州调隆州(阆中)刺史,他嫌"衙役卑陋",亲自督建滕王阁,作为"宴饮歌舞、狎昵厮养、田猎游玩"的场所。在城中建"隆苑",至唐玄宗时为了避讳改称"阆苑"。又在玉台山建玉台观和滕王亭,供其游乐。①

3.最早的文字记载。唐代宗广德二年(764)春旅居阆中期间,大诗人杜甫游览滕王阁时,写有《滕王亭子二首》等诗篇②。

4.建筑名称的来历。李元婴先在洪州建了一座滕王阁,后到了四川阆中再建一座滕王亭,谓之隆苑,后避明皇李隆基讳,改为阆苑。滕王阁是民间的俗称。

5.建筑兴毁及修葺情况。滕王亭和玉台观自从唐高宗调露(679)始建以来,宋元明清屡废屡建。雍正时观尚存在。咸丰时所修《阆中县志》已经看不到玉台观名称了,该景点已经改称滕王阁了。民国时滕王阁仅存倚崖瓦屋数椽而已。1985 年,当地政府对年久失修的阆中滕王阁进行重建。如今的阆中滕王阁比原先的规模更加宏伟,建筑面积达 3030 平方米,阁园内景色跌宕起伏,亭、阁、廊、台错落有致。③

6.建筑设计师及捐资情况。唐高宗李治叔父滕王李元婴所建造。

7.建筑特征及其原创意义。阁为唐风重檐歇山建筑,坐北朝南,上盖黄色琉璃瓦,下围红褐色土墙,二十四根朱红大立柱,顶托着两重檐的屋顶。阁的四周,间以配殿。阁内雕梁画栋,金碧辉煌。唐时滕王亭在玉台观内。

滕王阁下台基上有唐代佛塔一座。塔身佛像模糊,是滕王阁最古老的遗迹之一。呈鱼状,高 8 米,建造于公元 4 世纪,早滕王阁 200 多年,此塔有一种非常奇妙、梦幻般的视觉效果。石质坚细,古朴秀美,形体别致,有浮雕、佛像、莲台。塔身为上大下小长圆球体,塔身稍有倾斜,正中开一船龛,内刻一佛结跏趺坐于莲台。三层石塔的座基上镌刻有莲瓣图案。塔上装塔刹,有石雕八力士举刹身。刹身为六方柱,各方有佛一座。刹顶为一焰纹状圆石。

阁后侧是青石崖,崖上有洞,洞内壁刻有明朝邵元善书写杜甫《滕王亭子》一诗的行书。字大如拳,笔法苍劲,摩崖上有颐神洞,慈氏祠二古洞,洞顶题诗清晰完整。滕王阁左边有玉台山庄,内置碑刻书画和四季盆景。滕王阁前有莲花池,可观鱼赏荷,东边是果园。

8.关于建筑的经典文字轶闻。杜甫于唐代宗广德二年(764)春旅居阆中期间,游览滕王阁时,写有《滕王亭子二首》。其七律诗曰:"君王台榭枕巴山,万丈丹梯尚可攀。春日莺啼修竹里,仙人犬吠白云间。清江碧石伤心丽,嫩蕊浓花满目斑。人到于今歌出牧,来游此地不知还。"其五律曰:"寂寞春山路,君王不复行。古墙犹竹色,虚阁自松声。鸟雀荒村暮,云霞过客情。尚思歌吹入,千骑把霓旌。"

9.辩证。关于阆中滕王阁的主人,是否李元婴,直到明代状元杨慎才提出质疑。有意思的是,在他自己的著作里,一开始也认为阆中滕王即洪州滕王。如他说:"杜子美《滕王亭子诗》'民到于今歌出牧,来游此地不知还。'后人因子美之诗注者遂谓滕王贤而有遗爱于民,今郡志亦以滕王为名宦。予考新、旧《唐书》并云元婴为金州刺史,骄佚失度,太宗崩,集宦属燕饮歌舞,狎昵厮养。巡省部内,从民借狗求置所过为害,以丸弹人观其走避则乐。及迁洪州都督,以贪闻。高宗给麻二车助为钱缗。小说文载其召属官妻于宫中而淫之。其恶如此而少陵老子乃称之所谓诗史者,盖亦不足信乎? 未有暴于金、洪两州而仁于阆州者也。"④大概后来读书多了,发现这两个滕王虽然同为滕王,而实在不是同一个人。于是他纠正自己以前的错误:"杜工部有滕王亭诗,王建诗有'拓得滕王蛱蝶图',皆称滕王湛然,非元婴也。王勃序滕王阁则元婴耳。"⑤准确地说,滕王李元婴是滕王,滕王擅长画蛱蝶;湛然是嗣滕王。因为王位继承的缘故,一般都简称滕王。嗣滕王活了八十四岁。也擅长绘画,而尤以花鸟蜂蝶见长。与李元婴只长蛱蝶不同。关于这个嗣滕王任职阆中的记载,史书上只说了一句,天宝十五载,曾从明皇幸蜀,除左金吾将军。按照辈分,他是李元婴的曾孙。他一生先后担任过太子宾客、礼部尚书、兵部尚书等职务。曾经在唐德宗贞元四年主持过咸安公主外嫁回纥的婚礼使。张彦远《历代名画记》卷十、《旧唐书》卷十三、卷一百九十五等处都有关于嗣滕王的行踪记载。而曾经任职隆州刺史的是李元婴。因此,阆中滕王阁为李元婴所建当无疑问。杨慎虽然博学,考证还是疏漏。仅以是否会画蛱蝶就判定阆中滕王阁主人为嗣滕王,太武断。因为如前所析,湛然的曾祖父元婴本身就最擅长蛱蝶。曾孙湛然所擅长的科目比乃祖要多出花、鸟、蜂。"嗣滕王湛然贞元四年为殿中监兼礼部尚书鹘使善画花鸟蜂蝶,官至检校兵部尚书太子詹事,年八十四。"⑥

费著《名画记》:"唐滕王元婴,高祖子也,善画蝶。武德年出镇蜀中。故王建宫词有'内中数日无呼唤,拓得滕王蛱蝶图'之句。《酉阳杂俎》曰:'滕王画蛱蝶有数名,江夏斑,大海眼,小海眼,村里来,菜花子。'"《旧唐书·艺文志》有《滕王蛱蝶图》二卷,又有:"嗣滕王湛然画蜂蝶燕雀,态巧之外曲尽情理。"(见唐《名画录》)陈后山《赋宗室画》诗:"滕王蛱蝶江都马,一纸千金不当价"。⑦

参考文献

①据宋代王象之《舆地纪胜》"阆中"条,转引自《午亭文编》卷四九。

②(清)仇兆鳌:《杜诗详注》。

③喻学才:《中国旅游名胜诗话》,中国林业出版社,2002 年。

④(明)杨慎:《丹铅余录·摘录》卷九。

⑤(明)杨慎:《谈苑醍醐》卷六。

⑥(唐)张彦远:《历代名画记》。

⑦(明)曹学佺:《蜀中广记》卷一○五。

（三）志楼

岳阳楼

1.建筑所处位置。湖南省岳阳市西门城头。它与武昌的黄鹤楼、南昌的滕王阁项背相望，是我国江南三大名楼之一。

2.建筑始建时间。始建于唐或更早。"岳阳楼，城西门楼也。下瞰洞庭，景物宽阔。唐开元四年（716）中书令张说除守此州，每与才士登楼赋诗。自尔名著。其后太守于楼北百步复创楼名曰燕公楼。①"

3.最早的文字记载。（唐）杜甫《登岳阳楼》："昔闻洞庭水，今上岳阳楼。吴楚东南坼，乾坤日夜浮。亲朋无一字，老病在孤舟。戎马关山北，凭轩涕泗流②。"

4.建筑名称的来历。此楼系楼因地名。唐开元四年中书令张说除守此州，每与才士登楼赋诗③。至宋以滕宗谅修楼、范仲淹作记、苏子美书、邵竦篆额，时称岳阳四绝，而名重天下矣④。

5.建筑兴毁及修葺情况。按岳阳楼为岳阳城之西门。而郡城可考者最早在南北朝时期。颜延之有《登巴陵郡城楼》诗，中有"清氛霁岳阳"句。该楼始建时间无考。可考者自唐开元四年中书令张说除守此州始，在唐末毁于兵燹。然张说诗中也只有南楼的名称。或者此南楼即后来的岳阳楼？北宋庆历五年（1045）重修和扩建。明崇祯十二年（1639），楼毁于灾，推官陶宗孔建。清初顺治七年（1650），知府李若星重修；十四年（1657）复灾，康熙二十二年（1683）知府李遇时、巴陵县赵士珩倡捐重修；二十七年又灾，四十年知府孙道林倡建未峻，为水冲塌。乾隆五年（1740），总督班第修缮岳城并建楼。知府田尔易、巴陵县张世芳承建，是为今制。七年，知府黄凝道捐建宾馆前厅，八年遣使求刑部尚书张照书范文正公记，勒于楼屏⑤。清光绪六年（1880），知府张德容对岳阳楼又进行了一次大规模的整修，将楼址内迁6丈有余。新中国建立后，政府多次进行维修，1983年又进行了一次落架重修，把已腐朽的构件，按原件复制更新。专家鉴定认为，这次整修达到了"目前古建筑维修的第一流水平"。现在的岳阳楼以清光绪六年的建筑为蓝本，集历代岳阳楼建筑工艺之大成，是江南古代名楼的经典之作⑥。

6.建筑设计师及捐资情况。有确切文字记载的最早重修主持者当为滕子京。滕子京（990—1047），名宗谅，河南洛阳人，北宋政治家、文学家、革新派人物。他自幼研读经史，博学多才，与范仲淹同年中进士，经范仲淹荐举召试学士院。有《岳阳楼诗》二卷⑦。还有众所周知的《与范经略求记书》。

7.建筑特征及其原创意义。岳阳楼所处的位置极好。它屹立于岳阳古城之上，背靠岳阳城，俯瞰洞庭湖，遥对君山岛，北依长江，南通湘江，登楼远眺，一碧无垠，白帆点点，云影波光，气象万千⑧。自古有"洞庭天下水，岳阳天下楼"之誉。洞庭湖的湖光山色自古迷人，李白诗："淡扫明湖开玉镜，丹青画出是君山。"刘禹锡也吟道："湖光秋月两相和，潭面无风镜未磨。遥望洞庭山水色,白银盘里一青螺。"岳阳楼就是洞庭湖边的观景楼阁。

根据岳阳楼前庭的历代岳阳楼建筑模型,我们可大致还原唐、宋、元、明、清历代岳阳楼的建筑格局:唐代岳阳楼是二层歇山顶楼阁、宋代为三层歇山式。元代改为歇山重檐二层楼阁,明代岳阳楼歇山顶上又增加了攒尖。

现在的岳阳楼为 1984 年重修,沿袭清光绪六年(1880)的建筑形制。

岳阳楼建筑精美,风格独特,气势雄伟。三层,飞檐,盔顶,纯木结构。全楼高 25.35 米,平面呈长方形,宽 17.2 米,进深 15.6 米,占地 251 平方米。楼中四柱高耸,楼顶檐牙高啄,金碧辉煌。远远看去,恰如一只凌空欲飞的鲲鹏,更加雄伟壮丽⑥。其建筑的一大特色是"四柱",指的是岳阳楼的基本构架,首先承重的主柱是四根巨大的楠木,被称为"通天柱"从一楼直抵三楼。除四根通天柱外,其余的柱子都是 4 的倍数。其中廊柱有 12 根;檐柱是 32 根。这些木柱彼此牵制,结为整体,既增加了楼的美感,又使整个建筑更加坚固。岳阳楼的斗拱结构复杂,工艺精美。斗拱承托的就是岳阳楼的飞檐,岳阳楼三层建筑均有飞檐,叠加的飞檐形成了一种张扬的气势,仿佛八百里洞庭尽在掌握之中。三层的飞檐与楼顶结为一体,这顶就是岳阳楼的另一特点——盔顶结构。据考证,岳阳楼是我国目前仅存的盔顶结构的楼阁类古建筑。

岳阳楼南北两侧各耸立着一座精美的亭阁,南面是仙梅亭,北面是三醉亭。三醉亭是为纪念"八仙"之一的吕洞宾所建。传说吕洞宾曾三次醉酒于岳阳楼头,并留下了"三醉岳阳人不识"的诗句,这便是"三醉亭"的由来。仙梅亭据说是明代崇祯年间重修岳阳楼,在地下挖出了一块石板,上有天然的梅花图案,当时的人们认为是仙迹,因此建亭以示珍重。

沿岳阳楼前的城墙拾级而下,紧临洞庭湖畔便是怀甫亭。亭上的匾额是朱德元帅的手笔。杜甫晚年离开四川,停舟于岳阳城下,并留下了"昔闻洞庭水,今上岳阳楼"的著名书法作品。

8.关于建筑的经典文字轶闻。

(1)范仲淹岳阳楼记:"予观乎巴陵胜状,在洞庭一湖,衔远山,吞长江,浩浩荡荡,茫无际涯,朝晖夕阴,气象万千,此则岳阳楼之大观也。"又云:"予尝求古仁人之心,不以物喜,不以己悲,居庙堂之高则忧其民,处江湖之远则忧其君。是进亦忧,退亦忧,然则何时而乐耶? 其必曰先天下之忧而忧,后天下之乐而乐与? "

(2)岳州徐君宝妻某氏被掠来杭,居韩蕲王府。自岳至杭相从数千里,其主者数欲犯之,而终以巧计脱。盖某氏有令姿,主者弗忍杀之也。一日主者怒甚,将即强焉,因告曰:"俟妾祭谢先夫,然后乃为君妇不迟也。君奚怒为?"主者喜,诺。某氏乃焚香再拜默祝,南向饮泣,题《满庭芳》词一阕于壁上。书已,投大池中以死。词云:"汉上繁华,江南人物,尚遗宣政风流。绿窗朱户,十里烂银钩。一旦刀兵齐举,旌旗拥百万貔貅。长驱入、歌楼舞榭,风卷落花愁。清平,三百载,典章文物,扫地都休。幸此身未北,犹客南州。破镜徐郎何在?空惆怅,相见无由。从今后,断魂千里,夜夜岳阳楼⑩。"

参考文献
①③⑩⑪(宋)范致用:《岳阳风土记》。

②(宋)郭知达:《九家注杜诗》卷三五。

④⑤(清)陶澍、万年淳修纂:岳麓书社,2003 年。《洞庭湖志》卷之五,古迹十三。

⑥⑧⑨湖南省地方志编纂委员会:《岳阳楼志》,湖南出版社,1997 年。

⑦《宋史》卷二九〇。

（四）志室

陋室

1.建筑所处位置。安徽省和县城内半边街。

2.建筑始建时间。唐穆宗长庆四年（824）。

3.最早的文字记载。唐刘禹锡自撰《陋室铭》。唐代著名书法家柳公权书并勒石成碑①。

4.建筑名称的来历。"子欲居九夷。或曰：'陋，如之何？'子曰：'君子居之，何陋之有？'②"刘禹锡被贬和州期间，心中难免有牢骚。他巧妙地利用《论语》中孔子认为君子居之即不陋这个典故，作为自己居所的名称。也是对那些陷害自己的小人的一种讽刺。

5.建筑兴毁及修葺情况。"和州陋室，唐刘禹锡所辟，有《陋室铭》，柳公权书③。明代正德十年（1515）知州黄公标补书《陋室铭》碑文，并建有"梯松楼"、"半月池"、"万花谷"、"舞鹤轩"、"瞻辰亭"、"虚山亭"、"狎鸥亭"、"临流亭"、"迎熏亭"、"筠岩亭"、"江山一览亭"等，俱遭兵燹。清乾隆年间，和州知州宋思仁重建陋室九间。民国6年（1917），岭南金保福补书《陋室铭》碑一方。室前有石铺小院和台阶，室后有小山，颇为雅洁，形似卧龙，苔藓斑驳，绿草如茵，林木扶疏。山下"龙池"，碧波如染，游鱼浮沉清晰可见。1986年，由省、县拨款修葺，并建空花围墙一道。门庭"陋室"二字为诗人臧克家所题。《陋室铭》由省书法家孟繁青仿柳体书，刻碑。陋室正厅塑刘禹锡全身站像，上悬"政擢贤良"横匾，周围挂有著名书法家张恺帆、方绍武、司徒越、葛介屏、萧劳、要铎、文永华、江波等人书写的楹联和条幅及金石家葛许光的印章条幅。主室走廊门旁有楹联"苔痕上阶绿，草色入帘青"。两旁木柱上有"沉舟侧畔千帆过，病树前头万木春"楹联。1988年，县政府投资近百万元，在陋室的"仙山"、"龙池"一带，建成一座"陋室公园"。面积50多亩，山上建有江山一览亭、望江亭、仙人洞。池中建有临流亭、履仙桥等。周围筑仿清镂花墙300多米，正门坐南朝北，牌坊式门楼，"陋室公园"匾额，为安徽省著名书法家张恺帆所题。1986年，陋室经省人民政府批准为省级重点文物保护单位④。

6.建筑设计师及捐资情况。最初刘禹锡所建。刘禹锡（772—842），唐代政治家、文学家、哲学家。字梦得，洛阳人，自言系出中山（现在河北省定州市）。贞元进士，又登博学宏词科。授监察御史。和柳宗元交谊很深，人称"刘柳"，晚年与白居易唱和甚多，并称"刘白"。其诗通俗清新，善用比兴寄托手法。《竹枝词》、《杨柳枝词》和《插田歌》等组诗，富有民歌特色，为唐诗中别开生面之作。为文长于说理。有《刘宾客文集》。

7.建筑特征及其原创意义。陋室为一组三合院，3幢9间呈品字状，由正房、东西厢房和门廊组成，院前有台阶。正房三开间，进深两间，明间两缝抽掉脊柱，并向南凸出，设前廊，廊前作垂带台阶。明间歇山顶，次间硬山顶。歇山顶作嫩戗屋角，檐下饰空花垫板，上刻卷草纹样。耍头置挑檐檩，外作出锋两道。重椽，脊饰蔓纹。椽档较大，约为1:3，保留了早期木构架建筑做法。梁架简洁，前后单步架，前廊边贴设穿插枋，枋上置空花垫板，纹样同前。院前门廊已毁,但石基尚存。

正房斗拱飞檐,古雅别致,室正中置刘禹锡塑像一尊,上悬"政擢贤良"匾额。厢房白墙黑瓦,简朴小巧,石铺小院绿茵遍地,松竹扶疏⑤。

8.关于建筑的经典文字轶闻。刘禹锡撰写《陋室铭》:山不在高,有仙则名。水不在深,有龙则灵。斯是陋室,唯吾德馨。苔痕上阶绿,草色入帘青。谈笑有鸿儒,往来无白丁。可以调素琴,阅金经。无丝竹之乱耳,无案牍之劳形。南阳诸葛庐,西蜀子云亭。孔子曰:"何陋之有?⑥"

参考文献

①⑥(唐)刘禹锡:《刘宾客文集》。

②《论语·子罕》。

③(宋)王象之:《舆地纪胜》。

④⑤《和县志》,安徽人民出版社,1994年。

(五)志桥

一、宝带桥

1.建筑所处位置。在苏州市东南葑门外3千米,位于运河西侧澹台湖与运河之间的玳玳河上。

2.建筑始建时间。唐元和十一年至十四年(816—819)。

3.最早的文字记载。(元)释善住《宝带桥》诗:运得他山石,还将石作梁。直从堤上去,横跨水中央。白鹭下秋色,苍龙浮夕阳。涛声当夜起,并入榜歌长①。另外,(元)陆友《研北杂志》卷上云:宝带桥一名小长桥。故老相传为澹台湖,其墓尚在。

4.建筑名称的来历。宝带桥又名小长桥,因刺史王仲舒捐献宝带资助建桥而得名。

5.建筑兴毁及修葺情况。苏州宝带桥为国家级文物保护单位。桥上有两座南宋石塔。宝带桥被誉为桥梁史上的杰作,桥长316.8米,53孔,犹如长虹般横卧在大运河和澹台湖之间,是中国现存古代桥梁中最长的一座多孔半圆拱石桥。

宝带桥用坚硬素朴的金山石筑成。桥建成后,屡经兴废,唐、宋、元、明、清五代曾六次重建、重修。其中,明正统七年(1442)巡抚周忱所主持的修复工程浩大,质量上乘。经过周忱主持修复的宝带桥"长一千二百丈,洞其下,可通舟楫者五十有二,高其中之三以通巨舰。"②在清朝,林则徐也曾主持过宝带桥的维修工作。1956年9月,在古桥西侧,又新建一座与它平行的公路桥。这样,不仅减轻宝带桥负荷,还为游客从侧面欣赏古桥提供了方便。

6.建筑设计师及捐资情况。苏州刺史王仲舒倡建。倡建的因由是:苏州到嘉兴的一段运河,系南北方向,漕船秋冬季节要顶着西北风行进,不背纤是很难前进的。可是,纤道在澹台湖与运河交接处,却有个宽约三四百米的缺口,于是需填土作堤,"以为换舟之路"。

可是,一旦"填土作堤",也就切断了诸湖经吴淞江入海的通路,且路堤又会被汹涌湍急的湖水冲决,以桥代堤,势在必然。为保证漕运的顺利畅通,王仲舒于是决计广驳纤道,建桥湖上,并且捐出自己玉质宝带以充桥资。③

7.建筑特征及其原创意义。宝带桥是我国现存最早的也是桥洞最多、桥墩最薄的联拱石桥。全长近 317 米,有 53 孔,其中三孔(第 14、15、16 孔)跨径最大,联拱特别高,以通大型舟楫,两旁各拱路面,逐渐下降,形成弓形弧线。宝带桥为薄墩联拱桥,桥墩仅厚 60 厘米,与最大孔跨径 6.95 米比是 1:11.6,从而使桥下汇水面积达 85%,居世界古拱桥的首位,且比欧洲薄墩桥的出现早近九个世纪。为克服联拱桥的致命弱点:一孔倒塌可能引发连锁反应,导致全桥尽毁,宝带桥的建设者采用了单向推力墩(制动墩)技术,该桥的第 27 桥墩就是由两个桥墩并立而成的制动墩。清代洋枪队与太平军作战时,拆毁了宝带桥最大一孔,引起桥北部 26 孔全部倒塌,而 27 孔制动墩以南 26 孔则安然无恙。另外在宝带桥修建中,多铰拱及被动压力的利用,也为世界各国所罕见,充分显示了我国古代工匠的惊人智能。④

8.关于建筑的经典文字轶闻。宝带桥的串月景观十分著名。宋元以下苏人欣赏串月成俗。徐元叹《串月》诗:金波激射难可拟,玉塔倒悬聊近似。塔颠一月独分明,千百化身从此止。吴旦生曰:苏俗每岁八月十八夜,士女凝妆挈壶罍,舣舟于桥畔,首尾鳞比,仅出篷窗以迟月。盖吴中盛水,水与月相吞孕,凡区一水,即各给一月,望之累累焉如编贝而成串,谓之看串月。故元叹诗序或云从宝带桥外出,数有七十二。此横说也;或云葑关外极饶溪港,是夜月出其方,光影相傅,望如塔灯。此竖说也。薄暮登楞伽山,坐灵官殿庭,远水纵横,昏昏莫辨。更余孤魄渐升,从溪港一一现形,分身无数,始大异之。二更后益奇。总之所为玉塔者近是。向之横竖俱不足言。今取元叹之序与诗合观之,所谓串月宛在行间矣⑤。

参考文献

①《佩文斋咏物诗选》卷一二五。

②《大清一统志》卷五五。

③沈文娟:《苏州市旅游志》,广陵书社,2009 年。

④《桥梁史话》编写组:《桥梁史话》,上海科学技术出版社,1979 年。

⑤(清)吴景旭:《历代诗话》卷八〇。

二、枫桥

1.建筑所处位置。位于苏州阊门外 3.5 千米枫桥镇,跨运河枫桥湾。

2.建筑始建时间。依据相关文献推测当在南北朝时期①。然明确记载则自唐始。

3.最早的文字记载。张继《枫桥夜泊》:月落乌啼霜满天,江枫渔火对愁眠。姑苏城外寒山寺,夜半钟声到客船。

4.建筑名称的来历。最初当名封桥,因其系运河之上的重要漕运节点,官方设有护粮卡,每当漕运的粮船北上经过枫桥时,就要采取封河措施,禁止其他船只通行。故世俗呼为"封桥",或"封关"②。另一个证据是《豹隐记谈》云:旧作封桥,后因张继诗,相承作枫。今天平寺藏经多唐人书背,有"封桥常住"字③。后因张继诗中"江枫渔火伴愁眠"而被改称"枫桥"。

晚唐大诗人杜牧有"暮烟疏雨过枫桥"的诗句,亦可佐证。但"封""枫"二字,字音相同,事实上存在通假现象。故有时称封,有时称枫。到了北宋时期,"今丞相王郇公顷居吴门,亲笔张继一绝于石,而'枫'字遂正。④"

5.建筑兴毁及修葺情况。枫桥为单孔半圆形石拱桥。清朝咸丰十年曾被毁,现桥为清同治六年(1867)所重建,长约26米,高7米。

6.建筑特征及其原创意义。枫桥东端紧连铁铃关,下桥即进关。铁铃关建于明嘉靖三十六年(1557),当时为了防御倭寇骚扰便建筑了这座城关。这种为抗寇御侮而采取关、桥结合的建筑,嘉靖年间曾造过几座,目前,枫桥和铁铃关是现存的唯一一座了⑤。

7.关于建筑的经典文字轶闻。关于张继诗中的"夜半钟声"的说法,自欧阳修提出质疑,认为"半夜不是打钟时"。后来的诗人们多方举证,大多是否定欧阳修的说法。兹录数则,以助了解。

唐张继《宿枫桥》诗云:"月落乌啼霜满天,江枫渔火对愁眠。姑苏城外寒山寺,夜半钟声到客船。"昔人谓钟声无半夜者,诗话尝辨之云:姑苏寺钟多鸣于半夜,予以其说为未尽。姑苏寺钟唯承天寺至夜半则鸣,其它皆五更钟也。⑥

张继《枫桥夜泊》诗云:"姑苏城外寒山寺,夜半钟声到客船。欧阳公嘲之云'句则佳矣,其如夜半不是打钟时!'后人又谓惟苏州有半夜钟,皆非也。按于邺《褒中即事》云:'远钟来半夜,明月入千家。'皇甫冉《秋夜宿会稽严维宅诗》云'秋深临水月,夜半隔山钟。'此岂亦苏州诗耶?恐唐时僧寺自有夜半钟也。京都街鼓今尚废后生读唐诗文及街鼓者往往茫然不能知,况僧寺夜半钟乎?⑦"

陈正敏《遁斋闲览》记欧阳文忠诗话讥唐人夜半钟声到客船之句云:半夜非钟鸣时,人偶闻此耳。且云渠尝过姑苏宿一寺,夜半闻钟,因问寺僧,皆曰:分夜钟,曷足怪乎?寻问他寺,皆然。始知半夜钟惟姑苏有之。以上皆《闲览》所载。予考唐诗,乃知欧公所讥乃唐张继《枫桥夜泊》诗。全篇云:"月落乌啼霜满天,江村渔火对愁眠。姑苏城外寒山寺,夜半钟声到客船。"此欧阳公所讥也。然唐时诗人皇甫冉有《秋夜宿严维宅诗》云:"昔闻元庆宅,门向会稽峰。君住东湖下,清风继旧踪。秋深临水月,夜半隔山钟。世故多离别,良宵讵可逢!"且维所居正在会稽。而会稽钟声亦鸣于半夜,乃知张继诗不为误。欧公不察,而半夜钟亦不止于姑苏,如陈正敏说也。又陈羽《梓州与温商夜别诗》"隔水悠闻半夜钟"。乃知唐人多如此。王直方《兰台诗话》亦尝辩论,第所引与予不同⑧。

齐邱仲孚少好学读书,常以中宵钟鸣为限。唐人张继诗"夜半钟声到客船",则半夜钟其来久矣⑨。

欧公云唐人有"姑苏城外寒山寺,夜半钟声到客船"之句,说者云句则佳也,其如三更不是打钟时?王直方《诗话》引于鹄、白乐天、温庭筠半夜钟句,以谓唐人多用此语。《诗眼》又引齐武帝景阳楼有三更钟、丘仲孚读书限中宵钟,阮景仲守吴兴禁半夜钟为证。或者以为无常钟,仆观唐诗言半夜钟甚多,不但此也,如司空文明诗曰"杳杳疏钟发,中宵独听时",王建宫词曰"未卧尝闻半夜钟",陈羽诗曰"隔水悠扬半夜钟",许浑诗曰"月照千山半夜钟",按许浑居朱方而诗为华严寺作,正在吴中,益可验吴中半夜钟为信然。又观《江南野录》载李昇受禅之初,忽夜半一僧撞钟,满州皆惊。召将斩之,曰偶得月诗云云,遂释之。或者谓如《野录》所载,则吴中以半夜钟为异。仆谓非

图6-5-1 苏州枫桥

也,所谓半夜钟盖有处有之,有处无之。非谓吴中皆如此也。今之苏州能仁寺钟亦鸣半夜,不特枫桥尔。又人定钟事见唐柳公绰传⑩。

《宿枫桥》:七年不到枫桥寺,客枕依然半夜钟。风月未须轻感慨,巴山此去尚千重⑪。

参考文献

①(民国)叶昌炽:《寒山寺志》卷一。

②《江南通志》卷二五。

③(明)王鏊:《姑苏志》卷一九。

④(宋)范成大:《吴郡图经续记》。

⑤朱耀廷:《古代桥梁》,北京师范大学出版社,1998年。

⑥(宋)龚明之:《中吴纪闻》卷一。

⑦(宋)陆游:《老学庵笔记》卷十。

⑧(宋)吴曾:《能改斋漫录》卷三。

⑨(宋)姚宽:《西溪丛话》卷下。

⑩(元)鲜于枢:《困学斋杂录》。

⑪(宋)陆游:《剑南诗稿》卷二。

三、桥楼殿

1.建筑所处位置。位于河北省井陉县苍岩山上。

2.建筑始建时间。始建于隋,约为公元581—600年①。

3.最早的文字记载。苍岩山,在井陉县东南七十里,峰岩叠翠,高出云表。上有云霞交映,中有石泉,泉畔有龙王祠,祠东曰福庆寺。相传妙阳公主有疾,浴此泉遂愈,因建寺为修行之所②。此桥楼殿古代名苍岩楼。

4. 建筑名称的来历。当因其主体建筑楼殿所凭借的基础为石桥,故名。

5.建筑兴毁及修葺情况。福庆寺是苍岩山的重要寺院,桥楼殿是福庆寺的主体建筑之一,建在一座长15米、宽9米的单孔拱券形石桥上。石桥飞跨在两悬崖绝壁之间,凌空飞架百米深涧之上,飘然欲飞,势若长虹。桥下石磴300余级,拾级而上可达桥楼殿。其建筑是一座九脊重檐楼阁式建筑,具有清代早期建筑特点,是我国建筑史上的奇迹之一。现存桥楼殿是清朝康熙年间被火焚毁后重新修建的③。

6.建筑设计师及捐资情况。隋文帝之女妙阳公主所建④。

7.建筑特征及其原创意义。它是在桥上建造楼殿的特殊桥梁。在我国

图6-5-2 井陉桥楼殿

桥梁史上,早在先秦时代就有在桥上建屋的记载了,而在桥上建造楼殿,当以桥楼殿为最早了。

桥楼殿是由桥和造在桥上的楼殿两部分组成的,桥是楼殿的基础,是楼殿的承重结构。桥楼殿诞生距今至少有一千年的历史;楼殿经过多次整修,而桥从未修理过,现在的桥,还是隋末唐初建造的。

桥楼殿的桥,是一座单孔敞肩弧券石拱桥,桥拱圈为纵向并列砌成,桥长 15 米,宽 9 米,跨径为 10.7 米,无横向拉杆。桥宽拱脚处比拱顶处宽 0.4 米,以增强拱的稳定性,拱肩上对称伏踞着两个小孔,拱石至今完好无损。桥拱跨在两头对峙的断崖之间,桥下是山涧,桥距山涧的底部大约 70 米。从桥上往下望,显得深邃恐怖;从涧底向上望,宛如飞虹凌空,高不可攀。

桥上的楼殿面宽 5 间,进深 3 间,周围回廊,为九脊黄绿琉璃瓦顶斗拱,重檐楼阁式建筑。桥楼殿坐西朝东,瓦顶平缓,飞檐翘角。就整体而观之,桥楼殿高耸挺拔,巍峨险峻,设计巧妙,建造精细,显得恢宏壮观,金碧辉煌。

目前桥楼殿是苍岩山风景名胜区内"三绝"之一,即"桥殿飞虹"。被誉为"天下稀宝"、"人间奇景"⑤。

8.关于建筑的经典文字轶闻。相传妙阳公主有疾,浴此泉遂愈,因建寺为修行之所⑥。

参考文献

①⑤《古代桥梁》。

②《畿辅通志》卷五四。

③梁建楼:《井陉县志》,新华出版社,2009 年。

④《畿辅通志》卷五二。

⑥《明一统志》卷三。

四、断桥

1.建筑所处位置。位于浙江省杭州里西湖和外西湖的分水点上,一端跨着环湖北路,一端连接白堤。

2.建筑始建时间。唐代。

3.最早的文字记载。"楼台耸碧岑,一径入湖心。不雨山长润,无云水自阴。断桥荒藓合,空院落花深。独忆西窗夜,钟声尽此林"①。

4.建筑名称的来历。关于断桥名字的来历,有多种解释:一种说法是断桥是白堤的起点,因为从孤山来的白堤到此而断,而名断桥。另一说法是南宋时断桥顶端曾有一个木亭,冬天下雪后,白雪积压在亭上,而桥顶上没有雪,远远望去,好像桥断了,所以称作断桥。而现在,桥亭已不复存在。第三种说法是冬日积雪初融时,桥上的雪光融融,看去有似断如残之感。由于"西湖十景"形成于南宋,而南宋王朝偏安一隅,忧患伤情的文人画家遂取残山剩水之意,拟出了具有文化意蕴的断桥之名和"断桥残雪"景名。

5.建筑兴毁及修葺情况。断桥本名宝祐桥,呼断桥自唐始。张祐诗"断桥荒藓合"是也。岂孤山之路至此而断故名与? 元钱惟善《竹枝词》有"段家桥"之名,人以为杜撰。然杨萨诸诗亦称,未为无据也。桥堤烟柳葱倩,露草芊绵,望如裙带。白乐天诗"望海楼明照曙霞,护江堤白蹋晴沙。涛声夜入伍胥庙,柳色春藏苏小家。红袖织绫夸柿蒂,青旗沽酒趁梨花。谁开湖寺西南路,草绿裙腰一道斜。"后堤渐损,万历中(1573—1619)三河孙隆修筑。甚壮伟,杂植四时花木,建锦带桥,盖望湖亭,游人丛集称绝胜②。

唐代称断桥,是一座石桥;宋代称保佑桥,元代称段家桥。明万历中苏织造太监兼管税务孙隆修筑之。在堤岸建望湖亭。

现在的断桥,系1921年改建,是一座独孔环洞桥。20世纪50年代又经修饰。桥的东北有碑亭,内立"断桥残雪"碑③。

6.建筑设计师及捐资情况。明朝孙隆修筑。

7.建筑特征及其原创意义。过去的断桥,是一座石级单孔环桥,桥中建有桥亭,装木栅门,晨启暮闭。今日断桥为1921年重建的拱形独孔环洞石桥,长宽各8米多,两边有青石栏杆,远望势若长虹。古朴淡雅。桥东北有康熙御题"断桥残雪"碑亭和"云水光中"水榭。

青瓦朱栏,飞檐翘角,与桥,亭构成西湖东北隅一幅古典风格的画图。

8.关于建筑的经典文字轶闻。"断桥残雪"是西湖十景之一。指的是在冬尽春来之际,积雪未消,春水融融,拱桥倒映水中,碧波荡漾,摇曳生姿。唐代大诗人白居易曾在诗里写道:"谁开湖寺西南路,草绿裙腰一道斜。"明代汪珂玉《西子湖拾翠余谈》有一段评说西湖胜景的妙语:"西湖之胜,晴湖不如雨湖,雨湖不如月湖,月湖不如雪湖……能真正领山水之绝者,尘世有几人哉!"地处江南的杭州,每年雪期短促,大雪天更是罕见。一旦银装素裹,便会营造出与常时、常景迥然不同的雪湖胜况。明末的张岱却别立一说,他在《西湖梦寻》里写道:白堤上沿堤植桃柳,"树皆合抱,行其下者,枝叶扶苏,漏下月光,碎如残雪。意向言断桥残雪,或言月影也。"明代大画家李流芳《西湖卧游图题跋——断桥春望》称:"往时至湖上,从断桥一望,魂销欲死。还谓所知,湖之潋滟熹微,大约如晨光之着树,明月之入庐。盖山水映发,他处即有澄波巨浸,不及也。"

断桥之名享誉天下,也与家喻户晓的民间故事《白蛇传》中许仙与白娘子断桥相会的传说有密切关系。《白蛇传》中许仙与白娘子首次相会就在这里,同舟归城,借伞定情;后又在此邂逅,言归于好。越剧《白蛇传》中白娘子唱道:"西湖山水还依旧……看到断桥桥未断,我寸肠断,一片深情付东流!"历来催人泪下。

参考文献

①(唐)张祜:《杭州孤山寺》,《文苑英华》卷二三八。

②(明)田汝成:《西湖游览志》卷二。

③《茅以升桥话》"杭州西湖断桥"条。

(六)志寺

一、卧佛寺

1.建筑所处位置。北京市西山余脉寿安山南麓。

2.建筑始建时间。唐代贞观年间(627—649)①。

3.最早的文字记载。元许有壬曾受命为昭孝寺方丈释法洪撰写碑铭。根据寺中提供的简历写成了《敕赐故光禄大夫司徒释宗主洪公碑铭》。其中重点写了元英宗对昭孝寺建设的重视以及对释法洪的欣赏。内容详见本篇第8项[②]。

4.建筑名称的来历。"寺唐名兜率,后名昭孝,名洪庆,今曰永安。以后殿香木佛,又后铜佛,俱卧,遂目卧佛云。[③]"清雍正十二年始改十方普觉寺[④]。卧佛,是其俗称。因"后殿香木佛,又后铜佛俱卧,遂目卧佛云"[⑤]。卧佛身长5.2米,作睡卧式,头西面南侧身躺在一座榻上,左手平放在腿上,右手弯曲托首头部。据说这是释迦牟尼涅槃时的纪念像。旁边站着12尊小佛像,是他的12个弟子。他们的面部表情沉重悲哀,构成一幅释迦牟尼向12弟子嘱咐后事的景像。殿的正面墙上挂一块"得大自在"的横匾,意思是得到人生真义也就得到最大自由。殿门上方亦有横匾,书有"性月恒明",意为佛性如月亮,明亮永照人间。

5.建筑兴毁及修葺情况。元英宗至治元年(1321)曾大规模扩建,据元史记载,当时用工七千人,"冶铜五十万斤作寿安佛像",至至顺二年(1331)才完成,改名昭孝寺,又叫洪广寺。以后明清各代均有修建,明称寿安禅林,清雍正十二年(1734)重修[⑥]。

6.建筑设计师及捐资情况。该寺建筑设计师,可考的是元朝负责建造昭孝寺的主持人叫雅克特穆尔萨勒迪。元"至顺二年,以寿安山乃英宗所建寺,未成。诏中书省给钞十万锭供其费。又以晋邸部民刘元良等二万四千余户隶寿安山大昭孝寺为永业户。[⑦]"清雍正十二年,曾重修该寺。由雍正的弟弟和硕怡亲王负责主持。嗣王皎、晓继之舍资葺治。于是琳宫梵宇丹腾焕然遂为西山兰若之冠。工既竣,命无阂永觉禅师超盛往主法席[⑧]。

7.建筑特征及其原创意义。寺坐北朝南,建筑规整,对称严谨。由三组平列院落组成。寺前有一座木牌坊,牌坊后是一条百余米长的坡道,步步升高,两侧古柏成行。过此坡道,就到高高在上的寺院山门殿。殿前有四柱琉璃牌坊。额书"同参密藏""具足精严"牌匾。均为清高宗所书。山门殿以北分三路。中路是四进封闭院落,主要建筑有天王殿、三世佛殿、卧佛殿和藏经楼;山门至卧佛殿有砖砌甬道相连。东路院为寺僧住所,有斋堂、大禅堂、霁月轩、清凉馆和祖堂等建筑;西路院原本为皇帝避暑行乐和兼理政事的三座行宫院。一宫为正宫,二、三宫则分别布置有山水景致。

卧佛殿是本寺精华,殿阔三间,深三间,面积196平方米。绿琉璃筒瓦剪边,单眼檐歇山顶。殿内卧佛,铸造于元至治元年(1321),是目前国内现存大佛中最大的铜铸佛像[⑨]。

8.关于建筑的经典文字轶闻。"元英宗之为太子,尝至其处。喜其山水明秀,左右或言此山本梵刹也,后为道士有。耳目属意焉。至是,以钞二万锭赐道士,使别营构……欲资以慰荐祖宗在天之灵。旨意甚锐,惟公(指昭孝寺住持释法洪)具大善知识,愿力坚固,简在宸衷,其膺是选,亦可谓非常之遇矣。于是车驾临幸,置酒流杯池上。丞相东平王及公侍,天颜甚怿,顾左右若曰:朕有贤相,又得此奇人,至可乐也。因手簪花其帽,谕所以畀付之意。[⑩]"

参考文献

①(明)宋启明:《长安可游记》。

②(元)许有壬:《至正集》卷四七。

③(明)刘侗、于奕正:《帝京景物略》。

④乾隆《十方普觉寺瞻礼》,《御制诗集·五集》自注。

⑤(明)刘侗、于奕正:《帝京景物略》。

⑥罗哲文、范纬:《中国名刹古塔》,上海文化出版社,1997年。

⑦《元史·文宗纪》。

⑧乾隆《十方普觉寺碑文》,《世宗宪皇帝御制文集》卷一七。

⑨喻学才:《中国旅游名胜诗话》,中国林业出版社,2002年。

⑩《敕赐故光禄大夫司徒释宗主洪公碑铭》,(元)许有壬《至正集》卷四七。

二、戒台寺

1.建筑所处位置。位于北京市门头沟区马鞍山麓,西靠极乐峰,南倚六国岭,北对石龙山,东眺北京城①。

2.建筑始建时间。唐代武德五年(622)②。另一说建于隋开皇年间(581—600)③。

3.最早的文字记载。戒坛寺,在府西西山最深处,唐武德中建寺,名慧聚。明正统间易名万寿。清朝康熙十七年赐御书"清戒"二字④。

4.建筑名称的来历。初名慧聚寺,辽时,有法均大师开山筑戒坛。明正统中,易名万寿寺。因寺内建有全国最大的佛教戒坛,民间通称为戒坛寺,又叫戒台寺。

5.建筑兴毁及修葺情况。明代正统十三年(1448)重修后,改名为"万寿禅寺"。明成化中(1476),道孚法师,世称鹅头祖师者,益宏殿宇⑤;清代康熙、乾隆年间又对其进行了维修与扩建,现存的建筑多为清代所建⑥。

6.建筑设计师及捐资情况。本寺设计师可考者只有明成化中(1476)该寺方丈道孚法师,曾经扩建殿宇;清代康熙年间、乾隆年间均由朝廷出资修建。另,据《辛斋诗话》所引王子衡诗"西山三百七十寺,正统年中内臣作"可知,万寿寺亦必为当年宦官所建。惜未留名姓⑦。

图 6-6-1　北京戒台寺戒坛大殿

7.建筑特征及其原创意义。戒台寺的戒坛与福建泉州的开元寺、浙江杭州的昭庆寺戒坛共称为"全国三大戒坛",而北京戒台寺的戒坛规模又居三座戒坛之首,故有"天下第一坛"之称。东眺北京城。寺院坐西朝东,海拔300多米,占地面积4.4公顷,建筑面积8392平方米。寺内有山门殿、双塔、戒坛、"莲界香林"殿、经幢等⑧。戒坛"在殿中,以白石为之。凡三级,周遭皆列戒神。本朝康熙十七年赐御书'清戒'二字。⑨"寺内除戒坛、辽塔、元塔及其石刻经幢引人注目外,其五棵奇特的古松更加闻名遐迩,即卧龙松、九龙松、自在松、抱塔松和活动松。五松中尤以活动松最为著名,当游人随便触动该松的任何一枝,全树即摇动起来。清代乾隆皇帝十分喜爱此松,故御题"活动松"诗一首,现仍存。

8.关于建筑的经典文字轶闻。戒台寺以松著称,写戒台寺松的诗文颇多。清赵怀玉《戒坛看松遂登千佛阁》诗:"潭柘以泉胜,戒坛以松名。遥看积翠影,已觉闻涛声。入门各旧识,俯仰如相迎。一树具一态,巧与造物争。……"

参考文献

①罗哲文、范纬:《中国名刹古塔》,上海文化出版社,1997年。

②《帝京景物略》载："唐武德中之慧聚寺也。"

③⑥⑧吴廷燮：《北京市志稿》(文教志)，北京燕山出版社，1990年。

④⑦《畿辅通志》卷五一。

⑤原北平市政府秘书处：《旧都文物略》，中国建筑工业出版社，2005年。

⑨《大清一统志》卷七。

三、独乐寺

1. 建筑所处位置。位于河北省蓟县西大街中北，靠近县城西门。

2. 建筑始建时间。唐太宗贞观十年(636)①。

3. 最早的文字记载。独乐寺在州治西南，不知创自何代，至辽时重修，有翰林院学士承旨刘成碑。统和四年(986)孟夏立石。其文略曰：故尚父秦王请谈真大师入独乐寺修观音阁，以统和二年冬十月建上、下两级，东西五间，南北八架。大阁一所，中重塑十一面观世音菩萨像②。

4. 建筑名称的来历。"辽时渔阳有独乐道院，沙门圆新居之。"独乐之名或因此。③民间亦有幽州节度使安禄山叛唐，曾在此誓师，他喜独乐，故以"独乐"二字名寺的说法。但无文献依据。

5. 建筑兴毁及修葺情况。始建于唐代，重建于辽代。据记载，独乐寺自辽代重修以来，明万历、清康熙、乾隆、光绪年间曾进行修葺粉饰，民国年间因军队占用，寺内门窗和部分文物遭到破坏。千余年来曾经受过28次地震，其中3次是破坏性强震，几乎所有的房屋建筑都倒塌，惟独观音阁未遭破坏。1932年，梁思成对独乐寺进行考察，撰写了《蓟县独乐寺观音阁山门考》。1960年古代建筑修整所对山门和观音阁进行了详细勘测。1972年设立文物保管所，同年发现并剥露出观音阁下层壁画。1976年唐山地震，观音阁及山门的木柱略有走闪，观音像胸部的铁条被拉断，但整个大木构架安然无恙。此后，对观音阁及山门进行了局部维修。它是国内仅存的三大辽代寺院之一。1961年独乐寺被国务院定为全国重点文物保护单位④。

6. 建筑设计师及捐资情况。唐尉迟敬德⑤。谈真大师当为辽代统和年间重修时的主要工匠。故尚父秦王耶律奴瓜当是辽代主要的资金筹措人和捐赠人⑥。

7. 建筑特征及其原创意义。独乐寺建筑真正属于辽代以前的建筑，只剩山门和观音阁了。其他部分大都是后世增饰。而以清朝乾隆十八年那次大修最为重要。因今日所见之独乐寺规模实奠定于该年。而我们讨论该寺建筑特征及原创意义则非山门与观音阁莫属。山门与观音阁建于辽统和二年(984)，"其年代及形制，皆适处唐、宋二式之中，实为唐宋间建筑形制蜕变之关键，至为重要。谓为唐宋间之过渡式样可也。"⑦。梁思成的论断首次揭示出该建筑的原创价值。也就是它在中国古代建筑史上的地位所在。

明《唐愚士诗》卷二有《登独乐寺观音阁得闻字》诗：层级带城云，仙凡此地分。野花为佛供，庭柏当炉熏。雨坏檐前铎，蜗添石上文。凭虚应领妙，亦足破声闻。喻按：观唐愚士诗"雨坏檐前铎，蜗添石上文"可知明朝后期观音阁的屋檐已经朽烂。乾隆十八年修建观音阁在观音阁四角檐下加柱，诚如梁思成所言实为"必要之补救法"，是"阁之所以保存至今"的原因⑧。

独乐寺是中国现存最古老的木结构高层楼阁。今日之独乐寺占地面积为16500平方米，由山门、观音阁、韦驮亭、卧佛殿、三佛殿、乾隆行宫等建筑构成了规模壮观的古代庙宇建筑群。

山门平面面宽三间，进深两间，通面宽16.56米，当心间稍放宽为6.1米，比次间宽89厘米。通进深8.67米，当中立中柱。整幢建筑坐落在一座45厘米高的低矮台基上，建筑柱高比开间小得多，只有4.33米，合当心间面阔的71%。柱子较粗，下径为51厘米，上径为47厘米。且带有侧脚，上部

图6-6-2　独乐寺观音阁

覆以四阿顶。檐下斗栱雄大，支托着那深远飘逸的屋檐，再佩上五条屋脊的弹性曲线，和正脊两端上翘的鸱尾，使整幢建筑造型刚劲有力，而又稳固坚实。

走过山门，穿过千年古柏，是独乐寺的主体建筑观音阁，它是我国现存双层楼阁建筑最高的一座。观音阁台基长26.7米，宽20.6米，高0.9米。南面设月台。阁为九脊歇山顶，面阔5间，进深4间，为"金箱斗底槽"殿堂柱网。外观上、下两层，中间设外平座，通高23米，大木结构可分为柱枋三层，梁架一层。下层柱枋分成内外阵，外檐柱18根，有侧脚和生起，柱间施阑额。内柱10根，柱间施内额，柱头上置普柏枋，与内额相迭呈T形。平座层立柱，外阵用叉柱法立于下层斗栱之上，内阵立柱叉至下层栌斗上，柱头均施普柏枋。内阵山面中柱与前后檐当心柱头之间，斜联普柏枋一根，使内阵柱枋之间形成六角形空井，同柱根部长方形空井相异，以增强柱枋联结的稳定。此外，在各立柱间和内、外柱网间，均施斜撑或短柱，增加了框架间的整体性和稳定性。上层内外阵柱根均用叉柱造，柱间仅施阑额，不用普柏枋。斗栱层中下层外阵柱头为七铺作四抄重栱，隔跳偷心，内阵柱头为六铺作三抄计心造。平座外阵柱头斗栱为六铺作三抄计心造，内外阵柱头均为六铺作三抄偷心造。上层外阵柱头为七铺作双抄双下昂，内阵柱头为七铺作四抄隔跳偷心造。总计用斗栱24种152朵。梁架为八架椽屋，前后乳栱用四柱，工艺简洁，举折平缓。观音阁内，一尊高达16米的观音塑像矗立中央，观音塑像因头顶10个小佛头，被称为十一面观音，是国内最大的泥塑观音之一。观音的两侧侍立着两尊菩萨，面目丰润，姿态优美，和唐代仕女画一脉相承，这是古代雕塑家以当时生活的人物形象施于佛图的典型实例。观音阁四壁，绘着五彩缤纷的壁画，南墙大门两侧是四臂和三头六臂的明王像，北墙后门两侧和东、西墙画着16罗汉。这些都是古代艺术中的精华。

建筑群的最后是一组明代四合院式建筑，前殿供奉着释迦牟尼卧像，后殿供奉的是佛祖、药师佛等的木质雕像。四合院东侧建有清代皇帝乾隆去东陵谒祖中途休息的行宫。寺院之内还建有乾隆皇帝临摹王羲之、颜真卿、苏轼等历代书法大家书法作品的壁碑二十八通⑨。

8.关于建筑的经典文字轶闻。蓟州独乐寺观音阁凡三层，其额乃李太白书⑩。独乐寺古时曾有"佛灯"景观："盘山佛灯，每于除夕见之。山之云罩寺、定光、佛舍利塔与蓟州独乐寺观音阁，通州孤山破塔皆有灯出，互相往来，漏尽各归原处。好事者恒裹粮候之。⑪"

参考文献：

①⑤⑦⑧《蓟县独乐寺观音阁山门考》，见《中国营造学社汇刊》第三卷第二册。

②⑥（清）厉鹗：《辽史拾遗》卷一四。

③《黄图杂志》，《日下旧闻考》卷一一四。

④蓟县志编纂委员会：《蓟县志》，南开大学出版社，1991年。

⑨郭黛姮：《中国古代建筑史》（五卷本）第三卷，中国建筑工业出版社，2003年。

⑩（明）王士祯：《居易录》卷一。

⑪（清）宋荦：《筠廊二笔》，《钦定盘山志》卷一六引。

四、毗卢寺

1.建筑所处位置。河北省石家庄市郊滹沱河南岸上京村，距石家庄市中心约6千米。

2.建筑始建时间。唐代天宝年间（742—756）①。

3.最早的文字记载。该寺残存之《无碍道住法师重建毗卢寺碑》。

4.建筑名称的来历。该寺后殿是主殿，因殿中央佛台上供奉佛教的本尊主佛毗卢遮那（印度语，意为光明普照），故该寺称为毗卢寺。

5. 建筑兴毁及修葺情况。毗卢寺历史上先后有宋宣和二年（1120），金皇统元年（1140），大定二十六年（1186），元代至正二年（1342）和明代弘治八年（1495）多次修缮，原有上百间建筑，但清末民初遭受重创，现只遗存前后殿，即释迦殿和毗卢殿及其壁画。

6.建筑设计师及捐资情况。始建时间的主持工匠无考。至明代有无碍道住法师及本地任从、任通、牛万圈、李化龙，清代道光年间（1821—1850）释名德法师都曾于本寺有扩建修复之功②。

7.建筑特征及其原创意义。毗卢寺以毗卢大殿形制特殊而引人注目。殿脊两端鸱吻为龙头凤凰卷尾，不同于龙头鱼尾形。中为走兽，上有旗杆，用铁索连于兽旁两侧仙人身上。出檐深远，瓦顶坡度缓和，外观舒畅，俗称"五花八角殿"。前殿为释迦殿，面阔三间，进深二间，小式布瓦悬山顶，前有卷棚。殿内塑有释迦牟尼坐像一尊，四壁绘有佛教故事和民间神话内容的壁画83平方米。因殿内精美古代壁画而闻名于世。后为寺中正殿毗卢殿，俗称五花八角殿，面阔三间，进深二间，前后有抱厦，平面呈十字形，建在1米高的月台之上。殿脊两端有龙头凤凰卷尾的鸱吻。飞檐深远，瓦顶坡度缓和，外观舒畅，形制特殊、俗称五花八角殿。

8.关于建筑的经典文字轶闻。寺内一绝：其精美的壁画与国内著名的甘肃敦煌壁画、北京法海寺壁画、山西永乐宫壁画齐名。殿内现存的壁画为公元14世纪元末明初的遗迹。殿堂中央供奉毗卢遮那（意译"大光明"、"遍照护"）塑像，四壁有元末明初所绘重彩壁画130平方米，分上、中、下三排，绘着天堂、地狱、人间三种题材，包括罗汉、菩萨、城隍土地、帝王后妃、忠臣良将、贤妇烈女等佛、儒、道多种故事122组，人物500余个，技法娴熟，色彩丰富和谐，人物形象神态各异、生动逼真，是中国古代绘画中不可多得的珍品。其中尤其是以明朝水陆法会壁画著称。因其存世壁画无多。其寺"壁上画水影波纹，活动若涌高尺许。不知何人所画。③"

参考文献

①《正定府志》卷九。

②张世标：《石家庄毗卢寺》，《文物世界》，2008年第5期。

③（明）韩上桂，《定州志略》，《御定佩文斋书画谱》卷六六。

五、南禅寺

1.建筑所处位置。在山西省五台县城西南 22 千米李家庄西侧。

2.建筑始建时间。寺内大殿平梁下保存有墨书题记："因旧名。时大唐建中三年岁次壬戌,月居戊申,丙寅朔,庚午日,癸未时,重修殿。法显等谨志"。由此可推测南禅寺创建年代应不晚于唐建中三年(782)。而其始建时间,当在唐太宗贞观九年(635)。因该年太宗曾下诏在五台山建寺十所,度僧千数。①

3.最早的文字记载。当以寺内大殿平梁下所保存之墨书题记为该寺现存最早的文字记载。(详上)

4.建筑名称的来历。禅宗兴起于中唐,而兴盛于五代及两宋。寺名南禅,推测当因禅宗派分南北而得名。自初祖达摩倡禅至五祖弘忍为一脉相承。自弘忍弟子分南北二宗。慧能于江南布化,故云南宗,神秀入洛阳而其道盛,故云北宗。禅宗自此发展到后世,最兴旺的是南宗。后世因此以南禅为正宗。但究竟何时开始叫南禅寺,并无明文可证。

5.建筑兴毁及修葺情况。南禅寺是村落中的小佛寺,相当于村佛堂,会昌灭法时所拆毁的佛堂属于此类。是其时幸存下来为数不多的建筑。现在依据寺中的大殿梁架上的另一题记"维岁次丙寅元祐元年三月十一日竖柱台枋",则知道该寺在大唐建中三年(782)和北宋元祐元年(1086)曾经分别进行过大殿维修工程。1949 年后,南禅寺倍加受到人们的重视和保护。20 世纪 50 年代初期,文物考古工作者对南禅寺进行了认真、仔细的调查。1974 年至 1976 年,政府拨款 20 多万元,对南禅寺进行维修。此外,还增添了保护设施,修建了接待室,种植了花草,使古老的寺庙焕发出新的生机。②

6.建筑设计师及捐资情况。该寺最初系国家计划建造,当系使用国库专款。唐时建寺主持者待考。建中三年重修时主事者显见是释法显。元以前建筑师待考。元贞元年(1295),当时的工部尚书霭济为将作院领工部事,奉旨修建五台山佛寺。宋德柔董其役。明成祖时(1403—1424)太监杨升、明神宗时(1573—1619)太监范江、李友等都曾先后奉旨来五台山修建佛寺③。

7.建筑特征及其原创意义。目前南禅寺内只有大殿和台基保留了唐构遗存。其他建筑都是明清时期所建造。

南禅寺基址东西宽 51.3 米,南北长 60 米,占地面积 3078 平方米。寺坐北向南,有山门,龙王殿、菩萨殿和大佛殿等主要建筑,围成一个四合院形式。晚唐时武宗"会昌灭法",天下佛寺大部分被毁,南禅寺因地处偏僻,幸免毁坏,是我国现存最古的唐代木构建筑。

南禅寺大殿即正殿, 又名大佛殿。大殿面宽进深各三间,宽 11.75 米,深 10 米,上覆单檐歇山屋顶。建筑内部用两道通进深的梁架,无内柱,室内无天花吊顶, 属于木构架中的厅堂型构架。殿前有宽敞的月台,柱上安有雄健的斗拱,承托屋檐,殿内无柱,四椽状通达前后檐柱之外,梁架结构简练,屋顶举折平缓。大殿内有佛坛,宽 8.4

图 6-6-3 五台山南禅寺

米,高0.7米,坛上满布唐代彩塑。形体、衣饰、手法与敦煌唐代彩像如出一辙。主像释迦佛,结跏趺坐于束腰须弥座上,手势作禅宗拈花印。两侧及前面有弟子、菩萨、天王、仰望童子以及撩蛮、佛霖等共计十七尊。各像面形丰润,神态自若,服饰简洁,衣纹流畅。塑像大多有莲花座,唯撩蛮、佛霖和仰望童子赤足踩地。各像塑造精巧,手法纯熟,是我国唐塑中的佳作。寺内的龙王殿为明隆庆三年(1569)所建,其余殿宇为清代建筑。④

8.关于建筑的经典文字轶闻。由于南禅寺大殿的题记年代(782)是现存实例中最早的一例,且殿身规模(三间)、构架形式(通梁二柱)及用材规格(相当于《营造法式》中的三等材)相互符合,加之构架尺度、比例和细部做法上的特点,确立了它在建筑史上的重要地位。⑤

参考文献

①《全唐文》卷五《为战阵处立寺诏》;《山西通志》卷一六八、《清凉山志》卷五。

②④五台志编纂委员会:《五台县志》,山西人民出版社,1988年。

③《山西通志》卷一六八。

⑤傅熹年:《中国古代建筑史》(五卷本)第二卷,中国建筑工业出版社,2001年。

六、佛光寺

1.建筑所处位置。在山西省五台县城东北32千米佛光山山腰。

2.建筑始建时间。创建于北魏孝文帝时期(471—499)①,隋、唐两代寺况兴盛。现存遗构之一东大殿建于唐宣宗大中十一年(857)。

3.最早的文字记载。(宋)姚孝锡《题佛光寺》:臧谷虽殊竟两忘,倚栏终日念行藏。已欣境寂洗尘虑,更觉心清闻妙香。孤鸟带烟来远树,断云收雨下斜阳。人间未卜蜗牛舍,远目横秋益自伤②。

4.建筑名称的来历。"帝(北魏文帝)见佛光之瑞,因为名"。③

5.建筑兴毁及修茸情况。佛光寺是北魏以来的名刹,属领有寺额的正式寺院,为唐武宗会昌灭佛时拆除的四千六百余寺庙之一,现存寺殿是灭法之后重建的。原有主要建筑弥勒大阁,宽7间,高约32米。会昌五年(845)禁止佛教,寺宇被毁,宣宗继位后复崇佛法,至大中十一年(857)重建。现存六角形祖师塔,形制古朴,是北魏遗物。前院文殊殿为金代建筑。其余山门(即天王殿)、伽蓝殿、万善堂、香风花雨楼及厢房、窑洞等建筑,皆明清重构④。

6.建筑设计师及捐资情况。释法兴当为佛光寺最早的规划设计师。"释法兴,洛京人也。七岁出家,不参流俗。执巾提盥,罔惮勤苦。讽念法华,年周部帙。又诵净名经匪逾九旬。戒律轨仪,有持无犯。来寻圣迹,乐止林泉。隶名佛光寺,节操孤颖,所沾利物,身不主持,付属门人,即修功德。建三层七间弥勒大阁,高九十五尺。尊像七十二位圣贤,八大龙王,馨从严饰。台山海众异舌同辞,请充山门都焉。盖从其统摄规范准绳和畅无争故也。太和二年春正月闻空有声云:'入灭时至兜率天,众今来迎导。'于是洗浴焚香,端坐入灭,建塔于寺西北一里所⑤。"

唐武宗灭佛后,佛光寺于唐宣宗大中年间(847—860)由京师信女宁公遇布施重新建造而成⑥。

7.建筑特征及其原创意义。佛光寺因山势建造,坐东朝西,三面环山,唯西向低下而疏豁开朗。

东大殿建于唐宣宗大中十一年(857),大殿面阔7间,当中5间的间广为5.04米,梢间间广 4.4 米,通面阔 34 米,进深四间八椽,通深 17.66 米。正面当中 5 间设板门,两山及后壁为厚墙。正面尽间与山面后部一间设板棂窗。殿内顶用平暗,屋顶作单檐庑殿顶。殿内中心偏后处设通长五间佛坛,其上依开间置三尊主像及文殊、普贤、胁侍等,坛侧后有背屏,是晚唐像设的特点。殿身构架自下而上由柱网、铺作、梁架三部分组成。这种水平分层、上下叠合的构架形式,是唐代殿堂建筑的主要特征⑦。

图 6-6-4 五台山佛光寺东大殿翼角

文殊殿,在佛光寺内前院北侧。金天会十五年(1137)建。面宽七间,进深四间,单檐悬山式屋顶。形制特殊,结构精巧,是金代以前的我国古建筑中少见的一例。檐下补间铺作斜拱宽大,犹如怒放的花朵,具有辽金建筑的特征。为扩大殿内空间面积,前后两槽均用斜材递负荷,构成近似人字桁架的屋架,为我国古建筑中所罕见。殿顶脊中琉璃宝刹,是元至正十一年(1351)烧造,形制秀丽,色泽浑厚。殿内佛坛上塑文殊菩萨及侍者塑像六躯,面相秀润,装饰富丽,是金代的雕塑遗物。殿内四周墙壁下部,绘有五百罗汉壁画,是明宣德年间的作品。

祖师塔在佛光寺内东大殿南侧。是北魏孝文帝时建佛光寺的初祖禅师塔。塔身古朴,用青砖砌筑,高约 8 米。平面六角形,两层,第一层中空,正西面开门,门上有火焰形券拱,塔檐用砖迭涩垒砌。上层各角砌有束莲式倚柱,正面饰以火焰式券拱假门,侧面雕砖破子楼窗,顶部置有覆钵,莲瓣及宝珠。无论外观形制,局部装饰和细部手法,均属北魏遗构,这是佛光寺创建时期保留至今的唯一实物。

唐塔共四座。手法古老,形制特殊,为唐塔中所罕见。解脱禅师塔在寺西北塔坪里,唐长庆四年(824)建,方形,两层,总高约 10 米。基座束腰须弥式,塔身中空,正面有券拱门,塔内上部为迭涩藻井。塔刹有刹座覆钵及受花,宝珠已不存。无垢净光塔不在寺东山腰,天宝十一年(752)建,平面八角形,束腰须弥座,塔向残坏,塔内出土的汉白玉雕像(佛、菩萨、弟子、金刚等),都是建塔时的原作,面形丰满,线条流畅,是优秀的艺术品。志远和尚塔在寺东山腰,会昌四年(844)建,八角形基座,上砌圆形覆钵式塔身,形体秀美,西向辟门,塔刹残坏。这种形制的唐塔,为国内孤例。大德方便和尚塔在寺东山腰,贞元十一年(795)造,平面六角形,通高 4 米,西向辟门,塔刹残坏。门外北向嵌有塔铭刻石,记载颇详。唐代以前我国古塔多为方、圆两种形制,六角或八角形者颇为少见,佛光寺墓塔恰好弥补了这个缺陷。

寺内还有唐代塑像、壁画、石幢、墓塔、汉白玉雕像等。石幢两座,平面八角形,一个在东大殿前,唐大中十一年前造;一个在前院当中,唐乾符四年(877)造。

8.关于建筑的经典文字轶闻。穆宗以元和十五年正月即位,二月,河东节度使裴度奏:今月四日五台山佛光寺侧庆云现,中有金人乘狻猊领徒千万如金仙状,自己至申方灭。⑧

参考文献

①③《清凉山志》卷二《伽蓝胜概》佛光寺条。

②(清)陈焯:《宋元诗会》卷一。

④柴洋波:《五台山佛寺建筑变迁考》,《小城镇建设》,2005 年第 1 期。

⑤《宋高僧传·唐五台山佛光寺法兴传》。

⑥柴泽俊：《柴泽俊古建筑论文集》，文物出版社，1999年。

⑦傅熹年：《中国古代建筑史》（五卷本）第二卷，中国建筑工业出版社，2001年。

⑧《册府元龟》卷五二。

七、殊像寺

1.建筑所处位置。山西省五台山台怀镇杨林街西南里许。

2.建筑始建时间。始建于唐①。

3.最早的文字记载。就目前所能见到的，当以寺内所竖立的《康熙御制殊像寺碑文》为最。碑文说：兹殊像禅寺，开基台畔，结宇山阿。谷迩凤林，环千岩之紫翠，堂临鹿苑，俯万壑之烟霞。峰日梵仙，望层峦于天际，泉称般若，落清涧于云中。天人肃穆，群瞻龙象之尊。仪度庄严，共礼狻猊之座②。

4.建筑名称的来历。殊像寺古称文殊寺，为五台山五大禅处之一，因寺内主供文殊像，故名。文殊，全称为文殊师利菩萨（Bodhisattva Mañjuśrī），在佛教文献中以各种不同名字出现，如曼殊师利、妙德、妙首、妙吉祥、童真、濡首、法王子、游方菩萨等。在密教中，文殊师利又称作吉祥金刚、般若金刚等。与普贤菩萨同为释迦牟尼佛的左右协侍，在佛国世界里是主司智慧之神，在《文殊师利问菩萨署经》、《阿阇世王经》、《正法华经》、《首楞严三昧经》、《维摩诘经》等大乘佛经中，文殊皆位列众菩萨之首位。西晋居士聂道真所译《佛说文殊师利般涅槃经》中云：佛告跋陀婆罗，此文殊师利有大慈悲，生于此国多罗聚落梵德婆罗门家。其生之时，家内屋宅化为莲花，从母右胁出，身紫金色。堕地能语，如天童子。有七宝盖，随覆其上……文殊有三十二相，八十种好③。故康熙碑文说：殿有金容，因名殊像。

5.建筑兴毁及修葺情况。殊像寺始建于唐，为释法云所建。相传殿成时文殊现像，法云命雕塑家安生肖之，名曰真容院。宋太宗曾经以御书赐五台山真容院。五台山还曾为保存太宗的书法真迹而建造宝章阁以储之④。元延祐年间（1314—1320）重建，明成化二十三年（1487）再建，弘治九年（1496）塑文殊像。万历年间重修，明熹宗天启六年（1626），寺后西北角建客堂。清顺治年间（1644—1661）将客堂改为善静室，作为习静之所。它与显通寺、塔院寺、菩萨顶、罗睺寺并称为五台山五大禅处，又为青庙十大寺之一⑤。

6.建筑设计师及捐资情况。当系朝廷敕建。主持建造者为唐代释法云⑥。

7.建筑特征及其原创意义。从敦煌石窟所绘制《五台山图》中的殊像寺可见其建筑特征：山门前有两座旗杆，山门是三间歇顶的建筑，山门西侧有随墙便门，前院有钟鼓楼，为平面近方形的重檐歇山顶建筑，东配殿六间，三间为一栋的大式硬山建筑，两座配殿之间夹一间配房，另有三间配房紧靠钟楼。所以东厢有十间配殿和配房一字相通。西厢与东厢相同，也有十间配殿、配房。院正中有大殿五间，重檐歇山顶，殿前有月台，台上有石碑两通。殿两侧有便门通后院。后院正中是虎皮墙砌的高台，台上有五间大式硬山顶的大厅，厅两侧有耳房各一间，耳房两侧有三间一栋的二层楼房两座。后院两侧无厢房，东侧有卷棚顶便门通东跨院。东跨院内有卷棚顶正房三间，跨院东墙有游廊六间，南面亦有游廊，可能是方丈住的院子。后院两侧开随墙便门，西跨院只有硬山小屋三间，这个独立的小院和三间北房，可能是善静室。前院东跨院有东房十二间，前院西跨院有西房约九间。寺庙总布局的轴线分明，左右对称。图中所绘都为汉式建筑。现存的布局同图中基本相同，只是东西跨院和配房有变动，后楼经翻修有变动，但主殿没有变动。全寺占地面积为6400平方米，计有殿堂楼房50余间⑦。

现存寺庙占地面积为 6400 平方米,有殿堂楼房 50 余间。主要建筑有:山门,天王殿为前列,廊庑配殿为两翼,禅堂方丈室居后,正中建文殊阁五楹及钟鼓二楼。僧舍厨厨俱备。

文殊阁内塑像完成于明孝宗弘治九年(1496),明万历时曾局部修补。文殊阁宽五间,深四间,重檐歇山顶,是五台山台怀上区最大的殿宇。檐下斗拱密致,檐上三彩琉璃剪边,阁内佛寺宽大,文殊驾驭于狮背,高约 9 米。龛背面塑三世佛(药师,释迦,弥陀),两侧为悬塑五百罗汉。全部塑像皆为明物,形象秀美,工艺精巧。佛像居于龛背面倒座之上,颇为特殊。

在文殊大殿内的三面墙壁上,悬塑有明代渡海五百罗汉图。悬塑的形状,如山洞里倒垂下来的冰岩冰凌,支离参差,又像镂空的大浮雕倒嵌于殿顶和墙壁,加上蓝、绿、红对比,色彩鲜明。这座大殿内的悬塑五百罗汉图,浓缩了古印度的佛国世界。在殿内柱子上还蹲有一尊罗汉,传说,是中国的济公和尚。

8.关于建筑的经典文字轶闻。宋张商英《神灯传》:

元祐丁卯春梦游五台金刚窟,平生耳目所不接,想虑所不到。觉而异之,时为开封府推官。以告同舍郎林中。中戏曰:天觉其帅并州乎?后五月除河东提点刑狱公事。林中曰:前梦已验,人事豫定,何可逃也?八月至郡,十一月即诣金刚窟,验所见者皆与梦合。但会天寒,恐冰雪封途,一宿遂出。明年戊辰夏五台县有群盗未获,以职事督捕。尽室斋戒来游。六月二十七日壬寅。至清凉山,主僧曰:此去金阁寺三里,往岁崔提举尝于此见南台金桥圆光。商英默念崔何人哉?予何人哉?既抵金阁,日将夕僧正省奇来谒。即寺门见之。坐未定,南台之侧有云气缥缈如敷白氎。省奇曰:此祥云也,不易得集。众僧礼诵,愿早见神光。商英易公服燃香再拜。一拜未起,见金桥及金色相轮,轮现绀青色。商英犹疑,欲落之日射云而成,既暝有霞光三道,直起亘天。其疑始释。癸卯至真容院,止清辉阁。北台在左,东台在前。直对龙山,下枕金界溪。北浴室之后,则文殊化宅也。金界之上则罗睺迹堂也。知客僧曰:此处亦有圣灯。旧有浙僧请之,飞见阑干之上。商英乃稽首默祷,酉后龙山见黄金宝阶,戌初北山有大火炬。僧曰:圣灯也,瞻拜之。次又见一灯,良久,东台龙山罗睺殿左右各见一灯。浴室之后见大光二,如掣电。金界南溪上见二灯。亥后,商英俯视溪上持灯者其形人也。因念曰岂寺僧设此大炬以见欺耶?是时僧众已寝,即遣使王班秦愿等排户诘问,僧答曰:山有虎狼,彼处无人,亦无人居。商英始不疑。又睹灯光忽大忽小,赤白黄绿,时分时合,照耀林木。即默省曰:此三昧火也,俗谓之灯耳。乃跪启曰:圣境殊胜超于见闻,凡夫识情有所限隔。若非人间灯者愿至吾前。如是再三,溪上之灯忽如红日浴海,腾空而上,渐至阁前。其光收敛如大青鸟嚎衔圆火珠。商英遍体森飒,若沃冰雪⑧。

殊像寺风物传说甚多,著名者还有般若泉的传说。寺前清泉流:殊像寺坐落在塔院寺和万佛阁西南面不足一里的地方,在寺外牌楼的前下方,有一股清澈见底、汩汩而流的泉水,冬天不结冰,水中冒热气,夏天却十分清凉,喝上几口,顿觉周身爽快,甘甜沁人心脾。据《清凉山志》上说,这泉叫"般若泉",是梵语"增加智能"的意思,是说饮此水者能长智能,去愚痴。明朝五台山高僧觉玄曾写诗赞道:"般若池边止渴时,山瓢一吸乐何支。尘尘烦恼俱消歇,无限清凉说向谁!"

参考文献

①柴泽俊:《柴泽俊古建筑文集》,文物出版社,1999 年。

②⑤山西旅游景区志丛书编委会:《五台山志》,山西人民出版社,2003 年。

③《大正藏》。

④⑥(清)高士奇:《扈从西巡日录》。

⑦杜斗城：《敦煌五台山文献校录研究》，山西人民出版社，1991年。
⑧《山西通志》卷二一七。

八、罗睺寺

1.建筑所处位置。山西省五台山塔院寺东。

2.建筑始建时间。唐代①。

3.最早的文字记载。"罗睺寺，塔院寺东北隅。唐建。张天觉于此见神灯，有感，修饰。成化间，赵惠王重建。②"喻按：张天觉，即张商英。张氏在罗睺寺见神灯事，详见《殊像寺》所引张氏《神灯传》有关部分。

4.建筑名称的来历。罗睺寺之得名，与释迦牟尼父子的传说有着密不可分的关系。罗睺罗为释迦牟尼在家时之子。相传，释迦牟尼得道回家后，其子罗睺罗愿跟随佛祖出家作沙弥，为佛家有沙弥之始。沙弥，指七岁以上二十岁以下受过十戒的出家男子。中国内地俗称"小和尚"。罗睺罗出家之后，"不毁禁戒，诵读不懈"，被称为"密行第一"，后成为释迦牟尼佛的十大弟子之一。罗睺寺的命名，即缘于此。它是中国密宗最早的传播中心，曾取名落佛寺。但在宋代张商英游览五台山看神灯时所写的《神灯传》中已经称此地为罗睺迹堂、罗睺殿。可见该寺在唐宋时就叫罗睺寺。

5.建筑兴毁及修葺情况。《清凉山志》载"成化（1465—1487）间，赵惠王重建"③。明弘治五年（1492）重建，清康熙、雍正、乾隆间又予重修④。

6.建筑设计师及捐资情况。最初的修造当为唐朝敕建。很可能是太宗敕建的五台山十座佛寺之一。主持建造者很可能是释法云。因无确切记载，只能推测。

7.建筑特征及其原创意义。该寺现存天王殿、文殊殿、大佛殿、藏经阁、厢房、配殿、廊屋以及各殿佛像、殿顶脊饰等。寺庙完整无损，是五台山保存最好的寺院。寺宇占地面积15000多平方米，计有殿堂楼房110余间。

罗睺寺院落布局呈长方形，入寺需先走一段红墙夹道的弯曲石路，才可到山门前。弯道顶端有一棵古松，如伞如盖，屏蔽四下。这石路红墙，虬然古松，自成一景。

山门前立有石狮，为唐代遗物。石狮雕刻艺术采用大胆取舍、突出传神等创作方法，富有艺术感染力。罗睺寺的这对石狮，圆壮雄大，凶悍威严，很好地体现了唐代风格。二狮雄居山门两侧，给寺院平添了庄重气氛。山门左侧建有一座高达丈余的藏式砖塔。塔圆肚南面，凹进一块地方，里面雕有文殊菩萨像，肩两旁有花，花上放经书和智能剑。

罗睺寺为黄庙。其殿宇内的主要塑像，有着明显的喇嘛教风格。第一座大殿为天王殿，内供四大天王。这四大天王塑像，是按喇嘛教《度量经》的规定塑的，东方持国天王，肤色乳白，持琵琶；西方广目天王，肤色红棕，一手把长蛇，一手握宝珠；南方增长天王，肤色青黑，手拿宝剑；北方多闻天王，肤色乳黄，一手攥老鼠，一手拿巨伞。这

图 6-6-5 五台山罗睺寺入口

些天王塑像,高大魁梧,怒目而视,身子坐在高台上,脚伸到地下,压着各种妖怪,那妖怪还没有天王的一只脚大,这种雕塑同其他青庙大殿里的四大天王踏八怪的样子略有不同。

第二座大殿为文殊殿。殿内供奉的文殊菩萨骑狮像,也明显的和青庙文殊殿不同。文殊菩萨的面部呈乳白色,而不是贴金的黄色,肩膀两边伸出了肩花,花上分别放着经书和智能剑,文殊菩萨坐狮卧在莲花上,而不是或站或卧在砖台上。这些都体现了喇嘛教中文殊像的塑造格式。

罗睺寺内还供有头戴尖顶帽的格鲁派祖师宗喀巴。宗喀巴大师生于1357年,圆寂于1419年。史载,西藏黄教祖师宗喀巴老年著书立说,永乐六年(1408),明成祖派大臣四人,随员数百人,到西藏恭迎宗喀巴来汉地,他婉言辞谢。后令弟子释迦智到京朝见永乐大帝,释迦智被封为大慈法王。释迦智又从北京来到五台山住了一个时期,朝拜文殊菩萨的圣迹,当地汉僧对他厚礼相待,与他一起切磋汉藏佛学。从此,便有喇嘛教徒屡屡朝拜五台山;到了清代顺治年间,五台山有十处青庙改为黄庙,殿堂塑像和陈列都按藏族风格重新更置,并开始兴建喇嘛教殿堂,喇嘛教就在五台山兴盛起来。由此出现了五台山佛教圣地青黄二庙并存,汉藏僧人兼有的情况。

8.关于建筑的经典文字轶闻。罗睺寺,以寺内两幢木构建筑接待十方客人闻名。十方指东、西、南、北、东南、西南、东北、西北、上、下十个方向。据传,此寺过去香火极盛,尤其是佛教喇嘛宗的信徒,常年络绎不绝,是五台山佛教黄庙中很有影响的寺院。

该寺院内有一对唐代石狮,寺内后殿中心装有远近闻名的"花开现佛"。花开现佛,是一套木构装置系统。佛坛上,刻有水浪图案,图案上,塑有24诸天和18罗汉。圆盘正中,安装有高达丈余的一朵莲花,4尊佛像端坐于内,8片花瓣时开时合。随着花瓣的开合,转盘上的18罗汉过江也随之旋转起来。在五台山诸寺庙中,是一宗奇观。多少年来香客朝圣进香,都以见佛为荣。为要见佛,就要到寺中礼拜佛像,随着莲花展开,阿弥陀佛随之亮相,进香人便以为见到了真佛,把所有金钱敬献于寺内,才满意而去。清初高士奇跟随皇帝西巡,到五台山罗睺寺顶礼,亦曾留意此事。他在日记中记载道:"莲花藏规制甚异,俗谓花开见佛也。⑤"

参考文献

①②③(明)释镇澄:《五台山志·罗睺寺》。

④柴泽俊:《柴泽俊古建筑文集》,文物出版社,1999年。

⑤(清)高士奇:《扈从西巡日录》。

九、圣寿寺

1.建筑所处位置。重庆市大足县宝顶山大佛湾右后侧。

2.建筑始建时间。始创于唐①。

3.最早的文字记载。《重修宝顶山圣寿寺碑记》都记有"圣寿本尊生唐宣宗大中九年六月五日"②。

4.建筑名称的来历。原称五佛崖,扩建后用现名③。

5.建筑兴毁及修葺情况。现存寺院为明、清建筑。圣寿寺依山建造,殿宇巍峨,雕饰精美。主要殿堂有天王殿、玉皇殿、大雄宝殿、经殿、燃灯殿、维摩殿等。明永乐年间,在该寺南侧修建20余米高、八角四重檐的"万岁楼"④。

6.建筑设计师及捐资情况。柳本尊(855—929)。一说:始建于南宋淳熙年间,乃名僧赵智凤(1159—1249)主建的密宗禅院[5]。

7.建筑特征及其原创意义。圣寿禅寺属禅宗临济派法脉。寺依山而筑。现存古建筑群为明、清遗留建筑。占地面积5000平方米,山门天王殿、帝释、大雄、三世佛、观音、维摩七殿和两廊寮房依山而构,分布有致,飞檐斗角,气势宏伟,殿宇有镂雕彩绘数千幅,形态各异,栩栩如生,典雅清丽。寺内园林曲径通幽,古木参天,奇花异草触目皆是,四时峥嵘。殿内有石刻维摩居士像一尊。各殿院落式的布局,保留其角楼。

8.关于建筑的经典文字轶闻。每年计香客游人近百万众,每至二月香会,人如潮涌,香如巨薪,史有"上朝峨眉,下朝宝顶"之盛誉。

参考文献

①《大足石刻铭文录》,重庆出版社,1999年,转引自:《大足宝顶始祖元亮晓山考——大足石刻〈临济正宗记〉碑研究》,黄夏年,《中华文化论坛》,2005年第4期。

②大足一碑两刻的《重修宝顶山圣寿院碑记》和《重修宝顶山圣寿寺碑记》都记有"圣寿本尊生唐宣宗大中九年六月五日",这是说开创宝顶的僧人柳本尊生于"唐宣宗大中九年六月五日"。

③④⑤大足县志编修委员会:《大足县志》,方志出版社,1996年。

十、广济寺

1.建筑所处位置。安徽省芜湖市西北部的赭山南麓。

2.建筑始建时间。创建于唐代昭宗乾宁年间(894–897)。唐开元七年(719),古新罗国(今韩国)王族金乔觉渡海来华,先在芜湖赭山结庐驻锡。唐昭宗乾宁年间,在其驻锡旧址修建"永清寺"①。

3.最早的文字记载。《广济寺》:十年佛迹留于此,屈指山门皆所无。今日清诗重褒述,禅林又复有犀渠②。

4.建筑名称的来历。初名永清寺,又名广济院。宋真宗大中祥符年间(1008—1016),改名为广济寺,并一直沿用至今。

5.建筑兴毁及修葺情况。明朝永乐年间,寺庙荒废,殿堂失修。明朝景泰年间(1450—1456),僧人宏德重修广济寺。清乾隆二十一年(1756),戴溥、汪昭和等募修。清朝嘉庆三年(1798),僧人越江再次重修。咸丰年间毁于兵燹,光绪年间又重新修建。1949年后,人民政府多次拨款修缮广济寺。1983年,国务院确立广济寺为汉族地区佛教重点寺院,并把它交给佛教界作为佛教活动场所开放。近年来,重修殿堂,再塑佛像,使这座千年古刹重展雄姿,成为芜湖著名的风景名胜。

6.建筑设计师及捐资情况。唐昭宗、宋真宗、明朝景泰皇帝、僧人宏德等,皆为本寺庙的修造功臣。

7.建筑特征及其原创意义。广济寺与普济寺、能仁寺、吉祥寺并称为安徽芜湖四大名寺,而以广济寺为首。

广济寺依山而建,占地约1.2万平方米。殿殿相连,层层高出,共有四重殿,后殿比前殿高出十多米,八十八级石阶直上,十分气派雄伟。四重大殿以中轴线布局,自南而北,依山构筑,自下而上第一重为天王殿,又称前山门,两侧是鼓楼和钟楼。第二重是延寿殿,又称药师殿。第三重为大雄宝殿,也称大佛殿。第四重为地藏殿,因此殿是仿九华山肉身殿规制建造,所以又称"九华行宫"。

其中大雄宝殿为双重八角,黄色琉璃瓦盖顶,檐柱和内柱柱头为三重斗拱,窗户采用唐代木棂窗的传统结构,方框内安嵌方木,气象庄严,保持了唐代的寺庙风格。地藏殿西侧有滴翠轩(为宋书法家黄庭坚的读书处)。寺内现供佛像七十余尊。最尊贵的宝物为珍藏的九华山金地藏的印章"地藏利成金印",是唐至德二年(757)肃宗皇帝敕颁。金印系砂金铸成,重达4千克,正面有楷书"唐至德二年"字样,印头雕有九龙戏珠像。

寺院后面耸立一古塔,即为著名的赭山塔,为芜湖十景之首,始建于北宋治平二年(1065)。塔高五层,八面玲珑,每层嵌有佛像砖雕,塔顶呈圆形,状如一口倒扣大锅。山、寺、塔层层而高,融为一体,"赭塔晴岚"成为著名的芜湖八景之一。元代翰林学士、芜湖县知事欧阳元有诗记其胜:"山分一股到江皋,寺占山腰压翠鳌。四壁白云僧不扫,一竿红日塔争高。龛灯未灭林鸦起,花雨初收野鹿嗥。千古玩鞭亭下道,相传曾挂赭黄袍。[③]"

8.关于建筑的经典文字轶闻。金乔觉(696—794),新罗僧,俗称金地藏,为古新罗国(今朝鲜半岛东南部)国王金氏近族。唐开元七年(719),金乔觉24岁时,带着神犬谛听,西渡来华,初抵江南,卸舟登陆,即栖息赭山南麓。几经辗转,卓锡九华。位于九华山麓的"九华行祠"为其初上山的栖身之处。九华山上的金仙洞、地藏泉、神光岭,都留下他的足印。

金乔觉在九华山苦修了75载,于唐贞元十年(794)农历闰七月三十日夜跏趺圆寂,寿至99岁。三年后开函时,据说"颜色如生,兜罗手软,骨节有声如撼金锁"。佛教徒根据《大乘大集地藏十轮经》语:菩萨"安忍如大地,静虑可秘藏",认定他即地藏菩萨示观,弟子们视为地藏菩萨应世,尊其为"金地藏"。九华山由此成为地藏菩萨的道场,与峨眉山、五台山、普陀山并称为"四大佛教圣地"。

地藏王的肉身安葬在一个小岭上,后来在建造墓塔时,见其岭头夜间闪闪发光,故名"神光岭"。后人又在墓地上建起了宏伟的肉身殿,以护石塔。庙后一匾额书着地藏誓愿。

为纪念地藏菩萨成道之日,每年农历七月三十日,九华山都要举行盛大的庙会。

金乔觉及其弟子究竟属何派,史无记载。一说他属华严宗,一说其属于净土宗一派,但大都认为他应化为地藏菩萨,弘扬地藏菩萨"众生度尽,方证菩提,地狱未空,誓不成佛"的宏愿。

参考文献

①③芜湖市地方志编纂委员会:《芜湖市志》,社会科学文献出版社,1993年。

②(宋)吕陶:《净德集》卷三八。

十一、琅琊寺

1.建筑所处位置。安徽省滁州市西南的琅琊山上。

2.建筑始建时间。始建于唐代宗大历六年(771)。唐代宗大历六年春释法琛奉滁州刺史李幼卿之命,在琅琊山中兴建寺院,绘图上呈代宗,得御赐"宝应寺"额。

3.最早的文字记载。唐人李幼卿《琅琊寺》摩崖题刻:佛寺秋山里,僧堂绝顶边。同依妙乐土,别占净明天。转壁下林合,归房一径穿。豁心群壑尽,骋目半空悬。锡杖栖云湿,绳床挂月圆。经行践霞雨,跬步隔烟岚。地胜情非系,言志意可传。凭虚堪逾道,封境自安禅。每贮归休颠,多惨爱深扁。助君成此地,一到一留连。刺史李幼卿。喻按:诗前有小序:"颔琅琊山寺道标、道揖二上人东峰禅室时助成,此官筑斯也。"

4.建筑名称的来历。据清光绪年间《募修滁县琅琊山开化律寺大雄宝殿缘起》记载:琅琊山名自晋始,晋元帝为琅琊王时,将渡江回翔,停驻于此,故山与溪皆有琅琊之称。大历六年春法琛奉滁州刺史李幼卿之命,在琅琊山中兴建寺院,唐代宗赐寺名"宝应",北宋太平兴国三年(978)宋太宗赵炅为寺院御赐匾额,易名"开化禅寺"。清代嘉庆间,僧皓清律师将寺名改称"开化律寺"。因该寺建于琅琊山上,人们习惯简称为"琅琊寺"。1984年滁州市地名办公室始正式以"琅琊寺"命名。

5.建筑兴毁及修葺情况。历史上几经兴废,规模最大时,有房屋千余间,僧人八百。后周显德年间(954—959),寺院遭到破坏,滁州刺史王著重建,北宋乾德年间(963—968)又进行过扩建。北宋太平兴国三年(978)宋太宗赵炅为寺院御赐匾额,易名"开化禅寺"。元末,该寺被战火焚毁。明朝洪武六年(1373),寺僧绍宁与无为禅师在故址进行重建,后毁。清朝嘉庆年间(1796—1820)僧皓清律师进行重建和扩建,并将寺名改称"开化律寺"。太平天国时期,该寺又遭战火焚毁。现存建筑大多是清光绪三十年后由住持僧达修律师重建。部分建筑是1949年后所修建的仿古建筑。1952年,政府拨专款,对琅琊寺进行了维修。1956年,安徽省政府将琅琊寺列为省级文物保护单位。1983年,琅琊寺被国务院列为汉族地区佛教重点寺院。

6.建筑设计师及捐资情况。该寺为唐代滁州刺史李幼卿与山僧法琛所始创。后周显德年间(954—959)滁州刺史王著重建。宋代寺僧智仙曾应欧阳修之请,建造醉翁亭。明朝洪武六年(1373),寺僧绍宁与无为禅师在故址进行重建。清朝嘉庆年间(1796–1820)僧皓清律师进行重建和扩建。清光绪三十年后由住持僧达修律师重建。部分建筑是人民政府所修建的仿古建筑。

7.建筑特征及其原创意义。琅琊寺依山傍林,占地约1平方千米。现存大雄宝殿、拜经台等。琅琊寺前有山门,上书"琅琊胜境"。寺内主殿为大雄宝殿,始建于唐大历六年(771),高14米,深15.3米,栎木为柱,是寺内最大的建筑。大雄宝殿包含大、雄、宝三层意思。大者包含万有;雄则摄伏群魔;宝者,即佛、法、僧三宝。因此,它通常是寺庙的最主要建筑。大雄宝殿的梁柱、檐口全部雕龙刻花,涂色抹彩,做工十分精细,有较高的艺术价值。殿前花木扶疏,四季花红叶绿,其中有四株齐殿高的柏松,终年苍翠,生气勃勃。殿后墙壁上嵌有15块石刻,完整无缺。石刻大小相似,但其书写、镌刻的风格各异,各有千秋。殿后有一株两人合抱粗的极树,巍峨挺拔,犹如庙中的旗杆。大殿雕梁画栋,古朴典雅,是我国古建筑中的珍品。殿中供释迦牟尼、十八罗汉、观音等佛像,"文革"中全部被毁。1981年重塑,更显光彩。大殿后院的墙壁上有唐代名画家吴道子所绘的《观自在(即观音)菩萨》石雕像,被世人誉为"眉目津津,向人欲语"的旷世绝笔。此像原置于琅琊寺东北的观音殿中,后殿毁于兵火,像就移至此,镶嵌于壁上。大殿前有一放生池,名明月池,池上建有明月桥。每当月白风清之夜,站在桥前池畔,观月赏景,更显得清幽绝俗。池左侧有明月观,原是道教佛堂。大殿后有藏经楼,原藏有佛教经书甚多,其中一部《贝叶经》,相传系大唐高僧玄奘从"西天"取来的,弥足珍贵。此外,还藏有唐伯虎、文征明、郑板桥等名家书画。藏经楼旁有念佛楼,现辟为招待所,供游人住宿。

大雄宝殿北面的院内有揽秀堂、积馨斋等建筑,积馨斋原为僧人厨房。其后有三友亭、濯缨泉等名胜。三友亭初建于明代,亭旁原有松、竹、梅"岁寒三友"而得名,周围景色清雅。原亭早毁,1917年由僧人募资重建,建国后又经政府大修。濯缨泉以取意于《楚辞》中"沧浪之水清兮,可以濯吾缨"之句,又名庶子泉,泉水清冽甘醇,过去与醉翁亭前的酿泉同享盛名,被誉为"琅琊名水"。

大殿南面有一园林名祇园,自成一独立院落。园内苍松翠竹,古树名花,景色清幽。院后峭壁高耸,壁上满是摩崖题刻,大多出自名家手笔,字体俊秀遒劲,百家纷呈,殊堪观赏。园中建有悟经堂、翠微亭等古建筑,为宋明两代所建,后都遭毁,现存建筑为清代僧人重建,现又加以重修,并列入文物保护单位。

琅琊寺东北侧有一无梁殿,原名玉皇阁,为道教场所,是寺内最古老的建筑。由于整个殿宇全用砖石砌成,无一根木梁,故俗呼为"无梁殿"。高三丈二尺,深二丈四尺,灰砖拱形垒成,殿脊两端自上翻卷,四角为四条栩栩如生的巨龙,正门有五个拱形圈门,门额有砖刻浮雕龙、凤、狮图案。其旁原有地藏殿、观音殿等建筑,今已无存。无梁殿内有玉皇大帝铜像一尊,高8尺,亦在"文革"中遭毁,现已按原样重塑。

琅琊寺的其他建筑有藏经楼、明月馆、念佛楼等。藏经楼里供有缅甸赠送的千尊玉佛,祇园内有成片巨大的摩崖石刻。寺内古树名木繁多,最奇特的树,是一种青檀,生长在峭壁石头之上。寺周名胜有醉翁亭、濯缨泉、雪鸿洞、拜经台等。唐至清历代摩岩碑刻遍布其间。

琅琊寺在建筑风格上兼具南北两种建筑风格,庙门、院墙及寺外各建筑采用红墙、拱门,有北方皇家陵园建筑风格。但寺内有明月观、山门、藏经楼等建筑则采用粉墙、细木柱、鹅颈椅、漏窗、小青瓦屋等江南古典园林建筑处理手法,十分独特。

8.关于建筑的经典文字轶闻。

欧阳修《醉翁亭记》。文常见,不具录。

参考文献

琅琊山志编纂委员会:《琅琊山志》,黄山书社,1989年。

十二、龙兴讲寺

1.建筑所处位置。在湖南省沅陵县城西北角的虎溪山麓。

2.建筑始建时间。唐贞观二年(628)敕建①。

3.最早的文字记载。明代大学者王守仁自龙场谪归经过沅陵,特地接受辰州学子之邀,在寺内讲授《致良知》一个月,并在寺内留下题壁诗一首:"杖藜一过虎溪头,何处僧房问慧休。云起峰头沉阁影,林疏地底见江流。烟花日暖犹含雨,鸥鹭春闲欲满州。好景同游不同赏,诗篇还为故人留。②"

4.建筑名称的来历。"汉室龙兴,开设学校,旁求儒雅以阐大猷。九五飞龙在天,犹圣人在天子之位,故谓之龙兴也。"讲寺之所以用龙兴为名,是比喻帝王之业的兴起③。

5.建筑兴毁及修葺情况。唐贞观二年(628),在县城西虎溪山建龙兴讲寺,敬奉阿弥陀佛。

该讲寺自创建以来,屡有废兴。明景泰三年、嘉靖四十年、万历二十三年郡人先后捐修。清康熙二十六年、乾隆十五年、二十三年复修。道光二十九年修葺正殿、山门及各廊庑。咸丰元年重修旃檀阁、弥陀阁。同治十一年修复二山门,增建东西厢房。光绪元年复修观音阁、旃檀阁、弥陛阁。民国时期,寺内长期驻兵,破坏严重,殿宇倾颓。新中国建立后得到保护。1959年湖南省人民政府公布为省级文物保护单位,拨款进行维修。到1978年,先后拨款5.2万元维修大殿、观音阁、旃檀阁、弥陀阁,使即将颓塌的三阁得以保存。1981年拨2万元维修头、二山门及东厢房。现存寺院规模宏大,为湖南省现存最古老的寺庙之一④。

6.建筑设计师及捐资情况。朝廷下诏建设,经费一般由官方解决。建筑设计通常是采用工部的统一图纸。

7.建筑特征及其原创意义。龙兴讲寺为唐代建立最早的佛学书院,后来直到玄宗开元六年(718),才建立丽正书院,725年更名集贤书院,比龙兴讲寺要晚建90年。以宋代最著名的岳麓书院为例,它创建于宋开宝八年(975),要比龙兴讲寺晚建345年。

经过当代维修后的龙兴讲寺,规模达25000平方米,建筑面积1800平方米。龙兴讲寺由头山门、过殿、二山门、大雄宝殿、后殿、东西配殿、檀阁、弥陀殿、观音阁等构成。

大雄宝殿为寺中主体建筑,重檐歇山式屋顶。始建于唐代,重建于元末明初,正南北向,面阔五间,进深三间,高近20米,362平方米。殿内共24根楠木大柱,每根需两人才能合抱。殿内天花板上梁架为"穿斗式"。柱极部与础石之间,嵌鼓状木技,石础为覆盆莲花状。天花板上有25个四角藻井,都是龙凤牡丹图案。梁上勾白粉明式彩画。殿内的月梁、斗拱、驼峰、蜀柱,均具宋代建筑之特征。可见大雄宝殿仍保留唐宋时期的建筑形式和部分构件。大殿正面高照一块大匾,上刻"眼前佛国"四字,为明礼部尚书董其昌的字迹。据传,这是董其昌巡视云南路过沅陵时,患了眼疾,得寺内僧人施治,很快痊愈,于是就为讲寺写下了这块匾额相赠。大雄宝殿之中还有一镂空石雕讲经莲座,工艺极精。莲座周围是石雕六对和尚,弹琴下棋读书,乐在佛国,但无人能说出它的准确来历。

寺右侧有黔王宫古戏台,明清时为黔商会馆,飞檐翘角,建筑精美,与龙兴寺古建筑群连为一体。

观音阁是龙兴寺中轴线上最北端的重要建筑,为三重檐歇山式两层阁楼。面阔三间,建筑面积215.6平方米,台基四周不露明,围檐墙,上檐施五彩斗拱一周,二檐撩檐坊下施丁头拱,四角下置圆雕斜撑,脊吻鳌鱼及翘脊凤凰均为琉璃饰件。此阁上层用作藏经楼,下层供奉观音菩萨,故名。观音阁修造年代不详,从上述特征看,应是清代早期建筑[5]。

8.关于建筑的经典文字轶闻。古时还有端午节在寺前龙舟竞赛的民俗,无名氏《辰阳端午感怀》:"五溪五月当五日,时俗犹存旧楚风。角黍堆盘人送玉,龙舟擂鼓水摇空。人相山色隔江翠,照眼榴花向日红。"

1937年10月,讲寺主持妙空长老约南岳名师到寺中讲经,轰动沅陵。此次讲经后,成立了沅陵佛教会、沅陵佛教居士林、沅陵佛教四众教义研究所和沅陵佛教阳明小学等四个组织。而王阳明讲学的地方,后由其学生筑虎溪精舍,后又改为虎溪书院[6]。

参考文献

①喻按:唐太宗"敕建龙兴讲寺"的石碑坊至今犹存于二山门之上。但新旧《唐书》不载,《全唐文》不载,存疑。

②(明)王守仁:《王文成全书》卷一九。

③《尚书注疏·尚书序》。

④⑤⑥《怀化地区志》,三联书店,1999年。

十三、四祖寺

1.建筑所处位置。位于湖北省黄梅县城西北15千米的双峰山中。

2.建筑始建时间。创建于唐武德七年(624)[1]。

3.最早的文字记载。柳宗元诗:"破额山前碧玉流,骚人遥驻木兰舟。春风无限潇湘意,欲采蘋花不自由"[2]。

4.建筑名称的来历。古名正觉寺,又名双峰寺。四祖寺由禅宗四祖道信大师在原正觉寺基础上亲手创建,故称四祖寺。

5.建筑兴毁及修葺情况。黄梅四祖寺,是佛教禅宗的重要发源地之一。寺庙自唐到清香火不断,唐宋盛极一时,有殿堂楼阁八百多间,僧众千余,还先后出了一百多名高僧,每年朝山的香客数以万计。唐太宗李世民曾四下诏书请道信大师进京供养,封为国师。唐代宗李豫追封道信大师为"大医禅师"。宋真宗敕赐"天下祖庭"。宋神宗敕赐"天下名山"。明正德年间,寺庙因火灾被毁,后由荆王重建,万历年间坍塌,御史王珙接着修复。清咸丰四年(1854)冬毁于兵灾,光绪年间复建。清末民初又毁,现仅存十几间殿堂楼阁和一些名胜古迹③。

6.建筑设计师及捐资情况。禅宗四祖道信于武德七年(624)创建,是为中国禅宗丛林之始。道信禅师(580—651),俗姓司马,世居河内(今河南沁阳县),后迁蕲州广济(今湖北武穴市)梅川镇。12岁投司空山璨禅师求解脱法门,言下大悟,摄心无寐,胁不至席六十年。21岁于江西吉安受戒修学。越三年,闻璨和尚遍游江右告竣,归。司空侍之,得传衣钵,为中国禅宗第四祖。大业二年(606),璨禅师示寂。至庐山,住大林寺十年,研习止观。大业十三年(617),38岁,住吉安祥符寺,令城中禁屠,念"摩诃般若波罗蜜多"解围城之困。唐武德七年,蕲州道俗请师至黄梅造寺,见双峰有好泉石,一住近三十年。大敞禅门,聚徒五百人,自耕自足,勤坐为本。著《菩萨戒本》一卷以传戒法;又撰《入道安心方便法门》,教人修习一行三昧以明心地。以农养禅,行证并重,禅戒合一,融摄止观等一切法门。永徽二年(651),祖命弟子造塔于寺之西岭。同年古历闰九月初四,自入塔中,垂诫门人,言讫而寂,世寿七十有二。第二年,塔门自开,肉身不朽,众迎真身回寺供奉。代宗敕谥"大医禅师",塔曰"慈云"。

弘忍后,有清皎、仲宣、居讷、法演、止堂、云谷、平川、三昧寂光、戒初、起高浪、晦山戒显、道纶溥等高僧相继驻锡西山。

明正德十四年,四祖真身举手至顶,吐火自焚,得无数舍利,殿亦同灰。荆王发起重建。清咸丰四年(1854)冬,毁于兵燹,光绪间复修。后又毁,仅存三间祖殿与古柏数株。1995年12月,本焕长老担起重兴大业,历时五载,建成殿堂楼阁200余间,昔日祖庭,重现辉煌。2003年9月12日,本老功成身退,净慧大和尚继任方丈。师以重振四祖禅风为任,倡导生活禅法,加强僧制建设,继办《正觉》期刊,举行以禅修为主旨的四众共修法会及禅文化夏令营等活动,并进一步整治寺院周边环境。而今,寺前停车场、"慈云之塔"石牌坊、传法洞、寺院至毗卢塔及传法洞朝圣台阶等工程相继竣工。千古禅刹,生机焕然④。

7.建筑特征及其原创意义。从现保存在四祖寺的清代木刻版图——《四祖名山正觉禅寺胜境全图》上,可以看到古寺昔日的盛景。整个古寺建筑群依山顺势,由上中下三大部分组成,结构布局规范,层次分明,殿堂楼阁盘亘交错,层层叠叠,古色古香。主体建筑有天王殿、大佛殿、祖师殿、地藏殿、观音殿、课诵殿、衣钵案、钟鼓楼、大悲阁、法堂、禅堂、藏经楼、华严殿、半云底、方丈室等。除了寺庙建筑群外,还有许多名胜古迹,如原义丰县遗址、一天门、凤栖桥、引路塔、龙须树、二天门、天下名山石碑、花桥、碧玉流、洗笔泉等摩崖石刻,以及毗卢塔、鲁班亭、传法洞、观音寨、宝光石、紫云洞、双峰山等三十多处景观。是当时中国佛教寺院规模最大、僧众最多、香火最旺、声誉最高的名刹之一,也是全国首批僧众集体定居传法,过团体生活,实行农禅双修的典范寺院。

现存建筑主要包括:

山门为青白石条砌筑而成,高7.8米,宽6.6米,古意盎然,雄伟壮观。入山门后,就看到寺庙主体建筑群。现修复有天王殿、大雄宝殿、观音殿、祖师殿、禅堂、客堂、藏经楼、钟鼓楼、方丈室等殿堂楼阁,盘亘交错,金碧辉煌。门窗梁柱雕梁画栋,巧夺天工。殿内新塑的佛像法像庄严,栩栩如生,十分壮观。大雄宝殿是按原貌设计修复的,工程建筑全部采用钢筋混凝土仿古结构,殿为七大开间,进深五间,前后走廊,两层飞檐斗拱,36根大柱落脚,建筑面积为865.7平方米,殿高18.7米,宽34.1米,长25.7米,其外貌造型在全国佛教丛林中堪称一枝独秀。

寺庙中还生长有三棵古柏树,其中两棵龙柏树(俗称倒插柏),一棵云柏树(又称祥云柏)。云柏枝盛叶茂,挺拔俊秀,相传是四祖道信亲手所栽,距今已有1300多年历史。寺庙东南北三面青松翠竹环抱,流水潺潺,风景如画,清静幽雅。

古寺北行不远是衣钵塔。塔身为三层,高 3.8 米,基座宽 2.2 米,塔为麻石砌筑而成,是寺庙一大景观。相传,四祖道信大师晚年在此将衣钵传给了他的得意弟子五祖弘忍大师,为纪念此事,特造此塔。

在衣钵塔附近,有一座石亭,俗称鲁班亭,为寺庙三大奇景之一。塔身高 5 米,宽 3.6 米,塔呈八方形,中间有一块大圆石,俗称"凤凰窝"。塔顶上面分为六大方块,其中三方盖有石块,三方未盖石块。该亭具有宋代建筑风格,在全国实为罕见。相传,四祖道信在修建大佛殿时,急需两百多根楠木,庐山一些信士弟子得知后,主动捐献了两百多根。可是这些楠木由庐山搬回四祖寺,不知道要花费多少工夫。兴建大殿的木工主师是鲁班第十八代子孙,他自幼聪明好学,手艺高强,并精通道法。后来为了纪念鲁班弟子建殿的功绩,特建此亭。一座唐代毗卢塔。该塔俗称慈仁塔、真身塔、四方塔,占地面积约 1200 多平方米,塔略呈方形,单层重檐亭式,塔身为青砖仿古结构,高 11 米,塔基面阔 10 米,进深 10 米,塔座上置有高大双层束腰须弥座,塔的四周刻着各种花鸟,以及线条清晰流畅的莲花瓣和忍冬花图案。塔的东南西三方设有高大的无门扇的莲弧门。据《五灯会元》记载:"永徽三年四月八日塔户无故自开……后门人不敢复闭。"塔的北面设有假门,以避风雪。塔内为穹隆顶,中为四方形,下为八方形,八面墙壁,其中四壁设有佛宪,柱、梁、衍、椽都有石条和青砖仿古结构,顶端砌有三个大小不同青石塔顶,塔的四方上部砖块上,雕有"边毗罗国诞生塔","摩迦罗园诞生塔","边户国转法轮塔","舍己国现神通塔"等字样。全塔体态端庄,古朴典雅,气势恢宏,四周景色秀丽。元朝诗人赵国宝游到此处时,题诗一首:"一层石塔一层云,塔外梅筠九万根。大圣自然身不坏,游人如见佛常存。"该塔是四祖道信大师得意弟子五祖弘忍大师亲手创建于唐永徽二年(651),距今已有 1340 多年历史,已被列为湖北省重点文物保护单位,它是我国目前保存最完好的唐代佛教古塔之一,为研究我国的佛教文化和古塔建筑艺术提供了宝贵的历史资料。

参考文献

①据《黄梅县志》载,四祖道信得法于三祖僧璨,卓锡西山。唐高祖武德七年建寺,作为道场。喻按:《古今图书集成》卷一一七九认为四祖寺始建于唐贞观年间。

②《酬曹侍御过象县见寄》,《御定全唐诗》卷三五二。

③④黄梅县人民政府:《黄梅县志》,湖北人民出版社,1985 年。

十四、五祖寺

1.建筑所处位置。湖北省黄梅城北 16 千米处的东山。

2.建筑始建时间。唐咸亨二年(671)①。

3.最早的文字记载。遍寻真迹蹑莓苔,世事全抛不忍回。上界不知何处去,西天移向此间来。岩前芍药师亲种,岭上青松佛手栽。更有一般人不见,白莲花向半天开②。

4.建筑名称的来历。弘忍大师初时建寺于东山之上,故初名为东山寺,亦称东山禅寺,简称东禅寺。唐大中元年(847)四月,宣宗下诏全国大复佛寺③。次年(848),宣宗敕建五祖祖师寺院成,并改赐寺额为大中东山寺,亦曰五祖寺④。宋景德中(1004—1007),真宗改赐寺额为真慧禅寺。英宗于治平年间(1064—1067)御书"天下祖庭",徽宗于崇宁元年(1102)御书"天下禅林"赐给五祖寺。元至顺二年(1331)文宗改赐寺额曰东山五祖寺,简称五祖寺,此名一直沿用至今。

5.建筑兴毁及修葺情况。宋代末年,国势日下,寺毁于兵乱,僧众四散。元朝时,了行禅师入东山,重建五祖寺。从至元到至治(1264—1323)经两次大规模的修建,为江汉之间第一大寺,僧众曾达六百余人。元代末期又废,明代再修,明末复毁于战乱。清朝康熙至道光近二百年间,对该寺进行了不断的修建。共建有殿堂僧舍一千七百余间,住僧二百余人。近年来,五祖寺又进行了大规模的整修,先后翻修了真身殿、祖师堂、毗卢殿、圣田殿、天王殿,新塑了佛像,添置了法器,大雄宝殿于1989年奠基,整个寺庙焕然一新。

6.建筑设计师及捐资情况。由五祖弘忍创建。由信徒捐资。五祖弘忍,唐蕲州(湖北蕲春)黄梅人,俗姓周,中国禅宗重要代表人物。以彻悟心性本源为宗,守本真心为参学之要。时人谓其禅风为"东山法门"。

7.建筑特征及其原创意义。五祖寺地处黄梅东山之上。东山山势俨然一只展翅欲飞的大凤凰,故又名凤凰山。整个寺庙建筑群依山势建于东山之阳,从正南山麓一天门、二天门到山顶白莲峰,以蜿蜒石路为中轴线平行布局,层次分明,结构严谨,形式多样,风貌古朴。

山门内的中轴线上,依次建有天王殿、大雄宝殿、麻城殿、真身殿。真身殿后是通天门,门外有石径直通东山主峰白莲峰。麻城殿左右建有圣母殿、观音殿。

一天门:为四足落地式青石门楼,横跨东西南麓古驿道。北边通往五祖寺的三岔路口。进入此门,北行不远,迎面小冈上有释迦多宝如来佛塔,北宋宣和三年(1121)募化修建。塔体八角五级,高6米余,雕刻秀雅玲珑。

飞虹桥:始建于元代。此桥横跨于两山涧谷之上,长33.65米,高8.45米,雄伟壮观,状如飞虹。两端砌有牌坊式门楼,桥下流泉飞溅,瀑布飞崖挂壁。

四大殿堂:天王殿、大雄宝殿、毗卢殿和真身殿。天王殿和大雄宝殿为近年新修重建之殿宇,古朴而有气势;毗卢殿始建于唐大中年间(847—860),现存的殿堂是后来麻城人募捐修建的,故又名麻城殿。1985年维修后,更名毗卢殿。真身殿,又名祖师殿,乃是供奉五祖弘忍真身的殿堂,原来在讲经台下,唐咸亨五年(674),弘忍圆寂前令弟子玄赜修建的。真身早已不存,里面只供奉着弘忍的塑像。真身殿是全寺的主体建筑,画栋雕梁,飞檐翘角,十分雄伟。善男信女至此,无不顶礼膜拜,以缅怀先贤。北宋元祐二年(1087)移至今址重修。此殿建筑匠心独运,造型巍峨宏丽,前部左为钟亭,右为鼓亭。两亭造型一致,相互对称,内与正殿相通,飞檐斗拱,撑角镌有鸟像。中部为正殿,正面门上方挂有"真身殿"匾额。门前两旁大柱上塑有金色巨龙,门头上横梁雕成空心二龙戏珠,屋顶上有九龙盖顶,两侧均用雕花砖砌。正殿后部正中为"法雨塔",五祖真身即藏于此。塔壁四周上层,有数以百计的石刻小佛像和镌刻匾额。

七重偏殿:主殿东侧有关圣殿、松柏堂、延寿庵、及第庵、华严庵、佛殿、客堂、斋堂、大寮等;主殿西侧有长春庵、娘娘殿、方丈、监院室、库房、小寮等。

五祖大宝塔:建于民国21年(1932)为五祖舍利(骨灰)下葬处。(五祖真身毁于民国16年)。

讲经台:相传五祖

图6-6-6 黄梅五祖寺圣母殿

269

弘忍及以后历代住持僧俱于此讲经说法。此台系用砂岩条石筑成的，正面朝南，背连山脊，台西悬崖千丈，登上讲台，视野开阔，犹如厕身天境。

白莲池：为五祖弘忍手建。池中白莲亦为弘忍手植，至今生长旺盛，亭亭玉立，绿叶如盖，色白香清。

钵盂石：系一块高6米，径9米的天然岩石，平地突兀，形如望月，相传是弘忍所用之钵变成。

洗手池：是弘忍初建寺时，在白莲峰上的一块自然岩石上凿的，形如脚盆。无论晴天雨天，池中始终只有半池水。既不干涸，也不满溢，堪称一绝。

图6-6-7 黄梅五祖寺毗卢殿

五祖寺属于典型的廊院式布局，极富园林情趣，有"曲径通幽处，禅房花木深"的意境。

8.关于建筑的经典文字轶闻。五祖有两大弟子神秀和慧能，他们曾以著名的偈语体悟禅道。神秀的偈语是："身是菩提树，心如明镜台；时时勤拂拭，勿使惹尘埃。"慧能的偈语是："菩提本无树，明镜亦非台；本来无一物，何处惹尘埃？"五祖传衣钵于慧能，慧能成为禅宗六祖。[5]

参考文献

①《大清一统志》卷二六四。

②唐裴度《五祖寺》，《湖广通志》卷八八。

③《新唐书·宣宗本纪》。

④《古今图书集成》卷一一七九。

⑤《坛经》。

十五、灵光寺

1.建筑所处位置。广东省梅县城南四十千米的阴那山麓。

2.建筑始建时间。相传唐代咸通年间（860—874）。①

3.最早的文字记载。唐刘长卿《秋夜雨中诸公过灵光寺所居》：晤语青莲舍，重门闭夕阴。向人寒烛静，带雨夜钟沉。流水从他事，孤云任此心。不能捐斗粟，终日愧瑶琴②。

4.建筑名称的来历。"惭愧祖师姓潘氏，名了拳。闽人。解法悟道，行雨露间弗濡。大中间（847—860）修行程乡阴那山，临没说偈，趺坐而化。乡人即庵祀之。"③初名"圣寿寺"，明代洪武十八年（1385），更名"灵光寺"④。

5.建筑兴毁及修葺情况。唐高僧惭愧法师(俗名潘了拳)于咸通二年(861)圆寂后,村人在其茅寮旧址建造寺院,初名"圣寿寺",至今已有一千六百多年历史。灵光寺现存殿堂为明清及以后建筑。

6.建筑设计师及捐资情况。唐释了拳所创建⑤。

明洪武十八年(1385),粤东监察御史梅鼎捐钱扩建,更名灵光寺,现正门石匾上所刻"灵光寺"三字,是梅鼎写的⑥。

7.建筑特征及其原创意义。灵光寺依山建筑,面积10000多平方米。为广东四大名寺之一。寺里最壮观的主殿大雄宝殿(又名菠萝殿),重檐歇山顶,面阔3间,进深7间。经常香烟缭绕,但不管任何情况下,都没有香烟熏人,传说是因为殿顶的藻井所起的作用。这个藻井,是用1000多块精制的长方木构成的螺旋形藻井,俗称为菠萝顶,结构巧妙奇特,是寺庙建筑艺术的杰作。在我国这样的菠萝顶仅有两处,另一个是北京天坛的方形藻井。这个菠萝顶妙就妙在它会把大殿内的香烟及时吸到殿顶迅速排出,而不会使殿内游人被烟呛着。

灵光寺除大殿外,还有金刚殿、罗汉殿、诸天殿、观音阁、钟鼓楼、经堂、客堂、斋堂等。此外,灵光寺还有不少神奇传说,如"五色雀"、"无笃石螺"、"半生熟鱼",以及一些珍稀植物等灵迹。灵光寺是广东省重点文物保护单位之一。

8.关于建筑的经典文字轶闻。寺内有"三绝",一绝是"生死柏",寺前两株1000多年树龄的柏树,一株已枯死300多年,却没有腐烂,仍然挺立,与另一株枝繁叶茂的生柏并肩而立。该古柏系开山祖师惭愧手植。另一绝为大殿后面绿树繁茂,而大殿屋顶上却从来没有落叶。⑦

了拳,永定人。初生左手拳曲,有僧抚之,书"了"字于掌中,指遂伸。因名了拳。八岁牧牛,枯坐石上如老僧,以杖画地,牛不逸去。年十二,住广东阴哪坑。乘石渡河,开莲花。随住阴哪山,称为惭愧祖师。⑧

参考文献

①⑧据寺前所立广东省文物保护单位灵光寺说明碑文。

②《刘随州集》卷三。

③《广东通志》卷五六。

④《大清一统志》卷三。

⑤《大清一统志》卷三五三:"寺在州东南阳那山,唐释了奉道场,有手植柏尚存。"

⑥梅州市地方志编纂委员会:《梅州市志》,广东人民出版社,1999年。

⑦《福建通志》卷六十。

十六、韬光寺

1.建筑所处位置。位于浙江省杭州灵隐寺西北巢枸坞。

2.建筑始建时间。创建于唐穆宗长庆年间(821—824)①。

3.最早的文字记载。白居易《题灵隐寺红辛夷花戏酬光上人》:紫粉笔含尖火焰,红胭脂染小莲花。芳情乡思知多少,恼得山僧悔出家②。

姚合《谢韬光上人》:上方清净无因住,唯愿他生得住持。只恐无生复无我,不知何处更逢师③。

4.建筑名称的来历。原为广严院址。唐穆宗时,有蜀僧结茅于巢枸坞,自称韬光,与当时杭州刺史白居易邀诗唱和,白居易称其为光上人。白改其寺名为法安寺。宋大中祥符

（1008—1016）中始改名韬光④。

5.建筑兴毁及修葺情况。具体兴毁记载不详。但检查前人著作,明人、清人均有歌咏韬光寺的作品。清朝乾隆皇帝南巡还专门去过该寺。估计寺当毁于清朝后期⑤。

6.建筑设计师及捐资情况。韬光禅师。

7.建筑特征及其原创意义。历史上并无该寺建筑有特别之处的记载。但该寺所处环境优美,适合游观。于其间可以听泉,可以望湖,可以观海。白居易离开杭州所作《寄韬光禅师》准确地把握了该寺与灵隐的关系以及自身的特点。诗曰:一山门作两山门,两寺原从一寺分。东涧水流西涧水,南山云起北山云。前台花发后台见,上界钟声下界闻。遥想吾师行道处,天香桂子落纷纷⑥。

明人黄淳耀《韬光寺》:鹫岭摩天碧,峰峰虎豹文。蛟宫楠木蔽,僧灶水筒分。石迸林中雨,江飞海上云。高楼吟复笑,倘有骆丞闻⑦。

清人施润章《韬光寺用白香山韵》:丹阁仙人宅,香台佛子家。岚深晴作雨,树老晚成花。砌口齐藤叶,墙根过笋芽。听泉从日暮,自煮白云茶⑧。

8.关于建筑的经典文字轶闻。喻按:孟棨《本事诗》上有一个关于宋之问游览灵隐寺（当年韬光与灵隐实为一家,白居易"两寺原从一寺分"即是证明）故事,现节其原文如次:(宋之问)至江南,游灵隐寺,夜月极明,长廊吟行,且为诗曰:"鹫岭郁迢遥,龙宫隐寂寥。"第二联搜奇思,终不如意。有老僧点长明灯,坐大禅床,问曰:少年夜夕久不寐,而吟讽甚苦,何耶?之问答曰:弟子业诗,适偶欲题此寺,而兴思不属。僧曰:试吟上联。即吟与听之。再三吟讽,因曰:何不曰"楼观沧海日,门对浙江潮?"之问愕然,讶其遒丽。

清代纪晓岚奉命审查骆宾王全集时,发现其说法荒唐。他写道:孟棨《本事诗》则云:宾王落发,遍游名山。宋之问游灵隐寺作诗,尝为续'楼观沧海日,门对浙江潮'之句。今观集中与之问踪迹甚密,在江南则有投赠之作;在兖州则有饯别之章。宜非不相识者。何至觌面失之? 封演为天宝中人,去宾王时甚近,所作见闻记中载之问此诗。证月中桂子之事并不云出宾王可知。当日尚无是说。又朱国桢《涌幢小品》载正德九年有曹某者凿甃池于海门城东黄泥口,得古冢,题石曰骆宾王之墓云云,亦足证亡命为僧之说不足据。盖武后改唐为周,人心共愤。敬业宾王之败,世颇怜之。故造是语。孟棨不考而误载也⑨。

参考文献

①据明人张岱《西湖梦寻》载:"师游灵隐山巢沟坞,值白乐天守郡,悟曰:'吾师命之矣',遂卓锡焉。"

②《白氏长庆集》卷二〇。

③《姚少监诗集》卷九。

④臧维熙:《中国旅游文化大辞典》,第292页。

⑤《钦定南巡盛典》卷九。

⑥《白香山诗集》卷三九。

⑦《陶庵全集》卷一三。

⑧《学余堂诗集》卷二六。

⑨《四库全书总目提要·骆丞集提要》。

十七、开元寺

1.建筑所处位置。福建省泉州鲤城区西街。

2.建筑始建时间。唐武则天垂拱二年(686)①。

3.最早的文字记载。"垂拱二年,郡儒黄守恭宅……舍(宅地)为莲花道场……遂为开元寺焉。尝有紫云覆寺至地,至今凡草不生,其庭大矣哉……垂云剃草,天启地灵之如是,则开元实寺之冠,斯又冠开元焉"②。

4.建筑名称的来历。原名莲花寺,唐长寿元年(692)改名为"兴教寺"。神龙元年(705),再易名为"龙兴寺"。开元二十六年(738)唐玄宗诏令天下州郡各造一寺以纪年。龙兴寺因此改称"开元寺",沿用至今。两宋时期开元寺达到鼎盛阶段。到元朝至元二十二年(1285)统120个支院,赐名"大开元万寿禅院"③。

5.建筑兴毁及修葺情况。据黄滔《泉州开元寺佛殿碑记》,开元寺的始建时间在垂拱二年。当年的泉州郡儒生黄守恭家里桑树吐白莲花,于是舍为莲花道场。后三年,莲花道场升为兴教寺。复为龙兴寺。"自垂拱之迄开元,四朝而四易号。"知在乾宁三年前开元寺已经毁于火灾。黄滔任职检校工部尚书的弟弟"乃割俸三千缗,鸠工度木",不期年而宝殿涌出,栋隆旧绮,梁脩新虹……五间两厦,昔之制也。自东迦叶佛释迦牟尼佛左右真容;次弥勒佛弥陀佛阿难迦叶菩萨卫神。虽法程之有常,而相貌之欲动。东北隅则揭钟楼。其钟也新铸,仍伟旧规;西北隅则揭经楼,双立岳峰,两危屭云。东瞰全城,西吞半郭。霜韵扣而江山四爽,金字骈而讲诵千来。④

元末遭战火破坏,木构建筑全部被毁。明洪武年间重建山门、大殿、戒坛等建筑物,万历四年(1576)重建照壁。现存山门五间,后檐附有方形拜亭⑤。

现存寺前东、西二石塔是宋代建筑,中轴线上的照壁、山门、大殿和戒坛则是明代遗物。1962年,泉州开元寺被列为省级文物保护单位;1983年3月又被列为国家级第二批重点文物保护单位、全国重点佛教寺院;1986年被评为福建全省十佳风景区之一。

6.建筑设计师及捐资情况。开元寺虽享有盛名,但建造工匠的姓名却罕见流传下来。所可考见者有舍宅为寺的黄守恭,黄滔的任职检校工部尚书弟弟,垂拱二年建造大雄宝殿的释匡护。明洪武三十一年(1398)释正映,崇祯十年(1637)重修开元寺紫云大殿的右参政、按察使曾樱与总兵郑芝龙;民国14年(1925)改法堂为水泥仿木结构的二层楼阁的释圆瑛。

7.建筑特征及其原创意义。开元寺南北长260米,东西宽300米,占地面积7.8万平方米,现存仅为原来的十分之一二⑥。

现存山门中间三间是明代原物,而两梢间及拜亭则是近世添建。大殿面阔九间,进深九间,重檐歇山顶,体量宏伟,形制独特。如按平面柱网计算,此殿应有柱子一百根,故俗称"百柱殿",但实际因减去两排内柱而仅存八十六根。殿内天花以上木构采用南方传统的穿斗式结构。斗拱大而稀疏,尚存宋代遗风。其突出特点是内柱斗拱的华拱刻作飞天伎乐,据考证,这种手持乐器的飞天是经海上文化交流而于宋元期间传入泉州的,明初复建时按旧样仿制而成。戒坛的建筑也很别致,坛上覆八角形重檐顶,四周以披屋和回廊环绕,形成一组造型丰富的建筑群体。山门前有一照壁,称紫云屏。

大雄宝殿位于拜庭的尽头,唐垂拱二年(686)僧匡护始建,是该寺中最早的建筑,也是最主要的建筑。全殿原计划立柱百根,后因为增宽间面起见,减少为86根,号称"百柱殿"。相传建殿之日,有紫云飘绕盖地,又称紫云大殿。百柱形式丰富多彩,尤其是后廊檐间有对16角形的辉绿岩石柱,雕刻着24幅古印度教大神克里希那的故事和花卉草图案;还有殿前的方形大平台,叫"月台",其须弥座束腰间嵌有72幅辉绿岩的狮身人面像和狮子浮雕,同为明代修殿时从已毁的元代古印度教寺移来的,它们是中外文化友好交流的历史见证。最为令人赞叹的,是殿内的石柱和桁梁的接合处,有二排相向的24尊体态丰腴、身影华丽、色彩斑斓、舒展双翅的天女,梵文称为"频伽"(即妙音鸟)。殿供佛像三十四尊,佛坛的正面大厅,供奉着五尊通高 6 米、宽 3.2 米、厚 2.64 米的金身五方佛,五方佛的协侍有文殊、普贤、迦叶、阿难以及观音、势至、韦驮、关羽、梵王、帝释等诸天菩萨、护法神将。后厅正中则供奉着密宗六观音的首座圣观音和善才、龙女。两翼侍列着神态各异的十八罗汉。从大雄宝殿建筑规制和佛像供列看,都是全国少见的,是值得夸耀的奇观之一。

甘露戒坛位于大雄宝殿之后,据说唐朝时候,此地常降甘露,僧行昭开凿甘露井。北宋天禧三年(1019)在井上始筑戒坛,遂称甘露戒坛。现存建筑系康熙五年(1666)重建的四重檐八角攒尖式,坛顶正中藻井,采用如意斗拱,交叠上收,似蜘蛛结网,结构复杂精巧;坛之四周立柱斗拱和铺作间有 24 尊木雕飞天,身系飘带,手持乐器、呜呜弹奏,翩翩飞翔,与大雄宝殿的伽陵频伽一样,既是建筑艺术的瑰宝,又是研究闽南古乐南音十分宝贵的形象资料。据说,全国佛教寺庙唯有北京戒坛寺、杭州昭庆寺和泉州开元寺尚保留着戒坛的建筑规制[⑦]。

藏经阁在甘露戒坛之后,始建于元代至元二十二年(1285),至正十七年(1357)毁于火灾。明洪武三十一年(1398)僧正映重建,景泰、嘉靖年间一再重修,至民国 14 年(1925)僧圆瑛改法堂为水泥仿木结构的二层楼阁。上层收藏各种版本经书 3.7 万多卷。

坐落在开元寺中两侧的双塔,东为"镇国塔",高 48.27 米;西为"仁寿塔",高 45.06 米。东、西两塔是我国最高也是最大的一对石塔。见后塔词条。

8.关于建筑的经典文字轶闻。唐代桑树:我国现存最古老的桑树——唐代桑树,位于泉州开元寺甘露戒坛的西南侧,距今已有 1300 多年历史。开元寺建于唐武则天垂拱二年(686)。当时,此地原是一片大桑园。传说有一天,桑园主黄守恭梦见一位和尚向他募地建寺,黄守恭说如果桑树会开莲花,他就献地结缘。不几天,满园桑树果然开放雪白的莲花。黄守恭只好把这片桑园施舍出来,由尊胜院匡护大师主持建寺工程。寺也因此得名"莲花寺"。至今寺内的这株老桑树,干分三叉,仍枝繁叶茂,生机勃勃。"桑树开莲花"虽属传说,但这寺却因之被称为"桑莲法界"。

开元寺因其区位的原因,历代多有外国高僧驻锡。如唐代印度高僧智亮曾侨寓开元寺。因习惯偏袒一臂,故人称祖膊和尚。能写汉诗,有诗一首:戴云山顶白云齐,登顶方知世界低。异草奇花人不识,一池分作九条溪。另有西域僧朝悟大师,居泉州开元寺,有异行,既去,寺僧刻木奉之,人称"大头陀",亦称"挑灯道者"[⑧]。

图 6-6-8　泉州开元寺仁寿塔

参考文献

①唐乾宁四年(897),监察御史黄滔撰《泉州开元寺佛殿碑记》载。

②(唐)黄滔撰《泉州开元寺佛殿碑记》,见《黄御史集》卷五。

③(清)潘曾沂:《开元寺志》,江苏广陵古籍刻印社,1996年。

④《黄御史集》卷五。

⑤⑥⑦潘谷西:《中国古代建筑史》(五卷本)第四卷,中国建筑工业出版社,2001年。

⑧李玉昆:《泉州港与海上丝绸之路》,中国社会科学出版社,2002年。

十八、云居寺

1.建筑所处位置。江西省永修县境内云居山中,距县城约30千米,距九江约90千米。

2.建筑始建时间。真如禅寺于唐元和年间,释道容肇基建寺,名"云居禅院"①。

3.最早的文字记载。唐白居易《游云居寺赠穆三十六地主》诗:"乱峰深处云居路,共踏花行独惜春。胜地本来无定主,大都山属爱山人。②"

4.建筑名称的来历。初名"龙昌禅院","北宋大中祥符元年(1008)赐额真如禅寺。因寺居山巅之上,常有云雾出没,故俗称云居寺。③"

5.建筑兴毁及修葺情况。真如禅寺于唐元和年间,释道容肇基建寺,名"云居禅院"。唐中和年间(881—885)。曹洞宗二世释道膺在此弘法,倡"君臣五位"之说,门庭大盛,住僧千人,有新罗(今属韩国)僧人利严等专程来寺参学,学成归国开法于须弥山,是为曹洞宗在海外弘传之始。宋景德年间(1004—1007)。法眼宗释契环入院主持法席,在弘扬禅法的同时,多方募缘,修整寺宇,寺貌大改。大中祥符元年(1008),宋真宗亲书飞白体"真如禅院"额赐寺,寺名遂改。宋熙宁年间(1068—1077),云门宗五世释佛印住持真如禅院丈席,长达数十年之久。有庄庵48所,仓廪储峙,纤细毕具,成为江南名刹。继释佛印之后,释晓舜、释自宝、释守亿等先后执掌法席,大弘云门宗风。而后,临济宗法嗣释仗锡、释高庵等次第主持。至南宋建炎元年(1127),释圆悟克勤奉诏"天下名山,惟师择住",来到云居山,执掌法席。不久,金兵南侵,真如禅寺惨遭蹂躏。南宋绍兴四年(1134),释法如就任真如禅寺方丈,招集四方僧众,弘扬"农禅并重","披蓑侧立前峰外,引水浇蔬五老前",率众重建寺宇。到绍兴十一年(1141),重建方丈、法堂、大雄宝殿先后告成,寺宇焕然一新。

进入元代,真如禅寺一度弘扬藏传佛教。元末明初,战乱频仍,真如禅寺屡遭兵燹。明成化年间(1465—1487),附近的豪强痞棍又强废寺田为湖,肆意侵掠寺产。嘉靖(1522—1566)末,真如禅寺已是"最怜清静金仙地,返作豪门放牧场。"万历二十年(1592),释洪断诸缘在北京获悉真如禅寺境况后,毅然荷策南下,立志复业。入住之后,率众闭关3载,整肃寺风,接着修复寺宇。期间,神宗之母慈圣皇太后两次为真如禅寺赐黄金紫衣,施帑铸造千华卢舍那铜佛像,颁赐《大藏经》。在修复工程告成之时,神宗御书匾额、楹联等赐真如禅寺。继释洪断诸缘之后,其法嗣释为白住持法席。明崇祯十年(1637),释颛愚观衡应请入寺执掌丈席,入寺之后,率众实践"农禅并重"。7年之后,寺宇更加壮观,宗风远播。此后,释方融继师之志主持法席。时值明末清初,时局动荡,真如禅寺寺复陷颓境,到清顺治八年(1651),释晦山戒显应请入主真如禅寺。历十余年艰辛,率众修复,到顺治十六年(1659),真如禅寺的修复重建基本完成。期间,四方衲子慕名而来,日盛时住僧多达500余众。执掌真如禅寺法席期间,晦山戒显完成《禅门锻炼说》撰著。晦山戒显迁锡金陵(今江苏南京)后,其法嗣燕雷元鹏就任住持,继师之愿,继续修复寺宇,同时完成《云居山志》

编纂,并刊刻流布。继燕雷元鹏之后,释明熙一度住持真如禅寺,清光绪十九年(1893),释智根执掌真如禅寺法席。清中后期的百余年间,社会动荡,外侮屡至,真如禅寺也长时间地陷于衰落之中,声名渐微。

1939 年,日本侵略军借口云居山险峻,易伏游兵,竟然用燃烧弹炮轰真如禅寺,寺内诸殿宇大多被毁,就连大雄宝殿上覆盖的铁瓦有的都被熔化了。炮轰之后,日寇又窜到寺中,大肆抢掠,珍贵文物大多遭难,明代卢舍那像铜像因搬不走而抛弃在荒草中。日寇走后,僧人草草收拾破损的大寮,权为殿堂。此后,寺中僧众日渐减少。到 1949 年底,寺中仅留释性福等 4 人。

1953 年秋,中国佛教协会名誉会长虚云和尚来到真如禅寺,看到这座千年祖师道场破败不堪,感慨万分,发愿重兴。并于上山的当夜,即与众僧共议,恢复丛林规制,释性福为住持。释虚云驻锡云居山消息传出,四方衲子云集而至。次年开春后,报经政府批准,组成"真如禅寺僧伽农场",下分农林与建筑两队,开荒垦地,造田种稻,植树造林,同时修复重建寺宇,破木筏竹,建窑烧砖,铸制铁瓦。1954 年,真如禅寺完成二层楼藏经楼重建工程,楼上收藏、供奉经典,楼下辟为法堂,权于此进行佛事活动。1955 年,寺僧多至 200 余人。在认真修持的同时,农禅并重,继续开荒种地,修复寺宇。是年冬,释虚云主持以开设"自誓受戒方便"法门,为数百新戒授受三坛大戒。同年,在苏州找回清康熙年间版《云居山志》,释虚云亲撰《云居山志重刊缘起》后,交由香港佛经流通处重印流通。1956 年,释海灯来寺礼谒释虚云后,应请出任真如禅寺住持,并与释虚云共同主持长达 4 个多月的讲经法会,讲说《楞严经》。到 1957 年,真如禅寺修复重建工程大体完成,诸殿堂新塑佛像也相继告竣。同年夏,住持释海灯在寺中开讲《法华经》,同时,释虚云在寺内主持开办"佛学研究苑",寺中有一定文化基础的青年比丘释传印、释正智等就学其中。1957 年与 1958 年释虚云在真如禅寺先后为释达定、释性福、释海灯、释传印等嗣传沩仰宗法脉。1959 年(农历)9 月 13 日,释虚云在云居山真如禅寺茅篷内圆寂,9 天之后,骨灰及部分舍利安于云居山海会塔内。

1966 年 6 月"文化大革命"开始后,真如禅寺遭到严重破坏,佛像遭砸,经书被烧,僧人有的被强令还俗,有的遭遣送回原籍,仅留下释一诚、释法定等 4 人也被强令改为农工。真如禅寺被改为云居山垦殖场红山分场办公室。

1978 年中共十一届三中全会召开,同年冬释一诚、释宽怀等在云居山祇树堂禅寺举行全山"文化大革命"后的第一次佛事活动。1980 年释悟源、释一诚等 10 多人联名上书省有关部门,请求恢复真如禅寺。1981 年 3 月,中共江西省委统战部下文决定恢复真如禅寺为佛教活动场所。同年 4 月 18 日,释悟源、释一诚等 10 余人回住真如禅寺,开始恢复如规如仪的宗教活动和丛林生活规制,同时着手修复藏经楼。次月,举行执事会议,释悟源为住持,释达定为监院,释一诚为知客。1982 年初,真如禅寺列为全国重点开放寺庙。寺中僧众在实行农禅并重的同时,坚持每日早晚上殿,禅堂坐香,兴建"虚云老和尚舍利塔"竣工。同年 9 月,隆重举行"沩仰宗第八世祖虚云老和尚舍利塔"落成开光法会,海内外四众弟子百余人参加,中共江西省委统战部、九江地委及永修县有关领导莅会祝贺。同年冬,住持释悟源主持启坛,举行"文化大革命"后的首次传授三坛大戒,为数百新戒圆具足戒。1983 年 10 月,释朗耀继任真如禅寺住持。

1984 年寺宇的修复重建工程大体告成。到 1984 年底,天王殿、大雄宝殿、虚怀楼、云海楼、钟楼、鼓楼等基本完工,投资逾百余万元,建筑面积达 7000 多平方米。1985 年 9 月,释一诚升座为真如禅寺方丈。同年冬,释一诚主持启坛传授三坛大戒,为海内外数百名新戒圆具足戒,1989 年秋,在释虚云生前所住云居茅篷原址动工兴建"虚云老和尚纪念堂"。

同年冬,住持释一诚应释宣化之请,作为中国佛教赴美弘法团成员,赴美国北加州万佛城参加主持传授三坛大戒。同年,释一诚为主修,聘请省志办专业人员为编纂,主持《云居山新志》的编纂。1991 年(农历)9 月 13 日真如禅寺隆重举行"虚云老和尚纪念堂"落成开光暨传授三坛大戒大法会。中国佛教协会发来贺电,并委托常务理事《法音》主编释净慧为代表前来祝贺,海内外四众弟子千余人参加法会,盛况空前。传戒法会为来自马来西亚、中国香港、中国台湾及大陆各地的 1300 余名戒子圆具足戒。1992 年,篇幅有 70 余万字,收载黑白彩色照片数十张的《云居山新志》,由中国文史出版社正式公开出版,中国佛协会刊《法音》发表专文给予很高评价。

1989 年,真如禅寺因其农禅合一所取得的成绩,被政协全国委员会副主席、中国佛教协会会长赵朴初誉为"道风正,规矩严,农禅好"的样板丛林。非仅如此,自 1953 年释虚云驻锡真如禅寺以后,海内外佛教四众弟子、学者及政要、名流来寺朝礼参学、游览者甚众,仅 1956 年自东南亚诸国及香港、澳门而来的就有数百人次。"文化大革命"结束后,真如禅寺丛林规制得到恢复与完善,寺宇殿堂逐步修复重建,海内外来朝礼与观访者更多,每年接待海外团组都有数十批次。

2001 年,真如禅寺新建山门殿开工,寺宇的绿化进一步开展④。

6.建筑设计师及捐资情况。详上。

7.建筑特征及其原创意义。现在寺内殿、堂、楼、阁为 1949 年后修复,包括大雄宝殿、韦驮殿、云海楼、虚怀楼、钟鼓楼和藏经阁等数十座,规模宏大。佛堂大小菩萨 200 多尊,金光闪烁,是我国著名的佛教道场之一,也是江西省最大的宗教寺宇。主体建筑为前殿、正殿、藏经楼、虚云纪念堂等。本佛寺的价值主要表现在中华文化的灯灯相续、生生不息的进取精神上。而其所以出名,是因其久远的历史,辈出的高僧,和屡毁屡兴的重视历史文化的人文精神。

8.关于建筑的经典文字轶闻。云居寺乃禅宗名山。自唐白居易以来,诗人游览此山留题者甚众,如黄庭坚《登云居作》、苏轼《和黄山谷游云居作》、张位《游云居禅院》。清代山僧晦山对云居寺发展贡献很大。晦山老和尚德行高深,为世人所敬仰。清代著名文人吴伟业尊其为师。文行远《奉怀晦老和尚》,诗曰:"法窟开荒遍,辛勤二十年。学书兼种树,说法且耕田。⑤"

参考文献

①④梅中生:《修水县志》,海天出版社,1991 年。

②《白氏长庆集》卷一三。

③(清)释元鹏:《云居山志》。

⑤喻学才:《中国旅游名胜诗话》,中国林业出版社,2002 年。

十九、杨岐普通寺

1.建筑所处位置。位于江西省萍乡杨岐山,距市区 23 千米。它是我国佛教禅宗五家七宗之一的杨岐宗的发祥地。

2.建筑始建时间。唐天宝十二年(753)①。

3.最早的文字记载。寺内现存刘禹锡为乘广禅师所撰写的碑文,时间为唐元和二年(807)。《袁州萍乡县杨岐山故广禅师碑》。禅师讳乘广,其生容州,姓张氏。七岁尚儒,以俎豆为戏。十三慕道,遵坏削之仪。至衡阳依天柱想公以启初地,至洛阳依菏泽会公以契真乘……始由见性,终得自在。常谓机有浅深,法无高下。分二宗者,众生存顿渐之见;说三乘者,如来开方便之门。名自外得,故生分别;道由内证,则无异同。遂以摄化为心,经行不倦。愍彼南裔不闻佛经,由是结庐此山,心与境寂,应念以起教,随方而立因,居涉旬而善根者知归,逮周月而带缚者渐悟。以月倍日,以年倍时,暗蒙洞开,荒憬潜革。邑中长者十方善众咸发信愿,大其藩垣、法堂、四阿、股引、僧舍。身心恒寂,象马交驰,堕其去来,皆得利益。逾岭之北,涉湘而南。仰兹高山,知道有所在。此地缘尽,翛然化俱。神归佛境,悲结人世。自跃坐而灭,至于荼毗。三百有六旬矣。爪发加长,容泽差衰。真子号呼,围绕薪火。得舍利如珠玑者数十百焉。于戏!肖圆方之形,故寂灭以示尽;入菩提之位,故殊相以现灵。亦犹凤毛成字,麟角生肉。必有以异,不知其然。于是服勤闻法之上首曰甄升乃率其徒圆寂道弘如亮如海等相与拭泪具役,建塔于禅室之右端,从众也。初广公始生之辰,岁在丁巳,当元宗之中元;生三十而受具,更腊五十二而终。终之夕岁直戊寅,当德宗之后元三月既望之又十日也。后九年,其门人还源以为崇塔以存神与建铭以垂休,皆凭像寄怀,不可以阙一。谬谓余为习于文者,故尔足千里以诚相攻。大惧其先师德音与时寝远,且曰:白月中黑,东川无还飔。于金石传信百劫,彼堕泪之感岂儒家者流专之?敬酬斯言,铭示真俗。文曰:如来说法,遍满大千。得胜义者,强名为禅。至道不二,至言无辩。心法东行,群迷丕变。七叶无嗣,四魔潜扇。佛衣生尘,佛法如绵。吾师觉者,冥极道枢。承受密印,端如贯珠。一室寥然,高山之隅。为法来者,千百人俱。裔民嗤嗤,户有犀渠。摄以方便,家藏佛书。愿力既普,度门斯盛。合为一乘,散为万行。即动求静,故能常定。绝缘离觉,乃得究竟。生非我乐,死非我病。现灭者身,常圆者性。本无言说,付嘱其谁。等空无得,后觉得之。像阅虚塔,迹留仁祠。十方四辈,瞻礼于斯[②]。

4.建筑名称的来历。杨岐寺原名广利禅寺,北宋庆历初(1041)方会禅师在此创杨岐宗,将广利禅寺改名为普通寺[③]。道光二十三年邑人甘宝贤等续修。以寺坐落在杨岐山下,改为杨岐寺[④]。今寺名为杨岐普通寺。赵朴初书额。

5.建筑兴毁及修葺情况。杨岐寺,始由唐代天宝十二年(753)从洛阳来此结茅的菏泽神会禅师的法嗣——杨岐乘广缔建。廿年后,又有马祖道一禅师的法嗣——杨岐甄叔恢宏寺宇,命名为"广利禅院"。到宋代天禧三年(1019),有临济宗名宿慈明楚圆禅师于"广利禅院"弘禅,法席常满。慈明楚圆禅师寂后,其上足弟子方会禅师于庆历元年(1041)继席杨岐,更名为"普通禅院"。杨岐方会禅师集黄檗希运的大机,百丈怀海的大用于一身,善入游戏三昧,以灵活多变、兼容并蓄的禅门新风接引禅众,一时名扬天下,开创了中国禅宗影响面最广、生命力最强的一个宗派——杨岐宗,史称杨岐派。庆历六年(1046),方会移居潭州(长沙、湘潭、株洲、益阳)云盖山,杨岐祖庭遂萧条下来,但杨岐法脉却已取得一统天下的局面。一百五十余年后的庆元五年(1199),日僧俊芿禅师来到宋朝,于杭州径山参蒙庵元聪禅师,得受杨岐禅法。嘉定四年(1211),俊芿禅师回日本京都创建泉涌寺,开创日本杨岐宗。

杨岐寺自方会离开后,湮没无闻。到了元末,有彭莹玉和尚组织义军在萍乡上栗瑶金山寺、萍乡杨岐山普通寺、宜春南泉山慈化寺一带进行反元斗争,杨岐寺的佛事活动因此终止。在杨岐寺沉寂了数百年之后,明初,由嗣光禅师重建。至清乾隆元年(1736),独会达亿禅师重建普通禅寺,并遥接宋代杨岐方会临济法脉,而为临济宗第九代祖,形成杨岐禅法体系中独特的一支。道光六年(1826),杨岐寺毁于山洪。到道光二十四年(1844),法显诚修禅师重修杨岐山普通寺,之后次第相承,法席未断,直到1949年新中国成立以后,杨岐山普通禅院再度荒废。

1982年,有太虚大师学生离相尼师,偶然从报纸上得知宗教场所开放的信息,遂发心恢复杨岐祖庭。乃命其徒静诚尼师来山常住,维持千年道场,主持法事活动。历20余年,静诚尼师为祖庭的维护修缮作了许多艰巨而细致的工作。至2001年8月,她将多年的积蓄用来建成一栋三层楼房,作为香积厨、斋堂、寮房及图书室之用。

杨岐寺是中国禅宗南禅的菏泽宗(杨岐乘广)、洪州宗(杨岐甄叔)、临济宗(慈明楚圆)、杨岐宗(杨岐方会)四宗祖庭,又是日本杨岐宗的祖庭。

6.建筑设计师及捐资情况。唐代乘广禅师、甄叔禅师,宋代慈明楚圆禅师、普惠禅师、方会禅师,明代释嗣观、嗣光禅师,清代独会达亿禅师、法显诚修禅师,邑人甘宝贤、当代静诚尼等续修。

7.建筑特征及其原创意义。该寺是我国佛教禅宗五家七宗临济宗下一大支派——杨岐宗的祖庭。杨岐寺作为佛教杨岐宗的发祥地,在国内外具有重大影响,尤其在日本影响更大。据1987年7月日本爱知大学教授、日本禅宗研究所副所长铃木招雄介绍,杨岐宗在日本影响很大,其信徒发展到100多万人。

杨岐山位于萍乡北部的上栗县境内,距城区25千米,古称翁陵山、漉山,海拔约1000米。地势犹如开放在大地上的青莲花,其中一瓣仿佛一尊大肚弥勒,普通寺则轩于弥勒脐下,奇姿绝妙,无与伦比。该寺坐落在杨岐山寿桃峰下,占地面积7000平方米,建筑面积3000平方米。坐西北朝东南。寺内有山门院落,内有大雄宝殿、观音堂、关圣殿、藏经楼等,现有如来佛、观音、关帝等大型塑像,还有护法韦陀、十八罗汉、二十四诸天等木雕神像,杨岐寺肃穆庄严,金碧辉煌,富有我国南方古刹的独有风格,寺周围青山环列,古塔巍巍,古柏参天。自唐至明清,香火鼎盛不衰,每岁之春或佛诞时节,善男信女前往顶礼膜拜者络绎不绝⑤。

杨岐普通寺著名古迹有"三唐"即唐碑、唐柏、唐塔。

唐碑有两块,一块是唐代大诗人刘禹锡为杨岐寺乘广禅师撰写的碑文,由刘禹锡篆刻,建于唐元和二年;另一块是《甄叔禅师塔铭》,唐大和元年建,沙门至闲撰文,僧元幽书写。前者为刘禹锡的得意之作,后者书法如行云流水;均属不可多得的艺术珍品。道光十七年(1837)住持将两块塔铭分别镶嵌在前殿正门左右墙上。唐塔有两座,一座是乘广禅师塔,位于普通寺的右侧,高2.35米,呈八角形,由花岗岩石垒成,塔身浮雕古朴雄浑,具有唐代建筑风格。甄叔禅师塔在杨岐寺左侧,高1.78米,宽0.88米,形似方亭,又称油盐塔,西塔已列入"江西省重点文物保护单位"。寺后有一株唐柏,此树高31米,围7米,直径2.33米,传说为甄叔手植,故又称"甄叔柏",又说此柏是和尚施法栽活的,因此叫"倒栽柏"。这树虽经千年风霜雨雪,仍然苍劲挺拔,枝繁叶茂,生机盎然⑥。

8.关于建筑的经典文字轶闻。唐刘鄘作《杨岐山》诗云:"千峰围古寺,深处敞楼台。景异寻常处,人须特达来。松杉寒更茂,岚霭昼还开。欲续丰碑语,含毫恨不才。⑦"又有唐唐彦谦作《杨岐山》:"逗竹穿花越几村,还从旧路入云门。翠微不闭楼台出,清吹频回水石喧。天外鹤归松自老,岩间僧逝塔空存。重来白首良堪喜,朝露浮生不足言。⑧"

参考文献

①⑤⑥上栗县志编纂委员会:《上栗县志》,方志出版社,2005年。

②(唐)刘禹锡:《刘宾客文集》卷四。

③《江西通志》卷一一〇。

④《萍乡市地名志》。

⑦《御定全唐诗》卷七七五。

⑧《御定全唐诗》卷六九四。

二十、百丈寺

1.建筑所处位置。江西省奉新县城西 70 千米的西塔乡百丈山大雄峰下。

2.建筑始建时间。创建于唐大历年间(766—779)。唐大历年间,邑人甘贞、施山,释大智建。初名"乡导庵"[①]。后唐宣宗敕建大智寿圣禅寺[②]。

3.最早的文字记载。唐宣宗《与黄檗禅师观瀑布联句》:千岩万壑不辞劳,远看方知出处高。(黄檗禅师)溪涧岂能留得住,终归大海作波涛。(唐宣宗)[③]唐宣宗的《百丈山》诗曰。"大雄真迹枕危峦,梵字层楼耸万般。日月每从肩上过,山河常在掌中看。仙峰不间三春秀,灵境何时六月寒。更有上方人罕至,暮钟朝磬碧云端"[④]。

4.建筑名称的来历。初名乡导庵,后延请高僧怀海住持,始名百丈寺。唐宣宗登基后敕赐此寺"大智寿圣禅寺"匾额[⑤]。

5. 建筑兴毁及修葺情况。唐朝时,百丈寺位于原址西北,旋被毁。北宋元丰年间(1078—1085)重建,张无尽作记。明洪武年间(1368—1398),香火极盛,附近禅寺林立,有"三寺五庙四十八庵"之说。清朝,百丈寺经多次整修,山门大殿,宏伟宽敞,梵字层楼,蔚为壮观;寺后有凌云寺、师表阁依山相衬,后均被毁。清康熙年间,南昌知府叶舟重建。雍正十二年(1734),奉旨敕修,内府按朝廷颁发的图样加以改造,花费七千余金,咸丰六年(1856)石达开率太平军驻寺十余日,佛像、僧房均被毁。咸丰十一年(1861),李秀成率太平军经奉新,该寺再度被焚,所有经卷连同师表阁均付诸一炬。同治六年(1867),僧清德、石兰等人化缘修理佛殿,装修佛像。今存残址,即为该次重修。1949 年后,百丈寺仅存大雄宝殿及右侧的两栋客房,殿内正中的如来佛像在"文化大革命"期间被毁,只留下巨石砌成的佛像座及东侧地藏菩萨座基。改革开放后,百丈寺又重新进行了维修,现有大雄宝殿、玉佛殿、三圣殿及伽蓝殿等建筑[⑥]。

6.建筑设计师及捐资情况。详上,不赘。

7.建筑特征及其原创意义。背山面田,原有七进殿堂,掩映在苍山翠竹之中,在中外佛教界享有盛名。现存大雄宝殿、僧寮,及"天下清规"石刻、怀海墓塔遗址等。遗迹、遗构尚存者如次:"天下清规"石碑:百丈山西两块巨石高耸。下面略显长方形的石上刻着西堂智藏赞怀海大师的话:"灵光独耀,迥脱尘根,……"岩石长满了青苔,石面发黑,圈圈白色的苔斑布满石面,红漆正楷大字虽然入石三分,但也有些难以分辨。此石的上方,铁管圈起一块三角状的巨石兀突而立。这是百丈寺的镇寺之宝——上刻"天下清规"四个大字,据说,这是柳公权亲笔所书,右上方还刻有"碧云"两个字。高度评价了怀海和尚在中国佛教史上的贡献。野狐岩:离开石刻,拐过一个山坡,蓦然可见大岩石上赫然镌刻着"野狐岩"三个大字。这里正是发生禅宗史上最著名公案之一的"野狐禅"所在。怀海墓塔遗址:"大智禅师"的"大宝胜轮塔院"。唐宪宗元和九年(814)正月十七,怀海大师圆寂于百丈寺,世寿九十五,舍利子就葬在寺前的墓塔中。长庆元年(821)唐穆宗敕谥怀海为"大智禅师",墓塔为"大宝胜轮塔院"。立于塔院遗址前。清人毛蕴德有诗赞《百丈山》:"雄风高百丈,香火镇千秋。名誉魁多士,清规遍九州。"

8.关于建筑的经典文字轶闻。百丈禅师怀海(720—814),俗姓王,本名大尊,福建长乐县沙京人。幼随母进寺拜佛,指佛像问:"是什么?"其母告知是佛。大尊对母曰:"我后亦作佛。"及长,果从长乐县沙京莲花山龙泉寺慧照禅师出家。

怀海住持百丈寺后,勤于佛事,坚守"一日不作,一日不食"的训条,整顿禅规,另创《禅门规式》,朝廷"诏天下僧悉依此而行",谓之"百丈清规",又名"天下清规"。怀海在寺内每日登堂讲法,广收徒众。怀海讲经,不务虚玄,唯求畅达,故听者甚众,影响颇大。《奉新县志》(康熙版)载:"相传寺后常有青猿来听经,罢则长啸而去。"《五灯会元·洪州怀海禅师》中还记载了怀海在百丈寺的一段奇遇:怀海每次登坛讲经时,有一老者常混于众僧中听讲。某日,怀海讲经毕,众僧尽散,唯老者迟迟不去。怀海问之,老者说:"我今非人类,乃野狐化身。因前生住此山时,有一通道术的人问我:'一个大修行的人,到底落因果否?'我答曰:'不落因果'。只因错说一'落'字,便罚我五百生为狐身。但我至今不悟,还请大师指点!"怀海道:"应答'不昧因果'。"老者遂大悟,感激万分,说:"我今可以解脱,免去野狐之身了!明晨时分,还望大师为弟子收尸于山后!"翌日,僧众往山后寻找,得死狐于山岩中,怀海命以僧礼葬之。此后,人们便称死狐处为"野狐岩",佛家亦由此引申称对禅道一知半解者为"野狐禅"[7]。

参考文献

①同治《奉新县志》。

②《江西通志》卷一一一。

③《江西通志》卷一四〇。

④《全唐诗》卷四。

⑤⑥奉新县志编纂委员会:《奉新县志》,海天出版社,1991年。

⑦据《江西通志》卷七演绎。

二十一、凤凰寺

1.建筑所处位置。位于浙江省杭州市中山中路。

2.建筑始建时间。创建于唐代贞观年间(627—649)[①]。

3.最早的文字记载。《九日凤凰寺》:节物惊重九,区区尚山行。固无登高约,迟明即修程。下马入古寺,榜悬凤凰名。来巢古所传,至今得徽称。拂席坐其堂,耳目一以清。歘然壮稚集,徔徔持盘罃。问其何以至,云此谢秋成。年年当此时,村落相经营。薄具□钉饾,所将惟至诚。感此良自叹,吾生殆如萍。从仕徒衮衮,退归亦无田。去岁尝为客,今晨复遄征。佳节眼前过,有酒难独倾。紫萸金菊花,何以为芳馨。岂如群野人,蹄涔自纾情。行矣姑勉强,义命心所明[②]。

《题凤凰寺》:一代衣冠霸业休,半山金碧梵宫留。伤心废宅松榆老,满目寒塘菡萏秋。马鬣未平余葬地,蛾眉不见但妆楼。凭高欲问豪华事,耆旧无人僧白头[③]!

4.建筑名称的来历。凤凰寺始创于唐贞观年间,因原寺建筑形制类似凤凰造型,故称凤凰寺。该寺与广州的怀圣寺、泉州的清净寺、扬州的仙鹤寺齐名[④]。该寺亦名真教寺,俗称礼拜寺。

5.建筑兴毁及修葺情况。杭州凤凰寺为我国最早由阿拉伯从海上传入我国伊斯兰教、并由阿拉伯人自己建造的最古老的四大清真寺之一,当时比较简陋,至宋代已具规模。先后曾名礼拜寺、真教寺、回回堂。元代时,由回回大师阿老丁于至元十八年(1281)捐金重建,到1341年始建成较完整的具有中国和阿拉伯文化特色相交融的礼拜寺,元末又重建。明代弘治六年(1493),杭州回回堂失火焚毁,清光绪十八年(1892)重修后仍称"凤凰寺"至今,当时规模宏大,民国17年(1928)为支持当时政府辟建中心马路(即今天的中山中路)的需要,拆除了凤凰寺的大门、寺内高层望月楼和长廊等一半面积,破坏了凤凰的造型。1953年市人民政府拨款整修了大殿,保持了元代原貌,并重建了具有巴基斯坦现代风格的前殿,新建了北侧二层的办公用房。现殿内的石刻经台和柱础石,经文物部门鉴定是宋代遗物。现存三间砖砌礼拜殿除正中间的部分可能是宋代建筑外，其余为元明时期建筑。殿内后壁下部三间各有青砂石制"经香台"一座，两侧刻有竹节望柱，束腰刻花草，藏有木制"经函"等伊斯兰艺术珍品。从凤凰寺进院门，左侧有碑廊，相传寺内原有唐宋元各代碑刻，可惜已经看不见了，现存有明清石碑 19 块，大多是移存过来的阿拉伯人的墓碑。辛亥革命杭州光复后，南山路清波门城墙被拆时，发现了三座古墓，墓碑是阿拉伯文，经专家研究是阿拉伯先哲卜哈提亚氏和他的两个随从的墓葬。

元延祐间(1314—1320)回回阿喇卜丹所建。内有明永乐敕谕碑。景泰中(1452)复葺，国朝顺治三年(1464)总兵苏见乐、衢州府知府韩养淳重修⑤。

6.建筑设计师及捐资情况。其唐宋时期建造者失考。元阿拉伯大商人阿老丁捐款重修。景泰中(1452)复葺，清朝顺治三年(1646)总兵苏见乐、衢州府知府韩养淳重修。1953年市人民政府拨款整修了大殿，保持了元代原貌，并重建了具有巴基斯坦现代风格的前殿，新建了北侧二层的办公用房。

7.建筑特征及其原创意义。凤凰寺为我国伊斯兰教四大古寺之一，在阿拉伯国家中也享有盛誉。原建筑规模宏大，比现面积大一倍以上。凤凰寺周围墙高约 20 米，面积约 2600平方米。总体布局呈现伊斯兰教风格，宏大壮丽。主要建筑物面向西，布置在东西向中轴线上，前为门厅，中为礼堂，后为礼拜大殿。现存礼拜大殿是元代遗物，砖拱结构，面宽 3间，不用梁架，四壁上端转角处作菱角牙子迭涩收缩，上覆半球形穹顶。外观起攒尖顶三座，筒瓦板垅，翼角起翘。殿内的须弥座，两侧刻竹节望柱，束腰刻花草，构图洗练，刀法道劲，当是元代以前旧物。殿内正墙凹壁嵌装明代木雕，镌刻着笔法精美的阿拉伯文《古兰经》，可能是明景泰二年(1451)重修时设置。寺内还保存有元代大师阿老丁墓碑等阿拉伯文碑刻。

8.关于建筑的经典文字轶闻。先是宋室徙跸西域，夷人安插中原者多从驾而南。元时内附者又往往编管江浙闽广之间，而杭州尤伙，号色目种。隆准深眸，不啖豕肉，婚姻丧葬不与中国相通。诵经持斋，归于清净，推其酋长统之号曰满拉。经皆番书，面壁膜拜，不立佛像。第以法号祝赞神祇而已。(真教寺)寺基高五六尺，扃鐍森固，罕得阑入者。俗称礼拜寺⑥。

参考文献
①④任振泰:《杭州市志》(宗教哲学卷),中华书局,1999 年。
②(宋)韦骧:《钱塘集》卷一。
③(宋)黄公度:《知稼翁集》卷上。
⑤《浙江通志》卷二二六。
⑥《武林梵志》卷一。

二十二、大佛寺

1.建筑所处位置。位于四川省潼南县城西北 1.5 千米的定明山下。

2.建筑始建时间。唐咸通年间(860—874)①。

3.最早的文字记载。宋张耒《七月十六日题南禅院壁》:"秋林落叶已斑斑,秋日当庭尚掩关。扫榻昼眠听鸟语,可怜身世此时闲"②。

"古定明院在下遂宁县南。唐咸通中建。前依岩石,宋治平间赐额'定明'。其崖上有石佛首,靖康丙午,道者王了知命工展开。身像高八十尺,下俯江流。寺前有石壁立,色如黄罗,故俗名黄罗帐。其左有石磴缘岩,人抚掌则鸣,其声如琴。又有合掌石,石左右向。宛有指爪,介于湍流中。③"

4.建筑名称的来历。原名为定明院,又名南禅院。后因宋代在寺内依山凿一尊大佛,故俗称大佛寺④。

5.建筑兴毁及修葺情况。据碑记所载,潼南大佛始凿于唐朝末年,先凿佛首,北宋靖康丙午年(1126)开雕佛身,至南宋绍兴辛末(1151)全像竣工,前后历时二百多年,是石刻造像中罕见的珍品,为"蜀中四大佛"之一。寺院区内存有大小造像七百余躯,宋至清朝题刻碑碣83则,是重庆境内石刻艺术宝库之一,为省级文物保护单位。另外,在大佛寺侧的崖壁上,集中了七个年号的洪水题记。题刻始刻于明,续有大明正德十四年、乾隆四十六年、同治十二年、光绪十五年、民国34年、1981年历次大洪水标记线和题记。此崖壁集多个年份不同的洪水题刻于一处,可以比较历次洪水在此境内的高程,对探索历代洪水的演变规律,具有较高的科学价值。

6.建筑设计师及捐资情况。大佛寺初建于唐咸通年间,原仅有石佛头像。凿造人不详。宋靖康元年(1126)王了知命工匠雕佛像,身高80尺。清同治年间(1862)又重装大佛全身。大佛寺信奉临济宗,传法兴寺的历代高僧大德有释德修、释蒲智、释界远、释悟法等。另外,道士王了知、居士邓利成亦为著名兴寺大德。大佛寺历史上曾重建三次,前两次(1151、1278)分别由邓利成、冯辑、清晖所建;最后一次是民国11年重建⑤。

7.建筑特征及其原创意义。寺今存有大佛阁、观音殿、玉皇殿、鉴亭四座木结构古建筑,多系清末遗物。寺以巨像飞阁闻名。

大佛阁依山傍水而建,先有大佛,明朝在大佛像之上覆盖七重飞阁以蔽风雨,今尚完好,阁为七檐歇山式建筑,景象壮观。阁内凿崖而就的释迦牟尼佛坐像,高18.43米,神态庄严。这尊大佛俗称"八丈金仙"。

"八丈金仙"打坐在一幢雄伟壮观的七檐歇山式建筑内,房盖全用棕、黄、绿三色琉璃瓦,屋架以圆木为柱,柱上置枋,枋上迭柱,层层搁架,迭垒四重。佛阁外翼角反翘,如羽轻展。如此高大建筑,安装所有梁、檩、柱、枋,均不用一钉一栓。

8.关于建筑的经典文字轶闻。以大佛为中心,在东西长达里许的崖壁上,留有历代骚人墨客书镌的题记、诗咏、碑碣、造像等。另有"石磴琴声"、"顶天佛"、"鉴亭"、"翠屏秋月"等名胜古迹,与"八丈金仙"共称十八胜景。

"石磴琴声"离大佛二十五米处,有四十二级宽大的石磴,摩岩而凿,宛着四十二根琴弦,当游人拾级而上时,脚下便会发出"咚咚"的琴音,更为奇妙的是,其中七级回声特别清越洪亮犹如槌击编钟,又似弹奏绿绮,故称"七步弹琴","石磴琴声"距今已有五百多年历史,比北京天坛回音壁还要早一百零四年。"顶天佛"在大佛左侧的一堵金黄色绝壁上镌刻着一个超级的楷书大字——"佛"。佛字体高八点八五米,宽六点七八米,笔画粗一点二五米,占据岩面六十平方米,为全国最大的石刻佛字。"佛"字脚踏实地、头顶蓝天、字身端庄、笔力千钧、气势酣畅,韵满劲道,隔岸数里,赫然在目⑥。

参考文献

①④⑤⑥潼南县志编纂委员会:《潼南县志》四川人民出版社,1993年。

②《宋诗钞》卷三一。

③(明)曹学佺《蜀中广记》卷三〇。

二十三、窦圌山云岩寺

1.建筑所处位置。位于四川省江油窦圌山。

2.建筑始建时间。"唐朝乾符年间(874—879),唐僖宗敕建云岩观(今云岩寺)"[①]。

3.最早的文字记载。李白《题窦圌山》:"樵夫与耕者,出入画屏中。[②]"

4.建筑名称的来历。唐高宗年间(650—683),江油九湾河人、彰明县主簿窦圌(字子明)弃官隐居圌山,一边修道一边集聚资金,将朽断的"笮桥"撤换为铁索桥。相传他为铸造铁索桥欠了一大笔债,无力归还,便跳下悬岩以身相抵,而功成飞升,成了神仙。人们为纪念他,在他跳岩升天的地方修造了飞仙亭,在他修道的山顶建了窦真人殿,供奉他和他妻子窦真娘娘的塑像。将圌山改名窦圌山。寺以山名,故称窦圌山云岩寺。

5.建筑兴毁及修葺情况。寺内至今保存的飞天藏殿,就是当时——宋淳熙八年(1181)的产物,其规模之大、工艺之精,足以表明当时窦圌山的兴旺。这期间,旧的建筑也得到保护、维修,还重铸铁索桥,新建了云岩寺山门、玄天观、子女殿、千王殿、地藏殿、炳灵宫等一大批寺观及配套生活设施。明末毁于兵火。清雍正三年(1725)重修。康熙年间得到大发展。如康熙十一年(1672)四月修复东岳殿。康熙四十一年(1702)建成护法殿,四十二年(1703)建成药王殿,五十一年(1712)建成准提阁,五十三年(1714)重建东岳殿、南岳殿。康熙五十八年(1719)修补炳灵宫;雍正三年(1725),新建窦真殿、鲁班殿,五年(1727)换修铁索桥,铸大铁钟并建钟楼。十三年(1735)重建大雄殿;乾隆元年(1736)重建超然亭,五年(1740)重建玄天观,七年(1742)重建文武殿,八年(1743)重建云岩寺山门,十一年(1746)铸立铁桅杆,十八年(1753)补修飞天藏,二十二年(1757)重建子女殿。嘉庆元年(1796)窦圌山主要寺庙"突遭回禄(传说中的火神,这里指火灾),毁败",庙中和尚四散一空。

道光二十年(1840),蒙古族镶白旗人、进士桂星接任江油知县。重建了方丈室、东禅堂,补修了祖堂,粉饰了塑像,并建造了一批水池亭台。一时间,"殿堂金相交辉,寮舍宝光齐耀,钟鼓锵锵,课诵朗朗,遐迩衲僧云集一堂",迎来了窦圌山的二次振兴。道光二十五年(1845),释本禅还组织寺僧搜罗古籍,博考题咏,绘制胜景地图,汇编出一册简略的《圌山志》,为后人留下了一份珍贵的历史资料。云岩寺经历了唐、宋、元、明、清的毁葺交替,佛道共存。1988年云岩寺被国务院列为全国重点文物保护单位。

6.建筑设计师及捐资情况。(唐)窦子明、(宋)释真明、(清)释本禅及释了然等。

7.建筑特征及其原创意义。云岩寺分东西二院,东禅林西道观。云岩寺号云岩观,位于窦圌山中部,背依三座顶峰,面对江油古城(今武都镇),东傍悬崖绝壁,西临群密林,视野开阔、气势宏伟。云岩寺建筑格局坐北朝南,在中轴线上建有山门、文武殿、护法殿、大雄宝殿、飞天藏殿等建筑。两侧再辅以配殿、经堂、禅房、客厅等,整个建筑雄伟,地势开阔。

山门:重建于清乾隆八年(1743),总高7.35米,面阔三间呈八字形,当心间为大门,宽3.4米,次间4.1米(各为一间房屋)。正面四柱,当心间二柱为木质,边柱为石质。柱础为石狮,雕工精细。屋脊翼角汉纹卷草、人物塑像均嵌瓷片,为清式作法。

文武殿:位于山门后,重建于清乾隆七年(1742)。因年久失修,1979年倒塌,1988年至1989年拆除重建。殿坐北朝南,单檐歇山顶建筑,保留了清代建筑风貌。总高10.06米,进深6.5米,宽17米,当心间宽7.8米,次间宽4.6米。前后方格窗六合门,两侧为砖墙殿。后左右各重建亭式钟楼、鼓楼,为重檐歇山顶建筑,高8.7米,宽8.5米,四方共立8柱,有座栏,楼(亭)内各轩古钟、鼓。

护法殿:位于文武殿后,重建于清康熙四十一年(1702),1989年维修。为一面阔三间单檐歇山顶建筑,总高8.5米,当心间宽7.05米,次间3.6米。正面辟门窗,明间为雕花六合门、八扇门上分别雕有道教八仙人物,雕花格纹有棱文、球纹等。殿两边为砖墙,殿内地面铺砖,上为木质顶棚,殿中供弥勒佛,两旁塑四大天王。弥勒佛背后为扇面墙,背面有一雕花木龛,内塑护法韦陀。后檐明间开敞,次间用砖封闭,上承屋顶。

大雄殿:位于护法殿后,重建于清雍正十三年(1735)。殿前石条梯步,中为石质浮雕盘龙御道。大殿前檐有木质檐柱四根,柱栏额下出雀替。当心间为木雕龙头,次间为木雕象头,大殿为歇山式屋顶建筑,高10.25米,面阔三间共13.95米。正面装六合门,施以镂空花雕,嵌有浮雕。前檐内壁上部装绘壁画。内檐下立横匾,匾框为龙形浮雕。前后檐均有斗拱。殿左右壁和后壁为火砖墙。殿内塑释迦牟尼佛,左右为阿南、伽叶二弟子,两侧为十八罗汉塑像。"文革"中塑像大部被毁,1984年修补重塑,部分失去原形。该殿系云岩寺主要建筑。

飞天藏殿:位于大雄殿前西侧,宋淳熙八年(1181)由僧人真明主持创建。元至正年间(1341—1368)和清乾隆十八年(1753)修补。呈正方形。原覆琉璃瓦,现覆青瓦。殿总高16.91米,面阔17.00米,进深19.23米(其中前廊2.32米)。殿分三间,清式做法,尚存宋元旧制。上下两层檐下均施五铺作斗拱。上檐下有清光绪朝匾一道,上书"万善俱成"四字。下檐有匾一道,为1983年县人民政府立,上书"飞天藏"三字。殿四周以砖墙围护,较厚,下部厚达1米。墙身正面、左侧和背面均嵌花饰琉璃图案,为清代维修时添制。

东禅堂:位于大雄殿东侧,创建于唐乾符年间(874—879),现存禅堂由本禅师主持重建于清道光二十四年(1844),为重檐歇山式穿逗建筑。开间总长31.3米,进深29.7米,高6.6米,为一长方形四合小院,后有吊脚楼。

南岳殿:曾名地藏殿,位于大雄殿后西侧,清康熙五十三年(1714)由住持了然主持创建。1981年维修。为六角攒尖式无梁殿,总高4.5米,边长2米,南向开小圆拱门一道。

东岳殿:位于窦圌山西峰顶北端,创建年代失考。清康熙七年至十一年(1668—1672)由龙安府司理朱仲廉等重建。1979年维修。砖木混合结构,屋顶中为卷顶棚,两端为歇山式,原为清式屋脊盖筒瓦,现盖小表瓦。总高8.9米,面阔10.05米,进深19.05米。殿分三间,当心间宽3.25米,次间各1.7米。两侧与后面皆为砖砌护墙。原供东岳大帝塑像。现存塑像系1984年重塑。门首原挂民国年间董宋珩书"岳峻峰高"匾额。殿前还有砖砌字库一座,建于康熙年间,高6.2米,宽2.4米,嵌琉璃雕花砖。

玉皇殿:原名玉皇楼,位于东岳殿后53米处山包上,古为一小庙,1960年倒塌。1985年12月由建材部江油水泥厂捐资3.8万元重建,规模超前。总高7.2米,宽8.3米,长8.5米,重檐歇山式屋顶,内供玉皇大帝彩色塑像一尊,由三台县画师蒋某塑造。

窦真殿:又名窦正殿、痘疹殿。位于窦圌山东岳峰顶。传说为纪念开发窦圌山有功的窦真人(窦子明)而建;又传是为祈祷能免除小孩痘疹(天花)的窦真娘娘(窦子明的妻子)而建。约创建于宋元时期。现存窦真殿重建于清雍正三年(1725)。1979年曾作维修。该殿为重檐歇山式建筑,通高6.9米,面阔7.3米,进深7.3米。砖砌台基,木质梁柱,顶盖生铁筒瓦,脊饰为宝顶、鳌鱼,翼角为卷草。垂脊有人物、坐兽。六合雕花门、格花细木窗。内供窦真人和窦真娘娘塑像各一尊。檐角挂生铁铃,内有铁质悬鱼,山风吹来叮当作响,如闻仙乐。

鲁班殿:位于窦圌山北峰顶端,由建修窦圌山寺庙的工匠为纪念鲁班,求其保佑所建,创建年月失考。现存鲁班殿系清雍正三年(1725)重建,知县彭址曾书悬"功俾造化"匾额。1948年和1979年维修。鲁班殿通高8.5米,面阔8米。为单檐歇山式屋顶,脊饰宝顶、鳌鱼。翼角为卷花草纹。垂脊有人物、坐兽,为清式制法。檐角挂生铁铃,内吊铁质悬鱼。顶盖生铁筒瓦。六合雕花门,格花细木窗。殿内供鲁班塑像,旧时,工匠们每年在山上开鲁班会祭奠鲁班③。

8.关于建筑的经典文字轶闻。详本篇第4条。

参考文献

①③肖定沛：《窦圌山志》，四川人民出版社，1991年。

②《李太白集注》卷三〇。

二十四、净居寺

1.建筑所处位置。江西省吉安市东南青原山安隐岭下。

2.建筑始建时间。本寺为禅宗七祖行思道场。唐景龙三年（709）为兰若，天宝十年（751）为寺①。

3.最早的文字记载。（宋）黄庭坚《次韵周法曹游青原山寺》：市声故在耳，一原谢尘埃。乳窦响钟磬，翠峯丽昭回。俯看行磨蚁，车马度城隈。水犹曹溪味，山自思公开。浮图涌金碧，广厦构瑰材。蝉蜕三百年，至今猿鸟哀。祖印平如水，有句非险崖。心花照十方，初不落梯阶。我行暝托宿，夜雨滴华榱。残僧四五辈，法筵叹尘埋。石头麟一角，道价直九垓。庐陵米贵贱，传与后人猜。晓跻上方上，秋塍乱其荄。寒藤上老木，龙蛇委筋骸。鲁公大字石，笔势欲崩摧。德人曩来游，颇有嘉客陪。忆当拥旌旗，千骑相排豗。且复歌舞随，丝竹写烦哇。事如飞鸿去，名与南斗偕。松竹吟高邱，何时更能来。回首翠微合，于役王事催。猿鹤一日雅，重来尚徘徊②。

4.建筑名称的来历。唐时初名安隐寺，北宋崇宁三年（1104）宋徽宗赐额，改名为净居寺③。

5.建筑兴毁及修葺情况。"青原净居寺，在庐陵县水东十五里。七祖行思道场。唐景龙三年为兰若，天宝十年为寺。会昌间废。大中五年重创。段成式有记，宋治平三年赐额'安隐寺'。崇宁三年复旧名。元末兵毁。明洪武九年僧师巩复修。二十四年立为丛林。嘉靖间绅士创会馆，讲学于此。万历末迁馆于山之阳，还其故地④。"

"相传七祖卓锡地，登塔四望，众山如环，局钥甚固。塔之侧龛，笑峰禅师骨。其陈迹则颜鲁公大书'祖关'二字，黄山谷石刻诗。其游览则五笑、凝翠二亭。凝翠倚寺左，面东崖。副宪赵君韫退新之自为记。群山皆土，崖石独礧砢壁立。泉数百道，飞出山谷。矶之以堤。万籁交作，人语亭中，绝不闻声。⑤"

一千多年来，该寺屡经兴废。"文革"期间，净居寺殿宇所剩无几。经过近年的艰苦努力，净居寺终于初步恢复禅林旧制。1983年，净居寺被定为汉族地区全国重点寺院和对外开放寺院⑥。

6.建筑设计师及捐资情况。初创者史无明文，但释行思当为唐代寺庙建设的重要人物。前引黄庭坚诗歌中有"水犹曹溪味，山自思公开。浮图涌金碧，广厦构瑰材"诸句可证。宋代寺庙修建维护者无考。明洪武九年僧师巩复修。

7.建筑特征及其原创意义。青原山自古寺庙众多，尤以净居寺最负盛名。现存净居寺，占地10000多平方米，基本上保持了旧时的格局。山寺正门镌刻有宋朝末年抗元英雄文天祥手书"青原山"三字。寺内中轴线上的主要建筑，依次是山门、天王殿、大雄宝殿和毗卢阁等。大雄宝殿四面为池，以拱桥相联；两边厢房为念佛堂。额首为颜真卿手书"祖关"二字的石雕牌坊，后面山上有纪念行思禅师的七祖塔。还有祖师殿、禅堂、方丈楼等⑦。

8.关于建筑的经典文字轶闻。《五灯会元》载："僧问：如何是佛法大意？师（行思）曰：庐陵米作么价？⑧"所对何意，僧徒纷纷猜测。此段公案，能会得祖师机锋，便可升堂入室，否则瞎猜一气，不得其门而入。

文天祥于咸淳六年（1270）来此，有诗句云："一径溪流满，四山天影圆。"又有诗云：

"空庭横蟠蛛,断碣偃龙蛇。活火参禅笋,清泉透佛茶。晚钟何处雨,春水满城花。夜景灯前客,江西七祖家。⑨"

明嘉靖间邹守益、欧阳德、罗洪先辈宗阳明致良知之学,春秋于此会讲。乙卯岁邹元标、郭子章移会馆于翠屏山之阳,建五贤祠⑩。

参考文献

①③④《江西通志》卷一一二。

②《山谷集外诗》卷一二。

⑤(清)施润章:《游青原山记》,见《江西通志》卷一三四。

⑥⑦石光明、董光和、杨光辉:《青原山志》,线装书局,2004 年。

⑧(宋)释普济:《五灯会元》卷五。

⑨喻学才:《中国旅游名胜诗话》,中国林业出版社,2002 年。

⑩《江西通志》卷九。

二十五、圆通寺

1.建筑所处位置。云南省昆明市区北螺峰山下,后有圆通山,前临圆通街。

2.建筑始建时间。创建于唐朝南诏蒙氏时期。"寺在螺峰山,建自蒙氏(738—937)"①。

3.最早的文字记载。《登圆通寺诗》:物外暂招寻,惟闻钟磬音。松萝栖梵影,水石定禅心。云去苍崖湿,僧归紫径深。滇池风雨至,正好听龙吟②。

4.建筑名称的来历。初名补陀罗寺。补陀罗是梵语的译音、意思是"光明"。传说"补陀罗"是一座佛教圣山的名称,坐落在印度的南海,是观音菩萨的道场。"观音"、"光明"谐音,故又称"观音寺"。元朝大德五年(1301)重建,改名圆通寺,圆通寺名源自佛教经籍《普门品》:"南无观音如来,号圆通,名自在,寻声救苦,能除危险。③"

5.建筑兴毁及修葺情况。南宋宝祐三年(1255),补陀罗寺毁于元世祖南征期间兵燹,这里成为"蓬蘽之墟,蛇豕之家"。元大德五年(1301),云南行中书省左丞阿昔思,大兴土木,"崇建法宇,庄严梵身",历时 18 年,到元延祐六年(1319),建成观音大士殿、藏经阁、圆通宝殿、钟鼓楼、两座佛塔及东西排列的方丈室、云堂、僧庖、僧湢等佛寺建筑群。圆通寺落成,螺峰山亦称圆通山。明成化年间(1465—1487),重修圆通寺,改藏经阁为接引殿。日本来滇和尚曾在寺内建过翠微轩、古木楼、回岩楼。清康熙七年(1668),平西王吴三桂大规模扩建圆通寺,将山门向南移出百步至圆通街街面。建圆通胜境牌坊、天王宝殿、八角弥勒殿,重修接引殿(原藏经阁),修葺东院三十间、西院二十间禅房客堂,重修各佛寺殿宇及西面悬崖峭壁中之松鹤堂、雷祖阁、灵官殿、吕祖阁、文昌阁等道观建筑群。清康熙二十四年(1685),总督蔡毓荣重修圆通寺。清同治十年(1871),圆通寺大水,部分建筑坍塌。清光绪十一年(1885)住持向士民募资重修圆通寺。

"文化大革命"期间,为昆明市人民防空办公室占用,至 1975 年交还市城建局管理。当时,整个圆通寺花木荡然无存,大殿坍塌,八角殿倾斜,牌坊损坏,方丈室倾圮。1976 年市城建局开始修复圆通寺,1979 年 10 月,圆通寺全部竣工正式对外开放④。

6.建筑设计师及捐资情况。唐南诏王异牟寻。异牟寻(754—808),一名古劝枯,南诏第六代王。唐大历十三年(778)继位,唐封为云南王、南诏王。"颇知书,有才智,善抚众。⑤"

(元)皇庆元年(1312)阿昔思受到元仁宗赐书嘉勉,延祐六年(1319)圆通寺落成。并延禅僧大休及弟子普觉、弘觉、普圆、广慧等住寺弘法。⑥

7.建筑特征及其原创意义。圆通寺"近城者寺,其踞高阜之胜者,莫如圆通焉。其中有轩曰翠微深处,有楼曰古木回崖……又有心印堂、悠然斋,在佛殿之西。皆穷幽极阻,真寂境也。⑦"

寺宇坐北朝南,富丽堂皇,整个寺院以圆通宝殿为中心,前有一水池,两侧设抄手回廊绕池接通对厅,形成水榭式神殿和池塘院落的独特风格。由山门、圆通胜境坊、天王殿、圆通宝殿、八角亭(弥勒殿)、藏经楼、水榭曲廊等组成。

山门:有"圆通禅寺"匾额,是当代书法家启功先生题写。

圆通胜境坊:为明黔国公沐英所建,明、清两代不断修葺。康熙七年藩王吴三桂扩建时,将大门移至街前。

大雄宝殿又叫圆通宝殿,其结构和佛像都具有元、明建筑风格。圆通寺原本供奉的是观音菩萨,所以大殿就叫"圆通宝殿"。但是清朝同治年间,大殿内的主尊观音像毁坏,到光绪年间重修时,不知何因主像塑成了释迦牟尼佛像,因此大殿名称与寺院名称和供奉的佛相矛盾。殿内供奉有清光绪年间精塑的三世佛坐像,大殿正中两根高达10余米的立柱上,各塑有一条彩龙,四壁还塑有五百罗汉像,均堪称中国佛寺中的上乘泥塑作品。

八角亭(弥勒殿):八角亭上有"水声琴韵古,山色画图新"的对联。

铜佛殿建于1985年,是专门为了迎奉泰王国佛教协会赠送的释迦牟尼铜像而修建的。这尊铜佛像高3.13米,重4.7吨,体态清瘦,表现了佛祖清修的艰辛。殿内两壁绘有四幅彩图,分别反映佛祖出家、得证佛法、初转法轮、圆寂涅槃的全过程,殿前匾额上的"铜佛殿"三字是书法家、中国佛教协会会长赵朴初先生所题。寺内还有我国内地目前唯一的一座上座部佛教(即小乘佛教)佛殿——铜佛殿。殿内铜制的释迦牟尼坐像(高3.5米,重4吨)与圆通宝殿的释迦牟尼塑像,形态各异,显示了佛教两大部派间的差异,令人大开眼界。寺内最后为藏经楼及新建的五佛殿。还有咒蛟台、水榭、曲廊等建筑。

圆通寺在建造手法上的特点:1.入寺门"圆通胜境坊"后,沿石阶而下,两旁古柏森森,环境清幽。与其他佛寺不同的是,进山门后不是上坡,而是要沿着中轴线一直下坡,圆通(大雄)宝殿地处寺院的最低点。2.采取以小见大,并借背后螺峰山之景,形成别具一格的水院式佛寺,在中国的寺院造园艺术中具有独特的风格。

8.关于建筑的经典文字轶闻。圆通寺外表壮丽,殿宇巍峨,佛像庄严,楼阁独特,山石嶙峋,削壁千仞,林木苍翠,吸引历代诗人墨客留下了许许多多赞美的诗句,并被誉为"螺峰拥翠"、"螺峰迭翠",一直是昆明的八景之一。

明代李元阳草书《吟石崖诗》一首:"铁笔蜷然拥绀宫,曲崖石磴穿玲珑。何年脱下苍龙骨,至今鳞甲生秋风。"清康熙年间,云南总督范承勋题"衲霞屏"三字于石壁上;巡抚王继文摩崖草书七绝一首:"湖光山翠佛衣来,千仞云根老碧苔。徙倚孤亭迟月上,神龙忽拥夜珠回。"清康熙年间书法家许泓勋有七律一首:"圆通古寺树迭千,松柏青苍断复连。或阁或楼或石磴,在腰在足在山颠。遥瞻昆水群峰胜,俯视春畦万户烟。为喜才僧饶韵致,公余招我一谈禅"。

参考文献

①《云南通志》卷一五。

②(明)唐龙:《登圆通寺》,《滇略》卷八。

③竺法护译:《普门品经》,见《大正藏》。

④昆明市志编纂委员会:《昆明市志》(宗教卷),人民出版社,1999年。

⑥⑦(清)李源道:《创修圆通寺记》,民国《(新纂)云南通志》卷九三。

⑤《旧唐书·南诏传》。

⑦(明)陈文:《云南图经》。

二十六、大昭寺

1.建筑所处位置。位于西藏自治区拉萨市老城区中心。

2.建筑始建时间。创建于唐贞观年间文成公主入藏之后(641—647)①。

3.最早的文字记载。赞普25岁癸丑年(641)为大昭寺奠基。至于大昭寺之所以修建，西藏历史书均说由于尼、汉两公主各从本土携来释迦等佛像，须立供奉之处，故欲建寺。先是尼妃为建寺填湖未成。及文成公主入藏，她带来百工技艺和丰厚的嫁妆物资，才彻底解决了填湖问题，建成了大昭寺②。

4.建筑名称的来历。该寺基址原为拉萨卧塘湖，传说是文成公主运用阴阳五行方法择定。松赞干布曾在此湖边向文成公主许诺，随戒指所落之处修建佛殿，孰料戒指恰好落入湖内，湖面顿时遍布光网，光网之中显现出一座九级白塔。于是，一场由千只白山羊驮土建寺的浩荡工程开始了。大昭寺共修建了三年有余，因藏语中称"山羊"为"惹"，称"土"为"萨"，为了纪念白山羊功绩，佛殿最初命名"惹萨"，后改称"祖拉康"(经堂)，又称"觉康"(佛堂)，全称为"惹萨噶喜墀囊祖拉康"意即由山羊驮土建的经堂③。

9世纪改称"大昭寺"，意为"存放经书的大殿"。清代(1644—1911)又称其为"伊克昭庙"。大昭寺又名"祖拉康"，藏语意思是经堂。

5.建筑兴毁及修葺情况。大昭寺是西藏现存最辉煌的吐蕃时期的建筑，是西藏最早的木构建筑，当时是两层船形神庙。

寺内主供的释迦牟尼像是文成公主入蕃带进西藏的，拉萨之所以有"圣地"之誉，与这座佛像有关。寺庙最初称"惹萨"，后来惹萨又成为这座城市的名称，并演化成今天的"拉萨"。大昭寺初建时的只有8间殿堂。15世纪宗喀巴在此创建了喇嘛教格鲁派，寺庙的香火日渐繁盛起来。17世纪时五世达赖喇嘛对大昭寺进行了大规模的扩建和修葺，最终形成今天的恢宏规模。

6.建筑设计师及捐资情况。此寺的设计师首先是松赞干布、文成公主、赤尊公主。其次是15世纪宗喀巴在此创建了喇嘛教格鲁派，17世纪五世达赖喇嘛阿旺罗桑嘉措。

7.建筑特征及其原创意义。

神殿是大昭寺的主体。平面呈方形坛城状，高四层，建筑结构采用了梁架、斗拱和藻井等法式，受到内地风格的影响，尤其是人字大叉梁的结构，属唐代的建筑手法。在初檐和平檐间有圆雕人面狮身伏兽作为承檐，系受尼泊尔风格的影响④。

大昭寺是西藏吐蕃早期著名寺院之一，也是西藏最早的土木结构平川式寺庙。大昭寺殿高4层，整个建筑金顶、斗栱为典型的汉族风格。碉楼、雕梁则是西藏样式，主殿二、三层檐下排列成行的103个木雕伏兽和人面狮身，又呈现尼泊尔和印度的风格特点。寺内有长近千米的藏式壁画《文成公主进藏图》和《大昭寺修建图》，还有两幅明代刺绣的护法神唐卡，这是藏传佛教格鲁派供奉的密宗之佛中的两尊，为难得的艺术珍品。

在大昭寺的正门入口处前面有三根石柱，一根石柱上用汉藏两种文字刻着公元823年签订的唐蕃会盟碑。

大昭寺的主要建筑为经堂大殿。大殿呈密闭院落式，楼高四层，中央为大经堂。建筑构建为汉式风格，柱头和屋檐的装饰则为典型的藏式风格。大殿的一层供奉有唐代(618—904)文成公主带入西藏的释迦牟尼像。这尊释迦牟尼像便是一尊释迦牟尼12岁时的等身镀金像，它在佛教界具有至高无上的地位。二层供奉松赞干布、文成公主和赤尊公主的塑像。三层为一天井，是一层殿堂的屋顶和天窗。四层正中为4座金顶。佛殿内外

图 6-6-9 拉萨大昭寺

和四周的回廊满绘壁画,面积达 2600 余平方米,题材包括佛教、历史人物和故事。大经堂的四周俱为小型佛堂,除位于正中心的释迦牟尼佛堂外,开间均不大但布置简洁。

沿千佛廊绕"觉康"佛殿转一圈,"囊廓"方为圆满。便是拉萨内、中、外三条转经道中的"内圈"。拉萨主要的转经活动都是以大昭寺的释迦牟尼佛为中心而进行的,除"内圈"外,围绕大昭寺则为"中圈",即"八廓",也就是古老而热闹的商业街八角街;围绕大昭寺、药王山、布达拉宫、小昭寺为"外圈",即"林廓",已绕拉萨城大半。大昭寺历史上曾遭受两次灾难。公元 7 世纪后期,由信奉原始宗教苯教贵族大臣发起的第一次禁佛运动,以及公元 9 世纪中期,由朗达玛发起的第二次禁佛运动,使大昭寺或沦为屠宰场,或遭到封闭,而释迦像两次被埋于地下。

大昭寺是西藏重大佛事活动的中心。五世达赖喇嘛建立"甘丹颇章"政权后,"噶厦"政府机构便设于寺内,主要集中在庭院上方的两层楼周围。许多重大的政治、宗教活动,如"金瓶掣签"等都在这里进行。它是目前西藏地区最古老的一座仿唐式汉藏结合木结构建筑。大昭寺与布达拉宫、罗步林卡自 1994 年一起相继入选《世界遗产名录》。世界遗产委员会评价:布达拉宫和大昭寺,坐落在拉萨河谷中心海拔 3700 米的红色山峰之上,是集行政、宗教、政治事务于一体的综合性建筑。它由白宫和红宫及其附属建筑组成。布达拉宫自公元 7 世纪起就成为达赖喇嘛的冬宫,象征着西藏佛教和历代行政统治的中心。优美而又独具匠心的建筑、华美绚丽的装饰、与天然美景间的和谐融洽,使布达拉宫在历史和宗教特色之外平添几分风采。大昭寺是一组极具特色的佛教建筑群。

8.关于建筑的经典文字轶闻。文成公主初到吐蕃,暂栖于布达拉东面湖泊错落的沙地上,住的很可能是当时流行的耗牛毛"黑帐"。这种帐篷防雨雪,吸水而且速干,而她携带的释迦牟尼 12 岁等身佛像,却放在柳林帷幔中。她按汉地风水,发现柳林是龙宫之门,所以决定建庙镇之。而赤尊公主也要求在沙地另一面,给自己带来的 8 岁等身佛像建庙。传说中赤尊公主建的庙屡建屡塌,而且每建必倾,大度的文成公主再次观星象,察地形,按汉地流行的五行学说,发现藏地酷似仰面朝天的罗刹女,而卧塘就是此女的心脏,必须在四肢和心脏处建庙镇之。庙建在心脏处可以塞其血路,她并且提出用白山羊背土填湖的建议。于是,山羊背土的浩荡工程开始了,山羊在藏语中称作"惹",而土则是"萨",于是,这个庙被称为"惹萨",这个庞大的建筑物慢慢成为这片土地的象征,这里也就称为"惹萨",汉语翻译为"逻些",也就是拉萨的前称。这些传说反映的其实是汉地风水和藏地风水融合的过程。公元 648 年,也就是唐贞观二十二年,文成公主到逻些的第 7 年,大昭寺建成⑤。

大昭寺与始于 15 世纪的"传昭大法会"。由正门进入后沿顺时针方向进入一宽阔的露天庭院,这里曾是规模盛大的拉萨祈愿大法会"默朗钦莫"的场所。届时拉萨三大寺的数万僧人云集于此,齐为众生幸福与社会安定而祈祷,同时还举行辩经、驱鬼、迎诸弥勒佛等活动。"默朗钦莫"始于公元 1409 年,是宗喀巴大师为纪念释迦牟尼佛以神变之法大败六种外道的功德,召集各寺院、各教派僧众,于藏历正月期间在大昭寺内举行祝福祝愿的法会而建造的。庭院四周柱廊廊壁与转经回廊廊壁上的壁画,因满绘千佛佛像而被称为千佛廊。整座大昭寺的壁画有 4400 余平方米⑥。

参考文献

①据《旧唐书》及《西藏王臣记》。

②③据五世达赖喇嘛阿旺罗桑嘉措《西藏王臣记》(上)。

④杨嘉铭:《中国藏式建筑艺术》,四川人民出版社,1998 年。

⑤⑥赤烈曲扎:《西藏风土志》,西藏人民出版社,1982 年。

二十七、小昭寺

1.建筑所处位置。位于西藏自治区拉萨大昭寺北面约 500 米处。

2.建筑始建时间。约于唐贞观年间,时间与大昭寺基本同时。

3.最早的文字记载。见《西藏王臣记》上《吐蕃王朝》部分。

4.建筑名称的来历。寺庙取名"甲达热木齐祖拉康",意为"汉虎神变寺"。小昭寺是汉语称谓;小,是与大昭寺相对应而言;昭,是藏语"觉卧"的音译,意思是佛①。

5.建筑兴毁及修葺情况。7 世纪中叶,在修建大昭寺的同时,经文成公主选址,设计,主要由唐朝长安进入吐蕃的汉族工匠按汉地寺庙制式,历时一年,约于唐贞观二十年(646),与大昭寺同时建成。寺门朝东,以示文成公主思乡之心②。

6.建筑设计师及捐资情况:文成公主主持,由从内地带来的建筑师修建③。

7.建筑特征及其原创意义:整个寺庙占地约 4000 平方米。其前部是个庭院,后院是神殿及门楼、转经回廊等附属建筑。门楼三层,底层是比较宽敞的明廊,明廊有 10 根直径0.8 米的大柱,皆为十六棱形。柱头上雕大力士、浮雕宝珠、狮子、回字纹、升云纹、花瓣及连续的六字真言等,古朴典雅,明显具有唐代风格。大柱周身有三条铜箍,铜箍上面透雕花瓣,柱子上半部雕有花草纹,前四排大柱柱拱上浮雕海水云龙纹。明廊后部的墙壁上绘有四大金刚、六道轮回、极乐世界图等壁画,六楼二、三层是僧房和经堂。

神殿是该楼的主体建筑,高三层,底层为佛殿、经堂、门庭。门庭左间的配殿中供有石榴树做的贡布色懂马塑像。中间是四柱宽的空廊。传说原来其中一根柱上挂有文成公主手印的石板,另一柱上挂有护法神画皮两张。四柱皆为圆形大柱,大柱小拱两侧各雕一大力士,力士作承托支撑状。有些柱头小拱两侧浮雕象征性的狮子和人像。门上铺首如钹形,上有二龙戏珠图案,横梁上皆写梵文六字真言。

经堂进深七间,面阔三间,共 30 根木柱,柱下皆有石础。经堂天井正对的一排檩头上雕有 28 只卧狮,一种是全雕、一种是半浮雕。西后净室门口南面供塑有舍利佛与目犍连两大弟子的灵塔与铜鎏金集密金刚造像一尊、泥塑杰尊贡嘎顿珠造像一尊。北门供有吉祥金刚、能仁佛、藏巴拉等塑像,门口左右还塑有四大天王。最后部为佛殿,内有二柱,无柱础,东西长 4.35 米,南北宽 5.4 米,殿内供有尼泊尔赤尊公主带来的铜鎏金不动金刚佛,还有泥塑八大弟子、两大愤怒力士和宗喀巴塑像。佛殿后部和两侧还有密闭式回廊,回廊窄而高,布局很有特色④。

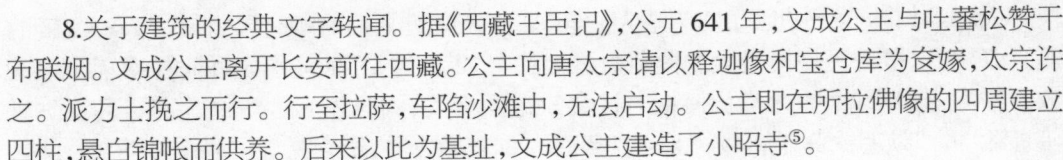

8.关于建筑的经典文字轶闻。据《西藏王臣记》，公元641年，文成公主与吐蕃松赞干布联姻。文成公主离开长安前往西藏。公主向唐太宗请以释迦像和宝仓库为奁嫁，太宗许之。派力士挽之而行。行至拉萨，车陷沙滩中，无法启动。公主即在所拉佛像的四周建立四柱，悬白锦帐而供养。后来以此为基址，文成公主建造了小昭寺⑤。

参考文献

①③⑤《西藏王臣记》。

②④拉萨市地方志编纂委员会：《拉萨市志》，中国藏学出版社，2007年。

二十八、桑耶寺

1.建筑所处位置。位于西藏自治区山南地区扎囊县境内雅鲁藏布江北岸的哈布日山下，距离泽当镇38千米，是国家级雅砻风景名胜区的主要景区之一。

2.建筑始建时间。桑耶寺始建于公元8世纪的赤松德赞时期。公元762年（唐宝应元年）壬寅奠基，至766年丙午落成。

3.最早的文字记载。藏王（赤松德赞）又派使者往迎堪布静命大师，大师随至。此时王臣上下已议定修建寺庙之事，复召集所有属民，王语众曰："今或修一寨堡，能望舅氏之汉土？（赤松德赞乃金城公主之子，故称唐王为舅）抑或建一水晶宝塔与东山相等？或将藏布江纳入管道中；或修一庙堂，可任择一而行。"以其余事皆超越大众之心量，故一致同意请求修建寺庙。并从芒域迎回释迦牟尼佛像，供奉于神变殿之中。莲花生大师降伏所有八部鬼神，令其立誓听命，建立鬼神所喜之供祀，歌唱镇伏傲慢鬼神之道歌，在虚空中作金刚步舞，并加持大地地基等。赞普着白缎袍，手持金斧，挖掘地基，深约一肘许，出现白、黄、红三色地脂，土味甘美，赞普心生欢喜。堪布应诺作修建寺庙之蓝图。先是，过去有一外道咒师，修炼尸法。有一修密比丘，其门徒沙弥，颇具因缘。遂献黄金曼达，作为沙弥赎身之价。领沙弥共来静室，详告以如何截割尸舌之法，并嘱云："舌将变为黄金宝剑，若得此剑，则可随意飞行，此剑归我，尸体变金，以金酬汝。"其舌虽迅吐两次，均未执持，于是外道即语沙弥曰："尸舌外伸，仅一次矣，若汝尚不能执持，则尸舌将杀死汝我二人为首之一切众生，汝其慎之。"最后舌吐出时，沙弥以牙啮之，其舌即断，变为宝剑。沙弥得剑，投掷空中，飞至须弥山王边际，详觇须弥山形与四大部洲，暨各方隅小洲，复将宝剑还与外道。沙弥取尸所变黄金，作为资具，乃仿须弥四大部洲及各小洲形状，修建欧丹达布梨寺。其寺世罕其匹。堪布则言今当仿照此寺修建。遂于善行年，即壬寅年（762），于此清凉雪山围绕之草原中，奠定吉祥桑耶永固天成大寺之基，作为一切众生最胜培福之田。此寺面积，初藏王言，以其所射一箭能达之处为准，诸大臣暗相聚议，大王一箭之射程，为他人所射三倍之遥，如此广阔，难如命完事，但违命亦属非理，应思善策。议定后，遂于箭管中注入水银，则藏王所射一箭与他人相等矣。于是，仿照须弥山形起修大首顶殿，与及四大洲，八小洲；仿照日月修上下药叉殿；并修铁轮山之围墙，四隅之舍利宝塔，四门之石碑等。藏王三妃亦各建三殿。修建之事，莲师役使恶神厉鬼为其服役，白昼由人修筑，夜间由鬼神筑之，故所修殿堂极为高峻。尔时藏王在夜梦中，又梦登上海波日山亲睹释迦如来主从九尊降临，为首顶寺而作加持，藏王心中大喜，旋从梦中惊醒。次日早晨王率大臣康巴果恰等前来瞻礼，当时又从沙土中挖掘出自然生成之石佛一尊，迎供于佛殿净香室中，地忽震动，呈现诸种瑞相。复将此佛像装藏入于觉阿大菩提像中。以大菩提像为中心举凡上中下三殿，与中绕行道，外大绕行道，并各洲殿堂之内所塑造之文静武怒诸尊圣像及其眷属，皆是无上妙严，成为瞻仰者眼目之一大庆会。白色舍利塔内供有自摩羯陀国宫门宝瓶中所取出之如来舍利,尚有吐蕃先祖之"玄密神物"、《五部经藏》等。传说此塔有大加持力。又传王妃卓萨·赤杰芒哥尚建有格吉拉康神殿,因距父兄家乡甚远,且无子嗣,遂于各墙土砖均用铅水胶之;以红铜为顶盖;悬铜钟作为伎乐供养;于佛额间镶嵌绿色聚光宝珠,作为明灯等供奉。王妃卜雍萨(注释:卜雍萨:名杰莫尊。)传说原为贫家女,莲花生的预言说若娶此女,有大福报,故王纳之为妃。亦有说其父为达纳尸罗者建布采色康林,外无墙壁,内无柱木等具有十三种优异之工艺云(注释:十三种工艺:据《世系明鉴》载,十三种优异工艺即外无石墙,坚如金刚;内无柱木,美如帐幕;以黄铜铺地;璁玉作栋;有金马奔腾;黄金为梁;有苍龙盘绕;宝顶作内向外向;殿中佛像总有一大伞盖,每尊佛像又各有一小伞盖;门启闭时,发出金雀鸣声;雕刻十二佛事,均作外凸之状,有如是等极为罕见之精工绝艺)①。

4.建筑名称的来历。古称"乌登勃来"。"桑鸢"藏语的汉语音译,同"桑耶"。意为"不可思议",相传,赤松德赞为了弘扬佛教,请印度僧人莲花生为其建寺传法,莲花生施展法术,在掌心中出现一座寺庙,真是"不可想象"。寺庙建成后,便取名"桑耶寺"②。

5.建筑兴毁及修葺情况。桑耶寺从建成之日到现在,经过十几个世纪的风风雨雨,几度兴废。吐蕃晚期,公元9世纪中叶朗达玛灭佛毁寺;吐蕃禁佛教,该寺曾被封闭。后弘期初期,即10世纪后半期,鲁梅等卫藏10人从康区返回后,分居桑耶寺各殿,筑墙为界,传法授徒,佛教逐渐复兴,后遂成为西藏佛教宁玛派(红教)的中心寺院。

史载,到公元10世纪初萨迦派统治时期,萨迦班钦对该寺进行修葺。清初桑耶寺又遭回禄之灾,现有建筑多为六世和七世达赖时期重建的。热振呼图克图摄政时期,曾予以修缮。1951年中央人民政府曾拨专款进行维修。

现只有主殿保存较好,部分佛塔得到修葺,周围配殿、佛塔等只是依稀可辨。幸好主殿下层保存了一幅桑耶寺全景图的壁画,把过去的规模布局展示出来③。

6.建筑设计师及捐资情况。桑耶寺由印度佛教密宗莲华生大师择地,修"讫地仪轨法"而作殊胜加持;印度高僧寂护大师为主而设计;赤松德赞赞普主持奠基及修建④。

7.建筑特征及其原创意义。现存建筑基本上是七世达赖时期重建。桑耶寺建筑占地面积11万余平方米,寺正方向朝东,总平面为圆形,四周有围墙,墙头上,每约一米有一红陶塔,墙内为敞回廊,正中为主殿乌策大殿,象征世界中心的须弥山。大殿高三层,底层为藏式建筑风格,中层为汉式建筑风格,顶层为五塔相峙的印度建筑风格。

主殿占地面积为4900多平方米,此殿由中心大殿和周围回廊两大部分构成,殿堂的结构和殿顶装饰为梵、汉、藏式建筑风格相结合的产物。回廊的东、南、北面有三个大门。东面正门雄伟壮观,门楼顶上左右饰有经幢,檐下悬挂巨幅"鲜布"。殿大门左右墙上饰有象征吉祥富裕的浮雕名叫"扎西塔结"。左边的浮雕是:法轮、奶桶、扎西德勒、米谷、海螺、仙草、糌粑和青稞;右边是:宝伞、双鱼、海螺、鲜花、吉祥结、法轮和经幢。主殿大门外右侧有一吐蕃石碑,高3.8米,座高0.80米,碑文为古藏文(汉译文为"吐蕃金石录")。主殿门前左右有石狮一对,狮高1.2米,宽0.47米,长0.76米,石座为方形,上雕有方形莲花纹。寺内还有一对汉白玉石像,高1.05米。此雕刻造型古朴、线条柔美,富有唐代雕刻之风,是该寺现存石雕艺术的珍品。寺内还有一口大铜钟,钟高1.1米,直径0.55米,钟上铸有古藏文。铸有少数民族古文字的青铜器,我们发现十分稀少,故此件铜器也是很有价值的。

殿内佛堂里有铜佛两尊,一为次巴门佛,一为夏吉土巴,佛身1.75米,宽1.1米,皆为坐像。

主殿回廊为三开门,门楼与左右回廊相接,廊下有双排柱,柱石脚刻有倒莲花纹或结索纹,柱头有云形染托,上有彩绘图案,全廊有柱184根,故廊下木柱林立,不仅大殿回廊坚固,也使其森严壮观,回廊上绘满了精美的壁画。周围配殿内也有许多壁画,而且各具

图 6-6-10　桑耶寺乌孜大殿

特点[5]。

和大昭寺、小昭寺之只是神殿和佛殿不同，桑耶寺是藏地真正意义上的第一座佛教寺庙。

在建筑上，桑耶寺有以下特点：①以建筑艺术的形式完整体现出佛教的宇宙观。该寺建筑群体的整体构思，就是按照佛教的宇宙形成说为基本出发点，使每个单体建筑的建筑形式和位置都具有独立的象征意义。同时又将各建筑单体有机地结合在一起，形成一个总的建筑格局。为后世藏地佛教寺庙建筑创立了典范。②乌孜大殿的建筑结构和形式分别采用了西藏本土、汉地和印度建筑的风格。大殿底层为藏式建筑，中层为汉式建筑，顶层为印度式建筑。相应各层的壁画和塑像都具各自的艺术风格。③建材的生产和应用有了突破性的进展。建造桑耶寺已经采用了造型各异的本地烧造的砖瓦。且工艺先进。其中绿砖已经施釉。④壁画装饰已经成为寺庙建筑定式。并且内容已经由早期纯宗教扩大到世俗的题材。⑤佛塔艺术的盛行。该寺一百多座佛塔，建筑形式和艺术风格丰富多彩[6]。

8.关于建筑的经典文字轶闻。据载初建桑耶寺时，藏地的鬼神来扰乱，以致白天建好的殿堂，夜里便被鬼神拆毁。从印度迎来的佛教密宗莲华生大师，登上桑耶寺旁的哈布日山顶，布坛修法，以跳金刚舞、念诵密咒等方式，降伏了作恶的鬼神。

参考文献

①④⑦《西藏王臣记》下。

③⑤协札公·旺丘杰波:《桑耶寺志》，藏文古籍出版社，2000年。

⑥杨嘉铭:《中国藏式建筑艺术》，四川人民出版社，1998年。

二十九、昌珠寺

1.建筑所处位置。西藏自治区山南雅砻河东岸的贡布日山南麓，距乃东县2千米许。与赞塘寺隔河相望。

2.建筑始建时间。7世纪40年代。

3.最早的文字记载。《西藏王臣记》上"松赞干布"部分。

4.建筑名称的来历。藏语中，"昌"是鹰、鹞的意思，"珠"是龙的意思。相传寺基原为湖，湖中有一五头怪龙为祟。藏族史书认为松赞干布是佛的化身。他化身为大鹏降伏恶龙后才得以建寺，故得名[1]。

5.建筑兴毁及修葺情况。唐时初建。规模不大。只有六门六柱和祖拉康，后来进行过三次大规模的修建。一是乃东贡马司徒菩提幢曾大加修建，其时约在1350年后，那次修建增添了不少佛堂，奠定了昌珠寺的基本格局。二是五世达赖时期曾进行过大的修建，加盖了大殿金顶，错钦大殿前的门楼和桑阿颇章等建筑。三是第七世达赖亦曾修缮，使昌珠寺拥有 21 个拉康和转经回廊、金殿等建筑。

6.建筑设计师及捐资情况。最早由松赞干布主持修建。现存建筑是十三世达赖修缮的。其他详上条。

7.建筑特征及其原创意义。昌珠寺建筑分前后两部分。前部为一小庭院。后部是以措钦大殿为中心的拉康大院。该寺大门内门道上悬有一口铜钟,上有两圈藏文铭文。系吐蕃王朝赤德松赞时期所铸造。施主为王二妃菩提氏,由汉僧建铸。是唐、蕃文化交流的见证。

图 6-6-11　乃东昌珠寺

昌珠寺由大殿、转经围廊、廊院三部分组成,共二层,砖木结构。主要建筑是措钦大殿,底层供养松赞干布、释迦牟尼、观世音的塑像。二层殿名"乃定学"传为昌珠寺中最古老的殿堂,主供莲花生佛像。主殿里供奉着一幅当年乃东泽措巴的珍珠唐卡,是一件世界罕见的珍宝。这幅用珍珠串起成线条绘出的"观世音菩萨憩息图"(坚期木厄额松像),是元末明初的西藏帕莫竹巴王朝时期,由当时的乃东王的王后出资制成的。整幅唐卡长 2 米,宽 1.2 米,镶嵌珍珠共计 29026 颗,钻石一颗,红宝石二颗,蓝宝石一颗,紫宝石 0.55 两,绿松石 0.91 两(计 185 粒),黄金 15.5 克,珊瑚 4.1 两(计 1997 颗)。

昌珠寺大殿下层布局和形式与拉萨大昭寺大殿相仿。寺内原保存有大量古代壁画和松赞干布、文成公主、尼泊尔赤尊公主及大臣禄东赞等人塑像,造型古朴生动②。

8.关于建筑的经典文字轶闻。相传,文成公主为建大昭寺,夜观天象日察地形,发现吐蕃全城的地形极像一仰卧的罗刹女,将不利于吐蕃王朝立国。须在女妖的四肢和心脏建庙以镇之。于是,女妖心脏上建了大昭寺,四肢之一的一臂上建了昌珠寺。藏语中"昌珠"的意思是"鹰鸣如龙吼"。传说建昌珠寺的地方以前是一个湖泊,湖中常有一五头怪龙作乱,松赞干布为除此害,亲自变成一大鹏鸟与怪龙进行了多次殊死搏斗,最后将妖龙的五个头一一啄了下来。因此这座镇妖之寺的名字就叫作了"昌珠寺",以纪念松赞干布降伏妖魔。这也是民间传说"引龙出湖","断龙为三"的演化。

松赞干布和文成公主常来昌珠寺住,文成公主亲手栽下许多柳树,至今已繁衍西藏各地,统称"唐柳",他们用过的灶和陶盆至今还保留在寺里,古色古香,已成为珍贵的文物。

据说莲花生和米拉日巴等藏传佛教大师都曾在昌珠寺周围修行,仍存的修行地遗址是佛教信徒朝拜的圣地。

参考文献

①《西藏王臣记》。

②乃东县志编纂委员会:《乃东县志》,中国藏学出版社,2007 年。

三十、崇福寺(江西)

1.建筑所处位置。位于江西省上高县西 25 千米九峰林场。

2.建筑始建时间。始建于唐乾宁年间(894—898)。九峰寺原是钟传故宅,唐僖宗时(874—888),钟传聚兵此山,封南平王后,他把旧宅捐献为寺庙。唐朝乾宁年间请普满禅师开山,昭宗皇帝赐名"宏济"①。

3.最早的文字记载。"唐仪凤中,六祖以佛法化岭南,再传而马祖兴于江西,于是洞山有(良)价,黄檗(希运),真如有(大)愚,九峰有(大觉)虔,五峰有(常)观,高安虽小邦,而五道场在焉。②"

4.建筑名称的来历。初名宏济寺,唐昭宗天复年间(901—904),改原宏济寺为"崇福禅寺"。

5.建筑兴毁及修葺情况。元延祐年间(1314-1320),四十四代主持正慧明德禅师捐衣钵,兴建佛殿、藏殿、蒙堂、前资堂、东庵重楼。明洪武十年(1377)僧性空增建堂宇15间。清初,被火烧毁。康熙十年(1671)有僧灵石从洞山来,诛茅剪棘,复旧故址,重建佛殿寺宇。同前后两进,两侧厢房,占地约1000平方米。1958年改作九峰林场职工宿舍,并加夹棚舍,面目略有改变。1985年定为第一批省级重点风景名胜区③。

6.建筑设计师及捐资情况。唐末钟传捐出上高九峰山的故宅辟为寺院,此即上高名刹崇福寺。普满禅师为该山开山祖师。由大觉禅师继席④。其他详上条。

7.建筑特征及其原创意义。砖石木结构,殿堂二进一天井,两侧上下有双重厢房,砖砂混合墙,门额镌刻"崇福禅林"。整个寺院占地面积1800多平方米。

8.关于建筑的经典文字轶闻。九峰崔嵬,彼此环抱回拥,各有奇绝。清代休宁状元金德瑛《游九峰寺》:略约度八九,泉水流玲琮。一峰复一峰,引入九峰中。石桥三涧合,虚亭四面通,老僧七十余,耳目殊清聪。徒众自耕食,山柴供煮烘。水势犹出谷,僧林无移踪。笑语留贵客,小住亦从容。

参考文献

①④同治《上高县志》。

②(宋)曾为筼:《圣寿院法堂记》,见清同治《上高县志》。

③上高县志编纂委员会:《上高县志》,南海出版公司,1990年。

⑤《江西通志》卷一四九。

三十一、崇福寺(山西)

1.建筑所处位置。位于山西省朔县城内东大街北侧。

2.建筑始建时间。创建于唐高宗麟德二年(665)①。

3.建筑名称的来历。辽契丹时,改寺为林太师府署,名曰林衙院或林衙署。辽统和年间(983-1012)又改衙署为僧舍,因名林衙寺②。金天德二年(1150)海陵王完颜亮赐额"崇福禅寺"③。

4.建筑兴毁及修葺情况。金熙宗大崇佛法,于皇统三年(1143)敕命开国侯翟昭度在大雄宝殿(即今三宝殿)后面又建弥陀殿七楹,东西设禅房,周筑宫墙,南立祇园坊,最后再建观音殿五间,寺之规模更为宏敞。元至顺间(1330—1333)敕命创建瑞云堂三楹。

元末寺区辟为粮仓,殿宇为储粮之所,塑像、壁画遭受损坏。明太祖朱元璋崇佛,洪武十六年(1383)将粮仓徙移,重兴寺宇。

明成化五年至十年(1469—1474),寺内大兴土木,重修殿宇,改大雄宝殿为三宝殿,改藏经楼为千佛阁,并于成化十六年(1480)募资于寺后建毗卢阁五楹,今毁。崇祯四年(1631),朔州知州翁应祥题额"林衙古刹"。清乾隆、嘉庆、同治年间几次补修,改名为崇福寺。崇福寺历经辽、金、元、明、清多次重修,沿街扩建,形成现在的规模。

5.建筑设计师及捐资情况。尉迟敬德奉敕修建。喻案:尉迟敬德(585—658),山西朔城人,唐初名将。全国各地多处佛寺有尉迟敬德监修记载。不知是史料记载缺漏还是民间信仰附会。待考。

6.建筑特征及其原创意义。寺坐北朝南,南北长 200 米,东西宽 117 米,全部面积23400 平方米。寺内建筑自山门向里,有天王殿(又称金刚殿)、钟楼、鼓楼、千佛阁(亦称藏经楼)、文殊堂(东配殿)、地藏殿(东配殿)、大雄殿、弥陀殿等。前后五重院落,规模完整,布列有序③。

其正殿观音殿用减柱造法。观音殿创建于金。面阔五间,进深四间,单檐歇山顶,斗拱规整,梁架简练,为增大殿内空间面积,以利瞻礼活动。梁架中使用人字梁大叉手,是我国古建筑中年代较早的实例。殿内佛台宽广,塑观音、文殊、普贤三圣像。

藏经阁,在明代以前是贮存佛经的地方,古名藏经阁。明代重修以后,更名千佛阁。阁为二层,阁身三间四椽,重檐歇山式屋顶。下层围廊,前后檐当心间廊柱增高,屋檐层叠,形成阁门之势。二层以上设勾栏平座,安格扇和直棂窗,檐下斗栱别致,檐头翼角翘飞,阁上黄、绿、蓝三彩琉璃脊饰,光泽鲜艳,更增添了建筑的壮丽④。

弥陀殿,是崇福寺的主殿,也是崇福寺文物的精华所在。……这种减柱与移柱的做法,是我国建筑史上的大胆创造⑤。

参考文献

①《崇福寺碑记》见《朔州志·艺文》卷一二。

②《朔州林衙寺重修碑记》,清乾隆四十年镌刻,现存寺内千佛阁背面檐下。

③④⑤柴泽俊:《柴泽俊古建筑文集》,文物出版社,1999 年。

三十二、云居寺

1.建筑所处位置。位于北京市西南房山区境内的白带山下,距市中心 70 千米。

2.建筑始建时间。云居寺始建于唐贞观五年(631)。据《帝京景物略》载:"北齐南岳慧思大师,虑东土藏教有毁灭时,发愿刻石藏,闭封岩壑中。座下静琬法师承师会嘱,自隋大业迄唐贞观大涅槃经成。……六月,水浮木千株至山下,构云居寺焉。①"

又据《寰宇访碑录》著录,唐元和四年(809),幽州节度使刘济所撰之《涿鹿山石经堂记》亦记有释静琬创刻石经之事:"济封内山川,有涿鹿山石经者,始自北齐。至隋,沙门静琬睹层峰灵迹,因发愿造十二部石经,至国朝贞观五年,涅槃经成。②"

3.最早的文字记载。原智泉寺僧静琬见白带山有石室遂发心书经十二部刊石为碑③。

4.建筑名称的来历。"石经山,峰峦秀拔,俨若天竺,因谓之小西天。寺在云表,仅通鸟道,曰云居寺。④"

5.建筑兴毁及修葺情况。唐高宗永徽年间吏部尚书唐临所著《冥报记》,载:"幽州沙门智苑(按:即静琬)精练有学识。隋大业中,发心造石经藏之,以备法灭。既而于幽州北山凿石为室,即磨四壁而以写经;又取方石别更磨写,藏储室内。每一室满,即以石塞门,用铁锢之。时隋炀帝幸涿郡,内史侍郎萧瑀,皇后之同母弟也,笃信佛法,以其事白后。后施绢千匹及余财务以助成之,瑀亦施绢五百匹。朝野闻之,争共舍施,故苑得遂其功。……苑所造石经已满七室,以贞观十三年卒,弟子犹继其功。⑤"

隋石经,开皇中释静琬凿石刻经,仅成大涅槃而卒。唐宋皆有续刻。唐云居寺石浮图铭,王大悦撰。开元十五年唐云居寺石浮图铭,梁高望书。开元十年唐鹿山石经堂记,刘济撰。元和四年辽云居寺续镌石经记,赵遵仁撰。清宁四年辽云居寺续秘藏石经塔记,沙门志才撰。天庆八年元修华严堂经本记,贾志道撰并书。至正元年云居禅寺藏经记,释法贞撰,陈颢篆额。至元二年⑥。

　　静琬,姓氏里居不可考。访求名胜至燕山北白带山,见峰峦灵秀,遂采石造十二部石经。自隋大业迄唐贞观,大涅槃经成,是夜山吼,生香树三十余本。六月水涨忽浮大木千株至山下,因构云居寺。明皇第八妹金仙公主增修。今香树林后琬公塔存焉⑦。

　　原石经山峰峦秀拔,俨若天竺。因谓之小西天。寺在云表,仅通鸟道曰云居寺。迤南三里,有石级长里许。级尽东折为雷音殿,四壁镌梵语,悉隋唐人所书。复有洞七,即知苑藏石刻处也⑧。

　　西偏下五里许有云居寺,亦静琬所创。墀中列唐人建石浮屠四,皆勒碑其上。其一开元十年助教梁高望书。其一开元十五年太原王大悦书。其建于景云二年者则宁思道所书。太极元年建者则王利贞书也。寺僧言后院中石刻犹多,在榛莽中,或立或仆,多唐时所刻⑨。

　　6.建筑设计师及捐资情况:隋释静琬始创。她既开藏经洞,又创云居寺。其徒道公和尚等续刻增修。唐释藏贲于白带山本建造义饭厅于山腰。唐玄宗的八妹金仙公主在山顶建造两座白浮屠。唐元和四年幽州节度使刘济在山中建曝经台。⑩

　　7.建筑特征及其原创意义。寺院坐西朝东,环山面水,形制宏伟,享有"北方巨刹"的盛誉。"有石堂,东向。方广五丈,曰'石经堂'。堂有几案垆瓶之属,皆以石为之。下以石甃地使平,壁皆嵌以石刻佛经。字类赵松雪。中四石柱,柱上各雕佛像数百,饰以金碧。堂之前石扉八,可以启闭。外有露台三面,以石为阑。设石几石床以为游人憩息。禅房庖湢皆因岩为之。堂左石洞二,右石洞三,复有二洞在堂之下。石经版分贮其中"⑪。喻按:本寺最早的建筑以石胜。即不仅以石版刻经,以石洞藏经,还以石头为建筑材料,营造游客接待场所。

　　云居寺是佛教经籍荟萃之地,寺内珍藏的石经、纸经、木版经号称"三绝"。"石刻佛教大藏经"始刻于隋大业年间(605—618),僧人静琬等为维护正法刻经于石。刻经事业历经隋、唐、辽、金、元、明六个朝代,绵延1039年,镌刻佛经1122部、3572卷、14278块。像这样大规模刊刻,历史这样长久,确是世界文化史上罕见的壮举,堪与名震寰宇的万里长城、京杭大运河相媲美,是世上稀有而珍贵的文化遗产。被誉为"北京的敦煌"、"世界之最"。"房山石经"是一部自隋唐以来绵延千年的佛教经典,不仅在佛教研究、政治历史、社会经济、文化艺术等各方面蕴藏着极为丰富的历史资料。而且在书法艺术上有着重要的文化价值和艺术价值。

　　纸经现藏22000多卷,为明代刻印本和手抄本,包括明南藏、明北藏和单刻佛经等。而其中的《大方广佛华严经》为妙莲寺比丘祖慧刺破舌尖血写成,被誉为"舌血真经",尤为珍贵。

　　《龙藏》木经始刻于清朝雍正十一年(1733)至乾隆三年(1738),现存77000多块,内容极为丰富,是集佛教传入中国2000年来译著之大成。堪称我国木板经书之最。世界上现存两部汉文大藏经,一部为云居寺现存的《龙藏》,另一部是韩国海印寺的《高丽藏》。

　　北塔是辽代砖砌舍利塔,又称"罗汉塔",始建于辽代天庆年间(1111—1120),高30多米,塔身集楼阁式、覆钵式和金刚宝座式三种形式为一体,造型极为特殊。塔的下部为八角形须弥座,上面建楼阁式砖塔两层,再上置覆钵和"十三天"塔刹。这种造型的辽塔,十分少见。

　　现存四座唐塔(喻按:原为五座)都有明确的纪年,塔的平面呈正方形,七层,分单檐和密檐式两种,而造型大致相同。塔身上雕刻着各种佛像,其中唐开元十五年(727)所建的石塔,内壁雕刻有一个供养人,此人深目高鼻,推断应为外国人形象,这与当时唐代与中西亚交流广泛、大量任用外族为官有直接关系。雕刻的服饰十分华丽,线条细腻流畅,反映了盛唐中外文化交流的繁盛景象。

云居寺不仅藏有佛教三绝与千年古塔,而且珍藏着令世人瞩目的佛祖舍利。舍利相传是释迦牟尼遗体火化后结成的珠状物。1981年11月27日在雷音洞发掘赤色肉舍利两颗,这是世界上唯一珍藏在洞窟内而不是供奉在塔内的舍利,与中国北京八大处的佛牙、陕西西安法门寺的佛指,并称为"海内三宝"。为千年古刹增添一份祥光瑞气⑫。

8.关于建筑的经典文字轶闻。明代冯有经《云居寺》诗云:"青青岑嶂切天开,洞石萦回未隐苔。松下覆茅精舍出,花间纡径远泉来。"赵锦也有一首《石经山》七古,其中"林鸟无数鸣,岭猿一再啸。缅惟藏经人,光争日月曜"几句也对石经创作者给予了极大的赞美⑬。明姚广孝《观石经洞》五古写道:"峨峨石经山,连峰吐金碧。秀气钟榱题,胜概拟西域。竺坟五千卷,华言百师译。琬公惧变灭,铁笔写苍石。片片青瑶光,字字太古色。功非一代就,用借万人力。流传鄙简编,坚固陋板刻。深由地穴藏,高从岩洞积。初疑神鬼工,乃著造化迹。延洪胜汲冢,防虞犹孔壁。不畏野火燎,讵愁苔藓蚀。兹山既无尽,是法宁有极。如何大业间,得此至人出。幽明获尔刊,乾坤配其德。大哉洪法心,吾徒可为则。⑭"

参考文献

①(明)刘侗、于奕正:《帝京景物略》,上海远东出版社,1996年。

②《寰宇访碑录》。

③《隋图经》,据《长安客话》。

⑤(唐)唐临:《冥报记》。

⑥《天下金石志》,《钦定日下旧闻考》卷一三一。

⑦《畿辅仙释志》,《钦定日下旧闻考》卷一三一。

⑧《钦定日下旧闻考》卷一三一。

⑨⑩⑪⑫《双崖集》。

④⑧《长安客语》。

⑬喻学才:《中国旅游名胜诗话》,中国林业出版社,2002年。

⑭《逃虚子集》,转引自《房山文史资料》第8辑。

三十三、香积寺

1.建筑所处位置。在西安市城南约17.5千米的长安县郭杜乡香积寺村。古子午谷正北神禾原上。

2.建筑始建时间。创建于唐永隆二年(681)①。

3.最早的文字记载。唐代诗人王维的《过香积寺》:"不知香积寺,数里入云峰。古木无人径,深山何处钟。泉声咽危石,日色冷青松。薄暮空潭曲,安禅制毒龙。②"

4.建筑名称的来历。寺名的来历有两种说法,一说唐代寺旁有香积堰水流入长安城内③,另一说来源于佛经:"上方界分,过四十二恒河沙佛土,有国名众香。佛号香积……其界一切皆以香作楼阁",经行香地,范围皆香④。香积寺的前身为"光明寺",释善导曾在寺内居住。取名香积寺,意把善导比作香积佛。

5.建筑兴毁及修葺情况。唐"安史之乱"和唐武宗会昌灭佛事件中,香积寺遭到严重破坏。直到宋朝时,净土宗流行,香积寺又得到修复。宋元期间,长安衰落,寺院年久失修,到明朝嘉靖年间才进行了大规模的修复。清朝乾隆年间对寺和塔都进行了局部维修,香积寺仍保持明朝的规模。直到清末,寺内还保存有许多金石文物,仅历代雕刻就119件。可惜同治年间,香积寺再度毁于兵火。据传日本浪人趁机盗走大批金石文物,寺僧为了保护文物,曾埋藏若干,但至今这些文物下落不明。

1979年以来,香积寺新建了大雄宝殿五间,整修了善导塔,后相继新建法堂五间,廊坊十间,僧房、库房十余间,还重新建了寺院围墙和院内甬道,规划和平整了花园,新修了公路,开辟了停车场。

1990年5月2日,香积寺隆重举行了方丈升座典礼。在陕西省暨西安市佛教协会常务理事续洞法师主持下,又新建配殿二十间,念佛堂三间,且使这一净土宗祖庭走上了按丛林制度进行管理的轨道⑤。

6.建筑设计师及捐资情况。唐高宗永隆二年(681),高僧善导圆寂,弟子怀恽为纪念善导功德,修建了香积寺和善导大师供养塔,使香积寺成为中国佛教净土宗正式创立后的第一个道场⑥。

7.建筑特征及其原创意义。香积寺为中国净土宗祖庭。其开宗立派之地位理应重视。

唐代建寺时的寺院规模宏大,据《隆禅法师碑》载:"神木灵草,凌岁寒而独秀,叶暗花明,渝严霜而霏萃。声闻进道之场,故亦临水面,菩萨会真之地,又于寺院造大堵波(即佛塔),塔逅回二百步直上一十三级……重重佛事,穷经岭之分身;种种庄严,尽比丘之异实。"当时,武则天和唐高宗都曾来此礼佛,并"倾海国之名珍"、"舍河官之秘宝",赐给香积寺。因善导在长安拥有众多信徒,这里又供奉着皇帝赐给的法器、舍利子,故前来瞻仰拜佛的人络绎不绝,香火极盛。

原香积寺殿宇早已坍塌,现仅存两座古塔,东西对峙。西边是唐代建造的善导舍利塔,为一正方形密檐式仿木结构砖塔,现存八级,高33米。塔身周围雕有精美石佛,并刻有楷书的《金刚经》。东边小塔相传为善导门徒净业的灵塔,用青砖砌成。净业禅师的塔铭,唐人毕彦雄所书。

当代日本净土宗信徒对善导法师极为尊崇,并捐资修建寺院。今寺内供奉的善导大师像、佛像、供桌、木鱼、灯笼等都是从日本运来的。如今,香积寺已成为中日宗教文化交流的见证。唐代的善导塔现也已作整修,塔内有木梯直通塔顶。

8.关于建筑的经典文字轶闻。唐代名僧善导和尚(613—681)是山东临淄人,他精研《无量寿经》、《观无量寿经》及《往生论》等佛教经典,认为世风混浊,倡导"乘佛愿力",只念"阿弥陀佛"名号,广招信徒。后在终南山修行,著有《观无量寿佛经疏》、《般舟赞》等。善导是唐朝弘扬净土宗祖师,号"莲花第二祖"。净土宗又称"莲宗",以《无量寿经》、《观无量寿经》、《阿弥陀经》和《往生论》为主要经典,主要宣扬西方极乐世界。善导平日持戒极严,除研读教义,劝化他人外,总是合掌胡跪,一心念佛,非力竭不休。传说他念佛一声,即有一道红光从其口中出,十声百声光明如前,称"光明和尚"。他用布施来的钱财,书写了《阿弥陀佛》数万卷,书净土变相三百于壁,把净土宗经典中叙述的人物故事用图画描绘出来。近代新疆吐峪沟高昌故址出土的许多古代写经中,也有善导作品。

公元8世纪中叶,善导阐述净土宗理论的著述《观无量寿经疏》传入日本。随后,善导及净土宗在日本影响逐步扩大。12世纪时,日本僧人法然上人依据善导的《观无量寿经疏》创立了日本净土宗。善导的《观无量寿经疏》遂成为日本净土宗的根本圣典,香积寺亦成为日本净土宗的祖庭。据1955年日本宗教年鉴记载日本净土宗有14个宗派,拥有8190座寺院,开办了两所大学,一所学院,一所专科学校,现有信徒五百余万人。

香积寺作为佛教净土宗道场,在唐时与山西石壁山玄中寺齐名。净土宗东晋时由天竺传入中国,开祖于庐山慧远,相传名僧慧远和十八高贤共结莲社或称白莲社,同修净土,故净土宗亦称"莲宗"或"白莲宗"。继盛于北魏,从五台县鸾大师和唐并州道绰大师,至长安光明善导大师乃集其大成,谓为宗风,故人们认为净土宗的实际创宗者是善导,尊他为二祖。净土宗提倡专念阿弥陀佛的名号,就此往生"西方净土"的极乐世界。"阿弥陀佛"是梵语,意为无量光明,无量寿命,无量智德智能等。唐代净土宗得到长足的发展,中唐以后,曾广泛流行到社会各阶层。

参考文献

①《陕西通志》卷二八。

《长安志》:"开利寺,在县南三十里皇甫村。香积寺也。永隆二年建。皇朝太平兴国三年改今名。"

②《王右丞集》卷七。

③《关中胜迹志》卷七。

④《维摩经·香积佛品》。

⑤西安市地方志编纂委员会:《西安市志》(第六卷),西安出版社,2002年。

⑥《中国历代名匠志》"释善导"条。

三十四、华严寺

1.建筑所处位置。今山西省大同市城区内西南。

2.建筑始建时间。一说建于唐中宗时期,"寺肇自李唐"(明成化碑);另一说建于辽代。

3.最早的文字记载。据《辽史·地理志》载:"辽清宁八年(1062)建华严寺,奉安诸帝石像铜像。"

4.建筑名称的来历。因佛教中的一支流派——华严宗而得名。华严宗出现于唐朝,唐中宗时期曾为华严宗法藏大师建五座大华严寺,大同华严寺为其中之一①。

图 6-6-12 华严寺大殿

5.建筑兴毁及修葺情况。该寺始建于唐,是当时佛教华严宗五大寺庙之一。会昌年间(841—846),唐武宗大举灭佛,寺毁。辽代重建,并供奉辽诸先帝的石像和铜像,华严宗成了辽代的祖庙。保大二年(1122),寺内部分建筑被火烧毁。金、明、清时期,多次重修,使该寺保存至今②。

6.建筑设计师及捐资情况。"唐尉迟敬增修"(明万历碑)。

辽代将其改造为祖庙。经费自当由朝廷负担。金朝初年,僧录释慈济、通利、辩慧、义普等僧人发心重建③。

7.建筑特征及其原创意义。华严寺以辽金建筑和彩塑著称于世,被人们誉为辽、金艺术博物馆。该寺在明代中叶一分为二,各开山门。至今虽合为一处,但布局实际上仍是上下两寺。整座寺庙坐西朝东,契丹族信鬼拜日,信仰与习俗总以东为上。

上华严寺布局严谨。有山门、前殿、大雄宝殿,祖师堂、禅堂、云水堂分列两旁。大雄宝殿建于金天眷三年(1140),是上寺主要建筑物。殿广九间,深五间。建筑面积1560平方米,是古代单檐木构建筑中体形最大的佛殿。单檐庑殿顶,举折平缓出檐达3.6米,每片筒瓦长76厘米,重达27千克,斗拱雄大,形制古朴,其造型比例为典型的辽金风格。建筑布置在3米高的月台上,外观庄严,气势雄伟。大殿的柱列配置采用减柱法,简化了梁柱构造,增加了室内空间。殿内后窗处,有拱桥连接的木制天宫楼阁五间。楼阁雕工精细,玲珑奇巧,富于变化,是国内现有的唯一辽代木结构楼阁建筑,被著名建筑学家梁思成称为"海内孤品"。

下华严寺布局较自由,建筑风格也较活泼。以薄伽教藏殿为中心,有山门、天王殿、南北配殿及碑亭等。薄伽教藏殿建于辽兴宗重熙年间(1032—1055),为存放佛教经书之所。广五间,深四间,单层九脊顶,力于高台之上。殿内保存着31尊辽代塑像,四周排列楼阁式藏经壁橱38间,形如两层阁楼,又称重楼式壁藏。壁藏纯木结构,设计严谨,雕刻玲珑剔透,对研究辽金建筑,具有重要的科学和艺术价值。其中的天宫壁藏按想象的天宫式样做成的木雕模型,上层为佛龛,下层为藏经橱柜。另外,下华严寺中的海会殿在薄伽教藏殿之前左侧,殿广五间,深四间。单层,悬山顶。海会殿未采用辽代常见的减柱法,而是升高金柱,使构造简单合理,同样达到了扩大空间的目的④。

8.关于建筑的经典文字轶闻。华严寺的建筑布局特点之一是主要建筑的朝向特殊,皆坐西朝东⑤。

参考文献

①罗哲文:《中国名胜——寺塔桥亭》,机械工业出版社,2006年。

②梁思成:《中国建筑史》,中国建筑工业出版社,2005年。

③《大金国西京华严寺重修薄伽藏教记》。

④杨永生:《中国古建筑之旅》,中国建筑工业出版社,2003年。

⑤《新五代史·四夷附录》载:"契丹好鬼而贵日,每月朔旦,东向而拜日。其大会聚、视国事,皆以东向为尊,四楼门屋皆东向。"

三十五、善化寺

1.建筑所处位置。山西省大同市城区南门内西侧①。

2.建筑始建时间。该寺始建于唐开元年间(713—741)。其中的大雄宝殿是辽代建筑,山门、三圣殿、普贤阁为金代重修②。

3.最早的文字记载。据该寺山门内所存金大定十六年(1176)《金西京大普恩寺重修大殿记》载:"大金西都普恩寺,自古号为大兰若。辽后屡遭烽烬,楼阁飞为埃坋,堂殿聚为瓦砾。前日栋宇所仅存者,十不三四。③"

4.建筑名称的来历。唐朝开元年间始建时,名为开元寺,俗称南寺。五代后晋初,易名为大普恩寺。元代仍名普恩寺,且颇具规模。明英宗朱祁镇"敕颁藏经",赐名为善化寺,并将此寺作为官吏习礼的场所④。

5.建筑兴毁及修葺情况。该寺始建于唐开元年间。辽代保大二年(1122),寺毁于兵火,"存者十不三四"。金代时重修,自天会六年(1128)至皇统三年(1143)凡十五年始成。明正统十年(1445),赐名善化寺。从此直至清末,善化寺曾大修三次。1949年后,人民政府又多次维修,使其面貌焕然一新⑤。

6.建筑设计师及捐资情况。金天会戊申(1128),该寺上首圆满大师曾主持重建⑥。

7.建筑特征及其原创意义。全寺总体布局严谨,主次分明,建筑物亦具有相当规模,是全国现存辽、金时期寺院中布局最完整的一座。善化寺总平面轴线为南北向,由南往北依次布置山门、三圣殿及大雄宝殿,两侧有东西配殿、长廊(已毁)、文殊阁(已毁)、普贤阁、地藏殿(已毁)、观音殿(已毁)等。

大雄宝殿面阔 7 间,40.48 米,进深 5 间,24.24 米,单檐四阿顶。前有砖形高台,宽 31.42 米,深 18.77 米。平面用减柱造,中央的 5 间 4 缝(缝为通过柱中心之轴线)省去外槽的前内柱和内槽的后内柱,只用 4 根内柱。檐柱生起很高,超过宋《营造法式》中规定的"七间生起六寸"一倍。檐柱之间除正面当心间和二梢间开门窗外,都围以厚墙。斗拱都是五铺作。补间只一朵,当心间出 60 度斜拱,左、右次间出 45 度斜拱。殿内斗拱有 8 种,构造繁复。天花部分用斗八(八角形)藻井和平棋(清称天花),部分为彻上明造。屋顶高大雄壮,但还未使用推山(庑殿屋顶为解决正脊过短,采用向两侧延伸的一种屋面特殊做法)。殿内佛坛正中有

图 6-6-13　善化寺全景

泥塑金身如来五尊,端坐于莲台,弟子、菩萨恭谦敬谨。两侧是二十四诸天王,西、南两壁绘有佛传故事画。

普贤阁在大殿南面西侧,金贞元二年(1154)重修,建筑结构式样和手法均模仿辽代,是研究我国木构建筑发展历史的重要例证。普贤阁为平面方形,每面 10.40 米。底层东西面 3 间,南北面 2 间;上层每面均为 3 间。外观 2 层,以腰檐、平坐划分。屋顶为单檐九脊殿式。阁建在砖砌平台上。平面未置内柱。底层除东面当心间设门外,其余皆围以砖墙。斗拱均用五铺作。补间只一朵,上檐出 60 度斜拱。

三圣殿在山门与大殿之间,建于金天会六年(1128)。面阔 5 间,32.68 米;进深 4 间,19.30 米。单檐四阿顶,檐下斜拱宏大华丽,是金代斗拱之典型做法。殿前有砖砌。殿身平面减柱甚多,内柱只剩 4 根,即当心间缝的后檐内柱和次间缝的后檐内柱;另有 4 根辅助性内柱,大概是后代所加。前、后檐当心间开门,前檐次间辟窗,其余都砌以砖墙。中央 3 间在后檐内柱处砌屏风墙,墙前砌佛坛。斗拱用六铺作。补作铺作于当心间用两朵,其余均用一朵。梁架全部砌上明造,施叉手而不用托脚。另外,殿内除中央佛坛上有"华严三经"塑像之外,尚存石碑 4 块,具有重要的研究价值。

山门亦为金代重修之建筑。在三圣殿之前,为善化寺之正门。门广 5 间,深 2 间,单檐四阿,正中为出入孔道。其柱之分配为前后檐柱及中柱各一列,共 18 柱。外檐斗拱,单抄单昂,后尾两抄;中柱斗拱亦双抄。内外柱头铺作之间,于第二跳华拱之上承月梁形乳栿。乳栿之上,不用平梁,而用搭牵,前后相对,转角铺作亦用附角斗,多出铺作一缝。阑额之上,亦用普排枋,广厚同阑额⑦。

8.关于建筑的经典文字轶闻。据该寺山门内所存金大定十六年(1176)《西京大普恩寺重修大殿碑》记载:"大金西都普恩寺,自古号为大兰若。辽后屡遭烽烬,楼阁飞为埃坋,堂殿聚为瓦砾。前日栋宇所仅存者,十不三四。[8]"

参考文献

①②梁思成:《中国建筑史》,中国建筑工业出版社,2005年。

③⑦⑧郭黛姮:《中国古代建筑史》,中国建筑工业出版社,2003年。

④杨永生:《中国古建筑之旅》,中国建筑工业出版社,2003年。

⑤罗哲文、刘文渊、韩桂艳:《中国名寺》,百花文艺出版社,2005年。

⑥《山西通志》卷一六九。

三十六、真如寺

1.建筑所处位置。上海市嘉定县真如镇。

2.建筑始建时间。唐至德中(757)建。内有雪峰和尚住庵及宋司马光所作真如院法堂记石刻①。元代延祐七年(1320)获得真如寺寺额。

3.最早的文字记载。(宋)司马光《秀州真如院法堂记》,皇祐四年(1052)作。壬辰岁夏四月,有僧清辨踵门来告曰:清辨秀州真如草堂僧也,真如故有讲堂,庳狭不足以麻学者。清辨与同术惠宗治而新之,今高显矣,愿得子之文刻诸石以谂来者。光谢曰:光文不足以辱石刻。加平生不习佛书,不知所以云者。师其请诸佗人。曰:佗人清辨所不敢请也,故惟子之归而子又何辞?光固辞不获,乃言曰:师之为是堂也,其志何如?曰:清辨之为是堂也,属堂中之人而告之曰:二三子苟能究明吾佛之书,为人讲解者,吾且南乡坐而师之。审或不能,则将取于四方之能者。皆伏谢不能。然后相率抵精严寺迎沙门道欢而师之。又属其徒而告之曰:凡我二三子,肇自今以及于后相与协力同志。堂圮则扶之,师缺则补之,以至于金石可弊,山渊可平而讲肄之声不可绝也。光曰:师之志则美矣,抑光虽不习佛书亦尝剽闻佛之为人矣。夫佛盖西域之贤者,其为人也清俭而寡欲,慈惠而爱物。故服弊补之衣,食蔬粝之食,岩居野处,斥妻屏子,所以自奉甚约而惮于烦人也。虽草木虫鱼不敢妄杀,盖欲与物并生而不相害也。凡此之道皆以涓洁其身不为物累。盖中国于陵仲子、焦光之徒近之矣。夫圣人之德周,贤者之德偏。周者无不覆而末流之人犹不免弃本而背原,况其偏者乎?故后世之为佛书者日远而日讹,莫不侈大其师之言而附益之,以滛怪诬罔之辞以骇俗人而取世资。厚自丰殖不知餍极。故一衣之费或百金,不若绮纨之为愈也;一饭之直或万钱,不若脍炙之为省也。高堂钜室以自奉养,佛之志岂如是哉?天下事佛者莫不然而吴人为甚。师之为是堂将以明佛之道也。是必深思于本源而勿放荡于末流。则治斯堂之为益也岂其细哉②!

4.建筑名称的来历。"真如寺,一名万寿寺,俗称大寺(庙),旧在官场(即今大场附近)③。"寺名乃取自佛经《成唯识论》里的解释:"真,谓真实,显非虚妄;如,谓如常,表无变易。谓此真如,于一切位,常如其性,故曰真如。"元延祐年间(1314—1320),僧妙心请额,改为真如寺④。

5.建筑兴毁及修葺情况。"元延祐七年(1320),僧妙心移建桃树浦,请额改寺。明洪武间僧道馨、弘治间僧法雷两次重修⑤。"延祐七年(1320),新建大殿。现存大殿的额枋底部,有只钩阴刻"(时)大元岁次庚申延祐七年癸未季夏月乙巳二十一日巽时鼎建"二十六字,当为大殿梁完工之时。明洪武三十年(1397),僧道馨重修,后渐颓圮。弘治中(1488—1505),僧法雷再修。崇祯末年(1643年前后),僧慧云重建殿堂。至清末始衰,光绪二十一年(1895)僧念岸再建。1949 年后,上海市政府曾几次拨款修理大殿。最后一次整修于1992 年由僧妙灵主持进行⑥。

6.建筑设计师及捐资情况。北宋时,僧清辨、惠宗等曾整治真如草堂,作为讲论佛教的场所。宋嘉定年间(1208—1223),僧永安以真如院改建;元延祐年间(1314—1320),僧妙心请额,改为真如寺。

7.建筑特征及其原创意义。大殿平面正方形,面阔和进深均为三间,屋顶为单檐歇山顶,大殿建筑保留了一些宋代建筑的特征,但斗拱等细节较宋《营造法式》规定的更多,显出向明清过渡的特点。梁架结构中创明、清两代南方建筑中置轩的先例。其额坊底部有双钩阴刻的元代延祐七年修造纪年⑦。

8.关于建筑的经典文字轶闻。(宋)司马光《秀州真如院法堂记》。

参考文献

①《明一统志》卷三九。
②⑧《传家集》卷七一。
③⑤④⑥⑦释妙灵:《真如寺志》,上海社会科学院出版社,2006 年。

三十七、寒山寺

1.建筑所处位置。江苏省苏州城西阊门外 5 千米枫桥西南不远处。坐东朝西,门对古运河,旧临官道,属苏州金阊区枫桥镇。

2.建筑始建时间。寒山寺经始年月不详。相传初名"妙利普明塔院"①。有明确记载的创始时间是唐玄宗朝。唐太宗贞观初(627—649)有诗僧寒山子者,曾"来此缚茆以居",玄宗朝著名禅师僧希迁(700—790)"于此创建伽蓝,遂题额曰寒山寺"②。

3.最早的文字记载。(唐)张继《枫桥夜泊》:"月落乌啼霜满天,江枫渔火对愁眠。姑苏城外寒山寺,夜半钟声到客船。"

4.建筑名称的来历。按寒山寺,在唐代以前,传说初名"妙利普明塔院"。唐时高僧寒山曾来此缚茅而居,故名寒山寺。因其寺近枫桥,故又称"枫桥寺。"因张继、张祐等来游览赋诗,枫桥寺遂知名天下。唐代以前寒山寺的发展历史,宋人孙觌《枫桥寺记》言之甚详③。据明代僧人姚广孝《寒山寺重兴记》所载:"寺当山水之间,不甚幽邃,来游者无虚日"。及唐人张继赋《枫桥夜泊》诗,有"姑苏城外寒山寺,夜半钟声到客船"句,天下传诵,寺以诗名④。宋嘉祐中(1056—1063),寒山寺(枫桥寺)改名普明禅院。南宋绍兴年间(1131—1162)仍称枫桥寺⑤。元代复称寒山寺。顾元瑛、汤仲友等的诗歌均题为寒山寺。尔后明、清、民国、中华人民共和国均相沿不改⑥。

5.建筑兴毁及修葺情况。唐僧希迁创寒山寺当在唐玄宗开元十六年(728)受具足戒不久。据姚记所言该寺创建之初,"以其当山水之间,不甚幽邃,来游者无虚日"。自张继诗传出后,寒山寺之名始大噪。

建炎年间(1127—1130),寒山寺虽幸免于火,却遭官军肆意蹂践。劫后之寒山寺,梁折椽崩,墙倒屋塌,颓檐委地,飘瓦中人,卧见天日,四壁萧然,寺僧逃匿,如逃人家,凄惨之状,令人怵目。绍兴四年(1134)有长老法迁者,不明其所自来,不忍千年古刹毁于一旦,乃发大心,亲率徒辈,知难而进,入住废墟。披荆斩棘,扶倒补败,节衣缩食,铢积寸累,艰苦备尝,惨淡经营,历时十二年,终使"栋宇一新,可支十世"。其间佛塔重修,即费时三年。其塔"峻峙幡固,人天瞻仰"。又新建水陆院,严丽靓深,为龙象所栖。修复后之寒山寺,其规模气势,远胜往昔。元末时,张士诚据苏州,寒山寺及孙承佑重建、法迁重修之佛塔,一并毁于战火。明洪武间(1368—1398)僧昌崇重建[7]。

昌崇重建后不久,"洪武归并佛宇,但列丛林,而以子院附见其下。此寺(指寒山寺)归并寺三:秀峰寺、慧庆寺、南峰寺;庵四:只有文殊、云皋、射渎三庵而失其一。然据此可见寒山寺在明初尚为丛林。盖正在昌崇重修之后也"[8]。

永乐三年(1405)深谷昶禅师老成有戒行,(僧录司)札授住持,(深谷莅其任)赤手奋发,化募众耘。制荆榛,畚瓦砾,先建(大)佛殿,次立丈室、山门及说法之堂,楼(疑为栖——编者注)禅之所,庖库湢溷,凡合有者毕备。殿内塑释迦世尊于其中,(坐莲花台)迦叶、阿难侍侧,文殊、普贤二大士坐(于)左右,梵王帝释,秉炉而前,十八应真列于两旁,一会灵山,俨然未散。方丈则设寒、拾、丰干之象,不敢忘其所自然也[9]。明嘉靖间(1522—1566),僧本寂铸钟建楼。钟遇倭变,销为炮,唐钟未详何时毁,寺钟年月可考始此[10]。明万历四十六年,大殿火,明年修复之[11]。

清顺治初(1644—1661),几为汛署(防汛指挥机构),僧天与力守勿废。"天与名广承,吴江计氏,持诵不辍,古朴有德,当汛官之戍此也。师苦守殿隅,感观察寿公以仁护之,始得复。今寺中所遗,皆其力也。"康熙五十年冬(1711)大殿又火,旧有水陆院,严丽靓深,屡出灵响,今久湮坏,塔迹莫知其迹[12]。

乾隆三十九年甲午八月,住持比丘宣能续建大殿、前轩。(事见题名碑残石)。《寒山寺志》按语称:宣统三年,当事募工重建,从土得残石,记助缘姓氏,前题岁月甚详,但无文字,故志碑篇未录。又按:曰"续建",曰"前轩",其先必有建大殿者。惜文献缺如,不可考矣。又按:咸丰以前,唯住持果圆募修,见于内阁中书赵文麟《捐地碑》,岁月亦不详[13]。

清宣宗道光年间(1821—1850)"寺僧之老者弱者、住持者过客者140余人,忽一日尽死"(经勘查为误食毒菌所致)。而寒山寺由此废[14]。

咸丰十年(1860)寒山寺为清军纵火焚烧,一夕之间,化为灰烬。

清德宗光绪三十二年(1906)陈夔龙巡抚江苏时,偶因校阅营伍前来枫桥,因见千年古刹寒山寺"门庳且隘",大殿"榱桷粗存",左右"则荒葛崩榛,中唯燕葵,兔麦而已"。叹"名胜之地,荒芜至此","爰卜日鸠工,展拓其门闾,使临大路,由门而进,折而南行,构堂三楹。由堂而进,东西之屋各三。东屋宏敞,宾朋之所燕息也;西屋稍狭,则凡寺中旧碑,咸植于是。以文待诏所书张懿孙诗,今已残缺,属予补书而重刻焉。堂之西(实为堂之东——编者注)尚有隙地,乃构重屋,是曰钟楼。铸铜(实为铁)为钟,悬于其上,以存古迹"[15]。宣统二年(1910)程德全巡抚江苏,莅任不久,偕同布政使陆钟琦等,在其前任陈夔龙修复寒山寺基础上"拓而新之,重修大殿,前为御碑亭。按程绘寒山寺内图景,御碑亭位在山门外,后有楼三楹,可以眺远"。"长廊经舍,几为吴下精蓝之冠"[16]。程德全除新建大殿后楼、长廊外,又书刻《雍正寒山寺诗序》、乾隆《霜钟晓月》诗碑,即所谓御碑,又书刻《寒山诗三十六首》,韦应物以次诗数十首。罗聘绘寒山拾得像,郑文焯绘寒山子像,程德全、陆钟琦、邹福保书《三记》及"妙利宗风"等和"寒山寺"门匾。寒山寺经陈、程二抚苦心经营,使游观者视听一新。

1954年,原常州接待寺僧演林来寺协助照管香火,寒山寺才又有僧人。同年有苏州名士宋鸿钊者,将其祖传名楼花篮楼赠施寒山寺,移建于碑廊西南隙地,易名为"枫江楼",使一代名楼得以保存。

1980年作为名山古刹的寒山寺,被批准为全国重点开放寺之一,寒山寺再次成为苏州地区旅游热点。

6.建筑设计师及捐资情况。玄宗朝著名禅师僧希迁(700—790)"于此创建伽蓝"。其他详上。

7.建筑特征及其原创意义。寺内现有建筑多为当代重修。主要建筑如下:

寒山寺照壁像一道屏障耸立山门之前,朝西临河而立,上置脊檐,饰有游龙,气势非凡。黄墙上嵌有三方青石,上刻"寒山寺"三字,铁划银钩,笔力雄峻,款署"东湖陶浚宣书"。

大雄宝殿是寒山寺正殿,雄峙台基之上。大殿面阔 5 间,18.5 米,进深 4 间,14 米,高12.5 米。单檐歇山顶,飞甍崇脊,檐角舒展。正中三间有露台前伸,四周绕以汉白玉杆,饰以莲花宝座、海棠等图案,雕琢极其精细。露台中央设有炉台宝鼎,鼎上铸有"大化陶镕"、"百炼金刚"、"大清宣统三年"、"重建寒山寺造"等字样。鼎内终日香烟缭绕,使寺院平添宁静安谧的气氛。

在藏经楼南侧,有一座六角形重檐亭阁,造型轻盈,轮廓优美,这就是以"夜半钟声"名闻遐迩的钟楼。楼底中央,立程德全撰《重修寒山寺记》碑,清宣统三年(1911)道州何维朴书,长洲周梅谷刻。碑阴刻宣统二年张人骏、程德全撰《募修寒山寺启》及捐资者姓氏。

唐代古钟历经兵燹,早已湮没无存。明代嘉靖年间(1522—1566)铸造的巨钟,据说"遇倭变,销为炮"。清光绪三十二年(1906),江苏巡抚陈夔龙督造的铁铸巨钟就悬挂在楼上。巨钟有一人多高,外围需三人合抱,重达两吨。钟声宏亮悠扬,馀音袅袅。

普明塔院位于藏经楼的后面,平面呈"回"字形,普明宝塔就坐落在塔院的中央。院中建筑造型古雅,斗拱粗硕,吻兽雄壮,出檐深远,具有浓郁的唐代建筑风格。

8.关于建筑的经典文字轶闻。关于寒山、拾得、丰干佛门"三隐"的传说

寒山、拾得是唐代富有传奇色彩的人物。在唐贞观年间(627—649)台州刺史闾丘胤撰《寒山子诗集传》,以及宋僧赞宁著《宋高僧传》中,记述了他们的灵异事迹。

关于寒山子,世人既不知其来历,也不知其姓氏,见过他的人都说是个"疯狂之士"。他隐居在天台唐兴县西七十里号为"寒岩"的地方,经常往来国清寺。平时以桦皮为冠,布裘破敝,木屐履地,形容枯悴,或长歌徐行,或叫噪凌人,或望空独笑,或沉思玄想。但出言吐语,都颇具哲理, 口中常唱咏道:"咄哉,咄哉! 三界轮回。"他与国清寺的拾得十分友善。这拾得本是弃儿。有一次,国清寺丰干禅师外出,在道边听见小孩啼哭,循声寻找,见一数岁孩儿,无家可归,就带回寺院,于是众僧便随口称他为"拾得"。起初,拾得在寺内掌管食堂香灯。有一天,竟登上佛座,与塑像对

图 6-6-14 苏州寒山寺与枫桥鸟瞰(20 世纪 90 年代初)

盘而食。僧徒急忙将其赶下座来,随即罢免了他的堂任,叫他厨下干活。拾得时常把寺里的残食盛放在粗竹筒里,让寒山带回充饥。两人唱诗吟偈,放浪形骸,怡然自得。话

图 6-6-15　苏州寒山寺在宋《平江图》上的位置

说闾邱胤即将赴任，忽然头痛难忍，医药无效。恰逢丰干禅师前来拜谒，察见病情，声称不必忧虑，吮水一喷，病人顿觉神清气爽，头疾霍然而愈。闾邱胤心里甚觉奇异，便向丰干禅师询问台州有何名贤。丰干曰："见之不识，识之不见。若欲见之，不得取相，乃可见之。"并告之国清寺寒山、拾得实是文殊、普贤菩萨的化身。闾丘胤到任三日后就去国清寺，在厨房见到"状如贫子"的寒山、拾得，躬身礼拜。两人连声吮喝，呵呵大笑，说道："丰干饶舌！饶舌！弥陀不识，礼我何为？"携手出寺，归寒岩而去。闾邱胤又到寒岩谒问，并送衣裳药物。两人缩身遁入岩石穴缝中，说道："报汝诸人，各各努力。"岩缝泯然而合，从此杳无踪迹。闾丘胤命僧人道翘搜寻遗物，在林木岩石及村墅屋间抄得诗歌三百馀首，编成《寒山子诗集》，流传于世。

佛门习俗：地藏王菩萨供于大钟之下。

据《阿含经》载，释迦牟尼佛讲："若打钟时，一切恶道诸苦，并得停止。"地藏菩萨居住在仞利天，释迦牟尼在仞利天为其母摩耶大人说法时，嘱地藏菩萨长住世间，任命他为幽冥教主，救济三恶道众生之苦。大钟下供奉地藏菩萨正是遵循释迦牟尼佛的教导。所以打钟的僧人一面口称"南无幽冥教主大愿地藏王菩萨"名号，随称名号随打钟，使三恶道一切受苦众生，闻钟声皆得仗地藏王的本愿慈力而脱离一切苦。

参考文献

①《吴郡图经》。
②④⑪姚广孝：《寒山寺重兴记》。
③范成大：《吴郡志》卷三三引。
⑤孙觌：《枫桥寺记》。
⑥⑬释性空：《寒山寺志》卷二。
⑦⑩《百城烟水》。
⑧《姑苏新志》。
⑪⑫乾隆《苏州府志》。
⑭薛福成：《庸盦笔记》。
⑮俞樾：《新修寒山寺记》。
⑯邹福保：《重修寒山寺记》。

（七）志观庵

一、白云观

1.建筑所处位置。北京市西城区复兴门外白云路东侧。

2.建筑始建时间。开元十年（722）①。唐玄宗天宝八载诏于天下置天长观。幽州特其中之一耳。"盖唐以玄元为祖，天长者以胤祚而言之也。②"

3.最早的文字记载。唐刘九霄《再修天长观碑略》③。

4.建筑名称的来历。唐天长观是白云观前身。其得名当与唐以玄元为祖，而天长者以国祚久长为期望有关。金大定十四年（1174）改名为"十方大天长观"，金泰和三年（1203）"十方大天长观"为"太极宫"，元太祖二十二年（1227）谕旨改"太极宫"为"长春宫"，明成祖朱棣永乐年间改名为白云观，明正统八年（1443）正式赐匾额称"白云观"。

5.建筑兴毁及修葺情况。白云观的前身天长观始建于唐，建造者不详。唐节度衙推刘九霄撰有《唐再修天长观碑》。唐咸通七年四月道士李知仁重摹。

金正隆五年（1160），契丹族南侵，天长观遭兵火，焚烧殆尽。金世宗大定七年（1167）敕命重修，于大定十四年（1174）三月落成，规模比前更加宏大。并请当时著名道士阎德源任住持。金明昌元年（1190），在观东下院修瑞圣殿（即今元辰殿），奉祀金章宗母亲本命丁卯之神。金泰和三年（1203）再遭火灾，降旨重修。公元1224年，丘处机真人由雪山会见元太祖成吉思汗东归，奉旨入居太极宫。但因当时连年兵火，太极宫殿宇均已残破，丘真人便与众弟子积极募化兴工修葺，三年后，殿宇焕然一新。元太祖二十二年（1227）丘祖师羽化，弟子于长春宫东立下院安置其遗蜕，并在基上建处顺堂（即今邱祖殿）。元元贞二年（1296）重修，有翰林承旨王鹗所撰碑铭。元末明初，长春宫又遭兵火，再度衰圮。明成祖朱棣于永乐年间（1403—1423）敕命重修时，将观址东移，以处顺堂为中心进行扩建，更名为"白云观"，一直沿用至今。康熙元年（1662），王常月宗师奉敕对白云观进行了大规模维修，至四十五年竣工，奠定今日中路各殿堂的规模。清代以后，1924年重修一次，碑记在灵官殿前。1956年资助修葺白云观，恢复宫观建置和古建筑风貌。

1979年人民政府再次拨款资助维修白云观，并将之列为全国重点道教宫观和北京市文物保护单位。现在，白云观是中国道教协会，中国道教学院，中国道教文化研究所的所在地。

喻按：《钦定日下旧闻考》的作者在研究白云观历史时利用了《元一统志》和《明一统志》。见《明一统志》上没有关于天长观的记载，则认为天长观明时已废。结论武断。

6.建筑设计师及捐资情况。详上。

7.建筑特征及其原创意义。白云观是道教全真第一丛林，也是龙门派祖庭。现存道观为清代重建，规模宏丽壮观，由几进四合院组成。从轴线南起有琉璃照壁、七彩牌

图 6-7-1　北京白云观大门

坊、山门等。全部建筑分为东、中、西三路,后面有花园。主要建筑都集中在中路,依次为灵官殿、玉皇殿、老律堂(七真殿)、丘祖殿、四御殿、戒台与云集山房等,大大小小共有 50 多座殿堂,占地约 2 万平方米。它吸取南北宫观、园林特点建成,殿宇宏丽,景色幽雅,殿内全用道教图案装饰。其中四御殿为二层建筑,上层名三清阁,内藏明正统年间(1436—1449)刊刻的《道藏》一部。丘祖殿为主要殿堂,内有丘处机的泥塑像,塑像下埋葬丘的遗骨。四御殿为两层楼阁式建筑,殿内供奉有昊天金阙玉皇大帝等四位大帝。楼上为三清阁,内供道教的三位尊神。中央的为玉清元始天尊,左右分别为上清灵宝天

图 6-7-2　北京白云观内景

尊和太清道德天尊即太上老君老子。三清阁东西为藏经楼与朝天楼。藏经楼内存有《道藏》经 5350 多卷,十分珍贵。云集园即后花园,在轴线北端。内有云集山房及戒台等,环境幽雅清静。

东路有南极殿、真武殿、火神殿、斗姥阁、罗公塔等,东路的殿堂多不存在,现改为观内生活区。

西路各殿主要供奉有民间传说中的各路神仙。西路有吕祖殿、八仙殿、元君殿、文昌殿、元辰殿、祠堂院等。祠堂为供白云观历代知名方丈的牌位而设。堂内珍藏有唐代老子石雕坐像,及赵孟𫖯书《老子道德经》和《阴符经》的刻石。元君殿供有东岳大帝之女——碧霞元君像,同时还有送子娘娘等。文昌阁为祀文昌帝君及孔夫子之处。八仙殿供有吕洞宾等八仙人。天辰殿又名六十甲子殿,内供主神斗姥像及六十甲子星宿神像。这些神像是据道家的天干地支和阴阳五行之说而测算得名的。观者均可根据自己的出生时辰,找到符合自身生辰八卦及其属性的神位。

后院名云集园,又名小蓬莱,是极负盛名的道观园林。院内以戒台和云集山房为中心,假山错落,周有回廊、云华仙馆、友鹤亭、妙香亭、退居楼等分布其间,绿树成荫,清新幽静。

8.关于建筑的经典文字轶闻。白云观庙会很兴盛,记载颇多。如"原白云观,元太极宫故墟。出西便门一里。观中塑邱真人像,白皙无须眉。都人正月十九日致醮祠下,谓之燕九节。④"

"白云观……每至正月,自初一日起,开庙十九日,游人络绎,车马奔腾,至十九日为尤盛,谓之会神仙。相传十八日夜内,必有仙真下降,或幻游人,或化乞丐,有缘遇之者,得以却病延年,故黄冠羽士,三五成群,趺坐廊下,以冀一遇。究不知其遇不遇也。⑤"

"白云观在西便门外,……马场在其右侧,风华少年,颇有据鞍游此者"⑥。

陈音《重九白云观》:"长春宫殿锁寒烟,驻马斜阳古树边。白鹤不归人影外,黄花仍发酒杯前。龙山砚石参军帽,蓝水寒山子美篇。聚散几回时序别,令人对此一茫然。⑦"

王世贞《游白云观遇钟丫髻》:"行散到古院,筱然遇真师。落日澹眉宇,清霜疏鬓丝。饭温初煮石,丹冷旧封泥。嗒坐浑无语,蝉声秋树枝。⑧"

参考文献
①《再修天长观碑略》。
②《两山游记》,《遗山集》卷三四。
③《元一统志》,转引自《钦定日下旧闻考》。
④《帝京景物略》。
⑤《燕京岁时记》。
⑥《京华春梦录》。
⑦《全闽诗话》卷六。
⑧《弇州山人四部稿》卷二三。

二、黄庭观

1.建筑所处位置。在湖南省衡山集贤峰下,距离南岳镇二里许。

2.建筑始建时间。始建于唐武德元年(618)①。

3.最早的文字记载。李白《江上送女道士褚三清游南岳》:"吴江女道士,头戴莲花巾。霓衣不湿雨,特异阳台云。足下远游履,凌波生素尘。寻仙向南岳,应见魏夫人。②"

4.建筑名称的来历。此处最初为魏华存修道处。据《南岳志》记载：五代时，楚王马希声重修后，名叫魏阁。宋景祐年间，仁宗赐观名为"紫虚元君之阁"，是依照唐朝大历三年（768）大书法家颜真卿游南岳时所书《晋紫虚元君领真司命南岳魏夫人仙坛碑铭》而命名的。宋景祐年间（1034—1038），赐名紫虚元君之阁。宋徽宗崇尚道教，道教经典中最著名的真经为《黄庭经》，观因经名[3]。

5.建筑兴毁及修葺情况。唐初始建魏阁。唐大历三年（768）书法家颜真卿游南岳，礼魏夫人坛，对观宇进行重修，并书《晋紫虚元君领真司命南岳魏夫人仙坛碑铭》，记魏夫人升仙之事。五代长兴年间（930—933），楚王马殷重修。至宋代，黄庭观得到宋室皇廷的特别重视，多次修缮。两次诏赐，观宇颇具规模。天圣中（1023—1032），宋仁宗诏旨重修，前后用了四年时间。清代乾隆年间（1736—1795）移建今址[4]。

6.建筑设计师及捐资情况。双袭祖常居南岳，求度世之术。刻意诵黄庭玉篇，因作黄庭观[5]。

7.建筑特征及其原创意义。观依山势凌虚而建，由牌坊、山门、过殿、正殿、偏殿等建筑组成。现存建筑均为清代所建；正殿内原供奉魏华存塑像，壁间原嵌有《黄庭经》石刻，传为魏华存亲书。

观宇占地一亩余，共有三进。第一进为憩凉亭，正门的门额有石刻："山不在高"四字，亭南的门额刻有"仙观"二字。二进是过殿，门上刻"黄庭观"三字。门联是："黄中通理成坤德；庭外升仙忆晋时"。三进为正殿，现在已无神像。正殿前有石阶十七级，房屋重迭，四周古木参天。观外右边，有一块一丈见方的石头，据说便是魏夫人白日飞升的地方，原是魏夫人拜天的礼斗坛，后来人们叫它为飞石，上刻"飞仙石"三个大字。石头上方平坦如台，下方尖削，却稳固地立在岩石上[6]。

8.关于建筑的经典文字轶闻。飞仙石在衡山黄庭观魏夫人飞升处。《衡岳志》：魏夫人坛是一巨石，其上圆阔其下尖浮寄于他石之上。一人试手，推即动，人多致力，即不动。游人至，洁，焚香以指点之，亦动。或云麻姑送夫人乘云至此，云化为石也[7]。

"欲往西池谒王母，且来南岳拜夫人。"这首门联，是对南岳最著名的女道观——黄庭观的高度颂扬。

黄庭观在道教中的名望很高。其原因主要是由于东晋咸和九年（334），著名的女道士南岳魏夫人在礼斗坛白日飞升成仙。魏夫人名华存，字贤安，山东任城人，东晋司徒剧阳文康公魏舒的女儿。幼年时便熟读"庄老之书"，"笃意求神仙之术"，发誓不嫁。后来在父母的胁迫下，二十四岁时嫁给南阳刘幼彦，生二子，长名璞，次名瑕。据《南岳志》记中所录的《南岳魏夫人传内传》云：婚后，华存夫人时常"闲斋别寝，入室百日不出"，每日念经修道。传说由于精诚所至，感动上天，四位仙君在同一天降临到她家里，授她《太上宝文》、《八素隐书》三十一卷和《黄庭经》。她得到经卷后，日夜诵读，潜心修行。丈夫死后，天下大乱，携带二子渡江南行。尔后又与二子分开，与侍女麻姑于晋大兴年间来到南岳，在集贤峰下，结草舍居住，静心修道。这就是黄庭观的来由。在她修行的十六年中，传说西王母曾约请她到朱陵山上一起吃灵瓜，还得到西王母所赐的《玉清隐书》四卷，"时年八十，仍颜如少女"。八十三岁时，即晋成帝咸和九年（334），她闭目寝息，饮而不食，七天后的一天夜里，被西王母派众仙来迎接她升天。传说，升天的第一天，有一群仙人驾着鹤车来到观前的"礼斗坛"相迎。

杜甫《望岳》诗："南岳配朱鸟，秩礼自百王。欻吸领地灵，鸿洞关炎方。邦家用祀典，在德非馨香。巡狩何寂寥，有虞今则亡。洎吾隘世网，行迈越潇湘。渴日绝壁出，漾舟清光旁。祝融五峰尊，峰峰次低昂。紫盖独不朝，争长嶪相望。恭敬魏夫人，群仙夹翱翔。有时五峰气,散落如飞霜。牵迫限修途,未暇杖崇冈。归来觊命驾,沐浴休玉堂。三叹问府主,谒以赞我皇。牲璧忍衰俗,神其思降祥"⑧。

(宋)张孝祥《朱陵洞》:"黑云起我趾,白雨过山脚。却立朱陵洞,一望紫虚阁。神丹我已秘,仙臂真可握。试向静处听,空蒙有笙鹤。⑨"

参考文献

①⑥湖南省地方志编纂委员会:《南岳志》,湖南出版社,1996年。

②《李太白集注》卷一八。

③《正统道藏》涵芬楼楼影印本第161册。

④周勇慎:《魏夫人与南岳黄庭观》,湖南省道教文化研究中心编《道教与南岳》,岳麓书社。

⑤《湖广通志》卷七五。

⑦《湖广通志》卷一一。

⑧《御定全唐诗》卷二二三。

⑨《两宋名贤小集》卷一四六。

三、紫金庵

1.建筑所处位置。江苏省苏州吴县洞庭东山西卯坞。

2.建筑始建时间。庵创建于梁陈时期。唐时复建①。

3.最早的文字记载。碑文当以《唐示寂本庵开山和尚诸位灵觉之墓》为最早者;诗歌现存最早的则有《和紫金庵晓上人韵》"高僧结茆住空山,悬栈绝磴愁跻攀。苦心炼行息百虑,能悟幻泡如是观。人间但觉岁月速,物外始识天地宽。清香馥郁皆薝卜,密影摇曳惟游檀。黑虎听经伏层石,苍龙护法循危栏。定学隐峰飞杖锡,何须子晋骑凤鸾。佛灯媚夜燃云暖,衲衣生藓侵肌寒。半生枯坐骨格瘦,几度谈空舌本干。风光模写入眼底,才思绅绎抽毫端。竹床秋爽卧不醒,石室日高吟未安。而今羡子兴潇散,十年离乱良可叹。城郭烟埃惊满眼,生民杀戮痛刻肝。嗟予苦被忧患缚,何由握手博一欢。常思远公约元亮,结盟何事攒眉难。他时西林作三笑,双凫定许凌风翰。②"

4.建筑名称的来历。又称金庵寺。得名来历待考。

5.建筑兴毁及修葺情况。据清康熙《苏州府志》记载,紫金庵于明洪武年间(1368—1398)重建。1956年10月,紫金庵罗汉像被公布为江苏省文物保护单位,拨款修缮,成为一处人们欣赏古代艺术品的旅游胜地。

6.建筑设计师及捐资情况。紫金庵开山祖师本庵开山和尚,明代的晓上人,都是可考见的紫金庵住持僧人。而塑匠雷潮夫妇也是可以考见的历史人物:"洪武中建。内大士及罗汉像系雷潮装塑。潮夫妇俱称善手,一生止塑三处,此庵为最"③。

7.建筑特征及其原创意义。庵经历代修葺,现存殿宇看不出唐代风貌,但《唐示寂本庵开山和尚诸位灵觉之墓》的石碑,为庵的复建提供佐证。主要建筑仅存一殿一堂,但它因有南宋民间雕塑名手雷潮夫妇塑的"精神超忽,呼之欲活"的罗汉像而声名远扬。

紫金庵大殿:殿内正面巍坐在覆莲座上的是释迦牟尼佛、药师佛和阿弥陀佛;迦叶和阿难侍立两旁;海岛观音壁立三世佛后;而各现妙相的十六罗汉分列于大殿两侧的佛龛内。

16尊罗汉像和观音像,相传是南宋民间雕塑名手雷潮夫妇的作品。后壁的8尊塑像为丘弥陀于明末增塑。罗汉等彩塑像经多次重装,最近一次在清光绪年间(1875—1908),经装銮彩绘,"各观妙相,呼之欲出",堪称古代雕塑艺术精华。这些罗汉像的造型,比例适度,容貌各异,姿态生动;面部表情细致,富于性格特征;衣槽流转自如,能表现质感。观音像神情安详庄严,三尊大佛像形制古朴,亦为同类塑像中少见的佳作。

大殿后是静因堂,堂前天井里金桂、玉兰,系800年前的古树。殿旁还有听松堂、白云居、晴川轩等建筑。庵后冈峦起伏,山坞里桃李争妍,松竹苍翠,极为幽静。

8.关于建筑的经典文字轶闻。清人顾超有诗赞紫金庵云:"山中幽绝处,当以此居先。绿竹深无暑,清池小有天。"

参考文献

①《紫金庵净因堂碑记》。

②(明)唐文凤:《梧冈集》卷二。

③《江南通志》卷四四。

(八)志塔

一、天封塔

1.建筑所处位置。在浙江省宁波市南隅大沙泥街,与城隍庙对面相望,是宁波市区最高的古代建筑,也是名城的标志性建筑。

2.建筑始建时间。塔始建于唐武则天"天册万岁"至"万岁登封"年间(695—696)①。

3.最早的文字记载。1957年维修过程中从塔顶发现的由五代吴越王钱俶铸造的铜塔一座,上面有"乙卯岁记"(955)的款式,此当为最早文字记载。

4.建筑名称的来历。塔始建于唐天册万岁至万岁登封年间(695—696)故称"天封塔"。

5.建筑兴毁及修葺情况。《延祐四明志》:唐通天登封年间建僧伽塔,高十有八丈,以镇郡城。汉乾祐二年(949)建天封塔院。宋大中祥符三年(1010)改今额。建炎间(1127—1130)毁。绍兴十四年(1144)郡守莫将重建。嘉定十一年(1218)火,废为民居。《成化四明郡志》:元至元二十三年(1286)复建,泰定三年(1326)塔圮。至顺元年(1330)僧妙寿重建。至正二十一年(1361)修。明永乐八年(1410)重修。十年雷火毁塔三层,复修。《嘉靖宁波府志》:嘉靖三十六年(1557)七月飓风作,塔顶坠。郡守周希哲修。《鄞县志》:天启崇祯间(1621—1644)屡葺,国朝顺治十六年(1659)重修。雍正九年(1731)分巡道孙诏知府曹秉仁劝募鼎新之。《闲中今古录》:旧传造于唐高宗乾封年间,落成于武后通天间,因取天封二字名之②。

1935年重修。1984年6月,宁波市考古研究所对地宫进行了考古发掘,共出土银殿、银塔等文物140余件,其中银殿、银塔等镌有"绍兴十四年"铭文。1989年12月,按宋塔风貌落架重修工程竣工③。

6.建筑设计师及捐资情况。始建人情况不明。可考者绍兴十四年僧德华募缘,太守莫将重建。至顺元年僧妙寿重建。嘉靖三十六年七月飓风作,塔顶坠。郡守周希哲修。雍正九年分巡道孙诏知府曹秉仁劝募鼎新之。

7.建筑特征及其原创意义。现重建的天封塔就是按出土的南宋天封塔模型建造的楼阁式砖塔。现存之塔系 1984 年落架大修,1990 年建成,按南宋天封塔模型建造,明暗共十四层,平面六角形,高 51.5 米,七明七暗,玲珑精巧。传说地下还有四层,古宁波有"天封塔十八格"的谚语。

8.关于建筑的经典文字轶闻。历代文人墨客多以此事吟诵,如元代董洵《登天封塔》诗曰:"拾级登危塔,天高手可攀。千寻环晓郭,几朵压春山。鸟伫栏边稳,云生脚底闲。十年今一上,临眺始开颜。"明代李堂有《咏天封塔》诗曰:"风暖正云闲,危栏怯近攀。眼中分世界,鸟外列江山。南斗云霄上,东溟浩渺间。乘槎余逸兴,高处不愁寒。"

明代吕时《天封塔》:"忽上梯仙国,真堪叩帝阁。中心穿斗柄,绝顶亚天门。市井人烟杂,鱼龙海气昏。虚空开七级,下界越王孙。④"

民间传说约 300 年前,有一特大蜘蛛曾盘踞于天封塔顶,每逢初一、十五夜,嗥啸拜月,吐丝结网,百姓称其为"定风蛛",因此也引出了波斯商人前来吸宝的民间故事;另据传,当时建造天封塔时,鲁班师傅采用泥沙层层堆积,把砖石运送上去,直到塔顶。塔建成后,再把泥沙摊铺于附近空地,于是,天封塔附近有两条街道,至今仍称"大沙泥街"和"小沙泥街",可见其造塔之艰难,工程之浩大。

参考文献:

①宁波市佛教协会:《宁波佛教志》,中央编译出版社,2007 年。

②《浙江通志》卷二三〇。

③宁波市佛教协会:《宁波佛教志》,中央编译出版社,2007 年。

④⑤《甬上耆旧诗》卷二三。

二、西林塔

1.建筑所处位置。江西省九江市庐山风景区内。

2.建筑始建时间。塔建于唐开元年间(713—741)。①

3.最早的文字记载。苏轼《题西林壁》:"横看成岭侧成峰,远近高低各不同。不识庐山真面目,只缘身在此山中。②"

黄山谷《题西林寺壁》:"黄某弟叔豹侄柄子相及朱章刘羲仲李彭同来瞻永禅师素像,观碑阴颜鲁公题字,爱碧鹙流泉,凌厉暑气,徘徊不能去。崇宁元年五月癸亥。③"

4.建筑名称的来历。在唐代又名千佛塔、慧永塔、生佛塔、西林寺塔等。

5.建筑兴毁及修葺情况。明给谏王鸣玉重修,自为记。后被火,中空,外状崔巍如故。清道光年间(1821—1850),塔顶裂为二。咸丰年间,一夕自合,咸称神异④。

6.建筑设计师及捐资情况。唐玄宗敕建。明末明给谏王鸣玉、释照真重修。释照真,号一如,竟陵尹氏子。母陈梦僧托宿乃娠。及诞,贫不欲举,溺之数四,得人援始育焉。长辞亲投西塔寺凝公,剃发受具于三昧。崇祯初同王鸣玉过西林废塔基,踏翻一砖,上有字与师名同,遂有复兴之志。时鸣玉持节九江,极力匡护浮屠殿宇,不数年而具举。后受光公记莂,人称二西和尚。末年主江上回龙寺,未三载遽还西林,泊然坐脱⑤。

7.建筑特征及其原创意义。西林塔平面为正六边形,砖结构,塔内有木质旋梯。塔六方设门,内设佛龛。塔基为须弥座,底层南北开门,正门向南。塔为七层,每层门顶上,均有题刻。底层正门上的题额为"千佛塔",第二层为"羽宝才",第三层为"金刚",第四层为"灵就来",第五层为"无上法",第六层为"聪明花",第七层为"六明藏"。各层都有斗拱支撑出檐。檐牙参差,斗拱重叠,十分雄伟壮观。这座古塔是西林佛寺的重要标志⑥。近年来有塔身倾斜的最新消息,据说是"由于几年前为开发剪刀峡几处风景区、西林塔旁的一条人行小路改成通汽车大路,每天各种车辆往返通行,地面震动很大,几年来,由于车辆较多,塔基受影响,塔身出现裂缝,尤其是塔身里面二、三、四层已有很大裂缝,整个塔身向马路一方倾斜,多处大面积崩裂之状惨不忍睹。如若再不采取措施,后果不可想象。"

8.关于建筑的经典文字轶闻。"影石在西林寺,高八寸,径五寸。梁太清中(547)有僧自西域持来。佛像顶上常放异光,道俗瞻仰咸指为幽冥镜云。隋时晋王广取去,后登储贰,乃送藏曲池日严寺。⑦"

参考文献

①《庐山志》载"唐玄宗敕建"。

②《东坡全集》卷一三。

③《山谷集》卷一一。

④(清)查慎行:《庐山游记》,民国《庐山志》"西林寺条"。

⑤《西林志略》,《江西通志》卷一百五引。

⑥彭开福:《庐山历史发展的"三大趋势"与庐山的建筑》,《庐山风景建筑艺术》。

⑦《江西通志》卷一二。

三、开元寺东西塔

1.建筑所处位置。福建省泉州市。

2.建筑始建时间。东塔始建于唐咸通六年(865),《泉州府志》:"东塔号镇国,唐咸通六年,文偁作木塔九级";西塔始建于(五代)后梁贞明二年(916),据《双塔记》和《泉州府志》载,(五代)后梁贞明二年(916),王审知 "以木植浮海至泉(州)建塔,号无量寿塔(即开元寺西塔)"①。

3.最早的文字记载。"垂拱二年郡儒黄守恭宅桑树吐白莲花,舍为莲花道场。后三年升为兴教寺。复为龙兴寺。逮元宗之流圣仪也,卜胜无以甲兹,遂为开元寺焉。②"

4.建筑名称的来历。唐玄宗曾于开元二十六年(738)诏告天下诸郡立开元寺。泉州因易龙兴寺为开元寺。

5.建筑兴毁及修葺情况。晋江县开元寺在肃清门外,唐嗣圣三年邑长者黄守恭舍宅为寺,初名莲花寺。寺有东西二塔。东塔号镇国,唐僧文偁以木为之。宋易以石。西塔闽王审知建,亦以木为之,号无量寿塔。宋绍兴间始为石塔。明万历间参政黄文炳修正殿法堂及两廊。三十二年地震,东塔顶折。侍郎詹仰庇修之。三十四年大风,西塔坏。大学士李廷机修之③。

东塔,"(北)宋天禧中(1017—1021),改为十三级"。"绍兴乙亥(1155),灾。淳熙丙年(1186)僧了性重建。宝庆丁亥(1227)复灾,僧守淳易以砖,凡七级。(东塔)嘉熙戊戌(1238),僧本洪始易以石,仅一级而止。僧法权继之,至第四级。晋江人天竺院讲主(天赐)作第五级及合尖,凡十年(至淳祐七年,1247)始成。④"

西塔,南宋绍兴绍兴二十五年(1155)灾,淳熙年间,僧了性再造,复灾。南宋宝庆中僧守淳易以砖。南宋绍定元年(1228),僧自证始易以石。南宋嘉熙元年(1237)竣工,先镇国塔十年而成。明万历间,泉州大地震,塔顶盖折。时詹仰庇闲居泉州,主持修葺,恢复原貌⑤。

6.建筑设计师及捐资情况。东塔由文偁禅师创建;西塔由王审知创建。此后历代修建者,东塔:僧了性,僧守淳,僧本洪,僧法权。西塔:僧了性,僧守淳,僧自证,詹仰庇,晋江人天竺院讲主(天赐)李廷机等。

7.建筑特征及其原创意义。东塔:目前的东塔为南宋嘉熙(1237—1240)所建,五层,花岗石仿砖木平面八角攒尖顶楼阁式结构,高48.27米,底围60米,是全国石构空心最高宝塔。

塔座呈须弥形,塔身转角立依柱,柱头出毕拱二跳承撩檐枋,塔檐均呈弯弧状向外舒展,檐角高翘,飘然欲飞,既富闽南特色,又显高雅非凡。塔的每层开四门设四龛,塔身外面均伸出平座勾栏,可供人绕塔凭眺。

塔身平面八角,每一层每一面安排两个左右并列的人物浮雕,而这两个人物之间必有"性类相近、响应对称"的关系。五层共80幅。浮雕根据每个人物的身份、年龄、外表特征和规定情景,在最大2×1.2米至最小1.5×0.6米的每一块花岗岩石板雕成,表情生动,形神具备,和真人一般大小。

塔顶刹尖高托沃金铜葫芦,8条铁链从塔刹上盘系于8个角脊,角脊下共悬挂8个铜铃,微风吹来,叮当作响。

东塔须弥座束腰部分的佛传图浮雕是宋代泉州佛教著名石雕。这一列佛传图浮雕原有40方,现仅存38方,皆用泉州的名产枣玉晶瑚青石雕成,石质柔韧,刻工精绝。其艺术水平远胜于塔身上的菩萨、天王和力士石雕。这群佛教人物故事石雕的内容,大都取材印度,如"童子求偈"、"太子出游"等,但石雕的人物装束及周围环境布置,已经全部中国化了。这群艺术石雕作品,可称古代建筑中之瑰宝。考古学家认为,堪与南京栖霞寺、山西云冈石窟的佛传图雕刻相媲美。

东塔象征东方娑婆世界,这从塔身上80尊人物浮雕具象地表现出来。它的五层寓意五乘,表示佛教修行的五种境界:

第一层是人天乘。上面的浮雕是四大天王、天龙八部、金刚力士等诸天神将。第二层是声闻乘。上面的浮雕是曾经亲耳聆听释迦牟尼声教,断尽烦恼、不再轮回生死的阿罗汉。第三层是缘觉乘。上面的浮雕,是在释迦牟尼涅槃后,凭着自己的敏利机根而觉悟得道的尊者罗汉界的尊像,如降龙罗汉与伏虎罗汉。第四层是菩萨乘。上面的浮雕,是中国佛教的观世音菩萨、文殊菩萨、普贤菩萨、地藏王菩萨四大菩萨,以及其他菩萨大士。第五层是佛乘。上面的浮雕,是"天上地下、唯我独尊"的释迦牟尼佛,以及药师琉璃光佛、阿弥陀佛、弥勒佛等。

西塔:塔高45.06米,其他形制同东塔。西塔须弥座束腰部分雕上各种花鸟虫兽和装饰图案。西塔也是五层,与东塔对称,但不具五乘的意义。西塔象征西方极乐世界,以塔身的八面和塔顶、塔座合为十方净土。每一方净土从上到下交错安排着诸天神将、罗汉、高僧、菩萨、童子,还有对佛教发展大有贡献的梁武帝、昭明太子,以及神话故事中的猴行者、火龙太子等浮雕像,全塔也是80尊。表现了"一切众生佛性平等"的教旨⑥。

东西塔相距200米,凌空对峙,形制结构基本相同,都是平面八角套筒结构仿木五层楼阁式攒顶式建筑。由外向里,分回廊、塔壁、塔室、塔心柱四个部分。从下到上,为须弥座、塔身、塔盖、塔刹等组成。其建筑成就,反映出南宋时期泉州的建筑科技和工艺达到很高的水平。

双塔在建筑技术上取得了巨大的成就。塔平面呈八角形,每一角都是支点,比之四角形和六角形支点多,稳定性强。塔身造型蕴含建筑学上的多项成就,如须弥座的设计、高度与周长的关系、塔身的收分等⑦。

8.关于建筑的经典文字轶闻。明黄克晦《紫云双塔对雨》:"塔闲鸣雨静犹哗,冷洒高标触怒芽。银界虚空森乱竹,金轮回转散诸花。色因秋近条条白,风自西来故故斜。从此与僧堪共约,天阴先赴法王家。"

明黄凤翔《塔灯》:"飞刹风铃寂,青灯月色连。摩尼珠吐艳,舍利火腾烟。影外千星落,空中万象悬。绕轮纷呗颂,面壁是真禅。"

明詹仰庇《咏双塔》:"石塔双飞缥缈间,凌虚顶上结金团。晴光闪烁天中落,紫气飘摇云外寒。过雁犹惊明月动,腾龙误作宝珠看。欲擎霄汉惭无力,万古孤高一点丹。"

参考文献

①乾隆《泉州府志》。

②(唐)黄滔:《泉州开元寺佛殿碑记》,见《黄御史集》卷五。

③《福建通志》卷六二。

④⑥(明)蒋德璟:《双塔记略》,见乾隆《泉州府志·坛庙寺观》引。

⑤⑦黄乐德:《泉州科技史话·历史建筑物·开元寺及东西塔》。

四、绳金塔

1.建筑所处位置。江西省南昌市猪市街绳金寺旁。

2.建筑始建时间。塔建于唐天祐年间(904—907)。寺在南昌县进贤门外,内有绳金宝塔①。

3.最早的文字记载。寺旧有赵松雪碑,郡人推为墨宝②。

4.建筑名称的来历。经营之初,发地得铁函。四周金绳界道,中有古剑一,舍利三百余颗。青红间错,其光荧然。于是建宝塔,取舍利藏焉,改千福为绳金塔院③。

5.建筑兴毁及修葺情况。宋治平乙巳(1065),知军州事程公某以其有关于民,鸠钱二十五万修之。绍兴庚午(1150)尚书张公某来佩郡符,复倡葺之。一日塔形倒现于冶工游氏家,上广下锐,层级明朗。宝轮重盖,一一具足。元至正壬寅(1362)戎马纷纭,院宇鞠为榛翳。兹塔瓴甍亦且摧剥殆尽。乙巳(1365)夏,院僧自贵与弟子匡同袍善慧各抽衣盂之资创库堂于东偏。洪武戊申(1368)夏四月,清泉兰若僧道溟与前三比丘披伽黎衣手执薰炉向塔前发大愿,誓尽今生为之持历。走民间,施者多应。众工皆兴,趋附如蚁。忽有巨甍自颠坠稠人中,咸无所损伤。又五色光起塔间,围绕良久而没。冬十一月塔完,塔凡七成。成各六棱。环以峻宇,前敞小殿以奉僧伽太士。栏槛坚致,洞户玲珑,檐牙翠飞,宝铎如语。己酉春(1369)道溟示寂匡等益聚施者之财,造释伽宝殿。抟土以肖三世诸佛,殿后复构屋三楹,中塑曼殊师利、普贤、观自在三尊像,庄严岩岫,从壁涌出。挟以两庑前至于三门,门内甃以方池,绀绿可鉴,一如大伽蓝之制。讫功之日则甲寅(1374)冬十一月也④。

据史料记载,历史上绳金塔多次建筑。第一次重建是在元末明初,当时陈友谅与朱元璋大战南昌,绳金塔毁于兵火之中,明朝建立后,洪武元年(1368)重建。清康熙四十七年(1708)塔毁,清康熙五十二年(1713)二次重建,在巡抚佟国襄的主持下重建,现在的塔体就是那时所建。以后又数次修葺。如乾隆四年(1739),乾隆二十年(1755)、道光二年(1822)、同治七年(1868)多次重修,光绪二十二年(1896)塔遭雷击起火,部分木质结构被焚,后又经20世纪60年代"文革"浩劫,整座塔仅存砖砌塔体及葫芦形塔刹。1985年,国家文物局、省、市人民政府拨款修复绳金塔⑤。

6.建筑设计师及捐资情况。绳金塔最初的设计师是唐天祐中高僧唯一。

7.建筑特征及其原创意义。绳金塔葫芦铜顶金光透亮,朱栏青瓦,墨角净墙,古朴无华。绳金塔为江南典型的砖木结构楼阁式塔,塔高 50.86 米,塔身七层八面(明七暗八层),青砖砌筑,平面为内正外八边形。塔身每层均设有四面真门洞、四面假门洞,各层真假门洞上下相互错开,门洞的形式各层也不尽相同。第一层为月亮门;第二、三层为如意门;第四至七层为火焰门,三种拱门形式集于一塔,这种做法是不多见的。

塔刹高 3 米,最大直径 1.75 米,内以樟木构架为胎,外钉 2~3 毫米厚镏金铜皮。上次维修拆卸塔刹时发现,该塔刹为同治六年(1867)制造,而重修该塔是同治七年七月始至同治八年冬完成(见刘坤一《重修绳金塔记》)。由此可见,在施工之前就对塔刹有周密的考虑和设计,塔刹各部位尺寸比例匀称,线条柔和流畅,在江南民间的诸多宝塔中,像这样的格局也是不多见的。塔以须弥座为塔基(基础仅深 60 厘米),历经近三百年未见严重沉陷和倾斜,这与我们现代建筑基础处理大相径庭。

绳金塔内旋步梯直通其顶层,"直视湖山千里道,下窥城郭万人家"(明人王直诗),是南昌市仅存的高层古建筑⑥。

8.关于建筑的经典文字轶闻。绳金塔,唐天祐中异僧唯一之所建也。经营之初,发地得铁函。四周金绳界道,中有古剑一,舍利三百余颗。青红间错,其光荧然。于是建宝塔,取舍利藏焉,改千福为绳金塔院。落成之日蓺栴檀香,香气郁结,空蒙中僧伽大士显形其上,正与塔轮相直。万目咸睹。疑异僧盖大士之幻化云⑦。

绳金塔初建时尚在城中。旧记称此塔能厌火灾。豫章民谣云:藤断葫芦剪,塔圮豫章残。盖谓潮王洲旧有阁与滕阁并峙,后忽倾倒。于是进贤门外古城如葫芦形者遂截出在外改作今城矣。潘兴嗣记塔寺罗汉云:西山云堂院有禅月大师贯休画十六罗汉像,岁旱民奔走山谷间,请祷辄应⑧。

明代吴国伦《绳金塔寺》:"古塔崚嶒万象蟠,西山如鹫捧危栏。扶筇渐与弥天近,引筏新知觉路宽。双树影回平野暮,百铃声彻大江寒。毫光夜夜凌无极,并作南州斗气看。"

参考文献

① 《大清一统志》卷二。
②⑧ 《江城名迹》卷三。
③④⑦ (明)宋濂:《重建绳金塔院碑》,《江西通志》卷一二一。
⑤⑥ 朱敏华:《南昌市志》,方志出版社,2009 年。

五、石灯塔

1.建筑所处位置。在黑龙江省宁安县渤海镇西南兴隆寺内。

2.建筑始建时间。塔建于唐圣历年间(698—700),是唐代渤海国时期保存下来的唯一完整的大石雕。

3.最早的文字记载。该石雕没有铭文。现在可考的最早记载是《吉林省志》卷四十三《文物志》。

4.建筑名称的来历。又名石灯幢或石浮屠。

5.建筑兴毁及修葺情况。今渤海镇乃渤海国于公元 755 年所迁建的"上京龙泉府"所在地。遗址上有保存完好的渤海国宫城遗址,有占地 80 万平方米的园林——玄武湖,有神奇瑰丽的八角琉璃井。作为单体雕塑,石灯塔是其中保存最完整的渤海国时期的艺术精品。

6.建筑特征及其原创意义。塔身位于兴隆寺大雄宝殿前,是渤海国时期遗留下来的著名佛教石雕艺术品,又叫石灯幢。全身呈灰褐色,造型古朴浑厚,敦实壮观。

幢顶为八角攒尖式,尖部环以七层叠轮,下接镂空八窗十六孔灯室。灯室下为仰莲花式幢座和础石,通高五米多,亭亭玉立,凝重剔透[1]。

参考文献:

[1]魏国忠:《渤海国史》,中国社会科学出版社,2006年。

六、舍利塔

1.建筑所处位置。在广西壮族自治区桂林市民主路万寿巷开元寺遗址内。

2.建筑始建时间。塔始建于唐显庆二年(657)。

3.最早的文字记载。"隋曰缘化寺,后因纱灯延火烧毁重建。玄宗朝改名开元寺。有前使褚公亲笔写金刚经碑,在舍利塔前。[1]"

4.建筑名称的来历。"舍利"为梵语,可意译为"身骨"。释迦牟尼佛遗体火化后结成的坚硬珠状物,名舍利子。"佛既谢世,香木焚尸。灵骨分碎,大小如粒,击之不坏,焚亦不焦,或有光明神验,胡言谓之'舍利'。弟子收奉,置之宝瓶,竭香花,致敬慕,建宫宇,谓为'塔'。[2]"后泛指存放佛教徒火化后遗骸的建筑物。

5.建筑兴毁及修葺情况。该舍利塔原为七级砖塔。历代均有维修。现塔为明洪武十八年(1385)重建[3]。

6.建筑特征及其原创意义。塔通高约13.2米,分底层塔基、塔身、顶盖三级。塔基四方,四面有券门贯通,南门为正门,门上刻有"舍利宝塔"四字,其他三面门上用汉、藏等种文字刻有"南无阿弥陀佛"。四门额两侧分刻八大金刚之名;东为"赤声"、"火神",南为"净水"、"持炎",西为"紫贤"、"随求"。北为"除灾"、"辟毒"。第二层呈八角形须弥座;八面砌筑八个佛龛,佛龛内供奉佛像。第三层为宝瓶圆柱体形,四面开壶门,南面开有舍利入口;塔顶有五层相轮,冠以宝珠顶,造型古朴。开元寺最后毁于抗日战争时期,但舍利塔至今完好。塔身内尚有明代舍利子,系陶罐盛装。该塔原为白色,抗战时因防空袭而一度改为灰色,现为浅灰色。塔前原有金刚经碑刻,为唐褚遂良所书[4],可惜碑文被乾隆年间临桂典史严成坦铲掉[5]。

7.关于建筑的经典文字轶闻。唐天宝七年(748),鉴真第五次东渡日本,遇强台风,船被吹到海南岛。在这次强台风中,同鉴真渡海的36名中国人和日本人为保护鉴真而牺牲了。唐天宝九年(750),鉴真来到桂林,在此寺讲经传法1年,盛况空前。唐天宝十二年(753),鉴真离桂林到广州,第六次东渡日本成功,建唐招提寺。

1972年整修舍利塔时在内壁发现一本墨书《金刚经》原文。

参考文献

[1]唐人莫休复《桂林风土记》"开元寺震井"条。

[2]《魏书·释老志》

[3][5]莫建红:《桂林市志》,中华书局,1997年。

[4](清)汪森:《粤西诗载-粤西丛载》卷五。

七、崇圣寺三塔

1.建筑所处位置。位于云南省大理以北1.5千米苍山应乐峰下,背靠苍山,面临洱海,三塔由一大二小三座佛塔组成,呈鼎立之态,远远望去,雄浑壮丽,是苍洱胜景之一。

2.建筑始建时间。主塔的始建年代在唐敬宗宝历元年(825)。经过5年时间,建成主塔千寻塔。后尉迟恭滔又率诸将建双塔。时间大体在830—835年间①。

喻按:《云南通志》载:大理府千寻塔在崇圣寺。上有铁铸字识云:"贞观间尉迟敬德监造"。此说误。尉迟敬德乃唐初人。在中国诸多唐代建筑中,都有类似铭刻。殆亦与鲁班显灵帮助工匠解决难题之附会略同。

3.最早的文字记载。"崇圣寺中有三塔,一大二小。大者高二百余尺,凡一十六级,样制精巧。即唐遣大匠恭韬、徽义所造。塔成,韬、义乃去。②"喻按:此恭韬即尉迟恭滔。四川籍巧匠,曾任职唐德宗朝工部侍郎③。

图6-8-1　大理崇圣寺三塔

"崇圣寺亦曰三塔寺,皆胜地也。有塔高二十余丈,十有六级。相传周时阿育王所造塔也。其上有阁,宸苍山面洱河。原野雉堞,皆在指顾之中。左有诸葛武侯祠及杨慎所摹禹碑。崇圣三塔中者高三百丈,外方而内空。其二差小,各错金为金翅鸟立其上,以厌龙也。不知何始。塔顶有铁铸欵识云'贞观六年尉迟敬德监造'。开元初南诏修之。请唐匠恭韬、徽义重造。中观音像高二丈许,蒙氏董善明者吁天愿铸,是夕天雨铜,取以铸像,仅足而止。像成之日,瑞光五色,楼有鸿钟声闻百里。其外万松离立,苍翠际天。僧房花木幽翳,台阁孤迥。至者徘徊不能去。程本立诗:'眼中城郭与山川,坐我江南罨画船。云气半空飞白雪,水光一镜落青天。野墙棱树人家住,官路梅花驿使传。最是僧房听梵呗,此心能洗百忧煎。'"④

4.建筑名称的来历。又名大理三塔,主塔名千寻塔。

5.建筑兴毁及修葺情况。三塔建成千余年来,饱经风霜,经受了历史上多次强烈的地震。史载:明正德九年(1514)大地震,千寻塔"裂二尺许,形如破竹",后"旬日复合"。1925年地震,塔顶震落,残破益重。1949年后,人民政府十分重视文物保护工作。1961年将三塔列为全国文物保护单位。1977年经国家文物局批准,对三塔进行了精心维修⑤。

6.建筑设计师及捐资情况。崇圣寺中有三塔,一大二小。大者高二百余尺,凡一十六级,样制精巧。即唐遣大匠恭韬徽义所造⑥。据《滇略》等文献可知当系南诏国国家捐资。

7.建筑特征及其原创意义。三座砖塔,屹立于洱海之滨,苍山之麓,气势磅礴,闻名天下。三塔的主塔高 69.13 米,平面为方形,16 层密檐式空心砖塔,与西安大小雁塔同是唐代的典型建筑。塔基呈方形,分三层,下层边长为 33.5 米,四周有石栏,栏的四角柱头雕有石狮;上层边长 21 米,其东面正中有石照壁,上有"永镇山川"四个大字,庄重雄奇,颇有气魄。塔身外壁涂白灰。塔身的第一层,高 13.45 米,是整个塔身中最高的一级。东塔门距基座平面 2 米,西塔门在近 6 米处。塔墙厚达 3.3 米。第 2 至 15 层结构基本相同,大小相近。第 16 层为塔顶。以第二层为例,高约 2 米,宽约 10 米,上部砌出叠涩檐,凡 17 层砖,每层挑出 0.05~0.07 米不等,檐的四角上翘。塔身东西两面正中各有佛龛,内放佛像一尊,龛两侧另有亭阁式小龛各一,莲花座,庑殿式顶,中嵌梵文刻经一片。南北两面,中间有一券形窗洞,直通塔心。第三层则南北为佛龛,东西为窗洞。以上各层依次交替。塔身愈往上愈收缩。塔顶高 8 米,约为塔身的七分之一。挺拔高耸的塔刹,使人有超出尘寰、划破云天的感受。顶端是铜铸的葫芦形宝瓶,瓶下为八角形宝盖,四角展翅,安有击风铎;其下为钢骨铜皮的相轮;最下为覆钵,外加莲花座托。塔顶四角,原有金鹏鸟,相传"龙性敬塔而畏鹏,大理旧为龙泽,故以此镇之"。现金鹏已无存,复修前仅残存金鹏鸟足。千寻塔中空,置有简易木梯,可达塔顶。塔刹有南诏建筑风格,每层正面中央设门券佛龛,内置白色大理石佛像一尊,为云南现存最古老的唐风砖塔。

千寻塔西,等距约 70 米远的地方,有南北两座小塔,是八角形 10 级密檐砖塔,各高 42.19 米,塔身有佛像、莲花、花瓶等浮雕层层各异。一至八层为空心直壁,内撑十字架。基座亦为八角形。两小塔间相距 97 米,三座塔形成鼎足之势,布局统一,造型和谐,浑然一体。崇圣寺三塔布局齐整,保存完善,外观造型相互协调。大塔协领两座小塔,突出其主要地位,同时又衬托出小塔的玲珑雅致;小塔紧随大塔,衬托出大塔的高大、雄伟。三塔与远处的苍山、洱海相互辉映,点缀出古城大理的历史风韵⑦。

8.关于建筑的经典文字轶闻。"是寺在第一峰之下,唐开元中建,寺前三塔鼎立,而中塔最高,形方,累十二层,故今名为三塔。塔四旁皆高松参天。⑧"

尘劫非人境,烟霞是佛都。山开银色界,海涌玉浮图。追蠡形犹壮,伽蓝迹已无。经函飘粉蠹,画壁剥天吴。零雨颓墙草,惊风废井梧。禅心随夜寂,旅望对秋孤。远目穷千里,倾怀倒百壶。狂歌意无极,感此岁云徂⑨。

崇圣寺在城西北莲花峰下,寺有三塔,其一高十余丈,十六级。其二差小,各铸金为顶。顶有金鹏,世传龙性敬塔而畏鹏,大理旧为龙泽,故以此镇之⑩。

参考文献

①《三迤随笔》。

②⑥《云南通志》卷二九,引元人郭松年《大理行记》。

③喻学才:《中国历代名匠志》,湖北教育出版社,2006 年。

④(明)谢肇淛:《滇略》卷二。

⑤⑦大理白族自治州地方志编纂委员会:《大理州志》,云南人民出版社,1992 年。

⑧《徐霞客游记·滇游日记八》。

⑨(明)杨慎:《游崇圣寺》。

⑩《云南通志》卷一五。

八、香积寺塔

1.建筑所处位置。位于陕西省西安城南约 17.5 千米的长安县郭杜乡香积寺村香积寺内。

2.建筑始建时间。塔创建于唐中宗神龙二年(706)①。

3.最早的文字记载。开元十二年毕彦雄《大唐龙兴大德香积寺主净业法师灵塔铭并序》:"陪窆于神禾原大善导阇黎域内,崇灵塔也。②"

4.建筑名称的来历。"夫祛近惑者必标至远之趣,开常见者必举非凡之境。然后解耳目之缚,平智虑之封,内外旷然,始造真域。此品之旨以为香积无上之界,宝饭普重之慈。乃释累之妙筌,融神之化国尔。使庶之士因兹领解,必能遗其所寄而涉乎大方。无舍无求,然后为善矣。颂曰:巍巍上方,粤有真场。不立他法,惟闻妙香。河沙四十,道右而长。希微其野,眇葬其疆。净饭惟馨,宝器惟洁。孰往取之,捐梯泯辙。甘露其味,大悲其熏。孰能销之,悟法离尘。香界惟何,高遐若彼。返照循元,迷悟而已。香饭惟何,普济如斯。称根付饱,粗妙之资。是谓冥权,是称实智。幽唱无响,孤风超诣。隙顾下方,居然不二。敢告人天,领其标致③。"善导为净土宗之实际开创者,以"随机化俗"著称于世④。善导圆寂后,其门徒建造善导塔。意思是把善导比作香积佛,而寺内的塔就是善导

图 6-8-2　香积寺塔

的供养塔。又因在香积寺内,亦名香积寺塔。唐王维《过香积寺》诗:"不知香积寺,数里入云峰。古木无人径,深山何处钟?⑤"

5.建筑兴毁及修葺情况:善导为唐代高僧。他本人圆寂后,弟子即在寺中为其师造塔。后历代徒子徒孙亦相继造塔于善导塔周遭。如善导的再传弟子思庄所撰之《大唐实际寺故寺主怀恽奉敕赠隆阐大法师碑铭》云:"于凤城南神和原,崇灵塔也。……仍于塔侧,广构伽蓝,莫不堂殿峥嵘,……又于寺院造大窣堵波,塔周二百步,直上一十三级。"隆阐法师曾被武则天赐与怀恽法师的封号⑥。

6.建筑设计师及捐资情况。由释怀恽建造。费用当由朝野信徒捐赠。

7.建筑特征及其原创意义。现状砖塔平面方形,底层面宽 9.5 米。塔下基台尺寸不明,依塔身面宽推测,基方 50 尺是可能的。塔身残存十层,高 33 米余,各层砌出柱、枋、斗栱,叠涩出檐的下部有两道斜角砖牙装饰线。香积寺塔的外观形式似乎融汇有密檐式塔的特点:底层较高,二层以上高度骤减,不足底层高度的 1/3。但塔身作直线收分,各层隐出仿木构件,与典型的密檐式塔有所不同,故仍属楼阁式塔⑦。每层四壁正中辟券门。塔身壁面作仿木结构,用砖砌成扁柱、栏额、斗拱。每面均作 3 间,左右两间的扁柱之间用赭红绘成直棂窗形。底层南面券门上有砖刻门额"涅槃盛事"四字。最突出的特点是塔自顶至底层,顺各层南北拱券处中间裂开,与小雁塔的裂缝极为相似。据史载,这条裂隙在宋元丰年间(1086—1094)以前就已存在,已 900 余年⑧。

8.关于建筑的经典文字轶闻。《唐京师千福寺怀感传》:释怀感,不知何许人也。秉持强悍,精苦从师,义不入神,未以为得。四方同好,就雾市焉。唯不信念佛。少时径生安养,疑

冰未泮。遂谒善导,用决犹豫。导曰:子传教度人,为信后讲。为渺茫无诣。感曰:诸佛诚言,不信不讲。导曰:若如所见,令念佛往生,岂是魔说耶?子若信之,至心念佛,当有证验。乃入道场,三七日不睹灵瑞。感自恨罪障深,欲绝食毕命。导不许,遂令精口三年念佛,后忽感灵瑞,见金色玉毫。便证念佛三昧,悲恨宿垢业重,妄构众僭,忏悔发露,乃述《决疑论》七卷。临终果有化佛来迎,合掌面西而往矣。即群疑论是也⑨。

参考文献

①喻学才:《中国历代名匠志》,湖北教育出版社,2006 年。

②《全唐文》卷三〇六。

③《维摩经诸品颂·香积佛品第十》。

④《雪窦足庵禅师塔铭》,《攻愧集》卷一七。

⑤《王右丞集笺注》卷七。

⑥《金石萃编》卷八六。

⑦⑧郭黛姮:《中国古代建筑史》(五卷本)第三卷,中国建筑工业出版社,2001 年。

⑨《高僧传》卷六。

九、大雁塔

1.建筑所处位置。在陕西省西安市南 4 千米慈恩寺内。

2.建筑始建时间。始建于唐永徽三年(652)。张礼《游城南记》记载:"永徽三年,沙门元(玄)奘起塔。①"

图 6-8-3　西安大雁塔

3.最早的文字记载。唐太宗撰《大唐三藏圣教序》当为最早的文字记载。②

4.建筑名称的来历。"达栌国有迦叶佛伽蓝,穿石山作塔五层,最下一层作雁形,谓之雁塔,盖此意也。③"因位于慈恩寺内,故亦名慈恩寺塔。

5.建筑兴毁及修葺情况。慈恩寺前身为隋无漏寺。贞观二十一年,高宗在春宫为文德皇后立慈恩寺。永徽三年,沙门玄奘起塔。初惟五层,砖表土心,效西域窣堵波,即袁宏汉所谓浮图祠也。长安(701—704)中摧倒,天后及王公施钱重加营建,至十层。其云雁塔者,天竺记达嚫国有迦叶佛伽蓝,穿石山作塔五层,最下一层作雁形,谓之雁塔,盖此意也。兵余止存七层,长兴中西京留守安重霸再修之,判官王仁裕有记。长安士庶每岁春秋游者道路相属,熙宁(1068—1077)中富民康生遗火,经宵不灭而游人自此衰矣。④明天顺间(1457—1463)秦藩宗室重修,吏部侍郎张用瀚撰碑⑤。

大雁塔是玄奘西行求法、归国译经的纪念建筑物,具有重要历史价值。1961 年中华人民共和国国务院公布为全国重点文物保护单位。1954—1955 年,对大雁塔进行了整修,包砌加固了塔基座,补修了渗漏的塔檐,更换了楼梯,粉刷了塔内墙壁,安装了避雷设施。为保护寺内的碑石,还修筑了碑楼。1956 年设立大雁塔文物保管所。

1962 年建立了玄奘纪念馆。20 世纪 70 年代初,发现大雁塔向西北方向倾斜,文物部门即延请测量部门进行观测,1989 年测出塔身中心向西北方向偏离 1.005 米。

6.建筑设计师及捐资情况。由玄奘法师亲自设计并参与建造。经费主要出自大内。"永徽三年,用七宫亡者衣物财帛建雁塔于慈恩寺。其基四面各一百四十尺,仿西域制度。有五级并象轮露盘,高一百八十尺。层层中心皆葬舍利,不啻万颗。上层以石为室,立碑载二圣所制三藏圣教序记,乃褚遂良笔。⑥"

7.建筑特征及其原创意义。西安慈恩寺大雁塔为七层楼阁式砖塔,高 64.517 米,平面为正方形,底层边长 25 米。塔坐落在底面 45.5×48.5 米、高 4.2 米的方形砖台上。塔身壁面仿木结构,用砖砌方形倚柱和阑额,柱头各承栌斗 1 个。一、二层分作九间,三、四层七间,最上三层五间。栌斗上为间有一二道棱角牙子的叠涩出檐,手法明快简洁。各层四面正中均辟券门,以便临眺。塔内设楼梯,可盘旋而上。塔底层的四面券门均有青石门楣、门框,门楣上镌有精美的线刻佛像图案,西面券门门楣上的说法图刻画了唐代佛殿的形象,尤为珍贵。南面券门外两侧的砖龛内,嵌有唐太宗撰《大唐三藏圣教序》和唐高宗撰《述三藏圣教序记》二碑,均由褚遂良书写,字迹瘦劲秀美,是中国书法艺术的珍品。门内两侧壁门,嵌明清两代西安地区考中举人的题名刻石。

8.关于建筑的经典文字轶闻。"进士既捷,题名于慈恩寺塔,故今谓之雁塔题名。⑦"高祖御制慈恩寺碑文及自书镌刻既毕,甲戌,上御安福门楼,观僧玄奘等迎碑向寺,皆造幢盖饰诸寺,以金宝穷极璀丽。太常及京城音乐车数百辆,僧尼执幡两行导从,士女观者填塞街衢。自魏晋已来,崇事释教未有如此之盛者也⑧。

唐诗人章八元《题慈恩寺塔》云:"十层突兀在虚空,四十门开面面风。却怪鸟飞平地上,自惊人语半天中。回梯暗踏如穿洞,绝顶初攀似出笼。落日凤城佳气合,满城春树雨蒙蒙。⑨"

参考文献

①④(宋)张礼撰,史念海、曹尔琴校点:《游城南记》,三秦出版社,2006 年。

②《文苑英华》卷七三五。

③(宋)张礼:《天竺记》,《游城南记》引。

⑤《陕西通志》卷一九一。

⑥《佛祖历代通载》卷一二。

⑦(唐)李肇:《国史补》。

⑧《太平御览》卷五八九。

⑨《全唐诗》卷二八一。

十、小雁塔

1.建筑所处位置。西安市友谊西路南侧。位于唐长安城安仁坊西北隅。

2.建筑始建时间。建于唐中宗景龙年间(707—710)。《咸宁县志》:"寺(基)周一顷五十亩,有浮图十五级,高三百余丈(应为'尺')。景龙中宫人率钱所立,今俗呼为'小雁塔'。①"

3.最早的文字记载。"元祐改元季春戊申,明微茂中同出京兆之东南门,历兴道、务本二坊,由务本西门入圣容院,观荐福寺塔。②"

4.建筑名称的来历。此塔体量比大雁塔小,故称小雁塔。因寺名又称荐福寺塔。

5.建筑兴毁及修葺情况。按小雁塔所在之地原为"隋炀帝在藩旧宅"。寺始创于武则天时代,是"为大献福寺,度僧二百余。天授初改荐福。中宗即位,大加营饰。寺基周一顷五十亩,有浮图十五级,高三百余尺。景龙中宫人率钱所立者也。俗呼为小雁塔。历宋元明继修。清朝康熙间修塔。寺有钟出自武功河畔,砧妇坐石捣衣,忽声自石出,响闻数里,土人发之,乃巨钟也,送归寺内。③"

据现存碑文记载,荐福寺曾屡遭战火。现存殿宇为明正统十四年(1449)重建。《长安县志》记载:明成化二十三年(1487)七月二十日,临潼发生6.3级地震。地震"声如雷,山多崩圮,居舍坏,男女死者千九百余人"。小雁塔也"自顶至足,中裂尺许,明澈如窗牖,行人往往见之"。时隔34年,正德十六年(1521)第二次大地震,"塔一夕如故,若有神比合之者"。小雁塔门楣刻石上至今刻留着这一段传奇式的记叙。无独有偶,这种裂而复合的现象后来又两度重演:嘉靖三十年(1551)地震,塔裂为二。嘉靖四十二年(1563)复震,塔合无痕;康熙三十年(1691)塔身再次震裂,复于康熙六十年弥合,其中的奥妙着实使人百思而不得其解。直到1965年维修勘探时才发现塔基下是一个用夯土筑实的半圆球体,直径约70米,塔就坐落在这"球体"的中心,而"球体"与周围则"貌合神离"④。

中华人民共和国成立后,经过几年的准备,1964年4月开始整修小雁塔,1965年9月竣工。整修中采取弥合裂缝、加固塔身等措施,并在塔的2、5、7、11各层檐下加钢板腰箍,保持其残缺的原貌。此外还整修了塔的基座、塔顶的排水设施,并安装了避雷设施。

6.建筑设计师及捐资情况。"宫人率钱所立"⑤。

7.建筑特征及其原创意义。小雁塔用青砖砌成,塔身略呈棱形,整个轮廓作自然缓和的卷杀曲线,为密檐式建筑,挺拔秀丽。共15层,因塔顶残缺,现残高43.94米。1980年寺内出土明正统十四年寺塔全图刻石。根据刻石可知,塔顶原由圆形刹座、两层相轮和宝珠形刹顶组成。塔的平面为正方形,底层连长11.38米。坐落在底边长23.8米、高3.2米的方形砖台之上。塔的底层较高,2层以上高度逐层递减,每层叠涩出檐,檐下各砌有两层菱角牙子。塔底层南北有券门,其上各层南北均有券窗。底层南北券门以青石做成门楣、门框,其上布满唐代蔓草图案线刻,刻工精细,线条流畅。门楣上的天人供养图像,更是弥足珍贵。塔内为空筒,设有木构楼层,有木梯盘旋而上。塔上有自唐以后历代题刻多处。在北门楣上明嘉靖三十年(1551)王鹤题记,载明成化丁未(1487)地震时,小雁塔"自顶至足,中裂尺许"。明正德十六年(1521)遭地震时,"塔一夕如故"。此条题记订正了辗转相谓小雁塔是明嘉靖三十四年(1555)腊月大地震时被震裂的讹误。

8.关于建筑的经典文字轶闻。雁塔晨钟:荐福寺的钟楼悬有一口

图6-8-4　西安小雁塔

金明昌三年(1192)铸造的大铁钟,高3.5米,口径2.5米,周长7.6米,重10吨。它原是武功崇教禅院故物,后来流失沉落河底。清康熙年间,有农妇在河畔捣衣,忽然听见石中发出金属声响。人们掘开石头,重新发现这口巨钟,于是移入西安荐福寺。清代每天清晨敲钟,声闻数十里,钟声嘹亮,塔影秀丽,"雁塔晨钟"遂成 "关中八景"之一。清代诗人朱集义题诗写道:"噌弘初破晓来霜,落月迟迟满大荒。枕上一声残梦醒,千秋胜迹总苍茫。"这就是著名的长安八景之一"雁塔晨钟"的生动写照⑦。

(明)温自知《读书荐福寺题壁》:"雁塔藏经地,狂生养拙年。漂零倚短榻,雨雪伴高眠。晓剑南峰出,昏灯北斗连。五陵豪侠子,裘马各周旋⑧。"

参考文献

①⑤《咸宁县志》,《关中胜迹图志》卷七。

②(宋)张礼:《游城南记》。

③(清)毕沅《关中胜迹图志》卷七。

④⑦西安市地方志编委会:《西安市志》,西安出版社,2002 年。

⑧《陕西通志》卷九六。

十一、兴教寺玄奘塔

1.建筑所处位置。位于陕西省长安县少陵原畔兴教寺西慈恩塔院内。

2.建筑始建时间。始建于唐总章二年(669)①。

3.最早的文字记载。塔背嵌唐文宗开成四年(839)由刘轲撰写、沙门建初书之"大唐三藏大遍觉法师塔铭并序"刻石当为该寺塔最早之文字。

4.建筑名称的来历。此塔因系高僧玄奘埋骨之所而得名。玄奘(600—664)为中国历史上著名的佛学家、翻译家和旅行家,卒后初葬于长安浐河东岸的白鹿原上,唐高宗总章二年(669)迁葬现址②。

5.建筑兴毁及修葺情况。唐末战乱,寺遭兵火,塔被盗掘。宋以后历代屡有修葺。寺内殿堂古建于清同治年间再度毁于兵火,现存殿宇为民国所修,但所幸寺西慈恩塔院内玄奘、窥基、圆测三塔仍是唐代原建。是中国重要的佛教史迹。1961 年中华人民共和国国务院公布为全国重点文物保护单位。

6.建筑设计师及捐资情况。澄襟院,唐左术僧录遍觉大师智慧之塔院也③。兴教寺在城南六十里,唐总章二年建。内有三塔,其中塔特高大,为唐三藏法师玄奘瘗身之所,尚书屯田郎中刘轲铭。左为慈恩基公塔,太子左庶子李宏度铭。右则大周圆则法师塔,铭之者贡士宋复也。寺之北旧有玉峰轩,宋元丰四年知永兴军吕大防建。今惟存长安令陈正举记石④。

7.建筑特征及其原创意义。现存三座砖塔在今寺西部"慈恩塔院"内,品字形参差排列。中间最高的一座是玄奘墓塔。玄奘塔最高,高达23米,平面为方形,各边长为5米,五层楼阁式实心砖塔。其建筑整体呈四角锥体状,用青砖砌成,砖砌斗拱,美观大方,是我国现存最早的一座砖砌木构型塔。塔身壁面仿木结构,用砖砌出八角形倚柱、额仿和斗拱。斗拱之上砌两层菱角牙子再叠涩出檐。挑檐大砖层多,在其他唐塔中少见。每层分作3间,次层以

图 6-8-5 西安兴教寺玄奘塔

上塔心实砌。塔的正面有券门,龛内置玄奘塑像1座。塔背嵌唐文宗开成四年(839)所立"大唐三藏大遍觉法师塔铭"刻石,记述玄奘生平。

诚如刘敦桢先生所言:"这塔平面方形,高五层,高度约21米。每层檐下都用砖做成简单的斗拱。斗拱上面,用斜角砌成的牙子,其上再加叠涩出檐。应该指出的是,第一层塔身经过后代修理已是平素的砖墙,没有倚柱,而以上四层则用砖砌成八角柱的一半的倚柱,再在倚柱上隐起额枋、斗拱。这座塔是中国现存楼阁式砖塔中年代最早和形制简练的代表作品。[5]"

玄奘塔东、西两侧分别是玄奘弟子窥基、圆测的墓塔,塔下均有石刻塔铭和泥塑像。塔为3层,高约7米,底层边长2米。窥基塔创建于唐高宗永淳元年(682),大和三年(829)重建,背面嵌有唐文宗开成四年(839)所立"大慈恩寺法师基公塔铭"刻石。圆测塔则是宋政和五年(1115)自终南山丰德寺迁葬圆测至此时修建的,塔背面嵌有民国(约1930)重摹宋政和五年"大周西明寺故大德圆测法师佛舍利塔铭"刻石。

8.关于建筑的经典文字轶闻。玄奘取经故事及《大唐西域记》。

参考文献

①(唐)刘轲:《大唐三藏大遍觉法师塔铭并序》。
②《石墨镌华》,见《陕西通志》卷九八。
③(宋)张礼:《游城南记》。
④(明)都穆:《游终南山记》。
⑤刘敦桢:《中国古代建筑史》,中国建筑工业出版社,1984年。

十二、大沙门鸠摩罗什法师塔

1.建筑所处位置。草堂寺在陕西省户县东南20千米的圭峰山北麓,其地为姚秦时逍遥园遗址。《晋书载记》姚兴如逍遥园引诸沙门于澄元堂听鸠摩罗什演说佛经处。罗什没后,焚之,其舌不坏。有塔存。唐置栖禅寺,今名草堂寺①。

2.建筑始建时间。393—419年间②。

3.最早的文字记载。"第一千九百三十九《唐草堂寺报愿碑》,宋僧文,删敬宗正书"③。

4.建筑名称的来历。为纪念鸠摩罗什而建,故名。

5.建筑兴毁及修葺情况。秦姚兴迎鸠摩罗什译经于此,原名逍遥园。唐僧宗密居之,为草堂寺。今名栖禅寺。有鸠摩罗什葬舍利石塔,精殊甚。宋人作亭覆之,今尚在。傍有龙井云与高观潭通,未知的否。殿后有圭峰定慧禅师碑,柳公权篆,裴休撰书。圭峰定慧禅师者,宗密也。壁间又有隋郑州刺史李渊为子世民祈愿记。渊,唐高祖,世民太宗也。又有章惇蔡京题记,皆历历可读。寺前揖紫阁峰,东观音山,西圭峰。如屏环而圭峰独壁立④。金明昌四年(1193)辨正大师增修讲所,梁栋宏丽,楹檐宽敞,复称草堂寺,曾作亭覆护罗什舍利塔⑤。

6.建筑特征及其原创意义。寺内的鸠摩罗什舍利塔造型奇特,是用砖青、玉白、墨黑、淡红、浅蓝、赫紫、乳黄等各色大理石雕刻镶砌而成。高2.33米,分八面十二层,因而又称"八宝石塔"。塔上都是屋脊形的盖和圆珠顶,盖下有阴刻的佛像,中间为八棱形龛;塔底是须弥山座,经历一千五、六百年仍基本完好⑥。

图6-8-6 户县草堂寺鸠摩罗什塔

7.关于建筑的经典文字轶闻。"鸠摩罗什，天竺人。年七岁出家，从师受经，日诵千偈。博览五明诸论及阴阳星算，妙达吉凶，言若符契。性率达不拘小检，专以大乘为化。符坚闻之，密有迎什之意。遣骁骑将军吕光西伐，获什。至凉州，坚为姚苌所害。于是在凉州积年，姚兴破吕隆，乃迎什，待以国师之礼。尝讲经于草堂寺，兴及朝臣大德沙门千有余人肃容观听，什忽下高坐谓兴曰：有二小儿登吾肩，欲障，须妇人。兴召宫女进之，一交而生二子。兴尝谓什曰：大师聪明超悟，天下莫二。何可使法种少嗣？遂以妓女十人逼令受之，尔后不住僧坊，别立廨舍，诸僧多效。乃聚针盈钵，引诸僧谓之曰：能食此者乃可畜室。因举匕进针，诸僧愧服乃止。什死于长安兴如逍遥园，依外国法以火焚尸。薪灭形碎，惟舌不烂。[7]"

参考文献

①《通志》。

②《晋书》本传。

③《金石录》卷十。

④《石墨镌华》卷七。

⑤⑥户县志编纂委员会：《户县志》，西安地图出版社，1986年。

⑦《晋书》本传。

十三、飞英塔

1.建筑所处位置。在浙江省湖州市内塔下街。

2.建筑始建时间。飞英塔内塔创建于唐中和四年至乾宁元年（884—894）。"僧云皎咸通（860—872）中飞锡长安，僧伽授以舍利七粒及阿育王饲虎面像。""塔始中和四年，成于乾宁元年。"外塔始建于北宋开宝年间（968—976）①。

3.最早的文字记载。东坡为吴兴守，有《游飞英寺》诗云：肩舆任所适，遇胜辄留连。焚香引幽步，酌茗开静筵。微雨止还作，小窗幽更妍。盆山不见日，草木自苍然。忽登最高塔，眼界穷大千。六峰照城郭，震泽浮云天。深沉既可喜，浩荡亦所便。幽寻未云毕，墟落生晚烟。归来记所历，耿耿清不眠。道人亦未寝，孤灯同夜禅。②

4.建筑名称的来历。初咸通中僧云皎自长安来，得舍利建飞英石塔，寺以此名③。

5.建筑兴毁及修葺情况。飞英舍利塔者凡三十层，高六十五丈。神光现于绝顶。院周于塔。肇自唐中和（884）年创，名上乘石塔舍利院。宋绍兴庚午（1150）毁，岁久未复。端平初（1234），沂王夫人俞氏施赀命钱唐妙静禅寺比丘尼密印董其事，卒成之。减三十层，高半之。其后院无常产，主僧勿留。颓圮荒落，不能自振。乃请毗山普光兰若僧慧日住持，以图起废，未遂兹愿，复还普光，其徒妙演继主斯席，立志兴修，乃悉捐衣钵倡其役，尽瘁营度，不为私计。尔时施者益众，佛事大集，然后木塔之阙者复还，山门法堂之仆者复起，像设庄严壒垩明丽睿居靓深铃语清越。自延祐甲寅（1314）迄于戊午（1318）五年而成④。

宋绍兴二十年（1152）遭雷击毁后，内塔重建于南宋绍兴年间，塔上刻有绍兴二十四年和二十五年（1154—1155）的题记。外塔系南宋端平年间（1234—1236）重建，元、明、清各代多次维修。1982—1987年国家拨专款对飞英塔进行落架大修。1987年建立了飞英塔文物保管所。现为国家重点文物保护单位⑤。

6.建筑设计师及捐资情况。唐咸通五年忠颙禅师建。刺史高湜表为资圣寺。中和五年改为上乘寺。宋景德二年（1005）改今额。明洪武（1368—1397）中分寺为二：东曰飞英教寺，西曰飞英塔院⑥。

7.建筑特征及其原创意义。飞英塔由内、外塔组成，内塔为仿木结构楼阁式石塔，外塔

图 6-8-7　湖州飞英塔立面

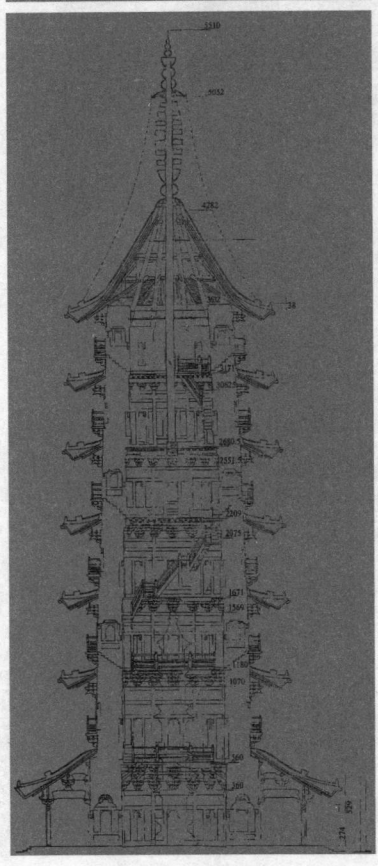

图 6-8-8　湖州飞英塔剖面

是楼阁式砖木结构塔。这种塔中有塔的建筑形式，在中国古代建筑史上较为罕见。明人王世祯和清人厉鹗诗作自注中都提到该塔的"塔中空如井，有小白塔""甚奇巧"的特征。

修复前的外塔为砖木结构，罩在内塔外面，分为七层，原高47米，现残高36.3米，直径11米，平面八边形楼阁式。沿内壁安装扶梯，盘旋而上，第二、三、四层铺设围廊，信佛的人可以环绕石塔礼拜，其上三层铺设楼板。围廊是用斗拱支挑的，第二层为真上昂；第三、四层为双抄五铺作；第五层华拱上出线刻上昂；第六、七层仅为扶壁垂拱。在塔身的外壁，每层都有塔檐和平座，也用斗拱支跳。檐下斗拱补间铺作一朵，为单抄单下昂重拱计心造，扶壁单拱素枋两条。平座补间铺作用两朵，为双抄、外挑、承枋子，不用令拱。第二层平座斗拱的木构件，经碳-14测定，距今不超过350年。再从现有斗拱及其他木构件的法式判断，有的还是南宋遗物，有的则是元、明及其以后修理时重做的。

经当代修复后的外塔为砖木混合结构楼阁式塔，七层八面，塔身高55米。

内塔为石塔，仍保持原样，塔身用白石砌筑，实心，八面五层，塔顶已毁，残高14.55米，用白石按木结构楼阁式塔的形式分层雕凿砌筑而成。基座雕刻"九山八海"。其上为须弥座，雕刻仰覆莲、缠枝花卉。缠枝花卉间刻有"化生"。束腰雕刻狮子。再上分为5层，每层由塔身、塔檐和平座组成。塔身每面转角处都雕凿出倚柱，作瓜楞状，似梭柱造，其下为质形柱础。倚柱间架阑额，施"七朱八白"。塔身每面中间有两间柱，间柱上刻施主题记。每层壸门和佛龛相间。壸门内凿出大门，门上饰门钉，上部为直棂窗。塔檐部位的椽子、飞子、勾头、滴水、角梁、脊兽等，都雕凿得逼真。檐下斗拱计心造。平座前沿原装有栏杆，今仅存栏杆望柱的柱洞。

石塔上雕刻着精美的佛像千余尊以及狮、象、鳌、鹤、莲花、瑞草等图案，构思精巧，刻工精细，线条流畅，形神兼备，是我国石雕艺术中的瑰宝。

飞英塔是我国现存的唯一的一座"塔中塔"。已被列为全国重点文物保护单位。

参考文献

①(宋)谈钥：《嘉泰吴兴志》。
②《东坡全集》卷一一。
③万历《湖州府志》。
④孟淳：《重修飞英塔院记》。
⑤湖州市地方志编纂委员会：《湖州市志》，昆仑出版社，

1999 年。

　　⑥万历《湖州府志》。

十四、银山塔林

　　1.建筑所处位置。位于北京市昌平县海子村西南、银山南麓古延寿寺遗址上,距县城30 千米。

　　2.建筑始建时间。"唐邓隐峰禅师修于此山,道成此山。①"

　　3.最早的文字记载。"师姓邓氏幼若不惠,父母听其出家。既具戒,参马祖,言下契。一日推车次,祖展脚在路上。师曰:请收足。祖曰:已展,不收。师曰:已进,不退。遂推车碾过,祖脚损。归法堂,执斧子曰:适来碾损老僧脚底出来! 师便出,于祖前引颈就之。祖乃置斧。其后遍历诸方,所至辄有奇诡。久之,以神异颇显,恐成惑众,乃入台山金刚窟前,将示寂,问于众曰:诸方迁化,坐去卧去吾皆见之,还有立化者否? 众曰:有之。师曰:还有倒化者否? 众曰:未尝有也。师乃倒殖而化,亭亭然,其衣亦皆顺体。众为异尸荼毗,屹然不动,远近瞻礼叹异。师有妹为尼,时亦在彼,乃附近而咄之曰:老兄! 平日恼乱诸方,不循法律,死更荧惑于人? 乃以手推之,偾然而踣。于是阇维,收舍利,塔于五台云。②"

　　4.建筑名称的来历。远远望去,山岩素裹,若冬季冰雪层积覆盖,因此人们称此山为"银山",银山的山崖岩壁陡峭,色黑如铁,被人们称为"铁壁"。"银山峰峦高峻,冰雪层积,色白如银。麓有石崖,皆成黑色,谓之银山铁壁。③"

　　5.建筑兴毁及修葺情况。"唐邓隐峰禅师修于此山,道成此山。④"辽寿昌年间(1095—1101),满公禅师建宝岩寺。金天会年间(1123—1137),名僧海慧重建庙宇,名大延圣寺。此后,殿宇之间先后建有安置金代名僧舍利的密檐式砖塔五座。元代以后,寺院建筑不断增加与改建,并建塔多座。明宣德四年(1429),司设监太监吴亮出资重修大延圣寺,正统二年(1437)告成。同年,明英宗朱祁镇赐寺额"法华禅寺"。成化二十年(1484)、清康熙十三年(1674),又两度修缮,成为殿宇与佛塔融为一体的建筑群体⑤。

　　银山共有十八座造型各异的古塔林立于峡谷之间,最为壮观的是华禅寺内的金代佛塔。1941 年,日军侵略者进犯我平北根据地,经过银山,将全部建筑尽行拆毁、焚烧,砍伐大批林木,灵塔遭劫,诸景也随之废而不复。加上年久失修,自然毁损坍塌,只残存下辽金时的五座大塔和元、明时的十几座小塔。

　　6.建筑设计师及捐资情况。满公禅师、释海慧、吴亮诸人。

　　7.建筑特征及其原创意义。山上开阔地中,密檐式宝塔巍然屹立。淡黄色的石塔由台基、塔身、斗拱和塔刹构成,外表用各种石雕、石刻或琉璃剪边,脊兽装饰,华丽挺拔。人称"银山宝塔"。这里有金、元两代砖塔七座,是昌平八景之一。其中五座是金代(1115—1234)墓塔,两座是元代(1206—1368)墓塔,均为砖结构,密檐式。塔下有高大须弥座,须弥座和第一层塔身,均有精美雕饰,檐下有砖刻斗拱。第一层塔身以上均施叠涩,挑出短檐。塔的高度都在 20~30 米之间,比少林寺、灵岩寺塔林中的墓塔要高大得多,两座元代塔,也是砖结构,但体积较小。其中一座密檐式,檐下刻斗拱,塔的立面富有曲线美。另一座是密檐楼阁式和覆钵式相结合,很特殊。这一古代塔林是今天研究当时佛教艺术和砖石建筑技术的珍贵实物资料,被国家文物部门确定为全国重点文物保护单位⑥。

　　8.关于建筑的经典文字轶闻。山上寺庙多,信徒盛。僧尼死后,多于此修造灵塔。形成塔林。塔高者数丈,小者径尺,数百年的积累,整个银山脚下,山岭沟涧间,墓塔林立错落,数不胜数,故民间有"银山宝塔数不清"之说。

银山塔林 1988 年被列为国家重点文物保护单位。铁壁银山林木秀美,清泉潺潺。唐代著名高僧隐峰禅师曾到这里讲经说法,后代众僧为了纪念他,在其讲经处建造了一座高约 4 米的石塔,名为"转腰塔",至今尚存。

(明)释太初《隐峰禅师塔》:"隐峰倒化石岩前,笔立裙衣上耸天。良妹已收灵骨后。石幢高树在峰巅。"

参考文献

①《帝京景物略》。

②《佛祖历代通载》卷一五。

③④《读史方舆纪要》。

⑤⑥昌平县志编纂委员会:《昌平县志》,北京出版社,2007 年。

十五、觉寂塔

1.建筑所处位置。位于安徽省潜山县天柱山三祖寺内。

2.建筑始建时间。始建成于唐肃宗乾元初年(758)。据《潜山县志》记载:"前河南少尹李常任舒州别驾,访得达摩祖师三世僧璨之墓,启真仪火化,得五色舍利三百粒,以百粒捐俸建塔,并模塑三祖像于塔内。塔于唐肃宗乾元初年建成,到唐代宗大历七年,经御史大夫张延赏请额,得名觉寂塔。①"

3.最早的文字记载。"按前志禅师号僧璨,不知何许人,出见于周隋间,传教于惠可大师。抠衣邺中,得道于司空山。谓身相非真,故并序示,有疮疾,谓法无我,师故居不择地,以众生病为病。故所至必说法度人,以一相不在内外中间,故必言,不以文字。其教大略以寂照妙用摄群品,流注生灭,观四维上下,不见法,不见身,不见心,乃至心离名字,身等空界,法同梦幻,无得无证然后谓之鲜脱。禅师率是道也,上膺付嘱,下拯昏疑,大云垂荫,国土皆化。谓南方教所未至,我是以有罗浮之行,其来不来也,其去无去也,既而以袈裟与法俱付悟者,道存形谢,遗骨此山,今二百岁矣。皇帝即位后五年,岁次庚戌,某剖符是州,登禅师遗居,周览陈迹,明征故事,其荼毗起塔之制,实天宝丙戌中别驾前河南少尹赵郡李公常经始之。碑版之文,隋内史侍郎河东薛公道衡、唐相国刑部尚书赠太尉河南房公琯继论撰之,而尊道之典,易名之礼,则朝廷方以多故而未遑也。长老比丘释湛然诵经于灵塔之下,与涧松俱老。痛先师名氏未经邦国焉,与禅众寺大律师释澄俊同寅叶恭亟以为请。是岁嵩丘大比丘释惠融至自广陵,胜业寺大比丘释开悟至自庐江,俱纂我禅师后七叶之遗训,日相与叹塔之不,命号之不崇,惧象法之本根坠于地也,愿申无边众生之誓,以抒罔极。扬州牧御史大夫张公延赏以状闻,于是七年夏四月上需然降兴废继绝之诏,册谥禅师曰镜智,塔曰觉寂。以大德僧七人洒扫供养,天书锡命辉焕崖谷,众庶踊跃,谓大乘中兴,是曰大比丘众议立石于塔东南隅,纪心法兴废之所以然。某以谓初中国之有佛教,自汉孝明始也。历魏晋宋齐及梁武言第一义谛者不过布施持戒,天下惑于报应,而人未知禅世与道交相丧,至菩提达摩大师始示人以诸佛心要,人疑而未思,惠可大师传而持之,人思而未修。迨禅师三叶其风寝广,真如法味日渐月渍,万木之根茎枝叶悉沐我雨,然后空王之密藏,二祖之微言,始行于世间,浃于人心。当时闻道于禅师者其浅者知有为法无非妄想,深者见佛性于言下,如灯之照物。朝为凡夫,夕为圣贤,双峯大师道信其人也。其后信公以教传弘忍,忍传惠能、神秀,能公退而老,曹溪其嗣无闻焉。秀公传普寂,寂公之门徒万人,升堂者六十有三。得自在惠者一曰正,正公之廊庑龙象又倍焉。或化嵩洛,或之荆吴,自是心教之被于世也与六籍侔盛。呜戏! 禅师吾其二乘矣! 后代何述焉! 庸讵知禅师之下生不为诸佛故现比丘身,以救浊劫乎？亦犹尧舜既徃周公制礼仲尼述之游夏之使高堂后苍徐孟戴庆之徒可得而祖焉。天以圣贤所振为木铎,其揆一也。诸公以为司马子长立夫子世家,谢临川撰惠远法师碑铭,今将令千载之后知先师之全身禅门之权舆,王命之追崇在此山也。则扬其风,纪其时,宜在法流。某尝味禅师之道也久,故不让。其铭曰:人之静性与生偕植,知诱于外,染为妄识。如浪斯鼓,与风动息。淫骇贪怒,为刃为贼。生死有涯,缘起无极,如来悯之,为辟度门,即妄了真,以证觉源。启迪心印,贻我后昆。间生禅师,俾以教尊。……自达摩大师至禅师又三世,共二十八世也。周武下令灭佛法,禅师随可大师隐遁司空山十有三年。初,禅师谓信公曰:汝何求？曰:求解脱。曰:谁缚汝？谁解汝？曰:不见缚者,不见解者。然则何求？信公于是言下证解脱知见,遂顶礼请益,是日禅师授以祖师所传袈裟也。②"

4.建筑名称的来历。"觉者知其本也,寂者根其性也。镜者无不照也,智者无不识也。四者备矣吾师之道存焉。③"因在三祖寺内,又名三祖寺塔。僧璨是禅宗第三代祖师,身后留下五色舍利三百粒,其中,信士请以百粒藏诸觉寂塔。"觉寂"是朝廷颁赐给僧璨的谥号。"经御史大夫张延赏请额,得名觉寂塔"。

5.建筑兴毁及修葺情况。按:在经历北周武帝"灭佛运动"后,隋薛道衡、唐李常、房琯、张延赏、独孤及诸人属于为僧璨造塔的官员。释湛然,释开悟,释惠融,释澄俊为僧人中的造塔代表。"会昌(841—847)天子灭佛法,塔与碑皆毁,像虽毁而法不能灭。是法也不在乎塔,不在乎碑。大中(847—859)初,塔复置而碑未立。咸通二年(861)八月遂与沙门重议刊建。④"这是说在会昌灭佛后重新建塔立碑的情况。

会昌年间,因唐武宗灭佛被毁。后来,僧徒们又化缘重建觉寂塔,可在唐朝末年又毁于一场大火。现存塔为明嘉靖四十三年(1564)重建。1979年,政府有关部门拨款整修了觉寂塔。1982年修复了藏经楼。1983年,该寺被定为汉族地区全国重点寺院。

6.建筑设计师及捐资情况。依据前述碑刻文献,可知觉寂塔(三祖寺塔)的建造与张延赏、独孤及诸人的努力密不可分。当然,除开国库划拨的经费外,信士们的捐助也是不言而喻的。

7.建筑特征及其原创意义。由于历代屡毁屡建,现存的觉寂塔是集三朝建筑于一身的混合体:唐代的塔基、宋代的相轮、明代的塔身。而且塔体已经微微倾斜。

此塔平面为八边形,高10余丈,上下7层,楼阁式塔。层层皆有斗拱和环廊,出入相制,外旋中空,为国内罕见。从塔内看,觉寂塔是砖木结构,每层有四个门,都是两两相对,登塔楼梯螺旋而上。塔壁上镶有砖雕的佛像,每一面4至8尊不等,佛像都是大小相等对称排列的。塔壁上有唐风雕绘。塔顶有一相轮,高达1丈5尺,全以生铁铸成,既壮观,又可起避雷针作用。轮分9节,上为葫芦铁圈,下为壶形宝瓶,中间5节如轮,轮上有一个宝瓶,承轮而立。底下还有个相轮反扣于塔顶之上,大大增强了相轮的稳定性,是艺术和建筑的巧妙结合。为了使相轮和宝塔连成一体,有力地抗击风雪,古人还以一根斗粗的木柱穿立于塔的上部,以8根铁链拉向八方,挂上51个风铃。微风吹来,叮当作响。这种奇特的造型和科学的安排,不管是从艺术家的角度,还是从建筑家的角度来看,都是独具匠心,别具一格。塔体外旋中空,四周刻有佛像,外有砖栏环护,塔的北面有石梯可上,四门相对,虚实相错,凭栏外眺,奇山秀水尽收眼底。塔造型宏伟,雄浑高华,卓尔不群。

8.关于建筑的经典文字轶闻。林和靖《山谷寺》:一入禅林便懒还,众峰深壑共屠颜。楼台冷簇云萝外,钟磬晴敲水石间。茶版手擎童子净,锡枝肩倚老僧闲。独孤房相碑文在,几认题名拂藓斑⑤。

三祖寺,原名山谷寺,在县城西9千米野寨小街北。据旧志载:南朝梁时(507),白鹤道人、宝志禅师,两人都想在此处建道场,梁武帝命他俩各施法宝识地,得者居之。道人放白鹤,和尚抛锡杖。鹤飞在前,将落地时被锡杖飞来声所惊,止于他处,锡杖卓立此地,宝志即在此建寺。大同二年(536)命名为山谷寺。北周初,禅宗三祖僧璨隐居于此,隋开皇十年(590),正式驻锡于此。并在此传衣四祖道信。唐乾元元年(758),唐肃宗诏赐山谷寺为"三祖山谷乾元禅寺"。公元772年,唐代宗赐塔名"觉寂",谥僧璨名"镜智禅师"。自宝志开山创建,近1500年来,该寺稍衰即兴,始终巍立于禅林之中,实为国内不可多见的佛刹。更以三祖僧璨受度于二祖后,于此传四祖,又行游返化于此而扬名宇内。

寺内石壁上镶嵌着南宋绍熙二年(1191)十月张同之所题诗一首:飞锡梁朝寺,传衣祖塔丘。石龛擎古木,山谷卧青牛。半夜朝风起,长年涧水流。禅林谁第一,此地冠南州。

参考文献

①民国9年《潜山县志》。

②(唐)独孤及:《舒州山谷寺觉寂塔隋故三祖镜智禅师碑铭》。

③《山谷寺觉寂塔禅门第三祖镜智禅师塔碑阴文》,见《毗陵集》卷九。

④(唐)张彦远:《三祖大师碑阴记》。

⑤《林和靖集》卷二。

十六、慧崇塔

1.建筑所处位置。位于山东长清县灵岩寺内塔林的北上坡最高处。

2.建筑始建时间。寺僧慧崇圆寂于贞观初(742)。则此塔之建当在742年稍后①。

3.最早的文字记载。(唐)李邕《灵岩寺碑并序》②、《灵岩寺碑颂》③。(此就寺而言)。(明)释真可《礼慧崇塔》诗(就慧崇塔而言)④。

4.建筑名称的来历。灵岩寺得名于东晋高僧朗公。相传朗公来此说法,听者千人,顽石为之点头,听众惊奇,以告朗公,朗公曰:此山灵也,不足怪。山遂名灵岩,寺遂名灵岩。慧崇塔因唐贞观年间该寺住持、名僧慧崇舍利葬此而得名。

5.建筑兴毁及修葺情况。本寺肇始于姚秦时期(357—358),北魏释法定、东晋竺僧朗,初唐释慧崇、宋代释琼环(重净)、仁钦(净照)、妙空等住持均有修造重葺之功。慧崇塔历史上没有留下修葺记录⑤。1979年山东省文物局拨款重修此塔。文物局在对该塔进行全面勘察研究、完成实测、拍照后开始对这一年久失修的古墓塔进行维修。当时的现状是塔基座(须弥座)上罨涩石已全部丢失,只剩一块丢落在地下,是恢复上罨涩的唯一实物资料。束腰石大部分已坏或丢失,下罨涩石有近一半破碎。墙身局部往外拱出,塔身南面石门拱断裂下垂,塔顶上的二层涩石风化破碎不堪,顶上塔刹整个往西倾斜。根据塔的损坏程度和古建筑修缮原则,采取恢复塔基座、加固塔身墙和塔内拱板。粘补、更换塔顶叠涩石和塔刹石。加固塔南墙石拱门、在塔北坡上筑两道挡土墙以挡山上的泥土和雨水等方法维修了这座一千二百多年历史的古墓塔。⑥

6.建筑特征及其原创意义:塔身石构,方形平面,高5米余。塔下有须弥座基台,各面均不设台阶,正面对门处向外凸出。底层塔身正面开门,侧面雕假门。出檐用石板叠涩,呈凹曲面向上向外伸出,顶面则作反叠涩的平直坡顶,不雕瓦垄,檐口线挺括有力,从中部向两端翼角作极细微的上翘。底层塔顶之上有一层更为低矮的塔身,四面实壁,上部出檐做法与底层相同,只是出挑和缩短。其上又有一层更为瘦狭低矮的塔身,也作叠涩出檐,檐部四周上置山花蕉叶,中立仰莲、宝珠。此塔外观简洁、比例优美、制作精良。塔门雕刻

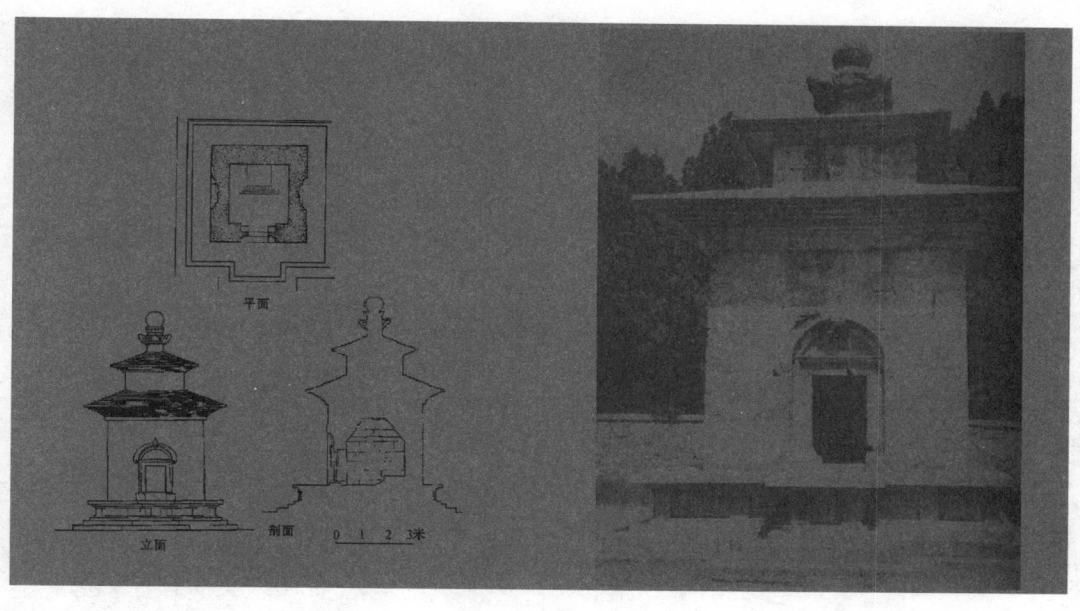

图 6-8-9　长清慧崇塔

的风格与盛唐时期石塔实例相近⑦。

　　7.关于建筑的经典文字轶闻。(宋)曾巩《灵岩寺兼简重元长者二刘居士》诗曰:法定禅房临峭谷,辟支灵塔冠层峦。轩窗势耸云林合,钟磬声高鸟远盘。白鹤已飞泉自涌,青龙无迹洞常寒。更闻惠远相从乐,世道嚣尘岂可干。⑧

参考文献

①③(唐)李邕:《灵岩寺碑颂》,《全唐文补编》卷三六。

②(唐)李邕:《灵岩寺碑并序》,《全唐文》卷二六三。

④明释真可诗,见慧崇塔门侧墙壁。

⑤(清)李恩绶、释三惺:《灵岩志》,广陵古籍刻印社,影印本。

⑥黄国康:《灵岩寺慧崇塔的修缮及其特点》,《古建园林技术》,1996 年 01 期。

⑦傅熹年:《中国古代建筑史》(五卷本)第二卷,中国建筑工业出版社,2001 年。

⑧(宋)曾巩:《元丰类稿》卷七。

十七、会善寺净藏塔

　　1.建筑所处位置。河南省登封市城北 3 千米太室山南麓积翠峰下会善寺西侧山坡上。

　　2.建筑始建时间。建于唐天宝五年(746)。据《嵩山故大德净藏禅师塔铭》载:"即以其岁天宝五载岁次丙戌十月廿六日午时奄将神谢。门人慧云智祥法俗弟子等,……敬重师恩,勒铭建塔,举高四丈,给砌一层。①"

　　3.最早的文字记载。《嵩山故大德净藏禅师塔铭》,塔身北面嵌青石塔铭一方,铭石高57 厘米,宽 59.5 厘米,铭文计 22 行,满行 21 字,除去题、尾及行文间空字外,计 475 字,其内容记述了净藏禅师的生平事迹。《嵩山故大德净藏禅师身塔铭》:"大师讳藏,俗姓倪,济阴郡人也。十九出家,六岁持诵金刚般若楞伽思益等经,写瓶贯绠,讽味精纯,来至嵩岳,遇安大师。亲承咨问。十有余年大师化后,遂往韶郡,诣能和上,咨元问道,言下流涕。遂至荆南,寻睹大师,亲承五载,能遂印可付法传灯指而北归,至大雄山玉像兰若,一从栖寓,三十余周,名闻四流,众所知识,复至嵩南会善西塔安禅师院,睹兹灵迹,实可奇耳,遂于兹住。阙乎圣典,乃造写藏经五千余卷。师乃如如生象,空空烈迹。可失山信忍宗旨密传,七祖流通,起自中岳,师亦心苞万有,慧照五明。为法侣津梁,为禅门龟镜。于是化流河洛,屡积岁辰,不惮勤劳,成嵩圣教。春秋七十有二,夏三十八腊,无疾示疾,憩息禅堂。端坐往生,归乎寂灭。即以其岁天宝五载岁次丙戌十月廿六日午时奄将神谢。门人慧云、智祥,法俗弟子等莫不攀慕教缘,香花雨泪。哀恋摧恸,良可悲哉。敬重师恩,勒铭建塔,举高四丈,给砌一层。念多宝之全身,想释迦之半座,标心孝道,以偈而宣:

  猗欤高僧,嵩岩劫增。心星聚照,智月清升。坐功深远,灵迹时征。厥帷上德,成兹法兴。其一

  五法三性,八万四千。帝京河洛,流化通宣,不惮勤劳,三五载间。造写三藏,顿悟四禅。其二

  三摩钵底,定力孤坚。悲通法界,慈洽人天。法身圆净,无言可诠。门人至孝,建塔灵山。其三"[2]。

4.建筑名称的来历。此塔因寺僧净藏故名[3]。

5. 建筑兴毁及修葺情况。净藏塔所在的会善寺原为魏孝文帝(471—500)离宫。恭陵王施作福田,为澄觉禅师精舍。隋开皇(582—600)中赐名会善寺。塔在寺西,天宝五年立[4]。

图6-8-10 会善寺净藏塔

6.建筑设计师及捐资情况。"门人慧云智祥法俗弟子等"等修建[5]。

7.建筑特征及其原创意义。净藏塔是中国现存最早的八角形砖塔。由基座、塔身和塔顶三部分组成。基座与塔顶皆残损,但大致可看出基座、塔身与塔顶三部分的高度比例关系约为1:1:2。塔为单层重檐亭阁式,平面为等边八角形,通高10.34米,周长16米。坐北面南,除塔刹为石雕外,其余全由青砖砌成。塔基高2.64米,上部砌出简单的须弥座,座上为两层平砖叠砌,中为束腰,每面雕出横长壶门3个,束腰以下各用圆头砖、抹头砖砌一层,下用平头砖砌3层,再下为基座素壁。塔座之上为仿木结构的八角塔身,各角砌出倚柱,柱外露3面,不施柱础。南面为拱券式塔门,由门可入塔室内,塔室平面八角,顶为穹形。塔身东西两面雕出实榻大门,北面嵌石铭一方,记述净藏禅师生平事迹。其余四面均雕假窗。塔顶为叠涩砖檐、砖雕花纹及石雕宝刹组成,檐上有两层须弥座和两层雕花装饰,最高处是圆雕石刹与火焰宝珠。塔基下发现地宫,有彩色壁画,内存放和尚骨灰罐[6]。

8.关于建筑的经典文字轶闻:净藏禅师,19岁出家,拜嵩山会善寺道安禅师为师,后道安圆寂,南下从禅宗六祖慧能学法五载,又至荆南寻访大师,得六祖慧能首肯,北归复至会善寺,造写藏经五千余卷,成为佛教禅宗七祖。春秋七十有二,无疾示寂[7]。

参考文献

①②⑤⑦《嵩山故大德净藏禅师塔铭》,见《全唐文》卷九九七。

③④(清)景日珍:《说嵩》卷二一。

⑥傅熹年:《中国古代建筑史》(五卷本)第二卷,中国建筑工业出版社,2001年。

十八、甘肃永靖炳灵寺石窟第3窟中心塔

1.建筑所处位置。炳灵寺石窟位于甘肃省永靖城西北方向约15千米的黄河北岸寺沟峡中的北山上。

2.建筑始建时间。该石窟群开凿时间最早可追溯到西晋时期(266—316)。但第3窟中石塔则为唐代(618—907)所造。

3.最早的文字记载。河北有层山,山甚灵秀。山峰之上立石数百丈,亭亭桀竖。悬岩之中多石室焉,室中若有积卷矣。而世士罕有津达者,因谓之积书岩。岩堂之内,每时见神人往还矣,盖鸿衣羽裳之士,练精饵食之夫耳。俗人不悟其仙者,乃谓之神鬼。彼羌目鬼曰唐述,复因名之为唐述山。指其堂密之居谓之唐述窟。其怀道宗玄之士,皮冠净发之徒亦往栖托焉[①]。

王愍……与雷秀统领其余诸将人马,过实勒颇卜朗,往西北过雪山及炳灵寺[②]。

4.建筑名称的来历。炳灵寺,系藏语音译"仙巴炳灵"的简化,原意为十万弥勒佛洲。"炳灵"是藏语的音译,即"十万佛"或"千佛山"之意。

5.建筑兴毁及修葺情况。魏晋时称唐述窟,唐代称龙兴寺、灵岩寺,宋代始称炳灵寺,石窟群分布在上寺、下寺、洞沟、佛爷台等处,方圆约7平方千米。下寺多为唐代建筑。第3窟中心塔为下寺石窟内的中心塔。

炳灵寺以石雕艺术著称于世,是1961年国务院公布的第一批全国重点文物保护单位。炳灵寺始建于十六国时期的西秦(420—431),北魏、西魏、北周、隋、唐等各代都有扩建,已有1500多年的历史。其中以下寺最为壮观。现存窟龛183个,内有大小石雕佛像694尊、泥塑像82尊、石雕泥塑小塔5座、壁画900多平方米。炳灵寺大佛为一尊悬崖坐佛,身高27米,唐代塑造,虽经千年风雨侵袭,仍然保持着慈祥的容光。第五十号窟中有一尊菩萨,上身向后微仰,腰肢轻柔,体态优美,形象生动逼真,为全国罕见,具有极高的艺术价值。

图 6-8-11　炳灵寺石窟第3窟中心塔

6.建筑特征及其原创意义。第三窟平面方形、平顶窟,高塔。塔高2.23米,塔基宽1.40米,塔为单层、方形盝顶。塔座四沿遗留有孔眼,可知座上曾有勾栏。座正面设弧形踏道。塔身为仿木构建筑,四面各分三间,正面中间开一门,门内塔室中空,可能原来曾有造像,从塔身比例及造型推测,此塔是对于殿堂内佛帐的模仿。盝顶中心为叠涩须弥座的刹座和山花蕉叶及覆钵。此塔整体及细部均具初、盛唐的风格,是研究唐代建筑和佛教石窟形制的重要实物资料。另外,塔顶正中有印度佛塔中常见的覆钵形。这种把印度建筑中的某些特点巧妙地融汇在中国民族建筑形式中,在全国其他石窟中也是独一无二的[③]。

7.关于建筑的经典文字轶闻。晋初河州唐述谷寺者,在今河州西北五十里。度风林津,登长夷岭,南望名积石山即禹贡导河之地也。众峰竞出,各有异势。或如宝塔,或如层楼。松柏映岩,丹青饰岫。自非造化神功,何因绮丽若此。南行二十里,得其谷焉。凿山构室,接梁通水,绕寺华果蔬菜充满。今有僧住。南有石门滨于河上,镌石文曰:晋太始年之所立也。寺东谷中有一天寺,穷讨处所,署无定止。常闻钟声,又有异僧。故号此谷名为唐述。羌云鬼也。所以古今诸人入积石者,每逢仙圣。行住恍忽,现寺现僧。东北岭上出于醴泉,酣而且白,服者不老[④]。

参考文献

①《水经注》卷二。

②(宋)李复:《又上章丞相书》,《潏水集》卷二。

③永靖县志编纂委员会:《永靖县志》,兰州大学出版社,1995年。

④《法苑珠林》卷五二。

十九、北京房山云居寺小石塔

1.建筑所处位置。位于北京市房山县云居寺内。

2.建筑始建时间。始建于唐景云二年(711)。

3.最早的文字记载。"西偏下五里许有云居寺,亦静琬所创。墀中列唐人建石浮屠四,皆勒碑其上。其一开元十年助教梁高望书。其一开元十五年太原王大悦书。其建于景云二年者则宁思道所书。太极元年建者则王利贞书也。寺僧言后院中石刻犹多,在榛莽中,或立或仆,多唐时所刻"①。

4.建筑名称的来历。"石经山,峰峦秀拔,俨若天竺,因谓之小西天。寺在云表,仅通鸟道,曰云居寺。②"

5.建筑兴毁及修葺情况。辽沙门志才《涿鹿山云居寺续秘藏石经塔记》曰:古之碑者用木为之,乃塋祭聘飨之际所植一大木。而字从石者取其坚久也。秦汉以降,凡有功德政事亦碑之,欲图不朽,易之以石,虽失其本从来所尚不可废焉。浮图经教来自西国,梵文贝叶,此译华言,尽书竹帛。或邪见而毁坏,或兵火而焚爇。或时久而蠹烂,孰更印度求诸与?有隋沙门静琬深虑此事,属志发愿,于大业年中至涿鹿山以大藏经刻于贞珉,藏诸山窦。大愿不终而奄化,门人道公、议公、暹公、法公,资资相踵,五代造经,亦未满师愿。至辽刘公法师奏闻圣宗皇帝赐普渡坛利钱续造,次兴宗皇帝赐钱又造,相国杨公遵勖、梁公颖奏道宗皇帝赐钱造经四十七帙,通前上石共计一百八十七帙。已厝东峰七石室内。见今大藏仍未及半,有通理大师经林拔秀,名实俱高,教风一扇,草偃八紘,其余德业俱载宝峰本寺遗行碑中。师于兹山寓宿,有续造念,兴无缘慈,为不请友,至大安九年(1093)正月一日遂于兹寺放开戒坛,士庶道俗入山受戒,亘以数知。方尽暮春,始得终罢,所获钱施及万镪,付门人右街僧录通慧、圆照大师善定校勘刻石。石类印板,背面俱用镌经两纸。至大安十年,钱已尽,功且止。碑四千八十片,经四十四帙。题名目录刻如左,未知后代谁更继之。又有门人讲经、沙门善锐,念先遗风不能续扇,经碑未藏,或有残坏,与定师共议募功,至天庆七年(1117)于寺内西南隅穿地为穴,道宗皇帝所办石经大碑一百八十片,通理大师所办石经小碑四千八十片藏瘗地穴之内,上筑砌砖建塔一座,刻文标记石经所在。于奕正《天下金石志》曰:云居寺续镌石经记,赵遵仁撰。清宁四年沙门智光《重修云居寺记》曰:应历十四载,寺主谦讽完葺一寺,结邑千人,请右补阙琊玡王公正作碑。顷因兵火遂至伤缺,补阙子诸行宫都部置判官都官员外郎赐紫金鱼袋敦念先人遗迹出俸钱修,以释智光乃考之执友也,故命刊述勒之。时睿德神署

图 6-8-12 北京云居寺石塔

应运启化承天皇太后至德广孝昭圣皇帝御极之二十三年统和乙巳岁八月丁丑朔十一日丁亥记。《帝京景物略》曰:房山县西南四十里有山曰白带山,生□题草又曰□题山藏石经者千年矣。故曰石经山。亦曰小西天云③。

6.建筑设计师及捐资情况。隋释静琬等僧人,辽圣宗、辽兴宗等帝王。具体内容详上。

7.建筑特征及其原创意义。云居寺北塔下方形基台的四角,也各立有一座密檐石塔。这四座小塔的形式基本相同,均为方形平面,七层,高3米余,外观造型简洁,比例精致。其中年代最早的建于景云二年(711),最晚的建于开元十五年(727)④。

景云二年所建石塔为笋状四面小石塔,下部由四块汉白玉石板竖砌成方形龛状塔身,龛门朝北,塔内有龛,正面浮雕一佛二胁侍,形体丰腴、线条柔美、刀法极精,为典型唐造像;上部为七重密檐,宝珠刹,这是北京地区年代最久的古塔。

参考文献

①《双崖集》。
②《长安客话》。
③《辽史拾遗》卷一四。
④傅熹年:《中国建筑史》。

(九)志殿

一、金地藏肉身殿

1.建筑所处位置。位于安徽省青阳县九华街西神光岭头。

2.建筑始建时间。始建于唐代贞元十年(794)①。

3.最早的文字记载。金乔觉《送童子下山》:"空门寂寞汝思家,礼别云房下九华。爱向竹栏骑竹马,懒于金地聚金沙。添瓶涧底休招月,烹茗瓯中罢弄花。好去不须频下泪,老僧相伴有烟霞。②"

唐一夔诗:"渡海离乡国,辞荣就苦空。结茅双树底,成塔万华中③。"

4.建筑名称的来历。原名金地藏塔,俗称"老爷顶"。金地藏晚年于此处读经,山志记载其圆寂三年后,仍颜面如生,按诸佛经的说法,这种迹象正是地藏菩萨降世应化之兆,遂在此建三层石塔安葬其肉身,即肉身塔,又称地藏坟。嗣后配以殿宇,称金地藏肉身殿。

5.建筑兴毁及修葺情况。至宋代始建塔院,明代塔院建殿,以殿护塔,规模宏伟,后历代均有维修。明万历年间朝廷赐银重修塔殿,赐额"护国肉身宝塔"。清康熙二十二年(1683)池州知府喻成龙重修殿宇,正殿大门朝北,建有84级台阶。咸丰七年(1857)大部分殿宇毁于兵燹。同治初山洪冲倒殿宇,继又重建。光绪十二年(1886)肉身塔大规模重修,移殿门正南向,门额悬挂"东南第一山"横匾。殿南陡建81级台阶。1914年殿宇重修。1917年黎元洪书赠"地藏大愿"匾额。1944-1946年住持僧化雨。1947-1949年住持僧宝严。1955年和1981年又两次重修。该寺殿宇宏伟,是塔殿式建筑,上盖铁瓦,四角有宫殿式翘檐。殿内汉白玉辅地,塔基上建有七层八方木塔,每层木塔有佛龛供地藏菩萨佛像。全殿建筑面积705平方米。为安徽省重点文物保护单位,全国汉族地区佛教重点寺院④。

6.建筑设计师及捐资情况。唐代地藏和尚金乔觉的上座弟子胜谕,曾主建化城寺台殿,立朱台,挂蒲牢,措置像设庄严,开渠辟田等,是化城巨刹的奠基者。道明,也是地藏的弟子,闵公舍地为地藏建寺后,其子亦从地藏出家。性莲,明代僧人。俗性王,太平仙源人。曾在池阳杉山卓锡建刹。任九华山丛林住持后,精苦忘身,委曲化人,时达20年。所到之处,悉事兴建。万历二十五年(1597)入寂,终年54岁。其事迹见《憨山大师梦游集》。洞庵,亦作洞安,生卒年和籍贯皆不详。略知其为清康熙时(1662—1722)僧人。住伏虎洞20余年,终日默坐石窟,传说有虎侍卫。康熙六年(1667),玉林国师至九华山进香,洞庵依其嘱募地筹建丛林,即甘露寺。郡守喻成龙敬其苦行,请登堂说戒,律学因此盛于一时。圣传,俗姓王,安徽桐城人。6岁时出家,19岁发大心,求受净戒。不久游访九华山,在此研究大乘经典达4年之久。随后应请为甘露寺住持一年。继又在无相寺旧址结茅而居。经营6年,终使废寺重成巨刹,并于此开坛传戒,三次剃度弟子达400余人。后来,又将大通镇大士阁改建成普济寺,如前开坛传戒,弘宣律学。光绪十五年(1889)入寂,终年61岁。无相寺以其为中兴之祖,普济寺以其为开山祖。果建,字法幢,俗姓严,安徽桐城人。20岁出家,至九华山无相寺礼圣传为师。受戒后,先后充无相寺副寺、监院等职。以苦行称著。大力协助其师中兴无相寺。后又应请充大通镇普济寺寺主,观察机宜,专以净土法门广化有缘,开莲社,以净土宗始祖慧远为模范,四方士女归依者众。辛亥革命后,佛教被当成"迷信"、"神权"而受到冲击,果建于是命其徒妙珑组织佛教会,以保护佛教、阐扬佛教要旨为己任。⑤

7.建筑特征及其原创意义。肉身殿是典型的宫殿式建筑,坐落于九华山街西神光岭头,周围古木参天,浓荫蔽空。殿宇高十五米,山门西向,红墙森严,巍峨雄壮。入殿须登八十一级台阶。站在台阶之下,举引仰望,可见南门厅上方有两块横额。上额书"肉身宝殿"四字,楷书,竖匾四周镶饰立体花边,无署款;下额书"东南第一山"五字,行书,民国八年(1919)闰七月青阳人施玉藻题。上署"浙江慈溪县信士董东海、董东福久感地藏王威灵,以助夙愿。"拾级而上,两旁有铁索栏杆防护,栏杆外沿山坡砌成七层梯形花圃,培植著黄杨、丹桂、竹、菊等四时花卉。其东侧有明刻松枝化石碑《地藏圣迹碑记》,为明万历年间刘光复所撰写。

碑刻松枝干大如铜钱,树皮、纹理清晰可辨。与塔基相平处横一巨石。似人工洞顶,南面横刻"磐石常安"四字,此乃祝愿塔殿永久坚固之愿;北面刻"神光异彩"四字,为记神光岭地名由来和地藏用语。长条石两旁各置石狮一只,高、长、宽均为一百三十七、十六、四十七公分,底座高、长、宽均为三十六、六十九、四十六公分。雕刻于清光绪年间。

上行十余步,至殿前,四周回廊上方雕栋画梁,以仙鹤、麋鹿、牡丹等珍禽异卉雕饰,鲜艳夺目。立有石柱二十根。南北檐下石柱上均刻有对联,北边石刻是:"誓度群生离苦趣,愿放慈光转法轮"。南边两联,一曰:"福被人物无穷尽,慧同日月常瞻依";又一联曰:"心同佛定香火直,目极天高海月升"。两联的首字,连读是"心目福慧",表示僧尼心目中依靠地藏、修到"福慧"二字。"慧"即觉悟成佛,"福"即是佛寺兴旺发达。

殿宇面阔3间,进深16米,地平铺汉白玉石。中央为1.8米高的汉白玉塔基,上矗七层八方木质宝塔一座,高17米。塔的每层八面背有佛龛,每龛均供奉金地藏金色坐像,供56尊,大小不一,以漆苎合塑造于清光绪十二年(1886)。塔基四角有回柱顶梁。塔内是地藏肉身所在的三级石塔。南北前后均供奉地藏像。木塔东西两侧分塑十殿阎罗参拜地藏菩萨站像,金碧辉煌。肉身殿内有塔,构造罕见。塔前悬镂空八角琉璃灯,不分昼夜,终年灯火长明。古人吟咏此处:"神塔辉千古,真身镇佛门";"壮严宝相黄金塔,洗拂珠光白玉梯"。

　　塔北门廊下,有黑底、金字的小篆横匾,写的是地藏誓言:"众生度尽,方证菩提;地狱不空,誓不成佛",为黎元洪所书。门前便是"布金胜利"。在此,远眺瑶台下林木茂盛,四时苍翠,台西有一花圃,奇葩异卉,与台下嘉木争荣,群鸟高歌,与风铃、钟鼓谐鸣。凭栏远眺,山外长江如练,点点巨轮、风帆隐约可见。东望群峰如屏,俯瞰九华化城,被林木所遮;上山古道旁的香炉石、洗手亭也都隐于深山丛林之中。晨曦中,台下云层如海,称为"云辅海"胜景。多雨季节,低云布雨,云层含有细微水珠,在日光照耀下,银光闪闪,又为"银铺海"奇观。宋隐士罗少微在此赋诗道:"还岭峰头雾色清,知微曾此学无生。鸟从青壁屏边过,人在白云天际行。一片晴霞迎晓日,万年松桧起秋声。个中妙景真奇绝,宝塔铃成最得名。"盛赞此地所能看到的景致。

　　8.关于建筑的经典文字轶闻。肉身殿是安葬金地藏肉身的地方,亦称地藏塔,而九华山是与金地藏,即金乔觉的名字分不开的。金乔觉(696—794)系新罗僧人,古新罗国(今朝鲜半岛东南部)国王金氏近族。相传其人"项耸奇骨,躯长七尺,而力倍百夫"。"心慈而貌恶,颖悟天然。"24岁时,削发为僧,携白犬"善听",从新罗国航海来华。初抵江南,卸舟登陆,经南陵等地上九华。相传九华山原为青阳县居士闵让和属地。金乔觉向其乞一袈裟地,不意展衣后竟遍覆九峰。闵让和十分惊异,由惊而喜,先让其子拜师,后自己亦随之皈依。至今九华山寺殿中地藏圣像左右的随侍者,即为闵让和父子。金乔觉来山后,最先栖息在东岩峰的岩洞里(后人称之为"地藏洞"),岩栖谷汲,过着十分清苦的禅修生活。唐至德二年(757)山下长老诸葛节等数人结伴登山,一路但见深山峡谷,荆榛莽莽,寂静无人。到得东崖,见岩洞内唯有释地藏孑然一身,闭目端坐,旁边放一折足鼎,鼎中盛有少数白米掺杂观音土煮的剩饭,众长老为有如此苦修之人而肃然起敬。于是共同筹划兴建禅舍,供养地藏。不到一年时间,一座庙宇建成,地藏有了栖身之地和收留徒众常住寺内的条件。其大弟子、首座僧胜瑜,身体力行,斩荆披棘,率众垦荒,凿渠开沟,造水田,种谷物,劳动自给,坚持苦修。建中二年(781)池州太守张岩,因仰慕地藏,施舍甚厚,并奏请朝廷将"化城旧额移于该寺"。郡内官吏豪族,纷纷以师礼皈依地藏,向化城寺捐献大量财帛。金乔觉,声闻遐迩,新罗国僧众闻说,也相继渡海来华随侍。

　　唐贞元十年(794),金乔觉99岁,忽召众徒告别,趺跏圆寂。相传其时"山鸣石陨,扣钏嘶嘎,群鸟哀啼,地出火光"。其肉身置函中经三年,仍"颜色如生,兜罗手软,骨节有声,如撼金锁"。众佛徒根据《大乘大集地藏十轮经》语:菩萨"安忍如大地,静虑可秘藏"。认定他即地藏菩萨示现⑥。

　　九华山作为地藏菩萨的专门道场,始终以地藏菩萨为信仰对象,以新罗僧地藏和尚为地藏菩萨的化身来供养,以地藏和尚的苦修为行道榜样,以"众生渡尽,方证菩提;地狱不空,誓不成佛"为终极目的。这是九华山佛教最大的特点。基于此一特点,九华山又崇尚"肉身装金供养"。所谓的"肉身装金供养",就是将某一高僧大德的遗体经过特殊处理、风干后,通身裱贴金铂,然后供奉于寺院的殿堂里,供僧俗永远瞻仰礼拜。这一肉身装金习俗,无疑与地藏和尚示寂后被建立肉身宝塔供养有关,或者说是由肉身塔发展而来的。这是僧俗给与道行突出的僧人的一种殊荣。据《九华山志》载,这里前后有装金肉身像4具(或说7具)。这些死后遗体装金的僧人是明代之海玉(释无瑕)、清代之隆山、法龙和民国的定慧。这4位僧人有一个共同的特点,那就是修行清苦、高寿。如海玉,在九华山东岩摩空岭摘星亭长期禅栖,寿百余岁,死后敛缸三年而颜色如生;如隆山,在伏虎洞清修达20

余年,远近咸称其有道;如法龙,在天台翠云庵静坐习禅达于数十年,寿 96 岁。在这些人身上,都可以看到地藏和尚当年入山修道时的影子。除地藏菩萨信仰之外,由于住僧师承、志趣、体验的不同,致使九华山佛教也同时存在着不同的门户,有的以"清高了悟禅理","以棒喝接引禅徒";有的"以弘律自任",数开戒坛,剃度弟子;有的亦净亦禅,禅净双修,专志求生西方净土;有的研习天台教观,主唱三谛圆融学说,如此等等。很明显,这与普陀山佛教有着颇为相似之处,究其原因,这与所处时代佛教的总趋势有着密切的关系⑦。

参考文献

①③释德森辑:《九华山志》卷三,江苏广陵古籍刻印社,1997 年。

②《全唐诗》卷八〇八。

④⑤⑥⑦石光明、董光和、杨光辉:《九华山志》,线装书局,2004 年。

二、三清殿

1.建筑所处位置。位于福建省莆田市区内北河兼济桥(观桥)北岸的元妙观。

2.建筑始建时间。该建筑的始建时间有几种说法。其一为唐代贞观二年(628)创建说。依据是现三清殿当心间正脊下墨书:"唐贞观二年敕建,宋大中祥符八年重修,明崇祯十三年岁次庚辰募缘修建。"然墨书无旁证,不排除后世工匠重修时所为。其二为宋人梁克家《淳熙三山志》的说法,认为该殿始建时间为后唐长兴中(930—932)闽王所建的东华宫。其三为明人黄仲昭的《八闽通志》之说法,即认为该殿建于大中祥符二年。喻按:黄氏之说小误。因为《淳熙三山志》说得很明白:二年建观,五年建殿。则殿之始建时间当在大中祥符五年(1012)。

3.最早的文字记载。反映该殿历史最早的文献是殿中现存的宋徽宗手书瘦金体《神霄玉清万寿宫碑》。关于此殿建造的历史记载,比较早且可靠的文字记载是宋人梁克家《淳熙三山志》的记载:"大中祥符元年诏以正月三日天书降为天庆节,二年令天下建天庆观。五年圣祖降,复令建殿。是岁正月,州乃以东华宫为之。十一月建殿,崇奉圣祖。"原注:时王璠方信道士陈守元,既建宝皇宫,又建东华宫。时张邓公为广东转运使,会诏建观,因请即旧为之,以纾天下土木之劳。八年郎简为记云:元正三日改元天禧,特立令节。广建灵宫,简自帝心,咸称天庆。"六年春敕赐为天庆观。"①

4.建筑名称的来历。道教认为:"大罗(天)生玄元始三炁,化为三清天:一曰清微天玉仙境,始气所成;二曰禹余天上清境,元气所成;三曰大赤天太清境,玄气所成。"②一说因殿内供奉"玉清元始天尊,上清灵宝天尊、太清道德天尊"三位道教尊神,故名③。

5.建筑兴毁及修葺情况。现三清殿为宋代遗构。其所在的玄妙观最早的建筑可考者为后唐长兴中闽王所建东华宫。北宋真宗大中祥符年间将东华宫改为天庆观。说详上。元元贞元年(1295)改名玄妙观。明永乐二十四年(1426)并入丛林。④现存殿脊下有大中祥符八年(1015)重修和明崇祯十三年(1640)修建的题记。两山和下檐都是明以后改建的⑤。

新中国成立后,人民政府对三清殿古建筑群的保护十分重视。1954 年,三清殿破旧倾斜,面临倒塌的危险,文化部两度拨出专款,对其进行重修。1985 年,其附属建筑东岳殿因长期被红星电镀厂占用,污染失修,该厂被迁出后,省文化厅下拨维修专款,对该殿及殿前拜亭、三门予以维修,并辟为妈祖信仰源流展专题馆⑥。

6.建筑设计师及捐资情况。后唐闽王信道,建东华宫。宋真宗重道,建天庆观。元元贞年间改名玄妙观,毁所奉宋太祖神主。因文献难征,所考如此。

7.建筑特征及其原创意义。三清殿系重檐歇山造。宋大中祥符八年(1015)重建。明崇祯十三年(1640)修建。原面宽五间,明扩为七间,进深六间,殿内斗拱用材硕大,为双抄三下昂八铺作。该殿结构古拙,保存完好,是我国南方宋代木结构建筑的珍品。殿内竖有20根木石连接大柱,基本构造保存北宋原貌,其建筑结构可与宋代李诚著《营造法式》一书相印证。日本和中国的古建筑专家考察后对三清殿的建筑结构都给予很高的评价,赞誉它是我国现存的古建筑稀有的杰作。据中日专家的比较研究,日本国"大佛样"建筑群的结构,就是仿照三清殿和福州市华林寺建造的[7]。

8.关于建筑的经典文字轶闻。殿内现存有石刻十块,其中最知名的是宋徽宗赵佶手书瘦金体《神霄玉清万寿宫碑》,是研究我国书法艺术和道教历史的珍贵文物。此碑当时是颁布给全国州道观立石的,该碑为全国现存的三碑之一。

参考文献

①《淳熙三山志》卷三八。

②《太真科》,见《道教义枢》卷七。

③《道教宗源》。

④《八闽通志》卷七五。

⑤傅熹年:《傅熹年建筑史论文集》,百花文艺出版社,2009年。

⑥黄金恳:《莆田市志》,方志出版社,2001年。

⑦傅熹年:《福建的几座宋代建筑及其与日本镰仓"大佛样"建筑的关系》。

(十)志庙

南岳大庙

1.建筑所处位置。位于湖南省衡山南岳山下的南岳古镇北街尽头,赤帝峰下。

2.建筑始建时间。始建于唐开元五年(717)[①]。

3.最早的文字记载。"南岳有司天王庙,原在祝融峰顶,隋代移于山下。[②]"

4.建筑名称的来历。唐开元中,司马承祯上书朝廷,认为"五岳洞天各有上真所治,不可与血食之神同其享祀。圣旨爰创清宫。凡立夏日,先斋洁敕命州官致醮于是观。兼度道士五人焚修。"因其道观之建,为的是奉祀衡山之神南岳大帝,从而为国家祈福之所,故名"真君观"[③]。而因南岳的岳神是赤帝,因此,这里又称司天王庙。民间则径称南岳大庙,因其在南岳诸庙中地位最高,规模最大。

5.建筑兴毁及修葺情况。唐初,在南岳庙内建了一座霍王殿;开元九年(721),玄宗为南岳神加"司天王"封号,十三年(725),庙内再建一座真君祠(殿),故南岳庙又称司天霍王庙和南岳真君祠。由唐至清,南岳庙曾先后6次毁于大火,并经过16次大的修复、改建和扩建。现存建筑是清光绪八年(1882)按照北京故宫的样式重建的,形成现在98500平方米的规模③。

6.建筑设计师及捐资情况。唐代道士司马承祯等,经费当系国拨。

7.建筑特征及其原创意义。大殿高7.2丈,是我国五岳中规模最大,总体布局最完整的古宫殿式的庙宇。

大庙坐北朝南,前有寿涧水,后有赤帝庙,庙址呈长方形。南岳大庙是一组集民间祠庙、佛教寺院、道教宫观及皇宫建筑于一体的建筑群,也是我国南方及五岳之中规模最大的庙宇,它与泰安岱庙、登封中岳庙并称于世,在国内外均有很大影响。此外,在南岳大庙佛道两家和平共处,一向成为美谈。

南岳大庙由四群院落和九个建筑体组成,保持了唐宋以来的艺术精华。第一进是正门,也叫棂星门,由花岗石砌成,门前有一对石狮子,姿态雄伟,门内翠柏挺立,绿草如茵;第二进为奎星阁,其上为戏台,阁东有钟亭,阁西有鼓亭;第三进为城门式的三大洞门,正中叫正川门,门内有玲珑别致的御碑亭,亭内有清圣祖康熙四十七年(1708)为重修南岳庙而立的一个巨大的石碑,碑文系康熙亲笔;第四进为嘉应门,现加以改建,内设南岳文物保管所,南岳书画院,大庙招待所等;第五进为御书楼,保存了宋代和明代的建筑构件;第六进为正殿,殿前是一块大坪,正殿耸立在17级的石阶上,正中的石阶嵌有汉白玉游龙浮雕,正殿高7.2丈,为重檐歇山顶建筑,殿内有72根石柱,象征着衡山七十二峰。整个大殿庄严古朴,气势非凡。殿顶覆盖着橙黄色的琉璃瓦。并饰有宝剑、大小蟠龙和八仙中的人物,飞檐四角,垂有铜铃,檐下窗棂、壁板,都雕刻着各种人物故事或花木鸟兽,后墙上绘有大幅云龙、丹凤。大殿台阶四周,有麻石栏杆围绕,柱头上雕刻有狮子、麒麟、大象和骏马,栏杆中嵌有汉白玉双面浮雕144块。殿中原来设有岳神座位,历代统治者对岳神都加赐封号。如唐初封为"司天霍王",开元间又封为"南岳真君",宋代加封为"司天昭圣帝"等等。如今的"南岳圣帝"是1983年复制的;第七进为寝宫;最后是北门,东为注生宫,西为辖神祠。

8.关于建筑的经典文字轶闻。南岳大庙有个很有趣的现象:大庙左边住道家,右边居佛家,中间庙堂共用。里面供奉的是南岳大帝祝融,两边是六神官护卫④。另,关于南岳大庙的建筑的年代断代,2000年7月,湖南省文物局在第五批全国重点文物保护单位推荐材料中,将南岳庙现存建筑的年代定为明清。2000年9月,中国社会科学院考古研究所的碳14测定,对上述结论又提出新的质疑。例如,钟楼的始建时间据《南岳志》记载建于明嘉靖二十一年(1542),而木构件的碳14测定结果是乾隆二十五年以后,道光三十年以前(1760—1850)。寝宫据《南岳志》记载建于宋大中祥符五年(1012)而用于检测的木构件的碳14测定结果则距今才212年。又如西角门的木构样品经测定距今1091年,上限为唐元和三年(808)。从南岳庙古建筑碳14测定和相关文献记载不难看出,南岳大庙的建筑年代比较复杂。"呈现出历史上不同时期的结构手法和风格特点。数朝工艺同堂,各显时代风采。古代早期构件与建筑手法的沿用与保留,是南岳庙历朝崇制如初,历代因之修缮原则的硕果。④"

参考文献

①(宋)陈田夫:《南岳总胜集》。
②(唐)李冲昭:《南岳小录》。
③湖南省地方志编纂委员会:《南岳志》,湖南出版社,1996年。
④涂明:《南岳庙现存建筑年代鉴定初析》,《道教与南岳》,岳麓书社,2003年。

（十一）志书院

白鹿洞书院

1.建筑所处位置。江西省庐山五老峰山下,山南景区东北端,紧靠九星公路旁,距星子县城 9 千米。

2.建筑始建时间。唐贞元年间(785-805)。"贞元中,洛阳李渤偕兄涉隐庐山,养白鹿以自娱。①""白鹿洞也,唐李渤读书处也。贞元中,渤与涉隐庐山,蓄一白鹿甚驯,尝随之,人称白鹿先生。②"

3.最早的文字记载。晚唐王贞白《白鹿洞二首》:其一:读书不觉已春深,一寸光阴一寸金。不是道人来引笑,周情孔思正追寻。其二:一上西园避暑亭,芰荷香细午风轻。眼前物物皆佳兴,并作吟窝一味清③。

4.建筑名称的来历。渤读书五老峰下,蓄一白鹿,行常随之,人称白鹿先生。所隐处四山回合似洞,故名。宝历中(825—827),渤为江州刺史,即隐处创台榭,植花木,遂名白鹿洞。宋太平兴国二年丁丑(977),诏从知江州周述请,俾国子监给印本九经,号白鹿国学。宋皇祐五年癸巳(1053),孙琛在洞教四方来学。匾曰"白鹿洞书院"④。

5.建筑兴毁及修葺情况。宋淳熙六年(1179),朱熹守南康军,访白鹿遗址,申明尚书省及尚书礼部,檄教授杨大法、县令王仲杰董建书院。宋嘉定十四年(1221),郡守黄桂重建圣殿,置洞田。元至元间(1264—1294),南康路总管陈炎酉缮修书院。元末,毁书院,废学田,疆畛尽亡。明正统元年(1436),翟溥福守南康,捐俸重修。天顺二年(1458),南康守陈敏政修葺。成化二年(1466),提学李龄命知府何浚重修,并捐置田亩,聘余干胡居仁主洞,理学大明。嘉靖元年(1522),知府罗辂兴葺书院⑤。嘉靖十三年(1534),知府王溱辟讲修堂后山;为之筑台于上。知府何岩凿石鹿于洞中⑥。清康熙元年(1662),巡抚张朝璘复修书院。嘉庆二十一年(1816),巡道任兰佑捐廉重修。同治五年(1866),知府黄廷金修理院宇。八年(1869)知府刘清华修葺殿宇。光绪九年(1883),学使陈宝琛拨款修理。民国 3 年(1914),民政长戚扬曾有修葺。21 年(1932),上海义赈会拨款修理文会堂、独对亭、名教乐地坊,又新建五老亭等处⑦。

6.建筑设计师及捐资情况。最初的建筑及捐资者为唐李渤、李涉兄弟。后世修复者及捐资情况详上。

7.建筑特征及其原创意义。白鹿洞书院与嵩阳书院、岳麓书院、石鼓书院并称为宋代四大书院。其发展与南宋理学家朱熹重修白鹿洞书院有关。修葺后的白鹿洞书院,以圣礼殿为中心,组成一个错落有致、相得益彰的庞大建筑群。书院共有殿宇书堂三百六十余间,其中包括御书阁、明伦堂、宗儒祠、先贤祠、忠节祠等。圣礼殿是用于学生拜谒孔子的殿堂,门上方两块匾额写有"学达性天"、"万世师表"的字样。在文会堂有朱熹亲书"鹿豕与游,物我相忘之地;峰泉交映,知仁独得之天"的对联。朱熹不仅重修了白鹿洞书院,而且还建立了严格的书院规章制度。今日白鹿洞书院形成了以礼对殿为中心,有明伦堂、文会堂、御书阁、朱子阁、思贤台、状元桥、门楼、牌坊、碑群等众多殿堂组成的古建筑群,与周围的山川环境融为一体⑧。

8.关于建筑的经典文字轶闻。朱熹在白鹿洞书院还广邀国内著名学者前来讲学,学术空气相当活跃。最著名的事件就是朱熹邀请陆九渊到书院来讲学。这是发生在南宋淳熙八年(1181)的一件很有意义的事件,历史上称为"朱陆讲会"。

陆九渊是"心学"的代表人物,在学术观点上同朱熹为代表的"道学"是互相对立的。淳熙二年(1175),在吕祖谦的组织和主持下,曾经发生过南宋学术界的著名事件——"鹅湖之会"。在这次会上,朱熹和陆氏九龄、九渊兄弟关于"为学之方"的问题,进行过一场激烈的辩论。在辩论的过程中,"元晦之意欲令人泛观博览而后归之约,二陆之意欲先发明人之本心而后使之博览;朱以陆之教人为太简,陆以朱之教人为支离。"谁也没有说服谁。

六年后,朱熹邀请陆九渊到白鹿洞书院来讲学时,这场辩论还在继续,陆指朱为"邪意见,闲议论",朱指陆为"作禅会"、"为禅学"。但是,朱熹并不因此而持有门户之见,作为东道主,待陆九渊为贵宾。陆九渊应邀在白鹿洞书院以《论语》中"君子喻于义,小人喻于利"一章为题,发表演讲,很受听众的欢迎。据记载,有些学生甚至被陆九渊精湛、透辟的说讲感动得潸然泪下。可见,陆九渊的演说才能是很高的。这次演讲也很受朱熹的赞赏,并请陆九渊将演讲稿刻石以资纪念,朱熹亲为题跋。在书院里,我们看到刻有陆九渊这次讲稿和朱熹题跋的碑文。这无疑是我国学术史上一份极为可宝贵的资料⑨。

紫霞真人(明·罗洪先)曾采扎蒲草,临壁而书《游白鹿洞歌》,歌曰:"何年白鹿洞,正傍五老峰。五老去天不盈尺,俯视人世烟云重。我欲揽秀色,一一青芙蓉。举手石扇开半掩,绿鬓玉女如相逢。风雷隐隐万壑泻,凭崖倚树闻清钟。洞门之外百丈松,千株尽化为苍龙。驾苍龙,骑白鹿,泉堪饮,芝可服,何人肯入空山宿?空山空山即我屋,一卷黄庭石上读。"

朱熹《白鹿洞书院教条》:"父子有亲,君臣有义,夫妇有别,长幼有序,朋友有信。右五教之目,尧舜使契为司徒敬敷五教即此是也。学者学此而已,而其所以学之之序亦有五焉,其别如左:博学之,审问之,慎思之,明辨之,笃行之。右为学之序。学问思辨四者皆所以穷理,若夫笃行之事,则自修身以至处事接物亦各有要,其别如左:言忠信,行笃敬,惩忿窒欲,迁善改过,右修身之要。正其谊不谋其利,明其道不计其功,右处事之要。己所不欲勿施于人,行有不得反求诸己。右接物之要。⑩"

参考文献
①④⑤⑦民国《庐山志》。
②⑥《白鹿洞志》。
③《全唐诗补编》卷一四。
⑧⑨石光明、董志和、杨光辉:《庐山志》,线装书局,2004年。
⑩《中国书院志》。

(十二)志园

辋川别业

1. 建筑所处位置。位于陕西省蓝田县南约 20 千米处，系唐代诗人画家王维(701—761)所营造的休闲别墅园林。

2. 建筑始建时间。该别业最初属唐代诗人宋之问(656—712)所有,宋之问于 705 年被贬广东,故可知应建于 676—705 年之间①。

3. 最早的文字记载。寒山转苍翠,秋水日潺湲。倚杖柴门外,临风听暮蝉。渡头余落日,墟里上孤烟。复值接舆醉,狂歌五柳前②。

4. 建筑名称的来历。因别业所在地为灞河的上游山谷,商岭水流至蓝桥,复流入辋谷,如车辋环辏,水落迸障入深潭,有千圣洞、茶园、栗岭、辋川口,两山夹峙,其水从辋川口往北流入灞河。其进入别业的道路则随山麓凿石为之,计 2.5 千米左右。因其路险狭,人称匾路。辋川别业因所处地势为山岭环抱、溪谷辐辏,状若车轮,故名为"辋川"③。

5. 建筑兴毁及修葺情况。王维系购自宋之问家。刚购得时该园林已经十分荒芜。王维以其诗人兼画家的眼光,对宋之问别墅进行了重新规划建设。辋川别业规划建成后,王维曾邀请表弟裴迪遍游该园各景点,二人赋诗咏景,为辋川别业各自留下了 20 首同题诗歌,详见《王右丞集》。王维还曾亲自绘制了一幅《辋川图》长卷,可惜后来失传了。这个园林长卷当是作者用传统的青绿山水画法所绘制,见过真迹的著名画评家张彦远评价说:"江乡风物,靡不毕备,精妙罕见。④"这个长卷在北宋苏轼秦观的时代还在。因此,苏轼有"观摩诘之画,画中有诗;味摩诘之诗,诗中有画。⑤"秦观还有用王维的《辋川图》长卷治病的佳话:"元祐丁卯,余为汝南郡学官,夏得肠癖之疾,卧直舍中。所善高符仲携摩诘《辋川图》示余曰:'阅此可以愈疾。'"秦观在病榻上让两个儿子替他展开,一番神游后,他"忘其身之孤系于汝南也。数日疾良愈"⑥。

6. 建筑设计师及捐资情况。王维。

7. 建筑特征及其原创意义。辋川别业共由以下 20 个景点构成:①孟城坳。此处高平宽敞,有古城遗址一处,裴迪诗曰:"结庐古城下,时登古城上。古城非畴昔,今人自来往。"点出了这一环境特征。同时这里也是王维隐居辋川期间的新家。王维诗曰:"新家孟城口,古木余衰柳。"②华子冈。此冈为辋川别业中的制高点。山体植被以松树为主。适合月夜清游。王维有《山中与裴迪秀才书》即写月夜清游夜色朦胧松风满耳的情景。③文杏馆。赏景建筑。其位置南面山岭,北枕大湖。其建筑文杏做梁,茅草盖顶。裴迪诗曰:"迢迢文杏馆,跻攀日已屡。南岭与北湖,前看复回顾。"该处有文杏树一株,传为王维手植,今仍植繁叶茂。④斤竹岭。竹景景点。由山岭上的绿竹与山脚下的山溪以及一条竹中幽径构成。裴迪诗曰:"明流纡且直,绿筱密复深。一径通山路,行歌望旧岑。"王维诗则对其境之清幽给予了特别的眷顾："暗入商山路,樵人不可知。"⑤鹿柴。(这个"柴"字当寨字讲,也读寨音。)这是一处麋鹿园。系用木栅栏围成的养鹿场。裴迪的诗写了麋鹿,而王维的诗则云:"空山不见人,但闻人语响。返景入深林,复照青苔上。"⑥木兰柴。这是一片木兰景观。开发者用木栅栏将其围起来以示开发。裴迪诗曰:"苍苍落日时,鸟声乱溪水。猿溪路转深,幽兴何时已。"⑦茱萸沜。这是一处半月形的水池。周边长满山茱萸。花开时节,浓香扑鼻。王维诗曰:"结实红且绿,复如花更开。山中傥留客,置此芙蓉杯。"⑧宫槐陌。这是一条两旁种植宫槐的林荫道。前方远处为"欹湖"。裴迪诗曰:"门前宫槐陌,是向欹湖道。秋来山雨多,落叶无人扫。"⑨临湖亭。此亭建在欹湖岸边。是一处观湖景的赏景建筑。王维诗曰:"轻舸迎上客,悠悠湖上来。当轩对樽酒,四面芙蓉开。"裴迪诗曰:"当轩弥渺漭,孤月正徘徊。谷口猿声发,风传入户来。"⑩南垞。欹湖南岸码头之一。垞,小丘。王维诗曰:"轻舟南垞去,北垞淼难即。隔浦望人家,遥遥不相识。"⑪欹湖。辋川别业中最大的湖泊。湖中多植莲花。花开时节宜做湖上泛舟赏荷游。裴迪诗曰:"空阔湖水广,青荧天色同。舣舟一长啸,四面来清风。"⑫柳浪。欹湖岸边种植的成行柳树景观。因其倒影入湖,上下天光,别有风味。王维在诗中说,这里的柳浪之美不同于御沟柳树徒增人之离愁别绪。⑬栾家濑。这是一处河床景观。因河床为石质,加之水流湍急,因而每于雨中会出现白鹭误将飞溅的浪花当做小鱼的现象。王维诗曰:"飒飒秋雨中,浅浅石溜泻。跳波自相溅,白鹭惊复下。"⑭金屑泉。此为别业中的泉水景观。因泉水涌流呈金栗色,故名。裴迪诗曰:"萦淳淡不流,金碧如可拾。迎晨含素华,独往事朝汲。"可见该泉还是他们隐居期间的饮用水源之一。⑮白石滩。湖边以白石遍布为特色的滩景。此处宜于赤脚戏水。⑯北垞。位于欹湖北岸。为游船停靠码头。裴迪诗曰:"南山北垞下,结宇临欹湖。每欲采樵去,扁舟出菰蒲。"⑰竹里馆。一处为大片竹林掩映的建筑物。王维诗曰:"独坐幽篁里,弹琴复长啸。深林人不知,明月来相照。"⑱辛夷坞。此为一处以大片辛夷花为特征的山坞。该花形似荷花。王维诗曰:"木末芙蓉花,山中发红萼。涧户寂无人,纷纷开且落。"⑲漆园。这是一处漆树园景观。它的文化内涵是庄周曾经管理过漆园。裴迪诗曰:"好闲早成性,果此谐宿诺。今日漆园游,还同庄周乐。"⑳椒园。这是一处花椒园。裴迪诗曰:"丹刺罥人衣,芳香留过客。幸堪调鼎涌,愿君垂采摘。"辋川别业的游览线路,据宋代词人秦观阅图时的记录,为:度华子冈→经孟城坳→憩辋口庄→泊文杏馆→上斤竹岭→并木兰柴→绝茱萸沜→蹑槐陌→窥鹿柴砦→返于南、北垞→航欹湖→戏柳浪→濯栾家濑→酌金屑泉→过白石滩→停竹里馆→转辛夷坞→抵漆园。

8.关于建筑的经典文字轶闻。王维的辋川别业建成后,即与道友同时也是表弟的裴迪一同游赏。王维写了一组诗,专咏辋川景物与自己的心境。这些诗歌公认是艺术精品。如:《辋川闲居》:"一从归白社,不复到青门。时依檐前树,远看原上村。青菇临水拨,白鸟向山翻。寂寞于陵子,桔槔方灌园。"又如《鹿柴》:"空山不见人,但闻人语响。返景入深林,复照青苔上。"又如《竹里馆》:"独坐幽篁里,弹琴复长啸。深林人不知,明月来相照。"其表弟裴迪亦有和诗。附录在王维集中辋川诗后。

参考文献

①《旧唐书》卷一九〇。

②《辋川闲居赠裴秀才迪》,《御定全唐诗》卷一二六。

③《陕西古代园林建筑》。

④《王右丞集笺注》附录引《名画记》。

⑥(宋)秦观:《淮海集·书辋川图后》。

⑤(宋)苏轼:《题蓝田烟雨图》。

（十三）志祠

柳侯祠

1.建筑所处位置。位于广西壮族自治区柳州市中心的柳侯公园内。

2.建筑始建时间。柳侯祠始建于唐长庆二年（822）。

3.最早的文字记载。韩愈《柳州罗池庙碑》："罗池庙者，故刺史柳侯庙也。柳侯为州，不鄙夷其民，动以礼法。三年，民各自矜奋。曰：兹土虽远，京师吾等，亦天民。今天幸惠仁侯，若不化服，则我非人。于是老少相教，语：'莫违侯令'。"凡有所为，于其乡闾，及于其家，皆曰：吾侯闻之，得无不可于意否？莫不忖度而后从事。凡令之期民劝趋之，无有后先。必以其时。于是民业有经公无负租，流逋四归。乐生兴事。宅有新屋，涉有新船。池园洁修，猪牛羊鸭鸡肥大蕃息，子严父诏，妇顺夫指，嫁娶葬送，各有条法。出相弟长，入相慈孝。先时民贫，以男女相质，久不得赎，尽没为隶。我侯之至，案国之故，以佣除本。悉夺归之。大修孔子庙，城郭道巷，皆治使端正，树以名木。柳民既皆悦喜，尝与其部将魏忠、谢宁、欧阳翼饮酒驿亭。谓曰：吾弃于时，而寄于此，与若等好也。明年吾将死。死而为神，后三年为庙祀我。及期而死，三年孟秋辛卯，侯降于州之后堂，欧阳翼等见而拜。其夕梦翼而告之曰：馆我于罗池。……①

4.建筑名称的来历。原名罗池庙，是纪念唐代文学家、思想家、政治家、柳州刺史柳宗元的祠庙。北宋末年，宋徽宗追封他为"文惠侯"，"罗池庙"改为"柳侯祠"②。

5.建筑兴毁及修葺情况。宋政和三年（1113），罗池"庙阈日深，仰见星斗，蚁封蠹蚀，几莫能支。""侯生死皆有功德于斯民，而祠宇敝陋如此，吾曹当思有以崇大之。"在监兵陈莘主持下，"购材募能，取足于籍，堂室门序卑高如仪，焕然一新。"与此同时，还将重建罗池庙所余的材料，在罗池的北面构建柑香亭。这次重修罗池庙，承事郎通判融州军事丘崇写的《重修罗池庙记》详尽地记载了筹建经过。兰石《重修柳侯祠记》：祠在柳，建于唐长庆初。欧阳某经纪之，在吾邑，建于本朝元丰间，徐邵经纪之。久辄坏，绍兴丙子徐忠彦经纪之，为一新。久复坏，庆元庚申徐元老、夏邦英经纪之，又为一新③。

宋末，由于连年战争，柳州州治迁到柳城县，为便于祭祀柳宗元，在新郡（柳城）"凿池建亭新庙之左"。元至元三十年（1293），柳州路总管兼内劝农事李某《元刻柳宗元像跋》记有柳宗元"遗像旧有石刻，岁在己未（1259），天兵南下柳州，□以移于新城。岁月毁裂，今重刻之，重置于原庙。"这说明柳城曾建有一座新祠。

元至大二年（1309），太守梁国栋来柳，见柳侯祠"堂庭庳陋，椽栋毁坠"。因此带领僚佐"相侯庙址。□□更自捐楮粒偏工。征事纵抵捂，飞飞其栏，角角基楹，引以双廊，围以重阶。侯遗像有殿，严师有阁。三贤有堂，罗池有亭，部将曲从有局。"刘跃为柳州路太守梁国栋重修柳侯祠后所写的《柳州路重建灵文庙记》第一次详细记录了柳侯祠的建筑形制，对重修后的柳侯祠面貌作了生动的描述。

明初,州治迁回柳州,柳城柳侯祠(新祠),即废置。根据《柳州府志·坛庙·附寺观》记载,柳城:"柳侯祠在南门外河边,雍正七年,知县周之瑚重建,现旧址为粮库。"明永乐年间,将军韩观曾修葺柳侯祠(谢肇淛《重修罗池庙碑铭》)。明正统九年(1444)六月,广西宪副胡智在重修柳侯祠后,将侵占罗池为已有的黄房通治罪,罗池的产权重归柳侯祠。谢肇淛在《重修罗池庙碑铭》中写道:"天启改元,余提刑八桂,柳城令吴君仕训来告曰:庙久且圮,为之瞿然,亟檄守陈君舜道鸠工葺之。不阅月竣事。暨茨丹艧,翼如焕如。"这是见记的明代最后一次修葺柳侯祠。

到清康熙四年(1665),柳侯祠渐为荒草覆盖。分守右江道参议戴玑有心重修柳侯祠,并预先请翰林都谏王命岳(王因建言此时谪居京师)撰写《重修罗池庙碑记》,文中记载了戴玑捐俸银,组织人力重修罗池庙的情况。此次重修罗池庙,开工时间为康熙四年九月二十八日,于康熙五年二月二六日完工。重修工程完工之后,戴玑自撰了《重修罗池庙记》记述了修庙经过,对柳宗元的文章、政绩作了高度的评价,认为"侯之幸也,彼都之幸也,官是土者之幸也。"

清雍正四年(1726),柳州知府王国垣曾组织维修了柳侯祠。乾隆十年(1745),分巡右江道场杨廷璋组织重修柳侯祠,并清理柳侯祠的祭田财产,在柳侯祠的东边、罗池的北边,兴建了三间讲堂,在罗池的东南角,建起了三间学生宿舍,柳江书院由此时开始进入初创阶段。

到了乾隆二十七年(1762)右江分巡道王锦命下属对柳、刘二公祠给予特别保护,年终要将祠庙工作的情况作总结向上级有关部门汇报,这一规定作为定制,常行不变。王锦在驻柳期间,重视文化教育设施的建设、文物的维修和保护工作,除组织修撰《柳州府志》、《马平县志》外,还重修了柑子堂(柑香亭)、柳侯祠及贤良祠。有《重建柳、刘二公祠碑记》传世④。

6.建筑设计师及捐资情况。唐留兵陈莘、元太守梁国栋、明将军韩观、明广西宪副胡智、江右道左参议戴玑、清柳州知府王国垣、清右江分巡道王锦等。

7.建筑特征及其原创意义。据清代乾隆二十九年版的《柳州府志》记载,柳侯祠是具有浓厚南方园林特色的古建筑群,建筑规模大,组群多,占地约4万平方米,其中建筑面积9343平方米,以柳侯祠为主体,其余有:柳宗元衣冠墓、柑香亭、罗池、贤良祠,讲堂、山长住房、斋房、开元寺等⑤。

现存柳侯祠为清代晚期建筑风貌,占地面积2298平方米,分前殿、中殿、后殿三进。附属建筑只有柳宗元衣冠冢、柑香厅和罗池,规模仅为原来的1/6⑥。

8.关于建筑的经典文字轶闻。韩愈《柳州罗池庙碑》详前。

韩愈写的《柳州罗池庙碑》里有一首《迎享送神诗》,由苏轼书写完成后,于宋嘉定十年(1217)刻石立碑,一直存放在柳侯祠内,这就是著名的《荔子碑》。因此碑融汇了柳宗元的事迹,韩愈的诗文,苏轼的书法,他们三人又同属唐宋八大文学家之列,故此碑又有"三绝碑"之美称。宋代朱熹称此碑书法"奇伟雄健"。明王世贞评价是苏轼"书中第一碑"。关庚在《荔子碑跋》中称:"韩之文得苏而益妙;苏之书待先生而复传。"

"柳州柳侯祠据罗池者不十许丈尔,庙设甚严。其神灵则退之固载诸文辞矣。自吾于岭外举访诸柳人,云:父老喧传柳侯祠中辄闻鸣锣伐鼓之声,亦时举丝竹之音。庙门夜闭,迨晓则或已开,每以为常。近百许年则稍稍无此异矣。又绍兴乙丑岁,有杨经干者过柳州,因谒于祠,则据其庑间以接宾客,且笑语自若。及还馆舍,才入夜,忽仆而卒。由是终畏之。⑦"

"宋丘崇《重修罗池庙记》略云:柳侯祠罗池,三百余年英灵犹存。元祐五年赐额曰'灵文庙',崇宁三年赐爵曰'文惠侯'。承禧践笾,袟甞相属。所谓施利钱者岁不知几何,率以十万为公帑,用余则庙得之,以备营缮。此记乃政和初作。施利钱即后代香钱也。至绍兴末加封'文惠昭灵侯'。致和元年又进封'文惠昭灵公',见《元史》。⑧

参考文献

①(唐)李汉本:《昌黎先生文集》卷三一。

②(宋)丘崇:《重修罗池庙记》。

③(宋)曾丰:《缘督集》卷一九。

④徐海生:《柳侯祠考》。

⑤乾隆《柳州府志》。

⑥宋继东、陈向群:《柳州市志》,广西人民出版社,2003年。

⑦《铁围山丛谈》卷四。

⑧《韩集点勘》卷四。

(十四)志民居

杜甫草堂

1.建筑所处位置。位于四川省成都市西郊浣花溪畔。

2.建筑始建时间。始建于唐乾元二年(759)。杜甫为避"安史之乱",于唐乾元二年携家由陇右入蜀,在成都西郊浣花溪畔筑茅屋而居。

3.最早的文字记载。杜甫《茅屋为秋风所破歌》:八月秋高风怒号,卷我屋上三重茅。茅飞渡江洒江郊,高者挂罥长林梢,下者飘转沈塘坳。南村群童欺我老无力,忍能对面为盗贼。公然抱茅入竹去,唇焦口燥呼不得!归来倚杖自叹息,俄顷风定云墨色。秋天漠漠向昏黑,布衾多年冷似铁。娇儿恶卧踏里裂。床头屋漏无干处,雨脚如麻未断绝。自经丧乱少睡眠,长夜沾湿何由彻!安得广厦千万间,大庇天下寒士俱欢颜!风雨不动安如山。呜呼,何时眼前突兀见此屋,吾庐独破受冻死亦足①!

4.建筑名称的来历。安史之乱中,杜甫入蜀避乱。节度使裴冕为甫筑草堂居之②。因系杜甫蜀中住所,且杜甫生前自己亦称其为草堂。后世因称杜甫草堂。

5.建筑兴毁及修葺情况。后蜀诗人韦庄于唐天复三年(903)访得杜甫草堂遗址③。

乃重结茅屋。至宋代又重建,并绘杜甫像于壁间,始成祠宇。此后草堂屡兴屡废,其中最大的两次重修,是在明弘治十三年(1500)和清嘉庆十六年(1811),基本上奠定了今日草堂的规模和布局。1952年,杜甫草堂又经全面整修后,正式对外开放。1955年成立杜甫纪念馆,1961年被国务院公布为全国重点文物保护单位,1984年更名为杜甫草堂博物馆④。

6.建筑设计师及捐资情况。杜甫。杜甫字子美,唐玄宗先天元年(712)出生于河南巩县,代宗大历五年(770)病死在湘江船上,因其曾任工部之官,所以后世亦称"杜工部"。他忧国忧时,挥毫赋诗,直抒情怀。流传至今的一千四百五十多首诗歌,思想与艺术造诣极高,对中国文学的发展产生了深远的影响,世誉为"诗史"、"诗圣"。帮他建设草堂的裴冕历事玄宗、肃宗、顺宗三朝,是唐王朝重要官员,顺宗朝官至太师。《旧唐书》有传。

7.建筑特征及其原创意义。现在的建筑规模是在明弘治十三年(1500)和清嘉庆十六年(1811)的两次较大规模的修建中确立的。

杜甫草堂主要建筑:南大门、大廨、诗史堂、柴门、水槛、花径、工部祠、少陵碑亭、茅屋景区、草堂寺、浣花祠、梅园等。草堂总面积有240多亩,现存建筑为清代风格,园林是非常独特的"混合式"中国古典园林。草堂旧址内,照壁、正门、大廨、诗史堂、柴门、工部祠排列在一条中轴线上,两旁配以对称的回廊与其他附属建筑,其间有流水萦回,小桥勾连,竹树掩映,显得既庄严肃穆、古朴典雅而又幽深静谧、秀丽清朗。

工部祠东侧是"少陵草堂"碑亭,这座亭式草堂,造型简洁、质朴,象征着杜甫生前所居的茅屋和简陋艰难的村居生活,引人感喟、联想翩翩。1997年2月,政府又拨出专款,借鉴川西民居的特点,重建了杜甫的茅屋。茅屋故居位于碑亭北面,占地1万平方米,建筑面积240平方米。主体建筑5开间,4座配房,竹条夹墙,裹以黄泥,屋顶系茅草遮苫,再辅以竹篱、菜园、药圃,使整个建筑古朴中透露出浓浓的文化色彩。游人漫步其中,既可发思古之幽情,又可享受悦目清心的乐趣⑤。

8.关于建筑的经典文字轶闻。杜甫在此前后住了四年,写诗两百四十余首,其中包括《蜀相》、《茅屋为秋风所破歌》等名篇。一度任检校工部员外郎,故世称杜工部。765年携家经水路出蜀,至夔州又滞留二年。出三峡后漂泊于荆、湘,以舟为家。770年病逝于湘江舟中,卒年59岁。杜甫生活在唐王朝由盛到衰的转折时期,战乱的时局把他卷入颠沛流离的人群中,使他真实而深刻地接触和认识了当时的种种社会景象。成都杜甫草堂现被誉为中国文学史上的圣地。

杜甫草堂中华大地有三,除成都浣花草堂外,在甘肃天水、湖南耒阳亦有杜甫草堂。兹录唐宋诸大家凭吊杜甫遗迹诗歌若干于此:

(唐)罗隐《经耒阳杜工部墓》:紫菊馨香覆楚醪,奠君江畔雨萧骚。旅魂自是才相累,闲骨何妨冢更高。骐骥丧来轻蹇蹶,芝兰衰后长蓬蒿。屈原宋玉邻居处,几驾青螭缓郁陶。

(唐)雍陶《经杜甫旧宅》:浣花溪里花多处,为忆先生在蜀时。万古只应留旧宅,千金无复换新诗。沙崩水槛鸥飞尽,树压村桥鸟过迟。山月不知人事变,夜来江上与谁期?

(唐)徐介《耒阳杜工部祠堂》:手接汨罗水,心知所存。故教工部死,来伴大夫魂。流落同千古,风骚共一源。消凝伤往事,斜日隐颓垣。

(唐)裴说《题耒阳杜公祠》:骚人久不出,安得国风清。拟掘孤坟破,重教大雅生。皇天高莫问,白酒恨难平。惆怅寒江上,谁人知此情。

(唐)孟宾于《耒阳杜公祠》:南游何感思,更甚叶缤纷。一夜耒江雨,百年工部文。青山当日见,白酒至今闻。惟有为诗者,经过时吊君。

(宋)赵抃《题杜子美书室》:直将骚雅镇浇淫,琼贝千章照古今。天地不能笼大句,鬼神无处避幽吟。几逃兵火罹危极,欲厚民生意思深。茅屋一间遗像在,有谁于世是知音。

(宋)欧阳修《子美画像》:风雅久寂寞,吾思见其人。杜君诗之豪,来者孰比伦?生焉一身穷,死也万世珍。言苟可垂后,士无羞贱贫。

(宋)王安石《子美画像》:吾观少陵诗,谓与元气侔。力能排天斡九地,壮颜毅色不可求。浩荡八极中,生物岂不稠?丑妍巨细千万殊,竟莫见以何雕锼!惜哉命之穷,颠倒不见收。青衫老更斥,饿走半九州。瘦妻僵前子仆后,攘攘盗贼森戈矛。吟哦当此时,不废朝廷忧。常愿天子圣,大臣各伊周。宁令吾庐独破受冻死,不忍四海寒飕飕!伤屯悼屈止一身,嗟时之人我所羞。所以见公画,再拜涕泗流。推公之心古亦少,愿起公死从之游⑥。

参考文献

①(清)仇兆鳌:《杜诗详注》卷十。

②(清)官梦仁:《读书纪数略》卷一二。

③《浣花集》。

④⑤成都地方志编纂委员会:《成都市志》,成都时代出版社,2009年。

⑥(清)仇兆鳌:《杜诗详注》补注卷上。

(十五)志宫

一、布达拉宫

1.建筑所处位置。位于西藏自治区拉萨市西北玛布日山(俗称红山)上,是我国著名大型宫殿之一,也是世界上海拔最高的古代宫殿。

2.建筑始建时间。始建于唐贞观十五年(641)①。

3.最早的文字记载。贞观十五年,太宗以文成公主妻之。令礼部尚书江夏郡王道宗主婚,持节送公主于吐蕃。弄赞率其部兵次柏海,亲迎于河源。见道宗执子婿之礼甚恭,既而叹大国服饰礼仪之美,俯仰有愧沮之色。及与公主归国,谓所亲曰:我父祖未有通婚上国者,今我得尚大唐公主为幸实多。当为公主筑一城以夸示后代,遂筑城邑立栋宇以居处焉②。

4.建筑名称的来历。"布达拉",或译"普陀珞珈",乃梵语"Potalaka"的音译,意为"佛教圣地"。公元7世纪初,松赞干布统一各部,定都逻些(今拉萨),建立吐蕃奴隶制政权。641年,他与唐王朝联姻,为迎娶文成公主,在玛布日山上修建了宫殿。因为松赞干布把观世音菩萨(世间自在佛)作为自己的本尊佛,所以就用佛经中菩萨的住地"布达拉"来给宫殿命名,称作"布达拉宫"。

5.建筑兴毁及修葺情况。文成公主和松赞干布时期,布达拉宫有大小房屋一千间。但在赤松德赞统治时期(762)雷火烧毁了一部分。后来在吐蕃王朝灭亡时,宫殿也几乎全部被毁,只留下了两座佛堂幸免于战火。此后随着西藏的政治中心移至萨迦,布达拉宫也一直处于破败之中。1642年,五世达赖喇嘛洛桑嘉措建立了噶丹颇章政权,拉萨再度成为青藏高原的政治中心。1645年,他开始重建布达拉宫,三年后竣工,是为白宫。1653年,五世达赖入住宫中。从这时起,历代达赖喇嘛都居住在这里,重大的宗教和政治仪式也都在这里举行,布达拉宫由此成为西藏政教合一的统治中心。五世达赖去世后,为安放灵塔,宫廷总管第巴·桑结嘉措继续扩建宫殿,形成红宫。在红宫修建时,除了本地工匠,清政府和尼泊尔政府也都派出匠师参与,每天的施工者多达7700余人。整个布达拉宫到1693年基本完工,总共历时48年,耗资约白银213万两。布达拉宫在建成后又进行过多次扩建,方形成今日之规模。1959年后,布达拉宫就不再是政治活动的场所,而只保留了宗教的功能。1989年至1994年国家投资人民币5500万元进行第一期抢险加固维修。2002年起又实施了投资1.7亿元的以基础地垄加固为主的二期维修。截至2007年9月,二期维修进展顺利,工程已完成总投资的 90%。布达拉宫主体古建筑地垄加固和红宫、白宫等 17 处古建筑维修已基本完成;雪城古建筑维修完成 90% 以上,雪巴列空等 12 处景点已正式对外开放。

现在,布达拉宫已被联合国教科文组织列入"世界文化遗产"名录。

6.建筑设计师及捐资情况。由松赞干布主持设计修建。现在的布达拉宫是 17 世纪中叶由五世达赖和总管第巴·桑给嘉措重建,后经历代达赖多次扩建和改建,始具今日规模。包括西藏本地工匠、汉族地区唐代以来的历代工匠以及尼泊尔工匠。

7.建筑特征及其原创意义。布达拉宫依山垒砌,群楼重叠,殿宇嵯峨,有横空出世、气贯苍穹之势。坚实敦厚的花岗石墙体,松茸平展的白玛草墙领,金碧辉煌的金顶,具有强烈装饰效果的巨大鎏金宝瓶、幢和红幡,交相辉映,红、白、黄 3 种色彩的强对比,分部合筑、层层套接的建筑形体,都体现了藏族古建筑迷人的特色。布达拉宫是藏族建筑的杰出代表,也是中华民族古建筑的精华之作。

宫殿主楼 13 层,高 117.2 米,东西长 360 米,南北宽 500 多米,用巨石大木为构件依山而建,层层叠叠,气势宏伟。宫内有殿堂、寝宫、佛堂、经堂及灵塔殿。布达拉宫建筑主要由中部的红宫及两翼白宫(达赖喇嘛居住的地方)组成。

白宫是历代喇嘛生活起居和执理政务的场所。达赖的寝宫位于白宫最高处,因终日阳光普照,亦称日光殿。

红宫由八座达赖灵塔殿和各类佛堂组成。达赖灵塔由塔座、塔瓶、塔顶三部分构成。塔瓶为存放达赖尸骸之处。塔身以金皮包裹,宝石镶嵌,珠光宝气,金碧辉煌。八座灵塔中,达赖五世的灵塔最大,高 14.85 米,基座 36 平方米,塔全以金皮包裹,耗用黄金 11 万 9 千余两。十三世达赖的灵塔前供有一座约半米高的珍珠塔,用 20 多万颗珍珠串缀,晶莹夺目。宫内装饰富丽豪华,雕梁画栋,有的柱子包有厚厚的金皮;内壁上满布壁画,题材广泛,线条流畅,藏族风格甚为突出。此外,宫内还保存了大量佛经、佛像、明清两代皇帝封赐的诏诰及工艺珍玩等贵重文物。红宫前面有一白色高耸的墙面为晒佛台,在佛教的节日用来悬挂大幅佛像挂毯。布达拉宫整体为石木结构。宫殿外墙厚达 2~5 米,基础直接埋入岩层。墙身全部用花岗岩砌筑,高达数十米,每隔一段距离,中间灌注铁汁,进行加固,提高了墙体抗震能力,坚固稳定。屋顶和窗檐用木制结构,飞檐外挑,屋角翘起,铜瓦鎏金,用鎏金经幢,宝瓶,摩蝎鱼和金翅鸟做脊饰。闪亮的屋顶采用歇山式和攒尖式,具有汉代建筑风格。屋檐下的墙面装饰有鎏金铜饰,形象都是佛教法器式八宝,有浓重的藏传佛教色彩。柱身和梁枋上布满了鲜艳的彩画和华丽的雕饰。内部廊道交错,殿堂杂陈,空间曲折莫测,置身其中,似入神秘世界。

布达拉宫内部绘有大量的壁画,构成一座巨大的绘画艺术长廊,先后参加壁画绘制的有近二百人,先后用去十余年时间。壁画的题材有西藏佛教发展的历史,五世达赖生平,文成公主进藏的过程,西藏古代建筑形象和大量佛像。布达拉宫中各座殿堂中保存有大量的珍贵文物和佛教艺术品。五世达赖的灵塔,其他几座灵塔虽不如达赖喇嘛灵塔高大,其外表的装饰同样使用大量黄金和珠宝,可谓价值连城。

落拉康殿中有大型铜制坛城,坛城是佛教教义中世界构造的立体模型,也是佛居住、说法的讲坛。造型别致,装饰华丽。布达拉宫还有一些附属建筑,包括山上的朗杰札仓、僧官学校、僧舍、东西庭院和山下的宫前老城内的原西藏地方政府的马基康、雪巴列空、印经院以及监狱、马厩和布达拉宫后园龙王潭等③。

现在布达拉宫唯一保留下来的松赞干布时期的建筑"曲杰竹普"(汉语习称法王洞或修行洞)。该建筑原来是建筑在红山顶上的一座小殿,坐北朝南,为东西略宽的方形平面,面积约 27 平方米。殿内共有三柱,北面为 2 柱,南面为 1 柱,呈三角形布置。殿门偏侧一旁,减去一柱是为加大门口空间。西藏建筑结构按纵向布置,故柱网能较自由地安排。佛殿内主要供奉松赞干布和文成公主、赤尊公主二妃像,在另一侧还奉有吐蕃大伦禄东赞和大臣米桑布像。佛殿的左、右、后三面有宽 1.3 米~1.5 米的转经廊,廊内尚有突出之山石,位居山顶,是确定早期布达拉宫位置的依据④。

8.关于建筑的经典文字轶闻。轶闻之一:松赞干布和文成公主建成的布达拉宫毁于吐蕃衰亡的历史岁月。待到五世达赖重新建造布达拉宫时,原址上只剩下一个修行洞和一尊白塔。修行洞"曲杰竹普"保留至今。据说现在的布达拉宫就是围绕上述两个历史遗留物建造起来的。轶闻之二:初到拉萨的游客常常被西藏本地的出租车司机的问话所困惑。你明明走在拉萨街头,他们会问你是不是去拉萨的? 去拉萨的快上车。其实,这是因为在地道的藏民心目中,真正的拉萨是大昭寺那块地方。轶闻之三。很多游客困惑,布达拉宫那么多寺庙的陈设,怎么不叫寺而叫宫呢? 这与五世达赖接受清朝顺治帝(1644—1660 年间在位)册封有关。布达拉宫从前是作为政治中心而存在,所以尽管它和别的寺庙陈设一样,却没有称为寺。五世达赖受顺治皇帝册封后,从哲蚌寺搬到这里居住,布达拉宫的性质才变了——不仅是政治中心,也成了西藏最大的活佛所在地。从而成为政教合一的场所⑤。

参考文献

①②《旧唐书》卷一九六上。

③《布达拉宫志》,《西藏研究》,1991 年第 3 期。

④傅熹年:《中国古代建筑史》(五卷本)第二卷,中国建筑工业出版社,2001 年。

⑤王恺:《拉萨风土志》。

二、大明宫

1.建筑所处位置。大明宫遗址,在今西安市北郊的龙首原上,为全国重点文物保护单位。

2.建筑始建时间。唐太宗贞观八年(634)。原名永安宫,系为太上皇李渊所建,次年改称大明宫①。

3.最早的文字记载。(唐)贾至《早朝大明宫呈两省僚友》:"银烛朝天紫陌长,禁城春色晓苍苍。千条弱柳垂青琐,百啭流莺绕建章。剑佩声随玉墀步,衣冠身惹御炉香。共沐恩波凤池里,朝朝染翰侍君王。"

(唐)王维《和贾舍人早朝大明宫作》:"绛帻鸡人送晓筹,尚衣方进翠云裘。九天阊阖开宫殿,万国衣冠拜冕旒。日色才临仙掌动,香烟欲傍衮龙浮。朝罢须裁五色诏,珮声归向凤池头②。"

4.建筑名称的来历。最初,唐太宗屡次请其父唐高祖李渊"避暑九成宫,上皇以隋文帝终于彼,恶之。(贞观八年)十月营永安宫,为上皇清暑之所。未成而上皇寝疾,不果居。③"该宫名称贞观九年曾改名大明宫。龙朔二年(662)又改名蓬莱,取殿后蓬莱池为名也。长安五年(705),又改为大明宫④。

5.建筑兴毁及修葺情况。大明宫在禁苑之东南,南接京城之北面,西接宫城之东北隅。南北五里,东西三里。贞观八年置,为永安宫城。九年改曰大明宫,以备太上皇清暑、百官献赀财以助役。龙朔三年(663)大加兴造,号曰蓬莱宫。咸亨元年(670)改曰含元宫。寻复大明宫。初高宗命司农少卿梁孝仁制造此宫,北据高原,南望爽垲。每天晴日朗,南望终南

图 6-15-1 唐长安大明宫
含元殿内部复原图

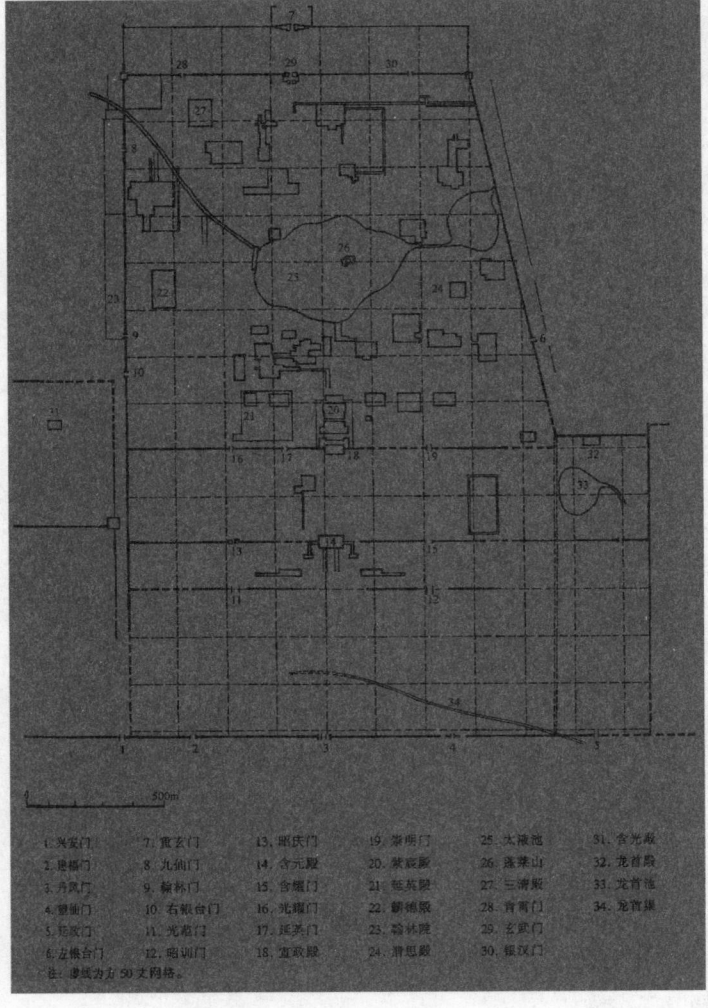

图 6-15-2 唐长安大明宫
平面实测

山如指掌,京城坊市街陌俯视如在槛内,盖甚高爽也。唐末,大明宫多次遭战乱破坏,光启二年(886)殷废,至光化元年(898)又再度修复,天祐迁都(904)时最后废毁,沦为废墟⑤。

6.建筑设计师及捐资情况。司农少卿梁孝仁制造此宫,北据高原,南望爽垲。每天晴日朗,南望终南山如指掌,京城坊市街陌俯视在槛内,盖甚高爽也。

7.建筑特征及其原创意义。现仅存遗址。唐大明宫在长安外郭东北角墙外,近年已经勘探和局部发掘。其平面南宽北窄,近于梯形,南面宽1370米,北面宽1135米,西墙长2256米,东墙不甚规则,面积为3.11平方千米。约为明清北京故宫的4.5倍。由东西三道宫墙间隔,形成三区。

(1)朝廷区。在宫城中央自南而北排列着三座正殿,即含元殿、宣政殿、紫宸殿。宫南面横列五门,中央正门称丹凤门,以其制度,含元殿在丹凤门北约600米,为外朝;宣政殿在含元殿北约300米,为内朝(治朝),前有宣政门;紫宸殿在宣政殿北约100米,为内朝(燕朝)所在。

最南第一座殿含元殿,南临广场。殿东西有横亘全宫的第一道横墙。含元殿后300余米处有宣政殿,东西有横亘全宫的第二道横墙。

宣政殿四周有廊庑围成宽约300余米的巨大殿庭。东廊之外为门下省、史馆等,西廊之外为中书省、殿中省,都是中央官署。含元殿是举行大朝会之殿,性质相当于太极宫的承天门。它左右的翔鸾、栖凤二阁实际是双阙,阙外有朝堂,也和承天门外的情况全同。宣政殿是皇帝每月朔、望接见群臣之处,相当于太极宫之太极殿,殿左右建官署的情况也相同。自含元殿至宣政殿一段是宫中的朝区。

宣政殿之后有紫宸门,门内有紫宸殿,是皇帝隔日见群臣之处,相当于太极宫之两仪殿,为寝区主殿。紫宸殿东有浴堂殿、温室殿,西有延英殿、含象殿,东西并列,是皇帝日常活动之所。

以上为三朝五门,朝廷区。

(2)寝区。紫宸殿北有横街,街北即后妃居住的寝殿区,主殿在紫宸殿北,为蓬莱殿,殿后又有含凉殿,北临太液池。蓬莱、含凉二殿之左右又有若干次要殿,与之东西并列,自成院落。南起紫宸门,北至含凉殿,包括东西次要殿宇,四周有宫墙围绕,形成宫中的寝区。

(3)苑囿区。自寝区以北,包括太液池及其周围诸殿,是宫内苑囿区。寝区之北为宫中湖泊太液池,池中有岛名蓬莱山,上有太液亭。池东、西、北三面各建有若干殿宇。池西有麟德殿、大福殿,都是巨大的建筑群,麟德殿是非正式接见和宴会之处;池东有太和殿、清思殿等,是唐帝游乐之所;池北有大角观、玄元皇帝庙、三清殿等,都是道观,因唐崇道教,故宫中多建道教建筑。三清殿等之北即宫北墙,正中为北面正门玄武门。

宫门前两侧设百官等待上朝的待漏院。

大明宫在唐末遭到毁坏。遗址内的含元殿、麟德殿、三清殿、翔鸾和栖凤两阁以及太液池、蓬莱亭等遗迹,现尚清晰可见。

大明宫各殿都下用夯土台基,四周包砌砖石,绕以石栏杆。初期建的含元殿殿身东、北、西三面用夯土承重墙,麟德殿三面各宽一间处用夯土填充,表现出北朝和隋代惯用的土木混合结构建筑的残迹,以后所建各殿即为全木构架建筑,但房屋之墙仍为土筑,不用砖,表面粉刷红或白色。殿之地面铺砖或石,踏步或坡道铺模压花纹砖。建筑之木构部分以土红色为主,上部斗拱用暖色调彩画,门用朱红色,窗棂用绿色,屋顶用黑色渗炭灰瓦,脊及檐口有时用绿色琉璃。晚期建筑遗址曾出土黄、蓝、绿三色琉璃瓦,说明唐代中晚期建筑色彩由简朴凝重向绚丽方向发展。

8.关于建筑的经典文字轶闻。唐大明宫是唐长安城中最大的一处皇宫,是唐太宗李世民为其父李渊营建的消暑“夏宫”,自唐高宗开始,大明宫成为国家的统治中心,历时达234年。

关于建筑大明宫的动因。最初本是唐太宗安排司农少卿梁孝仁制造此宫,看中的就是地势高,适合消夏闲居。他为的是给父皇修造避暑休闲之地。因其地“北据高原,南望爽垲。每天晴日朗,南望终南山如指掌,京城坊市街陌俯视如在槛内,盖甚高爽也。”但高祖李渊终其身没有在该宫住过。他的顾虑是永安宫那个地方以前是隋文帝的死地。但到了后来,唐高宗因为患风痹,讨厌低湿的宫殿,对大明宫那高爽的位置自然就情有独钟了。后世历代皇帝都喜欢这个宫殿,可能也是看中了可以俯瞰全城地势这一优势。

参考文献

①④《长安志》卷六。

②《王右丞集笺注》卷十。

③《陕西通志》卷七九。

⑤西安市地方志编纂委员会:《西安市志》,西安出版社,2006年。

三、兴庆宫

1.建筑所处位置。兴庆宫遗址,在西安市和平门外咸宁路北,原唐长安城内兴庆坊,现为省级文物保护单位。

2.建筑始建时间。兴庆宫原是唐玄宗为王子时居住地,始建于武则天时期。"开元二年(714)七月作兴庆宫。初,则天之世,长安城东隅民王纯家井溢,浸成大池数十顷,号隆庆池。上在藩邸,与宋王等列第于其北,及即位,宋王等表请,乃以旧宅为宫。①"

3.最早的文字记载。唐玄宗《春中兴庆宫酺宴》:"九达长安道,三阳别馆春。还将听朝暇,回作豫游晨。不战要荒服,无刑礼乐新。合酺覃土宇,欢宴接群臣。玉斝飞千日,琼筵荐八珍。舞衣云曳影,歌扇月开轮。伐鼓鱼龙杂,撞钟角抵陈。曲终酣兴晚,须有醉归人。②"

4.建筑名称的来历。兴庆宫本明皇旧第也,开元二年七月宋王成器等请献兴庆坊宅为离宫,甲寅(714)制许之,故作兴庆宫。九月庚寅有诏兴役。旧史开元元年二月以隆庆旧邸为兴庆宫,在隆庆坊。玄宗名隆基,即位改兴庆宫③。

5.建筑兴毁及修葺情况。开元八年造勤政楼。元和十四年(819)以左右军健卒二千人修勤政楼。天宝十载(751)作交泰殿。大和三年(829)修明光楼④。开元二十四年(736)拓展花萼楼;又自春明门向南增筑夹城,南抵曲江芙蓉苑,使自大明、兴庆两宫可由夹城直抵芙蓉苑⑤。天宝十二载(753)又发京师、三辅一万三千人筑兴庆宫墙⑥。兴庆宫在安史之乱中遭到很大的破坏。在元和三年(808)、元和十四年、大和三年(829)、大中五年(851)都曾进行过修缮。唐末,朱全忠强迫唐昭宗迁都洛阳时,兴庆宫遭到更大破坏。宋代仍然有很多建筑。1949年后,曾对花萼相辉楼进行了部分发掘,证明该楼被火焚。1958年在该楼遗址范围内,修起了花萼相辉楼、沉香亭等建筑,改为公园。1979年,为纪念日本遣唐留学生晁衡留学大唐1200周年,促进中日友好,在这里建造了阿倍仲麻吕纪念碑和纪念堂,接待中外游客。现在是西安最大的旅游休闲公园。

6.建筑特征及其原创意义。根据考古钻探资料,对照宋刻兴庆宫图碑,除其北半部因明清西安关城及民宅所占压而破坏无遗,其南半部除建筑间距离及宫墙位置等稍有出入外,与图碑所示基本相符。

据考古实测:该宫位于今之西安城东郊,东至亢家堡西106米,西至经九路东90米,南至纬十街北84米,北至东窑坊。东西宽1080米,南北长1250米,面积1.35平方千米。

著名古建筑专家傅熹年先生在详细分析文献和考古报告后推测兴庆宫的布局时说:"兴庆宫的布局,远不如太极宫、大明宫严整有序。""它自南面正门通阳门向北,经光明门,龙堂,跨越龙池后北对瀛州门,南熏殿、跃龙殿,至跃龙门,形成一条南北向中轴线,另在西侧又形成大同殿、兴庆殿一组次要轴线。把正衙殿建在次要轴线上,虽是因宫殿体制和具体地形所限,也表明它实际上只是离宫,虽号称南内,实不能和西内、东内比肩。它是唐玄宗为自己制造祥瑞而建的,故自玄宗死后,唐以后诸帝基本上不再来此。⑦"

7.关于建筑的经典文字轶闻。唐玄宗《游兴庆宫作》:"代邸青门右,离宫紫陌陲。庭如过沛日,水若渡江时。绮观连鸡岫,朱楼接雁池。从来敦棣萼,今此茂荆枝。万叶传余庆,千年志不移。凭轩聊属目,轻辇共追随。务本方崇训,相辉保羽仪。时康俗易渐,德薄政难施。鼓吹迎飞盖,弦歌送羽卮。所希覃率土,孝弟一同归。⑧"

李白在"清平调"中歌咏过园中牡丹花:"名花倾国两相欢,常得君王带笑看,解释春风无限恨,沉香亭北倚栏杆。[9]"

参考文献

①《旧唐书·玄宗本纪》。

②⑧《全唐诗》卷三。

③《玉海》卷一一五八。

④《长安志》卷六。

⑤《唐会要》卷三〇。

⑥《册府元龟》卷一四。

⑦傅熹年:《中国古代建筑史》(五卷本)第二卷,中国建筑工业出版社,2001年。

⑨《李太白集注》卷五。

四、五龙宫

1.建筑所处位置。位于湖北省十堰市武当山天柱峰以北的五龙峰山麓,东距玉虚宫15千米。

2.建筑始建时间。唐贞观年间(627—649)。

3.最早的文字记载。"唐真(贞)观中,均州守姚简祷雨是山,五龙见,即其地建五龙祠。"

4.建筑名称的来历。初名五龙祠,"宋真宗时,升祠五龙观,赐额曰五龙灵应之观。至元二十三年(1286),诏改其观为五龙灵应宫。又二十年,……仁宗皇帝天寿节,实与玄武神同,遂加赐额曰大五龙灵应万寿宫。[1]"明永乐十年(1412)大规模扩建,赐额为"兴圣五龙宫[2]"

5.建筑兴毁及修葺情况。元末毁于兵火。明永乐十年(1412)敕建玄帝大殿、山门、廊庑、玉像殿、圣父母殿、启圣殿、祖师殿、神库、神厨、左右圣旨碑亭、榔梅碑亭、方丈、斋堂、云堂、钵堂、圜堂、客堂、道众寮室、仓库计二百一十五间,赐"兴圣五龙宫"为额[3]。辛亥革命后又大部毁坏。现仅存宫门、红墙、碑亭及泉池、古井等。

6.建筑设计师及捐资情况。姚简,陕西万年人。唐均州节度使。

7.建筑特征及其原创意义。五龙宫坐西朝东,宫门外有九曲十八弯的红墙,南北各有一座碑亭,前有日池、月池。进宫门是龙虎重石磴和九重台。元君殿基中部汉白玉须弥座上,供奉着铜铸鎏金玄天真武神像,高达1.95米,是武当山最大的真武神铜像。元君殿前有天池和地池,泉水从石龙口吐出。其左为玉像,右山坡下尚存元代所立"大五龙灵应万寿宫碑"。从宫门左登山,可见神梅台。台上有墓碑,碑亭右下南折上石山,便到启圣台。从台南下,即是宋初著名道士陈抟的诵经台,直上为凌虚岩。五龙宫周围有松萝、五龙、青羊诸峰高耸,飞云涧、白龙洞流水环绕等奇观,景致清幽古雅。

8.关于建筑的经典文字轶闻。明沐昕《太和八景·五龙披雾》:"玉立崚嶒翠欲流,五龙潜处景偏幽。烟消远岫猿声断,日射灵湫蜃气收。捧圣神回山寂寂,插梅人去水悠悠。应期莫负生民望,四海长令岁有秋。[4]"

参考文献

①(元)揭傒斯:《大五龙灵应万寿宫碑》。

②③(明)任自垣:《敕建大岳太和山志》卷八《楼观部第七》兴圣五龙宫条。

④《明代五当山志二种·大岳太和山志》卷之七。

五、青羊宫

1.建筑所处位置。位于四川省成都西南郊,南面百花潭、武侯祠(汉昭烈庙),西望杜甫草堂,东邻二仙庵。

2. 建筑始建时间。相传宫观始于周, 初名"青羊肆"实际建宫时间在唐广明元年(880)①。

3.最早的文字记载。老子为关令尹喜著《道德经》,临别曰:"子行道千日后,于成都青羊肆寻吾"②。

4.建筑名称的来历。初名青羊肆,传说老子乘青羊降其地,因而得名。③三国之际取名"青羊观"。到了唐代改名"玄中观",在唐僖宗时又改"观"为"宫"。五代时改称"青羊观",宋代又复名为"青羊宫",直至今日④。

5.建筑兴毁及修葺情况。考成都青羊宫,虽然早在唐代之前已经有若干记载。但真正有明确的宫观建设记载者则自唐始。据唐僖宗中和年间曾随僖宗入蜀的乐朋龟《西川青羊宫碑记》所载,成都青羊宫乃唐僖宗幸蜀期间所开发。当时刚刚平定黄巢之乱,故借新发现的青羊肆宝砖上的"太上平中和载灾"几个字大做老子文章。乐朋龟描述当年建设青羊宫之前的青羊肆情景:"旧址苔封,古坛芜没。仙乡故里,半落俗家;真境余风,唯残瓦砾。"僖宗为了"遐追灵异,显验休征。""特下明诏,创造灵宫。恩赐内外,行用库钱二百万。爰征办匠,乃速厥功。"建成后的青羊宫"冈阜崔嵬,楼台显敞,齐东溟圆峤之殿;抗西极化人之宫,牵剑阁之灵威,尽归行在;簇峨眉之秀气,半入都城。烟粘碧坛,风行清磐。⑤"青羊宫成为唐末四川最大、最有影响的宫观了。到了明代,唐代所建殿宇不幸毁于天灾兵焚,破坏惨重,已不复唐宋盛况。今所见者,均为清康熙六至十年(1667—1671)陆续重建恢复的,在以后的同治和光绪年间,又经多次培修,1949年后又多次修葺,即形成现在的建筑规模⑥。

6.建筑设计师及捐资情况。唐僖宗建筑的青羊宫,经费出自国库,钱数二百万。董其事者史无明文。但当时的随驾高官剑南西川节度使兼中书令陈敬瑄,兵部尚书裴澈、三川制置都监刘景暄、左街威仪明道大师道士尹嗣元当是该工程的主要当事人⑦。

7.建筑特征及其原创意义。现存殿宇为清代康熙七年(1668)重建。总计前后有六座殿宇,为山门(灵祖殿)、混元殿、八卦亭、三清殿、斗姥殿、唐王殿,占地长300余米,中轴对称布置,严肃庄重,与青城山等地的山林道观依山随势自由灵活的艺术面貌完全异趣。

青羊宫布局规整,不设配殿,尚继承了宋元以来道观的布局传统。宫内院落空敞,每进院落皆有四五十米的深阔,可容纳众多的信徒香客,每年农历二月花会期间举行庙会,花木齐集,百货并陈,游客如云,宫内成为居民社会生活的重要场所,这也是道教日益民间化的表现之一。青羊宫轴线中部布置了一座八方式亭阁(八卦亭),作为主要殿宇,亦是传统宫观布局的一项变革。将八卦方位与爻卦图案融合到建筑中,进而突出老子哲理思想。八方亭阁造型也打破了重复性的横长方式殿宇的单调感,增加了建筑空间序列的变化。主殿三清殿是一座体量巨大的殿堂,总面积达1000平方米,最大开间为8.2米,总进深28.10米,应用了17根檩条,16个步架,最高一根中柱达15米高。如此高大的木构架完全不依靠砖墙加固而独立存在,在清代大型殿堂建筑构架中是少见的实例。三清殿的构架基本属于抬梁式构造,但又吸取了穿逗式构造的某些作法,应用通天中柱,各架抬梁一端皆用透榫穿插入柱身等,使得构架更加稳固,反映了清代南方大跨度建筑构架技术的新成果⑧。

8.关于建筑的经典文字轶闻。青羊宫砖记,僖宗中和二年成都行在青羊宫忽见红光如球,入地,穿得砖,上有古篆六字,节度陈敬瑄以闻,宣付史馆。贼平还京,敕翰林乐朋龟撰记⑨。这块古砖上的六个字,就是前文所言"太上平中和灾"。

三清殿内的两只铜羊也有典故。其中一只双角羊是清道光九年由云南工匠陈文炳、顾体仁铸造;另一只独角怪羊,传说是南宋贾似道家中熏衣的铜炉,清代大学士张鹏翮特地从北京市场上购来赠与青羊宫的。铜羊底座上有铭文记其事:"京师市上得铜羊,移往成都古道场。出关尹喜似相识,寻到华阳乐未央。信阳子(张鹏翮别号)题"。这只独角羊虽外形似羊,实为12生肖体形特征的综合,即鼠耳、牛鼻、虎爪、兔背、龙角、蛇尾、马嘴、羊胡、猴颈、鸡眼、狗腹、猪臀。

宫内保存道教主要典籍《道藏辑要》经版一万三千余块,为全国仅有。

参考文献

①⑤⑦(唐)乐明龟:《西川青羊宫碑记》,《全唐文》卷八一四。

②(汉)扬雄:《蜀王本记》。

③赵阅道《成都记》,宋人何耕《青羊宫诗·小序》。

④⑥马开钦:《成都市志》,成都时代出版社,2009年。

⑧孙大章:《中国古代建筑史》(五卷本)第五卷,中国建筑工业出版社,2002年。

⑨《全唐诗》卷八七五。

六、圣水宫

1.建筑所处位置。位于山东省威海乳山市冯家镇。

2.建筑始建时间。唐贞观年间(627—649)①。

3.最早的文字记载。元代全真教始祖邱长春在品评当时天下道院时说过下面这段话:"在所道院,武官为之冠,滨都次之,圣水又次之。②"

4.建筑名称的来历。圣水宫亦称圣水岩、玉虚观、玉真观。道教全真派的发祥地之一,因观内圣水洞中有圣泉而得名。根据现存"玉虚观碑"文记载,金大定丁未(1187),道教全真派七子之一王玉阳及其徒众在此茅庵修炼。承安丁巳(1197)牒敕赐额曰"玉虚观"。翌年,王玉阳为章宗皇帝讲完道学,携御赐金帛及道经一藏回到这里,约集善众门人"献木"、"献谷"、"剪荆艾草"、"夷峻埋谷",扩建殿宇楼阁、亭台桥榭。金至宁元年(1213)又牒赐"玉真观",即"万寿宫"。

5.建筑兴毁及修葺情况。元时,王玉阳在此地开创了全真教昆嵛山派,大开教门,济世布道,使这里名扬宇内。此时"玉虚观""苍松偃盖,古桧蟠龙,碧瓦鳞鳞,朱门赫赫,神仙异人出没,天地英灵自然之气相聚。游人云集,香火竟夜"。"玉虚观"如此壮观,加之有"虎涧春云"、"御碑濯雨"、"石柱撑霄"、"竹园遗翠"等美景及紫气谷、石燕坡、鸣钟岩、佛顶峰、二姑顶等名胜,使这里成为当时名闻天下的道教圣地之一③。

"玉虚观"自金至明清,屡经修葺,规模不断扩大,清咸丰四年(1854)最后一次重修。重修后的"玉虚观"殿阁庄严,碑碣林立。主要建筑物有老祖殿、老母殿、三清殿、三官殿、三义殿、玉皇阁、万寿宫等。其中最宏伟的是玉皇阁,俗称八角琉璃殿,分上下两层,其下以12根八角石柱凌空支撑,上层为斗拱飞檐结构,内塑玉皇大帝像,阁顶覆以绿色琉璃瓦。其结构之奇特,造型之宏伟,装饰之堂皇,为天下道院所仅有。万寿宫是玉虚观主体建筑之一,宫内塑有全真道祖及全真七子像,其内雕梁画栋,金碧辉煌。然而因历史、自然等原因,玉虚观多经烧劫破坏。如今,这些古建筑已毁去十之八九④。

6.建筑设计师及捐资情况。王玉阳,东牟人,名处一。遇重阳子授道法三十六卷,修真于昆嵛山之烟霞洞。尝临危崖翘足仁立,人目为跌脚仙人。承安中(1198)召见,问先生事能前知何也?对曰:镜明自能鉴物,此在自己之灵明耳。兴定末(1221)蜕逝,至元中(1279)赠玉阳体玄广度真人⑤。

7.建筑特征及其原创意义。宫院古建筑已大部废圮,仅存一殿,青砖悬厦,无梁无柱。院内还有雕刻精细的石狮一对。院内还保存金贞祐二年(1214)"玉虚观"碑一通,通高5.6米,碑额四龙蟠屈,神态生动。

8.关于建筑的经典文字轶闻。明邵贤有《圣水玉虚观题壁》诗:"台砌重重镇碧烟,烧残劫火几经年。灵泉有感因名圣,古洞无人独有仙。峰险只应飞鸟避,水腥知是蛰龙眠。玉阳久矣乘云去,惟见遗碑夕照边。"

参考文献
① ③威海市地方史志编纂委员会:《威海市志》,山东人民出版社,1986年。
②《怀州清真观记》引,《元好问全集》卷三五。
④《宁海州志》。
⑤《山东通志》卷三〇。

七、建福宫

1.建筑所处位置。四川省都江堰市青城山丈人峰下,位居山门左侧。

2.建筑始建时间。唐开元十八年(730)。

3.最早的文字记载。"帝以会昌,神以建福。注曰:昌即庆也。青城实岷山第一峰。会庆又符诞节之名。乃赐名会庆建福宫。①"

4.建筑名称的来历。原名丈人观,又名丈人祠。宋孝宗淳熙二年(1175),改为建福宫,取古谣"帝以会昌,神以建福"之意②。

5.建筑兴毁及修葺情况。南宋淳熙二年(1175),因成都制置使范成大的奏请,朝廷赐敕将丈人观改为会庆建福宫。后遂简称建福宫。今建福宫系清光绪十四年(1888)重建,近年又再次进行了大规模的重建③。

6.建筑设计师及捐资情况:范成大报请朝廷准建。当系朝廷出资和委派工匠④。

7.建筑特征及其原创意义。宫前有楼台映衬,后有丹岩翠林荫覆,沿石级梯道入宫,内山门门额"建福宫"由1940年"国民政府"主席林森题写。现存建福宫大殿三重,第一为长生殿,祀晋代四时八节天地太师范长生,第二殿名丈人殿,正殿祀宁封真君及杜光庭,杜光庭是唐末文学家与道教学者,晚岁隐青城白云溪,正殿两旁壁画,以宋代孙太古绘范长生貂尾华冠的画像最著。后殿清雅,有百岁仙人松二株,殿塑彩像三尊:中为太上老君,左祀东华帝君,即华阳真人王玄甫,为全真道北五祖之第一祖;右祀王重阳,号重阳子,为道教全真派创立者,金代著名道士⑤。

8.关于建筑的经典文字轶闻。唐代诗圣杜甫《丈人山》:"自为青城客,不唾青城地。为爱丈人山,丹梯近幽意。⑥"

陆游《题丈人观道院壁》:"断烟浮月磬声残,木影如龙布石坛。偶驾青鸾尘世窄,闲吹玉笛洞天寒。奇香满院晨炊药,异气穿岩夜浴丹。却笑飞仙未忘俗,金貂犹著侍中冠。⑦"

参考文献

①《吴船录》卷上。

②王纯五:《青城山志》,四川人民出版社。

③④中国道教协会:《道教大辞典》,华夏出版社。

⑤胡孚琛:《中华道教大辞典》,中国社会科学出版社。

⑦《放翁诗选前集》卷三。

⑥《九家集注杜诗》卷七。

八、永乐宫

1.建筑所处位置。山西省芮城县城北5千米龙泉村西周古魏城遗址,宫原建于芮城县西南的永乐镇,并枕中条山麓,南对黄河秦岭,所谓"万树浓含新雨绿,一条横界大河黄",山川形胜,风景雄丽。

2.建筑始建时间。始建于唐,唐代就吕洞宾故宅改为"吕公祠",岁时享祀①。河东南北两路道教提点潘德冲主持,在原来道观的旧址上,大兴土木,重建大纯阳万寿宫。蒙古定宗二年(1247)开始动工,至中统三年(1262)建成三清、纯阳、重阳三座大殿②。

3.最早的文字记载。《三十年来山西古建筑及其附属文物调查保护纪略》③。

4.建筑名称的来历。永乐宫原名大纯阳万寿宫,被誉为"清风明月三千界,玉管金箫十二楼"的人间福地。当时与大都长春宫、终南山重阳宫合称道教全真派三大祖庭。二宫现已不存,惟永乐宫保存完好。

5.建筑兴毁及修葺情况。1959年因位于三门峡水库淹没区内,按原样迁建于现址。迁建工程历时7年,将全部建筑和壁画搬迁到现址复原保存,仍其旧观,实为世上罕见的科学保护古建文物之壮举。

6.建筑设计师及捐资情况。由河东南北两路道教提点潘德冲主持建

图 6-15-3　永乐宫纯阳殿

图 6-15-4　永乐宫无极殿
(三清殿)

363

图6-15-5　永乐宫无极门
(龙虎殿)

造。潘德冲(？—1256)，道教全真派祖师王重阳高足。1245年与宋德方一起规划建设永乐宫。1260年葬于永乐宫北峨嵋岭后。

7. 建筑特征及其原创意义。总建筑面积86880平方米，占地约10万平方米，是一座驰名国内外的元代道教建筑群，为全国重点文物保护单位。永乐宫是当时一座重要道观，现存中轴线上一组建筑全为元代遗物，正殿三清殿大木做法规整，较多的保存了宋代建筑传统。

永乐宫坐北朝南，建筑规模宏大，布局合理。进入宫门，500米长的中轴线上，依次排列着龙虎殿、三清殿、纯阳殿、重阳殿4座高大的元代殿宇，飞檐凌空，斗拱重迭。后三座为主建筑，坐落在高耸的台基之上，东西两面不设配殿、廊室等附属建筑，而是用围墙筑成一个狭长院落，院落之外才是附属设施。在建筑结构上，吸收了宋代营造法式和辽金时代的减柱法，形成自己独特的风格。四座大殿内，满布绘制精美的壁画，总面积达960平方米。壁画题材丰富，技法高超，色彩绚丽，气势恢宏，既继承了唐宋优秀的绘画技法，又体现了元代的绘画特点，代表着元代寺观壁画的最高成就。

8.关于建筑的经典文字轶闻。今人孙玄常教授《游永乐宫》最为人所称赏：

"朝辞汾水去，暮宿黄河边。晨兴游道观，微雨气澄鲜。
道宫名永乐，肇自至正年。当时崇吕祖，画壁今犹全。
始登无极殿，群灵毕朝元。帝君拥花盖，玉女尽婵娟。
骈罗诸星宿，侍从列仙官。方知严制度，天上即人间。
纯阳重阳殿，异迹图二仙。闾巷众男女，言笑曲能传。
画手追前辈，宗无复道玄。纵目恣游赏，更喜主人贤。
盛夏凉风至，鹧鸪啼林间。宫观境愈静，尘洗意萧然。
闻道移三殿，辛劳费万千。中枢护文物，功德信无前。
惟此名天下，妙迹海东喧。欲继灵光赋，恨乏笔如椽!"

参考文献

①元泰定元年(1324)三宫提点段道祥等重刻《有唐纯阳真人祠堂记》。

②《永乐宫的变迁——永乐宫艺术及其迁移保护》，见《柴泽俊古建筑文集》第373页，文物出版社，1999年。

③柴泽俊：《柴泽俊古建筑文集》，文物出版社，1999年。

（十六）志佛

凌云寺大佛

1.建筑所处位置：位于四川省乐山市城东岷江、青衣江、大渡河三江汇合处，北距成都160余千米。

2.建筑始建时间：始凿于唐开元元年（713）①。

3.最早的文字记载："维圣立教，维贤启圣。用大而利博，功成而化神。即于其空开尘刹之谜，垂其象济天下之险。嘉州凌云寺弥勒石像，可以观其旨也。神用潜运，风涛密移。胕蚃幽晦，孰原其故？在昔岷江，没日漂山。东至犍为，与梁斗。突怒啸吼，雷霆百里。萦激束崖，荡为廖空。舟随波去，人亦不予。唯蜀雄都，控引吴越。建兹沦溺，日月继及。开元初，有沙门海通者，哀此习险，厥为天难，克其能仁，迥彼造物。以此山淙流激湍，峭壁万仞，谓石可改而下，江可积而平。若广开慈容，廓轮相。善因可作，众力可集。于是崇未来因，作弥勒像。俾前劫后劫，修之无穷。于是规广长，图坚久。顶围百尺，目广两丈。其余相好，一以称之。工惟子来，财则檀施。江湖淮海，珍货毕至。债师金工，亦罔不臻。于是万夫竞力，千锤奔奋。大石雷坠，伏螭潜骇。巨谷将盈，水怪易空。时积日竞，月将岁就。不数载而圣容俨然，岩岩亭亭。岌嶷青冥。如现大身满虚空界。惊流怒涛，险自砥平。萧萧空山，寂照烟月。由内及外，观心类境。则八风澄而爱河静也。余以为人之生也，违道好径，故哲圣因其所欲，示之以进修。其行满于此，而福应在彼。理甚昭矣。至于夺天险以慈力，易暴浪为安流，何哉？详万缘本生于妄，知妄本寂，万缘皆空。空有尚无，险夷焉在？至圣寂照，非空非有。随感则应，唯识浅深。化于无源，奚有不变？非天下之至神，其孰能平斯险也。彼海上人发诚之至，救物之宏。时有郡吏将求贿于禅师，师曰：自目可剜，佛财难得。吏发怒曰：尝试将来。师乃自抉其目，捧盘致之。吏因大惊，奔走祈悔。夫专诚一意，至忘其身。虽回山转日可也。况弘我圣道，历兹群心，安彼暴流，俾其宁息。其应速宜矣。而功巨用广，其费亿万金。全身未毕，禅师去世。呜呼，力善归仁，为可继也。其后有连帅章仇兼琼者，持俸钱二十万，以济其经费。开元中，诏赐麻盐之税，实资修营。事感天人，克遵前志。谅禅师经始之谋大，虑终之智朗。苟利物以便人，期亿劫以同济。贞元初，资天子命我守兹坤隅，乃谋匠石，筹厥庸。从莲花座上至于膝，功未就者几百尺。贞元五年，有诏郡国伽蓝，修旧起废。遂命工徒，以俸钱五十万佐其费。或丹彩以章之，或金宝以严之。至今十九年，而跌足成形，莲花出水，如自天降，如从地涌。象设备矣，相好具矣。爰记本末，用昭厥功。"②

4.建筑名称的来历。按：凌云寺大佛，俗称大佛，自明代已然。现在习称"乐山大佛"。《蜀中广记》卷八十五上所录碑文的题目就叫《唐成都尹南康郡王韦皋大佛记》。而韦皋贞元十九年所撰、张绰书并篆额的碑文全称则是《嘉州凌云大弥勒石像记》。该碑文在大佛右手一侧悬崖上。1996年12月6日，峨眉山——乐山大佛被联合国教科文组织批准为

"世界文化与自然遗产",正式列入《世界遗产名录》。

5.建筑兴毁及修葺情况。大佛像在唐代建成之初,佛体丹彩描绘,金粉贴身,形象光鲜,然而,历代战火给大佛带来不同程度的灾难,特别是保护大佛的大像阁塌毁后,大佛裸露数百年,遭受风化侵蚀。近10年来,乐山大佛受到风化、酸雨侵蚀严重,2006年6月,乐山大佛景区管委会与中科院成都山地研究所合作,利用雷达技术对大佛进行雷达无损检测,发现大佛左小腿区域砂岩风化层平均厚度达2.7~3.35米,大佛腹部和胸部区域表面风化层厚度变化于2.6~3.6米之间,大佛左手背正下方发育一条裂缝长达11米。早在6年前,当地就已对大佛的面部和头部进行了维修。长期关注和研究大佛保护的乐山师范学院副教授周骏一认为,修复大佛面部和身体并不能解决根本问题,保护措施应从大佛所处大环境入手,他提出目前迫切需要解决的是大佛所面临的大气污染和大佛区域的地下水渗透问题。位于四川盆地中心的乐山市是酸雨污染较为严重的地区之一,乐山市1996—2000年5年降水PH平均值5.0左右,远远高于旅游城市的标准。为此,周骏一副教授在大佛附近大区域采集酸雨样本,进行了模拟酸雨试验。研究发现,大佛在最近30年中被溶蚀剥落的厚度达1.9466厘米,平均剥蚀速率在0.2克/小时。大佛佛身及景区内块状粉砂岩,绝大部分均出现不同程度的溶蚀剥落现象,其中尤以凌云栈道及大佛旁的游道较为严重。"酸雨的近源来自乐山地区的工业区,远源来自成都、德阳、绵阳等经济工业带,还有西边的自贡和重庆等工业发达城市,很容易向大佛传输大气污染,应控制这些地区的工业废气排放。"周骏一说,对大佛更大的潜在威胁在于,乐山市西北部沿成昆铁路线正在形成夹江——峨眉工业带,大批水泥、制陶、冶炼等工厂形成大气污染和废水排放,已经对当地环境造成了破坏,这条工业带位于大佛上风区,也属于三江口的上游地区。③

6.建筑设计师及捐资情况。乐山大佛开凿的发起人是海通和尚。中间还有"连帅章仇兼琼者,持俸钱二十万,以济其经费。开元中,诏赐麻盐之税,实资修营"。最后由剑南西川节度使韦皋"以俸钱五十万佐其费"完成全部工程。见(唐)韦皋《嘉州凌云大弥勒石像记》,明朝时曾对大佛进行过维修。见明代彭汝实《重修凌云寺记》。

7.建筑特征及其原创意义。乐山大佛头与山齐,足踏大江,双手抚膝,通高70余米,头高约15米,耳长7米,眼长3.3米,耳朵中间可站两条大汉。肩宽28米,可做篮球场。它的脚背上还可围坐百余人,是一尊真正的巨人。大佛顶上的头发,共有螺髻1021个,这是1962年维修时,以粉笔编号数清的。远看发髻与头部浑然一体,实则以石块逐个嵌就。单块螺髻根部裸露处,有明显的拼嵌裂隙,无砂浆粘接。螺髻表面抹灰两层,内层为石灰,厚度各为5~15毫米。1991年维修时,在佛像右腿凹部中拾得遗存螺髻石3块,其中两块较完整,长78厘米,顶部31.5×31.5厘米,根部24×24厘米。

乐山大佛右耳耳垂根部内侧,有一深约25厘米的窟窿,维修工人从中掏出许多破碎物,细看乃腐朽了的木泥。这说明南宋范成大在《吴船录》中记载"极天下佛像之大,两耳犹以木为之",是真实的。由此可知,长达7米的佛耳,不是原岩凿就,而是用木柱作结构,再抹以锤灰装饰而成。在大佛鼻孔下端亦发现窟窿,内则露出三截木头,成品字形。说明隆起的鼻梁,也是以木衬之,外饰锤灰而成。不过,这是唐代贞元十九年(803)竣工时就是如此,还是后人维修时用这种工艺修补,已不可考证了。

清代诗人王士祯有咏乐山大佛诗"泉从古佛髻中流"。在大佛头部共18层螺髻中,第4层、9层、18层各有一条横向排水沟,分别用锤灰垒砌修饰而成,远望看不出。衣领和衣纹皱折也有排水沟,正胸有向左侧分解表水沟,与右臂后侧水沟相连。两耳背后靠山崖处,有长9.15米、宽1.26米、高3.38米的左右相通洞穴;胸部背侧两端各有一洞,互未凿通，右洞深 16.5 米、宽 0.95 米、高 1.35 米，左洞深 8.1 米、宽 0.95 米、高 1.1 米。这些水沟和洞穴，组成了科学的排水、隔湿和通风系统，千百年来对保护大佛、防止侵蚀性风化，起到了重要的作用。左右互通的两洞，由于可汇山泉，内崖壁上凝结了厚约 5-10 厘米的石灰质化合物，而佛身一侧崖壁仍是红砂原岩，而且比较干燥。那左右不通的两洞穴，孔壁湿润，底部积水，洞口不断有水淌出，因而大佛胸部约有 2 米宽的浸水带。显然，这是由于洞未贯通的缘故。不知当年修建者为何不把它打通④。

8.关于建筑的经典文字轶闻。(唐)岑参《登嘉州凌云寺作》："寺出飞鸟外，青峰载朱楼。博壁跻半空，喜得登上头。始知宇宙阔，下看三江流。天晴见峨眉，如向波上浮。迥旷烟景豁，阴森棕楠稠。愿割区中缘，永从尘外游。回风吹虎穴，片雨当龙湫。僧房云朦胧，夏雨寒飕飕。回合俯近郭，寥落见远舟。胜概无端倪，天宫可淹留。一官讵足道，欲去令人愁。⑤"

(宋)苏轼《送张嘉州》："少年不愿万户侯，亦不愿识韩荆州。颇愿身为汉嘉守，载酒时作凌云游。虚名无用今白首，梦中却到龙泓口。浮云轩冕何足言，惟有江山难入手。峨眉山月半轮秋，影入平羌江水流。谪仙此语难解道，请君看月时登楼。谈笑万事真何有，一时付与东岩酒。归来还受一大钱，好意莫违黄发叟。⑥"

参考文献

①《古今图书集成·职方典·雅州》。

②(唐)韦皋：《嘉州凌云大弥勒石像记》，《全唐文续编》卷五九。

③④乐山市地方志编纂委员会：《乐山市志》，巴蜀书社，2001 年。

⑤《全唐诗》卷一九八。

⑥《东坡全集》卷一八。

（十七）志岩

大足石刻

1.建筑所处位置。重庆市大足等县境内。

2.建筑始建时间。大足石刻最初开凿于初唐永徽元年(650)。

3.最早的文字记载。"宝顶寺。唐柳本曾学吴道子笔意，环崖数里凿浮屠像，奇谲幽怪，古今所未有也。《志》又云：老君洞在治东南三十五里玉口山巅，洞弘敞，可容十余人。内石床石臼丹灶尚存，洞巅一隙透明，有泉自石罅中流出。山麓惟一小径可通，相传老子炼丹于此。又云：宝珠溪在治南四十里，唐贞观时渔人郭福者夜捕鱼，见水际有光，即之，有蚌如斗，剖得珠径寸，献之太宗。赐以积善井，碑碣存。又云：北岩在治北三里，唐韦君靖建砦其上，曰'永昌'。有石刻沿岩，皆浮图像。①"

"公又于寨内西□□□□□□翠壁凿出金仙，现千手眼之威神，具八十种之相好，施□□□回禄俸，以建浮屠。聆钟磬于朝昏，喧赞呗于远近。所谓皈依妙□者焉②。"

4.建筑名称的来历。大足石刻,系因地而名之名胜。大足石刻是大足县境内主要表现为摩崖造像的石窟艺术的总称。大足石刻群共包括石刻造像70多处,总计10万余尊,其中以北山、宝顶山、南山、石篆山、石门山五处最为著名和集中。其中最著名、 规模最大的摩崖石刻有两处,一处叫宝顶山,一处叫北山。这两处都是全国重点文物保护单位,是我国晚唐以后石窟艺术的代表作。其肇始当与渔人献珠太宗封赏有关。北山石刻的兴盛则与晚唐韦君靖的开发密不可分。

5.建筑兴毁及修葺情况。大足石刻最初开凿于初唐永徽元年(650),历经晚唐(北山)、五代(907—959),盛于两宋(宝顶山,960—1278),延续至明清时期亦有所增刻,最终形成了一处规模庞大,集中国石刻艺术精华之大成的石刻群,堪称中国晚期石窟艺术的代表,与云冈石窟、龙门石窟和莫高窟相齐名。1999年12月被列入《世界遗产名录》③。

6.建筑设计师及捐资情况。韦君靖,乾符(874—879)初荣昌令。时黄巢、韩秀升兵起,君靖督兵讨之。累官尚书仆射。④晚唐乾宁年间(894—896)大足的北山和宝顶山两大主要石刻集中地已经形成。

7.建筑特征及其原创意义。大足石刻以其规模宏大,雕刻精美,题材多样,内涵丰富,保存完整而著称于世。它集中国佛教、道教、儒家"三教"造像艺术的精华,以鲜明的民族化和生活化特色,成为中国石窟艺术中一颗璀璨的明珠。它以大量的实物形象和文字史料,从不同侧面展示了公元9世纪末至13世纪中叶中国石刻艺术的风格和民间宗教信仰的发展变化,对中国石刻艺术的创新与发展做出了重要贡献,具有前代石窟不可替代的历史、艺术和科学价值。

北山石刻位于大足县城西北2千米处,始刻于唐景福元年(892),至南宋绍兴年间(1162)结束。北山石刻共有摩崖造像近万尊,主要为世俗祈佛者出资雕刻。造像题材共51种,以当时流行的佛教人物故事为主。它是佛教世俗化的产物,不同于中国早期石窟。北山造像以雕刻精细、技艺高超、俊美典雅而著称于世,展示了中国公元8世纪至14世纪时,民间佛教信仰及石刻艺术风格的发展变化。

宝顶山石刻位于大足县城东北15千米处,始刻于南宋淳熙六年(1179),至南宋淳祐九年(1249)结束。宝顶山石刻以圣寿寺为中心,包括大佛湾、小佛湾等13处造像群,共有摩崖造像近万尊,题材主要以佛教密宗故事人物为主,整个造像群宛若一处大型的佛教胜地,展现了宋代石刻艺术的精华。

南山石刻位于大足县城东南,始刻于南宋(1127—1279)时期,明清两代亦稍有增补。南山石刻共有造像15窟,题材主要以道教造像为主,作品刻工细腻,造型丰满,表面多施以彩绘。南山石刻是现存中国道教石刻中造像最为集中,数量最大,反映神系最完整的一处石刻群。

石篆山石刻位于大足县城西南25千米处,始刻于北宋元丰五年(1082),至绍圣三年(1096)结束。造像崖面长约130米,高约3~8米,共10窟,是中国石窟中典型的佛、道、儒"三教"结合造像群。

石门山石刻位于大足县城东20千米处,始刻于北宋绍圣元年(1094),至南宋绍兴二十一年(1151)结束。凿刻有造像的崖面全长约72米,崖高3~5米,共16窟,题材主要为佛教和道教的人物故事。此外还包括有造像记、碑碣、题刻等。石门山石刻是大足石刻中规模最大的一处佛、道教结合石刻群,其中尤以道教题材诸窟的造像最具艺术特色。作品造型丰满,神态逼真,将神的威严气质与人的生动神态巧妙结合,在中国石刻艺术中独树一帜⑤。

8.关于建筑的经典文字轶闻。公元880年,唐朝的首都长安被叛军占领,大批优秀的画师和石刻工匠,跟随唐僖宗李儇流亡四川。他的这次政治避难,为石窟艺术在长江流域的崛起,提供了契机。此时,一个叫韦君靖的人成为了大足石刻的始作俑者。韦君靖原是一名地方小官,他趁唐朝末期社会动乱之机,占据了大足。韦君靖打了一辈子仗,杀人如麻。由于他受佛教思想的影响,担心自己大开杀戒,死后会下地狱。于是他在北方来的难民中,招募了一批画师工匠,并由他个人出资,于公元892年5月的一天,在大足北山的崖壁上开始陆续凿刻毗沙门天王和千手观音。这一来,便拉开了中国石窟艺术史上继云岗、龙门之后,第三次也是最后一次大规模石刻造像的序幕。

富有人情味的观音像。观音的造像,一般都是端庄肃穆。但这里的观音,却典雅秀丽,表情丰富,显得亲切可爱。有人评论说,这明明是追求美好生活的汉族少女的形象,哪有"菩萨"的味儿!可见艺术力量已经突破了宗教的规范。在编号为136的"心神车窟"里,一共有6尊观音、文殊、普贤的造像,每个都有不同的表情,显示出不同的性格。普贤坐在大象的背上,身材窈窕,脸部清秀,似笑非笑,表情温柔娴静,典雅大方,是一个具有十足东方美的女性形象。有一位著名的艺术评论家对这尊造像赞赏不绝,认为她比世界著名的雕塑维纳斯女神更具特色。但是,也有人认为,从雕刻艺术上看,还应数"数珠手观音"最出色,并称她为"北山石刻之冠"。这位观音形体比例匀称,肌肤线条柔和,脸部的雕刻精细,脸庞圆润,略呈微笑状,神态动人;再加上服饰华丽,衣带飘舞,给人以飘飘欲仙之感。有人因感到她的表情媚丽,叫她"媚态观音"。

壮观的千手观音。千手观音是一个非常壮观的雕像,它的"千手"(准确数字是1007只手)如孔雀开屏般从上、左、右三个方向伸出,每只手都雕得纤美细柔,手里拿着斧头、宝剑、绳索等法器,千姿百态,无一雷同。

参考文献

①《蜀中广记》卷一七。

②(唐)胡密:《唐韦君靖碑》,《唐文拾遗》卷三三。

③⑤黎方银:《大足石刻艺术》,重庆出版社,1999年。

④《四川通志》卷六。

(十八)志陵

一、乾陵

1.建筑所处位置。乾陵在陕西省乾县城北5千米的梁山上,是唐高宗李治和他的皇后、大周大圣皇帝武则天的合葬墓。

2.建筑始建时间。弘道元年(683),主要工程于文明元年(684)竣工①。

3.最早的文字记载。《谏灵驾入京书》②。据陈子昂此文可知当年高宗在洛阳也曾准备有陵寝,是唐高宗临终希望回长安,武则天坚持回长安,才另建乾陵的。

4.建筑名称的来历。乾陵是渭北唐十八陵中最西边的帝陵。因位于长安西北方,依八卦的方位当乾而得名。

图 6-18-1 乾陵神道

5. 建筑兴毁及修葺情况。神龙元年(705)武则天死,二年(706)祔葬于乾陵③。

文献记载,乾陵陵园"周八十里",原有城垣两重,内城置四门,东曰青龙门,南曰朱雀门,西曰白虎门,北曰玄武门。经考古工作者勘查得知,陵园内城约为正方形,其南北墙各长1450米,东墙长1582米,西墙长1438米,总面积约230万平方米。城内有献殿、偏房、回廊、阙楼、狄仁杰等60位朝臣的祠堂、下宫等辉煌建筑群多处。"安史之乱"后,乾陵地面建筑遭到严重破坏。《唐会要》记载,贞元十四年(798),乾陵修葺时曾造屋378间。此后,历经1300多年的风雨沧桑,乾陵地面的宏丽建筑已荡然无存,唯陵园内城朱雀门外司马道两侧沿主轴线列置的120余件精美绝伦的大型石刻群,成为盛唐社会蓬勃发展的真实写照,让人感受到它所体现的盛唐时代精神。④

6.建筑设计师及捐资情况。阎立德,雍州万年人,隋殿内少监毗之子也。其先自马邑徙关中。毗初以工艺知名,立德与弟立本早传家业,武德(618—625)中累除尚衣奉御。立德所造衮冕大裘等六服并腰舆伞扇咸依典式,时人称之。贞观(627—649)初历迁将作少匠,封大安县男,高祖崩,立德以营山陵功擢为将作大匠。贞观十年文德皇后崩,又令摄司空,营昭陵。坐怠慢,解职,俄起为博州刺史。十三年复为将作大匠。十八年从征高丽,及师旅至辽泽东西二百余里泥淖,人马不通,立德填道造桥,兵无留碍。太宗甚悦。寻受诏造翠微宫及玉华宫,咸称旨。赏赐甚厚。俄迁工部尚书。二十三年摄司空,营护太宗山陵。事毕进封为公。显庆元年(656)卒,赠吏部尚书并州都督。阎立本显庆(656—660)中累迁将作大匠,后代立德为工部尚书。兄弟相代为八座,时论荣之。总章元年(668)迁右相,赐爵博陵县男。立本虽有应务之才,而尤善图画,工于写真④。

7.建筑特征及其原创意义。乾陵因梁山主峰为陵,在山腰开凿墓道、墓室。乾陵有二重陵垣,内重环在主峰四周,围成方框。从墓道形状看,此墓未经盗掘⑤。

8.关于建筑的经典文字轶闻。十二月己酉诏:改永淳二年为弘道元年(683),将宣赦书。上欲亲御则天门楼。气逆不能上马,遂召百姓于殿前宣之。礼毕:上问侍臣曰:民庶喜否?曰:百姓蒙赦,无不感悦。上曰:苍生虽喜,我命危笃。天地神祇若延吾一两月之命,得还长安,死亦无恨。是夕帝崩于真观殿。时年五十六。宣遗诏:七日而殡。皇太子即位于柩前。园陵制度务从节俭。军国大事有不决者取天后处分。群臣上谥曰:天皇大帝。庙号高宗。文明元年(684)八月庚寅葬于乾陵。天宝十三载(754)改谥曰天皇

图 6-18-2 乾陵远景

大弘孝皇帝⑥。

武则天为何要立"无字碑"？历来有三种说法：

其一，认为是按武则天的临终遗言而立的，她的功过是非由后人评说，显示武则天的帝王风范与博大胸怀。其二，认为武则天自以功高盖世，以至无法用语言文字表尽其功德，故立无字碑，显示武则天的狂妄。其三，近年研究发现，在无字碑表面有打好的方格痕迹。由此推测，当年是准备刻上碑文的，并且碑文已写好，有了准确的字数，只是由于某种原因未能刻上，以后各代也未敢再刻。究其原因，可能是在唐中宗末年想刻上但又遇上韦皇后下毒唐中宗突然死亡。之后，随着文武大臣对武则天的非议不断，故一直未能刻上字。

但宋、金以来，无字碑阳面、阴面已有名人题词 42 段，已成有字碑。这些字迹中惟有金天会十二年（1134）的一段文字堪称国宝。

鉴于无字碑的珍贵，武则天纪念馆于 1998 年照原碑复制于庙内，取名"丰碑"，其用料规格略大于原碑，它高 9 米，宽 2.15 米，厚 1.6 米，重 100 吨，是目前国内最大的古典青石碑。碑首并排 8 条螭龙，碑身两侧阴刻两条升龙长 4 米，前面刻有金代皇弟都统经略朗君的一段记事。记事全文 84 字，用早已绝迹的古代契丹小篆书写出，并有汉文对译，是目前国内金代石刻文字中最珍贵的绝品。

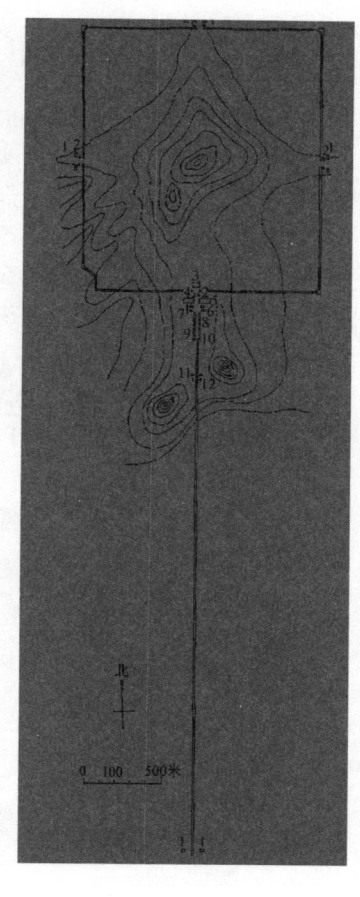

图 6-18-3　乾陵总平面

汉文对译碑文如下：

大金皇弟都统经略朗君向以疆场无事，猎于梁山之阳，至唐乾陵，殿庑颓然，一无所睹，受命有司鸠工修饰。今复谒陵下，绘象一新，回廊四起，不胜欣怿，与礼阳太守酣饮而归。时天会十二年岁次甲寅仲冬十有四日。

尚书职方郎中黄应期，宥州刺史王圭从行，奉命题，右译前言。

乾陵陵园内现存精美绝伦的大型石刻 124 件，被誉为"盛唐石刻艺术的露天展览馆"。据证实，乾陵是迄今为止唯一未被盗掘的唐代帝王陵墓。在陵园的永泰公主、章怀太子、懿德太子三座陪葬墓内发现有精美的唐代壁画，堪称"盛唐绘画艺术的地下画廊"。

唐高宗李治（628—683），父唐太宗李世民，母长孙皇后。始封晋王，后得母舅长孙无忌的帮助被推为太子，公元 650 年李世民死后继位，时年 22 岁，在位 35 年（650—683）。病死、葬乾陵。武则天皇后（624—705）比唐高宗大四岁，655 年唐高宗立为皇后，690 年自立为皇帝，改国号为周，时年 67 岁，在位 16 年（684—705）。病死，与高宗合葬乾陵。

高宗李治是唐太宗第九子，唐太宗即位不久，就决定立 8 岁的长子李承乾为皇太子，因其习性散漫，生活奢侈，嬉戏无度，并制定了政变计划，准备废除唐太宗，逼太宗退位，事情败露。贞观十四年（640），太宗把他废为庶人。此时应由长孙后的第二子、唐太宗的第四子魏王李泰继皇太子位，由于李泰曾和太子承乾争夺过王位，大臣反对立李泰为太子，李治在得到了舅父长孙无忌的支持下，才被勉强立为太子。他性格软弱，自显庆五年（660）以后，又因身患风疾，经常头晕目眩，政令多出于武则天。公元 683 年死于洛阳贞观殿，翌年 8 月葬乾陵。

武则天,名曌。原籍山西文水人,生于四川广元县,出身于木材商人家庭。9岁亡父,14岁被李世民选入宫为"才人",赐号"武媚",为正五品女官。武则天精通文史,明敏机智,有权术善应变。李治为太子时,二人便建立了感情。唐太宗死后,根据唐代制度,先帝嫔妃均削发为尼,武则天也出家"感业寺"。公元654年,高宗又将她召进宫中封为"昭仪",次年册封为皇后。从此她开始了参决朝政的政治生涯,与高宗并称"二圣"。高宗死后,她先废掉中宗(李显),又废掉睿宗(李旦),自立为帝,改唐为周,成为中国历史上第一个、也是唯一的女皇帝。武则天统治的50年间,正是唐朝政治、经济蓬勃发展的时期,全国户数增加了将近一倍,巩固了封建经济基础。武则天加强和改善了唐王朝和边疆各少数民族的关系,恢复了"安西四镇",设置了"北庭都护府"。

武则天晚年,侄儿武三思把持朝政,政宪大乱。神龙元年(705)正月,宰相张柬之发动政变,拥立中宗复位。同年11月,武则天病死于洛阳上阳宫,临终遗嘱去皇帝尊号,终年82岁。她"遗制祔庙,归陵,令去帝号,称则天大圣皇后",围绕着她与高宗李治合葬乾陵的问题展开了争论,给事中严善思以《天元房录葬法》中"尊者先葬,卑者不可以后开入"为理由,反对合葬。⑦武则天毕竟是唐中宗的母亲,中宗以"准遗诏以葬之"为由,在706年5月,重新启开乾陵墓道,将武则天与高宗合葬于乾陵。

参考文献

①《旧唐书·高宗本纪》。

②《陈拾遗集》卷九。

③《旧唐书·则天皇后本纪》。

④《旧唐书》卷八一。

⑤傅熹年:《中国古代建筑史》(五卷本)第二卷,中国建筑工业出版社,2001年。

⑥《旧唐书》卷五。

⑦《旧唐书·严善思传》。

二、昭陵

1.建筑所处位置。位于陕西省礼泉县东北22千米九嵕山的主峰上。

2.建筑始建时间。始建于唐贞观十年(636)。"贞观十年营昭陵,析云阳、咸阳置醴泉县。①"二十三年五月己巳皇帝崩于含风殿,八月庚寅葬昭陵。

3.最早的文字记载。该陵为唐太宗和文德顺圣皇后(即长孙皇后)的陵墓。长孙皇后先唐太宗入葬。因此,该陵墓就留下了长孙皇后和唐太宗两篇最早的文字。其一为长孙皇后的遗言,见《旧唐书·后妃传》。原文曰:"太宗文德顺圣皇后长孙氏从幸九成宫,属疾大渐,与帝诀曰:'妾生无益于时,死不可以厚葬。愿因山为陇,无起坟,无用棺椁。器以瓦木约费送终,是妾不见忘也。'"长孙皇后病逝葬入昭陵后,唐太宗专门颁布了一道关于昭陵建设和陪葬原则的诏书。"及崩,葬昭陵,因九嵕山以成后志。帝自著表序始末,揭陵左。《金石录》:唐太宗御制表,欧阳询八分书,贞观十年刻。太宗为文德皇后立。其文载于实录,世颇罕传。今石刻已磨灭。其略可见者有云:'无金玉之宝玩,用之物木马寓人,有形而已。欲使盗贼息心,存亡无异。'又云:'俯视汉家诸陵,犹如蚁垤,皆被穿窬。今营此陵,制度卑狭,用功省。少望与天地相毕,永无后患。'"遗言薄葬,以为盗贼之心止求珍货,既无珍货,复何所求? 朕之本志,亦复如是。王者以天下为家,何必物在陵中乃为己有! 今因九嵕山为陵,凿石之工才百余人。数十日而毕。不藏金玉人马器皿,皆用土木形具而已。庶几奸盗息心,存殁无累,当使百世子孙奉以为法。"唐太宗又于贞观十一年下诏明确定下功臣陪葬昭陵的制度。"佐命功臣,或义深舟楫,或谋定帷幄,或身摧行阵,同济艰危,克成鸿业。追念在昔,何日忘之？使逝者无知,咸归寂寞。若营魂有识,还如畴曩。居止相望,不亦善乎！汉氏使将相陪陵,又给以东园秘器,笃终之义,恩意深厚。古人岂异我哉？自今以后功臣密戚及德业佐时者如有薨亡,宜赐茔地一所,及以秘器使窀穸之时丧事无阙所司依此营备称朕意焉"。②

4.建筑名称的来历。"昭陵"一名,自唐迄今,无人解说。唐太宗兼听纳谏,乾纲独断,为千古少见之明白帝王。观长孙皇后传记,亦可谓千古罕见之明白皇后。不过查两人谥号,均无"昭"字。但观其夫妇关于昭陵所留下的文字,都有"昭令德以示子孙"的意思③。按诸《六家谥法解》:"妇人所谓德者,有见于言德容功之类。而所谓礼者,又以自防而已,二者之不愆,则所以自昭者至矣。"则长孙皇后陵以昭名,意或在此。又考,《经世大典·君谥》:"德业升闻曰昭。""智能察微曰昭。"合帝、后两种美谥,自然用"昭"为宜。

5.建筑兴毁及修葺情况。"昭陵在京兆府醴泉县,因九嵕层峯凿山南西,深七十五尺为玄宫。山旁岩架梁为栈道,悬绝百仞,绕山二百三十步始达玄宫。门顶上亦起游殿,文德皇后即玄宫,后有五重石门,其门外于双栈道上山起舍,宫人供养如平常。及太宗山陵毕,宫人亦依故事,留栈道。准旧山陵使阎立德奏曰:玄宫栈道本留拟有今日,今既始终永毕,与前事不同。谨案:故事唯有寝宫安神供奉之法,而无陵上侍卫之仪望。除栈道,固同山岳。上呜咽,不许。长孙无忌等援引礼经重有奏请,乃依奏。上欲阐扬先帝徽烈,乃令匠人琢石写诸蕃君长十四人列于陵司马北门内。又刻石为常所乘破敌马六匹于阙下。④贞元十四年昭陵寝殿灾,以宰相崔损为修奉陵使。宫寺惮挽汲,请更其所。损不能抗,(陈)京独持不可,卒不徙。⑤"

"昭陵山峻而高,寝宫在其上。内官惮其上下之勤挽汲之艰也,谒于上,请更之。上下其议,宰相承而讽之。召官属使如其请。公曰:斯太宗之志也,其俭足以为法,其严足以有奉。吾敢顾其私容而替之者也？奏议不可。上又下其议,凡是公者六七人。其余皆曰'更之便。'上独断焉,曰:京议得矣,从之。⑥"

昭陵在五代时被盗掘,据《新五代史·温韬传》载:"(陵内)宫室制度闳丽,不异人间。中为正寝,东西厢列石床,床上石函中为铁匣,悉藏前世图书⑦""贞元十四年(798),命有司修葺陵寝,以昭陵先因火焚毁……于是遣左谏议大夫、平章崔损充修陵使,及司所计。献、昭、乾、定、泰五陵各造屋三百七十八间。⑧"

6.建筑设计师及捐资情况。昭陵工程是由唐代著名建筑家、美术家阎立德、阎立本兄弟精心设计的⑨。

7.建筑特征及其原创意义。昭陵沿山峰四周建陵垣,围成方形,四面设门。南面在朱雀门内建献殿,献殿西南建寝宫。陵北在司马门内立有诸蕃君长石像和太宗生平争战所骑六匹有功之马的浮雕⑩。据《唐会要·陵议》载:"(昭陵)因九嵕山层峰,凿山南面深七十五丈为玄宫。缘山傍岩架梁为栈道,悬绝百仞,绕山二百三十步始达玄宫门,顶上亦起游殿。文德皇后即玄宫后,有五重石门。⑪"

昭陵占地30万亩,拥有陪葬墓193座,是目前世界上最大的帝王陵园,它集无数个"世界之最"和"中国第一"于一身,被誉为"天下第一陵"。它是世界上陪葬墓最多的帝王陵墓,囊括了唐代建都100多年内所有的知名大臣、皇亲国戚和三品以上官员。陪葬墓主人的级别及在历史上的知名度也为中国之最。人们熟知的魏征、房玄龄、徐懋功、李靖、秦琼、程咬金等均在其中。陪葬墓形制涵盖了历代陪葬墓的五种形制总和,是中国最具代表性的帝王陵墓。

昭陵首开中国帝王陵墓依山为陵的先河,陵山周围建成了规模宏大的建筑群,陵园建筑之多也为中国之最,中外驰名的"昭陵六骏"青石浮雕石屏和十四国酋长像便陈列在昭陵祭坛的庑殿内。我国最早出土的唐三彩及中国最古老的一顶帽子实物就陈列在昭陵博物馆内。昭陵博物馆内的碑石陈列室是中国唐代碑林之最。

目前出土的 8000 多件文物,等级文物达 3000 多件,汇集了唐贞观十年至开元二十九年 106 年间的所有精品,不仅数量大,品位高,而且系列性、观赏性强。已出土的墓志铭有 46 件,其中 26 件为国家一级品。博大精深的文化内涵和极高的观赏价值,奠定了昭陵文物旅游在中国旅游业中的特殊地位。

"昭陵六骏"是陕西礼泉唐太宗昭陵北阙前的六块骏马浮雕石刻,每件 205×172×28 厘米,重约 2.5 吨。这组石刻立于贞观十年(636),分别表现了唐太宗在开创唐帝国重大战役中的鏖战雄姿。"昭陵六骏"采用高浮雕表现手法雕刻而成,是中国古代雕刻艺术的珍品,也是中华文物的稀世珍宝,被鲁迅先生赞誉为"它是前无古人的"的。可惜的是,1913 年,美国商人勾结国内古董商将"昭陵六骏"中的"飒露紫"和"拳毛騧"盗卖,现藏在美国费城宾夕法尼亚大学博物馆。1918 年,古董商又勾结美国商人将剩余的四骏打成块企图装箱盗卖运往国外,后被爱国民众发现追回,现收藏在西安碑林博物馆。

8.关于建筑的经典文字轶闻。贞观十八年,帝谓侍臣曰:"昔汉家皆先造山陵,既达始终,身复亲见,又省子孙经营,不烦费人功。古者因山为坟,此诚便事。九嵕山孤耸迥绝,因而旁凿可置山陵。又佐命功臣,义深舟楫,追念在昔,何日忘之!汉氏将相陪陵,又给东园秘器,笃终之义,恩深意厚。自今以后,功臣密戚及德业佐时者如有薨亡,赐茔地一所,及秘器使窀穸之时丧事无阙。请陪陵葬者听之。以文武分为左右,坟高四丈以下三丈以上。若父祖陪陵子孙从葬者亦如之。若宫人陪葬则陵户为之成坟。凡诸陵皆置留守,领甲士与陵令相知,巡警左右。兆域内禁人无得葬埋,古坟则不毁之。[12]"

杜甫《行次昭陵》:旧俗疲庸主,群雄问独夫。谶归龙凤质,威定虎狼都。天属尊尧典,神功协禹谟。风云随绝足,日月继高衢。文物多师古,朝廷半老儒。直词宁戮辱,贤路不崎岖。往者灾犹降,苍生喘未苏。指麾安率土,荡涤抚洪炉。壮士悲陵邑,幽人拜鼎湖。玉衣晨自举,铁马汗常趋。松柏瞻虚殿,尘沙立暝途。寂寥开国日,流恨满山隅。

杜甫《重经昭陵》:草昧英雄起,讴歌历数归。风尘三尺剑,社稷一戎衣。翼亮贞文德,丕承戢武威。圣图天广大,宗祀日光辉。陵寝盘空曲,熊罴守翠微。再窥松柏路,还见五云飞[13]。

参考文献

①《旧唐书·地理志》。
②《旧唐书·太宗纪》。
③《左传·桓公二年》。
④《唐会要》。
⑤《读礼通考》卷九〇。
⑥《唐故秘书少监陈公行状》,《柳宗元集》卷八。
⑦《新五代史》卷四十《杂传》二八温韬。
⑧(清)毕沅:《关中胜迹图志》卷八。
⑨《唐会要》。
⑩《唐昭陵》王仁波,《中国大百科全书·考古学》。
⑪《唐会要》卷二〇《陵议》。
⑫《文献通考》。
⑬《杜诗详注》卷五。

（十九）志亭

烟水亭

1.建筑所处位置。位于江西省九江市甘棠湖上。

2.建筑始建时间。唐元和十一至十三年（816-818）。白居易《琵琶行》作于元和十一年（816）。浸月亭在府城西甘棠湖中，有土墩圆如月，唐白居易作亭其上。后人因其'别时茫茫江浸月'之句而名[1]。白居易元和十四年离开江州前往忠州赴任。据此可推知浸月亭的修造时间至迟不会晚于元和十四年（819）。此为浸月亭之始建时间。烟水亭"在甘棠湖堤上，周敦颐子司封郎官寿建，取'山头水色薄笼烟'之义为名。[2]"其时在宋熙宁年间（1068—1077）。此则烟水亭之始建时间。

3.最早文字记载。《避暑·烟水亭与王景文回文联句一首》：颜舒且对清樽酒（景文），昼永方浓翠幄阴（南卿）。环佩响溪寒浪急（景文），画图藏谷绣烟深。斑生石润苔纹乱（南卿），碧度云飞鸟影沉（景文）。闲馆邃风来迥野（南卿），隔林斜日转踈林（景文）[3]。

4.建筑名称的来历。浸月亭，取白居易《琵琶行》中诗句"别时茫茫江浸月"意境而名亭。此系宋代理学家周敦颐在九江讲学，其子为纪念其事而建。

5.建筑兴毁及修葺情况。唐时，江州司马白居易曾荡舟至此眺望湖光山色，感兴赋诗，在岛上建"浸月亭"，寓景于《琵琶行》诗中"别时茫茫江浸月"的诗意。后来，周敦颐见甘棠湖一带烟水迷蒙，有"山头水色薄笼烟"之句，其子周寿遂在湖堤建一亭，名为烟水亭。但当时浸月亭影响较烟水亭为大，因而《嘉靖九江府志》九江城图中只有浸月亭而没有烟水亭。明嘉靖年间，浸月亭、烟水亭两亭俱废。明万历二十一年（1593），九江关督黄腾春于浸月亭故址重建烟水亭，这就是现今烟水亭的由来。明清时期烟水亭屡建屡废，清同治七年（1868）由僧人古怀募捐重建。至清光绪间（1875—1908），烟水亭建筑才形成现在规模。建国后逐年保养维修，并建九曲桥通向湖岸。

6.建筑设计师及捐资情况。最初为唐诗人白居易建于甘棠湖圆墩上，宋周敦颐之子司封郎官寿建于甘棠湖堤上。[4]久废，正统间（1436—1449）知县临桂人马驄"尝修甘棠堤，作烟水亭及新濂溪祠。[5]"清康熙五十九（1720）年重建[6]。康熙庚子（1720）员外郎崔君正谊司榷来浔，集工度木，构亭及楼，咸复旧规[7]。

7.建筑特征及其原创意义。烟水亭是我国罕有的风格最独特的复式亭台。占地1789平方米。整座亭子是砖木梁柱结构。可分为左、中、右三部分。人们习惯上称岛上整个建筑为烟水亭，其实每座建筑各有名称。左为翠照轩、听雨轩、亦亭；右为浸月亭和船厅；中间依次是烟水亭、纯阳殿、五贤阁、观音阁。这三组建筑既各具特色又相互联系。形式变化多样，风格协调统一。庭院、天井内花木扶疏、秀石玲珑，清新典雅，让人赏心悦目，是一座典型的江南水上园林。

烟水亭为六角形，攒尖顶，翼角高高翘起，柱间有靠背栏杆，下架为铁红色，亭倒映在水中十分优美生动。旧时,烟水亭是本城民众祭祀先贤的香火之居。五贤阁内纪念的五位贤士和贤吏是:田园诗人陶渊明、江州刺史李渤、江州司马白居易、理学大师周敦颐、王阳明。现烟水亭各厅室已改作九江文物陈列室。

据府志记载,"八洞神仙"之一的吕洞宾,曾当过浔阳县令。纯阳殿中的吕洞宾塑像早已毁于兵燹,殿后留下一块相传吕道人亲书的"寿"字碑。斗大的"寿"字,一笔九转,寓意"九转成丹"。

烟水亭石级两旁有藏剑石匣一对,立于亭前石级两旁,有纳峰藏剑之意。据载:九江常遭屠城和匪寇骚扰,按阴阳家之说,皆因郡城面对庐山双剑峰所致。"宋乾道间,郡守唐立方乃辟谯楼前地筑为二城,夹楼矗其上,谓之匣楼,曰:匣实藏剑"。后遭毁。现石凿于清同治十二年(1873),为知县陈鼐扩建烟水亭时所凿。烟水亭内有"周瑜战迹陈列馆",馆中介绍了周瑜的生平,正中一座3米多高的周瑜塑像,携书挎剑,再现了这位儒将的飒爽英姿。

8.关于建筑的经典文字轶闻。白居易(772—846)字乐天,晚年号香山居士,祖籍太原,生于郑州新郑县,曾任翰林学士、左拾遗,后被贬为江州司马。白居易今存诗三千多首,题旨明确,通俗浅切,富有感染力。其中《琵琶行》是名传千古之作。清末大诗人张维屏诗云:"枫叶荻花何处寻,江州城外柳阴阴;开元法曲无人记,一曲琵琶说到今。"

琵琶行(并序):

元和十年,予左迁九江郡司马。明年秋,送客湓浦口,闻舟中夜弹琵琶者,听其音,铮铮然有京都声。问其人,本长安倡女,尝学琵琶于穆、曹二善才,年长色衰,委身为贾人妇。遂命酒,使快弹数曲。曲罢悯然,自叙少小时欢乐事,今漂沦憔悴,转徙于江湖间。予出官二年,恬然自安,感斯人言,是夕始觉有迁谪意。因为长句,歌以赠之,凡六百一十六言,命曰《琵琶行》。

浔阳江头夜送客,枫叶荻花秋瑟瑟。主人下马客在船,举酒欲饮无管弦。醉不成欢惨将别,别时茫茫江浸月。忽闻水上琵琶声,主人忘归客不发。寻声暗问弹者谁,琵琶声停欲语迟。移船相近邀相见,添酒回灯重开宴。千呼万唤始出来,犹抱琵琶半遮面。转轴拨弦三两声,未成曲调先有情。弦弦掩抑声声思,似诉平生不得志。低眉信手续续弹,说尽心中无限事。轻拢慢捻抹复挑,初为《霓裳》后《六幺》。大弦嘈嘈如急雨,小弦切切如私语。嘈嘈切切错杂弹,大珠小珠落玉盘。间关莺语花底滑,幽咽泉流冰下难。冰泉冷涩弦凝绝,凝绝不通声暂歇。别有幽愁暗恨生,此时无声胜有声。银瓶乍破水浆迸;铁骑突出刀枪鸣。曲终收拨当心画,四弦一声如裂帛。东船西舫悄无言,唯见江心秋月白。

沉吟放拨插弦中,整顿衣裳起敛容。自言本是京城女,家在虾蟆陵下住。十三学得琵琶成,名属教坊第一部。曲罢曾教善才服,妆成每被秋娘妒。五陵年少争缠头,一曲红绡不知数。钿头银篦击节碎,血色罗裙翻酒污。今年欢笑复明年,秋月春风等闲度。弟走从军阿姨死,暮去朝来颜色故。门前冷落鞍马稀,老大嫁作商人妇。商人重利轻别离,前月浮梁买茶去。去来江口守空船,绕船月明江水寒。夜深忽梦少年事,梦啼妆泪红阑干。

我闻琵琶已叹息,又闻此语重唧唧。同是天涯沦落人,相逢何必曾相识?我从去年辞帝京,谪居卧病浔阳城。浔阳地僻无音乐,终岁不闻丝竹声。住近湓江地低湿,黄芦苦竹绕宅生。其间旦暮闻何物?杜鹃啼血猿哀鸣。春江花朝秋月夜,往往取酒还独倾。岂无山歌与村笛?呕哑嘲哳难为听。今夜闻君琵琶语,如听仙乐耳暂明。莫辞更坐弹一曲,为君翻作琵琶行。

感我此言良久立,却坐促弦弦转急。凄凄不似向前声,满座重闻皆掩泣。座中泣下谁最多,江州司马青衫湿。

周敦颐(1017—1073),字茂叔,号濂溪,道州营道县(今湖南道县)人。以母舅龙图阁学士郑向任分宁(修水)主簿,调南安军司理参军,移桂阳令,徙知南昌,历合州判官、虔州通判。周敦颐是我国理学的开山祖,他的理学思想在中国哲学史上起了承前启后的作用。清代学者黄宗羲在他的《宋儒学案》中说道:"孔子而后,汉儒止有传经之学,性道微言之绝久矣。元公崛起,二程嗣之……若论阐发心性义理之精微,端数元公之破暗也"。他继承《易传》和部分道家以及道教思想,提出一个简单而有系统的宇宙构成论,说"无极而太极","太极"一动一静,产生阴阳万物。"万物生而变化无穷焉,惟人也得其秀而最灵(《太极图说》)。"圣人又模仿"太极"建立"人极"。"人极"即"诚","诚"是"纯粹至善"的"五常之本,百行之源也,是道德的最高境界"。只有通过主静、无欲,才能达到这一境界。在以后的七百多年的学术史上产生了广泛的影响,他所提出的哲学范畴,如无极、太极、阴阳、五行、动静、性命、善恶等,成为后世理学研究的课题。

马聪,字驯良,临桂人,永乐癸卯举人,正统九年任九江德化知县。莅事勤敏,郡城南有甘棠湖堤,唐刺史李渤所筑。岁久且坏,行旅阻畏。一日,见男女裸体而渡,聪恻然念曰:此令之过也!遂率民往筑。甃以巨石,极其坚固,复于两旁植柳以护之,上有烟水亭,宋濂溪周先生祠,久圮。聪复修葺之。后升工部主事,卒于官。妻子舁柩还,道经故治,民怀其德,遂迎葬于庐山之麓,复留妻子居焉⑧。

9.辩证。案:浸月亭、琵琶亭、烟水亭三个名胜是在九江历史上不同时期存在过的。细考来龙去脉,当以浸月亭为最早。"在府城西甘棠湖中,有土墩圆如月,唐白居易作亭其上。后人因其'别时茫茫江浸月'之句而名"⑨。白居易元和十四年离开江州前往忠州赴任。据此可推知浸月亭的修造时间至迟不会晚于元和十四年(819)。而所谓琵琶亭者则在当年的码头湓浦口。范成大《吴船录》卷下:"癸巳发马头,百二十五里至江州治琵琶亭。前守曹训子序新作通判,吕胜已隶书琵琶行刻石左方。"陆游也曾"泊琵琶亭"。见《入蜀记》卷二。浸月亭在府城西大江滨,唐司马白居易送客湓浦口,夜闻邻舟琵琶声,问之,乃长安娼女嫁于商人,为作《琵琶行》。后人因以名亭。此亭何人所造,于史无考。但显然是好事者借白居易送客遇琵琶女的故事创造出来的。(宋)喻良能《香山集》卷十三《琵琶亭》:"琵琶人去几经秋,司马青衫亦故丘。唯有当时亭下水,无情依旧更东流"可证。而烟水亭则原在甘棠湖堤上。是理学家周敦颐的儿子司封郎周官寿所建。取"山头水色薄笼烟"之义为名⑩。明嘉靖年间,烟水、浸月两亭俱废。明万历二十一年(1593),九江关督黄腾春于浸月亭故址重建烟水亭,这就是现今烟水亭的由来。明清时期烟水亭建筑屡建屡废,清同治七年(1868)由僧人古怀募捐重建。至清光绪间,烟水亭建筑才形成现在的规模。建国后逐年保养维修,并建九曲桥通向湖岸。

参考文献

①②④⑨⑩《明一统志》卷五二。

③(宋)王阮:《义丰集》。

⑤《江西通志》卷六四。

⑥《大清一统志》卷二。

⑦《江西通志》卷一二。

⑧《粤西文载》卷六九。

中国历代名建筑志

第七章

五代名建筑

绪　论

　　五代时期,除了杭州的吴越、金陵的南唐和成都的西蜀等南方割据政权较少受战争之苦外,黄河流域诸割据政权战争不断,建筑上自然也不可能有太多的创新。但大理地区南诏政权期间的佛塔建设,北周政权期间开封城市的绿化和环汴水两岸的台榭建筑等城市休闲带建设,还是应该肯定的。

(一)志楼

烟雨楼

　　1.建筑所处位置。位于浙江省嘉兴南湖湖心岛上。

　　2.建筑始建时间。始建于五代长兴——天福年间(932—942)。系吴越节度使广陵王钱元璙(886—942)作为登眺之所而筑的。

　　3.最早的文字记载。(宋)方万里诗:"楼压重湖壮矣哉,楼前图画若天开。鸥从沙际冲烟去,燕向花边卷雨来。[①]"

　　4.建筑名称的来历。素以"微雨欲来,轻烟满湖,登楼远眺,苍茫迷蒙"的景色著称于世。相传楼名因借用唐朝诗人杜牧"南朝四百八十寺,多少楼台烟雨中"诗意而得。烟雨楼有名,跟明末张岱的《烟雨楼》分不开。昆明大观楼,武汉黄鹤楼,岳阳岳阳楼,雄峻高大,都可以称为"耸峙"的;而烟雨楼是"坐"式的,"坐"在垣墙之内,平台之上。烟雨楼是南湖湖心岛上的主要建筑,现已成为岛上整个园林的泛称。

　　5.建筑兴毁及修葺情况。吴越节度使广陵王钱元璙曾在嘉兴南湖的湖滨修建了一座亭台,作为登眺之所,时间在五代长兴——天福年间(932—942)。在宋高宗赵构执政的建炎年间(1127—1130),亭台在金兵南下时被毁。70多年后,直到宋宁宗赵扩嘉定二年(1209),吏部尚书王希吕重建了这座建筑。这次重建有两大变化。第一,将亭台变成了楼阁。第二,将建筑物的地址从湖滨移到了湖心岛上。楼的名字被正式定名为烟雨楼。名称一直沿用到现在。元代至正十年(1357),烟雨楼再次为兵火所毁。明代嘉靖二十八年(1549),烟雨楼由嘉兴知县赵瀛按旧制再度重建。万历十年(1582),嘉兴知府龚勉见烟雨楼因遭潮湿的侵腐,木料糟朽,不能登临,对该楼进行了第三次重修,并在楼的周围增修了亭榭,在楼南加修了钓鳌矶,在楼北挖掘了放生池。清朝初年,烟雨楼又被兵火毁掉了,康熙二十至二十四年(1681—1685),雍正时期(1723—1735),对烟雨楼进行了修缮。咸丰十年(1860),烟雨楼又在战火中毁掉了。民国7年(1918),烟雨楼由嘉兴知县张昌庆再度重修。这就是我们今天看到的烟雨楼。1949年以后,人民政府对烟雨楼进行了多次维修,油漆粉刷,使这座有名的古代建筑物恢复了昔日的面貌②。

6.建筑设计师及捐资情况。钱元璙,字德辉,武肃王第六子也。初名传璙,仪状瑰杰,风神俊迈。起家沂王府咨议军宣武节度判官,累迁散骑常侍,赐金紫。寻属军旅事乃改马军事指挥使。武勇都之变,徐绾召淮南兵入。顾全武谓:杨公大丈夫,今以难告,必闵我。群公子谁可行者?武肃王曰:吾常欲以传璙昏杨氏,今其时矣。乃遣传璙服为全武仆,诣广陵,比及望亭,有逆旅媪辄识之。至润州,团练使安仁义亦知其非常将。以其下十人相易,全武赂阍吏,宵遁。乃得脱。已而见吴王行密,传璙指陈逆顺之理,吴王为之动容,叹曰:此龙种也!生子当如钱郎!吾子真豚犬耳!遂以女妻之。即日召田頵还军。未几,逆妇归钱塘。累征缙云、睦州,皆陷阵有功,授邵州刺史。复征湖州、高澧,及攻东洲,授睦州刺史。寻迁苏州,累敕授中吴建武等军节度使。苏常润等州团练使。太傅。同中书门下平章事。文穆王立,更初名。诸兄弟尽易传为元,而传璙亦以元璙名。元璙在苏州三十年,性俭约而恭靖,便弓马。文穆王时,以王兄尤加礼遇。初璙自姑苏入觐,王以家人礼事元璙,亲奉觞为寿曰:此兄位,而小子居之,兄之赐也。元璙俯伏曰:大王功德高茂,先王择贤而立,至公也。君臣位定,惟知恭顺而已。因相顾感泣。进检校太师中书令,开府仪同三司。作金谷园以娱老,又建烟雨楼于澉湖之上。久之,晋敕封广陵郡王,封不及受命而薨。宣敕于枢前,时天福七年三月也,年五十六,葬以王礼,谥曰宣义。子文奉、文炳③。

7.建筑特征及其原创意义。南湖是浙江的三大名湖之一,因位于嘉兴城南而得名。古代也称马场湖,东南湖等等,其与西南湖似交颈鸳鸯,故两湖又合称为鸳鸯湖。湖中有湖心岛,面积1万多平方米,岛上屹然立有一楼,即烟雨楼。

现在看到的烟雨楼系1918年嘉兴知事张昌庆重修。楼为两层,高约20米,面积640平方米,重檐飞翼,造工精细。

现楼四周短墙曲栏围绕,四面长堤回环,上岛登陆的入口处为"清晖堂",建于公元1826—1874年,是当地官府为康熙皇帝南巡而建。右侧壁间有"烟雨楼"三字石碑,配南北两厢,各为"菱香水榭"和"菰云簃",出南门西折就是"烟雨楼"。"烟雨楼"三字横额为董必武同志手书,笔力苍劲,登楼可以看到东南岸停着一只中型游船,这就是中国共产党"一大"的纪念船。楼下正厅楹联:"烟雨楼台,革命萌生,此间曾着星星火;风云世界,逢春蛰起,到处皆闻殷殷雷。"亦为董必武所书。

楼中还有许多石刻,其中宋代苏轼、黄庭坚、米芾的题刻,元代吴镇竹画刻石,近代吴昌硕所书的墓志铭碑刻等较为著名④。

8.关于建筑的经典文字轶闻。晚明文人张岱说:"嘉兴人开口闭口烟雨楼,天下笑之,然烟雨楼自佳。⑤"

清乾隆帝酷爱嘉兴烟雨楼,南巡回京后,在承德避暑山庄如法炮制,还写下了《塞湖泛月》:虽是平台却是舟,倚栏延得素光流。澉湖夜景何多让,妥贴横陈烟雨楼⑥。

烟雨楼和南湖历代以风景宜人著称。清代乾隆皇帝六次下江南,每次都要到这里登临烟雨楼,观景赏景。回到北京之后,他还在承德避暑山庄青莲岛上仿建了一座烟雨楼。烟雨楼是山庄中最后建成的建筑。据说乾隆游江南时,见到浙江嘉兴那座四面临水的烟雨楼,晨烟暮雨,奇特非凡,于是嘱咐宫廷画师详细临摹,细部亦不可差之分毫。回京之后,选定在承德青莲岛仿建。烟雨楼面阔5间,进深3间,回廊环抱。二楼檐下为乾隆御笔亲题的"烟雨楼"匾额,这是当年皇帝与后妃们游山玩水累了休息的地方。烟雨楼的两个跨院也自成格局。东跨院为青杨书屋,屋前屋后各置一亭,从青杨书屋西行,通过一座月亮门就来到了西跨院,院内有小巧别致的书斋 3 间,名为对山斋,也是皇帝的书房之一。这里幽静之极,颇宜静心读书。斋南有一六角凉亭,名翼亭。六角亭的 6 根柱子中间形成 6 个长方形景框,可从 6 个角度任意看山庄内外的景致[7]。在湖心岛旁还有一只游艇。1921年,中国共产党在上海召开了第一次代表大会。为躲避敌人的骚扰和破坏,会议在上海没有开完,便移到嘉兴南湖继续进行。代表们在这只游艇上通过了党的第一个纲领和第一个决议,选举了党的第一届领导机构。因此,这只游艇很富有革命纪念意义。原来开会的红船早已不在。现在的这艘红船是 20 世纪 60 年代初无锡工匠仿建的,其中许多细节都得到过董必武的指导,基本上与原来开会的红船无差。

参考文献

① 《明一统志》卷三九。
② 《嘉兴市志》1995 年。
③ 《十国春秋》卷八三。
④⑦ 《嘉兴市志》1995 年,"烟雨楼"条。
⑤ 《陶庵梦忆》卷六。
⑥ 《钦定热河志》卷三〇。

(二)志殿

祖师殿

1.建筑所处位置。湖南省永顺县老司城东南 1 千米的山腰间。

2.建筑始建时间。后晋天福二年(937)始建,天福五年(940)落成①。

3.最早的文字记载。宋熙宁三年(1070)彭师晏筑下溪州城并置寨于茶滩南岸。赐新城名会溪,新寨名黔定②。

4.建筑名称的来历。因位于老司城内,又称"老司城"祖师殿。

5.建筑兴毁及修葺情况。土司祖师殿位于老司城太平山南麓,始建于后晋天福二年(937),重建于明代。此殿占地 580 多平方米,正殿面阔五间,进深四间,重檐歇山顶,长17.5 米,宽 13 米,高 20 米,全木结构,用 34 根大柱支撑屋顶。柱础用双叠圆鼓式,殿脊殿檐是图案精致的陶砖陶瓦。殿中金柱前,砌有神龛一座,上供"祖师"神像。殿宇斗拱雄伟古朴,梁架结构颇为特殊,是土家族地区颇具民族特色的建筑。

6.建筑特征及其原创意义。位于太平山南麓,距老司城约 1.5 千米,前依灵溪,后靠"罗汉晒肚",左右浓荫覆盖,风景非常优美。祖师殿为司城五大庙宇之一。老司城简称司城,又称福石城,为南宋绍兴五年(1135)永顺第十世土司彭福石所建。这里从五代起,就是溪州土家族彭氏土司政权的故都。土司政权延续 28 代,至清代"改土归流"止,达 818年之久。清雍正七年(1729)实行"改土归流",土司治所迁至现永顺县城,司城始废。先后有近 600 年的历史,为永顺一著名人文景观。老司城依山为城,凭险而筑,没有正式的城垣建筑,但有东、南、西、北各门之称。

祖师殿建筑在"天下名山无此过,世间好画总相宜"的罗汉坡上,雄浑古朴,保持着明代的建筑风格。祖师殿以正殿、皇经台、玉皇阁依次向后沿中轴线排列构成一组建筑,整个建筑前临"碧水灵溪",后靠"罗汉晒肚",右依"金帽插花",左托"苍松乔木",气势雄伟。《永顺县志》载:"祖师殿始建于后晋天福二年,明代嘉靖年间重建。正殿柱大数围,上架木柱处无斧凿痕迹,相传为公输子(鲁班)显灵所建。"大殿面阔 5 间,进深 4 间,重檐歇山顶,全为木构,内外槽柱网,34 根楠木立柱横偶纵奇于覆盆式础石之上。外柱端配斗拱,内柱上置八椽袱、无架梁,殿顶无天花板及藻井,突出了斗拱、梁、乳袱等构件的装饰效果,具有较强的汉民族特点,其殿堂经用减柱法去分心柱处理后,获得一个近 90 平方米的活动空间,既显得空旷高大,又保证了供朝拜必需的几何尺寸,森严肃穆,气宇不凡。在舍柱与檐柱连接枋上,饰以类似土家族吊脚楼常用的"猫儿拱"乳袱配以浮雕;在乳袱、斜袱及梁端则多配缕雕饰撑,线条流畅、构图完美,有较高的艺术欣赏性。

所用木料,大多是只生长于湘西的一种叫"马桑树"的树木,大殿柱子的直径约有一米到一米二左右,而横梁与柱子之间看不到任何榫眼和木楔之类东西,其实是横梁与柱子之间的楔子只有"筷子"大小,人眼在低处不易看见。殿宽 13 米,长 17.5 米,高 20 米,殿宇斗拱雄浑古朴,特殊的梁架结构,极具有浓厚的土家族建筑特色。1960 年被列为湖南省重点文物保护单位[3]。

7.关于建筑的经典文字轶闻。(清)代贡生彭施铎曾作《溪州竹枝词》,记录老土司城历史上的繁华景象。词曰:"福石城中锦作窝,土王宫畔水生波。红灯万盏人千迭,一片缠绵摆手歌。"

参考文献

① 《永顺县志》1995 年,"土司城"条。

② 《宋史》卷四九三。

③ 徐家登:《土家族建筑——老司城祖师殿》,《规划师》,1997 年 4 期。

(三)志塔

一、千佛塔

1.建筑所处位置。在广东省梅州市东郊大东岩山顶。

2.建筑始建时间。老千佛塔铸于南汉刘鋹大宝八年(965),塔由生铁铸造而成。新千佛塔 1990 年建造。

3.最早的文字记载。铁铸千佛塔第一层铭文,当属该塔建造之最早文字。其铭文部分残缺,原文曰:"敬劝众缘,以乌金铸造千佛塔七层于敬州修慧寺,创塔亭,供养虔,繄归善土,望皇躬玉历千春,瑶图万岁。……以大宝八年乙丑岁大吕之月,设斋庆赞。"

4.建筑名称的来历。老千佛塔有 7 层,高 4.2 米,正方形。每条底边 1.6 米。每面铸有大小佛像 250 个,共有浮雕佛像 1000 尊。由生铁铸成,因塔上有千佛浮雕,故名。新千佛塔九层,石塔。经宗教部门批准,南汉铁千佛塔被移入新造石千佛塔底层。统名千佛塔。

5.建筑兴毁及修葺情况。铁千佛塔原塔建于修慧寺,塔上铭文原本清晰,"考塔铭凡四行,每行十一字。[①]"后因寺毁,清乾隆初年嘉应州官王者辅将铁塔移于梅城东岩山顶,上面盖亭宇,周围筑栏杆,并砌石阶,以供游览者登临观赏。铁塔日久毁损,清末本邑爱国诗人黄遵宪搜集铁塔残片,收藏于"人境庐",作千佛塔歌并序,以纪其事。中间嵌以黄遵宪的《南汉修慧寺千佛塔歌》及《重修千佛塔记》。1935 年梅县县长彭精一与师长黄任寰将铁塔移于东山岭上,建双檐八角亭保护。1949 年后铁塔被围在钢铁厂内,游人不便观瞻,舆论纷纷呼吁保护。[②]1990 年春节,释明慧法师倡议,于普同塔院后山顶兴建九层石塔,获僧众响应,九层石塔(新千佛塔)建成。老铁塔于 1991 年始被迁入保护。

6.建筑特征及其原创意义。铁塔平面方形,7 层,每层高 7 米。塔建在琉璃瓦的护塔亭内。塔基座用砖石叠砌,第一层塔身无檐,铸有建塔铭文,记载建塔缘起和年月。第二层至第六层有塔檐,檐角有蟾蜍各一,用以悬挂塔铃。各层塔身铸有佛像,佛像数按照每一面计算。第二层至第六层分别铸有 77、67、57、37、12 尊,四面总计适满千佛。第四层佛中,四面各有一尊大佛,跌坐在莲花座上。分别为东方善德佛、南方旃坛德佛、西方无量寿佛、北方相德佛。第七层是合尖顶。

7.关于建筑的经典文字轶闻。塔旁有清末诗人黄遵宪的南汉修慧寺千佛塔诗等碑刻。黄遵宪《南汉修慧寺千佛塔歌》:"天龙不飞海蛟起,遥斥洛州为刺史。万事萧闲署大夫,仍世风流作天子。无愁天子安乐公,黄屋左纛夸豪雄。当时十国均侫佛,此国侫佛尤能工。八万四千塔何处? 敕司特用乌金铸。石趺铁盖花四围,宫使沙门名列署。千家设供争饭僧,百姓烧指添燃灯。一州政得如斗大,亦造窣堵高层层。[③]"

参考文献

①(清)文晟:《嘉应州志寺》古迹卷。

②梅州市地方志编纂委员会:《梅州市志》,广东人民出版社,1999 年。

③黄遵宪:《人境庐诗草笺注》卷十。

二、闸口白塔

1.建筑所处位置。在浙江省杭州市钱塘江边闸口白塔岭。

2.建筑始建时间。元至元二十二年(1285)九月。塔旁原有建于五代吴越国(907—978)时期的白塔寺,今寺已无存。该白石塔的建筑样式是五代吴越末期风格。具有较高的历史艺术价值。1988 年中华人民共和国国务院公布为全国重点文物保护单位。

3.最早的文字记载。"总江南浮屠者杨琏真珈怙恩横肆,势焰烁人,穷骄极淫,不可具状。十二月十有二日,帅徒役顿萧山,发赵氏诸陵寝,至断残支体,攫珠襦玉柙,焚其胔,弃骨草莽间。""越七日,总浮屠下令衰陵骨杂置牛马枯骼中,筑一塔压之,名曰镇南。"因造塔者用白石为材料,所以百姓习称其为白塔[①]。

4.建筑名称的来历。塔之得名来历如上。

5.建筑兴毁及修葺情况。元至元二十二年八月,杨髡发宋陵寝。九月,衰诸帝后遗骨并佛经、佛像,筑塔凤凰山藏之,以镇王气,名"镇南塔",高二十余丈,垩饰如雪,故名白塔,其形如瓶,俗呼一瓶,属尊胜寺,又呼尊胜[②]。

6.建筑特征及其原创意义。塔为八角形九层实心塔,全部用白石分段雕琢而成。塔由基座、塔身及塔刹三部分组成,通高约 14 米,逐层收分,轮廓挺拔秀丽。基座 2 层,下层雕凿山峰与海浪，上层为高约 1 米的石砌须弥座，束腰处刻佛经。塔身上部及塔刹多有残缺，从塔身下部观察，每层转角处设倚柱，柱头卷杀，每面中间有两槏柱，把每面分成三间，其中四面当心间设门，门上凿出门钉，上部为直棂窗。倚柱之间架阑额，上刻“七朱八白”。塔身其他四面浮雕佛、菩萨、经变故事和装饰花纹等。每层檐下雕五铺作斗拱，单杪单下昂，偷心造。塔檐雕琢出飞子、椽子、勾头、滴水。翼角雕琢出老角梁、子角梁和脊兽。塔檐上设平座，平座前沿安装栏杆，形成外回廊，现已不存在。整座塔挺拔优美，雕刻精美细腻，是吴越古都的宝贵文化遗产。1981 年对塔基进行加固，周围设铁栅。白塔所在地，南北朝至宋代为出入杭州的要冲。1988 年列入国家重点文物保护单位[③]。现代著名建筑学家梁思成曾对白塔做过考察，他以为，白塔“与其称之为一座建筑物，不如称之为一座雕刻品，或一件模型”。

7.关于建筑的经典文字轶闻。闸口白塔虽然被很多人误认为是收葬南宋诸帝后遗骨的标志塔。但宋末元初学者陶宗仪的《辍耕录》中却记载了当时爱国的太学生唐珏、林景熙等义士暗中冒险收藏南宋诸帝、后遗骨埋葬于宋故宫地下的生动感人的事迹：“吴兴王筠庵先生国器示余所藏唐义士传，读之不觉令人泣下，谨录之。传曰：辛亥秋，友人端容倪君过余溪上，示《游杭杂藁》中有《识唐玉潜事》一篇，余读，大惊，顿足起立曰：异哉！今世乃有此人！有此事！愿详告我！容乃言曰：唐君名珏，字玉潜。会稽山阴人，家贫，聚徒授经，营滫瀡以养其母。岁戊寅，有总江南浮屠者杨琏真珈，怙恩横肆，势焰烁人，穷骄极淫，不可具状。十二月十有二日，帅徒役顿萧山，发赵氏诸陵寝，至断残支体，攫珠襦玉柙，焚其胔，弃骨草莽间。唐时年三十二岁，闻之痛愤，亟货家具，得白金百星许。执券行贷，得白金又百星许。乃具酒醪，市羊豕，邀里中少年若干辈狎坐轰饮，酒且酣，少年起请曰：君儒者，若是将何为焉？唐惨然具以告，愿收遗骸共瘗之。众谢曰：诺。中一少年曰：发丘，中郎将眈眈饿虎，事露奈何？唐曰：余固筹矣，今四郊多暴骨，取窜以易，谁复知之？乃斵文木为匮，复黄绢为囊。各署其表曰：某陵，某陵，分委而散遣之。瘗地以藏，为文而告。诘旦事讫来集。出白金羡余酬，戒勿泄。越七日总浮屠下令裒陵骨杂置牛马枯骼中，筑一塔压之，名曰镇南。杭民悲戚，不忍仰视。了不知陵骨之犹存也。……唐葬骨后，又于宋常朝殿掘冬青树植于所函土堆上。作《冬青行》二首曰：马棰问髐形，南面欲起语。野麕尚屯束，何物敢盗取！余花拾飘荡，白日哀后土。六合忽怪事，蜕龙挂茅宇。老天鉴区区，千载护风雨。又曰：冬青花，不可折。南风吹凉积香雪。遥遥翠盖万年枝，上有凤巢下龙穴。君不见犬之年，羊之月，霹雳一声天地裂。复有《梦中诗》四首曰：珠亡忽震蛟龙睡，轩弊宁忘犬马情。亲拾寒琼出幽草，四山风雨鬼神惊。一抔自筑珠邱土，双匝亲传竺国经。只有春风知此意，年年杜宇哭冬青。昭陵玉匣走天涯，金粟堆寒起暮鸦。水到兰亭转呜咽，不知真帖落谁家？珠凫玉雁又成埃，斑竹临江首重回。犹忆年时寒食节，天家一骑奉香来。余客钱唐久，熟悉其事，唐至今无恙。……及见遂昌郑明德先生元祐所书《林义士事迹》云：宋太学生林德阳，字景曦，号霁山。当杨总统发掘诸陵寝时，林故为杭丐者，背竹箩，手持竹夹，遇物即以夹投箩中。林铸银作两许小牌百十，系腰间，取贿西番僧，曰：余不敢望收其骨，得高家、孝家斯足矣。番僧左右之，果得高、孝两朝骨为两函贮之，归葬于东嘉。其诗有《梦中作》一十首：其一绝曰：一抔未筑珠宫土，双匣亲传竺国经。只有东风知此意，年年杜宇哭冬青。又曰：空山急雨洗岩花，金粟堆寒起暮鸦。水到兰亭更呜哽，不知真帖落谁家？又曰：乔山弓剑未成灰，玉匣珠襦一夜开。犹记去年寒食日，天家一骑捧香来。余七首犹凄怨则忘之。葬后，林于宋常朝殿掘冬青一株置于所函土堆上，又有《冬青花》一首曰：冬青花，冬青花，花时一日肠九折。隔江风雨清影空，五月深山落微雪。石根云气龙所藏，寻常蝼蚁不敢穴。移来此种非人间，曾识万年觞底月。蜀魂飞绕百鸟臣，夜半一声山竹裂。又一首有曰：君不记羊之年，马之月，霹雳一声山石裂。闻其事甚异不欲书，若林霁山者其亦可谓义士也已。此五诗与前所录语句微不同,诗中有双匣字则是收两陵骨之意。得非林义士诗罗云溪以传者之误而写入传中者乎?但曰移宋常朝殿冬青植所函土上而作冬青诗。吾意会稽去杭止隔一水,或者可以致之。若夫东嘉相望千余里,岂能容易持去?纵持去又岂能不枯瘁?作如此想则又疑是唐义士诗且葬骨一事,岂唐方起谋时林已先得高、孝两陵骨邪?抑得唐所易之骨邪?盖各行其所志,不相知会,理固有之。载考之齐人周草窗先生密《癸辛杂识》所记云:至元二十二年乙酉八月,杨髡发陵之事,起于天长寺福僧闻号西山者,成于演福寺剡僧泽号云梦者。初天长乃魏宪靖王坟寺,闻欲媚杨髡,遂献其寺,旋又发魏王冢,多得金玉,以此起发陵之想。泽一力赞成之,俾泰宁寺僧宗恺、宗允等诈称杨侍郎汪安抚侵占寺地为名,告词出给文书将带河西僧及凶党如沈照磨之徒部,令人夫发掘。时有中官陵使罗铣者守陵不去,与之极力争执,为泽痛棰,胁之以刃,令人逐去,大哭而出。遂先启宁宗、理宗、度宗、杨后四陵,劫取宝玉极多。惟理宗之陵所藏尤多。启棺之初,有白气亘天,盖宝气也。理宗之尸如生,其下皆借以锦,锦之下承以竹丝细簟。一小斯攫取掷地有声,乃金丝所成。或对云:含珠有夜明者,乃倒悬其尸树间沥取水银,如此三日,竟失其首。或谓西番僧回回其俗以得帝王髑髅可以厌胜致富,故盗去耳。事竟,罗陵使买棺制衣收殓,大恸垂绝,邻里为之感泣。是夕闻西山皆有哭声,凡昼夜不绝。至十一月复发徽、钦、高、孝、光五帝陵,孟、韦、吴、谢四后陵。初钦、徽葬五国城,数遣使祈请于金人,欲归梓宫凡六七年而后许以梓宫还行在。高宗亲至临平奉迎,易缌服寓于龙德别宫。一时朝野以为大事,诸公论功受赏费于官帑者不赀。先是选人杨伟贻书执政,乞奏闻命大臣取神榇之最下者斲而视之。既而礼官请用安陵故事梓宫入境即承之以椁,仍纳衮冕翟衣于椁中,不改殓。从之。至此被发掘,钦、徽二陵皆空无一物,徽陵有朽木一段,钦陵有木灯檠一枚而已。盖当时已料其真伪不可知,不欲逆诈,亦以慰一时之人心耳。而二帝遗骸浮沉沙漠初未尝还也。高宗陵骨髪尽化,略无寸余。止锡器数件端砚一只。砚为泽所得,孝陵亦蜕化无余,止顶骨小片。内有玉炉瓶一副,古铜鬲一只,亦为泽所得。昔闻有道之士能蜕骨而仙,未闻并骨蜕者,真天人也。若光、宁与诸后,俨然如生。罗陵使亦如前棺敛,后悉从火化,可谓忠且义矣。当与张承业同传。陵中金钱以万计,皆为尸气所蚀,如铜铁状。以故诸凶弃而不收。往往为村民所得。闻有得猫睛异宝者。一村翁于孟后陵得一髻,其髻长六尺余,其色绀碧,髻根有短金钗。遂取以归。以其帝后遗物,庋置佛堂中奉事之。自此家道寖丰。凡得金钱之家非病即死,翁恐甚,亟送龙洞中。而此翁今成富家矣。方移理宗尸时,泽在傍,以足蹴其首,以示无惧。随觉奇痛,一点起于足心,自此苦足疾数年,以致溃烂双股,堕落十指而亡。闻既得志,且富不义之财,复倚杨髡势豪夺乡人产业,后为乡夫二十人伺道间,屠而脔之。罪不加众,各不过受杖而已。其恺与杨髡分赃不平,已受杖死。尚有允在。据此说则云溪所传岁月绝不同,盖尝论之,至元丙子天兵下江南至乙酉将十载,版图必已定,法制必已明,安得有此事?然戊寅距丙子不三年,窃恐此时庶事草创,而妖髡得以肆其恶,与妖髡就戮群凶接踵陨于非命,天之所以祸淫者亦严矣。但云高宗陵骨髪尽化,孝宗陵顶骨小片,不知唐义士所易者何骨也?林义士所收者又何骨也?惜余生晚,不及识宋季以来老儒先生以就正其是非,姑以待熟两朝典故之人问焉[4]。"

杨琏真珈掘宋六帝陵寝后的几天时间中,太学生唐钰、林景熙倡议,暗中将被盗掘丢弃的六帝后骨殖悄悄地埋藏在南宋宫殿底下,而以无名枯骨置于诸帝后陵前以淆乱杨琏真珈等的视线。而真正帝后遗骨埋葬地上栽有冬青树以便识别。因此,闸口白塔可以说只是妖僧杨琏真珈用来镇压杭州宋故宫王气的一处压胜建筑而已。其下所埋并无南宋诸帝、后遗骸。

参考文献

①④《辍耕录》卷四。

②《西湖二集》。
③《中国古塔鉴赏》。

(四)志庵

梅庵

1.建筑所处位置。位于广东省肇庆市区西江路梅庵岗上。

2.建筑始建时间。一说:建于五代①。一说建于北宋至道二年(996)②。

3.最早的文字记载。梅庵在府城西北,宋乾道二年僧智远建。元末废,明永乐元年复兴。有六祖井,泉水可饮③。

4.建筑名称的来历。禅宗六祖慧能弟子为纪念六祖而在慧能生前植梅之地创建寺庙,因名梅庵。"相传六祖大鉴禅师经乃地,尝插梅为标识,庵以梅名,示不忘也"④。

5.建筑兴毁及修葺情况。梅庵自公元996年始建,以后历代多有修葺。最近的一次重修时间是1979年。

6.建筑特征及其原创意义:梅庵前低后高,依梅庵岗地势而建。须登二十余级石阶方达庵前平台。山门左有六祖井,右前方有一古榕树,浓荫如盖。该寺现存建筑主要有山门、大雄宝殿和祖师殿,建筑面积641平方米。山门及祖师殿为清道光二十一年(1841)重构。寺内最重要的建筑为大雄宝殿。殿立于高出天井1.08米的石砌台基上。创建时为三间单檐歇山顶,后世增建两边山墙,改为硬山顶,但梁架与山墙无直接结构上的联系。现存建筑面阔五间,约15米,进深三间,约10米。这座建筑在不少方面保留了北宋以及此前的建筑特点,明间4.84米,次间3.16米,折合宋朝营造尺,与《营造法式》所记法式吻合。大殿用材的高、厚比例为2:1,也与《营造法式》所载"六等材"合。梁架为十架椽,建前后乳栿用四柱,柱头用普柏枋以增强构架的整体强度,有宋构建筑特色。大殿正面及背面外檐斗拱均为八朵,檐柱上各有柱头铺作,补间铺作为明间两朵,次间一朵。前檐斗拱为外转化七铺作重拱单杪三下昂,补间铺作里转六铺作三杪偷心造。做法与建于北宋的浙江余姚保国寺大雄宝殿相似,大殿铺作采用了昂栓和拱栓,完整保留了宋代木构架的形制。斗拱之斗皆刻有皿板,保留了中唐以前的古制。斗拱拱头无拱瓣,保存了古风。斗拱与檐柱高之比约为2:5,是北宋早期的特色。前后檐柱侧脚,檐柱与金柱均呈梭形,保留了古制。其白石柱础呈短圆柱状,收腹,与宋代覆盆式柱础迥异,属于岭南地方特色⑤。另,郭黛姮主编《中国古代建筑史》(五卷本)中对梅庵大雄宝殿有十分详细的剖析,详该书第六章第三节。文长不具引。

7.建筑设计师及捐资情况。宋至道二年(996)僧智远建。其他不详。

8.关于建筑的经典文字轶闻:庵中六祖井,相传系包拯为肇庆太守期间为改善老百姓饮水不洁的问题而开凿的七井之一⑥。

参考文献:

①(明)谭谕:《梅庵舍田记》。

②(明)黎民表:《重修梅庵碑记》等寺内所藏四碑。

③《广东通志》卷五四。

④《道光二十一年重修梅庵碑记》。

⑤《岭南建筑志》。

⑥见《广东新语》卷四《肇庆七井》条。

(五)志寺

一、开福寺

1.建筑所处位置。位于长沙市市区北门外新河。

2.建筑始建时间。始建于五代后唐明宗天成二年(927)[1]。

3.最早的文字记载。沙门洪蕴,本姓蓝,潭州长沙人。母翁初以无子专诵佛经,既而有娠,生洪蕴。年十三,诣郡之开福寺沙门智巴求出家,习方技之书。后游京师,以医术知名。太祖召见,赐紫方袍,号广利大师。太平兴国中诏购医方,洪蕴录古方数十以献。真宗在蜀邸,洪蕴尝以方药谒见,咸平(998—1003)初补右街首座,累转左街副僧录。洪蕴尤工诊切,每先岁时言人生死无不应。汤剂精至,贵戚大臣有疾者多诏遣诊疗。景德元年(1004)卒,年六十八[2]。

4.建筑名称的来历。说详下。其寺名当有为马王政权祈福之意。

5.建筑兴毁及修葺情况。开福寺是禅宗临济宗杨岐派著名寺院,五代时马殷割据湖南,建立楚国,史称"马楚"。马氏以长沙为都城,在城北营建行宫,建有会春园,作为避暑之地。后唐天成二年(927)马殷之子马希范将会春园的一部分施舍给僧人保宁,创建了开福寺。马希范继位后,又在附近大兴土木,旁垒紫微山,北开碧浪湖,使开福寺一带成为著名的风景胜地,有内外16景。开福寺兴盛时,住僧达千余人。后历经宋、元、明、清各朝,香火不绝,名僧辈出。千余年来,开福寺历经兴衰,多次改建重修,现存建筑主要为清光绪年间重建。新修了僧堂、放生池、清泰桥、钟鼓楼等;维修了大雄宝殿、法堂、禅堂、念佛堂、摩尼所、斋堂、客堂、藏经楼。

6.建筑设计师及捐资情况。开福寺,在湘春门外。五代马殷建。保宁禅师飞锡处[3]。历代住持中,北宋洪蕴,佛医俱精,被宋太祖召见,赐紫方袍。宋徽宗时,道宁禅师住持,使佛寺中兴。他将临济宗杨岐派禅法,传给日本求法僧人觉心。觉心回国后,创法灯派,被日皇赐以"法灯圆明国师"名号,僧徒众多,日本佛教临济宗派因而视开福寺为"祖庭"圣地,几乎每年都要派人来朝拜[4]。南宋有名僧释绍南[5]。元代有名僧志福[6],对寺院的发展都有过很大的贡献。光绪十二年,名僧寄禅、笠云与著名诗人王闿运等僧俗19人在此组织碧湖诗社,赋诗谈禅,一时传为美谈。光绪末年,诗僧笠云创办湖南僧立师范学堂于寺内。1994

年开福寺被定为尼僧修学道场以来,住持能净法师利生为怀,志存兴复,对开福寺进行了大规模修建[7]。

7.建筑特征及其原创意义。今开福寺占地面积 4.8 万平方米,建筑面积 1.6 万平方米。主要建筑有山门三大殿(三圣殿、大雄宝殿、毗卢殿)及两厢堂舍等。山门为四柱三门三楼花岗石牌坊式建筑,高 10 米。门坊上分栏为浮雕彩绘,或为人物,或为树木花草,色彩斑斓,栩栩如生。山门两旁立有石狮、石象各一对。进入山门,即放生池,为原碧浪湖残部,上架单拱花岗石桥,走过石桥,便见一座汉白玉观世音菩萨圣像,面带微笑,手执杨柳净瓶,九龙拥立,庄重中透着祥和。伫立像前,肃穆与敬仰之情油然而生,尘世的心便也多了几许平和与宁静。再往前行,便是开福寺的主体建筑三大殿。

前殿为弥勒殿,又称三圣殿,面阔三间,外檐方柱,内檐圆柱,均为花岗石整石凿成。殿内供奉西方三圣,现已无存,重塑弥勒佛、韦驮菩萨、四大天王。

中殿为正殿,又称大雄宝殿,高 20 米。中央供奉着汉白玉释迦牟尼佛像,宝相庄严。阿难尊者和迦叶尊者侍立两旁。紧靠着释迦牟尼佛背面,供奉着金色的千手千眼观世音菩萨。大殿两旁还有十六尊者的金像。

后殿为毗卢殿,内供毗卢遮那佛像。周围供五百罗汉像,高约 0.4 米,形态各异,栩栩如生。民间流传数罗汉以测吉凶,即以任何一个罗汉为起点,按自己的年龄,数到最后一个罗汉,再按罗汉的编号抽取封签一张,以测吉凶。但现在的签辞已作修饰,大多数以劝谕守正行善为主。

三殿之间有庭院,植古树名花,并立有清代石碑数座,显得十分古朴典雅。三大殿东侧为客堂、斋堂、摩尼所、紫微堂,紫微堂上为藏经楼,是唐宋时的古建筑,西侧为禅堂、说法堂、念佛堂等。

寺内楹联甚多,大多蕴涵佛门教义和为人处世之道。大雄宝殿中有一副很有意味:斋鱼敲落碧湖月,觉觉觉觉,先觉后觉,无非觉觉;清钟撞破麓峰云,空空空空,色空相空,总是空空。联中折射出的佛教哲学耐人寻味。

8.关于建筑的经典文字轶闻。(宋)张栻《题长沙开福寺》:长沙开福兰若,故为马氏避暑之地,所谓会春园者。今荒郊中时得砖甓,皆为鸾凤之形,而奇石林立,二百年来供城中官府及人家亭馆之玩何可数计!而蔽于榛莽,卧于泥池者尚多有之。当时不知载致何所,用民之力又何可量哉?马氏父子乘时盗据一方,竭泽聚敛以自封。而又以资其侈靡之用,旋踵而衰。兄弟相雠敌鱼肉惟恐不及,亦其理与势宜然。今湘岸有淫祠,江中有誓洲及其交兵诅誓之所,小家自为蛮触,只足以发千载之一笑。寺之西被褉亭下临湖光,举目平远,自为此邦登览胜处,不足用马氏为污也[8]。

明代文人李冕题诗《开福寺》:"最爱招提景,天然入画屏。水光含镜碧,山色拥螺青。抱子猿归洞,冲云鹤下汀。从容坐来久,花落满闲庭。[9]"

参考文献

①④⑦⑨喻学才:《中国旅游名胜诗话》,中国林业出版社,2002 年。

②《宋史》卷四六。

③《湖广通志》卷八〇。

⑤(宋)王炎:《请绍南住开福寺疏》,《双溪类稿》卷二七。

⑥(元)释大昕:《题长沙开福寺》,《蒲室集》卷一五。

⑧(宋)张栻:《南轩集》卷三五。

二、承天寺

1.建筑所处位置。福建省泉州市中心承天巷对面南俊巷东侧。

2.建筑始建时间。后周显德四至五年(957—958)建寺[①]。

3.最早的文字记载。宋王十朋《游承天寺后园登月台赠潜老》:"三径荒芜未许寻,篮舆来访小园林。因知燕寝凝香地,不似禅房花木深。月台无屋有空坛,空处观空眼界宽。不惹世间尘一点,冰轮心镜两团团[②]。"

4.建筑名称的来历。初名南禅寺;宋淳化二年(991)改名寿宁寺。景德四年(1007)赐名承天寺。嘉祐二年(1057)改名能仁寺。政和七年(1117)年复名承天寺。因寺宇第一山门横匾上有金光闪烁的"月台"两字,故又有"月台寺"之名[③]。

5.建筑兴毁及修葺情况。承天寺的前身系"五代时留从效南园故址也,南唐创为寺,号南禅。宋赐名承天。元末兵火毁坏,明时屡有增修矣。[④]"其中,闽国泉州太守王延彬和许姓、陈姓族人又曾捐出部分地皮扩充寺宇。鼎盛时期,寺中大小殿宇40余座,别院左有光孝寺,右有圆常院,又有一尘寺、杉植寺、何退庵、护界寺等多所。寺之四隅,各立观音亭以标界,僧众曾有1700多人。素有"闽南甲刹"之称。与开元寺、崇福寺并称为泉州三大丛林。元代,统治者尊崇佛教。至元二十九年(1292)平章政事亦黑迷失率军远征爪哇,从后渚港放洋,无功而还,受到"杖责"和"没其家资三分之一"的处分。为此,亦黑迷失"特发诚心,谨施净财,广宣梵典",于延祐三年(1316)施舍全国佛寺,刻立《一百二十大寺看经记》碑,碑中提及受到施舍的有泉州承天寺等,元代寺内建有七级浮图,明嘉靖时又增建檀越祠,但屡遭兵焚,历代屡经修葺,清康熙三十年(1691)重修保存至今[⑤]。

6.建筑设计师及捐资情况。留从效,泉州太守王延彬和许姓、陈姓族人,亦黑迷失等。

7.建筑特征及其原创意义。现存寺宇是清康熙三十年(1691)重修的。寺内有七座宋代石塔及石经幢;大雄宝殿前有两口"放生池",池旁有两座"飞来塔"。

8.关于建筑的经典文字轶闻。王十朋《塔无禽栖》诗曰:"团团七塔镇瑶台,万古清冷绝尘埃。古佛放光随代起,文殊誓愿下身来。依栖野鸟秒无触,飘泊苍蝇头不抬。自是真如常不灭,檀那永在法门开。[⑥]"

参考文献

①⑤臧维熙:《中国旅游文化大辞典》,上海古籍出版社,2000年。

②《梅溪集后集》卷一七。

③喻学才:《中国旅游名胜诗话》,中国林业出版社,2002年。

④《福建通志》卷六二。

⑥《梅溪集后集》卷二七。

三、华林寺

1.建筑所处位置。位于福州市西湖之东的越王山麓。

2.建筑始建时间。北宋乾德二年(964)[①]。

3.最早的文字记载。"怀安越山吉祥禅院,乾元寺之东北无诸旧城处也。晋太康三年既迁新城,其地遂虚。隋唐间以越王故禁樵采。钱氏十八年,其臣鲍修让为郡守,遂诛秽夷峨为佛庙,乾德二年也。[②]"

4.建筑名称的来历。该寺宋乾德二年始建,时名吉祥禅院,明宣德六年(1431)重建,正统九年(1444)改名华林寺。

5.建筑兴毁及修葺情况。宋乾德二年都守鲍修让建,有转轮经藏。明正德间赐额。清朝顺治初修,康熙七年重修③。

6.建筑设计师及捐资情况。郡守鲍修让建。

7.建筑特征及其原创意义。"《三山志》记寺因南宋名相张浚居此而兴盛的情况,却未及重建之事,可知自乾德至淳熙二百二十年间未经重建。对照此殿用材最大、昂身最长及构架与建于公元1013年的宁波保国寺大殿诸多相似的情况,可以认为它是公元964年始建时的遗物。在国内已知古代木构建筑中,它的年代仅晚于五台山的南禅寺大殿和佛光寺东大殿,芮城的五龙庙、平顺县的天台庵和大云院大殿、平遥县的镇国寺大殿,居全国第七位。如就长江以南而言,则是最为古老的木构建筑了④。

"华林寺和玄妙观的三清殿等建筑,它们除具有宋代建筑的一般特点,并由于地区偏僻,在某种程度上保存着一些更为古老的做法外,还有很浓厚的地方特色,为研究宋代和宋以前的南方建筑的发展提供了重要史料。尤其值得注意的是,这些福建地区的建筑特色和日本镰仓时期从中国南宋传过去的'大佛样'建筑极为相像,证明'大佛样'是传自南宋福建的地方建筑式样,为了解古代中日两国文化交流提供了重要物证⑤"。

参考文献

①②(宋)梁克家:《淳熙三山志》。

③《福建通志》卷六二。

④⑤《福建的几座宋代建筑及其与日本镰仓"大佛样"建筑的关系》,《傅熹年建筑史论文集》。

四、草庵摩尼寺

1.建筑所处位置。位于福建省泉州市区南门外19千米的晋江余店苏内村万山峰(又名万石山、华表山)。

2.建筑始建时间。"草庵寺,宋绍兴十八年(1148),宋室赵紫阳在石刀山之麓筑龙泉书院,夜中常见院后石壁五彩光华,于是僧人吉祥募资琢佛容而建之寺,曰摩尼寺。元大德时,邱明瑜航海至湖格,登摩尼寺,捐修石亭,称草庵寺。①"另一说,该寺创建于元代。现在摩尼光佛像旁边还有一则石刻题记清晰可见。题记云:"谢店市信士陈真泽,善舍本师圣像,祈荐考妣早生佛地者。至元五年戊月□日记②"。

3.最早的文字记载。《闽书·方域志》③。

4.建筑名称的来历。宋代因以草搭庵而得名,是世界上现存最完整的摩尼教遗址。

5.建筑兴毁及修葺情况。草庵重修于1923年,弘一法师写于1938年的《重兴草庵碑记》云:"草庵肇兴,盖在宋代。逮及明初,轮奂尽美。有龙泉岩其地幽胜。尔时十八硕儒读书在其间,后悉登进,位踏贵显。殿供石佛,昔为岩壁,常现金容,因依其形,创造石像……"重建后的草庵殿堂大门石柱上,释广空题联:"皆得妙法究竟清净,广度一切犹如桥梁。④"弘一法师摘集《华严经》句曰:"广大寂静三摩地;清净光明偏照尊。"草庵寺已演变为佛教寺宇,与庵前新建的华岩寺融为一体,现当地群众于每年农历四月十六日作为摩尼光佛诞辰纪念日。

1979年,在草庵遗址前方的20米处,出土一块宋代完整的黑釉碗,碗内阴刻有"明教会"三字,这一重要发现,说明宋元时期泉州的摩尼教活动比较公开,也非常活跃。

6.建筑设计师及捐资情况。僧人吉祥募资琢佛容而建寺。另一说为元陈真泽与姚兴祖等⑤。

7.建筑特征及其原创意义。草庵依山傍筑,石构,单檐歇山式,四架椽,面阔三间,进深二间,屋檐下用单排莲拱。何乔远《闽书·方域志》云:华表山"两峰角立如华表,山背之麓有草庵,元时物也,祀摩尼佛。⑥"

庵内依崖石雕一尊摩尼光佛,石浮雕摩尼跌坐神像,作圆圈浅龛,直径 1.68 米,坐像身长 1.52 米,宽 0.83 米,头部比较特别。呈现辉绿岩颜色,长方形面孔,背有毫光射纹饰,呈现花岗岩石质,散发披肩,端坐莲坛,面相圆润,眉弯稍为隆起,嘴唇薄,嘴角线深显,形成下额圆突,显得安详自如;身穿宽袖僧衣,胸襟打结带,无扣,结带用圆饰套束蝴蝶形,而向两侧下垂于脚部,双手相叠平放,手心向上置于膝上,神态庄严慈善,衣褶简朴流畅,用对称的纹饰表现时代风格。这是目前世界仅存的一尊摩尼教石雕佛像,列为全国重点保护文物。

在佛龛的左上角阴刻一段文字"谢店市信士陈真泽立寺,喜舍本师圣像,祈荐考妣早生佛地者。至元五年戌月囗日记"。五行楷书,共 34 字,字径 2.5×2.5 厘米。在右上角还有阴刻比较粗糙的文字"兴化路罗山境姚兴祖,奉舍石室一完。祈荐先君正卿姚汝坚三十三宴,姚郭氏五九太孺,继母黄十三娘,先兄姚月涧,四学世生界者。"这些文字价值很高,是目前世界唯一摩尼光佛造像和庵寺建筑年代可凭藉的文字佐证,同时也是研究泉州明教的第一手历史材料。"至元"即元惠宗年号,五年即公元 1339 年。

摩尼光佛被 1987 年 8 月在瑞典召开的国际研究摩尼教的会议选为会徽。草庵于 1996 年被国家列为全国重点文物保护单位。

摩尼教于公元 3 世纪由波斯人摩尼所创始,是一门已有 1700 多年历史的古老宗教。该教唐初传入中国。宋元转盛,宋代泉州摩尼教已十分活跃。

1988 年,中国学者晁华山从吐鲁番石窟群里,甄别出了 70 多个摩尼教石窟,并被称为"20 世纪摩尼教遗迹遗物的第三次重大发现"。

福建境内摩尼教遗迹遗物的发现始于 20 世纪 80 年代。

8.关于建筑的经典文字轶闻。摩尼教传入福建在唐代。明代何乔远《闽书·方域志》记载:唐会昌年间,摩尼教僧侣呼禄法师避难入闽。先到福清,又到福州收徒,之后来到泉州秘密传教。死后,埋葬在泉州城北清源山下⑦。五代时,摩尼教继续在泉州活动,清源都将徐铉写的《稽神录》里就有摩尼教在泉州活动的记载。

北宋,摩尼教继续在闽流行。陆游《老学庵笔记》云:闽中有习左道者,谓之明教,亦有明教经甚多,刻板摹印,妄取《道藏》中校定官衔赘其后⑧。南宋王朝对摩尼教持反对态度,称之为"吃菜事魔"或"魔教"。嘉定十四年(1221),泉州知府真德秀《再守泉州劝农文》力劝"乡间后生子弟,各为善人,各修本业……莫习魔教,莫信邪师。⑨"

元代,朝廷对各种宗教采取优容的态度,泉州是"管领江南诸路明教"的所在地。20 世纪40 年代泉州涂门外津头埔村发现的一方墓碑,碑文显示"这是僧侣先生教区的教长失里门先生的坟墓。"也就是说,管理江南诸路明教的"僧官"驻扎在泉州,全国唯一保留至今的明教遗址草庵就是元代遗物。

在 20 世纪 80 年代初,此地曾发掘出土宋代明教会的瓷碗,证实宋时泉州摩尼教已十分活跃。因明朝建立,"又嫌其教门上逼国号,寅其徒,毁其宫"。所以明初明教极盛一时又转入秘密活动,融合于道、佛教的民间崇拜。但仍于明正统年刻摩尼教的教义信条(称"四位一体")于摩崖上:"劝念清净光明,大力智能。无上至真,摩尼光佛。正统乙丑九月十三日,住山弟子明书立"。(见寺内石壁题记)

明万历年间(1573-1620)泉州还有两位著名诗人游览草庵题诗于此:

黄克晦(1524—1590),号吾野,惠安崇武人,能诗善书画,著有《吾野诗集》等⑩。其《万石峰草庵得家字》诗曰："结伴遥寻太乙家,峨峨万石映孤霞。坐中峰势天西侧,衣上梦阴日半斜。风榭无人飘翠瓦,云岩有水浸苔花。何年更驻苏杭鹤,静闭闲房共转砂。"

诗人黄凤翔(1538-1614),号仪庭,止庵。泉州市区人,当地名士。其《秋访草庵》诗曰:"琳宫秋日共趺登,木落山空爽气澄。细草久湮仙峡路,斜晖暂作佛坛灯。竹边泉脉邻丹灶,沼里云根蔓绿藤。飘瓦颓垣君莫问,萧然一榻便崚嶒。"

由于人们多把草庵当作道教宫庵看待,以至于长期湮没民间未被世人发现。

参考文献

①《西山杂记》。
②⑤泉州市地方志编纂委员会:《泉州市志》,中国社会科学出版社,2000 年。
③⑥⑦(明)何乔远:《闽书》。
④《重兴草庵碑记》。
⑧(宋)陆游:《老学庵笔记》。
⑨(宋)真德秀:《再守泉州劝农文》。
⑩(明)黄克晦:《吾野诗集》。

五、延福寺

1.建筑所处位置。浙江省武义县桃溪镇陶村东的福平山旁。

2.建筑始建时间。始建于五代后晋天福二年(937)①。

3.最早的文字记载。"在富都乡之三都,旧名罗汉院。唐光化二年(899)僧法融所建。宋祥符元年赐寺额,寺有五百罗汉像,妥以杰阁。宝祐五年赵节使请以继善衍庆为额②。"

4.建筑名称的来历。原名福田寺,宋绍熙年间(1190—1194)赐名延祐福寺。

5.建筑兴毁及修葺情况。大殿重建于元延祐四年(1317)。明正统间毁于兵,仅存大殿。其余建筑系清代重修③。

6.建筑设计师及捐资情况。僧法融等。

7.建筑特征及其原创意义。大殿重建于元延祐四年(1317),为江南已发现的元代建筑中年代最早者。殿平面方形,面宽和进深均 11.8 米,5 开间,重檐歇山顶,下檐为明代天顺年间(1457—1464)修建时所增建。柱子除外檐檐柱外,其余为梭柱。柱础,一为雕饰宝相花的覆盆柱础,上加石栀;一为栀形柱础,前檐柱与金柱之间用乳栿,上施蜀柱,蜀柱为瓜柱形,下端刻作鹰嘴状,为国内现存古建筑最早的实例。大殿进深为六架椽。平梁上无侏儒柱,梁中部置栌斗,但无叉手。阑额下施由额,不用普柏枋,为江南元代的普遍建筑方法。平梁梁底与金柱柱头之间,加虹梁,起牵引作用,此种做法下开江南弓形月梁之先声。大殿斗拱配置明间铺作三朵,次间和梢间各一朵;山面自南往北第一、二、四间各一朵,第三间三朵,上檐斗拱出跳系六铺作单抄双下昂,单拱造,第一跳华拱偷心,第二、三跳为下昂,昂面作人字形,下端特大。下檐斗拱用材小于上檐,五铺作双抄单横,偷心造,后尾双抄偷心。大殿内有宋宝祐二年(1254)铸造的铁钟,观音堂前存元代石狮一对,寺内有元泰定元年(1324)刘演写的《重修延福寺记》和明天顺七年(1463)陶孟瑞写的《延福寺重修记》石碑两通④。

8.关于建筑的经典文字轶闻。延福寺中有西峰,即唐徵君所处,有石篆题曰"高士峰""佛迹山",上有足迹,故老相传,以为佛迹⑤。

参考文献

①《武义县志》。

②《昌国州图志》卷七。

③国家文物事业管理局:《中国名胜词典》,上海辞书出版社,2006年。

④武义县志编纂委员会:《武义县志》,浙江人民出版社,1990年。

⑤《元丰九域志》卷九。

(六)志城

古格王国城堡遗址

1.建筑所处位置。古格王朝遗址西距西藏自治区扎达县城18千米的扎布让区象泉河畔,被众土林远远近近地环抱其中。

2.建筑始建时间。古格王朝的前身可以上溯到象雄国,王朝的建立大概从9世纪开始,在统一西藏高原的吐蕃王朝瓦解后建立的。

3.最早的文字记载。《西藏王臣记》。

4.建筑名称的来历。因系古格王朝的都城,故名。

5.建筑兴毁及修葺情况:古格王国城堡始建时间不详。其毁灭时间大约在1635年巴达克人入侵的战争期间。目前我们看到的只是一些断壁残垣,其中保存较好的是寺庙。现在的遗址从山麓到山顶高300多米,到处都是和泥土颜色一样的建筑群和洞窟,几间寺庙除外,全部房舍已塌顶,只剩下一道道土墙。遗址的外围建有城墙,四角设有碉楼。整个遗址建在一小土山上,建筑分上、中、下三层,依次为王宫、寺庙和民居。红庙、白庙及轮回庙中的雕刻造像及壁画不乏精品。围绕古格都城周围的重要遗址还有东嘎、达巴、皮央、香孜等,都有大量文物遗存。

图7-6-1 古格王国城堡遗址

6.建筑特征及其原创意义。古格王朝整座城堡建筑在一座300多米高的黄土坡上,地势险峻,洞穴、佛塔、碉楼、庙宇、王宫有序布局,自下而上,依山迭砌,直逼长空,气势恢宏壮观。这些洞穴多为居室,密密麻麻遍布山坡。古格的住宿有严格的等级制度:山坡上是达官贵族的住宿,山下是奴隶居住地,有的洞窟则是僧侣的修行地。有这样陡峭的山壁作为屏障,要爬上山顶比登天还难。那么古格人自己又是如何上山的呢?原来聪明的古格人在山体内修筑了许多暗道,暗道中某些类似窗户的洞,既为了采光又可以用来防御。这些暗道迂回曲折,拾阶而上可直达山顶王宫。

王宫总是高高在上,这一方面是为了防御,另一方面也象征着国王至高无上的权力。在这片备受摧残的土地上,唯有寺庙保存完好。山腰中部的几座寺庙分别为渡母殿、红殿、白殿和轮回殿。这些寺庙都带有浓郁的西藏建筑风格,寺庙飞檐上雕饰的图案多为狮、象、马、孔雀等动物,这种雕饰大概与从冈底斯山脉分流的四条神水:狮泉河、象泉河、马泉河、孔雀河的传说有一定关系吧。

古格壁画是古格艺术的精品,虽然他们已经沉睡了几个世纪,如今依然光彩照人。这些壁画包括佛教故事、神话传说以及当时古格人的生产、生活场面等等,内容十分丰富。透过这些绚丽斑斓的图画,人们不难窥视到昔日古格王朝的政治经济活动以及文化风情,从中去追寻古格兴盛与消亡的历史。

近十数年间于古格遗址周围不断发掘出的雕刻、造像及壁画等揭开了古格王朝的神秘面纱。古格雕塑多为金银佛教造像,其中成就最高的是被称为古格银眼的雕像。而遗存数量最多、最为完整的是它的壁画。古格壁画气势宏大,风格独特,大体反映了当时社会生活的各个方面。所绘人物性格突出,用笔洗练,丰满动感的女性人物尤其具有代表性。由于所处地理位置及受多种外来文化的影响,古格的艺术风格带有明显的克什米尔及犍陀罗艺术特点。

古格盛产黄金白银,在托林寺、札不让、皮央东嘎都发现过一种用金银汁书写的经书,而且出土的数量极大。这种经书以文书写在一种略呈青蓝色的黑色纸面上,一排用金汁、一排用银汁书写,奢华程度无以复加。

7. 关于建筑的经典文字轶闻。最早对这座古城遗址进行考察的是英国人麦克活斯·扬。1912 年,他从印度沿象泉河溯水而上,来到这里进行考察。此后便有探险家、旅行者、摄影家和艺术家们源源不断地来探奇访幽。但真正的科学考察是从 1985 年西藏自治区文管会组织的考察队开始的。以他们实地测量,遗址总面积约为 72 万平方米,调查登记房屋遗迹 445 间,窑洞 879 孔,碉堡 58 座,暗道 4 条,各类佛塔 28 座,洞葬 1 处:发现武器库 1 座,石锅库 1 座,大小粮仓 11 座,供佛洞窟 4 座,壁葬 1 处,木棺土葬 1 处。

本书受东南大学出版资助

中国建筑文化研究 文库

主 编/高介华

Research Library of Chinese Architectural Culture

中国历代名建筑志（下）

The Record of Historical Famous Chinese Architecture

喻学才 贾鸿雁 张维亚 龚伶俐/著

长江出版传媒 ｜ 湖北教育出版社

中 国 历 代 名 建 筑 志

第八章

宋代名建筑

绪　论

　　唐天祐四年(907)，后梁取代唐王朝，中国汉族聚居区开始进入五代十国的分裂割据时期(后梁，后唐，后晋，后汉，后周。此谓五代。因其与唐王朝有一定的历史联系，故历史学家习惯上将其视为唐王朝政权的某种延续)。公元916年，东北的契丹族建立了辽王朝，以后逐步统一了今长城内外及其以北的广大地区。经过20年的征讨，公元960年赵匡胤结束了中原汉族聚居区的分裂割据格局，是年宋王朝建立，形成了宋、辽两政权南北对峙的局面。1038年，西夏王朝建立，统治今宁夏及甘肃、内蒙古部分地区。大体上形成了宋、辽、夏鼎立的格局。1115年，女真族建立了金王朝。金王朝1115年灭辽，1127年攻克汴京。同年，康王赵构在杭州建立偏安政权，史称南宋。又形成了南宋与金、西夏对峙的新格局。1206年，蒙古族成吉思汗崛起，1227年灭夏，1234年，蒙古、南宋联合灭金，又形成南宋与蒙古政权南北对峙的局面。1271年，蒙古政权正式建立元朝，成为宋元对峙的格局。1276年，元军进逼临安。1279年，逃亡中的南宋小朝廷在广东崖山为元军击溃，丞相陆秀夫背着小皇帝赵昺跳海，朝廷上下军民20万人亦蹈海殉王。宋王朝结束。

　　综观这一时代的建筑，首先给人深刻印象的是多民族的融合包括建筑思想技术的融合异常突出。在融合过程中，少数民族既为中华民族贡献自己的文化，同时又对汉族文化表示了由衷的向往。正是这种以汉族建筑文化为主导的向心力极大地吸纳了少数民族建筑文化的优秀成分，丰富了宋代的建筑文化，从而使宋代建筑在继承过去的建筑遗产和吸纳周边少数民族建筑文化的长处的基础上走上了中国古代建筑登峰造极的高度。这种对少数民族建筑文化的吸纳，最明显地表现在佛教建筑的艺术创新上。辽代的木构佛塔，采用筒式木构架的框架结构，塔内采取斜撑构件以分散塔体的重量。和此前汉地佛塔四边形的木构柱梁支撑体系相比，其科学性是不言自明的。此外，辽、金、西夏佛塔建筑对外观的装饰之重视，也影响到宋代的佛教建筑的审美观念的形成。

　　其次给人深刻印象的是官式建筑已经成熟，木作等建筑技术已经标准化。并且出现了国家标准——《营造法式》。如前所述，中国古代的建筑，经过7000多年的漫长岁月的摸索实践，特别是周秦汉唐等统一王朝提供了大量建筑创作的机会，同时也促成一代又一代的匠师对之进行总结。如前所述，隋代大匠宇文恺已经可以利用所掌握的木构建筑的模数关系规律，批量生产木建筑构件，大大缩短了施工的时间，提高了施工的效率。但当时还没有出现专门的"国标文件"。不仅隋代阙如，唐代也没有留下这方面的国家官书。《营缮会》、《唐律疏义》等书虽有"兴造"专题，然于法式似注意无多。且侧重限制，无图文对照。因此，可以说，宋代出现了《营造法式》和《木经》，标志着中国古代建筑走向成熟，是中国建筑文化的一个集大成之时代。

　　给人深刻印象的还有风格上追求细腻的风气。宋代建筑和汉唐时期最大的不同在于追求细部的精美。如从大木作中派生出小木作工种。彩画装饰，等等。为此，这个时代很多大型建筑动辄十几年才得竣工，例如玉清昭应宫就花掉了十五年工夫，而艮岳的修造更是费日费时。这和隋朝大兴城十月完工迥然不同。参看《中国历代名匠志》宋金部分。

宋、辽、金、西夏时期的园林建筑也能给读者留下深刻的印象。诚如郭黛姮教授所言，"苟且偷安追求享受的社会心态促成了造园之风大盛。"两宋三百年多年时间，从帝王、权贵，到文人士大夫，竞相造园。特别是北宋徽宗皇帝倡修的艮岳、韩侂胄的南园，以及众多朝臣修建的别墅园林和文人墨客修建的宅园。无论皇家园林、寺观园林还是私家园林，到了宋代"都已经具备了中国园林的主要特点"。

此外，宗教建筑特别是道教建筑空前活跃，这实在与宋代帝王多钟情道教有关。虽然现在宋代道教实物留存无多，但大量的建筑文献却记录了那个时代道教建筑的繁荣，也是不争的事实。宋代还在中国历史上开创了帝陵集中营造的风气之先。对明清帝王陵墓集中营造产生过积极影响。宋代福建等地的造桥技术，如砺房垒基都是前史所无的创新。

（一）志城

一、北宋东京城

1.建筑所处位置。城址位于今河南省开封市城关，为北宋都城，名曰东京，后人亦常称汴梁。

2.建筑始建时间。北宋东京都城最初是战国时期魏国（前 364）的都城，名叫大梁城。五代时后梁、后晋、后汉、后周相继在此定都。唐代建中二年（781）节度使李勉重筑。后周世宗显德二年（955）的那次都城建设对宋代都城建设有重大的意义。宋太祖建隆三年（962）下诏对东京城进行扩建①。

3.最早的文字记载。叶少蕴《石林燕语》卷一："太祖建隆初，以大内制度草创……②"

4.建筑名称的来历。五代梁太祖朱全忠于 907 年"升汴州为开封府，建名东都。""后晋天福三年（939）升为东京。汉周仍之。③"

5.建筑兴毁及修葺情况。魏都大梁 130 年，曾开凿运河沟通汴水和黄河、济水。唐建中二年派李勉重筑汴州城，主要是筑罗城④。贞元十四年（798）宰相董晋曾负责修筑汴州城的汴河东、西水门，把汴河圈进了城内⑤。北宋东京城历史上最早的修葺记载是后周显德二年那次。那次改造主要围绕三个方面：一是"先立标识"，把朝廷官署、军营、街巷、仓场、街道等国用空间明确下来。二是改造过于窄狭的城市交通道路。将道路分成五十步、三十步、二十步三种类型，允许百姓在沿街两旁五步以外种树掘井。三是修整运河，将汴水和淮水、济水等沟通起来。解决对外水上通道问题⑥。宋代的修筑在北宋建隆三年（962）主要是扩建，具体内容是"广皇城东北隅。命有司画洛阳宫殿，按图修之。"（诏书）也就是说，这次扩建主要是修建"大内"。宋太祖亲自修改规划图纸，到开宝元年（968）竣工。宋初扩建的宫城尚为土城，真宗大中祥符五年（1012）才改"以砖垒皇城"⑦。神宗朝曾年年修城。"四面为敌楼，作瓮城及浚治壕堑"⑧，后又由内侍宋用臣重筑⑨。徽宗时又广京城，周广十余里⑩，并营延福宫及撷芳、艮岳二园，营建尤侈⑪。后金攻下东京，掳徽、钦二帝，后妃宗室数千人及皇城百工巧匠，文物珍宝等，东京被洗劫一空，后因战乱频仍加上黄河泛滥，城市受到

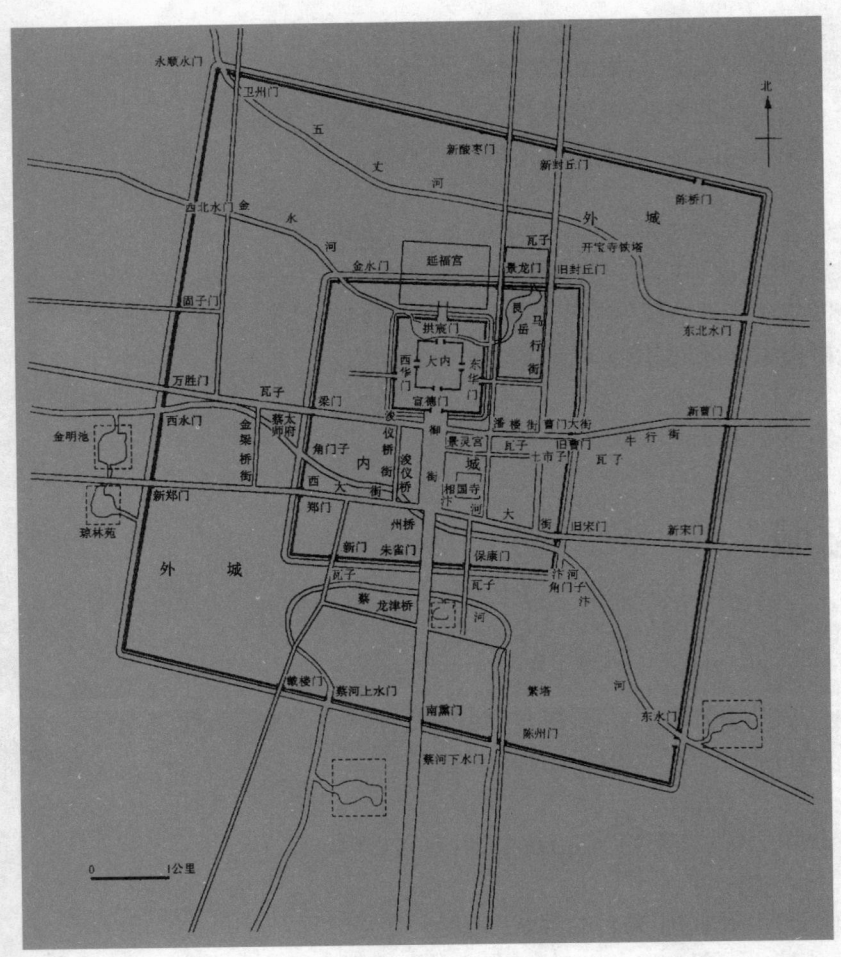

图 8-1-1 北宋东京城市
结构图

严重毁坏,逐渐衰落,到1126年,金兵攻破东京,汴梁城从此残破不振。

6.建筑设计师及捐资情况。北宋东京的规划建设包括大内、城墙、艮岳等重大工程。宋太祖、宋徽宗等帝王,韩重赟、宋用臣、梁师成、李怀义等官员,燕用等民间巧匠。

7.建筑特征及其原创意义。北宋东京城址已被历代黄河水淤没于地下,只能据文献记载及近年对外郭的勘查来推测其城市状况。

(1)地理位置:城池处黄河中游平原,大运河中枢地段,为当时漕运四河的集中点,即汴河、黄河、惠民河及广济河[12],乃"四达之会[13]"。漕运非常方便,以供京师之需。

(2)城市布局:该城呈不规则矩形,由外城(罗城)、内城(里城)及宫城(子城)三城相套而成,宫城居中,仿洛阳宫室形制,但四面开门,南北二门居城中轴之上,外为内城,有10个城门及2个汴河上角门子,各城门皆有瓮城。其通御路四门皆三重门,城门相对,其他有门四重,不正对。再外为外城,有水七旱十三共20个城门,城垣平面不十分规则,部分城门与里城门相对。三城外均有城壕,以应防御之需。其官府衙署一部分在宫城内,一部分在宫城外,城内亦有多处军营及各种仓库。外城东有御园,南有玉津园,西有金明池,玉林苑,内城北有撷芳园,宫城东有艮岳。

(3)街巷市肆河道:东京城的显著特点之一即是由封闭的里坊制走向开放之街巷制,其干道系统以宫城为中心,正对各城门,形成井字形方格网。其他街巷亦多呈方格形,也有斜形及丁字形的。其市肆商业不在集中布置于特定之"市"内,而是分布全城,沿街沿河布置,亦有集中交易之市(如相国寺,间隔性开放),及通宵营业之场所。城内贯有汴河等四条河道,桥梁因此亦多。

此城因于唐时就"为雄郡,自江河达于河洛,每车辐辏[14]",商业颇兴,北宋以此为都扩建发展,并走向开放的街巷制。市肆更是繁盛,与一些完全以军事及政治要求而新建的都城不同,创我国古代城市建设新典型,另外其宫城居中,三层相套,层层高壕等布局对其后之城市规划亦颇有影响。

8.关于建筑的经典文字轶闻。史载宋初扩建东京,负责工程的总设计师赵中令的图纸上"初取方直,四面皆有门,坊市经纬其间,井井绳列。上(宋太祖)览而怒,自取笔涂之,命以幅纸作大圈,迂曲纵斜。旁注云:依次修筑。"[15]赵匡胤规划的开封城便于防守。徽宗朝因蔡京建议,于政和年间"奏广其规以便宫室苑囿。""凡周旋数十里,一拆而之。"城市形制从此方方正正。但没过多久,北宋王朝就在金人铁蹄下宣告结束。

另外,历史上对此城的专题记载甚多,著名者如张择端《清明上河图》、孟元老《东京梦华录》、宋敏求《东京纪》,李源《汴京遗迹志》,叶少蕴《石林燕语》,周密《癸辛杂志》。

参考文献

①《宋史·地理志》。

②⑮(宋)叶少蕴《石林燕语》卷一。

③《旧五代史·郡县志》、《五代史·职方考》。

④《太平寰宇记》卷一。

⑤《旧唐书·李勉传》。

⑥《五代会要·城郭》。

⑦《续资治通鉴长编》。

⑧(宋)宋敏求:《东京纪》。

⑨《历代帝王宅京纪》引赵德麟《侯靖录》。

⑩(明)李濂:《汴京遗迹志》。

⑪《宋史·地理志》。

⑫《宋史·食货志上三》。

⑬《宋史·地理志》。

⑭《旧唐书·齐浣传》。

二、南宋临安城

1.建筑所处位置。城址位于今浙江省杭州市。大体上以南跨吴山,北兜武林,左带长江,右临西湖为范围。

2.建筑始建时间。绍兴二年(1132)宋高宗就开始着手"修临安城"。绍兴八年建都于此。

3.最早的文字记载。"楼照,字仲晖。婺州永康人,登政和五年进士第。调大名府户曹,改西京国子博士,辟雍录,淮宁府司仪曹事,改尚书考功员外郎。帝在建康,照谓:今日之计当思古人量力之言,察兵家知己之计,力可以保淮南则以淮南为屏蔽,权都建康,渐图恢复;力未可以保淮南,则因长江为险阻,权都吴会以养国力。于是移跸临安,擢右司郎中。①"

4.建筑名称的来历。宋高宗建炎三年(1129),为躲避日益逼近的金兵,宋高宗不顾大臣李纲等的反对,升杭州为临安府,并以府治作为行宫。称为"行在所"②。此当是最早的名称来历。"临安"者,表示不忘恢复也。因为终南宋之世,杭州作为国都,始终没有得到多数有识之士的认可。故本为一时之行在名的"临安",最终却成了一个王朝的都城名。但顾炎武却说"杭州古名临安"。遗憾的是这位博学的大家并未说明出处③。

5.建筑兴毁及修葺情况。此城五代时为吴越国都城,曾护修罗城,是时都城已颇繁荣,北宋时已经发展成江南丝织业的中心。靖康之变,高宗于绍兴八年(1138)定都于此。十二年作太社、太稷、太学,十三年筑圆丘,景灵宫及秘书省,十五年作内中神御殿,十七年作玉津园、太一宫、万寿观,后又增筑皇城于外城及宫前御路建执政府,筑两相第、太医殿、尚书六府等,又多营宫室苑堂阁④。当时临安外城"包山距河,故南北长峙"⑤,城计有十三门,东沿河,西至山冈,自平陆至山冈,随其上下,以为宫殿,因形就势,城平面呈不规则形状。俗称腰鼓城。祥兴二年(1279),元灭宋,改南宋故宫为佛寺。不久,毁于大火⑥。

6.建筑设计师及捐资情况。建炎三年(1129)二月朝廷任徐康国为杭州知府,绍兴元年(1131)春,诏守臣徐康国措置草创临安皇城⑦。建炎三年九月"以工部侍郎汤东野知平江

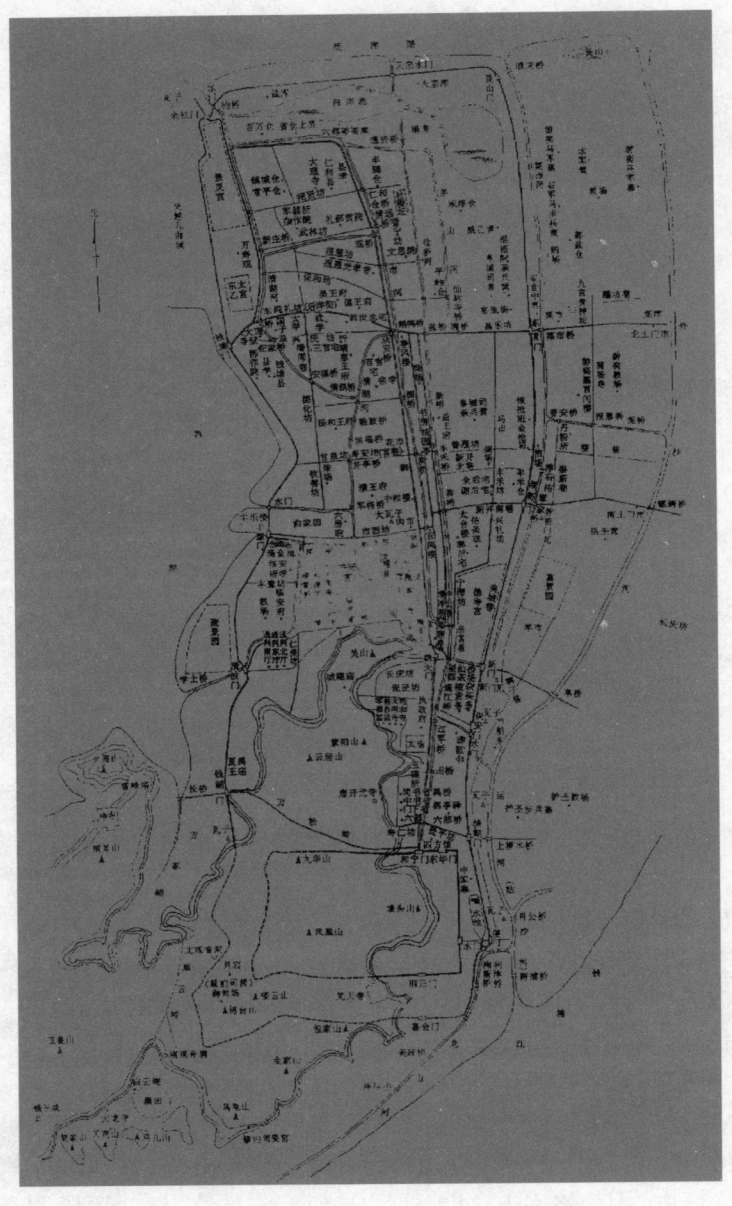

图 8-1-2 南宋临安城总体布局图

府兼浙西制置使"。绍兴二年春,"修临安城"⑧。

7.建筑特征及其原创意义。关于临安城的空间布局特征,宋赵彦卫曾有生动的描绘:"山势自西北来,如龙翔凤舞,掀腾而下,至凤凰山上,分左右翼。大内在山之左掖,后有山包之,第二包即相府,第三包即太庙,第四包即执政府,包尽处即朝天门;端诚殿在山之右掖,后有山包之,第二包即郊坛,第三包即易安斋,第四包即马院,东南即大江,西为西湖,北为平湖,地险且壮。实一都会。⑨"

临安城系因吴越都城增扩而成,又地形特殊,东临钱塘江、西接西湖、北通大运河、南有关山、凤凰山,其呈南北长,东、西窄之腰鼓式格局,宫城位于城南凤凰山东,因吴越子城扩建而成。由宫城北门和宁门引出一贯全城之主干道,其南段集中有三省六部中央官署及宫营机构及宫市,中为市肆店铺集中之繁华地带。沿河正桥及街巷亦有许多市肆店铺,其与传统都城之强化政治性,礼仪性功能旧格局有很大的不同。再加上其环境优美,南宋偏安于江南,大营宫宅园林,私家园林及寺庙亦颇多,使当时之临安"衣冠纷集,民物阜蕃,尤非昔比",有"东南第一州"之称⑩。

8.关于建筑的经典文字轶闻。对于临安都城状况,吴自牧之《梦粱录》、耐得翁之《都城纪胜》、《咸淳临安志》、陈随应之《南渡行宫纪》、《癸辛杂识》、《南宋古迹考》、《武林旧事》等均有精彩记述。若论词曲作品,当以柳永《望海潮》为最⑪。

参考文献

① 《宋史》卷三八〇。
②④⑧ 《宋史·高宗本纪》。
③ 《肇域志》"杭州"条。
⑤⑥ 《南宋古迹考》。

⑦喻学才：《中国历代名匠志》，湖北教育出版社，2006年。
⑨《云麓漫钞》卷三。
⑪《淳熙临安志》卷五。

三、宋平江府城

1.建筑所处位置。城址位于今江苏省苏州市，为北宋末年及南宋时之平江府城。

2.建筑始建时间。始建于春秋吴国①。宋平江府城即在原古城遗址基础上规划建设而成。

3.最早的文字记载。宋徽宗政和三年丙申月"升苏州为平江府"②。

4.建筑名称的来历。因城池在平江府，故名平江府城。

5.建筑兴毁及修葺情况。此城曾为吴国都城，史载"吴王阖闾使伍子胥相土尝水，造作大城"③。城址规模自秦汉以后基本被保持沿用下来。魏晋以降，随江南的发展此城日趋繁华，隋唐时尤甚，南宋时是重要的经济城市及军事城市，高宗绍兴二年曾"命漕臣即平江子城营治宫室"④。后各朝多有营建⑤。现存有绍定二年（1229）所刻之"平江府城图碑"⑥，对宋时此城之平面布局有清晰体现。

6.建筑设计师及捐资情况。平江府城的城市建设在宋绍定初，知府李寿朋曾主持修建过。宋绍兴（1131—1162）初年，高宗赵构拟迁都平江，当时曾按都城要求又进行过一些增建。其工程当为平江府郡守负责。

7.建筑特征及其原创意义。平江府南北较长，东西较短，呈长方形。有外城、子城两重城墙，均有护城河环绕，城门五座，皆水陆并进。子城位于城中部偏南，为府治所在，分府院、厅司、兵营、住宅、库房及园林六区，主建筑均位于轴线之上。城北为街市和居民区，有南北向之街道和东西向之联排长巷，巷内部建宅，巷口处立牌坊，外为商业街道。子城南集中分布有官署、寺观、园林及学校，街道呈网状方格形。城内有三条东西向，四条南北向的主河道，许多小河与街道平行，主要街道多以厂字或井字形相交，取横平竖直之东西向或南北向，多呈"两路夹河"格局。可见其交通系统呈水、陆并进之格局。平江府城规划建设，是我国水乡地区城市布局的典型，因水而定，另外其城之立体轮廓感亦颇强。平江府城南宋末年遭战乱破坏，后又有重建，据考古发掘，多是于原址上重建，可见其河道作为其城市骨

图 8-1-3 宋平江府图碑摹本

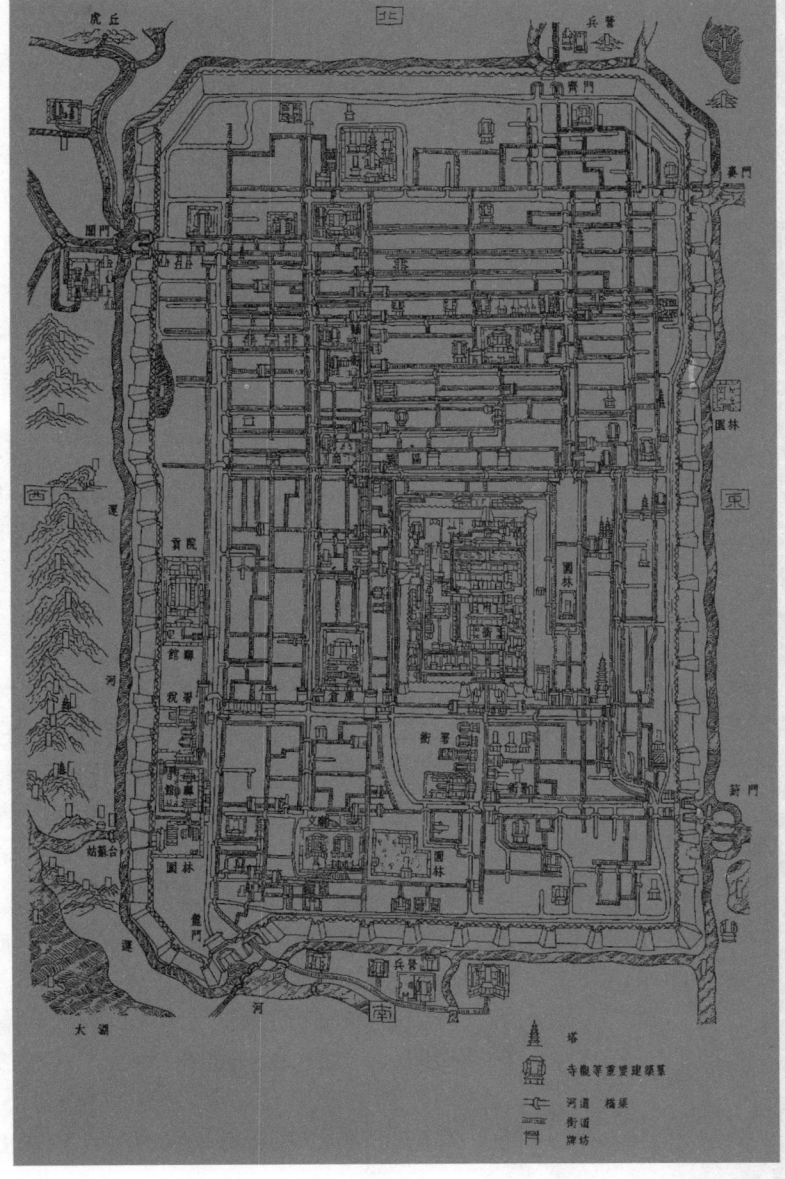

架之作用。

8.关于建筑的经典文字轶闻。最知名的是王謇(1888—1969)其所著《宋平江城坊考》一书。宋《平江图》是国内罕见的古代石刻城市规划图。图碑额高约0.76米,碑心高2.03米,通高2.79米,宽1.38米(据拓片测定)。上刻内外二重城垣及水陆5门,坊表65座,桥梁314座,还有公署、军寨、学校、楼台、亭馆、园圃、寺观、祖庙坛墓、河流、湖泊、山陵、古迹等,标出题榜者凡610余处,其中许多名称一直沿用至今。有趣的是,自该城市规划图1229年刻石以来,700年来有人记载无人研究。王謇先生先是费时7年,写成《宋平江城坊考》,1925年自费出版数百部,好评如潮。此后,作者又反复探研,续为补订,历时23年,于1958年录成清稿,得20余万字,后因"文革"等原因,其书直到改革开放后的1986年才由江苏古籍出版社整理出版。

参考文献

①③喻学才:《中国历代名匠志》,湖北教育出版社,2006年。

②《宋史·徽宗纪》。

④《宋史·高宗纪》。

⑤光绪《苏州府志》。

⑥王謇:《宋平江城坊考》。

四、丽江古城

1.建筑所处位置。丽江古城大研镇坐落在玉龙雪山下丽江坝中部,北依象山、金虹山,西枕狮子山,东南面临数十里的良田沃野。海拔2400米,是丽江行政公署和丽江纳西族自治县所在地,为国家级历史文化名城,世界文化遗产。

2.建筑始建时间。丽江古城建于南宋理宗宝祐年间(1253—1258),在忽必烈亲征大理后不久①,距今有700余年的历史。

3.最早的文字记载。见《木氏宦谱》第二代"牟保阿琮"条,第三代"阿琮阿良"条②。

4.建筑名称的来历。丽江古城指大研镇。因其居丽江坝中心,四面青山环绕,一片碧野之间绿水萦回,形似一块碧玉大砚,故而得名。研、砚两字通用。

5.建筑兴毁及修葺情况。宋末元初,由木氏先祖阿宗阿良兴建"大叶场"; 南宋末年,丽江木氏先祖第二代传人牟宝阿琮因其能识鸟语,能预测胡兵下大理等特异才能而被滇地各部落公推为领袖。其统治中心乃从白沙移至狮子山麓,开始营造房屋城池,称"大叶场";南宋宝祐元年(1253),木氏先祖阿宗阿良(第三代)归附元世祖忽必烈。宝祐二年(1254),在"大叶场"设管民官,其建制隶属于茶罕章管民官;忽必烈赐给阿宗阿良一颗重达四十八两的银印。元至元十三年(1276),茶罕章管民官改为丽江路军民总管府;元至元十四年(1277),三跋管民官改为通安州,州治在今大研古城。明代,丽江古城的建设主要由历代木氏知府主持进行。明万历年间(1672),知府木增兴建皇帝钦赐准建的"忠义坊";明洪武十五年(1382),通安州知州阿甲阿得归顺明朝,设丽江军民府,阿甲阿得被朱元璋皇帝赐姓木并封为世袭知府;明洪武十六年(1383),木得在狮子山麓兴建"丽江军民府衙署";清顺治十七年(1660),设丽江军民府,仍由木氏任世袭知府;清雍正元年(1723),朝廷在丽江实行"改土归流",改由朝廷委派流官任知府,降木氏为土通判;雍正二年(1724),第一任丽江流官知府杨铋到任后,在古城东北面的金虹山下新建流官知府衙门、兵营、教授署、训导署等,并环绕这些官府建筑群修筑城墙;乾隆三十五年(1770),丽江军民府下增设丽江县,县衙门建于古城南门桥旁;民国 2 年(1913),丽江废府留县,县衙门迁入原丽江府署衙内;纳西族民居则由居民根据家庭生产生活需要、经济条件和用地状况,自由灵活地安排建设。民国30 年(1941),在丽江设云南省第七行政公署及丽江县政府;1949 年,设丽江专员公署及丽江县人民政府,1961 年,设丽江纳西族自治县。古城从原始的自然村落开始,经元明清近 700 年的不断修扩建,至今城镇面积 1.6 平方公里,居住着 6000 多户人家,25000 多人。1996 年 2 月 3 日,丽江古城遭到了特大地震的袭击,许多房屋倒塌了,古城遭到了严重的破坏。中国政府为了保护这一世界名城,拨出巨款进行了尊古仿古的修复,使古城以更亮丽的身姿、更迷人的容颜屹立在玉龙雪山脚下,展示着它的风采。

6.建筑设计师及捐资情况。清朝改土归流前的宋元明各代,木府土司城基本都是木氏历代土司主持修造。详前。据清代《丽江府志略》记载:"丽江旧为土司府,土城。本朝雍正元年改土设流。总督高其倬、巡抚杨名时题请建筑土围,下基以石,上覆以瓦,周四里,高一丈,设四门。③"

7.建筑特征及其原创意义。丽江古城兼有水乡之容、山城之貌,从城市总体布局到工程建筑融汉、纳西、白、彝、藏各民族建筑精华。城市布局以三山为屏、一川相连;家家流水、错落有致的设计艺术在中国现存古城中是极为罕见的。丽江古城民居其鲜明之处就在于无一统的构成机体,明显显示出依山傍水、穷中生智、拙中藏巧、自然质朴的创造性④。

8.关于建筑的经典文字轶闻。中国明代著名旅行家徐霞客曾在丽江游记中写道"宫室之丽,拟于王者","民居群落,瓦屋栉比",是对当年丽江古城之繁盛景观的真实写照。他分析木氏土司之所以能"居此两千载"的原因时说:"盖大兵临,则俯首受绁。师返,则夜郎自雄,故世代无大兵燹,且产矿独盛,宜其富冠诸土郡云。⑤"

今存丽江古城没有城墙,有一种说法是因为明朝时以木氏土司的官邸和周围的民居为主进行城市扩建,据说规划城市街道时主要干线从四方街向六个方向伸展,形成一个木字。木氏土司认为,如果再在周围修上城墙,整个城就成了一个"困"字,岂不影响木氏家族的发展,因此古城自古就没有城墙。大研镇以四方街为中心,四条主街向四面延伸并分岔出无数条街和巷。大街小巷成网状布局,并且条条街巷有小桥,条条道路通流水,家家门门前有清流,户户人家有垂杨,大有"中国水乡古城"之风韵,且是我国最科学的古城建筑群布局。实际上清朝改土归流后是修过城墙的。见巡抚杨名时的奏疏。只是后来毁坏了。

参考文献
①《云南通志》卷一。

②(明)张志淳序本《木氏宦谱》牟保阿琮条、阿琮阿良条。

③(清)管学宣、万咸燕:《丽江府志略》,卷一。

④《中国文化遗产年鉴 2006》,文物出版社,2006 年。

⑤《徐霞客游记》卷七上,《滇游日记》六。

（二）志台

一、古琴台

1.建筑所处位置。位于武汉市汉阳区龟山西麓,月湖东畔。

2.建筑始建时间。北宋①。其地名碎琴山。

3.最早的文字记载。"钟子期死,伯牙破琴;惠施没,庄周杜门,相遇之难也。②"唐代训诂学家颜师古(581—645)注《汉书》,于"盖钟子期死,伯牙终身不复鼓琴"句下注曰:"伯牙、钟子期,皆楚人也。伯牙鼓琴,子期听之。方鼓琴而志在泰山,子期曰:巍巍乎若泰山!既而志在流水,子期又曰:汤汤乎若流水! 及子期死,伯牙破琴绝弦,终身不复鼓琴。以时人无足复为鼓琴耳。""龟山有钟子期听琴台,不知在何许。古迹缪妄,粲不足访。昔神禹导汉水至于大别,会于江,俗呼大别为龟山,以形似也。隔江有山蜿蜒东去,俗曰蛇山,遥遥相望。半生以来登览之胜无有踰于此者,盖山虽不高而当江汉之汇,四顾空阔,潜沱数重环拱于此,支交脉会左右盘踞,目穷于接应矣。③"

4.建筑名称的来历。神州大地以琴台名者以十数,汉阳琴台是为纪念俞伯牙弹琴遇知音钟子期而修建的纪念性建筑。在先秦汉唐的学者著作中如《吕氏春秋·本味篇》、《韩诗外传》、《列子》、范晔《琴苑要录》、《毛诗李黄诗解》等著作中,都有关于钟子期和俞伯牙高山流水遇知音的故事记载。

5.建筑兴毁及修葺情况。古琴台始建于北宋,后屡毁屡建。现能找到的文献最早的只有明人阮汉闻《碎琴山》一诗,见《大别山志》卷九。清嘉庆初年,湖广总督毕沅主持重建古琴台,请汪中代笔撰《琴台之铭并序》和《伯牙事考》,汪氏文字颇为时人称道。光绪十年(1884)黄彭年撰《重修汉阳琴台记》。光绪十六年(1890),杨守敬主持并亲自书丹,将《琴台之铭并序》、《伯牙事考》、《重修汉阳琴台记》重镌立于琴台碑廊之中,并书"古琴台"三字刻于大门门楣。新中国成立后该碑廊修复完好。

6.建筑设计师及捐资情况。毕沅主持重建。官府、商贾共同出资④。

7.建筑特征及其原创意义。古琴台建筑群占地15亩,规模不大,布局精巧,主要建筑协以庭院、林园、花坛、茶室,层次分明。院内回廊依势而折,虚实开闭,移步换景,互相映衬。修建者充分利用地势地形,还充分运用了中国园林设计中巧于"借景"的手法,把龟山月湖山水巧妙借了过来,构成一个广阔深远的艺术境界。到古琴台游览,进大门,过小院,出茶院右门,迎门是置于黄瓦红柱内的清道光皇帝御书"印心石屋"照壁。照壁东侧有一小门,门额上书"琴台"二字,据传出自北宋著名书法家米芾之手。进门后为曲廊,廊壁立有历代石刻和重修琴台碑记。再往前便是琴堂,又名友谊堂,堂前庭院中汉白玉筑成的方形石台,便是象征伯牙弹琴的琴台。前门厅顶铺彩釉瓦,门额上书"古琴台"3字,进门后有甬道,经过"印心石屋"照壁,就到曲折精巧的琴台碑廊。主体建筑是一栋单檐歇山顶式前加抱厦的殿堂,彩画精丽,金碧辉煌,檐下匾额上书"高山流水"四字,堂前有汉白玉筑成的方形石台,相传是俞伯牙抚琴的遗址。台中央立有方碑,四周石栏,饰以浮雕,镌刻生动。古琴台文化内涵丰富,仅碑廊内就存有《汉上琴台之铭并序》、《伯牙事考》等碑刻,其中有清代书法家宋湘束竹叶蘸墨书写《琴台题壁诗》,既有文学价值,又是难得的书法珍品⑤。

8.关于建筑的经典文字轶闻。《列子》记载:"伯牙善鼓琴,钟子期善听。伯牙鼓琴,志在登高山。钟子期曰:善哉峨峨兮,若泰山;志在流水。善哉洋洋兮,若江河。伯牙所念,钟子期必得之。伯牙游于泰山之阴,卒逢暴雨,止于岩下。心悲。乃援琴而鼓之。初为霖雨之操,更造崩山之音。曲每奏,钟子期辄穷其趣。伯牙乃舍琴而叹曰:善哉善哉!子之听夫志,想象犹吾心也。⑥"这个美丽的知音故事,其中一个主人公的故里就在今天武汉市汉阳的钟家村。这里就是钟子期的故里。现在汉阳江边还有琴断口。故老相传,即俞伯牙死后,钟子期碎琴处,因为世无知音,不复鼓琴耳。清代毕沅曾撰《伯牙事考》,认为伯牙与列御寇同时为楚国主管音乐的世家钟仪之家族人。故精通音律。其说有据。

参考文献

①④(清)黄彭年:《重修汉阳琴台记》。

②《后汉记》卷八。

③(清)赵一清:《詹氏小辨》,《水经注释》,附录卷上。

⑤湖北省建设厅:《湖北古代建筑》,中国建筑工业出版社,2005年。

⑥《列子》卷五。

二、八境台

1.建筑所处位置。八境台位于江西省赣州城东北角的古城墙上,是赣州古城的象征。《赣州志》记载:"在府东北倚城。①"

2.建筑始建时间。始建于北宋嘉祐年间(1056—1062)。

3.最早的文字记载。苏轼《八境台》诗序记载:"南康江水,岁岁坏城。孔君宗翰作石城。上有楼观台榭。东望七闽,南望五岭,览群山之参差,俯章贡之奔流。仍作诗八首于台上。②"

4.建筑名称的来历。章江与贡江在八境台下汇合成赣江,登上此台,赣州八景一览无余,故取名八境台。

5.建筑兴毁及修葺情况。北宋嘉祐年间地方官孔宗瀚主持建造此台。建成后曾屡遭火灾。1955年以八境台为主体辟建八境公园,占地7.6公顷,其中水面5.5公顷。1984年重建时,八境台改为钢筋混凝土仿古结构。

6.建筑设计师及捐资情况。北宋地方官孔宗瀚主持建造。

7.建筑特征及其原创意义。登临此台,能全览赣州风景。新台于1987年落成,共3层,高28米,斗拱飞檐,画梁朱柱,并采用琉璃瓦盖面,内部装修有天花、藻井、彩绘,整个建筑溢彩流金,巍然壮观,凭江而立,气势挺拔。登上此台,城外的山水田园之美、城内的亭台楼宇之秀尽收眼底,其风光之秀,为赣州城之最③。

8.关于建筑的经典文字轶闻。苏东坡《虔州八境图》④:

(一)

坐看奔湍绕石楼,使君高会百无忧。

三犀窃鄙秦太守,八咏聊同沈隐侯。

（二）

涛头寂寞打城还，章贡台前暮霭寒。

倦客登临无限思，孤云落日是长安。

（三）

白鹊楼前翠作堆，萦云岭路若为开。

故人应在千山外，不寄梅花远信来。

（四）

朱楼深处日微明，皂盖归时酒半醒。

薄暮渔樵人去尽，碧溪青嶂绕螺亭。

（五）

使君那暇日参禅，一望丛林一怅然。

成佛莫教灵运后，着鞭从使祖生先。

（六）

却从尘外望尘中，无限楼台烟雨蒙。

山水照人迷向背，只寻孤塔认西东。

（七）

烟云缥缈郁孤台，积翠浮空雨半开。

想见芝罘观海市，绛宫明灭是蓬莱。

（八）

回峰乱嶂入参差，云外高人世得知。

谁向空山弄明月，山中木客解吟诗。

参考文献

①（明）余文龙、谢昭：《赣州志》卷六。

②（明）余文龙、谢昭：《赣州志》卷九。

③白文明：《中国古建筑艺术》，黄河出版社，1990 年。

④《东坡全集》卷九。

（三）志阁

蓬莱阁

1.建筑所处位置。蓬莱阁位于山东省烟台市西蓬莱城北面的丹崖山上。

2.建筑始建时间。创修于宋嘉祐六年（1061）①。

3.最早的文字记载。自（齐）威、宣、燕昭使人入海求蓬莱、方丈、瀛洲。此三神山者，其傅在渤海中，去人不远；患且至，则船风引而去。……未至，望之如云；及到，三神山反居水下。临之，风辄引去，终莫能至云②。

4.建筑名称的来历。传说蓬莱、方丈、瀛洲是海中的三座仙山,为神仙居住之所,此地是秦始皇东巡求不死之药、汉武帝御驾亲临访仙之地,故阁名"蓬莱"。

5.建筑兴毁及修葺情况。据文献记载,唐代这里便建过龙王宫和弥陀寺;宋嘉祐六年(1061),郡守朱处约建蓬莱阁供人游览;明万历十七年,也就是1589年,巡抚李戴在蓬莱阁附近增建了一批建筑物;1819年,清知府杨丰昌和总兵刘清和又主持扩建,才使蓬莱阁具有了现在的规模。

6.建筑设计师及捐资情况。该阁始建虽由宋人朱处约太守。但正如苏轼所言,蓬莱这个地方"俗近齐鲁之厚,迹皆秦汉之陈"。秦皇、汉武多次来蓬莱,当时自然会有相关建筑出现。比如,阁下的蓬莱城(今水城一带)就是"汉武帝于此望海中蓬莱山,一年筑城以为名"。朱太守之后,元丰八年(1085),朝廷派谪居黄州的苏轼前来做登州知军事。虽只匆匆五日,却给蓬莱留下了宝贵的海市诗石刻。

明洪熙元年(1425)、成化七年(1471)朝廷都曾有过修缮。万历十五至十七年(1587—1589),山东巡抚李戴发起、乡官戚继光等赞助,历时三年,修复成功。这次修复,增加了若干建筑,"材美制巨,地胜名远。""规模宏敞,视旧贯什倍之矣。"③崇祯四年(1631)登州参将孔有德叛明,平叛过程中蓬莱阁几乎损失殆尽。五年后,登州太守陈钟盛"葺治城垣,修建海神、天妃诸庙"。清嘉庆二十四年(1818)总兵刘清、知府杨本昌主持重修蓬莱阁④。这次修建"阁基凭旧,而壮丽逾前。阁外有回廊,东偏作室如舫,为登降所由;前两翼对启数楹,为憩息之所。皆昔无而今增。阁之东西宾日楼、海市亭皆久废而更立,唯避风亭不改旧贯,第易檐以为新"。同治四年(1865)七月,蓬莱阁前山体滑坡,知府豫山及地方绅士合力重修,该次新增澄碧轩。近现代以来,蓬莱阁又叠遭侵华日寇以及地方军阀等的破坏。"文革"期间,蓬莱阁文物亦惨遭毁坏。1982年,国务院公布蓬莱阁为国家重点文物保护单位⑤。

7.建筑特征及其原创意义。蓬莱阁双层歇山,绕以回廊,上悬"蓬莱阁"金字匾额,系清代书法家铁保所书。阁南有三清殿、吕祖殿、天后宫、龙王宫,参差不齐,与蓬莱阁连成一体,统称蓬莱阁。阁东南建有观澜阁,阁西建有避风亭⑥。

8.关于建筑的经典文字轶闻。蓬莱阁自古为文人骚客雅集之处。初唐四杰之一的骆宾王,曾经游览过登州蓬莱城,留有《蓬莱镇》诗,其中有"旅客春心断,边城夜望高。野楼凝海气,白鹭似江涛"。宋代苏轼曾任登州府知军事,时间虽然才五天,却为蓬莱人民留下了对蓬莱充满热爱,对蓬莱人民充满同情,对蓬莱海市蜃楼充满美的期待的文章和诗歌数篇。计有《登州谢上表》《乞罢登州榷盐状》《登州召还议水军状》《登州海市诗》等诗文。其谢上表文中刻画了他刚到登州时的鲜明印象:"臣所领州,下临涨海,人淳事简,地瘠民贫。"他在《乞罢登州榷盐状》中请求朝廷在登州废除朝廷专卖,减少老百姓的负担。体现了仁民爱物的仁者情怀。其《登州海市诗》为少见的描绘海市现象诗歌,全文如次:东方云海空复空,群仙出没空明中。荡摇浮世生万象,岂有贝阙藏珠宫!心知所见皆幻景,敢以耳目烦神工。岁寒水冷天地闭,为我起蛰鞭鱼龙。重楼翠阜出霜晓,异事惊到百岁翁。人闻所得容力取,世外无物谁为雄?率然有请不我拒,信我人厄非天穷。斜阳万里孤鸟没,但见碧海磨青铜。新诗绮语亦安用,相与变灭随东风。

赵抃诗:"山颠危构傍蓬莱,水阔风长此快哉。天地涵容百川入,晨昏浮动两潮来。遐思座上游观远,愈觉胸中度量开。忆我去年曾望海,杭州东向亦楼台。"⑦

参考文献

①(宋)朱处约:《蓬莱阁记》。

②《史记·封禅书》。

③(明)宋应昌:《重修蓬莱阁记》。

④(清)杨本昌:《重修蓬莱阁记》。

⑤蓬莱县地方史志编纂委员会办公室:《蓬莱阁志》,1985年。

⑥陈植:《中国造园史》,中国建筑工业出版社,2006年。

⑦蓬莱县地方史志编纂委员会办公室:《蓬莱阁志》,1985年。

(四)志祠

黄粱梦吕仙祠

1.建筑所处位置。位于河北省邯郸城北10千米处黄粱梦村。

2.建筑始建时间。始建于宋代。明代大文学家王世贞《过邯郸吕仙祠》,中有"汗颜强拜此翁像,拂藓自读唐人碑。误传兹事属剑叟,不识开元年为谁!①"

3.最早的文字记载。"开元中道人吕翁往来邯郸,有书生姓卢,与翁同止逆旅。主人方蒸黄粱,卢具言生世之困,翁取囊中枕与之,曰:枕此当荣适如愿。生就枕,不觉入枕中,遂至其家,未几登高第,历台省,出入将相五十年,子孙皆显。忽欠伸而寤,黄粱犹未熟。生曰:先生以此罢吾欲耳。自是不复求仕矣。②""吕仙祠在邯郸东二十里即卢生遇吕仙处。③"

最早关于吕仙祠建筑的描绘则见于元杂剧作家白朴的《题吕仙祠飞吟亭壁用冯经历韵》,该词调寄《满江红》:云外孤亭,空怅望、烟霞仙客。还试问:飞吟诗句,为谁留别。三入岳阳人不识,浮生扰扰苍蝇血。道老精、曾向树荫中,曾来歇。松稚在,虬枝结,皮溜雨,根盘月、恨还丹不到,后来豪杰。尘世千年翻甲子,秋风一剑横霜雪。待他时携酒赤城游,相逢说。《天籁集》卷上。

4.建筑名称的来历。黄粱梦吕仙祠是依据唐代沈既济传奇小说《枕中记》而建,相传它是卢生遇吕仙做黄粱美梦的旅店旧址。

5.建筑兴毁及修葺情况。黄粱梦吕仙祠是华北地区影响较大的千年古观,明清曾进行重修和扩建。嘉靖帝曾因道士陶仲文建议于邯郸建吕仙祠,使徐阶前往邯郸落成吕仙祠④。阶心知其非不敢辞⑤。

6.建筑设计师及捐资情况。明朝嘉靖时期朝廷拨款和委派工匠建造⑥。

7.建筑特征及其原创意义。它占地约20亩,规模宏伟、保存较好,属省重点文物保护单位,是一处名扬海内外的古迹胜地。黄粱梦吕仙祠是国内唯一以梦为内涵的文化景区,在国内外享有较高的知名度,为国际间的梦文化研究与交流起到积极的推动作用。

景区建筑占地面积14000平方米,现存为明清建筑风格的建筑群。祠院内朱垣掩映,绿树郁葱,碧波荡漾,青烟飘袅,集北方道观之幽静和江南园林之清丽于一身。

吕仙祠坐北朝南,门前有高大的"二龙戏珠"琉璃照壁,"邯郸古观"四个大字镶于门额之上,两者相对辉映。入门后迎面而立的是八仙阁,门阁间南侧景壁上镶嵌"蓬莱仙境"四个草书石刻大字,笔势飞舞,苍劲有力,相传出自吕洞宾之手。八仙阁阁内所供奉的是道教八位神仙,即汉钟离、铁拐李、曹国舅、张果老、吕洞宾、韩湘子、蓝采荷、何仙姑,道教人物八仙大约始于元代,最初人名并不统一,而且均为男性,直到明代吴元泰著《八仙出处东游记》小说传世,八仙人物才定型。由于八仙经常游戏人间,惩恶扬善,救贫解难,传说在民间流传很广。其中"八仙过海","八仙庆寿"故事尤为世人所乐道。

与石刻相对的是通向建筑群中轴线的丹门,门上悬有明嘉靖皇帝题写的"风雷隆一仙宫"匾额。过丹门为中院,院内建有莲池,占地数千平方米,每逢夏日不同花色的荷花满塘。池中建有一座精雕细琢玲珑精巧全木结构的八卦亭,两端与小桥连接,恬静典雅。周围红墙环绕,池中荷花飘香,令人心旷神怡。池北有三门,中门便是午门,上书"神仙洞府",东西两侧为月亮门。

进午门由南向北三座大殿相通,宏伟又富丽堂皇。正面为硬山式的钟离殿,殿内供有汉钟离高大神像和两童子像,面阔三间,进深三间,前有月台,东西有钟楼、鼓楼,间有古松翠柏点缀,确有古观幽雅之遗风。

过钟离殿往北又是一院,正面一殿最为雄伟,即黄粱梦吕仙祠主殿——吕祖殿,歇山式琉璃顶,面阔进深各三间,前后各出单步廊,五彩馏金斗拱,飞檐翼角昂首望天。殿内塑吕洞宾和童子像,吕洞宾造像飘逸潇洒,仙风道骨,他正用那看破红尘的目光向游人们指点迷津。两壁嵌题咏刻石5块。殿前有拜殿和月台,两侧为东王母殿和西王公殿各七间。

最北处便是吕仙超度悟世的卢生睡宫,也称卢生殿,卢生殿又称邯郸古观。殿内有大青石雕刻卢生睡像,头西足东,侧身而卧,两腿微曲,头枕吕祖送给他的青瓷石枕,睡意蒙眬,惟妙惟肖。睡床高二尺,长五尺,与睡像连成一体。东、西、北面墙壁上绘有壁画,展现了卢生一枕而梦,一梦而觉,"富贵声华终幻影,黄粱一梦了终身"的意境。殿前回廊有明、清时期的两块碑碣令人寻味,其中 "梦"字碑,梦字中间镂空,绕内刻有一道藏头露尾诗,初看难解,细细琢磨,方悟其意。原是卢生一梦简述。卢生殿东部为碑林。中轴线两侧即前述清朝末年为慈禧,光绪兴建的行宫。古建群间有石海,假山亭榭以及奇花异草,环境幽雅清静,历代为官僚军阀游览避暑之地[7]。

8.关于建筑的经典文字轶闻。唐代沈既济传奇小说《枕中记》,详前。明汤显祖《临川四梦》之一《邯郸记》描写的也是这个故事。(明)李梦阳《空同集》卷十七《吕仙祠》:"孤游逢吕迹,永逝感卢生。眷彼炊粱术,契我遗世情。苍山故国道,落日邯郸城。阴阴祠宇夕,宛宛曲池清。不见金芝侣,谁闻朱凤声。田鼯穴桂壁,野葛蔓松楹。宁知往来者,不是寐中行。"清代作家蒲松龄还将此情节加以发展写成《续黄粱》,流传至今。"黄粱美梦"成语故事源头出此。

参考文献

①(明)王世贞:《弇州四部稿》卷二〇。

②(唐)沈既济:《枕中记》。

③(宋)潘自牧:《记篡渊海》。

④⑥《明史》卷二一三。

⑤(明)王士祯:《嘉靖以来首辅传》卷五。

⑦白文明:《中国古建筑艺术》,黄河出版社,1990年。

（五）志庙

一、衢州孔庙

1.建筑所处位置。浙江省衢州市区新桥街,全国重点文物保护单位。

2.建筑始建时间。宋理宗宝祐元年(1253)。

3.最早的文字记载。明胡翰撰《孔氏家庙记》记载:"事具庸斋赵汝腾记,后毁于寇"①。

4.建筑名称的来历。纪念孔子所建。《衢州府志序》记载:"惟宣圣正宗,越自鲁地,从宋南迁,赐居郡城,巍然庙祀。故衢虽列为一郡,实与阙里南北相望天下。②"

5.建筑兴毁及修葺情况。因金兵侵宋,宋室南渡。宋高宗建炎二年(1128),袭封"衍圣公"的孔子第 48 代裔孙孔端友背负孔子和亓官夫人的楷木像渡江来南,高宗赐居衢州,成为孔氏南宗的始祖。但最初的家庙实际上就是借用衢州的府学临时过渡。"南渡后,孔子裔孙寓衢州,诏权以衢学奉祀,因循逾年,无专享之庙。"到了宋理宗时,当时任衢州教授的孙子秀"撤废佛寺,奏立家庙如阙里。③"1253 年,宋理宗敕建孔氏家庙,1255 年落成,是为南宗。从此,衢州成为孔氏大宗、世居奉祀之地——名满中外的"东南阙里"。

明武宗正德十五年(1520)重建④。日寇侵华期间,衢州曾被日军占领,孔庙内大部分建筑被毁坏,大批祭器及南宋以来所藏文物被劫掠一空。但孔子夫妇的楷木雕像,因事先已被转移到深山里,得以保存。衢州孔庙后来又修缮过多次。"文化大革命"时期,又遭严重的破坏。1998 年 12 月,衢州市政府投资 1400 万元,在清朝道光年间孔氏南宗家庙基础上进行复原工程。

6.建筑设计师及捐资情况。最初的衢州孔庙由赵汝腾负责建造⑤。具体情况因文献无征只得暂付阙如。

7.建筑特征及其原创意义。现址的孔庙系明朝明武宗正德十五年(1520)所建,位于衢州城区东隅,占地约 20 亩,基本上按照山东曲阜的规模建造,分孔庙、孔府两个部分。整个建筑坐北朝南,庙前设有"金声"、"玉振"、"棂星"、"大成"四门。金声、玉振两门之外,有"德侔天地"、"道冠古今"两块牌坊。进内是祭祀孔子时歌舞的地方八佾台。紧接八佾台的是孔庙的主殿大成殿,其建筑雄伟壮观,重檐歇山式结构,双重飞檐中立有一块竖匾,上书"大成殿"三字,为清朝雍正皇帝御书的仿制品。殿内正中是孔子坐像,两旁侍立着其子伯鱼及孙子思之像。横梁上悬有十余块历代皇帝御书匾额。殿前通道的东西两侧各有九间房子,叫"两庑",是供奉先贤的地方。东庑有中兴祖孔玉像,西庑有南宗第一代孔端友像。

金声门左,是家塾所在,内进为崇圣祠,祠后是圣泽楼、旧称御节楼,祠前稍西为报功祠,祀官绅之有功于南宗者。玉振门右有五支祠、袭封祠、六代公爵祠及思鲁阁等建筑。思鲁阁上奉孔子及亓官夫人楷木像,像高不足两尺。孔子长袍大袖,亓官夫人长裙垂地,形象生动。阁下立有"先圣遗像"碑,碑高 2.07 米,宽 0.85 米。相传为孔端友根据唐代画家吴道子稿本摹刻。现在衢州也被孔氏后人称为"第二圣地"⑥。

8.关于建筑的经典文字轶闻。衢州孔庙有建筑物二百余间,享有"东南阙里"之称⑦。宋代龙图阁大学士、礼部尚书赵汝腾在《南渡家庙碑记》中说:"枕平湖,以象洙泗,面龟峰,以想东山。"

参考文献

①④⑤(明)林应翔、叶秉敬:《衢州府志·艺文志第八》。

②《衢州府志序》,见明吴宽《家藏集》卷四四。

③《明史》卷四二四。

⑥骆承烈:《孔子家族全书·文物古迹》,辽海出版社,1999年。

⑦范小平:《中国孔庙》,四川文艺出版社,2004年。

二、邹县孟庙

1.建筑所处位置。邹县孟庙,又名亚圣庙,位于山东省济宁市东南约70千米的邹县城南关,北距曲阜市25千米。

2.建筑始建时间。宋代景祐四年(1037)。

3.最早的文字记载。《兖州邹县建孟庙记》记载:"孔子既没,千古之下,驾邪怪之说肆奇险之行侵轶我圣人之道者众矣,而杨墨为之魁,故其罪剧。孔子既没,千古之下,攘邪怪之说夷奇险之行夹辅我圣人之道者多矣,而孟子为之首,故其功巨。昔者二竖去孔子之世未百年也,以无父无君之教行于天下,天下惑而归之。嗟乎,君君臣臣父父子子,君国之大经也,人伦之大本也,不可斯须去矣,而彼皆无之,是驱天下之民舍中国之夷狄也,祸孰甚焉! 非孟子莫能救之。故孟子慨然奋起,大陈尧舜禹汤文武周公孔子之法,驱除之以绝其后。拔天下之民于夷狄之中,而复置之中国。俾我圣人之道炳焉不坠。故扬子云有言曰:古者杨墨塞路,孟子辞而辟之,廓如也。韩退之有言曰:孟子之功,予以谓不在禹下。然子云述孟子之功不若退之之言深且至也,何哉? 洪水横流,大禹不作则天下之民鱼鳖矣;杨墨暴行,孟子不作则天下之民禽兽矣! 诸谓此也。景祐丁丑岁(1037)夕拜龙图孔公,为东鲁之二年也。公圣人之后,以恢张大教兴复斯文为己任,尝谓诸儒之有大功于圣门者无先于孟子,孟子力平二竖之祸,而不得血食于后,兹其阙已甚矣。祭法曰:能御大灾则祀之,能捍大患则祀之。孟子可谓能御大灾、能捍大患者也。且邹昔以为孟子之里,今为所治之属也。吾当访其基而表之,新其祠而祀之,以旌其烈。于是符下仰其官吏博求之,果所邑之东北三十里有山曰四基,四基之阳得其墓焉,遂命去其榛莽,肇其堂宇,以公孙万章之徒配。越明年春,庙成,俾泰山孙复明而志之。复学孔而希孟者也,世有蹈邪怪奇险之迹者常思嗣而攻之,况承公命而志其庙又何敢让! 嘻! 子云能述孟子之功而不能尽之,退之能尽之而不能祀之,惟公既能尽之又能祀之,不其美哉! 故直笔以书之。景祐五年(1038)岁次戊寅三月日记。①"

4.建筑名称的来历。宋代地方官为纪念孟子而建。故名。

5.建筑兴毁及修葺情况。孟庙最初在邹县城东北13千米处的四基山南,因前往祭祀不便,政和年间(1111—1118),迁建于县城的东门外。又因为庙临河道,水患不断,宣和三年(1121),又迁建于今址。北宋元丰年间(1078—1085)追封孟子为邹国公,元代加封邹国亚圣公,元、明、清时期,对孟庙多次进行维修和扩建,至明代已具现在规模。"庙徙在宋元季,毁于兵火"。明朝洪武初邹县县令桂孟修建孟庙,洪武十一年(1378)十月邹县知县昆山王璧作承圣门。"门高二丈四尺,广九丈深三丈六尺,凡五楹,重檐券门"。②亚圣殿位居南北中轴线上,为主体建筑。据文献记载,历代重修达三十八次之多。现存建筑系清康熙年间(1662—1722)地震破坏后重建。孟庙在"文革"期间曾受到了不同程度的破坏,1980年以来,国家拨出专款进行了复原维修,现已恢复到清代初期的原貌。

6.建筑设计师及捐资情况。宋景祐四年,龙图阁学士孔道辅访孟子墓,"于墓旁建庙"。之后,明代王璧、桂孟、赵允升、朱瑶,清代许守恩、王一桢等人均先后修建。"宋宣和四年(1122),县令朱玺倡议重修,邑士共出钱二百余万。清康熙十年宗子孟贞仁请于督学新乡杨公讳兰字东始者置簿广募山左,六府绅衿捐资修葺。③"

7.建筑特征及其原创意义。孟庙主要祭祀区采用廊院形式,廊院之外周边设有一重围墙,在围墙上开门,称神门,三开间带斗拱,单檐顶。神门后为廊院大门,仪门也为三间带斗拱式大门,体量大于前者。廊院内仅设一座主殿,仍为三间带斗拱式殿宇。大殿七间,高17米,宽27.7米,进深20.48米,双层飞檐,歇山式,绿琉璃瓦覆顶。檐下八角石柱二十六根,全部浅雕龙凤花卉。主祭庙东北侧有孟母庙,东南侧有孟氏家庙,西南侧有韩愈、杨雄的祭祠。孟庙的基本格局来自孔庙的模式,只是建筑物减少了许多,按伦理秩序要比孔庙等级有所降低④。

参考文献

①(宋)孙明复:《孙明复小集》。

②《山东通志》。

③(清)周翼:《邹县志》,卷一下。

④郭黛姮:《中国古代建筑史》(五卷本)第三卷,中国建筑工业出版社,2003年。

三、南京夫子庙

1.建筑所处位置。南京城南建康路。

2.建筑始建时间。始建于北宋景祐元年(1034),由东晋学宫扩建而成。

3.最早的文字记载。《修孔子庙碑》云:"上元年,诏以兴学作士为王政先务。至二年秋八月,建康孔子庙成。①"

4.建筑名称的来历。南京夫子庙是供奉和祭祀我国古代著名的大思想家、教育家孔子的庙宇,其全称是"大成至圣先师文宣王庙",简称"文庙"。俗称"夫子庙"。

5.建筑兴毁及修葺情况。这一组规模宏大的古建筑群历经沧桑,几番兴废。《金陵待征录》记载:"宋孔子庙在冶城故基。天圣七年(1029)徙浮桥东。景祐(1035)中移府治

图 8-5-1　南京夫子庙夜景

东南。元因之为集庆路学。明初国子监在此,后移成贤街。今改府学。明因旧监为府学者,则今两县学也。②""考诸夫子庙记,盖皇祐四年(1052)自西城迁今处,阅时既久,废葺不常,最后建炎末有溃兵至,撤庠屋为营垒,唯余大成殿。③"清同治八年(1869)重建之后,于1937年遭侵华日军焚烧而严重损毁。1984年,市、区人民政府为保护古都文化遗产,经有关专家科学论证和规划,历经数年的精心维修和复建,如今的夫子庙已焕然一新,被誉为秦淮名胜而成为古城南京的特色景观区,也是蜚声中外的旅游胜地。1991年被国家评为"中国旅游胜地四十佳"之一。

6.建筑设计师及捐资情况。官府工匠建造而成。

7.建筑特征及其原创意义。南京夫子庙建筑空间层次多,序列丰富,最南有泮池,池呈半圆形,以栏杆环绕,池北为一条东西向道路,路南有三座门,皆为乌头门形制,称前三门,即相当于后世所称的棂星门。门内为一狭长院落,院内正中有仪门,五开间,单檐顶。仪门两侧还有两座小门,与从祀所连成曲尺形建筑。仪门内为大成殿,殿作三开间重檐顶,并带左右两挟屋。大成殿后即进入"学"的部分,有单层的明德堂,和两层的御书阁,阁的下层称为议道堂,作为师生集会讲论场所,阁北还有一台。在这条中轴线上,前后共四进院落,大成殿两侧为生员斋舍及办公室,东序有说礼、进德、守中三斋,西序有兴贤、育材、由义三斋,议道堂两侧有正录、职事等办公用房,此外还有学仓、公厨、客位等附属用房置于学堂四周④。

8.关于建筑的经典文字轶闻。关于南京夫子庙,明朝还留下了一段风水佳话。说的是地方官周继精通风水术,规划改造夫子庙(当时的府学)而使南京接连诞生焦弘、顾起元等三个状元的故事:"府学明德堂后,旧是一高阜,土隆隆坟起。嘉靖初,都御使陈凤梧夷其阜,建尊经阁于上。未建阁之前,府学乡试中者甚多,景泰四年开科中式达二百人,而应天至二十九人,可谓极盛。自建阁后,递年渐减,隆庆以来稀若晨星矣。万历乙酉丙戌间,太常少卿济南周公继署府篆,公雅善玄女宅经,谓儒学之文庙,坐干,向巽,开巽门而学门居左,属震。庙后明德堂,堂后尊经阁,高大主事,庙门与学门,二木皆受干金之克,阳宅以门为口气,生则福,克则祸。于是以抽爻换象补泄之法修之,于学之坎位起高阁,曰:青云楼,高于尊经以泄乾之金气,而以坎水生震、巽二木,以助二门之气。又于庙门前树巨坊,与学门之坊并峙,以益震巽之势。于离造聚星亭,使震、巽二木生火,以发文明之秀。又以泮池河水不蓄于下手,造文德木桥以止水之流。修理甫毕,公迁应天巡抚都御使。学门内旧有屏墙,戊子冬公下檄撤去之,曰:去此,明年大魁必出此无疑矣。己丑,焦公果应其占。庚寅冬,公迁南户侍,面语予曰:修学而一大魁,余未敢言功也。占当出三元,坊中枢字,亭上星字,篆文区之三口,星上之三圈,皆寓三元之象。君其识之。乙未、戊戌,朱公与余相继登第,人益疑公之术为神。⑤"

夫子庙重建的思乐亭石柱上镌刻的一副楹联:"一带秦淮河洗尽前朝污泥浊水,千年夫子庙辉兼历代古貌新姿。"明远楼一楼有李渔所撰对联:"矩令若霜严,看多士俯首低徊,群嚣尽息;襟期同月朗,喜此地江山人物,一览无余。"至公堂有明杨士奇所撰对联:"号列东西,两道文光齐射斗;帘分内外,一毫关节不通风。"

民国24年(1935)7月初,孔子第七十七代嫡孙衍圣公孔德成接受民国政府"圣裔奉祀官"的委任后,曾来南京夫子庙举行过告庙大典。

参考文献

①(元)张铉:《至正金陵新志》卷九。

②(清)金鳌:《金陵待征录》卷三。

③(明)周应合:《景定建康志》卷三〇。

④郭黛姮:《中国古代建筑史》(五卷本)第三卷,中国建筑工业出版社,2003年。

⑤(明)顾起元:《客座赘语》卷八。

四、佛山祖庙

1.建筑所处位置。祖庙位于广东省佛山市城区。"灵应祠,在佛山堡,祀真武之神。黄萧养乱神示灵,有司岁祀之。①"

2.建筑始建时间。始建于北宋元丰年间(1078—1085)。

3.最早的文字记载。"历元至明,皆称祖堂,又称祖庙,因历岁久远,且为诸庙首也。②"

4.建筑名称的来历。庙中供奉道教北方真武玄天上帝,亦即北帝,所以元代又名"北帝庙"。祖庙的名称来历有两种说法。一说是因居佛山诸庙之首。据《佛山忠义乡志》记载:"历元至明,皆称祖堂,又称祖庙,因历岁久远,且为诸庙首也。"一说是该庙是佛山手工业者供奉祖师之地③。

5.建筑兴毁及修葺情况。据史书记载,祖庙原建筑于元代末年被焚毁,明初洪武五年(1372)重建。在明、清两代又多次重新扩建,原本称龙翥祠,明景泰以后赐封"灵应祠"。

6.建筑设计师及捐资情况。相传东晋隆安二年(398),有印度僧人达呲耶舍尊者渡南海来到此地,建造寺院,名塔波寺。后该寺经过历代变迁,成为道观④。祖庙中的陶塑灰脊、砖雕、木雕、石雕集佛山地方建筑装饰工艺大成。制造店家的名称部分得以保留下来。如建造陶塑灰脊的店家分别为:庙门为石湾文如璧,前殿东、西廊为石湾均玉、前殿为石湾宝玉,大殿为吴宝玉,庆真楼为石湾宝玉荣。庆真楼小院灰脊长8.5米、高1.4米,光绪十七年(1891)石湾文如璧店所造,1959年从原汾水吴庙前壁灰脊移建的。庙中的砖雕同为光绪二十五年(1899)郭连川、郭道生合作雕制,分别置于钟楼和鼓楼北侧。庙中的木雕最多,其中可考的有庙门花衽、神案、彩门。庙门花衽为光绪二十五年(1899)承龙街泰隆造。重漆木雕神案为光绪二十五年(1899)承龙街黄广华、成利店造。光绪二十五年(1899),黄广华还雕造过木雕彩门。庙中还保存有24尊干漆夹纻神像,为清代佛山制品。可考的塑造人有"本镇承龙街杨胜合造"、"本镇杨太元塑造"等⑤。

7.建筑特征及其原创意义。祖庙坐北朝南,占地面积约3500平方米。自古以来经过二十多次重修、扩建,终于形成一座规模宏大、制作精美、具有独特民族风格和浓厚地方特色的古建筑群。祖庙由排列在南北向中轴线上的万福台、灵应牌坊、锦香池、钟鼓楼、三门、前殿、正殿、庆真楼等建筑组成,结构严谨、体系完整。

万福台在祖庙最南端,是一座专供粤剧演出的大戏台,始建于清初顺治十五年,是华南地区最古老和保存最好的古戏台。粤剧起源于佛山,每年六七月份,在外演出的各戏班都返回佛山,解散旧班,重组新班。依照惯例,新戏班的头场演出必在祖庙的万福台进行。该台建筑在一个高2.07米的高台上,为歇山卷棚顶,不用斗拱,面宽三间,共12.73米,进深11.78米,台面至檐前高度为6.25米,因为是戏台,故用一装饰大量贴金木雕的隔板分为前台和后台,隔板两侧设门供演员出入。隔板正中的上部雕刻福禄寿三星;下部雕刻戏曲故事"曹操大宴铜雀台"的场面;左右分别雕刻降龙、伏虎二罗汉。这些金漆木雕刀工洗练、技艺娴熟、笔法粗犷。

万福台对面是建于明景泰二年(1451)的灵应牌坊。灵应牌坊是祖庙的重要建筑物,建于明景泰二年(1451),正值明景泰帝将祖庙"敕封"为灵应祠之时,施工格外讲究,壮丽异常。清代以前,牌坊曾是祖庙的第一道建筑,坊前有广场。进入祖庙时,先经牌坊,过锦香池桥(今无),登石级而后入三门。清以后增建了戏台、廊庑,牌坊才失去了门楼的作用。

牌坊建于两座高 0.8 米、长 4.9 米、宽 3.8 米的白色花岗岩台基上，为三楼三层式。明间宽 5 米，次间宽 2.1 米，通高 11.4 米。第一层为歇山顶，第二、三层为庑殿顶，檐、柱间大量施用斗拱，飞檐叠翠，层出不穷。其下用十二根柱子承托，左右各六根柱子，中间为木柱，外沿为石柱。由于是独立的单体建筑，除要承载牌坊的净重外，尚须抵抗骤然而至的强风造成的挠曲力，故设计严格，结构精密，1976 年曾受十二级阵风吹袭而安然无恙。

灵应牌坊北侧是锦香池。锦香池于明正德八年（1513）开凿。初为土池。清雍正年间（1723—1735）改建为长宽各为 20.12 米和 12.20 米带石雕栏的石池。池中有象征北帝的石雕龟蛇像。石像逼真，栩栩如生。

三门、前殿、正殿是祖庙的主体建筑。正殿建于明洪武年间。三门和前殿分别建于明景泰和宣德时期。锦香正北的三门建于明景泰初年（1450），是进入祖庙殿堂的正门。建筑考究，面宽九开间。檐下自东向西装饰着金漆木雕花柱，雕刻内容均为民间流传的故事。屋顶有陶塑人物瓦脊横贯全顶，陶塑高约 1.5 米，全长 31.6 米，由 152 个人物组成，有"文如璧"字款。这种多姿多彩、生动有趣的陶塑人物瓦脊，使建筑物更显得高大壮观，富丽堂皇。中间是红色砂岩墙壁，并排配以三个进深 1 米的圆拱门洞，黑漆金木大门。其下是 1 米多高的石砌台基，石台阶通宽 15 米，拾有登台，然后进入灵应祠。整个建筑物给人以壮丽、威严之感。瓦脊正两面均有雕塑，历经百多年雨淋日晒，釉色仍光亮如新。这些带有石湾公仔的瓦脊在古代主要用以美化装饰房屋，被称石湾瓦脊，成为岭南古建筑一大特色。

跨过三门，即位前有香亭的前殿。前殿建于明宣德四年（1429），为歇山顶式建筑，正脊亦有清光绪年制作的双面陶塑人物瓦脊。屋坡曲线基本沿用宋法营造。檐下为如意斗拱，层层相叠，雄伟壮观。抬梁式梁架，瓜柱用斗拱和驼峰代替。殿宽、深各三开间。殿前左右两侧亦有廊与三门相连，廊顶各有陶塑人物瓦脊一条，为清代光绪年间所建。

正殿建于明代洪武五年（1372），是祖庙建筑群中年代最早的，最重要的建筑物，地方宗祠活动就是在这里进行的。式样为歇山顶，清光绪年间添加正脊陶塑人物、垂脊及线脊神仙走兽。屋顶高度与屋身高度比为 2:1，屋坡曲线按宋代法式营造。七架梁结构用驼峰斗拱承托檩条，又手托脚雀替。最具特色的是前檐施用大量斗拱，前面用三下昂，后面三撑杆，使前檐向外大幅度伸延，保护柱子在多雨的南方免受浸蚀，其形体坚固结实，外观雄伟，是我国现存古建筑中少见的宋式斗拱的实例。殿周三面围墙，南面敞开，面宽进深各三间，柱子十六根，均上收下卷杀，花岗岩多层式石柱础。殿前左右两侧有廊与前殿相连，中间有天井。殿内置有明正统年间（1436—1449）制作的大型北帝铜造像和石雕神案，以及清代的大型贴金夹纻神像等，使大殿更显得威严肃穆。北帝铜铸造像，铜像重约 2.5吨，端坐在神龛内，慈眉善目，五缕长髯飘在胸前，服饰华贵，赤裸双足。铜像的头光、西部及手足全部贴金，整尊神像金光灿烂，是佛山古代工匠卓越铸造技术的体现。

木构件和木雕装饰是祖庙建筑又一杰出成就，不仅使用范围广，数量多，而保存完好。三门前屋檐下的金流木雕花社，长 31.3 米，其上雕刻有十余个戏剧故事，人物刻画传神。陈列于前殿正中的神龛式多层镂空贴金木雕神案，共雕刻人物 126 个神案，右上方刻"光绪己亥佛山承在龙街"的字样。祖庙内其他重要贴金木雕装饰还金漆木雕大门，各式木雕牌匾对联，多层镂空木雕彩门，镂空木雕大屏风，高脚牌，万福台天幕装饰，万福台金漆木雕隔板等等。

建筑中的彩绘灰塑和砖雕，有浓厚的地方特色。灰塑是用石灰纸浆并加漆不同的颜料塑制而成，祖庙各处的灰塑有浅浮雕和多层立体雕塑，色彩斑斓，为南方古建筑所特有⑥。

参考文献

①《广东通志》卷五四。

②(民国)《佛山忠义乡志》卷八。

③④隗芾:《中华名胜掌故大典》,天津古籍出版社,1997年。

⑤陈泽泓:《岭南建筑志》。

⑥白文明:《中国古建筑艺术》,黄河出版社,1990年。

五、孔府

1.建筑所处位置。山东曲阜。

2.建筑始建时间。宋宝元元年(1038)①。

3.最早的文字记载。孔子以大圣而终于陪臣之位,未有封爵。直到汉元帝时,孔霸以帝师的缘故请求"奉孔子祀",元帝下诏书封老师孔霸为"关内侯",并"以食邑八百户孔子焉"②。

4.建筑名称的来历。为纪念孔子而建。

5.建筑兴毁及修葺情况。孔府始建于宋宝元元年(1038)。孔子去世后,子孙一直依庙居住,明太祖朱元璋诏令衍圣公设置官司署,特命在阙里故宅以东重建府第,弘治十六年(1503),孔府得以再次拓广,嘉靖年间(1522—1566)重修。清代又在原有的基础上进行了较大规模的重修。经多次扩建重修,成为前堂后寝,衙宅合一的庞大建筑群。孔府为中国第一批重点文物保护单位,1994年列入世界文化遗产名录。

6.建筑师及捐资情况。阙里孔庙孔林之维修,碑文多见记载,孔府之规划建设则文献难征。唯明太祖朱元璋洪武十一年扩建孔府见诸载籍。大抵孔子后裔正式封爵自孔霸始,正式封衍圣公则自宋仁宗至和二年(1055)始,仁宗皇帝采纳太常博士祖无择建议,封孔子后裔为衍圣公,直到"中华民国"废除而代之以奉祀官。因此,可以推测孔府建设,大多数时候还是孔子后裔自己修建维护。而宋仁宗以后,特别是明洪武以来,其纪念色彩日浓,故国家拨款日多。或者因为孔庙、孔林列入祀典,有常规经费。地方行政长官修理也在情理之中。而孔府修建经费没有专门的经费来源。

7.建筑特征及其原创意义。孔府是中国仅次于明、清皇宫的最大府第,也是中国现存规模最大、保存最好、最为典型的官衙与宅第合一的建筑群③。

孔府占地240余亩,楼房厅堂四百六十三间,院落九进。其布局分三路:东路为家庙所在地,有报本堂、桃堂、一贯堂、慕恩堂,还有接待朝廷钦差大臣的兰堂、九如堂、御书堂及酒坊等;西路有红萼、轩宅、忠恕堂、安怀堂,为旧时衍圣公读书和学诗习礼,燕居吟咏之所,南北花厅为招待一般来宾客室。孔府主体在中路,前为官衙,后为住宅,有前上房、前堂楼,后五间。最后是孔府花园。府内戒备森严,厅堂轩敞,陈设华丽。总的来说,孔府基本上是明、清两代的建筑,包括厅、堂、楼、轩等,是一座典型的中国贵族门户之家,有号称"天下第一人家"的说法。

大堂为明代建筑,5间,高11.5米,长28.65米,宽16.12米,内设朱红暖阁、公案及一品官仪仗。衍圣公在此迎接圣旨、接见官员、申饬家法族规、审理重大案件以及节日、寿辰举行仪式等活动。面阔五间,进深三间。灰瓦,悬山顶,脊施瓦兽,九檩四柱前后廊式木架。堂内中间设一彩绘云蝠八宝暖阁,内置虎皮太师椅,椅前红漆公案,上摆印、签、文房四宝等。阁上悬清顺治帝赐统摄宗姓匾。两侧及后墙陈设着历代赏赐使用的金瓜、钺斧、朝天镫、云牌、云锣、龙旗、凤扇等仪仗。还有象征其封爵和特权的官衔牌,如"袭封衍圣公"、"光禄寺大夫"、"赏戴双眼花翎"、"赏穿带膆貂褂"、"紫禁城骑马"、"奉旨稽查山东全省学务"等等,每当衍圣公出行时,都有专人执掌。堂前台基上有一个日晷和嘉量,古时只有王者殿前设此物④。

8.关于建筑的经典文字轶闻。明太祖朱元璋于洪武元年十一月十四日,曾在南京谨身殿召见孔子后裔孔克坚。两人有一段对话:朱元璋:"老秀才近前来,你多少年纪也?"孔克坚回答:"臣五十三岁也。"朱元璋:"我看你是有福快活的人,不委付你勾当。你常常写书与你的妻儿,我看你资质也温厚,是成家的人。你祖宗留下三纲五常,垂宪万世的好法度,你家里不读书,是不守你祖宗法度,如何中?你老也常写书教训者,休怠惰了。于我朝代里你家里再出一个好人啊不好?"(采自位于孔府二门里东首的明初碑刻。)

参考文献

①《世界文化与自然遗产》1999 年五卷本。

②《汉书·孔光传》。

③《中国文化遗产年鉴 2006》,文物出版社,2006 年。

④白文明:《中国古建筑艺术》,黄河出版社,1990 年。

六、嘉定孔庙

1.建筑所处位置。坐落在上海市嘉定区嘉定镇南大街。

2.建筑始建时间。南宋嘉定十二年(1219)。

3.建筑名称的来历。为纪念孔子而建。

4.建筑兴毁及修葺情况。淳祐年间改建。元、明、清三代整修、重建和增建 70 余次。嘉定孔庙又称"文宣王庙",因"规制崇宏,甲于他邑",而享有"吴中第一"的美称,入民国后渐趋颓败。1959 年纳入文物古迹开始重修,现被列为上海市文物保护单位。目前占地约 17 亩左右①。

5.建筑特征及其原创意义。孔庙大门"棂星门"前有"兴贤"、"育材"、"仰高"三座牌坊和石狮栏杆。孔庙四周的围墙,称"万仞宫墙"。进门的水池,叫"泮池",凿于元泰定元年(1324)。门前有石柱牌楼三座,东西两座"兴贤"、"育材",分别建于宋淳祐九年(1249)和元至正十三年(1353);信道正中的"仰高"牌楼高约 9 米,建于明万历十四年(1586)。沿牌楼有石雕柱,上面雄踞七十二只姿态各异的石狮,或以为象征孔子七十二弟子。与"仰高"牌楼在同一中轴线上的建筑,有棂星门、泮池桥、大成门、大成殿。

泮池北是大成门,正中五楹,东西角门各一楹,宽达 29 米,内有 7 只石龟座,各负两米多高的大石碑,记载历代修理孔庙情况。东西两庑,原来供奉孔门弟子和历代名儒的牌位,现为嘉定博物馆的历史陈列室。

大成殿是祭孔正殿,面阔 5 间,进深 5 间,重檐歇山,崇基石栏,重檐飞翘、巍峨雄伟。前置石台,更显气势。大殿梁架高昂,枋檩彩绘,保留明代结构。现陈列孔子塑像及孔子和孔庙的资料。

大成殿东的明伦堂,宽敞宏伟,是旧时"传道、授业、解惑"的场所。其建筑别致,三间宽敞的厅堂,前设抱厦,两边又有粉墙漏窗,墙外有小院,院中植桂柏树木,还有一株百年牡丹。大成殿、明伦堂虽为清光绪初年重建,但仍保留了明代建筑风格②。

6.建筑经典文字记载。旧澄江门(今嘉定镇南门)内,原有北宋天圣年间建成的留光禅寺,因士人认为有碍孔庙风水,不利于考试中举。于是在明天顺年间由县令决策挖土堆山,挡住寺庙,遂命名为应奎山。接着又凿了一个大潭,将孔庙附近的五条水道引到庙前。应奎山坐落潭中,绿水环绕,素有五龙抱珠之称。这就是凿于万历十六年(1588)已有 400

年历史的汇龙潭。汇龙潭景色映照孔庙,于是嘉定孔庙兼有山水亭台之美,成为嘉定的一大特色。现汇龙潭与嘉定孔庙分属两个部门管理③。

参考文献

①③骆承烈:《孔子家族全书·文物古迹》,辽海出版社,1999年。

②杨永生:《中外名建筑鉴赏》。

(六)志宫

一、蓬莱天后宫

1.建筑所处位置。在山东省烟台市蓬莱县城北1千米处的丹崖山蓬莱阁前。

2.建筑始建时间。始建于北宋宣和四年(1122)。

3.最早的文字记载。《道光重建天妃宫记》①。

4.建筑名称的来历。蓬莱天后宫源于海神林默之崇拜。

5.建筑兴毁及修葺情况。宋徽宗时,敕立天后圣母庙,乃于阁(蓬莱阁)之西营建焉。时在宣和四年,计建庙四十八间。道光十六年毁于火。现存建筑为清道光十七年(1837)登州知府英文重修②。

6.建筑设计师及捐资情况:宋徽宗时始建,当系朝廷工部提供图纸,工匠,国库拨款。清道光登州知府英文曾主持重修。其他不详。现存建筑为近年重修者。

7.建筑特征及其原创意义。属道教宫观。是沿海地区众多海神娘娘庙中保存最完整的一处。

天后宫坐北朝南,西接龙王宫,东邻蓬莱阁,内祀海神娘娘。天后宫呈中轴对称式建筑布局。前有显灵门,门额上书"显灵"二字。进入山门,宽敞的院落中,两侧是钟楼、鼓楼,正中为坐南朝北的双层"戏楼"一座,每年传统的阴历正月十六日为庆贺天后娘娘圣诞演戏祭神之所。戏楼两侧,各有赭色巨石三尊,人曰"三台石",又名"神爻石"。戏楼北有天后娘娘前殿、正殿和寝殿,正殿五间重檐歇山顶,殿内塑立天后娘娘及侍女、风、雷、电、雨、巡游夜叉等诸海神像,寝殿供奉天后全身坐像,左右建有卧室各二楹。是蓬莱阁附近的重要道教建筑之一③。天后宫与上清宫、龙王宫、蓬莱阁共同组成一个大建筑群。全局都在山顶,大有仙山楼阁的样子,在殿宇对称上不甚严整,是一个弱点④。

8.关于建筑的经典文字轶闻。海神娘娘本名林默,福建莆田都巡检林源之女。民间崇奉其为海神娘娘。宋雍熙四年(987)始封为灵慧夫人,崇宁间赐庙,额曰"灵祥"。元代天历年间,改额为"灵应"。元统二年(1334)加封为辅国,至正年间(1341—1368)加封为"感应神妃"。清代康熙二十三年(1684)加封为"天后"。明清以来,她就取代了龙王的地位,独享了航海祈祥者的香火祭祀⑤。

在明朝魏忠贤权势熏天的时节,全国各地的地方长官纷纷谄附,争先恐后地在各地为魏忠贤大建生祠,争表忠心。其中,山东巡抚李精白甚至把魏忠贤生祠建到蓬莱阁天后宫。这场历史闹剧随着崇祯皇帝的上台，魏忠贤的倒台而寿终正寝。事详《明史》卷三百六。魏忠贤生祠遍全国，士大夫中欲巴结魏党，或者害怕得罪魏党的人争先恐后地去魏忠贤生祠叩拜，只有文学家、画家李流芳不肯去，他说："拜，一时事；不拜，千古事。"可为世之趋炎附势者戒。

参考文献

①②《蓬莱阁志》建筑部分。

③张驭寰：《中国古代建筑文化》，机械工业出版社，2007年。

④卢绳：《卢绳与中国古建筑研究》，知识产权出版社，2007年。

⑤林清标辑：《敕封天后志》。

二、崂山上清宫

1.建筑所处位置。上清宫位于山东省青岛崂山明霞洞南约1.5千米。

2.建筑始建时间。宫原建在山上，名"崂山庙"，相传汉初郑康成在此设帐授徒。宋初改建①。

3.最早的文字记载。"大劳山有上清宫，五代末华盖仙人识赵太祖于侧微，宋人为建此宫。近世有刘使臣者弃金符遁此山，其徒建碧落宫。②"

4.建筑名称的来历。道教把"上清"、"太清"、"玉清"三宫合称为"三清仙境"。上清宫因地势在太清宫之上而被称为"上宫"。

5.建筑兴毁及修葺情况。上清宫从宋初建庙，到了宋末已经废圮，元代大德元年（1297）崂山道士李志明重修。到了明代隆庆年间（1567—1572）又修缮过一次。至清代后期，殿宇遭山洪冲毁，华楼宫道士刘本荣又主持修复一次。上清宫虽规模不大，但在崂山众多宫观中却因历史悠久而负盛名。元代大学士张起岩称其"宜为仙真之窟宅，人天之洞府也。③"

6.建筑设计师及捐资情况：元代道士李志明、明代道士刘本荣等。

7.建筑特征及其原创意义。上清宫的建筑呈长方形，前后两进庭院，大殿属木砖筒瓦单檐式硬山建筑，加上东西两厢，殿宇房间共28间，占地面积约1000平方米。前殿祀三清，后殿祀玉皇，东西两侧的偏殿中分别供奉"三官"和"七真"。宫前建有二桥："迎仙"、"朝真"，竹树蔽阴，松风水响，人行其间别有佳趣。宫前有白牡丹一株，为数百年古物④。

8.关于建筑的经典文字轶闻。相传清代文人蒲松龄假托此处牡丹寄意，写成《聊斋志异》中的《香玉》篇。元代道士丘处机居此，亦留有题刻，以《青玉案》词一阕，最为著名⑤。词曰：乘舟共约烟霞侣，策杖寻高步。直上孤峰尖险处。长吟法事，浩歌幽韵，响遏行人住。凭高目断周四顾，万壑千岩下无数。匝地洪波吞岛屿。三山不见，九霄凝望，似入钧天去。⑥

参考文献

①④⑤陈植：《中国造园史》，中国建筑工业出版社，2006年。

②（元）于钦：《齐乘》卷一。

③卿希泰主编：《中国道教》第四卷。

⑥喻学才：《中国旅游名胜诗话》，中国林业出版社，2002年。

三、崂山太平宫

1.建筑所处位置。位于山东省青岛崂山东部仰口湾畔的上苑山北麓,是崂山的主要游览名胜之一。

2.建筑始建时间。据明嘉靖四十五年(1566)和清顺治十年(1653)重修太平宫碑文记载,太平宫是北宋初建隆元年(960),宋太祖赵匡胤敕封崂山道士刘若拙为"华盖真人"。是宋太祖赵匡胤为"华盖真人"刘若拙敕建的道场。

3.最早的文字记载。(赵)普遣亲吏甄潜诣上清太平宫致祷神①。

4.建筑名称的来历。因建于北宋太平兴国年间,故初名"太平兴国院",后改为太平宫。又称上苑。到了南宋末年,约金明昌年间(1190—1196)宫名又改为"太平宫"。

5.建筑兴毁及修葺情况。太平宫属全真道华山派,明嘉靖四十五年(1566)和清顺治十年(1653),均曾进行重修、修缮,至清嘉庆年间(1796—1820)香火最盛,有道士四十余人,土地一百三十余亩。道士相传已至 24 代。宫中道士在元代全真七子来到崂山后皈依了郝太古创立的华山派。"文化大革命"中太平宫遭到严重破坏,1978 年后,政府拨巨资进行了全面修缮。修复后的太平宫基本保持了清初的规模。同时增建了石阶游路、眺望平台,镌刻了多处当代名家的书法、诗词等。在众多的刻石中,古代遗迹首推白龙洞丘处机的七绝二十首,细腻的描绘出了崂山雄伟、秀丽、险峻和清幽。太平宫于 1982 年 12 月被列为市级重点文物保护单位。

6.建筑设计师及捐资情况。宋朝名道刘若拙、金元名道丘处机,明代万历年间太监边永清、杨绍慎等人,都是崂山太平宫的功臣。最初所建的太平兴国禅院因系宋太宗敕建,经费自然为国拨。朝廷代表为甄潜。明万历年间杨绍慎属于替代皇妃来太平宫当道士,自然也少不了皇家的赞助。清朝修葺情况无考。1979 年,青岛市人民政府拨款重修,乃复旧观②。

7.建筑特征及其原创意义。宋时早期的建筑,东为玉皇殿,西为三清殿,两侧的配殿东为三官殿,西为真武殿。另外,附近还有东华宫和关帝庙两处分院。

现存太平宫呈"品"字形,二进院落。走进宫院,首先看到的是"海上宫殿"四个大字,据说是修建太平宫时宋太祖敕封的,题字为清朝天津书法家华世奎手书真迹。正殿建于后院,东西两配殿各二间,正殿供奉三清和玉皇,配殿东祀"三官",西奉"真武",前院分东西两院,各建月洞门。虽经历多次的维修,选用的建筑材料原则上仍遵循宋代建筑的特色,沿用明代以前黑色筒瓦和板瓦组合的材料,保留了宋元建筑的古朴风格。

主要建筑有正殿及两配殿,正殿曰三清殿,因祀奉三清故名,配殿曰三官殿与真武殿,分别奉三官大帝与真武大帝塑像。一说正殿供奉妈祖,东西偏殿分别供奉关圣和文昌帝君。宫西有一天然古洞,洞旁壁石上镌"犹龙洞"三字,洞深数丈,高敞如厦,洞口刻《道德经》第一章经文,末题"大德十一年赵孟頫"八字,洞顶镌有"混元石"三字及星斗图案。

宫北山坡上有白云涧、仙人桥及丘处机吟崂山七绝诗十二首石刻等名胜古迹。宫东北奇峰兀立,颇似巨狮,人名狮子峰,为崂山胜景之一,曰"狮吟横云"。宫东有著名的奇景"狮子峰"和"绵羊石"。明代正德年间进士陈沂善诗画隶篆,被称为"金陵三俊"之一,他任职山东参政时,于狮子峰亲笔篆书"寅宾洞"三个字及诗一首:"潮涌仙山下,楼台俯视深,赤栏横海色,碧丸下峰隐,片石千年迹,孤云万里心,举杯清啸发,振叶欲空林。"狮子峰下,可看到由几块巨石自然构成的石屋,名曰"白龙洞",洞外摩崖镌刻着丘处机的绝句二十余首。如:"卓荦鳌山出海隅,霏微灵秀满天衢。群峰削腊几千仞,乱石穿空一万株。""重关复岭势崔嵬,照眼云山翠作堆。路转山腰三百曲,行人一步一徘徊。③"

8.关于建筑的经典文字轶闻。崂山的道教音乐,道士们习称"谢谱"。其背景是:南宋末年,陆秀夫背负帝昺蹈海殉国。宫中两个谢姓皇太妃谢丽、谢安(帝昺之母与小姨)化装成渔民入崂山当道士。因其在宫廷时精通音律,故将其音律知识带入崂山。今崂山道士所用道乐曲谱很多都是她们俩的作品④。

明杨舟《太平宫》:"夜空爽星汉,波声撼殿阁。中宵不成眠,披衣起磅礴。三面云峰起,当中海潮恶。极目信浩渺,放怀入寥廓。"

参考文献

①《宋史》卷二五六。

②《太平宫记》,见《崂山餐霞录》(第一辑),该书为崂山政协文史资料委员会编,1986年。

③中国道教协会:《道教大辞典》,华夏出版社。

④《崂山道教考》,见《崂山餐霞录》(第一辑)。

四、天后宫(福建)

1.建筑所处位置。福建省泉州市区天后路。

2.建筑始建时间。宋庆元二年(1196)①。

3.最早的文字记载。据明万历《泉州府志》载:是年,泉州浯浦海潮庵增觉全梦神命作宫,乃推里人徐世昌倡建。遂以宋徽宗宣和四年(1122)钦赐妈祖庙额"顺济"为名,称"顺济庙"②。

4.建筑名称的来历。宋称"顺济庙",元至元十五年(1278)和至元十八年(1281),元世祖两次册封妈祖为"天妃",随着妈祖神格提高,"顺济庙"改名为"天妃宫";清康熙二十三年(1684)八月十四日,"以将军侯福建水师提督施琅奏,特封天后"。自此,天妃宫也称"天后宫"。

5.建筑兴毁及修葺情况。天后宫历代均有修复。目前,除较完整地保存有雄伟的大殿、后殿等古代建筑外,近年来,在政府及海内外信众的热心资助下,已经陆续展开修复,其中原山门马戏台因筑公路被拆毁,1990年3月由台湾鹿港天后宫暨诸委员捐资重建,山门则移自清代晋江县学棂星门,并将继续复建梳妆楼。

6.建筑设计师及捐资情况。宋人徐世昌倡建顺济庙,清朝施琅奏建天后宫。近年则由闽台两地信徒复建部分毁坏的建筑,重建梳妆楼等建筑。

7.建筑特征及其原创意义。现存大殿、后殿、两翼亭子及东廊,尚保持清代修建时原貌,大殿原有清初所刻青石龙柱两根,后被移用市内开元寺,后殿立有婆罗门教式石柱两根,规格与开元寺现存石柱相同。该宫是我国东南沿海现存最早、规模最大的一座妈祖庙,有温陵天后祖庙之称。

山门面阔五开间,牌楼式造型,雕花漆绘木构斗拱,青石龙柱,两侧石雕麒麟、螭虎窗,屋顶重檐四坡面,屋脊反翘瓷雕八龙二鳄,角脊作成凤尾伸展而卷曲,线条柔和优美,整体结构华丽壮观。戏台连接于山门后檐,坐南朝北,木构藻井顶盖。雕脊画枋,小巧玲珑,具有泉州独特艺术风格。

紧接山门两侧为东西阙建筑,所谓"秦宫汉阙"以示天后宫之尊。建筑为二层楼阁,面临通衢,两楼高耸,楼上分置钟鼓,楼下塑造千里眼,顺风耳二神像,威武庄严。

天后正殿,虽历经沧桑,但明清木构建筑至今依旧保存完好,而且保留宋代构件。正殿占地面积 635.5 平方米;筑于台基座,高出地面 1 米,采用花岗岩石砌筑的须弥座,束腰处浮雕"鲤鱼化龙"、雄狮、文房四宝"八骏云火"、仙家法器、鹤舞云中、宝盖莲花等图为二度空间动态艺术造型、雕刻刀法熟练,生动活泼,表现其神职至高无上与教属。殿内木梁骨架,立于圆形花岗岩石柱,柱头浮雕仰莲连珠斗,挑出斗拱承托梁架作九架梁,建筑结构比较特别,空间变化很丰富,门窗弯枋雀替,雕花精致细密,纹饰丰富多彩:既有几何图案,又有花卉水族,鸟兽人物,托木部位有凤凰戏牡丹,寿梁中作如意枋心,表现女性神庙韵味。殿内油漆用朱地画"暗八仙"之一的钟离及如意相间图案,其绿地雕彩西蕃莲及喜鹊登梅图案,有吉祥的象征,有的图案作异兽,寓意"益寿"。殿内础浮雕,更是琳琅满目,八骏、八宝、博古鸟龙及各种花卉,表现着水族鱼龙腾空翻浪,与百花争妍,这都是表现道教主题的图案,以福禄寿吉祥物作衬托,呈现仙家的非凡境界。

殿顶筑九脊重檐四面落水的歇山式,正脊是天后殿至高点,两端五彩瓷塑双龙戏珠,造型精美,光泽鲜艳,表现整个大脊龙的至高题材,四岔脊头组合凤凰图案,对应大脊呈龙凤呈祥,背面作人物故事,配以龙凤、麒麟、玄武、双虎,系吉祥如意,庆贺长寿的象征,为闽南建筑艺术之一绝。

东西两廊及两轩和寝殿,均由国家文物局立案拨出专款依旧复原修缮。东西两廊原置配神二十四司,现改为闽台关系史博物馆陈列室。寝殿又称后殿,地势比正殿高出 1 米多,两侧突出部位设为翼享,左右斋馆。整座殿宇系明代大木构建筑,屋盖为两坡面的悬山楔,面阔七间,35.1 米,进深 19.8 米,高 8 米许,木质梁架粗大古朴,大木柱置于浮雕仰莲瓣花岗岩的圆形石基之上,殿前檐柱保存一对十六面青石雕的元代印度教寺石柱。估计是明代翻修时称置。柱上接木柱,刻有楹联"神功护海国,水德配乾坤。"正面原有悬挂明代大书法家张瑞图书"后德配天"的横匾,目前正在修建中,属国家木构建筑之瑰宝[③]。

8.关于建筑的经典文字轶闻。妈祖,原名林默娘,北宋平安军(泉州府)节度辖下的莆田县湄洲岛之民女,宋太祖建隆元年(960)三月二十三日生。宋太宗雍熙四年(987)"羽化升天"。其由人演化为神的故事大致如下:北宋雍熙四年重阳节,林默娘父兄驾舟北上,遇风暴,林默娘敏感到父兄的遇难,亲临救驾,父亲救起,兄长与自己身亡。乡民赞她"通悟秘法,预知休咎事,乡民以病苦辄愈。长能乘席渡海,乘云游岛屿间,人呼曰神女,又曰龙女"[④]。另外,南宋惠安人黄岩孙主编的仙游县志,也说妈祖生前的身份是"巫"。明永乐年间,明成祖派郑和、张谦等屡次下西洋,是时泉州仍设市舶司(成化间才迁福州),为朝廷指定的使节出入口岸。万历《泉州府志》卷 24 载泉州妈祖庙:"永乐五年,使西洋太监郑和奏令福建守官重新拓之,而宫宇益崇。[⑤]"又"永乐十三年,少监张谦使渤泥,得泉州发自浯江,实仗神庥。归奏于朝,鼎新之。[⑥]"同书又转载《隆庆志》说:"永乐五年,以出使西洋太监郑和奏令福建守镇宫重新其庙。自是节遣内官及给事中行人等官出使琉球、暹罗、爪哇、满加刺等国,率以祈祷告祭为常。"乾隆《兴化府莆田县志·人物·妈祖本传》卷 32 载:"明永乐间,内官甘泉、郑和有暹罗西洋之役。各上灵迹,命修祠宇。"同书卷三谓:"天后庙在湄洲屿。……明·永乐初封宏仁普济天妃,立庙致祭。凡使海外,率皆致祭。"《湄洲屿志略》称元朝"天历二年,遣官致祭天下各庙(妈祖庙)。[⑦]"从是年八月初一祭直沽妈祖庙开始,由北而南,十月二十祭湄洲庙,十月二十五以祭泉州庙结束,计祭祀十五处妈祖庙。其御祭文随庙而异,皆提其保庇南北漕运之功。湄洲庙是妈祖的降生地,当然要崇祀纪念;泉州庙则是妈祖发祥之处,并且功及海外,庇及社稷,更要崇祀纪念。在当时十五所官方承认的天妃宫中,以泉州、湄洲二庙最重要,故祭祀以湄洲庙、泉州庙结尾。

参考文献

①③泉州历史文化中心：《泉州古建筑》，天津科学技术出版社，1992年。

②⑤阳思谦：万历《泉州府志》。

④（明）张燮：《东西洋考》卷九。

⑥《泉州府志》卷一六，乾隆二十八年泉州刊本。

⑦（清）杨浚：《湄洲屿志略》卷二光绪十四年（1888）刊印。

五、遇真宫

1.建筑所处位置。崂山北侧鹤山上。

2.建筑始建时间。宋代嘉定年间（1208—1224）。

3.最早的文字记载。庵东的悬崖上刻有"鹤山遇真庵"五字，旁刻"元至正二十八年八月十五日长春真人立。"还刻有"嘉靖癸巳秋九月二十四日石亭陈沂同北泉蓝田来"等字。此乃南京文人陈沂游山题刻。

4.建筑名称的来历。鹤山在鳌山卫镇南部，距县城20公里，海拔223米，周长约五千米，因山势似鹤得名。遇真宫原名遇真庵，始建于南宋嘉定年间，元明两代重修，著名道士张三丰、李灵仙、徐复阳、丘处机曾在此修行。后因这里是"徐复阳成道之所"，因丘处机命名刻石而得名①。

图 8-6-1 遇真宫

5.建筑兴毁及修葺情况。遇真宫创建于宋，元代皇庆二年（1313）重建②。至正年间（1341—1368），再次重修。内有三殿，下殿祀真武大帝，中殿祀太上老君，上殿祀玉皇大帝。宫附近有"鹤山遇真宫"石刻、徐复阳墓、舍身台、摸钱涧、仙鹤洞、滚龙洞等道教名胜古迹。明代永乐及正统年间又屡经修葺。丘长春曾栖息于此，现留有刻石。徐复阳亦在此处修真养性，据传其墓在鹤山滚龙洞下③。

6.建筑设计师及捐资情况。谢安、谢丽；张三丰、李灵仙、徐复阳、丘处机四位名道士当是主要的设计主持人。特别是后来丘处机得到成吉思汗的信任，委托其总揽中华宗教事务。

7.建筑特征及其原创意义。依山而建，恰好与道教三清境界的层次性特征吻合。

8.关于建筑的经典文字轶闻。宋朝覆亡后，当时躲在杭州的帝昺的生母谢丽和小姨谢安曾化装成渔民隐居崂山。起先居于临海的太平兴国禅院。后因见海就触境生悲。道士们建议她俩在距离海面较远的庙脚塘子观修行。两谢对崂山的贡献除了前面提到的道教音乐外，她们还对塘子观等道观的建造做出了贡献④。

参考文献

①②《崂山志》卷二。

③《道教大辞典》。

④《崂山餐霞录》。

（七）志塔

一、开元寺塔

1.建筑所处位置。在河北省定县城内。

2.建筑始建时间。北宋至道元年（995）动工，至和二年（1055）建成，历时 60 年。系释会能取经天竺获佛舍利归后奉诏所建的寺塔①。

3.建筑名称的来历。位于开元寺内，故名。定县当时是与辽毗邻的军事重镇。传说北宋年间宋朝和契丹军事对峙期间此塔曾用来瞭望敌情，故俗称"料敌塔"。也写作"瞭敌塔"②。

4.最早文献记载。（元）王结《登开元寺塔呈同游遂初敬仲二友》："千尺玉浮图，孤撑插碧天。步登最高顶，缥缈青云颠。顿忘六月暑，迥脱市井喧。极目眺区宇，更觉心悠然。太

图 8-7-1　正定开元寺塔

行镇中州，势与碣石联。唐溪注东溟，千里青蜿蜒。今日复何日，得此佳山川。长风万里来，衣被轻翩翩。举手谢浮世，一笑如得仙。况陪两君子，济济皆英贤。高论屡起予，亹亹相后先。我有白云望，不获久随肩。驱马复东去，幽怀良未宣。夫君厉孤节，贱子当勉旃。莫忘共游乐，永保金石坚。③"

5.建筑兴毁及修葺情况。在 900 多年岁月中，开元寺塔经历了十多次地震，虽然清康熙十八年（1679）和三十六年（1697）的大地震，康熙五年（1666）的雷电，曾使塔身受到一定损害，但几经修葺，开元寺塔风貌依然。可惜的是清光绪十年（1884）六月，塔的东北面从上到下自然塌落，破坏了这一珍贵古代建筑的完整性④。寺内今存的约 40 块碑刻记载了历代的修缮功德。1949 年后人民政府十分重视对开元寺塔的保护，多次进行了整修。1961 年开元寺塔被国家确定为首批重点保护文物。1989 年政府再度拨款对其进行整修。

6.建筑设计师及捐资。宋代僧人会能奉诏建造。

7.建筑特征及其原创意义。开元寺塔八角十一层，双层套筒，梯级设于塔心，高达 84 米，是中国最高的古塔。除一、二层之间的平座外，其他各层均无。各层外壁四正面开门，四斜面浮雕假窗。檐下没有斗拱，塔檐只是砖叠涩挑出。全塔檐端连线柔和，上

部收分渐著,通体简洁无华,以比例匀称见长,是造型优秀的作品之一⑤。

塔身各层外壁内均有一周回廊,廊顶为砖制两跳斗拱,上施支条背板,做法仿木构建筑。第二、第三层的背板用方砖刻出各种纹饰,每块纹样都不重复,并饰以彩色,极为华美。第四至第七层以木板代砖,上施彩绘。第八至第十一层则仅用穹窿,无斗拱、平棊。回廊内为八角形砖柱,柱内设塔心室或砖阶。第一层因高度大,塔心室分成两层。上部的圆顶仿斗八藻井的形式,用八条砖肋支撑逐层挑出,第四层以上各层的阶梯在平面呈十字交叉形。塔外壁涂白色,内壁有壁龛,龛内原有壁画和塑像,其中以第四层残存的壁画年代最早。各层回廊壁上有历代名人题咏碑记三十余处⑥。

8.关于建筑的经典文字轶闻。(宋)宋祁《开元寺塔偶成题十韵》:集福仁祠日,雄成宝塔新。经营一甲子,自至道乙未经始至至和岁乙未告成。高下几由旬,屹立通无碍,支持固有神。云妨垂处翼,月碍过时轮。顶日珠先现,缘风铎自振。沙分千界远,花口四天春。亿载如如地,三休上上人。堆螺俯常碣,缭带视河津。陶甓勤争运,园金施未贫。谁纤简栖笔,为我志琳珉⑦。

9.辩证。《定县志》云塔始建于北宋咸平四年(1001),落成于至和二年(1055)。多书引用此说法。而北宋宋祁却在诗歌自注里明确说是"自至道乙未经始至至和岁乙未告成"。则很可能是北宋咸平四年(1001)乃建寺之始,而至道乙未则是建塔之始。此塔此寺实际上兼有宗教场所和军事重镇双重性质。故建造时间特长。当地民间所传"砍尽嘉山木,修成定县塔"也只是笼统而言,因塔予人印象深刻。而这六十年修成一塔,实际上是出于军事防御考虑。并不一定真的是一塔用时六十年。所砍木材也并不是都用来造塔。

参考文献

①⑦《景文集》卷二〇。

②《定县志》。

③《文忠集》卷二。

④朱希元:《北宋"料敌"用的定县开元寺塔》,《文物》,1984 年 3 期。

⑤萧默:《中国建筑艺术史》,文物出版社,1999 年。

⑥马瑞田:《定县开元寺料敌塔塔基彩画》,《文物》,1983 年 3 期。

二、上定林寺塔

1.建筑所处位置。在南京市江宁区方山西北麓。

2.建筑始建时间。南朝刘宋元嘉十六年(439)释竺法秀建造①。

3.最早的文字记载。"九年八月甘露降,上定林寺佛堂庭中,天如雨,遍地如雪。②"

4.建筑名称的来历。定林寺原建于钟山,是南朝刘宋元嘉十六年(439)释竺法秀造。南宋乾道九年(1173)寺废,僧善鉴请其额,于方山重建定林寺,同时建定林寺塔。在方山者称上定林寺,在钟山者称下定林寺③。

5.建筑兴毁及修葺情况。定林寺距今已有 1500 多年历史,属于金陵名刹之一。始建于南朝刘宋元嘉十六年(439),外国高僧(释竺法秀)在南京钟山(今南京紫金山紫霞湖一带)始建,即后世所称的上定林寺。文艺评论家刘勰皈依佛门后(法号慧地),依止大学僧僧佑十余年,所著不朽巨著——《文心雕龙》即完成于上定林寺。

南宋孝宗乾道年间(1165—1173),高僧善鉴因钟山定林寺已经荒弃,乃将"定林寺"匾额移至方山,重建定林禅寺,与南京钟山定林寺在经度上南北正对,同时建定林寺塔,此塔已有 800 余年历史,专供佛像,不能上人。元至治年间(1321—1323)和明天顺年间(1457—1464)居士朱福宝及其诸子曾重建。两次大修后,随后即遭到破坏,清同治年间(1862—1874)寺庙已毁,至太平天国时,更被毁殆尽,清光绪(1875—1908)间,由世称"道明师祖"的僧人向四方化缘重建,增其旧制,规模更为宏大。寺庙虽经明清两代多次重修,但塔身部分仍为宋时遗物④。

"文革"期间,该寺复遭劫毁,仅塔尚存。历史进入 21 世纪,饱经沧桑的方山定林寺仅剩下一斜塔、一弥勒殿和几间寮房。2003 年方山定林寺塔得开始重新修缮,修复大雄宝殿,还将陆续建起藏经楼、三圣殿、东偏殿、西偏殿、天王殿、禅堂、讲经堂、念佛堂、祖堂、客堂、斋堂、钟楼、鼓楼、僧寮、放生池等。

6.建筑设计师及捐资。南朝刘宋时期高僧释竺法秀经始,南宋乾道九年(1173)寺废,僧善鉴请其额,于方山重建定林寺,同时建定林寺塔。元至治年间(1321—1323)和明天顺年间(1457—1464)居士朱福宝及其诸子亦曾重建。清光绪(1875—1908)间,"道明师祖"向四方化缘,重建该寺,增其旧制。2003 年江宁区政府开始修缮遗存之古建筑,并拟重建部分佛教建筑以便宗教活动开展。

7.建筑特征及其原创意义。该塔为南京历史最久的楼阁式砖塔,塔高约 14.50 米,为 7 级 8 面仿木结构楼阁式砖塔。底层较高,边长 1.46 米,直径 3.45 米。底层和二层内部为方形,三层以上则为圆筒形。在第五层设木架以承刹杆。底层仅南面开门,中央有石雕须弥座,东、西、北三面有佛龛。其他各层均四面开门。塔身用砖砌成仿木结构的柱枋、斗拱。因年久失修,腰檐、塔顶及塔刹已毁⑤。

8.关于建筑的经典文字轶闻。《唐京兆法秀传》记载:"释法秀者,未详何许人也。居于京寺,遊于咸、镐之间。以劝率众缘多成善务,至老未尝休懈。开元末,梦人云将手巾袈裟各五百条可于回向寺中布施。觉后问左右,并云无回向寺。及募人制造巾衣,又遍询老旧僧俗,莫有此伽蓝否? 时有一僧形质魁梧,人都不识,报云:我知回向寺处。问要何所须并人伴等。答曰:但赍所施物名香一斤即可矣。遂依言授物,与秀偕行。其僧径入终南山,约行二日,至极深峻。初无所觌,复进程,见碾石一具,惊曰此人迹不到,何有此物? 乃于其上焚所赍香,再三致礼,哀诉从午至夕,谷中雾气弥漫,咫尺不辨,逡巡开雾,当半崖间有朱门粉壁绿牖璇题刹飞夭矫之旛,楼直觚棱之影。少选,见一寺,分明云际三门,而悬巨牓,曰:回向寺。秀与僧喜甚,攀陟遂到,时已黄昏而闻钟磬唱萨之声。门者诘其所从,迟回引入,见一老僧,慰问再三,倡言曰:唐皇帝万福否? 处分令别僧相随,历房散手巾袈裟。唯余一分,指一房空榻无人有衣服坐席似有所适者,既而却见老僧若纲任之首,曰:其往外者当已来矣。其僧与秀复欲至彼授手巾等,一房但空榻者,亦无人也。又具言之者,僧笑令坐,顾彼房内取尺八来,至乃玉尺八也。老僧曰:汝见彼胡僧否? 曰:见已。曰:此是将来权代汝主者。京师当乱,人死无数。此胡名磨灭王,其一室是汝主房也。汝主在寺,以爱吹尺八,罚在人间,此常所吹者也。今限将满,即却来矣。明日遣就斋,斋讫曰:汝当回可,将此尺八并袈裟手巾与汝主自收也。秀礼拜而还,童子送出,才数十步,云雾四合,则不复见寺矣。乃持手巾袈裟玉尺八进上。玄宗召见,具述本末。帝大感悦,凝神久之。取笛吹之,宛是先所御者。后数年,果有禄山之祸。秀所见胡僧,即禄山也。秀感其所遇,精进倍切,不知所终。世传终南山圣寺又有回向也。系曰:昔梁武遣送袈裟入海上山,法秀诣回向寺燕师。命使寻竹林圣寺,此三缘者,名殊而事一。莫是互相改作? 同截鹤续凫否? 通曰:圣人之作,犹门内造车,门外合辙。虽千万里之遥,事亦符合者。盖无异路,故如樵子观仙棊烂柯,非止王质,有多人遇棊,且姓名不同,为烂斧柯者不一,今送衣入圣寺多者亦如此也。⑥

王安石《题定林寺壁》:"舍南舍北皆种桃,东风一吹数尺高。枝柯蔫绵花烂漫,美锦千两敷亭皋。⑦"

参考文献

①(明)葛寅亮:《金陵梵刹志》。

②《南齐书》卷一八。

③同治《上江两县志》。

④⑤顾延培、吴熙棠:《中国古塔鉴赏》,同济大学出版社,1996年。

⑥《宋高僧传》卷一八。

⑦《王荆公诗注》卷四。

三、玉泉寺塔

1.建筑所处位置。在湖北省当阳县城西15千米的覆船山东麓玉泉寺门前。

2.建筑始建时间。塔铸于北宋嘉祐六年(1061)。①

3.最早的文字记载。"佛寺玉泉寺,在当阳县西南二十里。②"宋人彭百川说:天圣元年(1023),皇太后"赐玉泉山景德院白金三千两。皇太后微时,常过玉泉,有老僧言后当极贵。既如其言,遣使召之,不至。就问所须,曰:道人无所须也。玉泉寺无僧堂,长芦无三门。后念之,故有是赐。寺门起承中,成辄为蛟所坏。后必欲成,用生铁数万迭成小门乃成。言蛟畏铁也。③"

4.建筑名称的来历。全称"如来舍利宝塔",又称当阳铁塔。大概因玉泉寺位置低湿,(故老传闻寺后尝起蛟,20世纪60年代曾筑一水库。至今木构殿阁腐朽受损严重,东南大学建筑学院朱光亚教授新近编制保护规划,现已落架大修)木塔易腐,故铸铁塔。

5.建筑兴毁及修葺情况。玉泉寺"在当阳县西南二十里玉泉山。(南朝)陈光大中(567—568)浮屠知顗自天台飞锡来居此山。寺雄于一方,殿前有金龟池。《玉泉诗序》:山水之胜甲天下。张曲江、孟浩然辈尝托于诗,以写其胜。④"此言建寺之始,而塔之铸造则在宋朝嘉祐六年(1061)。见塔身第二层原铸文字。

6.建筑特征及其原创意义。铁塔建在砖石基台上。八角、十三层,仿木构楼阁式,总高17.9米。做法是基座、塔身、檐部和平坐等部位分段用生铁浇铸,依次叠放而成。铁塔基座满镌海波纹,上为须弥座,各角有金刚力士一尊,体态矫健。每面束腰中央镌壶门,内一坐佛。上枋镌二龙戏珠。塔身奇数层的四正面和偶数层的四隅面设门,其余各面镌刻一佛二弟子或一佛二弟子和二菩萨二力士等。檐部飞檐前端,各铸凌空龙头,以挂风铃。在第二层塔

图8-7-2 当阳玉泉寺铁塔

壁上镌有塔重、铸造时间和工匠姓名等铭文⑤。

7.建筑设计师及捐资情况。塔上刻有工匠的姓名。

8.关于建筑的经典文字轶闻。白居易《题玉泉寺》:"湛湛玉泉色,悠悠浮云身。闲心对定水,清净两无尘。手把青竹杖,头戴白纶巾。兴尽下山去,知我是谁人?⑥"

参考文献

① 据塔上所铸铭文。

②④《方舆胜览》卷二九。

③《太平治迹统类》卷六。

⑤ 陈植:《中国造园史》,中国建筑工业出版社,2006年。

⑥《白氏长庆集》卷六。

四、海清寺阿育王塔

1.建筑所处位置。在江苏省连云港市东南花果时山下大村水库之滨。

2.建筑始建时间。塔建于宋天圣元年(1023)。

3.最早的文字记载。"夜有光出阿育王塔之旧址,发之得金铜像。①"

4.建筑名称的来历。"……谓之舍利,弟子收置宝瓶,募建宫宇,谓为塔。塔犹言宋庙也。于后有王阿育以神力分佛舍利于诸鬼神,造八万四千塔,布于世界,皆同日而就。②"

5.建筑兴毁及修葺情况。海清寺阿育王塔兴建于宋代天圣元年(1023),于天圣九年(1031)建成。塔高40余米,九级八面,是苏北地区现存最高和最古老的一座宝塔。据建塔时嵌在塔内壁上的碑文记载,此地原先曾建过一座塔,在唐代时号称全国第二,可见此塔在我国的建塔史上有着重要的地位。近年在拆补第一层踏步时,发现了一个方形砖室,从中出土了大量的珍贵文物:有晚唐风格的精雕的砚石函、银匣、银椁、银精舍、鎏金银棺,汝窑瓷瓶以及琉璃瓶等。瓶内装有"舍利子",银匣内装有两颗佛牙。尤其在那些造型精巧的器皿上,都有着十分精美的模压雕塑纹饰。

海清寺阿育王塔是江苏北部历史悠久、塔体最高的一座浮屠。这座塔的坚固程度令人吃惊,近千年的历史中,所在地区曾经发生过较大的地震18次之多,尤其是清康熙七年六月十七日(1668年7月25日)受郯城8.5级大地震的波及,该市和赣榆一带海岸线迅速向黄海推进了15千米。《嘉庆海州直隶州志》上说:海州"城倾十之二三","屋宇多圮"。而海清寺阿育王塔却能够巍然挺立,安然无恙。底层南门"根深固蒂"的门楣刻石可谓是名副其实了。据已知的实物和史料记载,海清寺阿育王塔在南宋、明、民国时期都曾做过不同程度的修缮,1975年,国家拨专款对阿育王塔进行了一次修整③。

6.建筑设计师及捐资情况。现寺中阿育王塔底出土北宋鎏金银棺,长10.3厘米,宽5.7厘米,高7.5厘米,盖呈盝顶形。正中雕佛涅槃像,边坡绕以缠枝如意纹饰。前部和左右两侧各捶揲一个菩萨坐像。底部捶揲一朵大莲花。棺后铭文"施主弟子沈忠恕与家眷孟氏二娘于天圣四年丙寅岁四月八日安葬舍利功德记"。据此可知阿育王舍利塔就是沈忠恕及其家人捐资建造。

7.建筑特征及其原创意义。砖结构,平面八角形,九层,高约35米,仿木结构楼阁式塔。塔身每层腰檐为砖迭,腰檐上用砖砌斗拱和平座,塔门为拱形,直棂窗也是砖砌。塔内每一层至第八层建造八边形塔心砖柱,柱上有半圆形佛龛四个。第九层内不砌塔心柱,也没有回廊,塔壁上砖砌斗拱,砌成八角形藻井。各层楼板搭在塔心柱内。上、下衔接,交错组成。塔身砖体内曾经发现木骨残迹,说明建筑塔身时用木骨结构,相当今天的钢筋。

海清寺阿育王塔继承了宋《营造法式》中的优良传统,塔基经过精心的选择和处理,结体严密合理,线条明快秀逸,风格雄浑古朴,在我国古代建筑史上有着极其重要的价值,与河北定县宋咸平四年(1001)建的开元寺料敌塔,同被称为我国古建筑中的南北两巨构④。

8.关于建筑的经典文字轶闻。阿育王塔的传说很多。兹录一则浙江宁波阿育塔传说以飨读者:"四明鄞山阿育王塔,晋太康三年从地涌出,其状青色,似石非石,高一尺四寸,方广七寸,露盘五层,四角挺然,中悬金色小钟,舍利缀于钟下,圆转不定。绕塔四周俱是镂空诸佛菩萨金刚圣僧八部等像,神工圣迹,非人力所及。万历丙子,平湖陆五台公瞻礼,初见舍利大如芡实,已如弹丸,最后大如车轮。五色变幻,光彩射目。壬子泰和郭孔泰孔陵到山瞻礼,舍利初视若黍珠,已如豆,如莲子,同观者或见如新菱出壳,两角垂丝丝,缀以珠。或见如葡萄色,或见如桃瓣,或见如金莲花。瑞相种种,莫可殚述。始知佛大神通,历千百年不灭也。⑤"

参考文献

①《宋史》卷六六。

②《御批历代通鉴辑览》,卷四三。

③④连云港市地方志编纂委员会:《连云港市志》(送审稿),2000年。

⑤《徐氏笔精》卷八。

五、云岩寺塔

1.建筑所处位置。在江苏省苏州市的虎丘山上。

2.建筑始建时间。塔始建于宋太平兴国二年(977)。号称江南第一古塔,为砖砌楼阁式。

3.最早的文字记载。公元976年宋太祖赵匡胤逝世。"先国妃居共气之亲,钟断臂之祸。"由是"显营雁塔,冥助翟衣。于山之椒,累砖而就。基其岩,所以远骞崩之患;黜其材,所以绝朽蠹之虞。不挥郢匠之斤,自云陶公之甓。自于经始,迨尔贺成,凡九旬有六日。仍以古佛舍利二颗,亲书金刚般若一编,置彼珍函,藏诸峻极。①"

4.建筑名称的来历。云岩寺的前身最早可追溯到晋朝王珣和他的弟弟王珉的舍宅为寺。咸和二年(327),舍建精庐于剑池,分为东西两寺,寺皆在山下。盖自会昌废毁,后人乃移寺山上。②塔因寺名,说详前。又因塔在虎丘山上,故俗称虎丘塔。

5.建筑兴毁及修葺情况。云岩寺塔始建于宋太平兴国二年(977)。在南宋范成大的时代,原来的东、西两寺合而为一了。"寺之胜,闻天下。四方游客过吴者,未有不访焉。③"到宋朝朱长文写《吴郡图经续记》时,已经是"今东寺皆为民畴,西寺半为榛芜矣。寺中有御书阁、官厅、白云堂、五圣台,登览胜绝。由有陈谏议省华、王翰林禹偁、叶少列参、蒋密直堂真堂。寺前有生公讲堂,乃高僧竺道生谈法之所。旧传生公立片石以作听徒,折松枝而为谈柄。其虎跑泉、陆羽井,见存。比岁,琢石为观音像。刻经石壁。东岭草堂亦为佳致,惜已毁坏。"《虎丘云岩寺重修记》:苏长洲县之西北不十里,有山曰虎丘,吴阖闾所葬处。世传既葬有白虎之异,故名。冈阜盘郁,泉石奇诡,盖晋王珣及弟珉之别墅。咸和二年捐为寺,始东、西二寺。唐会昌(841—846)中合为一。而名云岩者,昉于宋大中祥符间(1008—1015)。载卢熊郡志如此。始清顺尊者主此寺,至隆禅师而复振。历世变故,寺屡坏辄屡有兴之。洪武甲戌(1394),寺复毁。永乐(1403—1423)初性海主寺,始作佛殿。某作浮图七级。继性海者,楚芳作文殊殿。十七年,良价继楚芳,是年作庖库,作东庑,明年作西庑,作僧舍。又明年作妙庄严阁,又三年阁成。盖寺至良价始复完。价所作阁之功最巨,凡三重,崇百二十尺有奇。广八十尺有奇。深六十尺。上奉三世佛及万佛像,中奉观音大士及诸天像。其材之费为钞三十余万贯。金石彩绘之费六十余万贯。又经营作天王殿以次成。良价,杭之海昌人。石庵其字。今僧录阐教止庵其师也。余闻诸刑部主事陈亢宗云,良价尝从亢宗游,遂因以求余记。其成,余闻虎丘据苏之胜,岁时苏人耆老壮少闲暇而出游者,必之此。士大夫宴饯宾客亦必至此。四方贵人名流之过苏者必不以事而废游于此也。然亦有兴念夫王氏之尝乐于此者乎? 当是时,王氏父子兄弟宠禄隆盛,光荣赫奕,举一世孰加也? 而能遗弃所乐,轻若脱屣焉者,岂独以为福利之资乎? 其亦审夫富贵之不可久处与子孙之未必世有者乎? 虽其智识趋向高明正大不足以庶几范希文之为,而无所系累乎外物视李文饶溺情役志下至于草木之微者岂不超然过之也? 而自建寺以来今千余年,虽屡坏而屡兴,其飞甍杰构凌切云汉,与其山川相辉焕,称名胜于东南,愈久而不衰者固佛之道足以鼓动天下,亦必其徒多得夫瑰玮踔绝刻厉勤笃材智之人能张大其师之道,以致夫多助之力也。瑰玮踔绝刻厉勤笃之人,其用意也弘。其立志也确。有不为为之而孰御其成哉。嗟乎! 若人也使就于世用,有不立事建功而可以裨当时闻后世哉? 吾又以慨夫屡见之于彼而鲜遇于此也④。

6.建筑设计师及捐资情况。云岩寺塔系"先国妃"为宋太祖祈福而作。此寺在宋代至道中(995),地方太守魏庠曾奉朝廷旨意"改为禅刹,延清顺尊者演法主之。⑤""绍兴八年(1138)僧绍隆尝建立转轮大藏,效弥勒示现礼制,施轴于中,负戴其上。规模甚伟。僧法暖、法清、法悟空,为之劝邦人李方高次第输材。"未动工而释绍隆圆寂。释宗达继其志,"夙夜究力,益励精诚。再阅寒暑,工绩俯就。平高益下,栋宇翼如。琅函贝叶,辉灿熀耀。"他们的努力感动了一个叫邹珉的信士。他"目视口叹,尽捐所有,独力庄严"⑥。释圆至《修虎丘塔颂序》:曹洞氏之老秀公镇虎丘明年,始以官命并西庵墟之徙其栋瓦椽桷完寺坏屋。于是虎丘隆禅师之塔破而复新,藩级崇闳,奥閾弘深。户容庭貌,炜焕赫奕。观瞻耸悦,如教复振。论者多秀公之义,颂声不期而作焉。惟禅师之道,于临济氏为正胤之受,当敕统之季群宗遗支微绝不嗣,独禅师众胄曼衍天下。百年之间,以道德表兹山。居禅师之居者,父子弟昆后先之踵相接也。然皆熟视其祖,凛然欲压于颓檐仆壁之下,莫肯引手持一瓦一木救其风雨寒暑。而秀公异氏也,独知尊教基,饬祠宇,致孝乎非己之祖,岂惟善善之公,足以灭党私而矫薄俗! 彼为人后而遗其先者,视公之为宜何如也⑦。

7.建筑特征及其原创意义。砖结构,平面八角形,七层,高47.50米,仿木结构楼阁式。历史上曾七次遭火灾,顶部及各层塔檐均毁坏,塔顶铁刹也不存,现仅存砖砌部分。塔身由底向上逐层收进,外部轮廓有微微膨出的曲线,外壁每层转角处呈圆柱状,每面用檐柱划分为三间,中为塔门,左右是砖砌直棂窗,柱顶搭横额,上置斗拱,承托腰部的塔檐,再上为斗拱及平座栏杆。塔身由外壁、回廊、塔心三部分组成。外壁塔门至回廊有一过道;廊内是塔心,八角形,四面开门;从塔门经过道进入塔的中央小室,小室平面除第二、第七两层八角形外,余均方形。塔内各层顶部用大小斗拱和砖块挑迭砌成长方形、方形或八角形藻井,十分精美。塔身结构复杂,色彩美丽,砖砌部分因多模仿木结构形式,有白石灰粉和红、黑两色绘制的彩画,别具风格。千百年来,由于地势的下沉,虎丘塔逐年倾斜,斜度超过了举世闻名的意大利比萨斜塔,故又称中国的比萨斜塔。1989年经过全国各地专家的会诊,对虎丘塔进行了修缮、加固;防止了它的倾斜⑧。云岩寺塔的阑额,构图系以朱色绘出上、下宽道,中间用同宽朱色将构件分成几个长方格,格内留白块。此种朱白二色的组合画法,也应属于"丹粉刷饰",其构图又称"七朱八白"⑨。

8.关于建筑的经典文字轶闻。(宋)周孚《丙戌重五后一日与同舟三人游虎丘,庚寅岁亦以是日薄暮至枫桥望虎丘塔》:"百丈寒岩塔,孤篷倦客船。来迎十里外,相识五年前。天迥方斜日,林深忽暝烟。平生戒三宿,为汝复凄然。⑩"

参考文献

①孙承佑:《新建砖塔记》,见《吴郡志》卷三二。

②(宋)朱长文:《吴郡图经续记》卷中。

③《吴郡志》卷三二。

④《东里集》文集卷二五。

⑤王随:《云岩寺记》。

⑥张浚:《藏记》。

⑦(元)释圆至:《牧潜集》卷四。

⑧顾延培、吴熙棠:《中国古塔鉴赏》,同济大学出版社,1996年。

⑨萧默:《中国建筑艺术史》,文物出版社,1999年。

⑩《蠹斋铅刀编》,《宋百家诗存》卷二一。

六、常熟方塔

1.建筑所处位置。江苏省常熟城区大东门内原崇教兴福寺中。

2.建筑始建时间。始建于南宋高宗建炎三年(1129)①。

3.最早的文字记载。南宋建炎四年,当时有僧释文用提出"兹邑之居,右高左下,失宾主之辨,宜于苍龙左角,作浮图以胜之。"县令李之善其说,遂令建塔。至绍兴三年(1133),用钱十五万缗,功未及半而文用卒②。

4.建筑名称的来历。因位于崇教兴福寺中,故名崇教宝塔。又因塔呈方形,俗称方塔。

5.建筑兴毁及修葺情况。该塔始建于南宋高宗建炎四年(1130)。咸淳间(1265—1274),释有渊撤遗构重建。明洪武八年,寺僧净慧大合众施而兴修之③。清咸丰间(1851—1861),寺毁而塔幸存。抗日战争中,底层副阶被毁,1963年大修,1987年重建副阶。

6.建筑设计师及捐资。释文用,释有渊、释净慧等募资建造⑤。石匠司马恩曾于宋端拱元年(988)参与建造⑥。

图 8-7-3　常熟方塔

7.建筑特征及其原创意义。塔平面正方形,九级,盝顶,总高67米,砖木混合结构。逐层递收,立面轮廓呈抛物线状,翼角起翘,曲线柔和流畅。面阔三间,明间设门洞,底层为拱圈形,其余均为壶状、每层平座深0.9至1.1米不等,檐口用擎柱支撑,每边设几何形栏杆三扇,曲线柔和流畅。塔心柱从第七层楼面起直贯塔顶,用圆形硬木三接而成,直径最粗达　0.6米,总长32.44米。刹自下而上由覆钵、鼓形束腰、承露盘、七重相轮、宝盖、盝形龙首翼角、宝瓶、宝珠等铁制构件组合而成,重 15 吨。底座井字架用混凝土固定。从平地到刹顶总高 67.14 米。置木梯可登顶层。挺拔隽秀,造型优美,此塔虽建于宋代,仍沿袭唐代楼阁式塔平面结构,具有早期佛塔特征,是江苏省现存较为完整之宋塔④。

8.建筑的经典文字轶闻。《兴福寺重修塔记》:"常熟为县,即虞山而治焉。治之东有崇教兴福寺,宋建炎间(1127—1130)文用禅师开山所建也。初,禅师善宫宅地形之术,暇日以其说相而言曰:兹邑之居,右高而左下,失宾主之辨,宜于苍龙左角作浮图以镇之。言于县令李公闻之。李善其说,乃除沮洳,大筑厥址而塔其上,仅六成而师殁。咸淳间(1265—1273)有渊塔主者悉撤遗构,更建今塔,其高九级。时日观温公为制化疏,远近响应,财施云委,遂落其成。上施露盘,表以金刹,周设栏楯,金碧丹膘,下上焕映,巍巍然为一方之巨观者矣。人皆谓渊公即用禅师之后身也。尔后县升为州,风气益完,民物富庶,盖实有阴相之道焉。阅岁寖久,觚棱檐楣,日就颓陊。识者惧焉。国朝洪武八年(1375),寺僧净慧大合众施而兴修之。十六年癸亥工始讫功。旧观既复,来瞻来依。人用嘉叹,乃求书其事以示永久。昔晋沙门昙彦与许询同建塔于越城,未就而询亡。至梁岳阳王萧督来镇越,彦犹在,乃告之阙曰:许玄度来何莫,昔日浮图今如故。督恍然悟其前身。今绍兴应天塔是也。由此言之,则渊公为用禅师后身无疑也。又安知今慧公非渊公之后身乎? 来者尚有感于斯文也哉。⑦"

参考文献

①②《江南通志》卷四四。

③⑤⑦(明)释妙声《东皋录》卷中。

④顾延培、吴熙棠:《中国古塔鉴赏》,同济大学出版社,1996 年。

⑥陈从周:《梓室余墨》,生活·读书·新知三联书店,1999 年。

七、保俶塔

1.建筑所处位置。在浙江省杭州市宝石山上。

2.建筑始建时间。塔建于北宋开宝年间(968—976)。①

3.最早的文字记载。《武林旧事》记载:"咸平(998—1003)中僧永保修,故得名。②"

4.建筑名称的来历。说法有二。一是纪念修筑人释永保。北宋咸平年间,由释永保重建,当时人们称呼永保为师叔,故又称保叔塔。③二是北宋统一后,宋太祖赵匡胤召吴越王钱俶进京,其母舅吴延爽发愿建造此塔。祈祷钱俶平安归来,故名④。

5.建筑兴毁及修葺情况。《西湖游览志》记载:明弘治间(1488—1504),雷震塔渐圮。正德九年(1514),僧文铺重建,又建西方殿于塔后。嘉靖元年(1522)塔毁。二十三年僧永果重建⑤。

6.建筑设计师及捐资情况。僧永保、僧文铺、僧永果等人。

7.建筑特征及其原创意义。砖石结构,平面六角形,七层,高 45.3 米,实心塔。塔基极小,用褐色条石砌筑,共七级石阶。塔身上下匀称,下部四层逐级略细,上部三层围差比例适度,显得稳而不危。塔顶铜铁结构的竿柱下端的盂状露盘,大可对卧两人。刹柱中藏有导善和尚的身骨舍利。塔刹下面的塔帽,如冠如冕,大大增加了塔的艺术美。保俶塔古时与雷峰塔分立西湖南北。《咸淳临安志》云:"浙江中流望之,最为耸出,在湖山间与雷峰塔相应。"⑥保俶塔与雷峰塔处在北西南三方包围西湖的马蹄形山岭的东侧开口处,是"风水"所认为的"水口"地带,东向俯临临安城,与湖光山色相映成画,与城市显然也存在着有机的联系⑦。

8.关于建筑的经典文字轶闻。元钱惟善《保叔塔》:"金刹天开画,铁檐风语铃。野云秋共白,江树晚逾青。凿屋岩藏雨,粘崖石坠星。下看湖上客,歌吹正沉冥。⑧""《涌幢小品》云:杭州有保俶塔,因钱忠懿王入朝,恐其被留作此以保之。称名者,尊天子也。后误为保叔。至有'保叔缘何不保夫,叔情何厚丈夫疏。纵饶决尽西湖水,难洗心头一口污。'之诗。今古流传,谁为杭之妇人洒此奇冤也。⑨"

参考文献

①(明)吴之鲸:《武林梵志》卷五。
②(宋)周密:《武林旧事》卷五。
③(明)田汝成:《西湖游览志》卷八。
④(清)郑方坤:《五代诗话》卷十。
⑤《浙江通志》卷二二六。
⑥《咸淳临安志》卷七十九。
⑦萧默:《中国建筑艺术史》,文物出版社,1999年。
⑧《浙江通志》卷二七四。
⑨(清)郑方坤:《五代诗话》卷十。

八、南塔

1.建筑所处位置。《江西通志》记载:"南塔寺在庐陵县水府庙之南,内有塔,其顶以赤乌记年。①"今在江西省永新县城南小学内。

2.建筑始建时间。塔建于北宋庆历年间(1041—1048)②。

3.最早的文字记载。《方舆胜览》记载:"南塔寺在泰和县,黄鲁直《南塔寺诗》:熏炉茶鼎暂来同,寒日鸦啼柿叶风。万事尽还杯酒里,百年俱在大槐中。③"

4.建筑名称的来历。位于县南,故名。俗名茅塔。

5.建筑兴毁及修葺情况。明、清多次维修。新中国成立后,又拨款修缮。

6.建筑特征及其原创意义。砖结构,用青砖砌筑,平面方形,九层,高约16米,楼阁式,空心。塔尖有铁鼎,上有佛像浮雕和铭刻。塔顶形如古人的"帅帽",所以当地有"南塔顶上戴周瑜帽"之说。此塔素雅古朴,别具一格。目前保存完好④。

7.关于建筑的经典文字轶闻。苏轼《寒食与器之游南塔寺寂照堂》:"城南钟鼓断清新,端为投荒洗瘴尘。总是镜空堂上客,谁为寂照境中人。红英扫地风惊晓,绿叶成阴雨洗春。记取明年作寒食,杏花曾与此翁邻。⑤"

参考文献

①《江西通志》卷一一二。
②④顾延培、吴熙棠:《中国古塔鉴赏》,同济大学出版社,1996年。
③《方舆胜览》卷二〇。
⑤《江西通志》卷一五四。

九、延庆寺塔

1.建筑所处位置。位于浙江省松阳县城西3千米塔寺下村。

2.建筑始建时间。宋咸平五年(1002)。

3.最早的文字记载。《松阳县志》中朱琳《延庆寺塔记》记载:"延庆寺塔,故行达禅师所藏释迦如来舍利塔也。^①"

4.建筑名称的来历。延庆寺塔初名"云龙",因塔址在云龙山下延庆寺前,宋建炎四年(1130)改称延庆塔。

5.建筑兴毁及修葺情况。与1165年竣工的杭州六和塔相比,延庆寺塔要早163年。现存塔体砖铭还有"淳化五年(994)六月中"的字样,足以证明此塔属北宋原物,系唐风宋塔,而杭州六和塔乃宋风宋塔。延庆寺塔从塔身构造到木构出檐都没有发现后人修缮的痕迹,是江南诸塔中保存最完整的北宋原物。

6.建筑特征及其原创意义。延庆寺塔为楼阁式塔,砖木混合结构,平面为较少见的六角形,造型良好,有较高的艺术价值和历史价值^②。每层设有平座回廊,出檐深远,屋脚起翘和缓,颇具唐风,整体风貌玲珑秀美舒展大度。内部一至五层塔心以砖实砌,似乎是唐代木塔中心柱的仿造,可以说是单层与双层套筒之间的过渡。六、七层中心置刹柱,以稳定刹杆。阶级砌在塔壁与塔心间,可登临^③。

7.建筑设计师及捐资情况。行达禅师。据《松阳县志》记载:"有塔高一百五十丈,乃行达禅师于西竺取佛舍利建之。旧传常有神光现于塔顶上。^④"

8.建筑的经典文字轶闻。潘国望《延庆寺》:"秋亦爱禅林,岚光霞塔岑。淋漓高屐齿,慨叹古人心。茗碗僧谈久,芹尊野趣深。从来宽世法,况此豁尘襟。^⑤"

参考文献

①(清)支恒春:《松阳县志》,卷一一。
②黄滋:《浙江松阳延庆寺塔构造分析》,《文物》,1991年第11期。
③萧默:《中国建筑艺术史》,文物出版社,1999年。
④(清)支恒春:《松阳县志》卷四。
⑤(清)支恒春:《松阳县志》卷一一。

十、双塔

1.建筑所处位置。在安徽省宣城县城北5千米的敬亭山南麓。

2.建筑始建时间。塔建于北宋绍圣三年(1096)。

3.最早的文字记载。(唐)张乔《再题敬亭清越上人山房》:"重来访惠休,已是十年游。向水千松老,空山一磬秋。石窗清吹入,河汉夜光流。久别多新作,长吟洗俗愁。^①"

4.建筑名称的来历。因广教寺前这一对浮屠并肩比立,为独特罕见的方形古塔。故名。

5.建筑兴毁及修葺情况。《大清一统志》记载:"广教寺在宣城县北五里敬亭山南,唐刺史裴休建。宋太宗赐御书百二十卷,僧惟真建阁贮藏。元末尽毁。明洪武初,僧创庵故址立为丛林。^②"

6.建筑特征及其原创意义。《江南通志》记载:"广教寺在府北敬亭山之南。唐刺史裴休建。殿前有千佛阁、慈氏宝阁,相传其材皆松萝黄蘖禅师募之安南。寺后有金鸡井,材从井出。……山门有浮屠双峙,一名双塔寺。^③""广教寺元末毁,明初重建,洪武辛未立为丛林。清代寺毁,双塔犹存。^④"现存双塔均为砖木结构,平面方形,七层,高约20米,仿木结构楼阁式。东塔底座边长2.65米,西塔底座边长2.35米。双塔在广教寺山门前两侧,高耸于全寺众屋之上,丰富了整体轮廓^⑤。双塔底层以上四面开门,飞檐木构,木楼板,双塔塔身砌有佛像、阑额、圆拱门等。塔内嵌有宋代文学家苏东坡楷书《观世音菩萨如意陀罗尼经》石刻,此石刻在金石史上有重要价值。双塔沿用唐代四方形平面的形制,在全国现存宋代古塔中是罕见的。双塔已被列为全国重点文物保护单位。

7.建筑设计师及捐资情况。裴修、释黄蘖、释唯真等。

8.关于建筑的经典文字轶闻。清代胡兆殷《水西双塔》:"两两浮屠耸碧空,青冥如洗矗长虹。光连梵宇昙花洁,彩散诸天贝叶红。只有轻鸢摩绝顶,想多古佛居当中。凌虚欲陟恣遐瞩,藓蚀苔封怅不穷。"徐梦麟《游广教寺》:"真界开黄蘖,千年塔并存。松风生绝壑,慨叹古人心。⑥"

参考文献

①《全唐诗》卷六三八。

②《大清一统志》卷八〇。

③《江南通志》卷四七。

④光绪《宣城县志》卷十。

⑤萧默:《中国建筑艺术史》,文物出版社,1999年。

⑥(清)李应泰:《宣城县志》,卷三二。

十一、千佛陶塔

1.建筑所处位置。在福州市东郊鼓山涌泉寺山门前。原在龙瑞寺内,因寺毁,1972年移至今址。

2.建筑始建时间。塔烧制于北宋元丰五年(1082)。

3.最早的文字记载。塔座有题识,记载铸造时间、施主与工匠姓名①。

4.建筑名称的来历。塔为陶制,因供奉庄严劫千佛和普贤劫千佛故名。

5.建筑兴毁及修葺情况。陶塔原在福州南台岛龙瑞寺内,后来因龙瑞寺毁,不便在原地保护陶塔,文物部门在1972年将陶塔迁移至今址保护②。

6.建筑特征及其原创意义。千佛陶塔分东西双塔,东塔为"庄严劫千佛宝塔",西塔为"普贤劫千佛宝塔"。塔为陶质,上施釉,作紫铜色,仿木构八角楼阁式,共分九级,高6.83米,底径1.2米。自下而上宽度逐级缩小。施工系分层烧制,然后拼合而成。塔壁贴塑佛像1078尊,檐角之下悬风铃。以陶烧造成大型宝塔,为国内所罕见,系研究宋代建筑艺术的珍贵资料③。

7.建筑设计师及捐资:详塔壁铭文。

8.关于建筑的经典文字轶闻。(清)谢章铤《龙瑞双塔歌》小引:"塔在寺庭,高过佛殿之半,含瓷泥为主,瓦檐佛像花卉皆作绀色,上以铁釜复之,共九层,八角,角广二尺有奇。④"

图8-7-4 福州千佛陶塔

参考文献

①③陈植:《中国造园史》,中国建筑工业出版社,2006年。

②《中国古代建筑史》第三卷,中国建筑工业出版社,2003年。

④徐华铛:《中国古塔》,轻工业出版社,1986年。

十二、铁塔

1.建筑所处位置。在河南省开封市东北隅。

2.建筑始建时间。建于北宋皇祐元年(1049)。

3.最早的文字记载。《儒林公议》记载:"太宗志奉释老,崇饰宫庙,建开宝寺灵感塔以藏佛舍利,临瘗,为之悲涕。兴国寺构二阁,高与塔侔,以安大像,远都城数十里已在望。登六七级方见佛腰腹。佛指大皆合抱,观者无不骇愕。两阁之间通飞楼为御道,丽景门内创上清宫以尊道教。殿阁排空,金碧照耀,皆一时之盛观。自景祐初至庆历中不十年间相继灾毁略无遗焉。有为之福如是其效乎?①"

4. 建筑名称的来历。该塔初名开宝寺灵感塔,又名琉璃塔。至明天顺年间(1457—1464)改称佑国寺塔。塔身通包深褐色琉璃面砖,砖上浮印图案,斗拱等构件也用同色琉璃面砖制作,具有较高的工艺水平。因其色红近铁,俗称铁塔②。

图 8-7-5 开封铁塔

5.建筑兴毁及修葺情况。宋代佛教建筑。该塔原是八角十三层木塔,为著名巧匠喻皓所造。塔成不久即于宋康定元年(1040)毁于雷火③。皇祐元年(1049),诏建新塔,易木为砖,仍为八角十三层。外壁采用琉璃砖砌造。由于黄河泛滥,塔基已埋入地下。虽经多次地震、水患等自然灾害侵蚀,依然巍然屹立④。

该塔历代多有整修,以明洪武二十九年(1396)和嘉靖三十年(1551)工程最大,现在塔内外的琉璃构件与佛像多为此时补砌。1938 年遭到侵华日军的炮火轰击,致使塔身 4—13 层受到不同程度的破坏,尤以北面上部 8、9 两层及塔刹宝瓶损坏最甚。1957 年进行修缮,并加设了避雷设施。塔南原有铜接引佛立像 1 尊,高 5.14 米,重 11.7 吨,具有重要的艺术价值,1986 年迁至塔西百米外新建的接引佛殿内。1989 年经河南省人民政府批准。确定佑国寺塔的保护范围和建筑控制地带。现由开封市园林处和文物管理处共同管理和保护⑤。

6.建筑特征及其原创意义。铁塔高 55 米,八角十三层,仿木构楼阁式砖塔。内部用砖砌筑,塔身外部筑仿木构门窗、柱子、斗拱、额枋、塔檐等。整个砖塔尽用二十八种不同砖制"标准件"拼砌而成。塔身的外壁镶嵌有色泽晶莹的琉璃雕砖,有飞天、麒麟、游龙、雄狮、坐佛、立僧、伎乐、花草等五十多种图案,内容丰富多彩,动物和人物造型栩栩如生,工艺精巧,是砖雕艺术中的精品。塔身飞檐翘角,造型秀丽挺拔。塔内的螺旋式磴道,将塔心柱和外壁紧密地连成一体,形成了坚强的抗震体系⑥。

7.建筑设计师及捐资情况。国家拨款。宋代工部某大匠设计监造。和他的前辈喻皓所造之塔不同之处只是易木为砖,外贴琉璃砖。该塔的设计因离喻皓去世不到五十年。离木塔烧毁不过四年。因此,该塔从某种意义上看也可视为喻皓的作品。

8.关于建筑的经典文字轶闻。当年设计开宝寺塔,喻皓计划造十三层。郭忠恕"以所造小样末一级折而算之,至上层余一尺五寸,杀(shà)收不得。谓皓曰:宜审之。皓因数夕不寐,以尺较之,果如其言。黎明叩其门,长跪以谢。⑦"

参考文献

①(宋)田况:《儒林公议》。

②萧默:《中国建筑艺术史》,文物出版社,1999年。

③(宋)王铚:《默记》卷中。

④陈植:《中国造园史》,中国建筑工业出版社,2006年。

⑤河南省博物馆:《祐国寺塔》,《文物》,1980年7期。

⑥《中国文化遗产年鉴2006》,文物出版社,2006年。

⑦《玉壶清话》卷二。

十三、繁塔

1.建筑所处位置。在河南省开封市东南郊繁台上。

2.建筑始建时间。建于北宋太平兴国二年(977),为开封市现存最早的建筑物①。

3.最早的文字记载。《汴京遗迹志》记载:"砖塔曰兴慈塔,俗名繁塔。②"

4.建筑名称的来历。因建筑在繁台上,俗称繁塔。繁台历史上曾住过繁姓人家,故繁字念pó音。

5.建筑兴毁及修葺情况。"在陈州门里繁台上。周世宗显德中创建。世宗初度之日曰天清节,故名。其寺亦曰天清寺。……宋太宗太平兴国二年重修。元末兵燹,寺塔俱废。国朝洪武十九年僧胜安重建,永乐十三年僧禧道等复建殿宇塑佛像。③"

6.建筑特征及其原创意义。塔为砖木结构。塔平面六角形,十层,高31.67米(其中小塔高7米左右),楼阁式。由于黄河泛滥,塔基没入地下甚深,塔檐下有仿木结构建筑砖雕斗拱,塔身用一尺见方的面砖砌成,每块砖上都有圆形佛龛,龛中均有佛像,计数十种,大小不一,姿态各异,须发逼真,刻工精美,堪称宋代砖雕艺术的佳作。塔内有木质楼板和梯道,可以登高眺望。第一层由南门进入塔内,东西两壁各嵌石刻6方,东壁刻有《金刚般若波罗蜜经》,西壁刻有《十善业道经要略》,附《佛说天请问经》。均为太平兴国二年(977)赵安仁所书。第二层向南门内,东西两壁共嵌石刻6方,是太平兴国七年(982)刻的《大方广圆觉修多罗了义经》;向北门内东西两壁嵌石刻9方,多为捐施者姓名。第一方为陈洪进于太平兴国三年(978)撰刻的碑石。另外还有捐施人姓名的刻石150余方,这些碑刻,是今人研究佛教经典和书法艺术的珍贵古迹④。

7.建筑设计师及捐资情况。僧胜安、僧禧道等人⑤。

8.关于建筑的经典文字轶闻。李濂《春游繁塔寺二首》:"少小曾游地,重来感慨深。稚僧今老大,落日更春阴。废殿苍苔合,颓垣紫燕吟。空余旧时塔,蔓草故萧森。""古台白云寺,云里塔珠光。春日停车客,登游乐未央。题诗留竹院,醒酒坐松堂。浪迹真堪笑,招提亦醉乡。⑥"

参考文献

①④陈植:《中国造园史》,中国建筑工业出版社,2006年。

②③(明)李濂:《汴京遗迹志》卷十。

⑤《河南通志》卷五〇。

⑥(明)李濂:《汴京遗迹志》卷二二。

十四、姑嫂塔

1.建筑所处位置。在福建省晋江县石狮镇宝盖山巅。

2.建筑始建时间。塔建于南宋绍兴年间(1131—1162)。

3.最早的文字记载。《泉州府志》记载:"大孤山绝顶有塔曰关锁塔,俗称'姑嫂塔'。①"

4.建筑名称的来历。原名万寿宝塔,又称关锁塔。据《闽书》记载:"昔有姑嫂嫁为商人妇,商人贩海久不至,姑嫂登而望之,若望夫石然"。姑嫂塔名称由此而来。《闽粤巡视纪略》记载:"有宝盉、金鞍二山,俗呼宝盉曰大孤,金鞍曰小孤。相传有辜氏二女没而灵异,土人庙祀之,故曰大辜小辜,久而讹曰孤。大孤之巅有石塔,宋绍兴中僧介殊募建,而俗谓之孤山塔,又或讹为姑嫂塔。谓昔有姑嫂二人皆为舶商妇,商人海不返,二女构塔而望之,其即二辜之讹欤?今塔中刻石为二女像,游女拾薧以擿之,云中者当生男子也。②"

5.建筑兴毁及修葺情况。由于山上海风甚大,塔的外形收分甚大,外观肥矮。因此能屹立近千年而完好。

6.建筑特征及其原创意义。石结构,用花岗岩石砌筑,平面八角形,五层,高21.65米,占地面积325平方米。各层迭涩,两层出檐,底层向西开一拱门,两层以上各辟两门,转角倚柱作梅花形,顶置斗拱。各层有回廊围栏杆环护四周。塔内空心,有石阶可登塔顶。第二层西面刻有"万寿宝塔"字样。塔顶为葫芦宝刹,顶可点灯,为古泉州港的重要航海标志。登塔远眺,泉南风光,如入蓬莱。此塔已被列为福建省文物保护单位③。

7.建筑设计师及捐资情况。塔的募建人是僧人介珠④。

8.关于建筑的经典文字轶闻。明苏睿《咏姑嫂塔》云:"古刹传曾宵,乘风独听潮。千杯迎海市,万里借扶摇。琼树当空出,飞帆带月遥。二妃环佩冷,秋色正萧萧。⑤"

参考文献

①⑤隗蒂:《中华名胜掌故大典》,天津古籍出版社,1997年。

②④(清)杜臻:《闽粤巡视纪略》卷四。

③顾延培、吴熙棠:《中国古塔鉴赏》,同济大学出版社,1996年。

十五、曼飞龙塔

1.建筑所处位置。云南省西双版纳州景洪县勐龙乡曼飞龙村。

2.建筑始建时间。建于傣历565年(1204)①。

3.最早的文字记载。西双版纳傣文典籍有记载②。

4.建筑名称的来历。因位于景洪县勐龙乡曼飞龙村寨后山山顶上,故名。

5.建筑兴毁及修葺情况。曼飞龙塔重建于清乾隆年间(1736—1795),因山顶岩石上有一"佛足印",故而建塔于其上。

6.建筑设计师及捐资情况。据傣文经典记载,曼飞龙塔始建于傣历565年(1204),相传是由三个印度僧人设计,由勐龙头人和高僧祜巴南批等人主持建造③。

7.建筑特征及其原创意义。曼飞龙塔由一大石塔八小塔组成,砖石结构,系八角金刚宝座群塔,建筑形式与东南亚上座部佛教诸国的佛塔类似,在我国上座部佛教古建筑中艺术价值很高。该塔造型是在圆形基座上按八方建八座小佛龛,龛顶上部建八座锥形塔,八塔中间建一大型锥型塔,层次分明,群塔拥立,如雨后春笋,故又称其为笋塔。

塔体白色。九塔平面呈八瓣莲花形,主塔居中,高16.29米,八个小塔分列八角,高约9米,圆形基座八角各有一个佛龛,供赕塔用。九塔座下各砌佛龛,内供佛像。在正南向龛下的原生岩石山,有一人踝印迹,传为释迦牟尼足迹,因而兴建此塔。每座塔的塔身均为覆钵式半圆体,建在三层莲花须弥座上,塔刹由莲花座托上的相轮、宝瓶组成。塔上的各种雕塑、浮雕、彩绘,造型优美。塔群布局和谐,造型独特,具有傣族民族风格。每年的傣

图8-7-6　云南景洪曼飞龙塔

历一月十五日(月圆时),都要举行佛塔庆典活动。该塔是上座部佛教的著名建筑,1988年被列为第二批全国重点文物保护单位④。

参考文献

①②《中国民族建筑》,江苏科学技术出版社,1998年。

③丁承朴:《中国建筑艺术全集:佛教建筑(二)(北方)》,中国建筑工业出版社,1999年。

④白文明:《中国古建筑艺术》,黄河出版社,1990年。

十六、大圣宝塔

1.建筑所处位置。俗称青龙宝塔。在山西省潞城县东北22千米处的凤凰山巅原起寺殿西。

2.建筑始建时间。塔建于北宋元祐二年(1087)。

3.建筑名称的来历。因原起寺所在的凤凰山形似待飞的凤凰,形家称当出女主乱政,故于凤凰咽喉处造塔。建造者认为此穴为凤凰咽喉,气脉通顺,脉通凤飞。唐虽建寺,并未镇住主脉,此脉不镇,必有后患。故将塔命名为青龙宝塔。属于为厌胜而造的佛塔。

4.建筑兴毁及修葺情况。原起寺始建于唐天宝六年(747),后经历代维修扩建,成为唐宋混合结构,寺院周围砖砌花栏围墙,坐北朝南。院中主殿大雄宝殿及佛殿三间。

5.建筑特征及其原创意义。砖雕仿木结构,平面八角形,七层,高约17米。层层砖雕飞檐斗拱,挺拔俊秀。塔顶安装四对铁人,闪闪发光。殿前一座方形香亭,小巧玲珑,由四根石柱支撑,结构简练,古色古香。前檐石柱上刻有七绝一首,每柱一句,状写大圣宝塔景致,十分传神。"雾迷塔影烟迷寺,暮听钟声夜听潮。"后檐两石柱上分刻"飞阁流丹临极地,层峦耸翠出重霄。"

6.关于建筑的经典文字轶闻。传说宋朝元祐改元之前,有一位皇家著名阴阳师,游访各地名胜,从河南游到山西潞泽地方,听说凤凰山有寺系唐修建,便慕名专程到此。在观赏中偶然发现佛殿西侧有一深穴,穴通漳底,深不可测,并有阴气冒出,弥漫寺院,远看有霞光万道,令人目眩。认为此穴为凤凰咽喉,气脉通顺,脉通凤飞。唐虽建

寺,并无镇住主脉,此脉不镇,必有后患。回京后便向天子进谏,申明利害,宋王赵煦下旨划拨皇银,决定建塔。于是青龙宝塔于元祐二年建成,宝塔拔地而起,高耸入云,实为一奇观。

十七、六和塔

1.建筑所处位置。六和塔又称开化寺塔,在杭州市闸口月轮山山腰,俯瞰钱塘江,1961年定为全国重点文物保护单位。

2.建筑始建时间。该塔始建于宋开宝四年(971)①。

3.最早的文字记载。《苏子瞻诗话》云:"旧读苏子美六和塔诗'松桥待金鲫,尽日独迟留。'初不喻此语,及倅钱塘,乃知寺后池中有此鱼,如金色也。昨日复游池上,投饼饵,乃略出,不食,复入。则此鱼自珍贵久矣。《搢绅脞说》:张君房为钱塘令,宿月轮山寺,僧报曰:'桂子下塔。君房登塔望之,纷纷如烟雾,回旋如成穗,散坠如牵牛子,黄白相间,咀之无味。②"

图 8-7-7　杭州六和塔

"寺僧以镇潮为功,求内降给赐所置田产仍免科徭。(程)大昌奏:'僧寺既违法置田,又移科徭于民,奈何许之?况自脩塔之后,潮果不啮岸乎?'寝其命。③"

4.建筑名称的来历。六和塔又名六合塔,其名称之由来,历来说法不一,或谓取诸佛教典籍《祖庭事苑》五:释"六和敬"曰:"身和共住,口和无诤,意和同事,戒和同修,见和同解,利和同均。"或谓取诸道教之"六合"理念,即:天,地,东南西北四方;或谓源自《晋书·五行志》"六气和则沴疾不生,盖寓修德祈年之意。"

5.建筑兴毁及修葺情况。六合塔在龙山月轮峰,即旧寿宁院。开宝三年(970)智觉禅师延寿始于钱氏南果园开山建塔。因即其地造寺以镇江潮,塔高九级,长五十余丈,内藏佛舍利,或时光明焕发,大江中舟人瞻见之。后废,已而江潮汹涌,荡激石岸没,舟楫沈匿。至绍兴二十二年(1152)奉旨重造。二十六年僧智昙捐市钱及募檀越,因故基成之,七层而止。自后潮为之却,人利赖焉④。

"钱氏有吴越时,曾以万弩射潮头,终不能却其势。后有僧智觉禅师延寿同僧统赞宁创建斯塔,用以为镇。相传自尔潮习故道边,江右岸无冲垫之失。沿堤居民无惊溺之虞。闻者德之。而武林郡民日由之而不以为德。迨宣和三年(1121)塔与寺为寇盗所爇,赤地无余,自是潮复为患,岁加一岁。或疾浪澎湃,舞潜蛟跃鳅鳣,以是巨浸怒沫,顷刻间捣堤坏屋,侵附江之陆数十百丈,民寔苦其害。绍兴岁在壬申(1152),天子忧之,思所以制其害者。在廷之臣首以复兴斯塔为请,诏赐可。下有司计度,意将官给金币,庀工治材。而都下守臣择可主持斯事,得僧智昙。蔬食布衣戒行精洁,道业坚固,可任以干缘。乃缕陈砖石土木方隅广袤所以复塔之意。昙口诺心然,愿以身任其劳。仍不以丝毫出于官。请得募民众毕兹胜事。都守即日命住持是院。昙自被命,如大檀越和义郡王杨存中率先众力出俸资助,又居士董仲永以家之器用衣物咸舍以供费。先造僧寮、库司、水陆堂、藏殿,安存新众,俾来者有归依祈求之地。以致中朝莲社,闻风乐施,云臻雾集。虽远在他路,亦荷担而来。自癸酉(1153)仲春鸠工至癸未(1163)之春,五层告成。是年岁晚则七级就绪。巍然揭立,成数十寻。跨陆俯川,栏楯层缭。面面门敞,宝网鸣铎,光动山海,撑空突兀,已立于风烟之上。外则规制壮丽,气象雄杰,日以万众欢喜瞻仰,得未曾有。内则磴道以登,环壁刊金刚经,列于上下。及塑五十三善知识,备尽庄严。至于佛菩萨众,各以次位置。凡所以镇静山川,护持法界,调伏魔境者,莫不阂而存焉。塔兴之初,土石未及百簣,而潮势虽仍汹涌,浪犹暴怒,已不复向来之害。……昙,东人也。体识深敏,早受律仪,持教临坛已逾三纪,信心之士往往聆芳咀妙,割缚导迷,作大方便。……约用工百万,缗钱二十万云。⑤"

第一任住持即是重建六和塔的功臣智昙。该寺的建筑反映了中国早期寺庙中的风格,即先有塔,后有寺,寺之建筑以塔为中心而建,而不是像后期寺庙建筑那样,以塔为附属物。如今寺虽已不存,但从残余的建筑还可窥见当时格局之一斑。元朝元统间(1333—1335),六和塔曾因年久破败而作修缮。明嘉靖十二年(1533),倭寇入侵杭州,寺与塔均遭破坏。其时的六和塔"今光砖巍然,四围损败,中木燋痕尚存,唯可盘旋而上也"⑥。可见,那时六和塔的木结构外檐已完全烧毁,只余砖构塔身,明万历年间(1573—1620),佛门净土宗著名高僧袾宏(莲池大师)主持大规模重修六和塔,塔的顶层和塔刹加以重建,还调换了塔身部分中心木柱下面的磉石构件。清朝雍正十三年(1735),世宗胤禛下诏特拨国库帑金,命浙江巡抚李卫再作大规模修整,前后历时两年才竣工。清朝道光、咸丰年间,六和塔又因天灾人祸而日渐破损,外部木结构部位甚至败落无存,颓败朽衰持续了将近五十年。直到光绪二十五年(1899),杭州人朱智(敏生),在捐资修筑钱塘江堤坝的同时,更以余财重修六和塔。1961年3月4日,国务院公布六和塔为全国重点文物保护单位。在此前后,六和塔又经过多次维修,其中规模较大的有三次。第一次在1953年,当时塔顶屋面漏水严重,修缮时对塔内原有的古式彩绘全部更新,同时调换了底层木柱,代以砖柱。并于1957年在塔顶安装避雷针。第二次在1971年,解决了木结构霉烂、白蚁危害等问题,并加设铁栏杆,将部分木窗台板改为钢筋混凝土结构。第三次也是规模最大的一次在1986年,针对六和塔木架构出现不同程度残损等现象,在进行全面勘察之后,清华大学建筑学院专家组按照《威尼斯宪章》精神,以加固、维护为主,确定了维修方案。1991年5月,维修工程进入实施阶段,工程主要是调整塔顶屋面坡度,加固地梀钢结构,同时更换各层屋面全部屋瓦一万余张。是年十二月竣工。

6.建筑设计师及捐资情况。北宋开宝三年(970),吴越王钱弘叔为镇江潮,命延寿、赞宁两位禅师主建九级高塔。南宋绍兴二十二年(1152),高宗赵构因见钱塘江潮捣堤坏屋,侵毁良田,为患甚烈,便命有关官员预算费用,决计重建六和塔。僧人智昙愿"以身任其劳,不以丝毫出于官"。历时十余年,至隆兴元年(1163)仲春,新塔五层告成。明万历年间(1573—1620),佛门净土宗著名高僧袾宏(莲池大师)主持大规模重修六和塔,清朝雍正十三年(1735),世宗胤禛下诏特拨国库帑金,命浙江巡抚李卫再作大规模修整,前后历时两年才竣工。光绪二十五年(1899),杭州人朱智(敏生),在捐资修筑钱塘江堤坝的同时,更以余财重修六和塔。1949年后,六和塔又经过数次维修,只是经费由政府负担。

7.建筑特征及其原创意义。光绪二十五年(1899),杭州人朱智(敏生),在捐资修筑钱塘江堤坝的同时,更以余财重修六和塔。他组织大量人力,在尚存的砖结构塔身外部添筑了一十三层木构外檐廊,其中偶数六层封闭,奇数七层分别与塔身相通,塔芯里面,则以螺旋式阶梯从底层盘旋直达顶层,全塔形成"七明六暗"的格局。经过这次修缮,六和塔的状貌基本定型。对其原状,中国建筑史学家梁思成曾做过复原推测:在砖砌每面三间的塔身外,用斗拱悬挑出六层木构平坐、腰檐,上覆八角锥形塔顶。塔底层外面围一圈回廊,所以一层屋檐特大,以上各层塔身和屋檐内收,形成抛物线形外轮廓。

塔身总高 59.89 米,分塔壁、回廊、塔心室三部分,塔壁外侧用壁柱分成每面三间,明间再砌出两根槏柱,柱间开门,通入回廊。回廊内外壁每面各一间,砌出圆形角柱。柱头铺作用圆栌斗,出一跳华拱,补间铺作五层以下二朵,其余一朵。一层斗拱跳头有令拱,二层以上没有。塔心室二至五层为方形,六、七层为八角形,四面有门通回廊。二至五层塔心室有圆形壁柱,柱头和补间铺作出二跳或一跳华拱,上加令拱,承两层砖涩、花牙,构成藻井。六、七层无壁柱斗拱,刹柱穿过七层而下,止于六层塔心室楼面。登塔楼梯底层设在塔心室内,二层以上设在回廊内。

塔内除斗拱外,各层门的侧壁都有须弥座。其圭脚、上下迭涩都很简洁,集中装饰束腰部分。这部分使用多种图案,构图优美,线条流畅,是反映宋代建筑装饰雕刻水平的重要实物。

六和塔从南宋智昙重建至今,已经历八百多个春秋,其间虽屡遭天灾人祸,塔身却依然基本维持原状,巍然屹立,分寸无移,其根基何在呢?据实地勘察,六和塔不是直接筑造于基岩,而是坐落在中硬密实的板块状基础之上,这个基础,很可能是由蛋清或浓糯米粥作为胶结物,黏合碎石、卵石而形成的,故而塔身的重量,能够均匀分布在板块状持力层上,改点状受力或环状受力为面状受力,分散了受压强度,保持了长时间的相对稳定。六和塔塔基的构筑,可以说是水泥、混凝土发明使用以前,中国古代建筑上伟大而成功的创举,充分反映出我国古代人民的智慧与才干。现存的六和塔,高 59.89 米,占地约 890 平方米,外形基本保持了清光绪以来的旧貌。塔基外表用条石砌筑,每边长约 13 米,按照梁思成先生的说法,这已不是原状,原来的范围应当还要大一些。有些阶条石上,还留有方形琢孔,排列规矩,可能原先立有望柱。塔身为砖砌,外檐为木结构,平面呈八角形。外檐共十三层,其中七层与塔身相连,另外六层为暗层,它们夹于其他七层之间。塔身结构呈内外双槽形式,从外往里依次分为外墙、回廊、内墙和塔芯室四部分。每层塔芯室用斗拱承托天花藻井。藻井用两层菱角牙子叠砌而成,为了显出其华丽、深邃,斗拱的铺作增加,排列稠密,与转角铺作同为五铺作双杪单拱计心造,且有连珠斗形式。部分塔芯室内施各式彩绘,不过已不是宋代原貌,而是近人增饰。每层的塔墙,都十分厚实,以底层为例,外墙厚达 4.12 米。这种结构既有利于支撑塔身,也使六和塔的整体看上去更显坚实、劲节。塔墙须弥座上的壁龛内,早先有各种佛像,现在都不存在了。塔芯内墙四面辟门,游客可由此直达外部木檐廊,倚身廊窗,纵目江天,眺览美景。塔顶为八角攒尖顶,上置葫芦形塔刹,冠踞全塔。这件塔刹,为元代遗物,全由生铁铸成,高达 3.55 米,最大直径约为 3 米。整件塔刹分成五级,刹座圆形,之上两层覆盆,覆盆之上宝珠,宝珠之上为葫芦,顶部刹杆呈"巾"字形,形制古朴,铸造精细,其上有元元统二年(1334)的小楷铭文,内容大致是求福祈瑞之意。在当时的工程技术条件下,将这重达数吨的塔刹安放到近 60 米高的塔顶体现了建塔者高超的技艺。六和塔现有的外围塔檐,是晚清时重新建造的,这次重建淡化了清代建筑的繁缛、绮丽,檐体不加任何雕饰,装饰性构件除风铎外,一概从简,建筑手法极为明了、简洁,与塔身整体风格十分和谐。塔檐层层支出,宽度由下逐层向上递减,檐上明亮,檐下阴暗,塔檐与塔身之间的阴影处理适度、合理,远远望去,整座塔显得层次分明、轮廓生动,给人深刻的印象。塔檐外角,总共悬挂有 104 只风铎,每当劲风吹刮之时,它们就会叮当作响,宛如天外飞来的阵阵仙乐。六和塔内,最具建筑科研和艺术审美价值的,是须弥座束腰上的宋代砖雕,共 174 组,所取题材极广,人物、花卉、飞禽、走兽以及回纹、云纹、团花等各种图案无不显露其中,这些砖雕不仅形象生动、技法高超,而且式样也与宋代建筑经典《营造法式》所载"彩画作制作图样"如出一辙，是极为难得的实物资料。塔内还保留着不少文物，在六和塔底层回廊东南侧有杭州仅存的一块南宋尚书省牒碑，对于研究六和塔塔史以及宋代官方发文形式等均极具参考、佐证作用，具有很高的历史文物价值[7]。

8.关于建筑的经典文字轶闻。杭州六和塔所刻四十二章经为沈该、汤思退、陈诚之、陈康伯、王纶、贺允中、叶义问、杨椿、周麟之、洪遵、杨契、沈介、赵令詪、孙道夫、王晞亮、黄祖舜、张孝祥、宋芑、金安节、李洪、董革、钱端礼、张宗元、张运、杨朴、莫蒙、路彬、张廷实、周操、叶谦亨、胡沂、陈俊卿、鲍彪、陈棠、杨廷弼、张洙、黄子淳、杨倓、沈区、韩彦直、虞允文、洪迈等四十二人分章书，惟贺允中、钱端礼、杨朴、周操四人行书，余皆正书[8]。李强父为昭文相，尝登六和塔题诗云：往来塔下几经秋，每恨无从到上头。今日登临方觉险，不如归去卧林丘。强父为相清正，谨守规矩。自奉如寒士，书卷不释手。薨于位，谥文清[9]。何宋英题云："吴国山迎越国山，江流吴越两山间。两山相对各无语，江自奔波山自闲。""风口烟棹知多少，东去西来何日了。江潮淘尽古今人，只有青山长不老。[10]"

《水浒传》有鲁智深在六和塔听潮圆寂和武松出家的故事。《水浒传》第三十八回有"武行者叙旧六合塔"；第一百一十九回有"鲁智深浙江坐化"的回目。

乾隆皇帝游此，为每层依次题字立匾，名曰："初地坚固"，"二谛俱融"、"三明净域"、"四天宝纲"、"五云覆盖"、"六鳌负载"、"七宝庄严"。此亦名胜之异数。

《六合塔记》曹勋撰，见《咸淳临安志》。

参考文献

①②《方舆胜览》卷一。

③《宋史》卷四三三。

④《咸淳临安志》卷八二。

⑤（宋）曹勋《六和塔记》。

⑥（明）郎瑛《七修类稿》。

⑦据《杭州市志》、郭黛姮：《中国古代建筑史》（五卷本）第三卷等。

⑧《钦定续通志》卷一六八。

⑨《钱塘遗事》卷一。

⑩《咸淳临安志》卷八二。

十八、雷峰塔

1.建筑所处位置。位于今浙江省杭州市西湖南岸净慈寺前夕照雷峰上。

2.建筑始建时间。早在971年，雷峰塔即已开始筹建，971、972年为集中造砖时期，972年雷峰塔破土动工。正式竣工的时间在太平兴国二年（977）二月至三月之间①。

3.最早的文字记载。《方舆胜览》记载："雷峰塔在西湖之南山。②"

4.建筑名称的来历。北宋开宝八年（975），吴越王钱俶因王妃黄氏生子，在"南屏山雷峰显严院建塔"，故名③。"钱氏妃于此建塔，故又名黄妃。俗又曰黄皮塔，以其地尝植黄皮。盖语音之讹耳。④"

5.建筑兴毁及修葺情况。雷峰塔兴建约始于公元971至972年（吴越国王钱俶在位其间），钱俶为吴越国开国国君钱镠之孙，吴越国定都杭州，历经三代五王享国近百年，杭州为当时人文荟萃之地。钱俶毕生崇信佛教，在其为王三十一年间，造经幢、刻佛经、兴建寺院佛宝塔不计其数，杭州成为名副其实的东南佛国。在这样的时空背景下，吴越国王钱俶

图 8-7-8 杭州雷峰塔近景（据历史照片，1980）

以六年的时间，费巨资建造了雷峰塔，并亲作《黄妃塔记》。记文云："创宰波于西湖之浒，以奉安之规橅宏丽，极所未见，极所未闻。""计砖灰土木油钱瓦石与夫工艺像设金碧之严通缗钱六百万。⑤"《西湖游览志》记载："吴越王妃于此建塔，始以千尺十三寻为率。寻以财力未充，姑建七级。后复以风水家言止存五级。⑥"原来塔后有雷峰庵，"宣和（1119—1125）间毁，惟塔存焉。⑦"宣和年间的兵火毁坏了塔院及塔身的木构部分，塔的砖身结构并无根本性的损伤。在建炎年间（1127—1130），雷峰塔多次险遭不测，几乎沦落到拆塔修城的地步。乾通七年（171），僧人智友重修雷峰塔及塔院，至庆元元年（1195）完成。在此后的几百年里，雷峰塔又遭遇了一场大火，从此再没有重修，直至 1924 年倒掉⑧。

6.建筑特征及其原创意义。南宋李嵩《西湖图》展示了雷峰塔遭受火灾前的全貌。南宋施谔《淳祐临安志》卷八记载："（雷峰塔）在净慈寺显严院，有宝塔五层"。《净慈寺志》记载："（雷峰塔）兀立层霄，金碧璀璨，飞甍悬铃，种种严饰。"雷峰塔八角形回廊套筒式平面结构，塔壁以石刻《华严经》围砌八面。塔下供奉十六罗汉⑨。

7.建筑设计师及捐资情况。吴越王钱俶、僧人智友。

8.关于建筑的经典文字轶闻。沈德潜《西湖杂句》："晚风飒飒林端生，雷峰塔前夕照明。南屏钟动鸟飞绝，人在乱山缺处行。⑩"毛滂《题雷峰塔南山小景》："钱塘门外西湖西，万松深处古招提。孤塔昂昂据要会，湖光滟滟明岩扉。道人安禅日卓午，寺外湖船沸箫鼓。静者习静厌纷喧，游者趋欢穷旦暮。非喧非寂彼何人，孤山诗朋良独清。世间名利不到耳，长与梅花作主盟。嗟我于此无一得，曾向峰前留行迹。天涯暮景何归来，坐对此图三太息。⑪"

参考文献

①⑧⑨浙江文物考古研究所：《雷峰遗珍》，文物出版社，2002 年。

②(宋)祝穆：《方舆胜览》卷七。

③(清)夏仁和、吴任臣：《十国春秋》卷八三。

④⑤(元)潜说友：《咸淳临安志》卷八二。

⑥《浙江通志》卷二二六。

⑦(清)梁诗正、沈德潜：《西湖志纂》卷四。

⑩(清)梁诗正、沈德潜：《西湖志纂》卷二。

⑪(宋)毛滂：《东堂集》卷二。

十九、永福寺塔

1.建筑所处位置。位于今江西省鄱阳县城东永福寺东侧。

2.建筑始建时间。始建于北宋天圣二年(1024)。永福寺"在府治东。梁鄱阳王萧恢舍宅为寺。宋天圣二年有二异僧至，建石塔，高三十丈。元至正二十二年(1362)剧基得玻璃瓶，中贮甘露，贡于朝。遂诏以甘露名其门。明宣德七年(1432)迁府治于寺右隙地。①"

3.最早的文字记载。"天圣二年甲子，天台山僧宝伦来寺，乃于寺内东竖造佛塔一座，浚池下及三十余丈，屹立三十余丈。②"

4.建筑名称的来历。永福寺塔在永福寺东。以寺得名。

5.建筑兴毁及修葺情况。梁武帝天监九年(510)，鄱阳王萧恢舍宅为寺，名显明。元至正二十二年，始改名为永福寺。宋天圣二年，浙江天台山寿昌寺巡礼僧用言、宝伦来寺主持造塔，基深10米，上垒七级，高42米，占地面积80平方米。至今在塔南还留有建塔时的痕迹：上棚巷、下棚巷。这两条巷是当时送料上下架棚所在，因此得名。元明时期多次修缮。清咸丰三年(1853)，塔顶及各层楼板毁于兵火③。

6.建筑特征及其原创意义。塔平面八边形，9级，通高约40.5米，全用青砖及黄泥砌成，除底层及第三层外，其余各层门下或龛下均有平座。塔下无基座，塔顶无宝珠，塔墙厚3.1米，内空，平面呈四方形，每角皆有八棱角柱，每层平座内部均装有斗拱，用以承接楼板。其柱枋上斗拱，与西安大雁塔门楣石相似，颇为精致美观④。

7.建筑设计师及捐资情况。释宝伦等⑤。

8.关于建筑的经典文字轶闻。永福寺塔是鄱阳风景"双塔铃音"之一。双塔指的是妙果寺和永福寺塔。古时塔顶尖凸之下便是翘角飞檐，檐角边悬有铜铃，风吹铃响，清脆悦耳。这两座塔一在城外，一在城内，遥相对峙，铃声互应，别有一番情趣。元代本县叶兰有诗："双塔凌云霄，风铃敲夜永。幽香度寒泉，余音乱秋景。琳琅合天籁，百虑动深省。听之亦岑寂，独步菩提境。⑥"

参考文献

①⑥《鄱阳县志》卷一五。

②⑤《江西通志》卷一一三。

③④顾延培、吴熙棠：《中国古塔鉴赏》，同济大学出版社，1996年。

二十、罗星塔

1.建筑所处位置。福州市东南21千米处马尾港罗星山。

2.建筑始建时间。南宋。

3.最早的文字记载。《大清一统志》记载："罗星山，在闽县东南五十里马头江中。为远近奔流之砥柱。登其巅,百里诸山皆在左右。府志上有罗星塔。[1]"

4.建筑名称的来历。位于罗星山上,故名罗星塔。又名七娘塔。罗星山原在水中央,俗称"磨心",故罗星塔又有"磨心塔"之称。

5.建筑兴毁及修葺情况。宋代初建的木塔于明代已毁。此时福州对外贸易发达,港口需要一个标志。天启四年(1624)在宋代的塔座上加以修复,改用石砌,楼阁式结构,七层八角,内外均设神龛,塔座直径8.6米。塔刹石桌式,上放一灯,晚上灯光四射,引导航船。清同治五年(1866)设船政于马尾,船政员工为保护古塔免受雷击,在塔刹上安一大铁球,上插避雷针,针尖到塔基31.5,针连铁条,直通江底。铁器日久锈蚀,后被台风刮走,1926年重新安装。1964年,福州市人民政府将罗星塔列为市文物保护单位,加以修缮,修补大铁球,重装避雷针,各层外加铁栏杆[2]。

6.建筑特征及其原创意义。清代五口通商之后,罗星塔一直是世界航海图中著名的港岸标志,人称"中国塔"。据《福建通志》记载,罗星塔还是防汛的瞭望塔[3]。塔顶原有一小窗,是用来供守塔人点灯导航用的。清末一次台风,把塔顶刮走了,重建时,人们特地造了一颗直径近7米的铁球嵌在上面。

塔平面八角,7级,高31.5米,石质。塔座仍为宋物。每层都有石砌栏杆和泄水檐。檐角上方镇有八方佛,檐角下悬风铃,海风吹来,叮当作响。1963年,罗星塔又进行修缮,塔下的高阜也辟为罗星公园。1964年,人民政府拨款进行了大规模修缮。1985年列为省级文物保护单位。

罗星山原来兀立江心,形势险要,系兵家必争之地。1559年戚继光部下参将尹凤把守马尾、痛击倭寇。1656年,郑成功率师恢复中原,进驻罗星塔,在塔下筑土堡城寨,所部坚持抗清一年。"贼党陈斌降复叛,率千余人据罗星塔为成功援。[4]"

7.建筑设计师及捐资情况。柳七娘。

8.关于建筑的经典文字轶闻。《福建通志》记载:"罗星山,在马江中,当省会要害,砥障奔流而入于海者也。晋严高将迁城,作图以咨郭璞。璞以马江水泻为病。及见此山,遂定议。上有浮屠,俗呼磨心塔,乃柳七娘所造,为其父资冥福者。[5]"

参考文献

[1]《大清一统志》卷三二五。

[2]顾延培、吴熙棠:《中国古塔鉴赏》,同济大学出版社,1996年。

[3]《福建通志》卷一六。

[4]《钦定盛京通志》卷八〇。

[5]《福建通志》卷三。

二十一、白塔

1.建筑所处位置。位于山西省太谷县城内西南隅普慈寺内。

2.建筑始建时间。普慈寺创建于晋泰始八年(272),塔建于北宋元祐五年(1090)。《山西通志》记载:"普慈寺在县西南,旧名无边。相传凤凰元年建,即晋武帝泰始八年也。[1]"

3.最早的文字记载。《太谷县志》记载邑举人孙丕基《重修普慈寺碑记》:"村名白塔,寺名无边。[2]"

4.建筑名称的来历。塔在普慈寺内,高耸凌空,顶有尊胜石幢,"其垩色愈久而白不减",故称白塔。[3]

5.建筑兴毁及修葺情况。《太谷县志》记载:"(普慈寺)创于晋泰始八年""宋治平年间重建,元祐继修,元明清初屡屡修葺,光绪三十年县民醵金改建。④"寺内现除白塔为宋代遗物外,其他如乐楼、大殿、厢房、配殿、藏经阁等,皆为清代建筑。

6.建筑特征及其原创意义。塔砖木结构,平面八角形,7层,高约50米,楼阁式。每层有出檐及平座,檐座之下皆有斗拱,各层拱券门洞与柱外相通,并雕有假门窗。塔内底层为小形方室,有磴道可上,二层以上中空,安有楼板及木梯,供人登临,塔顶筑莲座及宝瓶式塔刹。此塔形制是唐塔中空到宋塔实心的一种过渡形式。塔身洁白,气势壮观,瑰丽精致,数十里外可见,成为太谷县的标志⑤。

7.建筑设计师及捐资情况。孟绋如、杨玉如等。孙丕基《重修普慈寺碑记》:"同治间孟绋如捐金重葺","光绪间杨玉如醵金改建。"安恭己《重修普慈寺续记》:"(重修普慈寺)始于光绪三十年,事竣于光绪三十二年,计费银两两万两余。多系各界暨四方客贾所捐输,不足则由协成干、协源茂两商垫用。⑥"

8.关于建筑的经典文字轶闻。无边寺始建年代很早,并且寺内建有白塔,所以太谷有一句俗话:"先有白塔村,后有太谷城"。白塔是太谷县城的标志。相传古代开科取士之年,有白鹤降落塔顶,落鹤几只,太谷县就有几人皇榜标名,因此太谷人把白塔视为吉祥之物,世代相传。

参考文献

①《山西通志》卷一六八。

②③④⑥(民国)刘玉玑:《太谷县志》,卷七。

⑤郭齐文主编,太谷县志编纂委员会编:《太谷县志》,山西人民出版社,1993年。

(八)志桥

一、观音桥

1.建筑所处位置。坐落于江西省庐山东南麓的星子县境内。

2.建筑始建时间。建于北宋祥符七年(1014)①。

3.最早的文字记载。桥上石刻:"维皇宋大中祥符七年岁次申寅(疑为'庚寅'之误)二月丁巳朔建桥,上愿皇帝万岁,法轮常转,风调雨顺,天下民安。②"

4.建筑名称的来历。观音桥原称栖贤桥,又称三峡桥。三峡桥名因桥下水流湍急,状如三峡而来。苏辙《庐山栖贤僧堂记》云:"元丰三年(1080),余过庐山,入栖贤谷。谷中多大石嶪嶪相倚,水行石间,其声如雷霆,又如千乘车,行者震悼不能自持,虽三峡之险不过也。故桥曰三峡。③"

5.建筑兴毁及修葺情况。观音桥为我国最古老的石拱桥之一。《庐山纪游》誉为匡庐二绝之一,观音桥景区为庐山八大景区之一,内有"天下第六泉"及蒋介石、宋美龄手植的夫妻树,冯玉祥的《墨字篇》石刻和庐山五大丛林之一的栖贤寺等人文胜迹。观音桥

1988 年被列入国家重点保护文物。现存桥除桥面石栏杆是清代加建,其余均为宋代原物④。

6.建筑设计师及捐资情况。江西僧人文秀和福建僧人德郎主持修建,桥上栏杆由清代观音司僧人觉源募化修建。⑤建造者为江西九江石匠陈智福、陈智海、陈智洪。桥东侧外券第六石上刻有造桥人题名"江洲匠陈智福、陈智海、弟智洪。⑥"

7.建筑特征及其原创意义。观音桥是单孔石拱桥,跨径约 10 米,全长 20.45 米,宽 4.1 米。拱圆用并列砌筑,每券拱石凹凸相接,工艺奇特⑦。

桥的南端,傍山矗立着石造小亭,亭内有一眼清泉,俗名"招隐泉",为唐代茶圣陆羽品题的"天下第六泉";称之为"庐山招贤寺下方桥潭水第六",寓"公之隐山之泉"意得名,邹士驹《招隐泉》题诗:"龙首清泉味无穷,长流清境此山中。古今招隐何人至,只有茹溪桑苎翁。"茹溪桑苎翁指隐居浙江茹溪,自称桑苎翁的陆羽。招隐泉因而又叫"陆羽泉"。初建于宋代的用石块转砌的亭阁,虽然缀满了苍苔,但阁额上镌刻的"天下第六泉"五字犹存。桥的另一头有石级可至桥下刻有"金井"二字的巨石之上,石下壑深百丈,激流穿石,怒涛飞溅,动人心魄。

8.关于建筑的经典文字轶闻。苏东坡曾有诗《栖贤三峡桥》赞曰:"吾闻太山石,积日穿线溜。况此百雷霆,万世与石斗。深行九地底,崭出三峡右。长输不尽溪,欲满无底窦。跳波翻潜鱼,震响落飞狖。清寒入山骨,草木尽坚瘦。空蒙烟霭间,澒洞金石奏。弯弯飞桥出,□□半月彀。玉渊神龙近,雨雹乱晴昼。垂瓶得清甘,可咽不可漱。⑧"

参考文献

①②⑤罗哲文:《中国古桥》,百花文艺出版社,2006 年。

③(宋)王十朋:《东坡诗集注》卷四。

④殷扬:《中国古桥》,江苏科学技术出版社,2003 年。

⑥陈从周:《梓室余墨》,三联书店,1999 年。

⑦潘洪萱:《中国建筑艺术全集·桥梁水利建筑》,中国建筑工业出版社,2001 年。

⑧《东坡全集》卷一三。

二、安平桥

1.建筑所处位置。位于福建省泉州城南 30 千米的安海镇西侧,晋江与南安水头镇之间的海湾。"安平东桥,一名曰东洋桥,在八都安海港。①"

2.建筑始建时间。南宋绍兴八年(1138),前后历经十三年告成②。

3.最早的文字记载。"在石井镇。绍兴中赵令衿造。其长八百余丈。③"

4.建筑名称的来历。位于晋江市的安海镇,安海古称安平,因此,此桥又称"安平桥"。由于桥长有五华里人们便称它为"五里桥"。又因位于安海镇西畔,俗称"西桥"。

5.建筑兴毁及修葺情况。据《晋江县志》记载:"宋绍兴二十三年守赵令衿偕进士史进建。明嘉靖三十六年(1523)知县卢仲佃拆桥石造安平城,桥遂废。清康熙五十一年(1712)施韬重建,又废。道光元年(1821)周仕鼎、蔡时绍、萧允迪等重建。④"

6.建筑特征及其原创意义。据《晋江县志》记载:"晋江、南安之界,旧日以舟渡,宋绍兴八年,僧祖派始筑石桥,未就。二十一年赵令衿成之,酾水三百六十二道(即分水道为三百六十二孔),长八百十有一丈,宽一丈六尺……⑤"目前修缮后桥全长为 2100 米,桥面宽 3 米至 3.6 米,以巨型石板铺架桥面,两侧设有栏杆。桥板又阔又厚,最长者可达十余米,每间用板石七八条,皆是坚实的花岗岩石。而这些桥板石从哪里开采而来的,应该是泉州府附近的石窟,但需要用水运。据说有私家族谱记载,这样的巨石,多是咫尺相望的金门岛开采海运而来的。桥墩筑法,用长条石和方形石横纵迭砌,呈四方形、单边船形、双边船形三种形式,尚存331座,状如长虹,为中古时代世界上最长的梁式石桥,故有"天下无桥长此桥"的美誉。此外,长桥的两旁,还置有形式古朴的石塔和石雕佛像,其栏杆柱头还雕刻着惟妙惟肖的雌雄石狮与护桥将军石像,以夸张的手法,雕刻表现得非常别致,皆为南宋的代表作⑥。

7.建筑设计师及捐资情况。赵令衿、史进、施韬、周仕鼎、蔡时绍、萧允迪等。

8.关于建筑的经典文字轶闻。安平桥历史悠久,建造奇特,别具风格,碑刻众多,历代文人骚客多有题咏。宋代泉州太守赵令有《咏安平桥》诗,其中有"玉帛千丈天投虹,直拦横槛翔虚空"的名句,绘声绘色地刻画出安平桥这一天下第一长桥的恢宏气势。1963年郭沫若先生视察福建时,来到安平桥,写下了一首七律:"五里桥成陆上桥,郑藩旧邸迹全消。英雄气魄垂千古,劳动精神漾九霄。不信君谟(蔡襄字君谟)真梦醋,爱看明俨偶题糕。复台诗意谁能训,开辟荆榛第一条。⑦"

参考文献

①②(清)周学曾:《道光晋江县志》,卷一一。

③(宋)祝穆:《方舆胜览》,卷一二。

④⑤道光《晋江县志》,卷一一。

⑥茅以升:《中国古桥技术史》,北京出版社,1986年。

⑦罗哲文:《中国古桥》,百花文艺出版社,2006年。

三、东关桥

1.建筑所处位置。位于福建省永春县东关镇东美村的湖洋溪上。东关桥距离永春县城约10千米。

2.建筑始建时间。该桥始建于南宋绍兴十五年(1145)。

3.最早的文字记载。见于桥西端清同治年间(1862—1874)所刻《重修东关大桥序》。

4.建筑名称的来历。桥建造在东美村的湖洋溪上,因东美原名东关,故称东关桥。民间盛传东关镇此处观音十分灵验,建桥后年年香火不断,故又名通仙桥。

5.建筑兴毁及修葺情况。元至正间(1341—1368)重修。明弘治十三年(1500),廊屋毁于火,为防止雨水浸蚀桥板及供行人歇脚,在桥上建造20间木屋,屋架、椽角和两篷都是木隼结构;正德三年(1508),桥板上铺砖,列椅两旁。清康熙十八年(1679)、乾隆四年(1739)、同治四年(1865)曾修葺。同治十三年(1874)毁于火,光绪元年(1875)知州翁学本再建。民国18年(1929)里人李俊承母子重修。1963年,为加固桥梁,增置倒吊梁和四道雨篷。1984年国家拨款重修。该桥较完整地保留宋代桥梁的建筑特点,为福建少见的长廊屋盖梁式古桥。

6.建筑特征及其原创意义。东关桥是福建最早的木梁廊桥,也是闽南绝无仅有的长廊屋盖梁式木桥,桥为南北走向,四墩五孔,全长83米,面宽5米,有二台、四墩、五孔。桥墩保持宋代风格,以辉绿岩石砌,呈两头尖船形,墩高15米,松木卧桩(古称"睡木沉基")作基础,墩距16~18米,上用杉木22根,尾径30~40厘米,分上下两层铺设作梁,面铺松木板;上建廊屋,悬山顶,两侧共立78柱,有围栏木凳,供行人憩息。廊屋为清末建造。东关桥第三墩处辟一壁龛,龛额书"观自在"。龛下有青石雕刻的双狮戏球、荷莲花卉,雕工细腻。第二墩上设有"金坛",供善男信女供奉香火之用,其石雕麒麟也很精致。桥西还存有清代同治七年（1868）《重修东关大桥序》碑刻和光绪元年（1875）知州翁学本书写的《古桥通仙》木匾。1991 年 3 月被公布为福建省重点文物保护单位。

东关桥采用"简支式"的梁桥结构。筑桥材料从桥基、桥墩到梁面、扶栏，从艺术装饰到附属文物，皆以当地盛产的花岗岩为建筑材料①。

7.建筑设计师及捐资情况。由地方长官和商民募捐兴建的。在宋代泉州，人们能如此乐于为建桥、修桥捐资鸠工，是以充裕的经济条件为基础的；而海外贸易的牟利，是使"商民随力输助"的主要依据②。

8.关于建筑的经典文字轶闻。桥上石刻楹联："幸指迷津通觉岸，愿瞻佛日荫慈云"；"香阁峙中流，万众恒河自在；慈灯悬彼岸，千年般若常明"。当代邑人、才女陈秀冬撰有《东关桥赋》数十篇。

参考文献

①②庄罗辉：《论宋代泉州的石桥建筑》，《文物》，1990 年第 4 期。

四、洛阳桥

1.建筑所处位置。位于福建省泉州洛阳江上万安渡口，横跨洛阳江入海口的江面，又名万安桥，是举世闻名的巨型石梁桥。

2.建筑始建时间。北宋皇祐五年（1053）。蔡襄《万安渡石桥记》记载："泉州万安渡石桥，始造于皇祐五年四月庚寅。①"

3.最早的文字记载。《闽书》载："宋郡守林之奇录洛阳桥二事云：造桥时，石工各呈其艺。有献石狮子者，其髪玲珑皆有条理。又一人献石狮，其口开处间不容指，有石珠圆转口中，殆不可测。元丰八年（1085），转运副使王子京绘图以进，朝命嘉赏。桥北有亭，榜曰洛阳之桥，赵岈书。又有亭曰济亨，赵不骃书。②"

4.建筑名称的来历。因位于泉州洛阳江上，故名。

5.建筑兴毁及修葺情况。洛阳桥自修建至今，历时九百余年，根据省、府、县志记载和民间传说，先后修理和重建共计十六次。其修理时间相隔最长的约 170 余年，平均约 50 年修一次。但大修尚不过 3 次：即绍兴八年（1138）、万历三十五年（1607）、乾隆二十六年（1761）③。

6.建筑特征及其原创意义。该桥在世界石桥发展史上有两大特色：一是"筏形"基墩。蔡襄令工人开采沿江山上巨岩，凿成长约 10 米、宽约 0.7 米、厚约 0.6 米，重达 10 余吨的巨型桥板，巧借涨潮时江水的浮力，将这些被打磨成筏形的石础固定在江中。二是牡蛎固基。为了确保石桥基础的牢靠，他们还发明了养殖牡蛎以固桥基石缝的方法。茅以升将该桥称为"福建桥梁中的状元"。④

7.建筑设计师及捐资情况。郡守蔡襄主持修建。卢锡、许忠、宗善等人为负责工匠⑤。

8.建筑的经典文字轶闻。（宋）宋庠《早渡洛水见流澌尽解春意感人马上偶成戏咏二首》："春色东来不待招，烟光已过洛阳桥。如何解尽人间冻，鬓畔霜华转不消。⑥"

（宋）刘子翚《洛阳桥》："跨海飞梁迭石成，晓风十里度瑶琼。雄如建业虎城峙，势若常山蛇阵横。脚底波涛时汹涌，望中烟屿晚分明。往来利涉歌遗爱，谁复题桥继长卿。⑦"

参考文献

①⑤《蔡忠惠集》卷二八。

②《福建通志》卷六六。

③郭黛姮:《中国古代建筑史》(五卷本)第三卷,中国建筑工业出版社,2003年。

④喻学才:《中国历代名匠志》,湖北教育出版社,2006年。

⑥(宋)宋庠:《元宪集》卷一五。

⑦(宋)刘子翚:《屏山集》卷一六。

五、八字桥

1.建筑所处位置。浙江省绍兴市越城区八字桥直街东端,它南临东双桥,北与广宁桥毗邻。

2.建筑始建时间。始建年代失载。现桥建于南宋宝祐四年(1256),桥下西面第五根石柱上刻有"时宝祐丙辰仲冬日建。①"

3.最早的文字记载。"八字桥在府城东南,两桥相对而斜,状如八字,故名。②"

4.建筑名称的来历。见"最早的文字记载"条。

5.建筑兴毁及修葺情况。南宋宝祐四年(1256)重建,清乾隆四十八(1783)年重修。

6.建筑特征及其原创意义。八字桥建在三街三河四路的交叉点,主桥横跨于南北流向的主河上,主河两侧原有东西两条小河,今存一小段。该桥陆连三路,水通南北,南承鉴湖之水,北达杭州古运河,为古代越城的主要水道之一。桥为单孔石梁,净跨

图8-8-1 绍兴八字桥

4.5米,高5米,净宽3.2米,西面桥台设有纤道③。两侧桥基条石叠砌,基上各并列石柱九根,石柱下端插入基石凹槽内,上端大条石压顶与两侧金刚墙紧贴。整桥踏跺分三面四道与三条道路相贯通,南面分二道与主河两岸道路连接,其中南面西岸一道横跨小河,西面一道踏跺连接八字桥直街,北面一道在主河东岸与南面东岸一道位于同一线上,分南北两坡。

7.关于建筑的经典文字轶闻。(宋)张侃《村外寒食》:"八字桥边春水平,三家村里亦清明。女郎鼓棹归来晚,却被风光赚一生。"④

(宋)陈著《八字桥》:"二灵山下湖先润,八字桥头河水分。此是江东最佳处,近来风景不堪闻。⑤"

参考文献

①③潘洪萱:《中国建筑艺术全集·桥梁水利建筑》,中国建筑工业出版社,2001年。

②康熙《会稽县志》卷一。

④(宋)张侃:《张氏拙轩集》卷四。

⑤(宋)陈著:《本堂集》卷三。

六、熟溪桥

1.建筑所处位置。浙江省武义。

2.建筑始建时间。始建于宋开禧三年(1207)①。

3.最早的文字记载。《武义县志》中有熟溪桥初建于宋代开禧三年的文字记载。

4.建筑名称的来历。"宋开禧三年,县主簿石宗玉建。因名石公桥。②"明隆庆四年(1507)重建,改名熟溪桥。

5.建筑兴毁及修葺情况。"《武义县志》:明嘉靖二十五年,令赵奇修之,造六墩而止。隆庆二年,令林一鹗建石墩者十,架木为梁。万历四年,邑令谭音造桥屋四十九楹。国朝康熙年间知县李经邦重修。③"后经多次修葺,1986年又落架大修,桥梁、枕木、桥屋等全部去腐换新,维持原貌。熟溪桥闻名于世。2000年曾一度毁坏,如今光彩重现。

6.建筑特征及其原创意义。桥有石砌舟形桥墩十,孔九,横跨熟溪,通济南北。桥长135.7米,宽4.8米,桥廊建桥屋49间,桥中建亭阁。桥廊分三道,中间通车马,两旁走行人。檐柱牛腿浮雕人物鸟兽图案,并有斗拱承托屋檐。整体造型气势磅礴雄伟壮观,细部雕饰精美细腻,是华东汉民族风雨桥中杰作④。

7.建筑设计师及捐资情况。始建者石宗玉⑤。后修者详建筑兴毁及修葺情况项。

8.关于建筑的经典文字轶闻。历史上有陈善撰《熟溪桥记》、刘养中撰《重修熟溪桥记》。陈善撰《熟溪桥记》云:"武义县故有熟溪桥,民病涉久矣。谭侯始至有以建桥之役为言。侯曰:此邑令责也。但令长未信于民而先以劳之,不可。居二年,政教修明,百废俱举,民再申前议。会年大侵。侯曰:民艰于食而时诎举赢,不可。万历四年五月,侯三载考最,政通人和,年谷顺成。侯度其时,曰:可矣。乃捐俸为倡。好义者翕然应之。又益以罚赎之金五十,镤米五十石。逾两月告成。侯以书来请予纪成事。按桥长凡五十丈,横一丈七尺,为石磴者十,为屋者四十九楹。好义助工者皆得书刊之碑阴。⑥"

参考文献

①②⑤⑥《浙江通志》卷三七。

③《浙江通志》卷二五八。

④白文明:《中国古建筑艺术》,黄河出版社,1990年。

七、桂林花桥

1.建筑所处位置。位于广西壮族自治区桂林市七星公园正门前灵剑江与小东江的汇合处。

2.建筑始建时间。建于宋代嘉熙年间(1237—1240)。

3.最早的文字记载。《广西通志》记载:"天柱桥在府城东,旧名花桥,又名嘉熙桥。①"

4.建筑名称的来历。"东崖有小山平坡突起,高约五六丈,大可五十围,形如础柱,故名天柱。②"

5.建筑兴毁及修葺情况。元末明初,该桥被洪水冲塌。"明景泰间太守何永全建",在原来的桥基上"架木为桥"。"嘉靖十八年倾圮"。嘉靖十九年(1540),"靖江安肃王妃重建"。清代"康熙二十年大水,西半复圮。巡抚郝浴倡修。五十二年,总督赵宏灿、巡抚陈元龙、布政黄国材各捐资重修。③"1965年整修时新增一孔为七孔。平常两江之流从水桥缓缓南去,汛期洪水则从旱桥排泄。整修后,桥亭及旱桥勾栏均改为混凝土结构。

图 8-8-2　桂林花桥

6.建筑特征及其原创意义。花桥由水桥和旱桥两部分组成,水桥四孔,旱桥六孔,旱桥衬托水位,起引桥作用,以延缓桥的坡度,颇具匠心。水桥上有琉璃瓦屋面的桥廊,旱桥下面铺满海底石。花桥长 134.66 米,桥面宽 2.5 米,高 7.2 米,桥梁基础放在 2.4 米宽的松木木筏上,木筏下铺有 38 厘米厚的碎石垫层。碎石下为天然鹅卵石地基,基础坚固牢靠。桂林花桥已被列为广西壮族自治区级重点保护文物④。

7.建筑设计师及捐资情况。初建者无考。明何永全、靖江安肃王妃重建。清代巡抚郝浴、总督赵宏灿、巡抚陈元龙、布政黄国材各捐资重修。

8.关于建筑的经典文字轶闻。叶恭倬《花桥烟雨图》:"漓江东畔花桥路,虹影波光接月牙。阅尽行人千百万,此心无着似轻沙。⑤"

参考文献

①②③乾隆《广西通志》卷一八。

④潘洪萱:《中国建筑艺术全集·桥梁水利建筑》,中国建筑工业出版社,2001 年。

⑤万幼楠:《桥、牌坊》,上海美术人民出版社,1995 年。

八、安澜桥(珠浦桥)

1.建筑所处位置。四川省灌县。"珠浦桥在灌县西二里,又名绳桥。①"

2.建筑始建时间。始建时间不详。宋淳化年间(990—994)重修。

3.最早的文字记载。宋魏了翁《永康军评事桥免夫役记》②。

4.建筑名称的来历。宋代以前名"珠浦桥",宋淳化重修时改为"评事桥",清嘉庆八年改名"安澜桥",又名"夫妻桥"③。

5.建筑兴毁及修葺情况。安澜桥原建年代不详,系一座人行桥。宋代以前名珠浦桥。宋初大理评事梁楚用竹索建造人行吊桥,改名为"评事桥"。明末,地方官府毁桥阻大西军张(献忠)西进。改桥为渡,名"伏龙渡"。清嘉庆八年(1803)重建,改今名。相传当时倡议并参与修建此桥的是私塾教师何先德夫妇,故又称"夫妻桥"。

6.建筑特征及其原创意义。桥长 340 米,八个桥孔,最大一孔达 61 米。桥宽 3 米多,高近13米。全桥用细竹篾编成粗五寸的竹索24根。其中10根作底索承重,上面横铺木板当桥面,压索2根,余下12根分列桥的两侧,作为扶栏。绞索设备安放在桥两头石室内的木笼中,用木绞车绞紧桥的底索,用大木柱绞紧扶栏索。由于竹索太长,从两头绞紧非常困难,所以在桥梁中间的石墩上增添一套绞索设备,也置于石室木笼中。在木笼上,修建桥亭,亭分二层;上层用木梁密排,装砌大石,以作压重;下层中空,以便行人。布置巧妙,颇具匠心。该桥为八跨连续,稳定性较好,行走其上,摇晃不大[4]。

7.建筑设计师及捐资情况。梁楚主持,当地官民共建[5]。

8.关于建筑的经典文字轶闻。宋魏了翁《永康军评事桥免夫役记》记载:"岷山之江至军城之南,其势湍悍,冬涸则连筏可济,逮夏而航多有覆溺之患。淳化元年,安定梁公楚以大理评事来守此邦。冬仍其旧,夏则为石笼木栅竹绳,而属绳于栅植于笼跨江而桥焉。民至今赖之。即其官以名桥,示不忘也。[6]"

参考文献

①《四川通志》卷二二下。

②⑤⑥《鹤山集》卷三八。

③潘洪萱:《中国建筑艺术全集·桥梁水利建筑》,中国建筑工业出版社,2001年。

④茅以升:《中国古桥技术史》,北京出版社,1986年。

九、湘子桥

1.建筑所处位置。位于广东省潮州市广济门外,横枕韩江,扼韩江咽喉,为闽粤交通要道。

2.建筑始建时间。南宋乾道年间(1169)开始修建[1]。

3.最早的文字记载。明代姚友直《广济桥记》和明代吴兴祚《重建广济桥记》均有专门记载。

4.建筑名称的来历。据《广东通志》记载:"广济桥旧名济川桥。"明朝宣德十年(1435)重修,更名为广济桥。又因韩湘子(八仙之一)书"洪水止此"石碑于桥畔的传说,人们就附会桥为韩湘子所造,称之为湘子桥。

5.建筑兴毁及修葺情况。根据《广东通志》记载:"(湘子桥)西岸桥墩创于宋乾道间(1165—1173)""东岸桥墩创于宋绍熙间(1190—1194)""久之桥基倾"。后来湘子桥在明、清均经过重新修建,大规模的修建达十四次之多。《广东通志》记载:"潮之广济桥,闽粤冲衢,岁久圮倾,民皆病涉。兴祚捐白金四万两重葺,到今利焉。[2]"1958年进行过一次较大规模的重修,变成钢筋混凝土桥[3]。

6.建筑特征及其原创意义。湘子桥是中国古代开合式桥梁中较为著名的一座。湘子桥"东岸长283米,西岸长137米,中间浮桥长97米。宽约5米。[4]"湘子桥两段石桥中间留有大开口,连以浮桥,可开可合。如遇大船木排过桥,可将浮桥之浮舸解开数只,事后仍将浮船归位,行人车马依然可通行。这种活动式的桥梁,古代桥工在八百年前已经创造出来,可为我国桥梁史上的一大贡献[5]。

7.建筑设计师及捐资情况。宋曾汪、沈崇禹主持完成,明知府王源主持重修。《广东通志》载:"潮州知府王源宣德间有建广济桥之功"。"(明)吴兴祚捐白金四万两重葺[6]。"

8.关于建筑的经典文字轶闻。明代姚友直《广济桥记》记载:"郡东城外曰恶溪,旧有长桥,垒石为基,为墩二十有三,高者五六丈,低者四、五十尺,墩石以丈计者五千有奇,中流急湍不可为墩,设舟二十有四,为浮梁,……自宋启建时,或数岁始成一墩,历数十年桥始

成。"明代吴兴祚《重建广济桥记》记载:"该桥所跨之韩江中流急湍,莫能测,于东西尽处
立矶,矶各纳级二十四以升降,浮舟以通之,桥之制未有也。[⑦]"

参考文献

①③⑤⑦郭黛姮:《中国古代建筑史》(五卷本)第三卷,中国建筑工业出版社,2003 年。

②《广东通志》卷四二。

④茅以升:《中国古桥技术史》,北京出版社,1986 年。

⑥《广东通志》卷六〇。

十、虎渡桥

1.建筑所处位置。江东桥又名虎渡桥、通济桥,横卧在福建省漳州市区东侧 16 千米处
的九龙江北溪江面上。此地两岸峻山夹峙,江宽流急,地势显要,古称"三省通衢"、"八闽
重镇"。

2.建筑始建时间。虎渡桥始建于宋代,绍兴年间(1131—1162)为浮桥。宋绍熙年间
(1190—1194),郡守赵逖伯在这里连艘建造浮桥,开此处造桥历史的先声[①]。

3.最早的文字记载。宋淳祐中状元黄朴撰《虎渡桥碑》碑文[②]。

4.建筑名称的来历。虎渡桥得名的由来,官修的《漳州府志》是这样解释的:"桥在郡之
寅方,故名虎渡。"《粤闽巡视纪略》记载:"明晋江陈让记曰:昔欲为桥,有虎负子渡江,息
于中流,探之有石如阜,寻其孤,沉石绝江,隐然鱼梁,乃因垒址为桥,故名虎渡。[③]"

5.建筑兴毁及修葺情况。据《读史方舆纪要》记载:"淳祐初(1241)又毁于兵。明洪武三
十年仍其旧址,以木为梁,构亭其上。正统、天顺间屡修,成化十年,飓风坏桥,二十三年
(1487)修复,至嘉靖十九年(1540)重修,四十四年(1565)砌石栏。"《福建通志》记载:"康
熙二十四年重筑以石,四十八年(1709)郡人重修。乾隆间桥石中断,又捐修。"在抗战前,
为通汽车又曾改造。在其老墩上加筑矮墩,上架钢筋混凝土桥面,老石梁隐蔽于桥面之
下。在抗战时期,桥身被敌机炸毁成三段,1949 年后得以修复[④]。

6.建筑特征及其原创意义。宋代陈让在《重修虎渡桥记》中云:"东奔如雷霆,入地深不
可测,则立址于重涛悍流之中,似非巧匠鬼工,莫能措手。"说明这里渡江架桥之艰险。是
中国古代十大名桥之一。江东桥与泉州的洛阳桥、晋江的安平桥、福州的龙江桥合称为
"福建四大石桥",建筑技术在中国乃至世界桥梁史上有显著地位。据《读史方舆纪要》称:
"江南石桥,虎渡第一。"

全桥总长 336 米,桥宽 5.6 米左右,三块巨梁组成,共 19 孔,孔的口径大小不尽相同,
其中最大的孔径为 21.3 米,桥的两端各有亭,供行人小憩。江东桥最引人注目的,也是最
值得自豪的是每块石梁的重量都在 100 吨以上,其中最大的石梁长 23.7 米,宽 1.7 米,厚
1.9 米,重量可达 200 余吨。江东桥建成至今已有 700 多年了,遭受火灾和山洪的洗礼,屡
圮屡建。它的最近一次大修在 1933 年,是在老桥墩上架起钢筋混凝土桥架,改建为公路
桥。现在我们看到的江东桥,即是 1933 年改建的,桥长 285 米,高 15 米,计 25 孔,原石桥
因年代久远,仅余 5 孔[⑤]。

7.建筑设计师及捐资情况。郡守赵逖伯始建,是为木桥。后来代木以石的是庄夏。明
朝修桥者详下项。

8.建筑的经典文字轶闻。明王慎中《漳州府重修虎渡桥记》:"漳州之有虎渡桥,宋绍熙
郡守赵伯遽为之。而代木以石则始于待制庄夏假守之时;而集英修撰韶复修之,是为嘉熙
改元之年。宋于是时境土弥蹙,疆场兵事日滋,出财用竭,于内为郡者顾能兴此于空匮扰

攘之中,虽其事为勤乎民,然犹谓之未知所急也。我明有天下尝安辑闲暇矣,有司宜有余力以及乎民政,百八十余年之间盖修者数焉。予固怪夫宋人当时之诎,能举大役成巨绩,以俟千百年之远。入我明而诸公先后为郡,以一方全盛之力,修前人之所已成,至于屡修屡圮,不及二百年。修者八举而犹有今日之圮,以待贤守丞协谋为之,而后民得以不病于往来,岂非作者之人发谋审而致法详果于以身任责,取财口费,必出于羡足,以盈其始虑之所营,度而期于有成,而因旧举事者,务在便文养誉。计用常不足耶? 然洪武、正统间之举固已闻于朝,而其后亦尝以请于部使者监司,其取财会费,宜亦不为少矣,亦其习于安辑闲暇戒徒庀工之际,有以容其苟且之政而然与? 如龙南冈之为此,第因民之以事至庭者,揆其情,犹可以,勿致其罪,乃戒之使出财以役于官,又勉使自视其役,朴扶呼召之苟,无所用而苟且,亦不得容。利兴于下而取财口费之议不及于上,可谓作事简而成功速矣。闽于幅员之数,最为遐阻,漳州又当闽之穷处,方汉开郡,闽中徙其众江淮一时之俗,犹安陋守俭不乐通中国,及唐而声名物采未大起,山断水绝而艰于行。由亦其势然也。至宋而文明繁富之风,视中州有加焉。轨迹达于四方,若辐辏川赴。桥梁之功,继断接绝,于斯为盛。然宋之有国,南北分裂。绍兴以后,世已季矣,轨迹所至,以淮、邓之间,为邻翔桥之利于人,其功尤近而狭,彼其竭力于空匮扰攘之中而为此者,若以俟夫今日之盛,固有数存焉,而非偶然也。桥之作修祗,为有司守境急民之政,而因国势之尊盛以博其利而著广速之功。桥,固莫之能为而亦非勤于职事者谋之所及。龙君之举,适遭乎斯时,诚非偶然也。是时卢玉田君为守,能执大体以先,有司不沮其僚之谋,咨计决议而喜其成功。龙君以谏臣出丞郡,不为謇傲自抗,以偷便养高而尽心于事。如此皆非今日所能为。于是郡倅陆君体仁谢君尚志节推李君日森乐观其长之贤。克叶于政佥来乞文,故为之书,使归刻石而立诸桥亭以诏来者。⑥"

参考文献

①④《福建通志》卷八。
②(明)徐勃:《徐式笔精》卷七。
③(清)杜臻:《粤闽巡视纪略》卷四。
⑤郭黛姮:《中国古代建筑史》(五卷本)第三卷,中国建筑工业出版社,2003年。
⑥(明)王慎中:《遵岩集》卷八。

十一、南城万年桥

1. 建筑所处位置。在江西省南城县城东北10余里河与盱江会合后的盱江交通要道上。

2.建筑始建时间。桥始建于宋咸淳七年(1271),旧为浮桥,明崇祯八年(1635)更建石拱桥,至清顺治四年(1647)完工,历时14年①。

3.最早的文字记载。宋黄震有万年桥记文。《南城县志》记载:"宋咸淳七年,武学谕涂演为设浮梁,黄震有记。②"

4.建筑名称的来历。希望桥梁永远不坏,故名万年桥。

5.建筑兴毁及修葺情况。清朝雍正、乾隆、嘉庆年间先后进行过维修,清光绪十三年(1887)洪水泛滥,桥梁破坏极为严重。自光绪十七年至二十一年,历时五年始维修完工。工程主持者谢甘棠,著《万年桥志》一书,叙述募捐、组织施工等情况,是一部日记式的工程报告。

1942年,日本侵略者炸毁第十八至二十一墩。1949年国民党军又一次炸桥。1953年人民政府拨款修复。因石料开采困难其中两孔改为混凝土拱,全桥铺混凝土桥面和架主栏杆③。

6.建筑特征及其原创意义。谢甘棠在其《万年桥志》中有当年万年桥详细的描述。万年桥现为江西省最长的厚墩联拱石桥,桥共23孔,等跨,净跨14米的半圆形联拱,券石厚95厘米,横联砌筑,桥宽6米。桥墩宽3.4米,长7.4米,前尖稍高,有挺立破浪之势,后部为方形阶梯式,水下宽厚,水上狭窄,矮而蹲,如跌座,墩高4.6米。

7.建筑设计师及捐资情况:宋代武学谕涂演始造浮桥。清代光绪年间谢甘棠主持重修,是为石拱桥。

8.关于建筑的经典文字轶闻。《江西通志》称:"巨丽冠江诸郡。"清张世经《万年桥碑》:"行者讴歌,观者咏叹。与太平桥连亘相望,如双龙饮河。视吴之垂虹,闽之洛阳,直鼎峙而三矣。④"

参考文献

①《江西通志》。

②(清)李人镜、梅体萱:《南城县志》卷二之四。

③茅以升:《中国古桥技术史》,北京出版社,1986年。

④(清)李人镜、梅体萱:《南城县志》卷九之四。

十二、汴京虹桥

1.建筑所处位置。河南省开封市。

2.建筑始建时间。建成于宋庆历中(1041—1048)①。

3.最早的文字记载。北宋画家张择端《清明上河图》绘制的汴京虹桥,是北宋时期桥梁建筑的代表。《东京梦华录》载:"(汴河)自东水门外七里,至西水门外,河上有桥十三。从东水门外七里,曰虹桥。其桥无柱,皆以巨木虚架,饰以丹艧,宛如长虹。②"此处记述虹桥与《清明上河图》上出现的虹桥相合。

4.建筑名称的来历。桥形宛如长虹,故名。

5.建筑兴毁及修葺情况。据《渑水燕淡录》记载:"青州城西南皆山,中贯洋水,限为二城。先时跨水植柱为桥,每至六七月间,山水暴涨,水与柱斗,率常坏桥,州以为患。明道中,夏英公守青,思有以捍之。会得牢城废卒,有智思。叠巨石固其岸,取大木数十相贯,架为飞桥无柱,至今五十余年桥不坏。庆历中陈希亮守宿,以汴桥坏,率常损官舟,害人命,乃法青州所作飞桥,至今汾汴皆飞桥,为往来之利,俗曰虹桥。③"

6.建筑特征及其原创意义。虹桥是一座单跨等边折线形的木结构拱桥。又称叠梁式木拱桥。从桥栏杆上的23根蜀柱估算,桥的跨径约25米,净跨20米左右,拱矢约5米,桥宽约8米,离水面净高5.5—6米,桥下净空足可行船,解决了水上行船与桥柱相撞的问题。

汴京虹桥结构新颖,它是用较短小的木条,纵横交错搭置,互相承托,组成拱骨架受力,上加桥面,添高栏杆成桥。当时以桥为中心形成"桥市",桥上人群熙攘,车马往来,十分热闹。还有成队骆驼穿城过桥而出。当时有一种叫"太平车"的运输车,载重达数十石(估计有2—3吨),需骡、驴二十余头或五至七头牛拖拽,可见桥的载重能力很大④。

这种构造独特,别具一格的虹桥,首创于青州籍老兵,后推广至山东、河南、安徽汴河及其附近河道,因桥无柱,又称"飞桥"。

7.建筑设计师及捐资情况。此种虹桥为青州卒所发明⑤。

8.关于建筑的经典文字轶闻。《宋史》记载："州跨汴为桥。水与桥争,常坏舟。希亮始作飞桥,无柱,以便往来,诏赐缣以褒之。仍下其法,自畿邑至于泗州皆为飞桥。⑥"

参考文献

①③(宋齐)王辟之:《渑水燕淡录》卷九。

②《东京梦华录》卷一。

④茅以升:《中国古桥技术史》,北京出版社,1986年。

⑤喻学才:《中国历代名匠志》,湖北教育出版社,2006年。

⑥《宋史》卷二九八。

十三、万寿桥

1.建筑所处位置。位于福州市南门外,横跨在闽江(南台江)上,是一座南北向的简支石梁桥。

2.建筑始建时间。万寿桥始建于宋元祐间(1086—1094)。《福州府志》记载："元祐间,郡人王祖道为守,造舟为梁。①"

3.最早的文字记载。"横跨南台大江,俗名大桥。宋元祐间郡守王祖道置。②"

4.建筑名称的来历。元代万寿寺主持所造,故名。

5.建筑兴毁及修葺情况。《三山志》云："旧为浮桥,元祐间造舟为梁,绍圣元年成。"元成宗大德七年(1303),万寿寺(俗称头陀寺)主僧王法助奉旨募缘千万金,建造石桥,于元英宗至治二年(1322)落成,历时20年。《闽都记》记载："明天顺间重修,万历十六年巡抚庞尚鹏重砌"③。万寿桥历明清两朝,屡圮屡修。民国18年(1929),为通行汽车,在桥上加筑了钢筋混凝土桥面。

6.建筑特征及其原创意义。元代改建后的万寿桥长800米,共46孔。桥的中间有一中洲(小岛),中洲北面石桥为36孔,南面为10孔,每孔长约2米。桥的两端各建一亭,供过往行人休息。桥面每孔用2根大石梁,石梁上横架石板,石板长约9—10米,为花岗石,重约40吨。这么重的石梁,在600多年前,没有机械化的起重设备,桥梁的工程设计人员和建桥工匠们是怎样把它架设到4—5米高的桥墩上的? 没有史料记载,确实是个谜④。

7.建筑设计师及捐资情况。宋代郡守王祖道、元代僧王法助、明代巡抚庞尚鹏等先后主持建造或重建工程。

8.关于建筑的经典文字轶闻。南宋大诗人陆游于绍兴二十八年(1158)曾写过一首《渡浮至南台》的诗,对当时的南台和万寿浮桥的风光赞美不已,诗中说："客中多病废登临,闻说南台试一寻。九轨余行怒涛上,千艘横系大江心。寺楼钟鼓催昏晓,墟落云烟自古今。白发未除豪气在,醉吹横笛坐榕荫。"

参考文献

①③乾隆《福州府志》卷九。

②《福建通志》卷八。

④茅以升:《中国古桥技术史》,北京出版社,1986年。

十四、龙江桥

1.建筑所处位置。在福建省福清县海口镇。

2.建筑始建时间。北宋政和三年(1113)。

3.最早的文字记载。据《福清县志》记载:"龙江桥在万仞里。"

4.建筑名称的来历。《福清县志》云:"宋政和三年(1113)癸巳……成之,……名曰螺江,绍兴庚辰(1160)改名龙江。"

5.建筑兴毁及修葺情况。据《福清县志》记载:"宋政和三年癸巳,林迁与僧玄觉募缘成之……费五百万。万历三十三年(1605)重修,清顺治十二年(1655)邑侯朱迁瑞重修。"1949年后,人民政府多次拨款维修。1961年龙江桥被列为省文物保护单位。

6.建筑特征及其原创意义。《福清县志》记载:"(龙江桥)其下为四十二间,广三十尺,翼以扶栏长一百八十余丈,势甚雄伟。"龙江桥每孔用5根石梁,上盖石板。桥墩基础,用牡蛎固结①。

7.建筑设计师及捐资情况。据《福建通志》记载:"始太平寺僧守思叠石为基,宋政和三年,林迁与僧玄觉募缘成之。②"清朝顺治年间朱迁重修。

8.关于建筑的经典文字轶闻。郑亦邓《重修龙江桥记》:"余家距福清可六百里,未尝一至斯桥、而往来官道相望里许。所谓龙江桥者,每在朝霞夕照之间。③"

参考文献

①郭黛姮:《中国古代建筑史》(五卷本)第三卷,中国建筑工业出版社,2003年。

②《福建通志》卷八。

③乾隆《福清县志》卷一一。

十五、安平桥

1.建筑所处位置。福建省晋江。

2.建筑始建时间。南宋绍兴八年(1138)。

3.最早的文字记载。宋代《方舆胜览》记载:"安平桥,在石井镇。绍兴中赵令衿造,其长八百余丈。①"

4.建筑名称的来历。位于晋江市的安海镇,安海古称安平,因此,此桥又称:"安平桥"。由于桥长近五里,俗称"五里桥。②"

5.建筑兴毁及修葺情况。据《安海志》记载:"宋绍兴八年,僧祖派始筑石桥,……派与漤亡,越十四载未竟。绍兴二十一年郡守赵公令衿卒之。"

6.建筑特征及其原创意义。据《晋江县志》记载:"晋江、南安之界,旧日以舟渡,宋绍兴八年,僧祖派始筑石桥未就,二十一年来赵令衿成之,酾水三百六十二道(即分水道为362孔),长八百十有一丈,宽一丈六尺……"安平桥"工程之巨大,在古代桥梁中,可谓首屈一指。其长801丈,广1.6丈,酾水362道。桥面用巨大石梁拼成,每根梁重约12—13吨,下部桥墩仍用条石纵横叠砌而成。桥墩形式有方形,尖端船形,半船形等多种。③"

7.建筑设计师及捐资情况。据《福建通志》记载:"宋绍兴八年,僧祖派始议为石桥,镇人黄漤及僧智渊各施钱万缗为之倡。④"

8.关于建筑的经典文字轶闻。据《福建通志》云:"(安平桥)酾水为三百六十二道,长八百余丈。⑤"

参考文献

①(宋)祝穆：《方舆胜览》卷一二。

②郭黛姮：《中国古代建筑史》(五卷本)第三卷,中国建筑工业出版社,2003年。

③茅以升：《中国古桥技术史》,北京出版社,1986年。

④⑤《福建通志》卷八。

(九)志寺

一、华林寺

1.建筑所处位置。位于福建省福州市鼓楼区北隅、屏山南麓,是我国南方寥寥可数的宋代木结构古寺庙建筑之一。

2.建筑始建时间。宋乾德三年(965)建,原名越山吉祥禅院,明正德年间改名华林寺。

3.最早的文字记载。"在越王山麓,宋乾德三年都守鲍修让建。有转轮经藏。有越山庵在寺东,叫佛庵在寺北。①"

4.建筑名称的来历。寺名来源于弥勒佛成道后说法的僧园名,因其中有龙华树。故曰华林园。弥勒佛于龙华树下成道后,曾于华林园先后举行三次说法大会。该园纵广一百由旬(由旬为印度里程计算单位分上、中、下三类。上由旬六十里;中由旬五十里;下由旬四十里)。弥勒初会说法九十六亿人得阿罗汉。第二次大会说法,九十四亿人得阿罗汉。第三大会说法,九十二亿人得阿罗汉②。

5.建筑兴毁及修葺情况。《明一统志》记载:"华林寺在府城越王山下,旧名吉祥寺,本朝宣德中重建,正统中赐今额。③"《福建通志》记载:"明正德间赐额,国都顺治初修,康熙七年重修。④"

6.建筑特征及其原创意义:《福州府志》记载:"寺西廊有转轮经藏,今圮。东廊有文昌祠、普陀岩。正殿之后为法堂,法堂西祖师殿。正德间赐额。⑤"华林寺历经几多春秋,仅存大殿,后增建山门、左右配殿和廊庑。大殿为抬梁式构架,单檐九脊顶,高15.5米,面积574平方米。大殿有18根木柱,柱子以上全由斗拱支撑,不用一根铁钉。大殿虽经明、清两朝多次重修,增建周廊下檐,但其主要构件仍为千年原物,是我国长江以南最古老的宋代木构建筑物。

7.建筑设计师及捐资情况。宋乾德三年郡守鲍修让建。

8.关于建筑的经典文字轶闻。周震《春月劝农至华林寺》:"飞廉怒见海天明,十里篮舆出劝耕。陇麦低头须雨意,林花仰面笑春晴。熙寮连辔勤因事,父老传杯识至情。及物无功惭窃廪,丰年有愿是忠诚。⑥"

参考文献

①④《福建通志》卷六二。

②鸠摩罗什译《弥勒下生经》。

③《明一统志》卷七四。

⑤乾隆《福州府志》卷九。

⑥《宋诗记事》卷五八。

二、罗汉寺

1.建筑所处位置。浙江省乐清市雁荡山大龙湫景区芙蓉峰东侧,北依华严岭,笔架峰立于右侧。

2.建筑始建时间。北宋真宗咸平二年(999)。

3.最早的文字记载。明朱希晦《罗汉寺》诗:"见说飞金锡,遥从海上来。藓痕封石室,松影拂凉台。①"

4.建筑名称的来历。因寺右前方高崖上有飞来石形酷似罗汉,康定元年(1040)改名罗汉寺。《乐清县志》记载:"相传有飞来石罗汉,故名。②"

5.建筑兴毁及修葺情况。初建于宋真宗咸平二年(999),僧全了建,熙宁元年(1068)赐额。因寺西有芙蓉峰,初名芙蓉庵。康定元年(1040),因寺右前方高崖上有飞来石形酷似罗汉,而又称罗汉寺。明洪武六年(1373),僧大岩重建,二十四年(1391)并入灵云寺。天启年间,僧正智重建,迁至芙蓉峰下。清康熙十五年(1676)僧汉梅将寺迁回故地,以诵经岩为神灵,对原寺庙坐像稍作改动。后几经兴废,直到民国15年(1926),予以重建③。

6.建筑特征及其原创意义。罗汉寺是佛教禅宗寺庙建筑,占地面积约1035平方米,是雁荡山十八古刹之一。周清原诗:"古寺疏晚钟,苍烟起四山。祥灯清夜榻,梦与白云闲。④"罗汉寺为四合院式,自南向北,依次为刻有"轰"字的照壁、天王殿、大雄宝殿。大雄宝殿从左到右供奉观音菩萨、阿弥陀佛、大势至菩萨。正殿为歇山顶,长10.6米,宽12.4米。正殿与厢房由廊相连,左右厢房是二层木楼各四间,中间为一长11.5米,宽12.4米的庭院。寺庙朝南坐落在山谷中,寺前50米处有一石板桥,是雁荡山现留唯一的一座宋桥。建于宋淳祐八年(1248)。

7.建筑设计师及捐资情况。僧全了、僧大岩、僧正智、僧汉梅等先后建造。

8.关于建筑的经典文字轶闻。《徐霞客游记》:"出连云嶂,逾华岩岭,共二里,入罗汉寺。寺久废。卧云师近新之。卧云年八十余。其相与飞来石罗汉相似。开山巨手也。⑤"

参考文献

①②③④光绪《乐清县志》卷一五。

⑤《徐霞客游记》卷一下。

三、宝通禅寺

1.建筑所处位置。在湖北省武汉市武昌大东门外洪山南麓。

2.建筑始建时间。南宋理宗朝宋金对抗于襄、随一带,朝廷乃迁随州大洪山禅寺于此以避兵燹。

3.最早的文字记载。释天正、松泉《洪山宝通禅寺志》①。

4.建筑名称的来历。宋理宗时赐额崇宁万寿禅寺。

5.建筑兴毁及修葺情况。宝通禅寺位于洪山南麓,唐敬宗二年(826)由善信禅师创建。唐文宗太和九年(835)赐额幽济禅院,宋端平年间(1234—1236),因随州兵灾严重,遂迁址于武汉武昌东山,改东山为洪山。宋理宗赐额崇宁万寿禅寺。明成化二十一年(1485),敕改宝通禅寺至今。寺历千年,屡经毁败。元元统二年(1334)修,至正(1341—1368)某年迄工。费钱总若千万缗。康熙十五年(1676)重修,后毁。乾隆五十五年(1790)重修。现存殿宇为清同治四年(1865)至光绪五年(1879)建筑。寺内现有圣僧桥、大雄宝殿、祖师殿、禅堂以及宋铸铁钟,明雕石狮等古建筑和文物,寺后尚有洪山宝塔、无影塔等[②]。

6.建筑特征及其原创意义。《湖北旧闻录》记载:"首造大佛宝殿,栋宇之制,悉拟于京师列刹而华饰有加焉。两庑山门之上,为万佛阁,演法栖僧有堂,轮藏及祖师之公有殿,天书有阁,而钟楼、经台、丈室、茶堂、旃檀、林前宾僚、库叟庖湢之属,无不皆备。[③]"现存禅寺为清光绪五年(1879)所修,规模、装饰之考究皆为武昌诸刹之首。坐北朝南,依山傍势。寺最前面为山门,两旁屏墙高耸,布瓦铺脊,门楣上有"宝通禅寺"4个醒目的大字。门前有一对石狮,为明代雕刻,形体高大,生动威严。进门后自下而上为放生池、圣僧桥、天王殿、大雄宝殿、祖师殿、藏经楼,至此中分,右为禅堂,左为方丈室,再上为铁佛寺、华严洞、华严亭、法界宫,寺后有宝能塔。寺内建筑均为砖木结构,歇山顶,斗拱飞檐,彩绘雕梁。宝通寺内文物有唐铸铁佛、宋朝"万斤钟"及明石雕狮等。唐铸铁佛是唐天宝年间(742—756)铸造的一尊大佛,高4米,底座宽8米,重膝盘坐,形象生动。

7.建筑设计师及捐资情况。华公等人捐资建造。《湖北旧闻录》记载:"出于华公者一万,出于耆旧、僧宗僧者二万,余皆出于众施及经用之羡财。[④]"

8.关于建筑的经典文字轶闻。明叶元玉《次韵游宝通寺》:"诘朝载酒宝通寺,食盒春槃但小装。千里春风伤鬓雪,十年尘梦愧松篁。绿阴屈指无三月,白日题诗共一堂。醉后浩歌还起舞,不妨人笑老夫狂。[⑤]"汪炼南《雨游洪山寺》:"招提岌嶪势疑浮,鹦鹉洲环黄鹤楼。风雨铃钟闻下界,朝宗江汉看东流。崔离恍惚旛千尺,龙护烦劳网几秋。深院松花云外侣,芒鞋何日看同游。"刘朝英《登洪山寺》:"手板朝朝兴未穷,秋来蹑屐到龙宫。金银气色寒郊外,楼阁参差暮霭中。墙势欲飞初罢磬,禅心方定一闻钟。谁言世出莲花国,却是城头姑射峰。[⑥]"

参考文献

①《中国佛寺志丛刊》,江苏广陵古籍刻印社。
②③④(清)陈诗:《湖北旧闻录》,湖北人民出版社,1999年。
⑤(明)曹学佺:《石仓历代诗选》,卷四二一。
⑥《湖广通志》卷八八。

四、迎江寺

1.建筑所处位置。位于安徽省安庆市东门。

2.建筑始建时间。始建于北宋开宝七年(974)。

3.最早的文字记载。"迎江寺在府东枞阳门外。明隆庆间(1567—1571)建万佛塔。有光宗御书护国永昌禅寺,特建宸翰楼贮之。[①]"

4.建筑名称的来历。迎江寺称古万佛寺、永昌禅寺等。清同治元年(1862)重建,名"迎江寺",意为寺院迎长江而立。

5.建筑兴毁及修葺情况。宋初名"古万佛寺",由僧涵万募化而建。明朝万历四十七年(1619),邑绅阮自华在此基础上重新募建,明光宗皇帝御书敕名"护国永昌禅寺"。清朝初年重建,康熙二年(1663),巡抚张朝珍修大殿和山门,至此迎江寺方成规模。以后续有整修扩建,终成沿江一带名刹。咸丰十一年(1861)毁于战火。清同治元年(1862)重建,名"迎江寺",意为寺院迎长江而立。光绪元年(1875),慈禧太后赐给迎江寺"妙明园"匾额,悬于藏经阁上。光绪二十四年(1898),近代名僧月霞于九华山创办中国第一所佛教院校以后不久,即来到迎江寺担任方丈,在其住持期间,留下了著名的反对袁世凯称帝的"月霞方丈公案"。月霞离去之前,前派弟子心坚来迎江寺担任方丈。

迎江寺建立以来,历朝香火兴盛,延绵不绝。1949年后,政府多次对寺庙进行维修、保护。1983年迎江寺被列为汉族地区佛教全国重点寺院,

6.建筑特征及其原创意义。安庆是历史文化名城,迎江寺即在该城之东南,它上接九华山,下临匡庐,北攘天柱,南临长江,可谓得天地之灵气,占人文之辉光。

迎江寺大门上方书有"迎江寺"三字匾额,门两边各置铁锚一个,重约3吨,这是该寺有别于其他寺庙的独特之处。据说,安庆地形如船,塔为桅杆,若不以锚镇固,安庆城将随江东去,故设之。寺内建筑以四进殿堂及一塔为主体。

一进天王殿,殿高10.4米,面积约300平方米。正中坐一尊祖胸露腹、张口憨笑的弥勒佛像,背后站韦驮像,面对释迦牟尼佛。殿两侧分列"四大天王",各高3米余,气势威严。

二进大雄宝殿,高17.72米,面积409平方米。殿内三尊大佛,居中是教主释迦牟尼佛,东西两侧为药师佛和阿弥陀佛。殿后骑狮的为文殊菩萨,骑象的为普贤菩萨。两厢佛台上供降龙、伏虎等十八罗汉塑像,姿态各异,造型生动。

三进毗卢殿,脊高17.7米,面积约580平方米。殿内中间供奉的是毗卢佛,左边是大梵天王,右边是帝释天神。毗卢佛背后的悬壁上塑的是高达10多米的海岛,岛上有《华严经》中善财童子五十三参等一百多个人物塑像,海岛下塑有"四海龙王朝观音",整个塑像精美逼真。

四进藏经楼,楼高16.2米,面积981平方米,分上、中、下三层。楼上藏有佛经万余卷,还有《妙法莲花经观世音菩萨普门品》附《心经》,保存完好。这部经书迄今有500余年历史,经书中还有多幅佛像和普度众生相。楼下为法堂,供讲经说法和重大宗教活动之用。中层是西方三圣像。

矗立寺中的振风塔,建于明隆庆四年(1570),原名"万佛塔",是长江流域少见的迎江七级浮图。远看如同一直立的圆锥体,挺拔秀丽,气势雄伟;近看由砖石砌成的楼阁式建筑,嵌空玲珑,庄重华美。该塔七层八角,内共有168级台阶,每层有石栏环绕。塔中心为八角瓜皮顶空厅。塔门布局多变,游人登上二层以后往往入而碰壁,不得其门而上,因此人声笑语不绝,一旦得门而上,则又其乐无穷。每层檐角有戗,戗下系铜铃,随风作响,悠扬远送。塔的底层供奉一尊5米高的接引佛,二层供弥勒佛,三层供五方佛,四层以上有浮雕佛像600多尊,塔顶为八方体须弥座,上接半圆形覆钵和5个铁球(相轮),1个葫芦宝瓶,用铜轴串在一起构成塔刹。浑厚的塔身衬着造型优美的塔刹,巍然高耸,直入云霄。"塔影横江"是一幅晴空月夜美丽奇异的图画,被誉为安庆胜景之一。

7.建筑设计师及捐资情况。宋代释涵万募捐建成。尔后修建者详本篇第五项。

8.关于建筑的经典文字轶闻。查慎行《登迎江寺塔同程佐衡作》:"江山本无穷,远景域近见。凌空得古塔,览胜斯独擅。方当贾勇登,宁计足力倦。一层一喘息,屡上屡回旋。[②]"

参考文献

①《江南通志》卷四七。

②《敬业堂诗集》卷二一。

五、普济寺

1.建筑所处位置。浙江省普陀山梅口山东、灵鹫峰下。

2.建筑始建时间。普济寺创建于何时尚难确定,但正式称"寺"则始于北宋神宗时。根据《南海普陀山志》记载。"宋神宗元丰三年(1080)从内殿承旨王舜封之请改殿宇,赐额宝陀观音寺。[①]"

3.最早的文字记载。"补陀逻迦山普济寺碑记",详见《浙江通志》[②]。

4.建筑名称的来历。北宋元丰三年神宗赐名宝陀观音寺。明万历三十三年(1605)赐名"护国永寿普陀禅寺"。康熙三十八年(1699)改名为普济寺[③]。

5.建筑兴毁及修葺情况。南宋嘉定七年(1214),主持德韶奏请修饰殿宇,御赐钱万缗。元代颁赐尤隆。明洪武中叶,实施海禁,不复当年之盛。明正德十年(1515)僧淡斋募化复兴之。嘉靖三十二年(1553)迁寺于定海(今镇海)的招宝山。隆庆六年(1572)僧真松修复殿宇。万历六年(1578)建天王殿,后多次重建。清初遭海寇劫掠,寺毁。康熙(1662—1720)、雍正年间(1723—1735)先后数次御赐帑币整修殿宇[④]。

6.建筑特征及其原创意义。普济寺为普陀山上三大寺庙之一,全寺占地37019平方米,建筑总面积为15288平方米。现建筑为清康熙、雍正年间所建。寺内有大圆通殿、天王殿、藏经楼等,殿、堂、楼、轩等共计312间。建筑保留清代开国初期的风格。康熙二十三年,开始重修殿宇。根据山志记载:寺基深六十丈,广八十丈。寺中门者三,中山门五间,广六丈,深四丈,高三丈八尺。为殿者十。大圆通殿为寺主殿。东西配殿分别为伽兰殿、绣佛殿、祖师殿、白衣殿。

今普济寺的总体布局,明显沿用了"伽蓝七堂"的传统方式。建筑总体布局用一条明显的中轴线,在长达151米的南北中轴线上布置主要殿宇。次要殿堂对称排列于两侧。圆通宝殿是全寺主殿,高达20余米,殿内宏大巍峨,百人共入不觉宽,千人齐登不觉挤,人称"活大殿"。殿中供毗卢观音身高6.5米,妙相庄严,观照自若。大殿两旁端坐着三十二尊观音应身,男女老少、圣凡人神诸像,栩栩如生,各具鲜明的个性。普济寺里最主要的特色之一就是大殿里有观音的32应身,目前现存者为20世纪80年代重修[⑤]。

7.建筑设计师及捐资情况。历代僧人参与设计建造。建造寺院的资金大部分来源于国库(帑币),历代有南宋宁宗朝、明代万历、清代康熙、雍正等朝。有的来源于僧人募化,如明代僧人淡斋[⑥]。

8.关于建筑的经典文字轶闻。烟霞馆是普济寺著名观景点,《南海普陀山志》记载:"惟登斯馆,蹑足振衣,峰峦苍翠,岛屿明没,烟水雾霞,缭绕襟袖。[⑦]"

参考文献

①《重修南海普陀山志》卷二。

②《浙江通志》卷首三。

③④赵振武、丁承朴:《普陀山古建筑》,中国建筑工业出版社,1997年。

⑤王亨彦:《普陀洛迦新志》。

⑥《浙江通志》之《普陀县志》。

⑦《南海普陀山志》卷一六。

六、托林寺

1.建筑所处位置。位于西藏自治区阿里扎达县境西北隅内。

2.建筑始建时间。996 年①。

3.最早的文字记载。1322 年布顿大师所撰《佛教史大宝藏论》记载："拉喇嘛在象雄地方修建脱滴寺(即托林寺),许多译师和班智达作了出资建寺的施主。②"

4.建筑名称的来历。托林,意为"飞翔空中永不坠落③"。

5.建筑兴毁及修葺情况。托林寺由古格王扎西衮之子益西沃于 996 年仿桑耶寺而建,建成后,它不仅成为古格王国最重要的宗教活动场所,也揭开了藏传佛教后期的帷幕。伴随着大译师仁青桑布、大师阿底峡等高僧的传佛活动,特别是著名的 1076 年"火龙年大法会"的举行,托林寺成为西藏西部最著名的佛寺。截止 1996 年,托林寺已在象泉河边伫立了整整一千年,同年,它被列为全国重点文物保护单位④。

6.建筑特征及其原创意义。托林寺在历史上规模很大,据说大小有 300 多座殿堂。托林寺的中心部分,位于县城西北部象泉河南岸,由近 10 座殿堂以及僧舍、佛塔组成。桑耶寺整个寺院的布局,是按佛教想象中的"世界"结构设计而成,一般认为是以古印度摩揭陀地方的欧丹达菩提寺(飞行寺)为蓝本;也有人认为,桑耶寺的建筑形式与佛教密宗的"坛城"(即曼陀罗)相似,是仿照密宗的曼陀罗建造的。位于全寺中心的"乌孜"大殿,象征宇宙中心的须弥山;"乌孜"大殿四方各建一殿,象征四大部洲;四方各殿的附近,各有两座小殿,象征八小洲;主殿两旁又建两座小殿,象征日、月;主殿四角又建红、绿、黑、白四塔,以镇服一切凶神魔刹,防止天灾人祸的发生;而且在塔周围遍架金刚杵,形成 108 座小塔,每杵下置一舍利,象征佛法坚不可摧,此外,还有一些其他建筑,为护法神殿、僧舍、经房、仓库等。全部建筑又围上一道椭圆形围墙,象征铁围山,四面各开大门一座,东大门为正门⑤。

内部建筑凝结着印度、尼泊尔和拉达克的工匠心血,也是三地的建筑和佛像风格的集大成者。古格开国之时,已确定尊崇佛教。当时的藏地佛教虽开始复兴但却仍然混乱。第二代古格王意希沃拨乱反正,兴建托林寺。其后请来的印度高僧阿底峡弘法,以此寺为驻锡地。阿底峡带动了西藏佛教的复兴,托林寺也因而逐渐成为当时的藏传佛教中心。有900 多年历史的托林寺历经了各种自然和人为的破坏,尤其是"文化大革命"的冲击最为严重。近年来不断重修,主殿已恢复原样,可以看出其规模和形制都仿照西藏泽当的桑耶寺。主体建筑象征须弥山,四面的高塔象征四大护法金刚,殿内供奉了许多镏金佛像。托林寺旁的象泉河谷里,有一列长达数百米的上百座佛塔遗迹。另外,在河谷观看扎达土林壮观迷人的日出和日落也是难得的享受⑥。

图 8-9-1 西藏扎达托林寺

7.建筑设计师及捐资情况。996 年由古格王松埃始建⑦。

8.关于建筑的经典文字轶闻。《故城》附录描述该寺现状:"托林寺原有规模较大,包括朗巴朗则拉康、拉康嘎波、杜康等三座大殿。近十座中小殿以及堪布私邸、一般僧舍、经堂、大小佛塔、塔墙等建筑。寺院所有建筑都受到程度不同的破坏，保存较好的只有三大殿和一座佛塔。⑧"

参考文献

①任继愈：《佛教大辞典》。

②宿白：《藏传佛教寺院考古》，文物出版社。

③王尧：《西藏历史文化辞典》，西藏人民出版社，1998年。

④丹珠昂奔：《藏族大辞典》，甘肃人民出版社，1998年。

⑤陈耀东：《西藏阿里托林寺》，《文物》，1995年1期。

⑥⑦《中国藏式建筑艺术》，四川人民出版社，2002年。

⑧宿白：《藏传佛教寺院考古》，文物出版社。

七、萨迦寺

1.建筑所处位置。位于西藏自治区日喀则地区萨迦县城，是藏传佛教萨迦派的主寺，分萨迦南寺和萨迦北寺，是一座规模宏伟的寺院建筑群，有"第二敦煌"之美誉。

2.建筑始建时间。萨迦北寺初建于1073年，萨迦南寺始建于1268年①。

3.最早的文字记载。"萨迦寺在扎什隆布境内。有撒家班禅。乃红帽喇嘛之祖师。其教喇嘛，年少时娶妻生子，有子后不复再近室家。②"

4.建筑名称的来历。"萨迦寺"藏语音译，意为灰白土。

5.建筑兴毁及修葺情况。萨迦寺于1961年被国务院定为全国重点文物保护单位。八思巴（1235—1280）被元中央政府封为"帝师"、统领西藏后，萨迦寺成为西藏地方政权机关所在地。萨迦北寺初建于北宋熙宁六年（1073），大多数建筑毁于20世纪60年代。萨迦南寺始建于1268年，其建筑形制基本上仿照汉区古代城池样式。因萨迦寺建筑分布在仲曲河两岸，故称萨迦南寺和萨迦北寺，全寺共有40余个建筑单元，是一座规模宏伟的寺院建筑群。贡却杰布初建萨迦北寺时，结构简陋，规模很小。后经萨迦历代法王在山坡上下不断扩建，加盖金顶，增加了许多建筑物从而形成了逶迤重迭、规模宏大的建筑群。八思巴被元中央政府封为"帝师"、统领西藏后，萨迦北寺又成为西藏地方政权机关所在地。萨迦南寺是八思巴委托萨迦本钦（萨迦本钦是元朝时西藏萨迦地方政权的首席官员）知贡葛桑布主持兴建的，当时一些汉族工匠也参加了施工，后屡次扩建整修，气垫宏伟，平面呈方形，高墙环绕，总面积14760平方米③。

6.建筑特征及其原创意义。萨迦南寺基本上仿照汉区古代城池样式，是具有很好防御性能的坚固城堡，护墙河至今仍依稀可辨。城堡内为殿堂僧舍。大经堂总面积5775平方米，正殿由40根巨大的木柱支撑直通房顶，最粗的木柱直径约1.5米，细的也有1米左右。其中前排中间的话根柱子，被称为四大名柱，即"元朝皇帝柱"（据传为忽必烈所赐）、猛虎柱（相传此柱由一猛虎负载而来）、野牛柱（相传此柱为一野牦牛用角顶载而来）、黑血柱（相传是海神送来的流血之

图8-9-2 西藏萨迦县萨迦寺

柱)。正殿高约 10 米,大厅可容纳近万名喇嘛诵经,内供三世佛、萨迦班智达及八思巴塑像。萨迦寺另一重要殿堂为欧东拉康,内有 11 座萨迦法王灵塔,殿内墙上绘有八思巴早年的画像和修建萨迦寺的壁画。殿后堂有反映西藏历史上的重要事件即萨班与阔端会晤的壁画。欧东拉康的南侧有座"普康",是该寺修密宗的僧人诵"普巴(多见橛)经"的处所。

图 8-9-3　萨迦寺拉康钦莫大殿

从南寺大殿出来,经廊道而至前院,再沿数十级长梯,即可到大殿顶层。平台的西、南两面有宽敞的长廊,廊墙上绘有珍贵壁画,南壁绘有萨迦祖师像,西劈绘有大型曼陀罗(坛城)。

萨迦南寺曾经过多次维修,特别是在 1948 年的大修中,局部有较大的改变,在大殿前增加了一些附属建筑物,大殿内的木板壁改成了泥墙,重绘了不少壁画,尤其是把围墙上开有垛口的女儿墙改成西藏形式的平合檐等。但从整体上看,南寺融藏汉建筑风格于一体,是藏式平川式寺庙建筑的代表。

萨迦王朝当政时期是政教合一的地方政权。因此,萨迦寺除了具有规模宏大的寺院外,还有一些官署府邸之类的建筑。公元 1265 年八思巴回萨迦寺时,为他自己建立了一个"喇让",专门管理他的私人财物和有关事宜。八思巴死后,传至贡噶洛珠坚赞时(14 世纪前半期),萨迦昆氏家族分裂为 4 个"喇让"("喇让"原指西藏宗教领袖的住所,后演变为宗教领袖办理政教事务的机构),"喇让"则以父子相承,而萨迦法王的宝座则由这 4 个"喇让"轮流继任。这 4 个"喇让"为:细脱喇让、拉康喇让、仁钦岗喇让和都却喇让。

细脱喇让的建筑为一长 56.6 米,宽 40 米的长方形四合院,高四层共 16.3 米。原来是八思巴任法王时管理卫藏十三万户时的官邸,后来一直是萨迦王朝的政府所在地,最后成为四大喇让之一。

拉康喇让的建筑原是八思巴圆寂的地方,在萨迦南寺大经堂右侧城堡内,有三楼一顶,高与大殿差不多,后为四大喇让之一。

仁钦岗和都却两个喇让,均为八思巴时代的建筑,具有相当规模。至 15 世纪时,三个喇让绝嗣,而都却喇让的阿旺贡噶仁钦和白玛顿堆旺久兄弟,为了争夺萨迦法王的王位,发生矛盾,互不相让,于是分别建立彭措颇章和卓玛颇章两房,萨迦法王就分别由这两房中的长子轮流担任。他们的宫殿建筑当然也是萨迦寺院建筑的重要组成部分。

萨迦寺从建寺至今已有 900 多年的历史,其间萨迦王朝统治全藏 70 余年,寺内所藏文物极其丰富,其中尤以经书最为著名。萨迦寺的图书资料集中在三个地方,即北寺的"乌则"、"古绒"的藏书室和南寺的大殿,藏书的总数约有 24000 函左右。"乌则"为该寺最早的藏书室,据说在八思巴以前就放满了图书,八思巴时代也有少量的珍本藏入该室。该室除藏有大量古藏文抄本外,还有为数不少的梵文贝叶经和汉文经卷。这些经书部部都由金汁、银汁、朱砂或墨汁精工写成。南寺大殿的藏书数量最多,据说这里的书籍是八思巴任法王时集中了全藏的书写家抄写的。"古绒"藏书室内的绝大部分藏书也是手抄本。其书写时代可能稍晚于"乌则"和南寺大殿。此外,这里还藏有一部明永乐八年附有御制后序的内地印制《华严经》。北寺"古绒"藏有天文、历算、医药、文学、历史等方面的藏文书籍3000函,其中很多是宋、元、明各代的手抄本和稿本,而且多为历代法王批注校释过的珍本。现在保存完好而又为人们特别珍视的要算南寺大殿法墙中的藏书,大殿后部和左右两侧靠墙处为通壁大书架,架上摆满了经文典籍,大小版本约有2万余函,其中最大一部名为《八千颂铁环本》经书,长1.31米宽1.12米。这些经典中有珍本和孤本,是极为宝贵的文化遗产。因此,有些学者认为萨迦的藏书和壁画可以同敦煌相比美,称之为第二敦煌。除这三个较大的藏书室外,其他小殿和两个法王的颇章内,也有为数不少的抄本和印本书籍④。

7.建筑设计师及捐资情况。根据达仓宗巴·班觉桑布《汉藏史集》的记载,萨迦北寺是由贡却杰布、贡葛宁布父子主持建造的,萨迦南寺是由知贡葛桑布主持建造的⑤。

8.关于建筑的经典文字轶闻。(清)松筠《萨迦庙》:"五百余年庙,宗传大西天。甲错别有路,春堆玛布连。⑥"

参考文献

①陈耀东:《中国建筑艺术全集:佛教建筑(三)(藏传)》,中国建筑工业出版社,1999年。

②(清)焦应旗:《西藏志》。

③④⑤宿白:《藏传佛教寺院考古》,文物出版社。

⑥吴丰培:《川藏游踪汇编》,四川民族出版社。

八、夏鲁寺

1.建筑所处位置。位于西藏自治区日喀则东南约20千米处,属加措区夏鲁乡,海拔4000米。

2.建筑始建时间。夏鲁寺建于兔年(宋元祐二年,1087)①。

3.最早的文字记载。达仓宗巴·班觉桑布的《汉藏史集》记载了夏鲁寺的兴建过程②。

4.建筑名称的来历。夏鲁寺是西藏夏鲁教派的著名寺庙,"夏鲁",藏语是新生的幼芽或嫩叶的意思。

5.建筑兴毁及修葺情况。夏鲁寺始建于宋代,由喇嘛吉尊西绕琼乃创建并在此传播佛教,从此寺庙的香火便开始兴旺起来。1087年由夏鲁派高僧洛敦多吉旺秋主持兴建。元代,夏鲁是西藏十三"万户"之一。公元1320年,夏鲁万户长迎请喇嘛教著名僧人布顿·仁钦珠主持寺务,对寺院进行了大规模扩建。元帝对此给予了大量资助,并颁赐金银佛像三尊。工程所需木材从藏南运来,从东部请来汉族工匠,建起木构架、坡屋顶、琉璃瓦殿堂,使内地的建筑式样和技术传到了西藏地区。该寺在1329年曾遭地震灾害,在布顿·仁钦珠大喇嘛的主持下于1333年进行大规模重建与扩建的③。

6.建筑特征及其原创意义。元代布顿·仁钦珠修建后的夏鲁寺主体建筑坐西朝东,呈"四合天井"式,前段与主殿对称,两侧各有耳殿。殿顶高脊斗栱。琉璃瓦槽,翘首飞檐,如翼如飞,全然汉族建筑风格。醒目的红墙,坏石垒

图8-9-4 西藏日喀则夏鲁寺琉璃瓦殿

砌,殿堂紧连,又具有藏式建筑特点。这种汉藏合璧的建筑,可以使人联想到当时汉藏两地文化交流的情景。

寺内主要建筑为夏鲁拉康(大殿)、卡瓦、康清、热巴、安宗、四个扎仓(经院)。拉康内供有木制及泥塑佛像,一层是藏式内院大经堂,由前殿、经堂、佛殿组成,环绕佛殿还有回廊。神殿上下有大小 49 间房子,占地 1500 多平方米。底层大殿供奉释迦牟尼佛像和八大弟子塑像,两边的经堂内分别供奉着大藏经《甘珠尔》和《丹珠尔》。二层为四座汉式四合院殿堂,分别为前殿、正殿和左右配殿,皆为重檐歇山绿色琉璃顶,檐下用双下昂五铺作斗拱承托,其形式和元代内地流行的做法一致。北侧一殿内部木构架做法为:四椽栿上施平梁,平梁上立蜀柱、脊栿,脊栿两侧以叉手支撑,也是汉地元代做法。

正面神殿供奉释迦牟尼和布顿仁钦珠的塑像,左右配殿昌坛城殿,前殿供奉慈尊佛像和十六罗汉。这是目前西藏唯一的一座保留了元代汉族风格的汉藏结构寺庙,其显著特点就在于它是绿色琉璃瓦覆盖的汉式斜山屋顶。现今 4 个扎仓已成为民居,散布于神殿的周围④。

夏鲁寺的壁画年代久远,因此欣赏价值很高。其中,许多人物和动、植物都带有汉地的风采。回廊上也绘有壁画,有内容丰富的坛城,还有传统的吉祥图案。

整个建筑为藏式殿堂、汉式殿顶,这使夏鲁寺明显地有别于其他喇嘛寺⑤。

7.建筑设计师及捐资情况。喇嘛吉尊·西饶琼乃⑥。

参考文献

①《夏鲁寺史》。

②④宿白:《藏传佛教寺院考古》,文物出版社。

③柴焕波:《西藏艺术考古》,中国藏学出版社,河北教育出版社,2002 年。

⑤⑥任继愈:《中国佛教大辞典》。

九、天台禅寺

1.建筑所处位置。天台寺坐落于安徽省九华山最高峰天台峰,海拔 1306 米。

2.建筑始建时间。准确年代不明,但据推测,寺庙的全貌到了宋朝时才完备起来。宋时已有记载。

3.最早的文字记载。宋代高僧大慧宗杲禅师的诗文描述:"遍踏天台不作声,清钟一杵万山鸣。"

4.建筑名称的来历。又称"地藏寺"、"地藏禅寺",位于天台峰顶的青龙背上,故寺以山名。据旧志载地藏菩萨曾居天台,天台寺遂成朝山信众必拜的"圣迹",被称之为"中天世界"。

5.建筑兴毁及修葺情况。《青阳县志》记载:"天台寺在九十九峰最高处,其山系十三都。陈履泰施舍僧人始建三常住,继分八刹。今经兵燹,仅存老常住、正常住、中常住、真妙庵。①"到了 1920 年,当时的住持彻德法师重修,形成了现在的规模。"天台正顶"当时经过重修,第二年铺了天台石板路。1955 年,青阳县人民政府再度重修之后,由九华山管理处保护,现在成为全国重点保护寺院。

6.建筑特征及其原创意义。天台禅寺由寮房、大雄宝殿、万佛楼等重要建筑设施组成。整体建筑依山而建,地处海拔 1340 米的天台正顶。建筑布局随崖就石,设计灵巧,分为三层,省去了天井与院落,使山寺浑然一体。出寺外上至岗头,可见岩石上有一巨大脚印,传说为地藏菩萨留下的足迹。1983 年,天台寺被定为汉族地区全国重点寺院②。

7.建筑设计师及捐资情况。陈履泰捐资建造,是为天台禅寺建寺之首。

8.关于建筑的经典文字轶闻:钱又选《登天台》:"天台南直上,九十九峰间。放眼心无相,扶筇步欲难。石梯云折断,松涧水飞还。众寺山山里,高僧静掩关。[3]"

参考文献

①光绪《青阳县志》卷一二。

②白奇:《九华胜境》,安徽人民出版社,1984年。

③光绪《青阳县志》卷十。

十、曹溪寺

1.建筑所处位置。距春城昆明市41千米的安宁葱山中支半山腰。"在新生里。傍有湖一脉,潮汐如期。亦安宁之佳致也。[1]"

2.建筑始建时间。宋代。建筑学家梁思成先生在云南考察时曾就寺庙的布局及建筑特点加以考察,认为曹溪寺是宋元风格的古寺庙建筑。曹溪寺迄今已有九百多年的历史。到1949年后维修时,在殿内梁柱上发现有宋朝年代的字迹。证实了梁思成的推断。

3.最早的文字记载。《重修曹溪寺碑记》。

4.建筑名称的来历。和禅宗曹溪宗有关。一说该寺系广东省曹溪宝林寺僧来云南传布"顿悟成佛"的禅宗教义时所建,故名曹溪寺。

5.建筑兴毁及修葺情况。历代几经修葺。"曹溪弘济禅寺在葱山麓。唐时建城北十里许。总督范承照、巡抚王继文、布政于三贤、按察修世雍重修。总督巴锡重建后殿。[2]"

6.建筑特征及其原创意义。寺前门头上悬有笔力劲秀的"曹溪寺"三字匾额,寺内殿宇共三进。

正殿大雄宝殿为重檐歇山式建筑,梁柱为斗拱结构,殿顶琉璃瓦金碧辉煌,殿宇造型古朴、庄重,具宋代建筑的特有风格。大雄宝殿为段氏大理国(937—1253)时期的建筑,这种木质殿宇在全国实属罕见。殿内供奉的观音、文殊、普贤木雕华严三圣像,是国内少见的宋代造像,造型庄严肃穆,雕刻精美。1956年,全国佛教协会副会长周步迦来曹溪寺鉴定木雕华严三圣像,对造像的文物及艺术价值作了高度的评价。

最有特点的是在大雄宝殿的前檐下有一个直径30厘米的圆孔,每逢甲子年中秋之夜,皓月东升,月光从小窗直射释迦牟尼像的额头,然后沿鼻梁直下肚脐而止,形成"曹溪印月悬宝镜"的奇观。《安宁州志》记载为"天涵宝月"。这是我国古代劳动人民把天文、数学、物理学和建筑学知识巧妙结合起来,创造的一大奇观。寺内有一楹联的下联叹曰:"神奇意匠,岁经花甲,月印佛心。"宗教气氛:"法指时天不夜,禅心静处月初。[3]"

除"天涵宝月"奇观外,寺内碑刻较多。首推后殿的《重修曹溪寺碑》最有价值。此碑为明代状元杨升庵撰文,记述曹溪寺的风景名胜,有景有情,文笔生动。碑文写好后,集唐朝著名书法家李北海的行书字镌刻而成,故此被后人称为"三绝"名碑。其次,明崇祯皇帝朱由检御笔书写的"松风斗月"四字石匾,字大盈尺,笔力刚健,颇为后人所推重。

曹溪寺内有一株古梅,一株古优昙花,均有700多年的历史。古梅是我国境内现存的11株古梅中树龄最古老的一株。相传为元代僧人所植,虽已干枯枝弱,仍活。优昙花传说为西天竺和尚所种,树高丈余,枝叶分披,初夏开花,朵大瓣密,深绿色的花心,状如馨槌,幽香清芬,一开即谢。《安宁州志》记载:"花朵如莲,有十二瓣,闰月则多一瓣,色白味香,其种来自西域,亦婆罗花类也。"优昙花美丽奇异,一开即谢,十分名贵。杨升庵称此花为"天宫分种"。清康熙时,总督范承勋曾为此花修"护花山房",并挥毫题诗:"吾于泉石有奇缘,邂逅名花且不然,看花直到海之滇,灵苗一种芳且妍。"描绘了曹溪寺优昙花之奇异。

寺南约半公里,有一龙潭,直径两丈有余,水深3—4尺,潭水清澈见底,每日早、午、晚时,潭水沸腾,当地人称为"圣水三朝",乃"安宁八景"之一。安宁诗人戴益俊写诗一首描绘道:"天一生来不定期,忽将潮汐寄涟漪,蟾光影射黄金色,龙口波流碧玉卮。吞吐清泉珠万斛,卷舒待漏信三时,个中消息谁为主,千古盈盈自有之。"

7.建筑设计师及捐资情况。慧能派到云南的弟子。

8.关于建筑的经典文字轶闻。杨慎《夏日曹溪禅居卧疾喜禺山张予见过》:"安石登山携汉妓,维摩卧病对胡僧。花宫夜气清丹垩,树梢泉声落翠层。④"张佳印《游安宁温泉记》:"殿宇宏丽,佛像庄严。⑤"

参考文献

①(明)陈文:《云南图经志》卷一。
②(清)郎一启:《安宁州志》卷一二。
③(清)郎一启:《安宁州志》卷十。
④(明)李中溪:《云南通志》卷一三。
⑤(清)郎一启:《安宁州志》卷一九。

十一、仙鹤寺

1.建筑所处位置。位于江苏省扬州市区汶河路。仙鹤寺在南门街北段西侧。

2.建筑始建时间。《嘉靖维扬志》记载仙鹤寺于南宋德祐元年(1275)创建。《江都县续志》卷十二记载:"清真寺在南门大街,宋西域普哈丁建。"

3.最早的文字记载。《嘉靖维扬志》记载:"礼拜寺即今仙鹤寺,在府东太平桥北。①"

4.建筑名称的来历。原名礼拜寺。建筑格局形似仙鹤,得名②。

5.建筑兴毁及修葺情况。该寺于南宋德祐元年(1275),由伊斯兰教创始人穆罕默德第十六世裔孙阿拉伯人普哈丁来扬州传教时募款建造,至今已七百多年。此后屡有兴废。明洪武二十三年重建。嘉靖二年商人马道同、住持哈铭重修。清代也有修建。1982年,该寺修复开放。

6.建筑设计师及捐资情况。普哈丁等。说详上。

7.建筑特征及其原创意义。此寺融合了伊斯兰建筑和我国古代建筑的风格特点,与杭州凤凰寺、广州怀圣寺、泉州麒麟寺齐名,并称我国四大清真寺院。

在兴建此清真寺时设计师就按鹤的形体从"嘴"到"尾"布局。大门对面原有照壁墙为"鹤嘴"(1958年拆毁);寺门是仿唐建筑,翘角牌楼,犹如鹤首昂起;从寺门至大殿,是一条狭长弯曲的甬道,形似鹤颈;大殿相当于鹤身;大殿南北两侧有飞檐起翘的半亭,如同鹤翼(南侧半亭即望月亭,北侧半亭已圮);大殿后左右两侧庭院,有古柏两株,谓之鹤足;殿后原临河,遍植修篁,形如鹤尾(填汶河筑路后竹林不存);大殿前,左右两侧各有水井一眼视为鹤目。

这座礼拜寺的总体布局,运用中国传统设计手法,形成几个封闭的院落,缀以花木、山石,使寺院环境更为生色。建筑组合主次分明,协调对称,严格遵循伊斯兰教的礼仪制度,设计构思十分巧妙。

仙鹤寺大门东向,门堂挂有红底金字"礼拜寺"的巨匾一块。步入大门,为一院落,南侧有水房,是穆斯林进行宗教活动沐浴净身的场所。

礼拜殿阔5间,由前后殿两部分组成,前部为单檐硬山顶,带卷棚廊,后部为重檐歇

473

山顶,两顶勾连搭成。大殿内前后殿之间的提门上有阿拉伯文"太司米"横匾一块,中间后墙上满设阿文经字罩格和百字赞木质匾。

礼拜殿南山墙外明建望月亭。亭前院落置花坛,院南有明代七架梁三开间楠木厅一座,称"老厅",又名诚信堂。老厅南面的院落里有明代水井一口,井旁置花坛。老厅西面附下房一间,下房南北侧各有六角门通一院落。经便门通汶河路。该小院落于1990年新种笔竹一丛,象征鹤尾[3]。

8.关于建筑的经典文字轶闻。普哈丁墓亭匾额:"万物非主,唯有真主;穆罕默德,是主钦差。[4]"

参考文献

①②张南:《老扬州遗事》,山东人民出版社,2004年。

③《扬州清真寺》,《文物》,1973年4期。

④隗芾:《中华名胜掌故大典》,天津古籍出版社,1997年。

(十)志殿

一、华林寺大殿

1.建筑所处位置。位于福建省福州市屏山南麓。

2.建筑始建时间。建于北宋乾德二年(964)。

3.最早的文字记载。"在越王山麓,宋乾德三年郡守鲍修让建。有转轮经藏。有越山庵在寺东,斗佛庵在寺北。[1]"

4.建筑名称的来历。华林寺原名越山吉祥禅院,明正德年间改名华林寺。殿以寺名。明正统九年(1444),御赐匾额"华林寺",一直沿用至今[2]。

5.建筑兴毁及修葺情况。《福州府志》记载:"晋太康年间既迁新城,其地遂废。隋唐间以越王故,禁樵采。钱氏十八年,鲍修让为郡守,诛秽夷,始创寺。[3]"明正德年间(1506—1521),附近的罗汉院、越山庵等并入,华林寺规模更大了,后又增建了御书阁、环峰亭、绝学楼、胜会亭等建筑物。清嘉道间重建天王殿、王门、廊庑、客堂、僧舍。"文革"期间原有殿、堂、楼、阁大部被废,仅存大殿一座。华林寺大殿虽历经明清两代重修,其主要梁架、斗拱等还是初建时原物。1986年,大殿落架大修,重建了山门、配殿和一系列附属建筑[4]。

6.建筑特征及其原创意义。华林寺大殿为单檐九脊顶抬梁式木构建筑,高15.5米,面积574平方米。面阔3间(15.84米),进深4间(14.70米)。大殿为八架椽屋,共享18根柱子支撑,其中檐柱14根,内柱4根。14根檐柱柱头由间额、额枋纵横连接,形成外层大方形框架结构。殿内柱子布局采用减柱法,内柱4根,每根高7米,内柱之间,由前后内额、四椽栿纵横连接,形成内层四方框架。大殿四檐及内柱头上均施斗拱,而柱头上更用特别粗大的斗拱承托,梁架斗拱为七铺作、双抄、三下昂、偷心造,具有唐宋风格。在整个架构中没有用到一颗铁钉。这是华林寺的独特所在。这种框架结构的合理性和稳定性,使大殿经受了千年风雨的考验,至今保存完好。这种木柱风格流行于南北朝时期,隋唐以后已不多见。古朴的造型,精湛的建筑技术和建筑艺术风格使华林寺在唐宋时代的木构建筑中独树一帜。

大殿落架大修时,对各主要部位构件取样,经国家文物局文物保护科学技术研究所碳14测定,受测样品普遍达到1200年,最高的达到1400多年。据现存史籍文献的研究及科学的测定,大殿的建造年代确认为964年。若按建筑年代排列,它列在山西省五台县的南禅寺大殿、佛光寺大殿、芮城县的广仁王庙、平顺县的天台庵和大云院、平遥县的镇国寺大殿之后,居全国第七位。前六座建筑均保存在气候干燥的高原地区,华林寺大殿则是长江以南最为古老的木构建筑了。它的建成,比《营造法式》这部建筑史上有里程碑之称的官方典籍还要早近200年;比浙江宁波的保国寺大殿和莆田的元妙观三清殿要早半个世纪左右。经中、日专家学者考证,华林寺大殿对日本镰仓时期(12世纪末)的建筑风格有着巨大的影响。可见,华林寺又是中日文化交流的重要历史见证。华林寺大殿1982年公布为国家重点文物保护单位。1984年国家拨款落架重修,新址较原址东偏14.6米,南移8.3米。采用有机化学灌浆等新技术工艺,保存了原构件各种精美造型和特色,整修如旧,并配建附属建筑:山门、东西配殿、回廊及工作室等等。1989年10月全部竣工,耗费人民币144万元,占地面积5000平方米。寺内存有宋代高宗赵构篆书残碑一方,清康熙《华林禅寺香灯碑》、民国《林森纪念堂碑》等⑤。

7.建筑设计师及捐资情况。鲍修让等,说详前。

8.关于建筑的经典文字轶闻。明叶春及《访江惟诚华林寺并赠同学诸子》:"废寺残僧在,寒灯绣佛亲。风尘驱短鬓,意气向何人。白石南山夜,青尊北海春。古来豪杰士,偃蹇见经纶。⑥"

参考文献

①《福建通志》卷六二。

②④⑤杨秉纶:《福州三山两塔一寺》,《福建文物》,1992年1期。

③乾隆《福州府志》卷一六。

⑥《石洞集》卷一七。

二、天贶殿

1.建筑所处位置。位于泰山山麓岱庙仁安门北侧。

2.建筑始建时间。建于北宋大中祥符二年(1009)。

3.最早的文字记载。宋真宗下诏在泰山建殿,以答谢上天贶神书之恩德。同时命学士杨亿撰写《大宋天贶殿碑铭并序》记其盛事,其中有"祇若天贶,表以徽名"之句①。

4.建筑名称的来历。天贶殿,顾名思义,是答谢天神赐(贶)书的意思。其名缘自宋真宗假造"天书"之事:北宋大中祥符元年(1008)春正月,有黄帛曳左承天门南鸱尾上,真宗拜迎于朝元殿,启封,号称天书。六月,天书再现于泰山田泉北②。后真宗东巡,封禅泰山。该殿为此而建,故名"天贶"。元称仁安殿,明称峻极殿,民国始称今名。

5.建筑兴毁及修葺情况。明清两代均有整修。

6.建筑特征及其原创意义。天贶殿是岱庙中的主体建筑。大殿建于长方型石台之上,三面雕栏围护,长48.7米,宽达19.73米,高22.3米。殿面阔九间,进深五间。重檐八角,黄瓦覆盖,彩绘斗拱,结构雄伟。殿中墙壁上绘有《泰山神出巡图》的巨幅壁画,长6.2米,高

3.3米,东为"启跸",西为"回銮"。其内容出巡仪仗人物为主,间以珍禽异兽、山川树木,亭台楼阁为衬景。笔法流畅,色彩鲜明,传为宋代精品[3]。

7.建筑设计师及捐资情况。朝廷公款以及地方信士捐助。

8.关于建筑的经典文字轶闻。《宋会要》载:"(祥符二年)五月八日诏:六月六日天书降泰山日,令兖州长吏前七日诣天贶殿建道场设醮,永为定式。"另外,《大宋天贶殿碑》开篇即云:"臣闻元天之覆物也,阴骘而无私;上帝之临下也,高明而有赫。"清聂剑光《泰山道里记》:"露台北为峻极殿,即宋之天贶殿。[4]"

参考文献

①④刘慧:《泰山岱庙考》,齐鲁书社,2003年。

②(宋)王存:《元丰九域志》卷一。

③白文明:《中国古建筑艺术》,黄河出版社,1990年。

(十一)志书院

一、岳麓书院

1.建筑所处位置。湖南省长沙市岳麓山下。

2.建筑始建时间。其前身可追溯到唐末五代(约958)智睿等二僧办学。

3.最早的文字记载。"湖南转运副使吴子良聘守道为岳麓书院副山长。[1]"

4.建筑名称的来历。书院以所在岳麓山而得名。北宋真宗皇帝召见山长周式,颁书赐额,书院之名始闻于天下。

5.建筑兴毁及修葺情况。宋开宝九年(976)潭州守朱洞建。乾道元年(1165)湖南安抚刘珙重建。延祐元年(1314)潘必大更新礼殿等建筑。弘治(1488—1505)通判陈纲建讲堂等建筑[2]。清末光绪二十九年(1903)改为湖南高等学堂,尔后相继改为湖南高等师范学校、湖南工业专门学校,1926年正式定名为湖南大学至今,历经千年,弦歌不绝,故世称"千年学府"。现存建筑大部分为明清遗物,仍完整地展现了古代书院建筑气势恢宏的壮阔景象。

6.建筑特征及其原创意义。岳麓书院是最为完整保存着书院建筑格局的书院。岳麓书院以讲堂为中心,中轴对称,教学斋、半学斋分列两侧,前后四进,每进建筑均有数级台阶缓缓升高,层层叠进,给人一种深邃、幽远、威严、庄重的感觉,体现了儒家文化尊卑有序、等级有别的社会伦理关系。御书楼位于中轴末端,是书院唯一的三层楼阁建筑,显示书楼在书院的重要地位。北侧有专祠五处,供祀名儒先贤,反映它在学术上的师承关系和道统源流。院侧有文庙与书院平行,自成院落,既保持了书院中轴的突出群体,不致使文庙喧宾夺主,又表现出文庙"圣域"的独立特殊地位。各部分建筑互相连接,完整体现了我国古代书院讲学、藏书、供祀三大功能的格局[3]。

7.建筑设计师及捐资情况。朱洞。《湖广通志》记载:"盖兹院自宋初郡守朱洞始建。[4]"

8.关于建筑的经典文字轶闻。元吴澄撰《岳麓书院重修记》:"天下四大书院,二在北,二在南,在北者嵩阳睢阳也,在南者岳麓白鹿洞也。⑤"

参考文献

①《宋史》四一〇。

②(清)张雄图:《长沙府志》卷一三。

③杨慎初:《中国建筑艺术全集·书院建筑》,中国建筑工业出版社,2001年。

④《湖广通志》卷一八〇。

⑤(元)吴澄:《吴文正集》卷三七。

二、石鼓书院

1.建筑所处位置。位于湖南省衡阳城北石鼓山上之石鼓公园。

2.建筑始建时间。始建于唐元和五年(810),时衡州名士李宽在石鼓山寻真观旁结庐读书。真正知名并进行书院建设则始宋朝。

3.最早的文字记载。"朱元晦记:石鼓山,据蒸湘之会,江流环带,最为一郡佳处,故有书院起。①"

4.建筑名称的来历。石鼓山因水流撞击石崖声若鼓鸣而得名。宋至道三年(997),衡阳郡人李士真在此创建书院,院以山名。景祐二年(1035)钦赐匾额"石鼓书院"。

5.建筑兴毁及修葺情况。据史料记载,衡阳"石鼓书院"始建于唐代,鼎盛于宋代,书院在长达一千多年的历史风雨中,有损有修,有毁有建,先后经历八次损毁修建。"景祐二年(1035)刘沆守衡请于朝,赐额曰石鼓书院。淳熙中(1174—1188),部使潘畤、提刑宋若水先后修葺。开庆己未(1259)毁,刑狱使俞琰复新之。元季复毁。明永乐间,知府史中始图修复,兵巡沈庆、知府翁世资相继营度。弘治初,知府何珣乃克就理。万历、崇祯间重加修葺。明末复毁。皇清顺治十四年(1657),巡抚袁廓宇疏请重建。②"民国时改办女子职业学校。1944年抗日战争末期,石鼓书院在衡阳保卫战中遭到日本侵略军的轰炸,基本被摧毁。中华人民共和国成立后,在书院遗址改建公园,修建了合江亭、桥廊等物。

6.建筑特征及其原创意义。石鼓山上曾有唐刺史齐映创建的合江亭,后因韩愈题《合江亭》诗,致其"绿净不可唾"之意,雅名"绿净阁"。宋张轼在亭中立碑,书韩愈诗镌于碑上。亭右有朱陵后洞,相传可达南岳。唐董奉先曾栖洞修炼九华丹,洞门、洞壁留有古人题刻,"朱陵后洞"和"东崖"祠镌刻,至今历历在目,禹王碑、武侯庙、大观楼、会讲堂、李忠节祠、七贤祠等古代建筑点缀着石鼓山,朱熹赞为一郡佳处,并有湖南第一胜地之称。书院建筑现在无存,仅有遗址和在遗址上改建的石鼓公园③。

7.建筑设计师及捐资情况。"宋至道三年,郡人李士真援宽故事请即故址创书院,以居衡之学者","连帅林栗等咸捐金相之","提学黄干出公帑易田以廪生徒④"

8.关于建筑的经典文字轶闻。郑鹏《舟舣衡湘登石鼓书院》:"蒸湘到此双流合,石鼓朱陵日夜浮。终古乾坤留胜概,千年文藻仰前修。平芜落日渔歌晚,远汉西风雁字秋。徙倚危栏望南岳,恍然身世在瀛洲。⑤"

参考文献

①《方舆胜览》卷二四。

②④《湖广通志》卷二三。

③白文明:《中国古建筑艺术》,黄河出版社,1990年。

⑤(明)曹学佺:《石仓历代诗选》卷五三〇。

三、白鹭洲书院

1.建筑所处位置。江西省赣州。

2.建筑始建时间。南宋宋淳祐元年(1241)。

3.最早的文字记载。《白鹭洲书院志》①。

4.建筑名称的来历。因书院建于白鹭洲,故得名。宝祐四年(1256),书院39人同登进士金榜,文天祥高中状元,震动朝野,宋理宗亲赐御书"白鹭洲书院"匾额,悬挂书院大门。从此,书院名声大振,与白鹿洞、豫章、鹅湖同为江西四大书院。

5.建筑兴毁及修葺情况。据《白鹭洲书院志》记载:"时宋理宗方重道学,为赐额立山长,嗣后遂相承为古迹。万历辛卯(1591),黄梅汪可受为吉安府知府,又重修之。"洲上现存"云章阁",为明万历二十年(1592)重建;"风月楼",是一座富有民族建筑风格的砖木结构的三层亭楼,系清同治七年(1868)重建。其他还有泮月池、状元桥、古吉台等书院遗址。自1241年以来,白鹭洲一直是学府所在地,历经七百余年,洲上一直书声琅琅。现为江西省重点中学——白鹭洲中学所在地②。

6.建筑设计师及捐资情况。据《白鹭洲书院志》记载:"初,宋淳祐辛丑(1241),江万里知吉州,建书院于白鹭洲。③"

7.建筑特征及其原创意义。白鹭洲,系吉安市赣江中突起一洲,两头尖,中间大,呈梭形。南起习溪桥码头,北至井冈山大桥(原为梅林渡)。占地面积约1.2平方公里。西临沿河路与青原台相望,原有渡船,后有浮桥,今有钢混桥。洲的前沿右峙神岗山,左挹青原山诸峰,洲后螺子山,诸山拱立④。

8.关于建筑的经典文字轶闻。白鹭洲书院自创立以来,曾被江水战祸毁圮数次,但都得以复兴。现存"风月楼"红石柱联曰:"千万间广厦重开,看杰阁层楼势凌霄汉;五百里德星常聚,合南金东箭辉映江山"。1995年夏喻学才等编制赣州旅游发展总体规划期间,曾在赣县一村民家见到文天祥赠其宋代祖先的一副木刻对联的下联。系乃祖在白鹭书院与文天祥同学读书时文氏所赠。

参考文献

①③《白鹭洲书院志》。

②④白文明:《中国古建筑艺术》,黄河出版社,1990年。

四、五峰书院

1.建筑所处位置。位于浙江省永康方岩寿山之麓。

2.建筑始建时间。五峰书院是浙东较早的书院之一。"在州城北五峰山下。宋庆历间(1041—1049)尚书杨汝明创立,以为士友讲会之所。①"

3.最早的文字记载。"五峰书院在县东五十里。②"

4.建筑名称的来历。因方岩寿山有固厚、瀑布、桃花、覆釜、鸡鸣五峰而得名③。

5.建筑兴毁及修葺情况。五峰书院是浙东较早的书院之一。宋代以来,一直是文人学士讲学之地。宋淳熙间(1174—1188),朱熹、吕祖谦、陈亮、吕子阳等曾在固厚峰下石洞中读书讲学。宋庆元四年(1198)朱熹在此完成《大学章句集注》,洞中筑有讲台,台后洞壁有"兜率台"三字,系朱熹手书。从此五峰书院日趋兴盛,四方学者慕名前来探究会讲之道,文风鼎盛。明正德年间(1506—1520)应典、程文德、李朱溪、程梓、卢可久等在此共倡王守仁"良知之学",应典建丽泽祠祀朱熹、吕祖谦、陈亮等。后知府陈受泉又命吕瑗创建正楼三楹,定名五峰书院,奉祀王守仁,以应典、程梓、卢可久配祀。明末,邑人周佑德筑易学斋于楼西,祀郡贤何基、王柏、许谦、章懋、金履祥等。每年秋季,四方学者云集,读书讲学其中④。

6.建筑设计师及捐资情况。《淳安县志》记载,宋黄蜕、徐梦高、徐唐佐、吕人龙读书于此。敬夫张栻题额,后毁。明金廷绶重修⑤。其他详上。

7.建筑特征及其原创意义。方岩寿山地形如城郭,四周岩壁平地拔起,岩根部位突然后缩,生成许多石洞,五峰书院就在固厚峰脚天然的大石洞中。

五峰书院为典型的岩洞建筑,巧妙地把天然洞穴与建筑相结合,形成洞即为屋的建筑特色。洞内用木柱支撑岩壁,洞口紧贴石壁做重檐门面,天然的岩洞为书院讲学之处,风雨莫及,冬暖夏凉。书院四周岩壑雄伟,峥嵘奇突。东边天蜜瀑奔腾的瀑流自百米高的悬崖上飞泻而下,如喷珠溅玉;西面有壮观的龙湫飞瀑破壁而出,如飞彩流霞。书院前的天声亭下是弯曲的山溪,流水潺潺,清澈似镜。远近的香樟古柏,云杉竹林,浓阴密布,清幽宁静。

五峰书院包括丽泽祠、学易斋等三组建筑。书院倚岩而筑,三开间二层楼。梁架用穿斗式,明、次间正面各有六扇格扇门。丽泽祠在五峰书院西侧,亦三间二层楼,楼下前后设廊,结构与装修大体上如五峰书院,不饰华丽,重于致用。学易斋在丽泽祠西,三间二层楼⑥。

8.关于建筑的经典文字轶闻。应曙霞《五峰石洞怀陈龙川》:"文章推倒世智勇,议论开拓古心胸。名贤闻风次第至,东莱紫阳欣把臂。⑦"

参考文献

①《明一统志》卷七二。

②《浙江通志》卷二八。

③杨慎初:《中国建筑艺术全集·书院建筑》,中国建筑工业出版社,2001年。

④(清)潘树棠:《永康县志》卷二。

⑤《浙江通志》卷二九。

⑥杨慎初:《中国建筑艺术全集·书院建筑》,中国建筑工业出版社,2001年。

⑦(清)潘树棠:《永康县志》卷一二。

(十二)志岩

一、甘露岩

1.建筑所处位置。位于福建省泰宁金湖西岸。

2.建筑始建时间。洞穴内有一甘露庵,建于宋代绍兴十六年(1146)①。

3.最早的文字记载。"在泰宁县西南二十五里。岩外石门天成,只通单骑往来。俯瞰溪流,澄碧数十顷,寻幽者以不到为恨。[②]"

4.建筑名称的来历。因甘露山而名。甘露山"在府城南五十里,上有白石岩,相传有孝子庐墓于此,甘露降,故名[③]。"

5.建筑特征及其原创意义。在泰宁金湖畔的山间悬崖峭壁之间的天然洞穴中,有一处叫甘露岩的溶洞,是一个天然的内窄外敞的洞穴,开口处宽 32 米、高 37 米,岩洞深 27 米。洞的上下为砾岩,中层为砂岩,岩内有石乳、龙泉及飞瀑。《明一统志》记载:"泰宁县西南二十五里,有石门天成,景物奇绝。[④]"《清一统志》记载:"石门天成,一径如线,飞瀑垂岩而下,称为绝胜。[⑤]"洞内甘露庵有四座殿堂,蜃楼位于中心,单檐歇山顶,阁前有两层木平台。平台正中建小亭,置韦驮像,相当于一般佛寺的天王殿。由蜃楼两侧的台阶可登至后面的上殿,阁、殿之间左右是观音阁和南安阁。上殿是单层,二阁其实也是单层,覆重檐歇山顶,很小,只因二阁的地板以下又有一重腰檐遮覆柱脚,所以形似楼阁,也以"阁"名之[⑥]。

6.关于建筑的经典文字轶闻。明池显方《游甘露岩》:"丹崖千里行将尽,忽削芙蓉焰色开。始信仙山微孔窍,能容人世几楼台。两隅断嶂溪遥入,一面分天月恰来。尤喜洞门双石立,春泉云下破苍苔。[⑦]"

参考文献

①隗芾:《中华名胜掌故大典》,天津古籍出版社,1997 年。

②《方舆胜览》卷一〇。

③《明一统志》卷八〇。

④《明一统志》卷七八。

⑤《清一统志》卷三三二。

⑥萧默:《中国建筑艺术史》,文物出版社,1999 年。

⑦杨刚:《中国名胜诗词大辞典》,浙江大学出版社,2001 年。

二、大理国经幢(昆明)

1.建筑所处位置。位于昆明市拓东路。古幢原藏身地藏寺,现存于昆明市博物馆。

2.建筑始建时间。宋高宗绍兴三十年(1160)。

3.最早的文字记载。石幢基座与第一层的界石上,刻有一篇《造幢记》。

4.建筑名称的来历。据《敬造佛顶尊胜宝幢记》所载,造幢缘由是"善阐侯高明生"亡故,"建梵幢而圆功,勒斯铭而标记"。因系为超度大理国鄯阐侯高明生而建造,故又称大理国经幢。俗称古幢。

5.建筑兴毁及修葺情况。古幢原系大理国时四川和尚永照、云晖所建,明宣德四年(1429)道真和尚重修,清咸丰七年(1857)毁于兵燹,经幢裸露于残垣断壁之中。以后由于金汁河水泛滥,经幢被洪水冲刷的河泥所掩埋。直至民国 8 年(1919),经幢从原地出土,得有识之士修整。民国 12 年(1923),昆明市政公所在地藏寺原址修建古幢公园,竖铁栅栏加以保护,供人参观。新中国成立后,古幢公园经人民政府重修,1982 年 2 月 23 日,被国务院公布为国家重点文物保护单位。1987 年,昆明市人民政府第 24 次常务会议决定在古幢公园内建昆明市博物馆,对古幢加以重点保护[①]。

6.建筑设计师及捐资情况。从《敬造佛顶尊胜宝幢记》记载可知:此幢是大理国布燮(宰官)袁豆光为已故昆明都阐侯(最高军政长官)高明生超荐亡魂而建造的。其他详本条"建筑兴毁及修葺情况"项。

7.建筑特征及其原创意义。古幢为方锥形石幢,由五段紫砂石雕刻而成。通高 6.5 米,幢体呈七层八面,宝塔形,层级间有界檐。第一层幢基为鼓形,雕刻汉文段进全撰的《佛顶尊胜宝幢记》以及梵文《佛说般若波罗蜜多心经》、《大日尊发愿》、《发四宏誓愿》;第二层刻有四天王及梵文《陀罗尼经》;第三层四角分雕四神及释迦牟尼坐像;三层以上雕佛像、菩萨、胁侍、灵鹫等。第七层幢身变为柱形,上雕小佛像。幢顶为葫芦形,四周有莲瓣装饰。整个幢层次分明地雕满佛教密宗佛、菩萨、天王、力士、鬼奴及地藏诸神像共 300 尊。大像高约 1 米,小像不足 3 厘米。比例协调,刀法遒劲,线条流畅。造型之生动优美,备受国内外推崇,被誉为“滇中艺术极品”,“中国绝无仅有之杰作”。作为我国现存古代石雕艺术之瑰宝,它具有很高的研究、览赏价值,是我国民族宗教史、文化史、佛教艺术史、唐宋南诏、大理国历史研究极其珍贵的实物资料。

对于古幢的艺术价值,主要体现为其独创性。经幢在唐代之前,原为在神坛佛像前立竿为柱,顶上挂如意宝珠,并以丝帛制成伞状物作为装饰,上写经文、咒语,以示超度亡魂、召引众生不为罪孽所侵。唐初,佛教信众开始用石刻代替丝帛作幢,但按制只刻经文、咒、愿,没有佛、菩萨造像。而地藏寺经幢却以三百尊佛神雕像布满全幢,又以四大天王足踏“鬼奴”的造像,形象地表现佛率众生降伏魔众的情状。尤其是第一层浮雕四大天王,前三王各足踏鬼奴二名,一鬼奴右手挽蛇,肌肉隆突,一鬼奴手戴镣铐,面目狰狞;毗沙门一王独踏三鬼奴,居中者名“地天”,用双手各托天王一足,显示出降伏后特有的忠诚与力量。其次是造像体量上别具一格。其他地方的佛教雕塑,都是按大小而别尊卑的,即大佛雕大像,小佛雕小像。而地藏寺经幢却打破这种惯例,整个幢体量最大的是天王,其次是力士,再次是菩萨,最小是佛和胁侍,来了个尊卑大倒置[2]。

8.关于建筑的经典文字轶闻。经幢自民国 8 年(1919)年从地藏寺废墟出土,即以其绝世之精美艺术震惊中外,引起中外人士奔走摩掌,被誉为“东方绝世稀有之美术”!历史学家方国瑜教授评价古幢为“滇中艺术,此极品也”[3]!

参考文献

①薛琳:《大理国地藏寺经幢概说》,《大理学院学报》,2001 年 2 期。

②③郑家声:《昆明地藏寺经幢》,《荣宝斋》,2003 年 2 期。

(十三)志陂

木兰陂

1.建筑所处位置。位于福建省莆田市郊南门外约 4 千米的木兰山下。

2.建筑始建时间。始建于北宋英宗治平元年(1064)。

3.最早的文字记载。宋张礼记载:“钱妃庙下水东流,陂北陂南植万牛[1]。”

4.建筑名称的来历。因陂在木兰山下,而得名。

5.建筑兴毁及修葺情况。木兰陂创建后,中经南宋绍兴二十八年(1158)、元延祐二年

（1315)、至正年间（1341—1368)、明永乐十一年（1413)、宣德六年（1431)、天顺六年（1462)进行了若干次修葺。清康熙、雍正、乾隆朝先后数次维修，保存至今[2]。现已辟为"木兰陂纪念馆"。馆内供有四位建陂者塑像，保存自明代以来名人撰写的历次修陂碑石，成为宝贵的水利建设史料。1962年冬，郭沫若参观木兰陂后，欣然命笔写下《咏木兰陂》诗六首，诗碑已竖在庙内。

6.建筑设计师及捐资情况。钱四娘、林从世、李宏、僧冯智日等人。

该建筑由钱四娘发起建造。宋英宗治平元年（1064)，钱四娘携带巨资十万缗，从长乐老家来莆田，发起筑陂壮举。筑起后不久，暴雨来临，山洪突至，洪水冲垮大陂。继钱四娘之后，长乐人林从世为钱四娘动人的事迹所感召，决心继承钱四娘遗志，捐家资10万缗，来到异乡莆田，发动百姓，在上杭头温泉口筑陂，为了莆田人民，在筑陂过程中，他和百姓历尽千辛万苦。但在大陂将要落成时，又被怒潮冲毁。宋神宗熙宁六年（1073)，李宏响应王安石变法号召，带家资七万缗来到莆田继续筑陂。历时八年，终于建成[3]。明弘治《兴化府志》记载："日(冯智日)相与涉水源，以求地脉所宜，已乃涉水插竹，教宏以筑陂处。"

7.建筑特征及其原创意义。李宏建木兰陂时，"布石柱三十二间于溪底横石之上，犬牙相入。熔铜固址，互相钩锁，叠石成陂，深三丈五尺，阔二十五丈有奇，为闸板，屹立如山，浪不能啮，上障诸溪之水，而下截海潮，使溪海各循其道。[4]"木兰陂有三大特点。一是工程布局符合自然条件特点，便于扬利抑害。二是坝址选择恰当，体现出技术可能性和经济合理性。三是枢纽工程设计合理，施工质量好，工程利用率高，安全有保障[5]。如今木兰陂拥有陂首枢纽工程、渠系工程和堤防工程三部分，布局合理，设计完善，施工精密。陂首为堰闸式滚水坝，用巨块花岗石纵横钩锁迭筑。全长219.13米，陂墩33座，各高7.5米，置有32孔闸门。陂的南北两端，建有总长500多米长的护陂堤。陂的干渠120余千米，沿线建陡门、涵洞等三百多处，分灌南北洋平原。是我国古代一座引、蓄、灌、排、挡综合利用的大型水利工程之一。为全国重点文物保护单位[6]。

8.关于建筑的经典文字轶闻。"清清溪水木兰陂，千载流传颂美诗。公而忘私谁创始，至今人道是钱妃"。这是原中国科学院院长郭沫若1962年途经莆田时，参观木兰陂后写下的诗句[7]。

参考文献

①张琴:《民国莆田县志》，卷二〇，水利二。

②⑤福建莆田县文化馆:《北宋的水利工程木兰陂》，《文物》，1978年1期。

③《八闽通志》卷二四。

④喻学才:《中国历代名匠志》，湖北教育出版社，2006年。

⑥杨慎初:《中国建筑艺术全集·桥梁水利建筑》，中国建筑工业出版社，2001年。

⑦《木兰陂诗碑》。

（十四）志园

一、沈园

1.建筑所处位置。位于浙江省绍兴市区延安路和鲁迅路之间。

2.建筑始建时间。沈园为南宋时一位沈姓富商的私家花园,沈园至今已有800多年的历史。

3.最早的文字记载。《齐东野语》卷一记载:陆游"尝以春日出游",与表妹"相遇于禹迹寺南之沈园"[①]。

4.建筑名称的来历。沈园,又名沈氏园,本系沈氏私家花园,故名。

5.建筑兴毁及修葺情况。据《齐东野语》卷一记载,从绍兴乙亥岁(1115)到绍熙壬子(1192),园已三易其主。沈园历尽沧桑,故园渐颓。1949年,已仅存一隅,但园内水池、土丘、水井仍为原物。1985年,为修复沈园,对西侧7.2亩旧址进行考古,发现六朝古井、唐宋建筑、明代水池及瓦当、滴水,脊饰,湖石等遗迹、遗物。1987、1994年两次扩建,全园占地恢复到18.5亩。园内新建了石碑坊、冷翠亭、六朝井亭、八咏楼、孤鹤轩、双桂堂、闲云亭、半壁亭、放翁桥等仿宋建筑,堆置了假山,栽植桃、梅、柳、竹,重修题词壁断垣,重镌陆游《钗头凤》词,使宋词意境得到了体现。沈园与绍兴博物馆合二为一后,按规划还将不断扩充修复,以重现宋时"池台极盛"的风采。

6.建筑设计师及捐资情况。宋时的沈园系由南宋时一位沈姓富商所建。今之沈园系按照南京东南大学朱光亚教授设计建造。

7.建筑特征及其原创意义。旧志云:"本禹迹寺南会稽地,宋时池台极盛[②]"。原占地70余亩,是南宋时江南著名园林。后渐颓。1987、1993年政府与有关部门在原址上重建了仿宋园林,加上近几年的恢复性工程,沈园已初具规模,成了绍兴古城内的一处重要景区。修复、重建和扩建后的沈园占地57亩,分为古迹区、东苑和南苑三大部分。孤鹤亭、半壁亭、双桂堂、八咏楼、宋井、射圃、问梅槛、琴台和广耜斋等景观,依据历史面貌或沈园文化内涵所需要,被有序地分布在沈园三大区内,形成了"断云悲歌"、"诗境爱意"、"春波惊鸿"、"残壁遗恨"、"孤鹤哀鸣"、"碧荷映日"、"宫墙怨柳"、"踏雪问梅"、"诗书飘香"和"鹊桥传情"等十景。古迹区内葫芦池与小山仍是宋代原物遗存,其余大多为在考古挖掘的基础上修复的。东苑,位于古迹区东侧,又被称为情侣园,尽显江南造园特色。南苑在古迹区南首,主要由连理园和陆游纪念馆组成。沈园错落有致,色调庄重典雅,景点互为映衬,很有宋代风味。因陆游一生爱梅,故沈园古迹区内栽植有大量的腊梅树,梅花怒放之时,香气充满整个园区,冬日游沈园也就成了绍兴的一项特色旅游,如果遇雪天更具诗情画意。

8.关于建筑的经典文字轶闻。"放翁少时尝游禹迹寺南之沈园。为《钗头凤》一词题壁间以寓意。云:红酥手,黄藤酒,满城春色宫墙柳。东风恶,欢情薄,一怀愁绪,几年离索,错、错、错。 春如旧,人空瘦,泪痕红揾鲛绡透。桃花落,闲池阁,山盟犹在,锦书难托,

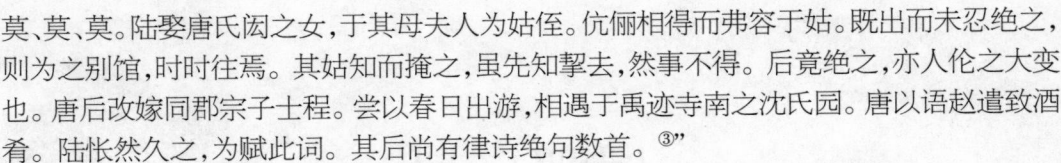

莫、莫、莫。陆娶唐氏闳之女,于其母夫人为姑侄。伉俪相得而弗容于姑。既出而未忍绝之,则为之别馆,时时往焉。其姑知而掩之,虽先知挈去,然事不得。后竟绝之,亦人伦之大变也。唐后改嫁同郡宗子士程。尝以春日出游,相遇于禹迹寺南之沈氏园。唐以语赵遣致酒肴。陆怅然久之,为赋此词。其后尚有律诗绝句数首。③"

参考文献

①②(清)李亨特:《绍兴府志》卷七二。

③《宋稗类抄》卷二一。

二、玉津园

1.建筑所处位置。位于今河南省开封市南门外。

2.建筑始建时间。始建于五代后周世宗时期(954—959)。

3.最早的文字记载。苏轼《玉津园》①。

4.建筑兴毁及修葺情况。宋初加以扩建,为皇帝南郊大祀之所,又名南御苑,俗称南表城,规模极大。北宋末年,金兵攻汴,驻军于此,一代名园毁于兵火。

5.建筑设计师及捐资情况。玉津园作为北宋著名四座行宫御苑之一,其资金来源应为当时朝廷敕资。其设计当由朝廷工部大臣所为。具体无考。

6.建筑特征及其原创意义。玉津园园中建有城阙殿宇,百亭千榭,林木茂密,空旷地段,"半以种麦,岁时节物,进供入内"。又引闵河水入园中,"屈曲沟畎,高低稻畦"。四大园苑中,玉津园的农业特色最为突出。园内有方池、圆池。原本为车驾临幸游赏之所。也是皇帝籍田所在地。这里有一支由军校兵隶及主典组成的266人的服务队伍,以三班及内侍监领。主要任务是"岁时节物,进供入内",为此,这里种植了大量的农作物,仅麦子的种植面积就占据了园的一半面积。玉津园中还种有桑、稻等农作物。这既可以从当时人留下的许多诗词歌赋中得到反映。也可以从宋朝皇帝的行踪中得到说明。每年仲夏麦收时节,皇帝都要亲自前来观看麦子收割。宋太祖、宋真宗、宋仁宗等都留有幸玉津园观刈麦、观种稻、观稼的记录。除了麦、稻等大宗农作物之外,这里还种养了各种奇花、异果、珍禽、怪兽,是当时东京最大的一个动物园②。

7.关于建筑的经典文字轶闻。苏轼《玉津园》:"承平苑囿杂耕桑,六圣勤民计虑长。碧水东流还旧派,紫坛南峙表连冈。不逢迟日莺花乱,空想疏林雪月光。千亩何时躬帝藉,斜阳寂历锁云庄。③"宋人杨侃《皇畿赋》对玉津园中的稻麦种植有这样的描述:"屈曲沟畎,高低稻畦,越卒执末,吴牛行泥,霜早刈速,春寒种迟,春红粳而花绽,簸素粒而雪飞,何江南之野景,来辇下以如移。雪拥冬苗,雨滋夏穗,当新麦以时荐。④"

参考文献

①《东坡全集》卷二一。

②曾雄生:《宋代的城市与农业》,中国科学院自然科学史所。

③《东坡全集》卷二一。

④(宋)吕祖谦:《宋文鉴·卷二》。

三、含芳园

1.建筑所处位置。位于今河南省开封铁塔公园北。

2.建筑始建时间。北宋初年。

3.最早的文字记载。《宋史》记载:"观稼北郊,宴射于含芳园。①"

4. 建筑名称的来历。初名北园, 太平兴国二年（977）改名含芳园。大中祥符三年（1010）,真宗自泰山迎"天书"供奉于此,又改名瑞圣园。俗称北青城②。

5.建筑兴毁及修葺情况。北宋末年,靖康之难,毁于金兵。

6.建筑设计师及捐资情况。作为北宋著名四座行宫御苑之一,其资金来源应为当时朝廷敕资,设计当为工部大匠所为。具体人员无考。

7.建筑特征及其原创意义。为北宋京师四座著名行宫御苑之一。园中建有华丽的殿宇池亭,尤以植有繁茂的竹林而出名③。《玉海》《宋史》中多处有宋真宗和宋仁宗驾幸瑞圣园习射、观稼的记载。

8.关于建筑的经典文字轶闻。文学家曾巩有诗云:"北上郊园一据鞍,华林清集缀儒冠。方塘瀹瀹春光渌,密竹娟娟午更寒。④"

参考文献

①《宋史》卷六。

②③周维权:《中国古典园林史》,清华大学出版社,1999 年。

④《南丰文集》卷八。

四、董氏西园、东园

1.建筑所处位置。位于今河南省洛阳市。

2.建筑始建时间。北宋真宗年间（998—1022）。

3.最早的文字记载。"董氏西园,亭台花木不为行列区处周旋,景物岁增月葺所成。①"

4.建筑名称的来历。因系当时工部侍郎董俨的游憩园而得名。

5. 建筑兴毁及修葺情况。董氏西园、东园于北宋真宗年间修建,元丰年间（1078—1085）,困董氏欠公家田赋不能清缴,两园皆被籍没充公,遂芜坏不治②。

6.建筑设计师及捐资情况。为北宋真宗年间工部侍郎董俨所建的游憩园林。

7.建筑特征及其原创意义。董氏西园的特点是其布局方式模仿自然,取山林之胜。正门在南,园中"亭台花木,不为行列区处周旋,景物岁增月葺所成",无预定布局。从南门入园,有三堂相望。稍西一堂在大池之中,有小桥通向池之西岸,岸西有一高台,台之西复有一堂,四周各种竹林环绕,林中植有石芙蓉花,有泉水从花簇间涌出。此堂四面开有宽敞的轩窗,"盛夏燠暑,不见畏日,清风忽来,留而不去,幽禽静鸣,各夸得意",为洛阳城中最得"山林之乐"之地。大池南面有一堂,堂前耸立一高亭。此"堂虽不宏大,而屈曲甚邃,游者至此,往往相失",有"迷楼"之称③。

董氏东园是专供载歌载舞游乐的园林。正门在北,入门有古栝一株,水从四面犹如飞瀑泻入池中,又从池下暗道流出,类似今之喷水池。池中建有含碧堂,据称酩酊大醉之人登其堂辄醒,故称酩酊池。园中部平地建有主要厅堂,南部亦建置厅堂及流杯、寸碧等亭④。

8.关于建筑的经典文字轶闻。李格非在《洛阳名园记》里的有专文描述董氏西园、东园。"董氏西园,亭台花木不为行列区处周旋,景物岁增月葺所成。自南门入,有堂相望者三,稍西一堂在大池间。逾小桥,有高台一,又西一堂。竹环之中,有石芙蓉,水自其花间涌出。开轩窗四面,甚敞。盛夏燠暑,不见畏日。清风忽来,留而不去。幽禽静鸣,各夸得意。此山林之景,而洛阳城中遂得之。于此小路抵池,池南有堂,面高亭堂,虽不宏大,而屈曲

485

深邃。游者至此,往往相失。岂前世所谓迷楼者类也。元祐中,有留守喜宴集于此。" "董氏以财雄洛阳。元丰中,少县官钱粮,尽籍入田宅。城中二园,因芜坏不治。然其规模,尚足称赏。东园北向入门,有栝可十围,实小如松实,而甘香过之。有堂可居。董氏盛时载歌舞,游之醉不可归,则宿此数十日。南有败屋遗址,独流杯寸碧二亭尚完。西有大池,中为堂,榜之曰:含碧。水四向喷泻池中,而阴出之。故朝夕如飞瀑,而池不溢。洛人盛醉者走登其堂辄醒。故俗目曰醒酒池。⑤"

参考文献

①②③⑤(宋)李格非:《洛阳名园记》。

④陈植:《中国造园史》,中国建筑工业出版社,2006年。

五、富郑公园

1.建筑所处位置。位于今河南省洛阳市。

2.建筑始建时间。《洛阳名园记》记载:"洛阳园池,多因隋唐之旧,独富郑公园最为近辟。"始建时间应为北宋。

3.最早的文字记载。宋李格非《洛阳名园记》。

4.建筑名称的来历。北宋仁宗、神宗两朝宰相富弼宅园。富弼曾封爵郑国公,宋人或称之"富郑公",故以名园①。

5.建筑兴毁及修葺情况。毁于靖康年间(1126—1127)金兵伐宋之役。

6.建筑设计师及捐资情况。富弼。《洛阳名园记》记载:"郑公自还政事归第,一切谢宾客,燕息此园,几二十年。亭台花木,皆出自其目营心匠,故逶迤衡直,恺爽深密,曲有奥思。"

7.建筑特征及其原创意义。园在富氏邸宅东侧,出邸宅东门的探春亭入园,登上园中的主体建筑四景堂,全园景色可尽入眼帘。堂前临水,"南渡通津桥、上方流亭,望紫筠堂而还。右旋花木中,有百余步,走荫樾亭、赏幽台,抵重波轩而止。"四景堂北是一带土山,山腹筑洞四,一横者曰土筠洞,三纵者分别曰水筠、石筠、榭筠洞。洞上为径,洞庭湖中用大竹引水,崇成明渠。环流于山麓。洞庭湖之北是一大片竹林,"有亭五,错列竹中,曰丛玉,曰披风,曰漪岚,曰夹行,曰兼山"。四景堂稍南有梅台,又南有天光台,皆筑于池山之上,高出于竹木之梢。复有卧云堂与四景堂隔水对峙。园中南北两座土山皆临水而立,"背压通流,凡坐此,则一园之胜,可拥有也。"园中亭台堂轩的建筑,花草竹木的栽植,都经过园主人的"目营心匠,故逶迤衡直,闾爽深密,皆曲有奥思。②"

8.关于建筑的经典文字轶闻。陆游《老学庵笔记》记载:"凌霄花未有不依木而能生者,惟西京富郑公园中一株,挺然独立,高四丈,围三尺余,花大如杯,旁无所附。③"

参考文献

①②(宋)李格非:《洛阳名园记》)。

③(宋)陆游:《老学庵笔记》。

六、刘氏园

1.建筑所处位置。位于今河南省洛阳市。

2.建筑始建时间。北宋仁宗朝右司谏刘元瑜生前所建。

3.最早的文字记载。"刘给事园,凉堂高卑,制度适惬可人意。有知《木经》者见之,且云:近世建造率务峻立,故居者不便而易坏,唯此堂正与法合①。"

4.建筑名称的来历。因此园为北宋仁宗朝右司谏刘元瑜的游憩园,故名。

5.建筑兴毁及修葺情况。园后废毁,今不存。

6.建筑设计师及捐资情况。刘元瑜。

7.建筑特征及其原创意义。刘氏园以园林建筑取胜,最为突出的是凉堂建筑高低比例构筑非常完美,适合人们歇息游玩。又有台一区,在不大的建筑空间中,楼横堂列,廊庑相接,组成完整的建筑空间,又有花木的合理配置,使得该园的园林建筑更为优美。园中"凉堂高卑,制度适惬可人意",建造结构与喻皓《木经》所载营造之法相同②。

8.关于建筑的经典文字轶闻。李格非《洛阳名园记》记载:"西南有一台区,尤工致,方十许丈地,而楼横堂列,廊庑回绕,阑楯周接,木映花承,无不妍稳,洛人曰为'刘氏小景'"。

参考文献

①(宋)李格非:《洛阳名园记》。

②陈植:《中国造园史》,中国建筑工业出版社,2006年。

七、水乐洞园

1.建筑所处位置。位于今浙江省杭州市南高峰烟霞岭下满觉陇西。"在烟霞岭下,洞中尝有水声,如击金石。①"

2.建筑始建时间。南宋初年建造,"在烟霞岭下,洞中尝有水声,如击金石。②"

3.最早的文字记载。北宋熙宁二年(1069),郑獬为杭州府尹,题名为水乐洞③。

4.建筑名称的来历。水乐洞为南宋著名私家园林之一。北宋熙宁二年,郑獬为杭州府尹,题名为水乐洞④。

5.建筑兴毁及修葺情况。吴越时在此建有净化院,山石奇秀,内有一地下石灰岩溶洞,穹若大厦,洞壑幽深。洞口有崇山峻岭泉涌出,泉味清甘,流水淙淙,和谐悦耳,宛如镏金石之音。北宋熙宁二年,郑獬为杭州府尹,题名为水乐洞。南宋淳熙六年(1179)赐予内侍李隶修建佛寺。嘉泰(1201—1204)后,洞为杨存中别圃,后为贾似道所得。贾似道"后复葺南山'水乐洞'赐园。⑤"今惜亭堂等建筑久已湮废,惟有水乐洞尚存,旁有"天然琴声","听无弦琴"等石刻。

6.建筑设计师及捐资情况。宋代官僚杨存中、贾似道曾作为园主对该园进行过修葺。

7.建筑特征及其原创意义。南宋著名私家园林之一。鼎盛时期当在贾似道手中。《浙江通志》记载:(水乐洞)"内有'声在堂'、'介堂'、'爱此留照'、'独喜玉渊'、'漱石宜晚'、'上下四方'之宇,并取东坡诗中之语以为名。⑥"

8.关于建筑的经典文字轶闻。苏轼守杭时,曾赋诗云:"君不学白公引泾东注滑,五斗黄泥一钟水。又不学哥舒横行海西头,归来羯鼓打梁州。但向空山石壁下,爱此无用之清流。流泉无弦石无窍,强名水乐人人笑。惯见同僧已厌听,多情海月空留照。闻道磬襄东入海,遗声洞谷含宫徵,声奏未成君独喜。不须写入熏风弦,纵有此声无此耳。⑦"

参考文献

①②(宋)王象之:《舆地纪胜》。

③④《杭州志·风景名胜篇》。

⑤（宋）李格非：《洛阳名园记》。

⑥《浙江通志》卷三九。

⑦《东坡全集》卷五。

八、独乐园

1.建筑所处位置。位于今河南省洛阳市南约6千米的独乐园村。

2.建筑始建时间。建于宋神宗熙宁六年（1073）。"熙宁四年，迁叟始家洛，六年，买田二十亩于尊贤坊北阙以为园。①"

3.最早的文字记载。司马光《独乐园记》。

4.建筑名称的来历。司马光《独乐园记》开头即已点出园名来历："孟子曰：'独乐乐，不如与人乐乐；与少乐乐，不如与众乐乐。'此王公大人之乐，非贫贱者所及也。"

5.建筑兴毁及修葺情况。北宋末年（1126）金兵攻陷洛阳，园遂不存，今仅存故址。

6.建筑设计师及捐资情况。司马光。

7.建筑特征及其原创意义。此园为北宋著名史学家司马光的游憩园。苏轼《司马君实独乐园》云："青山在屋上，流水在屋下。中有五亩园，花竹秀而野。花香袭杖屦，竹色侵盏斝。樽酒乐余春，棋局消长夏。②"园方圆20亩，中央建读书堂。堂前为弄水轩，轩中凿小池，从南面引水由五道暗渠北流出轩，如象鼻状悬注庭中，从庭院中分为两道明渠环绕庭院，于西北角汇合流出。堂北有大水池，中央筑岛，岛上种竹。池北有土墙茅顶横屋，屋前后栽植美竹。池东植草药，名曰采药圃。池西筑台，以远眺洛阳城外万字、轩辕、太室诸山之景③。谢肇淛在《五杂俎》里比较了唐裴晋公的湖园和宋司马光的独乐园，认为两者前大后小，独乐园并不因为卑小而不受重视，"传世之具在彼而不在此，苟可以自适而止矣，不必更求赢余也"。

8.关于建筑的经典文字轶闻。宋宗泽《题独乐园》："范公之乐后天下，维师温公乃独乐。二老致意出处间，殊涂同归两不恶。鄙夫杖藜访公隐，步无石砌登无阁。堂卑不受有美夺，地僻宁遭景华拓。始知前辈稽古力，晏子萧何非妄作。细读隶碑增慷慨，端正似之甘再拜。种药作畦医国手，浇花成林膏泽大。见山台上飞嵩高，高山仰止如公在。④"

李格非《洛阳名园记》记载："司马温公在洛阳自号迂叟，谓其园曰独乐园。卑小不可与他园班。其曰读书堂者数十椽屋，浇花亭者益小，弄水种竹轩者尤小，曰见山台者高不过寻丈，曰钓鱼庵、曰采药圃者又特结竹杪落蕃蔓草为之尔。温公自为之序诸亭台诗，颇行于世。所以为人欣慕者不在于园耳。⑤"

参考文献

①《古今事文类聚》续集卷九。

②《东坡全集》卷八。

③（宋）司马光：《独乐园记》。

④《宋元诗会》卷三四。

⑤（宋）李格非：《洛阳名园记》。

九、研山园

1.建筑所处位置。位于江苏省镇江市东北北固山后峰甘露寺下。

2.建筑始建时间。宋宝庆三年至绍定二年（1227—1229）间岳珂重任淮东总领期间在海岳庵基础上筑成此园①。

3.最早的文字记载。岳珂《山居感旧百韵》中最早写及研山园。其中相关的诗句为"龙荒潴庙玺,鸿笔研山园"②。

4.建筑名称的来历。研山园本米芾故居,米芾当年以一砚易之,故称研山园。岳珂取米芾诗《研山》名园③。

5.建筑兴毁及修葺情况。《研山园记》云:"此地从晋、唐而宋,皆名流所居,南宫营之,以'海岳'名庵,复百余年,公始大复其旧,岳为公姓,天设而地藏之,以遗其尔乎?"。1227—1229年间岳珂以米芾海岳庵为基础,为崇台别墅园,后来毁坏,今已不存。

6.建筑设计师及捐资情况。岳珂。

7.建筑特征及其原创意义。镇江古代著名园林。北宋时大书法家米芾曾在此筑有海岳庵,岳飞之孙、著名收藏家岳珂为淮东总领时,访寻旧址,堑堑为园。珂博雅好古,于米芾翰墨尤为爱玩,取米芾诗《研山》名园,园中景观题名说皆摘于米芾诗句。研山园不大,园前临江,背依北固山,景色壮丽,其突出的特色是"抚今怀古,即物寓景,山川草木,皆入题咏"。宋人冯多福在《研山园记》中介绍说:园子临街有"宜之堂",园中有"春漪亭"、"清吟楼"、"二妙堂"、"映岚室"。园中有假山、水池、栓树。这些景和名称,有的是后人增设的。有祠名英光,中供米芾像④。"西曰小万有,迥出尘表;东曰彤霞谷,亭曰春漪。冠山为堂,逸思杳然,大书其匾曰鹏云万里之楼。"上述题额皆木,摹自米芾书迹,又有"楼曰清吟,堂曰二妙。亭以植丛桂,曰洒碧;又以会众芳,曰静香"。中有米芾所藏上等奇石,"迂步出房,室曰映岚。洒墨临池,池曰涤研,尽得登览之胜,总名其园曰研山"。

8.关于建筑的经典文字轶闻。元章(即米芾)京口之园以一砚易之,称研山园。所藏晋帖,故斋名宝晋。后来刻米帖亦以宝晋冠之,此风流嘉话也。⑤

参考文献

①《至顺镇江志》。
②《玉楮集》卷五。
③④(宋)冯多福:《研山园记》。
⑤《养吾斋集》卷一九。

十、苗帅园

1.建筑所处位置。位于今河南省洛阳市。

2.建筑始建时间。始建时间应为宋初。

3.最早的文字记载。"苗帅园,节度使苗侯既贵,欲极天下佳处。卜居得河南。河南园宅又号最佳处得开宝宰相王溥园,遂购之①。"

4.建筑名称的来历。此园原为宋太祖开宝年间宰相王溥的私园,后归节度使苗授之,故称苗帅园。

5.建筑兴毁及修葺情况。据宋邵博《闻见后录》载:园既古,景物皆苍老,复得完力藻饰出之,于是有欲凭陵诸园之意矣。

6.建筑设计师及捐资情况。当是私人建造。前为王溥,后为苗授之。

7.建筑特征及其原创意义。明谢肇浙《五杂俎》认为洛阳名园以苗帅者为第一。此园的特点是,在总体布局中,水景起了很重要的作用,而且布置自然得体,轩榭桥亭因池、溪流,就势而成,更有景物苍老,古木大松,为该园大为增色②。

8.关于建筑的经典文字轶闻。《洛阳名园记》记载"园既古,景物皆苍老","对峙,高百尺,春夏望之如山然。③"宋邵博《闻见后录》记载:"园故有七叶二树对峙,高百尺,春夏望之如山。今创堂其北,竹万余竿,比其大满二三围,疏密琅玕如碧玉椽。今创亭其南,东有水,自伊水来,可浮十石舟。今创亭压其溪,有大松七,今引水浇之,有池宜莲荷。今创水轩板出水上,对轩有桥亭,制度甚雄侈。然此犹未尽得王丞相故园。水东为直龙图阁,赵氏所得,亦大创第宅园林。其间稍北,曰郏鄏陌,列七丞相第。文潞公程丞相宅旁皆有池亭,尚不可与赵韩王园比。④"

参考文献

①④(宋)邵博:《闻见后录》卷二五。

②周维权:《中国古典园林史》,清华大学出版社,1999年。

③(宋)李格非:《洛阳名园记》。

十一、东园

1.建筑所处位置。位于今河南省洛阳市东。

2.建筑始建时间。因是宋仁宗朝宰相潞国公文彦博的私家园林,建造时间当为北宋前期。

3.最早的文字记载。据《洛阳名园记》载:"文潞公'东园',本药圃,地薄东城。"

4.建筑名称的来历。因"地薄东城",故名①。

5.建筑兴毁及修葺情况。原为药圃,后改为园。宋后废毁,今不存。

6.建筑设计师及捐资情况。园主文彦博主持建造。

7.建筑特征及其原创意义。洛阳古代著名园林之一。东园"地薄东城,水渺弥甚广,泛舟游者如在江湖间也。'渊映'、'瀍水'二堂,宛宛在水中;'湘肤'、'药圃'二堂,间列水石。②"

8.关于建筑的经典文字轶闻。司马光曾游此园,并赋诗《和君贶题潞公东庄》云:"嵩峰远叠千重雪,伊浦低临一片天。百顷平皋连别馆,两行疏柳拂清泉。国须柱石扶丕构,人待楼航济巨川。萧相方如左右手,且于穷僻置闲田。③"

参考文献

①②(宋)李格非:《洛阳名园记》。

③(清)曹庭栋:《宋百家诗存》卷五。

十二、延祥园

1.建筑所处位置。位于今浙江省杭州市。《浙江通志》记载:"都城纪胜:西依孤山,为和靖故居与琼华园小隐园并三朝临幸。①"

2.建筑始建时间。始建于宋高宗绍兴十六年(1146)。

3.最早的文字记载。《西湖志纂》记载:"建太乙宫,内有瀛屿、白莲堂、蓬莱阁、香月亭等胜,其殿曰黄庭,即凉堂故址。四壁有萧照所画山水。成化《杭州府志》:嘉木喇勒智改为寺。至正庚子(1360)毁。②"

4.建筑名称的来历。绍兴间,韦太后为供奉四圣像而兴建四圣延祥园。

5.建筑兴毁及修葺情况。宋绍兴间建,宋理宗时修建,元代废园为寺。"元嘉木扬喇勒智为僧窟,未几荡废。③"

6.建筑设计师及捐资情况。宫廷匠师。

7.建筑特征及其原创意义。《西湖游览志》记载:"绍兴间,韦太后还自沙漠,建以沉香刻四圣像,并从者二十人,饰以大珠,备极工巧,为园曰延祥。亭馆窈窕,丽若画图,水洁花

寒,气象幽雅。""元嘉木扬喇勒智废为万寿寺,屑像为香,断珠为缨,而旧美荒落矣。""宋
理宗时中贵卢允升等以奢侈慕上,妄称五福太乙临吴越之分,乃即延祥园建太乙宫,而玛
瑙坡、六一泉、金沙井皆归御囿宫观亭榭,理宗以御书额之,若瀛屿、射圃、白莲堂、挹翠
堂、蓬莱阁、香月亭、清新亭,竞列秀爽,殆仙居焉。观有凉堂,绍兴间遗构也。高宗将临观
之,其时有素壁四堵,高二丈。中贵人相语曰:官家所幸,素壁非宜,亟趣御前萧照往绘山
水。照受命,即乞尚方酒四斗,昏出孤山,每一鼓,即饮一斗,尽一斗,则一堵已成。画成而
照亦沈醉。上至,览之叹赏,宣赐金帛。理宗改为黄庭殿。④"

8.关于建筑的经典文字轶闻。周紫芝有五言古风咏延祥园:"附山结真祠,朱门照湖
水。湖流入中池,秀色归净几。风帘逐旌幢,神卫森剑履。清芳宿华殿,瑞雾蒙玉宸。仿佛
怀神京,想象轮奂美。祈年开新宫,祝厘奉天子。良辰后难会,岁暮得斯喜。洲乃清樾中,
飞楼见千里。霜车倘可乘,吾事兹已矣。便当赋远游,未可回覆齿。⑤"高疎寮诗:"水明一
色抱神州,雨压轻尘不敢浮。山北山南人唤酒,春前春后客凭楼。射熊馆暗花扶宸,下鹄池
深柳拂舟。白髮邦人能道旧,君王曾奉上皇游。"周弁阳诗:"蕊宫广殿号黄庭,突兀浮云最
上层。五福贵星留不住,水堂空照九枝灯。⑥"

参考文献
①《浙江通志》卷三九。
②《西湖志纂》卷三。
③④⑥《西湖游览志》卷二。
⑤《梦梁录》卷一九。

十三、后乐园

1.建筑所处位置。位于今浙江省杭州宝石山西葛岭脚下。

2.建筑始建时间。宋代。

3.最早的文字记载。"淳祐(1241—1252)间,理宗以赐贾似道,改名'后乐园'。①"

4.建筑名称的来历。原为御苑集芳园。景定三年(1262)正月,理宗赐贾似道,改名
后乐园②。

5.建筑兴毁及修葺情况。后乐园原来是宋高宗赵构永思陵的一部分③。后来成为张婉
仪的别墅,"绍兴间收属官家,藻饰益丽。"随着贾似道败亡,园渐废残。元大德(1297—
1307)初,僧满月于其址建福地院,至正末年(1368),亦毁于兵火④。

6.建筑设计师及捐资情况。官府工匠、张婉仪、贾似道。

7.建筑特征及其原创意义。据《武林日事》载:"殿内有古梅,老松甚多。⑤"园林建筑皆
御苑旧物,有"蟠翠"、"雪香"、"翠岩""倚绣"、"挹露"、"玉蕊"、"清胜"、"西湖一曲"、"奇
勋"、"秋壑"、"遂初""容堂"、"初阳精舍"等,皆为皇帝题名⑥。

8.关于建筑的经典文字轶闻。宋人汪元量《越州歌》云:"集芳园里策奇功,丞相南行面
发红。留得紫绵三百曲,风吹雨打并成空。⑦"宋杨万里《山赏荷花晚泊玉壶得十绝句》云:
"卤湖日属野人家,今属天家不属他。水月亭前且杨柳,集芳园下尽荷花。⑧"

参考文献
①②④《西湖游览志》卷八。
③⑥(宋)周密:《齐东野语》卷一九。
⑤(宋)周密:《武林日事》卷四。
⑦(清)吴之振:《宋诗抄》卷一五○。

⑧(宋)杨万里:《诚斋集》卷一九。

十四、杭州南园

1.建筑所处位置。位于今浙江省杭州市长桥附近,雷峰塔塔口。

2.建筑始建时间。南宋。

3.最早的文字记载。庆元五年(1199)陆游受韩侂胄之托撰写《南园记》。

4.建筑名称的来历。南宋著名私家园林之一。原为宋高宗时别馆,庆元三年(1197),慈福太后赐予平原郡王韩侂胄为别墅,改名为南园。

5.建筑兴毁及修葺情况。据《梦粱录》载:"南山长桥庆乐园,旧名南园。"开禧三年(1207)韩侂胄被诛,该园收归皇家所有,改名庆乐园。赐嗣王赵与芮,又改名胜景园。后废毁,今不存①。

6.建筑设计师及捐资情况。负责主持南园事务者姓金②。

7.建筑特征及其原创意义。《南园记》记载:"既成,悉取先侍中、魏忠献王之诗句而名之。"如许闲堂、和容射厅、寒碧台、藏春门、凌风阁、西湖洞天、归耕之庄等。也有根据实际情况命名的,如夹芳堂、豁望堂、鲜霞堂、矜春堂、岁寒堂,忘机堂、照香堂、堆锦堂、红香堂、远尘亭、幽翠亭、多稼亭等。《四朝闻见录》记载:"(南园)有香山十样锦之胜,有奇石为十洞,洞有亭,顶画以文锦。"

8.关于建筑的经典文字轶闻。陆游有感于韩侂胄的"盛情相邀",为其别墅园林写下了《南园记》。陆游在《南园记》中赞颂:"韩氏子孙,功足以铭彝鼎……勤劳王家,勋在社稷……韩氏之昌,将与宋无极"③。述其建筑布局"因其自然,辅以雅趣";"因高就下,通窒去蔽,而物态别。奇葩美木,争效于前;清泉秀石,若顾若揖。于是尽观杰阁,虚堂广厦,上足以陈俎豆,下足以奏金石者,莫不毕备,升而高明显敞,如蜕兰垢;入而窈窕邃深,疑于无穷。""自绍兴以来,王侯将相之园林相望,未有能及南园之仿佛者。④"

参考文献

①(宋)周密:《武林旧事》。

②喻学才:《中国历代名匠志》,湖北教育出版社,2006年。

③(宋)陆游:《南园记》。

④(宋)叶绍翁:《四朝闻见录》戊集。

十五、翠芳园

1.建筑所处位置。位于今浙江省杭州市,钱湖门外南新路口净慈寺前,面对南屏山。

2.建筑始建时间。始建于南宋。

3.最早的文字记载。吴自牧《梦粱录》:"净慈寺南翠芳园,旧名屏山园,内有八面亭堂,一片湖山,俱在目前。①"

4.建筑名称的来历。翠芳园原名屏山园,"钱湖门外,以对南屏山,故名。理宗朝改名翠芳园。②"清乾隆皇帝南巡时赐名"漪园",并书"香云法雨"匾额。后来,又改名"白云庵"。还有"汪庄"、"屏山园"之名,为西湖第二名园。后为清代皖南茶商汪自新的别墅。现为西子宾馆。

5.建筑兴毁及修葺情况。咸淳年间(1265—1274)建宗阳宫,园中亭馆花石,移取殆尽,后遂湮废③。咸丰年间(1851—1861),被战火焚毁,光绪年间(1875—1908),杭州著名藏书家丁松生重建。

6.建筑设计师及捐资情况。汪自新,丁松生。

7.建筑特征及其原创意义。南宋著名行宫御苑之一,"有五花亭、梅槎。④"园以花石亭馆建筑取胜。一片湖山,俱在面前,为欣赏西湖风景之佳境。

8.关于建筑的经典文字轶闻。"董嗣杲翠芳园诗引旧为屏山园。宝庆初内司展建。东至希夷庵,直抵雷峰山下水地,西至南新路口水环五花亭外。旧有海查一树,开小红花,在园门外,寻亦枯。方舆胜览天竺延祥寺亦有屏山园。⑤"

翠芳园有许多颇具雅趣的风景楹联,如:"明月松间照,清泉石上流";"瓶添洞水盛将月,袖挂松柏惹得云";"愿将佛手双垂下,摩得人心一样平"。最有趣的是弥勒殿前的一副诙谐长联,常引得游人忍俊不禁:"日日携空布袋,少米无钱,却剩得大肚宽怀,不知众檀越信心时用何物供养;年年坐冷山门,接张待李,总见他欢天喜地,请问这头陀得意处是什么东西。"重建白云庵时,在庵中塑了一尊"月下老人像",并配上一副楹联:"愿天下有情人,都成了眷属;是前生注定事,莫错过姻缘。"还印了些词义模棱两可的签书,每一对来此求签的恋人,都会被这"俗"中赏"雅"的文字游戏,引得痴情更笃,以致终生难忘。

参考文献

①(宋)吴自牧:《梦粱录》卷一九。
②(宋)周密:《武林旧事》卷四。
③④(明)田汝成:《西湖游览志》卷三。
⑤《浙江通志》卷三九。

十六、真珠园

1.建筑所处位置。位于今浙江省杭州市南山路。

2.建筑始建时间。南宋。

3.最早的文字记载。"雷峰塔寺前,有张府真珠园,内有高堂,极其华丽。①"

4.建筑名称的来历。亦名珍珠园。《咸淳临安志》:真珠园"在大慈崇教院,今为张循王真珠园。盖因泉得名。周显德(954—958)中,院东泉水迸出,因甃为方池,口闻扣击声,则泉涌如贯珠。嘉祐(1056—1063)中,太子少保元绛名之曰真珠泉。今官酿亦取以名。②"

5.建筑兴毁及修葺情况。"有真珠泉、高寒堂、杏堂、水心亭、御港,曾经临幸。今归张循王府。③"后堙废,明代时已不存。

6.建筑设计师及捐资情况。张侯之。元刘一清《钱塘遗事》:"凡七八十人,分坐于两舟,酒数行。借张侯之真珠园。④"

7.建筑特征及其原创意义。《梦粱录》记载:"雷峰塔寺前有张府真珠园,内有高寒堂,极其华丽。"又有珍珠泉、杏堂、水心亭、梅坡等景致。为南宋时杭州著名私家园林之一。

8.关于建筑的经典文字轶闻。宋陆游《真珠园雨中作》:"清晨得小雨,凭阁意欣然。一扫群儿迹,稍稀游女船。烟波蘸山脚,湿翠到阑边。坐诵空蒙句,予怀玉局仙。⑤"宋张镃《真珠园和净慈僧韵》:"冒寒畦菜青黄色,意到春风才一息。踏雪山僧折简来,不学渡江携履只。我方开樽酒如泉,浩然得味无中边。何须随喜楞伽讲,始似闲行白乐天。⑥"

参考文献

①(宋)吴自牧:《梦粱录》卷一九。
②(元)潜说友:《咸淳临安志》卷三八。

③（宋）周密：《武林旧事》卷五。
④（元）刘一清：《钱塘遗事》卷十。
⑤《浙江通志》卷三九。
⑥（宋）张镃：《南湖集》卷三。

十七、梅冈园

1.建筑所处位置。位于今浙江省杭州市北山路。

2.建筑始建时间。南宋。

3.最早的文字记载。《武林旧事》有记载。"梅冈园、桐木园,武林旧事皆北山路御园。①"

4.建筑名称的来历。有梅花千侏,故名。

5.建筑兴毁及修葺情况。原为南宋蕲王韩世忠别墅园。后毁废②。

6.建筑设计师及捐资情况。韩世忠主持并出资。

7.建筑特征及其原创意义。面积有130亩,内有宋高宗御书乐静堂、清风轩及水阁、梅坡、芙蓉堆等,殿构造奇巧,花竹交相辉映,为杭州著名私家园林之一。

8.关于建筑的经典文字轶闻。吴立夫《花园老卒歌》:"蕲王手种红棉花,十载不挂铁桠瑕。花园老卒守花树,睡着花砖闻曙鸦。③"

参考文献

①《浙江通志》卷三九。
②《御定佩文韵府》卷一三之一。
③（明）田汝成：《西湖游览志》卷八。

十八、甘园

1.建筑所处位置。位于今浙江省杭州市西湖南屏山慧日峰下净慈寺前,位于西山路丁家山麓。

2.建筑始建时间。南宋。

3.最早的文字记载。宋代《梦粱录》记载:"雷峰塔下,小湖、斋宫、甘园、南山、南屏,皆台榭亭阁、花木奇石,影映湖山。①"

4.建筑名称的来历。南宋著名私家园林之一。旧为内侍甘升园,故名甘园,亦称湖曲园②。

5.建筑兴毁及修葺情况。经过明末清初的兵火,至清顺治十四年(1657),园中林木俱无,苔藓尽剥,山石残缺失次,"墙围俱倒,竟成瓦砾之场。③"后遂踪迹全无。清末在"甘园"遗址上建水竹居(刘庄),新中国成立后改建。

6.建筑设计师及捐资情况。甘升。

7.建筑特征及其原创意义。甘园"在丁家山前,为香山刘学询别业,俗称刘庄。落成之始,粉黛列屋,最称宏丽,旁有家祠,后有生圹暨其妇马氏墓。④"南宋皇帝曾临幸此园。后几易其主,周密有诗:"小小蓬莱在水中。乾淳旧赏有遗踪。园林几换东风主,留得庭前御爱松。⑤"明万历时,王贞父读书于此,改名"寓林"。岁久渐废,至天启(1621—1627)时,已是亭榭倾圮。经过明末清初的兵火,至清顺治十四年(1657),此园废弃。后遂踪迹全无⑥。

8.关于建筑的经典文字轶闻。明陈贽和和宋董嗣杲《甘园》诗云:"甘氏名园近旧宫,东风花绽路重重。声锵环佩风前竹,翠结芙蓉雨后峰。池内已无鱼跃藻,塔边犹有鹤巢松。当年中贵今安在,应向桥山从六龙。⑦"

参考文献

①(宋)吴自牧:《梦粱录》卷一二。

②(宋)周密:《武林日事》卷五。

③④⑥(明)张岱:《西湖梦寻》卷四。

⑤(宋)周密:《癸未杂识》。

⑦(宋)董嗣杲撰,(明)陈贽和韵:《西湖百咏》卷下。

十九、养乐园

1.建筑所处位置。位于今浙江省杭州市宝石山西葛岭。

2.建筑始建时间。南宋。

3.最早的文字记载。宋周密《武林日事》"养乐园"条云:"贾平章有光禄阁、春雨观、潇然养乐堂、嘉生堂、生意生物之所。①"

4.建筑名称的来历。休闲养生之处,故名。

5.建筑兴毁及修葺情况。"养乐园,贾似道别墅也。内有光禄阁、春雨观、嘉生堂。②"园在贾氏败亡后迅速萧条。元代"园中花卉湖石杉桧尚存。③"后毁废。

6.建筑设计师及捐资情况。贾似道。

7.建筑特征及其原创意义。南宋权相贾似道别墅。著名私家园林之一。前瞰西湖,有光禄阁、春雨观、潇然、养乐、嘉生诸堂,千头木奴、生意生物之府等,亭台楼阁,穷极奢华。贾似道常在此裁决朝廷大政。园在贾氏败亡后毁废④。

8.关于建筑的经典文字轶闻。《宋稗类钞》:"近有题其养乐园云:老奸曾居葛岭西,游人谁敢问苏堤。势将覆餗不回首,事到出师方噬脐。废圃久无人作主,败垣惟有客留题。算来只有孤山耐,依旧梅花片月低。⑤"元侯克中《同王廉访诸公养乐园宴》:"竹绕轩窗花满庭,蕙熏兰炙有余馨。锦囊佳句闲中得,金缕新声醉后听。春水渡头双鹭白,夕阳楼外乱山青。联镳不觉归来晚,拂面东风酒未醒。⑥"

参考文献

①(宋)周密:《武林日事》卷五。

②④(明)田汝成:《西湖游览志》卷八。

③(元)郑元佑:《遂昌杂录》。

⑤(清)潘永因:《宋稗类钞》卷四。

⑥(元)侯克中:《艮斋诗集》卷六。

二十、环碧园

1.建筑所处位置。原位于今浙江省杭州丰豫门外。"在丰豫门外梛洲寺侧杨郡王府园。①"

2.建筑始建时间。南宋。

3.最早的文字记载。"环碧园,旧名清晖园。②"

4.建筑名称的来历。据园林景色而来。刘宋时诗人谢灵运有句"山水含清晖,游子淡忘归"。

5.建筑兴毁及修葺情况。明朝时园已毁废。

6.建筑设计师及捐资情况。杨存中。"养鱼庄、环碧园皆杨和王别业。[3]"

7.建筑特征及其原创意义。南宋著名私家园林之一。原为和王杨存中别墅园。"杨郡王府堂扁皆御书。[4]"后为"慈明皇太后宅园,直柳洲寺之侧,面西湖,于是为中。尽得南北两山之胜。[5]"

8.关于建筑的经典文字轶闻。"绕舍晴波聚钓仙,五龙祠畔柳洲前。清虚不类侯家屋,轮奂曾资母后钱。三面轩窗秋水观,四时箫鼓夕阳船。揽将山北山南翠,独有黄昏得景全。[6]"

参考文献

①(元)潜说友:《咸淳临安志》卷八六。

②(宋)吴自牧:《梦梁录》卷一九。

③(明)田汝成:《西湖游览志》卷八。

④(宋)周密:《武林旧事》卷五。

⑤(元)潜说友:《咸淳临安志》卷六。

⑥(宋)董嗣杲撰,(明)陈赟和韵:《西湖百咏》卷上。

二十一、裴园

1.建筑所处位置。原位于今浙江省杭州西湖三堤路。

2.建筑始建时间。南宋。

3.最早的文字记载。《武林旧事》记载:"裴禧园,诚斋诗云:岸岸园亭傍水滨,裴园飞入水心横,傍人莫问游何处,只拣荷花深处行。[1]"

4.建筑名称的来历。依主人姓命名。"裴园,裴禧别业。[2]"

5.建筑兴毁及修葺情况。园在明朝时已毁废。《西湖游览志》:堤旁旧有天泽庙、小隐园、裴园、史园、乔园、资国园,并废。[3]

6.建筑设计师及捐资情况。裴禧。

7.建筑特征及其原创意义。南宋著名园林之一。园凸入湖中,傍水建有亭榭,水中遍植莲荷。

8.关于建筑的经典文字轶闻。白居易曾赋有诗云:"慈恩雁塔题名处,回首端如梦寐中。千里远从当日别,一樽重喜此时同。飞腾我久钦公辈,潦倒君当恕此翁。异日尚期尘史册,事功那敢废磨礲。[4]"

参考文献

①(宋)周密:《武林旧事》卷五。

②(明)田汝成:《西湖游览志》卷二。

③(清)沈德潜:《西湖志纂》卷三。

④(唐)白居易:《香山集》卷十。

二十二、云洞园

1.建筑所处位置。位于今浙江省杭州市北山路。

2.建筑始建时间。南宋。

3.最早的文字记载。《武林旧事》记载:"有万景天全、方壶、云洞、潇碧、天机云锦、紫翠间、濯缨、五色云、玉玲珑、金粟洞、天砌台等处。花木皆蟠结香片,极其华洁。盛时凡用园丁四十余人,监园使臣二名。[1]"

4.建筑名称的来历。当因园中有云洞景致而得名。

5.建筑设计师及捐资情况。杨和王。

6.建筑特征及其原创意义。据《西湖志纂》载:"云洞园在古柳林杨和王府,直抵北关,最为广袤。筑土为洞,中通往来,上有堂曰万景天全。旁有亭曰紫翠间,可容远眺。桂亭曰芳所,荷亭曰天机云锦,皆绝胜处。《西湖游览志》:上有丽春台,青石为坡,不斲碱齿。春时丽人歌舞,得上坡者赏。内有方壶、洒碧、濯缨、五色云等亭,玉玲珑、金粟、天砌等台。洞户辉煌,花木丛蔚,壮丽无比。今废。[2]另据《咸淳临安志》:园的面积甚广,筑土为山,中有山洞以通往来。山上建楼,又有堂曰"万景天全"。主山周围群山环列,宛若崇山峻岭,其上有亭曰"紫翠间"、"芳所"、"天机云锦",都是园内最胜处[3]。

7.关于建筑的经典文字轶闻。(宋)董嗣杲《云洞园》:"下湖营囿藉元勋,景色天然曲折分。水脉窨花通活港,洞基垒石走空云。千间大厦归春梦,一撮危亭纳夕曛。扁画自悬碑自压,当年何事立孤坟。[4]"

参考文献

①(宋)周密:《武林旧事》卷五。

②(清)沈德潜:《西湖志纂》卷七。

③周维权:《中国古典园林史》,清华大学出版社,1999年。

④(宋)董嗣杲撰,(明)陈赟和韵:《西湖百咏》卷上。

二十三、廖药洲园

1.建筑所处位置。位于今浙江省杭州市栖霞岭下,东山街口,南宋廖莹中别墅园。

2.建筑始建时间。南宋。

3.最早的文字记载。宋周密《湖山胜概》云:"廖药洲园有花香、竹色、心太平、相在、世彩、苏爱、君子、羽说等亭。[1]"

4.建筑名称的来历。廖莹中所建,故名。

5.建筑兴毁及修葺情况。南宋杭州著名园林。后毁废,明时园已不存。

6.建筑设计师及捐资情况。宋人廖莹中。

7.建筑特征及其原创意义。园濒西湖,内有世禄堂、在勤堂、惧斋、习说斋、光禄斋、观相庄、红紫庄、芳菲迳、花香、竹色、相在、世彩、苏爱、君子等堂斋亭榭[2]。

参考文献

①②(宋)周密:《武林旧事》卷五。

二十四、聚景园

1.建筑所处位置。位于今浙江省杭州市西湖东岸。

2.建筑始建时间。"聚景园,(宋)孝宗所筑。[1]"

3.最早的文字记载。宋祝穆《方舆胜览》记载:"聚景园,在钱湖门外。[2]"

4.建筑名称的来历。意为将景色集中于一园。

5.建筑兴毁及修葺情况。聚景园"在府治西五里。宋高似孙诗:翠华不向苑中来,可是年年惜露台。水际春风寒漠漠,官梅却作野梅开。俱久废。[2]"《西湖游览志》云:"理宗以后,日渐荒落。[3]"宋末元初,聚景园成为"散景园",其南侧地带,被随蒙元铁骑南下而迁居杭州的回民择为墓地;其中段之地,荒芜淤塞成为一片七零八落的沼泽水塘,其北部地段原有的灵芝寺,显应观等显赫堂皇的寺庙,也随园景一起难逃厄运。到明代中叶,当年蔚然大观的柳浪闻莺胜景,只剩下柳浪桥,华光亭两处破旧陈迹。到1949年,柳浪闻莺仅存景名碑,石碑坊,石亭子和沙朴老树各一,表忠观(钱王祠)旧屋一区以及祠前方塘两口。附近居民干脆称那里为坟山窠。

6.建筑设计师及捐资情况。因是孝宗为高宗所筑,应为官方将作监主持修建。

7.建筑特征及其原创意义。南宋高宗禅位孝宗,致养北宫,始扩建园区。园有3门,原南宋京师外城西门清波门外为南门,涌金门外为北门,流福坊水口为水门。园内主要建筑有会芳殿、瀛春堂、揽远堂、芳华堂(一日堂)、瑶津、翠光、桂景、艳碧、凉观、锦壁、清辉、琼芳、彩霞、寒碧、花醉、澄澜、八角花光亭20余座亭榭及学士、柳浪二桥[4]。宋宁宗时为西湖十景之一,时人赋有许多名言佳句誉之。宁宗以后,诸帝罕有临幸,遂逐渐荒废。至南宋末年,仅存天地两亭及柳浪、学士二桥。元代改建为佛寺,到清代嘉靖时,"则遍地皆丘垅矣。[5]"1949年后更是坟冢累累,一片荒凉,陈迹难寻。现已扩建为公园。

8.关于建筑的经典文字轶闻。《咸淳临安志》:"聚景园在清波门外。孝宗皇帝致养北宫,拓圃西湖之东,又斥浮图之庐九以附益之。亭宇皆孝宗皇帝御匾。尝恭请两宫临幸。光宗皇帝奉三宫,宁宗皇帝奉成肃,皇太后亦皆同幸。岁久芜圮。今老屋仅存者,堂曰揽远亭,曰花光。又有亭植红梅。有桥曰柳浪,曰学士,皆粗见大概。惟夹径老松益婆娑。每盛夏,芙蕖弥望,游人舣舫绕堤外。守者培桑蔚果,有力本之意焉。清波门外为南门,涌金门外为北门,流福坊水口为水门。[6]"

宋汪应辰云:"冷泉堂上湖山胜,聚景园中草木芳。万物欣欣供燕乐,自然祥暑变清凉。[7]"宋袁说友云:"慈恩回首几番春,樽酒相期在帝京。人事好乖知岁久,天宫作意得朝晴。向来禁御所未到,同此英游真可荣。无奈斜阳又催去,更凭余酌话平生。[8]"

参考文献

①③《西湖游览志》卷三。

②(宋)祝穆:《方舆胜览》卷一。

④《武林旧事》卷四。

⑤朱彭:《南宋古迹考》卷下《园囿考》。

⑥(元)潜说友:《咸淳临安志》卷一三。

⑦(宋)汪应辰:《文定集》卷二四。

⑧(宋)袁说友:《东塘集》卷五。

(十五)志关

梅关

1.建筑所处位置。位于江西省大余县境内粤赣两省交界处的梅岭上。《读史方舆纪要》记载:"梅关在大庾岭上,两崖壁立,道出其中,最为高险,或以为即秦横浦关也。[1]"

2.建筑始建时间。《读史方舆纪要》云:"梅关亦称横浦关,自秦戍五岭,汉武遣军下横浦关,常为天下必争之处,有驿路在石壁间,相传唐开元(713—741)中,张九龄所凿,宋嘉祐(1056—1062)中复修广之。②"

3.最早的文字记载。宋祝穆《方舆胜览》:"西州南北护梅关。③"

4.建筑名称的来历。《江西通志》记载:"以岭故多梅,因长曰梅关。④"《读史方舆纪要》记载:"旧时岭上多梅,故庾岭亦曰梅岭,关曰梅关,今关废而关名如故。⑤"《南康记》亦载:"大庾岭横浦有秦时关,后为怀化驿,盖横浦秦所筑也。唐宋以来称之梅关。"

5.建筑兴毁及修葺情况。北宋仁宗嘉祐八年(1063),广东转运使蔡抗与其兄蔡挺评刑江西提举,商议各自在南北管辖的路段,课民植松修路,在山巅分水岭界立碑,名曰:"梅关",以分江广之界。明成化十五年(1479)和癸卯年(1483),南安知府张弼和南雄知府,先后在此修缮关楼,并定名为"岭南第一关"。尔后,南雄历代州县几乎都有修葺之举⑥。

6.建筑设计师及捐资情况。张九龄、张弼等人。

7.建筑特征及其原创意义。明代姚虞《岭海舆图》称梅关形势曰:"居五岭之首,为二广之冲,群山环拱,三水合流,控带群蛮,襟会百粤,韶石突兀耸其南,庾岭峻峨峙其北,匡庐、会稽、洞庭、鄱阳、长江一带,皆限此巨关。"关楼建在梅岭巅分水坳以南25米处。因时代久远,楼上方天盖久圮。关楼为砖石结构,颇为雄伟壮观,现高5.8米,宽6米,门高3.6米,门内阔3米,门洞长5.5米。关楼门朝北者,上方石额名曰:"南粤雄关";朝南者,石额曰"岭南第一关",署名南雄"知府蒋杰题",时间是"万历戊戌"(1598),另在关楼北侧,有一石碑高矗,碑高2.4米,宽1.4米,刻"梅岭"两个楷书大字,落款是:"康熙岁次已未(1679)三月谷旦,南雄府知事张凤翔重立。"碑存,但落款文字有损。此外,在关楼的左壁,曾立有一块"青天一线"碑刻;右侧碑刻为"岭南锁钥"4个大字。但在清末民初,均被战火所毁⑦。

8.关于建筑的经典文字轶闻。"章颖诗云:尽日人行石壁间。⑧"王烈《南康道中》:"归路梅关北,归心鳌浦边。路遥频问驿,步涩只思船。冬至将春候,南风欲雪天。官梅还识我,相对笑华颠。⑨"浙江天台的江湖派诗人戴复古《题梅岭云峰四绝》中的一绝云:"东海边来南海边,长亭三百路三千。飘零到此成何事,结得梅花一笑缘。"国民党革命派杰出代表,现代画家何香凝,1926年和1927年,两度来梅岭,咏梅赋诗,借对梅花的吟咏来抒发高尚的革命情怀。"南国有高枝,先开岭上梅。临风高挺立,不畏雪霜吹。"这首咏梅的诗,被刻在古驿道旁的石碑上。

参考文献

①《读史方舆纪要》卷一二〇。

②⑤《读史方舆纪要》卷一〇〇。

③(宋)祝穆:《方舆胜览》卷二二。

④《江西通志》卷三四。

⑥⑦杨志坚:《梅岭、梅关、古道与梅花》,《资源调查与环境》,1990年2期。

⑧(宋)祝穆:《方舆胜览》卷三七。

⑨《江西通志》卷一五三。

（十六）志楼

状元楼

1.建筑所处位置。江西省永丰县流坑村西侧棋盘街旁。

2.建筑始建时间。据董氏族谱记载,始建于南宋年间。

3.最早的文字记载。"状元楼在谯楼东,为郡人赵遴建。[①]"

4.建筑名称的来历。为纪念南宋初年的恩科状元董德元而建。宋名状元楼,明代改为三元楼,清代改回状元楼。三元楼名称的由来见明林应芳《三元楼记》记载:"入国朝,文学彬彬盛矣。解元王公昭明、张公唯、曾公鼎、陈公律、罗公奎,会元朱公绾,状元曾公启、罗公伦献之,望最于东南,遂总其名曰三元。[②]"

5.建筑兴毁及修葺情况。南宋初建,庆元三年重修。明知县魏梦贤改名三元。道光壬午年重新复改三元为状元[③]。

6.建筑设计师及捐资情况。宋绍兴中县令吴南老为欧阳修、董德元建[④]。资金主要靠士民共同捐赠而来。"糜钱为缗二百,米为石三十三。进士协助之。""庠弟子员咸愿输资,以相其成。[⑤]"

7.建筑特征及其原创意义。宋曾丰记载:"中之增广为间二,上之增高为尺三。" 明林应芳《三元楼记》记载:"台之崇三丈,宇之列十六楹,垣以坚壁,袭以重阿,文以丹饰。[⑥]"

8.关于建筑的经典文字佚闻。(宋)曾丰《重建状元楼记》和(明)林应芳《三元楼记》[⑦]。

参考文献

①(宋)祝穆:《方舆胜览》卷六三。

②⑤⑥⑦(清)刘绎:《永丰县志》卷三三。

③④(清)刘绎:《永丰县志》卷六。

（十七）志陵

一、炎帝陵

1.建筑所处位置。湖南省炎陵县县城西南15千米处。《潜确类书》:"炎帝陵在泽州高平县之羊头山。旧传炎帝尝种五谷于此。至今山下有黍二畦。其南阴地黍白,其北阳地黍红。①"

2.建筑始建时间。始建于宋乾德五年。

3.最早的文字记载。上衡州衡阳郡军事古迹条提及。②

4.建筑名称的来历。960年,宋太祖登基,遍访天下古陵,在"白鹿原觅见炎帝陵",于乾德五年(967)建庙奉祀。

5.建筑兴毁及修葺情况。宋代不断修葺,"是月修炎帝陵,陵在衡州茶陵县,从衡州之请也。③""炎帝陵在衡州茶陵县。庙久弗治,乞相度兴修,以称崇奉之意,从之。④"明清两代曾多次毁于战乱和火灾,在明、清至中华人民共和国成立以后的160多年间,历经了10余次大的修葺,规模不断扩大。现炎帝陵是1988年6月由湖南省人民政府和株洲市人民政府拨专款修复的,建筑仍按皇宫式样,但规模比清道光十七年(1837)重修的有所改进和扩充。

6.建筑设计师及捐资情况。宋太祖倡建,由官方出资建造。

7.建筑特征及其原创意义。重修后的陵殿共分五进:第一进为午门,门内有丹墀,左右两廊为碑房,树历代告祭文碑;第二进为行礼亭;第三进为正殿,重檐歇山顶;第四进为墓碑亭,竖有石刻墓碑"炎帝神农氏之墓";第五进为炎帝陵之寝。环绕炎帝陵殿,筑有丈余高的红色围墙,四周修建规模宏大的奉圣寺、胡真官祠、天使公馆、崇德坊、宰牲亭、时祭公馆、咏丰台、飞香亭等古建筑群。附近还有鹿原洞、霞桥、天池(又名洗药池)、龙脑石等名胜,在参天古木和环绕山水的陪衬下,整个陵殿显得气势宏伟,庄严肃穆,古朴凝重。游人至此,无不肃然起敬⑤。

8.关于建筑的经典文字轶闻。关于对炎帝陵的奉祀,据有关史料记载,自唐代就开始了,宋代建陵庙以后,官民拜更是络绎不绝。明清两代,每逢国家大事,如即位、立储、灾荒、战争等,都要派遣特使到炎帝陵告祭,举行大典。州府县官每年春秋也要举行祭祀,宰牲敬香,行礼如仪。十分隆重。平时逢年过节,前往等待谒陵进香的人更是不计其数。

有关传说:炎帝陵坐落在县城西南15千米处的水江畔一个叫塘田乡鹿原坡的地方。鹿原坡又叫白鹿原,相传古时常有白鹿出没,故名。鹿原坡南北长1.8千米,东西宽0.85千米,丘陵起伏,山环水绕,森林覆盖率95%以上。春季乔木葱郁,灌木丛生,野藤缠绕,苔藓低伏。秋季则枫叶如血,与苍松翠竹红绿相映,形成森林群落特有的风貌,历代人们视此为风水宝地。民间传说,远古时期,华夏始祖炎帝神农氏到南方巡视,为民治病,误尝断肠草身亡。炎帝逝世后,治丧者决定将其安葬到此地以南100余里的河边,即今资兴市资水河边温泉附近,因为那里是羿射九日落下一个太阳的地方,地下冒出来的水都是热的,而炎帝属火,应葬于此。于是便用木排载着炎帝的灵柩,由36个力士拉纤,逆江而上,不料木排到白鹿原时,突然山崩石裂,波浪滔天,木排倾覆,炎帝灵柩瞬时沉入岸边石缝,后人便在此立碑代墓⑥。

参考文献

①《御制渊鉴类函》卷二三。

②(宋)王存:《元丰九域志》卷六。

③《宋史》卷二七下。

④《宋史》卷三四。

⑤白文明:《中国古建筑艺术》,黄河出版社,1990年。

⑥罗哲文等:《中国名陵》,百花文艺出版社,2003年。

二、太昊陵

1.建筑所处位置。太昊陵位于河南省淮阳县城以北的蔡河边。传说是"人祖"伏羲氏即太昊定都和长眠的地方。

2.建筑始建时间。宋太祖在位期间(960—974)始建①。此前虽有关于太昊陵寝之记载,但不在陈地。而在襄阳。宋前只有关于太昊氏都宛丘的记载②。关于其葬地,公认的说法是"葬山阳"。山阳,古地名,在襄阳境内③。

3.最早的文字记载。以目前能看到的文献资料,当以宋太祖的《修陵奉祀诏》为最早④。

4.建筑名称的来历。陵因人名。

5.建筑兴毁及修葺情况。太昊陵包括太昊伏羲氏陵和为祭祀他而修建的陵庙。春秋时这里已建伏羲陵墓(按:只闻古代文献记载这里是太昊的都城,未见说这里有太昊的墓地。司马贞《补史记三皇纪》只说他"立十一年崩"。未言葬地。历考古代文献,未见有关于太昊葬地在都邑者。因此,可断流传至今的太昊陵是宋代的纪念性建筑,因其曾建都于陈地之故⑤。宋代以来,太昊伏羲的陵墓不断扩建,包括陵地和祭祀的庙宇,占地广875亩。今存陵园内建筑为明代建筑,结构与明代皇宫相仿。它分内外二城,内城叫紫禁城,外城叫皇城。城内古柏夹道、碑刻林立、晨钟暮鼓、声闻数里。统天殿又叫大殿、前殿,是整个陵园中最大建筑,面积390平方米;殿内有高大的神龛,内塑伏羲坐像,左右配有神农、黄帝、少昊、颛顼塑像。太昊伏羲的陵墓高20多米,周长150多米;上呈圆形、下有方座,象征"天圆地方",陵前有宋代青石碑一座,宽3尺,高15尺,上镌"太昊伏羲氏之墓"七个大字,据传此碑为苏小妹用巾作笔写成。据李乃庆研究,自魏晋至今,太昊陵除元代统治者不予重视外,历代王朝十分重视其维修保护工作。兹节录《太昊陵》书中有关维修保护内容于次:

三国时期,曹操之子槽植做陈王时,拜谒伏羲陵,写下《伏羲赞》和《女娲赞》。

晋至隋朝失考。

唐代,太昊伏羲陵已受到皇帝的崇重。

唐太宗李世民于贞观四年(630)颁诏:"禁民刍牧。"即不许百姓在伏羲陵园放牧牛羊等。

五代,周世宗于显德元年(954),颁诏:"禁民樵采耕犁。"即禁止百姓在伏羲陵地打柴、采桑、耕种。

宋代,宋太祖赵匡胤于建隆元年(960),始置守陵户,即守陵人员,专门看护陵庙,并颁诏每三年对祖陵大祭一次,祭祀规格为最高的"太牢"祭祀,即使用全羊、全牛、全猪三牲,祭器专制特用,要区别于其他的祭祀活动。

宋太祖赵匡胤于乾德元年(963),颁布《修陵奉祀诏》,诏建陵庙,守陵人由一户增至五户,改三年一祭为每年春秋两次祭祀,并一律采用太牢祭祀。赵匡胤亲自撰写祭祀祝文。(清代鹿《重建太昊伏羲氏陵庙大殿碑》载:"宋建隆庚中(960)置守陵户、乾德癸亥(963)诏有司享祀牲用太牢"。说明宋太祖《修陵奉祀诏》应为乾德元年,而不是乾德四年,《陈州府志》记载有误)。

宋乾德四年(966)庙庭始创。(见清鹿《重建太昊伏羲氏陵庙大殿碑》。《陈州府志》载"乾德四年诏立陵庙"有误。)

宋开宝四年(971),赵匡胤又颁诏增加守陵户二户,由原来的五户增加到七户,并在伏羲塑像两侧,以朱襄、昊英配祀。

开玉九年(976),又颁诏修建陵庙。

宋朝初年,陵与庙祀,日渐崇隆,并有了御祭。

宋真宗咸平元年(998),皇帝赵恒颁诏对陵庙进行修葺。

宋景德元年(1004),赵恒又颁诏修建陵墓,使伏羲陵比过去大有增高。

宋大中祥符元年(1008),赵恒又下诏对陵墓增高修饰。

宋天禧元年(1017),赵恒下诏重申,禁止百姓在陵区范围内打柴、采桑。

宋徽宗赵佶于政和三年(1113),又定立新的祭祀仪式,以金提、勾芒配享。

元朝,统治者对民族文化不重视,祀事不修,庙宇渐毁。至元朝末,庙宇几乎荡然无存。

时代,明太祖朱元璋洪武元年(1368)正月登基当皇帝后,3月即派大将徐达攻取陈州。不久,便到太昊陵"制文致奠",拜谒人祖,并诏令地方官每年祭祀,每三年必遗使以太牢祭祀。太昊陵附近建有朱元璋驻跸亭,明英宗正统年间河水倾圮,民国22年(1933)遗址尚存。(见明朱《重过驻跸亭》及民国22年《淮阳县志》。)

明洪武二年(1369),朱元璋又到太昊陵祭拜,"亲洒宸翰,为文以奠"。(见明李维藩《重修太昊陵记》)

明洪武三年(1370),朱元璋颁诏在全国修建36处陵庙,太昊陵首列第一。(见《明会要》)

明洪武四年(1371)正月,朱元璋亲制祝文,遗会同馆副使路景贤到太昊陵致祭,诏治陵寝。

明洪武七年(1374),诏大治寝殿(正殿),其殿前为露台,为祭祀场地,后为平台重屋,贮御碑,又前为辇道、为棘门、为应门。(见明吴国伦《重修太昊羲皇陵庙记》)

明洪武八年(1375),遗官行视陵寝。

明洪武九年(1376),重新设置守陵户二人,为人祖守护陵园。

明英宗正统元年(1436)知州张志道上奏皇帝,请诏修陵。诏许可,遂率吏民募缘,创建祠宇。第二年,寝殿《统天殿》、戟门(太极门)、门庑以次落成,建内城墙,广植名木。(见明杨《太昊陵寝殿记》、明商辂《太昊陵庙重建记》。《陈州府志》载:"明英宗正统十三年知州张志道奏立……",记载有误,因为张志道于正统元年任知州,工程未完工便离任,周瘅"正统中知陈州",且"正统"共十三年。)时代宗景泰七年(1456),知州万宣、同知秦川李,增建后殿(显仁殿)、御碑亭、钟楼、鼓楼、斋宿房、铸祭器,又作三清观,命道士奚福仁主持,负责香火。(见明商辂《太昊陵庙重建记》和明郑肃《重修太昊陵记》)

自景泰七年在太昊陵兴建三清观后,玉皇观、女娲观、天仙观、岳飞观、老君观、元都观相继兴建,庙事便由道士主持,道士取代了守陵户。(除三清观外,其他六观具体年代失考,但都建于明代万历以前,有明万历进士徐即登及苏光泰《吊岳武穆庙》诗为证。)

明英宗天顺六年(1462),吏目汪澄改立前门。

明宪宗成化四年(1468),知州戴昕增高钟鼓楼,采绘殿宇。(见明商辂《太昊陵庙重建记》。《陈州府志》载"成化六年,知州戴昕增高钟鼓楼……"有误)。

明宪宗成化十二年(1476),监生郑谔奏准重修陵庙。

明武宗正德八年(1513),河南等处提刑按察司金事冯相命知州杜杰为朱元璋御祭文立御祭碑。(此碑现存御碑亭。志书漏载。)

明世宗嘉靖二十四年(1545),监察御史吴(即吴疏山)、参政金清、金事翟镐、李维藩命通判范如敬负责大修陵庙。改御碑亭由陵墓前至陵前数丈远,"筑以高台券门,建碑亭于上"(即现在的太始门),并增高陵墓,"冢圆而高,象天也,周砌以砖台,方而厚,象地也。"督工官:陈州知州王大绍、杞县知县蔡时雍、鹿邑县知县夏宝、陈州卫指挥徐季彦、太康县知县贺沂、西华县知县史衢、千户崔云龙、刘衍裔。(见明代李维藩《太昊陵重修记》和敦春震《太昊陵重修记》碑。)

明嘉靖三十九年(1560)九月至嘉靖四十年二月,巡抚孙月岩命知州伍应召对陵庙大加修葺。(见明章世仁《太昊陵记》)民国22年《淮阳县志》载:"明世宗嘉靖三十八年(1559),监察御史孙昭、知州吴思召对陵庙复加修葺",有误。且明代知州没有叫"吴思召"的。

明万历二年(1574),都御史、直御史以督学副使衷贞吉言具疏,奏请帑金三千大修陵庙。万历三年四月,御史尧卿巡视陈州,斋沐而谒陵庙,告诉随臣河南布政使司左参政吴国伦、按察金事汝翼、坤亨,皇帝已颁诏输帑修陵。并让布政承荫总负责,坤亨指挥,知州洪蒸具体实施。万历三年七月至十二月,重修钟鼓楼、应门(正门,即午朝门。清巡抚张自德《理修太昊陵碑》:"应门前沮洳溁,萦回如衣带,蔡水也"。)、广径门(道仪门)、先天门,御史尧卿题写"先天门"三字。并建东牌坊曰"继天立极",西牌坊曰"开物成务",筑红土外城墙,前后植柏树数千株。(见太昊陵明吴国伦《重修太昊羲皇陵庙访》碑。《陈州府志》载:"万历四年……留帑金三千,又大修",民国22年《淮阳县志》载"万历四年……留帑金二千……"有误。)

至此,陵庙格局大定。太昊伏羲陵面方亩湖水,临蔡水之滨,午朝门宏伟壮观。左右两侧为石牌坊,左曰"继天立极",右曰"开物成务"。次券门曰道仪门,次曰先天门。其内曰戟门(即太极门)。门内两侧有钟楼、鼓楼。楼北正殿五间,雕墙黄瓦,曰统天殿。后殿规模同前,曰显仁殿。其后砖砌高台上建有飞阁,下为券门,阁内藏朱元璋御祭碑。门后有陵,陵前树碑,阴刻"太昊伏羲氏之陵"。陵下筑方台,台周砌砖垣,垣南辟三门。左右植蓍草,外植松柏。后殿垣外,左有真武庙,右有三清观。真武庙前有更衣亭五间。亭左右有厢,前有门。亭西有岳忠武祠,俗称岳飞观。三清观前有宰牲房五间,左右有厢房,亦有前门。这些都在内城和外城之间。陵占地三顷五十亩,南北450步,东西207步,北至民人徐通地,东至大路张雨地,西至大路汪珣地。明代太昊陵古建筑群可谓蔚为壮观,规模宏大,金碧辉煌。

明熹宗天启六年(1626),睢陈道唐焕、知州林一柱捐资重修陵庙。

明崇祯末年,城垣房屋很多被毁。

清代,顺治十五年(1658),知州王宏仁捐百金,十六年,知州王士麟捐百金,设簿劝捐二百金,于十七年(1660)委吏目陈可久以次修葺。(民国22年《淮阳县志》记载有误。)

清康熙七年(1668),巡抚张自德至陈州,盥洗毕,拜祖陵,见陵庙"鸟鼠寝处,丹青黝黯,几筵摇落,蜗涎蛛网,黏结户牖间,徘徊瞻视,良膻余怀",遂与知州方于光共议修陵之事。巡抚张自德、知州方于光遂敬出俸金倡首。布政使司布政使徐化成、按察使司按察使李士贞、分守大梁道左参议上官监署、开封府事同知李国瑜各捐金襄事,授以成式,重修陵庙,始复其旧。(见清张自德《重修太昊陵碑》)

清康熙二十八年(1689),知州王清彦捐俸重修陵庙,广植松柏,设祭器。

清康熙三十二年(1693),张喆任陈州知州,拜祖陵,见"旧城悉皆土垣,倾圮已久,不知此为陵庙"。遂"营度捐倡"。绅士苏应元、举人高维岳协力相助,出资数百金,于康熙三十四年,拆掉旧城土垣,筑以砖垣,高九尺,袤六百余丈。并在午朝门前东西两侧重建"继天立极"、"开物成务"两座石牌坊。(见清熊一潇《增修陵庙围墙碑》及苏应元、高维岳传记)

清康熙五十一年(1712)正月,统天殿遭遇火灾,适逢巡抚鹿到陈州巡视,集议公捐重建,不费帑,不劳民,委开封府丞吴元锦负责,四个月时间重建如旧。(见清鹿《重建太昊伏羲氏陵庙大殿碑》)

清乾隆十年(1745),发帑币八千两,知府崔应阶监督,知县冯奕宿承修,规模更为壮观。

清乾隆十六年(1751),县丞杨承烈、典史汪彦文等,督率疏浚蔡河,二月兴工,四月告竣。(见清于大猷《浚蔡河碑记》)

清道光七年(1827),县城众冶工捐资重修老君殿。(见清贾贯儒《重修老君殿碑记》)

清道光十五年(1835),统天殿重修。(1998年整修时发现大脊饰件有"道光十五年"字样,志书漏载。)

清道光二十六年(1846),知县吴承芳重浚玉带河(玉带河埋于乾隆初年),捐俸倡始,"且走疏以募四方,而七邑绅耆皆踊跃乐输。"计开河长百余丈,宽一丈八尺,深八九尺五六尺不等,用夫九百余名。中建石桥,翼以雕栏,环以月池。东西二桥与内外城之四闸,皆石址而砖。(见清吴承芳《重浚玉带河碑》。)

清道光二十六年,邑人赵凌云发起,陈郡香社38人捐资,在岳飞观增铸王氏、万俟卨、王俊、张俊四奸佞铁像。(见清贾增《岳武穆王祠重铸铁桧碑记》)

清光绪三十二年(1906)邑绅刘虞廷、严琴堂等组织陵工局大修陵庙。(见陈奎聚《重修太昊陵碑记》)

清光绪三十三年(1907),知县左辅重修。

清宣统元年(公元1909年)火烧钟楼、东廊,知县叶铸重修钟楼及东廊。

民国6年(1917),前察哈尔财政厅厅长严汝诚(淮阳城关人,清光绪己卯举人,1914年,蒙袁世凯令任厅长,后辞职回淮阳)筹资重修东西华门、东西天门、三才门、五行门及外城墙。(见严汝诚《重修太昊陵垣墙及各门记》碑。志书漏载)

民国20年(1931),奉省政府令,淮阳成立保存羲陵古迹委员会,会员公推雷秉哲、赵澄波、杨惠卿为正副委员长。众委员襄阳重修。(见民国陈奎聚《重修太昊陵碑记》。志书漏载。)民国25年(1936),保存羲陵古迹委员会组织捐款重修太昊陵。原因是"大兵过境,驻防千军万马,长年累月,致使栋折榱崩,坦颓门毁,荒烟芳草,一片苍凉"。督工雷秉哲、赵登波、陈奎聚等70人。住持:刘君思、陈至诚。木工:范瑞德,泥工:陈学纯。(见民国陈奎聚《重修太昊陵碑记》。志书漏载。)

民国29年(1940),社会捐款重修老君观。督工:孙明文、蔡长庚、张本固等18人。(见民国朱仁俊《重修老君殿碑》。志书漏载。)

中华人民共和国成立后,党和政府非常重视,1949年成立了羲陵保管委员会。1952年,河南省人民政府拨款2000万元人民币(旧币,即2000元),重修了午朝门,补修了照壁。

1953年,淮阳专署接管了太昊陵,将陵内20余名道士遣返回家耕田,从此,太昊陵内道教活动终止。

1957年,淮阳县人民政府在玉带路以南、东内外城墙之间建人民公园,即松柏造型公园。

1961年,淮阳县政府拨款3000元整修蓍草园。

6.建筑特征及其原创意义。在2001年,太昊陵就制定了恢复875亩占地规模的保护计划,并获得了国家文物局的批复。目前,经过几次顺利拆迁,陵区已恢复过去875亩占地。根据史书记载,原来太昊陵除中轴线上的主体建筑外,在统天殿和显仁殿之间的外侧,东有岳飞观、老君观、元都观和火神台;西有四观,为女娲观、玉皇观、天仙观、三清观。历经数十世风雨沧桑,这些建筑现仅存岳飞观。经国家、省文物管理部门批复,通过专家组广泛征求意见和多方考察论证,决定在史书记载的原址上,首先恢复建设"西四观"。⑥

7.关于建筑的经典文字轶闻。三国魏曹植为陈思王期间,曾拜谒伏羲祠,作有《伏羲赞》。其文曰:杉德风姓,八卦创焉。龙瑞名官,法地象天。庖厨祭祀,罟网鱼畋。瑟以像时,神德通法。⑦另有宋太祖赵匡胤《修陵奉祀诏》。其文曰:历代帝王,或功济生民,或道光史载,垂于祀典,厥惟旧章。兵兴以来,日不暇给,有司废职,因循废坠。或庙貌攸设,牲牲圈荐;或陵寝虽存,樵苏靡禁。仄席兴念,兹用惕然。其太昊葬宛丘,在陈州;高宗武丁葬陈州西华县北,各给守陵五户,蠲免地役。长吏春秋奉祀。他处有祠庙者,亦如祭享。⑧

参考文献

①《修陵奉祀诏》。

②《竹书纪年》。

③《路史·注》。

④李乃庆:《太昊陵》,中州古籍出版社,2005年。

⑤《大清一统志》。

⑥杜欣:《周口太昊陵兴土木将现原貌》,《淮阳晚报》,2005年9月6日。

⑦《艺文类聚》一一。

⑧李乃庆:《太昊陵》,中州古籍出版社,2005年。

三、少昊陵

1.建筑所处位置。今曲阜城东4千米的旧县村东北①。

2.建筑始建时间。宋政和元年(1111)。"少昊氏,葬于云阳。"《注》:"云阳,山名,在曲阜县"。但刘恕不言墓葬形制。宋政和元年(1111)用一万块石块修砌成今状②。

3.最早的文字记载。"少昊自穷桑以登帝位,徙都曲阜,崩葬云阳山"。颜师古说:"云阳山在曲阜,邑人谓今陵后一丘为云阳山③"。

4.建筑名称的来历。陵因帝名而称。少昊为五帝之一,"名挚,姓巳,黄帝之子玄嚣也",因"能修太昊之法,故曰少昊。④"

5.建筑兴毁及修茸情况。西汉末年,曾封梁护为修远伯,奉少昊祀。宋大中祥符元年(1008)真宗赵恒幸鲁,曾"鸣銮少昊之虚,逊览遗迹","祀少昊,大建宫殿,以道教守之"。宣和元年,宋徽宗赵佶赦令将少昊陵以方石砌筑,俗称"万石山"。明洪武四年(1371)太祖朱元璋始将少昊陵列入《祀典》⑤。乾隆三年,知县孔毓琚于陵前建宫门三间,享殿五间,东西配殿各三间。门外建石坊曰少昊陵。筑土垣,四周长二百丈有奇。乾隆十二年(1747),知县孔传松把土垣改为砖垣,种桧树、柏树等。乾隆三十五年,重修少昊陵,殿中恭修神龛,御笔亲题"少昊金天氏神位。⑥"

6.建筑设计师及捐资情况。今存之金字塔式少昊陵,当系北宋真宗徽宗朝的工部巧匠所为。因当时在曲阜有景灵宫工程。疑此工程亦为北宋宦官梁师成所主持⑦。

7.建筑特征及其原创意义。今按帝陵在旧县城东北500米许,这是一座棱角分明设计科学的金字塔。底边28.5米,底周114米,坡高15米,上顶边长9.4米,顶端为正方形平台,上有少昊氏神庙,其每一斜面都呈三角形,整座陵恰似一座金字塔。令人惊叹的是,这座金字塔是用一万块同样大小的巨石堆砌而成,因而民间称它为"万石山"。少昊陵平地突起,门前为少昊陵石坊,大门里有享殿五间,两旁各三间配殿,殿前又有大量明、清皇帝和大臣们祭祀少昊留下的祭文碑。整个陵院面积为 125 亩。

少昊陵坊位于陵院大门及古柏夹抱的神道之间。建于五级石阶上,四楹三间,石质结构。四根八棱石柱为石鼓夹抱,柱上分别雕以华表、宝瓶。石坊坊额正书"少昊陵"三字。此坊为乾隆六年(1741)十月初一月奉敕重建,曲阜知县孔毓琚监立。

少昊陵享殿是少昊陵前的主体建筑,为奉祀少昊的殿堂。共五大间,绿瓦覆顶,殿顶四脊上,鸱吻、神兽形态各异。格棂门窗及廊下明柱皆朱漆到顶,梁椽彩饰蓝地云龙花纹。殿内有神龛,置"少昊金天氏"木主。龛上部悬乾隆皇帝手书"金德贻祥"匾额。享殿前两侧建东、西配殿各三间,均为乾隆三年(1738)建成⑧。

8.关于建筑的经典文字轶闻。清孔传铎《少昊陵》:"古皇陵寝不知年,尚有穹碑耸道边。荒殿想曾陈俎豆,废炉无复起苍烟。远村望里遥疑冢,近郭耕人认是田。帝力到今良亦泯,独留遗迹镇山川。⑨"

参考文献

①③《帝王世纪》。

②⑤《曲阜县志》卷四《图考》中的《少昊陵图考》。

④(宋)刘恕:《外纪》。

⑥《东方圣城曲阜》,中华书局,2001 年。

⑦喻学才:《中国历代名匠志》,湖北教育出版社,2006 年。

⑧《中国历代名人胜迹词典》。

⑨《曲阜县志》。

(十八)志堂

平山堂

1.建筑所处位置。位于扬州大明寺大雄宝殿西侧的"仙人旧馆"内。"在州城西北大明寺侧。①"

2.建筑始建时间。宋庆历八年(1048)。"庆历八年二月,欧阳公来牧是邦。为堂于大明寺边之坤隅。②"北宋文学家欧阳修在扬州任太守时始建。"在蜀冈上,宋庆历中郡守欧阳修建。江南诸山拱列檐下,因名平山。沈括为记。③"

3.最早的文字记载。宋沈括《扬州重修平山堂记》④。

4.建筑名称的来历。因坐在堂内眺望远山,堂栏与山相平,故取名平山堂。"江南诸山拱列檐下,若可攀取,因目之曰'平山堂'。⑤"

5.建筑兴毁及修葺情况。嘉祐八年(1063),山堂朽,工部郎中刁约领扬州事时重修山堂。"悉撤而新之","又封其庭,中以为行春之台。⑥"南宋绍兴末年台圮,隆兴元年(1163)至嘉定三年(1210)多次兴毁。元代一度荒废。明万历年间,知府吴秀重建山堂。清康熙十二年(1673),刑部主事江都汪懋麟与太守金长真又扩建山堂,并建行春台。康熙帝南巡维扬时,至平山堂题"平山堂"、"贤守清风"、"怡情"、"澄旷"四额,并制《平山堂》诗一首。乾隆元年(1736)又整修山堂,规模益大。为记此事,在平山堂南,东壁面西处有乾隆元年七月两淮都转运盐使尹会一撰并书《重修平山堂》碑石一方。咸丰年间,平山堂毁于兵燹。今日之平山堂是同治九年(1870)盐运使方浚颐重建。

6.建筑设计师及捐资情况。欧阳修、刁约、吴秀山、汪懋麟、金长真、尹会一等,说详上。

7.建筑特征及其原创意义。叶梦得《避暑录话》云:"欧阳文忠公在扬州作平山堂,壮丽为淮南第一堂。据蜀冈,下临江南数百里。真、润、金陵三州隐隐若可见。公每暑时,则凌晨携客往游。遣人走邵伯取荷花千余朵,插百许盆。盆与客相间,遇酒行,即遣妓取一花传客,以衣摘其叶,尽处则饮酒。往往侵夜载月而归。余绍圣(1094—1097)初,始登第。尝以六七月馆于此堂留几月。是岁大暑,环堂左右老木参天,后有竹千余,竿大如椽,不复见日色。⑦"

平山堂之所以闻名,更多是因园主欧阳修之名。"前守今参政欧阳公为扬州,始为'平山堂'于北冈之上,时引客过之,皆天下高隽有名之士。后之乐慕而来者,不在堂榭之间,而以其为欧阳公之所为也。由是'平山之名',盛闻天下。⑧"

8.关于建筑的经典文字轶闻。明彭大翼《山堂肆考》"平山堂"词条云:"王安石诗:城北横冈走翠虬,一堂高视两三洲。淮岑日对朱栏出,江岫云齐乱瓦浮。⑨"

宋张邦基《墨庄漫录》云:"扬州蜀冈上大明寺平山堂前,欧阳文忠公手植柳一株,谓之欧公柳。公词所谓'手种堂前杨柳,别来几度春风'者。薛嗣昌作守,相对亦种一株,自榜曰薛公柳。人莫不嗤之。嗣昌既去,为人伐之,不度德有如此者。⑩"

宋刘攽撰五言律诗《平山堂》云:"吴山不过楚,江水限中间。此地一回首,众峰如可攀。俯看孤鸟没,平视白云还。行子厌长路,秋风聊解颜。⑪"

参考文献

①②⑤(宋)祝穆:《方舆胜览》卷四四。

③《明一统志》卷一二。

④⑥⑧(宋)沈括:《长兴集》卷九。

⑦(明)陶宗仪:《说郛》卷二〇上。

⑨(明)彭大翼:《山堂肆考》卷一七三。

⑩(宋)张邦基:《墨庄漫录》卷二。

⑪(宋)刘攽:《彭城集》卷一二。

（十九）志亭

一、醉翁亭

1.建筑所处位置。位于安徽省滁州市琅琊山东部。

2.建筑始建时间。北宋庆历六年（1046）山僧智仙为欧阳修建造[①]。

3.最早的文字记载。"醉翁亭在琅琊寺。[②]"

4.建筑名称的来历。"修自号醉翁，因以名亭。[③]"

5.建筑兴毁及修葺情况。醉翁亭初建时只有一座亭子，北宋末年，知州唐属在其旁建同醉。到了明代，开始兴盛起来。相传当时房屋已建到"数百柱"，可惜后来多次遭到破坏。清代咸丰年间（1851—1861），庭园成为一片瓦砾。直到光绪七年（1881），全椒观察使薛时雨主持重修，才使醉翁亭恢复了原样。1949 年后，人民政府将醉翁亭列为省级重点文物保护单位，并多次整修[④]。

6.建筑设计师及捐资情况。僧智仙、赵釴、沈思孝。《滁州志》记载："宋僧智仙为欧阳文忠建。[⑤]"《江南通志》记载："州志云：明太仆卿赵釴创为楼，万历年中太仆卿沈思孝改为解醒阁。[⑥]"

7.建筑特征及其原创意义。《滁州志》记载："（醉翁亭）前为门二，重院三，自院而东为亭二，后为二贤堂，祖欧、苏两文忠，后人又加王元之为三。旁有门，上鋆'渐入佳境'。自院西为六一泉，泉之北为冯若愚祠，东厢为宝宋斋，西厢有楼。泉之西为方池，池中有亭。[⑦]"

8.关于建筑的经典文字轶闻。宋欧阳修《醉翁亭记》："环滁皆山也。其西南诸峰，林壑尤美。望之蔚然而深秀者，琅琊也。山行六七里，渐闻水声潺潺，而泄出于两峰之间者，酿泉也。峰回路转，有亭翼然临于泉上者，醉翁亭也。作亭者谁？山之僧智仙也。名之者谁？太守自谓也。太守与客来饮于此，饮少辄醉，而年又最高，故自号曰醉翁也。醉翁之意不在酒，在乎山水之间也。山水之乐，得之心而寓之酒也。

若夫日出而林霏开，云归而岩穴暝，晦明变化者，山间之朝暮也。野芳发而幽香，佳木秀而繁阴，风霜高洁，水落而石出者，山间之四时也。朝而往，暮而归，四时之景不同，而乐亦无穷也。

至于负者歌于滁，行者休于树，前者呼，后者应，伛偻提携，往来而不绝者，滁人游也。临溪而渔，溪深而鱼肥；酿泉为酒，泉香而酒洌；山肴野蔌，杂然而前陈者，太守宴也。宴酣之乐，非丝非竹，射者中，弈者胜，觥筹交错，坐起而喧哗者，众宾欢也。苍然白发，颓乎其中者，太守醉也。

已而夕阳在山，人影散乱，太守归而宾客从也。树林阴翳，鸣声上下，游人去而禽鸟乐也。然而禽鸟知山林之乐，而不知人之乐；人知从太守游而乐，而不知太守之乐其乐也。醉能同其乐，醒能述其文者，太守也。太守谓谁？庐陵欧阳修也。[⑧]"

参考文献

①③《明一统志》卷一八。

②(宋)祝穆：《方舆胜览》卷四七。

④⑤⑦光绪《滁州志》卷三之七。

⑥《江南通志》卷三六。

⑧(宋)欧阳修：《文忠集》卷三九。

二、丰乐亭

1.建筑所处位置。在安徽省滁城以西数百米的丰山脚下。《明一统志》云："在琅琊山幽谷。欧阳修顾其景而乐之,辟地为亭。①"

2.建筑始建时间。《滁州志》记载："宋庆历六年(1046),欧阳文忠公建。②"

3.最早的文字记载。欧阳修《丰乐亭记》③。

4.建筑名称的来历。亭名"丰乐亭",取"岁物丰成"、"与民同乐"之意。"使民知所以安其丰年之乐者,幸生无事之时也。夫宣上恩德以与民共乐,此刺史之事也。遂书以名其亭。④"

5.建筑兴毁及修葺情况。丰乐亭在州城西南琅琊山。宋欧阳修建。自为记。苏轼书刻石。又有醒心亭在丰乐亭东。亦修建。曾巩为记,又有班春亭⑤。

6.建筑设计师及捐资情况。丰乐亭是欧阳修亲自主持兴建的。

7.建筑特征及其原创意义。东西向轴线,三进重院,轴线上布置山门、丰乐亭、大殿和后殿。一、二进院落南北敞开,一进南侧有一棵古银杏树,二进北侧有一棵千年古柏,苍劲挺拔。两进之间布置主体建筑丰乐亭。三进为四合院,东、西正房为大殿和后殿,南北两厢为配殿。后殿两辟边门可供出入。大殿两侧院墙亦设南北墙门出入。丰乐亭方形平面,单檐歇山顶,重橼。亭四面设廊,步柱升高作收山,脊童作抱梁云,大梁、月梁两端及随梁枋作卷草刻线,大梁梁垫作蔓纹浮雕。单步梁垫无雕饰,耍头上承挑檐檩,下作人物、松、跃狮等镂雕撑木,搭角枋耍头下作鱼龙镂雕撑木。橼档较大,摔网橼自角梁檐步中点开始放射,系承期木构架翼角做法。角梁较细,翼角飞橼间距很大,挑檐深远,承宋代风格。脊兽已毁。大殿五开间,深十架橼。明、次间三间四缝抽掉脊柱,背面设廊,做法较罕见。明间前后开券门,背面两尽间亦开券门,余皆开券窗。边贴西段抽掉步柱,并在其位上开券窗。廊两尽端辟边门可通院落。廊步檐柱头设楣子,柱脚设半栏坐槛,乳袱设随梁枋,大梁、月梁不设,但大梁设梁垫。硬山顶,脊施雕饰⑥。

8.关于建筑的经典文字轶闻。除去《丰乐亭记》,欧阳修写过多首与丰乐亭有关的诗,其中《丰乐亭游春》云："红树青山日欲斜,长郊草色绿无涯。游人不知春将老,来往亭前踏落花。⑦"《丰乐亭小饮》云："造化无情不择物,春色亦到深山中。山桃溪杏少意思,自趁时节开春风。看花游女不知丑,古妆野态争花红。人生行乐在勉强,有酒莫负琉琉钟。主人勿笑花与人,嗟尔自是花前翁。⑧"

参考文献

①《明一统志》卷一八。

②光绪《滁州志》卷三之七。

③《文忠集》卷三九。

④(宋)祝穆：《方舆胜览》卷四七。

⑤《江南通志》卷三六。

⑥周维权：《中国古典园林史》,清华大学出版社。

⑦《石仓历代诗选》卷一四〇。

⑧《文忠集》卷三。

三、百坡亭

1.建筑所处位置。位于四川省眉山县城西南三苏祠内。《四川通志》记载:"百坡亭,在州治西,宋建。①"

2.建筑始建时间。南宋嘉定七年(1214)。

3.最早的文字记载。宋魏了翁撰《记眉州新开环湖记》云:"又东为亭菱屿直百坡亭。②"

4.建筑名称的来历。"取苏轼'散为百东坡'之句。③"

5.建筑兴毁及修葺情况。原来的百坡亭历经沧桑,已不复存在。民国7年(1918)在眉州三苏祠内瑞莲池上横跨东西修建桥亭,命名为"百坡亭"。

6.建筑设计师及捐资情况。魏了翁。南宋时人。四川眉州太守。他据苏轼诗意在眉州城内环湖内修建了百坡亭。

7.建筑特征及其原创意义。百坡亭临水,水波涟漪。亭的色彩苍古雅致,有倒影映于湖上,甚为生动。亭全为木结构,形式有异于其他。亭的上部结构由一攒尖六角亭与两边的廊相接,形成一个长方形的四角建筑,造型别具一格。亭、廊顶部装饰颇为丰富多彩,亭顶的孔雀、菱花、宝顶为内插荷花、莲蓬之瓶,廊脊两端饰独角兽。亭承重的20根木柱均为黑色,梁枋为栗皮色。亭设护栏和靠背栏杆。中间亭子的南北两面各有一匾,题"百坡亭"。廊的两端亦各有一匾,题"水光接天"。廊匾语出苏东坡《前赤壁赋》:"月出于东山之上,徘徊于斗牛之间,白露横江,水天接天。④"

8.关于建筑的经典文字轶闻。苏轼《泛颍》诗曰:"我性喜临水,得颍意甚奇。到官十日来,九日河之湄,吏民笑相语,使君老而痴,使君实不痴,流水有令姿。绕郡十余里,不驶亦不迟,上流直而清,下流曲而漪。画船俯明镜,笑问汝为谁。忽然生鳞甲,乱我须与眉,散为百东坡,顷刻复在兹。此岂水薄相,与我相娱嬉。声色与臭味,颠倒眩小儿,等是儿戏物,水中少磷淄。赵陈两欧阳,同参天人师。观妙各有得,共赋泛颍诗。⑤"宋魏了翁撰《眉州新开环湖记》云:"东为松菊亭、易亭,榜曰柏港。又东为亭菱屿直、百坡亭,又东北为云桥、为游环。⑥"

参考文献

①(清)常明:《四川通志》卷五六。

②⑥(宋)魏了翁:《鹤山集》卷四〇。

③《明一统志》卷七一。

④四川省建设委员会、四川省勘察设计协会、四川省土木建筑学会:《四川古建筑》,四川科学技术出版社,1992年。

⑤《东坡全集》卷一九。

四、沧浪亭

1.建筑所处位置。位于江苏省苏州市沧浪亭公园内。《方舆胜览》云:"在郡学东。①"

2.建筑始建时间。始建于宋庆历四年(1044)。

3.最早的文字记载。"舜钦既废,居苏州买水石作沧浪亭以自适。②"现存的最早的文字记载是苏舜钦《沧浪亭记》。

4.建筑名称的来历。取《楚辞·渔夫》中"沧浪之水清兮可以濯我缨,沧浪浊兮可以濯我足"之意③。

5.建筑兴毁及修葺情况。沧浪亭旧址原为五代中吴越军节度使孙承佑的池馆,后渐废④。北宋庆历四年(1044),诗人苏舜钦被贬,流寓吴中,以四万钱购得孙氏园址,在北部土山傍水处筑亭名"沧浪"。⑤之后,屡易其主,先是章庄敏(一说章申公)、龚熙仲各得其半⑥。章氏扩大花园,营建大阁,"园亭之胜,甲于东南"。南宋绍兴初(1131),沧浪亭为抗金名将韩世忠所得,改名"韩园"。韩氏在两山之间筑桥,取名"飞虹",山上有连理木、寒光堂、冷风亭、运堂,水边筑濯缨亭,又有梅亭"瑶华境界"、竹亭"翠玲珑"、桂亭"清香馆"诸胜,庆元年间(1195—1200)犹存。元代,沧浪亭废为僧舍。僧宗敬在沧浪亭旧址建妙隐庵,至正年间(1341—1368),僧善庆在其东侧建大云庵,又名结草庵,为南禅集云寺别院。明洪武二十四年(1391),宝昙和尚居南禅集云寺,将妙隐、大云两庵并入。嘉靖十三年(1534)知府胡缵宗将妙隐庵改为韩蕲王祠。二十五年,结草庵僧文瑛复建沧浪亭。清康熙中,巡抚王新命于此建苏公祠,康熙三十四年(1695)巡抚宋荦再建沧浪亭。乾隆南巡曾驻跸于此,亭南曾筑有拱门和御道。道光八年(1828),巡抚陶澍于亭西南建"五百名贤祠"。太平天国战争时,亭遭毁。同治十二年(1873)巡抚张树声、布政使应宝时重修沧浪亭,并在亭南增建"明道堂"。堂后折西为五百名贤祠,祠南为翠玲珑。亭北为面水轩、静吟亭、藕花水榭。还有闻妙香室、见心书屋、印心石屋、看山楼、仰止亭等⑦。光绪初(1875),园中犹有僧居。光绪末(1908),被洋务局等借用。民国初(1911),一度借设修志局。民国6年(1917),苏州美术专科学校校长颜文梁受聘为沧浪亭保管员。重修后,美校迁入。苏州沦陷时,日军占据此园,毁坏严重。1954年由市园林管理处接管整修,1955年正式开放。

6.建筑设计师及捐资情况。苏舜钦、韩世忠、宋荦、张树声等人。

7.建筑特征及其原创意义。沧浪亭环境优美,"前竹后水,水之阳又竹,无穷极,澄川翠干,光影会合于轩户之间,尤与风月为相宜。⑧"古亭飞檐腾空,檐下为斗,石刻四枋上有仙童、鸟兽及花卉图案。结构古雅,与四周景色相协调。亭四边围以石栏,弥补了高踞岭上的石亭体量过大而与山体比例不当的瑕疵,可谓用心良苦。亭中置有石棋桌一张,石圆凳四只,为康熙年间古物,亭旁古树数株,均有数百龄。古时此处可遥望西南诸峰,迭峰碧峦,满目苍翠。亭额"沧浪亭"为晚清学者俞樾所书。石柱上石刻对联:"清风明月本无价;近水远山皆有情。"

8.关于建筑的经典文字轶闻。宋苏舜钦《沧浪亭》云:"一径抱幽山,居然城市间。高轩面曲水,修竹慰愁颜。迹与豺狼远,心随鱼鸟闲。吾甘老此境,无暇事机关。⑨"宋韩维《寄题苏子美沧浪亭》云:"闻君买宅洞庭傍,白水千畦插稻秧。生事已能支伏腊,岁华全得属文章。骞飞灵凤知何暮,蟠蛰蛟龙未可量。莫以江山足清尚,便收才业傲虞唐。⑩"

参考文献

①(宋)祝穆:《方舆胜览》卷二。

②(宋)王称:《东都事略》卷一一五。

③⑨(宋)苏舜钦:《苏学士集》卷八。

④(明)归有光:《沧浪亭记》。

⑤(清)陈其元:《庸闲斋笔记》卷五。

⑥(清)梁章钜:《重修沧浪亭记》。

⑦(清)张树声:《重修沧浪亭记》。

⑧(宋)苏舜钦:《沧浪亭记》。

⑩(宋)韩维:《南阳集》卷八。

中国历代名建筑志

第九章

辽代名建筑

(一)志塔

一、应县木塔

1.建筑所处位置。位于山西省朔州市应县城内西北角的佛宫寺院内。

2.建筑始建时间。一说释迦塔建成于辽清宁二年(1056)。田蕙《重修佛宫寺释迦塔记》载:"……余邦人也，尝疑是塔之来久远，当造时费巨万而难一碑记? 即索之(向寺僧索之)，仅得石一片,上书辽清宁二年田和尚奉敕建数字而已,无他文词……①"另一说创建于后晋天福年间(936—942)，辽清宁二年重修。据《古今图书集成》载:"寺在应州治西南隅，初名宝宫寺,五代晋天福间建,辽清宁二年重建……②"

图 9-1-1　应县木塔

3.最早的文字记载。塔前原有钟楼,据明《应州新修钟楼记》和《跋钟楼记》记载,寺于明昌二年铸巨钟,后因钟楼倒塌致使此钟倒卧土中,后移到州治东,新建钟楼。原有钟楼建筑大小依钟的大小推测;面宽、进深皆应在案 10 米以上③。

4.建筑名称的来历。原名宝宫寺,明代改为现名。《古今图书集成》载:"寺在应州治西南隅,初名宝宫寺……明洪武间置僧正司并王法寺入焉,有木塔五层,额书释迦塔。④"

5.建筑兴毁及修葺情况。金明昌四年至六年(1193—1195)，铸钟。元延祐七年(1320)奉敕重建。明正德三年(1508)出帑金命镇守太监周善补修。明万历七年(1579)寺僧、乡人募币金重修。清康熙六十一年(1722)知州章弘重修,塔口低洼时口墙垣坍塌。清乾隆五十二年(1787)吴法恒重修。……民国 25 年(1936)大行和尚募化重修⑤。

6.建筑设计师及捐资情况。田和尚奉敕募建⑥。后之修葺者详上。

7.建筑特征及其原创意义。应县木塔为中国古代木塔唯一实物遗存。释迦塔是一座平面正八边形、每边显 3 间、立面 5 层 5 檐的木结构楼阁式塔。底层和附加的一周外廊(副阶)，直径共 30 米,塔身底层直径 23.36 米;其上各层依次收小约 1 米,第 5 层直径 19.22

米。塔下用砖石砌筑基座两层,共高4.4米。基座上5层塔身为塔的主体。自基座至第5层屋脊,全部用木结构框架建成,共高51.14米。第5层攒尖顶屋面上砖砌刹座高1.86米;座上立铸铁塔刹高9.91米。全塔自地面至刹尖总高67.31米。自东汉末叶开始有建造木塔的记载以来,这是保存至今的唯一木塔。木结构能达到如此规模、如此高龄(至1986年已有930年),实为世界建筑史上一大奇迹。

结构。释迦塔用25.5×17厘米材(相当于宋《营造法式》中的二等材),第1层外檐用七铺作外跳出双挑双下昂,采用中国古代特有的"殿堂结构金箱斗底槽"形式。共享柱结构层、铺作结构层各9个,反复相间,水平迭垒,至最上一个铺作层上,安装屋顶结构层。每一个结构层,都采用整体框架,预制构件,逐层安装。这种结构形式,特别适宜于多层建筑。据16世纪时的记载,释迦塔建成后500余年中,已历经大风暴1次和大地震7次,仍完整无损,证明这种结构坚固稳定,是有效的离震构造。

实用、美观的创作原则。释迦塔立面外观:最下一层周围有副阶,故为重檐,以上4屋均为单檐。自第2至第5层檐上均建有平坐,以支承上层塔身。这些檐和平坐的内部实际上是一个暗层,所以从塔内看,有5层塔身和4个暗层,共9层。暗层内只有楼梯间。平坐悬挑出各层塔身外,成为观赏周围景色的眺望台。每层塔身内,依凭结构框架自然形成内槽两大空间。第2至5层内槽空间高广,布置佛像,顶上原安有平阇(见天花)、藻井。外槽环绕于内槽周边,供信徒观瞻礼之用,空间较内槽低窄,顶上原只安平阇。内外槽间用栅栏分隔。内外槽空间的高低、大小和装饰,形成强烈的对比。第1层内槽安置一尊高11米多的释迦坐像,故塔身较上面各层高约1倍,所以外面一定要建成重檐。而内槽不用平暗,只用一个华丽的大藻井,更增加高耸之感。第1层外槽南北两面均安板门,其余利用厚墙壁封闭。但南面两侧外墙砌至心间柱后折向南,延砌至副阶柱,此面板门即安于副阶柱间。这就突出了全塔正面入口,又使塔门内增加一间"门厅"。

构图。全塔造型构图有严格的比例。第3层总面阔(即八边形的边长)约8.83米,大致等于各层的层高,是立面构图的基本数据:基座高为此数的4/8,以上各层层高至塔顶砖刹座,共为此数的6倍[⑦]。

8.关于建筑的经典文字轶闻。田蕙《重修佛宫寺释迦塔记》"自辽清宁至今六百余年祀矣,……乾兑之方,坤维多震,父老记金元迄我明,大震凡七,而塔历屡震屹然壁立。[⑧]"

9.辨证。近日山西应县文联副主席马永胜提出新说,对《重修应州志》卷六所载田蕙《重修佛宫寺释迦塔记》中所主张的辽清宁中田和尚造塔说提出质疑。他认为"山西应县木塔建于北魏太和十五年(491)八月(比原来认为的辽清宁二年〔1056〕提前了565年),原为道教建筑崇虚寺,后改建为佛教释迦塔。"应县木塔建于辽清宁二年之说,源于明万历年田蕙《应州志》中的《重修佛宫寺塔记》。记中说:"尝是塔之来久远,当缔造时费将巨万,而难得一碑记也。索之仅得石一片,上书'辽清宁二年田和尚奉敕募建,数字而已,无他文词。"马文认为,既然能"奉敕募建",绝非一般俗人,不是当代"国师",也是一代高僧,何不尊称"法号"或"法师"之类,却俗称"和尚",不能不令人生疑。而且石片至今无存,很难说明应县木塔建于辽清宁二年。

北魏道士寇谦之议建崇虚寺,在《魏书》、《山西通志》、《水经注》中都有记载。崇虚寺是五层木结构建筑,原建于京都平城(今大同市)。据《山西通志》和《魏书》记载,太和十五年(491)八月,崇虚寺移于桑干河之南、玄岳山之南。玄岳山就是应县的龙首山。经考察发现,崇虚寺的方位正好是现今应县木塔的方位,在其周围未发现崇虚寺遗址,也未发现关于崇虚寺毁灭的历史资料。应县木塔和北魏南桑干河南崇虚寺同为五层木结构建筑。而

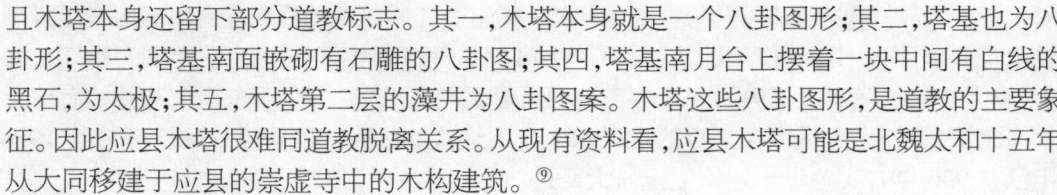

且木塔本身还留下部分道教标志。其一,木塔本身就是一个八卦图形;其二,塔基也为八卦形;其三,塔基南面嵌砌有石雕的八卦图;其四,塔基南月台上摆着一块中间有白线的黑石,为太极;其五,木塔第二层的藻井为八卦图案。木塔这些八卦图形,是道教的主要象征。因此应县木塔很难同道教脱离关系。从现有资料看,应县木塔可能是北魏太和十五年从大同移建于应县的崇虚寺中的木构建筑。⑨

参考文献

①(明)田蕙:《重修佛宫寺释迦塔记》,《万历重修应州志》卷六。

②④据《古今图书集成·神异典》。

③⑤⑥⑦⑧郭黛姮:《中国古代建筑史》(五卷本)第三卷,中国建筑工业出版社,2003年。

⑨《应县木塔研究有新说》据《人民日报(海外版)》2001年4月16日。

二、大明塔

1.建筑所处位置。位于今内蒙古自治区赤峰市宁城县辽中京城遗址内。

2.建筑始建时间。据元《一统志》载可能建于辽重熙四年(1035)①。

3.最早的文字记载。塔上辽道宗寿昌年间的题记②。

4.建筑兴毁及修葺情况。金代改称北京路大定府,元代改称大宁路,明代初年设大宁卫,永乐元年(1403)撤销卫所后逐渐沦为废墟。1959—1960年,内蒙古自治区文物工作队等联合组成辽中京发掘委员会,进行了全面勘探和重点发掘。1961年中华人民共和国国务院公布为全国重点文物保护单位③。

图9-1-2 内蒙古大明塔

```
0    0.5    1米
```

1982—1984年间,修缮了大塔塔身和小塔,1986—1989年清理和修缮了大塔塔基。

5.建筑特征及其原创意义。大明塔,是全国现存砖塔保存最好的,也是最大的一座。大明塔筑于高约6米的夯土台基上,为八角十三层密檐式砖塔,高74米,底座每边长14米。塔座呈须弥形,分两层。塔身分八面,每个棱面上都附有佛龛,龛内雕饰着凸起的8尊神像,分别座于仰莲宝台之上。每两面相交的棱面上,写着佛经上的警句和神像各自的尊名。雕像造型精美,栩栩如生。正南面的观音像特别引人注目,她体形丰满、姿态端庄、飘带卷风,端坐于云烟浩淼的莲花台上。观音头上华丽的宝盖,两旁各有一个体态轻盈,手持荷花,脚踏浮云的飞天。塔刹是小型藏式喇嘛塔,南北各有一小门,上面宝珠、相轮、宝瓶都是红铜铸造。塔共13层,每层塔檐椽头均挂有铜铃,计1350只,微风吹拂,千铃共鸣,如宫廷雅乐。塔身第一层南面存有清咸丰四年(1854)重修时的蒙古文题记④。

参考文献

①《元一统志》。

②臧维熙:《中国旅游文化大辞典》,上海古籍出版社。

③④赤峰市地方志编纂委员会:《赤峰市志》,内蒙古人民出版社,1996年。

三、白塔

1.建筑所处位置。天津市蓟县城西南隅,独乐寺之南北中轴线上[①]。

2.建筑始建时间。隋时始建,辽统和二年(984)重建。

3.最早的文字记载。《蓟州志》曰:"白塔寺在州西南隅,不知创自何年;以寺内有白塔,故名。于乾隆六十年,直隶总督梁公肯堂奉旨重修白塔。工毕,立石塔下,题曰《奉旨重修观音宝塔》。[②]"

4.建筑名称的来历。塔身白色,所以亦称观音寺白塔。旧称渔阳郡塔。

5.建筑兴毁及修葺情况。辽清宁三年(1057)地震,四年(1058)重建,明嘉靖、隆庆、万历和清乾隆年间重修。明嘉靖十二年(1533)在塔前修建观音寺。乾隆六十年(1795),直隶总督梁公肯堂奉旨重修白塔[③]。1976年大地震,塔身震损,通体酥裂,1983年大修加固。

6.建筑设计师及捐资情况。宗君、林君辈喜为捐资[④]。

7.建筑特征及其原创意义。塔平面呈八角形,由高大的束腰须弥座、八角重檐亭式塔身、硕大的窣堵波和顶部的十三天相轮组成。通高30.6米,砖石结构。塔基下部砌花岗岩石条,上部的仿木砖雕须弥座,其壶门内浮雕舞乐伎,刻工精细,栩栩如生,是研究辽代音乐舞蹈的重要例证。塔身南面设门,内置佛龛;东、西、北三面设砖雕假门;四个侧面凸雕碑形,上书佛教偈语。八个转角处作重层小塔。塔身上出三层砖檐,檐角系铜铎。檐上置塔座承覆钵形圆肚、十三相轮。此塔下部为密檐塔型,上部砌作覆钵式,是中国辽塔造型奇特之一例[⑤]。

上层室内曾藏有辽清宁四年舍利石函一具和珍贵文物百余件。

8.关于建筑的经典文字轶闻。古诗云:"金峰(指塔尖)平挂西天月,玉柱(指白色塔身)直擎北塞云。[⑥]"

参考文献

①②③④婉漪:《中国营造学社汇刊》第三卷,第二期,知识产权出版社;梁思成:《蓟县观音阁白塔记》。

⑤蓟县志编纂委员会:《蓟县志》,南开大学出版社,1991年。

⑥顾延培,吴熙棠:《中国古塔鉴赏》,同济大学出版社。

四、万部华严经塔

1.建筑所处位置。位于呼和浩特市东郊白塔村西南方、丰州故城西北角,距市区17千米。

2.建筑始建时间。据《归绥县志》载,此塔据传建于辽圣宗时(983—1031)[①]。

3.最早的文字记载。塔内各层都有历代游人题记,其中以金大定二年(1162)汉文题记为最早[②]。

4.建筑名称的来历。传说塔内曾藏有华严经万卷,故而得名,因其外表涂成白色,又被称作白塔[③]。

5.建筑兴毁及修葺情况。金大定二年奉敕重修[④]。近年又经修缮,恢复了塔刹,清理出淤埋地下的基座。

6.建筑设计师及捐资情况。王英、张百川建[⑤]。

7.建筑特征及其原创意义。此塔为八角七层楼阁式塔。采用厚壁筒体结构,楼梯分两

图 9-1-3 内蒙古万部华严经塔

部设于塔心,分别供登临者上下。塔顶已残,其下部为一高大的基座,承托着塔身。塔身外表为仿木楼阁式塔,第三层以上则均素面无饰。万部华严经塔的结构处理,亦颇具特色。

8.关于建筑的经典文字轶闻。开元八年置振武军节度使。北有阴山。去城五十里。又言丰州南有空城,城中浮图一,六角七级,高矗天半,南向篆书颜额曰:"万部华严经塔。"第七级壁上大书:金大定二年奉敕重修,多金元人题字,墨迹如新,而辞率俚鄙,惟一诗近雅云:去年曾醉海棠丛,闻说新枝发旧红。昨夜梦回花下饮,不知身在玉堂中。瑞伯书。按此诗宋元绛厚之之作也,其题名有丰州水鸦提,□王英张百川至元十一年五月署字⑦。

参考文献

①《归绥县志》。

②顾延培,吴熙棠:《中国古塔鉴赏》,同济大学出版社。

③④⑤⑥郭黛姮:《中国古代建筑史》(五卷本)第三卷,中国建筑工业出版社,2003年。

⑦《居易录》卷四。

五、释迦牟尼舍利塔

1.建筑所处位置。位于山西省忻州五台山景区塔院寺内。

2.建筑始建时间。始建于元至元十二年(1275)①。

3.最早的文字记载。"显通之南,五峰之中,有阿育王所置佛舍利塔及文殊发塔。②"

4.建筑名称的来历。原名阿育王塔,据说是古印度阿育王所建八万四千座舍利塔在中国的十九座之一。名叫释迦文佛真身舍利宝塔,又叫大慈延寿宝塔,因塔身洁白如雪,大白塔乃人们之俗称③。

5.建筑兴毁及修葺情况。明永乐五年(1407),成祖朱棣令太监杨升重修白塔。明万历九年(1581)神宗朱翊钧母后令范江、李友再次修塔。张居正于万历十年(1582)七月撰成《敕建五台山大塔院寺碑记》④。

6.建筑设计师及捐资情况。《清凉山志》载:"永乐五年,上敕太监杨升重修大塔,始建寺。万历戊寅圣母敕中相范江、李友重建。"

7.建筑特征及其原创意义。大白塔通高56.4米。塔基为正方形,砖缝全用米浆、石灰搅拌砌筑。须弥座的南面有三个很浅的石洞。右边的石洞中立有佛迹碑,碑上有释迦牟尼的双足迹印图。这是佛的圣迹。刻在石上的佛足印长50多厘米,宽20厘米,足心有千辐轮相和宝瓶鱼剑图。碑身下端刻着的一段文字说,释迦牟尼佛涅槃时对他的弟子阿难说:"我最后留此足迹,以示众生。"唐僧玄奘到西域取经时把佛足印拓下带了回来。唐太宗敕令将佛足刻在石上,立于祖庙。明万历壬午秋,寺僧又按图刻石,供奉在大白塔下。左边的石洞内有康熙年间的修塔记事碑。全塔各部粗细相间,造型优美。塔面为白色,形如藻瓶,塔盘、宝珠有铜饰品,塔上,风磨铜宝瓶高5米,覆盘两米多,悬铜铃,252个铜铃风吹作响,声音悦耳。白塔中层,建塔殿3间,内有三大士铜像。佛教传言,公元前486年,释迦牟尼佛灭度，火化时留下八万四千颗舍利子，阿育王用五金七宝铸成了八万四千座塔，分布于世界各地，每座塔内藏一颗舍利子。五台山的塔叫慈寿塔，是中国十九座释迦牟尼佛真身舍利塔中的一座。塔的下层塔殿内，有释迦牟尼、文殊、普贤、观音、地藏王菩萨像。塔殿外围的长廊中，有铁皮法轮一百一十五个⑤。

8.关于建筑的经典文字轶闻。神宗万历七年(1579)敕建大宝塔记曰："塔在鹫峰之前，群山中央。基至黄泉，高二十一丈，围二十五丈，状如藻瓶，上十三级。宝瓶高一丈六尺，镀金为饰。覆盘围七丈一尺，吊以垂带，悬以金铃。更造金银宝玉等佛像，及诸杂宝，安置藏中。海内皇宗宰官，士庶沙门，

图 9-1-4　释迦牟尼舍利塔

景仰慈化，造像书经，如云而集，悉纳藏中。十年壬午(1582)秋，工成，并及寺宇佛殿经楼，藏轮禅室，罔不备焉。"吏部尚书中极殿大学士张居正奉命撰写了碑文，记述其事碑藏寺中，文长，不具引⑥。

参考文献

①⑤柴泽俊：《柴泽俊古建筑文集》，文物出版社，1996年。

②(明)释镇澄：《清凉山志》，广陵古籍刻印社1997年。

③④⑥(明)张居正《敕建五台山大塔院寺碑记》。

六、云居寺塔

1.建筑所处位置。今河北省涿县涿州古城内东北隅①。

2.建筑始建时间。据金正隆五年(1160)云居寺重修释迦佛舍利塔碑记载，双塔为辽大安八年即宋哲宗元祐七年(1092)所建②。

3.最早的文字记载。《云居寺重修释迦佛舍利塔碑记》③。

4.建筑名称的来历。俗称南寺，与涿州古城的另外一座佛塔智度寺塔(俗称南塔)，遥相对峙④。

5.建筑兴毁及修葺情况。历朝虽有修缮，但均未改变原有风格及特征，基本保持了初建时的原样⑤。

6.建筑设计师及捐资情况。田和尚⑥。

7.建筑特征及其原创意义。云居寺塔为八角楼阁式仿木构砖塔，高六层，55.7米。最下为方台，上立八角形须弥座，座上为斗拱平坐，上设勾栏，再上则为仰莲座以承塔身。第一层塔身以上为第二层平座，其上塔身，又完全与第一层塔身相同。如此逐层相叠，但各层塔身的高度和面积也随之递减。云居寺塔的塔身四个正面均开有圆券门，四隅面砌有假

直棂窗,完全模仿木结构塔而建(初圆券门外)。阑额、普柏枋上为五铺作斗拱,再上为椽飞及瓦顶。塔顶部为焦叶宝瓶刹。塔内为双环壁架中心柱式结构,即塔内仍设一道正八面形墙壁,其内再设中心塔柱,塔柱与内环墙壁间形成夹层回廊,楼梯在内回廊内穿折而上。第五、六层因塔内面积小而未施中心柱。各层回廊均为砖砌叠涩顶。塔内多处设迎风、采光口通向室外,回廊墙壁上有佛龛。一般佛塔通常采用奇数层数,而云居寺塔塔高为六层,这种以偶数为层数的情况,在我国古代的塔建筑历史上是颇为罕见的。此塔的另一个突出特点是塔身以上每层递收,斗拱的式样随之变化。斗拱这样多的变化,也为其他砖石塔所少见。云居寺塔是国内少数几个阁楼式辽塔之一,现保存完整。

8.关于建筑的经典文字轶闻。近千年以来,云居寺塔与智度寺塔一起,装点着涿州古城。不少诗人在此留下了赞美的诗篇,如"古城涿郡传燕蓟,双塔扶摇接碧天",清人杨衔的《云居寺双塔诗》:"金鸦开翅维摩宫,书出白塔檀云中。七盘银嬴倚碧宇,天外绰约双芙蓉。⑦"

参考文献

①②③顾延培,吴熙棠:《中国古塔鉴赏》同济大学出版社。
④梁思成:《中国建筑史》,中国建筑工业出版社,2005年。
⑤罗哲文:《中国名胜—寺塔桥亭》,机械工业出版社,2006年。
⑥《枣林杂俎·中集》。
⑦(民国)周存培辑:《涿县志·艺文志》,北平京城印书局1936年。

七、拜寺口双塔

1.建筑所处位置。在宁夏回族自治区贺兰山拜寺口北岗上①。

2.建筑始建时间。从对塔中心朽木的碳-14测定,得知该塔修建距今850年,由此证明拜寺口双塔为西夏时期的建筑②。

3.最早的文字记载。西塔正东壁第十三层佛龛右侧所存西夏文字③。

4.建筑名称的来历。因建于贺兰山东麓一个名为拜寺口的山口北边之台地上,两塔东西对峙,相距约80米。故名拜寺口双塔④。

5.建筑兴毁及修葺情况。根据塔刹发现的文物推测,双塔于元代早期曾进行过装修,修缮了塔刹,粉饰了壁面,但塔身未进行大的修理。1986年,国家组织力量对双塔进行了加固维修⑤。

6.建筑设计师及捐资情况。史载,李元昊(西夏开国皇帝1003—1048)在贺兰山拜寺口之巅,建有避暑行宫,今已毁⑥。双塔或者是其时所建。

7.建筑特征及其原创意义。双塔的平面均为八角形,十三层。壁筒式结构,塔身直接砌筑于平地之上而不设基座,细部处理两塔稍有不同。东塔的内部为圆锥形空筒,这种装饰甚为少见。西塔平面结构与东塔相似,反映了西夏人的审美情趣⑦。

图9-1-5 贺兰山拜寺口双塔之东塔立面

8.关于建筑的经典文字轶闻。明代安塞王朱秩炅《拜寺口》诗赞双塔：

"风前临眺豁吟眸,万马腾骧势转悠。戈甲气销山色在,绮罗人去辇痕留。文殊有殿存遗址,拜寺无僧话旧游。紫塞正怜同罨画,可堪回首暮云稠。[8]"

另据《乾隆宁夏府志》古迹篇记载：元昊故宫,在贺兰山之东,有遗址。又振武门内,有元昊避暑宫,明洪武初遗址尚存,后改为清宁观。广武西大佛寺口,亦有元昊避暑宫。则此双塔似为西夏元昊时期寺范围内的标志建筑,后来寺毁塔存。人们便以香客前往大佛寺最先跪拜的地方为标志而称呼双塔亦有可能。因拜寺口是贺兰山著名山口之一，这里山大沟深,环境幽静,面东开口,视野开阔。在山口平缓的坡地上有大片建筑遗址。据考证,这里曾是西夏佛教寺院所在地。双塔就建在沟口北边寺院遗址的台地上。

参考文献

①②③④⑦郭黛姮:《中国古代建筑史》(五卷本)第三卷,中国建筑工业出版社,2003年。

⑤银川市志编纂委员会:《银川市志》,宁夏人民出版社,1998年。

⑥顾延培,吴熙棠:《中国古塔鉴赏》,同济大学出版社。

⑧《乾隆宁夏府志》卷四。

图 9-1-6　贺兰山拜寺口双塔之西塔立面

八、庆州白塔

1.建筑所处位置。在内蒙古自治区巴林右旗索布日嘎苏木的辽庆州遗址的西北部[1]。

2.建筑始建时间。始建于辽重熙十五年至十八年(1046—1049)[2]。

3.最早的文字记载。该塔建塔碑铭详细记录了建造过程及有关工程人员、组织等[3]。

4.建筑名称的来历。本名释迦如来舍利塔,因塔身粉刷作白色,俗称庆州白塔。

5.建筑兴毁及修葺情况。塔刹用铸铜鎏金制成,清代曾因刹杆折断而改制[4]。1989年曾维修此塔,于塔顶天宫中发现许多珍贵文物,如佛经、舍利等[5]。

6.建筑设计师及捐资情况。庆州白塔是在辽代皇室大力支持下建造起来的,建塔碑铭记载白塔营造是由"玄宁军节度使检校太师守右千牛卫上将军提点张惟保","庆州僧录宣演大师赐紫沙门蕴珪"等人"奉宣提点勾当"组织营建[6]。匠师的具体姓名不详。

7.建筑特征及其原创意义。此塔体型匀称,砖雕精美,为平面八角形。是辽代仿木构砖塔的代表作。7层,高约50米,塔下台基一层,再置基座和莲台。7层塔身每面分3间,在

图 9-1-7 内蒙古庆州白塔

东南西北 4 个正面各开券门。其余 4 个斜面第一层当心间开直棂窗，二梢间各有一个浮雕小塔；第二层当心间有两个小龛，二梢间各有一个小龛；第三层以上各层各间均开一个券龛，龛内各有一座浮雕小塔。塔身表面雕金刚力士像、伞盖、飞天、花卉等。塔身安装铜镜 800 余面，光芒四射，气象万千。各层塔檐柱头上各置斗拱一朵，当心间设补间铺作一朵。各平坐也用斗拱，平坐下斗拱朵数与塔檐下斗拱朵数相同。塔刹部位，在八角形砖砌刹座上，安置相轮、宝瓶等；塔刹表面镏金，光辉夺目。塔内第五层有砖刻塔记，记载塔名和建造年代[7]。

8.关于建筑的经典文字轶闻。1989 年维修塔时从塔刹相轮樘等处发现了按辽代佛教仪轨秘藏的一批辽代圣经、雕版印刷佛经及形制多样、造型优美、彩绘华丽的内藏雕版印刷陀罗尼经卷的木质法舍利塔一百零八座。史学界、文博界称庆州白塔的浮雕谓"辽代塔寺艺术的精华"，是"契丹民族建筑之瑰宝"[8]。

参考文献

①②③④郭黛姮《中国古代建筑史》（五卷本）第三卷，中国建筑工业出版社，2003 年。

⑤⑧顾延培，吴熙棠：《中国古塔鉴赏》，同济大学出版社，1996 年。

⑥张汉军：《辽庆州释枷佛舍利塔兴造历史及其建筑构制》，《文物》1994 年 12 期。

⑦巴林右旗志编纂委员会：《巴林右旗志》，内蒙古人民出版社 1990 年。

图 9-1-8 内蒙古庆州白塔立面

（二）志寺

一、牛街清真寺

1.建筑所处位置。北京市宣武区广安门内牛街。

2.建筑始建时间。辽统和十四年（996）。

3.最早的文字记载。见《北京牛街街志书——〈冈志〉》,北京市政协文史资料研究委员会、北京市民族古籍整理出版规划小组编,刘东声、刘盛林注释本,1990年版。

4.建筑名称的来历。又名牛街礼拜寺。这条街上经营牛肉的商店和饮食行业很多,结果就被称为"牛街"。另有一种说法是"牛街为榴街,当年石榴园所在地"[①]。

5.建筑兴毁及修葺情况。始建于辽统和十四年（996）,明正统七年（1442）重修,清康熙三十五年（1696）大修,近年又有修缮装饰。

6.建筑设计师及捐资情况。筛海那速鲁定奉敕所建[②]。

7.建筑特征及其原创意义。牛街清真寺是北京规模最大、历史最悠久的伊斯兰教场所。此寺建筑上采用了传统的木结构宫殿式建筑形式,但其细部（如内部装修）带有浓厚的伊斯兰教建筑的装饰风格。总建筑面积为1500平方米。全寺主体建筑有礼拜殿、望月楼、唤礼楼和碑亭等。寺院对面为一座长40米的汉白玉底座灰砖影壁。寺门有5门,中大边小,前有朱漆木栅。正门在望月楼下,楼高10米,为六角形双层亭式楼阁。由便门进入两层院落,正西为主体建筑礼拜殿,坐西朝东,由三个勾连搭式屋顶和一座六角攒尖亭式建筑组成,左右衬以抱厦,古朴宏丽。礼拜殿空间宽敞,五楹三进七层共42间,可容千人礼拜。殿内明柱组成仿阿拉伯式尖形拱门,有巾金的赞主赞圣经文,天花板半米见方,也饰以各种花卉图案和阿拉伯文赞词。大殿正东为唤礼楼,又名邦克楼、宣礼楼、唤礼楼,为重檐歇山方亭建筑,前身为宋、元年修建的尊经阁。望月楼平面呈六角形,重檐攒尖顶,构件装饰带有浓厚的伊斯兰教风格。唤礼楼前

图 9-2-1　牛街清真寺礼拜殿

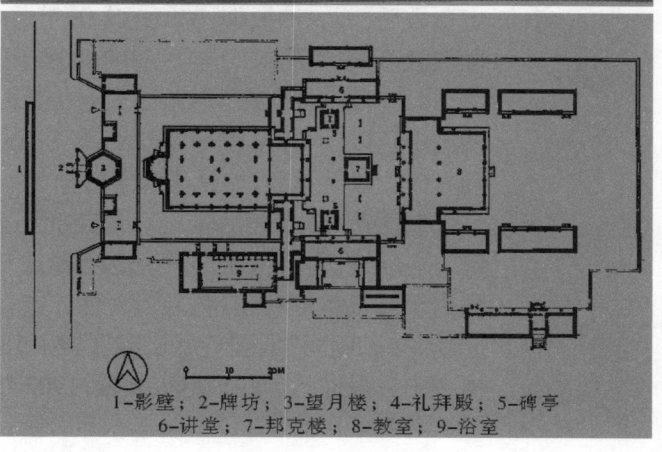

1-影壁；2-牌坊；3-望月楼；4-礼拜殿；5-碑亭
6-讲堂；7-邦克楼；8-教室；9-浴室

图 9-2-2　牛街清真寺平面

月台上有日晷和2座碑亭,碑文记载礼拜寺修建经过。寺内东南小院有2座筛海坟,据碑载,为宋末元初来华讲学的麦地那额鲁人穆罕默德·本·艾哈默德和布哈拉人阿里,两人分别病逝于元至元十七年(1280)、二十年(1283)。寺内还藏有《古兰经》阿波文对照手抄本、木刻和明清香炉等珍贵文物。牛街清真寺是中国传统建筑形式和阿拉伯建筑风格相结合的代表。

8.关于建筑的经典文字轶闻。(宋)太宗至道二年(996),有筛海华哇默定者,西域辅剌台人东来中土,生三子,长曰筛海赛德鲁定,次曰筛海那速鲁定,又次曰筛海撒阿都定,具异禀而异能,唯近幽处,不干仕进,上疵官爵,坚辞弗受,因授为清真寺掌教。留居东土后,赛德传教远出,不知所终。那速与撒阿知燕竟京将为兴隆之地,请敕建寺。撒阿都定奉敕建寺于东郭,那速鲁定奉敕建寺于南郊,即今牛街是也[3]。

参考文献

①罗哲文:《中国名胜—寺塔桥亭》,机械工业出版社,2006年。

②③民国《北京市志稿》卷八,北京燕山出版社。

二、报国寺

1.建筑所处位置。位于北京市宣武区,在广安门内大街路北。

2.建筑始建时间。慈仁寺在广宁门内大街,明宪宗为孝肃周太后弟吉祥建。有二松,相传金时植,后有毗卢阁,左有槐树,又有辽乾统三年尊胜石幢尚在。《析津日记》:俗呼报国寺,盖先有报国寺在寺西北隅也,每月朔望二十五日有市甚盛[1]。据此可知,报国寺当始建于辽天祚帝乾统三年(1103),距今约九百年。

3.最早的文字记载。见(明)归有光《赠大慈仁寺左方丈住持宇上人序》:大慈仁寺在京城宣武门外。西寺盖孝肃皇后以其弟为僧故为太后时建此寺。宪宗皇帝两制碑记,顺奉母后之志也。舍于寺。寺左方丈见其长老云:祖师名吉祥,姓周氏,为儿时,好出游。尝出不复归家,亦不知其所在。太后自未入宫,师已与其家不相闻久之。去,祝发于大觉寺。然常游行市中,夜即来报国寺伽蓝殿中宿,太后亦若忘之,忽夜梦伽蓝神来言后弟今在某所。英宗亦同时梦。梦觉,相与言,后同。即日遣诸小黄门以梦中所见神言求之,至,则见师伽蓝殿中。遂拥以行。小黄门白入见,帝后皆喜。后问所以出游及为僧时,为泣下。因曰:何如今日为皇亲耶?吉祥不愿也。复还寺,后不能强,厚赐之。英宗晏驾,太子即位后为皇太后出内藏物建大慈仁寺,报国寺,故小刹也,今为大寺。其西伽蓝殿犹存云。孝宗时太后为太皇太后,为立护敕碑,碑所载庄田无虑数百顷。师以左善世示灭。帝遣官致祭,师时所招僧至数百人,迨后庆寿寺毁,僧亦来居于此,僧众矣[2]。

4.建筑名称的来历。元报国寺在元彰义街今广宁门内。成化改大慈仁寺。后有高阁,西山翠色以手可扪。前殿奇松离奇飞舞,有如怒虬。阁下窑变观音仅高尺许,宝冠绿帔,瞑而右倚。以手承颐,宛是吴道子妙画[3]。

5.建筑兴毁及修葺情况。报国寺自辽代兴建,至今仅存一尊胜石幢。元时该寺亦为大都著名胜迹。但在明初已渐颓废,成化二年(1466)明宪宗国舅周吉祥在此出家,皇帝遵母后命于旧基敕建新庙,更名为大慈仁寺;清乾隆十九年(1754),将地震损坏的报国寺修葺一新,并御题写"报国寺慈仁寺"门额;1840年鸦片战争后报国寺每况愈下,1900年庚子事变中主殿被八国联军炮火轰毁;1902年慈禧从西安返回京城,荣禄上奏章吁请重修报国寺并易名昭忠祠;日军侵华八年,沦为日本从军僧(真吉宗)在华北的基地——高野山北平别院;1945年光复到1949年,报国寺是国民党的河北省田粮处[4]。

6.建筑设计师及捐资情况。忽必烈统一中原后,在旧寺的基础上建新寺,即为报国寺;明成化二年宪宗敕建新庙,更名为大慈仁寺。元以前的建筑设计及其捐资情况无考。明朝宪宗朝及清朝的兴建和修复工程,由朝廷开支。内容详前。

7.建筑特征及其原创意义。该寺规模宏伟,有殿宇数层,连同配殿共计60余间。正殿供奉三世佛,有乾隆御书匾额"亨衢觉路",御联"广长舌在无言表;清净身参非色间"。殿庭之右立御制重修报国寺诗碑。后殿供奉窑变观世音瓷像一尊,宝冠绿帔,妙相庄严,龛座镌刻有御制窑变观音像记。龛内御书"慈竹数竿",题修寺诗于上,并跋。龛左右御书联:"觉海化身现金粟;普门香界涌青莲。"其龛亦系内府所制。报国寺内有大毗卢阁,三十六蹬石阶。阁下有瓷观音像高尺余,宝冠绿帔,手捧一梵字轮,系神宗时景德镇瓷窑所贡献,为旧京八宝之一,谓之窑变观音,梁间曾悬《胜果妙因图》1轴;阁外有通廊环行一周,可眺望西山远景。因此,旧时有士大夫于重阳节来此登高者⑤。

该寺佛画极多,其中有一幅大型佛画,系清代画家傅雯奉乾隆敕命,用手指蘸墨所绘,下款有清嘉庆时学者法式善的题跋。此画现供于广济寺大雄宝殿三世佛的后龛上。

该寺除佛画外,寺中多奇松,亦属一大特色。元代文人刘侗《报国寺寺松歌》:"报国寺松高于人,引臂旁行远作摩空意。何年识得空理圆,东撑西挂皆空也。无异时时掣臂却复舒,两松欲语相颔如。将至日月照影舞态粗,风雨不休鼓声恚。别立两松嵯峨千丈高,自恨格卑胆薄敛狂肆。踉跄松边趋不前,一一诗人绝诗思。仰观俯视但一惊,迟而又久生爱畏。我家楚山达松旨,枝干以根为义类。上穷苍天下毕黄泉,厥初志或触顽石。折而横行地枝上,学之状其悸,不然空际何引避?小枝交叉此因耳,因听梵音结梵字。⑥"

8.关于建筑的经典文字轶闻。"祖师名吉祥,姓周氏,为儿时,好出游。尝出不复归家,亦不知其所在。太后自未入宫,师已与其家不相闻久之。去,祝发于大觉寺。然常游行市中,夜即来报国寺伽蓝殿中宿,太后亦若忘之,忽夜梦伽蓝神来言后弟今在某所。英宗亦同时梦。梦觉,相与言,后同。即日遣诸小黄门以梦中所见神言求之,至,则见师伽蓝殿中。遂拥以行。小黄门白人见,帝后皆喜。后问所以出游及为僧时,为泣下。因曰:何如今日为皇亲耶?吉祥不愿也。复还寺,后不能强,厚赐之⑦。"

明朝庙会在西单牌楼迤西都城隍庙,即今成贤街一带。清初,移至慈仁寺(报国寺)。每月初五、十五、二十五,商贩在这里出售图书、文物、古玩、喧闹成市,尤其书市更是它的特色。当时文人如宋荦、朱彝尊等常于庙会期间到此搜购他们心爱的古籍。到报国寺最勤的是当时的大诗人王士禛(渔洋)。《桃花扇》一剧作者孔尚任曾写诗:"弹铗归来抱膝吟,侯门今似海门深。御车扫径皆多事,只向慈仁寺里寻。"(原注:"渔洋龙门高峻,人不易见,每于慈仁庙市购书,乃得一瞻颜色。")很多人为了和王渔洋探讨学问,就到慈仁寺里来寻找他⑧。

参考文献

①《畿辅通志》卷五一。

②(明)归有光:《震川集》卷一一。

③《春明梦余录》卷六六。

④⑤⑧北京市宣武区地方志编纂委员会:《北京市宣武区志》,送审稿,2002年。

⑥《畿辅通志》卷一一七。

⑦(明)归有光:《震川集》卷一一。

三、奉国寺

1.建筑所处位置。位于辽宁省义县城内东街①。

2.建筑始建时间。"州之东北维寺曰咸熙,后改奉国,概其始也,开泰九年处士焦希斌创其基。"即始建于辽开泰九年(1020)②。

3.最早的文字记载。当时的寺院是"宝殿穹临,高堂双峙,隆楼杰阁,金碧辉焕,潭潭大厦,楹以千计。非独甲于东营,视他郡亦为甲"③。

4.建筑名称的来历。初名咸熙寺,金代改称奉国寺,因大殿内塑有七尊大佛,故又称七佛寺、大佛寺④。

5.建筑兴毁及修葺情况。"辽金时期寺庙规模宏大,殿堂雄伟,香火旺盛。但是因年久失修,再加上战火破坏,使这座寺庙损毁严重。现在寺中的建筑,除大雄宝殿为辽代遗物外,山门、牌坊、无量殿、大雄宝殿西跨院等,均为清代遗物。⑤"1961年,被国务院公布为全国重点文物保护单位。

6.建筑设计师及捐资情况。开泰九年,处士焦希斌创其基。辽圣宗——耶律隆绪在母亲萧太后(萧绰)故里所建的皇家寺院⑥。

7.建筑特征及其原创意义。寺内主要建筑为大雄宝殿,是中国古代建筑中最大的单层木结构建筑。殿筑于高3米的台基之上,为五脊单檐庑殿式,面阔九间,(长49.54米),进深五间十椽,(宽26.585米),建筑通高达19.93米。殿前开三门,殿内7尊坐佛为辽代所塑。左起依次为迦叶佛、拘留孙佛、尸弃佛、毗婆尸佛、毗舍浮佛、拘那舍牟尼佛、释迦牟尼佛,皆端坐于须弥座上,正中的毗婆尸佛合座高达8.6米。每佛前左右各有一协侍相对而立,高2.5—2.7米。大殿梁架和斗拱上有辽代彩画,四壁有元代壁画,历经近千年,而彩绘至今清晰可见。寺内还有金、元、明、清重修奉国寺碑十余通。山门、牌楼、无量殿等均为清代所建⑦。

8.关于建筑的经典文字轶闻。"奉国寺大雄殿,为我国现存最大的辽代单层木结构建筑,与义县城西嘉福寺塔遥遥相望。如果说应县木塔是建筑技术的巅峰之作,蓟县独乐寺观音阁及山门以设计严谨、制作壮丽见长,那么辽宁义县奉国寺大雄宝殿则以撼人心魄的大体量、大气势而雄冠一时。⑧"

9.辩证。今之奉国寺院格局较前已有部分改变。原寺布局前段类似独乐寺,楼阁为山门内的第一座建筑。中轴线上由南到北依次是三门五间,观音阁一座。七佛殿九间(即今大雄殿)、法堂九间。庭院周绕廊庑,在其一百二十间内各塑佛像,谓之贤圣堂,庑间配殿有东三乘阁、西弥勒阁及伽蓝堂、僧寮、帑藏、厨舍等附属建筑,可能置于侧院⑨。

参考文献

①郭黛姮:《中国古代建筑史》(五卷本)第三卷,中国建筑工业出版社,2003年。

②元大德七年《大元国大宁路义州重修大奉国寺碑》。

③金明昌三年(1192)《宜州大奉国寺续装两洞圣贤题名记》。

④⑥⑦⑧建筑文化考察组:《义县奉国寺》,天津大学出版社,2008年。

⑤罗哲文、刘文渊、韩桂艳:《中国名寺》,百花文艺出版社,2006年。

⑨萧默:《中国建筑艺术史》(上),文物出版社,1999年。

四、弘仁寺

1.建筑所处位置。位于甘肃省张掖市甘州区西南隅,属甘州区管辖。东临南大街中段,南靠南城巷,西抵张掖宾馆后门,北依民主西街。

2.建筑始建时间。创建于西夏永安元年(1098)。

3.最早的文字记载。见于清朝顺治十四年(1657)杨春茂《重刊甘镇志·祠祀》"宝觉寺"条。

4.建筑名称的来历。此寺原名"迦叶如来寺"。明宣宗宣德年间(1426—1435)敕赐"宝觉寺",明永乐十七年(1419)改称弘仁寺,因寺内有全国最大的室内卧佛,故俗称大佛寺。

5.建筑兴毁及修葺情况。始建于西夏崇宗永安元年(1098),历时五载,至西夏贞观三年(1103)竣工,历经明、清两朝扩建。到20世纪40年代,寺内建筑大部分已毁。现存建筑有大佛殿、藏经殿和土塔三处。1985年按布局迁建了牌楼、山门,又迁建了三座散存的殿堂。

6.建筑设计师及捐资情况。据明宣宗朱瞻基《敕赐宝觉寺碑记》记载应为西夏时有位叫嵬咩(法名释思能)的国师所建。建造因由系西夏国主乾顺为了替亡母祈求冥福而建。

7.建筑特征及其原创意义。现存大佛殿、藏经阁、土塔为清乾隆年间重建。大佛殿为全寺主体建筑,坐东面西,为两层楼结构,重檐歇山顶,高20.2米,宽48.3米,进深24.5米。面阔九间,进深七间,总面积1370平方米。四周木构廊庑。殿檐下额枋上雕有龙、虎、狮、象等,雕刻细腻,栩栩如生。殿正中塑释迦牟尼佛的侧身涅槃像,木胎泥塑,金装彩绘,身长34.5米,肩宽7.5米,佛手指中可睡一人,是国内现存最大的泥塑卧佛。造型匀称适度,神情柔和安详,"视之若醒,呼之则寐"。大佛身后塑迦叶、阿难等十大弟子,南北两侧塑十八罗汉,间隔得体,色彩协调,神态各异,栩栩如生。大殿四壁和二层板壁上绘有壁书,约530平方米,内容有佛、菩萨、弟子、诸天神将、佛经故事及《西游记》人物等,线条流畅,色泽清丽。该殿为甘肃省境内遗存的最大的西夏建筑。大佛寺中轴线上最后处建一土塔,原名弥陀千佛塔,为喇嘛式塔,通高33.37米,由塔座、塔身和塔刹三部分组成。塔建于方形台基之上,四周有两层木构塔廊。塔座之上有两层须弥座,其中一层须弥座上有八座小塔。第二层座上是覆钵形塔身。塔身之上又一层须弥座,座四周各开五个小龛,龛内供佛像。座顶有相轮。1921年因地震塔顶毁坏,1986年修复。此塔风格独特,为国内罕见。大佛寺还保存着一些珍贵的历史文物。1966年在卧佛腹内发现石碑、铜佛、铜镜、铜壶、佛经等,还有一块铅牌,记载了明成化年间在河西发生的一次地震,提供了河西地震史的新资料。1977年在大佛寺附属建筑金塔殿下出土了五枚波斯银币,是古代中外贸易往来的见证。此外,该寺还有明宣宗《敕赐宝觉寺碑记》、明通政使穆来辅《重修宏仁寺碑记》等碑刻。[①]

8.关于建筑的经典文字轶闻。据明宣宗朱瞻基《敕赐宝觉寺碑记》称:西夏时,有位叫嵬咩(法号思能)的国师,一日静坐,听到附近有丝竹声音,掘地三、四尺,得翠瓦金砖覆盖的碧玉卧佛一具,因而就地建起了这座坐东面西的佛殿。古哈烈国沙哈鲁王使臣亦曾游览大佛寺,在他的记载中说:"雕刻功夫精致,故诸像皆与活人无异。[②]"

参考文献

①甘肃省文物局:《张掖大佛寺申报世界遗产报告》,2006年。

②刘文浩:《张掖市志》,甘肃人民出版社,1995年。

五、妙应寺

1.建筑所处位置。位于北京市阜成门内大街路北。

2.建筑始建时间。该寺始建于辽寿昌二年(1096)。《春明梦馀录》云："白塔寺建自辽寿昌二年,……天顺二年。《燕都游览志》载:'天顺元年(1457),改妙应寺赐额'。"①另据《长安客话》载:"寺为辽白塔旧址,寺右偏。辽寿昌二年,为释迦佛舍利建。至元八年(1271),世祖崇饰之,制度之巧,古今罕有②。"另一说,寺始建于至元十六年(1279)。《日下旧闻考》载:"至元十六年,即其地建大圣寿万安寺,设影堂"③。《元史·世祖纪》云"至元十六年,建圣寿万安寺于京城,二十五年四月成④。"

3.最早的文字记载。元人张翥《四月十日习仪于白塔寺有旨翥升院判》:乍换朝衣紫,只怜客鬓华。才知无补世,官喜不离家,海燕雏方乳,戎葵蕊未花,归来北窗卧,尘污满乌纱。

4.建筑名称的来历。因寺内有通体涂以白垩的塔,俗称白塔寺。现寺内建筑大都为清代所建,仅白塔在火焚中幸免,为元代遗物,至今已700余年⑤。因塔、寺位于元代大都城的西部,故又有"西苑"之称⑦。

5.建筑兴毁及修葺情况。早在辽道宗寿昌二年(1096)就曾在阜成门内建造过一座供奉佛舍利的塔。塔身内藏有释迦佛舍利戒珠20粒、香泥小塔24座、《无垢净光》等陀罗尼经5部,后毁于兵火。元世祖至元八年(1271)又建起形制巨大的砖筑喇嘛塔。整个工程宏大,历时8年,于至元十六年建成竣工,并迎释迦佛舍利藏于塔中。同年又在塔前建起了一座面积约16万平方米的华丽寺院,敕名"大圣寿万安寺"。寺成于至元二十五年。元世祖忽必烈于至元三十一年去世后,皇室在白塔两侧修建了神御殿(也称影堂),月遣官员致祭。元至正二十八年(1368)特大雷火焚毁了所有殿堂,只有白塔幸免。直到明宣德八年(1433)明宣宗才又敕令修葺白塔。明天顺元年(1457)宛平县民向朝廷请修寺庙,建成后改称"妙应寺"。面积仅13000平方米,占地仅为原元代所建佛寺的中间一个狭长带。明成化元年(1465)在白塔的周围加了铁灯龛108座,万历二十年(1592)重修了白塔宝盖,并在覆钵上放了一座小铜碑。清代又屡有修葺⑧。

6.建筑设计师及捐资情况。由元世祖忽必烈亲自查勘选址。妙应寺白塔是经元世祖忽必烈的帝师八思巴推荐,由入仕中国的尼泊尔工艺家阿尼哥设计建造,是我国现存最大、最早的藏式佛塔⑨。

7.建筑特征及其原创意义。妙应寺由寺院和塔院两部分组成。中轴线上从南到北依次排列着山门、钟楼、鼓楼、天王殿、三世佛殿、七佛宝殿和塔院。寺中古木参天,殿堂修饰华丽,屋上梁下飞金溢彩,绘有各种莲花图案,天花板上以藏文绘密教六字真言。山门面阔三间,东西两侧有八字形壁,中间券门上有石刻横匾额书"敕赐妙应禅林"。山门后两侧分列着楼阁式的钟鼓楼。其后为天王殿,面阔三间,内塑四大天王像,其北是三世佛殿,面阔五间,前有月台,内立三尊3米多高的楠木三世佛,两侧是24诸飞天,塑像各具神态。再往北为七佛宝殿,面阔五间,内供七尊佛像;旁边为明代十八尊铜鎏金护法神像;顶部为三个盘龙藻井,外层方形,中层内八角形,共雕金龙八条、金凤十四只;内层圆形,内有金色蟠龙,共九龙十二凤;四外为"六字真言"贴金彩绘天花。在三世佛与七佛殿间的东西两旁都有配殿廊庑,最北为塔院⑩。

8.关于建筑的经典文字轶闻。江夏郭正域《白塔寺》:"鸽影旋浮图,飘飘不可呼。银轮如现在,白马可来无?日霁云山晓,霜标水月孤。杳然人世隔,花雨半皇都⑪。"蒋一葵《长安客话》曰:"妙应寺在阜城门内,寺右偏有白塔,创自辽寿昌二年,为释迦佛舍利建。"

参考文献

①(清)孙承泽:《春明梦馀录》。

②(明)蒋一葵:《长安客话》。

③(清)朱彝尊:《日下旧闻考》。

④《元史·世祖纪》。

⑤《蜕庵集》,卷三。

⑥⑦⑧吴廷燮等纂:《北京市志稿》,燕山出版社,1989年。

⑨(明)刘侗、于奕正:《帝京景物略》,上海远东出版社。

⑩《辽史拾遗》卷一四。

(三)志陵

西夏王陵

1.建筑所处位置。"贺兰山之东,数冢巍然,即伪夏嘉、裕诸陵是也。……"①。即位于今银川市西郊贺兰山东麓,距市区大约35千米。

2.建筑始建时间。太祖继迁的裕陵始建于景德元年(1004)。"景德元年春正月,保吉(继迁)卒。……秋七月葬保吉于贺兰山,在山西南麓。宝元中(1039),元昊称帝,号为裕陵。②"

3.最早的文字记载。关于西夏帝陵的记载最早见于《宋史·夏国传》③,但仅于各帝名下记其陵名,而不记其方位。

4.建筑名称的来历。因是西夏历代帝王的陵寝,故名,俗称"昊王坟"。

5.建筑兴毁及修葺情况。陵区地面建筑,经过八、九个世纪的风雨飘零后,早已成废墟。但是黄土夯筑的灵台、阙台、神墙等,还巍然屹立。每座陵园占地都在十万平方米以上。

6.建筑设计师及捐资情况。明《嘉靖宁夏新志》称:"其制度仿巩县宋陵而作"④。

7.建筑特征及其原创意义。陵区内有9座帝王陵墓和207座宗室、王公大臣的陪葬墓。9座王陵分别是太祖李继迁裕陵、太宗李德明嘉陵、景宗李元昊泰陵、毅宗李谅祚安陵、惠宗李秉常献陵、崇宗李乾顺显陵、仁宗李仁孝寿陵、桓宗李纯祐庄陵和襄宗李安全康陵。陵区规模与河南巩县宋陵、北京明十三陵相当,是中国现存规模最大、地面遗迹保存最完整的帝王陵园之一,其独特的陵台有"东方金字塔"的美誉。9座帝陵皆坐北朝南,呈纵长方形,庄严肃穆,高大雄伟。帝陵是西夏陵区内的主要建筑,也是保存较好的部分。以夯土为主体,夯土之外包砌砖和石灰面,屋檐挂瓦,屋脊饰有各种琉璃和灰陶的装饰物。据统计,一座帝陵大约有8种20余座各式建筑,组合成一个完整的建筑群,占地面积8—15万平方米。这些建筑今天虽已成为废墟,但陵台夯土仍高高耸立,高者达20余米;

残砖断瓦俯首可拾,堆积厚处近 1 米。夯土城墙断续相连,陵园布局清晰可辨。西夏帝陵的陵园建筑由角台、鹊台、碑亭、月城、陵城、门阙、献殿、墓道、陵台等几部分组成,有的陵园筑有外城。9 座陵园结构基本一致,但局部又有所变化。陵园自南而北,以东西对应的鹊台、碑亭及平面连接为"凸"字形的月城和陵城组成陵园的基本结构,以外城、角台、碑亭、陵台的变化形成了陵园多种布局和风貌。有关专家指出,西夏陵园吸收了我国秦汉以来,特别是唐宋陵园之所长,同时又接受了佛教建筑的巨大影响,使汉族文化和佛教文化与党项民族文化三者有机地结合在一起,构成了我国陵园建筑中别具一格的建筑形式,充分显示了党项民族的崇拜观念和生活习俗,在中国陵寝发展史上占有重要地位。

  8.关于建筑的经典文字轶闻。明代安塞王朱秩炅有《古冢谣》诗曰:贺兰山下古冢稠,高下有如浮水沤。道逢故老向我告,云是昔时王与侯。当年拓地广千里,舞榭歌楼竟华侈。岂知瞑目都成梦,百万衣冠为祖送。强兵健卒常养成,渺视中原谋不轨。

参考文献

①(明)杨守礼:《嘉靖宁夏新志》卷二,上海古籍出版社,2006 年。

②(清)吴广成:《西夏书事》卷八。

③《宋史》卷四八五、四八六。

④郭黛姮:《中国古代建筑史》,(五卷本)第三卷,中国建筑工业出版社,2003 年。

中 国 历 代 名 建 筑 志

第十章

金代名建筑

（一）志桥

一、卢沟桥

1.建筑所处位置。位于原宛平县城西门外,距今北京市广安门约 15 千米,横跨永定河。

2.建筑始建时间。卢沟桥自金世宗大定二十九年(1189)夏动工,至明昌三年(1192)春完成①。

3.最早的文字记载。宋人许亢宗在其《奉使金国行程录》中记述他于北宋徽宗宣和七年(1125)行经卢沟渡口时的见闻说:"过卢沟河,水极湍激,燕人每侯水浅深,置小桥以渡,岁以为常。近年,都水监辄于此两崖造浮梁"。有"小尧舜"之称的金世宗与南宋达成和议后,乃做出了开卢沟通漕运,修石桥的决策②。

4.建筑名称的来历。永定河至北京西郊,流经卢师山,也叫卢沟,卢沟桥因永定河水卢沟段的名称而得名。

5.建筑兴毁及修葺情况。《金史·河渠志》:大定二十九年,以卢沟河流湍急,命建石桥.明昌三年成。名曰广利。《元史·百官志》:延祐四年(1317),卢沟桥置巡检司。《大明一统志》:卢沟桥正德九年(1514)七月重修,长二百余丈。栏刻为狮形,每早波光晓月,上下荡漾,为燕京八景之一。名曰卢沟晓月。桥当往来孔道,康熙八年(1669)发帑修筑③。清乾隆年间(1736—1795)也曾重葺。

6.建筑设计师及捐资情况。因卢沟系国家河渠,又系交通要冲,自金代以来,历代多有修造。经费当由国拨,设计师由于文献失载而暂付阙如。

7.建筑特征及其原创意义。卢沟桥造型优美,艺术精巧,工程雄伟,是我国著名的古桥之一。它是圆弧联拱石桥,总长 2660.5 米(包括桥头引道)。桥面包括栏杆、仰天石在内,共宽 9.3 米,净宽 7.3 米。桥高约 10 米,引道均用条石铺砌。全桥共 11 孔,拱券的跨径,由两岸逐渐向桥心增大,西面最外一孔跨径 12.35 米,增加至中心孔为 13.42 米。拱券为弧形拱,矢跨为 1:3.5 强。桥拱采用纵联式的砌券法,使整个拱券成为一体,这是卢沟桥在工程技术上的一大特点。在券的两侧,各有单独的券脸石一道。为了防止券脸石向外倾塌,各拱都用了 8 道通贯的长条石,与券脸石相交砌,又接近于框式纵联的排列。在券脸石拱背上,平铺伏石一层,厚 15 厘米,并挑出券脸石 15 厘米。拱券和桥墩各部分石料之间,均使用了腰铁,以增强砌石之间的拉力。

卢沟桥在建筑工程技术上的另一突出特点是桥基和桥墩结构合理,非常坚固。它建在数米厚的鹅卵石和黄砂堆积的河汀上,运用"插架法"结构,即在桥的基础下打桩,以增强河汀的抗压力,减少桥基的沉陷。桥墩的形式,平面作船形,迎水一面砌成三角形分水尖,尖上均装置约长 26 厘米的三角铁柱,锐角向外,好似一把利剑,即所谓"斩龙剑"。相传数百年前有一天忽然天昏地暗,黑云罩地,雷轰电闪,大雨滂沱。只见卢沟桥上游有十条凶猛恶龙掀浪鼓涛而下,势将造成桥毁岸崩,田舍漂没之局,令人胆战心惊。不料,龙至桥下,转瞬无影无踪,而滚滚洪水也从桥孔平稳流过,人们奔走相告,都说是卢沟桥有锋利无比的"斩龙剑"。其实"斩龙剑"即是分水尖上的三角形铁柱,它们可以抵挡夏季洪水和冬季冰块的冲击,很好地保护桥墩。而且,桥墩顺水的一面,微向内收,略如船尾,这种型式可使水流一出桥洞即分散泄下。大大减少了券洞内的水压力。这些保防措施的设计,在古代拱桥中是少有的创造。

卢沟桥不仅设计合理,建筑坚固,工程施工上有许多突出成就,而且造型美观,石雕细腻,技艺精巧。桥上的 4 根华表,281 根栏杆和 297 块栏板,雕有姿态各异的大小石狮 502 只,故有"卢沟桥的狮子数不清"的歇后语。历代文人墨客在此吟诗作画,流连忘返。如明朝人王贤的《晓过卢沟桥》,明大臣金幼孜的《卢沟桥》,元代文学家张林、卢亘以"卧虹千尺","苍龙北峙飞云底"等诗句来赞美石桥;明代画家王绂绘有《卢沟晓月图》,元朝时还绘有《卢沟运筏》图。意大利旅行家马可·波罗也深为卢沟桥的坚固壮丽所倾倒,乃至于盛赞它是"世界上最好的,独一无二的桥"。在金、元、明、清时代,卢沟桥也是京师居民送别行人的地方。凡自西南方出京的人,送行者多在卢沟桥畔折柳相别,就像汉唐时代长安灞桥折柳惜别的习俗一样。金朝大臣著名学者赵秉文的《卢沟》诗记的便是此事,诗云:"河水桥柱如瓜蔓,路入都门似犬牙。落日卢沟沟上柳,送人几度出京华"⑤。

8.关于建筑的经典文字轶闻。清朝乾隆皇帝《卢沟桥重葺记》:文有视若同而义则殊者,不可不核其义而辨之也。余既核归顺、归降之殊于土尔扈特之记,辨之矣。若今卢沟桥之重修、重葺之异,亦有不可不核其义而辨者。盖今之卢沟桥,实重葺非重修也。夫修者倾圮已甚,自其基以造于极,莫不整饰之,厥费大。至扵葺,则不过补偏苦弊而已,厥费小。夫卢沟桥体大矣,未修之年亦久矣。而谓之葺补费小者何则? 实有故。盖卢沟桥建于金明昌年间,自元迄明以至国朝盖几经葺之矣。自雍正十年逮今又将六十年,帝京都市,往来车马杂遝,石面不能不弊坏,行旅以为艰。而桥之洞门间闻有鼓裂,所谓网兜者谓下垂也,司事之人有欲拆其洞门而改筑者,以为非此不能坚固。爰命先拆去石面以观其洞门之坚固与否,既拆石面,则洞门之形毕露。石工鳞砌,锢以铁钉,坚固莫比。虽欲拆而改筑实不易拆,且既拆亦必不能如其旧之坚固也,因只令重葺新石面复旧观。而桥之东西两陲接平地者,命取坡就长,以便重车之行不致陡然颠仆以摇震洞门之石工而已。朕因是思之,浑流巨浪势不可当,是桥经数百年而不动,非古人用意精而建基固,则此桥必不能至今存。然非拆其表而观其里,亦不能知古人措意之精用工之细如是其亟也。夫以屹如石壁之工拆而重筑,既费人力又毁成功,何如仍旧贯乎? 则知自前明以及我朝皆重葺桥面而已,非重修桥身也。即康熙戊申所称水啮桥之东北而圮者亦谓桥东北陲之石堤而已,非桥身也。以是推之,则知历来之葺或石面或桥陲之堤胥非其本身洞门可知矣。夫金时钜工至今屹立,而人不知或且司工之人张大其事,图有所侵冒于其间焉,则吾之此记不得不扬其旧过去之善而防其新将来之弊,是为记以详论之⑥。

参考文献

①《古代桥梁》。

②《中国古代道路交通史》。

③《大清一统志》卷七。

④《金史·礼志》。

⑤(金)赵秉文:《滏水集》卷八。

⑥《御制文集》三集卷七。

二、景德桥

1.建筑所处位置。横跨在山西省晋城市西门外的沁水河上,连贯两岸公路。

2.建筑始建时间。"城西关桥一名沁阳桥,金大定乙酉年(1165)知州董仲宣创建,成于明昌辛亥年(1191)。……①"

3.最早的文字记载。"城西关桥一名沁阳桥,金大定乙酉年(1165)知州董仲宣创建,成于明昌辛亥年(1191),经四百余年不坏。成化壬辰(1472)大水塞川而下,桥毁而遗石尚存。②"

4.建筑名称的来历。俗称西大桥,因通沁水、阳城一带,一度称沁阳桥。清乾隆四十八年(1783)于桥西兴建景德庙后,桥改今名。

5.建筑兴毁及修葺情况。800多年来,山洪冲刷,车马践踏,地震摇撼,至今仍无重大损毁,依然屹立如故。"成化壬辰(1472)大水塞川而下,桥毁而遗石尚存。③""据考察,明成化八年(1472)大水冲毁东门桥及南大桥,唯景德桥犹存。1956年整修一新。④"

6.建筑设计师及捐资情况。由董仲宣创建⑤。

7.建筑特征及其原创意义。该桥采用大拱上负二小拱形式,桥长30米。桥拱净跨21米,矢高3.7米,并列25道拱券,券石厚73厘米,护拱石厚26厘米,桥宽5.63米,两端半圆小拱,净跨3.1米,拱石厚58厘米。桥上栏板已为后世更换,券面上留有石刻甚为精美⑥。

8.关于建筑的经典文字轶闻。欧阳修的《新五代史·死节传》记载:裴约,潞州之牙将

图10-1-1 山西晋城景德桥

也。庄宗以李嗣昭为昭义军节度使,约以裨将守泽州。嗣昭卒,其子继韬以泽、潞叛降于梁,约召其州人泣而谕曰:"吾事故使二十余年,见其分财飨士,欲报梁仇,不幸早世。今郎君父丧未葬,违背君亲,吾能死于此,不能从以归梁也!"众皆感泣。梁遣董璋率兵围之,约与州人拒守,求救于庄宗。是时,庄宗方与梁人战河上,而已建大号,闻继韬叛降梁,颇有忧色,及闻约独不叛,喜曰:"吾于继韬何薄?于约何厚?而约能分逆顺邪!"顾符存审曰:"吾不惜泽州与梁,一州易得,约难得也。尔识机便,为我取约来。"存审以五千骑驰至辽州,而梁兵已破泽州,约见杀。

后人在沙河上建造景忠桥以纪念裴约的忠烈。(今天的晋城一中附近东大街的小东河上的石拱桥,名字叫做景忠桥)。而位于晋城西大街西沙河上的景德桥很可能就是为了纪念地方官董仲宣而命名的。柳宗元《封建论》有言:君子德在人者,死必求其嗣而继之。这也是老百姓对爱民的地方官的一种情感表达。

参考文献

①③⑤(清)姚学甲:《凤台县志》。

②④⑥郭黛姮:《中国古代建筑史》(五卷本)第三卷,中国建筑工业出版社,2003年。

三、天盛号石桥

1.建筑所处位置。位于辽宁省凌源市区南45千米三家子乡天盛号村东的渗津河上。

2.建筑始建时间。始建于金大定十年(1170)①。

3.最早的文字记载。在该石桥拱券中间镶嵌着一块建桥石记。石记上说:"唯大定十年,岁次庚寅,辛亥为朔己卯日,龙山县西50里狗河川刘百通亲笔记,非百通独立而成,赖二刘同心而建,二刘者刘五、刘海"等字迹②。

4.建筑名称的来历。因此桥位于天盛号村东,故名天盛号石桥。

5.建筑兴毁及修葺情况。该桥曾因特大山洪而淤没于地下。1977年的某一天,当地农民在一次农田基本建设中偶然发现了这座石桥。以后,人民政府拨出专款,在1979年进行了发掘,并于1980年进行了修复。我们现在看到的天盛号石桥就是它修复后的样子了③。

6. 建筑设计师及捐资情况。由石桥拱券上的建桥记可知,该桥由刘百通、刘伍、刘海三人共同修建。

7. 建筑特征及其原创意义。石桥为东西走向,是一座五柱头四栏板单孔石拱桥,东西长38米,宽3.4米,跨度2.9米。桥面用90多块扇形石材砌成,白

图10-1-2 辽宁天盛号石桥

灰灌缝,束腰形铁链固定,既结实又美观。天盛号石桥是一座单孔的微型石拱桥,拱两面的圈脸石,每段上都有一朵直径为28厘米的浮雕大莲花,花为8瓣5蕊,有30颗圆珠将莲花圈围在中间,并且上下都有弦纹衬托,其设计美观大方,独具一格,可与苏州甪直镇的"东美桥"相媲美。其特殊之处,是在于它拥有上拱和下拱,上拱为半圆形,下拱却为椭圆形。这种同时拥有上、下拱的单孔石桥,是我国古代桥梁中的珍品。1988年被列为省级文物保护单位,并以独特新颖的建筑风格和悠久的历史被载入《中国名胜词典》④。

8.关于建筑的经典文字轶闻。大定十年是金世宗完颜雍的年号,为公元1170年。狗河即渗津河,辽金时代称狗河,元以后至今称为渗津河。天盛号金代石拱桥是迄今为止发现的关外最古老的石拱桥,它的发现,对研究我国桥梁史、朝阳地貌变迁和塞外交通等情况都具有重要价值。

参考文献

①②见该桥中部所嵌修桥志,楷书。

③姜浩、张辉:《关外第一桥——天盛号金代石拱桥》,《辽宁日报》,2010年3月11日。

④朝阳市史志办:《朝阳市志》,沈阳出版社,2004年。

四、永通桥

1.建筑所处位置。位于河北省赵县县城西门外清水河上。

2.建筑始建时间。赵州城西门外平棘县境有永通桥,俗谓之小石桥。方之南桥差小,而石工之制,华丽尤精。清、洨二水合流桥下,此则金明昌间(1190—1196)赵人哀钱而建也。建桥碑文中宪大夫致仕王革撰。桥左复有小碣,刻桥之图,金儒题咏并刻于下①。

3.最早的文字记载。"吾郡出西门五十步,穹窿莽状如堆碧,挟沟洰之水,⋯⋯桥名永通,俗名小石。盖郡南五里,隋李春所造大石⋯⋯而是桥因以小名,逊其灵矣。桥不楹而耸,如驾之虹,洞然大虚,如弦之月,尝夹小窦者四,上列倚栏者三十二,缔造之工,形势之巧,直足颉颃大石,称二难于天下。②"

图 10-1-3　河北赵县永通桥

4.建筑名称的来历。永通桥的结构形式,完全模仿安济桥,因其修建时间晚于安济桥(大石桥),而且形体又小,故人们将其称为小石桥,正名永通桥。

5. 建筑兴毁及修葺情况。"岁丁酉,乡之张大夫兄弟⋯⋯为众人倡,而大石桥焕然一新。⋯⋯比戊戌,则郡父老孙君、张君,欲修以志续功。⋯⋯取石于山,因材于地。穿者起之,如砥平也;倚者易之,如绳正也。雕栏之列,兽状星罗,照其彩也。文石之砌,鳞刺绣错,巩其固也。盖戊之秋(1598),亥之夏(1599),为日三百而大功告成。③"

6.建筑设计师及捐资情况。本乡孙姓张姓兄弟倡议修建该石桥。赵州人集资。张大夫兄弟主持建筑设计与施工。

7.建筑特征及其原创意义。永通桥是一座单孔敞肩弧形坦拱石桥,全长 32 米,宽 6.3米,主拱也采取纵向并列砌筑法,由 21 道纵向并列的拱券石砌成,跨度 26 米,拱矢约 5.2米,桥面跨度很小,近于水平,极其便于车辆通行。在桥的拱肩上大拱上同样伏设四个小拱,小拱与大拱幅度之比大于安济桥,这是匠师因地制宜的创造性运用。永通桥不仅在造型、结构等方面设计巧妙,而且在桥梁的装饰方面也有很深的艺术造诣。雕刻手法独特,具有浓厚的民族艺术风格,有"大石桥看功劳,小石桥看花草"之说。桥面栏板雕刻有人物故事、奇花异草、珍禽异兽等,图案刻工精细,人物神态栩栩如生,禽兽若飞若动,巧夺天工。桥面望柱有四种雕刻形式,即狮子望柱、双宝珠望柱、单宝珠望柱和莲花盆望柱。值得一提的是这种莲花盆望柱,柱头雕有方形莲花盆,盆的平面上浮雕着"牡丹花枝"、"鲤鱼戏水"、"小猫戏绣球"等图案,这种望柱在我国桥梁建筑中实属一奇。桥面两侧的帽石雕有团莲,极富装饰性。桥身上雕有吸水兽、游鱼、河神头像、麒麟、飞马等图案。桥基南北两面的金钢墙上,各浮雕一幅神话故事图案,共四幅,其中有"太阳神"、"飞天"等,这在我国桥梁建筑史上也是不多见的④。

8.关于建筑的经典文字轶闻。宋代诗人有"并架南桥具体微,石材工迹世传稀。洞开夜月轮初转,蛰启春龙势欲飞"之句,至今流传⑤。元杜德源诗:"可怜题柱诗人老,惭愧相如驷马归。⑥"

民间流传鲁班修赵州桥(大石桥),妹妹鲁姜修永通桥(小石桥),兄妹二人争胜,上帝派"天工"、"神丁"暗中相助,一夜之间两桥同时告竣的神话故事,更使两桥美名传天下。当然这只是民间传说,因为赵州桥和永通桥建桥时间相差四、五百年。自然不会同时告竣。

参考文献

①《河朔访古记》卷上。

②③(明)王之翰:《重修永通桥记》,见《赵州志》。

④郭黛姮:《中国古代建筑史》(五卷本)第三卷,中国建筑工业出版社,2003年。

⑤(清)《赵县志》,民国刻本(1939)赵县县政府翻印。

⑥《明一统志》卷三。

五、普济桥

1.建筑所处位置。横跨在原平市城北20千米的崞阳镇南门外河流上。

2.建筑始建时间。金泰和五年(1205)建。

3.最早的文字记载。"金泰和五年(1205)义士游完建。①"

4.建筑名称的来历。普济之名取普度众生、济世之意。

5.建筑兴毁及修葺情况。明成化年间(1465-1487)重修,清几经重修,仍保持原貌。

6. 建筑设计师及捐资情况。由义士游完建。

7. 建筑特征及其原创意义。桥为石砌拱桥,用行錾石和雕刻石砌成,主桥全长30米,跨度8米,券高7米。两端各有一引桥,南长28.5米,北长34.5米,二小券,以分洪水。大小券口均为石料横旋,券口之

图 10-1-4 山西原平普济桥

边均有造型精美的石刻浮雕。大券口的券楣有石刻浮雕,内容为避水兽头及人物故事,共16幅。小券位于大券之肩部,券口亦有浮雕,内容为蛟龙出水及九针图案。浮雕均典雅古朴,寓意深远,造型优美,精巧别致。远望普济桥,五道券眉错落有序,一道伏石曲线称平,柱、栏、板齐整参差,细看桥壁上彼凸此凹,或进或出,桥面上柱立板卧,时起时伏,真乃庄重古朴,建造奇特②。

参考文献

①《乾隆浑源州志》古迹卷。

②陆德庆:《中国石桥》,人民交通出版社,1992年。

（二）志塔

辽阳白塔

1.建筑所处位置。坐落于辽宁省辽阳市中华大街北侧。

2.建筑始建时间。金大定年间（1161—1189）。

案：该塔的建筑年代，其说不一。民国初年的《辽阳县志》说是汉建唐修，但并未提出根据[1]；《东北通史》则根据《金史·贞懿皇后传》及辽阳出土的金代《英公禅师塔铭》推测该塔是金世宗完颜雍为其母通慧圆明大师（金世宗追封其出家为尼的生母李氏为贞懿皇后）增大的葬身塔[2]。本书取后说。

3.最早的文字记载。1988年，为维修白塔进行测绘时，在塔顶须弥座下发现明代维修该塔的五块铜碑，其中四块维修记，一块护持圣旨。其中永乐二十一年（1423）《重修辽阳城西广佑寺宝塔记》刻有"兹塔之重修，获睹塔顶宝瓮傍铜葫芦上有镌前元皇庆二年重修记。盖塔自辽所建，金及元时皆重修。迨于皇朝积四百年矣。"

4.建筑名称的来历。中国古代佛教建筑。原名垂庆寺塔。原称广佑寺宝塔，因塔身涂有白垩，俗称"白塔"。

5.建筑兴毁及修葺情况。据1922年发现的塔铭和《金史·后妃列传上》记载，为金大定年间（1161—1189）金世宗完颜雍为其母李氏所建。后虽经历代补修，仍保持原有风貌，为现存辽金时期砖塔中的精品之一。1963、1972和1982年对基座曾进行3次维修。1988年中华人民共和国国务院公布为全国重点文物保护单位。

6.建筑设计师及捐资情况。金世宗完颜雍所建。

7.建筑特征及其原创意义。塔高71米，八角十三层密檐式结构，是东北地区最高的砖塔，也是全国六大高塔之一。基座塔身都以砖雕的佛教图案为饰。塔身八面都建有佛龛，龛内砖雕坐佛。塔顶有铁刹杆、宝珠、相轮等。

8.关于建筑的经典文字轶闻。《重修辽阳城西广佑寺宝塔记》提到圆公和尚（葬身塔在辽阳城东台子沟，有塔铭叙其生平事略）主持维修塔寺时"平治基址，得旧时广佑寺碑，遂复寺额"。说明在明永乐年间修复庙宇时，发现前代寺碑，将明初以白塔命名的白塔寺。恢复其原名"广佑寺"，塔从寺名，称广佑寺塔，明隆庆五年（1571）的《重修辽阳城西广佑寺碑记》，记述该寺有牌楼、山门、钟鼓楼、前殿、大殿、后殿及藏经阁、僧房、都纲司衙门等建筑共计149间，是辽东佛教的活动中心。明代江西南昌人张鳌曾任辽东苑马卿。他到辽东曾写诗赞曰："宝塔雄西寺，黄金铸佛身。"

参考文献

①《辽阳县志》。

②《东北通史》。

（三）志庙

东岳庙

1.建筑所处位置。位于山西省襄垣县城西南 6 千米的城关镇西里村北南罗山东麓。

2.建筑始建时间。庙始建年代不详。不过据东岳信仰的演变路径,大体可以推测此处东岳庙的始建时间不会早于宋朝。因为"五岳四渎立庙自拓跋氏始,当时唯立一庙于桑干水之阴。逮唐,乃各立一庙于五岳之麓。若东岳泰山之庙遍天下,则肇于宋氏之中叶。①"

3.最早的文字记载。(明)刘龙《凉楼胜观》诗:"闻道前朝避暑楼,林塘五月已惊秋。千村树色高低出,四面岚光远近浮。世代暗催人老去,繁华都逐水东流。空余庙古丹青在,箫鼓春风拥道周。"诗前小序云:"元将戍兵于此,尝起楼避暑。后人因为庙祀之。②"

4.建筑名称的来历。东岳庙,俗称凉楼庙,古为襄垣八景之一,素有"凉楼胜观"之美称③。

5.建筑兴毁及修葺情况。元大德年间(1297—1307)称避暑行宫,元至大年间(1308—1314)为岱岳庙,明景泰年间(1450—1456)为岱宗庙,明万历年间(1573—1619)为凉楼庙。庙内现存明代重修东岳庙碑记 2 通。据记载,元朝太师河南王察罕那延在南峰兴福寺与东岳庙屯兵,发现兴福寺后山风景秀丽,树木参天,气候凉爽,便在此地兴建了避暑行宫,名曰凉楼胜观。后因年久失修,胜景遂废。兴福寺僧人为纪念察罕那延功德,便在东岳庙原山门处增建佛阁一座。万历年间妆塑佛像。从此寺庙合一,神佛共奉。后人亦将东岳庙称凉楼庙。据庙内碑碣记载,自元、明、清以来,屡加修葺④。

1949 年以来,国家对东岳庙,尤其是飞云楼曾先后数次拨款修葺,并重整了彩瓦,补造了铜顶,修复了楼梯,增设了栏杆。1988 年,国务院又将东岳庙列为全国重点文物保护单位。

6.建筑设计师及捐资情况。据庙中碑文和刘龙襄垣八景诗中的凉楼胜观诗序等可知:东岳庙最初是元朝太师河南王察罕那延戍兵襄垣期间所建的避暑建筑,后来才逐步演变为东岳庙,再后兴福寺才移来合并。其建筑的初创当由军方拨款。后世维修则基本为地方集资。

7.建筑特征及其原创意义。该庙坐北向南,共为三进院落,占地面积 6600 平方米,建筑面积 1502 平方米,共有殿宇房舍 62 间。中轴线上依次有山门、佛阁、戏台、大殿、后殿。东西两侧有钟鼓二楼、耳楼、配殿、朵殿。前院有僧房、茶房。东小院有井房、厨房、库房等建筑。山门外有御道、拱桥、卧龙池和上下马碑。殿宇主从有别,纵横对称,结构严谨,错落有致⑤。

庙内现存东岳大帝黄飞虎、圣母娘娘、崔府君、十殿阎罗、送子观音、一佛二菩萨等彩塑 200 余尊。正殿塑东岳大帝武成王黄飞虎的坐像和影像。相传黄飞虎原为商朝大臣,因纣王暴虐无道,遂反殷投周武王伐纣,屡建大功,直至战死沙场。姜太公封他为"东岳泰山天齐仁圣大帝",执掌阴曹地府、十八层地狱,总管人间吉凶祸福、生死转生之大事。佛阁是东岳庙的最高建筑,阁内塑有如来佛和观音菩萨等坐像,为佛事活动的中心。戏台、大殿、后殿均在"文革"期间拆除。现存建筑有山门、佛阁、十殿阎罗殿、包公祠、观音殿、东西配殿等殿宇。佛阁建于山门之上,面阔三间,进深四椽,五架梁通达前后,用二柱,单檐悬山顶。庙内附属文物有元大德五年(1301)功德幢 1 个、重修东岳庙碑记和重修佛阁石碣 7 通。1994 年以来,对山门、佛阁、钟鼓二楼进行了抢救性的大型维修,现已成为一处知名游览胜地⑥。

东岳庙精华主要在于建筑,其中的杰作就是飞云楼。

飞云楼如今的建筑结构和造型完全属于明清遗风,清代乾隆时期山西民间一些营造技法十分显著,可见历代屡有维修。飞云楼为纯木结构,是我国古建筑楼阁中的珍品。楼身平面呈方形,明三暗五层,高达 23.19 米,十字歇山顶。底层木柱林立。中央四根各高15.45 米的通柱直达楼顶。四周 32 根木柱构成棋盘式。面宽进深各五间,面积 570 多平方米。三层四出檐,二、三层各出抱厦一间,均设平台勾栏,又用平柱分成三小间,上筑屋顶。山花向前,下用穿插枋和斜材挑承。全楼共有斗拱 345 组。真可谓斗拱密布,而且形状极富变化,犹如云风簇拥,鲜花盛开。各檐上翼角起翘,势欲腾飞;清风徐来,风铎丁零作响,清脆悦耳,楼顶覆盖黄、绿各色琉璃瓦,在阳光照射下,更显得华美壮观、富丽堂皇。其结构之巧妙,技艺之高超,造型之精美,外观之壮丽,堪称我国楼阁式建筑之杰作。

8.关于建筑的经典文字轶闻。每逢农历三月二十八日,为东岳大帝黄飞虎诞辰日,亦是传统的凉楼古庙大会,各路香客信士,接踵而至,热闹非凡。自古有"暮春神会冠五省,妇姑合意进香灵。阳间赶了凉楼会,阴间不受阎王罪"的民谣。

参考文献

①(元)吴澄:《大都东岳仁圣宫碑》,《畿辅通志》卷九七。

②《山西通志》卷二二四。

③④⑤⑥山西襄垣县志编纂委员会:《襄垣县志》,海潮出版社,1998 年。

中 国 历 代 名 建 筑 志

第十一章

元代名建筑

绪　论

元代虽然享国不过百年,但在中国建筑文化的发展历史上地位却不容低估。

蒙古族在征服宋王朝的过程中,曾经对汉人进行过野蛮的杀戮。有人甚至建议"可悉空其地以为牧场"(《元史·耶律楚材传》),元朝的统治者当然没有采纳这一荒唐的建议。但这一可笑的建议却反映了草原民族和农耕民族接触初期的不适应。回顾历史上这个短暂的统一王朝,我们惊奇地发现,元朝在许多方面史无前例:首先反映在众所周知的种族歧视上。兹不赘言。其次反映在国家版图的扩大上。元代边陲地区都设有行省或归宣政院直辖,像西南边区设置云南行省,东北边区设辽阳行省,北方边区设岭北行省,西藏和台湾都正式列入中国的版图。第三,反映在对建筑工匠等技术人才的重视上。蒙元帝国所到之处,工匠一律不杀。当然他们是出于战争需要工匠人才的实用考虑。但客观上也为国家保存了大量的建筑技术人才。第四,反映在蒙元时期中华建筑异彩纷呈上。元代的建筑多民族色彩很浓,比如,蒙古族的 ordo,汉译斡耳朵。也作斡鲁朵,斡里朵。是蒙古族的代表性居住建筑。"斡耳朵"的意思就是宫帐,或曰行宫。这种斡耳朵有可迁徙的和不可迁徙的两种。不可迁徙的斡耳朵体量要大得多。成吉思汗时期建立四大斡耳朵,供大汗和后妃们居住。当时制定制度,以后"凡新君立,复自作斡耳朵。"(叶子奇《草木子》卷三下)元朝建立,蒙古族有了固定的上都、和林以及大都三座城都。蒙古上层统治者每年以大都为主要活动场所。但每年仍安排一段时间去塞外住他们的斡耳朵,过草原生活,以示不忘游牧根本。由于和汉族文化的融合,受汉族帝王行宫制度的影响,在元大都和上都的道路旁,他们也设置一些固定的帐幕和房舍,蒙古语称为"纳钵"。虽然住进了大都这样典型的汉式宫殿,但他们仍不忘在汉式宫殿中设置斡耳朵供皇妃居住,皇帝死后仍由相关嫔妃居住。早期的斡耳朵内部一般不分隔,也许是受汉式宫殿建筑以柱隔间做法的影响,后来则多用柱子隔开走廊和正厅,甚至在正厅后面,还专门隔出皇帝的卧室。(《出使蒙古记》)宗教建筑方面,元代也是一个繁荣的时期。元代统治者对汉民族很重视的礼制建筑关注不多,而对建造宗教寺庙则热情有加。在大量的建造实践中开始出现新的技法,如佛教寺庙的修建元代已经开始出现移柱法和减柱法,以增加殿前活动空间。同时使用斜撑,以节省梁类建筑材料。例如,山西洪赵县的广圣寺就是这方面的案例。(刘敦桢《中国古代建筑史》)元代是一个开放的时期,除传统的佛教外,还有喇嘛教、密教等佛教其他宗派也进入内地建造寺庙,传教。如大都的兴教寺、大护国仁王寺、大圣寿万安寺,以及上都的乾元寺、帝师寺等,都是密宗僧侣主持的寺院。杨琏真珈为了提高喇嘛教的地位,利用南宋的皇宫改造为尊胜塔和报国、兴元、般若、仙林、尊胜等五大寺院。宗教建筑的兴造,出现了汉族建筑元素和少数民族建筑元素互相融合的新局面,如吐蕃的佛教寺庙夏鲁寺在保持吐蕃建筑特点的基础上,也吸取了盖琉璃瓦设斗拱等汉族建筑的元素。(史卫民《元代社会生活史》)道教中的全真教因为成吉思汗的重视而地位上升,全国各地全真教大建寺庙,盛况空前。在道教建筑的规范化方面作出了贡献。山西永济的永乐宫,陕西周至的重阳万寿宫,河南开封的朝元宫,北京的白云观等,都是研究全真教建筑文化的活标本。此外,伊斯兰教、摩尼教等许多域外宗教在元代纷纷进驻中土,形成了史无前例的宗教繁盛局面。同时,由于元代版图的扩大,宗教的超常规发展,内地和边地建筑技术人才的远距离交流成为可能。也促成了国内外宗教建筑、宗教造像等的历史性进步。

特别值得一提的是,元代虽然是蒙古族统治中华,但在营造制度上却依赖汉人为多。例如,元大都就是比较典型的遵循周代王城图的格局建成的宫殿群落。而在元代大都营造之前,由于种种客观原因的限制,诸如依托前朝宫城而建,或者受地理条件限制,真正按照《周礼·考工记》的规制建设的基本没有。元大都的建设提供了比较接近周王城格局的范例。

(一)志城

元大都城

1.建筑所处位置。位于今北京市旧城的内城及其以北地区。

2.建筑始建时间。元至元四年(1267)①。

3.最早的文字记载。"皇元之宅是都也,睿哲元览,訏谟辰告。狭旧制之陋侧,相新基而改造。面平原之莽苍,背群山之缭绕。据龙首定龟兆。度经纬,植臬表。诏山虞使抡材,命司徒往掌要。戒陶人播其植,程匠师致其巧。筑崇墉之万雉,若缭山之长云;浚三五之折沟,建十一之通门。齐璀垠于翠微,倚丽谯于苍旻。豁崇期之坦路,浮广漠之祥氛。车方轨而并进,骑衡列而齐犇。辇连翩以飚驰,轴辖磕而雷震。爰取法于大壮,盖重威于帝京。揭五云于春路,呀万宝于秋方。上法微垣,屹峙禁城。竦五门之高阙,拔埃阃而上征。斗杓之口,对鹑火之炜煌。苍龙天矫以奋角,丹凤葳蕤以扬翎。象黄道以启途,仿紫极而建庭。槐题炳乎列宿,栋桴凌乎大清。抗寥阳而设玉升,轶倒景而居瑱楹。飏翠气之郁葱,流红采之晶荧。道高梁而北汇,堰金水而南萦。俨银汉之昭回,抵阁道而轻大陵,山万岁之嶙峋。冠广寒之峥嵘,池太液之浩荡。泛龙舟之敖翔,酌文质而适宜。审丰约而中程,左则大庙之崇规。遂重屋,制堂室之几筵;班祖宗之昭穆,右则慈闱之尊,功侔娲石。歌肃雍之章,四颂怡愉之载亿。既辨方而正位,亦列署而建官。都省应乎上台,枢府协乎魁躔。霜台娥乎执法,农司符乎天田。詹事宣政卫尉之院,错峙而鼎列;宣徽泉府将作之署,綦布而珠连。玉堂则两制擅美;丹屏则六尚总权。艺苑则秘府史局,俊林则昭文集贤。武备军需兵戎之筦,奉常曹闱礼乐之原。大府都水之分,其任章佩利用之布其员。医院以精方剂,清台以察璿玑。拱卫侍卫以严,周庐群牧尚牧以阜天。闲仓庾积畜之重,库藏出纳之烦,职崇卑而并举,才细大而不捐。"摘自(元)李洧孙《大都赋并序》②。

4.建筑名称的来历。至元四年,于中都之东北置该城而迁都。至元九年(1272),改大都③。

5.建筑兴毁及修葺情况。至元九年改称大都,至元十一年,宫阙告成,至元十三年皇城内主要建筑基本完成。至元二十年,发军修完六都城④,武宗时创皇城角楼⑤,元末顺帝时为加强防御又增筑瓮城,造吊桥⑥。明洪武元年攻陷大都,此城受到较大毁坏,之后明王朝又于此基础上进行了改建和扩建。

6.建筑设计师及捐资情况。由太保刘秉忠主持规划建设⑦,此外亦有阿拉伯人也黑迭儿等人参与规划营建工作⑧。

7.建筑特征及其原创意义。此城由于是于金中都旧城东北新筑而成,再加上地势平整,故其规划整齐,布局严整,有一条明显的中轴线。城平面呈长方形,由宫城、皇城、大城三层相套而成,外城门11座,城垣四周建有角楼,周环护城河。皇城居大城南部中央,内含宫城,兴圣宫、隆福宫、御苑、太液池、琼华岛等。宫城居全中轴线之上。

城内街道垂直对称,整齐划一,经纬分明,呈棋盘状,分干道、胡同两类,经考古发现胡同呈东西向等距离排列状,胡同间为住宅地段。城内市肆较分散,最大市肆海子居皇城之北,另有羊角市及旧枢密院角市(东市),三者共同成为其三大贸易中心,另外还有各种专门集市多处。其衙署布置亦不集中。

城内供水排水系统较完善,供水系统有两部分,一是高梁河、海子通惠河构成的漕运系统,一是由金水河、太液池构成之宫苑用水系统。地下水道及排水系统完善科学。

元大都乃当时世界上最繁华的城市,无论其规划设计,建筑艺术,科学布局和工程技术水平,还是城市规模都是其他城市难以比拟的。其宫城居中,左右对称,恪守了古代五城的规制,但又不拘泥于其均整之正方形轮廓,充分利用城内水面,进行了创造性发展,

图 11-1-1 元大都新城平面复原图

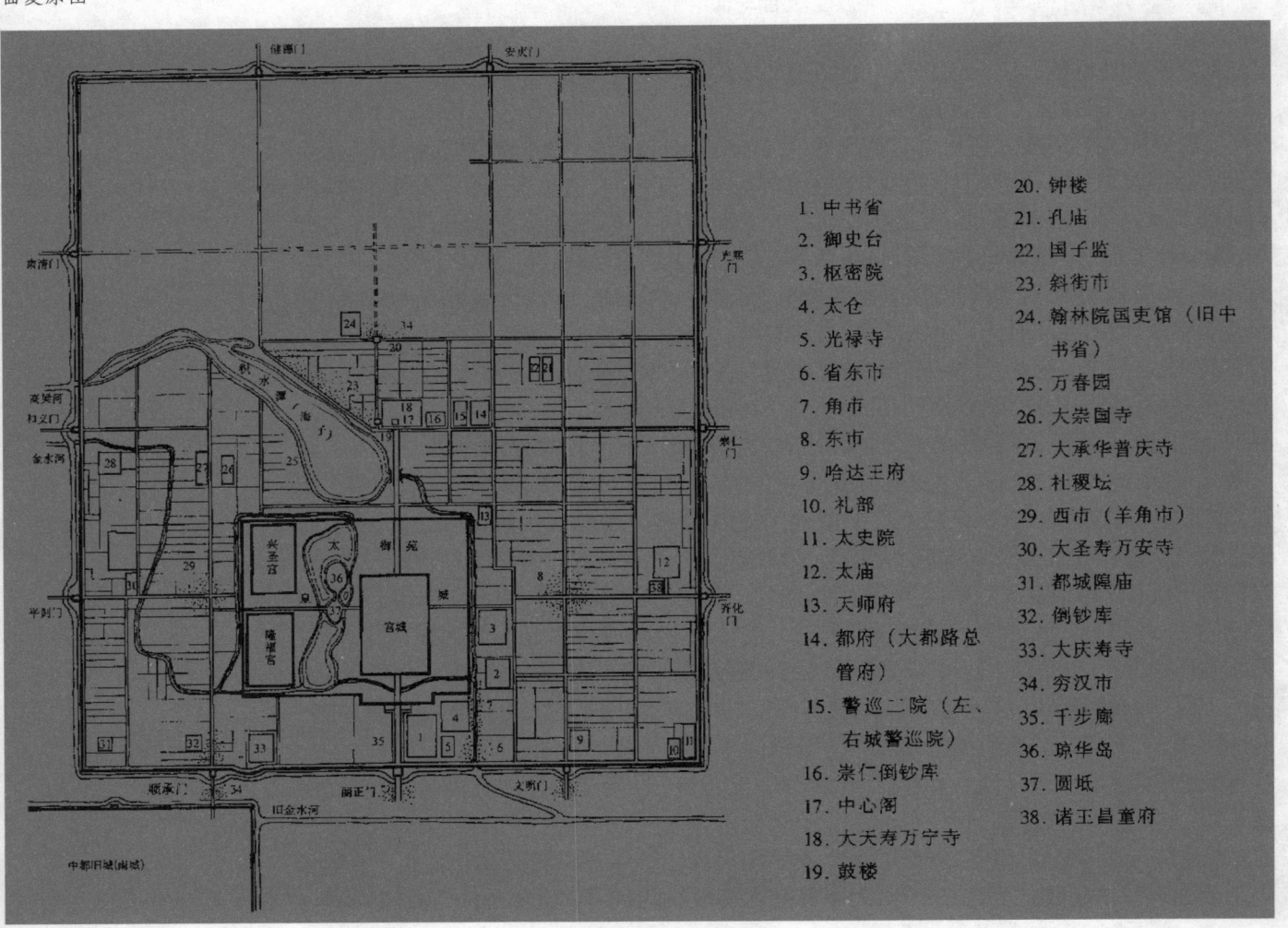

1. 中书省
2. 御史台
3. 枢密院
4. 太仓
5. 光禄寺
6. 省东市
7. 角市
8. 东市
9. 哈达王府
10. 礼部
11. 太史院
12. 太庙
13. 天师府
14. 都府(大都路总管府)
15. 警巡二院(左、右城警巡院)
16. 崇仁倒钞库
17. 中心阁
18. 大天寿万宁寺
19. 鼓楼
20. 钟楼
21. 孔庙
22. 国子监
23. 斜街市
24. 翰林院国史馆(旧中书省)
25. 万春园
26. 大崇国寺
27. 大承华普庆寺
28. 社稷坛
29. 西市(羊角市)
30. 大圣寿万安寺
31. 都城隍庙
32. 倒钞库
33. 大庆寿寺
34. 穷汉市
35. 千步廊
36. 琼华岛
37. 圆坻
38. 诸王昌童府

在我国乃至世界城市史上居非常重要的地位,并且直接奠定了明清北京城的基础。

8.关于建筑的经典文字轶闻。《马可·波罗游记》中有盛赞元大都的文字。元黄仲文之《大都赋》,陶宗仪《辍耕录》都是了解元大都规制的重要史料。另,关于元大都的规制,学术界有两派意见,一派认为刘秉忠的规划思想是遵循《周礼·匠人营国》的城市规划思想。而另一派则根据《元史·地理志》"方六十里,十一门"的记载,坚持认为刘秉忠实际上还是接受了忽必烈的影响。或者说在忽必烈的干预下,刘秉忠根本就不可能按照古代的匠人营国的模式去建设⑨。

参考文献

①③《元史·地理志》。

②见《钦定日下旧闻考》卷六。

④《元史·世祖纪》。

⑤《历代宅京纪》总序下。

⑥《元史·武宗纪》。

⑦《元史·刘秉忠传》。

⑧(元)欧阳玄:《圭斋文集》卷九。

⑨潘爷西:《中国古代建筑史》(五卷本)第四卷,中国建筑工业出版社,1999年。

(二)志宫

一、大内宫

1.建筑所处位置。位于今北京市旧城的内城及其以北地区,忽必烈把金海易名为太液池。太液池东为大内,西为兴圣宫(今北京图书馆旧馆),隆福宫,三宫鼎立①。

2.建筑始建时间。始建于至元四年(1267):"四年,始于中都之东北置今城而迁都焉。②"另一说为至元八年:"宫城周回九里三十步,东西四百八十步,南北六百十五步,高三十五尺,砖甃。至元八年八月十七日申时动土,明年三年十五日即工③。"

3.最早的文字记载。元陶宗仪《辍耕录》(如上文)。

4.建筑名称的来历。大内,指天子宫殿。"大,言其广;内,言其尊。谓非诸王以下所敢比拟者④。"

5.建筑兴毁及修葺情况。元大都右拥太行,左挹沧海,枕居庸,奠朔方。城方六十里,十一门⑤。元代宫室一毁于明徐达改筑都城之初,再撤于永乐迁都之岁。禁扁仅存其名,永乐大典所采元宫室制作一书,第详其制,其地分方位惟昭俭、辍耕二录载之最晰⑥。

6.建筑设计师及捐资情况。元大都的设计师主要有刘秉忠、张柔、也黑迭儿三人。其中,也黑迭儿所做工作最多。

7.建筑特征及其原创意义。大内宫是大都宫殿的最主要的部分。它以南崇元门,北厚载门,东东华门,西西华门为宫墙,经纬而构成宫城区。轴线上的大明殿和延春阁两组建

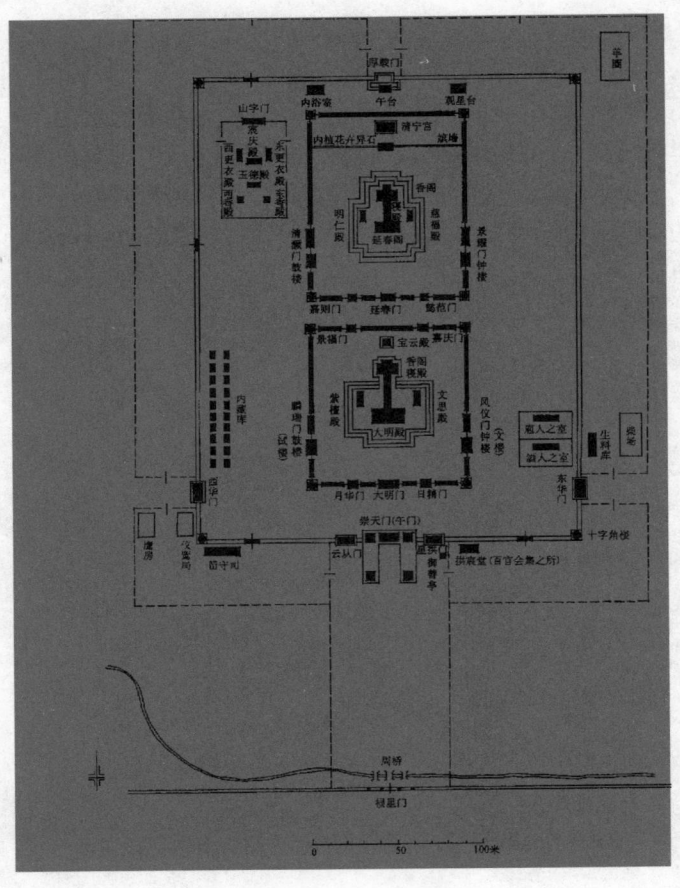

图 11-2-1 元大内图

筑为主体,辅以玉德殿、庖酒人之室、内藏库及附于大内的仪鸾局、留守司、百官会集之所、鹰房、羊圈等。

大内宫于继承中有创新,是对宋朝宫殿的延续,正朝大明殿,常朝延春阁分设寝殿,与前朝后寝的古制不同,建筑内容体现蒙古人的信仰和生活习俗。

8.关于建筑的经典文字轶闻。新宫的修建,主要由阿拉伯籍工匠也黑迭尔负责。他遵循忽必烈的指示:"大业甫定,国势方张。宫室城邑,非巨丽宏深,无以雄八表"⑦。"夙夜不遑,心讲目算,指授肱麾,咸有陈画。"亲自指导宫殿营造活动。

参考文献

①朱契:《元大都宫殿图考》,见《昔日京华》第四章,百花文艺出版社,2005年。

②⑤《元史·地理志》。

③(元)陶宗仪:《辍耕录》卷二一。

④《品字笺》。

⑥《钦定日下旧闻考》卷三〇。

⑦(元)欧阳玄:《圭斋文集》卷九《玛哈穆特实克碑》。

二、隆福宫

1.建筑所处位置。位于今北京市旧城的内城及其以北地区,元太液池之西,兴圣宫之前。

2.建筑始建时间。始建于至元四年(1267)①。

3.最早的文字记载。"隆福殿在大内之西,兴圣宫之前。②"

4.建筑名称的来历。隆福宫本是太子东宫,建有光天殿,又有光天宫之称。至元三十一年(1294),世祖崩,成宗即位,尊其母元妃为皇太后,以旧东宫奉之,改名隆福宫③。

5.建筑兴毁及修葺情况。隆福宫原为元世祖东宫,元成宗为尊其母而改名。当毁于元末徐达攻占大都期间及明初的元大都改造过程中。

6.建筑设计师及捐资情况。当为元初所建都城之一部分。设计师应为刘秉忠、也黑迭尔等。

7.建筑特征及其原创意义。隆福宫作为太后怡养之地,别有特色,位于其北部的侍女庐室特多,而环绕光天殿、柱廊、隆福殿构成的工字殿主体建筑的廊庑宫墙,除建有角楼、门庑外,还有针线殿。泰定年间又建有一些新殿和亭榭。整个隆福宫主要为生活休息场所④。

8.关于建筑的经典文字轶闻。(元)虞集因修《经世大典》的缘故,曾经就元初的宫殿建筑和秦汉以来的都城建设做过比较,他说:"尝观纪籍所载,秦汉隋唐之宫阙,其宏丽可怖也。高者七八十丈,广者二三十里。而离宫别馆绵延联络,弥山跨谷,多或至数百所。嘻!真木妖哉!由余有言使鬼为之则劳神矣,使人为之则苦人矣。由余当秦穆公时为是言,俾见后世之侈何如也!虽然紫宫著乎玄象得无栋宇有等差之辨而茅茨之简又乌足以重威于四海乎?(虞)集佐修经世大典,将作所疏宫阙制度为详,于是知大有径庭于古也。方今幅员之广,户口之伙,贡税之

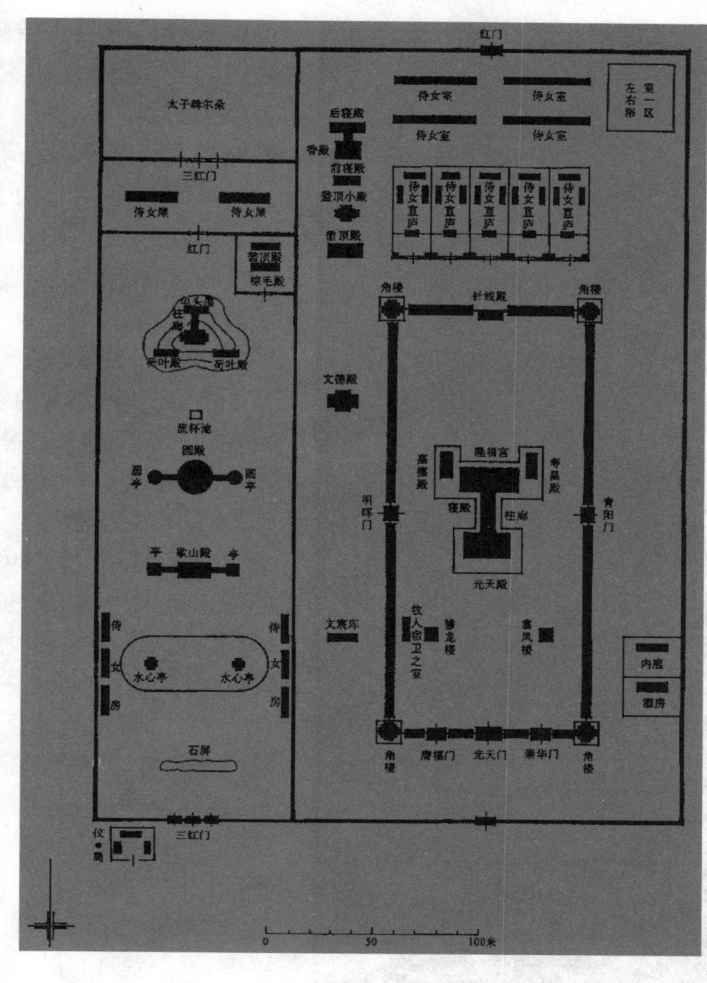

图 11-2-2　隆福宫

富,当倍秦汉而参隋唐也。顾力有可为而莫为,则其所乐不在于斯也。孔子曰'禹,吾无间然矣。卑宫室而尽力乎沟洫。'重于此而轻于彼,理固然矣。"⑤虞集的这段话实际是在歌颂元朝帝王不像秦皇汉武等帝王那样大兴土木,懂得爱惜民力。

参考文献

①《元史·地理志》。

②③⑤(元)陶宗仪:《辍耕录》卷二十一。

④潘谷西:《中国古代建筑史》(五卷本)第四卷,中国建筑工业出版社,1999年。

三、兴圣宫

1.建筑所处位置。位于今北京市旧城的内城及其以北地区。在已经毁弃的元大都的宫殿区内,太液池之西,有宫二。北曰兴圣,南曰隆福。兴圣当大内之西北,万寿山之正西。

2.建筑始建时间。始建于至大元年(1308)二月,至大二年建成。①。

3.最早的文字记载。"兴圣殿七间,东西一百尺,深九十七尺。柱廊六间,深九十四尺。……②"另袁桷有《兴圣宫上梁文》,文中有言曰:"陛下孝严温清,敬谨膳羞,谓神游太初,当广郁仪之宇;而养以天下,益新长乐之宫。"其文末有歌。附此以资博览:"抛梁东,天鸡初唱日轮红。汉殿琼厄称万寿,尧阶宝扇拥重瞳。抛梁西,三素云扶凤辇低。阆苑碧桃闻已种,广寒灵药不须携。抛梁南,薰风殿阁耸眈眈。一色花光浓似酒,十分松露滴如蓝。

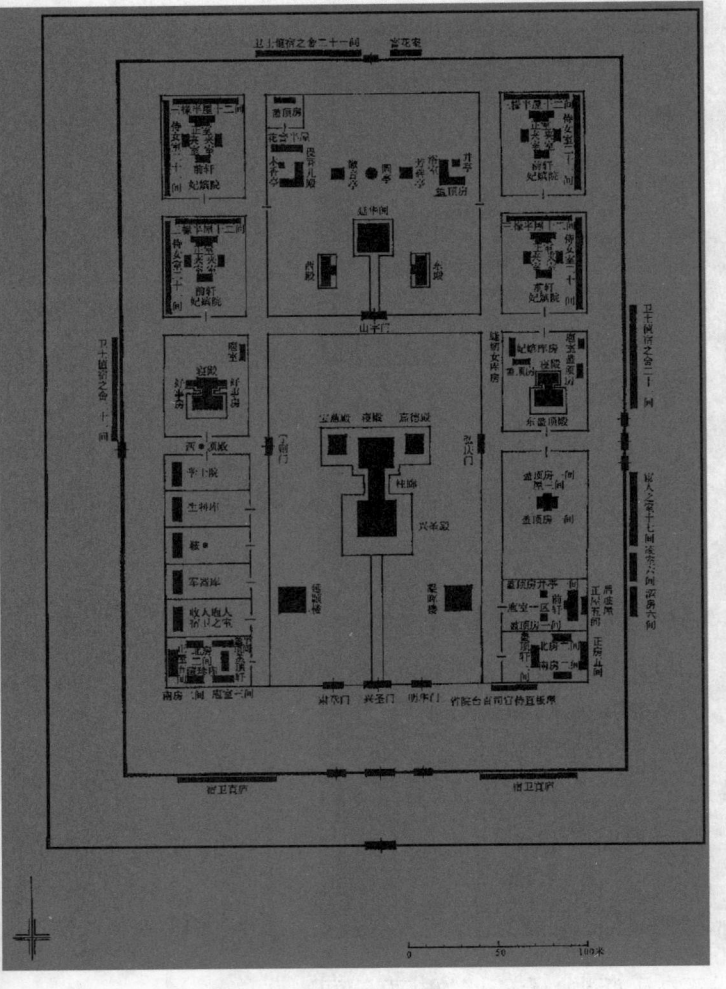

图 11-2-3　兴圣宫

抛梁北,帝子天孙来侍侧。何须玉检告升平,拟把瑶编增镂刻。抛梁上,仙药轻调承露掌。龙图载见赞无为,鱼梦维占歌有象。抛梁下,女史未须夸邓马。圣德重歌韩愈诗,徽音愿续周王雅。③"

4.建筑名称的来历。忽必烈把金海易名为太液池。太液池东为大内,西为兴圣宫。因该宫主要用作皇太子教育场所"兴圣"就是期望太子成圣成贤,人才辈出。

5.建筑兴毁及修葺情况。至正元年(1341),改奎章阁为宣文阁;艺文监为崇文监。至正九年(1349),改宣文阁为端本堂,以为皇太子肆学之所④。

6.建筑设计师及捐资情况。通政院使憨剌合儿董建⑤。刘德温监建⑥。

7.建筑特征及其原创意义。兴圣宫是武宗为其母后宏吉剌氏兴建的一座新宫,从而使太后除隆福宫外,又有兴圣宫可居,大批嫔妃也居于此。在轴线上是以兴圣殿和延华阁为主体构成的两组建筑群,规制类似大内,二者相互独立,轴线两边则是嫔妃别院和侍女宦人之室等附属建筑。学士院初名奎章阁,天历初(1328)建于兴圣殿之西廊,文宗复位,升为学士院,至正元年(1341),改奎章阁为宣文阁,具有后来明清文渊阁的性质⑦。

8.关于建筑的经典文字轶闻。"正殿四面,悬朱帘琐窗,文石甃地,藉以罽褥,中设户衣屏榻,张白盖帘,皆锦绣为之。诸王百寮宿卫官侍宴坐状,重列左右。⑧"

该宫影响最大的实际上是天历初元文宗所创建的奎章阁。因为元文宗在奎章阁大兴文教之风。该阁"为屋三间,中间为诸官入直所;北间南向设御座,左右列珍玩,命群玉内司掌之。阁官署衔,初名奎章阁,隶东宫属官;及文宗复位,乃升为奎章阁学士院,置大学士五员,并知经筵事,侍书学士二员,承制学士二员,供奉学士二员,并兼经筵官。属官则有群玉内司,专掌秘玩古物;艺文监,专掌书籍;鉴书博士司,专一鉴辨书画;授经郎,专一训教集赛官大臣子孙;艺林库,专一收贮书籍;广成局,专一印行祖宗圣训及国制等书。盖以图书馆兼古物库及家塾与印刷所,有如宋之宣和殿,视后世之文渊阁,功用更为广也。"民国学者朱契曾指出朱启钤《元大都宫苑考》存在六大失误。其中之一就是错误地判断奎章阁的建筑年代为元末。不知奎章阁与宣文阁实为一阁而二名,而所绘制兴圣宫图纸中漏掉了奎章阁⑨。

参考文献

①④《元史·武宗纪》。

③《清容居士集》卷三五。

②(元)陶宗仪:《南村辍耕录》卷二一。

④《元史·周伯琦传》。

⑤《元史·武宗纪》。

⑥《元史·刘德温传》。

⑦⑧潘谷西:《中国古代建筑史》(五卷本)第四卷,中国建筑工业出版社,1999年。

⑨朱偰:《昔日京华》,百花文艺出版社,2005年。

四、华楼宫

1.建筑所处位置。位于山东省青岛市崂山区北宅镇毕家村西之华楼山。

2.建筑始建时间。建于元泰定二年(1325)①。

3.最早的文字记载。(明)范景文《望华楼山》:山容一画图,所忌设色重。中有一笔佳,笔笔都生动。华楼独秀出,群峰如相控。岚光浓淡间,幻态恣播弄。始知化工巧,不与丹青共②。

(明)邹善《登华楼山》。千岩万壑境萧疎,几日幽寻得自如。迭石遥连沧海色,华楼高接太清居。仙人洞启阳生候,玉女盆迎日照初。试问同游蓬岛侣,可能此地即吾庐③。

4.建筑名称的来历。据清代《即墨县志》载:"华楼山,县南四十里,山巅有石似楼,故名。一名华楼峰。"可见华楼山和华楼宫的名称,皆因此峰而名④。

5.建筑兴毁及修葺情况。明、清、民国均曾重修⑤。

6.建筑设计师及捐资情况。由道人刘志坚创建⑥。

7.建筑特征及其原创意义。华楼宫是一座建筑规模不大,但保存完好的道观。华楼宫山门朝东,是一处长方形的庭院,宫院占地2亩余,院宇简朴,庭院雅洁,有老君、玉皇、关帝三殿。另有道舍10余间,大殿中原供奉老君和关帝。华楼宫院内有3株高大的银杏,最高的一株为27米,3株树龄都在650年以上。

华楼宫现存的刻石数量为崂山诸寺观之冠。除丘处机的诗和陈沂、邹善等人的题字外,还有刘志坚及题名丹阳真人、孙真人等道士于元代大德初年所作的歌,既是研究道教在崂山传播历史的重要资料,又可供游人怀思凭吊。

8.关于建筑的经典文字轶闻。明代胶州书生王倜游华楼宫时,写有《云岩子蜕》:"人求尔以生,尔示人以死。片石与孤烟,孰是云岩子。⑦"

参考文献

①《山东通志》卷二一。

②《文忠集》卷九。

③《山东通志》卷三五之一。

④⑦国家文物事业管理局:《中国名胜词典》,上海辞书出版社。

⑤⑥青岛市文物局管理委员会:《青岛胜迹集粹》。

五、天后宫

1.建筑所处位置。位于天津市旧城东北角,南、北运河与海河交汇的三岔河口西岸。

2.建筑始建时间。元泰定三年(1326),是天津市区最古老的建筑。

3.最早的文字记载。"元泰定三年……作天妃宫于海津镇。①"

4.建筑名称的来历。天后宫,初称天妃宫,为祭祀海神(福建少女林默)而建,俗称娘娘宫。

5.建筑兴毁及修葺情况。明、清重建、扩建。1954年和1982年,两次被天津市人民政府定为市级重点文物保护单位。1985年天津市政府出资修葺天后宫。

6.建筑设计师及捐资情况。元泰定三年(1326)为利漕运,朝廷敕建天后宫。主持天妃宫建造事宜者当为吴僧庆福。在泰定前,此处已经有天妃宫,因"泰定间弗戒于火。福言于都漕运万户府,朝廷发官帑钱,始更作焉。嗣庆福者二人:始吴僧智本主六年,以至正十一年圆寂,众请主西庙僧福聚来继其任。②"

7.建筑特征及其原创意义。天后宫今占地面积5350平方米,从东至西,由戏楼、幡杆、山门、牌楼、前殿、正殿、藏经阁、启圣祠以及分别南北的钟鼓楼、张仙阁和配殿诸建筑组成。正殿敬奉的天后娘娘凤冠霞帔,慈眉善目,仪态端祥。左右立有四彩色侍女,其中两人手持长柄扇遮护天后,另外两人一个手捧宝瓶,一个手捧印绶。正殿上方,并排三块匾额。特别是正殿右壁上的一块新匾引人注目,上书"四海同光"四个金色大字,这是辛未年(1991)菊月台湾北港朝天宫董事长曾蔡美佐先生赠送给天后宫的礼物,表明海内外炎黄子孙对天后的崇拜之情。

除正殿外,其余都是清代所建。构成大殿的建筑,也有不同年代的印记。大殿前面的卷棚顶抱厦和后面的卷棚顶凤尾千秋带,书写有明永乐元年(1403)、正统十年(1445)、万历三十年(1602)和清顺治十七年(1660)、同治五年(1866)等不同纪年,与《天津县志》关于天后宫元代始建,永乐重建,正统十年重修等记载相符。就现存建筑的结构特征看也大致反映出此建筑的变化过程。如举折比例,无"侧脚"和"升起",平梁间普施蜀柱、补间斗拱达三组至四组的特点,皆为明代常见。但阑额的宽度大于普柏坊,斗底内幽页,昂底伸出较长,昂嘴削薄,出檐深远等特点,则表现出元代建筑的痕迹③。

8.关于建筑的经典文字轶闻。清代诗人汪沆(字西灏,号槐堂,浙江钱塘人,著有《槐堂诗文集》)在《津门杂咏》中写道:"天后宫前泊贾船,相呼郎罢祷神筵。穹碑剔藓从头读,署字都无泰定年。"清初诗人王韫徽(字淡音,天津人)有《娘娘庙诗》云:"三月村庄农事忙,忙中一事更难忘。携儿结伴舟车载,好向娘娘庙进香。④"

参考文献

①见《元史·泰定帝二》。
②(元)危素:《河东大直沽天妃宫碑记》。
③韩嘉谷:《天津古史寻绎》,天津古籍出版社2006年版。
④喻学才:《中国旅游名胜诗话》,中国林业出版社,2002年。

六、南岩宫

1.建筑所处位置。位于湖北省丹江口市的西南部武当山大顶北。

2.建筑始建时间。元至元二十二年(1285)①。

3.最早的文字记载。"至元甲申(1284),住岩张守清大兴修造,迭石为路,积水为池,以泰和紫霄名之。岩上分列殿庭,晨钟夕灯,山鸣谷震,真象外之境。……即三十六岩第一处。""永乐十年(1412)敕建重修石殿,内奉圣父母、圣师、玄帝香火。②"

4.建筑名称的来历。南岩,又名"紫霄岩",因它朝向南方,故称做南岩。它的全称是大圣南岩宫,是武当山人文景观和自然景观结合得最完美的一处。即前所言三十六岩第一处③。

5.建筑兴毁及修葺情况。在元朝,武当高道张守清在前人的基础上"凿岩平谷,广建宫廷",使南岩的建筑"隐林中之煊赫,耸层楼十二……"。明永乐十年,南岩又被大规模的扩建④,殿堂道房多达八百多间,可惜在民国15年(1926)9月的一场大火,烧毁包括玄帝大殿在内的殿房二百多间④。

6.建筑设计师及捐资情况。元朝武当高道张守清。为汉东(指今湖北大洪山一带)异人鲁大有的弟子。鲁大有曾于五龙观结茅而居四十余年。鲁大有至元二十二年病逝后,张守清即开始着手武当山的规划建设。他"躬执耕爨,垦山凿谷。种粟麦为食,继帅其徒剪荟翳,驱鸟兽,通道自山趾三十里至五龙观,又七十五里至紫霄宫,又八十里至南岩。"张守清修造武当山南岩等景区的经费主要来自信徒捐献。"岁三月三日相传神始降之辰,士女者数万,金帛之施云委川赴。乃构虚夷峻,揵木穷谷,刊石穷厓,即岩为宫。广殿大庭,高堂飞阁。庖库寮次,既严且洁。炫晃丹碧,缪辕云汉。像设端伟,钟鼓壮亮。引以石径,以松杉。积工累资巨万计,历二十余载乃成。垦田数百顷,养众万指。至大三年(1310)武宗皇帝、皇太后闻师道行,遣使建金箓醮,征至阙,赐宫额曰:天一真庆万寿。置提甲乙住持。制加神号天元圣仁威上帝神父启元隆庆天君明真大帝神母慈宁玉德天后琼真上仙赐师号体玄妙应太和真人"。延祐改元春二月,皇太后命师乘驲奉香币还山致祭,冬十月集贤大学士臣颢请加赐宫额曰大天一真庆万寿宫。诏翰林学士承臣某撰碑文,集贤学士臣孟頫书丹,中书参知政事臣世延篆额⑤。

7.建筑特征及其原创意义。南岩峰岭奇峭,林木苍翠,上接碧霄,下临绝涧,是武当山36岩中风景最美的一处。据记载,唐代时有道士在此修炼。元代曾在此大兴土木,修建宫殿,可惜元末大部毁于兵火。明永乐十一年(1413)重建,有宫殿、道房、亭台等150间,赐额"大圣南岩宫"。到明嘉靖三十一年(1552),南岩宫扩大到460间。今仅存元代建的石殿,明代建的南天门、碑亭、两仪殿等建筑及元君殿、南熏亭、圆光殿等遗迹。

8.关于建筑的经典文字轶闻。品列殿宇,安奉佑圣铜像。元贞乙未,方士王道一、米道兴募缘众信,于庐陵铸成。前太学博士须溪先生刘辰翁铭曰:"天地先,水中铅。范合坚,灵风烟。生青莲,剑蜿蟺。按大千,龟蛇缠。劫运迁,飞乾乾。玄玄天,万万年。"绘塑真容⑥。

参考文献

①②③⑥(明)任自垣:《敕建大岳太和山志十五卷》卷四,湖北人民出版社,1999年。

④武当山志编纂委员会:《武当山志》,新华出版社,1994年。

⑤(元)程巨夫:《均州武当山万寿宫碑》,《雪楼集》卷五。喻按:此碑文在(明)任自垣志中全名作《大元敕赐武当山大天一真庆万寿宫碑》。见卷一二。

七、日喀则桑珠孜宗堡

1.建筑所处位置。西藏自治区江孜日喀则古城北侧。

2.建筑始建时间。元惠宗二十年(1360)①。

3.最早的文字记载。永乐十一年(1413),明成祖封思达藏地方(在今天的西藏日喀则地区境内)萨迦派首领南渴烈思巴(按《萨迦世系史》,他是款氏家族成员,全名为南喀勒贝洛追坚赞贝桑布)为辅教王,并赐诰印、彩币。此后贡使双方往来不绝,杨三保、侯显都曾被派往颁赐,而辅教王辖下的许多僧人也都前来朝贡,有的还留在北京任职。除《萨迦世系史》外,明朝官方文献中有《土官底簿》一书,其卷上《镇南巡检司巡检》条载"洪武十七年,实录年老亲男杨三保应赴京告替。三十四年四月,替父职。"杨三保显然是当时流放官员。

4.建筑名称的来历。"宗"在藏语中的意思为"堡垒","要塞",原名溪卡桑珠孜宗。因日喀则城堡得名,日喀则是后藏的首邑,莲花生大师和阿底峡大师曾在这里讲经传法;这里有雄伟的地势,据藏文书《年曲琼》记载:"年麦(日喀则别名)地方,地形如八瓣莲花,东面有佛祖赐给的甘露(年楚河),它像白绸一样轻飘荡漾;南面有花草茂盛如天界毗沙门的花园;西面的山,如呲着大獠牙的保卫天界的天将神相,面向平原,以示向圣地致敬意;北面雅鲁藏布江如黑蛇游动,不停咆哮。②"

5.建筑兴毁及修葺情况。日喀则桑珠孜宗落成于1363年,矗立在江孜古城中央的悬崖峭壁上,海拔4020米,相对高度125米。日喀则城的鼎盛期,是在嘎玛王朝一至三代统治西藏的24年间,这期间,嘎玛王朝在日喀则建都,因而日喀则一度成了整个西藏政治、经济和文化的中心。1969年日喀则桑珠孜宗宫殿被毁,仅存最下层的遗址。由于日喀则宗堡具有深远的历史和现实意义,根据上海同济大学的抢救性保护方案,拟作为援藏项目恢复其外观并将内部开辟为博物馆。目前,重建方案已通过全国专家论证会论证,于2006年年底恢复其历史原貌。建成后的日喀则宗堡将成为以历史博览为主的多功能文化综合体,第一层级的广场可举行宗教仪式,第二层级的主体建筑将成为日喀则历史文化的展示空间。重建将以日喀则宗全盛时期的风格为主调,并适当参照布达拉宫等山巅城堡式建筑群的典型特征,保持原石材肌理以及堡体与山体浑然一体的历史沧桑感③。

6.建筑设计师及捐资情况。绛曲坚赞。

7.建筑特征及其原创意义。日喀则宗位于日喀则城北尼玛山上,是大司徒(元顺帝所封)绛曲坚赞创建的13个宗之一,又是原西藏地区县官衙署。原日喀则宗宫殿为木石结构,主楼共有四层,最上层的日光殿曾是五世达赖的寝房;第三层供奉着弥勒、宗喀巴、莲花生、文殊等大小铜铸泥塑菩萨佛像及宗教祭祀用品,藏有全套《甘珠尔》和《丹珠尔》经及各种古物,四面墙壁绘满壁画;最下两层,是宗政府的办事机构,宫廷卫队和司法机关、牢狱及仓库等。建筑形似拉萨的布达拉宫,故有"小布达拉宫"之称。

8.关于建筑的经典文字轶闻。日喀则宗在建筑规模和政治权力上都小于布达拉宫,然而又都有相似之处。从外观上看,两者的确相像,都是依山而建,层楼高耸。从建筑物聚散布局看,都是山上的建筑和山下的城墙相呼应,且在颜色上也是红宫、白宫相辉映。若论这座"小布达拉"和布达拉宫建造时间的早晚,则这座"小布达拉"的建造时间(1359)比布达拉宫的建造时间(1645)要早286年。但民间传说则完全变形:有一个民间传说是这样说的,当年为了修建日喀则宗派工匠到拉萨,参考布达拉宫搞一幅设计图来。工匠到了布达拉宫前,为了省事,便把布达拉宫刻在一个萝卜上带回日喀则交差。谁知,到了日喀则,由于路途远,天气干燥,那萝卜缩水后,布达拉宫的模型也就萎缩变小了,日喀则宗按照萝卜模型建成之后,就成了萎缩的布达拉宫,这就少了几许宏伟豪放以及建筑风格的张力。不过,在日喀则还有另外一种民间传说却符合历史真实。清朝康熙年间,五世达赖扩建布达拉宫时,就是根据日喀则宗山建筑样式作为样板的,只是在建筑规模上有所增大增高而已。④

这里也是当地军民英勇抗御英国侵略者的著名城址。1904年,英帝国主义侵略军600人占领岗巴宗,同时从亚东向北入侵江孜,在宗山受到江孜军民的拼死抵抗。江孜人民在宗山上筑起炮台,用土炮、土枪、"古朵"、刀剑、梭镖和弓箭与入侵之敌展开了英勇的血战,战斗持续了8个月之久。1904年5月上旬的一个晚上,千余军民偷袭英军将其全歼。6月,英军用大炮狂轰宗山炮台,堡垒中的弹药库为英军炮火击中爆炸。江孜军最后关头,仍用石头拼死抵抗了3天3夜。最后所有勇士宁死跳崖殉国,写下了光辉而悲壮的一页。宗山上至今还保留着当年抗英炮台和宗山崖殉国纪念碑。

参考文献

①西藏自治区政协文史委:《西藏旅游》,民族出版社,2003年。

②年楚:《年曲琼》。

③常青、严何、殷勇:《"小布达拉"的诞生——西藏日喀则"桑珠孜宗堡"保护性复原方案设计研究》,《建筑学报》,2005年第12期。

④闫振中：《后藏——日喀则宗》，《西藏人文地理》，2004 年第 1 期。

（三）志台

一、居庸关云台

1.建筑所处位置。在北京市昌平县居庸关关城内。

2.建筑始建时间。居庸关云台原是一个过街塔，始建于元至正二年（1342）。元人熊梦祥《析津志》载："至正二年，今上始命大丞相阿鲁图、左丞相别儿不花创建过街塔①。"

3.最早的文字记载。"居庸"之名始于秦代。传因秦始皇"徙居庸徒"来此修筑长城而得名。《吕氏春秋》以"居庸"为九塞之一。其文曰："何谓九塞？大汾、冥厄、荆厄、方城、殽、井陉、令疵、居庸。②"

4.建筑名称的来历。一说关因县名。"原关在沮阳城东南六十里居庸界，故关名矣。使者入上谷，耿况迎之于居庸关，即是关也。"③

一说关因居庸徒而名。"原关在昌平西北四十里，元翰林学士王恽谓：始皇筑长城，居息庸徒于此，故以名焉。④"

5.建筑兴毁及修葺情况。"居庸关南口有城，南北二门。魏书谓之下口。《常景传》都督元谭据居庸下口是也。《北齐书》谓之下口，《文宣纪》天保六年筑长城，自幽州北夏口至恒州九百余里是也。《元史》谓之南口，亦谓之西关。《三国志》田畴乃上西关出塞，傍北山直趋朔方是也。亦谓之军都关。汉立军都县于山之南，今州东四十里有军都村。后汉卢植隐居昌平军都山中，昭烈修弟子礼事之。晋段匹磾欲拥其众徙保上谷，阻军都之险以拒末波。魏道武伐燕，遣将军封真等从东道出军都袭幽州是也。亦谓之浑都。《史记·绛侯周勃世家》：屠浑都是也。亦谓之纳款关。《通典》古居庸关在昌平县西北，齐改为纳款是也。自南口而上，两山之间一水流焉。而道出其上，十五里为关城。跨水筑之，有南北二门，以参将一人、通判一人、掌印指挥一人守之。又设巡关御史一人往来居庸、紫荆二关按视焉。城之中有过街塔，临南北大路，累石为台如谯楼而窾其下以通车马。上有寺名曰泰安，正统

北京居庸关云台平面　　　　　北京居庸关云台立面

图 11-3-1　北京居庸关云台

十二年(1447)赐名。下窍处刻佛像及经,有汉字,亦有番字。元泰定三年(1326)所镌也。果罗洛纳延诗序言:阛北五里有敕建永明宝相寺,宫殿甚壮丽。三塔跨于通衢,车骑皆过其下,今盖亡其二矣⑤。

　　台上原有三塔,毁于元末明初的一次大地震,现仅存此塔座⑥。原居庸关洪武元年(1368)大将军徐达建。城跨两山,周一十三里,高四丈二尺。关东自西水峪口黄花镇界九十里。西至镇边城坚子谷口紫荆关界一百二十里。南至榆河驿宛平县界六十里。北至土木驿宣府界一百二十里⑦。

　　6.建筑设计师及捐资情况。此关建造主事者难于考索。因其自先秦至明清,皆为军事要地。现可考者,元代主持建造者有大丞相阿鲁图、左丞相别儿不花。明初主持修造者有大将军徐达。

　　7.建筑特征及其原创意义。台座用青灰色汉白玉石材砌筑,高9.5米,台基底部东西长20.84米,南北深17.57米。台顶四周设石栏杆和排水螭头。台正中辟一南北向券门,可通马车。券顶为折角形,保留了唐宋以来城门洞的形式。券门的两端及门洞内壁遍布精美的浮雕,其题材为佛教图像、装饰花纹、经咒、六体文字石刻等,具有很高的艺术价值和历史价值⑧。

　　8.关于建筑的经典文字轶闻。"云垂大野鹰盘势,地展平原骏走风。⑨"

参考文献

①(元)熊梦祥:《析津志》。

②《吕氏春秋·有始》。

③《水经注》卷十四。

④《呆斋稿》,《钦定日下旧闻考》卷一五四。

⑤(清)顾炎武:《昌平山水记》。

⑥⑧潘谷西:《中国古代建筑史》第四卷,中国建筑工业出版社,1999年。

⑦《四镇三关志》,《钦定日下旧闻考》卷一五四。

⑨康有为:《过昌平城望居庸关》。

二、牛王庙戏台

　　1.建筑所处位置。在山西省临汾市西北15千米魏村牛王庙内。

　　2.建筑始建时间。建于元至元二十年(1283)。西柱铭文曰:"交底村都维那郭忠臣,蒙大元国至元二十年(1283)岁次癸未季春竖石,石泉村施石人杜李①"。

　　3.最早的文字记载。西柱谓:"交底村都维那郭忠臣,蒙大元国至元二十年(1283)岁次癸未季春竖石,石泉村施石人杜李"。东柱谓:"交底村都维那郭忠臣次男郭敬夫,维大元国至治元年(1321)岁次辛酉孟秋月下旬九月竖,石匠赵君王"②。柱头上刻:"交底众社人施石柱一条"③。

　　4.建筑名称的来历。因地名而得。该庙正名为广禅侯庙。系宋真宗赐封。牛王庙当系当地民间俗称。

　　5.建筑兴毁及修葺情况。大德七年(1303)毁于地震,至治元年(1321)重建,明、清曾予修补④。

　　6.建筑设计师及捐资情况。主持修造者以及后来主持重修者为交底村郭忠臣及其次男郭敬夫。施舍牛王庙地基者为魏村皇老师,老董事人魏村景提控、交底村郭一郎、南羊村乔提控,和村张四卜、东郭南王二八郎、东郭北郭百户,石泉村施石人杜李。石匠为赵君王。

7.建筑特征及其原创意义。戏台为木构亭式舞台,平面方形,单檐歇山顶,四角立柱各一根,前面及两侧前部敞朗,作为台口,音响效果较好,背面及两侧后部筑以墙壁,还保留着宋金乐亭古制。台上无后场之分,前檐用八棱石柱两根,正面雕牡丹及化生童子,柱侧刻创建与重修年代。台上梁架迭构,额枋、兰普、斗拱上下三层,形如庞大疏朗的藻井,简练精巧。戏台古称舞亭或舞楼,宋、金时晋南一带已有,元代相当普遍,但保存至今者较少。戏台为研究元杂剧在山西一带发展历史和金元时期戏台建造规制的重要资料。庙内献亭,造型别致,结构精巧,也是一处较为珍贵的古代建筑⑤。

8.关于建筑的经典文字轶闻。此通碑刻的碑阴重刊的元代碑文《牛王庙元时碑记》(即[元]谯正《广禅侯碑》)述及寺庙的位置、戏台的雄姿和临汾一带红火的赛社活动,其文曰:"今有乡赛二十余村,岁时香火益胜。畴昔其庙枕村之北岗,姑峰秀于前,汾水环于左,地基爽垲,栋宇翠飞,石柱参差,乐亭雄丽。远近士庶,望之俨然。敬心栗栗,罔不祗畏,实一方之奇观也。目睹祀事,今罕有之。至于清和诞辰,敬诚设供演戏,车马骈集,香篆蔼其氤氲,杯盘竟其交错,途歌俚咏,佝偻相携,往来而不绝者,至日致祭于此也。⑥"

参考文献

①②(元)谯正:《广禅侯碑》,见《柴泽俊古建筑文集》。文物出版社,1999 年。

③⑥薛林平、王季卿:《山西传统戏场建筑》,中国建筑工业出版社,2005 年。

④⑤国家文物事业管理局:《中国名胜词典》,上海辞书出版社。

三、观星台

1.建筑所处位置。位于河南省登封城东南 12 千米的告城镇周公庙内。

2.建筑始建时间。始建于元代至元十三年(1276)①。

3.最早的文字记载。详"周公测景台"条②。

4.建筑名称的来历。"以土圭之法测土深。正日影以求地中。日南则景短,多暑;日北则影长,多寒;日东则影夕,多风;……"③。

5.建筑兴毁及修葺情况。从《元史·天文志》和此处现存的明、清碑刻中可知,此台当时还有观测星象、测量日影和计时的仪器,如铜壶滴漏等,今已散失不存④。

6.建筑设计师及捐资情况。当时由王恂、郭守敬主持修建⑤。

7.建筑特征及其原创意义。现存观星台为砖石结构,由覆斗状的台体和北侧的石圭两部分组成。台面呈方形,用水磨砖砌造。台高 9.46 米,连台顶小屋通高 12.62 米,台基各边长 16.7 米,台顶各边长 8 米余。台北壁下两端设有东西对称的踏道口,可盘旋登至台顶。踏道由红岩石条组成,梯栏及台基四沿女儿墙均用砖砌成,其上部用红石雕顶护封,台上是观星和观影的工作场所。台顶小室系明嘉靖七年(1528)增建,是安放各种仪器和进行操作的地方。台北壁正中砌成上下直通的凹槽,下接石圭,凹槽南壁上下垂直,东西两壁有明显的收分。凹槽直壁与台下的石圭是一组测量日影长度的元代圭表装置,因为它比以往的八尺之表高出 5 倍,又称为"高表"。石圭在台体以北下部,由 34 块青石板平铺而成,其南端深入北壁的凹槽内,与直壁相距 0.36 米。石圭长 31.19 米,宽 2.5 米,高 0.56米,称为"量天尺"。上刻两条平行水槽,深 2 厘米,宽 2.5 厘米,间距 15 厘米。水槽南端有方形注水池,北端有长条状泄水池,刻有尺度,以测量水准,池两头有泄水孔,这是古代天文仪器上的取平装置。测量时,凹槽上端置一横梁,在石圭水道上放置景符(小孔仪器)测影,精确度高达±2 毫米⑥。

8.关于建筑的经典文字轶闻。观星台南有周公祠,祠前立石圭表,上书"周公测景台"

五字,为唐开元十一年(723)天文学家僧一行(张遂)所建。

参考文献

①⑥邬学德、刘炎主编:《河南古代建筑》 中国古籍出版社,2001版。

②详本书周代部分"志台"下。

③《周礼·大司徒》。

④潘谷西:《中国古代建筑史》(五卷本)第四卷,中国建筑工业出版社,1999年。

⑤国家文物事业管理局:《中国名胜词典》,上海辞书出版社,2006年。

(四)志庙

东岳庙

1.建筑所处位置。北京市朝阳区朝外大街。

2.建筑始建时间。元至治二年(1322)①。

3.最早的文字记载。(元)吴澄《大都东岳仁圣宫碑文》。

4.建筑名称的来历。东岳庙因所祀之神主为东岳大帝而得名。

东岳庙的兴起,源于泰山崇拜。因泰山位居东方,是为东岳。最初的五岳崇拜没有建庙的规矩。祭祀的载体是坛墠。五岳立庙自北魏拓跋氏始。当时只立一庙于桑干水之阴。到了唐朝,乃各立一庙于五岳之麓。自宋朝中期始,东岳泰山之庙已经遍布天下。

5.建筑兴毁及修葺情况。元代定鼎北京,皇城主体建筑完工后,才着手创建东岳庙。当时玄教大宗师张留孙"买地城东","以私钱为之"。刚开工即病逝。继任者吴全节继承其志,于壬戌(1322)春成大殿成大门,于癸亥(1323)春成四子殿,成东庑、西庑,神像各如其序。最初,朝廷要拨款修建,张留孙不同意。后来继任者在建造过程中,还是接受了鲁国大长公主的捐资,用于建造"后寝"。当时的庙额是朝廷敕赐的,名曰"仁圣宫"②。

一说:东岳庙乃元延祐中(1317)建。有赵孟頫书道教碑及虞集隶书仁圣公碑、赵世延书昭德殿碑列墀下。神像系元昭文馆大学士刘元手塑。明正统中重修,有英宗御制碑记③。

明正统十二年(1447)于两庑设七十二司和帝妃行宫。清康熙三十七年(1698)庙毁于火,只存左右道院,次年再建,乾隆二十六年(1761)复加修葺④。

6.建筑设计师及捐资情况。元至治二年开府仪同三司上卿、玄教大宗师张留孙及弟子吴全节首建。此后,元主女鲁国大长公主桑哥吉剌捐款建寝宫⑤。

7.建筑特征及其原创意义。现存建筑为清代重修,但中轴部分的格局,以及庑廊斗拱和替木的应用等,都保留元代的建筑规制。庙分中东西三部分,东院有娘娘殿、伏魔大殿等;西院有东岳宝殿、玉皇殿、药王殿;正院有戟门、岱宗室、育德殿等。殿内原有东岳大帝、侍臣像、神主等,现已不存。院内元明清三代碑石林立,约有百余块⑥。

8.关于建筑的经典文字轶闻。元都胜境在宏仁寺之西,建于元。相传为刘元塑像。正殿乃玉皇大帝,右殿塑三清像,仪容肃穆,道气深沉。左殿塑三元帝君像,上元执簿,侧首而问,若有所疑。一吏跪而答,甚战栗。一堂之中,皆若悚听严肃者,神情动止恍如闻其馨欬,真称绝艺。礼旃檀佛者无不便道看刘兰塑云。盖惺元为兰也。《元史工艺传》:阿纳噶,尼波罗国人也,幼敏悟异凡儿。同学有为绘画妆塑业者,读尺寸经。阿纳噶一闻即能记。至元十年授大匠总管。有刘元者尝从阿纳噶学西天梵相,亦称绝艺。元字秉元,蓟之宝坻人,始为黄冠,师事青州道录,传其艺非一。至元中凡两都名刹塑土范金抟换为佛像,出元手者,神思妙合,天下称之。其上都三皇尤古粹,识者以为造意得三圣人之微者。由是命以官长。其属行幸,必从仁宗。尝敕元非有旨不许为人造他神像。后大都南城作东岳庙,元为造仁圣帝像,巍巍然有帝王之度。其侍臣像乃若忧深思远者。始元欲作侍臣像,久之未措手。适阅秘府图画,见魏征像,矍然曰:得之矣。非若此莫称为相臣者。遽走庙中为之,即日成。士大夫观者咸叹异焉。其所为西番佛像多秘,人罕得见者。元官为昭文馆大学士,正奉大夫秘书监卿以寿终[7]。

参考文献

①②⑤《大都东岳仁圣宫碑文》,见《畿辅通志》卷九七。

③《大清一统志》卷二。

④⑥国家文物事业管理局:《中国名胜词典》,上海辞书出版社。

⑦(清)高士奇:《金鳌退食笔记》卷下。

(五)志观

长春观

1.建筑所处位置。位于武汉市蛇山尾部武昌大东门外。

2.建筑始建时间。创建于元代[1]。

3.最早的文字记载。见长春道院至元十七年正书碑石[2]。

4.建筑名称的来历。因系"丘处机结庵处",而丘处机字通密,号长春子。故名长春观[3]。

5.建筑兴毁及修葺情况。后毁而修,再后遭兵毁,清代按明建筑风格重修[4]。

6.建筑设计师及捐资情况。该观住持何合春率道友四处募化而建[5]。"邹廷佐慕道,建长春观。命其徒刘志玄典观事。[6]"

7.建筑特征及其原创意义。由前至后,倚山上行,中为五重,左右四院,层楼飞阁,巍峨宏丽,不仅为蛇山名胜之一,亦是武汉道教圣地。目前尚有大殿四,来城楼一,道藏阁一,客堂二及其他附属建筑,并存有碑刻等文物[7]。

8.关于建筑的经典文字轶闻。清人王柏心《过长春观》诗中有"紫府琼台仍缥缈,元都金阙故清虚"句。

参考文献

①③④⑦国家文物事业管理局:《中国名胜词典》,上海辞书出版社。

②王宗昱:《金元全真教石刻新编》,北京大学出版社,2005年。

⑤《湖广通志》卷七八。
⑥(明)张宇初:《岘泉集》卷三《金野庵传》。

(六)志寺

一、龙兴寺

1.建筑所处位置。龙兴寺位于安徽省凤阳县城西北凤凰山日精峰下的明朝中都古城内。

2.建筑始建时间。龙兴寺的前身是皇觉寺,皇觉寺始建于元初。龙兴寺始建于明洪武十六年(1383)。①据朱元璋御制《龙兴寺碑》文云:"三十二年,朕常思之。""因此立刹之意,留心岁久,数欲为之,恐伤民资"。乃于洪武十六年,召询日僧至京师(南京),议论建寺事宜,因"旧寺之基,去皇陵甚近,焚修不便",移至今址重建。洪武十六年(1383)四月初一兴工,九月甲子(24日),告成。赐名"大龙兴寺"②。

3.最早的文字记载。见《龙兴寺碑》③。

4.建筑名称的来历。龙兴寺前身是朱元璋早年出家礼佛的皇觉寺,元至正十二年(1352),为元末农民起义军郭子兴兵所毁。明洪武十六年(1383)自凤阳县西南6千米的甘郢移至今址重建,赐名"大龙兴寺"④。

5.建筑兴毁及修葺情况。正统五年(1440),寺毁于火。天顺三年(1459),住持左觉义肇常奏准撤皇城内中书省等衙房五百余间,依式重建。正德五年(1510),复毁于火。万历初,重建大殿。三十七年(1609),本府同知马协倡议修治,寺乃焕然一新。崇祯年间(1628—1644),寺连遭兵火,东西方丈仅存其二,藏经散失。康熙十二年(1673)、五十四年(1715)重修,并请金陵宝华寺律僧携雯住持,丛林规模,由此一振。乾隆间(1736—1795)再次修葺,同时置香火田地,立有碑石。道光时重修。咸丰三年(1853)复遭兵燹,尚余山门一层,碑亭一座,铜佛二尊,孤露于外。八年(1858),寺又被清兵拆毁,事后,寺僧盖茅屋数椽,供奉香火。同治八年(1869)修观音堂三楹、客堂三楹、佛堂三楹。光绪二年(1876)又修三宝殿三楹,以安铜佛。五年添修三宝殿券廊,暨殿之东西房各一楹,明太祖殿三楹,北向禅堂三楹。八年冬于寺后山腰盖正厅三间,船厅二间,钟亭一座。时规模虽非昔比,倒亦蔚然壮观。至民国31年(1942)募捐加葺大雄宝殿,扩建山门,复建应街神道坊。并勒石以记其事,今碑嵌于大殿壁间。1959年安徽省政府拨款进行全面整修,基本恢复清末的规模⑤。

6.建筑设计师及捐资情况。朱元璋洪武十六年创造龙兴寺,起用的工程负责人是原皇觉寺的僧人善杞。当时所用的建筑材料当系利用准备修建中都的建材。因为材料和人工大概都是现成的,所以不到半年时间龙兴寺就竣工了。龙兴寺建成后,不到60年,便于正统五年(1440)遭焚毁。天顺三年(1459),乃拆废弃的中都城内中书省衙门500余间,依式重建。以后屡毁屡建。至清末,寺院规模虽远非昔比,仅是"半亩山前屋,千株林外松"却也蔚然壮观。最近一次的重建是在九华山慧庆和尚主持下于1990—1993年修建,建起了山门、大雄宝殿、天王殿、大悲亭、太祖殿、地藏殿、念佛堂、藏经楼等。寺内原有清朝所植古槐,本已枯萎,自 20 世纪 90 年代寺院重修后竟又发芽开花,复得生机。

7.建筑特征及其原创意义。《洪武实录》:龙兴寺"佛殿、法堂、僧舍之属凡三百八十一间,计工二万五千,赏工匠士卒钞二十五万三百有奇⑥。"

大雄宝殿,又名三宝殿,原位于山门前,现旧址柱础石仍在原位未动。光绪三年(1877)捐修三宝殿三楹,五年添修卷廊及殿之东西房各一楹。民国 31 年(1942)重建。1959 年重修,基本保持旧观。殿正中为释迦牟尼铜像,高丈六,像前设有供奉香火长案,像后泥塑山架,山洞重叠玲珑,上有泥塑唐僧师徒取经的故事;顶端塑一大鹏鸟。山架后塑有观音立像。大殿东西两侧各有一暗间。月亮圆门,暗间东西山墙有一米高的神台,台上并列罗汉泥像九尊,东间为降龙,西间为伏虎,合称十八罗汉,北墙各有佛一尊,东为文殊,骑象,西为普贤,骑狮。"文化大革命"初期,殿内文物皆毁,仅存空殿。1968 年,寺为县民政局占用,大殿改为五一综合厂铸造车间;1975 年,寺又为县农机培训班占用,大殿改作教室。1981 年 12 月,被县文物管理所收回,作为文物陈列场所。

今大雄宝殿东西长 25 米,南北进深 12 米,高约 9 米。屋面平瓦和卷廊外侧墙体,为"文化大革命"期间改建,门额上嵌有济颠乩书"龙兴寺"三字,系从山门移置于此。大殿内部屋架建筑为民国时重建。其结构为七架、前轩、后双步。轩下月亮有纹饰,为牡丹图案。上置两只平板斗,以承托桁条与螺窝椽。前檐柱立于鼓蹬式柱础石上,柱上有挂落,其纹饰为花草与动物,且有卷草式撑拱。东西暗间山面屋架,转角有 45 度的磨角梁,上置交金墩,墩有顺梁和爬梁,以承托屋面椽。前檐东西两端壁间,嵌有民国 31 年修寺碑铭及捐款题名碑。

龙兴古刹牌楼。又称牌坊,位于汽车站北,民国 31 年(1942)建。牌楼通高 6.8 米,长7.8 米,厚 0.88 米,均用长 21 厘米、宽 10 厘米、厚 4.5 厘米的青砖砌筑。为三楼庑殿顶,砖出檐,五斗拱,上覆盖小瓦,砖博脊,饰以几何图案。门为砖筑圆形拱券,高 3.4 米,宽 3.09米,厚 0.88 米。门上方镶嵌白玉石匾额,阴刻行楷"龙兴古刹"四个大字。1959 年重修。1981 年 6 月,又粉刷一新。

六角亭,六角亭因在寺院正中,又称中亭,为民国年间建筑。亭原塑有弥勒佛坐像和韦驮立像。"文化大革命"初期,像毁亭存,至今保持完好。亭高约 6.5 米,平面为六角形,每边宽 3.3 米。檐下两层椽,转角为老嫩戗作法。屋面施以灰筒瓦,砖砌垂脊上有水浪纹和横"8"字纹。上端以陶制葫芦收顶,内部构架为近人改建,壁间嵌有清代碑刻四块。

龙兴寺大井,今分布在寺院之外。寺内两井,一为"文化大革命"中所修;一为自来水厂所修。原井尚存 3 口,皆为明代大城砖券砌,沿口内径均为 2.2 米。一口在寺西南约百米农师院食堂东,已废弃。一口在寺西 140 米农师院食堂西北部,已装置水泵,抽水供全院使用。一口在寺东南农机校后部,也备有水泵,抽水以供全校使用。据查,寺院到"龙兴古刹"牌楼以西 900 米,南北 400 米的农师院内,原寺僧房舍旧址上,有水井数口,南北相对排列。建国后,自 50 年代起,因该院基建或平整实验场地,先后回填,已无遗迹⑦。

8.关于建筑的经典文字轶闻。至元四年(1267)旱蝗大饥疫,太祖时年十七,父母兄相继殁。贫而不克葬,里人刘继祖与之地,克葬,即凤阳陵也。太祖孤无所依,乃入皇觉寺为僧。大龙兴寺建成后,当时陪同蜀王的官员周启游览此寺,曾写了《中都龙兴寺第一山》诗,诗曰:"九重宸翰丽天文,三字穹碑压厚坤。山色不知今古异,地灵惟戴帝王尊。蛟龙绝巘盘宇构,狮象诸天拱寺门。千载钟王夸健笔,敢同羲画与时论。⑧"又清代僧人法海《游第一山》诗,曰:"三百年来瞬息间,红尘不远白云闲。老僧记取龙兴寺,第一人题第一山。⑨"

559

参考文献

①②④⑤⑦《凤阳县志·宗教风俗》。

③见寺内《龙兴寺碑》。

⑥《洪武实录》十六年部分。

⑧(明)柳瑛纂：《中都志》。

⑨喻学才：《中国旅游名胜诗话》，中国林业出版社，2002年。

二、东四清真寺

1.建筑所处位置。北京市东城区东四南大街13号。

2. 建筑始建时间。建于明太祖时代，为敕建四大寺之一①。一说始建于元至正六年（1346），传说宋元期间有筛海尊哇默定的第三子筛海撒那定在北京东城建立清真寺②。

3.最早的文字记载。见（民国）吴廷燮总纂《北京市志稿》③。

4.建筑名称的来历。东四清真寺，又名法门寺④。因北京有多所清真寺，为区别起见，即以地名前置。

5.建筑兴毁及修葺情况。初建于元至正六年（1356），明正统十二年（1447）重修⑤。

6.建筑设计师及捐资情况。由明代后军都督同知陈友捐资创建⑥。

7.建筑特征及其原创意义。寺坐西朝东，大门3间，建筑面积1万平方米，具有典型的明代建筑特点。主要组成供礼拜用的大殿、南北讲堂、水房和图书馆。大殿金碧辉煌，雕梁画栋，3座拱门刻有《古兰经》经文，殿内可容纳500多人同时做礼拜。殿后的窑殿为无梁的穹隆顶结构，抬头仰望，高深幽远，玄奥神秘。

8.关于建筑的经典文字轶闻。不仅因她的悠久历史而享誉中外，而且她是北京近代回族与伊斯兰文化的摇篮。早在1921年北平洋行同业公会就在寺内创办了早期回民育德小学；1924年颇具规模的第一所清真中学也在此诞生。现为北京市伊斯兰协会办公处。

参考文献

①②③⑥《北京市志稿》卷八宗教名迹志，北京燕山出版社。

④⑤国家文物事业管理局：《中国名胜词典》，上海辞书出版社，2006年。

三、普度寺

1.建筑所处位置。位于北京东城区南池子南口东①。

2.建筑始建时间。旧址为元代的太乙神坛②。

3.最早的文字记载。原南内在禁垣内之巽隅，亦有首门二门以及两掖门，即景泰时（1450—1456）锢英宗处，所称小南城者是也，二门内亦有前后两殿，具体而微，旁有两庑，所以奉太上者止此矣。其他离宫以及圆殿石桥皆复辟后天顺间（1457—1464）所增饰者，非初制也③。

4.建筑名称的来历。普度寺大殿是北京市重点保护文物，原为元代的太乙神坛，也是明代崇质宫的旧址。明景泰年间，在"土木之变"中做了俘虏的英宗朱祁镇，被送回京城后就居于此，称为小南城。乾隆四十年（1775）重修时，该寺被赐名"普度寺"④。

5.建筑兴毁及修葺情况。旧址为元代的太乙神坛。明时是南城的洪庆宫，清顺治初为睿亲王（多尔衮）府。康熙三十三年（1694），改建成玛哈噶喇庙。乾隆四十年（1775）重修⑤。

6.建筑设计师及捐资情况。城盖东苑中之一区耳,复辟后又增置三路宫殿,因统谓之南城⑥。费用自然出自国库帑金。

7.建筑特征及其原创意义。普度寺大殿建筑宏伟,台基高大,须弥座式,面阔9间。黄瓦绿剪边殿顶,前厦为绿瓦黄剪边。檐出飞椽共3层,为建筑法式中所少见⑦。

8.关于建筑的经典文字轶闻。景泰八年(1456),"夺门兵士薄南宫,门铁锢牢密,扣不应,徐公有贞命取巨木架悬之,数十人举以击门。又令勇士踰垣人,与外合,兵毁墙坏门启,入见太上,合声称陛下登位,上迟疑,公疾呼兵士举舆。兵士惊颤不能举,公自挽以前,掖上登舆,公又自换之,上顾问公卿为谁?公对曰:都御史臣徐有贞。"⑧

英宗在南城,一日饥甚,索酒食,光禄官弗与。浚县入张泽以吏办事光禄寺。曰:晋怀愍宋徽钦,天所弃也。上北狩而还天有意乎? 若复立而诛无礼,光禄其首矣。乃潜以酒食进。英宗识之。后复位,光禄官皆得罪,即日拜泽为光禄卿。⑨《与叶翁游小南城》:"长街尘土日随人,不见青青草色新。北阙嵯峨聊假日,南城迢递故寻春。寺僧供茗当为黍,野老担花胜卖薪。欲访辽金旧时事,百年何处有遗民⑩。"

参考文献

①②④⑤⑦国家文物事业管理局:《中国名胜词典》,上海辞书出版社,2003年。

③《万历野获编》,转引自《钦定日下旧闻考》卷四〇。

⑥《钦定日下旧闻考》卷四〇。

⑧《苏村小纂》,转引自《钦定日下旧闻考》卷四〇。

⑨《浚县志》,转引自《钦定日下旧闻考》卷四〇。

⑩(明)吴宽:《家藏集》卷一六。

四、碧云寺

1.建筑所处位置。位于北京市海淀区四季青乡寿安山东麓,距北京城16千米。

2.建筑始建时间。元至元二十六年(1289)耶律阿勒锦创建①。

3.最早的文字记载。"山中楼台一何丽,路人告是碧云寺。入门莫问造者谁,建寺以来初见此。黄金为中门,白玉为四墙。檀心及桂枝,斫作栋与梁。班倕督工墨,颠倒穷肺肠。但令伟丽后莫比,不用局束循王章。主人退思坐中堂,精神动天天为忙。山灵擘洞石开裂,海若驱水龙彷徨。眼中诸寺失颜色,可怜草木俱辉光。②"

4.建筑名称的来历。原称"碧云庵",明正德十一年(1516)改称今名。民间因太监于经修寺而俗称于公寺③。

5.建筑兴毁及修葺情况。西山佛寺累百,惟碧云以闳丽著称而境亦殊胜。岩壑高下,台殿因依,竹树参差,泉流经络。学人潇洒安禅殆无有逾于此也。自元耶律楚材之裔名阿利吉者舍宅开山,净业始构。明正德中税监于经为窀穸计,将以大作功德而寺遂廓然焕然。至魏忠贤踵而行之,奢僭转甚④。

6.建筑设计师及捐资情况。元至元二十六年(1289)耶律阿勒锦(即阿利吉)创建,明正德十一年(1516)太监于经拓展之。天启三年(1623),魏忠贤重修之,乾隆年间重修⑤。

7.建筑特征及其原创意义。寺坐西朝东,依山势从山门至寺顶共有六层院落,逐进而高。雄伟的殿堂层层迭起,肃穆庄严;满山松柏参天,浓荫蔽日。平面布局呈长方形,建筑布置分三路:进外山门,中路中轴线有内山门、天王殿、正殿、菩萨殿、后殿、金刚宝座塔;南路主要建筑是罗汉堂;北路有水泉院⑥。

8.关于建筑的经典文字轶闻。明代敢于和魏忠贤斗争的工部侍郎万爆在给皇帝所写的奏折中写道："予间过香山碧云寺,见忠贤自营坟墓,其规制宏敞,拟于陵寝。前列生祠,又前建佛宇。璇题耀日,珠网悬星。费金钱几百万,为己坟墓[7]。"

参考文献

①《北京市志稿》宗教志。

②(明)顾麟:《顾华玉集·息园存稿诗》。

③(明)刘侗、于弈正:《帝京景物略》卷六。

④⑤乾隆《御制文集》初集卷一八。

⑥国家文物事业管理局:《中国名胜词典》,上海辞书出版社。

⑦《明史》卷一四七。

五、南山寺

1.建筑所处位置。在山西省五台山台怀镇南3千米山腰。

2.建筑始建时间。创建于元元贞二年(1296)[1]。

3.最早的文字记载。大万圣佑国寺在交口东山麓,元成宗元贞元年敕建。二年赐额,命仲华大师主持。大德六年(1302)入寂,敕建塔。仁宗皇庆元年(1312)赐慧印紫衣香药,遣旌幢送至寺。英宗赐号弘教大师。至治二年(1322)幸台山,赐慧印币及玉、文殊像、七宝念珠[2]。

4.建筑名称的来历。亦名佑国寺,《五台山志》载:"佑国寺,即南山寺"[3]。

5.建筑兴毁及修葺情况。明嘉靖二十年(1541)重建,清代增修,将三寺合并,改称今名。民国初年又予扩建,全部连成一体[4]。

6.建筑设计师及捐资情况。《五台山志》载:"奎衷和尚重建,后有仁山和尚中兴"[5]。

7.建筑特征及其原创意义:整个寺院共有7层,分为三大部分,下三层名为极乐寺,中间一层名为善德堂,上三层称作佑国寺。民国初年又予扩建,全部联成一体。寺区背山面水,林荫蔽日。南山

图 11-6-1 五台山南山寺入口

寺依山势建造,高低错落,层叠有致,有亭台楼阁,殿堂古塔三百余间。寺前坡道林荫覆盖,山门下筑石磴一百零八级,门前影壁砖雕细致,门上钟楼建造精巧。寺内殿宇形式结构各具特色,台级甚多,两侧栏板望柱上雕人物,花卉,鸟兽,故事等图案。各殿檐下坎墙或墀头下肩上,装置各种石雕人物,花卉,山水图案,内容有神话传说,戏剧人物,历史故事等,突破佛教教义范畴。各殿檐下,木雕图案精致,饰以彩绘贴金,更为富丽堂皇。大雄

宝殿内塑释迦及二弟子和胁侍菩萨,石雕汉白玉送子观音,工艺尤精。两侧明代塑像十八罗汉,是五台山罗汉中的佳品。墙壁上满绘佛传故事,从乘象投胎到涅槃八十四幅,笔力流畅,色泽浑厚,是明代原作。寺内有慈禧所书石刻一方⑥。

8.关于建筑的经典文字轶闻。白马寺故称释源,其宗主殁,诏以慧灯师继之。元世祖尝以五台绝境欲为佛寺而未果也,成宗以继志之孝作而成之,赐名大万圣佑国寺。以为名山大寺非海内之望不能尸之。其人于帝师迦罗斯巴。会师自洛阳来见帝师。喜曰:佑国寺得其人矣。诏师以释源宗主兼居佑国师。见帝师以辞曰:某以何德猥承恩宠,其居白马已为过分。安能复居佑圣?愿选有德者为之。幸怜其诚以闻于上,帝师不可,曰:此上命也。上于此事用心至焉,非女其谁与居此?吾教所系,女其勉之!居岁余,大德六年(1302)将如洛阳,道真定,馆于某寺,疾作,九月一日殁。年六十有二。火后获舍利者数百粒。其徒归葬于五台东山之麓⑦。

参考文献

①《五台山经略》,见《柴泽俊古建筑文集》,文物出版社,1999年。

②⑤《山西通志》卷一七一。

③⑥(明)释镇澄:《五台山志·伽蓝胜概》,江苏广陵古籍刻印社,1997年。

④国家文物事业管理局:《中国名胜词典》,上海辞书出版社。

⑦(元)释念常:《佛祖历代通载》卷二十二。

六、白塔寺

1.建筑所处位置。遗址位于甘肃省武威市东南20千米白塔村①。

2.建筑始建时间。建于元代②。

3.最早的文字记载。《白塔寺翻修正殿兴工祭文》:绀殿重修,斋厨创构。兴作之始,恐干神祇。畚锸方陈,先事而告。愿祈阴相,俾无震惊③。

4.建筑名称的来历。元太祖成吉思汗在统一大元帝国的疆域时,曾致书西藏喇嘛教的萨迦派法王。法王即派一著名喇嘛去觐见成吉思汗,该喇嘛途经兰州时不幸病逝,于是元朝下令修塔纪念④。

5.建筑兴毁及修葺情况。明景泰年间(1450—1457),由镇守甘肃的内监刘永成重建。清康熙五十四年(1715)巡抚绰奇又加以扩建⑤。

6.建筑设计师及捐资情况。元代始建,明太监刘永成重建⑥。

7.建筑特征及其原创意义。该寺平面呈长方形,塔南是三大寺楼,北面是准提菩萨殿,殿后为地藏殿遗址。据载该殿内绘有四个飞天,与敦煌飞天不同,别具一格。东西两侧各有配殿数间。寺内原有石佛和铜钟,今铜钟尚存。寺东还有云月寺、三星殿、迎旭阁等古建筑。在山脚下正对黄河铁桥的一、二、三级台地上,都建有庞大的建筑群,其中有七级斗拱和二台排厦、一台上的双飞重檐方亭,均为古典式园林建筑的杰作⑦。

8.关于建筑的经典文字轶闻。(明)刘基《白塔寺》:"物焕星移事已迷,从来此地惑东西。可怜如镜中天月,独照城乌夜夜啼⑧。"

刘尔炘《题甘肃省兰州白塔寺》:"佛老识天倪,不受五行束缚;圣贤重人事,能开万世太平。⑨"

参考文献

①②④⑤⑦⑨杨常青主编:《武夷市志》,兰州大学出版社,1998年。

③元《闲居丛稿》卷二二。

⑥《甘肃通志》卷一二。

⑧《诚意伯文集》卷十。

七、瞿昙寺

1.建筑所处位置。位于青海省乐都县南约20千米的山沟里。

2.建筑始建时间。据寺院碑志记载,明以前当地就有佛教寺院①。

3.最早的文字记载。瞿昙寺,在碾伯县南四十里,明洪武二十年(1387)建②。

4.建筑名称的来历。明洪武二十六年(1393),朱元璋特赐寺额曰"瞿昙",从此得名③。

5.建筑兴毁及修葺情况。经明朝洪熙(1425—1426)、宣德(1426—1434)两代的扩建,使瞿昙寺有了较大的规模④。

6.建筑设计师及捐资情况。永乐年间,皇帝派遣御用监太监孟继等四人,带领宫廷的能工巧匠,奉旨建寺。到宣德二年(1427)以隆国殿为代表的后院落成,瞿昙寺在明朝皇帝的亲自关心下,历经三十七年,终于建成气势恢宏、声名远播的名刹⑤。

7.建筑特征及其原创意义。整个建筑群组系典型官式宫殿,从山门起的中轴线上,有金刚殿、瞿昙殿、宝光殿、隆国殿等大建筑,左右两边陪衬以碑亭、壁画廊、大小钟鼓楼等小建筑,风格不同的殿堂,石绿色的旋子花纹装饰彩画,古朴的斗拱,构成了明代建筑的特色。附属文物以五十一间壁画廊的巨幅彩色壁画最为有名,用连环画方式画出了释迦牟尼一生故事,层次分明;场面之大,艺术之精,实属美术考古之珍贵资料⑥。

8.关于建筑的经典文字轶闻。"初,西宁番僧萨喇为书招降罕东诸部。又建佛刹于碾白南川以居其众。至是来朝贡马,请敕获持赐寺额,帝从所请,赐额曰瞿昙寺。立西宁僧纲司,以萨喇为都纲司。又立河州番、汉二僧纲司,并以番僧为之,纪以符契。自是其徒争建寺,帝辄赐以嘉名,且赐敕持。番僧来者日众。永乐时诸卫僧戒行精勤者多授喇嘛、禅师、灌顶国师之号。有加至大国师、西天佛子者,悉给以印诰,许之世袭,且令岁一朝贡。由是诸僧及诸卫土官辐辏京师。⑦"

"清朝顺治初归顺,雍正元年招抚之后,将各番民归并内地耕种,田地输纳番粮,男女服饰与西陲各番族相类。其北山番民亦青海所属,同时归并内地者,服饰同南山,饮食风俗并沿番习⑧"

"番僧到京并存留,每人赏折衣彩丝一表里。折靴袜钞五十锭。马每匹纻丝一疋,钞三百锭。上等马加绢一疋。驼每只彩段三表里,绢四疋。内瞿昙寺。到京禅师加番僧衣一套,不由所在官司给文起送,私自来京谢恩等项进贡者止给马驼价,不赏。⑨"

参考文献

①③⑥国家文物事业管理局:《中国名胜词典》,上海辞书出版社,2003年。

②《甘肃通志》卷一二。

④⑤乐都县志编纂委员会:《乐都县志》,陕西人民出版社,1992年。

⑦《明史》卷三三〇。

⑧(清)傅恒:《皇清职贡图》卷五。

⑨(明)俞汝楫:《礼部志稿》卷三八。

八、广胜下寺

1.建筑所处位置。在山西省洪洞县城东北17千米霍山之麓①。

2.建筑始建时间。后殿建于元至大二年(1309),两垛殿建于元至正五年(1345)。

3.最早的文字记载。在赵城县,有二:一在霍山上,一在山下。又有休粮寺,亦在霍山顶,原名慈云寺,皆汉建和间(147—149)建[②]。

4.建筑名称的来历。广胜寺初名俱庐舍寺,唐代改成今名。分为上下两寺和水神庙三处[③]。

5.建筑兴毁及修葺情况。广胜下寺的主要建筑重建于至大二年(1309),两垛殿至正五年(1345)建。其后殿殿内上壁满绘壁画,1928年被盗卖出国,藏于美国堪萨斯城纳尔纳艺术馆。

6.建筑设计师及捐资情况。释普静。《周晋州慈云寺普静传》:释普静,姓茹氏,晋州洪洞人也。少出家于本郡惠澄法师,暗诵诸经,明持秘咒。思升白品,愿剪青螺。既下方坛而循律检往礼凤翔法门寺。真身乃于睢阳听涉赴龙兴寺讲训徒侣,若鳣鲔之宗蛟龙焉。又允琴台,请转梵轮。安而能迁。复于陈蔡曹亳宿泗各随缘奖导,回于今东京扬化善者从之。晋天福癸卯岁,心之怀土,还复故乡。遂断食发愿,愿舍千身,乞登正觉。至周显德二年遇请真身入寺,遂陈状于州牧杨君,愿焚躯供养。杨君允其意,乃往广胜寺,倾州民人或献之香果,或引以旛华,或泣泪相随,或呗声前导。至四月八日真身塔前广发大愿曰:愿焚千身,今千中之一也。徐入柴庵,自分火炬,时则烟飞惨色香霭愁云,举众叹嗟群竞悲泣,享寿六十有九,弟子等收合余烬供养焉[④]。

7.建筑特征及其原创意义。下寺保持元代面貌较多,现存轴线上的三座主要建筑全是元构。寺区坐落在山下一段坡地上,南低北高,由山门经前殿到后大殿,地面逐步升高。山门三间,单檐歇山顶,前后檐各加一个披檐,起到了雨搭的作用,也使外观更富于变化。……以防止其挠曲而产生断裂的危险[⑤]。

8.关于建筑的经典文字轶闻。余丙午之秋与客游霍山广胜寺,寺在山顶万松中。其下一泉,清冷沁人,可鉴须发。泉外有亭翼然,修竹荫映,蔓草蒙茸,内遗文断碣几盈四壁。总之发抒性灵,曲尽山川之致。惟西隅一石更属赏心,询之为少鹤山人诗。山人家姑射山,读书谭道,隐采弗仕,遂同客物色之。戒期相晤,则一痀瘘丈人也。见其首与几齐,足不及地,俯仰颇不类常人。客不觉胡卢而笑。余解之曰:昔子高见齐王,王问谁可临淄宰?称管穆焉。王曰:穆短陋,民不敬。答曰:王闻晏子赵文子乎?晏子长不过三尺,齐国上下莫不宗焉。赵文子其身如不胜衣,其言如不出口,其相晋国,晋国以宁。诸侯敬服。臣尝行临淄,见屠商焉,身修八尺,须髯如戟,市之男女未有敬之者。有德无德故也。王于是以管穆为临淄宰。且自昔帝尧长,帝舜短,文王长周公短,仲尼长子贡短,叶公子高微小短瘠,然白公之乱也子高入据楚,诛白公定楚国如反手耳。以山人之抱奇蕴藻,讽咏先王搜罗坟典,倘绾尺一之符,必有可见者。山人掉臂不顾也。尝观广延国人长二尺,陀移国人长三尺,僬侥国人长一尺六寸,迎风则偃,背风则伏,蟪蛄国人如蟪蛄,手撮之,满手得二十枚。海鹄国人长七寸,行如飞。百物不敢犯,惟遇鹄吞之。在鹄腹中不死寿三百岁。今以山人方之,不魁然一大物哉。坐客为之鼓掌,因出其笥中之秘,纵观之。大都近情而离深僻,经雅而脱凡庸。朗逸而渺,闲远飞动,而划轻浮会景写神自成局韵,骎骎乎大雅矣。不然徒以皮相,则九尺四寸之曹交果优于晏赵诸子否也?祇贻卖柑者之诮耳。[⑥]

《题广胜寺》(金)麻秉彝:"盘云梯石上崇岗,殿阁峥嵘古道场。寺纪汾阳初题额,塔传阿育久腾光。檐前山耸千螺秀,槛外溪分二带长。种种尘缘都洗尽,只因身在白云乡。[⑦]"

参考文献

①国家文物事业管理局:《中国名胜词典》,上海辞书出版社,2003年。

②《山西通志》卷二一四。

③《大清一统志》卷一一六。

④(宋)释赞宁：《宋高僧传》卷二三。

⑤潘谷西：《中国古代建筑史》(五卷本)第四卷,中国建筑工业出版社,1999年。

⑥(明)张铨：《白云巢集·序》,《山西通志》卷二一四。

⑦《山西通志》卷二二四。

(七)志园

一、西园

1.建筑所处位置。位于江苏省苏州市阊门外留园路,与留园东西相望。

2.建筑始建时间。元至元年间(1264—1294)。

3.最早的文字记载。徐松《时寓东园晚过西园作》："西园跬步近,日晚偶过从。不料清歌地,还瞻古佛容。露光千树白,风度一声钟。惆怅依人世,纷纷总向空①。"

4.建筑名称的来历。明嘉靖年间西园与留园的前身东园同为太仆徐时泰的私园。后其子工部郎中徐溶舍园为寺,取名复古归原寺。明崇祯八年(1635),延茂林祇律师住持该寺,弘扬"律宗",更名为戒幢律院②。

5.建筑兴毁及修葺情况。清咸丰十年(1860)毁于兵燹。同治、光绪年间(1862—1907)陆续重建③。

6.建筑设计师及捐资情况。明嘉靖太仆徐泰时置建东园(今名留园),同时将归元寺改为宅园,易名西园。清咸丰十年(1860),改称为"戒幢律院"的西园寺毁于战乱。光绪初年(1875),由广慧和尚筹资建修④。

7.建筑特征及其原创意义。现存殿宇多为清末民初所建,是苏州市内规模最大的寺院。中轴线上由南至北依次有面阔三间的牌坊、山门、金刚殿、放生池、大雄宝殿、藏经楼。出金刚殿东侧有观音殿,西侧有罗汉殿。寺中还有念佛堂、法云堂、客堂、斋堂、库房等建筑。西园寺是一座规模完整、殿宇宏伟、佛像庄严,又兼有园林特色的大型寺院。现存第一进石拱门的圆框,雕刻精美,为明代遗物。其余建筑为清同治、光绪年间陆续重建的。其工艺之精巧,令人惊叹,可谓鬼斧神工,堪称艺术精品。大雄宝殿面阔5间,进深7间,前带露台,重檐歇山顶,气魄雄伟。大殿西侧的五百罗汉堂,为西园寺最独特建筑,规模宏大,三进四十八间,以四大名山塑座为中心,沿四壁排列泥塑全身五百罗汉像,大逾常人,神态各异,造型生动,构成一组高超完整的塑像群。有极高的艺术性与民族性,其中尤以一尊疯僧济公的塑像堪称典范。精美绝伦,栩栩如生。罗汉堂第一进供有观音化身八十四尊大悲咒像和四面千手观音像。苏州西园五百罗汉堂为东南沿海地区所仅有,弥足珍奇⑤。

8.关于建筑的经典文字轶闻。疯僧像则因"疯僧扫秦"故事而为人称道⑥。

参考文献

①②(清)徐松、张大纯：《百城烟水·长洲》,江苏古籍出版社,1999年。

③⑤国家文物事业管理局:《中国名胜词典》,上海辞书出版社,2003 年。

④沈文娟:《苏州园林志》,广陵书社,2009 年。

⑥臧维熙:《中国旅游文化大辞典》,上海古籍出版社,2000 年。

二、狮子林

1.建筑所处位置。位于江苏省苏州市城区东北角的园林路 23 号。

2.建筑始建时间。元至正二年(1342)①。

3.最早的文字记载。(元)欧阳玄《狮子林菩提正宗寺记》②。

4.建筑名称的来历。僧天如禅师为纪念其师中峰禅师建菩提正宗寺,后易名狮林寺,清乾隆十二年(1747)改称画禅寺。狮子林即寺后花园。因园中有怪石像狮子,又因中峰禅师曾结茅天目山狮子岩,并取佛经中"狮子座"之义,故名③。

5.建筑兴毁及修葺情况。最初是天如法师的弟子们出钱为他所修造的居所,该居所有寺,有园。天如禅师谢世以后,弟子散去,寺园逐渐荒芜。明万历十七年(1589),明性和尚托钵化缘于长安,重建狮子林圣恩寺、佛殿,再现兴旺景象。至康熙年间,寺、园分开,后为黄熙之父、衡州知府黄兴祖买下,取名"涉园"。清代乾隆三十六年(1771),黄熙高中状元,精修府第,重整庭院,因园中有合抱大松五株,取名"五松园"。至清光绪中叶黄氏家道衰败,园已倾圮,惟假山依旧。1917 年,上海颜料巨商贝润生(世界著名建筑大师贝聿铭的叔祖父)从民政总长李钟钰手中购得狮子林,花 9900 银元,用了将近七年的时间整修,新增了部分景点,并冠以"狮子林"旧名,狮子林一时名冠苏城。贝氏原拟筹备开放,但因抗战暴发未能如愿。贝润生 1945 年病故后,狮子林由其孙贝焕章管理。1949 年后,贝氏后人将该园捐献给国家,苏州园林管理处接管整修后,于 1954 年对公众开放④。

6.建筑设计师及捐资情况。明万历十七年(1589),明性和尚托钵化缘于长安,重建狮子林圣恩寺、佛殿。至康熙年间,衡州知府黄兴祖买下,取名"涉园",其子黄熙(一作黄轩)于清代乾隆三十六年(1771)精修府第,重整庭院,取名"五松园"。1917 年,贝润生购得狮子林,新增了部分景点,并冠以"狮子林"旧名,狮子林一时名甲苏城。

7.建筑特征及其原创意义。狮子林既有苏州古典园林亭、台、楼、阁、厅、堂、轩、廊之美,更以湖山奇石,洞壑深邃而著称于世,素有"假山王国"之美誉。四周高墙峻宇,长廊环绕;中部水池回环,动静有序;林间楼阁参差,若隐若现;丘壑宛转,流泉飞瀑;奇峰怪石,千姿百态,状如狮舞,既有山林之趣,又有禅境之意。狮子林假山,群峰起伏,气势雄浑,奇峰怪石,玲珑剔透。假山群共有九条路线,21 个洞口。横向极尽迂回曲折,竖向力求回环起伏。游人穿洞,左右盘旋,时而登峰巅,时而入谷底,仰观满目迭嶂,俯视四面坡差,或平缓,或险隘,给游人带来一种恍惚迷离的神秘趣味。

8.关于建筑的经典文字轶闻。关于狮子林主题著名的画有:朱得润的《狮子林图》、倪瓒(号云林)的《狮子林横幅全景图》、徐贲的《狮子林十二景图》。(倪瓒和徐贲的画在清代由皇家收藏,近世有延光室影印本,真迹目前下落不明)。狮子林由此名声显著,至元末明初,已成为四方学者赋诗作画的名胜之地。"对面石势阴,回头路忽通。如穿九曲珠,旋绕势嵌空。如逢八阵图,变化形无穷。故路忘出入,新术迷西东。同游偶分散,音闻人不逢。变幻开地脉,神妙夺天工。""人道我居城市里,我疑身在万山中",就是狮子林的真实写照。

参考文献

①③国家文物事业管理局:《中国名胜词典》,上海辞书出版,2003 年。

②邵忠、李瑾选编:《苏州历代名园记》,中国林业出版社,2004年。

④喻学才:《中国旅游名胜诗话》,中国林业出版社,2002年。

(八)志窟

龙山石窟

1.建筑所处位置。位于山西省太原市区西南 20 千米的龙山山巅。

2.建筑始建时间。石窟开凿于元太宗六年(1234)①。

3.最早的文字记载。《元昊天观重刊全真庵碑》,道士宋德芳撰。其文曰:九牧献金,夏禹铸以为鼎。九州山川,草木百怪之象,莫不在焉。其历乎万世,有时而隐,有时而显。其隐也,莫知所去。其显也,莫知其来。世以为神鼎云。人神其鼎而鼎不知其神,此所以为神也。人视其鼎,唏嘘咨嗟。有爱其鼎之为器而不精察其鼎之文象者,有爱其鼎之文象而不穷其鼎之全质者,皆非观鼎者也。且文象百变,其为鼎则一也。文象虽假,其为金则真也。一变而百,百归乎一。假不异真,真不异假。知乎此者,其亦庶几乎善观鼎者耶?唯善观鼎者,然后可以议乎全真矣。夫六合之内外,万物之洪纤,有形无形,有识无识,生死去来,喜怒哀乐,皆一真之所融也。亦犹神鼎之上一山一川,一草一木,一鸟一兽,莫非一金之所为也,视一象则可知一鼎之全质矣,视一法则可知一真之全体矣。故鼎常一而无象可求,真理常全而无法可除。极六合之内外,尽万物之洪纤,孰非全哉?孰非真哉?江西老人结草庵乎福山,太守黄公题曰全真,命固以文,故引而铭曰:其行徐徐,其觉于于。渴焉而饮,饥焉而哺。全真庵乎,达者以为蘧庐②。

4.建筑名称的来历。以地名为窟名。

5.建筑兴毁及修葺情况。窟开凿于元太宗六年至十一年(1234—1239),线描残坏,石窟尚存。

6.建筑设计师及捐资情况。由道士宋德芳主持营建工程。德芳字广道,山东莱州掖城人③。号披云子,隐居太原昊天观,凿石洞七龛为修炼所。有石刻像,自作赞,今存。至元七年赠元通披云真人。仍将云州金阁山云溪观赐,号曰崇真。镌石阳曲之元通观④。元都万寿宫在州西北正平坊,元初建,内有披云真人宋德芳祠,明嘉靖初毁⑤。

7.建筑特征及其原创意义。龙山石窟有道教石雕像 66 尊、浮雕云龙 8 条和双凤藻井、仙鹤等许多浮雕。石雕风格朴实、凝练、庄重、衣饰简洁素静、褶皱分明,与佛教石窟雕像风格迥异。石窟顶板上还雕有龙凤及花图案,有的龛内两侧、前壁留有元代题记,是研究道教发展史和道教石窟的珍贵资料。石窟峰顶峭壁上共凿有 8 个洞窟:虚皇龛、三清龛、卧如龛、玄真龛、三大法师龛、七真龛及两座辩道龛。自上而下,由西向东分为三组,虚皇龛位于龙山之顶,洞内雕有道教元始天尊及两壁 20 尊诸虚皇道君神像;三清龛位于虚皇龛之下,龛中正面居中有元始天尊、灵宝天尊、太上老君石雕坐像,通高 1.5 米,两壁 6 尊真人和 6 尊侍者雕像;卧如龛位于三清龛东侧,洞中石台上雕披云子宋德芳卧像,神态自然,泰然安详,后有2侍者作肃立状,龛顶雕有4龙盘旋,乃为道教全真龙门派修道用气之法"玉龙盘体法"的写实性雕塑。自西向东巨石之间三天大法师龛内有道教创始人张道陵及其子张衡、孙张鲁石雕像,各高1.35米,另有8侍者像作肃立状。其雕像形态、技法均具有唐代特征。玄真龛内有雕像3尊,主像玄真子张子和为道教正一派中著名人物,其雕法、形态与三天大法师像相同。无凿辩道龛内雕有披云子与其师弟李志全、门人秦志安讲经论道的3尊石像,龛右侧小门有一持书童子侧面而立听道不忍离去的情景,极富生活情趣。龛壁有保存完好的赞颂披云子功绩的赞词和自赞诗的题记,完全是元代道教徒修行生活的真实写照。龙山石窟中最有游览和探古价值的是七真龛,也称玄门列祖龛。有9尊雕像,门侧各雕青龙、白虎、仙鹤、云龙,既象征神山仙境,又真实地反映了道教全真七子讲经论道的情景。

8.关于建筑的经典文字轶闻。宋德芳所撰《元昊天观重刊全真庵碑》是一篇解说全真教内涵最通俗最精彩的文字。另《山西通志》关于昊天观的一段文字(详下)是我们了解该石窟以及宋德芳的重要文字:"昊天观在县西十里龙山绝顶,元元贞元年披云子宋德芳建。观东石崖列石室八龛,披云子凿。一曰虚皇,二曰三清,三曰卧如,龛内卧像一为披云子卧化地。四曰元真,五曰三天大法师。六曰七真。七、八胥曰辨道。凡镌石像二十有七尊,明洪武间并北极观入焉。正德初内官畅英重修。是时云间陆本居石洞,以道术著。内又有全真庵宋德芳撰碑。⑥"

参考文献

①③国家文物事业管理局:《中国名胜词典》,上海辞书出版社,2003年。

②嘉靖《太原县志》。

④《山西通志》卷一五九。

⑤《山西通志》卷一七一。

⑥《山西通志》卷一六八。

(九)志学校

国子监

1.建筑所处位置。位于北京市安定门内东侧。

2.建筑始建时间。元大德七年(1303)①。

3.最早的文字记载。元代陈旅《国子监营缮官舍记》,文曰:成均,天下文物之府也,高门深静,大屋如垂云。诸生食有廪,居有次,独师员十数多僦民舍以居,儒官禄薄,京师地贵,所僦舍率陋隘。盖作入馆,戴冠束衣授业终日不得休,还舍昏惫意气抑郁弗舒,故多不乐居是官者。至顺三年(1332)春南阳孛术鲁先生以集贤直学士兼国子祭酒,越明年,德教大孚,师逸道尊。乃诿于寮寀曰:古者教有业,退有居,非苟焉也。监有隙地,在居贤坊北者,大德(1297—1306)中有司议以建学余力筑屋以舍师儒不果也,我仪图之。学馆请增贡国子伴读生以徕英髦,人闻有是请也,愿为弟子员益众。凡新入学皆以羊贽所贰之品与羊相当。先生曰:嘻!与其日厌口腹,孰若为吾侪燥湿寒暑之虞乎?司业岳公齐高监丞张公彦谦典簿郭君彦父博士潘君履道助教张君常道邬君棣华祁君伯温咸赞其事,属掌仪王仪孙师鲁约所入贽赀方规度而未就也,五月祭酒召赴上京,居三月始还,乃益撙集,凡得中统楮泉二万余缗,筮吉日筹工度费,除地北扉,画为四区,区各立屋五间,中三间为居室,旁二间为肃官具馔之所。庭荧室,爽闾宏敞。宅之门以东西,门之衢以南北。衢北距通衢立大门,衢南羡壤可艺蔬,东浚井,西置屋居阍者,使掌大门之管,以赢赀治旧宅二区之在坊中者,其西圮甚,因正仄柱,植坏壁,易败楠腐宗,补以新瓦而墍涂之。旁起屋如北坊之制,东宅西偏,作室象舟,可居琴书。东南作见宾之室曰宾庵。先是宅南仆舍侵门,俭狭不容骑。乃徙其舍于宅之北,仍作新舍二间以庇口仆之无栖者。于是前辟后阖,中树卉木口如蔚如也。凡数处营缮,所费不出公帑而基构覆缔无不完好。常道伯温董其役,生员韩思道、卫彝、贾瑞焕住服其劳。七月经始,九月成。祭酒与监学官举酒落之,赏劳者以币,诸生请旅识其颠末。呜呼!君子之心视同一宇内者皆不忍其有震风凌雨之戚,而力有不及则为其所可及者而已。移已所享者以利人,其用心何其厚且远也!嗣而葺之则有望于后之君子[②]。

4.建筑名称的来历。国子监是自隋以后中国官方最高学府,也是当时朝廷掌管国学政令的最高官署,历代王朝都在都城建有国子监。明初,国子监先后改称北平郡学、国子学;后固定使用了国子监的名称。

5.建筑兴毁及修葺情况。北京国子监始建于元大德十年(1306),明初殳弃,改建北平府学,成为北京地区的最高学府,永乐帝从南京迁都北京,改北平府学为北京国子监,同时保留南京国子监。由于元末明初的战乱,现在北京国子监内的元代建筑遗存极少,绝大部分建筑为明清所建[③]。

6.建筑设计师及捐资情况。元代的国子监建造,国子祭酒孛术鲁、司业岳齐高监丞张彦谦、典簿郭彦父、博士潘履道,助教张常道、邬君棣、华祁君、伯温咸赞其事,常道、伯温董其役,生员韩思道、卫彝、贾瑞焕住服其劳。七月经始,九月成。凡费中统楮泉二万余缗。清代的国子监建造者为礼部尚书德保、工部尚书兼管国子监事务刘庸、侍郎德成[④]。

7.建筑特征及其原创意义。"……除地坊北画为四区。区各立屋五间。中三间为居室,旁两间为肃官具馔之所。宅之门以东西,门之衢以南北。衢北距通衢,立大门;衢南羡余壤可艺蔬,东浚井,西置屋。居隶者,使掌大门之管,以赢资治旧宅。二区之在坊中者,其西圮甚,易败楠腐荚补以新瓦。而墍涂之旁起屋如北坊之制。东宅西偏,作室像舟,可居琴书,东南作见宾之室,曰宾庵。七月经始,九月成[⑤]。"

《春明梦馀录》:"正堂七间,曰彝伦堂,元之崇文阁也。中一间,列圣幸学俱设坐于此,上悬敕谕五通。东一间,祭酒公座面南,司业座面西。堂前为露台,台南中为甬路,前至太学门,长四十三丈。圣驾临幸由之。东西为墀,诸生列班于此。后堂三间,东讲堂三间,西讲堂三间,药房三间。折而东为绳愆厅三间,鼓房一间,率性堂、诚心堂、崇志堂,各十一间。博士厅三间,钟房一间,修道堂、正义堂、广业堂悉如率性堂。六堂,乃诸生肄业之所,混堂净房各一所[⑥]。"

国子监整体建筑坐北朝南,中轴线上分布着集贤门(大门)、太学门(二门)、琉璃牌坊、辟雍、彝伦堂、敬一亭。东西两侧有四厅六堂,构成传统的对称格局,是我国现存唯一一所古代中央公办大学建筑。辟雍是国子监的中心建筑,是北京"六大宫殿"之一[⑦]。辟雍古制曰"天子之学"。国子监辟雍建于清乾隆四十九年(1784),是我国现存唯一的古代"学堂",是皇帝临雍讲学的场所。其建筑风格独特,为重檐黄琉璃瓦攒尖顶的方型殿宇。外圆内方,环以园池碧水,四座石桥能达辟雍四门。构成"辟雍泮水"之制,以喻天地方圆,传流教化之意。殿内为窿彩绘天花顶,设置龙椅、龙屏等皇家器具,以供皇帝"临雍"讲学⑥。

8.关于建筑的经典文字轶闻。据《周礼·师氏》:《以三德教国子》的伦理观,我国很早就有国家办学的传统。汉代叫太学,晋代名国子学,唐代称国子监。以官职而兼师的校长叫祭酒,副校长名司业,教师称博士或助教等。就读学员除俄罗斯、高丽、暹罗等国的留学生外,中国学生有贡生、监生与官生之分。贡生是从各省推荐而来的品学兼优者,监生与官生是用钱捐来的,品学良莠不齐。按出身不同而规定的学习内容及年限也不同,一般教学礼、乐、律、射、御、书、数等课程,时间半年至 3 年不等。但到了清朝八旗子弟的官生,因教学目的特殊、学制为 10 年。学员宿舍称"号",而留学生宿舍叫"交趾号"。明清时谋图走仕途之路的人,能就读于国子监,毕业后如果又能在殿试中进士及第,金榜题名,那么就可在孔庙立碑,在家乡建牌坊和在朝中做官,认为这是人生最大的荣幸及光宗耀祖之事⑨。

参考文献

①②⑤《安雅堂集》卷七。

③⑦⑧⑨《北京市志稿》,燕山出版社,1998 年。

④(清)文庆、李宗昉:《钦定国子监志》卷二二,北京古籍出版社。

⑥《春明梦馀录》卷五四。

(十)志塔

一、妙应寺白塔

1.建筑所处位置。在北京市西城区阜成门妙应寺内。

2.建筑始建时间。塔始建于至元八年(1271),历时八年完成①。

3.最早的文字记载。据元世祖至元年间如意祥卖长老奉敕所撰《圣旨特建拾迦舍利灵通之塔碑文》载:白塔"取军池之像"②。

4.建筑名称的来历。白塔是中国最早最大的藏式佛塔,也是中国和尼泊尔友好的历史见证。因塔通体涂白垩,故称白塔,寺也因之称白塔寺。世祖至元十六年(1279),塔前增建寺院,赐名大圣寿万安寺,由四层殿堂和塔院组成,规模宏大,为元世祖营建大都城的重要工程之一。明天顺元年(1457)改为今名。

5.建筑兴毁及修葺情况。该寺在元代既是皇室在京师进行佛事活动的中心,又是最早译印蒙文、畏兀文佛经的场所。至正二十八年(1368)寺院被雷火焚毁。明天顺元年(1457)重建,改名妙应寺。现存建筑大体保留了再建时的布局。明成化、万历,清康熙、乾隆、宣统及民国年间对白塔及寺院进行多次修葺。1961 年中华人民共和国国务院将其公布为全国重点文物保护单位。1961 年安装白塔避雷针,1962 年整修塔身。1978 年再次整修,并发现了元代八达马砖雕和乾隆十八年敬装的僧冠、僧服、经书和多种文物。1980 年成立白塔寺文物保管所。

图 11-10-1 北京妙应寺白塔远景

6. 建筑设计师及捐资情况。尼泊尔工匠阿尼哥。

7. 建筑特征及其原创意义。《帝京景物略》描述："凡塔级级笋立,白塔巍然蹲也。三异相,二异色。下廉以栏,为莲九品相。中丘以圜,为佛顶光相。上盖以罍,为尊胜幢相。其白,垩色,非石也,今垩有剥而白无灭。铜盖上顶,一小铜塔也。盖铜色青绿矣,顶灿然黄黄③。"

塔建在寺院后部的塔院正中,由塔基、塔身和塔刹构成,通高 50.9 米。基台 3 层,下层平面呈方形,涂朱红色,台前设门,门前有台阶式横桥,分东西踏步可直登塔基,上、中层平面作"亚"字形,四角向内递收,束腰折角为圆形角柱;须弥座上层平盘挑出部分,以巨大的圆木承托,是为增强砖石结构的需要。须弥座式基台上,用砖砌筑并雕成巨大的仰覆莲瓣,形成莲座,其上有五道金刚圈,以承托塔身,并收到从方形塔座自然过渡到圆形塔身的效果。塔身为一个巨大的覆钵,其上砌"亚"字形四出轩式刹座,座上立下丰上锐、稳重粗壮的刹身,砌成相轮十三重,即"十三天",呈圆锥体。其上置直径 9.7 米的巨大天盘(即华盖),用厚木作底,上盖铜板瓦,板瓦间以 40 条铜筒脊瓦接缝,并用 8 根固定在天盘边缘的铁索链拉紧,周悬铜质透雕华鬘、铃铎,花纹图案为佛像及佛字,状若流苏,其上多有善男信女姓及年号。刹顶为一小型铜喇嘛塔,高约 5 米,重 4 吨。整座塔制度之巧,古今罕有④。

藏传佛教得到元朝提倡后,不仅在西藏大力发展,内地也出现了喇嘛教寺院。如北京妙应寺白塔,就是都城内一座喇嘛塔。

8.关于建筑的经典文字轶闻。江夏郭正域《白塔寺》："鸽影旋浮图,飘飘不可呼。银轮如现在,白马可来无? 日霁云山晓,霜标水月孤。杳然人世隔,花雨半皇都。⑤"

参考文献

①④潘谷西:《中国古代建筑史》(五卷本)第四卷,中国建筑工业出版社,1999 年。

②宿白:《元大都〈圣旨特建拾迦舍利灵通之塔碑文〉校注》,《文物》,1963 年第 1 期。

③⑤(明)刘侗、于奕正:《帝京景物略》,上海远东出版社,1996 年。

二、洪山宝塔

1.建筑所处位置。位于湖北省武汉市洪山的南坡、宝通寺的东北面。

2.建筑始建时间。元代至元十七年(1280)动工,至元二十八年(1291)竣工,历时十一年建成。

3.建筑名称的来历。是主持僧缘庵为纪念开山祖师灵济慈忍大师所建,因而又名灵济塔。明成化二十一年(1485),塔随寺改名为宝通塔。因坐落洪山,后人又称洪山宝塔。

4.建筑兴毁及修葺情况。南宋端平年间(1234—1236),宋金交战,今湖北随州大洪山一带为宋金之间战区。佛教名山大洪山受到战争的严重影响。缘于此,当年荆湖制置使孟珙、都统张顺乃上书宋理宗,将随州大洪山的崇宁万寿禅寺迁往今天的武汉市武昌东山以安置僧众,保护文物。仍敕号崇宁万寿禅寺。

该寺自元代建成,洪武十六年(1383)龙门海禅师、康熙年间俞昭禅师、咸丰年间寺僧能慈、光绪年间寺僧心梵、民国年间持松法师等都曾为修复寺庙佛塔作过贡献。抗日战争期间,寺僧博雅在都督程潜的支持下,对洪山宝通寺进行了大幅度的修建。

通常寺庙和塔建在一起,塔在西,取佛祖西来之意。而洪山一反常规,是塔在东寺在西。造成这一违反常规的现象,是寺院屡毁屡建原址不够用而西移的缘故。

清朝同治十年(1871)进行了大规模的重修工程,至十三年(1874)才完工,为了长久保留,将原木质飞檐改为石据,易木栏为铁栏,塔下围廊改为八方石阶。塔顶照原样增高五尺,且用文笔峰式铸铜一万三千斤结顶,以求永固。中华人民共和国成立前,塔已损坏不堪。1953年对洪山宝塔进行了全面维修,上下内外,整修一新。十年动乱中,洪山宝塔无人保护又遭新的破坏,宝塔条石有些脱落,各窗铁栏大部锈损,一万三千斤铜塔尖濒于倒塌。中国共产党十一届三中全会以来,洪山宝塔已修缮一新,每日吸引着不少游客登高眺望。

5.建筑设计师及捐资情况。宝通寺元代住持僧缘庵所建。

6.建筑特征及其原创意义。据志书记载:原建时每层外围均有木质飞檐和护栏,塔下周围为砖木结构的围廊,每层八角坠以风铃,设计之精巧,工程之浩大,实为鄂中第一。塔为七层八面,高约44米,基宽约37米,顶宽约4米,内石外砖,仿木结构,由下而上,逐层内收,威武挺拔,势欲遏云,十里之外,均能看到,故有"数峰天外洪山塔"的赞诗。塔内置台级,盘旋而上,可达顶层,凭窗眺望,周围湖光山色,一览无余。塔后山峰上,有洪山八景中的"栖霞"、"云肩"等摩崖石刻;塔下有华严洞、华严亭等名胜,为壮丽的宝塔增添景色。为洪山景区重要一景。

三、居庸关过街塔

1.建筑所处位置。位于今北京市昌平长城重要关口居庸关关城中心。

2.建筑始建时间。元顺帝至正二年(1342)敕建。五年(1345)建成。

3.最早的文字记载。元人欧阳玄的《过街塔铭》:"关旧无塔。玄都百里,南则都城,北则过上京,止此一道。昔金人以此为界,我朝始于南北作二大红门。今上以至正二年(1342)……即南关红门之内,因两山之麓,伐石甃基,累甓跨道,为西域浮图,下通行人。①"元人熊梦祥《析津志》:"至正二年,今上始命大丞相阿鲁图、左丞相别儿怯不花,创建过街塔,在永明寺之南,花园之东。有穹碑二,朝京而立,车驾往还或驻跸于寺,有御榻在焉。其寺之壮丽,莫之与京。②"

4.建筑名称的来历。《析津志》记载:"至正二年(1342),今上始命大丞相阿鲁图、左丞相别儿怯不花创建过街塔"。

5.建筑兴毁及修葺情况。元末明初,寺及塔身先后被毁。明正统四年(1439)在台基上建泰安寺,于康熙四十一年(1702)焚毁。现仅存石台基座,民间俗称云台。已被列为第一批全国重点文物保护单位。

6.建筑设计师及捐资情况。大丞相阿鲁图、左丞相别儿怯不花。

7.建筑特征及其原创意义。塔有三座,为白色喇嘛塔,矗立于白色大理石砌成的同一台基上。"塔形穹隆,自外望之,揄相奕奕。人由其中,仰见图覆,广壮高盖,轮蹄可方。""壮丽雄伟,为当代之冠。③"塔基高9.5米,下大上小,下基东西长26.84米,南北长14.73米。

台顶四周设有石栏杆及排水龙头。券洞为五边折角式拱券。洞高7.37米,宽6.32米,可通车马。券门两侧石壁对称地刻有用金刚杵交组成的图案、怪狮、卷叶花和大龙神,正中刻有金翅鸟。券洞内两壁四端刻有四大天王,两侧斜面刻有坐佛十尊。十佛之间遍刻小佛(千佛),形态生动雄劲,线条细致,为元代雕刻艺术珍品。洞内用梵、藏、八思巴、维吾尔、汉、西夏六种文字雕刻的如来心经陀罗尼。佛顶尊胜陀罗尼经咒,以及用藏、八思巴、维吾尔、汉、西夏五种文字书写镌刻的《建塔功德记》。塔旁缘山崖建有三世佛殿,殿旁棋布室舍,元顺帝赐额"大宝相永明寺。④"

参考文献

①《松云闻见录》。

②《钦定日下旧闻考》引。

③《过街塔铭》。

④潘谷西:《中国古代建筑史》(五卷本)第四卷,中国建筑工业出版社,1999年。

(十一)志桥

觅渡桥

1.建筑所处位置。位于江苏省吴县(今苏州市)城外东南隅赤门湾,横跨江南运河上,为单孔石拱桥。现已毁。今桥名得以保存于瞿秋白纪念馆旁之小学,是为觅渡小学。

2.建筑始建时间。始建于元朝大德二年(1298)十月,大德四年三月竣工。

3.最早的文字记载:"灭渡桥在府城葑门外,旧有渡,篙师需利而后济。元大德间有僧慨然创桥,名曰灭渡。①"灭渡桥在赤门湾南,旧以舟渡。舟师专利,行旅患之。大德间有僧自昆山来,为渡所沮。发愿募创,因名灭渡②。

4.建筑名称的来历。赤门湾原是一个渡口,从赤门湾到葑门走水路,必须船渡,交通极为不便,且船家经常对过往行人敲诈勒索或杀人越货。元成宗大德二年,昆山僧人敬修倡议募款造桥,大德四年竣工。建成后,取消了船渡,故名"灭渡桥"。

5.建筑兴毁及修葺情况。关于灭渡桥的兴建由来及基本情况,元代张亨在《灭渡桥记》中有载。灭渡桥自建成至今,历尽沧桑,屡圮屡建,其中有记载的规模较大的重建重修工程是:明正统年间(1436—1449),况钟任职苏州期间,曾主持重修。清同治年间(1862—1874),曾经重修。建国后,当地政府曾拨款维修。该桥毁于近年的城市建设。

6.建筑设计师及捐资情况。昆山僧人敬休捐资修建。

7.建筑特征及其原创意义。灭渡桥规模较大,桥长85米,高11米,桥面宽5.3米,为单孔半圆石拱桥,跨度约20米,拱券甚薄,其厚度仅30厘米,桥下可供船通过。这种桥在江南水乡并非罕见,之所以闻名遐迩,主要是由于它的来历不同寻常,而桥龄也比较长。

8.关于建筑的经典文字轶闻。古时该处为水陆要津,原设有渡船,因旅客不能忍受舟子把持敲诈,由僧人发起集资募建桥梁,取名"灭渡","志平横暴也"。今讹称觅渡桥。建桥始于元大德二年（1298）十月，至四年三月竣工，历时一年有余。明代正统间苏州知府况钟重修。清同治间再修，1985年又修，并恢复石栏。桥身用武康石、青石、花岗石混砌，显示了多次重建大修的历史痕迹。③。

"（俞通海）围平江，战灭渡桥，捣桃花坞，中流矢，创甚。归金陵，太祖幸其第，问曰：平章知予来问疾乎？通海不能语。太祖挥涕而出，翌日卒，年三十八。④"

参考文献

①《明一统志》卷八。

②（明）王鏊：《姑苏志》卷一九。

③《中国古代桥梁技术史》。

④《明史》卷一三三。

（十二）志陵

秃黑鲁帖木儿汗麻札

1.建筑所处位置。位于新疆维吾尔自治区伊犁地区霍城县东北45千米的大麻札村①。

2.建筑始建时间。一说为元至正二十年（1306）（据《西域水道记》推算）一说为1364—1365年（据《东方五族史》推算。）

3.最早的文字记载。拱门两侧各有阿拉伯文铭文。右侧意为："这里是伟大的可汗穆罕默德·秃黑鲁帖木儿汗之墓"，并有称颂墓主为"伊斯兰教的堡垒"、"善良人的光荣和骄傲"、"紧跟四大哈里发"、"尊重学者"等语句。

4.建筑名称的来历。因墓中埋着新疆地区信奉伊斯兰教的蒙古可汗秃黑鲁帖木儿汗（1330—1363）而得名。麻札，陵墓的意思。

5.建筑兴毁及修葺情况。该墓建筑至今基本上保持了原貌。1981年被列为新疆维吾尔自治区重点文物古迹保护单位。

6.建筑设计师及捐资情况。"此陵系巴尔沙夫所建"。见拱门上方的铭文。

7.建筑特征及其原创意义。麻札为阿拉伯建筑风格。呈长方形，砖土结构，穹隆顶，无木柱横梁。高约14米，宽10.8米，进深15.8米，建筑主体依然完好。室内有暗梯可以登临墓顶。麻札正面墙壁用蓝、白、紫琉璃砖镶砌的美术图案装饰，拱门两侧各有阿拉伯文铭文。是元代新疆唯一留存的伊斯兰教古建筑②。

参考文献

①国家文物事业管理局：《中国名胜词典》，上海辞书出版，2003年。

②宛耀宾：《伊斯兰教大百科学全书》，四川出版集团，2007年。

(十三)志亭

放鹤亭

1.建筑所处位置。浙江省杭州市西湖北岸孤山北麓。

2.建筑始建时间。元代。

3.最早的文字记载。见(明)李日华《重修放鹤亭记》:昔人次第隐逸,以声光泯绝,邈不可追,如披裘石户推居太上。余曰此程品之论也,亦憎夫借径终南佐命句曲者耳。夫隐品当程而隐材尤当核。璞惟引虹是以贵其不雕,剑惟犯斗是以惜其终掩。彼碌碌铮铮者譬如猿蹲树杪貜饮岩阿,顽然有生一无表见,则真深山野人何从觅口希之异而命之隐君哉? 宋和靖先生嵚崎磊落之士也,应制科不第,退隐钱塘明圣湖,初亦婚娶,生子洪,著有山家清供一编。每称先人非不妻而妻梅,不子而子鹤也。祥符天圣间二房日骄,韩范之略未能明,绥靖忠佞糅杂,丁夏之党互为水火。先生咿吟漆室,纤轸于怀,故发其遗书有曾无封禅之句,所赍之志檗可见矣。当日有绘湖景装轴鬻钱湖上,于林麓端标数字云林君复放鹤处。先生见之曰:世亦知有老逋耶? 后人想像其处作亭,非先生自亭也。先生一日倚杖柴门,得句云'夕寒山翠重,秋净雁行高。'吟讽满意,抵掌曰:平生读武侯传,未尝不心折其鸿树,然视余今日鏖句于翠绿中,觉神韵孤上翻似过之。过之者轶之也,亦骜之也。先生未尝忘世,世亦不能忘先生。想见点雪冲虚,绦镞不设,八瀛照影,指纵由心。飘萧尘埃之表,先生与鹤其俱在耶? 闽崔君仲征沆瀣耿亮,风采毅如生平,宦辙所经惠泽煦若春霖,丰棱凛于霜锷,一触珰熖几燎昆墟,幸霈新恩大节昭布。来佐鹾司,赍我邦国。回翔湖山之上,狎主骚坛之盟。其品与材与和靖先生而两,虽其显晦夷沮判乎各遭,然皆金玉其音而糠秕万有者也。崇祯壬申嘉平月,友人陈则梁以书来云:崔使君割廉标胜,孜孜未替。前月一新湖心亭,蓝山人田叔监之韩太史求仲记之,今又新放鹤亭,徐文学仲凌监之。吾子当记之,余谢不敏。既而曰:是诚在我,余既慕崔使君之品与材,每坐驰明圣湖头,即胸中著两和靖而生平诠次隐逸所耿耿欲吐如是,敢附见之[①]。

4.建筑名称的来历。元代人为纪念宋代隐逸诗人林和靖而建。林和靖(967—1028),名逋,北宋初年杭州人。居孤山二十年,种梅养鹤,有"梅妻鹤子"的传说[②]。

5.建筑兴毁及修葺情况。明嘉靖间,钱塘令王钦重建放鹤亭。崇祯时崔仲征亦曾重修放鹤亭。现在的放鹤亭是1915年重建的。

6.建筑设计师及捐资情况。元代人陈子安在鹤冢上建放鹤亭。

7.建筑特征及其原创意义。放鹤亭面阔8.75米,进深8.85米,重檐携三灶,内外16根朱红原柱撑起双重飞檐,碧瓦翘角,雕饰精美。亭中有《舞鹤赋》刻石一块,文章为南朝刘宋时期文学家鲍照所撰,字迹系清康熙帝临摹明代书法家董其昌所书。全赋466字,栩栩如生地描绘了鹤的美丽动人的形象和能歌善舞的才能。碑通高2.4米,宽2.94米。碑上有巨樟覆盖,其前构筑石栏,面临里湖。亭外植梅,为湖上赏梅胜地。放鹤亭旁还有林和靖墓,墓畔曾有林和靖生前所养"鹤皋的鹤冢"。这里曾被誉为"梅林归鹤",系清代"西湖十八景"之一。

8.关于建筑的经典文字轶闻。林和靖的"疏影横斜水清浅,暗香浮动月黄昏"咏梅名句,流传至今[3]。放鹤亭在孤山之北。元至元间(1264—1294)儒学提举余谦既葺处士之墓,复植梅数百本于山,构梅亭于其下。郡人陈子安以处士无家,妻梅而子鹤,不可偏举,乃持一鹤放之孤山,构鹤亭以配之[4]。

参考文献

①《西湖志纂》卷一一。

②国家文物事业管理局:《中国名胜词典》,上海辞书出版,2003年。

③《林和靖集》卷二。

④《西湖游览志》卷二。

中国历代名建筑志

第十二章

明代名建筑

绪　论

在明朝277年的岁月中,16位皇帝中就有太祖朱元璋、成祖朱棣、世宗嘉靖和熹宗皇帝四位对建筑特别重视,有的人甚至到了痴迷程度,如熹宗。这种现象在前代帝王中是少见的。此其一;明朝工程建设量大,贪污现象因此也十分严重。此其二;明代因为营造不断,对工匠的需求多,工匠之社会地位受到了前所未有的重视,此其三;明朝的建筑撮其大者言之,主要有都城建设、陵寝建设、边墙建设、园林建设。其中都城和陵寝建设都有统一规格,按标准建设的特点。比如,都城建设就包括京师以及各地藩王的城池建设,陵寝建设也一样,朝廷都有规格等级。建筑技术方面,传统的大木作技术也开始重视构架的整体性,斗拱的装饰性和施工的简化(潘谷西主编《中国古代建筑史》元明部分,五卷本)。其中值得一提的是明代道教建筑由于皇帝的提倡又一次出现了营造高峰。而佛教建筑则因朝廷限制而发展缓慢。明代匠作营造法式亦有专书问世,名曰《营造正式》,凡六卷,亦堪称划时代之总结。

都城建设,主要集中在明朝初年。最初,朱元璋想利用开封,也派人去实地踏勘过。后来放弃。又在南京、凤阳两处徘徊。后来,他又主动放弃凤阳。等到他的儿子朱棣移都北平,开始营建北京。从此,明王朝实际上拥有南、北两京。明朝初年,朝廷为了营造都城,几乎是倾国之力。天下能工巧匠都被征调到南京等地从事工役。与此相联系,永乐皇帝登基后,还倾全国之力修建武当山。此外,明代陵墓建设方面也留下了许多重要的遗迹,如南京明孝陵,北京昌平十三陵,湖北钟祥明显陵。还有明代为了防卫需要而修造了大量的边墙,也就是我们今天所说的长城。长城作为军事防御设施,虽然肇始于春秋战国,包括汉唐,代有扩修。但真正保存至今大体仍雄伟可观者还是明代的边墙——长城。现在,包括北京明故宫在内,长城、明代帝王陵墓、北京的礼制建筑天坛等许多世界文化遗产都是明朝匠人留下的杰作。

明代初年,朱元璋鉴于元朝佛教发展过程中出现的问题,开始限制藏传佛教而扶持汉地佛教。对方丈主持人选特别重视。对天下佛寺进行定额管理。超出定额者即被视为淫祠而拆之。到了明世宗时期,将崇道禁佛推向极端。他下令从毁刮宫中佛像和烧佛骨开始,对全国各地私创寺院进行拆毁,对全国尼庵尽行拆除,并且规定对毁坏的寺庙不得重建。嘉靖六年,仅北京一地就毁坏尼姑庵、寺庙600余所。(《石头录》卷三,见明霍韬:《霍文敏公全集》附)。嘉靖九年十二月,明世宗把拆毁变卖私创寺院行动推向全国,严令巡按御史"逐一查毁"。(《明世宗实录》)终世宗之世,藏传佛教和内地佛教都在严格限制之列,只许自然淘汰,不许增补。西藏僧人几乎断绝和汉地佛教界的联系。世宗之后,明末的崇祯皇帝也是排斥佛教的一个皇帝。随着封建专制中央集权的加强,明代的佛教寺庙形制开始定型化。但在定型化过程中,明代佛寺建筑仍有若干创新。例如,砖拱发券技术,在明代前主要用于墓室营造和北方砖塔的窗户上。明代匠师不仅在明代帝王陵墓中大量采用,而且在城门营造和寺观建筑的无梁殿营造上也大量尝试,并且取得了十分的成功。典型案例为南京灵谷寺之无量殿和湖北武当山太子坡之无梁殿建筑。南方匠师的这一大技术进步,可以看成是对北方窑洞建筑技术和石拱桥技术的创造性移植和运用。据东南大学朱光亚教授研究,明代中叶以后,各地佛寺大量营造无梁殿,多从南京灵谷寺得到启发。而据朱光亚对南京大报恩寺遗址出土的建筑脊饰龙吻和其他地区的脊饰的比较分析,认为明代龙吻为南京首创,后风行全国。(《南京建筑文化源流浅析》)明代建筑在技术上创新色彩最浓者可能是琉璃塔建造技术的出现和成熟。南京大报恩寺建筑中最醒目的建筑物九级琉璃塔是明代工匠的伟大创造。明清时期,在长江旅行的中外游客,都视大报恩寺琉璃塔为古都南京之标志。(朱契《金陵古迹图考》)

明代的园林建设方面也成就斐然。最显著的成就是明代南方士大夫造园成风。北京、南京、苏州、扬州、岭南,都是园林创造的繁盛之地。在园林重镇的苏州,甚至还生出了一个"种石"的新行业,即将太湖石头人工开采后放入湖水中冲刷,时间一长,人工痕迹消失,皱瘦漏透特点形成,便可卖给造园之家。从事种石的人被称作"石农",是为旷古所未有。明代还出现了造园艺术理论总结性名著——《园冶》。

前面说过,明代的工程贪污现象十分严重,主管官员最常见的做法是,一方面向地方政府和老百姓摊派征集,另一方面又向国库要求报销。而故意拖延工期,也是常见的手脚之一。有的商人钻营,弄到筹办木料等差使,顺便在运往朝廷的木料中夹带私木,以逃征税。最可笑的是明神宗朝万历二十五年,归极、皇极、建极三大殿被焚。神宗一心想尽快修复三大殿,"屡征木于川、广,令输京师,费数百万,卒被中官冒没。终帝世,三殿实未尝复建也。"(《明经世文编》)。直到明熹宗天启七年(1627),也就是三十年后,工程才竣工。于此不难看出明朝工部的贪腐到了何种严重的程度!

(一)志城

一、明清北京城

1.建筑所处位置。今北京市内旧城区。

2.建筑始建时间。明永乐四年(1406)。

3.最早的文字记载。《国朝献征录》。明焦竑(1540—1620)约于明万历中叶为编写明史,而搜集整理了不少当代史料,《国朝献征录》即是其中得以保存下来的一份主要史料汇编。其中对建城的工匠、典制有散碎记载。成书于清代的《明史》则有详细记载,"顺天府元大都路,直隶中书省。洪武元年(1368)八月改为北平府。十月属山东行省。二年三月改属北平。三年四月建燕王府。永乐元年(1403)正月升为北京,改府为顺天府。永乐四年闰七月诏建北京宫殿,修城垣。十九年正月告成。……宫城之外为皇城,周一十八里有奇。门六:正南曰大明,东曰东安,西曰西安,北曰北安,大明门东转曰长安左,西转曰长安右。皇城之外曰京城,周四十五里。门九:正南曰丽正,正统初改曰正阳;南之左曰文明,后曰崇文;南之右曰顺城,后曰宣武;东之南曰齐化,后曰朝阳;东之北曰东直;西之南曰平则,后曰阜成;西之北曰彰仪,后曰西直;北之东曰安定;北之西曰德胜。嘉靖三十二年(1553)筑重城,包京城之南,转抱东西角楼,长二十八里。门七:正南曰永定,南之左为左安,南之右为右安,东曰广渠,东之北曰东便,西曰广宁,西之北曰西便。"

4.建筑名称的来历。"顺天府元大都路,直隶中书省。洪武元年八月改为北平府。十月属山东行省。二年三月改属北平。三年四月建燕王府。永乐元年正月升为北京,改府为顺天府。①"

5.建筑兴毁及修葺情况。明洪武元年(1368),明军攻入元大都,改名北平府,为便于防守,将其北城墙向南缩进5里,另筑新城,并于元夯土城墙外侧砌砖。永乐元年(1403)改为北京,四年(1406),明成祖朱棣诏建北京宫殿,修城垣,分遣大臣采木于四川、湖广、江西、浙江、山西等地。六年,"初建北京宫殿"。十五年(1417),木料漕运抵京,随即由泰宁侯陈珪督建北京宫殿,加紧施工十七年,又把北京南城墙南移(由承天门算起)二里,形成了北京的内城。南墙仍开三门,沿用旧称丽正门、文明门和顺承门。十八年,郊庙宫殿全部竣工,明成祖诏改北京为京师,"圣驾北幸",率政府机构迁至北京。十九年(1421)正式迁都北京。明英宗正统元年(1436),又重修九门城楼,四年完工,改称丽正门为正阳门,文明门为崇文门,顺承门为宣武门,同时改称东墙齐化门与西墙平则门为朝阳门与阜成门。嘉靖三十二年(1553),为加强京师防卫,世宗原拟在北京四周修筑郭城,但因财力和物力所限,而仅在都城南面加筑外郭城,此即北京外城,从而形成了独特的平面"凸"形城郭。

民国时城内有许多局部改建,尤其是道路系统,为适合近代使用有许多变更,但对城之规模无大的损害。1949年后作为首都,以其为基础进行了大规模的改建和扩建,众多牌楼被拆毁。城墙后来亦被拆除,护城河移作他用,只留下少量遗迹,明清北京城总体格局面貌发生很大变动。

6.建筑设计师及捐资情况。代表匠师为蒯祥。蒯祥,苏州府吴县人,出身于木匠家庭,其父蒯福曾为"木工首"。主持营造南京的木作事务。他自幼学习和钻研土木技工,以至"精于其艺",后在南京继其父为木工首。永乐时营建北京,他随南京匠户一道迁京,参与设计和修建北京城池和宫殿。在永乐至成化年间,特别是"自正统以来,凡百营造,祥无不予"②,"正统中重作三殿及文武诸司,效劳尤多";"凡殿阁楼榭,以至回廊曲宇,随手图之"③,"每宫中有所修缮,……祥略用尺准度,若不经意,既造成,以置原所,不差毫厘"④。

7.建筑特征及其原创意义。明北京平面呈"凸"字形,由外城、内城、皇城、宫城组成。外城东西7950米,南北3100米。内城东西6650米,南北5350米⑤。内外城均有护城河环绕,外城居南。内城在北,共开9门,四面造天、地、日、月四坛。皇城居内城中部偏南,呈不规则方形,四面开门。宫城居皇城偏东,处全城中轴线之上,前朝后寝形制仿南京宫殿而高敞壮丽过之。宫城后为万岁山(景山);前左太庙,右社稷坛。此外皇城内宫城西有西苑三海,北部及东部有为皇家服务之内宫衙署和作坊仓库等。皇城南门外为宫廷广场,称千步廊,左右分布有五府六部等中央衙署。

北京城布局以皇城为中心,一条长达约8千米的中轴线纵贯南北。由外城永定门经内城正门(正阳门)、皇城前门(大明门)、皇城正门(承天门)、宫城前门(端门)、宫城正门(午门)、太和门,穿前三殿,后三宫,玄武门,过万岁山之万景亭,寿皇殿延伸到钟鼓楼。全城最宏大之建筑大都安排于此中轴线上,其他各种建筑亦都按照此中轴线作有机的布置和配合,整个设计和布局无处不强调着王权至高无上的尊严。

内城的街道基本沿用元大都的基础,多南北东西垂直相交。由于皇城梗立于城市中央,又有南北向的什刹海和西苑阻碍了东西直接之交通,故而内城干道以平行于城市中轴线的左右两条大街为主。于干道相垂直而通向居住区的胡同,间距离约在55至57米左右,但达官显贵的王府官舍往往侵跨胡同而建,而城市平民的住房和轮班入京服役的

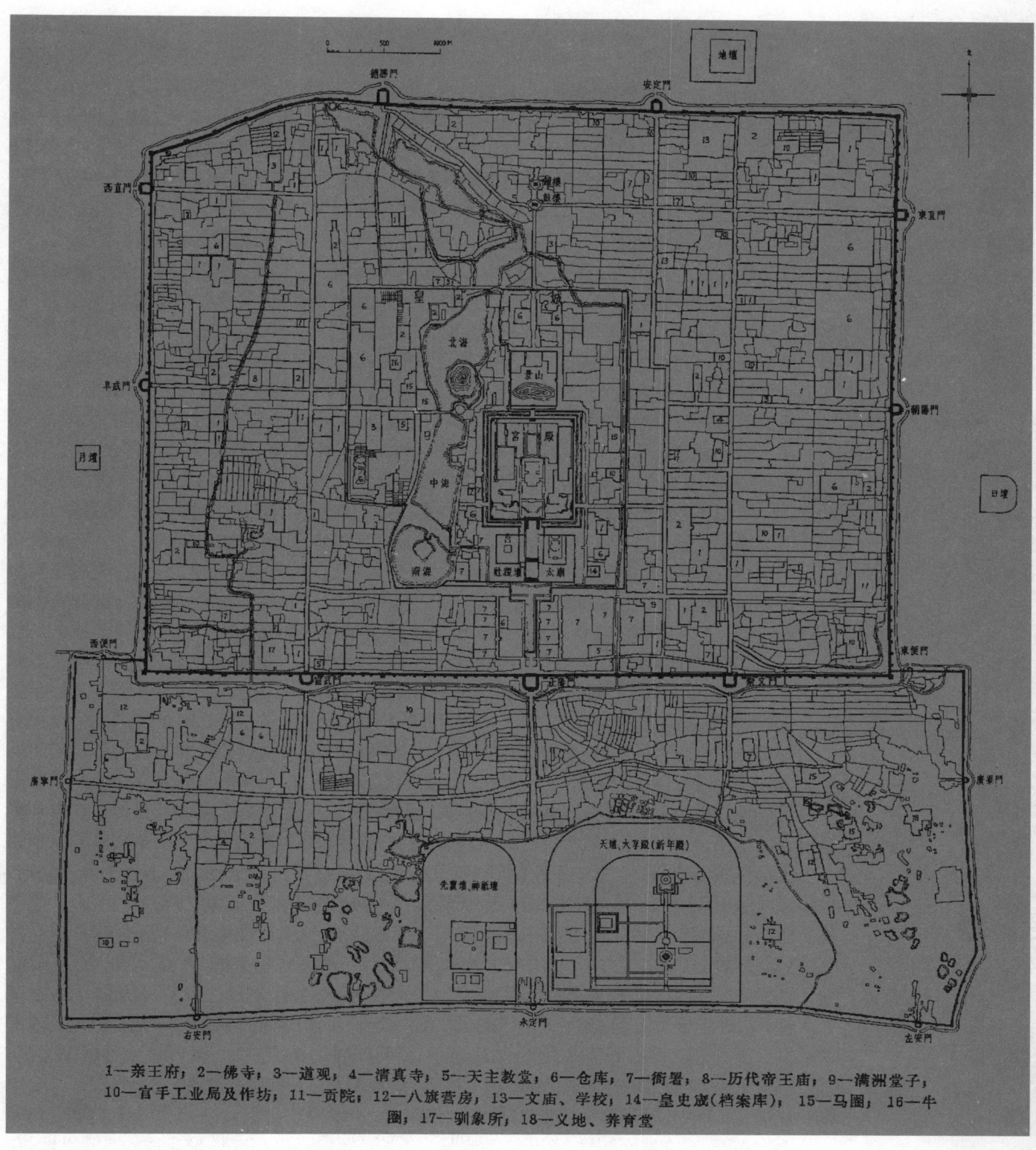

1—亲王府；2—佛寺；3—道观；4—清真寺；5—天主教堂；6—仓库；7—衙署；8—历代帝王庙；9—满洲堂子；
10—官手工业局及作坊；11—贡院；12—八旗营房；13—文庙、学校；14—皇史宬(档案库)；15—马圈；16—牛
圈；17—驯象所；18—义地、养育堂

图 12-1-1 清代北京城平
面图(乾隆时期)

"匠户"房舍则被挤于街巷背后与大宅隙地⑤。

明清北京城设计延续《周礼·考工记》中"匠人营国，方九里，旁三门，国中九经九纬，经涂九轨，左祖右社，前朝后市。"体现儒家追求秩序、皇权至上的思想，集中我国古代城市规划设计及建筑设计及艺术之大成，是中国古代都城发展的最后结晶，是现存建城历

583

史最早、规模最大、最完整的城市。

8.关于建筑的经典文字轶闻。(明)李时勉《北京赋》:维皇明之受天命也,我太祖皇帝首役义师,以平暴乱,豪杰景从,声震江汉。削除僭窃,拯民涂炭。定鼎金陵,抚绥万邦。乃瞻兹土,实雄朔方。仿成周之卜洛,欲并建而未遑。逮我皇上,继明重光。握乾御极,一遵旧章。仁声洋溢乎遐迩,恩泽汪濊于八荒。既致洽于太平,遵皇衢以省方。仰先志之未遂,度宏规以作京羌。经营之伊始,遍诸夏其欢腾。曰:惟北都在冀之域,右挟大行,左据碣石。背迭险兮重关,面平原兮广泽。崇恒岳其巍巍,镇医闾而奕奕。冠九门之形胜,实为天府之国。是以轩辕邑之以分州,唐尧阶之以为帝。扩神化以宜民,大勋业之光被。郁王气之所锺。于今兹而有待也,于是仰瞻析木,俯测地灵,龟筮兆吉,天人叶应,神祇献珍而山石自出,河岳效灵而神木自行。民子来兮相续,期不日而功成。尔乃悬水树臬,识景表营,方位既正,高下既平,群力毕举,百工并兴。建不拔之丕址,拓万雉之金城。引天泉于西阜,环汤池而镜清。九衢百尘之通达,连甍邃宇之纵横。顾壮丽其若此,非燕逸而娱情。盖所以强干而弱枝,居重以御轻。展皇仪而朝诸侯,遵先轨而布仁政者也。若乃四郊砥平,皇道正直,视万国之环拱,适居中而建极。其南则万流宗海,平林蔽天。揽邯郸巨鹿之广衍,驰平畴沃野之绵延。溏、淤、恒、卫,径其墅;濡、滋、涞、漆,汇其前。界以大陆广阿之宏壤,陁以大茂、井陉之连山。包络赵、魏,襟带齐、鲁。膏腴之地绵亘三千余里,而极于黄河伊颍之川。其水陆之所产,卓荦繁盛盖莫得而计焉。其北则叠嶂磊岿,层峦蔽亏。长城矗乎云表,百泉涌乎山隈。壮天关而设险,守一夫而莫开。伟左盘而右顾,宛凤舞而龙飞。实旁礴而郁积,粤拥卫于邦畿。包狼山上谷之阻,据狐野独石之危,掩祖山木叶之离立,连白登紫塞之逶迤。控遏荒而极乎洮河之北,镇朔漠而逾乎瀚海之湄,莫不倾心向化,畏威怀德,相率而来归。其东则潞河通漕,控引江淮,肥如滦涞,灌注萦回。连峰片石之隘,首阳崆峒之厓,玉田白璧神仙琼台超无终而越金山,跨辽沈而逾鸭绿,至于旸谷日出之涯,固已遐哉。邈乎而莫不在乎绥怀。环以大海,众水所归,洪涛巨浪,汹涌崔嵬,盖不知其几千万里,而蛮商番舶,帆樯隐天,不绝而往来。……其西则崇山郁翠,高揭泰岱。北接居庸,南首河内。奇峰拥关,龙门阻隘。玉泉垂虹,青烟浮黛。上巉嵲兮倚空,下蟠据而际海。其麓则有浑河汤汤,西湖泱泱。芦沟琉璃,桑干广阳。雪波泛涌,灏瀁汪洋。一泻千里,会流帝乡。又有上林禁苑,种植畜牧。连郊逾畿,缘丘弥谷。泽潴川汇,若大湖瀛海,渺弥而相属。其中则有奇花珍果,喜树甘木。禽兽鱼鳖,丰殖繁育。飚飚籍籍,不可得而尽录。……其宫室之制则损益乎黄帝合宫之宜式,遵乎太祖贻谋之良居。高以临下,背阴而面阳。奉天凌霄以磊砢,谨身镇极而峥嵘。华盖穹崇以造天,俨特处乎中央。上仿象夫天体之圆,下效法夫坤德之方。两观对峙以岳立,五门高矗乎昊苍。飞阁岏以奠乎四表,琼楼嵬以立乎两旁。庙社并列,左右相当。东崇文华,重国家之大本;西翊武英,严斋居而存诚。彤庭玉砌,璧槛华廊。飞檐下啄,甍楹高骧。辟闱闼其荡荡,俨帝居兮将将。玉户灿华星之炯晃,璇题纳明月之辉煌。宝珠焜耀于天阙,金龙夭矫于虹梁。藻井焕发,绮窗玲珑。建瓴联络,复道回冲。轶霄汉以上,出俯日月,而荡胸五色,炫映金碧,晶荧浮辉,扬耀霞彩。云红其后,则奉先之殿、仁寿之宫,乾清、坤宁,妙丽穹窿,掖庭椒房,闺闱闳通。其前则郊建圜丘,合祭天地。山川坛墠,恭肃明祀。至于五军庶府之司,六卿百僚之位。严署宇之齐设,比馆舍而并置。列大明之东西,割文武而制异。至于京尹赤县之治所,王侯贵戚之邸第。辟雍成均育贤之地,守羽林而掌饮飞者至九十而有四卫,莫不井列而棋布,各雄壮而伟丽。其岩廊之上,则有皋陶稷契之伦,元凯俊乂之辈,相与赓虞廷之歌,谈羲农之际。罄补衮之能,怀忠贞之志。考礼文于大备,赞声乐之大美。是以朝无缺政,德教渐暨。薄海内外,均陶至治。……小臣微陋,忝职文字。愿赋帝都之盛粲,扬国美于万祀。复为之歌曰:煌煌帝都兮逾镐丰。阻山带河兮壮以雄。天开日月兮王气所锺。穹窿造天兮惟帝之宫。廓氛褪兮开溟蒙,镇诸夏兮宣皇风。王道平平兮四方来同。愿皇图之巩固,历万世兮无穷⑥。

参考文献

①(清)张廷玉:《明史·地理志》卷四十,中华书局,1975年。

②(明)焦竑:《国朝献征录》,上海书店,1987年影印本。

③(明)皇甫录:《皇明纪略》,《丛书集成初编》,中华书局,1985年。

④(民国)《吴县志》,江苏古籍出版社,1991年。

⑤潘谷西:《中国建筑史》,中国建筑工业出版社,2000年。

⑥(明)李时勉:《古廉文集》卷一。

二、明南京城

1.建筑所处位置。今江苏省南京市。

2.建筑始建时间。元至正二十六年(1366)。

3.最早的文字记载。"丙午(至正二十六年)八月,拓建康城。初,建康旧城西北控大江,东进白下门外,距钟山既阔远。而旧内在城中,因元南台为宫,稍卑隘。上乃命刘基等卜地,定作新宫于钟山之阳,在旧城白下门之外二里许。故增筑新城,东尽钟山之趾,延亘周围凡五十余里"。又有:"应天府元集庆路,属江浙行省。太祖丙申年三月曰应天府。洪武元年(1368)八月建都,曰南京。十一年曰京师。永乐元年仍曰南京。洪武二年九月始建新城,六年八月成。内为宫城,亦曰紫禁城,门六:正南曰午门,左曰左掖,右曰右掖,东曰东安,西曰西安,北曰北安。宫城之外门六:正南曰洪武,东曰长安左,西曰长安右,东之北曰东华,西之北曰西华,北曰玄武。皇城之外曰京城,周九十六里,门十三:南曰正阳,南之西曰通济,又西曰聚宝,西南曰三山,曰石城,北曰太平,北之西曰神策,曰金川,曰钟阜,东曰朝阳,西曰清凉,西之北曰定淮,曰仪凤。后塞钟阜、仪凤二门,存十一门。①"

4.建筑名称的来历。明太祖洪武元年八月建新都,称南京②。

5.建筑兴毁及修葺情况。元至正十六年(1356)朱元璋攻下集庆路,改为应天府,于至正二十六年(1366)始改筑应天城,并在旧城东北钟山之阳作新宫,翌年新宫完成。洪武二年大规模兴建新城及宫城,至六年始成,八年时又改建大内宫殿,其间又继续造各主要城门及"后湖城"等。至十九年初步完工,洪武二十三年增筑外郭城③。"洪武二十五年,改建大内金水桥,又建端门、承天门楼各五间及长安东西二门"④。至此,南京宫殿的形制最终完成。后靖难之役起,北兵南下,城内

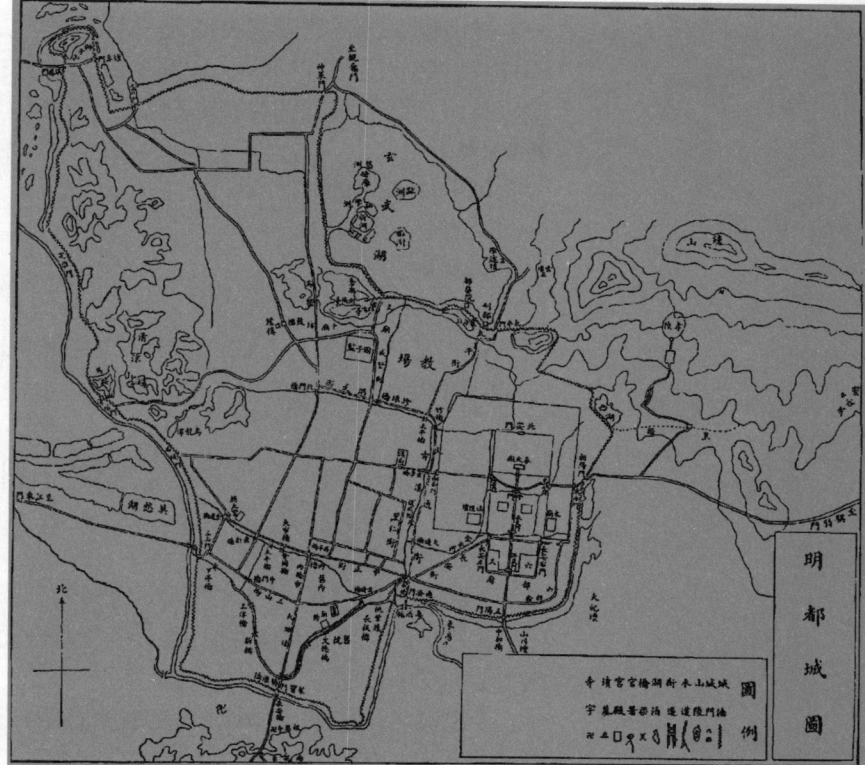

图12-1-2　明都城图

宫室付于劫灰,仁、宣以降,屡敕修建,清时为两江总督及江宁府将军驻地。后又曾为太平天国之天京及国民政府所在,宫殿建筑虽毁坏殆尽,但古城格局基本无甚变化,20 世纪60 年代初明城墙曾遭拆毁。今存者约五分之三。

6.建筑设计师及捐资情况。明南京城由工部尚书单安仁主持、刘基等人卜地、李善长负责监修,张宁负责营造,陆贤、陆祥兄弟及蒯福等人参与⑤。

7.建筑特征及其原创意义。城市平面因结合了地形及防守需要而呈不规则格局。由外郭、京城、皇城、宫城组成。宫城、皇城布置承历代都城规划而又有所发展,宫城居皇城之中,前朝后寝,宫城前左太庙右社稷坛,皇城南门前方御街由千步廊围成 T 字形宫廷广场。御路两侧分列各中央官署。由皇城北门经宫城北门及主要宫殿和南门、历端门、皇城正门、洪武门至正阳门形成一轴线。主要建筑处轴线之上,其他则分列两侧成对称状。京城周九十六里(实测 33.68 千米),十三门,以聚宝、三山、通济门最为坚固,城墙平均高14-21 米,基宽 14 米,以条石作基,砖砌内外壁,以石灰、米汁加桐油粘接,中夯砖块,砾石及黄土,有的区段全部用砖实砌。京城中部、南部旧城区为居民市肆集中地区,街道沿用元时道路系统。其中商业区集中于秦淮河两岸及其附近。城西北部为军营区,东部为宫城皇城区,分区颇明确。南京乃中国古代城市中典型之不规则都城,其城墙实乃一伟大之工程,宫城形制直接影响了明北京城之建设。

8.关于建筑的经典文字轶闻。关于建城所需费用,"吴兴富民沈秀者,助筑都城三之一。又请犒军,帝怒曰:匹夫犒天子军,乱民也,宜诛。后谏曰:妾闻法者诛不法也,非以诛不祥。民富敌国,民自不祥。不祥之民,天将灾之。陛下何诛焉? 乃释秀,戍云南。帝尝令重囚筑城,后曰:赎罪罚役,国家至恩。但疲囚加役,恐仍不免死亡。帝乃悉赦之。⑥"

参考文献

①《明太祖实录》卷二一。

②《明史·太祖本纪》。

③《明太祖实录》。

④《明史·舆服志》。

⑤喻学才:《明初三大帝都的设计师研究》,《南方建筑》,2003 年 4 期。

⑥《明史》卷一一三。

三、明中都(安徽)

1.建筑所处位置。今安徽省凤阳县。

2.建筑始建时间。明洪武二年(1369)。

3.最早的文字记载。明洪武二年九月朱元璋诏"以临濠为中都","命有司建置城池宫阙如京师之制"①。

4.建筑名称的来历。城址选在临濠府西二十里凤凰山之阳。"吴元年(1367)改临濠府。洪武三年(1370)改中立府,定为中都。七年(1374),改为凤阳府,自旧城移治中都城,直隶京师,领州四县十四。②"。《明史·地理志一》则云:"太祖洪武元年升为临濠府。洪武二年九月(1369)建中都,置留守司于此。六年九月立中立府。七年八月曰凤阳府。领州五县十三。"二书小有差异,容或是所据文献有初定和正式颁布之不同。

5.建筑兴毁及修葺情况。明洪武二年(1369)九月,朱元璋诏以家乡临濠为中都。"四年,(李善长)以疾致仕,赐临濠地若干顷,置守家户百五十,给佃户千五百家,仪仗士二十家。逾年病愈,命董建临濠宫殿。徙江南富民十四万田濠州,以善长经理之,留濠者数年。③"

当时集全国名材和百工技艺、军士、民夫、罪犯等近百万人,经过六年的营建,到洪武八年四月,突然以"劳费"为由罢建。洪武十六年即拆中都宫室名材修龙兴寺。天顺三年,复拆中书省等衙门500余间重建龙兴寺。至明末,土城及罢建后的不少建筑日久废修,崇祯八年(1635)农民起义军攻占凤阳,焚皇陵享殿,燔烧龙兴寺、官府、邸舍。清康熙六年(1667)"奉旨移县治于内(皇城)",遂改称县城。乾隆二十年(1755),拆皇城外禁垣、钟楼台基,中都城九门两段砖包城墙等修建府城。咸丰年间(1851—1861),太平军、捻军相继攻陷过中都府、县两城。直到新中国建国初,皇城城墙尚保存完整。1968年前后城墙又被拆除三分之二。今中都城内外建筑皆毁,仅存皇城午门、西华门及西城垣,但仍非常壮观④。

6.建筑设计师及捐资情况。朱元璋先后派得力大臣左丞相李善长、中山侯汤和等,"董建临濠宫殿",筑城。下设行工部,集全国名材和百工技艺、军士、民夫、移民、罪犯等近百万人,营建6年之久。洪武八年(1375)中都初具规模,突然宣布"罢中都役作","以劳费罢之。⑤"但中都建成部分已具备我国都市建筑的基本格局和形制⑥。

7.建筑特征及其原创意义。"万岁山(凤凰山),形势壮丽,岗峦环向,国朝启运,筑皇城于是山,绵国祚于万世,故名。"山之东西两峰对峙,东曰日精(盛家山),西曰月华(马鞍山)。三山东西相连,向阳高亢,北临淮水,东南有濠水,形势最为理想。中都"席凤凰山以为殿",完全弥补了朱元璋在应天府建宫殿时因殿址低洼的缺憾⑦。

明中都建有内、中、外三道城。外为中都城,周长60余里,开9门。中为禁垣,周长15里多,开4门,曰午门、东华、西华、玄武门。城内有正殿、文华和英武两殿,文、武二楼,东、西、后三宫,金水河、金水桥等。正南午门外,左为中书省、太庙,右为大都督府、御史台、大社稷。中都城内外还有城隍庙、国子监、会同馆、历代帝王庙、功臣庙、观星台、百万仓、军士营房、公侯第宅、钟楼、鼓楼等。规制之盛,实冠天下。历六百余载,中都城内外建筑皆毁,仅剩皇城午门、西华门台基及1100米长的城墙,但观其旧址和遗物,仍可见巍峨壮观之一斑。皇城城墙雄伟坚固,皆用大城砖砌筑,已发现署有22个府70个州县及大量卫所、字号铭文砖。砌砖所用的灰浆是用石灰、桐油、糯米汁等材料混合而成。在城墙的关键部位,甚至用熔化的生铁代替灰浆灌铸。所以在明代的二百多年中,城墙完好无损。午门券门及楼台四周基部,总长500余米的白玉石须弥座上,镶嵌着各种珍禽异兽、名花瑞

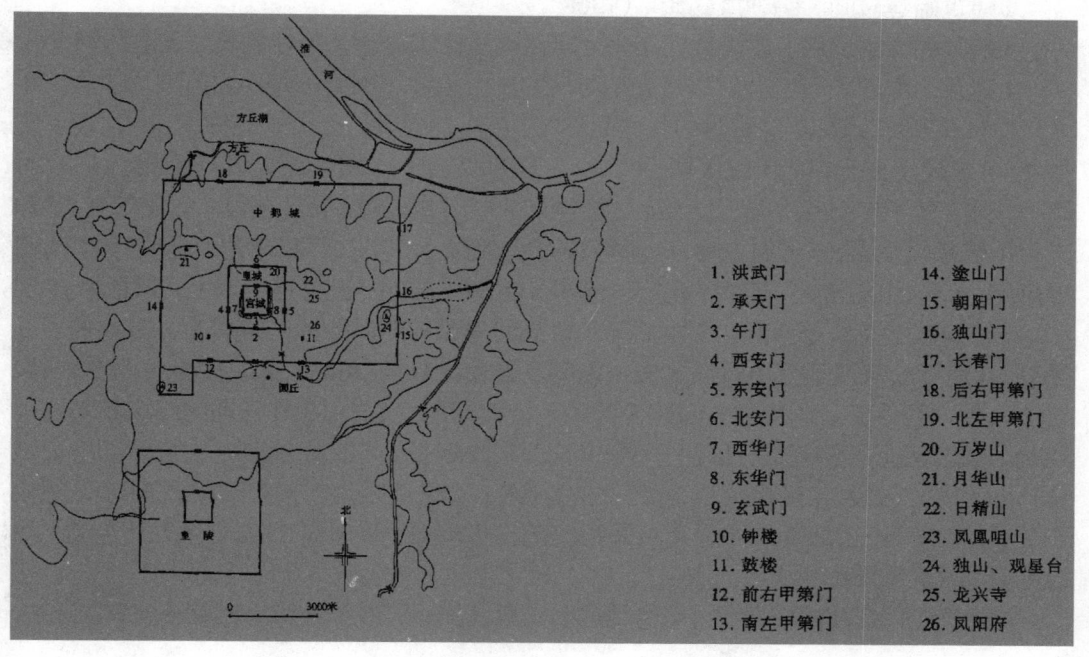

1. 洪武门	14. 涂山门
2. 承天门	15. 朝阳门
3. 午门	16. 独山门
4. 西安门	17. 长春门
5. 东安门	18. 后右甲第门
6. 北安门	19. 北左甲第门
7. 西华门	20. 万岁山
8. 东华门	21. 月华山
9. 玄武门	22. 日精山
10. 钟楼	23. 凤凰咀山
11. 鼓楼	24. 独山、观星台
12. 前右甲第门	25. 龙兴寺
13. 南左甲第门	26. 凤阳府

图 12-1-3 明中都平面示意图

草;而南京、北京两个午门基部券洞两端仅有少量花饰。殿址上的石础,每块直径 2.7 米见方,础面正中半浮雕蟠龙一圈,外围刻有翔凤。北京太和殿石础直径仅 1.6 米见方,且是素面。石望柱、栏板、御道丹陛等,也都雕刻着龙凤。特别是皇城内外的建筑布局,继承宋、元传统,开创明清新风,成为后来改建南京和营建北京的蓝本,在中国古代都城发展史上占有重要地位。

8.关于建筑的经典文字轶闻。关于中都停建的传说:据说建筑工匠在凤阳宫殿屋顶中放了镇物,当朱元璋视察工程进展坐在宫内大殿中时,总感觉殿顶有人在持械斗殴,得知缘由后,差点杀光了所有工匠。洪武八年授薛祥任工部尚书。"时造凤阳宫殿,帝坐殿中,若有人持兵斗殿脊者。太师李善长奏诸工匠用厌镇法,帝将尽杀之,祥为分别交替,不在工者并铁、石匠皆不预,活者千数。营谨身殿,有司列中匠为上匠。帝怒其罔,命弃市。祥在侧,争曰:奏对不实,竟杀人。恐非法。得旨用腐刑,祥复徐奏曰:腐,废人矣。莫若杖而使工。帝可之。明年改天下行省为承宣布政司,以北平重地,特授祥。三年,治行称第一⑧。

参考文献

①《明史·太祖纪》。

②《大明一统志》卷七。

③《明史·李善长传》。

④⑦《中都志》。

⑤《明太祖实录》。

⑥《明史·李善长传》、《明史·汤和传》。

⑧《明史·薛祥传》。

四、明长城

1.建筑所处位置。明代万里长城的东端起点在中朝边境的辽宁省丹东市宽甸满族自治县境内虎山,西到甘肃嘉峪关,横贯辽宁、天津、北京、河北、内蒙古、山西、陕西、宁夏、甘肃等省、市自治区,绵延 7300 多千米。

2.建筑始建时间。明朝洪武元年(1368)。

3.最早的文字记载。明洪武元年朱元璋派徐达修筑居庸关等处的长城关隘①。

4.建筑名称的来历。长城,本是先秦时期的一个通称。如《竹书纪年》卷下"周显王十年龙贾帅师筑长城于四边"。明时的长城习称"边墙"。"明长城"是今人的称谓。齐之鸾于正德年间"屡迁宁夏佥事。饥民采蓬子为食,之鸾为取二封,一进于帝,一以贻阁臣。且言时事可忧者三,可惜者四,语极切。帝付之所司。时方大修边墙,之鸾董役。②"王琼"(嘉靖)九年擢署都督佥事,充宁夏总兵官。王琼筑边墙,尚文督其役。③"戚继光为蓟镇总兵官,镇守蓟州、永平、山海诸处,"自嘉靖以来,边墙虽修,墩台未建。继光巡行塞上,议建敌台。④"

5.建筑兴毁及修葺情况。明洪武元年(1368)朱元璋即派徐达修筑居庸关等处的长城关隘,其后陆续修建至万历时期才告一段落。崇祯十六年(1643),大筑山海关西罗城,修筑中遇明亡而停工。明代视长城建设为关系社稷安危之大事,在其长期的修筑及防务中逐步形成"九边十一镇"之分区防守,分段管理和修筑长城的完整体制。"九边"即把长城分为九大防守区段,每边设镇守,称为九边重镇⑤。初设辽东、宣府、大同、沿绥四镇。继设宁夏、甘肃、蓟州三镇,而太原总兵治偏头,三边制府驻固原,亦称二镇,是为九边。加上后设的其昌镇、真保镇,共为十一镇。

6.建筑设计师及捐资情况。徐达、翟鹏、杨溥、杨一清、戚继光等。费用因系军事设施,系国库开支。

7.建筑特征及其原创意义。重要地段多采用砖石砌筑,再加上建筑技术的发展,施工质量的讲究,是现存历代长城遗迹中保存最完整、最坚固、最雄伟的实物。有大镇自东向西为辽东镇、蓟州镇、昌平镇、真保镇、宣府镇、大同镇、太原镇、延绥镇、宁夏镇、固原镇、甘肃镇等。

屏卫京城的蓟州镇:长城东起山海关,西至慕田峪,长880余千米。此段长城蜿蜒于燕山山脉之上,多雄关险隘,名者如山海关、老龙头、古北口、司马台、金山岭等段。昌平镇辖长城东起慕田峪,西至紫荆关,长230千米,与西北一段宣府镇辖的外长城共同构成拱卫京师之屏障。此段仍是构筑于燕山山脉之上,保存较为完整,与蓟州镇诸段长城一并构成中国历代长城中精华部分。其结构特点,此段长城多以砖石包砌,高低宽窄随地形情况和险要情势而异,在建筑材料和施工技术等方面均有很大改进,以金山岭和八达岭两段长城为代表。

宣府镇、大同镇、太原镇、官府镇:为最先设置的四镇,为明之防务重点。宣府镇辖长城东起居庸关,西至西浑河(今山西大同东北),全长511.5千米。大同镇长城东西镇口台(今山西天镇东北),西至鸦角山(今山西偏关东部北),长335千米。在原镇辖长城西起山西九曲黄河岸边,经偏关、老营堡、宁武关、雁门关、平型关、龙泉关、固关而达黄榆岭(山西和顺县东),长近900千米,作用是加强都城防御,因处于宣府,大同两镇,长城之内,又称内长城。

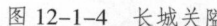
图 12-1-4 长城关隘

宣府镇、大同镇自明正统十四年(1449)"土木之变"后防务得以特别加强,长城得以修缮和加固,并且将诸多关隘连接起来。在嘉靖二十一年,宣大总督翟鹏主持修筑大同边墙三百九十余里,增新墩二百九十二⑥。嘉靖二十三年(1544)翁万达任总督宣、大、山西、保定军务,主持修筑大同东路天成、阳和、开山口诸处边墙一百二十八里,堡土、墩台一百五十四,又筑宣府西路西洋河,洗马林、张家口诸边墙六十四里,敌台十座,堑崖削坡五十里。其任内、共修筑大同、宣府边墙凡八百里⑦。翁万达并与都御史詹荣,总兵周文提出改善长城防御之建议,于城墙上建台,台上筑屋以驻兵,城墙附近建堡,以置军械及士兵。城下则留数孔暗门以便哨兵出入⑧。隆庆、万历年间亦有陆续修建。

太原镇辖长城关隘颇多,有外三关(即偏关、宁武关、雁门关)、平型关、龙泉关、娘子关等。其中偏关为内长城尽头,大同镇西端边塞,关城筑于洪武二十三年(1390),此后多次增修,有四道边墙。城墙多为夯土筑成。宁武关介于偏关与雁门关之间,明景泰元年(1450)筑城,成化十一年(1475)增筑关城,隆庆四年又扩建,关城城墙夯土版筑,以砖包砌。雁门关素有"三关冲要无双地,九塞尊崇第一关"之称,其北侧地势险峻,西为宁武、偏关,东为紫荆、倒马关,北拒塞外高原,南则屏京冀防务,有"天下九塞,雁门为

图 12-1-5 金山岭长城敌台

首"之说。关城筑于洪武七年,嘉靖中增修,万历二十五年时复筑⑨。关城一带长城曲折蜿蜒、蜂墩密布、敌台林立,为古今攻守必争之地。

西端甘肃镇:所辖长城东起西金城(今兰州)西至嘉峪关祁连山下,全长八百余里。明初此镇所辖长城由嘉峪关向西延伸,中叶以后明无力西顾,着力加强嘉峪关之防御设置,使之成为明长城西端重镇。嘉靖二十五年(1546)杨溥拜右佥都御史,巡抚甘肃,大兴屯垦并修筑肃州,甘州等处墩台。隆庆六年(1572)修嘉峪关至镇麦千户所边墙,在古浪土门与主体长城相连。万历年间自靖房卫黄河索桥至古浪县界土门川修边墙四百里,加强了防卫功能⑩。后兵备副使荆州俊又修筑自乌兰哈思主大靖四水堡边墙,长四百里,置堡十三⑪。

此镇长城城体大都为黄土夯筑,上有垛口和女墙,十分坚固,部分地段夯层夹有杂草等。墙高一般为十米左右,底宽五至六千米,顶宽二米左右。烽火台紧靠城墙内侧,黄土夯筑,顶砌小屋,间距约5千米。有些地段台则置于城外,河西走廊沿线还建许多堠寨,以为守戍士卒营地及烽火台,为甘肃镇长城特有。城墙外多有壕堑。沿线重镇颇多,重要的有武威、张掖、酒泉及嘉峪关。

嘉峪关乃明初署,洪武五年(1372)冯胜于此筑土城⑫。后陆续修葺扩建,其主体至今仍巍然屹立,气势雄伟。关城西宽东窄,略呈梯形,周长730余米,面积3.3万平方米,四周围以城墙。关城有东西二门,东为光化门,西为柔远门,二门顶上各建有宽阔的方形平台,台上对称建有两座高17米的三层三间式城楼。城楼红漆圆柱,雕梁画栋,斗拱重迭,檐翼飞翘,巍然耸立,气势雄伟。四角高角台,台上有单间三层角楼。东西二门有瓮城。南北两侧城墙正中有敌台,上建敌楼,面宽三间带前廊。关城仅门楼、角楼以砖砌成,城墙部分为黄土夯筑,极为坚实,墙顶外侧为砖砌垛口,内侧设宇墙,罗城西墙全部为砖砌。两侧延伸之城墙大都为黄土夯筑,与堡塞、烽火台连成一体。防卫体系完备,乃现存明长城保存最为完整的一座关城。

明长城代表了中国历代长城之最高技艺水平,不仅仅只是一简单的军事防御设施,还是由城墙、关城、敌台、烽火台、堡、障、堠等系列建筑单元构成的由当年军民所创造的一种独特的中华文化。

8.关于建筑的经典文字轶闻。在长城的结构设计上也讲究科学性与合理性的结合,从而有效地保护自己、杀伤敌人。如建敌台,"高三四丈不等,周围阔十二丈,有十七、八丈不等者。凡冲处,数十步或一百步一台,缓处或百四五十步,或二百余步不等者为一台。两台相应,左右相救,骑墙而立。造台法:筑基与边墙平,外出一丈四五尺有余,内出五尺有余。中层空豁,四面箭窗。上层建楼橹,环以垛口,内卫战卒,下发火炮,外击敌人。敌矢不能及,敌骑不敢近。⑬"如果论到最早建议朱元璋建长城者,则非朱升莫属。朱升早在朱元璋做吴王日,即建设他"高筑墙,广积粮,缓称王"⑭明代统治者为了巩固边防,警戒边疆将士,还经常把边防不办或里通外国的边将,包括被权奸陷害而被杀戮的官员的首级"传首九边",如仇鸾、熊廷弼即是。

图 12-1-6 司马台长城(从敌台看城墙)

参考文献

①《明史·太祖本纪》。
②《明史·齐之鸾传》。

③《明史·周尚文传》。

④《明史·戚继光传》。

⑤《明史·兵志》。

⑥《明史·翟鹏传》。

⑦《明史·翁万达传》。

⑧古广仁、刘春:《大同县志》,方志出版社,2005 年。

⑨《代州志·关隘》,《中国地方志集成》,《山西府县志辑》。

⑩(清)陈士桢:道光《兰州府志》。

⑪(清)李培清:《古浪县志》。

⑫嘉峪关市志办:《肃州新志校注》,2006 年。

⑬(明)戚继光:《练兵实纪·杂集》道光许乃钊刻本。

⑭《明史·朱升传》。

五、宁远卫城(辽宁)

1.建筑所处位置。今辽宁省兴城市,隶属于葫芦岛市。小城地处渤海之滨的辽西走廊,东北距锦州 60 千米,西南距山海关 100 千米。

2.建筑始建时间。明成祖永乐三年(1405)置。一说是宣宗宣德五年(1430),时为宁远卫城。清代重修,改称宁远州城。

3.最早的文字记载。《明成祖实录》①。

4.建筑名称的来历。兴城县名源于辽代。当时兴城曾设严州 (治所旧址在今曹庄镇四城子),辖兴城县,县城址设在桃花岛上(即今菊花岛城子里屯)。

5.建筑兴毁及修葺情况。宁远卫"明宣德五年正月分广宁前屯、中屯二卫地置,治汤池。西北有大团山。东北有长岭山。南滨海。东有桃花岛。东南有觉华岛城。西有宁远河,即女儿河也,又名三女河。又东有塔山,有中左千户所,辖连山驿至杏山驿,西有小沙河中右千户所,辖东关驿至曹庄驿,俱宣德五年正月置。②"宁远卫,即今兴城县城。清改为宁远州,属盛京。1914 年改称兴城县,属奉天省。

6.建筑设计师及捐资情况。为辽东总兵巫凯、都御使包怀德督造,巫凯"在辽东三十余年,威惠并行,边务修饬。③""明宣德三年,总兵巫凯与都御史包怀德题奏合前屯,锦州之地于曹庄汤池之北始建卫城。周围五里,一百九十六步,高三丈,池周围七里,八步深一丈五尺,门四。④"明天启三年(1623)经右副御使袁崇焕复修。

7.建筑特征及其原创意义。主要建筑有城墙、钟鼓楼、瓮城、魁星楼、延辉街、祖氏石坊、棂星门、泮桥、太平钱庄等。古城为正方形,城墙周长 3274 米,城高 10.1 米,女墙高 1.7 米,底宽 6.8 米,顶宽 4.5 米,用石条、青砖、巨石所筑。城设四门,东为春和门,南为延辉门,西为永宁门,北为威远门。门上皆筑有门楼,又称箭楼。每座城门外原来都有半圆形瓮城,以护城门,现仅存南面一座。四角高筑炮台,突出于城角,用以架设红夷大炮。在城内东、西、南、北 4 条大街十字相交处有钟鼓楼一座,登楼四望,方整的古城,宽敞的古街,高耸的祖氏石坊,肃穆的文庙尽收眼底。除了中间的鼓楼以外,四周的城楼前都有一座雕刻精细的石牌坊。

鼓楼高 17.2 米,分为三层。钟鼓楼现被辟为文物陈列馆,有红山文化时期以及春秋时期的珍贵出土文物,还有一架国内罕见的由整张牛皮绷制的直径 2.25 米的巨型大鼓。在钟鼓楼与南城门(延辉门)之间的南大街又称延辉街,是著名的明代商业街。

祖氏石坊位于兴城古城南大街中段,一南一北。南为前锋总兵祖大寿旌功坊,称"忠贞胆智"坊,俗称"头道牌坊",竖立于明崇祯四年(1631);北为授剿总兵祖大乐旌功坊,称"登坛骏烈"坊,俗称"二道牌坊",建于明崇祯十一年(1638)。两座石坊相距85米,都是用青色花岗岩雕制而成,而且都是四柱三间五楼式。它们的尺寸也大致相同,南石坊高11米,宽12米;北石坊高11.5米,宽13米。坊上均有双龙、海兽、海马、花卉等浮雕图案,只是南石坊上还独有大军出征、随从捧侍等浮雕图案。这两座石坊,不仅雕刻精美,而且形制美观,都有相当高的艺术价值。南石坊因有倒塌危险,1969年拆除,今所见是依照原物复制的。虽非原物,但因仿造得惟妙惟肖,故几乎可以乱真。祖氏石坊的建造原是明思宗对祖氏兄弟忠心保卫辽东疆土的激励,但明崇祯十五年(1642),祖氏兄弟在"松山战役"中战败降清,此事遂成为历史上的笑柄,这两座石坊也随之失去光彩。

古城内东南隅,有一座已有560年历史的文庙。东西宽43米,南北长175米。

宁远古城与西安古城,荆州古城(今江陵县城)和山西平遥古城同被列为我国迄今保留完整的四座古代城池,也是目前国内保存最完整的一座明代古城。

8.关于建筑的经典文字轶闻。宁远古城为山海关外边防重地,明军守将袁崇焕驻兵于此,屡败清兵。明朝末年,后金军屡次打败明朝关外守军。天启二年(1622),后金军再次西渡辽河,明军仓皇败逃,溃退关内。天启三年,明朝新任兵部尚书孙承忠依兵部佥事袁崇焕之所议,决守宁远。由于袁崇焕的经营,宁远成为重镇。天启五年蓟辽总督高第怯懦,主张弃关外各地,退守山海关。于是尽撤锦州、杏山、松山诸城防工事,委弃辎重,驱民入关。袁崇焕坚守宁远孤城,"保四虚无援之孤城,却百战不摧之强敌"⑤。后金开国之主努尔哈赤于明天启六年率兵十三万围攻宁远,遭袁崇焕顽强抵抗,攻城不下,不久病死。宁远大捷是明朝对后金作战的第一次重大胜利,不仅锦宁防线得以保持,且保卫了山海关和关内的安全。

参考文献

①《明成祖实录》。
②《明史·地理志》。
③《明史·巫凯传》。
④《明史·包怀德传》。
⑤《明史·袁崇焕传》。

六、平遥城墙

1.建筑所处位置。今山西省平遥县。

2.建筑始建时间。约始建于周宣王时期(前827—前782),现存为明洪武三年(1370)所建。

3.最早的文字记载。"平遥县,在州城东八十里。本汉平陶县,属太原郡,东汉属西河郡,晋属太原国,后魏以太武名焘改平遥县属西河郡,后周省,隋复置,属介休郡,唐属介州,贞观初属汾州,后属太原府,宋金仍旧,元属汾州,本朝因之编户五十七里。①"

4.建筑名称的来历。据山西《平遥县志》记载,西周大将尹吉甫北伐猃狁曾驻兵于此,原为夯土城垣。平遥,远古时期为帝尧的封地,史称"古陶"。春秋时置中都于此。汉置京陵县并筑京陵城。北魏时因避魏武帝拓拨焘名讳,改"来陶"为"平遥",并筑城池②。

5.建筑兴毁及修葺情况。明洪武三年(1370),出于军事防御的需要,在原西周旧城基础上扩建为今日的砖石城墙。作为县城,明、清两代500余年间,先后修葺26次。多次的修葺,使平遥古城墙日益坚固、壮观。平遥城墙马面多,造型美观,防御设施齐备,为中国历代筑城之仅有,并以筑城手法古拙、工料精良著称于世,是研究中国古代筑城制度的珍贵资料。1980年开始修缮城墙,现北、东、西三面及魁星楼修复完好,南墙仍在继续修整中。1988年中华人民共和国国务院公布为全国重点文物保护单位,1997年以古代城墙、官衙、街市、民居、寺庙作为整体列入世界文化遗产保护名录。

6.建筑设计师及捐资情况。清咸丰元年,平遥城中二十四位最著名的商人出资重修平遥城墙,参加这次工程的商号有24家,其中有7家是票号,譬如日升昌、蔚泰厚等都名列其中,著名的票号商人毛鸿(翙)捐了纹银四百两。

7.建筑特征及其原创意义。平遥城池呈方形,城墙周长6.4千米。南城墙随中都河蜿蜒而建,其余三面皆直线相围。城墙高8~10米,底厚8~12米,顶厚3~6米。墙身素土夯筑,分层铺设稻草为拉筋,外壁城砖白灰包砌,顶部青砖铺墁,内向设泻水渠道。环城墙辟城门六道,东西各二,有上下门之分;南北各一。各门交错设置,门外筑瓮城,内外皆用条石铺墁,门洞上原建城楼各一。城墙四角设平台,原各建角楼一座,现城门楼角楼失存。城墙东南隅建有魁星楼和文昌阁,亦俱废。东墙城门上尚存尹吉甫点将台。

与西安城墙相比,平遥城墙的最大特色是内部用土夯实,外表全部用砖砌筑,而西安城墙则是用黄土分层夯筑,最底层用石灰、土和糯米混合夯打而成。

8.关于建筑的经典文字轶闻。平遥古城素有"龟城"之称,静卧汾河东岸、太岳山北麓,突出了长生不老、固若金汤的寓意。整个城池以市楼为中心,由城墙和大街小巷组成一个庞大的八卦图案,有如龟背上的寿纹。传说古城六座城门各有象征和寓意:南门(迎熏门)为龟头,面向中都河,可谓"龟前戏水。山水朝阳,城之修建,以此为胜",南门外原有水井两眼,喻为龟之双目;北门(拱极门)为龟尾,是全城最低处,城内所有积水都经此流出;东西四座瓮城两两相对,上西门(永定门)、下西门(凤仪门)和上东门(太和门)的外城门向南而开,形似龟之三足向前曲伸,惟有下东门(亲翰门)的外城门径直向东而开,据说是古人建城之时,怕"龟"爬走,而将其左后腿拉直,并用绳索拴在城东8千米处的麓台塔上。古城筑城作龟形,概出自远古时代以龟甲卜宅相地的滥荡,加之龟在民间信仰中为一灵物,是长寿永久的象征,以城市附会龟形,取其吉祥之意,以达成一种良好的愿望③。

参考文献

①《明一统志》卷二一。

②杜拉柱:《平遥古城志》,中华书局,2002年。

③李文墨:《城墙保存完整的历史名城保护之比较研究——以平遥、荆州、寿县、兴城四城池为例》,同济大学硕士论文,2006年。

七、八达岭长城(北京)

1.建筑所处位置。今北京市延庆县。

2.建筑始建时间。明孝宗弘治十七年(1504)①。

3.最早的文字记载。弘治十七年八月辛未,经理边务工部左侍郎李德奏:古北口边方西至慕田谷关,东至山海关庙山口墙垣一千五百余里营寨、营堡二百四十余处,俱坍塌损坏,宜从新修理,……从之。②

4.建筑名称的来历。因建于八达岭之上,故名。

5.建筑兴毁及修葺情况。明大理寺卿呈一贯上疏朝廷于此筑边墙,当时副总兵纪广率领军队参与了修筑工作。正德十年(1515)兵部尚书王琼上疏朝廷,都督刘晖、将桂勇、贾

图 12-1-7　八达岭长城

鉴等人在八达岭边屯田戍守,边增修边墙③。其后嘉靖、隆庆和万历年间陆续有修筑。

6.建筑设计师及捐资情况。纪广、刘晖、桂勇、贾鉴等明朝边将督修,经费国拨。

7.建筑特征及其原创意义。八达岭城墙多以条石为基础砌砖,内填碎石灰土,墙顶、垛口和女墙则用方砖和条砖铺砌,平均墙高约 7~8 米,墙基宽约 6~7 米,墙顶宽约 5~6 米,城墙顶部内设女墙,外设垛口,垛口上设射孔和瞭望口。城墙内侧间隔有券洞以供士卒上下。城墙上有墙台和敌台,墙台突出墙外,间隔 200~300 米而设。敌台骑墙而建,空心,二层或三层,乃戚继光创建。

八达岭长城高踞关口,极为险要,有"居庸之险,不在关城而在八达岭"之说。八达岭北口乃扼守京北之咽喉要道,故称"北门锁钥",再加上其墙体较高较宽,蜿蜒于群山层峦之间,显得格外雄伟壮观。

8.关于建筑的经典文字轶闻。八达岭长城现有一方记载明万历十年(1582)修筑长城的石碑,碑文记载了当时修建长城的情况:

钦差山东都司军政佥书轮领秋防左营官

军都督指挥佥事寿春陆文元奉文分修居庸关

路石佛寺地方边墙东接右骑营工起长柒拾五

丈二尺内石券门一座督率本营官军修完遵将

管工官员花名竖石以垂永久

管工官

中军代管左部千总济南卫指挥　刘有本

右部千总青州左卫指挥　刘光前

中部千总济南卫指挥　宗继光

官粮把总肥城卫所千户　张延胤

署把总　赵从善　刘彦志　宋典

卞迎春　赵光焕

万历拾年　月　日鼎建④

参考文献

①②《明孝宗实录》卷七九。

③《明史·王琼传》卷一九八。

④魏保信:《明代长城考略》,《文物春秋》,1997 年第 2 期。

八、嘉峪关关城

1.建筑所处位置。今嘉峪关最狭窄的山谷中部,地势最高的嘉峪山上。向北 8 千米连黑山悬壁长城,向南 7 千米接天下第一墩,是明代万里长城最西关,自古为河西第一隘口。

2.建筑始建时间。明洪武五年(1372)。

3.最早的文字记载。"肃州卫,元肃州路,属甘肃行省。洪武二十七年(1394)十一月置卫。西有嘉峪山,其西麓即嘉峪关也。弘治七年正月扁关曰镇西。①"明孝宗弘治七年(1494)增加设置。明人程道生在《九边图考》中论述甘肃镇军事地理位置之重要时写道:"夹以一线之路,孤悬两千里,西控西域,南隔羌戎,北遮胡虏,经制长策自古已难。"

4.建筑名称的来历。因嘉峪关而得名②。因地势险要,建筑雄伟而得有"天下雄关"之称。

5.建筑兴毁及修葺情况。明孝宗弘治七年已设置,弘治十四年大修,又见《明史·兵志》边防事载:"弘治十四年设固原镇。先是,固原为内地,所备惟靖虏。及火筛入据河套,遂为敌冲。乃改平凉之开成县为固原州,隶以四卫,设总制府,总陕西三边军务。是时陕边惟甘肃稍安,而哈密屡为吐鲁番所扰,乃敕修嘉峪关。③"嘉峪关自建以来,屡有战事。明正德年间(1506—1521),吐鲁番满速尔兵数犯河西。当时嘉峪关只是座孤城,以致满速尔兵两破关城,并屡掠附近民众牛羊。直到1539年嘉峪关建成为一座完整的军事防御工程后,关城锁阴边陲,又有明墙暗壁相合,才真正成为固若金汤的天下第一雄关。

6.建筑设计师及捐资情况。镇关将领杨博及戍边军民。《明史·杨博传》载:嘉靖二十五年(1546),"杨博拜右佥都御史,巡抚甘肃。大兴屯利,请募民垦田,永不征税。又以暇修筑肃州榆林泉及甘州平川境外大芦泉诸处墩台。④"《肃镇志》也载:"自东大乐口,于迤北人祖山至破山等口十三处,虏骑出没无常,尤为要害,嘉靖二十七年(1548),巡抚都御史杨博,巡历诸险,于诸口各设壕堑、榨垒以扼寇害。⑤"

7. 建筑特征及其原创意义。嘉峪关由内城、外城、城壕三道防线成重叠并守之势,壁垒森严,与长城连为一体,形成五里一燧,十里一墩,三十里一堡,一百里一城的军事防御体系。关城城墙呈梯形,周长733米,高10米,面积33.5万平方米,城高10.7米,以黄土夯筑而成,西侧以砖包墙,雄伟坚固。现在关城以内城为主,略呈方形,城的四角皆建有角楼,内城开东西两门,东为"光化门",意为紫气东升,光华普照;西为"柔远门",意为以怀柔而致远,安定西陲。门台上建有三层歇山顶式建筑。东西门各有一瓮城围护,西门外有一罗城,与外城南北墙相连,有"嘉峪关"门通往关外,上建嘉峪关楼。嘉峪关内城墙上还建有箭楼、敌楼、角楼、阁楼、闸门楼共十四座,关城内建有游击将军府、井亭、文昌阁,东门外建有关帝庙、牌楼、戏楼等。整个建筑布局精巧,气势雄浑,与远隔万里的"天下第一关"山海关遥相呼应。

图12-1-8 甘肃嘉峪关东西二楼

在嘉峪关附近还有关南、关北和关东长城。关南长城自嘉峪关外城的西南隅角台东侧起,向南延伸至嘉峪山原,越戈壁滩,抵讨赖河北岸,长达7.5千米,全部用夯土筑成。关北长城,自嘉峪关罗城的东北隅角台起,呈西北走向循一道高阜延伸7.5千米,终止于黑山石关峡口北侧的山腰,封锁了黑山东坡诸沟。石关峡口北侧的黑山东坡,有一段"悬壁长城"。这段长城为明嘉靖十九年(1540)兵备道李涵监筑。修于山坡上那231米的长城,其山的高度就有150米,山脊的倾斜度为45°,故今人命名为"悬壁长城"。关东长城在嘉峪关西北的2.5千米处跟关北长城呈丁字形交接。关东长城就从起墩台东面的交接点伸往东北方的新城乡野麻湾,再转向东南伸出嘉峪关市的管区,长约40余千米。嘉峪关关城,城外有城,重关重城,起到了层层防御的作用。嘉峪关关城是长城众多关城中保存最为完整的一座。

8.关于建筑的经典文字轶闻。有定城砖、冰道运石、山羊驮砖、击石燕鸣等动人故事。在嘉峪关流传一个歌颂古代工匠的传说。说是明朝修嘉峪关时,主管官员给工程主持人出难题,要求他预算用材必须准确无误。在工匠们的帮助下,工程主管人进行了精确的计算。结果工程竣工时,所备的砖瓦木石恰恰用完,只剩下一块城砖,称为"最后一砖"。现在这块砖仍放在会极门(西瓮城门)门楼檐台上,旅游者慕名都要来看一看这"最后一砖",引起对古代工匠的聪明才智的敬佩之情。

参考文献

①《明史·地理志》卷四二。
②⑤(明)李应魁:《肃镇志》四卷,(中国台湾)成文出版社影印清顺治十四年(1657)抄本。
③《明史·兵志三》卷九一。
④《明史·杨博传》。

九、山海关长城

1.建筑所处位置。今河北省秦皇岛市东北15千米。

2.建筑始建时间。明洪武十四年(1381)①。

3.最早的文字记载。据《山海关志》载:"秦皇岛,城西南25里,又入海1里。或传秦始皇求仙驻跸于此。②"秦皇岛,属古老的孤竹国辖领,延续千年之久。战国时期,秦皇岛一带

属燕国辽西郡。洪武十四年(1381),明太祖朱元璋派开国元勋中山王徐达主持修建山海关关城。明长城从山海关南面海滨的一段称"老龙头"的地方开始,据《临榆县志》载:明万历七年(1579)在老龙头"增筑南海口入海石城七丈,都督戚继光、行参将吴惟忠修。清康熙七年(1668)重修。③"

图12-1-9 山海关东门

4.建筑名称的来历。筑城建关,关在山海之间,因而得名。号称"天下第一关"④。

5.建筑兴毁及修葺情况。关城西门原亦有楼,与东门天下第一关城楼规模相同。亦有匾额题字"祥霭樽桑",系清乾隆九年(1744)御书。因年久失修,早已残破不堪,于1953年拆毁。关城南门楼的规模和东、西两门楼相同。匾额题字"吉星普照"。明嘉靖八年(1529)修建。因年久失修,亦破损严重。于1955年拆毁。北门上有门楼,明天启六年(1627)建,万历三十九年(1611)员外郎邵可立、副将刘孔尹重建。建后城楼多次遭受火灾,故废弃未修。

山海关城四座城门的外部均有瓮城,现仅存东门瓮城,周长318米,瓮城门向南开,与第一关券门成直角形。瓮城西面墙长85米,北墙长83米,东墙长72米,南墙长77米,

城高13米。瓮城墙上宽度,西为15米,东为9.7米。山海关城还有东罗城、西罗城、南翼城、北翼城等。"东罗城傅大城之东关外,高二丈三尺,厚丈有四寸,周五百四十七丈四尺,门一,在城东,即关门,为东西孔道。建楼于上曰'服远'。水门二,角楼二,附敌楼七。明万历十二年(1584),主事王邦俊、永平兵备副使成逊建。初设三门,清康熙四年(1665)移关时,通判陈天植、都司孙枝茂、守备王御春重修。因塞南北二门,即以东门为关门。旧设敌楼,今废。环城为池,周四百有二丈九尺。⑤"

6.建筑设计师及捐资情况。明初徐达,后来又有都督戚继光、行参将吴惟忠及戍边军民。

7.建筑特征及其原创意义。山海关长城以山海关关城为中心,所建筑的城墙、城台、城堡、敌楼、烽燧等组成了一个完整的防御体系,其对研究长城防御的设防和长城的建筑形式及方法等,均有重要的价值。山海关区辖长城的大致走向为:由渤海岸老龙头起,向北经小湾、南营子诸村至山海关关城。过山海关关城后,向北偏西,经北水关至海拔518米的角山。由角山长城转为东北方向,过海拔499米的六品顶,经三道关,越海拔439米的高楼山,然后转西北方向至一座海拔799米的高山。过高山转为东北方向至九门口,出山海关区境而入抚宁县界。山海关区辖长城长约五十华里,现查共有敌楼二十九座,其中较好的十四座,圮残的十二座,被毁仅存残址的三座。

山海关城平面呈四方形,周长8里137步4尺,楼高18米,分为上下两层,有宽5丈,深2丈5尺的护城河围绕其外。城墙外部以青砖包砌,内填夯土,高约14米,宽7米。有城门4个,东称"镇东门",西称"迎恩门",南称"望洋门",北称"威远门"。现在四门具存,东门即为"天下第一关",保存最为完整。城门台上座有天下第一关城楼,实测城台高12米,城楼高13.7米,楼东西宽10.01米,南北长19.07米,楼分两层,上覆灰瓦单檐歇山顶,楼上、下两层,北、东、南3面开箭窗68个,平时关闭,用时开启。西面城楼最引人注目的是"天下第一关"的匾额,是明成化年间的进士肖显所书,现真迹藏于楼下,楼外所悬为1920年摹制品。

长城最东的一段从山海关到鸭绿江口,长达1900多里,是用土石垒成,上插柳条,因此叫"柳条边",这是一段比较简易的工程。

8.关于建筑的经典文字轶闻。据说当初修建老龙头时,为治沉沙,将很多的铸铁大锅反扣于海中。康熙《澄海楼观海》诗序:"山海关澄海楼,旧所谓关城堡也。直峙海浒,城根皆以铁釜为基。过其下者,覆釜历历在目,不知其几千万也。京口之铁瓮城,徒虚语耳。考之志册,仅载关城为明洪武年所建,而基址未详筑于何时。盖城临海冲,涛水激射,非木石所能久固。昔人巧出此想,较之镕铁屑炭,更为奇耳。⑤"然现在铁釜已不可寻。

参考文献

①(《明史·徐达传》)。

②嘉靖十四年(1535)版《山海关志》。

③《临榆县志·城池》,民国18年铅印本。

④(明)李应魁:《肃镇志》四卷,台湾成文出版社影印清顺治十四年(1657)抄本。

⑤时晓峰:《山海关历代旧志校注》,天津人民出版社,1999年。

（二）志宫

一、北京故宫

1.建筑所处位置。今北京市中心旧城区。

2.建筑始建时间。明成祖永乐十四年（1416）"初,上至北京,仍御旧宫,及是将撤而新之,乃命工部作西宫,为视朝之所。①"《春明梦余录》卷六载:"北京宫殿悉仿其制（南京宫殿制度）,永乐十五年起工,至十八年三殿工成。"

3.最早的文字记载。"顺天府元大都路,直隶中书省。洪武元年八月改为北平府。十月属山东行省。二年三月改属北平。三年四月建燕王府。永乐元年正月升为北京,改府为顺天府。永乐四年闰七月诏建北京宫殿,修城垣。十九年正月告成。宫城周六里一十六步,亦曰紫禁城。门八:正南第一重曰承天,第二重曰端门,第三重曰午门,东曰东华,西曰西华,北曰玄武。②"

4.建筑名称的来历。紫禁城又名"紫金城"或"宫城",现称故宫。它的名字来自"紫微星",紫微星属土,在五方属中,古人相信紫微星位于苍穹的中心。紫禁城位于北京的中心,同时又是国家权力的中心,因而得名。共有明清两代二十四帝在故宫生活过。

5.建筑兴毁及修葺情况。故宫为明成祖在元朝大都皇宫的基础上开始建设的。永乐十四年（1416）,明成祖颁诏迁都北京,下令仿照南京皇宫营建北京宫殿。永乐十八年（1420）,北京宫殿竣工。次年发生大火,前三殿被焚毁。正统五年（1440）,重建前三殿及乾清宫。天顺三年（1459）,营建西苑。嘉靖三十六年（1557）,紫禁城大火,前三殿、奉天门、文武楼、午门全部被焚毁,至1561年才全部重建完工。万历二十五年（1597）,紫禁城大火,焚毁前三殿、后三宫。复建工程直至天启七年（1627）方完工。崇祯十七年（1644）,李自成军攻陷北京,明朝灭亡。李自成向陕西撤退前焚毁紫禁城,仅武英殿、建极殿、英华殿、南熏殿、四周角楼和皇极门未焚,其余建筑全部被毁。同年清顺治帝至北京。此后历时14年,将中路建筑基本修复。康熙二十二年（1683）,开始重建紫禁城其余被毁部分建筑,至康熙三十四年基本完工。雍正十三年（1735）,清高宗（乾隆帝）即位,此后六十年间对紫禁城进行大规模增建和改建。嘉庆十八年（1813）,天理教教徒林清率起义军攻打紫禁城。1900年,八国联军攻陷北京。1923年,建福宫发生火灾。1924年,冯玉祥发动"北京政变",驱逐清帝溥仪。1925年,在原紫禁城的基础上建立故宫博物院。③1987年,北京故宫被列入世界文化遗产名录。

6.建筑设计师及捐资情况。冯巧、蒯祥、马天禄、阮安、梁九,另外还有图纸设计师蔡信、瓦工出身的杨青、石匠陆祥等。

永乐十五年（1417）,蒯祥设计并领导营建北京宫殿建筑群。蒯祥生于明初洪武年间,江苏省苏州府吴县香山人。其父是当时很有名望的工匠。蒯祥深受父亲的影响,30多岁即"能主大营缮",是位造诣很高的木匠。《宪宗实录》记载,蒯祥"一木工起隶工部,精于工艺"。永乐十五年,明成祖朱棣重建北京城时,蒯祥同大批能工巧匠一起被征集到北京。由于他技艺超群,在营造中充分发挥出建筑技艺和设计才能,很受督工(建筑师)蔡信等人的重用,明永乐十八年(1420)皇宫宫殿落成,蒯祥便被提升为工部营膳所丞,后又被封为工部右侍郎,食从一品俸④。

根据《梁九传》记载,当时梁九按照十比一的比例,做了一个太和殿的木模型,就靠对这座模型组件的放大制作,完成了太和殿的结构搭建。令人称奇的是放大出来的每一个木件安装上去都能严丝合缝,分毫不差。清康熙三十四年(1695)由梁九主持重建。

7.建筑特征及其原创意义。北京紫禁城格局的主体框架是永乐年间所确定的,被称为"规制悉如南京,壮丽过之"⑤。明朝初期有殿宇1630余座,清朝乾隆时期有殿宇1800余座,现存殿宇约1500座,是我国现存最大最完整的宫殿建筑群。南北长961米,东西宽753米,周围环有高10多米的城墙和宽52米的护城河。城墙四角各有结构精巧、造型优美的角楼一座。正南是午门,东西两侧是东华门和西华门,北门明代称玄武门,清代改称神武门。

宫内以乾清门为界分外朝和内廷两部分。外朝以耸立在高8.13米的三层汉白玉台基上的太和、中和、保和三大殿为中心,文华、武英两殿为两翼,是皇帝举行大典、召见群臣、行使权力的主要场所。

太和殿,俗称金銮殿。明永乐十八年(1420)建,初名奉天殿,后称皇极殿,清改称现名。现存建筑为康熙年间重建,殿宽11间(63.96米),进深51间(37.17米),高26.92米,面积2377平方米,是故宫也是全国最大的木构殿宇。内外装饰十分豪华,殿内设有镂空鎏金皇帝宝座及屏风,宝座上方有制作精美的鎏金蟠龙吊珠藻井,宝座旁有沥粉贴金蟠龙金柱,直抵殿顶。明清两代的重大典礼在此举行,主要包括皇帝即位、皇帝大婚、册立皇后、命将出征以及每年元旦、冬至、万寿三大节日庆典等。

中和殿,明初称华盖殿,后称中极殿,清改称现名。平面呈正方形,纵横各三间,四方攒尖顶,正中有鎏金宝顶。此殿主要是为太和殿大典作准备的地方,皇帝临上殿前先在此小憩。此外,明清两代皇帝每逢祭地坛、社稷坛、先农坛及行亲耕礼,在祭祀和亲耕之前,皇帝在此殿阅视祭祀用的写有祭文的祝版和亲耕时用的农具。在给皇太后上徽号

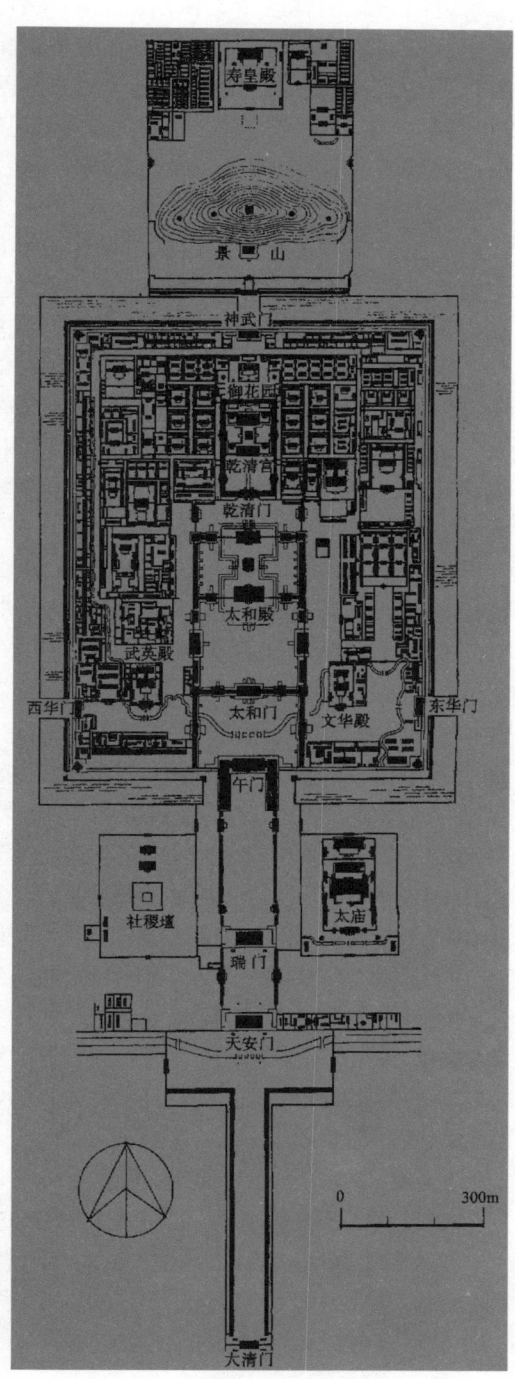

图12-2-1 北京故宫复原图

599

前,皇帝要在此阅奏章。

保和殿,明初称谨身殿,后称建极殿,清改称现名。重檐歇山顶。清代,每逢除夕和元宵,皇帝在此宴请王公贵族和京中的文武大臣。18世纪末,这里成为殿试的固定场所。

文华殿,明朝是皇太子活动的东宫,殿后文渊阁是专为收藏《四库全书》而修建的。武英殿在明朝是皇帝斋戒及召见大臣的地方。明末农民起义领袖李自成曾在此登极称帝。清朝这里是文人学者编书、印书的地方。

乾清门内是内廷,主要有乾清宫、交泰殿、坤宁宫及东西六宫等,是皇帝处理日常政务和后妃、皇子们居住、游玩和奉神的地方。

乾清宫是明朝皇帝的寝宫。清朝顺治、康熙亦以此作寝宫,同时亦在这里临朝听政,引见庶僚,接见外国使臣以及读书学习、批阅奏章。康熙死后,雍正皇帝将寝宫移至养心殿,这里就主要成为内廷典礼活动、引见官员、接见外国使臣的地方。交泰殿在清朝是举行封皇后、授皇后册、宝仪式和皇后诞辰礼的场所。坤宁宫是明朝皇后的寝宫,清代改为祭神的场所,东暖阁为皇帝大婚的洞房。康熙、同治、光绪三帝均在此举行婚礼。《道德经》第三十九章:"天得一以清,地得一以宁"此乃乾清、坤宁二宫得名的来历。

后三宫东西各有六组自成体系的院落,即东西六宫,是嫔妃们的住所。东六宫之东的宁寿宫是乾隆当太上皇居住的地方。西六宫之南的养心殿是清雍正以后历代皇帝的寝宫和处理政务之处。东西六宫之后各有五组宫殿,是皇子们的住所。

内廷建筑虽不及外朝大殿宏伟宽阔,但布局严谨,且富有生活气息。各宫之间有门墙,既自成系统,彼此间又有曲廊、甬道相连,构成一个完美的建筑整体。

坤宁门外是御花园,占地12000平方米。园内古柏参天,山石嶙峋,建筑以小巧玲珑的造型和高低错落的层次取胜。东侧的堆秀山是人工堆砌的假山,上筑御景亭,是皇帝、后妃登高远眺的地方。

今日所见的紫禁城宫殿艺术面貌,应该说是清代建筑风格,总括二百余年清代宫城建设,较明代工程有几方面明显的变化与进步:

首先是紫禁城雄伟宏大的中轴线艺术群体得到进一步加强;其次,分区布局上突破了明代讲究东西对称的方式,组织设计了养心殿、宁寿宫等次一级的行政中心,并且实用性很强;再者,清代紫禁城宫殿的生活气息加浓,许多建筑采用小体量精致的外形,不以高大为目标;最后应该提到清代宫殿建筑技术与艺术亦有重要的进步。总之,清代紫禁城宫殿的单体建筑艺术比明代要更为丰富、华丽、精美、辉煌⑥。

8.关于建筑的经典文字轶闻。相传在建造故宫三大殿时,缅甸国向明王朝进贡了一根巨木,永乐皇帝下令将其制成大殿的门槛。一木匠不留心误锯短了一尺多,那个木匠吓得脸色煞白。蒯祥看了,叫那个木匠索性再锯短一尺多,在门槛的两端雕琢了两个龙头,再在边上各镶上一颗珠子,用活络榫头装卸。后来皇帝见了十分高兴,大加赞赏。这就是故宫的设计者蒯祥创新发明的"金刚腿"的由来。

参考文献

①《明实录》卷一七九。

②《明史·地理志》。

③吴瀛:《故宫尘梦录》,紫禁城出版社,2005年。

④曹允源:民国《吴县志》,江苏古籍出版社,1991年。

⑤潘谷西:《中国古代建筑史》(五卷本)第四卷,中国建筑工业出版社,1999年。

⑥孙大章:《中国古代建筑史》(五卷本)第五卷,中国建筑工业出版社,2002年。

二、明故宫

1.建筑所处位置。江苏省南京市中山门内御道街一带。

2.建筑始建时间。元至正二十六年(1366)

3.最早的文字记载。(明)杨荣《皇都大一统赋》:维皇明之有天下也,于赫太祖,受命而兴。龙飞淮甸,风云依乘。恢拓四方,弗遑经营。既渡江左,乃都金陵。金陵之都,王气所钟。石城虎踞之险,钟山龙盘之雄。伟长江之天堑,势百折而流东。炯后湖之环绕,湛宝镜之涵空。状江南之佳丽,汇万国而朝宗。此其大署也①。

《明史·地理志》记载,"洪武二年(1369)九月始建新城,六年八月成。内为宫城,亦曰紫禁城,门六:正南曰午门,左曰左掖,右曰右掖,东曰东安,西曰西安,北曰北安。宫城之外门六:正南曰洪武,东曰长安左,西曰长安右,东之北曰东华,西之北曰西华,北曰玄武。②"

4.建筑名称的来历。明初太祖、建文两代皇帝的皇宫,后因成祖迁都北京,南京降为陪都,故名。

5.建筑兴毁及修葺情况。明南京宫殿仅用一年时间建成"三朝二宫"基本规格,而后洪武八年(1375)明太祖将营建中都的重心转移到南京,历时两年增建一些殿宇,最后一次大规模扩建在洪武二十五年(1392),形成完整的明南京宫殿布局。尽管填湖并对建筑基础做了相应处理,但到洪武末年,南京宫殿已显出工程南高北低,由此导致后宫积涝,自明成祖迁都北京后,南京宫殿渐有损坏。至清顺治二年(1645),清兵南下,明故宫被改为八旗兵驻防城,又遭毁坏。咸丰年间(1851—1861)再次遭灾,由此明故宫变成了一片废墟。1949年后,午朝门至奉天门间的部分明故宫遗址被辟为公园。至20世纪80年代中期,随着明故宫路的开通,在原三大殿及后二宫的遗址上建立了明故宫公园,对外开放,供广大游客观瞻。现在的明故宫建筑仅存午门、西安门(俗称西华门)、东华门、外五龙桥、紫禁城濠等城址遗迹。

6.建筑设计师及捐资情况。李善长。李善长为明朝开国三大功臣、策士之一,明建国后进位左柱国、太师、中书左丞相,爵位至韩国公。当年营造南京都城,由他监修。具体营造由高铎、张宁、单安仁、陆祥、陆贤、蒯富、蒯祥等分工主持。③

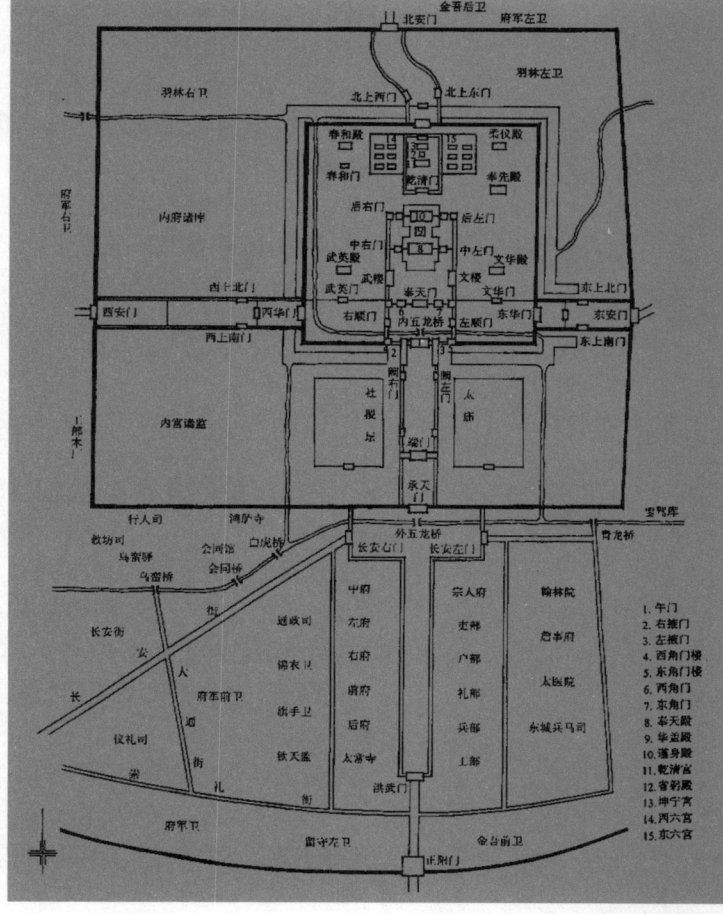

图 12-2-2 明故宫复原图

7.建筑特征及其原创意义。明故宫的平面呈长方形,坐北朝南,南北长达5华里,东西宽近4华里。宫城外有护城河,其范围大约在今光华门、中山门、太平门及逸仙桥范围内。

宫城坐落于南京城东部,地势平坦(原中有燕雀湖后被填平),北倚富贵山,南面秦淮河,并与富贵山中轴线重合,南北约长700米,外环以皇城。同时开创了明清两代宫殿自南而北中轴线与全城轴线重合的模式:以南端外城的正阳门为起点,经洪武门至皇城的承天门,为一条宽阔的御道。御道两边为千步廊。御道的东面分布着吏部、户部、礼部、兵部和工部等中央行政机构,西面则是最高的军事机构——"五郡都督府"的所在地。御道尽头承天门前是长安左、右门形成东西横街——长安街和外五龙桥,向北引延,经端门、午门、内五龙桥至奉天门,进入宫城。经三大殿两大宫抵宫城北门,至皇城北门北安门出皇城,正对钟山"龙头"富贵山,而以都城的太平门为结束①。

在宫城的形制上,明太祖极力遵循礼制,依《礼记》设三朝五门,及洪武门、承天门、端门、午门、奉天门。三殿为:奉天殿、华盖殿、谨身殿。后妃六宫也依《周礼》之制,正殿之后又设乾清、坤宁二宫,象征帝后犹如天地。在乾清宫的左右,立"日精门"、"月华门",以示日月相佐。日月门外,设东六宫和西六宫供嫔妃居住。这种模拟天象、依托礼制来布置宫室的做法主要是要以此来烘托、强化明王朝统治的天经地义。

南京宫殿是隆崇封建集权统治和严格的礼制秩序的典范,又是结合自然、顺应地势布置城、宫的杰出例子⑤。

8.关于建筑的经典文字轶闻。午门的五个券洞门仍完整。"靖难"之役宁死不为朱棣草诏的建文朝臣方孝孺,就是在午门被处死的,血染墀石,世称"血迹石",至今犹存。

参考文献

①(明)杨荣:《畿辅通志》卷一五〇。

②(清)张廷玉:《明史·地理志》。

③喻学才:《明初三大帝都的设计师研究》,《南方建筑》,2003年第4期。

④⑤潘谷西:《中国古代建筑史》(五卷本)第四卷,中国建筑工业出版社,1999年。

三、朝天宫

1.建筑所处位置。江苏省南京市水西门莫愁路东侧的城西冶山。宋代天庆观基址所在处。

2.建筑始建时间。明洪武十七年(1384)。

3.最早的文字记载。《明史·礼志》记载,"自后凡节序及忌日,东宫亲王祭几筵及陵。小祥,辍朝三日。禁在京音乐屠宰,设醮于灵谷寺、朝天宫各三日。"在卷四十七关于习仪规定,"凡祭祀,先期三日及二日,百官习仪于朝天宫。嘉靖九年更定,郊祀冬至,习仪于先期之七日及六日。①"

4.建筑名称的来历。明太祖洪武十七年(1384)在此举行演练朝贺天子礼节的礼仪活动,并于宫后建有习仪亭,明太祖下诏赐名为"朝天宫",取"朝拜上天"、"朝见天子"之意。又另有寺规记载"南都城中道院,若朝天宫则枕冶城山,灵应观则俯乌龙潭,卢龙观则倚狮子山。②"

5.建筑兴毁及修葺情况。相传春秋时期,吴王夫差在此设有冶炼作坊,制造青铜兵器,因而得名冶城。三国时,孙权也在此设冶官,专门从事冶铁。东晋时,冶山辟为宰相王导的西苑。南朝刘宋时,在这里建有总明观,作为全国最高的科学研究机构,祖冲之、葛洪、王羲之等人都曾在此任职。

五代吴王杨溥于其地建紫极宫。北宋太宗雍熙年间(984—987)于山南建孔子的文宣王庙,不久又改为道教的天庆观。宋真宗大中祥符间(1008—1017),改名祥符宫,建太乙殿仍归道教所有,又改天庆观。元成宗元贞(1295—1296)间,改称玄妙观,寻升永寿宫。明洪武十七年(1384)重建,作为举行祭祀天地等国家大典前,宫廷要员及官僚、贵族子弟袭封前,学习演练朝贺天子礼节的地方,并于宫后建有习仪亭,由此而得名朝天宫③。前有三清殿,后有大通明殿,另有飞霞阁、景阳阁等。内有习仪亭,为文武官员演习朝贺礼仪之所。明末,朝天宫部分建筑毁于战火。清初至道光年间,朝天宫仍为道观,清乾隆二十九(1764),皇太后发帑重修,为金陵道观之最。咸丰(1851—1861)中被毁,同治四年(1865),于旧址改建孔庙,并迁鸡鸣山江宁府学于此④。太平天国失败后,清政府将江宁府学移于此地,进行重建,时值同治四年(1865)八月,次年九月落成,形成东、中、西三条轴线的格局。中路为江宁府文庙,东侧是江宁府学,包括学署,名贤祠、乡宦祠等;西侧为卞公祠、卞壶墓。文庙为琉璃瓦屋面,整组建筑雕梁画栋,金碧辉煌、宏伟壮观,占地7万余平方米,是江南保存最完整的清代文庙建筑。朝天宫改建后的朝天宫轴线上建筑除崇圣殿以外,均施以黄琉璃瓦,两庑及崇圣殿为绿琉璃黄剪边屋面。

1957年,朝天宫被列为江苏省文物保护单位。最近一次的维修与改建自1988年起至1992年止,由东南大学潘谷西教授主持,前后历时5年。如今朝天宫已辟作南京古代历史博物馆。

6.建筑设计师及捐资情况。单安仁任工部尚书时所建筑。按照封建社会都城建设惯例,礼制建筑自然纳入都城统一规划建设⑤。

7.建筑特征及其原创意义。朝天宫古建筑群占地面积约7万余平方米,先为宗教建筑道观,后做明代国朝礼仪场所。清代又改成为文庙。作为文庙,朝天宫的格局与清代其他的一些文庙形制相同,中轴线的最南端为万仞宫墙(照壁),由南向北依次有:泮池、棂星门、大成门、大成殿、崇圣殿等。

朝天宫面临云渎,正南端有照壁,东西与宫墙连成一体,照壁正面嵌有"万仞宫墙"四个砖刻大字,颂扬孔子文章道德之高。宫墙内为泮池,是文庙的标志性建筑,宫墙东西两侧为砖雕牌坊,上刻"德配天地","道冠古今"门额,系曾国藩所书。广场北侧是棂星门,进门数十步,北为大成门,因门内陈放桀戟仪仗,又称戟门。戟门分左、中、右三门,中门为皇帝祭孔时出入的地方,亲王、郡王可走左、右两门,而一般官员只能走戟门两侧的"金声","玉振"两小门。"大成"、"金声"、"玉振"之名均出自《孟子·万章句下》:"孔子之谓集大成,集大成也者,金声而玉振"。

过大成门向北,东西各有配殿,东殿旁有银杏一株,枝繁叶茂,主干需两人合抱,据载此树为清初所植,至今已逾200春秋。经过方形广场,北端为大成殿,大成殿是朝天宫的主体建筑,重檐歇山顶,五进七间,白石为台,纯黄琉璃覆顶,金碧辉煌,美轮美奂,曾供奉孔子"大成至圣先师文宣王"牌位⑥。

大成殿后为崇圣殿,又名先贤祠。曾供奉孔门弟子及南京乡贤牌位。用庑殿顶,覆黄绿琉璃。崇圣殿后是冶山最高处,建有"敬一亭",这是文庙标志性建筑。亭东有飞云阁、飞霞阁,这组建筑明代已有其名,现存建筑在清代属江宁府学。飞云阁前即御碑亭,乾隆五次题诗的御碑就保存在这里⑦。

8.关于建筑的经典文字轶闻。《南史·江淹传》和钟嵘《诗品》记:江淹曾夜宿冶亭(其建康旧居,在今南京城西朝天宫附近),梦郭璞赠五色笔。张治《万寿节朝天宫习仪》:"看佩移宵烛,闻钟候晓鸡。鼓严千队肃,嵩祝万声齐。凤吹随金仗,龙宫隐玉题。回看天北极,香案五台西。⑧"

参考文献

①(清)张廷玉:《明史·礼志》卷五九。

②(明)顾起元:《客座赘语》十卷,江苏地方文献丛书,凤凰出版社,2005年。

③(清)秦蕙田:《五礼通考》卷二〇。

④(民国)胡祥翰:《金陵胜迹志》卷七,民国15年刻本。

⑤喻学才：《明初三大帝都的设计师研究》，《南方建筑》，2003年第4期。

⑥⑦季士家：《金陵胜迹大全》，南京出版社，1993年。

⑧(明)《御选明诗》卷五六。

四、遇真宫

1.建筑所处位置。湖北省武当山北麓玄岳门西。

2.建筑始建时间。明永乐十五年（1417）敕建①。

3.最早的文字记载。"永乐十六年十二月丙子朔，皇太子省牲于南郊。武当山宫观成，赐名曰太岳太和山。山有七十二峰、三十六岩、二十四涧。峰之最高者曰天柱，境之最胜者曰紫霄。南岩上轶游气，下临绝壑，紫霄南岩，旧皆有宫，南岩之北有五龙宫，俱为祀神祝厘之所，元季兵毁，至是悉新建宫。五龙之东十余里，名玄元玉虚宫，紫霄曰太玄紫霄宫，南岩曰大圣南岩宫，五龙曰兴圣五龙宫，又即天柱，峰顶冶铜为殿，饰以黄金，范真武像于中，选道士二百人供洒扫，佃田二百七十七顷，并耕户以赡之，仍选道士任自垣等九人为提点，秩正六品，分主宫观，严祀事。上资太祖高皇帝、孝慈高皇后之福，下为臣庶祈弭灾沴，凡为殿观门庑享堂厨库千五百余楹。上亲制碑文以纪之。②"

永乐十年（1412）三月《敕右正一虚玄子孙碧云》载："朕闻武当遇真，实真仙张三丰修炼祖地……今欲创建道场，以伸景仰钦慕之诚。"永乐十五年（1417）"奉敕创建真仙殿宇、山门、廊庑、东西方丈、斋堂、厨室、道房、仓库、浴室，共九十七间。③"

4.建筑名称的来历。《敕建大岳太和山志》记载：张三丰"洪武初来入武当，拜玄帝于天柱峰。遍历诸山，搜奇揽胜……又寻展旗峰北埵卜地结草庐，奉高真香火，曰'遇真宫'。黄土城卜地结草庵，曰'会仙馆'。语及弟子周真德：'尔可善守香火，成立自有来时，非在子也'④。"

5.建筑兴毁及修葺情况。史载张三丰于明洪武年间创立的遇真宫最初在展旗峰北，后因明成祖在此处修建玄天玉虚宫，才将遇真宫迁到距玉虚宫以东八里处的"黄土城"——"会仙馆"旧址上。明成祖朱棣命令在此建真仙殿、琉璃八字宫门、东西方丈斋堂等大小建筑近300间，到嘉靖年间，遇真宫扩大到396间。明末清初的战乱对遇真宫有多大影响难以确考。真仙殿大梁上记载的维修时间是清乾隆四十三年（1778）。西配殿大梁上记载了民国己未年（1919）的一次大修，主持这项工程的是"玄岳遇真宫提点道总林理培"。抗日战争初期，中国战时儿童保育会曾借用遇真宫庙房，建立起"均县儿童保育院"，收养难童500余名⑤。1994年12月15日，遇真宫作为武当山古建筑之一列入《世界文化遗产名录》，但2003年1月19日19时左右，遇真宫发生特大火灾，主殿全部烧毁。因为南水北调中线工程开工在即，遇真宫所在区域将被淹没，国家文物局认为复建工程应纳入整个南水北调文物保护工作的序列中，把遇真宫整体围起进行防护的围堰大坝按照100年一遇防洪水位设计，堤线由南向北建设，全长847米，宽6米，平均堤高11米，堤顶高程170.2米⑥。

6.建筑设计师及捐资情况。明初高道孙碧云；民国林理培等⑦。

7.建筑特征及其原创意义。遇真宫院落宽敞幽静，左有望仙台，右有黑虎洞。山环水绕，形胜如天然城郭，向有"黄土城"之称，在明代就已被誉为"灵境"，属武当山九宫之一，是全国各地道观中的三丰殿、庙的祖庭。遇真宫建筑布局由前至后有琉璃八字宫门、东西配殿、左右廊庑、斋堂和真仙殿等。主体建筑为真仙殿，面阔进深均三间，殿前曾有金瑞兽等仪仗排列，殿内供奉着张三丰铜铸鎏金像，是一件极为珍贵的明代艺术品。

8.关于建筑的经典文字轶闻。张三丰,辽东懿州(今辽宁省阜新县塔营子乡一带)人,名全一,一名君宝,三丰其号也。以其不饰边幅,又号张邋遢。颀而伟,龟形鹤背,大耳圆目,须髯如戟。寒暑唯一衲一蓑,所啖升斗辄尽,或数日一食,或数月不食。书经目不忘,游处无恒,或云能一日千里。善嬉谐,旁若无人。尝游武当诸岩壑,语人曰:"此山,异日必大兴。"时五龙、南岩、紫霄俱毁于兵,三丰与其徒去荆榛,辟瓦砾,创草庐居之,已而舍去。太祖故闻其名,洪武二十四年遣使觅之不得。后居宝鸡之金台观,一日自言当死,留颂而逝,县人共棺殓之。及葬,闻棺内有声,启视则复活。乃游四川,见蜀献王。复入武当,历襄、汉,踪迹益奇幻。永乐中,成祖遣给事中胡濴偕内侍朱祥赍玺书香币往访,遍历荒徼,积数年不遇。乃命工部侍郎郭琎、隆平侯张信等,督丁夫三十余万人,大营武当宫观,费以百万计。既成,赐名太和太岳山,设官铸印以守,竟符三丰言。[8]"文皇帝迹异人所在,为之筑遇真宫。异人遗杖笠悉留中。命尚方铸金象之。[9]"

明代王在晋在《游太和山记》中写道:"入山诸宫,以遇真为托始。"明代文人陈文烛《遇真宫》诗云:"正有真人想,其如遇妙然。人言临福地,吾意在九天。岁月山中老,乾坤此际悬。偶来仍驻殿,笙鹤下翩翩。"

参考文献

①《明一统志》卷六〇。
②《大明太宗文皇帝实录》卷二七〇。
③⑤⑦杨立志:《武当山遇真宫的文化价值和宗教意义》,《中国宗教》,2003年第2期。
④(明)任自垣:《敕建大岳太和山志》卷六。
⑥蒲哲、石岩、明香宇:《800米围堰助武当山遇真宫防洪》,《楚天金报》,2007年1月27日。
⑧《明史·方伎传·张三丰传》。
⑨(明)汪道昆:《太和山记》。

五、玉虚宫

1.建筑所处位置。安徽休宁县境内齐云山紫霄崖下。

2.建筑始建时间。明武宗正德十年(1515)。

3.最早的文字记载。嘉靖三十八年正月"庚子,齐云山玄帝宫成,遣定国公徐延德往行安神礼。[①]"

4.建筑名称的来历。"曰玉虚者,谓真武为玉虚师相也。[②]"玉虚宫又称老殿,供奉玄天上帝,为道家修道之场所。

5.建筑兴毁及修葺情况。1982年以来,玉虚宫经过整修,基本上已恢复原貌。

6.建筑设计师及捐资情况。养素道人汪泰元创建。

7.建筑特征及其原创意义。玉虚宫在紫霄崖下,由"太乙真庆宫"、"玉虚阙"、"治世仁威宫"三个红色砂石石坊并列组成,上镂以神鸟异兽浮雕,两侧石坊为两柱一间(高15米),中石坊为四柱三间(现仅明间通行)。宫依洞,洞内分为三室:中室"玉虚宫",供奉玄天上帝神像,文武辅神分立左右;左室"治世仁威宫",塑三皇五帝神像于中上方,玉皇大帝端坐于堂中,天兵天将护立两侧;右室"天乙真庆宫",内奉玄天神像,左右两壁为大型石雕,镌刻有大小神像百余尊,侧有壁画,详细彰述玄帝脱胎问世,访师求道,降妖伏魔,造福于民的历史。

8.关于建筑的经典文字轶闻。玉虚宫右侧,有明代杰出书画家、文学家唐寅所撰《云岩紫霄宫玄碑铭》。弘治十三年(1500),唐寅秋游齐云山,应玉虚宫住持汪泰元之请,撰写了碑文,唐寅作有《齐云岩纵目》诗:摇落郊园九月余,秋山今日始登初。霜林着色皆成画,雁字排空半草书。曲蘖才交情谊厚,孔方兄与往来疏。塞翁得失浑无累,胸次悠然觉静虚。《陈第年谱》:"久说齐云似岳莲,秋风今始决行鞭,杯同小艇看明月,路入名山破紫烟,懒慢不嫌明主弃,遨游偏得野人怜,多君邂逅情无极,何日重逢话此年。③"

参考文献

①《明世宗实录》卷四六七。

②(明)王世贞:《自均州繇玉虚宿紫霄宫记》,《湖广通志》卷一八〇。

③金云铭:《陈第年谱》,《台湾文献丛刊》台北:大通书局。

六、紫霄宫

1.建筑所处位置。湖北省十堰市武当山神道之旁,背依展旗峰,面对照壁、三台、五老、蜡烛、落帽、香烛诸峰,右为雷神洞,左有禹迹池、宝珠峰。

2.建筑始建时间。太岳太和宫、玄天玉虚宫、兴圣五龙宫、太岳紫霄宫、大圣南岩宫,以上五宫俱永乐十年(1412)敕建。①

3.最早的文字记载。"紫霄,前临禹迹池,背倚展旗峰,层台杰殿,高敞特异。入殿瞻谒②。"

4.建筑名称的来历。紫霄宫供奉真武神,又称玄武大帝、真武帝君③。明成祖赐名"太玄紫霄宫"。

5.建筑兴毁及修葺情况。据《武当福地总真集》记载,紫霄宫始建于宋徽宗宣和年间(1119—1125),元代经过扩建整修,现存建筑为明永乐十年(1412)重建,当时共建成山门、廊庑、左右圣旨碑亭、玄帝大殿,斋堂、钵堂、圆堂等160余间,赐名为"太玄紫霄宫",到嘉靖十五年(1536)此宫建筑已扩大到860间。至嘉靖三十二年(1553),武当山上共修理庙宇2200多间,屏墙海墁1200丈,石路10800丈。嘉靖皇帝《御制重修太岳太和山玄殿纪成碑》。清同治元年至同治十四年(1862—1874),道士杨来旺等募化十年修葺南岩、紫霄、太和等宫观。1953年,中央拨款1.5亿(旧人民币)维修金顶、紫霄宫大殿。1982年国务院列紫霄宫为国家重点文物保护单位。1990年12月,武当山紫霄大殿维修领导小组成立,副省长韩南鹏任组长④。

6.建筑设计师及捐资情况。隆平侯张信率军夫二十余万修建。经费国拨。

7.建筑特征及其原创意义。紫霄殿现存有建筑29栋,建筑面积6854平方米。中轴线上为五级阶地,由上而下递建龙虎殿、碑亭、十方堂、紫霄大殿、圣父母殿,两侧以配房等建筑分隔为三进院落,构成一组殿堂楼宇、鳞次栉比、主次分明的建筑群。宫的中部两翼为四合院式的道人居所。

宫内主体建筑紫霄殿,是武当山最有代表性的木构建筑,建在三层石台基之上,台基前正中及左右侧均有踏道通向大殿的月台。大殿面阔进深各五间,高18.3米,阔29.9米,深12米,面积358.8平方米。共有檐柱、金柱36根,排列有序。大殿为重檐歇山顶式大木结构,由三层重台衬托,比例适度,外观协调。上下檐保持明初以前的做法。柱头和斗拱显示明代斗拱的特征。梁架结构用九檩,高宽比为5:2.5,保持宋辽以来的用材比例。殿内金柱斗拱,施井口天花,明间内槽有斗八藻井。明间后部建有刻工精致的石须弥座神龛,其中供玉皇大帝,左右肋侍神像,均出自明人之手。

紫霄殿的屋顶全部盖孔雀蓝琉璃瓦,正脊、垂脊和戗脊等以黄、绿两色为主镂空雕花,装饰华丽,为其他宗教建筑所少见。

8.关于建筑的经典文字轶闻。《明书·姚广孝传》载,朱棣决定举兵"靖难"时,曾问师期于姚广孝,广孝对曰:"未也,俟吾助者至。"曰:"助者何人?"曰:"吾师。"又数日,入曰:"可矣。"遂……祭纛。见披发而旌旗蔽天,太宗(朱棣)顾之曰:"何神?曰:"向所言吾师玄武神也。"于是太宗仿其像,披发仗剑相应。⑤故朱棣继位以后,十分崇奉真武,除在京城建真武庙外,又于永乐十年(1412)命隆平侯张信率军夫二十余万大建武当山宫观,使崇奉真武的香火臻至极盛。代表北方的真武更是被抬得登峰造极。每年农历的三月初三日,是真武大帝圣诞之日。各地真武庙均有奉祀祝诞祭典。其中以武当山进香朝拜为最盛。

参考文献

①《明一统志》卷六〇。

②《徐霞客游记》卷一下。

③(元)刘道明:《武当福地总真集》。

④武当山志编纂委员会:《武当山志》,新华出版社,1994年。

⑤(清)傅应麟:《明书》卷一六〇,《姚广孝传》。

七、天后宫(山东)

1.建筑所处位置。山东省青岛市区前海太平路东侧,与胶州湾入口处的小青岛遥遥相对。

2.建筑始建时间。明成化三年(1467)①。

3.最早的文字记载。门内立有两块石碑,记载了清同治四年(1865)和清同治十三年(1874),重修天后宫的经过②。

4.建筑名称的来历。俗称"中国大庙"。天后宫是祭祀海上保护神天后(又称天妃、妈祖)的庙宇。在我国东南沿海一带,天后妈祖具有极高的神灵地位,因而只要是有村落集镇的地方,就会有天后宫或妈祖庙。

5.建筑兴毁及修葺情况。明万历年间(1573—1619),即墨县将青岛村辟为海上贸易港口,称"青岛口"。随着航海事业的昌盛,天后宫相继建立。初称天妃宫,系由胡家庄的胡善士捐施土地所建,当时只有圣母殿三间及龙王、财神两配殿。明末崇祯十七年(1644),住持道士宿义明募资进行初次维修扩建,自此始,清代的雍正、道光、同治、光绪及民国诸时期先后六次对天后宫进行较大规模的修缮扩建。雍正时建后大殿,同治时建戏楼并立修庙碑,到光绪年间这里即可同时演出三台戏。1936年,青岛商民又集资整修扩建,将戏楼改建在宫前,配以钟鼓二楼、山门两座,配旗杆二垛,并陆续建起土地祠、仙师祠、殡仪馆等。1982年,青岛市政府将天后宫列为市级重点文物保护单位。500多年前初建成时,天后宫由三间圣母殿和龙王财神两配殿构成。后历经明、清、民国等七次维修扩建成目前规模。1996年,青岛市政府对其进行全面修复,并将其辟为"青岛市民俗博物馆",于1998年12月26日正式对外开放③。

6.建筑设计师及捐资情况。明代邑人胡善士捐资首建圣母殿三间及龙王、财神两配殿,明崇祯末,道士宿义明等募资进行初次维修扩建。

7.建筑特征及其原创意义。青岛天后宫现占地面积近4000平方米,建筑面积1500平方米,为二进庭院。其有正殿、配殿、前后两厢、戏楼、钟鼓楼及附属建筑共计殿宇16栋80余间,是一处典型的具有民族风格的古建筑群。除戏楼为琉璃瓦盖顶,其他建筑物均为清水墙、小灰瓦,且经苏州式彩绘点染,雕梁画栋,金碧辉煌。在整个青岛地区的古代建筑中,青岛天后宫的建筑艺术和彩绘艺术都是首屈一指的。

8.关于建筑的经典文字轶闻。1897年青岛被德国侵占后,德国侵略者将天后宫一带划入租界区,所划范围民居拆迁殆尽。当德国侵略者要动工拆除天后宫时,激起青岛商界的强烈抗议。德国侵略者乃谋移建于无人居住的鲍岛区,并在馆陶路划拨地皮,但旋因日本侵略者取代德国侵略者,此事因此就搁置下来。天后宫也就因此没有变动地方④。

参考文献

①周宗颐:《崂山太清宫志》,方志出版社,2009年。

②③④青岛市文物管理委员会:《青岛胜迹集萃》,1986年。

八、纯阳宫

1.建筑所处位置。现山西省太原市五一广场西北隅。

2.建筑始建时间。太原纯阳宫创建年代不详。相传长春真人弟子宋德芳曾主持过该宫观。因此始建年代不会晚于元世祖忽必烈时代。现存建筑为明万历年间(1573—1620)晋藩朱新场、朱邦祚兄弟二人扩建。

3.最早的文字记载。"纯阳宫在天衢街贡院东,明万历二十五年朱新场、朱邦祚建。相传规画皆仙乩布置。内八卦楼、降笔楼,亭洞幽曲,对额皆乩笔题。碑二:一钟离权乩笔;一、李太白乩笔①。"

4.建筑名称的来历。纯阳宫又称吕祖庙,原为供奉道教中的"神仙"——唐代道士吕洞宾修建的。吕洞宾号纯阳,因此名曰纯阳宫。

5.建筑兴毁及修葺情况。纯阳宫是明万历年间重修扩建,清乾隆年间(1736—1795)道士高炼昌增筑巍阁三层。现为山西省博物馆二部。为山西省出土文物和其他文物专题陈列所在地。

6.建筑设计师及捐资情况。明万历年间晋藩朱新场、朱邦祚与本城富户范氏等三家道教的笃信者捐资扩建,清乾隆年间道士高炼昌出资扩建②。

7.建筑特征及其原创意义。纯阳宫内有四座院落,门前有四柱三楼木牌坊,分别为吕祖殿、方形单间、回廊亭及巍阁。四围建配房和砖券窑洞。吕祖殿为主殿,位于二进院中轴线上,面阔三间单檐歇山,殿后两院为楼阁式建筑,高低错落,曲折回旋,形式别致。后院巍阁(祖师殿)最高,登阁环眺,市内景色历历在目。前院亦楼阁式建筑,平面为方形抹角,四隅建八角攒尖亭,益增雅趣,新中国成立后又增设假山,建关公亭及碑廊二十楹,巧妙地将道观建筑艺术和园林艺术结合到一处。宫宇建筑精巧,布局独特,雕饰富丽,是别具一格的建筑群。馆内展出陶瓷、铜器、玉石、竹木、牙雕、石刻、书法、绘画、碑帖、刺绣、珐琅、漆器等10多个专题。这些展品对研究我国历史、文字学、工艺美术和冶炼铸造技术等具有重要价值。

8.关于建筑的经典文字轶闻。纯阳宫所祀道教人物吕洞宾,唐朝礼部侍郎吕渭之孙,(山西)河中府永乐县人,一云蒲坂人。天宝十四载(755)四月十四日巳时生,咸通(860—872)中举,进士不第,游长安酒肆,遇钟离权,得道,不知所往。有诗集四卷。③《全唐诗》收有他的诗集。其中抒写他悟道体会者有:"不负三光不负人,不欺神道不欺贫,有人问我修行法,只种心田养此身。"其《警世》诗曰:"二八佳人体似酥,腰间仗剑斩凡夫。虽然不见人头落,暗里教君骨髓枯。④"

参考文献

①《山西通志》卷一六八。

②王君:《纯阳宫与道教文化》,《文物世界》,2002年第1期。

③《山西通志》卷一六〇。

④《全唐诗》卷八五八。

九、天妃宫

1.建筑所处位置。江苏省南京市下关区狮子山麓。

2.建筑始建时间。明成祖永乐五年(1407)①。

3.最早的文字记载。新建南京龙江天妃庙成,遣太常寺少卿朱焯祭告。永乐十四年丙申四月初六日,御制弘仁普济天妃宫碑,安置南京天妃宫内②。

4.建筑名称的来历。郑和第一次下西洋顺利而归,为感谢天妃保佑海上平安,明成祖朱棣以神屡有护助大功,加封天妃为"护国庇民妙灵照应弘仁普济天妃",同时正式将天妃庙赐额为:"弘仁普济天妃之宫。③"

5.建筑兴毁及修葺情况。永乐十四年明成祖御制《南京弘仁普济天妃宫碑》,对天妃保佑"遣使敷宣教化于海外诸番国"加以褒扬。此碑立于南京天妃宫内。其后郑和每次下西洋出航前,都要专程到天妃宫祭拜妈祖。"永乐十七年己亥九月,造宝船四十一艘。重建天妃宫于南京仪凤门外。④"

1937年,天妃宫全部毁灭于侵华日军的炮火,仅明永乐年间所立御制弘仁普济天妃宫之碑巍然独存。近年来,为纪念郑和下西洋600周年,南京下关区斥巨资予以重建。

6.建筑设计师及捐资情况。明成祖朱棣敕建。由当时的工部主持其事。最近的一次复建由南京市下关区政府斥资,建筑设计施工由东南大学杜顺宝教授主持。

7.建筑特征及其原创意义。新建成的天妃宫占地约1.7万平方米,建筑面积5千平方米,主要由东西两轴线建筑院落组成。其中西轴线为两进院落,设有天妃宫大殿、玉皇阁及两侧配殿等;东轴线为单进院落,主要设有观音殿和两侧配殿。

宫内保存有郑和的《天妃灵应之记》碑,该碑青石质,通高5.84米,额高0.98米,宽1.72米,厚0.58米,上书小篆《御制弘仁普济天妃宫之碑》,碑额上雕有四龙,造型生动精美。碑身高3.33米,宽1.5米,正面碑文楷书阴刻二十行,满行四十八字,共六百九十九字,记载了郑和船队初次远涉重洋遇险,幸得天妃庇护得以化险为夷平安归来,以及明成祖特加天妃封号并御制纪功碑之事。碑身现风化严重,多处出现裂缝。龟趺高1.17米,宽1.8米,残长2.96米,头部于民国年间残缺⑤。记云:"若海外诸番,实为遐土良,皆捧琛执贽。重译来朝,皇上嘉其忠诚,命和等……赉币赏之"。现此碑被列为江苏省文物保护单位,移至宫旁静海寺内保护。

8.关于建筑的经典文字轶闻。郑和屡次祭祀天妃,修建天妃宫,把下西洋的经过立碑于天妃宫,这是因为海神天妃是当时航海家的精神支柱;郑和顺从随赴西洋的水兵和兵士等众人信仰海神天妃的心理,仰求神佑,以辅人力,达到民众对下西洋活动的支持。海神天妃得到宋元明各代统治阶级褒扬,特别是郑和下西洋中得到明成祖的褒赐,遂加深后代航海者对天妃的信仰。"今则大船小舸群奉天后,涛山浪屋之中,声响昭灼,立专祠,赐徽号,问所为昭惠庙者,盖不能举其名矣。⑥"

参考文献

①②③④《太宗实录》卷一一四。

⑤杨新华、卢海鸣:《南京明清建筑》,南京大学出版社,2001年。

⑥(清)冯登府辑:《闽中金石略》十四卷,吴兴刘承干希古楼刻本。

十、太和宫

1.建筑所处位置。湖北省武当山主峰天柱峰的南侧。

2.建筑始建时间。金殿始建于明永乐十四年(1416),紫禁城始建于明成祖永乐十七年(1419)。

3.最早的文字记载。唐末杜光庭《洞天福地岳渎名山记》列武当山为道教七十二福地之一。元代刘道明撰写的《武当福地总真集》,该书虽不以"山志"名,但其体例宗旨实为现存最早之武当山志。该书卷上云:"传记云,武当山,一名太和,一名大岳,一名仙室,中岳佐命之山。应翼轸角亢分野,在均州之南。……地势雄伟,非玄武不足以当,因名之曰武当。①"《明一统志》载:"大岳太和宫在太和山天柱峰,铜殿金饰②"另有明朝任自垣撰修的《敕建大岳太和山志》,属于武当山的专门志书。

4.建筑名称的来历。明代武当山又名"太和山",故名"太和宫"。明成祖大修武当山宫观时曾下圣旨说:"武当山,古名太和山,又名大岳。今名为大岳太和山。大顶金殿,名大岳太和宫。③"此后,明代皇帝颁布的数百道圣旨及所有官方文件均称武当山为太和山。

5.建筑兴毁及修葺情况。永乐十年(1412)为武当山道教宫观宏大工程兴工之始,永乐皇帝派大臣隆平侯张信、驸马都尉沐昕带着御制祭文到武当山各大宫昭告真武神④。明永乐十一年,朝廷派隆平侯张信、附马都尉沐昕负责武当山宫观的大修工程。明嘉靖二十六年十月"诏添设武当山大岳太和宫大玄紫霄宫大圣南岩宫提点各一人仍降敕禁护。⑤"

6.建筑设计师及捐资情况。明成祖朱棣、孙碧云、张信、沐昕等。朝廷敕建。⑥

7.建筑特征及其原创意义。太和宫占地面积8万平方米,现有古建筑20余栋,建筑面积16000多平方米,主要由紫禁城、古铜殿、金殿等建筑组成。

紫禁城始建于明成祖永乐十七年(1419),是一组建筑在悬崖峭壁上的城墙,环绕于主峰天柱峰的峰顶,周长344.43米,墙基厚2.4米,墙厚1.8米,城墙最高处达10米,用条石依岩砌筑,每块条石重达500多公斤,按中国天堂的模式建有东、南、西、北四座石雕仿木结构的城楼象征天门。该石雕建筑在悬崖陡壁之上,设计巧妙,施工难度大,山高气温低。紫禁城坚固大气,美观耐看,至今保存完好。是明代科学与艺术相结合的产物。

古铜殿始建于元大德十一年(1307),位于主峰前的小莲峰上,高3米,阔2.8米,深2.4米,悬山式屋顶,全部构件为分件铸造,卯榫拼装,各铸件均有文字标明安装部位,是中国最早的铜铸仿木结构建筑。

金殿建于明永乐十四年(1416),位于天柱峰顶端,是中国现存最大的铜铸仿木结构宫殿式建筑,位于天柱峰顶端的石筑平台正中,面积约160平方米,朝向为东偏南。殿面宽与进深均为三间,阔4.4米,深3.15米,高5.54米。四周立柱12根,柱上叠架、额、枋及重翘重昂与单翘重昂斗拱,分别承托上、下檐部,构成重檐庑殿式屋顶。正脊两端铸龙对峙。四壁于立柱之间装四抹头格扇门。殿内顶部作平棋天花,铸浅雕流云纹样,线条柔和流畅。地面以紫色石纹墁地,洗磨光洁。屋顶采用"推山"做法。殿内于后壁屏风前设神坛,塑真武大帝坐像,左侍金童捧册,右侍玉女端宝,水火二将,执旗捧剑拱卫两厢。坛下玄武一尊,为龟蛇合体。坛前设香案,置供器。神坛上方高悬镏金匾额,上铸清康熙手迹"金光妙相"四字。殿外檐际,悬盘龙斗边镏金牌额,上竖铸"金殿"二字。殿体各部件采用失蜡法铸造,遍体镏金,无论瓦作、木作构件,结构严谨,合缝精密,虽经五百多年的严寒酷暑,至今仍辉煌如初,显示我国明代铸造工艺发展的高度水平,堪称现存古建筑和铸造工艺中的一颗璀璨明珠。

8.关于建筑的经典文字轶闻。宋代道家人物陈抟落帽峰诗:"我爱武当好,将军曾得道,升举入云霄,高岭名落帽。"明时有大批道士住武当,最著名者为明初张三丰⑥。明太祖、成祖曾屡次遣人征聘不得,后民间遂流传诸多神异传说。明初,张三丰"尝游武当诸岩壑,语人曰:'此山,异日必大兴。'时五龙、南岩、紫霄俱毁于兵,三丰与其徒去荆榛,辟瓦砾,创草庐居之,已而舍去。太祖故闻其名,洪武二十四年(1391)遣使觅不得。后居宝鸡之金台观,……乃游四川,见蜀献王。复入武当,历襄阳,踪迹益奇幻。⑦"

明孙应鳌有《太和宫》诗:"天柱开金阙,虹梁缀玉墀;势雄中汉表,气浑太初时。日月抵双壁,神灵肃万仪;名山游历遍,谁似此山奇!"

当代考古学家们在"大明回朝天真灵应碑"的碑文里发现当年碑文撰述者详细地记载了明朝永乐年间发生在武当山多次神秘的"黑云"现象⑧,当代学者推测当年的真武大帝显灵现象很可能系外星飞碟(UFO)光临所致。

参考文献

① (元)刘道明:《武当福地总真集》三卷,湖北人民出版社,1999年。

② (明)李贤:《明一统志》卷六〇。

③ (明)任自垣等,杨立志点校:《明代武当山志二种》,湖北人民出版社,1999年。

④ (清)王概:《大岳太和山纪略》,故宫博物院:故宫珍本丛刊(第261册)本。

⑤ 《明世宗实录》卷三二九。

⑥ 方春阳:《张三丰全集》,浙江古籍出版社,1990年。

⑦ (清)张廷玉:《明史》卷二九九,中华书局,1975年。

⑧ (明)任自垣编:《敕建大岳太和山志》,湖北人民出版社,1999年。

十一、百岁宫

1.建筑所处位置。安徽省池州市东南境九华山东崖摩空岭峰顶。

2.建筑始建时间。明万历年间(1573—1619),五台山僧人海玉,字无瑕,云游至九华山,结庐为庵。

3.最早的文字记载。百岁宫碑文云,明代无暇禅师"初住东岩摘星亭,见狮子山左右,有龟蛇供护之状,遂卓锡焉"。

4.建筑名称的来历。百岁宫原名摘星庵,又名"万年禅寺",是专为供奉无暇禅师的真身而建。明万历中,来自河北宛平的无瑕和尚在这里修行,取名摘星庵,活到126岁。相传他死后三年才被发现,尸体却未腐烂。众僧十分惊奇,虔心供奉,改摘星庵为百岁宫①。

5.建筑兴毁及修葺情况。自无暇和尚于明天启三年(1623)圆寂后,时过三年,朝廷一钦差大臣来山进香,夜见霞光,因起视之,见无瑕结跏趺坐,面色如生。于是将肉身涂金保护,在庵内供奉,并奏闻朝廷。明思宗崇祯三年(1630)敕封无瑕为"应身菩萨",并题额"为善为宝",赐无瑕肉身塔名"莲花宝藏"。慧广和尚因就以此建佛殿,造戒堂,立方丈,安单接众,易庵为寺。此后屡有兴毁。清康熙五十六年(1717)寺毁于大火,六十年(1721)住持僧三乘重建。嘉庆十九年(1814)住持僧福德念重修。道光六年(1826)重修,十九年(1839)扩建,名为"万年禅寺",创成"十方丛林"。无瑕和尚的肉身也移至殿内供奉;咸丰三年(1853)毁于兵燹。后重修。光绪五年(1879)释宝身主持重建并赴京请《藏经》一部。光绪末年再次遭火,幸扑灭及时,未造成重大损失,无瑕肉身、明清帝王所赐的金章、玉印以及无瑕和尚刺舌血写成的《华严血经》等完好无损地保存下来了。1917年、1932年两次传戒。1931—1953年常谛、觉真、悟光、心妙先后任住持②。

1982 年九华山管理处重修庙宇。1987 年住持僧应观塑"弥勒佛"一尊,高宽均达 2 米。1983 年,被国务院确定为汉族地区佛教全国重点寺院,现任住持慧庆。

6.建筑设计师及捐资情况。慧广和尚、住持僧三乘、住持僧福德念、释宝身及历代僧人集资修建。

7.建筑特征及其原创意义。寺庙依悬崖峭壁走向,建筑面积 2850 平方米,有 99 间半殿宇和僧房,寺内存钟、鼓、碑刻 50 余件,上下五层。五层高楼融山门、大殿、肉身殿、库院、斋堂、僧舍、客房和东司(厕所)为一整体,没有单体建筑的配置,远观恰似通天拔地的古代城堡。这种形制在中国现存寺庙建筑中极少见。百岁宫的布局,充分利用由南向北下跌的坡势,楼层由低爬高,层层上升,形成曲折幽深恢宏多变的迷宫。从正门正面看大殿,它只是一层楼,而大殿东侧的厢房是两层楼,通高只有 10 米。但从它的后门看,东侧墙高达 55 米,为五层楼。而屋顶只是一个完整的皖南民居式有天井的四落水顶。

寺下不远处有一山亭,可以歇足。亭内原供"皆大欢喜"形象的弥勒佛。佛经上说弥勒住在兜率天,所以小山亭题额为"兜率院",颇有以山亭作寺门之意。

穿过山亭,约百步便至峰顶。石库式的大雄宝殿门(也是山门)门头上,悬挂着"敕建万年寺,钦赐百岁宫"楷书寺名竖匾,出自北洋政府大总统黎元洪之手。寺门前,两边平房对称,中间是一块呈长方形的坪地;如房前院落。墙壁上镶砌着清雍正、乾隆等年间的碑刻十余方,有诗刻,有赐《藏经》、修寺院、捐献"功德"等碑记刻石,其字迹,有魏体寸书、榜书、馆阁体小楷。西边一排平房,为香积厨、库房等。东边数门平房,临崖而建,屋内悬有古钟,谓之钟房。钟为铜质,重约两千斤,钟面凸出铭文和花纹图章。此钟也称"幽冥钟"。撞钟和尚边念钟上文字边撞钟,循环往复,日夜不停。

百岁宫立于高低起伏的岩石之上,错落有致。佛殿内部有石洞和巨石,有的巨石稍加劈凿,成为别致的佛座。由此可见匠心之巧。

8.关于建筑的经典文字轶闻。据《安徽通志》记载:有僧海玉,字无瑕,河北宛平县人。他生于明正德八年(1513),他自幼信佛,万历年间来九华,在东崖摩空岭摘星亭下结茅清修,126 岁圆寂,人称百岁公,因称庵为百岁宫,僧徒将其遗体装金建塔供奉。生前他为了弘扬佛法,传之后世,曾在石洞中以石板为桌,石块为凳,破指(一说划破舌头)取血,用毛笔蘸血和金粉一笔一笔地抄写《华严经》。他不分寒暑,不分昼夜,总共用了二十八年,终于抄写完了八十一卷经文,放在他的左腿旁。然后他又写好了自传,放在他的右腿旁,堵上洞门就这样无声无息地离开了人世。又过了三年,明崇祯皇帝于睡梦中看见九华山有菩萨降世,便派钦差上九华敬香。钦差在东崖顶上发现了那个石洞,打开来一看,只见洞中一位长老端坐如生人,他的身旁放着一部"血经"。再翻看他的自传,知道他活了 126 岁。崇祯皇帝听到回禀后,即令修建寺庙,赐封为"百岁宫护国万年寺",装金供奉无瑕和尚真身,并敕封无瑕为"应身菩萨。③"

参考文献

①民国比丘德森纂修:《九华山志》,江苏广陵古籍刻印社影印出版,1997 年。

②青阳县地方志编纂委员会:《青阳县志》,黄山出版社,1992 年。

③民国安徽通志馆:《安徽通志》,民国 23 年(1924)排印本。

(三)志坛台

一、瀛台

1.建筑所处位置。北京市中南海内。

2.建筑始建时间。明永乐十八年(1420),北京宫殿基本建成。南海开凿和西苑扩建工程也在这个时期完工。当年挖出的土,堆筑成一座四周环水的小岛,是名南台。"瀛台为明时南台旧址,本朝顺治年间(1644—1660)稍加修葺,皇上御书额曰瀛台,有木变石在春明湛虚两楼之中。①"

3.最早的文字记载。熊绣,字汝明,道州人,成化二年进士,……拜兵部右侍郎,升两广右都御史,逾年,召入南台。正德三年,中官李荣忽传旨熊绣致仁。②

"太液池:池在西苑中,……瀛台在其南,五龙亭在其北,蕉园、紫光阁东西对峙。夹岸榆柳古槐,多数百年物,禁中人呼瀛台为南海,蕉园为中海,五龙亭为北海。③"

4.建筑名称的来历。明朝初年建设北京城因城建需要堆土成山,因山脚有城壕环绕,而台高可以望远,故名瀛台。意取《史记》秦始皇时方士徐福所言海中有三神山名曰蓬莱方丈瀛洲典故。④

5.建筑兴毁及修葺情况。辽、金时,北海、中海是一片低洼地带,由于引西山之水,便成为浅湖。金代建都后,在这里营建离宫,开挖"海子"扩充"瑶屿",沿湖建造宫殿,植树种花,形成一片风景区,并命名为"西苑"太液池。中南海是中海和南海的合称。金代时开辟了中海,明初时开凿了南海。明初,开挖南海之时,堆筑了一座四周环水的岛屿——瀛台,当时叫南台,从而形成了今日太液池的规模。太液池上的金鳌玉蝀桥、蜈蚣桥将太液池分为北海、中海和南海三部分。太液池地区作为西宫,也叫西苑,成为皇家的御苑。"西苑在西华门西,创自金而元明递加增饰。金时只为离宫,元建大内于太液池左,隆福、兴圣等宫于太液池右。明朝大内徙而之东,则元宫尽为西苑地。⑤"

清顺治时在岛上修建瀛台、宫室,作为避暑、游览之地。康熙、雍正、乾隆几代皇帝,对中南海大加拓建,不仅在此游玩休闲、节庆赏宴王公卿士,而且在勤政殿等处召见官员,处理国务,接见进京朝觐的外藩属国使臣,欢迎凯旋回朝的出征将领。此时中南海也变成了清王朝的政治中心。光绪十一年(1885),慈禧授意光绪皇帝,以"颐养两宫"之名,降旨重修西苑三海。这是光绪年间京师最大土木工程之一。1900年,八国联军洗劫西苑三海,瀛台也遭严重破坏。民国保存慈禧所建"居仁堂",又在其寝宫仪銮殿的原址上,按中国传统宫殿式建造慈禧寝宫,命名"佛照楼",后又更名为"怀仁堂"。

6.建筑设计师及捐资情况。明朝初年因挖南海而堆土成山,后乃因山造境。费用自然出自朝廷。光绪年间重修时醇亲王奕譞负责,庆郡王奕劻监督实施。

7.建筑特征及其原创意义。瀛台属皇家宫苑园林,南海瀛台与水云榭岛、琼华岛分处太液池三海之中,象征传说中的蓬莱、瀛洲、方丈三岛。瀛台四面环水,只在北端架一板桥,通至岸上,板桥中间有一段是活动的,可拆可接。瀛台正门为"翔鸾阁",阁高二层,左右两侧伸延出双层回抱楼,可登高远眺。阁后涵元殿是瀛台正殿和中心建筑,清皇室在瀛台的活动主要都在这里进行,如康熙、乾隆就常常在此设宴、赋诗,十分热闹。自清末光绪被囚瀛台后,这里才冷落下来。涵元殿南为"香殿",殿上有楼名蓬莱阁,设有茶座,临"海"品茗,实为一乐。阁前有奇石,高2.6米,为木所变,乾隆题木变石诗曰:"谁知三径石,本是六朝松。"瀛台最南端面水背山为"迎熏亭",隔海与新华门相望。亭建于水中,有桥与瀛台相连,站在亭前回顾四望,波光映日、水光接天,亭台楼阁的琉璃屋瓦掩映在碧树浓荫之中,令人有置身蓬莱仙境之感。涵元殿后为涵元门,门外为翔鸾阁,阁下即木吊桥。殿前为香宸殿,该殿从北面看为单层,从南面湖边看则为两层,名为"蓬莱阁"。涵元门内东向为庆云殿。

8.关于建筑的经典文字轶闻。每年皇帝祭社稷坛,礼成后都要到瀛台更衣;上元节皇族都到瀛台观看烟火,康熙、乾隆都曾在此听政、赐宴。有清一代,乾隆对瀛台情有独钟,其诗歌涉及瀛台的数以百计。[6]戊戌变法失败后,光绪被慈禧囚禁在这里,1908年11月死于瀛台涵元殿。

参考文献

①《钦定日下旧闻考》卷二一。

②(明)项笃寿:《今献备遗》卷二九。

③(清)高士奇:《金鳌退食笔记》卷上。

④《史记》卷六。

⑤(清)吴长元辑:《宸垣识略》,北京古籍出版社,1983年。

⑥乾隆《御制乐善堂全集定本》卷二九《瀛台观木变石》等处。

二、大沽炮台

1.建筑所处位置。天津市东南塘沽区大沽口海河入海口两岸,是入京咽喉,津门屏障,素称"海门古塞",在清代与广州的虎门炮台并重。

2.建筑始建时间。明朝初年[①]。

3.最早的文字记载。(清)纳尔经额《履勘天津等处海口应行防范折》:"臣连日督同镇道详履勘,天津海口南北两岸,旧设炮台两座。近年河岸淤塞,距水较远,难其得力。北塘旧有炮台二座,建自明初。久已倾圮,台基距水不远,应仍照旧基修复。今拟于大沽海口南岸添造上砖下石炮台二座,北岸添造上砖下石炮台一座。"关于大沽口在明朝是否设置炮台问题,韩嘉谷有详细考证[②]。

4.建筑名称的来历。大沽口南北两岸各设一座炮台,谓之南炮台、北炮台,合称大沽炮台。

5.建筑兴毁及修葺情况。明嘉靖年间(1522—1566),世宗为防倭患,在大沽口正式设防,戍边将士在此安营扎寨,当时置放大炮的炮位就是大沽口炮台的原始雏形。嘉靖朝天津修建的军事防御设施有天津卫的炮台,北运河畔的河西务城以及大沽和北塘两个海口炮台。崇祯十二年(1639),为了有效防御分道入塞连破河北、山东州县侵扰长达半年之久的清军,当时驻天津的总兵赵良栋为了加强防御功能,环城修建了海光寺、冯家口、三岔河口、西沽、窑洼、邵公庄、双庙七座炮台。每天派出十名兵丁昼夜防守。从炮台遗址看,标准为边长16米的正方形,高约2米。构筑方法是先打木桩加固地基,然后用三合土夯实。十分坚固。

清嘉庆二十二年(1817),在大沽口南北两岸各设一座炮台,谓之南炮台、北炮台。道光二十年(1840)鸦片战争爆发后,英国侵略军屡欲北犯大沽口,直接威胁清廷。于是在大沽口南岸增建炮台两座,在北岸增建炮台一座。清咸丰八年(1858)为加强海防,确保京畿安全,清政府命僧格林沁全面整修大沽炮台,共建大型炮台6座,其中南岸3座筑在大沽村东,北岸2座筑在于家堡村南,北岸另一座为石头缝炮台,形成以"威、镇、海、门、高"五字大型炮台为主体,25座小炮台与之相配的完整防御体系。随着外国列强对华侵略的加剧,大沽地区已成北方军事要地。1875年,清政府再次扩建炮台,从欧洲买来铁甲快船、碰船、水雷船,此时大沽口的抗敌实力已不容小觑。八国联军入侵之后,签订《辛丑条约》,列强要求清廷拆毁。1901年清廷被迫将大沽口炮台拆毁。现仅存"威、震、海"及"石头缝"炮台遗址。1988年,大沽口炮台遗址被国务院确定为全国重点文物保护单位。1997年,天津市政府拨款修复了"威"字炮台。市文物部门制定规划,修建"大沽口炮台遗址公园"。公园将在清同治时期南岸炮台遗址区南北长1千米,东西宽0.5千米的地域内修建,恢复"威"、"海"两座炮台的历史原貌,再现当年海门古塞伟岸雄姿。

6.建筑设计师及捐资情况。明世宗、崇祯年间总兵赵良栋、清仁宗、清宣宗曾分别修扩大沽炮台。科尔沁亲王僧格林沁曾受命主持全面整修。

7.建筑特征及其原创意义。大沽炮台在明、清两代津门拱卫京师的海防军事防御体系中扮演着重要角色,当年的炮台建筑群现仅存南岸"海"字炮台和炮台遗址三处、北岸"石头缝炮台"。清嘉庆二十二年(1817)在大沽口南北两岸各设一座炮台,炮台高5米,宽3米,进深2米,均为内土外砖结构。炮台内用木料,外砌青砖,白灰灌浆,这是大沽口最早的炮台,建造得坚固如山。鸦片战争爆发后,清廷在大沽口南岸增建炮台两座,在北岸增建炮台一座,均用三合土夯筑,高5米,宽40米,进深2.7米。清咸丰八年(1858)又全面整修大沽炮台,共建大型炮台六座,其中南岸三座筑在大沽村东,北岸两座筑在于家堡村南,另一座为石头缝炮台,形成以"威、镇、海、门、高"五字大型炮台为主体,25座小炮台与之相配的完整防御体系。每座炮台高10-17米,底座周长182-224米,上砖下石,均用三合土、糯米汁浇灌夯筑而成,大小炮台共置炮64尊。当时的炮台,工艺上已大有改进,木材、青砖之外,再用二尺多厚的三合土夯实,炮弹打上去,至多只是个浅洞,而且,炮台增高到三至五丈。

8.关于建筑的经典文字轶闻。大沽炮台留下了许多抗击外国侵略者可歌可泣的故事。从1840年鸦片战争至1900年庚子国难,英法等列强的舰队曾先后四次对大沽口发动入侵。天津大沽地区军民,一次次用血肉之躯显示了中国人民不屈不挠、勇敢坚强的民族气概。事例:1)1858年5月,英、法军舰约20艘向炮台开炮轰击,守军英勇还击,击伤敌舰4艘,炮台游击沙春元、陈毅壮烈牺牲。2)1859年6月,英、法、美军舰20余艘再次炮轰炮台,中国守军奋起还击,击沉敌舰4艘,击伤敌舰6艘,敌军伤亡400多人,英国舰队司令贺布受重伤。清军取得较大胜利。清军提督史荣椿、副将龙汝元在战斗中先后中弹,为国捐躯。3)1860年8月,英、法出动30多艘军舰猛攻大沽口北岸的石缝炮台,清军提督乐善率军死守阵地,最后守军官兵全部阵亡。4)1900年6月,八国联军进攻大沽口,中国守军激战6小时,击伤敌舰6艘,打死打伤敌军260多人,天津镇总兵罗荣光英勇献身[3]。

参考文献

①(清)纳尔经额:《履勘天津等处海口应行防范折》。

②韩嘉谷:《天津古史寻绎》第十三章。天津古籍出版社,2006年。

③周宝发:《塘沽区志》,天津社会科学院出版社,1996年。

三、天坛（北京）

1.建筑所处位置。北京市东南部，崇文区永定门内大街东侧。

2.建筑始建时间。明永乐十八年。（1420）"天坛在正阳外，永乐十八年建。初遵洪武合祀天地之制，称为天地坛。后既分祀，乃始专称天坛。又京师大祀殿成，规制如南京，行礼如前仪。①"

3.最早的文字记载。嘉靖十三年（1534）圣旨："圜丘、方泽今后称天坛、地坛②"。

4.建筑名称的来历。"初遵洪武合祀天地之制，称为天地坛。后既分祀，乃始专称天坛③。明初本天地合祭，至嘉靖九年（1530）因朝廷有人认为天地合祀不合古礼，嘉靖皇帝乃组织多达506人的辩论会，最后决策立四郊分祀制度，当年，"作圜丘于天地坛，稍北为皇穹宇。"圜丘竣工后，嘉靖十三年（1534）降旨："圜丘、方泽今后称天坛、地坛。④"

5.建筑兴毁及修葺情况。明初建圜丘于正阳门外钟山之阳，方丘于太平门外钟山之阴。……成祖迁都北京，如其制。嘉靖九年复改分祀。建圜丘坛于正阳门外五里许，大祀殿之南方泽坛于安定门外之东。圜丘二成坛面及栏俱青琉璃，边角用白玉石，高广尺寸皆遵祖制。……坛北旧天地坛即大祀殿也，十七年撤之，又改泰神殿曰皇穹宇。二十四年，又即故大祀殿之址建大享殿⑤。

明成化十六年（1480），曾进行过维修。"上曰：'朝天宫已择日兴工，其修理天坛并城垣，每处摘拨一千五百人。三营三千，锦衣卫拨官军力士一千人并工修理。'⑥"乾隆十二年（1747），将天坛内外墙垣重建，改土墙为城砖包砌，中部到顶部包砌两层城砖。光绪（1875—1909）时亦有改建。清咸丰十年（1860）英法联军和光绪二十六年（1900）八国联军入侵，造成一定程度破坏。1935年，由旧都文物整理委员会及其执行机构北平文物整理实施事务处领衔委托基泰工程司来承担天坛修缮工程的测绘及施工，1998年11月，天坛被列入《世界遗产名录》。

6.建筑设计师及捐资情况。明成祖、明世宗、清高宗、清德宗时期的朝廷工部官员及匠人。经费国拨。

7.建筑特征及其原创意义。天坛"坐东向西，外围十里，圆环为砖城，西对山川坛，其体方籍田处也。⑦"总面积273公顷，约4倍于北京故宫紫禁城。天坛现存的地面建筑绝大部分属清代所建，但其布局仍为明嘉靖改制后所遗，其中祈年门、斋宫等建筑是明代遗物。

天坛是圜丘、祈谷两坛的总称，有坛墙两重，形成内外坛，坛墙南方北圆，象征天圆地方，入口设在西边，内墙有圜丘、泰享殿（清称祈年殿）、斋宫三组建筑群，内外墙间西部另有神乐署及牺牲所等辅助用房。

圜丘位于内坛轴线丹陛桥南端，是历代帝王祭天之处，明时为2层圆形石坛青色琉璃砖贴面，至清乾隆年间扩为3层，改用汉白玉石栏杆及坛基。圜丘中轴线以北有储放昊天上帝的皇穹宇，东部设祭祀用的神厨神库及宰牲亭⑧。丹陛桥宽约30米，自南而北行约400余米到达前有门（清称祈年门）时，丹陛桥两侧路面下降，使整个泰享殿超然于柏林之中，更添神圣肃穆气氛。泰享殿三重檐攒尖顶的上檐用青色琉璃瓦，中层檐用黄色，下檐用绿色（清乾隆十六年改为青色），象征天、地、万物。大殿矗立在高6米的三层汉白玉石基上，其前两侧建有东西配殿。外绕方形壝墙一重，形成一组建筑群。大享殿前有门，面阔五间三门庑殿琉璃瓦顶，大享殿后又有皇乾殿，它与大殿的关系恰如皇穹宇与圜丘的关系。斋宫为皇帝祭祀前夜斋宿之处，主要建筑正殿为面阔五间砖券结构，殿后有寝殿5间，东北隅设钟楼一座，整个建筑群筑围墙两重并绕以壕沟，戒备森严。

外坛西侧的神乐署及牺牲所,用于准备祭祀庆典用的舞乐及祭品。

天坛从选址、规划、建筑的设计以及祭把礼仪和祭祀乐舞,无不依据中国古代阴阳、五行等学说,成功地把古人对"天"的认识、"天人关系"以及对上苍的愿望表现得淋漓尽致,落实在建筑上则以象征的艺术表现手法展示,如圜丘的尺度和构件的数量集中并反复使用"九"这个数字,以象征"天"和强调与"天"的联系。泰享殿殿内大柱及开间又分别离意一年的四季、二十四节气、十二个月和一天的十二个时辰(古代一天分十二时辰,每时辰合今之两小时)以及象征天上的星座——恒星等。

8.关于建筑的经典文字轶闻。"成祖屡幸北平,遇郊祀,先期自行在遣官赍书谕太子令代祭,署曰永乐某年正月某日大祀天地于南郊,命尔行礼。其洁精致斋恪恭乃事。礼毕,太子亦遣官复命。率以为常。至是建都北平,始罢南京郊祀。国有大事则遣官告祭云⑨。"

天坛美妙绝伦之处,是奇妙的回声。站在圜丘坛的中心叫一声,你会听到从地层深处传来的明亮而深沉的回响,这声音仿佛来自地心,又似乎来自天空,所以人们为它取了一个充满神秘色彩的名字:"天心石"。在皇穹宇的四周有一道厚约 0.9 米的围墙,你站在一端贴着墙小声说话,站在另一端的人只要耳贴墙面就能听得异常清晰,并且还有立体声效果,这就是"回音壁"。这证明五百年前的中国人已经能够运用声学原理营造景观。

参考文献

①③(清)孙承泽:《春明梦余录》卷一四。

②(明)夏言:《南宫奏稿》卷五。

④嘉靖《祀典》。

⑤《明史》卷四七。

⑥《明宪宗实录》。

⑦(清)计六奇:《明季北略》,中华书局,1984 年。

⑧潘谷西:《中国古代建筑史》(五卷本)第四卷,中国建筑工业出版社,1999 年。

⑨(明)王圻:《续通考》。

(四)志祠

一、米公祠

1.建筑所处位置。湖北省襄阳市樊城西南角朝觐门内。

2.建筑始建时间。元至正年间始建,明代扩建①。

3.最早的文字记载。太子太保吏部尚书郑继之于万历四十七年(1619)所撰书的《米氏世系碑》②。

4.建筑名称的来历。米公祠原名米家庵,始建于元,扩建于明,后改名米公祠。是为纪念我国北宋时期杰出的书画大师米芾而修建的。

5.建筑兴毁及修葺情况。据《襄阳县志》载:米公祠位于樊城西南角的柜子城上,濒临汉江。祀宋知淮阳军米芾。祠前有墩,中为衢路。雍正五年(1727),知府高茂选建桥于墩令与祠接,下作券门,以通行路,筑亭墩上曰"面墩亭";又得公墨迹勒石,今祠中存石刻45方。祠前左有明陈继儒所撰志林序碑,碑阴刻净名斋记,右有清御史邵嗣尧撰碑记,碑阴刻西园杂集图记,券门内外有米氏故里新旧二碑。乾隆间(1736—1795),同知王正功改面墩亭曰"洁亭",以表公志。同治三年(1864)毁于火,五年知府方大堤劝官绅捐资令公后裔修复。③

同治五年的"宝晋斋"石匾,匾阴记录了米祠的兴衰:"粤我祖元章公仕宋以来,我米氏子孙世居于樊,爰有'米家庵'之旧址焉。迄乎明季,迫于兵燹,而祠颓废无存,逮我清世康熙三十三年(1694),邵公嗣尧任襄阳道宪,感先祖之梦,因召曦祖、爵祖兴其旧址,更易庵为祠……"更可喜的是发现了埋藏在墙基下的同治壬申(1872)"石刻序"。有云:"先祖墨刻共四十五碣,此我米氏家藏也。康熙朝高公茂选先生为襄阳太守,暇日来访我祖南宫旧迹,维时我澎祖在祠奉祀。高云有我祖南宫墨迹,命我澎祖摹拟之,以刻于祠……④"

光绪元年,米公祠又被修缮,并请当时官居宰相之职的文渊阁大学士单懋谦为米公祠正殿题写门额……民国以来,米公祠迭遭兵灾,祠内长期驻军⑤。

米芾27世孙米高秦千方百计保管米公祠中45块石刻,使这批珍贵的文物幸免于战乱,1949年后米高秦主动献出石刻,运至米公祠存放。近年来,政府有计划地修复了米公祠,复修了宝晋斋、仰高堂,维修了碑廊、半边亭、洁亭、墨池等建筑。米公祠于1956年被评为湖北省重点文物保护单位,2006年列入第六批全国重点文物保护单位。

6.建筑设计师及捐资情况。襄阳地方官员高茂选、邵嗣尧、王正功、方大堤以及米氏后人。

7.建筑特征及其原创意义。米公祠总占地面积约1.2万平方米,祠前有墩,清雍正年间(1723—1735)于墩上架桥,桥上行人,桥上建一亭,名叫"面墩亭",后改为"洁亭",中轴上坐落着牌楼、拜殿、宝晋斋、仰高堂等建筑,除仰高堂为重檐歇山顶外,其余均为硬山顶。

石牌坊四柱三间,与两侧院墙围合成"八"字形前导空间,额枋上雕有八仙图案,几与正门相贴。

祠堂主要建筑拜殿面阔5间,进深3间,通面阔18.5米,通进深8.5米,坐北朝南,明次间为五架抬梁式,前后各加一单步廊,稍间(山架)为穿斗式。在五架和山架的矮柱柱根与梁的连接处设置角背一个;前后廊的矮柱柱根处用坐斗与单步梁连接,轩廊构架上部用轩桷置轩棚。殿前耸立着一块青色的石碑,上面刻着"米氏故里"。殿堂上挂横匾:"颠不可及";两边挂有一副对联:"衣冠唐制度,人物晋风流。"殿内陈列着纪念米芾的各个朝代的碑文。

拜殿北行为宝晋斋,"宝晋斋,清同治五年(1866)重修,为两进一院硬山式建筑。面阔三间(明间4.1米,稍间7.5米),前进(过厅)深5.1米,天井深5.9米,后进(正厅)深8.45米,通进深19.45米,明间为抬梁式构架,稍间(东西山)为穿斗构架。⑥"因米芾崇尚晋人王羲之书法,"宝晋斋"是他得到晋王羲之《王略帖》、谢安《八月五日帖》、王献之《十二日帖》墨迹后自题的书斋名,斋前有米芾的全身青石雕像,长须炯目,衣冠飘逸。

仰高堂位于祠堂中轴最后一进,展出的是历代、特别是近年来国内外学者对米芾书画研究的著作和成果,以及一些书画大师有关米芾的书法绘画作品。

中轴两侧为东、西石苑、苑内亭、台、榭、廊高低错落,参差有致,游鱼满塘。碑廊内嵌有米氏父子书法石刻39块,黄庭坚、蔡襄、赵子昂等名家书法石刻8块。廊壁陈列着米芾、苏轼、黄庭坚、蔡襄及近现代书法家的书法石刻一百多块,以及当代著名书法家为米公祠留下的墨迹石刻三十多块。拜殿、宝晋斋内悬挂的匾额、楹联琳琅满目,米芾的墨迹举目皆是,"颠不可及"、"妙不得笔"等题词,整个祠无不体现一个"书"字。

8.关于建筑的经典文字轶闻。清朝康熙十一年(1672)有吴公碗、郑五云二人为访求古迹,在柜子城荒径杂草中发现了一块明朝万历四十七年吏部尚书郑继之撰文的米氏世系碑,文字漫灭,断碣莫辨,因此不能证识碑文全意。吴、郑二人好友王谨微曾有诗记此事,诗云:"三尺残碑卧道旁,剜泥认是米襄阳,一船书画人争羡,半亩荒庄仍自荒。"……二十余年后,又有江南学政、御史邵嗣尧路过柜子城,见到这块残碑弃置路旁乱草丛中,感到十分惋惜,时值里人另藏有残碑一块,搬来鉴别,恰好与吴、郑所寻之碑相合为一体,经洗刷辨认,才知道米氏故里始末。原来自宋以来,樊城柜子城、陈庄、柳堰铺就是米芾后人世代居住的地方。因有此发现和收获,邵嗣尧感到幸运之至,于是同当时的地方官员商量,为了纪念米芾这位著名的书法家,命米氏十八代孙米赞、十九代孙米永爵建祠立碑,以供后人祭祀。这是17世纪末叶的事情。兹后又过了二、三十年,因年久失修,祠宇逐渐倾圮荒废,有米芾二十代孙米澎,为保存先人遗迹,又督工重建祠宇,即将郑继之残碑重新镌刻立于祠前,并幕刻米芾、孙过庭、黄庭坚、蔡襄、赵孟頫等书法大家书写的诗文上石,更置祠产三十亩作祭祀用⑦。

参考文献

①②襄樊市志编委会:《襄樊市志》,中国城市出版社,1994年。

③④⑥张凡:《保护·创新——米公祠重修设计》,《华中建筑》,1988年第1期。

⑤米克勤:《襄阳名胜米公祠》,《湖北文史资料》,1997年第3期。

⑦张家芳:《米公祠及其石刻》,《江汉考古》,1987年第1期。

二、包公祠

1.建筑所处位置。安徽省合肥市南部的包公文化园内。

2.建筑始建时间。明弘治元年(1488)①。

3.最早的文字记载。"包孝肃公,宋之名臣也。其精忠直谏,可比汉之汲长孺而过之,视唐魏郑公出处尤正。其廉节冠一时,赵清献而下不论也。其载诸宋史者,彪炳与日月争光。其传与天地相为悠久。卓乎不可尚已。第公为庐人,仕于庐者往往以簿书期会为心,求能表章先贤以风后进则寥乎未之有闻。监察御史阳城宋君光明来守是邦,未逾年,六事渐举,百废俱兴。谓公乃乡贤,顾可漫不加之意乎!郡城有河,河之中有洲,旧为浮屠氏所据。太守至是撤而去之,因相其地,庀材陶瓦,鸠工事事。南面建屋五间,中坐公之像,东、西翼以夹室。植竹木于四围而环之。以墙前建大门,其地峻,迭石为梯,数十级登焉。题其额曰包公书院。新杰壮伟,过者为之改观。择庠俊张福辈十余人读书其中,而公二十四世孙大章亦与焉。太守尝于祭毕谓诸生曰:士学宜师圣贤,若公乃表率焉,百世可师者也。吾欲尔曹居家行已则师公之孝,立朝事君则师公之忠,庶不负建新院之意。福辈奉教唯谨。间以书来属予记之。呜呼!为政贵识大体,不务末节。严先生祠堂范仲淹构之,韩昌黎潮州庙王涤新之,以其所关者大也。孝肃之风足以廉贪立懦,其有功于名教大矣,不此之重而务其它可乎?太守善敩,乃及于是,有以激人心而观风化,可谓得其大体欤?况其所费悉出自规画,一无所取于民,其才之长又有过人者,继自今庐之士气丕振,或以直谏显,或以廉节著,忠臣孝子之门上绍先贤之芳躅,未必不由此举基之。是太守亦有大功于名教也,于是乎书。②"

4.建筑名称的来历。包公祠是人们为了祭祀和纪念宋代名臣包拯而修建的,明嘉靖年间(1539)正式定名为"包孝肃公祠"。

5.建筑兴毁及修葺情况。明代弘治年间(1480—1505),庐州太守宋鉴(光明)将岛上的古庙改为包公书院。嘉靖十八(1539),御史杨瞻又把包公书院改为包公祠,后毁于战火,清顺治年间(1644—1661)重建包公祠。在太平军与清军的战斗中被毁,至光绪八年(1882),由直隶总督、北洋大臣李鸿章捐资再度重建。民国35年(1946),再修包公祠。1949年以后亦多次维修。1954年建包河公园,1964年包公祠被列为安徽省重点文物保护单位,1985年并入合肥市环城公园成为包河景区。现名包公文化园。

6.建筑设计师及捐资情况。宋鉴、杨瞻、李鸿章以及1949年以后的合肥市人民政府。

7.建筑特征及其原创意义。包公祠坐落在包公幼年读书处香花墩上,四面环水,薄荷数里,鱼凫上下,长桥径渡,竹树阴翳。祠堂由照壁、大门、二门、享堂、清心亭、留芳亭、廉泉亭、直道坊、东轩和内外廊房等建筑组成。主体建筑包公享堂面阔5间,正中匾额上的"色正芒寒"四个大字,为李鸿章之兄李瀚章所题,堂内供奉着威严的包公塑像,王朝、马汉、张龙、赵虎侍立两旁,赫赫有名的龙头、虎头、狗头三铡,凸显"铁面无私"的黑脸包公的凛然正气。左侧一方石碑刻着包公初入仕途时写的一首诗:"清心为治本,直道是身谋。秀干终成栋,精钢不作钩。仓充鼠雀喜,草尽兔狐愁。史册有遗训,无贻来者羞。"另一石碑刻着包拯亲笔写的家训曰:"后世子孙仕宦,有犯赃滥者,不得放归本家;亡殁之后不得葬于大茔之中;不从吾志非吾子孙。仰珙刊石竖于堂屋东壁以昭后世。"两侧厢房陈列着包公墓出土文物,包括《家训》及包氏家谱等展品。

包拯家族墓地,在城东十五华里的大兴集,这是以包拯夫妇为主体的家族墓。《合肥县志》有明确记述:"参政包孝肃包拯墓在县东十五里,自子繶以下皆附葬。"[3]包公墓园占地面积1200平方米,墓园建筑由西向东排列,主要建筑有高4.2米、宽10.5米的大型照壁;有标表等级的高度为6.4米的子母双石阙;神门为三开间二进深建筑;神门内神道两侧面是望柱、石虎、石羊、石人组成的石刻群;专供祭祀的享堂,内设神龛,包拯神主安放在帷幔正中,视之肃然。享堂后是高5.2米的包拯墓;包拯墓北侧是附葬区,有包拯夫人及其子孙等墓5座,出附葬区拾阶而下入墓室;墓室前正中端放包拯墓志铭。墓室中安放着金丝楠木棺具,内敛包拯遗骨。整个墓园四周有神墙围护,内有神道贯通,建筑群因地布局随势起落;满园苍松翠柏,碧草如茵、古朴幽静。

8.关于建筑的经典文字轶闻。宋仁宗赵祯嘉祐六年(1061)包公致仕,仁宗欲将半个庐州城赏赐给包公,他却辞而不受,只要了一段淤塞已久的护城河。他认为:河不同于地亩,子孙后代既不可分也不能卖,只能用来养鱼、种藕。据说自此之后,人们便把这段护城河改名"包河"。如果有人将包河里的藕出售,藕便清淡无味,只能做药引子了。要是自产自用,藕就香甜可口,包河的藕从此也就藕断丝不连了。在这河里长出的藕,有节无丝。乡亲们说,那是因为包公"无私"的缘故。

祠堂东南角的廉泉亭,清末举人李国苇据此写下了《井亭记》,发出"抑或孝肃祠旁之井为廉泉,不廉者饮此头痛欤,是未可知也"的慨叹,让龙井有了"廉泉"的今称。

参考文献
①《明一统志》卷一四。
②(明)黄金:《孝肃书院记》,《江南通志》卷四二。
③《合肥县志》二十四卷,清雍正八年(1730)刊本。

三、五公祠

1.建筑所处位置。海南省海口市东南与琼山府城接壤处,距市中心约5千米。

2.建筑始建时间。明万历四十五年(1617)在金粟庵旧址上建祠纪念,称苏公祠。到了清光绪十五年(1889),为了纪念唐宋时期贬谪到海南的"五公",又在苏公祠旁边建起二层木阁楼。当地人称"海南第一楼",当时它是海南最辉煌的建筑①。

3.最早的文字记载。琼郡城外北隅有双泉焉。盖神奇古迹也。双泉者何? 宋学士苏长公所凿也。……豫章谢某"乘折冲樽俎之暇,为舍郊访道之游,临泉之境,观泉之澜,问泉之奇,饮泉之醇,玩水之味,决眦荡胸,赏心不已。始鸠工聚材,置庵增亭,买田开塘,设院养士,题联勒石于其间。而别驾潘某,司理傅某相与赞成。②"

4.建筑名称的来历。为纪念唐朝名相李德裕、宋朝名相李纲、李光、赵鼎、名臣胡铨五位贬谪到海南的爱国志士而建,故名五公祠。现人们习以五公祠、苏公祠、观稼堂、学圃堂、五公精舍、琼园建筑群统称为五公祠,则去其本义甚远。

5.建筑兴毁及修葺情况。明万历年间,地方行政长官谢某等三人首建苏公祠于金粟泉。清雷琼道道台朱采下令修建五公祠,历经修葺、重建、扩筑,始至如今之规模。1955年,被列为海南省重点文物保护单位。

6.建筑设计师及捐资情况。明朝地方官谢某、清朝官员朱采等捐资及民间集资。

7.建筑特征及其原创意义。五公祠由五公祠(又名海南第一楼)及两侧的学圃堂、观稼堂、东斋、西斋组成,并和苏公祠、两伏波祠及其拜亭、洞酌亭、粟泉亭、洗心轩、游仙洞连成一片,建筑面积2800余平方米,连同园林、井泉、池塘约占地100亩,素负"琼台胜境"盛誉。

苏公祠坐落于苏轼贬谪期间住处金粟庵旧址,为当地百姓为纪念他对海口文化所作贡献所建,同时亦祭祀苏辙,故合成二苏祠。五公祠是该建筑群的主体建筑,二层面阔三间,面积560平方米,楼高9米,为海南首座楼房,享有"海南第一楼"称号。五公祠两侧厢房为学圃堂和五公精舍,其中学圃堂是浙江名士郭晚香讲学的故址,五公精舍是晚清海南学子研习经史诗文之地。郭晚香来海南时带书8000多卷,置五公祠楼供五公精舍学生研习。郭晚香病逝后,五公精舍为五公祠图书馆,藏郭晚香遗书。后来,历经洗劫,图书所剩无几,而后重新修缮以陈列海南部分文物,有明代禁钟、黎族古代铜鼓、宣德炉等③。

8.关于建筑的经典文字轶闻。祠中悬名联两副,盛赞"五公"之才华功业:其一曰:唐嗟末造,宋恨偏安,天地几人才置诸海外;道契前贤,教兴后学,乾坤有正气在此楼中。其二曰:只知有国,不知有身,任凭千般折磨,益坚其志;先其所忧,后其所乐,但愿群才奋起,莫负斯楼。

"五公":指李德裕、李刚、赵鼎、李光、胡铨。李德裕,字文饶,唐代赵郡(今河北赵州)人。先后在唐宪宗、唐穆宗、唐文宗、唐武宗、唐宣宗时为官,历任节度府从事、监察御史、中书舍人、御史中丞、浙西观察使。著有《次柳氏旧闻》、《会昌一品集》等。李刚,字伯纪,北宋邵武(今属福建省)人。政和年间中进士。曾任兵部尚书、尚书右丞、亲征行营使。著有《梁溪集》、《靖康传信录》。赵鼎,字符镇,号得全居士,南宋解州闻喜(今山西闻喜)人。崇宁年间中进士。曾任殿中侍御史、御史中丞,两度任宰相。著有《忠正德文集》。李光,字泰发,号转物居士,南宋越州上虞(今浙江上虞)人。崇宁年间中进士。曾任吏部侍郎、参知政事。著有《庄简集》等。胡铨,字邦衡,号澹庵,南宋吉州庐陵(今江西吉安)人。建炎年间中进士。曾任翰林院编修官。著有《淡庵文集》等。

参考文献

①光绪《琼州府志》。
②(明)黄士俊:《金粟泉记》,《古今图书集成》职方典第1383卷。
③惠金义:《谒海瑞墓与五公祠》,《记者观察》,1998年第11期。

四、回族宗祠——丁氏宗祠

1.建筑所处位置。福建省晋江市陈埭镇,距泉州市区约 10 千米。

2.建筑始建时间。约明永乐十三年(1415)至洪熙元年(1425)期间。

3.最早的文字记载。万历二十八年(1600)南京礼部尚书黄凤翔撰《重建陈埭丁氏宗祠碑记》云:"丁氏之先,自洛入闽,曰节斋公者,居郡城山里。三传至硕德公,徙居陈江,遗命诸子,即所居营祠焉。"丁硕德元代末年随先祖由苏州"植业于城南之陈江",即举家迁居陈埭。丁硕德在去世前,遗命诸子要在所居地建立祠堂。他有四子,长子、三子早逝,四子为旁出,因此能遵父"遗命"而完成其宿愿的只有次子丁善①。

4.建筑名称的来历。元末泉州地方发生"亦思巴奚"十年战乱,民生涂炭,激起反元,排斥"色目人"高潮,丁氏三世祖硕德公携带儿、媳、孙三代七人,于至元二十六年(1366)从城内文山里避居海边陈埭,明代改以"瞻思丁"末字的"丁"为姓,后建丁氏家祠。

5.建筑兴毁及修葺情况。丁氏宗祠肇建于明永乐年间,曾于明万历间(1573—1620)重建。此后,见于史载而有事迹可考的宗祠重修,清代还有 5 次,分别为 1685 年,1704 年,1723 年,1859 年,1889 年等。最近的两次是 1984 年和 2001 年②。现辟为回民史陈列馆,1991 年 3 月列为福建省重点文物保护单位,2006 年被评为第六批全国重点文物保护单位。

6.建筑设计师及捐资情况。丁善及族人。

7.建筑特征及其原创意义。丁氏宗祠坐北朝南,总占地面积 1052.75 平方米,除泮池外,南北长 49.24 米、东西宽 21.38 米,中轴线自南至北为泮池、门埕、前厅、中堂(主殿)、寝殿,并有廊庑。

半圆形的泮池和门埕绕以围墙,与前厅主体墙壁连接,门埕以石板平铺,两边各开设一门。前厅建筑置于 0.95 米高的台基上,面阔三间,采用穿斗式梁架,两侧厢墙为白石裙墙红色封砖,各置一个方形青石透雕"螭虎窗",饰以盘龙、花草和历史典故图案。明间设正门,左右两开间各设一门,"大门及东西厅门,惟春冬及讳晨大开,常时关闭,不许擅自开放"。中间入口处内凹一个步架的空间,闽南将此凹形空间称为"凹寿"。红底金字"丁氏宗祠"匾额,高悬正门楣上方,字迹苍劲,熠熠生辉。

中堂为宗祠主体建筑,面阔 3 间,进深 4 间,单檐硬山顶,明间部分的梁架采用抬梁式,山墙则为穿斗式,祠堂内神龛供奉丁氏列祖列宗考妣神主,每年隆重的春秋二祭就在这里举行。

寝殿是整个建筑群的结尾,与中堂构成呼应关系。后殿台基高 0.26 米,室内地坪高过中堂,整座宗祠自门埕、前厅、中堂、后殿分三个阶层逐次增高,蕴涵着宗族"蒸蒸日上、步步高升"之意味。后殿面阔三间,左右两间较小,与回廊等宽,梁架部分与中堂结构作法一致,但规模变小。后殿为八檩屋,七架带廊式,其中后墙上的檩条以墙代替,实际只有七檩,与中堂不同的是,后殿的四根檐柱齐全,中堂省略以扩大空间。后殿的装饰构件从简,正面金柱间一溜的双扇柳条门,两侧面与回廊相接,后墙条石基础、红砖砌墙,屋顶作法为三川脊。

丁氏宗祠的建筑以中堂为中心组织院落,宗祠建筑装饰木雕、石雕、彩绘所构成的优美的图案,从工艺手法,到图案内容,无不散发着汉族文化的魅力,如其装潢之莲花等浮雕及纹饰,均与泉州清净寺相同;宗祠的整体布局构成汉字"回"字形,而且为了模仿汉字书法的转角折笔,后殿东北角被斜斜削去,中堂门上及两侧的木、石构件雕有阿拉伯文字,也暗示了其为回氏宗祠的特殊性。

8.关于建筑的经典文字轶闻。元朝末年,泉州发生十年战乱,色目人(阿拉伯、波斯人)大遭迫害驱逐。穆斯林或遭屠戮,或逃往海外,而丁氏祖先则率族人避居陈埭海隅,围海造田,"隐代耕读于其中"。为保性命,被迫放弃信仰,"祖教渐移,民俗渐变",迄今已六百余载了。据厦门大学陈国强教授考证,"陈埭回族是泉州回族的一部分,他们是由中亚的阿拉伯穆斯林,从宋元时代由苏州、杭州来到泉州市,在泉州居住几代后,与汉族及其他民族通婚,才融合成为回族。③"

参考文献

①泉州市泉州历史研究会:《泉州回族谱牒资料选编·丁氏谱牒》1980 年。
②萧春雷:《陈埭丁氏宗祠杂记——一个穆斯林家族的汉化史》,《福建乡土》,2006年第 5 期。
③陈埭回族史研究编委会:《陈埭回族史研究》,中国社会科学出版社,1991 年。

五、广裕祠

1.建筑所处位置。广东省从化市太平镇钱岗村。

2.建筑始建时间。明永乐四年(1406)。陆秀夫背着幼主赵昺跳海后,他在梅岭驻守的儿子便隐藏南雄民间。第五代玄孙陆从兴自广东南雄迁居从化太平镇钱岗村。传至第六、七代时,陆广平、积忠、原英、凤鸾、积善等人会众协力同心,于明永乐四年(1406)十一月始建"广裕祠"。

3.最早的文字记载。《陆氏家谱》载,"孟尝公于永乐二年甲申岁(1404)自舍宅田场一段,四正方圆,由曾孙聚平、广平、原英、凤鸾、积忠、积善等人会众协力同心,选于永乐四年丙戌岁(1406)十一月工寅日,建立祠堂一座,二间。"①

4.建筑名称的来历。据族谱记载,钱岗村为南宋宰相陆秀夫后裔所建,陆秀夫在陆氏族谱中为广裕公。为纪念这位忠义的远祖,故以名祠。

5.建筑兴毁及修葺情况。广裕祠建筑有 5 处确凿的维修年代记录,即:第一进脊檩刻有阳文"时大清嘉庆十二年岁次丁卯季冬谷旦重建"(1807);第二进脊檩刻有阳文"时大明嘉靖三十二年岁次癸丑仲冬吉旦重建"(1553);第二进后面东廊间左侧墙内嵌一块《重建广裕祠碑记》,上面落款为"大明崇祯岁次己卯首夏吉旦重修"(1639);第三进脊檩下刻有阳文"时大清康熙六年岁次丁未事夏矣于吉旦众孙捐金重建"(1667);另外第三进祖堂后两柱间横枋阴刻"民国四年吉日柱重为修后座更房之志"(1915);此外,第二、三进中厅东侧山墙和第三进后堂西侧山墙内面保留有"文革"时期的标语,也是特殊的社会历史时期的真实记录。最近一次钱岗村古村落保护规划和广裕祠修复设计由华南理工大学建筑学院民居建筑研究所陆元鼎教授主持。重修工作于 2001 年秋开始,经过半年多的精心施工, 于 2002 年春竣工②。这一次修复荣获联合国教科文组织亚太地区文化遗产保护奖(2003 年度)第一名:杰出项目奖。现广裕祠为广东省重点文物保护单位。

6.建筑设计师及捐资情况。宋代以后历代陆氏族人和当时工匠,最近一次修复设计人为华南理工大学陆元鼎教授。

7.建筑特征及其原创意义。广裕祠依地势而建,坐北向南,面宽三间 13.94 米,进深三间一照壁 59.115 米,总建筑面积达 825 平方米。从南至北依次由低而高建有照壁、八字翼墙,第一进门堂、天井及东西廊,第二进中堂、天井及东西廊,第三进祖堂。

第一进柱廊前墙以花岗岩石作墙脚,两侧分别浮雕有青龙、白虎和其他简洁的图案,雕刻风格写意为重,古拙沉稳。头门共立 8 柱,承 11 架梁,为抬梁式梁架,外檐柱为花岗岩石柱,下承花岗岩柱础,出两跳插拱承托挑檐檩。内 6 柱粗大,是梭形木柱,有收分,柱上施柱头斗,柱下承红砂岩石质柱础,柱与柱础之间置木櫍,月梁与柱之间的夹角施雀替,梁底木雕线纹和铜钱纹,雕凿深刻,简朴明快。

第二进也以粗大木梭柱承托梁架,13 架抬梁式梁柱式、梁架的做法与第一进相同,皆是明代遗物。

第三进立 6 根木柱,下承鸭屎石质柱础,柱下亦有柱櫍,这一进以木柱和后部墙体承重。与第一、二进精雕细琢抬梁式梁架不同,第三进采用穿斗式梁架,13 架,前带卷棚为廊③。

8.关于建筑的经典文字轶闻。陆氏后人最引为自豪的是他们祠堂上的"诗书开越,忠孝传家"8 个字,上联指的是西汉陆贾凭三寸不烂之舌游说南越王赵佗归汉,下联意为南宋陆秀夫精忠报国、负帝昺跳海之事。后有从化县知府、桂林俊公赠送木牌匾一块,匾文"广裕名宗",挂在广裕祠堂中座上额,表示敬仰之意。陆秀夫为南宋名臣,在宋军与元军崖山一役战败国亡之际,他持剑驱赶自己家室投海,自己则背着南宋小皇帝与象征宋帝国皇权的玉玺悲壮投海。体现了"宁为玉碎,不为瓦全"的不屈精神。崖山(今广东湛江市麻章区硇洲镇北港管区黄屋村)人敬仰陆秀夫舍身报国的精神,于元代大德年间(1297—1306)在洲上建塔纪念④。并于公元 1636 年,建了一座名曰调蒙宫的神庙,以作纪念。1986 年 4 月下旬,当地群众集资重建了陆秀夫庙(又叫大候王宫),重塑了神像,供后人缅怀。

参考文献

①刘迪生:《广裕祠》,岭南美术出版社出版,2004 年。

②赵红红、阎瑾:《世界遗产、亚太地区文化遗产与一般民居保护——以广东省从化市广裕祠保护修复为例》,《规划师》,2005 年第 1 期。

③李剑波:《岭南古祠堂建筑的年代标尺——广裕祠》,《岭南文史》,2005 年第 1 期。

④(明)黄淳:《崖山志》卷三。

(五)志坊

一、治世玄岳坊

1.建筑所处位置。湖北省武当山镇东 4 千米处。

2.建筑始建时间。明嘉靖三十一年(1552)。

3.最早的文字记载。"入山初道有治世玄岳坊,巍巍乎与山齐,乃嘉靖年新建。①"

4.建筑名称的来历。因玄岳门是进入武当山的第一道门户,即武当山的山门。以坊代门,故又名"玄岳门"。相传进入此门即为进入朝山神道。"山口垂阊,棹楔跨之,榜曰治世玄岳,世宗朝所建也。山初不以岳名,按郦道元水经注云:武当山,一曰太和;一曰参上;又曰仙室。荆州图副记曰:晋咸和中历阳谢允弃罗令隐遁兹山,曰谢罗山。而文皇帝为特赐名曰太岳。至世宗乃复尊称曰玄岳,以冠五岳云。②"

5.建筑兴毁及修葺情况。明嘉靖皇帝朱厚熜极为信奉道教,在他统治期间,政局不稳,社会动荡。嘉靖皇帝把稳固政权的希望寄予神灵,又一次大修武当,"治世玄岳"石坊建于此时。嘉靖三十一年(1552),嘉靖皇帝拨银重修武当,令工部右侍郎会同湖广布政司官员,统领60多个府、州、县军民工匠开赴武当,经一年半努力,维修扩建庙宇,兴建石桥。1988年,玄岳坊列为全国重点文物保护单位。

6.建筑设计师及捐资情况。明世宗嘉靖皇帝敕建,该工程为当时工部主持。

7.建筑特征及其原创意义。玄岳坊为三间四柱五重檐式建筑,全以石凿榫卯构成,高12米,宽12.8米,坊额上刻"治世玄岳"四个大字,笔势隽永刚健,系明嘉靖皇帝御书;其额、坊、檐、椽、栏、柱分别以浮雕、镂雕及圆雕等手法,刻有仙鹤、游云、八仙、花草等图案;坊下鳌鱼相对,卷尾支撑;坊顶饰鸱吻吞脊,坊下鳌鱼相对,卷尾支撑,檐下坊间缀以各种花卉图案,题材丰富,镌镂精巧,造型优美,是武当山建筑群中石雕建筑之精品。

8.关于建筑的经典文字轶闻。明代诗人对玄岳门的盛赞:"入山何事非寻胜,独此幽奇自不同"。玄岳门前原有灵官殿、玄都宫、回心庵等建筑,早废。遗留下来的王灵官和六丁神像,均为铜铸鎏金,各重千余斤,造型生动,为珍稀文物,现移置在元和观内。王灵官为道教护法神。相传,昔日香客朝山敬香,必须到回心庵洗心入静,虔诚敬神,否则会受到王灵官的惩罚,降临灾难。因此,信士到此毛骨悚然,不敢乱说乱想,古有"进了玄岳门,性命交给神;出了玄岳门,还是阳间人"之说。

玄岳门左侧为小终南山,冲虚庵就建在山中,为三十六庵堂中保存较好的一座。庵内从前供有真武、吕洞宾等神像。庵前有一棵古柏,传说是唐时吕洞宾手植,每当夏季,满树开金花,故名金花树,是武当山脚下闻名的一景。庵内还有一井,名"舜井",相传舜曾在井内穿道而出。从玄岳门至金顶的曲折山路,被称为"武当神道",沿着这条"神道"走,武当山的大部分景点都可以观看到。明代嘉靖万历年间的诗文家徐学谟曾在十年里三次游山,也留下了大量关于武当山的诗文。

参考文献

①(明)章潢:《图书编》卷六三。
②(明)王士祯:《弇州四部稿》卷七三。

二、许国牌坊

1.建筑所处位置。安徽省歙县城内解放街和打箍井街十字路口。

2.建筑始建时间。明万历十二年(1584)。

3.最早的文字记载。《许氏世谱》①。

4.建筑名称的来历。又名"大学士牌坊",俗称"八角牌楼"。明代皇帝为了表彰许国而建造。

5.建筑兴毁及修葺情况。保存至今尚完好。

6.建筑设计师及捐资情况。明神宗颁旨特许建造。

7.建筑特征及其原创意义。为八脚石牌坊,石坊南北长11.5米,东西宽6.77米,平面呈"口"字形,高11.4米。四面八柱,名联梁坊。石坊全部采用青色茶园石料仿木结构砌成。整个牌坊由前后两座三间四柱三楼和左右两侧单间双柱三楼的石牌坊组合而成,宏伟庄重,坚固厚实。石牌坊遍布雕饰,古朴豪放,工艺细腻,是徽州石雕的杰作,在全国是独特罕见的②。

8.关于建筑的经典文字轶闻。坊主许国(1527—1596)是徽州歙县人,嘉靖乙丑(1565)

进士,为解元。是嘉靖、隆庆、万历三朝重臣。万历十一年,以礼部尚书兼东阁大学士成为内阁成员,后又加封太子太保,授文渊阁大学士。万历十二年九月,因平定云南边境叛乱有功,又晋升为少保,封武英殿大学士。坊上"少保兼太子太保礼部尚书武英殿大学士许国"是许国的全部头衔。云南边乱平息一月之后,万历重赏群臣,许国因"协忠运筹"受到了"加恩眷酬",上沐皇恩,回到老家歙县,催动府县,兴师动众,鸠集工匠,建造了这座千古留名的大石坊。关于这个牌坊的修建还有轶闻,据说许国八脚牌坊之所以能在等级制度森严的封建社会获得如此殊荣,则流传着一段趣闻。大学士许国得到皇帝批准之后,回乡为自己修建"功德牌坊",借此光宗耀祖。许国为了标榜自己的"功高盖世",除了选择最好的石料,最有名的工匠之外,还千方百计提高牌坊的建筑等级,利用皇帝在"恩荣"时没有明确工程大小的疏漏,亲自回乡监制,并因工程浩大"超过假期"很久。当皇帝批评他怎么回去这么久,"就是八脚牌坊也做起来了"的时候,许国此刻趁机告诉皇帝,"皇上,我就是按您的意思办的,修了一座八脚牌坊。"

参考文献

①歙县《许氏世谱》第 5 册,《明故处士许君德实行状》。

②朱益新:《歙县志》,中华书局,1995 年。

三、李成梁石坊

1.建筑所处位置。辽宁省锦州北宁城内鼓楼前①。

2.建筑始建时间。明万历八年(1580)②。

3.最早的文字记载。《明史》卷二百三十八《李成梁传》③。

4.建筑名称的来历。明神宗为表彰辽东大将李成梁御边有功修建的功德牌坊④。

5.建筑兴毁及修葺情况。1963 年被列为辽宁省省级重点文物保护单位。

6.建筑设计师及捐资情况。辽东巡抚周咏⑤。

7.建筑特征及其原创意义。石坊高 9.25 米,宽 10.5 米,四柱五楼,全部用淡紫色石料制成。饰有人物、花卉等浮雕,刻工细致精巧。坊额上竖刻"世爵"二字,横刻"天朝诰券"及"镇守辽东总兵官兼太子少保宁远伯李成梁"等字。该石坊翘梁、通枋及栏板制作精美,浮雕人物、花卉以及鲤跃龙门、一品当朝、三羊开泰、四龙、五鹿、海马朝云等吉祥图案,活泼生动。具有较高的历史价值和欣赏价值⑥。

8.关于建筑的经典文字轶闻。李成梁字汝契,是明代隆庆、万历年间镇守辽东的大将。少时家贫,40 岁以后,以战功升险山参将,代理辽东总兵官。他勤于边事,大修边备,重振边务。他用计杀死了努尔哈赤的祖父和父亲,大大削弱了建州女真的实力。多次打败女真人和蒙古各部的侵扰,巩固了明朝的东北边防。但他又居功自傲,奢侈无度,于明万历十九年被弹劾解任。二十九年又被起用,以七十六岁高龄复镇辽东。使辽东再次出现安定的局面。他死于明万历四十三年(1615),享年九十岁⑦。

这一石坊是辽宁地区几座著名石坊之一,有较高的历史、艺术价值。清人李维桢有《宁远伯石坊歌》,在叙述李成梁生平事迹后,用"独留杰构矗穹空,哲匠雕镂讶鬼工。舌吐石猊威呫嗫,翅骞铁凤势玲珑"这样的字句,歌颂了石坊的雕刻艺术和建造石坊的无名工匠⑧。

参考文献

①②陈伯超:《中国古建筑文化之旅:辽宁、吉林、黑龙江》,知识产权出版社,2004 年。

③⑧《明史·李成梁传》。

④⑤⑥⑦杨永生:《古建筑游览指南》,中国建筑工业出版社,1986年。

(六)志寺

一、金陵大报恩寺

1.建筑所处位置。南京市中华门外的雨花路东侧晨光机器厂内。

2.建筑始建时间。明洪武中(1382年左右)当已建成①,但未曾更名。

3.最早的文字记载。除开《成祖实录》记载之外,明成祖朱棣《报恩寺修官斋敕》当是最早的成篇文章记载。该敕书写于明永乐五年。文中明言仁孝皇后崩逝后在该寺举行无遮大法会为乃母超度。朱棣说在无遮大法会期间如何出现种种灵异现象,诸如"佛之舍利,或流辉于梵宫,或腾耀于宝塔。开照空之菡萏,涌烂地之摩尼。②"

4.建筑名称的来历:"大报恩寺在聚宝门外,吴赤乌间有康居国异僧领徒至长干里结茅行道,能致如来舍利。孙权为建塔奉焉,名圭曰建初。实江南塔寺之始。梁名长干寺。宋改名天禧。本朝永乐初悉彻其旧而斥大之,赐今名。③"这个永乐初具体应该指永乐十年(1412)重建寺庙,十一年建设成,并由朱棣更名为大报恩寺④。

5.建筑兴毁及修葺情况。大报恩寺的前身沿革如上述。但明朝永乐初年既曰始"悉彻其旧而斥大之,赐今名"。则可定寺建于永乐帝即位之初。最初只是在原来乃父朱元璋重建的天禧寺基础上让工部修理修理,比旧加新而已。但刚建好就被释本性因泄私愤放火烧毁。"崇殿修廊,寸木不存。黄金之地,悉为瓦砾。"朱棣为了报答其父母的无极之恩,乃于永乐十年下诏重修大报恩寺。永乐十一年建成。这次基本是创建。"充广殿宇,重作浮屠。比之于旧,工力万倍。以此胜因,上荐父皇母后在天之灵,下为天下生民祈福。⑤"嘉靖末,经火荡然,唯塔及禅殿香积厨仅存。万历间,塔顶斜空欲坠,禅僧洪恩募修,彩饰烂然夺目。明崇祯九至十年(1636—1637)亦曾利用寺租和香客捐赠款项进行过维修和扩修⑥。清顺治十七年(1643)雷火损塔,寺僧重建。康熙三年(1664)居士沈豹募建大殿。规制宏丽,黄国琦有记。咸丰年间(1851—1861)洪秀全为首的太平军攻入南京后,即占据大报恩寺,据九级八面琉璃塔以窥城内,架炮轰城。后来兵败,洪秀全部下自己用炮轰炸报恩寺塔。从此报恩寺塔从南京地面消失⑦。清末也曾小修报因寺残堂门殿,但跟过去的辉煌相比,不过百分之一,民国时,大报恩寺残存的殿堂已经用作学校,后来又被用作制造枪炮局即晨光机器厂的前身。进入21世纪,南京市政府2002年决定在原地重建大报恩寺。2003年南京大报恩寺开发建设公司成立,2007年金陵大报恩寺遗址公园及琉璃塔拆迁工程开工⑧。大报恩寺塔工程设计方案由东南大学古建筑历史学科潘谷西、朱光亚、陈薇等教授具体负责。

6.建筑设计师及捐资情况。明永乐十年(1412),朱棣下诏重建大报恩寺。"准官阙规制。监工官、内官太监汪福、郑和等,永康侯徐忠,工部侍郎张信,征集军匠夫役十万人,奉敕按月赡给粮赏。至宣德三年(1428)始告完成。"朝廷划拨寺产田地万亩公费租额,详订礼部。另,报恩寺塔直到宣德六年(1431)才建成。通共花费钱粮银二百四十八万五千四百八十四两。郑和下西洋带回的百万金钱也用在该塔修建上。明万历二十八年(1600)塔顶重修,清康熙三十八年(1699)及嘉庆七年(1802),均先后发内帑修缮。咸丰六年(1856)毁于洪杨之手⑨。

7.建筑特征及其原始意义。大报恩寺的前身乃天禧寺。前此历代为名寺。兹略述明永乐十年下诏重建,至宣德六年全面完工之大报恩寺。永乐诏书明确规定"准宫阙规制"。寺庙全境周回九里十三步。东至俞通海公神道,南至大米行郭府园,西至来宝桥,北至大河下。全寺基地悉用木炭做底,其法先插木桩,然后纵火焚烧,化为烬碳,用重器压之使实。上铺朱砂,取其避湿杀虫。全部建筑以四大天王殿及大殿最极壮丽。下墙石坛栏楯均用白石,雕镂工致。大殿即硕妃殿,非礼部祠祭,终年封闭。大报恩寺塔前后历时十九年始告完工。其规制悉依大内图式,八面九级。外壁以白瓷砖合甃而成,上下万亿金身,砖具一佛相。自一级至九级砖数相等,砖之体积则按级缩小,佛像亦如之,面目毕肖。第一层四周镌四天王、金刚护法神,中镌如来像,俱用白石。每层覆瓦五色琉璃,高二百七十六英尺七英寸强。合中国木尺为三十二丈九尺四寸九分。地面覆莲盆口,高二十丈六寸。塔顶冠以黄金宝顶。重二千两。铁圈九个,大圈周三丈六尺,小圈周一丈四尺。内系藤制,外裹铁质。计重三千六百斤。铁𥜚八条,缀有五巨珠,避免风雨雷电刀兵云。九级内外,篝灯一百四十有六。宣德间选行童百名,常川点灯,昼夜长明。名长明灯。一日夜费油六十四斤四两。造砖时具三塔材,成其一,埋其二,编号志之。塔损一砖,以字号报工部,发一砖补之,如生成焉。该塔与罗马大剧场、亚力山大灯塔、比萨斜塔等七大建筑并称,被誉为中世纪世界七大奇观之一⑩。

"塔高百馀尺,皆五色琉璃。顶冠黄金,照耀云日。江山城郭,悉在凭眺中。篝灯百二十有八,居民点炷无虚夜,数十里风铎相闻,星光的烁⑪。"

8.关于建筑的经典文字轶闻。明王世贞《报恩寺塔歌》:"壮哉宰堵波,直上三百尺。金轮撑高空,欲斗晓日赤。浮云遏不度,穿泉下无极。钟工颉颃一片紫,馀岭参差万重碧。高帝定鼎东南垂,文孙潜启燕老师。燕师百万斩关入,庙社不改天枢移。六军大酺万姓悲,欲向罔极酬恩私。阿育王家佛舍利,散入支那有深意。中夜牟尼吐光怪,清昼琉璃映纤碎。帝令摄之寘塔中,宝瓶严供蜀锦蒙。诸大悉凭龙象拥,千佛跌从莲花同。匠师琢石细于缕,自云得法忉利宫。亦知秋毫尽民力,谬谓斤斧皆神工。波旬气雄佛缘尽,绀宇雕阑销一瞬。乌兔额烂走不得,韦驮心折甘同烬。海东贾客莫浪传,此塔至今犹岿然。老僧尚夸护法力,永宁同泰能几年!⑫"

(清)潘耒《报恩寺》:"南朝四百八十寺,剩有长干古刹雄。拓地规模如大内,凭高形势尽江东。塔非阿育应难造,像恐优填刻未工。谁似空王威力大,吴宫晋苑劫灰中。⑬"

9.辩正。大报恩寺的始建和重建时间,诸书记载不一。有足辩者。关于大报恩寺的前身即宋真宗时所建造的天禧寺。这一点没有争议。但究竟哪一年开始改建呢?朱棣永乐二十二年(1403)也就是他去世的那年所立《御制大报恩寺左碑》上明确说:"洪武中撤而新之,岁月屡更,将复颓废,永乐乙酉尝命修葺。未几,厄于回禄,今特命重建。弘拓故址,加于旧规。"洪武中,也就是1382,1383年左右。永乐乙酉,也就是1405年,朱棣下诏修葺。值得注意的是,修葺是在朱元璋新建的大报恩寺基础上的局部维修。释本性放火烧毁的显然就是朱元璋手里建造的、朱棣下令刚刚修葺一新的大报恩寺。朱棣所说的今特命重建,是为了区别洪武所建的大报恩寺而言。并非指永乐二十二年才开始重建。而是指永乐十年诏书重建一事。

参考文献

①④《御制大报恩寺左碑》。

②《报恩寺修官斋敕》。

③《明一统志》卷六。

⑤《重建报恩寺敕》。

⑥(清)陈开虞:《康熙江宁府志》卷三一。

⑦(清)汪士铎:《续纂光绪江宁府志》卷八。

⑧杨献文:《金陵大报恩寺塔志》点校前言,南京出版社,2007年。

⑨⑩(民国)张惠衣:《大报恩寺全图说明》,《大报恩寺志》,南京出版社,2007年。

⑪尹继善、谢旻:《江南通志》卷四三。

⑫(明)王世贞:《弇州四部稿》《续稿》卷一。

⑬(清)潘耒:《遂初堂集》卷七。

二、鸡鸣寺(南京)

1.建筑所处位置。江苏省南京市鸡笼山东麓山阜上。

2.建筑始建时间。明洪武二十年(1387)①。

3.最早的文字记载。《游鸡鸣寺和伍助教朝实》其二:突兀禅关隐薜萝,闲扶藜杖一来过。苍髯楚客留篇什,碧眼胡僧礼贝多。南涧露芹分壁水,北桥烟柳拂金河。相逢莫说无生话,雪案萤窗要琢磨。其三:化人宫殿倚巍城,独立凭高眼倍明。僧设番茶浇磊魄,童烧山叶煮清泠。人间白马何年返,天上金鸡半夜鸣。南望凤台应咫尺,朝阳还听舜韶声。其四:鸡鸣之上接清庙,画栋翠飞出林杪。马埒风高苜蓿秋,凤台日上梧桐晓。云消天宇山色明,潮落江堤水声小。垂老何因乐意多,吾皇整顿乾坤了②。

4.建筑名称的来历。鸡鸣寺建在鸡鸣埭(俗称鸡笼山)上。寺因地名。

5.建筑兴毁及修葺情况。鸡鸣寺寺址为三国时吴宫后苑之地,早在西晋永康元年(300)就曾在此倚山造室,始创道场。东晋以后,此处被辟为廷尉署,至南朝梁普通八年(527)梁武帝在鸡鸣埭兴建同泰寺,才使这里从此真正成为佛教圣地。梁大同三年(537),同泰寺浮图因雷击起火,酿成寺内大火,这座庞大的寺院只有瑞仪和柏堂两个大殿幸存,其余皆化为灰烬。"侯景之乱"后,同泰寺荒芜多年,至922年杨吴时,又在同泰寺故址建台城千佛院。南唐时改置净居寺,建有涵虚阁,后又改称圆寂寺。至宋代又分其半地置法宝寺。洪武二十年(1387),明太祖朱元璋命崇山侯李新督工,在同泰寺故址重新兴建寺院,尽拆故宇旧屋,加以拓展扩建,题额为"鸡鸣寺"。清朝康熙年间曾对鸡鸣寺进行过两次大修,并改建了山门。康熙皇帝南巡时,曾登临寺院,并为这座古刹题书"古鸡鸣寺"匾额。鸡鸣寺毁于清咸丰年间,清末重建时寺院退居山巅,规模较明代小了许多。其中豁蒙楼是经当时两江总督张之洞创意,辟寺后的经堂建造而成,取自杜甫诗句"忧来豁蒙蔽"之意。民国3年,寺僧石寿、石霞又增建景阳楼。1955年,寺院调整时,鸡鸣寺改为民众道场,"文革"时期寺内佛像毁坏殆尽,殿宇为一无线电组件厂占用,又不慎失火,寺院建筑日益荒芜残破。1979年国家拨款重建鸡鸣寺,由东南大学潘谷西、杜顺宝教授主持规划设计③。

6.建筑设计师及捐资情况。梁武帝,明初李新,清末张之洞、石寿、石霞,当代潘谷西、杜顺宝。经费或由政府拨付,或由募化。

7.建筑特征及其原创意义。由鸡鸣寺路左侧循石级缓步而上,一座黄墙洞门迎面而立,洞门正中"古鸡鸣寺',四个金字熠熠生辉,这就是鸡鸣寺山门。寺额由清初康熙南巡所题。步入山门,左为施食台(志公台)。由施食台往前为弥勒殿,其上为大雄宝殿和观音楼,殿内供奉着两尊由泰国赠送的释迦牟尼和观音镏金铜坐像,并新塑了观音应身像三十二尊,供奉于殿内。大雄宝殿之东为凭虚阁遗址,西为塔院。塔院内全部采用青石磨光雕花工艺,青石铺设地面,一座七层八面的药师佛塔拔地而起。此塔为 1990 年重新建造,是鸡鸣寺历史上的第五座大佛塔。塔高约 44 米,外观为假九面,实为七级八面。斗拱重檐,铜刹筒瓦,在阳光照耀之下,塔刹金光溢射四方。塔身建有内梯外廊,宏丽壮观,映带霞辉。此塔被称为消灾延寿药师佛塔,含国泰民安和为香客、游人消灾延寿的祝祷之意。宝塔南面正门上额题"药师佛塔"四个大字,系中国佛教协会会长赵朴初的手迹。北门门额上镌刻有"国泰民安"匾额,为南京市某市长所题。观音楼左侧为豁蒙楼,楼甚轩敞。豁蒙楼东即为景阳楼,这两座名楼为供人凭栏远眺之处。

8.关于建筑的经典文字轶闻。南朝时期,梁武帝经常到同泰寺里说法讲经,听众逾万,他自己曾先后四次舍身到同泰寺为僧,在寺中过起僧人生活,人称为"皇帝菩萨"④。

鸡鸣寺豁蒙楼,为纪念戊戌六君子之一的杨锐而筑。杨锐乃张之洞督学四川时的得意门生。张任两湖总督,倡导"中学为体,西学为用",特辟两湖书院,以杨锐主持史学分校,师生情谊甚笃。甲午中日战起,张移督两江,杨锐多次登临鸡鸣寺此处,杨锐把酒临风,诵起杜甫之《八哀诗》,反复吟诵"君臣尚论兵,将帅接燕蓟。朗咏六公篇,忧来豁蒙蔽。"国难当头,面对日本侵略者的铁蹄,清兵频频告败,有识之士深感忧虑! 六君子殉难后,张之洞再督两江,重游鸡鸣寺,怀想当年与杨锐开怀畅饮海阔天空之时,悲戚唏嘘不已,议起楼,书额曰"豁蒙楼"。张写下跋文:"余创于鸡鸣寺造楼,尽伐丛木,以览江湖,华农方伯捐资作楼,楼成嘱题匾,用杜诗'忧来豁蒙蔽'意名之。光绪甲辰九月无竟居士张之洞书。⑤"

参考文献

①《明一统志》卷六。

②《鹅湖集》卷三。

③潘谷西:《南京的建筑》。

④据《南史》卷七。

⑤黄眚:《古鸡鸣寺两题》,《江苏地方志》,2007 年第 2 期。

三、大召

1.建筑所处位置。内蒙古自治区呼和浩特市旧城南部玉泉区大召前街①。

2.建筑始建时间。明万历七年(1579)②。

3.最早的文字记载。明人苏淡《弘慈寺别沈元戎》:萧寺送行频,蝉声入座新。夏云骄酿雨,关树远通津。门外长安路,樽前出塞人。愿分双宝剑,万里静边尘③。

4.建筑名称的来历。大召,蒙语称"依克召",意为"大庙",汉名"无量寺"。明代称"弘慈寺",历史上又有"银佛寺"、"大乘法轮召"、"甘珠尔庙"、"帝庙"等多种称谓。明代崇祯十三年(1640)重修后,定名为无量寺,沿用至今。但世俗仍旧呼大召。

5.建筑兴毁及修葺情况。万历七年(1579)建寺,八年(1580)寺成,因供奉银佛像,俗称银佛寺,蒙古文史籍中称"阿勒坦召"。大概是为了纪念那位气魄宏大、胆识过人的阿勒坦汗王吧。清康熙年间(1662—1722),扩展规模,改名无量寺。呼和浩特博物馆馆藏明代大召壁画,1984 年抢救性揭取于大召经堂东西两壁。揭取时切割为 203 块,加框固定为 73 块,另有未固定的 3 块,总计 76 块,按内容可组成 68 幅较为完整的画面,面积约 33 平方米。2000 年申请修复。数百年来,一直是内蒙古地区藏传佛教的活动中心和中国北方最有名气的佛刹之一,现为内蒙古自治区的重点文物保护单位。

6.建筑设计师及捐资情况。明代蒙古土默特部的首领阿勒坦汗于明万历七年(1579)主持修建。其中工匠当为外请。建筑设计匠师未言来自何处。而佛像雕造则系尼泊尔工匠所为④。

7.建筑特征及其原创意义。大召,是明清时期内蒙古地区最早建立的喇嘛教寺庙。大召占地面积约3万平方米,寺院坐北向南,主体建筑布局为"伽蓝七堂式"。沿中轴线建有牌楼、山门、天王殿、菩提过殿、大雄宝殿、藏经楼、东西配殿、厢房等建筑。大雄宝殿为寺内的主要建筑,采用了藏汉结合的建筑形式,整个殿堂金碧辉煌,庄严肃穆。殿内有高2.55米的银铸释迦牟尼像。释迦牟尼像前有一对金色木雕巨龙,蟠于木柱之上,作双龙戏珠状。殿前汉白玉方形石座上,有明天启七年(1627)铸造的一对空心铁狮,昂首仰视,形象别致。召内另有山门、过殿、东西配殿及九间楼等建筑。寺前原有玉泉井一口,泉水清冽,被誉为"九边第一泉",并将此五字雕成匾额,悬挂在山门上。附属建筑有乃琼庙、家庙等。寺院外面还建有环绕召的甬道及东西仓门。

8.关于建筑的经典文字轶闻。据《阿勒坦汗传》,势力日益强大的阿勒坦汗为了巩固自己在北元政权下的地位,乃于1577年从呼和浩特出发前往遥远的青海,1578年阴历5月15日,在青海湖畔的恰不恰庙,会见了当时西藏格鲁派的三世达赖喇嘛索南嘉措(《明史》卷331则译为"索罗木嘉木磋",其人"因能知以往、未来事,称活佛"。),会见的时候阿勒坦汗以元朝时期会见外国使臣的仪式迎接了达赖喇嘛,两个人还互赠了称号。三世达赖给阿勒坦汗赠了"转轮王"的称号。阿勒坦汗则根据索南嘉措的名字赠他"达赖喇嘛"称号。从此,阿勒坦汗赠给藏传佛教格鲁派领袖的称号"达赖喇嘛"就一直沿用至今。这次会晤中阿勒坦汗把萨满教的圣物翁根在达赖喇嘛面前烧毁,表示对皈依佛教的诚信。阿勒坦汗命令全部蒙古人放弃萨满教信奉喇嘛教。他们讨厌战争,希望变血海为乳海。

这次会见阿勒坦汗还给三世达赖喇嘛许愿,回到蒙古草原后建寺庙、造佛像,现在呼和浩特市的第一个寺庙大召在公元1579年开始动工建造,阿勒坦汗从尼泊尔请来工匠,用三千斤纯银铸造了释迦牟尼银佛。这就是著名的中华第一银佛。大召建成以后三世达赖喇嘛亲自从西藏来给大召开光,大召成为当时蒙古地区地位最高的寺庙。蒙古各地的信徒们都来大召寺朝拜,这里成了蒙古地区的宗教中心。三世达赖喇嘛回西藏的时候,把他的随从锡力图召留下,掌管蒙古地区的佛教事务,却没有按藏传佛教的转世理论给大召确认活佛,从此大召就成为蒙古地区唯一一个没有活佛的藏传佛教大寺庙。

大召建成的时候,阿勒坦汗已经是古稀老人了。他把政务交给夫人三娘子处理,自己一心修佛,建大召寺的同时,三娘子按照阿勒坦汗的意愿,在大召寺的旁边建了一座蒙文名字叫哈斯呼和浩特的城市。1581年明朝赐名为归化城,归化城就是现在呼和浩特市。万历九年(1581)归化城建成不久阿勒坦汗逝世。三娘子从青海邀请三世达赖喇嘛,按着藏传佛教格鲁派的教规火化阿勒坦汗的遗体,提取舍利子供放在舍利塔内。美岱召内至今还保存着当年阿勒坦汗家族的后人们拜佛的壁画。

大召壁画,是蒙古早期寺庙的珍贵遗存,也是记录16世纪末西藏佛教格鲁派(即黄教,俗称喇嘛教)传入漠南蒙古地区后迅速而广泛地传播,并最终取代了传统的萨满信仰而成为蒙古全民族尊崇的宗教这一历史背景的形象画卷⑤。

参考文献

①②罗哲文:《中国著名佛教寺庙》,中国城市出版社,1995年。

③《御选明诗》卷五八。

④珠荣嘎:《阿勒坦汗传》,内蒙古人民出版社,1990年。

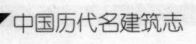

⑤《内蒙古对明代大召经堂壁画进行修复》，《敦煌研究》，2002年第2期。

四、席力图召（内蒙古）

1. 建筑所处位置。呼和浩特旧城石头巷，距离大召仅100米。

2. 建筑始建时间。明万历十二年（1585）。

3. 最早的文字记载。现存于呼和浩特旧城席力图召和小召（崇福寺）内的康熙皇帝平定厄鲁特蒙古准噶尔部噶尔丹叛乱后，用满、蒙、藏、汉四种文字刻石的纪功碑表彰西寺喇嘛助战功绩，当属该寺较早的文字记载①。

4. 建筑名称的来历。明万历九年（1582），土默特蒙古部主阿勒坦汗死后，其子僧格都楞继承了汗位。他执政后，效仿他父亲的做法，决定邀请三世达赖索南嘉措到内蒙古右翼各部传播宗教。三世达赖接受了他的邀请。为了迎接索南嘉措三世达赖的到来，僧格都楞于万历十二年（1584）为他建立了这座小喇嘛庙——席力图召②。"席力图"是蒙古语"首席"或"法座"的意思，寺庙因三世达赖长期主持此庙而得名。汉译也写作舍力图召。康熙西征噶尔丹，平定叛乱后回师，奖赐僧众，敕赐席力图召为"延庆寺"。关于召名有一个传说。明万历三十年（1602）席力图召的呼图克图一世希体图葛布鸠护送年幼的达赖四世云丹嘉措（俺答汗之曾孙）前往西藏坐床，曾抱持其坐在法座上。因希体图葛布鸠曾坐在达赖喇嘛的法座上，而法座的藏语叫"席力图"，所以这位主持回到呼和浩特后，为自己的小寺更名"席力图召"，此后香火日盛。

5. 建筑兴毁及修葺情况。明万历十二年（1584）建立，清康熙三十五年（1696）重建大经堂。席力图召至明末时还只是一座小召，继之清康熙三十五年（1696），康熙帝西征噶尔丹回师，清廷在该庙内树立了用满、蒙、汉、藏四种文字书写的平定准格尔部纪功碑。雍正、咸丰和光绪年间，经不断扩建和修缮，使之成为呼和浩特地区规模最大的喇嘛教寺院，席力图召五世活佛于1734年成为掌握呼和浩特地区黄教大权的掌印扎萨克大喇嘛，从此掌握着这个地区的黄教大权。

6. 建筑设计师及捐资情况。僧格都楞主持该寺建造。沿用其父造大召所用工匠。

7. 建筑特征及其原创意义。该召建筑面积5000平方米，组成中轴线的建筑物是牌楼、山门、过殿、大经堂、大殿等。大殿采用藏式结构，四壁用彩色琉璃砖包镶，殿前的铜铸鎏金宝瓶、法轮、飞龙、祥鹿与朱门彩绘相辉映，富有强烈的艺术效果。康熙御制"平定噶尔丹纪功碑"，立于大殿前侧。大经堂金碧辉煌，是席力图召的主体建筑，是由前廊、经堂、佛殿三部分组成，采藏式结构，四壁用彩色琉璃砖包镶，殿顶置镏金宝瓶，饰以铜铸的

图12-6-1 内蒙古席力图召总平面

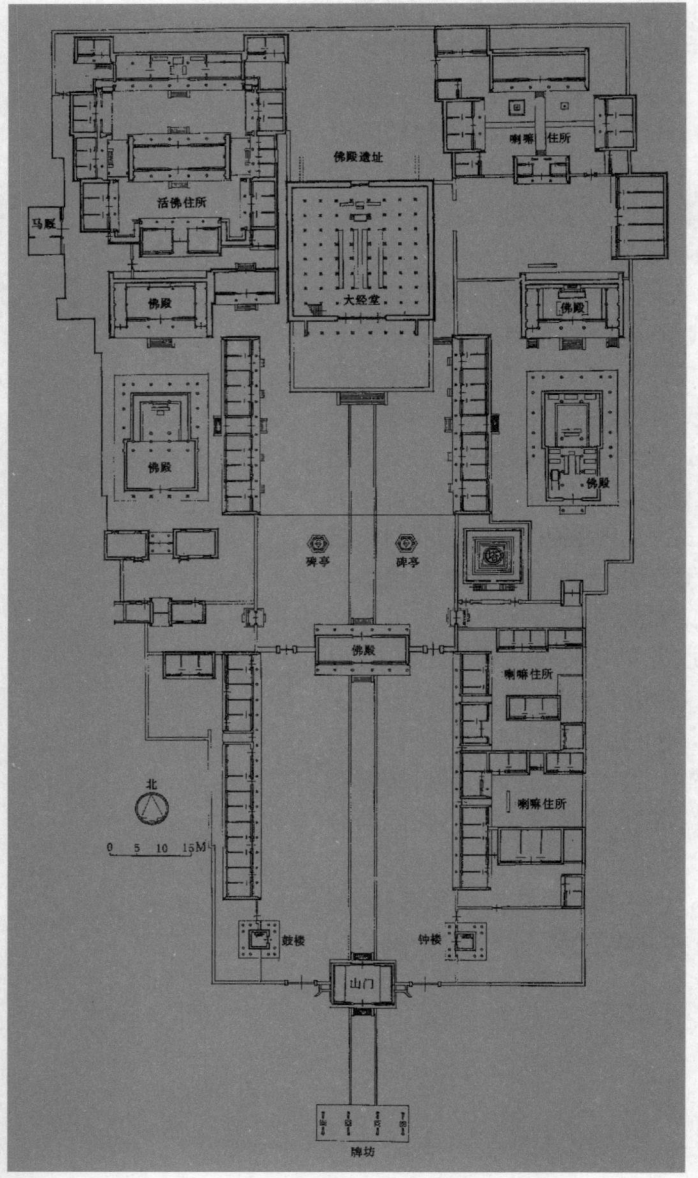

法轮、飞龙、祥鹿等，与朱门、彩绘互相辉映，绚丽夺目。前廊为七开间，下层用装饰华丽的藏式柱，上层左右两开间及前廊左右两幅墙采孔雀蓝琉璃砖贴面，并加镀金银饰。经堂高两层，面宽和进深都是九间，是喇嘛集体诵经之地，后部是佛殿。召庙东南隅有白石雕砌覆钵式喇嘛塔，高15米，中轴线两侧还建有钟楼、鼓楼、亭、仓、舍等，颇为壮观。席力图召是呼和浩特现存最精美的一座寺庙，每年在这里举行佛会，跳"恰木"等宗教活动。

8.关于建筑的经典文字轶闻。康熙三十三年(1694)，准格尔部贵族噶尔丹勾结沙俄出兵东侵，威胁着呼和浩特的安全。席力图召大喇嘛率领六召喇嘛和蒙汉人民英勇抗击噶尔丹的进犯，卓有成绩。康熙三十五年(1696)，皇帝亲征噶尔丹路过呼市时，褒奖席力图召的僧众。当时的席力图四世为康熙皇帝举行名为"皇图永固，圣寿无疆"诵经法会，康熙御赐《唐古特经》一部，《药王经》一部，还有珊瑚数珠，红珠宝石。又因席力图召的大殿正在此时新建落成，于是赐寺名为延寿寺。后清政府在该庙树立了用满、蒙、汉、藏四种文字书写的平定准格尔部记功碑。

参考文献
①(清)圣祖御制平定朔漠告成碑，康熙三十六年(1697)立。
②陈庆英:《三世达赖喇嘛索南嘉措传》，中国图书馆文献缩微复制中心，1992年。

五、美岱召

1.建筑所处位置。内蒙古自治区土默特右旗大青山下，呼和浩特至包头公路北侧，东距包头市东河区约50千米①。

2.建筑始建时间。明万历三年(1575)。

3.最早的文字记载。明穆宗隆庆年间，"达赖喇嘛巡礼蒙克地方之后，迈达里胡图克图诺们汗秉承达赖喇嘛的谕旨，驻锡于蒙古之地"②。

4.建筑名称的来历。"迈达里"作为三世达赖索南嘉措代表，万历三十二年(1604)抵达蒙古，承担起在蒙古传播黄教的责任，时年仅十三岁。迈达里，源自藏语，即"弥勒"、"未来佛"之义。而蒙语为"美岱尔佛"，此为美岱召得名由来。明穆宗隆庆年间(1567—1572)，土默特蒙古部主阿勒坦汗受封顺义王，在土默川上始建城寺，明万历三年(1575)建寺，明廷赐寺名寿灵寺，朝廷赐城名"福化城"。西藏迈达里胡图克图(胡图克图，蒙古语，意即"活佛")于万历三十四年(1606)曾来此传教并为弥勒佛像主持开光仪式，由于他的业绩明显，归化者众多，为了纪念他的成就，这座寺又叫"迈达里庙"、"迈大力庙"、"美岱召"③。

5.建筑兴毁及修葺情况。明穆宗隆庆年间阿勒坦汗在土默川上始筑城建寺，朝廷赐名福化城。西藏迈达里胡图克图于万历三十四年(1606)曾来此传教，又叫"美岱召"、"迈达里庙"等名。清代一度改名为"寿灵寺"④。"文革"时期大破坏更使美岱召遭到空前的灾难，后改作战备粮库也使美岱召成为不幸中的万幸，未被彻底拆除。1980年收归市文物管理处管理。1981年和1983年国家拨巨款两次大修，使这些古建文物得以保护。1996年国务院公布其为全国第四批重点文物保护单位⑤。

6.建筑设计师及捐资情况。阿勒坦汗主持其事。工匠当同大召。

7.建筑特征及其原创意义。美岱召现存建筑总体平面布局呈不规则的正方形堡寨状，总面积约4万平方米。美岱召是一处罕见的集寺庙、王府与城池为一体的建筑群。寺周围有土筑石包镶的城墙，平面略呈长方形，周长681米，四角建有角楼，南墙中部开设城门，名泰和门，为一座三层歇山顶式的城楼，原已坍塌，现已重建⑥。

大雄宝殿，位于中心线前端，面阔19米，进深43.6米，高17.5米，计三殿(前过廊、中经堂、北佛殿)三歇山顶,外勾连一体。东、西、南部有白色藏式砖墙相裹,沿上端由有模制梵文"六字真言"青砖砌成,正面为柱廊。有学者撰文认为:大雄宝殿是与泰和门同为明万历三十四年(1606)建成,而经堂则为清康熙三十七年(1698)建造。这些建筑至今没有任何绝对年代的证据。而且相互勾连一体的前经堂、后佛殿也不可能竟相隔82年之差。实则,无论是否一鼓作气建成,它都是一种完整建筑形式,如大召、乌素图召、百灵庙等寺庙的经堂、佛殿均类此,反映内蒙古藏传佛教寺院早期建筑特点。佛殿顶琉璃瓦剪边,鸱吻为明代原作。北墙正中绘释迦牟尼巨像,俗称"大雄宝殿"由来已久,并无错误,这正反映美岱召有较多的汉文化影响,无释迦牟尼巨像者则不能称大雄宝殿,这是常识。此殿何时为何人所建,无文字记载,银弥勒佛像开光是迈达里活佛主持的。但大雄宝殿1606年之前已建成是肯定的[7]。

乃琼庙,位于大雄宝殿西,藏式二层建筑,为方便迈达里居住而建,迈达里活佛离去后,改作护法神殿,供乃琼神像及存放乃琼喇嘛甲胄,故称乃琼庙。维修时,在梁上发现有建筑工匠所贴绘有八卦的黄纸,此是建房习俗做法,无更多的宗教意义。本召八角庙之八角墙面,系汉式建筑形式之一种,司空见惯,也非八面寓意天地之间四方八面。1614年,鄂尔多斯的博硕克图济农请迈达里活佛去该处为佛像开光。在土默特左翼东移后,迈达里活佛去东蒙今库伦旗迈达里葛根庙(寿因寺)长期定居,寿因寺承认美岱召为主庙,自己为分庙,这位迈达里活佛转世共八世[8]。

西万佛殿至今尚存,位于城内之西北,因供众多佛像得名,万佛与万福谐音。建筑形式单檐歇山式青瓦顶琉璃瓦剪边,周围廊柱,失修后只留下前檐。内有两立柱,剖面近方但有八角,红底色,绘泥金蟠龙,说明该殿建筑规格较高。传为麦达里活佛讲法之所。院内殿堂供奉佛像,并有顺义王家族世代居住的楼院;太后庙供檀香木塔,内储太后骨灰。城寺兼具城堡、寺庙和邸宅的功能,在内蒙古地区仅此一处。

8.关于建筑的经典文字轶闻。"由是,蒙克地方之诸胡图克图,诸贤者共议:为掌蒙古地方之宗教,以巴特玛三博师之高徒,大慈津巴扎木苏之化身,根敦——马勒藏——扎木苏——锡哩——巴达,壬辰年生,年十二岁时,前往蒙古地方为教主,岁次甲辰,年十三岁时抵达,遂坐圣识一切瓦齐尔达喇——达赖喇嘛——索达那木扎木苏在蒙古主教之床,天下咸称大慈迈达哩——胡图克图焉。"[9]

参考文献

①⑥罗哲文:《中国著名佛教寺庙》,中国城市出版社,1995年。

②朱凤、贾敬颜译:《汉译蒙古黄金史纲》,内蒙古人民出版社,1985年。

④珠荣嘎:《阿勒坦汗传》,内蒙古人民出版社,1990年。

⑤⑦⑧王磊义、姚桂轩:《美岱召遗存之我见》,《阴山学刊》,2003年第5期。

③⑨萨囊彻辰:《蒙古源流》卷八,内蒙古人民出版社,1980年。

六、大正觉寺

1.建筑所处位置。北京市海淀区西直门外。

2.建筑始建时间。大正觉寺创建于明永乐年间(1403—1424),大正觉寺金刚宝座塔建于成化九年(1473)[1]。

3.最早的文字记载。《明宪宗御制真觉寺金刚宝座塔碑记》曰:"永乐初年.有西域梵僧曰班迪达大国师,贡金身诸佛之像,金刚宝座之式,由是择地西关外,建立真觉寺,创治金身宝座,弗克易就,于兹有年。朕念善果未完,必欲新之。命工督修殿宇,创金刚宝座,以石为之,基高数丈,上有五佛,分为五塔,其丈尺规矩与中印土之宝座无以异也。②"

4.建筑名称的来历。大正觉寺原名真觉寺。清乾隆二十六年(1761)大修,为避雍正皇帝讳,更名大正觉寺,因寺内金刚宝座塔的高基座上有五座小塔并峙,故又称五塔寺③。

5.建筑兴毁及修葺情况。明永乐年间(1413年左右),印度僧人班迪达(亦有译作"板的达"者)来到北京,献上金佛5尊和印度式"佛陀迦耶塔"图样。永乐帝下旨建塔,明成化九年依所献图样建成金刚宝座塔。清王朝建立后,乾隆为给其母做寿曾两次重修五塔寺。清光绪年间八国联军侵华,寺院荡然无存,唯塔幸存。到民国初年仅剩一塔兀立于一片瓦砾中。由于无人看管,宝塔的铜质鎏金塔刹多次被盗。北平市政府于1937年至1938年对五塔寺进行了一些简单的修缮,增添了院墙、门楼及门楼两侧六间南房,院内圈地30亩④。1957年在寺址建成石刻艺术博物馆。大正觉寺被列为第一批全国重点文物保护单位。

6.建筑设计师及捐资情况。印度名僧班迪达敬献图纸。明成祖、明宪宗、清高宗等敕建或整修。民国政府和中华人民共和国复建和保护。

7.建筑特征及其原创意义。据清乾隆年间的一幅绘画表现的建筑格局是:寺门南临长河,南北向中轴线上依次排列着牌楼、山门、天王殿、大雄宝殿、金刚宝座、毗卢殿、后大殿,东西分别列钟鼓楼、廊庑配殿等大小二百馀间旁屋。寺内主要建筑屋顶全部换上黄色琉璃瓦,在阳光照耀下闪闪发光,金碧辉煌,显示出皇家寺院的威严气势。

寺内遗留下来的金刚宝座塔由宝座和石塔两部分组成。宝座为7.7米的高台,系砖和汉白玉砌成,分6层,逐层由下而上收进0.5米,外观庄重。最下一层为须弥座,其上5层,每层是一排佛龛,每个佛龛内刻佛坐像一尊。宝座顶上平台,分列方形密檐式石塔5座:中央大塔13层,高约8米,象征毗卢遮那佛;四角小塔各11层,高约7米许,5塔所象征的佛称五方佛。各塔均由上千块预先凿刻好的石块拼装而成。宝座南北正中辟券门,塔内有石阶44级,盘旋而上,通向宝座上层平台。台上还盖有下方上圆琉璃罩。塔座和塔身遍刻佛像、梵文和宗教装饰。中央大塔刻一双佛足迹,意为"佛迹遍天下"。

五塔寺金刚宝座塔各部分比例匀称,给人以坚实而不可动摇的印象。此塔堪称明代建筑和石雕艺术的代表之作,也是中外文化结合的典范。这种类型的塔,现全国仅存6座:3座在北京,即五塔寺、碧云寺和西黄寺各一座;另外3座一在内蒙古呼和浩特名慈灯寺;一在云南昆明名妙湛寺;一在河北正定,名广惠寺。其中以北京五塔寺最为精美。

8.关于建筑的经典文字轶闻。明永乐初年,印度僧人班迪达自西域来京,向明成祖朱棣呈献了五尊金佛和印度式"佛陀伽耶塔",即金刚宝座的规式。明成祖与他谈经论法十分投机,封他为大国师,授予金印,并赐地于西关(今西直门)外长河(今高梁河)北岸,为之建寺,寺名"真觉"。五塔寺金刚宝座塔是印度佛陀伽耶精舍(释迦牟尼得道处迦耶山寺所建的纪念塔)形式的佛塔。在佛教中宝座和五塔各有由来和讲究。按佛经上说,金刚有五方五界:佛部(中)、金刚部(东)、宝部(南)、莲花部(西)、羯摩部(北)。每部有五方主佛:中为毗卢遮那佛,东为阿闪佛,南为宝生佛,西为阿弥陀佛,北为不空成就佛。佛又有五方宝座,即动物坐骑:曰狮子座、阿閦象座、宝生马座、阿弥陀孔雀座、不空成就迦楼罗金翅鸟王座,所以五塔寺金刚宝塔宝座和五塔的须弥座四周都有狮、象、马、孔雀、迦楼罗(金翅鸟)等五种动物形象的雕刻⑤。

参考文献

①(明)刘侗、于奕正:《帝京景物略》,北京古籍出版社,1982年。

②《钦定日下旧闻考》卷七七载《明宪宗御制真觉寺金刚宝座塔碑记》。

③《钦定日下旧闻考》卷七七载《乾隆《御制重修正觉寺碑文》。

④⑤《中国大百科全书》(建筑、园林、城市规划),中国大百科全书出版社,北京·上海,1988年。

七、祇园寺

1.建筑所处位置。安徽省九华山化城寺东东崖峰下,山门面向九华街①。

2.建筑始建时间。明代嘉靖年间(1522—1566)②。初名祇树庵。

3.最早的文字记载。因祇园寺原属化城寺东寮,本名祇园。因此,关于这里最早的记载,以宋代周必大于乾道二年九月所写的《九华山录》为最早。周录关于化城寺的文字不多,但云:"巳时至化城寺。寺宇甚佳,唐时新罗王子金地藏修行之所。"

4.建筑名称的来历。古名祇园、祇树庵、祇园庵,全名祇园禅寺,祇园本来是印度佛教圣地。据记载:当年中印度乔萨罗国舍卫城的富商给孤独长者,性慈善,好施舍。欲皈依佛,请佛至其国说法。给孤独长者获知当地唯有波斯匿王家的祇陀太子园林最佳,但对方表示只要以黄金铺地为价,就给孤独长者。后来祇陀太子也信佛,就将园林献出,请释迦牟尼到此说法,于是这座园林以二人的名字冠名,称为"祇陀树给孤独园",简称"祇园精舍"。成为佛教圣地之一。祇园寺之名源于此传说③。

5.建筑兴毁及修葺情况。清康熙年间(1662—1722)该寺属化城寺东寮,嘉庆年间(1796—1820)祇园寺住持乏人,庵将倾颓,诸山长老议定迎请禅居伏虎洞二十多年的隆山和尚(1757—1841)来山住持,隆山率弟子大根等人在祇园寺聚众说法,开坛授戒,大兴土木,其规模为全山寺院之冠,遂易今名。同治年间(1862—1874)住持僧大根(隆山的弟子)重建,增设戒棚,安单接众。光绪三十年(1904)住持僧宽扬募建大雄宝殿,时为九华山四大丛林之首,后宽扬的师弟宽慈也再次扩建。1956年青阳县人民政府拨款给佛教界重修祇园寺。十年"文革"浩劫中受到破坏,1982年以后逐步修建,1983年被国务院确定为汉族地区佛教全国重点寺院,1984年恢复丛林制度,仁德法师任方丈。

6.建筑设计师及捐资情况。住寺僧人隆山、大根、宽扬、宽慈等。资费或由募化,或自国拨。

7.建筑特征及其原创意义。祇园寺原属临济宗,后为曹洞宗,是九华山最早的宫殿式寺庙。面积5157平方米,寺内由灵官殿、弥勒殿、大雄宝殿、客堂、斋堂、库院、退居寮、方丈寮和光明讲堂等九座单体建筑组成④。它们分布在4层台基上,第一层台基高5米,坐落灵官殿、弥勒殿、客堂、斋堂和退居寮;第二层台基高2米,筑大雄宝殿;第三层台基高6米,有方丈寮和库院;第四层台基高3米,上筑光明讲堂。该寺院虽按山门——天王殿(即弥勒殿)——大殿——其他配殿的传统格式来布局,但在手法上曲折多变。首先是它的山门。天王殿偏离大殿的中轴线,因地形而异,转折弯曲,渐次升高;其次是配殿去规整而散置,并且采用民居建筑,设计大胆创新,效果明显。寺院前有数百块莲花图案的石刻条石甬道为导引,延伸至硬山顶,马头墙身,三层廊檐的山门,进入"祇园境界"。门内正中供奉护法神"灵官",两边分塑哼、哈二将;殿内气氛阴森。由山门穿过一高墙耸起的小庭院,为一座阁式方形重檐天王殿,歇山顶,中央是大肚弥勒佛,两侧以凶神恶煞的四大天王为陪侍,气氛更显森严。天王殿和山门建筑在同一水平线的台基上,但殿基则人为抬升了0.5米,殿后的"入庄严境"院墙基础又自然抬升1米,由此转折方可从侧面步入再度升高2米的大殿,这样高低错落,曲线前进,才完成了前导、山门、天王殿到崇拜中心即大雄宝殿的过渡。大殿高35米,琉璃瓦盖,歇山,殿阔25米,进深19米。殿中央正面供奉有高约12米的三尊大佛,其背后有一组群像,高30米,宽7米,塑的是起伏的山峦和波涌的大海,称为"海岛",上有各种人物,动物塑像,神情活灵活现。它的后墙和南墙的佛龛都筑在岩石上,堪称因地制宜的又一杰作。大殿前对两层楼阁的客堂,北对退居寮。楼下为一敞厅,有天井。退居寮西北是知客堂和厨房,2 层楼,下有地下走廊通往库院和方丈寮,大殿东南坡为敞厅 2 层楼的光明讲堂。整个建筑依山就势,鳞次栉比,布局紧凑,层次分明,寺院还借松林、溪流营造深幽意境⑤。

8.关于建筑的经典文字轶闻。唐代新罗国金乔觉(即金地藏)《送童子下山诗》一首,其诗曰:"空门寂寞尔思家,礼别云房下九华。爱向竹栏骑竹马,懒于金地聚金沙。瓶添涧底休拈月,钵洗池中罢弄花。好去不需频下泪,老僧相伴有烟霞。⑥"

参考文献

①九华山祇园寺始创年代诸书失载,据(明)殷万(1512—1581)《化城寺》诗推测。

②朱永春:《中国古建筑文化之旅——安徽》,知识产权出版社,2002 年。

③《金刚经》第一品。

④杨永生:《古建筑游览指南》,中国建筑工业出版社,1986 年。

⑤九华山志编纂委员会:《九华山志》,黄山书社,1990 年。

⑥(清)彭定求:《全唐诗》卷八八〇。

八、慧济寺

1.建筑所处位置。浙江省普陀山之巅的佛顶山上。

2.建筑始建时间。明万历间(1573—1619),僧圆慧创庵。名"慧济"。尚宝司丞沈泰鸿题额"宝月含空"①。

3.最早的文字记载。"普陀山"一名最早见于明胡宗宪的《筹海图编》。胡宗宪将普陀山列为东南海防要塞。而最早有关慧济寺的文字记载是前述明万历初尚宝司丞沈泰鸿的题额。另外就是清代山志对寺庙格局的记载:"内为山门者一。为殿者四:大雄宝殿(五间)、天王殿(三间)、地藏殿(三间)、雷祖殿(三间)"②。

4.建筑名称的来历。清乾隆五十八年(1793),寺僧能积在普陀山顶发现石碣上刻有"慧济禅寺",于是募建寺院,恢复旧名③。

5.建筑兴毁及修葺情况。慧济寺又名佛顶寺,位于佛顶山上,明代圆慧和尚创建,最早时为一石亭,里面有佛像,当时的尚宝司丞沈泰鸿为之题额:"宝月含空"。清康熙年间,圆慧禅师的八世法孙普顺和尚重修庵院,其后便屡兴屡废。至清乾隆五十八年(1793),禅宗临济派的能积禅师扩庵为寺,首建圆通殿、玉皇殿、大悲阁、斋楼等,慧济寺从此声名远播。清光绪三十三年(1907),德化禅师请得御赐《大藏经》,藏于寺中。德化禅师圆寂后,其弟子文正执掌法席,文正又督工建造,慧济寺规模大增,与普济寺、法雨寺合称普陀三寺。"文革"期间寺院荒芜,1980 年始对慧济寺进行修复扩建,1983 年被国务院列为首批对外开放的全国重点寺庙之一。

6.建筑设计师及捐资情况。圆慧、普顺、文正等。经费多由募化。

7.建筑特征及其原创意义。慧济寺占地面积约 1.33 万平方米,建筑面积 6.6 千平方米,因地形所限,建筑呈水平向展开,此布局为其他禅林所少见,颇具浙东园林建筑风格④。一系列建筑依山而建、渐次升高,采用中轴线 6 进并左右对称的手法来进行布局。在具体的建筑组合上,又依情况而定。如正山门至藏经楼因地势升高较缓,其建筑的排列则较疏朗,形成了较大的院落空间,以便僧众进行佛事活动;方丈殿以上是僧人的生活区,活动空间不需开阔,建筑排列就显得紧凑,从而造成总体上丰富合理的空间效果⑤。

天王殿 3 间,清乾隆间建,建筑面积 213.15 平方米,中供弥勒、韦驮像,两旁供四天王，殿前面为"南无观世音菩萨"照壁。

主殿大雄宝殿 5 间，清乾隆间建。光绪二十二年（1896）重建，建筑面积 427.81 平方米，高 10.5 米，5 架抬梁 13 楹。殿正中供佛祖释迦牟尼像，后为"西方三圣"，左供杨枝观音、千手观音、右供文殊、普贤、地藏。两厢塑有佛教传说中"二十诸天"像。大殿东侧藏经楼，楼上存 1989 年从北京请来清乾隆《大藏经》影印本一部。楼下法堂再东侧为方丈室；大殿西侧大悲楼，有佛像 84 尊。楼下经堂，殿东南角钟楼，重檐歇山顶，无楼面。上挂千斤大铜钟。钟下供地藏，地藏后有梯，可登攀撞钟。

观音殿在藏经楼西，原大悲殿址，系 1989 年 3 月建成，填补三大寺唯该寺中无观音的缺憾，建筑面积 133.38 平方米。殿内除新塑 2.7 米高观音佛像外，四壁置观音石刻像 123 尊，形状各异，汇集唐宋元明清历化名画家所绘观音宝像，可谓本山宗教艺术精华所在⑥。

8.关于建筑的经典文字轶闻。慧济寺后门有一棵被誉为普陀山三宝之一的"普陀鹅耳枥"树。据说是 200 多年前一位缅甸僧人来普陀山朝拜时带来的。这种树每一树杈都只分出一对树枝，极有规则，雌雄同株，繁殖艰难。它由我国近代植物学的开拓者钟观光先生于 1930 年 5 月发现，是世界上稀有的珍贵树种，被列入国家二级保护树种。

民国五年（1916）八月二十五日，孙中山与胡汉民等人乘"建康"号军舰，往舟山群岛视察，顺道登上了普陀山，看到了可遇不可求的"海市蜃楼"，并写下《游普陀山志奇》以记其胜。全文写道："余因视察象山、舟山军港，顺道趣游普陀山。同行者为胡君汉民、邓君孟硕、周君佩箴、朱君卓文，及浙江民政厅秘书陈君去病，所乘建康舰舰长则任君光宇也。抵普陀山骄阳已斜，相率登岸。逢北京法源寺沙门道阶，引至普济寺小住，由寺主了余唤肩舆出行，一路灵岩怪石，疏林平沙，若络绎迓送于道者。迂回升降者久之，已登临佛顶山天灯台。凭高放览，独迟迟徘徊。已而旋赴慧济寺，方一遥瞩，奇观现矣：则见寺前恍矗立一伟丽之牌楼，仙葩组锦，宝幡舞风，而奇僧数千。窥厥状，似乎来迎客者。殊讶其仪观之盛，备举之捷。转行转近，益了然，见其中有一大圆轮，盘旋极速，莫识其成以何质？运以何力？方感想间，忽杳然无迹，则已过其处矣。既入慧济寺，亟询之同游者，均无所睹，遂诧以为奇不已。余脑藏中素无神异思想，竟不知是何灵境？然当环眺于佛顶台时，俯仰间大有宇宙在乎手之慨。而空碧涛白，烟螺数点，觉平生所经，无似此清胜者，耳闻潮音，心涵海印，身境澄然如影，亦即形化而意消焉乎？此神明之所以内通欤？下佛顶山，经法雨寺，钟鼓镗𫓧声中急向梵音洞而驰。暮色沉沉乃归，普济寺晚餐。了余、道阶，精宜佛理，与之谈，令人悠然意远矣！民国五年八月二十五日。孙文志。"原墨挂于普济寺客堂，毁于十年浩劫。上录的全文是据翻拍照片整理的。关于该文的真伪也是莫衷一是。据 1962 年，郭沫若考定，此文并非孙中山手迹，可能是旁人代书，孙中山先生认可的。而加盖的"月白风清"印却是真品⑦。

参考文献

①③④⑥⑦普陀山佛教协会编，王连胜主编，释妙善鉴定：《普陀洛迦山志》，上海古籍出版社，1999年。

②（民国）王亨彦：《普陀洛迦新志》。

⑤吴承华：《普陀山寺院建筑，摩崖艺术与佛教文化》，《浙江海洋学院学报》（人文科学版），2000 年第 2 期。

九、法雨寺

1.建筑所处位置。浙江省普陀山白华顶左侧,光熙峰下。

2.建筑始建时间。明万历八年(1580)。

3.最早的文字记载。康熙四十三年(1704)十二月《特旨修建南海普陀山普济、法雨两寺碑》[①]。

4.建筑名称的来历。明万历八年(1580)蜀僧大智真融从西蜚华山到普陀礼佛,见此中泉石幽胜,结茅为庵,取"法海潮音"之义,命庵为海潮庵,万历二十二(1594)年郡守吴安国改额为"海潮寺"。万历三十四年(1606)朝廷赐名为"护国镇海禅寺"[②],后毁于火。清康熙三十八年(1699)重建大殿,并赐"天花法雨"匾额,因改名法雨寺。

5.建筑兴毁及修葺情况。明末毁于火灾,清康熙三十八年(1699)重建大殿,雍正九年(1731),又一次进行大规模修建,使得法雨寺殿堂完美,楼阁生辉,与普济寺并耀海内外。光绪十九年(1893),化闻禅师入京请大藏经。"文革"间全部佛像被毁。1983年开始由普陀山佛协大规模修复,重建拜经楼,大修九龙殿。1987年在天王殿外新建九龙壁和石经幢2座,1995年在莲池畔建石碑坊1座。

6.建筑设计师及捐资情况。大智真融。

7.建筑特征及其原创意义。法雨寺占地面积3.3万平方米,建筑面积8.8千平方米,殿堂房舍245间,是普陀山第二大寺[③]。

法雨寺背倚光熙峰,面对千步沙,以石牌坊、放生池、海会桥和一条弧形的香道作为辅助建筑,与主体上下呼应。主体建筑除山门(亦称天后阁)设在前部东侧外,在中轴线上建有九龙壁、天王殿、玉佛殿、圆通宝殿、御碑殿、大雄宝殿、藏经阁等6重院落,左右两侧配殿有关帝殿、三圣殿、法堂、祖堂、钟鼓楼以及厢、客房等建筑。规模虽次于普济禅寺却也颇宏大。在建筑布局上,依山就势,分殿设置平台,层层升高,从寺前千步沙遥看全寺,古樟掩映之中,殿宇层层高叠,轩昂超凡,巍峨壮丽。就建筑单体来说,最具建筑特色与价值的是法雨禅寺之主殿圆通宝殿(亦称九龙殿)。大殿于清康熙三十八年(1699)经皇帝赐准拆明南京故宫九龙殿迁建而成,是普陀山建筑规格最高的一座殿宇。殿高22米,面阔7间36米,通进深21米,重檐歇山顶,覆黄色琉璃瓦,上檐施斗拱九踩三下昂,下檐五踩双下昂;梁架为七架抬梁前后双步梁,四面廊用六柱,立柱用材粗壮,置以雕刻精绝的鼓形蟠龙石柱础;内槽中间设藻井,次、梢间设天花,设球纹菱花门窗;翼角起翘平缓,类似清代北方官衙风格,气势宏伟。菩萨塑像的组合则与前寺圆通殿不尽相同,除主佛毗卢观音坐像外,后壁为波澜壮阔的海岛观音及善财五十三参群塑,两厢列十八罗汉,构成观音别院之特色[④]。

8.关于建筑的经典文字轶闻。其中以九龙观音殿建筑最为辉煌,殿中"九龙盘拱"等建筑系康熙时由金陵(南京)明旧宫九老殿迁移于此,甚为珍贵,殿分7间,深5间,琉璃顶,内槽九龙藻井,一龙盘顶,八龙环八柱昂首飞舞而下,正中琉璃灯宛若一颗明珠,组成九龙抢珠图案。清光绪十九年(1893),印光法师也在这一年来到法雨寺。印光法师俗姓赵,21岁在终南山莲花洞出家,后驻锡北京红螺山资福寺,又随化闻禅师到法雨寺。他在法雨寺藏经楼习净土法门30多年,主张"一心念佛,借佛愿力,往生西方",弘扬净土,著述甚丰,被尊为"莲宗十三祖"。

法雨寺中的玉佛殿面宽三间,外加围栏,黄琉璃顶。现供奉的玉佛高1.3米,是1985年从北京雍和宫移来的,原来供奉的是普陀山僧人慧根从缅甸请得的玉制释迦牟尼佛像,像高 2 米,雕刻精细,后被毁⑤。

参考文献

①②王连胜主编,释妙善鉴定:《普陀珞珈山志》卷六。

③⑤《普陀山志》编纂委员会:《普陀山志》,上海书店,1995 年。

④吴承华:《普陀山寺院建筑、摩崖艺术与佛教文化》,《浙江海洋学院学报》(人文科学版),2000 年第 2 期。

十、报国寺

1.建筑所处位置。四川省峨眉山市峨眉山麓。

2.建筑始建时间。明万历四十三年(1615)。

3.最早的文字记载。佛教经典《释氏要览》云:人生在世,有四恩必报。一,父母恩。二,师长恩。三,国王恩。四,施主恩。康熙题报国寺匾,其依据如此①。

4.建筑名称的来历。报国寺古称"会宗堂",清康熙四十二年(1703)题现寺门匾额"报国寺"三字,取佛门"四恩总报"中"报国王恩"之意,由大臣王藩手书②。

5.建筑兴毁及修葺情况。报国寺本称会宗堂,为明万历四十三年(1615)明光道人主建,原址与伏虎寺隔溪相对。庙中供奉普贤、广成子和楚狂,取儒、释、道三教会宗之义,故名会宗堂,明末毁。清顺治年间(1644—1660),闻达和尚重建,迁到大光明山麓,即今址。康熙四十二年(1703)御赐"报国寺"名,始改今名。清嘉庆(1796—1819)、光绪(1875—1909)时两次扩建,同治五年(1866)暮春,释广惠也有扩建,遂成四重殿宇和亭台楼阁俱全的宏大寺庙。现山门乃 1986 年按原貌重建③。

6.建筑设计师及捐资情况。明光道人、释广惠等人。

7.建筑特征及其原创意义。报国寺是峨眉山的门户和入山第一座寺庙,现占地面积 60 余亩,建筑面积 5600 多平方米,依山而建。寺院山门"报国寺"匾额名称为清康熙钦定,寺内殿宇轩昂。山门、弥勒殿、大雄殿、七佛殿、普贤殿、藏经楼等,自前至后沿中轴线逐渐升高④。

第一殿为弥勒殿;第二殿为大雄宝殿。中供释迦牟尼佛,金色庄严,两旁列十八罗汉。均高 1.5 米,为彩绘金身泥塑像。这些佛像都是保存下来的文物,具有唐宋造像遗风。在大雄宝殿后面的天井里,有明代铸造的紫铜华严塔。塔高 6 米,分 14 层。上铸有 4762 尊佛像和《华严经》全部经文。佛像、经文皆清晰可辨。这是四川省现存的最大铜塔;第三殿为七佛殿;最后一殿为藏经楼,珍藏着许多文物。整个寺庙布局严谨有序、雄伟恢弘。

8.关于建筑的经典文字轶闻。寺内正殿原供奉着佛、道、儒三教的代表,曾名"会宗堂",有"三教会宗"的意思。正殿悬有"宝相庄严"匾⑤,生动诠释了宗教文化的中国特色,即宗教臣服于王权之下。

参考文献

①(宋)释道诚辑:《释氏要览》,见《大正藏》第五十四册。峨眉山刻本,康熙二十八年(1689)。

②③罗哲文:《中国著名佛教寺庙》,中国城市出版社,1995 年。

④⑤峨眉山志编纂委员会:《峨眉山志》,四川科学技术出版社,1997 年。

十一、报恩寺

1.建筑所处位置。四川省平武县城内。

2.建筑始建时间。开工于明正统五年(1440),完工于明天顺四年(1460)。

3.最早的文字记载。据《龙安府志》载,平武古代"地处边陲,界在氐羌",是少数民族杂居之地。为镇抚边夷,明朝在平武设置宣抚司官衙。明宣德三年(1428),龙州宣抚司土官佥事王玺(字廷璋,祖籍扬州府兴化县人),袭父职继任土官佥事之职。《龙安府志》是清道光二十年(1840),龙安府知府邓存咏等十余人,辑录上古史书资料及当时调查风土民情修成的,保存了龙安珍贵史料。另据《敕修大报恩寺碑铭》记载,王玺"崇儒奉释,凤植善根"。宣德十年(1435),王玺借进京朝贡之机,以"古遗藏经无处收贮,思无补报"为由,"保障遐方,祝延圣寿为请"拟修建寺庙一所,上奏帝廷。帝念其心诚,破例允之。王玺奉旨而归,"爰竭资产,鸠工积材",于明正统五年(1440)破土动工,历经王氏父子两代20个春秋,于明天顺四年(1460)乃告竣工①。

4.建筑名称的来历。全称为"敕修报恩寺"②。

5.建筑兴毁及修葺情况。明正统五年(1440),龙安府佥事王玺计划仿照明代宫殿形制建造他的府第,因僭越制度未成。后来正统十一年旨准改建为"报恩寺",于天顺四年(1460)建成③。1996年列为全国重点文物保护单位。

6.建筑设计师及捐资情况。王玺。

7.建筑特征及其原创意义。报恩寺占地约2.4万余平方米,坐西向东,以重檐歇山顶的大雄宝殿为中心,前有天王殿、后有万佛阁,左有大悲殿,右有华严藏,并铺以二幢、二狮、二门、三桥、钟楼、南北碑亭等相互陪衬,构成了一座布局严谨、装饰华丽的兼有宫殿和寺庙特征的古建筑群,全寺均用珍贵楠木修建,同时具有蛛网不结和高度抗震的特性,被中外专家称为"明初罕见之遗构"、"独具匠心的抗震建筑群"。殿宇都是斗拱结构,斗拱不但有芙蓉、莲花、象鼻、犀角等形式,而且使用数量也相当多,殿宇顶盖铺以金碧交辉的琉璃瓦,顶盖侧壁镶嵌五彩瓷砖,阁楼重迭,飞檐翘角,雄伟壮丽。报恩寺布局结构讲究轴线对称,酷似北京紫禁城,又称"深山王宫"。500多年来,报恩寺经历了无数次地震,但没有一处受损。其建筑艺术集中体现了我国古代建筑工艺的优秀传统和独特风格,对于研究古代建筑史和美术史有着十分重要的价值,是祖国珍贵的文化遗产,是目前我国保存最完整的明代古建筑群之一,在结构形式和建筑艺术上提供了研究明代建筑上下承袭关系的重要实物资料④。

8.关于建筑的经典文字轶闻。龙州(今平武县)宣抚司土官佥事王玺凭借龙州地势险要,想当"土皇帝"。他趁进京朝贡之机,暗以重金招聘曾修建紫禁城的工匠,仿紫禁城形制大兴土木,历经七载,修起了一座金碧辉煌的宫殿。皇上诏王玺进京问罪,并派钦差大臣调查。王氏夫人接到王玺密信,忙令雕工塑匠增制天王金刚,赶造观音佛像。又设立了"当今皇帝万万岁"的九龙牌位。钦差大臣一路游山玩水抵达龙州时,只见"报恩寺"三字金匾高悬,天王金刚威武雄壮,千手观音慈祥肃穆,诸天佛圣、钟磬法器样样具备,叹曰:"此非王府,实属庙也!"加之王氏夫人以金银美女赂之,钦差回朝便竭力为王玺美言,皇上便赦了王玺死罪,又将"报恩寺"改为"敕修报恩寺"⑤。

参考文献

①②⑤曾维益(重排重印),(清)道光《龙安府志》,四川平武县人民政府出资,1996年。

③④刘敦桢、汪菊渊等:《中国大百科全书》(建筑、园林、城市规划),中国大百科全书出版社,1988年。

十二、哲蚌寺

1.建筑所处位置。西藏自治区拉萨城西郊10千米的更丕乌孜山下①。

2.建筑始建时间。明成祖永乐十四年(1416)②。

3.最早的文字记载。"汤吉钦巴·根登珠巴·白桑布……他依照上师本尊授记,于噶丹寺建后八年哲蚌寺建"③。

4.建筑名称的来历。哲蚌寺的藏文全称是"吉祥米聚十方尊胜洲"。寺在山坳,远远望去,一片白色的建筑,仿佛堆积在山坳里的一堆雪白大米。"哲蚌",在藏语中意为"积米"。因而得名"哲蚌寺"④。

5.建筑兴毁及修葺情况。哲蚌、甘丹、色拉三大寺被称为拉萨三大寺,是格鲁派创始人宗喀巴大师传教的寺庙,这三座寺院的建成,使拉萨更加成为藏族人民心目中的"圣地"。其中哲蚌寺为格鲁派最大的寺院。到17世纪中叶,五世达赖执政以后,规定各寺常住寺庙喇嘛人数的时候,哲蚌寺定额7700人。到新中国成立前夕,实际住寺僧人多达10000余人,成为西藏地区规模最大、僧人最多的寺院集团⑤。

6.建筑设计师及捐资情况。创建者绛央却杰(妙音法王)·扎西贝丹。另外,哲蚌寺西南角的甘丹颇章是1530年左右由二世达赖根敦嘉措主持修建的⑥。

图 12-6-2 拉萨哲蚌寺措钦大殿

7.建筑特征及其原创意义。哲蚌寺为格鲁派三大寺之一。哲蚌寺的建筑巧妙地利用山坳里的一片漫坡地,逐层上建,殿宇连接,群楼耸峙,规模宏大,雄伟壮丽。哲蚌寺的建筑很多,主要的有甘丹颇章、措钦大殿、四大扎仓及其所属康村等。各个建筑单位大体上可分为院落地平、经堂地平和佛殿地平这样三个地平高程。这样就形成由大门到佛殿逐步升高的格局,使后面的佛殿部分显得巍然高耸。在大殿和主要经堂的外部又采用金顶、相轮、宝幢等加以装饰,使得建筑形体更加丰富多彩。措钦(大法堂)大殿位于哲蚌寺的中心,是哲蚌寺的主要建筑,占地4500多平方米,经堂内有190多根柱子,可容纳7000到10000名喇嘛,是全寺僧人集中诵经和举行仪式的场所。哲蚌寺扩建时有7个扎仓,后来逐步合并为四大扎仓,分别为果芒、罗色林、德阳和阿巴扎仓。其中罗色林扎仓的规模最大,主经堂由108根圆柱组成,面积1100多平方米,可容纳5000名僧人同时诵经。后殿为强巴拉康,主供强巴佛。果芒扎仓主经堂由102根木柱组成,面积1000多平方米,内设吉巴拉康、敏主拉康及卓玛拉康,并列于大经堂最后面。德央扎仓主经堂由56根圆木柱组成,面积500多平方米,主佛为维色强巴佛,意为破除一切穷困的强巴佛,是僧俗信众对未来美好幸福的向往和寄托。阿巴扎仓为密宗学院,大殿由48根大柱组成,面积480平方米,

图 12-6-3 拉萨哲蚌寺全景

殿中供奉的是9头34臂的胜魔饰畏金刚像,是黄教密宗三大本尊之一。还有甘丹颇章是

达赖喇嘛在哲蚌寺的寝宫,在重建布达拉宫以前,五世达赖喇嘛一直住在这里,并在那一时期执掌了西藏的政教大权。

8.关于建筑的经典文字轶闻。格鲁派创始人宗喀巴(1357—1419)是青海湟中县人,7岁出家,16岁时到拉萨学佛。他拜数十位各派高僧为师,后在拉萨传教。宗喀巴大师长期在拉萨的天然山林闭关修行,影响极大。哲蚌寺的创建者绛央曲结(妙音法王)·扎西贝丹他出生在山南桑耶地方。幼年在泽当寺出家,曾在江浦、觉摩陇等寺学法,后来从宗喀巴师徒受比丘戒。是宗喀巴的得意门徒。绛央曲结·扎西贝丹的父亲是有名的富户,扎西贝丹和当地官商富户结交甚密,同当时的内邬宗本南噶桑颇是挚友。1416年,扎西贝丹创建哲蚌寺的时候,得到南噶桑颇的大力资助。在他的带动和影响下,很多贵族和富商也都出资相助。有的拨出土地和农奴作为寺产,有的还把他们的子弟送去哲蚌寺学经[7]。

参考文献

①②罗哲文:《中国著名佛教寺庙》,中国城市出版社,1995年。

③土观·罗桑却季尼玛著,刘立千译注:《土观宗教源流》,西藏人民出版社,1999年。

④⑤罗行风:《中国大百科全书》(宗教),中国大百科全书出版社,1988年。

⑥傅润三:《漫谈寺院文化》,宗教文化出版社,1999年。

⑦法王周加巷著,郭和卿译:《至尊宗喀巴大师传》,青海人民出版社,2004年。

十三、色拉寺

1.建筑所处位置。西藏自治区拉萨北郊3千米的色拉乌孜山下[1]。

2.建筑始建时间。明成祖永乐十六年(1418)[2]。

3.最早的文字记载。《格鲁派黄琉璃镜史》载,宗喀巴大师长期在拉萨的天然山林闭关修行,明成祖永乐六年(1408)派遣四位大人邀请宗喀巴去北京传法,会见地点在色拉曲顶。他任命西绕僧格为导师参加新建吉祥麦居扎仓的庆祝典礼,亦在色拉曲顶开场,这是色拉建立寺庙的肇始[3]。

4.建筑名称的来历。寺院全称为"色拉大乘洲"。关于寺名来源有两种说法:一说该寺在奠基兴建时下了一场较猛的冰雹,冰雹藏语发音为"色拉",故该寺建成后取名为"色拉寺",意为"冰雹寺";一说该寺兴建在一片野玫瑰花盛开的地方,故取名"色拉寺",野玫瑰藏语发音也为"色拉"[4]。

5.建筑兴毁及修葺情况。该寺是明永乐十六年(1418)年由宗喀巴的弟子绛钦却杰·释迦益西在柳乌宗贵族朗卡桑布的资助下修建的。到清代约18世纪初,固始汗对色拉寺进行扩建,使它成为格鲁派六大寺院之一[5]。

6.建筑设计师及捐资情况。色拉寺创建者是绛钦却杰,此后,绛钦却杰·释迦益西在柳乌宗贵族朗卡桑布的资助下扩建。固始汗及其后裔拉藏汗也曾分别进行过扩建[6]。

7.建筑特征及其原创意义。色拉寺是一所具有代表性的黄教寺院,是藏传佛格鲁派六大主寺之一,也是拉萨三大寺中建成最晚的一座寺院。色拉寺的主要建筑有措钦大殿、麦巴扎仓、结巴扎仓、阿巴扎仓及30个左右康村。措钦大殿于1709年由固始汗后裔拉藏汗赞助修建。大殿共有180根木柱,面积1092平方米,可容纳5000僧人同时诵经。共4层,正殿内主供一尊高度超过二层楼的强巴佛和释迦益西的塑像。殿内还有乃堆、甲央、宗喀、土其拉康[7]。

扎仓(学院)是藏传佛教寺院建筑必不可少的组成部分。色拉寺亦有三个重要的扎仓,即阿巴扎仓(密宗学院)、结巴扎仓(显宗学院)和麦巴扎仓(医学院)。

图 12-6-4 拉萨色拉寺全景

色拉寺内藏有大量的珍贵文物和工艺品,如释迦益西从北京返藏时带回的皇帝御赐的佛经、佛像、法器、僧衣、绮帛、金银器等。其中释迦益西的彩色缂丝像,长 109 厘米,宽 67 厘米,虽经 500 多年,色彩仍很鲜艳。藏在措钦大殿的 200 余函《甘珠尔》、《丹珠尔》经书全是用金汁抄写的,十分珍贵。据统计,色拉寺有上万个西藏本土制作的金铜佛像,还有许多从印度带来的黄铜佛像。这些佛像是极具艺术价值的工艺品,体现了灿烂的西藏宗教艺术。

8.关于建筑的经典文字轶闻。创建者绛钦却杰在京传法期间,为明成祖作经忏佛事,完成了密、乐、毁等四续部的修供。皇帝、大臣及随从,另如汉、蒙等信徒无以计数。灌顶、传教,授具足比丘戒等,按各自的意愿巧妙地讲解了许多显密教法,格鲁派开始在内地传播。1416 年,向永乐帝提出准允返藏见宗喀巴的请求,经原路返回拉萨,拜见了宗喀巴,献出永乐帝所赐十六罗汉缂丝卷轴画、檀木架帐篷、金银曼荼罗和许多匹绸缎。在拉萨期间,与永乐帝互相致书问候,赠送礼品,一直未断。1421 年,再次从北京来了迎请人员和诏书。绛钦却杰任命及门弟子达杰桑布作为色拉寺住持代理,仍沿以前途径赴京。由于路途遥远,加之为满足寺庙及众多信徒的心愿,大规模地进行法事活动,以致耽误了很长时间。在他还未抵北京前,永乐帝驾崩,其长子洪熙继位,约一年又病逝。洪熙长子宣德执政当年,1426 年,他应邀来到北京,参加皇帝的父亲洪熙、祖父永乐的逝世祭祀。在北京的八年间,逐次完成皇父、皇祖的亡祭,并针对各寺庙和信徒的愿望广泛宣讲显密教法。1429 年,宣德授予绛钦却杰和乃祖永乐帝所赐名号相同的诰命、金印。宣德九年,所赐的名号和诏书内容如下:"万行妙明、真如上胜、清净般若、弘愿普慧、辅国显教、至善大慈法王、西天正觉如来、自在大圆满佛。"宣德十年(1435),自北京返藏途经佐莫卡时,对弟子阿莫嘎和索南西绕就今后寺庙管理等内外所有事宜作了具体口谕,于藏历十月二十四日示寂。二弟子在该地火化其遗体,将舍利子献给一寺庙作为建塔的装藏。皇帝塑造的像、金字《甘珠尔》、金银合写《甘珠尔》和《丹珠尔》、在世时的本尊像和平时所用物品坐椅等,都作为该寺内部供物。

参考文献

①③④⑤罗竹风:《中国大百科全书》(宗教),中国大百科全书出版社,1988 年。

②王辅仁、崇文清:《藏族史要》,四川民族出版社,1982 年。

⑥傅润三:《漫谈寺院文化》,宗教文化出版社,1999 年。

⑦罗哲文:《中国著名佛教寺庙》,中国城市出版社,1995 年。

十四、甘丹寺

1.建筑所处位置。西藏自治区拉萨东北 40 余千米的旺古尔山上①。

图 12-6-5 甘丹寺(一)

2.建筑始建时间。明成祖永乐七年(1409)。

3.最早的文字记载。"甘丹寺在西藏东五十里甘丹山上,番民传为宗喀巴修行成佛之地,汉教称为燃灯古佛,内经楼佛像幢幡宝盖壮丽与大、小昭寺略同。[2]"

4.建筑名称的来历。"甘丹"是藏语音译,其意为"兜率天",取意于未来佛弥勒所教化的世界。全称为"喜足尊胜洲",号称黄教六大寺之首,也有学者将其译为"具善寺"或"极乐寺",雍正十一年(1733),清世宗御赐寺名"永泰寺"。由此发展起来的喇嘛教派起初就叫做甘丹派,后来演变而成格鲁派,格鲁即是善规之意[3]。

5.建筑兴毁及修葺情况。1410 年 2 月 5 日,宗喀巴主持了甘丹寺的开光大典,并担任了第一任甘丹赤巴。其后,每七年一任,至 1954 年已传至九十六代,规模逐渐扩大。甘丹寺的壁画和雕塑均极精美,诸如措钦大殿左侧小殿室门额上的一组影塑(或称悬塑)兜率天,造型别致,艺术价值极高,寺内收藏的文物也相当丰富。但在"文化大革命"时期,甘丹寺遭到了严重破坏,古老的建筑全部被拆毁,只留下残垣断壁,寺内的大量文物也基本上被洗劫一空,连宗喀巴的灵塔也被砸毁,据说上面的一块世界上排第三大的金刚钻也不知去向,只有小部分贵重文物得以保存下来。1980 年进行了修缮,殿堂内的佛像和壁画已次第恢复旧观[4]。

6.建筑设计师及捐资情况。格鲁派创始人宗喀巴, 原为嘎当派僧人,1373 年他到卫藏地

图 12-6-6 甘丹寺(二)

区学经,先后从萨迦、噶举、夏鲁等派僧人学习。至 14 世纪 80 年代初,学习各派显宗经论,以后又系统的学习密宗,至 80 年代末,遍学藏传佛教显密宗各派教法。自 1400—1409年,宗喀巴积极倡导僧人严守戒律,学经须遵循次第。著《菩提道次第论》(1402 年成书)、《密宗道次第论》(1406 年成书),为创立此派奠定理论基础。1409 年藏历正月,宗喀巴在帕竹地方政权阐化王札巴坚赞和内邬宗(今拉萨西郊柳梧区)宗本南喀桑布及其侄班觉桑布的支持下,在拉萨发起大祈愿法会,参加的各宗派僧人 1 万余人。法会后,宗喀巴又在帕竹地方政权属下贵族仁钦贝、仁钦伦布父子的资助下,主持兴建甘丹寺,独树一派[5]。

7.建筑特征及其原创意义。甘丹寺建在旺古尔日山上,山犹如一头卧伏的巨象,驮载着布满山坳、规模庞大的建筑群,充分体现出传统藏地佛教寺院建筑因地制宜的特点。整座建筑群由佛殿、喇章宫殿、僧院扎仓和米村及其附属建筑单元组成。寺内主要建筑有措钦大殿、羊八坚经院、灵塔殿、宗喀巴寝宫赤陀康以及大量的康村僧舍。措钦大殿也叫拉基大殿,是一般寺院都有的建筑,也是寺内最大的集会场所。殿高三层,占地 2000 多平方米,可容纳 3000 多人同时诵经。殿中有宗喀巴的五狮金座,主供弥勒佛像和宗喀巴像。羊八坚是一处有名的古迹,位于措钦大殿的西侧,高 4 层,有护法神殿、上师殿、坛城殿和历

代甘丹赤巴的灵塔殿。经院底层南面墙上有一组壁画,是当年由宗喀巴的得意门生克珠杰画的佛像和佛本生故事,笔法流畅独到。克珠杰后来成为班禅一世,他的手笔自然是稀世珍宝。经院北侧是宗喀巴的灵塔殿,藏语叫"司东康",宗喀巴的灵塔原为银箔包裹,后以青海地区的税收折合成200两黄金,制成金塔。塔内存有宗喀巴的遗体。灵塔殿北墙角下有块石头,深受推崇。据说这块石头是从印度飞过来的,故称"飞来石"。宗喀巴早年修行的山洞也是一处著名的古迹,位于山城东头的制高点上。它下面是宗喀巴的寝宫。

8.关于建筑的经典文字轶闻。关于建寺的传说,相传有一日宗喀巴和弟子们正筹划选址建寺时,一只过路的乌鸦突然叼走了他头上的帽子,只见它在空中盘旋了几圈,将帽子丢在半山腰上。他赶紧和弟子们追寻到这个地方,并以为这是佛的旨意,当即选定为甘丹寺址[6]。

参考文献

①③④⑤罗竹风:《中国大百科全书》(宗教),中国大百科全书出版社,1988年。

②(清)黄廷桂监修:《四川通志》卷二一。

⑥法王周加巷著,郭和卿译:《至尊宗喀巴大师传》,青海人民出版社,2004年。

十五、强巴林寺

1.建筑所处位置。西藏自治区昌都山南雅砻河东岸的贡布尔日山南麓。

2.建筑始建时间。明英宗正统二年(1437)[1]。

3.最早的文字记载。"有江巴林,亦名成空寺。北系山麓,层楼金殿,左右两河环绕,颇为壮观,乃帕克巴拉呼图坐座之所。[2]"

4.建筑名称的来历。强巴林寺又称昌都寺,因寺内主供强巴佛,故取名"强巴林寺。[3]"

5.建筑兴毁及修葺情况。学成于拉萨色拉寺的康区格鲁派僧人麦·喜绕桑布,受宗喀巴大弟子甲曹杰委派回康区弘法、并最终于明正统二年(1437)在昌都镇第四级台地上定址建寺[4]。

6.建筑设计师及捐资情况。麦·喜饶桑布。

7.建筑特征及其原创意义。寺本身在建筑、绘画、雕刻及收藏等方面都很有特色。它主要由强巴大佛、佛祖殿、宗喀巴和护法神殿等组成,占地约300余亩[5]。格鲁教派的祥雄曲旺扎巴、楚顿朗卡白、年堆冲孜瓦吉冲贡嘎扎西、三世达赖索朗加措等著名的高僧先后主持过该寺,这所闻名全藏的昌都强巴林寺传承十三世堪布。自康熙五十八年(1719)后由帕巴拉三世通娃顿丹起世代主持该寺,到那时,该寺在康区已有130个分寺,多集中于昌都、察雅、八宿、硕板多、桑昂曲及波密地区。

8.关于建筑的经典文字轶闻。强巴林寺历史上与内地王朝联系很紧密,清康熙五十八年,强巴林寺在平定准噶尔之乱中为清军支应乌拉等极为出力,六世帕巴拉受清圣祖敕封为"诺门汗"并正式颁发正呼图克图铜印,这是清康熙年间敕封班禅额尔德尼之后,最早敕封的呼图克图之一。乾隆五十六年(1791)曾为该寺题写"祝厘寺"匾额。

参考文献

①④③⑤听风长吟:《昌都强巴林寺》,《西藏旅游》,2000年第1期。

②《西藏研究》编辑部:《西藏志卫藏通志》,西藏人民出版社,1982年。

十六、扎什伦布寺

1.建筑所处位置。西藏自治区日喀则市郊尼色日山麓①。

2.建筑始建时间。明正统十二年(1447)"汤吉钦巴·根登珠巴·白桑布以(宗喀巴)大师正教在后藏弘传,他依照上师本尊授记于……色拉寺建后二十九年在后藏建扎什伦布寺。②"

3.最早的文字记载。"有班禅喇嘛居日喀则成之扎什伦布庙号,为后藏酋俗崇奉,又在诸酋王之上。③"

4.建筑名称的来历。"扎什伦布"藏语意为"吉祥须弥山",在离日喀则很远的地方,就能看见城西的扎什伦布寺的金顶在阳光下闪闪发光,因此取意于佛门须弥山④。

5.建筑兴毁及修葺情况。历时12年建成。措钦大殿为本寺最早的建筑。自寺院创建后,陆续建成弥勒殿、度母殿、晒佛台等重要建筑。万历二十八年(1600),四世班禅罗桑确吉坚赞担任该寺"池巴"(意为法王)时,进行了大规模的扩建,从此,扎什伦布寺成了历代班禅的驻锡祖庭⑤。

6.建筑设计师及捐资情况。宗喀巴的弟子根敦珠巴,在日喀则宗本穷结巴霍尔班觉桑波的资助下修建⑥。

7.建筑特征及其原创意义。扎什伦布寺占地面积15万平方米,周围筑有宫墙,宫墙沿山势蜿蜒迤逦,周长3000多米。寺内有经堂57间,房屋3600间,整个寺院依山坡而筑,背附高山,坐北向阳,殿宇依次递接,疏密均衡,和谐对称。寺庙的入口处可以看到壮观的殿宇群落。白色房屋上面有金顶的褐色建筑群,就是历代班禅的灵塔。右前方是一座高大的白墙,每逢节日,巨幅的唐卡在墙上展示,整个寺庙则被一圈高墙围着。重要建筑:弥勒殿始建于1461年,高30米,分设5层殿堂。规模宏大,殿内供奉着驰名中外的鎏金青铜弥勒坐像一尊,因此不仅成为扎什伦布寺的一个重要

图 12-6-7　西藏日喀则扎什伦布寺仓转角柱饰

图 12-6-8　西藏日喀则扎什伦布寺外景

组成部分和教徒们朝拜的主要殿堂,而且成了吸引国内外游客参观的重要内容。班禅宫殿,位于红殿之上,一直是历代班禅大师的住所,尽管目前的建筑结构是建于六世班禅时期(1738—1780)。但它不向公众开放,有兴趣者可从十世班禅灵塔的庭院进入班禅宫殿前部的几个小殿。为觉干夏殿,殿中存有四世班禅(1567—1662)的灵塔,四世班禅是西藏历史上非常有建树的大活佛,是著名的五世达赖喇嘛的老师。他的灵塔建于清康熙元年(1662),历4年建成。灵塔高11米,花费黄金2700余两、白银3.3万多两、铜7.8万多斤,绸缎9000余尺,玛瑙、珍珠、珊瑚、松耳石等共7000余颗。扎什伦布寺最早的建筑为措钦大殿,殿中有班禅讲经时坐的宝座,也是整个寺院中最大的建筑物,它是一个庞大的复合式建筑,大殿前部是大经堂,可容纳2000个喇嘛祷诵经文。经堂中央是班禅的宝座,经堂后面的三间佛殿,释迦牟尼殿居中,东侧是度母殿,西侧为弥勒殿。释迦殿内供有5米多高的释迦牟尼鎏金铜像,据说像体内有释迦牟尼的舍利,还有根敦珠巴的经师西绕森格的头盖骨以及宗喀巴的头发。

8.关于建筑的经典文字轶闻。扎什伦布寺是西藏最大的寺庙之一,与拉萨的哲蚌寺、色拉寺和甘丹寺以及青海的塔尔寺和甘肃南部的拉卜楞寺并列为格鲁派的六大寺庙。

参考文献

①④罗哲文:《中国著名佛教寺庙》,中国城市出版社,1995年。

②土观·罗桑却季尼玛著,刘立千译注:《土观宗派源流》,西藏人民出版社,1999年。

③乾隆朝敕修《大清一统志》卷四一三。

⑤⑥罗竹风:《中国大百科全书》(宗教),中国大百科全书出版社,1988年。

十七、化(华)觉巷清真寺

1.建筑所处位置。西安市西安城内北院门化(华)觉巷内。

2.建筑始建时间。"清真寺在县北,明洪武十七年(1384)尚书铁铉修,永乐十一年(1413)太监郑和重修"①。

3.最早的文字记载。寺内《创建清真寺碑》、《重修清真寺碑》碑文。

4.建筑名称的来历。原名清修寺,俗称东大寺。化觉巷本名"子午巷",因对南山子午峪而得名,后因修建化觉寺而改名化觉巷。"化觉者,觉悟之义也。""清真"本为汉语词汇,明朝中期以降,该词多指伊斯兰教"万物非主,唯有安拉"的意思。

5.建筑兴毁及修葺情况。约建于明初(14世纪),明嘉靖元年(1522),明万历三十四年(1606)和清乾隆二十九年(1764)先后重修。中华人民共和国建立后,又几经修葺,是中国现存采取传统建筑形式的清真寺中规模最大、保存最为完整的一座②。

6.建筑设计师及捐资情况。铁铉。

7.建筑特征及其原创意义。化(华)觉巷清真寺占地达12000多平方米,建筑面积4000平方米。共分四个院落,主体建筑坐西向东,南北宽50米,东西长250米,为传统的四合院式布局。从整体上看,院内建筑物规模宏伟,布局严整,楼、台、亭、殿,疏密得宜,形成一组比较完整的古建筑群。

全寺四进院落,排列在一条线上。一进大门,东面围墙上有一幅壮丽精美的巨幅砖雕。在第一进广阔的前院里有一座木牌楼,楼高9米,3开间,琉璃瓦顶,翼角飞檐。此牌楼为明代中叶所建。牌楼门楣上刻有"敕赐礼拜寺",甚为壮观。西行穿堂进入第二院,院中建石牌坊一座,碑文记述了该寺历次修葺情况。碑阴分别刻着宋代大书法家米芾

"道法参天地"和明代大书法家董其昌"敕赐礼拜寺"手笔。第三进院落,入口处是面阔三间、进深两间的敕修殿,近墙处有阿拉伯文《月碑》一通,系清雍正十年(1732)三月十三日所立。向西进第三院,院落中心矗立着八角攒顶三层阁楼。名曰:"省心楼"。建筑造型美观,秀丽典雅。省心楼南北两厢,为讲经堂,讲经堂内珍藏着古手抄本《古兰经》和描绘伊斯兰教圣地及分布的《麦加图》。第四进院是该寺最大的院落。院中央高树一座六角双翅,檐举拂云,形如凤凰起舞的"一真亭"(又名凤凰亭)。凤凰亭上悬有明惠帝朱允炆建文元年(1399)铁铉所写"一真"两字。凤凰亭南北,各有 7 间厢房,称为"南厅"、"北厅"。疏朗轩敞的南厅,内装清康熙年间黄杨木雕镶嵌的隔屏 12 扇,系我国 300年前珍贵的工艺品。

礼拜大殿是清真寺内最重要的建筑,是教民进行礼拜活动的地方。其平面为凸字形,由卷棚、礼拜殿和后窑殿三部分构成,前面为二卷同高的勾连搭歇山顶,后窑殿屋顶垂直第二卷屋顶呈丁字形,形成丰富多变的屋顶造型,是伊斯兰建筑寺院所独具的特点,大殿开间为 32.9 米、进深 27.5 米,两侧山墙不开窗,使大殿内较幽暗迷离,仅见后窑殿部分缕缕光线,形成回教建筑内特有的气氛[3]。

8.关于建筑的经典文字轶闻:唐天宝元年《创建清真寺碑》、明嘉靖元年《重修清真寺碑》皆珍藏在"南厅"后面幽静的碑廊里。南厅的廊檐下,悬挂黑底金字楹联一副,上书:"巨蟒道安赢驼转健,熟羊告毒烹鲤言机。"此联每 4 字一个掌故,记述穆罕默德的"四大奇迹"。

参考文献

①(清)刘于义:《陕西通志》卷二八。

②罗竹风:《中国大百科全书》(宗教)中国大百科全书出版社,1988 年。

③邱玉兰、于振生:《中国伊斯兰教建筑》,中国建筑工业出版社,1992 年。

十八、塔尔寺

1.建筑所处位置:青海省西宁市西南约 30 千米的湟中县宗喀巴出生地鲁沙尔镇南面的莲花山中,距省会西宁市 25 千米。

2.建筑始建时间:明嘉靖三十九年(1560)兴建[1]。

3.最早的文字记载:宗喀巴于元世祖至元二十八年(1357)在现今的塔尔寺大金瓦殿处诞生,明永乐十七年(1419)在拉萨甘丹寺圆寂。明洪武十二年(1379)宗喀巴的母亲以菩提树为核心建成莲聚宝塔,明嘉靖三十九年(1560)高僧仁青宗哲坚赞在莲聚塔左侧建成弥勒佛殿,先建塔,后成寺[2]。

4.建筑名称的来历:得名于大金瓦寺内为纪念黄教创始人宗喀巴而建的大银塔,藏语称为"衮本绛巴林",意思是:"十万狮子吼佛像的弥勒寺",即为十万金身慈氏洲,简译亿佛寺。俗称塔尔寺[3]。

5.建筑兴毁及修葺情况:明嘉靖三十九年(1560),禅师仁钦尊追嘉措于宗喀巴母亲及信徒所建的石塔旁建一静房,聚僧坐禅。17 年后,再建弥勒佛殿一座,塔尔寺初具规模,取藏名"衮本绛巴林"。大经堂始建于明万历四十年(1612),主体建筑大金瓦殿始建于清康熙年间(1662—1721),民国元年(1912)遭火焚后重修。大拉让(又称扎西康沙)建于清顺治七年(1650)。1961 年 3 月,国务院公布该寺为全国重点文物保护单位,国家出资多次维修[4]。

6.建筑设计师及捐资情况:仁钦尊追嘉措,索南嘉措。"明嘉靖三十九年(1560),当地僧人仁钦尊追嘉措为纪念宗喀巴,在鲁沙尔镇建一小寺。万历五年(1577)他又建一弥勒佛殿,使寺院略具规模。万历十一年(1583),三世达赖喇嘛索南嘉措去内蒙古土默特部时途经此寺,又嘱托该寺住持尊追坚赞桑布扩建,逐步发展成今日规模。"

7.建筑特征及其原创意义:塔尔寺是我国藏传佛教格鲁派六大寺之一,全寺占地600余亩,僧舍房屋9300多间,殿堂52座,僧人最多达3600余人。全寺四山环绕,殿宇宏伟,佛像庄严,梵塔棋布。其中大金瓦殿和大经堂为全寺主体建筑。大金瓦殿建筑面积456平方米,上下三层,飞檐四出,各抱形势,歇山式金顶,覆以镏金铜瓦,墙面用琉璃砖砌成,图案精美,殿内纪念宗喀巴的大银塔,誉为"世界一庄严",殿堂正门上方悬有清代乾隆皇帝亲题的"梵教法幢"匾额。现存大经堂为民国元年(1912)重修,总面积为2750平方米,经堂内长柱18根,短柱90根,皆用特制地毯包裹,地上铺设地毡坐垫,可供3000僧人集体诵经,正西方供有无数佛像、藏文经典,设有达赖、班禅以及寺院法台座,柱间满挂各种堆绣的卷轴画。此外,尚有弥勒殿、九间殿、三世达赖灵塔殿、释迦殿、依怙殿、小金瓦殿、花寺、居巴扎仓、丁科尔扎仓、曼巴扎仓、如来八塔等。寺内文物众多,藏有历代统治阶级赐赠的各种匾额和汉藏文碑刻。塔尔寺最珍贵的圣物是宗喀巴诞生时剪脐带滴血处生出的一株树叶脉纹自然显现狮子吼佛像的旃檀树(菩提树)。菩提树根向四方延伸,如身之四肢展开,是藏传佛教格鲁派的法流渊源。

塔尔寺也是藏族文化艺术的宝库。塔尔寺设显宗、密宗、医学、时轮四大扎仓(学院)。明万历四十年(1612),在三、四世达赖喇嘛的倡导下,首建显宗学院,建立讲经开法制度,系统学习因明、般若、中观、俱舍、戒律等显宗经典。以后又相继建成密宗、时轮、医明学院,形成正规的学经制度,学习生圆次等方面的密宗经典和天文、历算、医学等方面的知识。现存有数以万计的有关佛学、藏族历史、文学、语言方面的文献图书,是研究藏学的珍贵资料。此外,该寺的酥油花(塑)、壁画和堆绣号称"三绝",所以寺内有专门制作酥油花的房屋,称为上、下花院。各殿内都有大量的雕刻、壁画、堆绣、酥油花等[7]。

8.关于建筑的经典文字轶闻。塔尔寺是藏传佛教格鲁派的创始人宗喀巴大师的降生地。宗喀巴成名后,出现了许多有关他灵迹的传说。据说在他诞生后剪脐带滴血的地方长出一株白旃檀树。明洪武十二年(1379),宗喀巴母亲按儿子来信所示,在信徒们帮助下,以这株旃檀树和宗喀巴所寄狮子吼佛像为胎藏,砌石建塔,这是塔尔寺最早的建筑。后来,该塔一再改建易名,成为现在大金瓦殿中的大银塔,是全寺的主供神物,汉语塔尔寺即由此塔得名。据藏文古籍《塔尔寺传》记载:"宗喀巴大师的美誉遍覆三域,蔚蓝天空庄严殊胜之下,慈云如被、洁白无瑕的莲花山中,有其尊身诞生之处,它是第二蓝毗尼园(蓝毗尼,佛陀诞生处,位于尼

图 12-6-9 青海西宁塔尔寺

图 12-6-10 青海西宁塔尔寺山门

泊尔境内），为普陀珞伽主达赖喇嘛与极乐刹主一切智班禅额尔德尼为主的许多大德亲临作加持的圣地，是具足明智，解脱二种功德善巧成就者自然聚会的修习圣地，是一切有情的福善所生的佛土，是普遍传称尊胜四方的大寺院——贡本绛巴林。

参考文献

①姜怀英、刘占俊：《青海塔尔寺修缮工程报告》，文物出版社，1996 年。

②藏文古籍《塔尔寺传》，塔尔寺藏本。

③罗哲文：《中国著名佛教寺庙》，中国城市出版社，1995 年。

④罗竹风：《中国大百科全书》（宗教卷），中国大百科全书出版社，1988 年。

十九、耶稣会圣保禄教堂（大三巴牌坊）

1.建筑所处位置。位于今澳门特区大炮台山麓。

2.建筑始建时间。明穆宗隆庆六年（1572），澳门耶稣会首任主教卡内罗在大炮台旁建造了早期圣保禄教堂和修院①。但该教堂后毁于火灾。现存以大三巴牌坊（即圣保禄教堂前壁，大三巴是民间俗称）为代表的建筑始建时间为万历二十九年（1601）②。

3.最早的文字记载。寺首"三巴"，在澳门东北。依山为之，高数寻。屋侧启门，制狭长，石作雕镂，金璧照耀。上如覆幔，旁绮疏瑰丽。所奉曰："天母"，曰玛利亚。貌如少女，抱一儿，曰天主耶稣。衣非缝制，自项被体。皆才士平画，障以琉璃，望之如塑。旁貌三十许人，左手执浑天仪，右叉指，若放论说状。须眉竖者如怒，扬者如喜。耳重轮，鼻隆准。目若瞩，口若声。上有楼，藏诸乐器。有定时台，巨钟覆其下，立飞仙台隅，为击台隅，为击撞形。以机转之，按时发响。僧寮百十区，番僧充斥其中③。

4.建筑名称的来历。圣保禄教堂是耶稣会在中国澳门创办的教堂。要了解这个名称，需要了解耶稣会的历史。1517年德国神父马丁路德进行宗教改革，基督教被分裂成天主教和耶稣教。天主教于16世纪初向中国传播，耶稣教则于19世纪初传入中国。无论是天主教，还是耶稣教，进入中国传教都是从澳门开始的。现存的圣保禄教堂正门所以叫大三巴牌坊，是因为圣保禄教堂历史上俗称三巴寺的缘故。圣保禄教堂曾经是澳门第一所神学院，负责从欧洲来传教的人员的汉语培训。一般时间需要两年多。早在清朝初年，澳门文人所写的地方风土诗中就有"相逢十字街头客，尽是三巴寺里人"之类的句子。显见，牌坊以三巴名。当是因圣保禄教堂俗名三巴寺而得名④。

5.建筑兴毁及修葺情况。澳门圣保禄教堂建成后，经历过三次火灾。教堂彻底烧毁于1835年1月26日的那一场大火。由于教堂内堆积了大量柴薪，所以大火只烧了两个多小时，建筑物便荡然无存。现存大三牌坊是圣保禄教堂的前壁遗迹，为硕果仅存者。1835年4月，澳门议事局委托圣约瑟修院（College of St.Joseph）的上司负责将圣保禄教堂废墟改造成坟场。当时的殖民主义者官方件上写明这块坟场还要对入葬者征税。并明确规定"石门牌坊则保存无损，俾资后人瞻仰。⑤"

6.建筑设计师及捐资情况。澳门耶稣会圣保禄教堂原本是由一名意大利籍的耶稣会神父卡尔洛·斯皮罗拉（Carlo Spinuola）所设计⑥。卡尔洛·斯皮罗拉奉命到日本传教。适值日本政府禁教。1614年，大批日本天主教堂徒到澳门避乱，因此其中的日本工匠有机会协助Carlo Spinuola建成该教堂。1601年奠基，1603年主体工程完工。1637年全部竣工，圣保禄教堂前一段长石阶则于稍晚完工。据文献记载，单是主体建筑就耗银7000两。

7.建筑特征及其原创意义。1637年，澳门圣保禄教堂立面完工。该年彼德·芒迪（peter

Munndy)神父来澳门视察,命令将教堂主体与石头装饰的立面结合起来。当时拼接的痕迹现在在大三巴牌坊背后还清晰可见。圣保禄教堂坐北朝南,主祭坛位居北面,主人口设置在南面。这种空间安排有别于欧洲教堂的传统。在欧洲,因为基督教的圣地位于欧洲的东面,所以圣坛设置在东面。进入教堂的信徒就自然地由西向东。有朝圣的寓意。圣保禄教堂之所以采取中国式的朝向,源于基督传教的一条本土化策略。基督教徒认为采用所在国的习惯做法表示他们尊重传教国的文化传统。教堂的平面布局如十字形。教堂外墙为夯土墙,为防台风,所以建得比较厚实和低矮。室内空间通过两排柱子分隔成一个中厅和两个侧厅。中厅正对着主祭坛。主祭坛感觉十会深远。两个侧厅的顶端部分分别对应着圣灵(The Holy Sprinl)祭坛和圣米格尔(St.Miguel)祭坛。三个祭坛都采用白石雕凿的拱券形式。卡尔洛·斯皮罗拉(Carlo Spinuola)所设计的这座著名的澳门教堂毁于1835年1月26日的一场大火。圣保禄教堂的立面是欧洲古典元素和东方装饰图案结合的产物。其主题的解释天主教教义。佛朗西斯(J.D.Francis)对大三巴上下五屋精美的图案解释说:"此为神学石刻。集合一切圣人,其中以圣母为主。顶层,首先通过圣人工作;次层是基督感化人,代世人受难,牺牲死亡,降服魔鬼;中层,通过圣母,使人得到恩赐,更由圣母力量得到永生。所以救世是上帝借耶稣功德,给人们以灵魂。其下两层,是通过圣母及诸圣人的功德,而使人们得救。"刘先觉教授对大三巴牌坊的解说则结合巴洛克建筑艺术来谈。兹述其要点于次:这本石刻圣经共分五层:最顶层以三角形山花装饰青铜鸽子图案象征圣灵。周围环绕的四星,左边两颗象征月亮,右边两颗象征太阳。寓意圣灵自由游荡于日月星辰之间。第四层正中神龛内为耶稣站像。伸着的右手本来就捧有一个地球仪(地球仪已经不存在)。耶稣像两侧有菊花百合花,是日本匠人所传达的日化文化,以示纯洁,两旁的天使或扛十字架,或抱木桩。此外,还有若干耶稣受难的刑具。本层柱式为组合式。第三层与第四层之间有暗道相通,系为清洁各层的内部通道。第三层的柱式是组合柱式。中间神龛里站着的是圣母玛利亚。两侧的石板上刻着六位天使,或做祈祷状,或做吹号状,或做燃香状。寓意关圣母升天。第二层柱式为科林新柱式。有四尊圆雕铜像,四人皆为天主教圣人。这些铜像都是澳门铸炮厂铸造。第一层柱子是爱奥尼式。有三道大门,正门之上刻着拉丁文"Mater Dei",表示所以希望得救的人都应自此门入。两旁小门上均刻有耶稣会标志"IHS",寓意借此十字架可以得救[7]。

8.关于建筑的经典文字轶闻。内地官如澳,判事官以下,皆迎于三巴门外,三巴炮台燃大炮,番兵肃队,一队鸣鼓,一人飐旗,队首位靴裤帕首状,舞枪前导;及送亦如之[8]。

参考文献

①邓开颂、黄弘钊:《澳门历史新说》,花山文艺出版社,2000年。

②据葡萄牙《海外历史档案》第1695号。刘先觉、陈泽成:《澳门建筑文化遗产》,东南大学出版社,2005年。

③⑧(清)释印光:《澳门杂诗》,见南京图书馆1998年编纂之《澳门问题史料》。

④(民国)汪兆铺:《澳门杂诗》,见南京图书馆1998年编纂之《澳门问题史料》。

⑤王文达:《澳门掌故》,澳门教育出版社,1999年。

⑥⑦刘先觉陈泽成:《澳门建筑文化遗产》,东南大学出版社,2005年。

(七)志陵

一、明孝陵

1.建筑所处位置。南京市钟山南麓玩珠峰下独龙阜。

2.建筑始建时间。洪武十四年(1381)。蒋山寺住持仲羲奏迁蒋山寺及宝公塔于东冈。改赐寺额为灵谷寺,榜外门曰第一禅林①。洪武十五年九月葬太祖之马皇后时,"命所葬山陵曰孝陵",十六年建享殿,永乐三年(1405)树神功圣德碑并建碑亭,永乐九年建大金门②。

3.最早的文字记载。辛卯,葬孝陵,谥曰:"高皇帝",庙号:"太祖"。永乐元年谥:"神圣文武钦明启运俊德成功统天大孝高皇帝"。嘉靖十七年增谥:"开天行道肇纪立极大圣至神仁文义武俊德成功高皇帝"③。

4.建筑名称的来历。孝陵之名,取意于谥中的孝字,有"以孝治天下"之意,一说是因马皇后谥"孝慈",故名④。

5.建筑兴毁及修葺情况。朱元璋亲率精通阴阳五行的刘基、开国元勋徐达及汤和踏遍"金陵王气所钟"的紫金山,选定了独龙阜这块风水宝地。次年,朱元璋命中军都督府佥事李新主持陵墓的营建工程,第二年八月,马皇后去世,九月葬入此陵墓,定名为"孝陵"。洪武十六年(1383)五月,孝陵殿建成。洪武三十一年(1398)闰五月,朱元璋病逝,与马皇后合葬于此陵。明孝陵的附属工程一直延续到永乐十一年(1413)方告结束,前后历时 32 年,动用十万军工,耗费巨大⑤。现存建筑有神烈山碑、禁约碑、下马坊、大金门、四方城及神功

图 12-7-1 南京明孝陵神道石翁仲

图 12-7-2 南京明孝陵神道石象生——蹲驼

图 12-7-3 南京明孝陵神道石象生——立象

653

圣德碑、石像翁仲、御河桥、陵门、碑亭、孝陵殿、大石桥、宝城、墓及清末所建碑亭、享殿等。

6.建筑设计师及捐资情况。明孝陵陵址的主要卜地选址者刘基，朱元璋自创陵寝制度⑥。具体主持陵墓工程设计施工者为李新。洪武十五年十二月己卯，以营孝陵功，封中军都督府佥事李新为崇山侯。

7.建筑特征及其原创意义。明孝陵规模宏大，建筑雄伟，形制参照唐宋两代的陵墓而有所增益。陵园纵深 2.6 千米，当年环陵红墙长达 22.5 千米，墓区的建筑大体分为两组：前段为引导部分，包括大金门，神功圣德碑、石象生（狮、獬豸、骆驼、象、麒麟、马，各两对，一立一卧，共十二对）、擎天柱、武臣四躯、文臣四躯、棂星门。孝陵神道由碑亭起即迂回绕曲，沿梅花山西侧折北，使神道引伸长达

图 12-7-4 南京明孝陵四方城

1800 米。棂星门后折东至金水桥，由此南北轴线正对主峰，布置大红门，棱恩门、棱恩殿、（相当于下宫）、方城明楼（下为隧道穿登）、宝城（圆形，相当于上宫或攒宫）。地宫在宝城下⑦。

孝陵以整个钟山为兆域，范围甚大，域内遍植松楸，放养长生鹿千头于其间。孝陵制度创自朱元璋，自我作古，而开辟明清陵制。

8.关于建筑的经典文字轶闻。围墙内享殿巍峨，楼阁壮丽，南朝七十所寺院有一半被围入禁苑之中。陵内植松十万株，养鹿千头，每头鹿颈间挂有"盗宰者抵死"的银牌。朱元璋在孝陵建设成后曾专门下了一道《封李新为崇山侯诰》。他在诰命中深情回忆了李新这个小老乡跟着他南征北战的辉煌战功："……李新，与朕同里闬，当起义之初，即委身来附。滁、和既定，翊渡大江，克采石，复太平，战溧水，从攻建业、京口、毗陵、宣城、江阴、池阳。又从征金华，援安丰，征合肥，佐大将军拔荆襄，定浙西，咸预有功。始掌千夫，继职列卫，遂佥都府，勋劳益著。乃者俾营孝陵，尽心所事，卒底成功，是用加尔开国辅运推诚宣力武臣，封崇山侯，食禄一千五百石。尔其勿怠，益展忠勤。使勋业并著于旗常，德泽永流于后裔。"⑧俨然一篇《李新传》。又传朱元璋将以钟山为陵，并欲取灵谷寺，祷于宝公，撤签，其辞曰："世界万物各有主，一厘一毫君莫取。英雄豪杰自天生，也须步步循规矩"。因是，灵谷寺独存⑨。

参考文献

①《洪武十四年敕谕》，转引自(民国)王焕镳《明孝陵志》卷一，南京出版社，2006 年。

②(明)谈迁：《国榷》卷一，中华书局，1958 年。

③(清)张廷玉：《明史》卷三，中华书局，1975 年。

④杨新华、卢海鸣：《南京明清建筑》，南京大学出版社，2001 年。

⑥⑦潘谷西：《中国建筑史》，中国建筑工业出版社，2000 年。

⑧《全明文》卷二四。

⑨杨仪：《明良记》。

二、十三陵

1.建筑所处位置。北京市昌平区天寿山麓。

2.建筑始建时间。明永乐七年（1409）①。

3.较早的文字记载。对十三陵最原始的记载是明代永乐以降历朝皇帝实录。

4.建筑名称的来历。因葬明代十三帝而得名。就笔者所知,见诸文字的记载,用"十三陵"称谓明朝北京诸帝陵始于康熙皇帝。其出处为:"上曰:明朝十三陵,朕四十年前曾经亲往。今已多年。恐看守人等疏忽,陵寝或有毁坏之处,故遣诸皇子等往奠。据回奏'宫殿与一切屋宇修葺坚整, 历年虽久毫无动坏。看守人等亦俱谨慎'。此所奏已知之。[②]"

5.建筑兴毁及修葺情况:永乐七年修长陵,经过4年终于竣工。此后明朝历代皇帝陆续在这里修建陵寝。而且从1409年到1644年明王朝灭亡,这200多年间,明十三陵的营建工程从来没有间断过。明末清初,陵区的部分建筑受到战争破坏,此后其他建筑也不断残坏,为此,清政府于乾隆五十到五十二年(1785—1787)对十三陵的主要建筑进行过一次规模较大的修葺。民国建元后,北平市政府又于公元1935年修葺了长陵。建国后,人民政府先后对长、献、景、永、昭、定、思七陵和神道建筑进行修葺,按计划成功地发掘了定陵地下宫殿。

6.建筑设计师及捐资情况。明成祖朱棣、仁宗朱高炽、宣宗朱瞻基、英宗朱祁镇、宪宗朱见深、孝宗朱佑樘、武宗朱厚照、世宗朱厚熜、穆宗朱载垕、神宗朱翊钧、光宗朱常洛、熹宗朱由校、思宗朱由检和其时的工部官员。代宗景帝

图 12-7-5　明十三陵碑亭

图 12-7-6　明十三陵大红门

图 12-7-7　明十三陵棂星门

朱祁钰在位时原也在昌平修建了陵墓,但景帝病重,"夺门之变",即"南宫复辟"之后,英宗重登王位。不久,景帝死后,英宗下诏谥景帝为"成戾王",并毁其在昌平的陵墓,将他以王礼葬于西山。成化十一年,英宗之子宪宗朱见深以"京难保邦、奠安社稷",为景帝上尊谥为"恭仁康定景皇帝",按帝陵规制修缮陵墓,但没有迁葬昌平[③]。明十三陵的营造匠官

图 12-7-8 明十三陵神道

图 12-7-9 明十三陵石牌坊

有据可考者计：永乐帝长陵为廖均卿选穴、武义伯王通主持陵墓营造工程。明仁宗献陵为成山侯王通、工部尚书黄福。以下诸陵营造匠官失载，按当系当朝工部循例所作，故不书。武宗为孝宗营造泰陵，因有所谓佳穴冒水的争议，故史官记载颇详细，其陵工由太监李兴、新宁伯谭佑、工部侍郎李燧督造。光宗庆陵为工部侍郎万燨所督造。明崇祯帝思陵由工部左侍郎陈必谦等营造③。

7.建筑特征及其原创意义。陵区面积约 120 平方千米。群山之内，各陵均依山面水而建，布局庄重和谐。明成祖朱棣的长陵建于明永乐七年（1409），是陵区第一陵，位于天寿山主峰前。此后明朝营建的仁宗献陵、宣宗景陵、英宗裕陵、宪宗茂陵、孝宗泰陵、武宗康陵、世宗永陵、穆宗昭陵、神宗定陵、光宗庆陵、熹宗德陵等十一陵分别坐落在长陵两侧山下。陵区中部长达七千米的长陵神道（总神道）与各陵相通。明崇祯帝朱由检的思陵是最后一陵，位于陵区西南隅，系妃坟改用，清顺治元年（1644）始定陵名，增建地上建筑。此外，陵区内还建有明代妃坟七座、太监墓一座，并曾建有行宫、苑囿等附属建筑，周围曾筑有十个关城。

整个陵区的入口起点，是山口外一座五间石牌坊，正对天寿主峰；这是石牌坊中的上乘作品，建于嘉靖年间。自此往北，神道经大红门、碑亭、石象生（共十八对，有马、骆驼、象、武将、文臣等）至龙凤门（相当于棂星门），均为嘉靖年间陆续补充完备。神道自牌坊至龙凤门约 2.6 千米；自龙凤门至长陵约 4 千米，途经山洪河滩地段，无所布置。神道是以长陵为目的而设，但随即成为十三陵共同神道，各陵不再单独设置石象生、碑亭之类；这是和唐宋陵制全然不同处，而为清代所效仿。神道微有弯折，因为道路在山峦间前进，须使左右远山的体量在视觉上感到大致均衡——因此，神道略偏向体量小的山峦而距大者稍远。这种结合地形的细腻处理，显然是从现场潜心观察琢磨而来，不是简单闭户作图可办到。重视直感效果，这是古代建筑艺术的宝贵经验④。

8.关于建筑的经典文字轶闻。风水选址：永乐皇帝 1407 年派出风水师到北京选择"吉壤"准备修建陵寝。当时这些人找了很多地方，但是都不成功，开始他们选在了口外的屠家营，可是皇帝姓朱，与猪同音，犯了地讳。然后又选在了昌平西南的羊山脚下，可是后面有个村子叫"狼口峪"，这样更不吉利。后来选过京西的"燕家台"，有与"晏驾"同音，不吉利。1409 年，才选定了现在的这片天寿山陵区，在周围有蟒山，虎峪，龙山和天寿山。这里正符合了阴阳五行中四方之神的所在位置，就是东青龙，西白虎，南朱雀，北玄武，还有温榆河经过这里，真可以说是风水宝地。清光绪《昌平州志·皇德纪第一·高宗纯皇帝宸章》中有乾隆帝御制《过清河望明陵各题句》，诗中有"起楼设主更新培"之句。又有顾炎武《恭谒天寿山十三陵》记思陵制度:"上无宝城制,周匝唯砖墙"。

参考文献

①《明史·成祖纪》。

②(清)爱新觉罗·玄烨:《圣祖仁皇帝圣训》卷五六。

③据《明实录》、《续礼通考》等文献综合。

③朱大渭:《中国通史图说》(八),九州图书出版社,1999年。

④潘谷西:《中国建筑史》,中国建筑工业出版社,2000年。

三、明显陵

1.建筑所处位置。湖北省钟祥市城东郊的松林山①。

2.建筑始建时间。明正德十四年(1519)②。

3.最早的文字记载。世宗显陵碑文:皇考恭穆献皇帝乃我太祖高皇帝玄孙,宪宗纯皇帝次子,孝宗敬皇帝长弟,武宗毅皇帝之叔父也。以成化丙申降诞。母乃宪庙孝惠皇太后邵氏也。蚤膺宪祖之命,出阁授学,经书默契,道理贯通。暨受孝伯考之命,以金册封王,国号曰兴。出就湖广安陆州为国都,锡以恩赉,倍于他藩。我皇考恩纪诗记之详矣。惟我皇考以宗室之亲,近亲之长。昔承宪宗之严训,并奉考伯之嘉谟。恪守祖训,治隆一国。敬慎而明修。国祀社稷山川罔不鉴歆忠谨而臣事两朝,孝庙皇兄屡加褒奖,诚已以致于亲,迎养之词已着于遗治之疏。宽仁以抚其下,士夫百姓每形于称颂之词。至于谨水旱之灾,轸国民之苦,修身齐家而明德睦族之道,循次允行,讲学穷理而乐善好古之心,惟日不足。燕居清暇,游心诗书,凡天时人事古今事变之迹皆欲考其渊微,究其旨趣,此含春堂诗所由作也。及爱育朕躬,抚教湁质,若训以国政则曰坚遵祖训恪守吾行,训以进学则曰求道亲贤勉体吾志。又至口授诗书,手教作字,有非笔墨间所能述者矣。方当日听严训,膝下承欢,忽尔皇天降割,于正德十四年。六月十七日辰时上宾。朕以孩童孤昧之年,上奉圣母,日惟号泣苦痛,五内摧伤。随遣使闻于圣兄,蒙恩赐以嘉谥。命武职重臣以主祭吊。又命臣一人以掌礼仪。及赐勅命暂理府。朕乃告于国社国稷等神,请于圣母,谋于士民,择境内之松林山以为陵墓之所,即奏于皇兄。越九月余,式惟明年三年发引。朕亲奉灵舆,安厝于此。又越一年,我皇兄龙御上升,遗诏遵我太祖高皇帝史终弟及之训,下命朕入承大统。当是之时即命礼官议处应行称号等项事宜,乃泥古弄文,援据非礼,欺朕冲年□于伦常失序,治理茫然。荷皇天垂鉴,祖宗佑启,于嘉靖三年上尊号曰恭穆献皇帝,陵曰显陵。遣官以奉其祀,经营设置一如祖宗之制。今思若不刻以金石,曷以昭示后人也。用是稽首敬述,复系之以诗曰:惟我皇考德配于天。圣功昭赫睿德德敷宣。亲贤为善仁考罔迁,宜享茂祉以寿绵绵。忽尔不豫亲舆上旋。痛哉哀哉慕恋拳拳。予方童昧晨夕震颠。勉纪乃事弧子谁怜。上荷圣母爱护生全,卜求吉兆丰土深渊。官占既协松林之巅。神宫固密扶舆往焉。奉安玄室悲号伏前。暨予绍统追思曷言?荐名显陵设官卫环,纾我至情以

图 12-7-10　湖北钟祥明显陵金水桥及神道

报昊天！愿祈昭鉴永奠万年！呜呼微哀痛彻九泉！②

4.建筑名称的来历。明世宗嘉靖三年三月,将其生父兴献王墓定名为显陵③。

5.建筑兴毁及修葺情况。嘉靖四十五年(1566)建成,前后历时共47年,嘉靖二年(1523)将陵区建筑黑瓦改为黄琉璃瓦。嘉靖三年三月,将兴献帝之陵定名为显陵。嘉靖六年十二月,"命修建显陵如天寿山七陵之制",对显陵进行扩建,并亲自撰写显陵碑文。修葺宝城、宝顶并重建享殿,增建方城明楼、睿功圣德碑楼、大红门,并在龙凤门前的神路两侧建置了华表和12对石象生等。嘉靖七年建成方城明楼,立献皇帝庙号碑,并建红门、碑亭、石象生,共花费白银60万两,先后征用湖广布政司各府州县民夫两万余人。嘉靖十年(1531)二月,又将松林山敕封为"纯德山",立碑建亭。十七年,世宗母亡,谥号"献皇后",十八年七月,显陵新地宫落成,献皇帝与献皇后梓宫合葬于其中④。嘉靖二十一年(1542),改荆州左卫为显陵卫,嘉靖三十三年(1554),下命改建享殿即祾恩殿"如景陵制"。以工部右侍郎卢勋兼都察院右佥都御史提督工程。嘉靖三十五年七月,诏修显陵二红门左角门、便路及御桥、墙等。扩建工程直到嘉靖四十五年(1566)才最后完竣。1642年,李自成军队攻陷承天,城陷后次日即放火焚毁明显陵地面建筑,并开挖宝顶,但因突然"风雨大作,雷电交加"而终止。清代,显陵在地方官员的干预下,得到了一定的保护。显陵现存一通咸丰十一(1861)年间的石碑记载着地方官员要求乡里保护显陵的告示。

6.建筑设计师及捐资情况。卢勋等工部匠人。经费国拨。

7.建筑特征及其原创意义。显陵是明世宗嘉靖皇帝的父亲恭睿献皇帝和母亲章圣皇太后的合葬墓,由亲王坟升级为帝王陵。据史料记载推算,显陵占地面积为183.13公顷,是明代帝陵中单体面积最大的皇陵。整个陵园双城封建,外城长3600余米,墙高6米,墙体厚1.8米,陵园由内外逻城、前后宝城、方城明楼、祾恩殿、陵恩门、神厨、神库、陵户、军户、神宫监、功德碑楼、新红门、旧红门、内外明塘、九曲御河、龙形神道等30余处规模宏大的建筑群组成,红墙黄瓦、金碧辉煌、蜿蜒起伏于山岚叠嶂之中,雄伟壮观,是我国历代帝王陵墓中遗存最为完整的城墙孤品。建筑形制上最主要的三个特征,一是双重宝顶,一是在明楼前设置明堂水,一是在陵区内开挖一条"九曲河",并设置五处石桥。其布局构思巧夺天工,殿宇楼台龙飞凤舞,工艺浮雕精美绝伦,一陵双冢举世罕见,是我国古代建筑艺术中的瑰宝。

8.关于建筑的经典文字轶闻。正德十六年(1521),明武宗朱厚照无嗣崩殂,按太祖朱元璋"兄终弟及"的遗训,袭封为兴王不久的朱佑杬长子朱厚熜被迎往北京入继大统,四月登基,即明世宗(改元嘉靖)。世宗父亲朱佑杬为明宪宗第四子(因长子、次子早夭,论序为次子),于成化二十三年(1487)封为兴王,弘治七年(1494)就藩湖广安陆州(今钟祥),正德十四年(1519)薨,葬在安陆州城外的松林山。世宗朱厚熜追封其生父母为睿宗献皇帝和献皇后,并将原有兴献王坟按照帝陵规制升级改建,造陵工程由郭勋督修。成为明代最大的单体帝陵⑤。朱厚熜当上皇帝后,根据子尊父荣的习惯,欲尊其生父兴献王朱佑杬。乃使礼臣议尊号。有廷臣张璁、桂萼等迎合世宗,建议尊为皇考。而当时的首辅杨廷和等人则根据明朝继统同时也要继嗣的原则,极力反对上皇考尊号,认为世宗的生父兴献王朱佑杬只能称为皇叔父。于是争论不休,持续三年多时间,未能取得一致意见。后来,世宗将杨廷和罢官。对与杨廷和意见一致的180多位朝臣处以廷杖。最后下旨定兴献王为皇考。但旨下之日,群臣仍旧不服,结群哭争。世宗怒,诏逮其中134位大臣,廷杖致死者16人。明世宗嘉靖皇帝用血腥镇压的手段为乃父争到了正统的地位。

参考文献：

①《明世宗实录》卷一。

②《湖广通志》卷八二。
③④(明)孙承恩:《慈孝献皇后山陵礼成倾》,《文简集》卷三。
⑤潘谷西:《中国古代建筑史》(五卷本)第四卷,中国建筑工业出版社,1999年。

四、明祖陵

1.建筑所处位置。江苏省盱眙县境内的古泗州城北门外,距城约 7.5 千米。

2.建筑始建时间。明洪武十九年(1385)①。

3.最早的文字记载。朱元璋撰《追尊四代祖考妣为皇帝皇后册文》:"谨上皇高祖考尊号曰玄皇帝。庙号德祖,皇高祖妣曰玄皇后;皇尊祖考尊号曰恒皇帝,庙号懿祖。皇尊祖妣曰恒皇后;皇祖考尊号曰裕皇帝,庙号熙祖,皇祖妣王氏曰裕皇后;皇考尊号曰淳皇帝,庙号仁祖,皇妣陈氏曰淳皇后。"②"熙祖曰祖陵,在泗州设祠祭署,置奉祠一员,陵户二百九十三户,供洒扫。③"

4.建筑名称的来历。明祖陵又称明代第一陵,是明朝开国皇帝朱元璋祖父、曾祖父、高祖父等四代先人的衣冠冢,也是朱元璋祖父朱初一(熙祖)的实际殁葬地。因此命名为祖陵。

5.建筑兴毁及修葺情况。始建于明洪武十九年(1386),建成于明永乐十一年(1413),历时 27 年之久。但是祖陵规模真正完备,还应该追溯到嘉靖十年至十五年(1531—1536)③。原有城墙 3 道,金水桥 3 座,殿、亭阁、署房、官私宅第千间,规模宏大,气势雄伟。清康熙十九年(1680),由于黄河夺淮改道,明祖陵与古泗州城一起毁于洪水。1953 年春旱时露出水面,当地人们始称为大墓头;1963 年旱时再次露出水面,被江苏省文管会考察古徐国遗址的专家发现,确认为明祖陵。1976 年起,国家拨款开始修复;1982 年初具规模,被列为江苏省重点文物保护单位。1996 年 10 月被国务院批准为全国重点文物保护单位。

图 12-7-11 明祖陵神道石象生

6.建筑设计师及捐资情况。懿文太子朱标等主持其事,经费国拨。

7.建筑特征及其原创意义。明祖陵枕岗临淮,基本仿唐宋帝陵规制,但已废止了唐宋诸陵的上下宫制,显得更加紧凑。陵区占地总面积约 170 万平方米(周九里三十步),远小于皇陵(周二十八里,约 1600 万平方米),然祭祀区面积有 336400 平方米(周四里十步),远大于皇陵(约 10000 平方米),是一改进④。总体布局呈前方后圆,筑有城墙三重:外为土城,周长 3 千米;中为砖城,周长 1.1 千米;内为皇城,建有正殿、具服殿、神厨、斋房、库房、宰牲亭、金水桥等。陵前神道两侧,共有 21 对石象生,自北向南排列在 850 米长的中轴线上。石刻体形硕大、雕琢精细,其中最大者重达 20 多吨,小者亦有 5 吨以上。计有麒

图 12-7-12 明祖陵石文臣像

麟 2 对、石狮 6 对、神道石柱 2 对、马官 2 对、石马 1 对、拉马侍卫 1 对、文臣 2 对、武将 2 对、内侍 2 对。这些石刻规模宏伟，技艺高超，线条流畅，整体风格既不同于凤阳皇陵，也不同于孝陵和十三陵，倒与宋陵石刻的风貌相近。

皇城内外遍植松柏 7 万多株，郁郁苍苍，气势非凡。明祖陵虽崇丽无比，遗憾的是它不处在高山大阜之侧，而是在有"九岗十八洼"之称的丘岗之地。故曾淹没在淮河水下达 300 年之久。

8.关于建筑的经典文字轶闻。洪武元年（1368），朱元璋登上皇位后，便追尊他的高祖为玄皇帝，曾祖为恒皇帝，祖父为裕皇帝，父亲为淳皇帝。朱元璋的强烈的光宗耀祖思想，促使他不惜代价筑祖陵。此地原为一片漫土，背倚九岗，俯瞰汴淮，形如龙首昂然于山水之间，是朱明王朝钟祥毓秀、肇基帝运的"风水宝地"。朱元璋祖居江苏省句容县通德乡朱家巷。元朝中期，为了逃避官府的苦役，朱元璋的祖父朱初一就携带全家老小，逃到泗州、盱眙一带，居住在古泗州城北 13 里的孙家岗。《泗虹合志》记载着这样一个传说：杨家墩家有个洼窝，朱元璋的祖父朱初一经常卧于其处。有一次，一个道士路过此处，看了这个地势说，"葬于此处，后代可出天子。"朱初一把道士的话告诉了朱元璋的父亲朱世珍。十年后，泰定四年（1327）朱初一病死，如道士所言，葬于此。半年后，朱世珍妻陈氏即怀了朱元璋。至正十二年（1352），朱元璋参加了郭子兴领导的红巾军。

明祖陵的发现颇有传奇色彩。1680 年，明祖陵在一场特大洪水中沉入洪泽湖底，从此成了"水下皇陵"。直到 1953 年春旱时露出水面，当地人们始称为大墓头；1963 年，洪泽湖又遇到特大干旱，明祖陵才得以重见天日，一批大型石像露出水面，这些石像被雕塑成麒麟、雄狮、带鞍子的马和牵马侍从、还有文臣、武将、太监等形象。它们的高度都在 3 米以上，重 10 吨左右。陵墓的地上殿堂已经倒塌，但地下部分经专家考证还保存完好，而且随葬文物非常丰富。陵墓目前仍在一个面积不大的水塘中。继 1963 年洪泽湖特大干旱后，洪泽湖又先后在 1993 年、2001 年发生旱灾。特别是 2001 年的洪泽湖干旱，使明祖陵的外墙露出 1178 米，是历次干旱中陵墓裸露最多的一次。

参考文献

①《明史·太祖本纪》。

②钱伯城：《全明文》卷一八。

③《明会典》，转引自《读礼通考》卷九十三。

④潘谷西：《中国古代建筑史》（五卷本）第四卷，中国建筑工业出版社，1999 年。

五、靖江王墓群

1.建筑所处位置。广西壮族自治区桂林尧山西南山麓。

2.建筑始建时间。永乐年间靖江王朱赞仪复藩桂林之后，自此靖江王世代相袭。

3.最早的文字记载。桂林靖江王是明太祖朱元璋首批分封的九个藩王之一。明洪武三年（1370），朱元璋封其侄孙朱守谦为靖江王。①

4.建筑名称的来历。因埋葬明朝历代藩王靖江王得名。

5.建筑兴毁及修葺情况。洪武九年（1376），靖江王朱守谦就藩桂林，三年后被朱元璋废为庶人。朱棣夺得皇位后，恢复了周、齐、湘、代、岷五王的爵位。朱守谦嫡子朱赞仪于永乐元年（1403）到桂林复藩，自朱赞仪复藩桂林后，靖江王世代相袭，把尧山作为王室陵园所在地，共传十一代十四王。

6.建筑设计师及捐资情况。由礼部和广西布政司委官依制营造。②

7.建筑特征及其原创意义。靖江王墓群沿尧山西麓分布,分布范围南北长 15 千米、东西宽 7 千米,总面积达 100 平方千米。靖江王陵中有 11 座王墓,袭王位的次妃墓 4 座,将军、中尉宗室、王亲藩戚等墓共约 320 余座。

王墓平面布局呈长方形,中轴线上依序列有陵门、中门、享殿和地宫。各陵都有两道陵墙,大的占地 270 多亩,小的不到 10 亩,通常分为外围、内宫两部分。外围有厢房、陵门、神道、玉带桥以及石人、石兽等;内宫则有中门、享殿、石人和地宫等。依其地面规制及死者身份可分成六类:第一类是王妃合葬墓,即通常所说的王陵,共 10 座,级别最高,墓园面积从 300 多亩到数亩不等,布局一般为长方形,两道围墙,三券陵门(外围墙)、三开间中门(内围墙)、五开间享殿与高大的宝城(墓冢)处于同一轴线,以神道相通,神道两侧序列守陵狮、墓表和狻猊、獬豸、狴犴、麒麟、武士控马、大象、秉笏文臣、男侍、女侍等石象生,一般为 11 对,有些王陵在秉笏文臣后面还立有神道碑,有些在陵门内或外建有厢房。第二类是次妃墓,共 4 座,级别次于王妃合墓,墓园布局与王妃合墓相仿,但面积及建筑略小,石象生少 2 对。第三类是未袭爵而卒的世子(长子)墓和别子辅国将军墓,级别低于次妃墓,石象生只有 7 对或更少。第四类是奉国将军墓,墓园面积、石象生少于辅国将军墓。第五类是中尉墓,分镇国中尉墓、辅国中尉墓、奉国中尉墓三级,墓园面积、石象生依次减少,一般只有一道围墙和墓碑,无享堂和石象生。第六类是县君、乡君等女性宗室墓及靖江王官媵墓,级别最低,无围墙和石象生,仅有墓冢和墓碑。整个陵园气势磅礴,是我国现存最大保存最好的明代藩王墓群,素有"岭南第一陵"之称。

8.关于建筑的经典文字轶闻。桂林在宋元时期称为"静江"。洪武三年(1370),明太祖朱元璋封其侄孙朱守谦为王时,藩国所在地仍称静江,为取绥靖西南之意,改静江的"静"为"靖",故称"靖江王"。洪武五年(1372),明政府改静江府为桂林府,从此正式确定桂林的名称并沿用至今。尧山是桂林最高大的山,王陵建筑群的第一位墓主悼僖王朱赞仪生前曾请风水师察看尧山的风水,认为此地是"上合天星,下包地轴,清宁位育,永固皇图"。背靠尧山,正前方奇峰对峙,山峰之间形成天然陵口,视野开阔,左右群山拱卫甚合风水之意。

参考文献
①《明史·太祖纪》。
②详《明太祖实录》。
③桂林市地方志编委会:《桂林市志》,中华书局,2005 年。

(八)志观

复真观

1.建筑所处位置。湖北省均县武当山狮子峰 60 度陡坡上。

2.建筑始建时间。明永乐十年(1412)[①]。

3.最早的文字记载。《敕建大岳太和山志》[②]。

4.建筑名称的来历。复真观又名"太子坡",相传是净乐国王太子即后来的玄武大帝十五岁入武当山修炼时最初居住的地方,又因其意志不坚在返家途中,被紫气元君用"铁杵磨针"点化,复又上山修炼,因而得名复真观。

5.建筑兴毁及修葺情况。永乐十年,明成祖朱棣敕建玄帝殿宇、山门、廊庑等29间。明嘉靖三十二年(1553)扩建殿宇至200余间。清代康熙年间(1662—1721),曾先后三次修葺。清代乾隆二十年至二十六年(1755—1761)又重修大殿、山门等殿宇。后因年久失修,损坏严重,1982年经国家投资,对复真观开展全面修缮,先后被列入湖北省、国家重点文物保护单位[③]。

6.建筑设计师及捐资情况。明成祖朱棣、道士孙碧云、驸马都尉沐昕、郭琎以及在明初武当山宫观建设工程中积聚的全国各地各领域的一流工匠。是这些工匠实际上创造了世界文化遗产武当山的道教建筑奇观。他们的名字和专业分工被刻在一块叫做《敕建宫观把总提调官员碑》的末尾。这些人的生平籍贯暂难考证,现将原碑文照录于下,供读者研究参考:木匠作头:陈秀三、徐付二、乔名二、陈四、朱三、唐友富、康文;石匠作头:陈友孙、毛长、张琬、王歪儿、陆原吉、顾来付、祝阿英;土工匠作头:徐奴儿、查阿三、沈阿真、朱金受;瓦匠作头:常虎、陈普、沈宗四、金泰;五墨匠作头:丁逊、郎仁、严保保、茅宗奴;油漆匠作头:经大、王中益、陈阿弟、易狗子;画匠作头:姚善才、熊文秀、张祥旺、沈汝益、潘胜受、熊道真;铁匠作头:隆丑驴、王阿庆、毛三兴、龙保保、余阿庇;妆銮匠作头:邵伏名、汪奉先、张官真、沈阿多;雕銮匠作头:万森、赵添福、杨信、熊琬;铸匠作头:韩伏一、周回长、李二老、戴呆大;捏塑匠作头:舒学礼、林中六、盛先一;铜匠作头:贺添胜、管伴奇、陆阿唤;锡匠作头:丁留住;搭材匠作头:王礼受、刘关保、李蛮儿[④]。

7.建筑特征及其原创意义。复真观占地约1.6万平方米,整体布局左右参差,高低错落,充分利用狮子峰的特殊地形,经山门入内,便依山势起伏建有长71米,厚1.5米,高2.5米的红色夹墙,即九曲黄河墙,上覆绿色琉璃瓦顶,如巨龙盘旋。进二道山门,前有依岩而建的五云楼,亦名五层楼,高15.8米,是现存武当山最高的木构建筑。复真观的主体建筑复真观大殿,又名"祖师殿",建于高台之上,敕建于明永乐十年,嘉靖年间扩建,明末毁坏严重,清康熙二十五年重修。大殿内供奉真武神像和侍从金童玉女,此组雕像为武当山全山最大的彩绘木雕像,历600年,仍灿美如新。太子殿位于复真观最高处,殿内供奉有铜铸太子读书像,于此处俯视深壑,曲涧流碧;纵览群山,千峰竞秀;每逢夕阳西下,还可见武当"太和剪影"的奇观。

8.关于建筑的经典文字轶闻。五云楼最有名之处就是它最顶层的一柱十二梁,也就是说,在一根主体立柱上,有十二根梁枋穿凿在上,交叉选搁。这一纯建筑学上的构架,历来受到人们的高度赞誉,因而也成了复真观里的一大人文景观。人们面对古人这一大胆而智慧的杰作,以至于忘了五云楼的原始称谓,把整座楼房都叫作"一柱十二梁"。

参考文献

①②(明)任自垣:《敕建大岳太和山志》,湖北人民出版社,1999年。

③武当山去编纂委员会:《武当山志》,新华出版社,1994年。

④喻学才:《中国历代名匠志》,湖北教育出版社,2006年。

（九）志园

一、留园

1.建筑所处位置。江苏省苏州阊门外三里,明朝称花步里[1]。

2.建筑始建时间。明嘉靖年间(1522—1566)[2]。

3.最早的文字记载。太仆寺少卿徐泰时(号舆浦)罢官后归里,在阊门外 1 千多米的一处住宅旁扩建营造了一座园林,"以板舆徜徉其中,呼朋啸饮,令童子歌商风应苹之曲"。后人称之为东园(徐氏有东、西二园,西园后来被他的儿子徐溶舍宅为寺,就是现在的西园戒幢律寺)。明袁宏道写道:"徐阿卿(按:即徐泰时)园在阊门外下塘,宏丽轩举,前楼后厅,皆可醉客,石屏为周生时臣所堆,高三丈,阔可二十丈,玲珑峭削,如一幅山水横披画,了无断续痕迹,真妙手也。[3]"

4.建筑名称的来历。此园原为明嘉靖时徐泰时的东园,清乾隆年间,园归苏州东山人刘恕(号蓉峰)所得,改建后称寒碧山庄,后又归盛康,百姓俗呼为"刘园",盛康乃仿随园之例,取"刘"与"留"同音,遂改名"留园"[4]。

5.建筑兴毁及修葺情况。明末,园林逐渐衰败。至清朝初期,曾一度废为踹布坊。后相传重建于陈氏,但屡易其主。至乾隆四十四年(1779),因次年皇帝南巡要到苏州,地方官吏为迎接圣驾光临,就把瑞云峰移到了织造府皇帝住的行宫花园中(今苏州市第十中学)。乾隆五十九年(1794),园为苏州东山人刘恕(号蓉峰)所购得。刘花了五年时间修葺和扩建,使之面目一新。以"竹色清寒,波光澄碧"命名为寒碧山庄。道光三年(1823),园林对外开放。咸丰十年(1860)后,园逐渐荒芜。同治十二年(1873),园为常州盛康(盛宣怀之父)所购得。盛康购得园林后大加修葺,于光绪二年(1876)落成。其时园内"嘉树荣而佳卉茁,奇石显而清流通,凉台燠馆,风亭月榭,高高下下,迤逦相属"(俞樾《留园记》)。因前园主姓刘而百姓俗呼为"刘园",盛康乃仿随园之例,取"刘"与"留"同音,遂改名"留园"。后又于光绪十四年至十七年(1888—1891)建留园义庄(即祠堂部分),增辟东、西两园。抗日战争时期,留园经日军蹂躏,"尤栋折榱崩,墙倾壁倒,马屎堆积,花木萎枯,玲珑之假山摇摇欲坠,精美之家具搬取一空"。抗战胜利后,留园又成为国民党部队驻军养马之所,五峰仙馆、林泉耆硕之馆的梁柱被马啃成了葫芦形,五峰仙馆地上也是马粪堆积,门窗挂落,破坏殆尽,残梁断柱,破壁颓垣,几乎一片瓦砾。1953 年拨款进行整修,次年元旦对外开放。

留园作为苏州古典园林代表之一,1961 年评为第一批全国重点文物保护单位,1997 年列入《世界遗产名录》(文化遗产)。

6.建筑设计师及捐资情况。徐泰时父子、刘恕、盛康,周时臣。

7.建筑特征及其原创意义。留园占地 30 余亩,集住宅、祠堂、家庙、园林于一身,可分中、东、西、北四个景区,除中区为原徐氏东园和涵碧山庄旧址,其余三景区为光绪年

图 12-9-1 苏州留园东部冠云峰庭院北视剖面

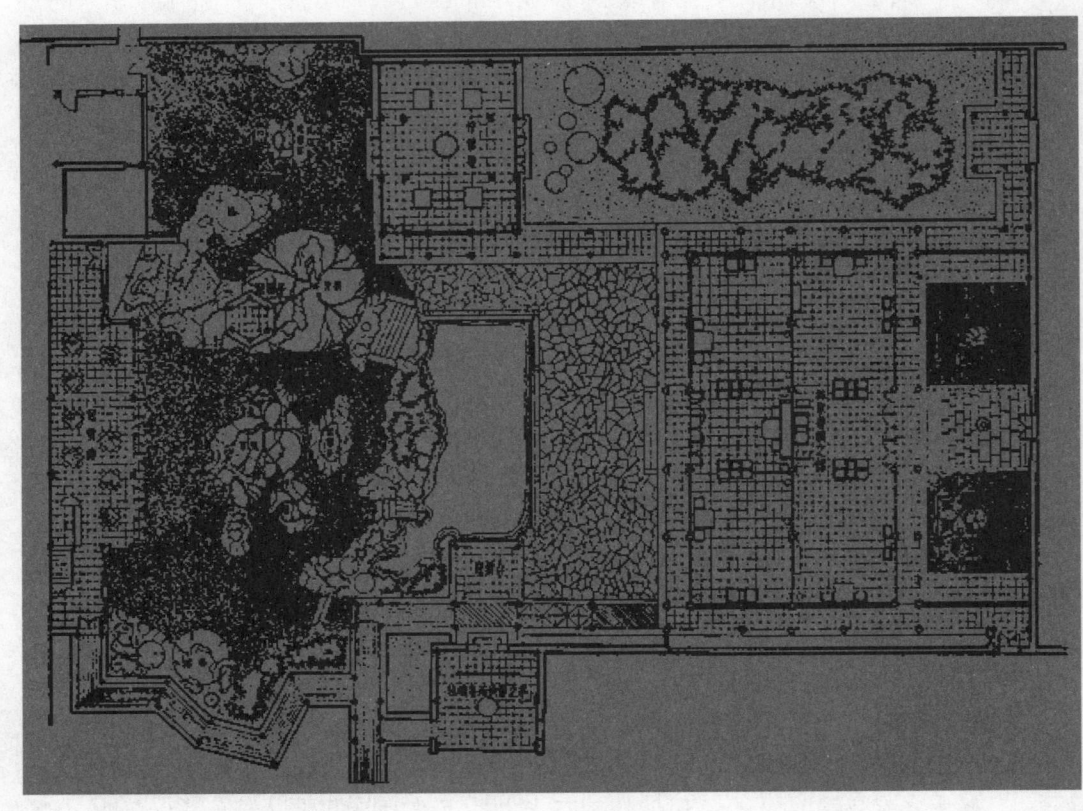

图 12-9-2 苏州留园东部冠云峰庭院平面

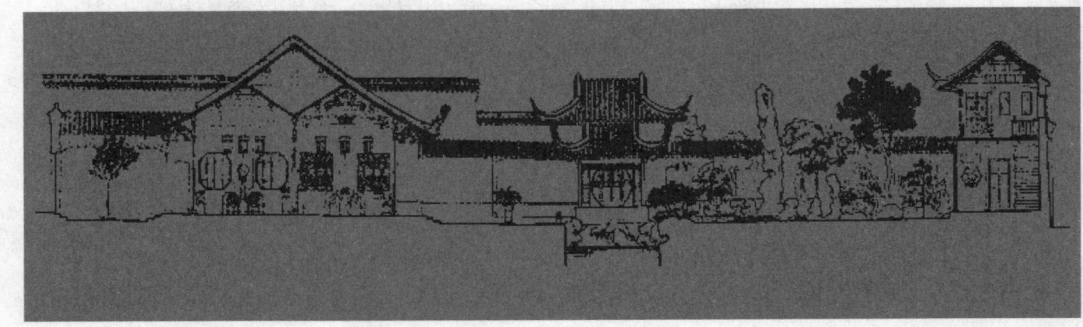

图 12-9-3 苏州留园东部冠云峰庭院西视剖面

间增加。

中区景区东南大部分开凿水池、西部堆筑假山，形成以水池为中心，西、北两面为山体，东、南两面为建筑的布局，是全园的精华所在。北为绿荫轩，旁有大青枫绿荫如盖（今古青枫已衰亡，补植青枫树尚小）。轩东为明瑟楼，有"步云"石梯可登楼，楼依涵碧山房（为主厅），房前有宽敞的平台，面临水池，房后（房南）有牡丹台小院。从涵碧山房西循爬山廊可上至西部假山高处，桂树丛生，中有亭名"闻木樨香轩"。山为土筑，迭石为池岸蹬道。假山用石以黄石为主，整体看来，山石嶙峋，气势深厚，尤以西南一带较好，但在黄石上列湖石峰，大致后来修缮增置，既不协调，也嫌琐碎。假山西段与北段之间有山涧似水之源。涧口有石矶，上架石梁，渡桥上池北假山，上有六角小亭，名可亭。假山东界及北界有爬山廊曲廊延接至西端远翠阁。登闻木樨香轩或可亭俯视，园中部景色尽收眼底。池水东南成湾，由于平台和建筑关系，这一带

图 12-9-4　苏州留园明瑟楼与涵碧山房

池岸，规整线直，稍嫌呆滞，而且绿荫轩距水面嫌高，不及网师园濯缨水阁的位置得当。池东以小岛"小蓬莱"及平桥划分出东北湾一小水面，与东侧清风池馆和曲溪楼，有文征明书曲溪楼二字嵌在门墙上。著名的留园碑帖石刻。北进有水轩幽敞，即清风池馆。后边通过走廊到五峰仙馆又名楠木厅（梁柱用楠木），是苏州宅园中规模最大、装修陈设最精致的厅堂建筑，厅南前院内迭湖石假山，是苏州各园厅山中规模最大一处，叠掇精巧，相传有石像十二生肖形态，后院假山洼处砌有山石金鱼缸自然可玩，前后两院通过厅内的纱槅。相映成趣。五峰仙馆西北角联有汲古得绠处。五峰仙馆与"林泉耆硕之馆"之间，有一组曲折精巧小楼书房庭院⑤。

东区以冠云峰为中心的建筑群，冠云巨峰雄秀高达三尺，为苏州太湖石峰之冠，左右配以瑞云、岫云相辅，冠云楼和林泉耆硕之馆则南北隔峰相望，为赏石观景佳处。

由冠云楼西出便是北区，内广植竹林，并有绿杨、桃杏、菜畦、豆架，有取意"山重水复疑无路，柳暗花明又一村"的方亭"又一村"，单檐歇山，以喻此处的颇有乡村田园风味。

西区占地约十亩，亦称"别有洞天"，北部为土石相间隆阜，便植枫树、银杏，四季风光各异，一派山林野趣。而南部则为平地，有小溪一道从东北折西向南流，至尽头壁上嵌有"缘溪行"，东部有跨溪而建水轩"活泼泼地"，由此可入中区。

留园建筑空间处理精湛，综合运用了江南造园艺术，以建筑结构见长，善于运用大小、曲直、明暗、高低、收放等变化，组合景观，高下布置恰到好处，营造了一组组层次丰富、错落有致、有节奏、有色彩、有对比的空间体系。

8.关于建筑的经典文字轶闻。留园最著名的是假山奇石之多姿多彩，它的三任主要主人徐泰时、刘恕和盛康都是好石之士。留园历史上的著名奇石"瑞云峰"，有"妍巧甲于江南"之誉，原为宋徽宗时的花石纲遗物，属湖州董氏所有，后董氏与徐泰时家联姻，知徐好石，便将此石作为嫁妆相赠，置于东园，传为一时佳话。清乾隆四十四年（1779），瑞云峰被搬到同城的织造署西行宫内（石至今犹存），原址则补立一石，仍名瑞云，但姿态相去甚

远。清末盛康接掌此园，用"留园三峰"来给自己的三个孙女取名，但其中瑞云早逝，盛康认为乃瑞云峰非原物所致，盛怒之余，敲碎此峰，故今仅余断石。而在寒碧山庄修复后，刘恕布置了造型优美的十二太湖石，名奎宿、玉女、箬帽、青芝、累黍、一云、印月、猕猴、鸡冠、指袖、仙掌、干霄等（大都仍存），并在嘉庆七年（1802），邀请画家王学浩绘制了寒碧庄十二峰图，现由上海博物馆收藏。园景题名与诗文的关系：涵碧山房（朱熹"一水方涵碧，千林已变红"）；明瑟楼（郦道元《水经注》"目对鱼鸟，水目明瑟"）；清风池馆（苏轼《赤壁赋》"清风徐来，水波不兴"）；五峰仙馆（李白《观庐山五老峰》"庐山东南五老峰，青天秀出金芙蓉"）；又一村（陆游《游山西村》"山重水复疑无路，柳暗花明又一村"）。

参考文献

① ③（明）《袁中郎先生全集》卷一四。

② 潘谷西：《江南理景艺术》，中国建筑工业出版社，2001 年。

④ 陈从周：《园林谈丛》，上海文化出版社，1980 年。

⑤ 汪菊渊：《中国古代园林史》（下卷），中国建筑工业出版社，2006 年。

二、拙政园

1.建筑所处位置。江苏省苏州市东北街 178 号。

2.建筑始建时间。拙政园始建时间有三说：一说建于明嘉靖年间（大概是由于《王氏拙政园记》写于嘉靖十二年）①。但依据文徵明的《王氏拙政园记》所称内容的推算，则建园之始应在正德八年。而依据王献臣《拙政园图咏跋》所说："罢官归，乃日课童仆，除秽植椽……积久而园始成，其中室庐台榭，草草苟完而已，采古言即近事以为名。献臣非住湖山，赴庆吊，虽寒暑风雨，未尝一日去，屏气养息凡三十年。"则推算建园之始在正德四年（1509）左右②。

3.最早的文字记载。王献臣的《拙政园图咏跋》为最早③。稍晚则有明代著名的文人画家文徵明的《王氏拙政园记》（嘉靖十二年，1533）记载，园地"居多隙地，有积水亘其中，稍加浚治，环以林木……地可池则池之，取土于池，积而成高，可山则山之。池之上，山之间可屋则屋之。"充分反映出拙政园利用园地多积水的优势④。

图 12-9-5　苏州拙政园海棠春屋庭院鸟瞰

4.建筑名称的来历。西晋著名文学家潘岳《闲居赋》中"于是览止足之分，庶浮云之志，筑室种林，逍遥自得，池沼足以鱼钓，春税足以代耕，灌园鬻蔬，以供朝夕之膳，牧羊酤酪，以俟伏腊之费，孝乎唯孝，友于兄弟，此亦拙者之为政也"之意，取园名为"拙政"⑤。

5.建筑兴毁及修葺情况。明正德八年（1513）前后，御史王献臣用大宏寺的部分基地造园，用晋代潘岳《闲居赋》中"拙者之为政"句意为园名，经修复扩建，现园大体为清末规模。初建时规模大，除正宅部分外，园林部分共有三十一景。王献臣死后，拙政园几度易主，并且受到分割，景区分为东、中、西三部。先是王献臣之子在一夜赌博中将园输给了徐时泰(少泉)。徐氏在修筑时,池台有所改变。崇祯四年(1631),拙政园东部十多亩地荒废后,为侍郎王心一买去。崇祯八年建成"归田园居",王氏掇山理水,建堂筑楼,设景丰富,为其父还乡养老之所,(后废,至建国前尚存遗址)。中西二部,清兵入苏州后,被占为兵营和养马场,园中荆棘丛生,马粪高达数尺。顺治十年,徐氏后人以三千金贱卖给相国陈之遴(字素庵,海宁人),后为吴三桂的女婿所有。康熙十八年(1679),拙政园成为苏松常道新署,后成为民居。乾隆初年,拙政园东部园林以西又分割成中、西两个部分。咸丰十年(1860),中西两部分属李秀成忠王府,后王府尚未完工,太平军失败,中部入官,改为江苏巡抚衙门,西部归汪氏所有。同治十年(1871),中部被巡抚张之万改为八旗奉直会馆,花园仍恢复拙政园旧称。西部现有布局形成于光绪三年(1877),由张履谦修葺,改名"补园"。遂有塔影亭、留听阁、浮翠阁、笠亭、与谁同坐轩、宜两亭等景观,又新建三十六鸳鸯馆和十八曼陀罗花馆,装修精致奢丽。中部是拙政园最精彩的部分。虽历经变迁,与早期拙政园有较大变化和差异,但园林以水为主,池中堆山,环池布置堂、榭、亭、轩,基本上延续了明代的格局⑥。

图 12-9-6 苏州拙政园小飞虹廊桥

图 12-9-7 苏州拙政园中部池南景观

图 12-9-8 苏州拙政园中部水池东望

从咸丰年间《拙政园图》、同治年间《拙政园图》和光绪年间《八旗奉直会馆图》中可以看到山水之南的海棠春坞、听雨轩、玲珑馆、枇杷园和小飞虹、小沧浪、听松风处、香洲、玉兰堂等庭院景观与现状诸景毫无二致。因而拙政园中部风貌的形成,应在晚清咸丰、同治年间。光绪年间的拙政园,仅剩下了 1.2 公顷园地。

拙政园 1952 年正式对外开放中、西两部分,1960 年东部整修完毕,东、西、中三部分完整开放,1961 年 3 月 4 日列入首批全国重点文物保护单位。1997 年 12 月 4 日,被联合国教科文组织列入世界文化遗产名录。

6.建筑设计师及捐资情况。王献臣⑦、文徵明等。

7.建筑特征及其原创意义。经过多次整修,现拙政园总面积约 62 亩,包括东园、中园和西园三部分。

中园为拙政园的主体部分,以水为中心,建筑物多沿水南岸错落分布。居中的远香堂为其主体建筑,堂中悬挂有文征明所书"远香堂"匾额,面阔三间四面回廊,可环顾四面之景;花厅玉兰堂,位于西南端,紧靠住宅,自成独立封闭的一区,院内植玉兰,沿南墙筑花台,植竹丛与南天竹,并立湖石数块,环境极其清幽;西南隅有小沧浪水院;东南隅有枇杷园和海棠春坞;西北隅池中见山楼与长廊柳荫路曲组成一个以山石花木为中心的廊院等⑧。

西园为原张履谦修葺补园,与中园借长廊相隔。该园以池水为中心,有曲折水面和中区大池相接。以三十六鸳鸯馆为主体建筑,另有塔影亭、留听阁、浮翠阁、笠亭、与谁同坐轩、宜两亭等景观。

东园地势空旷原为明代侍郎王心一的归田园居旧址,园内建有"天泉"亭、"香馆",西面回廊可透过廊墙间的漏窗观中园之景。

拙政园的不同历史阶段,园林布局有着一定区别,特别是早期拙政园与今日现状并不完全一样。正是这种差异,逐步形成了拙政园独具个性的特点,主要有:

(1)因地制宜,以水见长。

据《王氏拙政园记》和《归园田居记》记载,园地"居多隙地,有积水亘其中,稍加浚治,环以林木","地可池则池之,取土于池,积而成高,可山则山之。池之上,山之间可屋则屋之。"充分反映出拙政园利用园地多积水的优势,疏浚为池;望若湖泊,形成荡漾飘缈的个性和特色。拙政园中部现有水面近六亩,约占园林面积的三分之一,"凡诸亭槛台榭,皆因水为面势",用大面积水面造成园林空间的开朗气氛,基本上保持了明代"池广林茂"的特点。

(2)疏朗典雅,天然野趣。

早期拙政园,林木葱郁,水色迷茫,景色自然。园林中的建筑十分稀疏,仅"堂一、楼一、为亭六"而已,建筑数量很少,大大低于今日园林中的建筑密度。竹篱、茅亭、草堂与自然山水融为一体,简朴素雅,一派自然风光。拙政园中部现有山水景观部分,约占据园林面积的五分之三。池中有两座岛屿,山顶池畔仅点缀几座亭榭小筑,景区显得疏朗、雅致、天然。这种布局虽然在明代尚未形成,但它具有明代拙政园的风范。

(3)庭院错落,曲折变化。拙政园的园林建筑。早期多为单体,到晚清时期发生了很大变化。首先表现在厅堂亭榭、游廊画舫等园林建筑明显地增加。中部的建筑密度达到了16.3%。其次是建筑趋向群体组合,庭院空间变幻曲折。如小沧浪,从文征明拙政园图中可以看出,仅为水边小亭一座。而八旗奉直会馆时期,这里已是一组水院。由小飞虹、得真亭、志清意远、小沧浪、听松风处等轩亭廊桥依水围合而成,独具特色。水庭之东还有一组庭园,即枇杷园,由海棠春坞、听雨轩、嘉实亭三组院落组合而成,主要建筑为玲珑馆。在园林山水和住宅之间,穿插了这两组庭院,较好地解决了住宅与园林之间的过渡。同时,对山水景观而言,由于这些大小不等的院落空间的对比衬托,主体空间显得更加疏朗、开阔。

这种园中园式的庭院空间的出现和变化,究其原因除了使用方面的理由外,恐怕与园林面积缩小有关。光绪年间的拙政园,仅剩下了1.2公顷园地。与苏州其他园林一样,占地较小,因而造园活动首要解决的课题是在不大的空间范围内,能够营造出自然山水的无限风光。这种园中园、多空间的庭院组合以及空间的分割渗透、对比衬托;空间的隐显结合、虚实相间;空间的蜿蜒曲折、藏露掩映;空间的欲放先收、欲扬先抑等等手法,其目的是要突破空间的局限,收到小中见大的效果,从而取得丰富的园林景观。这种处理手法,在苏州园林中带有普遍意义,也是苏州园林共同的特征。

（4）园林景观,花木为胜。

拙政园向以"林木绝胜"著称。数百年来一脉相承,沿袭不衰。早期王氏拙政园三十一景中,三分之二景观取自植物题材,如桃花片,"夹岸植桃,花时望若红霞";竹涧,"夹涧美竹千挺","境特幽回";"瑶圃百本,花时灿若瑶华。"归田园居也是丛桂参差,垂柳拂地,"林木茂密,石藓苍然"。每至春日,山茶如火,玉兰如雪。杏花盛开,"遮映落霞迷涧壑"。夏日之荷。秋日之木芙蓉,如锦帐重迭。冬日老梅偃仰屈曲,独傲冰霜。有泛红轩、至梅亭、竹香廊、竹邮、紫藤坞、夺花漳涧等景观。至今,拙政园仍然保持了以植物景观取胜的传统,荷花、山茶、杜鹃为著名的三大特色花卉。仅中部二十三处景观,百分之八十是以植物为主景的景观。如远香堂、荷风四面亭的荷("香远益清","荷风来四面");倚玉轩、玲珑馆的竹("倚楹碧玉万竿长","月光穿竹翠玲珑");待霜亭的橘("洞庭须待满林霜");听雨轩的竹、荷、芭蕉("听雨入秋竹","蕉叶半黄荷叶碧,两家秋雨一家声");玉兰堂的玉兰("此生当如玉兰洁");雪香云蔚亭的梅("遥知不是雪,为有暗香来");听松风处的松("风入寒松声自古"),以及海棠春坞的海棠,柳荫路曲的柳,枇杷园、嘉实亭的枇杷,得真亭的松、竹、柏等等。

8.关于建筑的经典文字轶闻。太平天国的杰出将领忠王李秀成与苏州有着千丝万缕的联系,与拙政园也有着不解的缘分。清咸丰十年(1860),李秀成率军攻占苏州后,建立苏福省。据《苏台麋鹿记》载,"以复园吴宅东拓于潘,西拓于汪,兼而并之,建为王府"。据说,李秀成在忠王府时,喜欢在后花园见山楼办公,此楼依山而筑,临水而建,楼上楼下互不相通,比较安全,公务之余,放眼窗外,可远眺西部群山,近观则园中景色尽收眼底。100多年过去了,如今英雄已去,楼榭依然,见山楼载荷着一段令人难忘的历史风云。

参考文献

①⑥陈从周:《园林谈丛》,上海文化出版社,1980 年。

②童寯:《江南园林志》,中国建筑工业出版社,1963 年。

③刘敦桢:《苏州历代园林录》,中国建筑工业出版社,1979 年。

④刘敦桢、汪菊渊:《中国大百科全书》(建筑、园林、城市规划),中国大百科全书出版社 1998 年;周维权:《中国古典园林史》,清华大学出版社,1999 年。

⑤⑦汪菊渊:《中国古代园林史》(下卷),中国建筑工业出版社,2006 年。

⑧潘谷西:《中国建筑史》,中国建筑工业出版社,2000 年。

三、寄畅园

1.建筑所处位置。江苏省无锡市西郊惠山东麓。

2.建筑始建时间。明嘉靖六年(1527)曾任南京兵部尚书的秦金(号凤山)得其地,辟为园,名"凤谷行窝",亦偶称"凤谷山庄"。"凤谷"是寓园主的别号与园名,并与惠山的别名龙山相对应,"行窝"即别墅。秦耀改园名"寄畅",此园落成于万历二十七年(1599)①。

3.最早的文字记载。"凤谷行窝"建成后,秦金写了《园成》、《成斋》两诗记叙。秦梁之父秦瀚有《广池上篇》描述园景。后秦耀得园并改园名为"寄畅"……秦耀邀请当时名士王穉登、屠隆各撰《寄畅园记》②。

4.建筑名称的来历。元代曾为僧舍,明代正德年间,历任户、礼、兵、工四部尚书的秦金,建园惠山,称"凤谷行窝",这便是寄畅园的前身。秦金死后,园归族孙秦梁,不久又归秦梁侄子秦瀚,改名寄畅园③。"辟其户东向,署曰:'寄畅',用王内史诗(即王羲之'取欢仁智乐,寄畅山水阴'句),园所由名云。④"

669

图 12-9-9 无锡寄畅园由
池北向南望

5. 建筑兴毁及修葺情况。初称"凤谷行窝",秦梁卒,园改属秦梁之侄都察院右副都御使、湖广巡抚秦耀。万历十九年(1591),秦耀因座师张居正被追论而解职。回无锡后,寄抑郁之情于山水之间,疏浚池塘,改筑园居,构园景二十,每景题诗一首。取王羲之《答许椽》诗:"取欢仁智乐,寄畅山水阴"句中的"寄畅"两字名园。其后园曾分裂。到曾孙秦德藻又合并改筑,张钺曾为之叠假山,又引惠山的"天下第二泉"的泉水流注园中。清康熙、乾隆二帝南巡,数次驻跸于此。乾隆帝并仿该园之制于京师清漪园东北隅建惠山园,即现颐和园中之谐趣园。相传寄畅园旧有千年古树。咸丰、同治年间屡遭兵火,园亦被毁。民国年间多次修复。1988年国务院公布为全国重点文物保护单位[5]。

6. 建筑设计师及捐资情况。秦金;张钺等。

7. 建筑特征及其原创意义。王穉登《寄畅园记》载:折而北,为扉,曰:"清响",孟襄阳诗:"竹露滴清响",扉之内,皆篔筜也。下为大陂,可十亩。青雀之舫、蜻蛉之舸,载酒捕鱼,往来柳烟桃雨间,烂若绣缋,故名"锦汇漪",惠泉支流所注也。长廊映竹临池,逾数百武,曰:"清籞",籞尽处为梁,屋其上,中稍高,曰:"知鱼槛",漆园司马书中语。循桥而西,复为廊,长倍"清籞",古藤寿木荫之,云:"郁盘"。廊接书斋,斋所向清旷,白云青霭,乍隐乍出,斋故题"霞蔚"也。廊东向,得月最早,额其中,楹曰:"先月榭"。其东南重屋三层,浮出林杪,名"凌虚阁"。水瞰画桨,陆览彩舆,舞裙歌扇,娱耳骀目,无不尽纳槛中。阁之南,循墙行,入门,石梁跨涧而登,曰:"卧云堂",东山高枕,苍生望为霖雨者乎?右通小楼,楼下池一泓,即惠山寺门阿耨水,其前古木森沉,登之可数寺中游人,曰:"邻梵"。"邻梵"西北,长松峨峨,数树离立。"箕踞室"面之,王中允绝句诗也。傍为"含贞斋",阶下一松,亭亭孤映,既容贞白卧听,又堪渊明独抚。松根片石玲珑,可当赞皇园中醒酒物,主人每来,盘桓于此。出"含贞",地坡陀,垒石而上,为高栋,曰:"雀巢",亦王中允诗语。阁东有入,曰:"栖玄堂",堂前层石为台,种牡丹数十本,花时,中丞公宴予于此,红紫烂然如"金谷",何必锦绣步障哉!堂后石壁倚墙立,墙外即张题诗处,茫然千古,沧耶?桑耶?漫不可考矣。出堂之东,地隆隆如丘,可罗数十胡床,披云啸月,高视尘埃之外,曰:"爽台"。台下泉由石隙,泻沼中,声淙淙中瑟瑟,临以屋,曰:"小憩"。拾级而上,亭翼然峭倩青葱间者,为"悬淙"。引"悬淙"之流,梵为曲涧,茂林在上,清泉在下,奇峰秀石,含雾出云,于焉修禊,于焉浮杯,使兰亭不能独胜。曲涧水奔赴"锦汇",曰:"飞泉",若峡春流,盘涡飞沫,而后汪然渟然矣。西垒石为涧,水绕之,栽桃树数十株,悠然有武陵间想。"飞泉"之浒,曲梁卧波面,如裳蜷雌蜺,以趋"涵碧亭",亭在水中央也。"涵碧"之东,楼归然隐清樾中,曰:"环翠"。登此园之高台曲树,长廊复室,美石嘉树,径迷花、亭醉月者,靡不呈祥献秀,泄秘露奇,历历在掌,而园之胜毕矣[6]。

今寄畅园西靠惠山,东南倚锡山。园景以水面为中心,西、北为假山接惠山余脉,势若相连;东为亭榭曲廊,相互对映。建筑物在总体布局上所占比重很少,大体量建筑远离水池,小型景观建筑临水而筑,使园景张弛有道,自然风光浓郁。

水池呈南北向狭长,西岸中部突出鹤步滩,上植大树两株,与鹤步滩相对突出处为知鱼槛亭,将水池一分为二;池北端有桥将之划为大小两处,使水面曲折而多层次。

在假山的处理上,中部较高以土为主,两侧较低以石为主,山延至园西北部又复高起,似与惠山连绵一体。

寄畅园的面积虽不大,但近以惠山为背景,远以东南方锡山龙光塔为借景,近览如深山大泽,远眺山林隐约。山外山,楼外楼,空间序列无穷尽。园内池水、假山就是引惠山的泉水和本地黄石做成,是惠山的自然延伸和人工修饰。所以,此园在借景、选址上都相当成功,处理简洁而景观效果甚佳。

8.关于建筑的经典文字轶闻。秦金的《园成》诗,"名山投老住,卜筑有行窝,曲涧盘幽谷,长松冒碧萝,峰高看鸟渡,径僻少人过,清梦泉声里,何缘听玉珂。"《成斋》:"小结吾庐阅岁华,检身功就更齐家。浮生滚滚怜尘世,独倚春风看落花"。《广池上篇》描述园景云:百仞之山,数亩之园。有泉有池,有竹千竿,有繁古木,青荫盘旋,……有堂有室,有桥有船,有图焕若,有亭翼然,菜畦花径,曲涧平川……⑦。

图 12-9-10　无锡寄畅园知鱼槛侧面

参考文献

①②⑤⑦汪菊渊:《中国古代园林史》(下卷),中国建筑工业出版社,2006 年。

③郭风平、方建斌:《中外园林史》,中国建筑工业出版社,2005 年。

④⑥陈从周、蒋启霆选编,赵厚均注释:《园综》,同济大学出版社,2004 年。

四、瞻园

1.建筑所处位置。江苏省南京市夫子庙西瞻园路 128 号。

2.建筑始建时间。明朝初年开国功臣中山王徐达的府邸,后来徐达的七世孙徐鹏举又再建于明嘉靖(1522—1566)中前期。

3.最早的文字记载。在朱彝尊(生于明崇祯元年,卒于清康熙四十八年。《曝书亭集》卷十九录有《题瞻园旧雨图》诗二首,是记载瞻园最早的史料。其一曰:"壮年踪迹任西东,老去诸余念渐空。醉地至今犹恋惜,大功坊底小园中。"其二曰:"花南孔雀翠屏张,共倚新声八宝装。谁向井边歌旧曲,淳熙半隶几斜阳。园有井阑刻淳熙年字。"较早的还有明周晖《金陵琐事》;明程省三《上元县志》,王世贞所著《游金陵诸园记》①。

4.建筑名称的来历。清乾隆南巡曾驻跸于此,取自欧阳修"瞻望玉堂,如在天上"句意,御书的"瞻园"二字至今仍镶嵌在园门上。

5.建筑兴毁及修葺情况。徐鹏举"征石于洞庭,武康,玉山,征材于蜀,征卉于吴会",创建园亭,当时称"魏国第中西圃"、"魏公丽宅之西园"。清初改为江宁布政使司衙门,乾隆皇帝南巡时,曾两度到瞻园游览,并亲笔题写了"瞻园"匾额。太平天国定都南京时,曾先后作为东王杨秀清与夏官副丞相赖汉英的府第。清同治三年(1864)太平天国天京保卫战,该园毁于兵燹。清同治四年(1865)和光绪二十九年(1903)两次重修,但园景远不及旧观。该园历经战乱,数次改建,尤其是抗战爆发后,园中假山倾覆,花木荒疏,明时旧物保存唯留山石、石矶及紫藤等少许遗物。1939年由石工王君涌重修,其高足叶菊华、詹永伟、金启英三位协力至多,山石堆叠则出自名师王其峰之手。建国后,瞻园被列为省级文物保护单位。1960年南京市人民政府委托南京工学院(今东南大学)刘敦桢教授主持瞻园的恢复整建工作,1966年完成了一期工程,即瞻园的西部景区,面积约八亩半②。苏州叠山世家"山石韩"参与了假山修复工作。1988年,扩建旧园东侧南端一区庭院式建筑群,作为园之辅翼③。

图 12-9-11 南京瞻园池北假山

图 12-9-12 南京瞻园池南假山

6.建筑设计师及捐资情况。徐鹏举、王君涌、刘敦桢等。政府出资。④

7.建筑特征及其原创意义。瞻园面积仅8亩,假山就占3.7亩,平面布局分东西两个部分:

东半部现为太平天国物证资料空间,大门在东半部,大门对面有照壁,照壁前是一块太平天国起义浮雕。大门上悬一大匾书"金陵第一园",字系赵朴初所题。进门正中是一尊洪秀全半身铜像,院中两边排列着当年太平天国用过的大炮20门。二进大厅上有郭沫若题写的"太平天国历史陈列"匾额,主要陈列文物有天父上帝玉玺、天王皇袍、忠王金冠、大旗、宝剑、石槽等300多件。

西半部以明构静妙堂为中心,布置南北两区山水:堂北过一草坪,隔水池以北假山为对景。池北假山下部大致保持明代原貌,山上则于近年增建石屏一扇,以增山势,也借此对北墙外之建筑物有所遮蔽。北山体量较大,中构山洞,山上有蹬道盘回,从东西两侧可以蹑足登山。山前临水有小径,由东西二石梁联络两岸。小径一侧依石壁,一侧面水池,并伸出石矶漫没水中,略具江河峡间纤路、栈道之意。堂南临一近扇形水池,隔池相望为南山,最高点距地面6米。因是背光而立,故设计上对山的轮廓起伏,丘壑虚实都有考虑⑤。

而水景处理上，瞻园亦丰富可观，水面由桥、步石等划分成大小不一的区块，与山体相映，不露人工斧凿痕迹。

图 12-9-13　南京瞻园静妙堂内景

8.关于建筑的经典文字轶闻。明朝开国大将军、魏国公徐达功居第一。他和明太祖朱元璋是布衣之交。朱元璋做了皇帝后，还是称他为"徐兄"。徐达自然不敢再和皇帝称兄道弟，始终恭敬谨慎。有一天，明太祖和他一起喝酒，饮酒期间，说道："徐兄功大，未有宁居，可赐以旧邸。⑥"所谓旧邸，是太祖做吴王时所居的府第，太祖登基为帝之后，自然另建宫殿了。徐达心想：太祖自吴王而登基，自己若是住到吴王旧邸之中，这个嫌疑可犯得大了。他深知太祖猜忌心极重，当下只是道谢，却说什么也不肯接受。太祖决定再试他一试，过了几天，邀了徐达同去旧邸喝酒，不住劝酒，把他灌醉了，命侍从将他抬到卧室之中，放在太祖从前所睡的床上，盖上了被。徐达酒醒之后，一见情形，大为吃惊，急忙下阶，俯伏下拜，连称："死罪！"侍从将情形回奏，太祖一听大喜，心想此人忠字当头，全无反意，当即下旨，在旧邸之前另起一座大宅赐他，亲题"大功"两字，作为这座宅第所在的坊名。这即是南京"大功坊"和"魏国公赐第"的由来，也是瞻园作为府邸花园的前身。

徐达的西花园原有一座举世无双的亭子。明人王世贞所著《游金陵诸园记》明确告诉人们，瞻园"顶有亭尤丽，曰'此则今嗣公之所创也'。⑦"吴敬梓在《儒林外史》写到徐达的十一世孙徐咏，邀请表兄陈木南至家中（即瞻园）来赏梅，那天正是"积雪初霁，瞻园红梅次第将放"之时，陈木南"来到大功坊，轿子落在国公府门口，过了银銮从旁边进去。徐九公子立在瞻园门口迎着。徐九公子让陈木南沿着栏杆，曲曲折折来到亭子上。那亭子是园中最高处，望着那园中几百树梅花，都微微含着红萼……"表兄弟俩在这片美景中一边饮酒，一边畅谈，陈木南只觉得越坐越暖，不觉连脱两件外衣，并诧异地问道："尊府虽比外面不同，怎会如此太暖"？徐九公子这样回答："四哥，你不见亭子外面一丈之内，雪所不到？这亭子都是先国公（指嗣魏国公徐维志）在世时造的，全是白铜铸成，内中烧了炭火，所以这般温暖"⑧。原来亭子底下挖掘了坑道，放入木炭，相当于今天的火炕。由此可见，瞻园在明代数百年间所造最华丽、最实用之亭，首推徐维志所造铜亭。

参考文献

①汪菊渊：《中国古代园林史》（下卷），中国建筑工业出版社，2006 年。

②④潘谷西：《南京的建筑》，南京出版社，1995 年。

③⑤潘谷西：《江南理景艺术》，中国建筑工业出版社，2001 年。

⑥《明史·徐达传》。

⑦(明)王世贞：《游金陵诸园记》，《弇州四部稿》续稿卷六四。

⑧(清)吴敬梓：《儒林外史》第五十三回。

五、豫园

1.建筑所处位置。上海市老城厢的东北部,北靠福佑路,东临安仁街,西南与上海老城隍庙毗邻。

2.建筑始建时间。明嘉靖三十八年(1559)。

3.最早的文字记载。创建者潘允端《豫园记》"余舍之西偏,旧有蔬圃数畦,嘉靖己未(1559),下第春官,稍稍聚石、凿池、构亭、艺竹,垂二十年,屡作屡止,未有成绩。万历丁丑(1577),解蜀藩绶归,一意充拓,地加辟者十五,池加凿者十七,每岁耕获,尽为营治之资,时奉老亲觞咏其间,而园渐称胜区矣。"①明王世贞有《游豫园记》、《潘方伯邀游豫园》诗,堪称园主人之外最早记载歌咏园者②。

4. 建筑名称的来历。豫园原来是明代四川布政使上海人潘允端为了侍奉他的父亲——明嘉靖年间的尚书潘恩而建造的,取"豫悦老亲"之意,故名为"豫园"③。

5.建筑兴毁及修葺情况。潘允端耗时18年营建豫园,明朝末年,豫园为张肇林所得,后荒废。清乾隆二十五年(1760)当地的一些富商士绅聚款购下豫园,重建楼台,增筑山石,至四十九年(1784)竣工,并改名为西园,重建后的厅堂楼阁各处景致皆重命名。清咸丰三年(1853),豫园被严重破坏,点春堂、香雪堂、桂花厅、得月楼等建筑都被付之一炬。清咸丰十年(1860),太平军进军上海,清政府勾结英法侵略军,把城隍庙和豫园作为驻扎外兵场所,在园中掘石填池,造起西式兵房,园景面目全非。清光绪初年(1875),整个园子被上海豆米业、糖业、布业等二十余个工商行业所划分,建为公所。至新中国成立前夕,豫园亭台破旧,假山倾坍,池水干涸,树木枯萎,旧有园景日见湮灭。1956年起,豫园进行了大规模的修缮,历时五年,于1961年9月对外开放④。豫园1959年被列为市级文物保护单位,1982年2月列为全国重点文物保护单位。

6.建筑设计师及捐资情况。潘允端、张南阳⑤、陈从周。

7.建筑特征及其原创意义。园东面架楼数椽,以隔尘市之嚣。中三楹为门,匾曰"豫园",取愉悦老亲意也。入门西行可数武,复得门曰"渐佳"。西可二十武,折而北竖一小坊,曰"人境壶天"。过坊得石梁,穹窿跨水上,梁竟而高埠中陷,石刻四篆字曰"寰中大快"。循埠东西行,得堂曰"玉华",前临奇石,曰"玉玲珑",盖石品之甲,相传为宣和漏纲,因以名堂。堂后轩一楹,朱槛临流,时饵鱼其下,曰"鱼乐"。由轩而西得廊,可十余武,折而北,有亭翼然覆水面,曰"涵碧",阁道相属,行者忘其渡水也。自亭折而西,廊可三十武,复得门曰"履祥",巨石夹峙若关,中藏广庭,纵数仞,衡倍之。甃以石如砥,左右累奇石,隐起作岩峦坡谷状,名花珍木,参差在列。前距大池,限以石栏,有堂五楹岿然临之,曰"乐寿堂",颇擅丹艧雕镂之美。堂之左室曰"充四斋",由余之名若号而题之,以为弦韦之佩者也。其右室曰"五可斋",则以往昔待罪淮漕时,苦于驰驱,有书请于老亲曰:"不肖自维有亲可事,有子可教,有田可耕,何恋恋鸡肋为!"比丁丑岁首,梦神人赐玉章一方,上书"有山可樵,有泽可鱼",而是月即有解官之命,故合而揭斋焉。嗟嗟!乐寿堂之构,本以娱奉老亲,而竟以力薄愆期,老亲不及一视其成,实终天恨也。池心有岛横峙,有亭曰"凫佚"。岛之阳峰峦错迭,竹材蔽亏,则南山也。由"五可"而西,南面为介阁,东面为醉月楼,其下修廊曲折可百余武。自南而西转而北,有楼三楹曰"征阳",下为书室,左右图书可静修。前累武康石为山,峻嶒秀润,颇惬观赏。登楼西行,为阁道属之层楼,曰"纯阳"。阁最上奉吕仙,以余揽揆偶同仙降,故老亲命以"征阳"为小字。中层则祁阳土神之祠,盖老亲守祁州时,梦神手二桂、携二童至曰:"上帝因大夫惠泽覃流,以此为子",已而诞余兄弟,老亲尝命余兄弟祀之,语具祠记中。由阁而下为留春窝,其南为葡萄架。循架而西,度短桥,经竹阜,有梅百株俯以蔽阁,曰"玉茵"。玉茵而东为关侯祠。出祠东行,高下纡回,为冈为岭,为涧为洞,为壑为梁为滩,不可悉记,各极其趣。山半为山神祠,祠东有亭北向,曰"挹秀"。挹秀在群峰之坳,下临大池,与乐寿堂相望,山行至此,借以偃息。由亭而东得大石洞,窅窱深靓,几与张公、善卷相衡。由洞仰出为大士庵,东偏禅室五楹,高僧至止可以顿锡。出庵门,奇峰矗立,若登虬,若戏马,阁云碍月,盖南山最高处,下视溪山亭馆,若御风乘蹻而俯瞰尘寰,真异境也。自山径东北下,过留影亭,盘旋乱石间。转而北得堂三楹,曰"会景",堂左通雪窝,右缀水轩。出会景,度曲梁,修可数十武,梁竟,即向之所谓广庭,而乐寿以南之胜尽于此矣。乐寿堂之西构祠三楹,奉高祖而下神主,以便奠享。堂后凿方塘,栽菡萏,周以垣,垣后修竹万挺,竹外长渠东西咸达于前池,舟可绕而泛也。乐寿堂之东,别为堂三楹,曰"容与",琴书鼎彝杂陈其间。内有楼五楹,曰"颐晚楼",楼旁庖湢咸备,则余栖息所矣。容与堂东为宅一区,居季子云献,便其定省,其堂曰"爱日",志养也。大抵是园不敢自谓辋川、平泉之比,而卉石之适观,堂室之便体,舟楫之沿泛,亦

图 12-9-14 上海豫园山池主景

图 12-9-15 上海豫园鱼乐轩

足以送流景而乐余年矣。第经营数稔,家业为虚,余虽嗜好成癖,无所于悔,实可为士人殷鉴者。若余子孙惟永戒前车之辙,无培一土植一木,则善矣⑥。

现豫园占地三十余亩(不计近年新扩部分),现存豫园仅西北部之水池及假山主体部分为明遗构,其余为后世加建。可分成六大景区,每个景区都有其独特的景色。

在园外的湖心亭景区,这里原是故园的中心,现在成为入园的过渡区,有九曲桥、荷花池等。

入园后,第二个景区是一座大型假山,层峦叠嶂,清泉飞瀑,宛若真景。假山以武康黄石叠成,出自江南著名的叠山家张南阳之手,享有"江南假山之冠"美誉。这也是他唯一存世的作品。山高约 14 米,陡壁幽壑,磴道隐约,迂回曲折,气势磅礴。"萃秀堂"是假山区的主要建筑物,位于假山的东麓,面山而筑。自萃秀堂绕过花廊,入山路,有明代祝枝山所书的"溪山清赏"石刻。到达山顶时有一个平台,可观全园景物。

下山向东,经"渐入佳境"廊,抵达第三个景区,包括万花楼、鱼乐榭、两宜轩等建筑。

第四个是点春堂景区,园亭相套,轩廊相连,花木葱茏,泉水潺潺,包括有和煦堂、藏宝楼等建筑。清咸丰三年(1853)上海小刀会领袖刘丽川等,曾在点春堂设立指挥部。

第五个是九狮轩景区,此景区以水景为主,由当代园林专家陈从周先生指导设计。

第六个是玉华堂景区:园内是典雅的明代书房摆设,书房的书案、画案、靠椅、躺椅等都是明代紫檀木家具的珍品。玉华堂前的白玉兰树是上海最古老的市花树。"玉华堂"前的假山石峰——玉玲珑,是豫园的镇园之宝,被誉为江南三大名石之首,具"皱、漏、瘦、透"之美。据说是移自乌泥泾朱尚书园,潘允端认为它是宋徽宗时搜罗的花石纲遗物。"晴雪堂"是该园的主要建筑物,装饰华丽,构造精巧,玲珑剔透。堂东有溪流,与廊亭、花墙一起组成了一座小型的庭院,庭院内的景物布局紧凑,深具中国园林艺术的特色。楼阁参差,山石峥嵘,树木苍翠,以清幽秀丽,玲珑剔透见长。

8.关于建筑的经典文字轶闻。园中假山名石玉玲珑与苏州瑞云峰、杭州绉云峰,并称江南三大名峰,具有皱、漏、瘦、透之美。古人曾谓:"以一炉香置石底,孔孔烟出;以一盂水灌石顶,孔孔泉流。"据说石上原镌刻有"玉华"两字,意为是石中精华。石前一泓清池,倒映出石峰的倩影。石峰后有一面照墙,背面有"寰中大快"四个篆字。据记载,宋徽宗赵佶为造艮岳,从全国各地搜罗名花奇石,其中有的奇石因故未被运走而留在江南,称作"艮岳遗石",玉玲珑即其中之一。明代,玉玲珑被移到上海浦东三林塘储昱的南园中。储昱的女儿嫁给潘允端的弟弟潘允亮。建造豫园时,潘家又把玉玲珑移来。

万花楼原名花神阁,相传潘允端的孙子生有一女,名玉娟,二八芳龄,心地善良,容貌美丽,她爱花护花,后来爱上了花匠郭田生。不料花匠死了,她悲恸万分,吃不下,睡不着,不久也忧郁而亡。忽一日,天空生五彩祥云,并有玉娟和郭田生出现,玉娟手提花篮,并从空中撒下花来。众人十分惊奇,都说玉娟已成了花神,遂将此建筑命名为花神阁[7]。

参考文献

①⑥(明)潘允端:《豫园记》。

②(明)王世贞:《弇州四部稿》。

③《江南通志》卷三一。

④陈从周:《园林谈丛》,上海文化出版社,1980年。

⑤陈从周:《梓室全集》,卷一,三联书店,1999年。

⑥汪菊渊:《中国古代园林史》(下卷),中国建筑工业出版社,2006年。

⑦沈福熙:《上海园林赏析之五——豫园赏析》,园林,秋季版。

六、秋霞圃

1.建筑所处位置。上海市嘉定区东大街。

2.建筑始建时间。准确年代不详,一说弘治十五年(1502),一说正德年间(1506—1521),一说嘉靖年间(1522—1566)。从创建者龚弘的生卒时间,生于1451年,卒于1526年推断,其晚年建园应以前面两种说法较准确[1]。

3.最早的文字记载。侯访作《和徐克勤先生移居金氏园诗五首》"逸老东城天空余,清溪白石共星居。四松杜甫还移宅,五柳陶公更卜庐。稍觉林泉分气象,乍携琴鹤换钟鱼。芳邻不用金钱买,措大胸襟一快如。[2]"

4.建筑名称的来历。因为园内有一座凝霞阁,在阁上可以望见东城一带城墙上的雉堞,秋月晚霞从城头上照来,光辉灿烂,故定名"秋霞圃"。因系龚氏住宅,又名"龚氏园"。[3]另一说"秋霞"源自唐王勃《滕王阁序》中"落霞与孤鹜齐飞,秋水共长天一色"(薛理勇持是说)[4]。

5.建筑兴毁及修葺情况。该园由明工部侍郎龚弘(1451—1526)晚年所建。嘉靖三十四年(1555)徽州盐商汪氏购得,万历元年(1573)再归龚弘四世孙龚锡。万历天启年间(1573—1627),沈弘正于秋霞圃东建沈氏园。乾隆二十四年(1759)近邻沈氏园与龚氏园合,同归城隍庙。咸丰十年至同治元年(1860—1862),太平军攻克嘉定,清军不断围攻,秋霞圃的楼台多毁于兵祸。光绪年间(1875—1908),次第修复。1920年秋,改设启良学校,中间又几经更迭,直到1980年开始整修复园。现存建筑多系同治元年(1862)以后重建。由三座私家园林和城隍庙合并而成,园内建筑大多建于明代,而城隍庙则可以上溯至宋代,是上海地区最古老的园林⑤。1962年被列为上海市级文物保护单位。

6.建筑设计师及捐资情况。龚弘。

7.建筑特征及其原创意义。园内布局以清水池塘为中心,石山环绕,古木参天,造园艺术独特,分桃花潭、凝霞阁、清镜塘、邑庙四个景区共48个景点。

桃花潭景区在园之西南,占地8亩。景区以桃花潭为中心,山石亭台互为衬景。南有晚香居、霁霞阁、池上草堂、仪慰厅,西有丛桂轩,北有即山亭、碧光亭、延绿轩、碧梧轩、观水亭,它们或筑于山上,或构于潭边。远近高低、前后左右,主次分明,疏密相宜。桃花潭南北两山对峙,南山峭壁耸崎,北山浑厚见长。沿潭茂林修竹,断岸滴泉,临水曲径,低栏板桥。虽由人作,宛自天开。是典型的中国自然山水园林。

凝霞阁景区在园之东部,占地4亩。景区以太湖石堆叠之大屏山为中心,北有凝霞阁,南有聊淹堂、游聘堂、彤轩、亦是轩,东有扶疏堂、环翠轩、觅句廊,西有屏山堂、数雨宅、闲研宅、依依小榭等。凝霞阁居高临下,登阁纵览,可观桃花潭、清镜塘两景区景色。区内多院组合,院廊相连,曲折深邃。院墙多置漏窗,园内植树和花草,步移景异,若隐若现。

清镜塘景区在园之北部,面积约20亩。东有三隐堂、柳云居、秋水轩、清轩,西有青松岭、岁寒亭、补亭。柳云居前遍植垂柳,绿云叠翠。青松岭上青松、红枫、白玉兰、腊梅布局有致。景区以清镜塘贯穿东西,植物景观为主体,疏朗开阔。亭榭、林木、花径、溪塘、山丘、护岸或敞或蔽、或大或小、或明或暗,变化无穷,具有浓郁的村野气息,与建筑紧凑的凝霞阁景区形成强烈的反差,一疏一密,各具其趣。

邑庙景区在园之南部,面积约4亩。大殿建筑宏伟、高大,结构独特,系上海地区保存最为完整的邑庙。⑥

秋霞圃擅用"旱园水作",即将园中整片地面压低作平,周围以相对完整的山石界面,幻化出水意,"水"中可点缀出岛屿,并辅以波纹状条纹铺地等其他能引发这一联想的手段。全园布局紧凑,以工巧取胜。园内有园,景外有景,山具丘壑之美,水揽幽邃之胜,得咫尺山林之宜,是明代园林佳作。

8.关于建筑的经典文字轶闻。桃花潭景区的池上草堂,有"一堂静对移时久,胜似西湖十里长"的赞誉。堂南的一副对联:"池上春光早,丽日迟迟,天朗气清,惠风和畅;草堂霜气清,秋风飒飒,水流花放,疏雨相过。"此联将秋霞圃春、秋两季景色描绘得淋漓尽致。桃花潭东侧的凝霞阁,是园中景色最佳处。相传秋霞圃清镜塘内的银爪甲鱼味道特别鲜美,不知怎么传到乾隆皇帝的耳边,命人到嘉定的秋霞圃捕捉进贡,乾隆品尝后,赞不绝口,秋霞圃清镜塘内的银爪甲鱼从此出名⑦。

参考文献

①⑤彭卿云:《中华文物古迹要览》,文物出版社,1989年。

②⑥上海园林志编纂委员会:《上海园林志》,上海社会科学院出版社,2000年:第八篇园林文苑。

④喻学才:《中国旅游名胜诗话》(园之卷),中国林业出版社,2002年。

③⑦陈从周:《园林谈丛》,上海文化出版社,1980年。

七、十笏园

1.建筑所处位置。山东省潍坊市胡家牌坊街。

2.建筑始建时间。明嘉靖年间①。

3.最早的文字记载。院内有园主丁宝善撰、翰林丁良翰书写的《十笏园记》,"光绪乙酉孟秋,余得郭氏废宅于舍西,实前明胡四节先生之故居也。前有厅事,后有复室,俱颓败不可收拾。中有楼三楹,独屹立无恙,爰葺而新之,题曰砚香楼,为藏书之所。素有濂溪之好,因汰其废厅为池,置亭其上,曰:'四照',曰:'漪岚',曰:'小沧浪',曰:'稳如舟',更筑小西楼,题曰:'春雨'。楼下绕以回廊,架平桥通其曲折。"最北端有张昭潜撰、曹鸿勋书写的《十笏园记》②。

4.建筑名称的来历。"笏"为古时大臣上朝时拿着的狭长形手板,多用玉、象牙或竹片制成。丁宝善《十笏园记》中对十笏园的命名作了解释:"以其小而易就也,署其名曰十笏园,亦以其小而名之也。"园名即取此意。因园系丁氏产业,又名丁家花园③。

5.建筑兴毁及修葺情况。原是明嘉靖年间刑部郎中胡邦佐的故宅,清代陈兆鸾(清顺治年间任彰德知府)、郭熊飞(清道光年间任直隶布政吏)曾先后在此住过,后被潍县首富丁宝善以重金购得,于清光绪十一年(1885)改建为私人花园④。

6.建筑设计师及捐资情况。丁宝善和他的文友蒯菊畦、刘子秀、于敬斋三人负责设计。

7.建筑特征及其原创意义。现存园址南北深70米,东西宽44米,占地仅3400平方米,在有限的空间里,能呈现自然山水之美,含蓄曲折,引人入胜。园中景点共24处、房间67间,紧凑而不拥挤,体现出北方建筑的特色,是我国古典造园艺术中的奇葩。十笏园平面呈长方形,由东、中、西三条古建轴线组成,中轴线建筑及其院落为园之主体部分。

进大门东行为前院,正厅为"十笏草堂",结构是三开间七檩硬山顶,明间雕花门,上悬清代金石学家陈介祺

图12-9-16 山东潍坊十笏园池西景观

手书"无数青山拜草庐"匾额。堂前山石花木散点,池中荷香四溢,碧波涟漪。"四照亭"坐落池中,该亭系六檩卷棚式歇山顶,四周有坐凳栏杆,西有曲桥同回廊相连,亭中上悬清末潍县状元曹洪勋书"四照亭"匾额,笔力雄健,刚劲流畅;该亭四面环水,荷风水月,充满诗情画意。四照亭北面六角门上为"鸢飞鱼跃"四个大字,飞动婉转,气贯长虹。四照亭东北角筑有船形建筑"稳如舟",此亭建筑巧妙,为六檩卷棚式顶,外形如船,恰似抛锚水中,随时可以起锚解缆,格外引人遐思。"稳如舟"小亭的北面,迎面对联"雷文古鼎八九个,日铸新茶三两瓯"系郑板桥手书。"稳如舟"门楣上悬"涛音"二字,为清代书法家桂馥手书。登上四照亭,倚栏环视,只见楼台亭阁,错落有致,曲栏桥榭,通幽多变,山石瀑布,碧池泛影,柳漂荷摇,颇有鸢飞鱼跃之势,令人心旷神怡。

池塘以东为半壁假山,假山是依东轴线上院落的房屋山墙而建,假山高 10 米,南北长 30 米,东西宽 15 米。拾级登山,山径崎岖,怪石嶙峋,峰嶂列岫,路随峰转,其势巍峨,间有水池山洞,平桥,瀑布,山门之设;山间巧植松柏草木,四时常青,经冬不凋。山顶建有六角攒尖顶小亭名曰"蔚秀亭",亭内嵌有"扬州八怪"之一的金农绘白描罗汉刻石一块,姿态妩媚,造意新奇。旁有孤松一株,直插霄汉。山南端筑有"落霞亭",为四檐卷棚式结构,亭内装镶郑板桥手迹刻名"笔墨三则","田游岩"和"题画竹"各一,所悬"聊避风雨"匾额亦为郑板桥手迹。顺山径而下,卵石铺路,山脚下有一六角攒尖顶小亭名"漪岚亭";小坐亭栏,平视喷泉,其四柱为原始松木,名曰"小沧浪",取自《孟子》"沧浪之水清兮,可以濯我缨;沧浪之水浊兮,可以濯我足"。在此亭不远池边有天然方石一块,正可濯缨濯足,因而愈见其古朴典雅,富有情趣。

出"沧浪"亭,向西是走廊,把西轴线与中轴线巧妙而有机的隔开,既合理分布景观,又增加了观赏性。长廊墙壁上装嵌着板桥画刻石多块。北端有清末潍县学者张昭潜撰文,状元曹鸿勋手书《十笏园记》,它与南端园主人丁六斋(丁宝善)自写的《十笏园记》遥遥对应,篇名虽同,但所述各异。出回廊,院西有二层小楼一栋,为三开间七檩庑殿式建筑;楼门抱厦出廊,辅以坐凳凭栏,名"春雨楼",系宋代诗人陆游的名句"小楼一夜听春雨,深巷明朝卖杏花"而取名,"春雨楼"三个字是由曹鸿勋手书。院中北楼为十笏园主体建筑,系明代所建,名"砚香楼",结构为二层两开间五檩硬山顶,楼前有月台;楼上门窗外有前廊,设栏杆护之,是园主人原藏书之处。"砚香楼"之名,取名系借唐诗人李贺《杨生青花紫石砚歌》中:"纱帷昼暖墨花香,轻沤漂沫松麝熏",说明研出的墨汁芳香袭人之意而命名。

西轴线上一排西厢房共八开间,其院称作"园中园"。自南而北依次为"静如山房"为安定洁净之意;"秋声馆"前出抱厦并有坐凳栏杆,系取欧阳修《秋声赋》为名。北过厅名"深柳读书堂",因唐诗人刘眘虚"闲门向山路,深柳读书堂",借作私塾名称。其结构为三开间七檩前后出廊硬山顶,明间前后开隔扇门。过"深柳读书堂"入小院,西为厢房,其北厅名"颂芬书屋",厅内雕梁画栋,熠熠生辉。此厅后院,西为厢房,其北厅为"雪庵",康有为过潍县游十笏园后改题为"小书巢"。

东轴线有院四个,前院临街南屋五间,七檩硬山顶;院西有小廊,开月洞门以通中轴线上的"十笏草堂"院。院北过厅五间,七檩硬山式;其中三间内收,房檐外出,过厅北门通"碧云斋",丁宝善(号六斋)在自撰《十笏园记》中说:"园之东,古梧百尺,绿荫满庭即余家坐卧之'碧云斋'也,'碧云斋'系取梧桐参天,碧色云空,苍穹万里之意。""碧云斋"共六间,结构为七檩前出廊硬山顶式,厅之正中高悬"碧云斋"匾额系清代著名金石学家陈介祺所书,此亭北院东西建有小廊,东廊内装嵌有冯起震画竹刻石十块;西廊内嵌有招子庸画竹刻石,院中心太湖石巧立,院内月形园门上额东嵌刻砖"紫气东来",西嵌"胜园","胜园"刻石原系孙葆田故居之物,今移装十笏园内,成为新组成部分。

8.关于建筑的经典文字轶闻。康有为 1925 年秋游十笏园题诗曰:峻岭寒松荫薜萝,芳池水面立红荷。我来桑下几三宿,毕至群贤主客多。

建筑园林学专家、上海同济大学教授陈从周赞誉"潍坊十笏园,园甚小,故以十笏名之。清水一池,山廊围之,轩榭浮波,极轻灵有致。触景成咏:'老去江湖兴未阑,园林佳处说般般;亭台虽小情无限,别有缠绵水石间'。北国小园,能饶山水之胜者,以此为最。⑤"

参考文献

①③④汪菊渊:《中国古代园林史》(下卷),中国建筑工业出版社,2006 年。

②陈从周、蒋启霆选编,赵厚均注释:《园综》,同济大学出版社,2004 年。

⑤陈从周:《说园》,中国建筑工业出版社,1984 年。

八、影园

1.建筑所处位置。江苏省扬州市城南古渡禅林之右,宝蕊栖之左,南湖长屿上。

2.建筑始建时间。明崇祯七年(1634)。

3.最早的文字记载。明代郑元勋《影园日纪》:山水竹木之好,生而具之,不可强也。予生江北,不见卷石。童子时从画幅中见高山峻岭,不胜爱慕,以意识之,久而能画。画固无师承也。出郊见林水鲜秀,辄留连不忍归,故读书多僦居荒寺。年十七,方渡江,尽览金陵诸胜。又十年,览三吴诸胜过半,私心大慰,以为人生适意无逾于此。归以所得诸胜形诸墨戏。壬申(1632)冬,董玄宰(即董其昌,1555—1636)过邗,予持诸画册请政,先生谬赏,以为予得山水骨性,不当以笔墨工拙论。予因请曰:"予年过三十,所遭不偶,学殖荒落,卜得城南废圃,将葺茅舍数椽,为养母读书终焉之计。间以余闲,临古人名迹当卧游,可乎?"先生曰:"可! 地有山乎?"曰:"无之。但前后夹水,隔水蜀冈蜿蜒起伏,尽作山势,环四面柳万屯,荷千余顷,蒹葭生之,水清而多鱼,渔棹往来不绝。春夏之交,听鹂者往焉。以衔隋堤之尾,取道少纤,游人不恒过,得无哗。升高处望之,迷楼、平山,皆在项臂。江南诸山,历历青来。地盖在柳影、水影、山影之间,无他胜,然迹吾邑之选矣。"先生曰:"是足娱慰。"因书"影园"二字为赠。甲戌(1634)放归,值内子之变,又目眚作楚,不能读,不能酒,百郁填膺,几无生趣。老母忧甚,会予强寻乐事,家兄弟亦怂勇葺此,盖得地七八年,即庀材七八年,积久而备,又胸有成竹,故八阅月而粗具。[①]

4.建筑名称的来历。影园所在地段比较安静,"取道少纤,游人不恒过,得无哗"。又有北面、西面和南面极好的借景条件,"升高处望之,迷楼、平山(迷楼和平山堂均在蜀岗上)皆在项臂,江南诸山,历历青来。地盖在柳影、水影、山影之间",故命之为影园。另一层意思是世间万物如梦幻泡影。作者说"玄宰先生(董其昌)题以'影'者,安知非以梦幻示予?吾亦恍然寻其谁昔之梦而已。[②]"

5.建筑兴毁及修葺情况。明崇祯年间(1628—1644),修建,现今,该园旧迹久毁[③]。

6.建筑设计师及捐资情况。由当时著名的造园家吴江计成主持设计和施工的,园主郑元勋受匠师的熏陶亦粗解造园之术[④]。

7.建筑特征及其原创意义。影园的造园艺术当属上乘,是明代扬州文人园林的代表作品。园的面积很小,大约只有5公亩左右,选址却极佳,据郑元勋自撰的《影园自记》的描写:这座小园林环境清旷而富于水乡野趣,虽然南湖的水面并不宽广且背倚城墙,但园址"前后夹水,隔水蜀岗(扬州西北角的小山岗)蜿蜒起伏,尽作山势。环四面柳万屯,荷千余顷,蒹葭生之。水清而鱼多,渔棹往来不绝"。

影园以一个水池为中心,成湖(南湖)中有岛、岛中有池的格局,园内、园外之水景浑然一体。靠东面堆筑的土石假山作为连绵的主山把城墙障隔开来,北面的客山较小则代替园林的界墙,其余两面全部开敞以便收纳园外远近山水之借景。园内树木花卉繁茂,以植物成景,还引来各种鸟类栖息。建筑疏朗而朴素,各有不同的功能,如课子弟读书的"一字斋"前临小溪,"若有万顷之势也,媚幽所以自托也",故取李白"浩然媚幽独"之诗意以命名。园林景域之划分亦利用山水、植物为手段,不取建筑围合的办法,故极少用游廊之类。总之,此园之整体恬淡雅致,以少胜多,以简胜繁,所谓"略成小筑,足征大观"[⑤]。

8.关于建筑的经典文字轶闻。郑元勋出身徽商世家,明崇祯癸未(1643)进士,工诗画,已是由商而儒厕身士林了。他修筑此园当然也遵循着文人园林风格,成为园主人与造园家相契合而获得创作成功之一例,故而得到社会上很高的评价,大画家董其昌为其亲笔题写园名⑥。明末郑氏兄弟有四园,而以郑元勋影园为最著⑦。

参考文献

①②(明)郑元勋《影园自记》,见陈从周、蒋启霆、赵厚均《园综》,同济大学出版社,2004 年。

③⑤⑥郭风平、方建斌:《中外园林史》,中国建筑工业出版社,2005 年。

④陈从周:《园林谈丛》,上海文化出版社,1980 年。

⑦童寯:《江南园林志》,中国建筑工业出版社,1963 年。

(十)志民居 名村居

一、东阳卢宅

1.建筑所处位置。浙江省金华市东阳东郊。

2.建筑始建时间。主体建筑肃雍堂始建于明景泰丙子年(1456),至天顺壬午年(1462)告成①。

3.最早的文字记载。《肃雍堂记》见卢格著《荷亭文集》。

4.建筑名称的来历。婺州望族卢氏世代居住的宅第,其主体建筑"肃雍堂"。据《肃雍堂记》上解释:"肃,肃敬也,礼之所以立也;雍,雍和也,乐之所由生也。②"

5. 建筑兴毁及修葺情况。卢氏自宋代定居于此, 世代聚族而居,从明永乐十九年(1421)卢睿成进士起,到清代中叶科第不绝,陆续兴建了许多座规模宏大的宅第,形成一个较完整的明、清住宅建筑群,也是典型的封建家族聚居点。

6.建筑设计师及捐资情况。卢溶③。

7.建筑特征及其原创意义。出旧县城迎晖门,跨过叱驭桥,有众牌坊叠次相迎,到村东大门,三华里鹅卵石铺就的大街横贯东西。26 座木石碑坊骑街夹道,鳞次栉比的房舍排列俨然,东西两条雅溪水绕舍缓流④。卢宅作为望族宅第,经过周密设计,精心建造,整个聚落分区明确,功能齐全。《肃雍堂记》中有"三峰峙其南,两水环其北,前有蔬圃,后有甫田"之说。以肃雍堂为核心的中心区,主要是居住区、商业区及举办大型吉庆活动的公共区。东区和西区都以居住为主,但按中国"左宗右庙"的传统布局模式,在东区设有雅溪卢氏大宗祠,祠堂是祭祀祖宗的礼制性建筑,它的规模是一个宗族权势地位的象征。在西区安排了铜佛殿、大士阁、白塔庵、关帝庙等庙宇。南边区块是种植区。北边地块除了耕地,还有牡丹园、金谷园、芙蓉园等二十多个园林⑤。

卢宅在明代最盛时期,全村有 74 个堂、84 个厅,主从分明、众星拱月的整体布局较好地反映了宗族聚居的生活形态。主体性建筑肃雍堂处在整个卢宅村落的中轴线上,九进院落采用前堂后寝的格局,前四进是祭祀、吉庆、聚议、迎宾的场所,后五进作为内眷生活起居的空间。以肃雍堂为主体,按照族系分支划成数片,依据宦林品位营造府第,在东西两侧形成了多条副轴线。东一副轴线有世德堂三进、大雅堂三进、爱日堂三进;东二副轴线有树德堂三进,其后有大夫第、东吟堂;西一副轴线有存义堂二进,西二副轴线有冰玉

堂、忠孝堂一线五进,其后还有五台堂五进,西二副轴线之外还有太和堂三进,龙尾厅、毓
台堂四进及翰林第、铧和堂三进⑥。以四合院为单元,沿纵轴线推进,按前厅后堂的平面布
局,各自形成一条条轴线分明,完整而封闭的建筑组群,彼此间是十多条纵横交错的街
巷,使整个村落显得井然有序⑦。

卢宅所在的东阳是中国木雕之乡,卢宅厅堂木构,皆巧钩细镂。木雕题材广泛,寓意
丰富,装饰题材可分为人物、山水、名胜古迹、花卉动物、博古器皿、几何纹饰等。既有八
仙、三国、西厢记等人物画面,又有牡丹、莲花、梅花鹿等常见的吉祥花卉动物图案。刀功
娴熟、线条流畅、气势连贯。其构图别开生面,雕镂玲珑剔透,可独立成章,也可连续成篇,
具有很强的艺术感染力⑧。

8.关于建筑的经典文字轶闻。肃雍堂祖卢溶一生不曾担任官职,只在去世后第二年获
得"赠知县"的头衔,相当于现在的荣誉性职务。虽然他是当时东阳很有财势也很有胆识
的乡绅,也还是属于庶民阶层。肃雍堂的建筑显然超越了庶民等级,违背了儒家礼制。因
此,虽然有当时正处于土木堡之变,政局动荡,朝廷控制比较松弛,东阳离京城较远,商品
经济发达等可以突破礼制的有利条件,卢溶仍不免产生矛盾害怕的心理。反映到建筑上,
前厅的歇山造躲在悬山顶之内;五开间旁边的东西两间雪轩,客人来时关闭;而且整座肃
雍堂都漆以黑色。这些做法都可以视作卢溶为逃避"逾制"之罪而采取的补救措施,肃雍
堂的建筑生动而又深刻地体现了等级森严的儒家礼制对建筑的约束⑨。

参考文献

①潘谷西:《中国古代建筑史》(五卷本)第四卷,中国建筑工业出版社,1999 年。
②⑥洪铁城:《经典卢宅》,中国城市出版社,2004。
③④⑦洪铁城:《东阳明清住宅》,同济大学出版社,2000 年。
⑤⑧⑨马美爱:《东阳卢宅的古建筑文化》,《浙江师范大学学报》(社会科学版),2006 年第 3 期。

二、康百万庄园

1.建筑所处位置。河南省巩义市孝义镇康村。

2.建筑始建时间。创业期为明朝,康家的始祖于明初由赵氏携带儿子康守信从山西洪
洞迁至河南,卜居在巩县桥西村(后名康家店)①。

3.最早的文字记载。《康氏家谱》。

4.建筑名称的来历。八国联军入侵时,慈禧太后和光绪皇帝西逃返京途经巩县,康家
献白银万两迎驾,太后称康家为"百万富翁",康家遂以康百万驰名②。

5.建筑兴毁及修葺情况。原只有老院、中院,清道光年间筑起高寨,增添许多院落③。
2001 年被评为第五批全国重点文物保护单位。

6.建筑设计师及捐资情况。明清康氏族人。

7.建筑特征及其原创意义。康百万庄园是 17、18 世纪华北黄土高原封建堡垒式建筑
的代表。康百万庄园原有十九处形式不同、功能齐全、风格各异的建筑群,占地 240 余亩,
它们分别是:明代的楼院(未经考证),主要分布在张沟、寺沟区,清代的建筑群为福禄堂
区、龙窝综合住宅区、寨上主宅区、南大院区、栈房区、祠堂区、金谷寨、饲养区、菜园区、花
园区、圣寿寺、造船场、唐高善果园、砖瓦场、墓园区、集贤庄以及书院、戏楼、观音堂、关帝
庙、黑石关行宫、杨岭栈房、看家院、望楼、大碑楼、石牌坊等建筑④。

康百万庄园原有的这些建筑群中保存下来的主要有住宅区、栈房区、作坊区、南大
院、祠堂区等 10 部分,33 个庭院、53 座楼房、97 间平房、73 孔窑洞,共 571 间,建筑面积

64300平方米。靠山筑窑洞,临街建楼房,濒河设码头,据险垒寨墙,建成了一个各成系统、功能齐全、布局严谨、等级森严的集农、商为一体的大型地主庄园;这里的石雕、木雕、砖雕被誉为中原艺术的奇葩。尽管康百万庄园外观看似简朴,缺乏贵族城堡的气质,但它的内部装饰华丽,对建筑群的完善保护更为这处古老的庄园增添了无穷魅力。

8.关于建筑的经典文字轶闻。所谓"康百万"是由于当时的庄园主康应魁两次悬挂"良田千顷"的金字招牌,土地商铺遍及山东、陕西、河南三省八县,而被称为"百万富翁"。后来,慈禧太后逃难西安,回銮北京时,路过康店,康家出钱监工修造黑石关,县城、宫殿行宫和"龙窑",花费了100多万两银子,又向清廷捐赠白银100万两,慈禧说不知此地还有一个康百万富翁。从此,"康百万"这个称号就广泛地传开了⑤。

参考文献

①④⑤渠滔:《巩义康百万庄园研究》,河南大学硕士论文,2007年。

②潘谷西:《中国建筑史》,中国建筑工业出版社,2000年。

③国家文物局:《中国名胜词典》精装版,上海辞书出版社,2001年。

三、丁村民居

1.建筑所处位置。山西省南部襄汾县城南4千米的汾河岸边①。

2.建筑始建时间。丁村迄今为止最早的民居是明万历二十一年(1593)建造的三号院民居。

3.最早的文字记载。"太邑汾东,有庄曰丁村。余家世居是庄,由来旧矣。②"

4.建筑名称的来历。因丁氏族人聚居而得名。丁村因道路自然划分成四大片住宅,分别叫北院、中院、南院和西北院。其中,北院、中院、南院均为丁氏居住,西北院为丁氏和侯姚毛柴等杂姓聚居③。

5.建筑兴毁及修葺情况。最早的丁村民宅建于明万历二十一年(1593),最晚的建于民国,历时400年,现存完好明清院落约40余座,房600间。据建房题记考,建于明万历年间的院落6座,清雍正年间者3座,乾隆年间者11座,嘉庆年间者2座,道光年间者2座,咸丰年间者3座,宣统年间者1座,另者民国2座,未发现纪年但建筑风格属清代者10座④。1988年被列为全国重点文物保护单位。

6.建筑设计师及捐资情况。丁氏族人。

7.建筑特征及其原创意义。丁村东临翼城,北靠临汾、霍州,南有曲沃、侯马、新绛、绛县⑤。丁村的民居属中国北方汉民族典型的四合院式建筑,现存的明清住宅共有40余座,其分布大体为三大部分,俗称北院、中院、南院⑥。是以祖宅为核心,其子孙后裔宅院围绕其有序分布,组成以血缘相维系的组群建筑的支族生活区域⑦。明代以单体四合院为主,清代则二进院成为主要形式。单体四合院由正厅、厢房、倒座、门楼四部分组成。二进四合院顺轴线自南而北为影壁、倒座、前院、中厅、后院、后楼,前后院两侧对称安排东西厢房。明代大门多开于东南,清代则全部在轴线南端,开于倒座明间,建筑高大华丽。丁村明、清建筑最大的区别还在于"明不如清高,清不如明宽",风格迥然而异。而中院建筑群中连体四合院的建设更是丁村民居的突出特色,四合院之间靠甬道和跨院相通,形成了由多座四合院环环相扣的连体四合院⑧。

8.关于建筑的经典文字轶闻。李秋香概括丁村的村落格局为"四方村落丁字街"。她说,"丁村建在台地上,这块台地大致呈方形。街道不论主次,都以丁字街居多。丁字街有如下好处:首先是风水术中嫌十字街过于顺畅,会透风泄气。丁字街曲折,却可藏风聚气;

二是丁字街有利于防御，外来人不能一眼望穿全村，走在街上左转右转如入迷魂阵。三是丁即人丁，丁字街有祈求人丁兴旺的意思。四是丁村人还有自己的说法，即把丁字街和丁姓联系起来。⑨"

参考文献

①杨永生：《古建筑游览指南》第二版，中国建筑工业出版社，1986年。
②见清乾隆十八年丁比彭编纂之《丁氏宗谱》残页。
③④⑥山西省建设厅：《山西古村镇》，2007年。
⑤⑦山西省古建研究保护所：《山西襄汾丁村民居建筑布局空间组合特点及意蕴》。
⑧⑨李秋香：《丁村乡土建筑研究》，《建筑史》2003年3辑，机械工业出版社，2004年。

四、徐霞客故居

1.建筑所处位置。江苏省江阴市马镇镇南旸岐村东首。

2.建筑始建时间。在南宋时期"始卜居澄江（今江阴）梧塍里。嗣后世代居此。①"

3.最早的文字记载。陈仁锡《晴山堂记》②。

4.建筑名称的来历。因徐霞客曾在此居住。

5.建筑兴毁及修葺情况。徐霞客故居的前身是南旸岐。最初创建于徐氏十四世祖徐洽。徐洽带着分家得到的建房专款白银四千两，在南旸岐建造了一座深宅大院。新宅建成后，为了和原来的老屋旸岐区别，便称此处房屋为南旸岐③。明末清军南下攻打江阴期间，江阴典史阎应元带领10万民众抗击清军时，当时四乡大族的奴仆趁乱爆发了联合反抗主人的奴变斗争，徐家财物被卷走，田地被瓜分，房子被焚烧。徐霞客的长子徐屺等男女二十余口丧生④。清顺治年间徐霞客之侄孙徐君铨重建。至1984年，仅存面阔七间二进瓦房。现风貌主要为1985年修葺、扩建后所形成规模，2001年增建徐霞客游记碑廊为主体的园林仰圣园。徐霞客故居于1957年被列为江苏省文物保护单位。

6.建筑设计师及捐资情况。徐洽，徐霞客，徐君铨等。

7.建筑特征及其原创意义。徐霞客故居共有17间房屋和2间厢房，占地1379平方米，建筑三进。大门上悬"绳其祖武"砖刻。第二进有厢房庭院，青石板铺面，东西置花坛。这里的厢房和大厅，辟为展览室，陈列着徐霞客生平资料和岩溶标本，门头上大书"承先裕后"砖刻。第三进为"崇礼堂"，陈列当代书画家纪念徐霞客的作品和徐霞客当年经历过的各地风光照片。最后是后院，也称"徐霞客纪念堂"，面积1152平方米。此堂坐西朝东，三面环水，院门前种植着青松翠柏，黄杨冬青，一对大石狮蹲在门两旁。晴山堂，有76方珍贵刻石和1块《晴山堂帖叙略》木刻，特别是徐母80寿辰时，徐霞客请无锡陈伯符、苏州张灵石祝寿画更有价值。石刻共有94篇诗文，出自88位名人之手，其著名的人士有宋濂、倪瓒、文征明、祝允明、顾鼎臣、高攀龙、董其昌、米万钟、黄道周等。徐霞客墓，在晴山堂后院。徐墓已经多次搬迁。1978年修建"晴山堂"时，才将墓葬从马桥移到此地。1985年重建，面积754平方米，墓围7.93米，四周广植花木，中间有两条鹅卵石铺成的小道。墓前立着清初刻制的石碑，高1.20米，宽0.40米，上书"十七世明高士霞客徐公之墓"，右边是徐氏生平碑刻⑤。

8.关于建筑的经典文字轶闻。来到徐霞客故居，自然想了解《徐霞客游记》。徐霞客的游记诗歌以及他到处拓来的名家碑刻拓片等手稿文献主体部分毁于明清易代之际的那场奴变。后世读者能读到的徐霞客游记，早非全璧。徐霞客游记的流传后世，与他的非婚生儿子李寄有极大的关系。徐霞客有四个儿子。前三个儿子依次名徐屺、徐岘、徐峋。第四个儿子因为是徐霞客和婢女周氏相好的结晶,未能列入家谱,也自然不能姓徐。他就是李寄。当年霞客的继妻罗氏害怕周氏生子后影响自己的家庭地位,趁霞客外出云游期间,借故将身怀有孕的周氏逐出家门,嫁给李姓农民。李寄自然随养父姓。但李寄非常聪慧勤奋,在四兄弟中最有出息,他像徐霞客一样博览群书,爱游山水,留下了《天香阁文集》、《天香阁外集》、《天香阁随笔》等多种著作,现仍有部分著作留存下来。当然,他对乃父徐霞客最大的贡献是 1684 年从宜兴人史夏隆那里得到了徐霞客游记的手抄本和曹骏甫手中被涂抹得面目全非的部分徐霞客游记稿本,细加校订增补,才整理出传世《徐霞客游记》这个"诸本之祖"来⑥。

参考文献

①褚绍唐、吴应寿整理:《徐霞客游记》,上海古籍出版社,1980 年。

②鞠继武:《徐霞客故居和墓地考——纪念徐霞客诞生 400 周年》南京师大学报(社会科学版),1987 年第 1 期。

③田柳:《徐霞客研究文选》江阴市徐霞客研究会,1991 年。

④⑥田柳:《徐霞客研究文集》江阴市徐霞客研究会,1997 年。

⑤江阴地方志编纂委员会:《江阴市志》,上海人民出版社,1992 年。

(十一)志庙

一、北京太庙

1.建筑所处位置。紫禁城外东南方,午门至天安门间御道的东侧①。

2.建筑始建时间。明永乐十八年(1420)②。

3.最早的文字记载。"太庙,在皇城内南之左。正殿两廊,楹室崇深。昭穆礼制法古从宜,亲王及功臣配享。左有神宫监。③"

4.建筑名称的来历。明清两代为皇家祖庙④。

5.建筑兴毁及修葺情况。北京太庙初建于明代永乐十八年(1420),据《明实录》记载,太庙创建后,经正统十一年(1446)、天顺元年(1457)、弘治四年(1491)、正德十五年(1520)四次修缮即小规模扩建。嘉靖十四年(1535),明世宗朱厚熜将供奉先皇牌位和举行祭典的大殿,从一座改为九座,实行分祭制度。嘉靖二十年(1541),九座祭殿中的八座被雷火击毁。嘉靖二十四年(1545),北京太庙得以重建,并恢复了同堂共祀的礼制。崇祯十七年(1644),太庙的部分建筑被毁。顺治五年(1648),乾隆元年(1736)、二十五年(1760),先后对北京太庙进行了重修。乾隆五十三年(1788),又对北京太庙进行了扩建和增建:将前殿从九间扩大为十一间,将后殿从五间扩大为九间,同时增建了部分围墙、门楼和其他附属设施。此后据《清会典事例》记载,仅嘉庆四年(1799)修前、中、后三殿并两庑配殿,以及光绪四年(1878)改造中殿神龛。清朝灭亡后,北洋政府在民国 13 年(1924)接管了太庙,并将它改为和平公园。民国 20 年(1931),更名为劳动人民文化宫,并增修了

图 12-11-1　北京太庙戟门

图 12-11-2　北京太庙前殿

篮球场、电影院等设施，使之成为北京市和全国各族人民休息、娱乐的场所。

6.建筑设计师及捐资情况。明成祖、明世宗、明思宗、清世祖、清高宗等敕建，经费由朝廷划拨。

7.建筑特征及其原创意义。太庙南北长 475 米，东西宽 294 米，平面呈长方形，占地面积 13.96 万平方米。全庙有共三进院落。

第一重院落，位居北京太庙的南端。正门开设于南侧。东门通南池子。西门也称太庙门，从天安门和端门之间通往故宫。西北角的角门，可以通往紫禁城的午门。在这个院落的东南角上，建有宰牲亭、井亭等。院内古树密布，甬道修长，气氛肃穆庄严。

太庙的主要建筑集中于第二层院落中。这个院落的墙垣南侧辟有大小戟门，大戟门是黄琉璃筒瓦屋面，单檐庑殿顶，檐下施单抄双下昂斗拱，坐落在汉白玉石护栏围绕的白石须弥座台基上，台基前后踏道三出。大戟门两侧是小戟门，黄琉璃筒瓦屋面，单檐歇山顶。大戟门南侧有单孔白石拱桥五座，桥北面东西两侧各有一座六角井亭，桥南左为神库，右为神厨。跨入大戟门，迎面看到的就是金碧辉煌的前殿，它是太庙的主体建筑，面阔十一间，黄琉璃筒瓦屋面，重檐庑殿顶，下檐施单抄双下昂斗拱，上檐施双抄双下昂斗拱，须弥座三重，以汉白玉石护栏围绕。殿前月台宽阔，台前踏道三出，左右各一出。殿后台基与中殿台基相连，正中踏道三出。三层的汉白玉须弥座把前殿稳稳托住，安详而庄严。庑殿顶与黄色琉璃瓦是皇家建筑最高等级的标志。为更好地突出宗庙祭祀性建筑的特色与效果，大殿梁柱均为整料金丝楠木。明间和次间的殿顶、天花、四柱全部贴赤金花，不用彩画装饰，这样做是有意避开浓艳华丽的暖调，而以清淡雅致的冷调代替，以显示出宗庙祭祀的特殊氛围。地面则满铺金砖，光亮莹润。每次大祭时皇帝在此祭祀先祖列帝。前殿左右两厢有配殿各十五间，黄琉璃筒瓦屋面，单檐歇山顶。东配殿祀配享王公，西配殿祀配享功臣[5]。

第三个院落位于中殿之后，有红墙与前殿和中殿隔开。后殿的建造形式与中殿相同。

后殿供奉着清代统一全国之前四代帝王的牌位。因为这里祭祀的是皇帝的远祖,所以也被叫做祧庙。

8.关于建筑的经典文字轶闻。清兵入关以后,直接沿用了明代北京太庙。并未对太庙建筑进行大规模的改建,只对其进行了适当的修缮和调整。《清朝文献通考》载,端门左,南向,朱门丹壁,覆以黄琉璃,围以重垣,大门三,左右门各一。戟门五间,崇台石栏,中三门,前后均三出陛,中九级,左右各七级,门内外列戟百有二十,左右门各一,二间,均一出陛,各七级。前殿十有一间,重檐脊四,下沉香柱,正中三间饰金梁栋,阶三层,缭以石栏,正南及左右凡五出陛,一层四级,二层五级,三层中十有二级,左右九极。中殿九间,同堂异室,内奉列帝、列后神龛,均南向,后界朱垣,中三门,左右各一门,内为后殿,制如中殿,奉祧庙神龛,均南向。前殿两庑各十有五间,东为配享诸王位,西为配享功臣位。东庑前、西庑南,燎炉各一。中殿、后殿两庑各五间,藏祭器。后殿东庑南,燎炉一。戟门外东西井亭各一,前跨石桥五,翼以扶栏,桥南东为神库,西为神厨,各五间。庙门东南为宰牲亭、井亭。庙垣周二百九十一丈六尺,西南太庙街门五间,西北太庙右门三间,均西向⑥。

参考文献

①②贺业钜:《建筑历史研究》,中国建筑工业出版社,1992 年。

③(明)李贤:《明一统志》卷一。

④国家文物局:《中国名胜词典》,上海辞书出版社,2001 年。

⑤闫凯:《北京太庙建筑研究》,天津大学硕士论文,2004 年。

⑥《皇朝文献通考》卷一八〇。

二、历代帝王庙

1.建筑所处位置。北京西城区阜成门内。

2.建筑始建时间。明嘉靖十年(1531)始建,十一年后建成。《续文献通考》记载,在北京建历代帝王庙,最初应酝酿于明嘉靖九年。这年,右中允廖道南奏:"今之郊祀,列历代帝王一坛于五岳四渎之间,是跻人鬼于天神地祇。南畿(南京)历代帝王庙每岁致祭,宜归本庙。"嘉靖帝览奏,"命建庙于北都致祭"。同年,礼臣又上奏说:"营建庙宇非旬月可完,若候庙貌完备,诚恐缓不及事,有误春祭。合于嘉靖十年(1531)暂于南京本庙权添春祭一祭。"嘉靖帝闻言又降旨说:"来春暂于(北京大内)文华殿设坛(祭历代帝王),朕亲一举。"事实上,终嘉靖九年,历代帝王庙工程未曾动过一锨土。不仅如此,甚至连庙址都还未最后选定。因此,不宜笼统地说"历代帝王庙建于嘉靖九年"。据《明实录·世宗实录》,直到嘉靖十年(1531)正月丁酉(十二日),工部才将阜成门内保安寺故址作为新选定的帝王庙庙址上奏呈入并得到嘉靖帝的认可。因此,历代帝王庙工程实际动工的最早日期,不早于嘉靖十年正月丁酉日(即十二日)。而帝王庙的竣工落成日期,《明会典》的记载是"嘉靖十一年夏"。①

3.最早的文字记载。帝王庙庙门三间,景德门五间,正殿名景德崇圣殿,面阔九间,进深五间,内设五龛,设主不设像,中龛三皇、伏羲、神农、黄帝神位,左一龛五帝,少昊、颛顼、帝喾、尧、舜神位,右一龛三王,夏禹王、商汤王、周武王神位,左二龛汉高祖、汉光武帝神位,右二龛唐太宗、宋太祖、元世祖神位。东西两庑共设四坛,从祀三十七名臣。南砌二燎炉,殿后为祭器库。东有神库、神厨、宰牲亭、钟楼。大门前为庙街,有东、西二坊,名曰景德,立下马碑②。

永乐迁都,帝王庙遣南京太常寺官行礼。嘉靖九年罢历代帝王南郊从祀,令建历代帝王庙于都城西,岁以仲春秋致祭。后并罢南京庙祭。十年春二月庙未成,躬祭历代帝王于文华殿……十一年夏,庙成,名曰景德崇圣之殿。殿五室东西两庑殿,后祭器库,前为景德门,门外神库神厨、宰牲亭、钟楼。街东西二坊曰景德街,八月壬辰亲祭③。

4.建筑名称的来历。中国自商朝即有祀典制度。祭祀有功于国家的帝王和贤臣。此处帝王庙因祭祀历代帝王而得名④。

5.建筑兴毁及修葺情况。清雍正七年(1729)重修。⑤1911年民国后,北京历代帝王庙祭祀停止,1929年以来,一直为学校占用。民国后由中华教育促进会及幼稚女子师范学校使用,建国后由北京市第三女子中学使用,后为北京一五九中学所占用⑥。2000年,对历代帝王庙进行了修缮,2004年对公众开放。1996年被国务院公布为全国重点文物保护单位。

6.建筑设计师及捐资情况。明世宗嘉靖、清世宗雍正以及当朝工部匠官。

7.建筑特征及其原创意义。在明代,历代帝王庙本有南京、北京两处。南京历代帝王庙毁弃后,北京历代帝王庙就成了全国唯一的历代帝王合庙建筑。《古今图书集成》(职方典)附有《历代帝王庙总图》。建筑布局分三路,中路主要有:琉璃影壁,长32.4米,高5.6米,与山门隔街相望;大门;钟楼;景德门,前后均出御路;景德崇圣殿,是帝王庙的主体建筑,重檐庑殿顶,黄琉璃筒瓦,九五开间,和玺彩画,殿前汉白玉月台,南面三出陛,中为御路,其规格之高,仅次于故宫太和殿,是明清两代帝王崇祀历代帝王和功臣的场所。供奉上至三皇五帝,下至元明历代帝王167位,吕望、张良、文天祥、岳飞等79位功臣分列东西两侧配殿。东路为神厨、神库、宰牲亭、井亭等。西路主要为承祭官置斋所配房。帝王庙规模宏大,布局严谨,是我国唯一保存完整的祭祀历代帝王的皇家坛庙。

8.关于建筑的经典文字轶闻。大殿中共分七龛供奉了188位中国历代帝王的牌位,位居正中一龛的是伏羲、黄帝、炎帝的牌位,左右分列的六龛中,供奉了五帝和夏商两周、强汉盛唐、五代十国、金宋元明等历朝历代的185位帝王牌位。景德崇圣殿东西两侧的配殿中,还祭祀着伯夷、姜尚、萧何、诸葛亮、房玄龄、范仲淹、岳飞、文天祥等79位历代贤相名将的牌位。其中,关羽单独建庙,成为奇特的庙中庙⑦。

参考文献

①陈平:《历代帝王庙碑亭新考》,《北京文博》。

②《明世宗实录》卷一二八。

③《明史》卷五〇。

④《五礼通考》卷一一六。

⑤国家文物事业管理局:《中国名胜词典》,上海辞书出版社,2003年。

⑥⑦许伟:《历代帝王庙》,中国旅游出版社,2007年。

三、真武庙

1.建筑所处位置。福建省泉州市区东海镇石头街。

2.建筑始建时间。始建于明正德二年(1507)。

3.最早的文字记载。"真武庙在北城全闽第一楼,明正德二年建。①"

4.建筑名称的来历。庙供玄天上帝,是北极玄武星君化身,又称真武大帝。

5.建筑兴毁及修葺情况。现存真武庙为明清建筑,2006年被列入全国重点文物保护单位。

6.建筑特征及其原创意义。真武庙依山面海,东边便是举世闻名的古刺桐港——后渚海港,西距泉州城区不过里许,南与晋江市隔江相望。被称为玄天上帝八闽第一行宫,有"小武当"之称。山门为牌坊式,砖石建筑,竖匾"武当山",两侧嵌有闽南砖刻太上老君、瑶池王母以及八仙等人物。山门旁还有古井一口,水质清澈甘洌,名曰"三蟹龙泉",是一位李姓妇人发善施舍。由山门至前殿按原山坡筑砌24级石阶,置有石扶栏,上有天然巨石数块,岩上立明代嘉靖年间"吞海"石碑,阴刻楷书。碑右建凉亭一座。庙前即有露庭,古榕蔽荫,微风习习,原为泉州一大胜境。前殿为真武殿,砖木结构。殿中奉真武大帝,披发仗剑,跣足踏龟蛇,神龛上有巨匾"掌握玄机",系乾隆年间提督马负书所书。左旁原建有观音堂,今圮[2]。

8.关于建筑的经典文字轶闻。据载,真武庙所在地"宋时为郡守望祭海神之所",在科学不发达的年代,两宋时的泉州太守真德秀,每年都率军政要员到真武庙祭祀海神,以求来年泉州风调雨顺,百姓能够喜获丰收。

真武庙建设实际上是明初武当山真武信仰传播的结果。有文曰:"文皇帝龙跃燕邸,灵旗助顺。于是作以玄岳,护以中使,琼宇纷披,玉阶森矗。俨若宸居,其严重若此。下逮万井之邑,百廛之市,愚夫竖子肖貌而尸祝之。若其左右陟降,洞洞如也,翼翼如也,遍海内上自王公下逮士庶争北面严事。惟素王所从来远矣。乃神几与之垺,吁! 亦盛矣哉![3]"

参考文献

①(清)郝玉麟监修:《福建通志》卷一五。

②泉州地方志编委会:《泉州市志》,中国社会科学出版社,2000年。

③(明)温纯:《修真武庙记》,《温恭毅集》卷九。

(十二)志塔

一、正觉寺金刚宝座塔

1.建筑所处位置。北京西直门外白石桥东侧。

2.建筑始建时间。寺创建于明永乐年间(1403—1424),金刚宝座塔建成于明成化九年(1473)[1]。

3.最早的文字记载。《帝京景物略》卷五,(真觉寺条)载:"成祖文皇帝时,西番板的达(班迪达)来贡金佛五躯、金刚宝座规式。诏封大国师,赐金印,建寺居之,寺赐名真觉寺。成化九年,诏寺准中印度式,建宝座,累石台五丈,藏级于壁,左右蜗旋而上,顶平为台,列塔五,各二丈,塔刻梵像、梵字、梵宝、梵华,中塔刻两足印。[2]"

4.建筑名称的来历。因为西番送金佛五躯,金刚宝座规式建塔而名[3]。真觉寺后世被写成正觉寺,当与清朝避雍正名讳有关。清人避雍正名讳的例子甚多,如把"崇祯"写成"崇正"。

5.建筑兴毁及修葺情况。清乾隆二十六年(1761)重修[4]。

6.建筑设计师及捐资情况。朱棣专为从西域来京的梵僧班迪达(即板的达)修建的[5]。

图 12-12-1　北京正觉寺
金刚宝座塔

7.建筑特征及其原创意义。金刚宝座塔是按照西域僧人班迪达所贡的金刚宝座规式建造的。是我国此类塔最早例子。它模仿印度的佛陀迦耶大塔，但在塔的造型和细部上全用中国式样。全部为石砌，分基台和五塔两部分⑥。基台下部为须弥座，上部台身分为五层，每层皆雕出柱、拱、枋、檐和短砌檐。柱间为佛龛，龛内刻佛坐像。基台四周共有佛像 381 尊。基台上有造型相同的五座密檐式小塔，四角四座较矮，中央一座较高。五塔形制代表佛教经典中的须弥山，传说山上有五座山峰，为诸佛聚居处。此外，其台的梯口上尚有琉璃瓦罩亭一座。基台和小塔壁雕刻题材十分丰富，有佛像、八宝、法轮、金刚杵、天王、罗汉以及代表金刚界五佛宝座的狮、象、马、孔雀和迦楼罗（"金翅鸟"）图样，属佛教密宗装饰题材。

8.关于建筑的经典文字轶闻。塔前有成化御制碑，曰：寺址土沃而广，泉流而清，寺外石桥，望去绕绕，长堤高柳，夏绕翠云，秋晚春初，绕金色界。

仁和张翰《晚春集真觉寺》：郭外春犹在，花边坐落晖。柳深莺细细，桑密任飞飞。一水金光动，千林红紫微。徘徊香满地，约马缓将归⑦。

《登真觉寺浮图》：宝塔拔地跻，蛟龙互拿攫。层级凌虚空，危磴盘屈曲。上之逼星纬，下则俯原壑。超升旷我怀，频憩知足弱。赤日耀珠光，灵飚响金铎。身高万象出，眺迥二仪廓。苍然见秦赵，微茫辨渭洛。风驱燕色来，山川翠参错。飞鸟足下度，归云衣前落。避喧得胜因，了净无真着。福庭如可留，吾将从玄鹤⑧。

参考文献

①②③⑤⑦(明)刘侗，于奕正著：《帝京景物略》，北京古籍出版社，1982 年。

④杨永生：《古建筑游览指南》第二版，中国建筑工业出版社，1986 年。

⑥潘谷西：《中国建筑史》，中国建筑工业出版社，2000 年。

⑧(明)王慎中：《遵岩集》卷一。

二、广德寺多宝塔

1.建筑所处位置。湖北省襄阳市襄阳城西 13 千米处。

2.建筑始建时间。明弘治七年（1494）①。

3.最早的文字记载。在一个小塔上有一块小石碑，记录了塔的修建年月。其大意为：弘治九年（1496）襄阳承奉赵福保捐资建塔。②

4.建筑名称的来历。上下内外共有四十八佛，故而称"多宝佛塔"，又名"五星塔"。

5.建筑兴毁及修葺情况。塔曾于清乾隆五十五年（1790）重修③。1988 年列为全国重点文物保护单位。

6.建筑设计师及捐资情况。弘治九年（1496）"襄阳承奉赵福保"捐资建塔。

7.建筑特征及其原创意义。塔为砖石结构，金刚宝座式，通高 16.8 米，塔座平面呈八方形，边 5.5 米，高 7.26 米，以青砖平砌，厚 3.5 米。八角砌圆弧形砖柱，上饰石雕螭首，下奠石柱础。基础为条石筑成，高 0.45 米。塔座东南、西北、西南、东北四面各有石砌券门，高

1.66 米,宽 1.02 米。八面墙上皆嵌石雕佛龛和佛像。正门佛龛之上有石额,刻楷书"多宝佛塔"4 字。塔座上端,作叠涩浅檐。檐下以方形片石刻成斗大"佛"字 3 个,等距横列。塔座内部正中,设砖砌八方亭式小塔,置须弥座上。塔身当门四面亦嵌石龛、石佛,并饰额、枋及五踩斗拱等仿木建筑构件。此塔实际上起着塔心柱的作用,构成了环廊式塔室。在东北向的门道左侧开有小门,于夹壁间构石阶盘旋而上,可登塔座顶部。石阶出口处,有高 3.25 米的四角攒尖式方形罩亭。座上置 5 塔。中央为喇嘛塔式,高 9.54 米,下为石雕须弥座,刻仰覆莲瓣 4 层,其上置覆钵式塔身,四面均刻小石龛和佛像,最上为"十三天"、铜制宝盖和宝珠。宝盖下悬风铎。四隅小塔均为六角亭式,高 6.65 米,在石须弥座上,塔身嵌石龛、佛像,无门窗。上叠密檐三层,一层檐上六面各置琉璃佛像 1 尊。攒尖顶,上饰宝珠,南隅小塔壁嵌石 1 方,上刻弘治九年(1496)"襄阳承奉赵福保"捐资建塔题记。

图 12-12-2　襄阳广德寺多宝塔

　　台座上建五塔,正中一塔采用"瓶形"白塔形式,体量较大,四隅小塔为六角形密檐式实心塔。这种五塔不同形状的做法,在金刚宝座塔中是比较独特的[④]。

　　8.关于建筑的经典文字轶闻。卧牛池,县南八十里广德寺内。相传隋炀帝宫姬有恶疾,愿出为尼。乘白牛至此,牛卧不去,姬止宿。浃旬,见癞鼠屡啮一草,饮浴于池,既而癞愈。姬疑之,亦从采食饮泉沐浴,疾愈。后入朝,备述愈疾之由,遂遣使取所食草,乃何首乌也。至今池边盛生[⑤]。

参考文献

①②罗哲文:《中国名胜——寺塔桥亭》,机械工业出版社,2006 年。

③程福祯:《中国名胜古迹概览》(下),中国旅游出版社,1983 年。

④潘谷西:《中国古代建筑史》(五卷本)第四卷,中国建筑工业出版社,1999 年。

⑤(明)董斯张:《广博物志》卷四一,引《湖广志》。

三、镇海塔

　　1.建筑所处位置。浙江省海宁县盐官镇东南海塘边。

　　2.建筑始建时间。明万历四十年(1612)。

　　3.最早的文字记载。(清)陈敳永《重建镇海塔记》。

　　4.建筑名称的来历。镇海塔,原名占鳌塔,是一座为镇服潮神而建造的楼阁式塔。

　　5.建筑兴毁及修葺情况。"《杭州府志》:旧名占鳌,明海宁县知县郭一轮经始筑基,知县陈扬明继之,万历四十年(1612)壬子正月鸠工,告成于九月,高百五十丈,广周九十有六尺,廻廊翼栏,达七级顶。董斯役者,典史王时朝也。《海宁县志》:塔在邑治巽隅,郭一轮以宁邑面大海故起巽峰镇之,筑基一级有奇,去任。后复倾圮,康熙十五年八月县令许三礼又修,易名曰镇海。都御史陈敳永撰记。"[1]

6.建筑设计师及捐资情况。海宁县知县郭一轮、陈扬明、王时朝。陈之遴、许三礼。

7.建筑特征及其原创意义。"塔在海宁州春熙门外,下临海塘。塔高一百五十尺,广周九十六尺。左有平台,覆以巍榭。拾级凭栏,沧溟在目。每逢朝潮晚汐,雪浪排空,洵为钜观。[2]"镇海塔正处观潮胜地,现塔高约45米,平面呈六边形,外观七层,内为八层,砖身木楼,内有石蹬通塔顶,外建回廊翼栏。造型极为壮丽。登临占鳌塔观一线潮,是海宁潮观赏的最大特色,登塔俯视,盐官古城风貌尽收眼底,杭州之玉皇、碛石之东山也隐隐可见。

8.关于建筑的经典文字轶闻。"镇海塔傍白石台,观潮那可负斯来。塔山涛信须臾至,罗刹江流为倒回。[3]"

参考文献

①(清)翟均:《海塘录》卷八。
②(清)高晋:《钦定南巡盛典》卷八六。
③(清)爱新觉罗·弘历:《御制诗集》三集卷四七。

四、白居寺菩提塔

1.建筑所处位置。西藏自治区江孜县城东北隅,菩提塔位于寺内措钦大殿西侧。

2.建筑始建时间。《江孜地区佛教源流》中记载,明永乐十二年(1414)动工建造大菩提塔,历时十年建成[1]。一说建于藏历阳铁马年(明洪武二十三年,1390)[2]。另一说建于明宣德二年(1427)[3]。

3.最早的文字记载。"热丹贡桑帕巴……三十九岁的羊年(丁未·明宣德二年·1427)为十万佛像吉祥多门塔奠基,不几年就全部完成。在这期间编写十万佛像及第二幅缎制大佛像的目录、噶丹精修地创建记。[4]"

4.建筑名称的来历。又名"十万佛塔",是由近百间佛堂依次重叠建起的塔,人称"塔中有塔"。藏语称这座塔为"班廓曲颊",意为"流水漩涡处的塔",这流水便是日喀则地区的年楚河。

5.建筑兴毁及修葺情况。迄今数百年仍然巍然屹立[5]。1996年被列为国家重点文物保护单位。

6.建筑设计师及捐资情况。热丹贡桑帕巴。

7.建筑特征及其原创意义。白居寺菩提塔由塔基、塔身、方龛(相轮的基座)、相轮、伞盖、宝瓶组成。佛塔基座平面同妙应寺白塔,分为四层,底层占地面积达2200平方米[6],塔形下大上小,递层逐渐上收。一至五层每层分20个角,共有108门,佛殿76间。六至九层不分间,六层是圆形塔腹,七层为方形,八层为覆钵形,九层为伞盖,顶部是宝瓶、宝珠。整个塔体外观九层,内实13层,共有146个塔角。这种奇特的寺塔被称为"塔中寺"。塔内供奉着上自佛教始祖、菩萨、护法神、罗汉侍者等众神造像,下至西藏历史上著名赞普(藏王),如松赞干布、赤松得赞等,以及苯教、黄教、红教、白教、花教等各个教派的祖师及历代的一些著名活佛的造像,可谓包罗万象[7]。据称,殿堂内泥、铜、金塑佛像三千余尊,连同四周壁画和唐卡上的无数画像,号称十万尊,故名十万佛塔。这些塑像和壁画极其精美,在西藏传统艺术基础上,吸收了内地并融合了尼泊尔、克什米尔、印度等地的雕塑技法,形成了江孜风格,西藏地区规模最大、制作最精美的佛塔之一。

8.关于建筑的经典文字轶闻。白居寺原来属于萨迦教派,后来噶当派和格鲁派的势力相继进入,各派一度互相排斥,分庭抗礼。最后,还是互谅互让。于是,白居寺便兼容萨迦、噶当、格鲁3个教派,因而寺内供奉及建筑风格也兼收并蓄、博采众长。

参考文献

①杨永生:《古建筑游览指南》第二版,中国建筑工业出版社,1986年。

②⑥潘谷西:《中国古代建筑史》(五卷本)第四卷,中国建筑工业出版社,1999年。

③④陈庆英译:《汉藏史集》,西藏人民出版社,1986年。

⑤陈耀东:《中国藏族建筑》,中国建筑工业出版社,2007年。

⑦李卫:《塔中寺——白居寺菩提塔》,《地理风物》,1998年,第9期。

五、文峰塔

1.建筑所处位置。江苏省扬州市城南文峰寺内,西邻古运河(又称宝塔湾)。

2.建筑始建时间。明万历十年(1582)。

3.最早的文字记载。有介胄之士曰杨天祥者,尝游江南北大帅军中。其拳勇超出辈流远甚,而恂恂若不能言者。至于负节檠信然诺则儒生所不及也。余以唐叔达故知之,既乃得其本末。则少尝为僧少林寺,从师披剃,命名曰镇存。托钵维扬,至南关之外福国庵结夏。有感于阿育王事,发希有想,拟创宝塔。今大中丞邵公时以御史按其地,闻而嘉之,给帖化募。维扬故多商估。客睹天祥曲跃距跃伎击剑舞之状若猿猱鬼神而骇焉,争出其资以佐木石砖甓之费,可三万金,不三载而塔成,御史榜之曰"文峰塔",盖取于堪舆家言,为一方科甲助也。天祥后忽蓄发,仍故姓名,有妻子,然犹不能忘情于兹塔而再拜乞余记之。……塔既成,其檐角宝瓶朱铃则今住持僧任之。僧名亦镇存,固不偶也①。

4.建筑名称的来历。受堪舆家影响,希冀通过修塔而振兴文风。故名文峰塔。明清以来,文峰塔在在有之。其直接动因缘于科甲兴隆之希冀。

5.建筑兴毁及修葺情况。清康熙七年(1668)地震毁塔尖,翌年天都闵象南捐资修葺。咸丰三年(1853),塔层檐被毁,仅存塔心,后由万寿寺住持寂山等劝募修复。民国年间,扬州众僧亦重新募修。1957年9月和1961年5月两次加固大修,改木栏杆为混凝土栏杆,并增加了钢撑。现貌为2005年修缮后之形制。

6.建筑设计师及捐资情况。由僧人镇存卖武募建,知府虞德萧与御史邵公以及众多盐商赞助。

7.建筑特征及其原创意义。文峰塔外观8面7层,通高44.75米。下为砖石须弥座底层围绕回廊。四面辟拱门,另四面为拱形窗。除底层外,2至7层皆置悬挑廊。塔顶为八角攒尖式,铺盖黏土筒瓦,最上为铸铁塔刹。塔身为砖砌,塔室正中置塔心木,贴壁有木楼梯可登塔。塔身砖壁1至6层,平面内方外八角,开4门;内壁上下相错;第七层内外壁统一为八角形。塔脚立一石碑,上书"古运河"3字。塔身为楼阁式砖木结构塔,为南方楼阁式古塔的典型代表,而其外八边形、内四方形的独特的结构,在中国古塔中又是很罕见的②。

8.关于建筑的经典文字轶闻。相传鉴真和尚东渡日本讲律传教,在此起航③。

参考文献

①(明)王世贞:《扬州文峰塔纪》,《弇州四部稿·续稿》卷六五。

②于习法、夏鸿元、薛炳宽、徐爱民:《正本清源还历史本色——扬州市文峰塔修缮侧记》,《江苏建筑》,2005年第2期。

③国家文物局：《中国名胜词典》，上海辞书出版社，2001 年。

六、镇江楼宝塔

1.建筑所处位置。江西省九江市东北、长江边的一小山坡上。

2.建筑始建时间。万历十四年（1586）①。

3.最早的文字记载。塔刹的覆钵上有一组铭文，竖 13 行，行 7 字，共 78 个字，阳文楷书，其中 77 个字迹清晰易认，1 字稍糊，但仔细观察，亦可辨认，现录于此："大明万历丙戌年，九江郡守吴秀创。建楼塔甲辰之秋，闰九月重阳署郡守事吉安郡，判刘幼学，德化县尹谭作相，钦差视榷员外郎柯有斐，乡宦蔡廷臣等各捐资以助其成，于文焕、傅弘祖、万嗣达督造"②。

4.建筑名称的来历。府城东北里许有回龙矶，旧名小狮坡。锁江楼建其处，有塔作文峰③。

5.建筑兴毁及修葺情况。同治《德化县志》载：在锁江楼塔竣工不久的"戊申（万历三十六年，1608）夏六月十七日夜"，九江发生地震，回龙矶岸折半入江，除宝塔安然无恙外，傍江的锁江楼、观鱼轩均毁，两尊铁牛也坠入长江波涛之中。清乾隆，嘉庆年间（1736—1820）虽经重建，但咸丰三年（1853）又毁于战火，宝塔幸存④。1938 年日军兵舰炮击该塔，中弹 3 处，但仍屹立于长江边。1984、1985 年政府拨款修缮，现系江西省重点文物保护单位。

6.建筑设计师及捐资情况。九江郡守吴秀等筹集民间款项，汇集高师名匠，修锁江楼和锁江楼宝塔于石矶上，并铸铁牛四头护卫，为的是镇锁蛟龙，消灾免患，永保太平，与配阁、轩组成一体，相映异彩⑤。捐资人谭作相、柯有斐、蔡廷臣、督造人于文焕、傅弘祖、万嗣达。

7.建筑特征及其原创意义。锁江楼塔，砖石结构，7 层，高 25.26 米，平面六边形，每边长 291—296 厘米，中空，是一座内部结构为空筒式楼阁塔。塔身自下而上，均匀递减，逐层收分，呈锥体状。造型精巧，风格独特，是长江沿岸著名景观。

从结构上看，锁江楼塔由基台、塔身、塔刹三部分组成。

基台为两阶，总高 110 厘米，由规整的条状青石垒筑而成。

塔身为砖砌体。砖的规格为 33×17×5.5 厘米，长身与丁头间砌。塔壁厚为 120—125 厘米，底层砖砌体为 93 厘米，外包 32 厘米厚的青石墙裙。各层装有石斗拱，斗拱做成异型拱，式样别致。叠涩牙檐，平顶与檐部均用 12 厘米厚的石板压顶。各层六角檐部石板为翘角，翘角端部凿一孔，系安装风铎之用。各层转角的倚柱，都安装石础，石础为马蹄形，高 18 厘米。各层内装木楼层，木楼梯、木栅栏。底层设一壶门，二至七层均设门洞式壶门二，各层错位对开。登塔远眺，长江上下，江城南北，尽收眼底。塔刹铁质，由相轮、覆钵等组成⑥。

8.关于建筑的经典文字轶闻。（明）丁炜《登浔阳锁江楼怀古》：

荒城一半枕蒿莱，枫叶芦花晚照开。天外山回三楚合，楼前潮落九江来。城经郭默全家少，地忆陶公百战回。莫向暮钟谈往事，白头僧在不胜哀⑦。

参考文献

①②④⑤⑥熊克达：《锁江楼塔与塔刹铭文》，《南方文物》，1990 年第 3 期。

③（清）尹继善：《江西通志》卷一二。

⑦（清）尹继善：《江西通志》卷一五五。

(十三)志阁

一、晴川阁

1.建筑所处位置。湖北省武汉市汉阳龟山东麓禹功矶上,北临汉水,东濒长江,与黄鹤楼夹江相望。

2.建筑始建时间。明嘉靖二十六年至二十八年(1547—1549)①。

3.最早的文字记载。晴川阁在城东五里,明建,以崔颢诗句得名。明袁宏道《楚四楼咏引》:晴川阁与黄鹤楼分岸立,尽会城之山川林薮,朱门绣陌若为之设色者,亦奇观也。②

4.建筑名称的来历。晴川阁,又名晴川楼,其名取自唐朝诗人崔颢《黄鹤楼》诗"晴川历历汉阳树"句之意。

5.建筑兴毁及修葺情况。晴川阁为前明太守范之箴葺禹王祠而增建。③隆庆六年(1572)重建,明万历元年(1573),"知府程金讫其役,提学姚宏谟为之记"。重修之后,形制更加壮观。姚宏谟在《重修晴川阁记》中写道:"压大别而庙者禹王,肘禹王而阁者晴川,雄踞上游。实与会城望江诸楼为表里……神览则下薄日月,傍摘星辰,南眺衡岳,北盼匡庐,偃仰赤壁,上下天门,浮光袭人,万顷澄练,信生平之大观也。"明万历四十年(1612),汉阳太守马御丙"以此(晴川阁)为汉阳关锁,非仅供游览",又从军事角度上维修加固了晴川阁,造成一幅"巍然高阁翼其上,七泽三湘同人望"的雄伟气派。到了明代末年,在农民起义的冲击下,作为战垒的晴川阁,也成了明王朝的殉葬品。清顺治九年(1652),御史聂玠、知府王泰交主持重修晴川阁。汉阳名士熊伯龙作《重修晴川阁》诗,以志其事,有"雕栏玉柱入长空"之誉。清康熙十九年(1680),江苏武进人毛子霞"雅爱晴川烟景",为晴川阁补栽了树木,造成一派"殷勤杂榆柳,与柏相婆娑"的绿化环境。清雍正五年(1727)、清乾隆五十二年(1787),分别由汉阳知府柳国勋、杨春芳"节次修葺",陈大文写了《重修晴川阁记》,称晴川阁为"三楚胜境,千古钜观,启朱棂,凭绣户……人烟城郭,夹岸回环。"此时的晴川阁"飞阁层轩,规模宏敞,倍胜昔时"。清"咸丰间(1851—1860)(又)毁于火",清同治三年(1864)汉阳郡守钟谦钧重建,并由他写了《重修晴川阁记》:"汉阳之有晴川阁也,踞大别之麓,枕长江之滨,右绕朗湖,左环汉水,梅岩、桃洞、榴塔、松亭,皆相依附。"他提出汉阳与武昌"如唇齿然",晴川阁与黄鹤楼"如锁钥然"。清光绪年间(1875—1908)又多次进行修饰,晴川阁又逐渐恢复了原有的风貌,落成之日,汉阳知府余克𬱃请张之洞为之题写了门联:"洪水龙蛇循轨道。青春鹦鹉起楼台。"④1911年晴川阁于辛亥革命战火中受创,1935年毁于风灾,仅禹稷行宫幸存。1983年武汉市人民政府组织修葺禹稷行宫后,依据清末晴川阁的历史照片及遗址范围重建晴川阁。1992年,被列为湖北省文物保护单位。

6.建筑设计师及捐资情况。范之箴、程金、马御丙、聂玠、王泰交、柳国勋、杨春芳、钟谦钧等。

7.建筑特征及其原创意义。晴川阁景区平面呈三角形,由晴川阁、禹稷行宫、铁门关三大主体建筑和禹碑亭、朝宗亭、楚波亭、荆楚雄风碑、敦本堂碑以及牌楼、临江驳岸、曲径回廊等十几处附属建筑组成。禹稷行宫(禹王宫)按"保持现状,恢复原状"的原则进行修缮。修缮一新的禹稷行宫,由大殿、前殿、左右廊庑、天井等构成院落式建筑。正立面为砖砌牌楼式(四柱三楼三门)面墙,其他三面为青砖半砌风墙。大殿为硬山顶式厅堂,正立面前檐用如意半拱装饰并承托出檐,正脊两端升山较大,但屋面无折水。天井两厢如廊式,均为单坡屋面。行宫屋面盖青小瓦,檐头屋脊装饰沟头、滴水、脊吻、坐兽等。

晴川阁依同治旧制复原,规制略有扩大,占地 386 平方米,高 17.5 米,重檐歇山,屋顶前方仍设一水骑楼,匾书"晴川阁"三字。两层飞檐,四角铜铃,临风作响;大脊两端龙形饰件,凌空卷曲,神采飞动;素洁粉墙,灰色筒瓦;两层回廊,圆柱朱漆;斗拱梁架,通体彩绘;对联匾额,字字贴金。整个楼阁原汁原味地再现了楚人依山就势筑台,台上建楼筑阁的雄奇风貌。

8.关于建筑的经典文字轶闻。清荆宜施道陈大文《重建晴川阁记》云:"启朱棂,凭绣栏。天连吴蜀,地控荆襄。接洞庭之混茫,吞云梦之空阔。人烟城郭,夹岸回环。沙鸟风帆,与波上下。"曲尽晴川阁之胜概。

参考文献

①④武汉市地方志编委会:《汉阳区志》,武汉出版社,2008 年。

②姚宏谟撰,马顾泽书:《汉阳重建晴川阁记》万历元年,见《钦定续通志》卷一六九。

③(清)许汝器:《晴川阁序》。

二、天一阁

1.建筑所处位置。浙江省宁波市城内月湖西面的芙蓉洲上。

2.建筑始建时间。明嘉靖四十年(1561)。

3.最早的文字记载。清雍正九年曹秉仁修《宁波府志》卷三十四"古迹"条谓:"旧有张时彻、丰坊二记。"今不存。今传(清)全祖望《天一阁藏书记》当系现存文献之最早者。全文始见天一阁中厅版刻。

4.建筑名称的来历。"阁前凿池。其东北隅又有曲池。传闻凿池之始,土中隐有字形如'天一'二字,因悟天一生水之义,即以名阁。阁用六间,取地六成之之义。是以高下深广及书橱数目尺寸,俱含六数。①"

5.建筑兴毁及修葺情况。天一阁书楼历经五年建成,第一次大规模修缮为清道光十年(1830),因嘉庆十三年(1808)阮元"巡抚浙江,以阁不甚高敞,木亦渐朽为虑,故至道光十年,范氏子孙节省其祀田之余,鸠工庀材,上自栋瓦,下至阶庭,左右墙垣,罔不焕然一新,阅八月而告成。明年更复修砌岩石,浚深池水。所费计千余缗。"第二次大规模修缮时在民国 22 年(1933)。该次因强台风之灾,天一阁宝书楼东墙一角倾颓,范氏子孙无力自修,因此本次为政府募捐修缮。

天一阁的园林是在历代修葺过程中不断改造与扩建,逐步发展完善的。范钦在 1561年至 1566 年创建天一阁宝书楼时,仅在楼前凿"天一池"。1665 年,范光文增构池亭,环植竹木,且堆"九狮一象"假山。1933 年至 1936 年,范氏后人在修葺天一阁的同时,又在假山上增设兰亭,移原府学中的尊经阁于宝书楼之后,并增筑"明州碑林"。1959 年,在其东南面一片荒地上,平整土地,修建道路,移建 2 座石亭,且于林间置以市郊觅得的石马、石虎和铁牛等物,后又搜得碑石数十方,嵌入新筑围墙上,东园初具规模。1981 年,在其后侧之西北角建天一阁新书库; 1982 年至 1986 年,扩建东园,移建清末硬山式和歇山式木结构平屋各一幢。挖地成池,堆土成山。1994 年,秦氏支祠修复原貌,归属天一阁。1994 年至 1995 年抱经楼和水北阁先后迁入天一阁南园,从而达到今天的规模②。现天一阁列为国家重点文物保护单位。

6.建筑设计师及捐资情况。范钦。

7.建筑特征及其原创意义。从 1775 年杭州织造寅著奉旨调查天一阁的奏章中,关于天一阁书楼形制记载"天一阁在范氏宅东,坐北向南,左右砖甃为垣,前后檐上下俱设窗门。其梁柱俱用松杉等木。共六间。西偏一间,安设楼梯。东边一间,以近墙壁恐受湿气,并不储书。唯居中三间排列大橱十口,内六橱前后有门,两面贮书,取其透风。后列中橱二口,小橱二口。又西一间,排列中橱十二口。橱下各置英石一块,以收潮湿。阁前凿池。其东北隅又为曲池。阁前凿池。其东北隅又有曲池。传闻凿池之始,土中隐有字形如'天一'二字,因悟天一生水之义,即以名阁。阁用六间,取地六成之之义。是以高下深广及书橱数目尺寸,俱含六数。③"从乾隆年间纂修的《鄞县志》卷首木刻《天一阁图》中,更可形象地看到书楼的外部面貌:屋顶为硬山式,阁前阶前设有栏杆。清朝宫廷在建造庋藏《四库全书》的文渊、文源、文溯、文津、文宗、文汇和文澜七阁时,就是以天一阁为范本。从此,天一阁蜚声中外,流芳千古。

天一阁自建书楼起,便"凿一池于其下,环植竹木",园林与书楼同步建成,二者相得益彰。陈从周《天一阁东园记》云"园有积水……复饶水景,昔范东明先生有东明草堂,故以明池名之。曲岸弯环,水漾涟漪。堂之影,亭之影,山之影,树之影,皆沉浮波中,虚实互见。清风徐来,好鸟时鸣。"

8.关于建筑的经典文字轶闻。乾隆三十九年秋,四库书成,乾隆考虑到天一阁范钦后人献书最多,恩赏天一阁一套《古今图书集成》。为了图书防火的问题,乃谕杭州织造曹寅著前往天一阁找范钦后人咨询有关藏书楼的建筑特点以及书架构造事。谕旨原文曰:"闻其家藏书处曰天一阁,纯用砖甃,不畏火烛,自前明至今,并无损坏,其法甚精。着传谕寅著亲往该处,看其房屋制造之法若何?是否专用砖石不用木植?并其书架款式若何?详细询查,烫成准样,开明丈尺呈览。"四库全书修成后,乾隆又"命取其阁式,""就御园中隙地,一仿制为之,名之曰文源阁。④"

参考文献

①(清)王先谦:《东华续录》乾隆卷七九。

②金荷仙、蒋文娟:《宁波天一阁园林艺术浅析》,《浙江林学院学报》,2000 年。

③骆兆平:《天一阁丛谈》,中华书局,1993 年。

④爱新觉罗·弘历:(乾隆)《御制文集》二集。

中国历代名建筑志

第十三章

清代名建筑

绪 论

　　清王朝入主北京后，第一件要解决的问题就是修复李自成离开北京前破坏的紫禁城。修复紫禁城的工作从顺治皇帝启动，直到康熙王朝后期，才基本结束，前后用了半个多世纪的时间。主要原因一是清初民力疲乏，经济停滞，国力不强，故不可能在短时间内一蹴而成就大工。二是经过大兴土木的明王朝的穷搜海伐，可用作皇宫建筑的名贵大木已经所剩无多。于是，在中国营建史上出现了"明朝宫殿俱用楠木，本（清）朝所用木植，只是松木而已"的时代特征（《清圣祖实录》）。在清代修复的紫禁城工程中，因为楠木等珍贵木材十分难得，因此，建筑主体木构都是采用东北红松，楠木等名贵木材主要用于细部装饰。

　　清代的另一鲜明时代特征是帝王热衷于园林设计。从康熙到乾隆，甚至到后来的慈禧太后，都热衷园林营造。最具代表性的是康熙和乾隆两位皇帝，在他们的著作中，完整保留了他们祖孙关于避暑山庄、圆明园等园林建筑的构思和诗文品题等资料，是研究清代园林规划思想应该阅读的历史文献，详见《中国历代名匠志》"清代部分"。因此也可以说，像承德避暑山庄、圆明园这样的园林精品工程堪称清代建筑遗产中的最杰出部分，也是清王朝对建筑创造最伟大的贡献。

　　清代的工程管理水平是高超的。从现在留存下来的文献看，清代的工程营建，首先由内府营造司算房进行工程造价估算，人力资源征发和建筑材料采办则由各相关部门负责。由工部直接指挥工程建造。工程竣工后进行决算。由于文献得到了保留，我们今天还可以很容易的查阅到当年的物料和工价，比如，一棵头号马尾松，需要银子四两八钱，二号马尾松需要银子二两六钱。一棵白果树二两七钱，一棵大罗汉松二两六钱（据《圆明园内工则例》）。

　　在中国建筑史上，另一特别值得提出的是清代的民居建筑异彩纷呈，前所未有。这当然首先是社会安定，人口大幅度增长，大量集镇居民点自然应运而生。商品贸易也快速发展起来。随着城镇人口和商品贸易的快速增长，与市民日常生活密切相关的会馆建筑以及宗祠建筑得到了前所未有的发展（参考喻学才《老戏台》）。

　　民居建造是清代建筑文化中一件非常突出的事情。一方面表现在数量上，清代民居建设是全国性的。如山西的乔家大院、王家大院等晋商住宅，四川成都大邑刘文彩等地主几代人的庄园建设；浙江东阳卢宅、义乌黄山八面厅等大家族的宅院建设，苏州扬州等地富人的园林第宅建设，极大地丰富了中国民居建筑的种类。另一方面表现在质量上。现在传世的民居，多数是清代留下的。这些民居不仅选址讲究风水，而且装饰讲究艺术。传世民居中精彩纷呈的石雕、砖雕和木雕艺术，也大多是清代才出现或成熟的。

（一）志园

一、圆明园

1.建筑所处位置。北京市西郊海淀，与颐和园紧相毗邻。

2.建筑始建时间。普遍认为是康熙四十六年（1707）十一月，也有学者认为在明代故园基础上改建①。

3.最早的文字记载。雍正帝《御制圆明园记》云"及朕缵承大统，夙夜孜孜。斋居治事，虽炎景郁蒸不为避暑迎凉之计。时逾三载，佥谓大礼告成，百务具举。宜宁神受福，少屏烦喧。而风土清佳，惟园居为胜。始命所司酌量修葺，亭台丘壑，悉仍旧观。惟建设轩墀，分列朝署，俾侍值诸臣有视事之所。构殿于园之南，御以听政。……园中或辟田庐，或营蔬圃。②"

4.建筑名称的来历。由于圆明、长春、绮春三园同属圆明园总管大臣管辖，故称圆明三园，简称圆明园。其中主园圆明园本来是康熙帝赐给皇四子胤禛（后来继位为雍正帝）的赐园，并由康熙帝御笔亲题了"圆明园"匾额。康熙所题"圆明"二字的意义，雍正解释为："圆明意志深远，殊未易窥，尝稽古籍之言，体认圆明之德。夫圆而入神，君子之时中也；明而普照，达人之睿智也。若举斯义以铭户牖，以勖身心，虔体圣诲，含煦品汇，长养元和。不求自安而期万古之宁谧，不图自逸而冀百族之恬熙，庶几世跻春台，人游乐国。廓鸿基于孔固，绥福履于方来，以上答皇考垂祐之深恩而朕之心至是或可以少慰也。③"

5.建筑兴毁及修葺情况。圆明园自雍正三年（1725）起扩建，先后造景28处，占地由原来的300余亩扩展至3000余亩。乾隆即位后次年至九年（1737—1744）继续建成圆明园四十景。从乾隆十年（1745）在圆明园之东建长春园，乾隆十六年（1751）完工。乾隆三十七年（1772），在长春园以南兴建绮春园（道光时改名万春园），嘉庆十四年（1809）将西路2个赐园收回，合成三十景。至此，圆明、长春、绮春三园基本建成。

第二次鸦片战争期间，1860年10月该园惨遭英法联军野蛮的劫掠焚毁。

同治年间，清政府曾拟议重修圆明园20余处共3000多间殿宇，但开工不到10个月因财力枯竭被迫停修，直至光绪二十二年至二十四年（1896—1898），还曾修葺过双鹤斋、课农轩等景群。

光绪十六年（1890），八国联军攻占北京，驻守城西北部的八旗兵丁勾结宫监和当地地痞流氓，将园内的木结构建筑全部拆卸，盗卖一空，林木砍伐殆尽。原幸存下来和同治年间重修的建筑物，至今荡然无存。民国年间，军阀、官僚、地痞流氓大规模挖掘残存遗物，许多华表、石狮、石雕、太湖石、铜兽等流失各处。当年富丽堂皇的圆明三园，至今残存下来的仅长春园西洋楼的部分雕刻。

建国后开始对圆明园遗址整修保护，1979年该园被列为北京市重点文物保护单位，1988年6月29日，作为圆明园遗址公园正式向公众开放④。

6.建筑设计师及捐资情况。雍正初年圆明园建设由样式房掌班雷金玉负责,雷家玺掌管乾隆年间扩建圆明园东路,设计了同乐园大戏台;同治年间由雷思起与长子雷廷昌奉命担纲圆明园重修设计,但最终重修工程夭折,只留下数千件样式雷图档;慈禧太后再度启动圆明园重修工程时,由雷廷昌的长子雷献彩担任圆明园样式房掌班。

西洋楼景区由西方传教士郎世宁(意)、王致诚(法)负责建筑设计,蒋友仁(法)负责水法设计,艾启蒙(波西米亚)负责庭院设计,另有如意馆画师及建筑工匠参与建造⑤。

7.建筑特征及其原创意义。圆明园三园共占地350公顷,规模宏大。其中成组的建筑群在圆明园内有69处;长春园24处;绮春园30处,总计123处。粗略可以划分为八处,即圆明园宫廷区、九州景区、福海景区、西北景区、北部景区、长春园景区、西洋楼景区、绮春园景区⑥。

圆明园囊括了前五个景区,南部正中的宫廷区,以正大光明殿为主体的外朝建筑群是清帝处理政务及休息之处,整个景区布局严谨、建筑对称工整,是圆明园的开篇序曲。九州景区是圆明园核心景区,由九座小岛环绕后湖一圈而成,与其前的宫廷区由湖水及苑林区为屏障相隔,象征"禹贡九州",它居于圆明园中轴线的尽端并以九州清晏为中心,又有"普天之下,莫非王土"的寓意⑦。位于园东的福海景区,以辽阔的福海为底,中心布置以象征传说中的东海三仙山的三个岛屿,并借景园外西山群峰,营造烟波浩渺之仙境。与之相对的西北景区,此区内湖泊罗布,港汊交错,园林用地呈散点式布列,所安排的景点也是内容多样⑧。此外,在圆明园的北宫墙外的北部景区,沿狭长水面布置十余组建筑群,似借用扬州瘦西湖造景之法,主要表现水村野居的风光。

著名的"圆明园四十景"分布于此五景区间,即正大光明、勤政亲贤、九州清晏、镂月开云、天然图画、碧桐书院、慈云普护、上下天光、杏花春馆、坦坦荡荡、茹古涵今、长春仙馆、万方安和、武陵春色、山高水长、月地云居、鸿慈永祜、汇芳书院、日天琳宇、淡泊宁静、映水兰香、水木明瑟、濂溪乐处、多稼如云、鱼跃鸢飞、北远山村、西峰秀色、四宜书屋、方壶胜境、澡身浴德、平湖秋月、蓬岛瑶台、接秀山房、别有洞天、夹镜鸣琴、涵虚朗鉴、廓然大公、坐石临流、曲院风荷、洞天深处。

长春园:位于福海之东,面积约千亩,悬挂匾额的园林建筑近200座,主要分为南北两景区,即长春园景区及西洋楼景区。长春园始建于乾隆十年(1745)前后,于1751年正式设置管园总领事时,园中路和西路各主要景群已基本建成,诸如澹怀堂、含经堂、玉玲珑馆、思永斋、海岳开襟、得全阁、流香渚、法慧寺、宝相寺、爱山楼、转湘帆、丛芳榭等,其后又相继建成茜园和小有天园,乾隆三十一年至三十七年(1766—1772)增建东部诸景(映清斋、如园、鉴园、狮子林)。纵观长春园的布局主次分明,尺度得体,建筑疏朗,区划明确,显示出精审的总体构思意向⑨。西洋楼景区位于长春园北部,两景区长墙相隔。此景区由西方传教士规划设计、中国工匠建造,是在中国园林中引入西方建筑文化的尝试。从乾隆十二年(1747)开始筹划至乾隆二十四年(1759)基本建成,主要包括六幢宫殿建筑(谐奇趣、蓄水楼、养雀笼、方外观、海晏堂、远瀛观),远瀛观南水法、谐奇趣前水法和海晏堂前水法三座大型喷泉,以及线法桥、万花阵、观水法、线法山和线法墙等游乐建筑和庭园若干。

绮春园:早先原是怡亲王允祥的赐邸,约于康熙末年始建,后曾改赐大学士傅恒,至乾隆三十五年(1770)正式归入御园,定名绮春园。嘉庆年间西部先后并入成亲王永瑆的西爽村(1815)和庄敬和硕公主的含晖园(1827),经大规模修缮和改建、增建之后,该园始具千亩规模,圆明三园也步入全盛时期。嘉庆先有"绮春园三十景"诗,后又陆续新成20多景,当时比较著名的园林景群有敷春堂、清夏斋、涵秋馆、生冬室、四宜书屋、春泽斋、凤麟洲、蔚藻堂、中和堂、碧亭、竹林院、喜雨山房、烟雨楼、含晖楼、澄心堂、畅和堂、湛清轩、招凉榭、凌虚亭等近 30 处。绮春园是小型水面结合岗阜的集锦,宫廷区设在景区东南,西部及北部则为苑林区,中部的正觉寺是圆明三园唯一完整保留下来的建筑景点。自道光初年起,该园东路的敷春堂一带经改建后,作为奉养皇太后的地方,1860 年被毁后,同治十二年(1873)试图重修时,将其旧址改称天地一家春。

圆明三园造园大部分以水为主题,水面约占全园一半强,由回环萦流的河道将大小水面串联形成整体的河湖水系。各湖泊之间多以土阜、假山和建筑相分隔,起到障景作用,使之成为独立的视觉环境及水域景色。圆明园虽为平地造园,但却能构成山复水转、层层叠叠变化无穷的自然空间,在约 200 公顷范围内连续展开各类景观意境,毫无平淡雷同之感,可称为北方水景园中集大成的作品⑩。圆明园集成仿建了全国各地特别是江南的许多名园胜景。乾隆皇帝弘历曾经六次南巡江浙,多次西巡五台,东巡岱岳,巡游热河、盛京(即沈阳)和盘山等地。每至一地,凡他所中意的名山胜水、名园胜景,就让随行画师摹绘成图,回京后在园内仿建。据不完全统计,圆明园的园林风景,有直接摹本的不下四五十处。杭州西湖十景,连名称也一字不改地在园内全部仿建。

圆明三园中建筑较其他皇家建筑而言外观朴素雅致,平面造型多变,以适应园林的山水情趣,但室内装饰仍富丽堂皇;在组景方面特别注意障景、对景、与岛屿成景的作用;在植物配置上亦注意花季搭配,成区栽植,保证四季有花,并且还从南方引种驯化一部分花木。

8.关于建筑的经典文字轶闻。西洋楼景区中远瀛观南面喷泉最为壮观, 俗称大水法。

图 13-1-1　圆明园西洋楼残迹

石券门下边有一大型狮子头喷水,形成七层水帘。前下方为椭圆菊花式喷水池,池中心有一只铜梅花鹿,从鹿角喷水八道;两侧有十只铜狗,从口中喷出水柱,直射鹿身,溅起层层浪花,俗称"猎狗逐鹿"。大水法的左右前方,各有一座巨大的 13 层方形喷水塔,顶端喷出水柱,塔四周有 88 根铜管,也都一齐喷水。当年,皇帝是坐在对面的观水法,观赏这一组喷泉的,英国使臣马戛尔尼、荷兰使臣得胜等,都曾在这里见过水法奇观。据说这处喷泉若全部开放,有如山洪暴发,声闻里许,在近处谈话须打手势,其壮观程度可想而知⑪。

西洋楼中万花阵庭院仿照欧洲的迷宫而建,用四尺高的"卍"字图案的雕花砖墙,将庭院分隔成若干道迷阵,因而称作"万花阵"。盛时,每当中秋之夜,清帝坐在阵中心的圆亭里,宫女们手持黄色彩绸扎成的莲花灯,寻径飞跑,先到者便可领到皇帝的赏物。所以也叫黄花阵或黄花灯,虽然从入口到中心亭的直径距离不过 30 余米,但因为此阵易进难出,容易走入死胡同,清帝坐在高处,四望莲花灯东流西奔,引为乐事。

圆明园在世界园林建筑史上也占有重要地位。其盛名传至欧洲,被誉为"万园之园"。法国作家维克多·雨果于 1861 年有这样的评价:"你只管去想象那是一座令人神往的、如同月宫的城堡一样的建筑,夏宫(指圆明园)就是这样的一座建筑。⑫"

参考文献

①喻学才:《中国历代名匠志》,湖北教育出版社,2006 年。

②③爱新觉罗·胤禛:《圆明园记》,《世宗宪皇帝御制文集》卷五,文渊阁四库全书全文检索版。
④⑤⑦周维权:《中国古典园林史》,清华大学出版社,1999年。
⑥⑧⑨⑩孙大章:《中国古代建筑史》(五卷本)第五卷,中国建筑工业出版社,2002年。
⑪马士:《中华帝国对外关系史》,生活·读书·新知三联出版社,1957年。
⑫雨果:《就英法联军远征中国致巴特勒上尉的信》,《雨果文集》11卷,人民文学出版社,2001年。

二、颐和园

1.建筑所处位置。北京市西北郊,距市中心约19千米,建于万寿山之麓。

2.建筑始建时间。清乾隆十五年(1750)。

3.最早的文字记载。"京都于唐为范阳,于北宋为燕山,辽始称京。金元明因之。虽城郭宫市建置沿革时或不同,而答阳都会居天下之上游,俯寰中之北拱,诚万载不易之金汤也。宫殿屏宸则曰景山西苑,作镇则曰白塔山。白塔山者,金之琼华岛也。北平图经载辽时名曰瑶玙,或即其地。元至元时改为万岁山,或曰万寿山。至明时则互称之,或又谓之大山子。本朝曰白塔山者,以顺治年间建白塔于山顶,然考燕京而咏八景者无不曰琼岛之春阴,故予于辛未年题碣山左亦仍其旧,所为数典不忘之意耳。山四面皆有景,惜《春明梦余录》及《日下旧闻》所载广寒仁智之殿、玉虹金露之亭,其方隅曲折未能尽高下窈窕之致,使人一览若身步其地而目其概。盖地既博而境既幽,且禁苑森严,外人或偶一窥视,或得之传闻,其不能睹之切而记之详也亦宜。兹特界为四面,面各有记,如柳宗元之钴铒、石城诸作,俾因文见王景者若亲历其间,尝鼎一脔足知全味云尔"①。

图13-1-2 颐和园排云殿前牌坊

图13-1-3 颐和园前山佛香阁建筑群远景

4.建筑名称的来历。颐和园前身为"清漪园",乾隆十六年(1751)命名,光绪十四年(1888)则改名为"颐和园",取"颐养冲和"之意(见光绪《造园上谕》)。

5.建筑兴毁及修葺情况。颐和园所在处,元时称瓮山坡,明代称西湖并建有功德寺、圆静寺等寺庙。自1749年起,乾隆下诏疏浚、开拓西湖,改造了瓮山东麓的局部地形,并在瓮山圆静寺旧址上兴建"大报恩延寿寺",为皇太后纽祜禄氏祝寿,同时在西湖北岸及湖中的岛、堤上陆续修造园林建筑。1750年,发布上谕改瓮山之名为"万寿山",改西湖之名为"昆明湖"。1751年正式命名万寿山昆明湖为"清漪园"。嘉庆、道光两朝(1796—1850)除对极个别建筑的增损、易名之外,园林仍然保持着乾隆时期的原貌。咸丰十年(1860)十月十七日,被八国联军焚烧。1885至1894年年间,慈禧太后以海军经费修复被毁的清漪园。

光绪十四年(1888)二月初一日以光绪帝载湉名义发布上谕,改"清漪园"之名为"颐和园"。光绪朝修颐和园不同于以往由内务府和工部督修,而是由海军衙门承办。当年有兴隆、广丰、义和、德兴、义恒顺、聚顺、德源、三成、文泰等数十家木厂承接园中工程,经费由海军衙门承担。工程耗银计600万两。此次修建除园名改"清漪"为"颐和"外,在建筑格局上有两大变动:一是将原清漪园中大报恩寺延寿寺的大雄宝殿以下改为排云殿建筑群,二是在东宫门内仁寿殿北侧怡春堂遗址上修建了德和园大戏楼。他处大体保存原来特色。

　　光绪二十六年(1900)七月,该园遭八国联军破坏。二十八年,清延派世续、继禄为承修大臣,采取招商办法,由源通、德兴、森昌、恒德、乾生、长春等数十家木厂分别承修工程,二十九年竣工,耗银约300万两。(据张加勉《解读颐和园慈禧太后重建颐和园始末》。邦本网2010年5月20日)

　　1911年,清帝逊位后,该园成为清王室私产。民国三年(1914),始对外售票开放。十三年(1924)清帝溥仪被逐出宫,该园被民国北平特别市接管,改为公园。

　　1949年后,颐和园曾被中共中央党校圈占三年,得到了逐步修缮。1951年,昆明湖湖边的石砌雕栏得到加固,清除了积存多年的园内垃圾。继而修缮了颐和园的中心建筑佛香阁和德和园、听鹂馆、涵虚堂、玉澜堂、排云殿。1953年起,该园作为公园对公众开放。1959年,为了迎接国庆十周年,颐和园又大规模地进行了一次修缮。1960年,进行了疏浚后湖、修整和美化后山,对谐趣园也进行了修缮。1970年代之后,颐和园又大修了景福阁、写秋轩、听鹂馆、云松巢、邵窝、南湖岛、石舫等建筑。其中多数是彻底翻修。石舫顶部的砖雕,是按原来图案重新复制的。1987—1990年进行了修复后湖买卖街(苏州街)的工程。1990年冬、1991年春,北京市政府决定,对昆明湖进行240年以来的第一次清淤。1992年恢复了西堤上的景明楼。1996年复建了后山东部的澹宁堂(旺季时与苏州街联体开放)。颐和园于1961年3月被纳入第一批全国重点文物保护单位,1998年12月,列为《世界遗产名录》(文化遗产)。

图13-1-4　颐和园须弥灵境鸟瞰

　　6.建筑设计师及捐资情况。此园当为乾隆皇帝主持规划。说详喻学才《中国历代名匠志》第283页。乾隆二十九年(1764)清漪园建成,耗银448万两,加上后来光绪朝的两次修建费用,则总数当在1400万两白银左右。这座千古名园的规划设计师,一直以来,学术界都认为是"样式雷"。其中朱启钤先生最先主此说,(《中国营造学社汇刊》1933年),认为是"样式雷"的传人雷家玺设计。尔后清华大学窦武(《北京建筑史上的著名人物——"样式雷"》),故宫博物院单士元(《宫廷建筑巧匠——样式雷》,《建筑学报》1963年13期),皆祖其说。《颐和园志》副主编刘若晏通过研究清漪园的主要工程——万寿山,发现建造时间和雷家玺的年龄不合,否定雷家玺说。但并未明言清漪园是谁规划设计。喻学才通过研读乾隆皇帝《御制文集·万寿山清漪园记》,认定此园乃乾隆亲自主持设计。

　　7.建筑特征及其原创意义。颐和园全园占地2.97平方千米,水面约占四分之三,山体约占五分之一,是我国现存最完好、规模最宏大的古代皇家园林。颐和园规划仿照杭州孤山及西湖,全园大致可划为三个区域:以仁寿殿为中心的政治活动区,以玉澜堂、乐寿堂为主体的帝后生活区以及万寿山和昆明湖组成的风景游览区。

万寿山前山的建筑群是全园的精华之处,佛香阁是颐和园的象征。以排云殿为中心的一组宫殿式建筑群,是当年慈禧太后过生日接受贺拜的地方。万寿山下昆明湖畔,共有273间、全长728米的长廊将勤政区、生活区、游览区连为一体。长廊以精美的绘画著称,计有546幅西湖胜景和8千多幅人物故事、山水花鸟[2]。

园中主要景点大致分为三个区域:以庄重威严的仁寿殿为代表的政治活动区,是清朝末期慈禧与光绪从事内政、外交政治活动的主要场所。以乐寿堂、玉澜堂、宜芸馆等庭院为代表的生活区,是慈禧、光绪及后妃居住的地方。以长廊沿线、后山、西区组成的广大区域,是供帝后们澄怀散志、休闲娱乐的苑园游览区。万寿山南麓的中轴线上,金碧辉煌的佛香阁、排云殿建筑群起自湖岸边的云辉玉宇牌楼,经排云门、二宫门、排云殿、德辉殿、佛香阁,终至山巅的智慧海,重廊复殿,层叠上升,贯穿青琐,气势磅礴。巍峨高耸的佛香阁八面三层,踞山面湖,统领全园。蜿蜒曲折的西堤犹如一条翠绿的飘带,萦带南北,横绝天汉,堤上六桥,婀娜多姿,形态互异。烟波浩淼的昆明湖中,宏大的十七孔桥如长虹偃月倒映水面,涵虚堂、藻鉴堂、治镜阁三座岛屿鼎足而立,寓意着神话传说中的"海上仙山"。与前湖一水相通的苏州街,酒幌临风,店肆熙攘,仿佛置身于二百多年前的皇家买卖街,谐趣园则曲水复廊,足谐其趣。在昆明湖湖畔岸边,还有著名的石舫,惟妙惟肖的铜牛,赏春观景的知春亭等景点建筑[3]。

颐和园的建筑风格吸收了中国各地建筑的精华。东部的宫殿区和内廷区,是典型的北方四合院风格,一个一个的封闭院落由游廊联通;南部的湖泊区是典型杭州西湖风格,一道"苏堤"把湖泊一分为二,十足的江南格调;万寿山的北面,是典型的西藏喇嘛庙宇风格,有白塔,有碉堡式建筑;乾隆为白塔寺御制《白塔山总记》,《白塔山四面记》碑刻等。北部的苏州街,店铺林立,水道纵通,又是典型的水乡风格[4]。

8. 关于建筑的经典文字轶闻。清漪园在1860年的第二次鸦片战争中被英法联军烧毁;1886年,清政府挪用海军军费等款项重修,并于两年后改名颐和园,作为慈禧太后晚年的颐养之地。也是中国近代历史的重要见证与诸多重大历史事件的发生地。1898年,光绪帝曾在颐和园仁寿殿接见维新思想家康有为,询问变法事宜;变法失败后,光绪帝被长期幽禁在园中的玉澜堂;1900年,八国联军侵入北京,颐和园再遭洗劫,1902年清政府又予重修;清朝末年,颐和园成为中国最高统治者的主要居住地,慈禧和光绪在这里坐朝听政、颁发谕旨、接见外宾等。

参考文献

①(清)爱新觉罗·弘历:《御制文集》二集卷一二。

②高大伟:《颐和园建筑彩画艺术》,天津大学出版社2005年。

③周维权:《中国古典园林史》,清华大学出版社,1999年。

④徐凤桐、兰佩瑾:《颐和园趣闻》,外文出版社,2007年。

三、避暑山庄

1.建筑所处位置。河北省承德市中心以北,武烈河西岸,北为狮子沟、狮子岭,西为广仁岭、西沟。

2.建筑始建时间。清康熙四十二年(1703)[1]。

3.最早的文字记载。康熙《避暑山庄记》:"金山发脉,暖溜分泉;云壑淳泓,石潭青霭。

川广草肥，无伤田庐之害；风清夏爽，宜人调养之功。自天地之生成，归造化之品汇。朕数巡江干，深知南方之秀丽；两幸秦陇，益明西土之殚陈。北过龙沙，东游长白；山川之壮，人物之朴，亦不能尽述，皆吾之所不取。惟兹热河，道近神京，往来不过两日；地辟荒野，存心岂误万几。因而度高平远近之差，开自然峰岚之势。依松为斋，则窍岩润色，引水在亭，则榛烟出谷。皆非人力之所能借芳甸而为助；无刻楣丹楹之费，喜泉林抱素之怀，静观万物，俯察庶类；文禽戏绿水而不避，麋鹿映夕阳而成群。鸢飞鱼跃，从天性之高下；远色紫氛，开韶景之低昂。一游一豫，罔非稼穑之休成；或旰或宵，不忘经史之安危，劝耕南亩，望丰稔筐筥之盈；茂止西成，乐时若雨旸之庆，此居避暑山庄之概也。至于玩芝兰则爱德行，睹松竹则思贞操，临清流则贵廉洁，览蔓草则贱贪秽，此亦古人因物而比兴，不可不知。人君之奉，取之于民，不爱者，即惑也。故书之于记，朝夕不改，敬诚之在兹也。②"

4.建筑名称的来历。避暑山庄本来是辽代的一所离宫，康熙四十二年（1703）建山庄，以为皇帝接见外藩之所，秋狝之前总要驻跸于此地。五十年（1711）康熙帝亲自在山庄午门上题写了"避暑山庄"门额。

图 13-1-5　承德避暑山庄湖区景色

5.建筑兴毁及修葺情况。山庄历经清康熙、雍正、乾隆三代皇帝，耗时约90年建成。自康熙四十二年到五十年（1703—1711）完成了四字题名的三十六景的景点建设，雍正朝一度暂停营建，乾隆六年至五十七年（1741—1792）又继续修建，增加了乾隆三字题名的三十六景和山庄外的外八庙③。

1994年被列入世界遗产名录。

6.建筑设计师及捐资情况。康熙、雍正、乾隆三朝敕建。康熙、乾隆为山庄主要的规划者。说详《中国历代名匠志》④。

图 13-1-6　承德避暑山庄文津阁

7.建筑特征及其原创意义。山庄占地约560公顷，其中五分之四为自然山地，其余是平地及湖泊，周围绕以长达20华里的宫墙，可划分为行宫、湖沼、平原、山峦四大景区。

行宫区位于山庄南部，包括正宫、松鹤斋、东宫和万壑松风四组建筑群。

图 13-1-7　承德避暑山庄烟雨楼

正宫是清代皇帝处理政务和居住之所,按"前朝后寝"的形制,由九进院落组成;布局严整,建筑外形简朴,装修淡雅。主殿全由四川、云南的名贵楠木建成,素身烫蜡,雕刻精美。庭院大小、回廊高低、山石配置、树木种植,都使人感到平易亲切,与京城巍峨豪华的宫殿大不相同。松鹤斋在正宫之东,由七进院落组成,庭中古松耸峙,环境清幽。万壑松风在松鹤斋之北,是乾隆幼时读书之处,6幢大小不同的建筑错落布置,以回廊相连,富于南方园林建筑之特色。东宫在松鹤斋之东,已毁于火灾。

湖沼区位于行宫区之北,占地约43公顷,山庄72景有31景在此景区。形式各异、意趣不同的湖面由长堤、小桥、曲径纵横相连,湖岸曲透,楼阁相间,一派江南水乡风光。建筑则采用分散布局之手法,园中有园,每组建筑都形成独立的小天地。如仿嘉兴南湖烟雨楼而建的青莲岛烟雨楼,主楼面阔5间的两层歇山,周围回廊相抱,四面为对山斋,斋前假山上又建一六角亭,布局玲珑精巧,环境幽雅宜人,是避暑山庄最著名的胜景之一。湖西有山阜平台上"天宇咸畅"取意镇江金山寺及慈寿塔的布局,石山上高耸六边三层供奉玉皇大帝的上帝阁,是湖区最高点,登高远眺,万千美景,尽收眼底。

平原区在湖沼区北部,占地50公顷。主体景区为东部万树园,其北依山麓,南临湖区,遍植名木佳树,西边地面空旷,绿草如茵,为清帝巡幸山庄时放牧之地。园内无任何建筑,只是按蒙古习俗设置了蒙古区与活动房屋,清帝常在此举行马技、杂技、摔跤、放焰火等活动。并接见各民族的上层人物与外国使节。万树园旁高65米的舍利塔,乾隆十九年(1754)仿杭州六和塔建造。位于西部的文津阁是皇家七大藏书楼之一,为藏《四库全书》依照宁波天一阁而建。

山峦区位于避暑山庄西北部,占地约430公顷。此景区最大限度地保持山林的自然形态,穿插布置一些亭轩廊桥及山居型小建筑,不施彩绘,不加雕镂,清雅古朴,体量低小,并呈散点式布置,远远望去完全淹没在林渊树海之中。最著名的景点是梨树峪,因这里有万树梨花,花香袭人,花色似雪而得名,并设梨花伴月一组建筑为观花之所。景区西北隅高峰上,有一座四面云山亭,亭居于峰巅,歇山顶,四面开门窗,可登此俯览群山。

山庄周围12座建筑风格各异的寺庙,是当时清政府为了团结蒙古、新疆、西藏等地区的少数民族,利用宗教作为笼络手段而修建的。其中的8座由清政府直接管理,故被称为"外八庙"。庙宇按照建筑风格分为藏式寺庙、汉式寺庙和汉藏结合式寺庙三种。这些寺庙融和了汉、藏等民族建筑艺术的精华,气势宏伟。

避暑山庄及周围寺庙,继承、发展、并创造性地运用各种建筑技艺,撷取中国南北名园名寺的精华,仿中有创,表达了"移天缩地在君怀"的建筑主题。在园林与寺庙、单体与组群建筑的具体构建上,避暑山庄及周围寺庙实现了中国古代南北造园和建筑艺术的融合,汉式建筑形式与少数民族建筑形式的结合,使山庄不仅是避暑行宫,更是清王朝塞外的一个政治中心。

8.关于建筑的经典文字轶闻。乾隆极力提倡黄教,他以"大蒙之俗,素崇黄教,将欲因其教,不易其俗",于二十年至四十五年(1755—1780)在避暑山庄外围修建了数座宏伟壮丽的黄教寺庙,供每年在避暑山庄朝觐的蒙古王公贵族朝拜;沿袭木兰秋狩制度,其在位期间,在木兰行围达47次,每次围猎后,皇帝与蒙古王公举行野宴,自然地达到了"习武绥远",巩固边陲的作用。乾隆三十六年在热河木兰围场的伊绵峪接见从沙俄回归的蒙古土尔扈特部渥巴锡等人,亲自撰写《土尔扈特全部归顺记》和《优恤土尔扈特部众记》以资纪念[⑤]。土尔扈特部回归祖国,在我国民族关系史上,谱写了辉煌的篇章。

参考文献

①孙大章:《中国古代建筑史》(五卷本)第五卷,中国建筑工业出版社,2002年。

②(清)和珅、梁国治:《钦定热河志》卷二五,天津古籍出版社,2006年。

③赵玲、牛伯忱:《避暑山庄及周围寺庙》,三秦出版社,2003年。

④喻学才:《中国历代名匠志》,湖北教育出版社,2006年。

⑤(清)爱新觉罗·弘历:《御制文集》二集卷一一。

四、可园

1.建筑所处位置。广东省东莞市莞城区可园路32号。

2.建筑始建时间。清道光三十年(1850)①。

3.最早的文字记载。《可园遗稿》、《可楼记》、《可舟记》、《草草草堂》等手稿文字记载②。

4.建筑名称的来历。传说张敬修建好园子前,已取名为意园,即满意、合心意的意思。园建好后,广邀文人逸士,征集人们意见。客人们一时找不到合适的词语来赞美,又不好先表态,就都答应说可以。张认为"以"和"意"近音,"可"在"意"前"可"就比"意"优先,并定名为可园③。关于可园的命名,概括言之,有"可以"、"可人"、"无可无不可"三层意思。前两层意思是就园子的艺术成就而言;后一层意思是就园主的心境而言的。

5.建筑兴毁及修葺情况。可园的前身为冒氏宅园。张敬修于咸丰六年(1856)重建,咸丰十一年(1861)加建④。1949年前,该园破败不堪,后经多次重修,现对外开放。2001年6月,可园被国务院公布为全国重点文物保护单位。

6.建筑设计师及捐资情况。园主东莞博厦村人张敬修(1824—1863),字德圃,亦作德甫、德文。以资捐同知,道光二十五年(1845)在广西任职,因镇压思思县农民起义领导人晋为庆远县同知,以后又于1847年、1850年相继镇压湖南新宁黄背峒雷再浩、湘桂边境的李沅发等农民起义,此后又参与镇压太平天国红巾军的军事斗争中,积敛钱财。期间曾遭贬官处分。贬官期间自1850年始,官至江西按察使。亲自主持可园的筹划兴造,曾聘当地名师巧匠模仿各地园林美景。

7.建筑特征及其原创意义。可园是"连房广厦"式庭园的典型,即以楼房群体组成庭园空间,园面积在三亩三(2204平方米)左右,亭台楼阁,山水桥榭,厅堂轩院,一应俱全。

可园用地为不规则三角形,东临可湖,从其大门题联"十万买邻多占水,一分起屋半栽花",便可知园主的风雅程度。西部建筑密集,按功能和位置可分三个庭院:第一组为前厅入口组群;第二组是曲折玲珑的"绿绮楼";第三组是轩昂挺秀的四层楼堂——"可楼"。

入口组群是接待客人和人流出入的枢纽。设有入口门厅、客人小憩之地的六角"半月亭"、接待宾客"草草草堂"和"葡萄林堂"两座厅堂,还有听秋居等建筑。正对入口即可见日吱荔枝,手擘红果之处——"擘红小榭",其东侧庭院内有高约3米的珊瑚石假山,状似狮子,威武雄壮,其间建一楼台,名曰"狮子上楼台"。

西组群以双清室为主,其名取"人镜双清"之意,又因平面形式、窗扇装修、家具陈设甚至地板花纹都用亚字形,故亦名"亚字厅"。与双清室一墙之隔是可轩(底层),拾阶而上,共4层高约13米,上层谓之"邀山阁",登临此处,俯瞰全园,则园中胜景均历历在目,亦是全园纵向的构图中心。

绿绮楼位于双清室之东,是主人弹琴之所,也是女眷居住之地,人称小姐楼。相传清咸丰年间,园主人得了一架出自唐代的古琴,名绿绮台琴,他建此楼专门收藏此琴,命名为绿绮楼。

双清室之后顺环碧廊步出"问花小院",来到一处广阔空间,园中花丛果坛,满目青翠,被称为"壶中天"。"壶中天"并无任何建筑,它是倚着四面的楼房而形成的一方独立的空间,是园主人下棋喝茶的小天地。

从壶中小院出后庭,广阔的可湖展现眼前,可湖区又名花隐园,湖中有钓鱼台、可亭、拱桥、可舟、水榭等。临湖设有游廊,题"博溪渔隐"。沿游廊可至雏月池馆船厅,湖心可亭等处,饱览可湖的湖光秀色。

全园楼群布局有聚有散,有起有伏,回廊透迤,轮廓多变,从不同透视角度创造庭园的环境和意境,这种格局在中国古代宅园中堪称独树一帜。它虽是木石、青砖结构,但建筑十分讲究,窗雕、栏杆、美人靠,甚至地板亦各具风格。它布局高低错落,处处相通,曲折回环,扑朔迷离。基调是空处有景,疏处不虚,小中见大,密而不逼,静中有趣,幽而有芳。加上摆设清新文雅,占水栽花,极富南方特色,是广东园林的珍品⑤。

可园的第一大特点是:四通八达。把孙子兵法融会在可园建筑之中,成为整座园林的一大特色。全园亭台楼阁,堂馆轩榭,桥廊堤栏,共有 130 多处门口,108 条柱栋,整个布局有如三国孔明的八阵图,人在园中,稍不留神,就像进入八阵图一般,极可能会迷失路径。

可园的第二大特点是:雅重文风。张敬修虽然身任武职,但对琴棋书画造诣颇深。所以整个庭园虽偏于武略,但局部却显出文风雅意蕴。步入庭园,展现眼前的是远近闻名的环碧廊。长廊环绕整座园林,环长廊一周,全园景色可尽览无遗。环碧廊的开端设在"擘红小榭"之中。"擘红"是剥荔枝的意思,擘红小榭就是主人邀请文友品尝荔枝的地方。过擘红小榭,第一处景点是桂花厅,这是园中的餐厅,其与众不同的地方在于它的清水鱼池和人工空调⑥。

8.关于建筑的经典文字轶闻。园主张敬修曾邀请居巢、居廉这类岭南画派的祖师和两广文墨名流,前来设计园庭。居廉曾在张敬修军中担任幕僚。园主还留下《可园遗稿》、《可楼记》、《可舟记》、《草草草堂》等手稿,成为今天考究的珍贵资料。居巢在《张德圃廉访可园杂咏》中,有句精彩的可园平话云:"水流云自环,适意偶成筑",写透了可园的气韵。一般而言,平地造园做成幽静不难,应借园外景色多以挖池堆山取得。此地却不然,主要以建筑手段,"加楼于可堂之上",或干脆择地筑高达 15.6 米的"邀山阁",使"凡远近高山"、"江岛江帆","莫不奔赴于烟树出没中","去来于笔砚几席之上",获"万物皆备于我"之景致。居巢曾赋诗赞云:"荡胸溟勃远,拍手群山迎。未觉下士喧,大笑苍蝇声。"郑献莆(清代广西诗人)的"江声浩浩海茫茫,秋老方看作嫩凉。三水三山分百粤,九年九月作重阳"更把百粤山海"邀"入阁中⑦。

参考文献

①③④⑥汪菊渊:《中国古代园林史》下卷,中国建筑工业出版社,2006 年。

②《续修四库全书》,集部 1569 册,上海古籍出版社,2002 年。

⑤刘管平:《岭南古典园林》,《建筑师》,第 27 期。

⑦杨宝霖:《可园张氏家族诗文集》,东莞市政协文史资料委员会,2003 年。

五、清晖园

1.建筑所处位置。广东省佛山市顺德区大良清晖路 23 号。

2.建筑始建时间。《清晖园图记》文字记载:"清晖园原是大学士黄士俊的一所花园,建于明末天启辛酉年(1621),成于崇祯戊辰年(1628),至清代乾隆年间由龙云麓购得。"现存建筑物中,碧溪草堂等建于道光二十六年(1846),其他如笔生花馆、归寄庐等均建于晚清①。

3.最早的文字记载。"我园清晖,在城南隅,有馆有池,中植嘉木,千百为株,色花声鸟,四叙周如。以鸣我琴,以读我书,畦蔬初熟,酿厨盈壶。兴来不浅,弄翰执觚,抗古慕哲,风于唐虞。②"

4.建筑名称的来历。嘉庆五年(1800),龙廷槐于官场失意后回乡建园,请同榜进士李兆洛题"清晖"二字,意取"谁言寸草心,报得三春晖",以示筑园报母③;另一说法此园为龙廷槐之子龙元任于嘉庆十一年(1806)造园以喻父母之恩难报。

5.建筑兴毁及修葺情况。明天启元年(1621),状元黄士俊辞官还乡在大良南郊建筑了黄家祠、天章阁和灵阿芝阁。这些祠阁四周花木扶疏,就是清晖园最早的踪迹。至清乾隆年间,黄氏家道中落,园林渐芜。故园废址为进士龙应时购得。龙应时将宅园传于其子龙廷槐和龙廷梓,后来廷槐、廷梓分家,庭园的中间部分归龙廷槐,而左右两侧为龙廷梓所得。龙廷梓将归他的左、右两部分庭园建成以居室为主的庭园,称为"龙太常花园"和"楚芗园",人们俗称左、右花园。南侧的龙太常花园在园主衰败后,卖给了曾秋樵,其子曾栋在此经营蚕种生意,挂上"广大"的招牌,故又称广大园④。其后,经龙家几代人的精心经营,清晖园逐渐形成了完整的岭南园林格局和风貌,成为与东莞可园、佛山梁园、番禺余荫山房齐名的岭南四大名园之一。

抗日战争期间,园主龙渚惠死后,庭园再度荒废。1949年后入住多户人家,20世纪50年代辟为招待所。直到1959年对清晖园进行重修,将清晖园、楚芗园、广大园及龙家住宅(介眉堂)等一起收入园址,使原来占地约6000多平方米的清晖园扩展至13000多平方米,并在庭园东北部增建了园门,将李兆洛所书"清晖园"重刻于白石园门之上⑤。

6.建筑设计师及捐资情况。黄士俊,龙应时等。

7.建筑特征及其原创意义。清晖园分为三部分,北部为居室,东部为园林,南部有书斋、船厅,并以水池为中心。全园的中心位置是红蕖书屋,整个厅堂开敞通透,装饰用色鲜亮,给人清新脱俗之感,是打破中国传统造园色泽风格的杰作。堂前一池碧水,引入苏州沧浪亭的宋代石法,用黄石及本地的龙江石,堆砌出既有生命力,又有历史感的五百罗汉群石,石间遍种各类植物,野趣盎然。竹苑,堪称园中园,苑内遍种花竹,入口圆门楹联"风过有声皆竹韵,月明无处不花香",形象反映了此中之雅静景观。斗洞纯用英石垒就,外为石山,内为两院落通道,集景观与实用价值为一体。洞内曲折如北斗七星,仅容一人通行,故名。

凤来峰,借"凤城"取名,是以宋代被列为贡品的山东花石纲共两千多吨砌成,高12米,是省内最大的花岗石山,造型较为夸张,选用了古代经典的"风云际会"石山构图。

澄漪亭,为池塘景区点景性建筑,有走廊与碧溪草堂通连,景观水陆相参,浑然一体,如画如诗,引人入胜。

读云轩命名取意"石乃云之根",为四合院结构,其瓦面构造层层叠叠,融合了中国亭台楼阁"明标暗拱"的特点,沿水池四周摆设了多种搜自全国的奇石,具有相当丰富的欣赏价值。

清晖园的园内桥、廊、院、路,都结合地形安排。由入口经笔生花馆前小院,沿路直行,穿过月洞,转至主庭。路线虽然平直,但穿行几个不同格调的小院,并不使人感到单调。主庭为方塘水庭,临塘筑廊,布置虽较平直,但建筑群的组合,运用了建筑物之间的大小高低错落和虚实隐露多变的手法,取得了良好的景观效果⑥。

8.关于建筑的经典文字轶闻。清晖园最浪漫的传说则隐匿于绿云深处的竹叶雕花窗棂间。船厅,因为曾经居住过龙家那位才华出众、气质如兰的龙吟芗小姐,掠过堂前的风,也多了几许旖旎。船厅也因此有另一个温婉的名字——小姐楼⑦。

郭沫若 1965 年南来视察，游至清晖园，为岭南风物所迷醉，诗兴勃发，立即笔走龙蛇："弹指经过廿五年，人来重到凤凰园。蔷薇馥郁红逾火，芒果芁葱碧入天。千顷鱼塘千顷蔗，万家桑土万家弦。缘何篁竹犹垂泪？为喜乾坤已转旋。"诗作一出，很快便赢得四方赞誉。"千顷鱼塘千顷蔗，万家桑土万家弦"一联因为生动传神地描述了水乡风光特色，一时为人们争相传诵⑧。

参考文献

①汪菊渊：《中国古代园林史》下卷，中国建筑工业出版社，2006 年。
②（清）龙清惠：《五山草堂初编》。
③刘庭风：《岭南园林之八清晖园》，《园林》，2003 年第 8 期。
④⑤陆琦：《顺德清晖园》，《广东园林》，第 28 卷第 5 期，2006 年。
⑥刘管平：《岭南古典园林》，《建筑师》，第 27 期。
⑦⑧田丽玮，《清晖尘色》，《佛山档案》，总第 22 期。

六、余荫山房

1.建筑所处位置。广东省番禺县南村东南角①。

2.建筑始建时间。清同治六年（1867）②。

3.最早的文字记载。园门楹联"余地三弓红雨足，荫天一角绿云深"。

4.建筑名称的来历。余荫山房又名余荫园，是清朝官吏邬彬（字燕天）所造。园主邬彬，为清朝举人，官至刑部主事，员外郎，其子先后中举，时人誉为"一门三举人，父子同登科"。告老还乡之后建园，因感怀祖先福荫，故名余荫山房。园门题"余地三弓红雨足，荫天一角绿云深"，为岭南园林第一联，表明不求园广，但求福荫③。

图 13-1-8　广东番禺余荫山房虹桥印月

图 13-1-9　广东番禺余荫山房园门

5.建筑兴毁及修葺情况。此园始建于清同治年间，完整保留至今，是粤中的四大名园之一④。此外，余荫山房南面还紧邻着一座稍小的瑜园。瑜园是一住宅式庭院，建于 1922 年，是园主人的第四代孙邬仲瑜所造，底层有船厅，厅外有小型方池一个，第二层有玻璃厅，可俯视山房庭院景色，现已归属余荫山房。2001 年，余荫山房列入第五批全国重点文物保护单位。

6.建筑设计师及捐资情况。

邬彬、邬仲瑜。

7.建筑特征及其原创意义。全园占地仅 1598 平方米,以石拱风雨廊桥为界,将园林分为东西两个部分。

西庭中心为方塘水庭,所有建筑和组景都同方塘平行,呈方形对称构图。池北为主厅深柳堂,是装饰艺术与文物精华所在,堂前两壁满洲窗古色古香,厅上两幅花鸟通花花罩栩栩如生,侧厢三十二幅桃木扇格画橱,碧纱橱的几扇紫檀屏风,皆为著名的木雕珍品。深柳堂面阔三间,前檐面湖开敞,有联"鸿爪为谁忙,忍抛故里园林,春花几度,秋花几度;蜗居容我寄,愿集名流笠展,旧雨同来,今雨同来",以明园主广交天下之友胸襟。在深柳堂左侧有一间庐舍,名为"卧瓢庐",专为宾友憩息而设。与深柳堂隔池南望的是临池别馆,是园主的书斋,环境清静素雅,两者一繁一简相映成趣。

西庭东西向轴线延伸至东部,亦是东庭。中央为一八角形水池,及其上"八角亭"的轴线,这种两庭并列,纵贯轴线的布局手法,隐约可见西方造园影响。东庭构图中心便是居于池中的八角"玲珑水榭",是诗钟文酒吟风弄月之所,八面开窗,亦是全园最佳观景处:有"来熏亭"半身倚墙而筑,"卧瓢庐"幽辟北隅;"杨柳楼台"构通内外,近观南山第一峰,远接莲花古塔影。北面紧贴均安堂祖祠,它与余荫山房同时兴建。

余荫山房是岭南园林中的代表作,亦是广东四大古典园林中保存原貌最好的一座。整个园林建造精巧,称为"四巧":一是绿树浓荫,藏而不露;二是缩龙成寸,小中见大;三是以水居中,环水而建;四是书香文雅,满园诗联⑤。

8.关于建筑的经典文字轶闻。至于建园的原因,据民间传说,从明朝开始,在官场上就特别讲究清流和浊流,明代规定进士及第,进入翰林院的人才可当大官,于是进士及第是清流,浮在上面。秀才举人是浊流,沉在下面,任凭学问政绩及修养再好,也难破格升做大官。不知是否主人邬彬觉得自己年事已高,在官场上已无所作为,便在 60 岁左右引退回到家乡番禺南村修建了自己的庭园⑥。

参考文献

①②④陈泽宏:《岭南建筑志》,广东人民出版社,1999 年。

③刘庭风:《岭南园林之六——余荫山房》,《园林》,2003 年第 6 期。

⑤⑥杨建敏、马迅:《岭南人文图说之三十一——余荫山房》,《学术研究》,2006 年第 6 期。

七、曲水园

1.建筑所处位置。上海市青浦区公园路 612 号。

2.建筑始建时间。清乾隆十年(1745)①。

3.最早的文字记载。光绪十八年熊祖诒撰《重修城隍庙曲水园并凿放生池记》:"吾邑城隍庙旧有园曰'灵园',杨邑候东屏觞刘云房学使于此,易其名曰'曲水'。地势夷旷,一溪贯之其间,迭石为山,架水为梁,为亭为台为复道者,度地所宜无不备。每春秋佳日,士女之搅裳联袂至者踵相接,肩相摩。庚申(1860)之乱,烬焉。犹忆髫龀下塾归,偕内外群从嬉戏其中,所凭依而观鱼者某槛也,所攀缘而窥雀者某树也,当时情景历历在目,而地杳不可复得矣。城中士商向有庙捐,乱平,吴书卿太夫子议亩敛米升一,又请于地下项下每钱加纳制钱一,创建头门、大堂、演台、库楼。自后经理不得其人,中止者数年。光绪九年(1883),前石门吴候慎简董事,得宋文、思勚等数人,及今钱侯之来,事神益虔。丈承命惟谨,续成头门外左右旗令厅、舍人厅、头门内左六气司堂、右五方司堂及塑诸神像,内建花厅、寝宫、上下楼房、御书楼、有觉堂、得月轩、左右上下走廊、旱舫、孝子堂等处,自溪以西悉复旧观。东则重建喜雨桥,筑坡仙阁、涌翠、玉字二亭、旱桥廊、荷花厅(即恍对飞来)。后园门中间进出之所,左为财帛司堂,右为咒诅司堂,缭以崇垣,杂植卉木。②"

4.建筑名称的来历。曲水园原为邑庙灵园,位于上海市郊青浦区青浦镇,东临盈江,西依城隍庙(今之青浦区博物馆)。园初建于清乾隆十年(1745),为城隍庙的附属园林,初名"灵园"。嘉庆三年(1798),江苏刘云房应青浦知县杨东屏之邀,在园中吟诗宴饮,取王羲之《兰亭集序》曲水流觞之意改为现名③。

5.建筑兴毁及修葺情况:乾隆十年至四十九年建成(1745—1784),前后历四十余年,造迎仙阁、迎曦亭、镜心庐、天光云影、恍对飞来、小濠梁、坡仙亭、二桥、花神祠、夕阳红半楼等二十四景。因咸丰年间(1851—1860)毁于炮火,光绪年间(1875—1908)费时20年相继修复庙、园,增建放生池、花神堂。民国16年(1927)改为中山公园,并增修假山,山上筑九峰一览亭,可登高远眺松郡九峰。1983—1986年对全园重新大修整,新叠假山两处,在空旷处,断以粉墙,通以游廊。曲水园西侧走廊墙壁上嵌赵宜喜曲水园记事诗碑、王劝曲水园记游诗碑和祝德麟曲水园诗碑三方石碑。组成一组错落有致的古典建筑群,与上海市内的豫园、南翔古漪园、嘉定秋霞圃、松江醉白池齐名,现为上海市五大古园之一④。

6.建筑设计师及捐资情况。据前引文可知为了建此园,主事者吴书卿等曾向城中每个居民征募一文钱,故又有"一文园"之称。

7.建筑特征及其原创意义。曲水园用地约三十亩,水体占15%,以凝和堂为中心,有觉堂、花神堂左右并峙,横向一轴三堂,是园林中少见的。三堂垣墙相隔,曲径相连,景色诱人。纵向也以凝和堂为轴,前堂后房(前:凝和堂,后:清籁山房),中以一山架二池为体(山:大假山小飞来峰,二池:荷花池、睡莲池)。1949年后筑就的大假山上,青枫古柏,蔽日遮天,山上还有"飞虹醉月"、"达佛谷"、"老人峰"。山顶有"九峰一览亭",高四层,拾级而上,可远眺畲山、天马山、凤凰山、小昆山等"松郡九峰"。园内的"有觉堂",是上海市仅存的两座无梁殿之一,具有较高的江南园林建筑艺术价值。各个景区皆环湖而营,植物配置自然成趣,素有"春日樱桃争艳,夏天荷花出水,入秋金桂馥郁,冬令腊梅璀璨"之誉⑤。

8.关于建筑的经典文字轶闻。熊祖诒所撰碑刻于嘉庆三年(1798),碑文主要记述松江知府赵宜喜陪同江苏学使刘云房等五人应青浦知县杨东屏之邀在曲水园会宴时所作记事诗四首。赵宜喜曲水园记事诗碑:碑立在曲水园假山西部的走廊墙壁上。碑高0.28米,宽0.83米,青石质,字体为行楷。王劝曲水园记游诗碑:碑高0.28米,宽0.82米,青石质,文字为楷书。祝德麟曲水园诗碑:碑高0.28米,宽0.64米,青石质,文为行楷⑥。

参考文献

①②杨永生:《古建筑游览指南》,中国建筑工业出版社,1986年。

③④上海园林志编纂委员会:《上海园林志》,上海社会科学院出版社,2000年。

⑤刘庭风:《中国古园林之旅》,中国建筑工业出版社,2004年。

⑥朱宇晖:《江南名园指南》,上海科技出版社,2002年。

八、个园

1.建筑所处位置。江苏省扬州市郊的东关街318号宅后。

2.建筑始建时间。清嘉庆二十三年(1818),两淮盐总黄至筠在明代寿芝园的旧址上重建。然寿芝园何时营建,已乏文献考据。

3.最早的文字记载。个园者,本寿芝旧址,主人辟而新之,堂皇翼翼,曲廊邃宇,周以虚栏,敞以层楼。叠石为小山,通泉为平地。绿梦袅烟而依回,嘉树翳晴而蓊匐。闾爽深静,各极其志。以其目营心构之所得,不出户而壶天自春,尘马皆息。于是,娱情陶养,授经庭过,暇肃宾客,幽赏与共,雍雍蔼蔼,善气积而和风迎焉。主人性爱竹。盖以竹本固,君子见其本,则思树德之先沃其根。竹心虚,君子观其心,则思应用之务宏其量。至夫体直而节贞,则立身砥行之攸系者实大且远。岂独冬青夏彩,玉润碧鲜,著斯州涤荡之美云尔哉。主人爱称曰"个园"。园之中,珍卉丛生,随候异色,物象意趣,远胜于子山所云,"欹侧八九丈,从斜数十步,榆柳两三行,梨桃百余树"者。主人好其所好,乐其所乐。出其才华以与时济,顺其燕息以获身润,厚其基福以逮室家,孙子之悠久咸宜。吾将为君咏,乐彼之园矣①。

4.建筑名称的来历。因园内广植修竹,竹叶形如"个"字。古书《史记正义》便有"竹曰个,木曰枚"之说,便取名个园。另一说园名取意于宋苏东坡"宁可食无肉,不可居无竹。无肉使人瘦,无竹使人俗"寓意。另外园主黄至筠自己也以"个园"作为自己的别号,人与园合一,意味深长。"应泰别号个园,园内又植竹万竿,所以题名个园。②"

图 13-1-10 扬州个园湖石假山(夏山)

5.建筑兴毁及修葺情况。个园故址寿芝园,现有最早文献记载时已为盐商马曰琯(1688—1755)、马曰璐(1701—1761)的私宅园林。嘉庆间,马氏衰弱,两淮盐业商总黄至筠购得,至嘉庆二十三年(1818)才筑成今状。黄至筠辞世(1838)后子孙析居,"街南书屋由长子黄锡庆主管。余三子均居街北个园:长居铁庵,次居求是居,幼居栖云山馆。③"其所居,旋归纪氏,民国23年,屋后尚翠竹斑斑,犹有个园遗意。1981年冬,于是园湖石山上,增筑一亭,于黄石山上,重建一轩④。1988年被列为全国重点文物保护单位,1992年被《人民日报》海外版评为全国四大名园之一。

6.建筑设计师及捐资情况。马曰琯、马曰璐、黄至筠等。

7.建筑特征及其原创意义。自古"扬州以名园胜,名园以叠石胜",个园占地2.3公顷,尤以"四季假山"闻名。园中景物可谓:竹居三一,山石居三一,人居三一,属典型前宅后园的盐商住宅私园。

由住宅备弄北行至尽头左转,便为个园南入口,沿花墙两侧散置石笋,似春竹出土,又竹林呼应,意为"雨后春笋"。进月洞门,穿过小型假山屏障,便是园的主厅"宜雨轩",因南植桂花,金秋满园飘香,故亦名"桂花厅",面阔3间单檐歇山。宜雨轩西北,有湖面假山临池,涧谷幽邃,秀木紫荫,水声潺潺,清幽无比,为园之夏景。轩之东北黄石假山拔地数仞,夕阳映照下如秋色满山,以喻秋景。冬季假山在东南小庭院中,倚墙叠置色洁白、体圆浑的宣石(雪石),犹如白雪皑皑未消,又在南墙上开四行圆孔,利用狭巷高墙的气流变化所产生的北风呼啸的效果,而就在小庭院的西墙上又开一圆洞空窗,可以看到春山景处的翠竹、茶花,暗喻着冬去春来。四季假山各具特色,表达出"春山艳冶而如笑,夏山苍翠而如滴,秋山明净而如妆,冬山惨淡而如睡"和"春山宜游,夏山宜看,秋山宜登,冬山宜居"的诗情画意⑤。

园内建筑宜雨轩、抱山楼、拂云亭、住秋阁、透月轩等散布在四个景区,与山石花径贯穿成流畅的游览路线。如由春景宜雨轩出,顺园路可达如夏云浮累的夏山,经山上"鹤亭"蜿蜒而下,便是面阔7间的抱山楼二层,而此楼东端亦与黄石假山上浮云亭相连,出亭下山南行即至冬景庭院。

8.关于建筑的经典文字轶闻。相传寿芝园中的叠石就出自石涛之手,他能用太湖石、黄石、峰石、宣石等象征四季的假山,利用翠竹穿插、石池反照、阳光明暗、石梁三曲、丹枫掩映、洞天盘旋等,反映出四季不同的风光。有诗作记之:"琅竹千杆个字园,黄山拔地小桥湲。石涛砚海波澜起,设绘飞毫芍药栏。⑥"

刘凤诰《个园记》中明确个园前身为寿芝园,而同期的街南书屋、小玲珑山馆的关系扑朔迷离。一说寿芝园为马氏私园,后建供接纳骚人墨客、举行诗文酒会的街南书屋,述及马曰琯、马曰璐二兄弟时有这样一段重要的话:佩兮(按:马曰璐字)于所居对门筑别墅曰"街南书屋",又曰"小玲珑山馆",有看山楼、红药阶、透风透月两明轩、七峰草堂(按:"堂"当作"亭")、清响阁、藤花书屋、丛书楼、觅句廊、浇药井、梅寮诸胜。玲珑山馆后丛书前后二楼,藏书百橱⑦。由此可推测小玲珑山馆为街南书屋一景。马氏家道中落后,街南书屋和街北个园先后为黄应泰所购得。

参考文献

①刘凤诰:《个园记》,刻石位于个园宜雨轩,嘉庆二十三年(1818)。

②陈从周:《园林谈丛》,上海文化出版社,1980年。

③④朱江:《扬州园林品赏录》,上海文化出版社,1990年。

⑤(明)计成、陈植注:《园冶》,中国建筑工业出版社,1988年。

⑥戴巍光:《中国名胜大典》,经济科学出版社,1997年。

⑦(清)李斗:《扬州画舫录》,山东友谊出版社,2002年。

九、何园

1.建筑所处位置。江苏省扬州市徐凝门大街66号。

2.建筑始建时间。清同治元年(1862)始建,历时十三年于光绪元年(1875)建成①。

3.最早的文字记载。"片石山楼为廉使吴之黼(字竹屏)的别业。山石乃牧山僧所位置,有听雨轩、瓶祖斋、蝴蝶厅、梅楼、水榭诸景,今废,只存听雨轩、水榭为双槐茶园。②"

4.建筑名称的来历。此园本名寄啸山庄,园名取自陶渊明"归去来兮……登东皋以舒啸,临清流而赋诗"之意,辟为何宅的后花园,故而又称"何园"③;"片石山房"的含义出自"片石多致,涤水生情"的意境④。

5.建筑兴毁及修葺情况。何园于光绪九年(1883)将吴氏片石山房并入园内。民国年间,何氏家道中落,住宅易主,园亦残败,曾一度改为游乐场与中学校舍。1959年归园林部门管理,对外开放,"文化大革命"期间被工厂占用,1979年再次由园林部门收回,整修开放,并随后将"片石山房"所遗假山及明构楠木厅整修后归于园内。现此园已列为全国重点文物保护单位⑤。

6.建筑设计师及捐资情况。何芷舠;乾隆初年扬州莲性寺的高僧牧山和尚⑥。

7.建筑特征及其原创意义。现何园由东西花园、住宅庭院和片石山房三部分组成,全园占地14000平方米,建筑面积近7000平方米,厅堂98间。

原寄啸山庄位于住宅后部,由复廊分为东、西两部分:东部的主体建筑为单檐歇山"静香轩",面阔15.65米,进深9.50米,四面回廊,南向的明间廊柱上,悬有木刻联句"月作主人梅作客,花为四壁船为家",因厅前铺地仿波浪形,给人以水居的意境,故亦名"船厅"。静香轩南部另有一厅,因嵌有"凤穿牡丹"砖雕,谓之"牡丹厅"。东园北有假山贴墙而筑,参差蜿蜒,于东北角建有一六角小亭,背倚粉墙,假山西有石阶婉转通往楼廊;可入复道廊中。

东园为何园之序曲,西园乃何园主旋律。楼台豪华,层次深密,复道廊逶迤曲折,山石深邃空灵,均乃园中之冠。正中有一池水,面积占全园三分之二。楼厅、廊房依水而建,楼主位于池北,为两层七楹,中间三楹稍突,两侧四楹稍敛而舒,屋角微翘,状如蝴蝶,故名曰:"蝴蝶厅",为主人宴客的场所。厅柱楹联为"经纶诸葛真名士,文赋三苏是大家"。室内有楠木壁刻,为苏轼、唐寅、郑燮等大家的诗画。主楼上下与回廊复道相连,可绕园一周,因而叫"串楼"[7],并与假山贯串分隔,廊壁间有漏窗可互见两面的景色。池东有石桥,与"水心亭"贯通,亭南曲桥抚波,与平台相连,是纳凉之所。池西一组假山逶迤向南,峰峦叠嶂,后有桂花厅三楹,有黄石假山夹道,古木掩映,野趣横生。池西的复廊南有一幢三开间的两层小楼,独占小院的一角,楼前山石峻峨,清静幽雅。

由此再往南即为住宅区。住宅区主要由一座面积约 160 平方米的煦春堂楠木厅,以及其后两进中西合璧的双层楼房玉绣楼。

煦春堂面阔七间,外带廊,歇山顶,上覆蝴蝶瓦,中三间为主厅;东西两间为副厅,并各向后收一廊架,整个平面成"凸"字形布局。其大木构架均采用金丝楠木,前后廊架带卷棚,明间面阔 4.8 米,檐高 4.5 米,面阔与檐高之比近 1:1。由于副厅后收一廊架,进深变浅,从而突出主厅的地位,使其显得更加宽阔、高敞,作为主人起居、待客的主要场所……煦春堂北侧为玉绣楼,共两进,均为前后带檐廊的两层楼房,每进之间皆列小院,东西两面筑廊勾连,廊中隐有辅房,南部一进两侧各有一角楼,从总体形制上看,类似于传统的四合院。玉绣楼糅合的西方建筑造型要比煦春堂为多。

图 13-1-11 扬州何园俯视

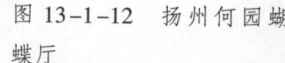

图 13-1-12 扬州何园蝴蝶厅

"片石山房在花园巷,一名双槐园,歙人吴家龙别业,今粤人吴辉谟修葺之。园以湖石胜。[8]"片石山房位于何园东,现仅假山主体部分尚为原物,后世整修造"注雨观瀑"景,水池前一厅为复建的水榭,厅中以石板进行空间分隔,另有楠木厅一座。

片石山房门厅面西……门厅置滴泉,称"注雨观瀑"。晴时,泉水石上流;雨时,飞瀑成水帘,一进门就给人耳目一新的感觉。园内一泓池水,蜿蜒假山贴壁而立,潺潺流水引向山间。崖壑流云,茫茫烟水。此谓"四边水色茫无际"。池南畔有水榭三楹,与假山主峰遥遥相望。中室涌豹泉,伴以琴台。东室有"双槐园"遗物老槐根制作棋台、棋凳,犹如入烂柯仙境。西室为半壁书斋,设书桌琴台,儒雅幽静。窗外竹影摇曳,荡荡波光,集琴棋书画于一榭……池东南有楠木大厅,古朴素雅,深厚端庄。又于厅西墙接造一"不系舟"临池而泊,似船非船,似坞非坞。……园中最为惊奇之处,在于叠石造山。假山位于池北,依墙蜿蜒起伏,片石峥嵘,空谷零乱。出楠木厅,沿西廊,踏汀屿,越石梁,攀蹬道,拾级而济其巅,只见层峦叠嶂,峰回路转,岚影波光,游鱼倏忽,可得林泉之乐。峰下藏有方庐两间,即所谓"片石山房"。全石构成,精妙古朴。丘壑间水岫中光线折射,映入水中,形成不逝月影,正可谓"卷舒收放卓然庐"⑨。

何园虽是平地起筑,但却独具特色。通过嶙峋的山石、磅礴连绵的贴壁假山,把建筑群置于山麓池边,并因地势高低而点缀厅楼、山亭,错落有致,蜿蜒透迤,山水建筑浑然一体,有城市山林之誉,是扬州住宅园林的典型。园中的植物配置也独具匠心。半月台旁的梅花、桂花、白皮松,北山麓的牡丹、芍药,南山的红枫,庭前的梧桐、古槐,建筑旁的芭蕉等等,既有一年四季之布局,又有一日之中早晚的变化,极尽人工雕琢之美。何园吸取了中国传统造园艺术的精华,又融入了西洋建筑的格调,形成了自己中体洋用、以人为本的独特风格。民国王振世在《扬州览胜录》一书中,称其为"咸丰同治年后城内第一名园"。

8.关于建筑的经典文字轶闻。何园的复道回廊不仅平面上有单廊、复廊之分,而且立面上也分上下两层。在何园,不仅在平地的游览中可以欣赏到"千呼万唤始出来,犹抱琵琶半遮面"的美景,而且在高处也可以从另一种角度细细品味这城市山林的风韵。廊上下全长 1000 余米,可以绕园一周,在如此小的面积内有如此大密度的廊,堪称中国廊之最。复道回廊壁板上刻有郑板桥等人书画、《颜鲁公三表》、苏东坡所书《海市帖》,循廊漫步,景物推移,一路变幻,耳目常新。

片石山房假山系出何人之手,尚有争议。清钱泳《履园丛话》云"扬州新城花园巷又有片石山房者二厅之后,漱以方池,池上有太湖石山子一座,高五六丈,甚奇峭,相传为石涛和尚手笔。"⑩酿花使者在《花间笑语》中说"山石乃牧山僧所位置",今学者曹讯先生多方考证后推断"当时牧山还是莲性寺住持僧,吴家龙家的片石山房假山熊之垣《花间笑语》记为牧山僧所处。无疑正应该是这位工于诗,又曾为贺园题醉烟亭联的莲性寺住持僧牧山。片石山房的建造和假山堆叠具体年份不明,初步推测大约在乾隆初,应该在乾隆九年牧山为贺园题醉烟亭联之前,牧山和尚为片石山房叠湖石山,年代约在乾隆初。⑪"

参考文献

①韦金笙:《扬州园林史观》,《中国园林》第十卷,1994 年。

②⑥(清)酿花使者:《花间笑语》,嘉庆二十三年刊本。

③⑤潘谷西:《江南理景艺术》,东南大学出版社,2001 年。

④常再盛:《从物象空间到心灵空间—石涛"片石山房"设计释读》,《装饰》,2005 年第 152 期。

⑦王林:《登东皋以舒啸,临清流而赋诗——百年不衰的何园》,《中国林业产业》,2004 年 4 月。

⑧吉琳、范续全:《扬州何园建筑特色浅析——中西合璧的建筑和透迤曲折的复道回廊》,《古建园林技术》,2005 年第 3 期。

⑨(清)黄湘:《中国地方志集成·江苏府县志辑 66》《乾隆江都县志 嘉庆江都县续志》,1991 年。

⑩(清)钱泳:《履园丛话》,中华书局,1979 年。

⑪曹讯:《石涛叠山"人间孤品"一个婥浅而粗疏的园林童话》,《建筑师》,2007 年第 8 期。

十、雁山公园(清之欣山别墅)

1.建筑所处位置。广西壮族自治区桂林市南郊,距城 22 千米。

2.建筑始建时间。清同治八年(1869)①。

3.最早的文字记载。据《临桂县志》记载,"岳既建别墅,冠盖云集,宴会演戏无虚日"②,"声势煊赫,雄视一方"。清末进士刘名誉的《雁山园记》。

4.建筑名称的来历。公园外西有一小孤峰,在园内石桥上西看孤峰及镇西土岭,山形相叠如平沙落雁之状,好像一只北来的鸿雁,至此忽然扭身引颈向东,停在相思江畔,镇遂名雁山镇,雁山公园亦由此得名。

5.建筑兴毁及修葺情况。唐岳于园建成(1872)后次年辞世,其后人于宣统三年(1911)以纹银四万两转让给两广总督岑春煊(号西林),故更名"西林花园"。后来,岑春煊移居上海,花园荒废。民国15年(1926),岑氏将花园捐献给广西省政府,改名"雁山公园"。由于屡经兵燹,园内主要楼阁大多毁坏或已改建。此后这里曾为村冶学院、广西师专、广西大学、广西农学院等校址。1962—1967年桂林市园林部门曾接管雁山公园,并初步整理对游人开放。后由桂林农校等单位使用。现已对游人开放。

6.建筑设计师及捐资情况。唐岳、岑春煊。

7.建筑特征及其原创意义。雁山园占地南北长500多米,东西宽330多米,面积达15公顷,是一座以自然山水为基础的古典私家园林。全园依据地形布置楼堂馆榭、园墙洞门,空间相互穿插,点缀奇花异卉,大致可分为五大景区:入口区、稻香村区、涵通楼碧云湖区、方竹山南区和乳钟山区。

入口区:从大门外的宽阔水面开始,包括入口广场、大门到乳钟山西面直壁,南到清罗溪一带。此区是一结合自然式布局设计为半封闭的园林空间。沿山路曲径可达乳钟山区,越过西南小桥,即为稻香村区。

稻香村区:即方竹山以北,清罗溪以西一带地区。此区有稻田菜地、荷花池和稻香村,建筑是茅房陋舍风格,加之田野菜地,花篱瓜棚,具有浓烈的田园生活气息。在私家园林中,有那么大的一片田园风光在园内,是很少见的,可算此园的特色之一。

涵通楼碧云湖区:这是全园的主要景区和高潮区。范围是方竹山以北,西至清罗溪,东至碧云湖,南至梅林桂花林区。主要建筑有涵通楼、澄研阁、碧云湖舫、水榭、长廊、亭台等。涵通楼是全园的主体建筑,以两条二层长廊把碧云湖和澄研阁连接成为一组庞大的建筑群。

方竹山南区:这是一狭长地带,主要由方竹山南坡、花神祠、桃源洞、桃林李林组成。除祭祀活动外,是纳凉、散步、读书的好去处。洞因桃林而名,亦有"世外桃源"之意,洞西山边坡脚为花神祠。此区桃李争春,古藤方竹,奇岩异洞,清旷静谧,林茂风生,可以避暑休闲,是全园后院之后院,为全园的安静休息区及读书消暑的好场所。

乳钟山区:包括乳钟山、桂花厅、丹桂亭、水榭、绣花楼、莲塘等。

全园布局自由活泼,各景区各建筑之间以园路或桥廊贯通,形成了层次丰富的环形游览路线。园路多用青料石和天然卵石铺砌,随地形起伏变化,图案有异,曲径连幽[③]。

8.关于建筑的经典文字轶闻。购园后,岑春煊"兴残理圮,润色烟霞,涵通、澄砚之胜,略复旧观"。岑亦云:"自余购得,稍修葺之,游者已叹为名园。"岑本人长期客居上海,园子曾一度荒凉。民国18年(1929),岑捐献给民国广西省政府作为市民公园,更名雁山公园。捐园碑记中云:"今老岑,感川流之不息,陵谷之屡迁,维一姓之力,爱斯园必不如政府爱之元周知也"。另,罗超钢认为,应该尽快复原该园,理由是:桂林以自然山水闻名于世,虽有大量著名的自然景观与景点,却少历史深厚的人工园林景观。雁山园距今已有130多年的历史,是桂林历史上古典园林中至今尚存的唯一,其占地规模大,造园艺术造诣高。尚保存少量建筑,且山水洞石古木保留较为完整,是研究桂林文化历史,尤其是园林发展史和地方特点的重要实物,显得分外珍贵[④]。

与广东的岭南四大名园(顺德清晖园、东莞可园、番禺余荫山房、佛山梁园)相比,雁山园有自己独有的特色:首先其占地规模最大(约15公顷),园内有真实的自然山水。中国传统的私家园林大都为模拟自然的人造景观,"虽由人做,宛自天开"。雁山园巧妙地利用园内的自然山水,采用成熟的中国古典园林的造园手法,展现出"真山真水"和田园风光之美。其次，广东清末与外国通商，受外来文化的影响，其园林建筑的风格和样式糅合了一些西式建筑的影响。桂林地处岭南北部，相对受外来文化影响较少，而受中原文化的影响较深，因此雁山园的建筑风格受地方民居的影响较大。其建筑在全园所占面积比例较小，布局与环境紧密结合，且自由活泼，没有形成中轴线和院落感。中国的私家园林代表了民间建筑的最高艺术成就，由于地域环境和受外来文化影响的不同，使雁山园形成了它在岭南园林中独树一帜的风格。因此，保护、创新恢复和建设雁山园，恢复其在岭南园林中应有的影响力。对于发展旅游、保存历史文物、继承历史文化和发展丰富桂林风景城市文化，均有重大意义。

参考文献

① ②（清）黄泌修：《临桂县志》，桂林市档案馆复校翻印，1963年。

③汪菊渊：《中国古代园林史》下卷，中国建筑工业出版社，2006年。

④罗超钢、刘业：《关于岭南名园——雁山园的研究与修复构想》，《广东园林》，2007年第1期。

十一、罗布林卡

1. 建筑所处位置。拉萨市西郊，地处布达拉宫西侧2里许。
2. 建筑始建时间。清乾隆四十年（1775）。

图 13-1-13 西藏罗布林卡格桑颇章

3. 较早的文字记载。《罗布林卡》①。

4. 建筑名称的来历。在藏语中"罗布"为珍珠、宝贝之意，"林卡"指树茂草盛、风景优美的地方，罗布林卡即为"宝贝园林"②。

5. 建筑兴毁及修葺情况。清乾隆年间，驻藏大臣请示清帝修建乌尧颇章（凉亭宫），供七世达赖桑格嘉措夏季沐浴休养用。公元1755年，七世达赖在乌尧颇章东侧又建了一座以自己名字命名的三层宫殿——格桑颇章（贤杰宫），内设佛堂、卧室、阅览室及护法神殿等，被历代达赖用为夏天办公和接见西藏僧俗官员的地方。罗布林卡并非一次建成，乃是从小到大经过

图 13-1-14 西藏罗布林卡西龙王宫

200 多年时间,三次扩建而成为现在的规模。

第一次扩建是在八世达赖强巴嘉措(1758—1804)当政时期,扩建范围包括格桑颇章西侧,以长方大水池为中心的一区。第二次扩建是十三世达赖上登嘉措(1876—1933)当政时期,范围包括西半部的金色林卡和金色颇章一区,同时还修建了林卡的外园宫墙和宫门。第三次扩建是十四世达赖丹嘉增措于 1954 年在东半部以新宫"达旦明久颇章"为主体的一区③。

八世达赖在此基础上扩建了恰白康(阅览室)、康松司伦(威镇三界阁)、曲然(讲经院),并把旧有的水塘开挖成湖,按汉式亭台楼阁的建筑风格,在湖心建了龙王庙和湖心宫,两侧架设了石桥。1922 年,十三世达赖对罗布尔卡再兴土木,在西面建金色林卡和三层楼的金色颇章,并种植大量花、草、树木。1954 年,在罗布林卡又修建了第 3 座宫殿。罗布林卡被列为西藏文物保护单位,并已辟为人民公园④。

6.建筑设计师及捐资情况。七世达赖喇嘛、八世达赖喇嘛、十三世达赖喇嘛、十四世达赖喇嘛。

7.建筑特征及其原创意义。罗布林卡屡经扩建至今面积已达 36 公顷,房 374 间,形成了园中园格局,三座相对独立的景区,每区皆有一幢宫殿为主体建筑。

位于园区东南部的第一区,包括园区最早的正式宫殿格桑颇章和矩形水池,并于水池上南北纵向置三岛,一区西南角建有"观马宫",东侧院墙中段建置康松司纶(威震三界阁)。3 层的格桑颇章为典型藏式建筑,1 楼的房间用于宗教仪式和接待客人,2、3 楼上有达赖卧室及小经房,墙上画满壁画。

第二区位于一区北部,主要建筑为十四世达赖主持建设的新宫,亦名达旦明久颇章(永恒不变宫),面积 1080 平方米,分上下两层。内设供十四世达赖喇嘛专用的大小经堂、客厅、卧室、会议室、办公室及卫生间。殿内陈设富丽,最引人注目的当属南殿的壁画,从西沿北到东,是用连环画的形式表现的一部西藏简史,它的内容包括:藏族起源、吐蕃王朝兴亡、公元 846 年至 1391 年西藏佛教后弘及噶当、噶举、萨加、格鲁等教派的陆续兴起,1391 年一世达赖根登竹巴出世至十四世达赖丹增嘉措于 1955 年从北京返回拉萨为止的各世达赖传记等共 301 幅画面。

第三区位于园的西北部,主要宫殿为建于 1922 年的金色颇章,高三层,内设十三世达赖专用的大经堂、接待厅、阅览厅、休息室等。金色颇章西北部顺地势散布着一组造型自由的建筑群,是十三世达赖喇嘛居住和习经之处,构图中心是两层的小经堂格桑德吉,内有释迦牟尼、观音等画像和雕塑⑤。

8.关于建筑的经典文字轶闻。在海拔 3800 多米,处于高寒地区的拉萨市,大部分地区都极少树木,而唯独在罗布林卡,却是一片绿树葱茏的宝地。这里不但有松、柏、杨、柳等树,还有春夏盛开的多种花卉,形同一处人间仙境。因此,从七世达赖喇嘛之后,历代达赖喇嘛每年 3 月便从布达拉宫迁到这里居住,直到 10 月再迁回布达拉宫。所以,这里成了历代达赖喇嘛的夏宫⑥。

参考文献

①西藏工业建筑勘测设计院:《罗布林卡》,中国建筑工业出版社,1985 年。

②杨嘉铭:《中国藏式建筑艺术》,四川人民出版社 1998 年。

③汪菊渊:《中国古代园林史》下卷,中国建筑工业出版社,2006 年。

④拉萨市地方志编委会:《拉萨市志》,中国藏学出版社,2007 年。

⑤汪永平:《拉萨建筑文化遗产》,东南大学出版社,2005 年。

⑥周维权:《中国古典园林史》,清华大学出版社,1999 年。

十二、太仓南园

1.建筑所处位置。江苏太仓城南。

2.建筑始建时间。始建于明万历年间(1573—1619),是明代阁老王锡爵营建的赏梅处①。

3.最早的文字记载。《履园丛话》:"南园亦作东园。东园在州东门外王锡爵家园,水石亭榭皆一时名流所布置。其孙时敏加葺焉。"②

4.建筑名称的来历。因位于太仓城南而名。

5.建筑兴毁及修葺情况。"本明朝王锡爵种梅处,乃孙太常卿王时敏拓而大之,后归王氏,延族父玠居之。玠传时敷,时敷传恭,居于此。恭殁,东偏赁华氏。嘉庆年恭从子瀜,即水边林下故址建鹤梅仙馆。道光初,邑人鸠资赎华所赁屋,归鹤梅仙馆。后十余年邑绅钱宝琛、钱元润等鸠资重葺,奉锡爵栗主,以王世贞、吴伟业附。咸丰季年毁于寇③。"

南园曾是明代宰相王锡爵处理政务的场所,太仓民间亦称南园为"太师府"。清初,文肃之孙画家王时敏与叠山大师张南垣合作增拓,有二峰名簪云、侍儿,系自弇山园移至。乾隆时荒芜,嘉庆、道光年间重修,咸丰时毁于兵火。同治年间,先后加以修复,并将安道书院移入。民国之后,屋宇破旧不堪久未修缮。日军侵华又一次受到破坏④。

6.建筑设计师及捐资情况。王锡爵、王时敏、张南垣等。

7.建筑特征及其原创意义。钱泳于道光庚寅冬日,偶见程芳墅所画南园瘦鹤图,不胜今昔之感,因书二绝句于后云:"昔年踏雪过南园,古寺斜阳草木繁。惟有老梅名瘦鹤,一枝花影倚颓垣。""相国门庭感旧知,满头冰雪最相思。偶然留得和羹种,曾听前朝话雨时。⑤"20世纪90年代,太仓有名的收藏家殷继山在历史文献资料的"指导"下,将拆迁的百余栋民居中的"边角料"移植至南园,为太仓的百姓再现了太仓名园的昔日神韵。今日南园,占地50多亩,门楼为典型的明式风格,乃卷棚歇山顶,飞檐斗拱,甚为古朴,但园子本身精致秀丽的景物又不失小家碧玉般的灵秀,这便让南园有着恢弘与精巧的完美融合。园内春兰秋菊,夏荷冬梅,四季有花,四时花香;老树参壮,绿荫掩映,幽篁丛竹,疏密相间,园趣野趣,融会糅合,构成了一幅典雅自然,平岗缓坡的精巧山水画面。

抬步进园,能让人眼前为之一亮,称妙的不仅仅是园中景色引人入胜,更主要的是园子特有的幽静和古韵,没有被现代人唤醒,被人太多的打扰。水景是南园的特色,占了全园面积的三分之一多,一路漫步,但见小桥流水柳发飘垂,溪流纵横曲径通幽,翠竹含首隔溪遥望,寒塘疏影群鹅戏水,揽清风入怀。香涛阁、鹤梅仙馆、寒碧坊、潭影轩、九曲桥、绣雪堂等十八个景点,处处雅致,却又各不相同。步过古朴玲珑的九曲桥,趟过绿意红韵的荷花池,是南园的主建筑之一"绣雪堂"(俗称鸳鸯厅),绣雪堂一侧,靠近知津桥东端,有一块奇石叫簪云峰,背倚土坡,面临荷池,默默伫立了几千年,可谓南园绝景。据资料记载:老簪云峰,原移自明代弇山园的名石,身价百倍。苏州、太仓的地方志,以及《江苏园林志》中都有记载和照片,可惜在岁月沧桑中被毁去。为了弥补这一遗憾,倾心于南园重建的殷继山踏遍大江南北的山山水水,寻觅理想中的假山石。精诚所至,金石为开,终于在安徽广德太极洞附近一山上发现了一块横卧于山腰的山石。玲珑精美、雄奇伟岸,且此石上还有一棵盘根错节的百年刺槐之老根,一如盆景绝品。簪云峰正面龙凤呈祥,右手一折石隐隐约约,如一昂首向上的虬龙;顶端耸起,有几分凤凰独立的意味。中间一折细辨像一巨无霸地龙蛰伏欲进。从知津桥方向观石,西侧悬空的一石如入湖戏水的鳄鱼。站在绣雪堂耳房,可见到东侧一石如幼狮耍欢煞是可爱,细看细辨,犹如鱼犬、猴鹰,凭看客慧眼想象。

穿过寒碧坊,来到潭影轩,是一排长长回廊,走至尽头,能发现一座令人拍案叫绝的二层小楼,傍湖而居,三面环水,水中石灯笼盘踞水中,恍惚中仿若水中仙境般清新雅致。小楼无名,却颇有一看之处,青瓦翘檐,雕漆红栏,竹帘低垂,倒影楚楚。倘若天空有雨,则小楼又是另一番景致,疏疏帘外竹,浏浏竹间雨。滴答滴答的水雨,顺着青瓦流下,连成疏密的水帘,仿佛置身古代楼阁,妙不可言。累了、倦了,还能登门去南园中的蒙顶仙阁坐坐。仙阁实为南园茶楼,静隐在南园中,连装修都撇去了"都市味",更显古色古香。特别是楼内那清一色的砖瓦结构,青砖地面泛着幽幽的光,清凉幽静的长长过道穿过一个个珠帘雅座,是喝茶聊天谈心小栖的好去处。

南园内还有太仓最值得骄傲的一棵古黄杨,此树为明代澹圃之遗物,距今 600 余年,被植物专家认为是华东古黄杨之最,罕见的国家级名木。如今这棵百年古黄杨依旧生命力旺盛,春来新绿满枝,盛夏绿荫匝地,深秋或金灿灿一树黄叶,或白果累累,煞是喜人⑥。

8.关于建筑的经典文字轶闻。"中有绣雪堂、潭影轩、香涛阁诸胜,皆种梅花,至今尚存老梅一株,曰:'瘦鹤',亦文肃手植也。余于乾隆庚戌早春,曾同毕涧飞员外过之,已荒芜不堪矣。'绣雪堂'壁间有'话雨'二字,是董华亭尚书书,左方书'天启丁卯,同陈眉公访逊山馆听雨题,四月七日,其昌',计二十二字,墨沈犹存。⑦"

参考文献

①太仓县志编纂委员会:《太仓县志》,江苏人民出版社,1991年。

②《江南通志》卷三三。

③王祖畲:(宣统)《镇洋县志》,江苏古籍出版社,1991年。

④童寯:《江南园林志》,中国建筑工业出版社,1963年。

⑤⑥⑦(清)钱泳:《履园丛话》,中华书局,1979年。

十三、隅园

1.建筑所处位置。浙江省海宁县盐官镇堰瓦坎。

2.建筑始建时间。原系南宋安化郡王王沆故园,陈元龙曾伯祖陈与郊于明万历年间就其废址开始建造①。

3.最早的文字记载。明代王稺登《题西郊别墅诗》②;清朝大臣陈元龙作《遂初园诗序》云:"宁邑城西北隅多陂池。昔经曾祖明太常公因地为园,名隅园。岁久荒废,余就其故址为之补植竹禾,重葺馆舍,冀退休归老焉。而出入中外,任巨义重,虽年逾大耋,不敢自有其身,林壑之思,徒托梦寐间尔。癸丑春,衰病且笃,因具疏请致政,蒙圣上府俞所请,重以恩礼优隆,赐□□ 叠,御书堂额,以光里第,曰:'林泉耆硕'。'耆硕'两字,愧悚不敢当,而林泉已拜宠赐,则家中所有一池之水,千竿之竹,不异鉴湖之赐。窃幸初心之获遂也,因名之曰'遂初园'。③"

4.建筑名称的来历。因园在海宁城的西北隅,以西北两面城墙为园界,而陈与郊又号隅阳,所以用"隅园"命名,当地人则呼为"陈园"。乾隆第三次南巡时赐名"安澜园",因地近海塘,取"愿其澜之安"的意思。

5.建筑兴毁及修葺情况。安澜园,为宋、明、清三代江南名园之一。南宋时为王国维祖先安化郡王王沆家园;明代中叶太常寺少卿陈与郊得之,时南宋遗物尚剩有池塘、土坡及一些参天古木。陈与郊便因势而筑,占地三十亩,其中池广二十亩、有竹堂、月阁、流香亭、紫芝楼、金波桥诸胜景。园处城西北隅,与郊又号隅阳,遂名"隅园",俗呼"陈园"。清初,园略受损坏,雍正时(1723—1734)岁久荒废,被陈元龙收为别业。陈元龙就隅园故址扩建,占地增至六十亩,并广栽竹木,整修新葺,希冀告老还乡后能颐养林泉,寄情山水,安享晚年,至八十二岁时终以大学士乞休故里,心遂初愿,遂名"遂初园"。至元龙之子陈邦直时,更踵事增华,地占百亩,有楼台亭榭三十余所,达到鼎盛。期间,乾隆六次南巡,曾四次驻跸此园,并广为题咏,又赐园名"安澜",后又将此园景物仿建于圆明园四宜书屋前后,而更使安澜园名噪于世。道光(1821—1850)年间逐渐荒废。后加以修整,依然树石苍古,池荷万柄,梅花蔽日。咸丰七八年间(1857—1858)园倾废,旋为族人拆卖殆尽,千年老树亦被砍伐,至今仅存曲桥及荷池可供忆旧。乾隆于北京万春园内仿建之四宜书屋,也被英法联军焚毁而不存④。

6.建筑设计师及捐资情况。陈与郊、陈元龙、陈邦直。

7.建筑特征及其原创意义。园于城之西北隅,曰隅园,隅阳公故业也。归文简相国,更号遂初。迨愚亭老人,扩而益之,渐至百亩。楼观台榭,供憩息可游眺者,三十余所。制崇简古,不事刻镂。乾隆壬午(1762),纯皇帝南巡,复增设池台,为驻跸地,以朴素当上意,因命名以赐。园由是知名。

曲巷深里之中,双扉南向。来游者北面入。数武有亭,巍然独立,刊纯庙赐题五言诗。驻跸凡四次,故碑阴及匾皆遍焉。稍折而西历一门,中为甬道,左右古榆数十本,参天郁茂,垂枝四荫。道尽为门三楹,御书"安澜园"三字,榜于楣。少进又一门,而绕以垣,不复可直望。乃更西折入小扉,为廊三折,而至于沧波浴景之轩。二面池,有桥,曰小石梁,为入园之始径云。自轩后东出,有屋九架,背于前而面于后,左右皆厢,庭平旷,历阶而登为正室,由其左循廊而入,后又有室,左右亦各翼以厢。是内外二室者,老人所自居,故并未有名。老人秉资高明,早直丝纶之阁,及奉相国考终,遂幡然定谋,养志林泉,平居不即于宅,而园手偃仰,笑傲夷犹,几三十年。春秋佳日,招集群从,酌酒赋诗,效李青莲桃李园之会。又嗜音律,畜家伶,遇宴集辄陈歌舞,重帘灯烛,灿若列星。老人中坐,年最高,而风彩跌宕,若神仙然。一时从容闲雅之色,播闻远近,人争慕之。

小石梁之西,戟门双启,内藤花二树,共登一架,架可盈庭,径必自其下而入,春时花发,人至游蜂队中,紫英扑面,鬓影皆香。其内为堂,旧名环碧,今奉御书"水竹延清"及"怡情梅竹"二榜于中。堂后为楼,面广庭,负曲沼,幽房邃室,长廊复道,甲于一园,入其内者恒迷所向,凡自仁庙以来所颁宸翰及驻跸时陈充上用,燕赏玩好之器,并伫楼中。楼前曲折而右,有轩然于湖上者,和风皎月亭也。三面洞开,湖波潋滟。秋月皎洁之时,上下天光,一色相映。北瞻寝宫,气象肃穆;南顾赤栏回桥,去水正不盈咫;西望云树,苍郁万重,意其所有无穷之境。其南十数武,为澄澜之馆,以补亭望月之或有不足,别有廊南行,以达揆藻楼之西偏。揆藻楼者,居环碧堂之西,檐桁与堂,逦迤相接。傍有六七树,开最早。楼四面皆丽廔,南则其正向也。阶濒池,砌石作洲。暗水入于其际,可供泛觞,因摹右军"曲水流觞"四字顾其前。北墉有契神玉版石,镌御临东坡尺牍数行。自古藤水榭西来,为环碧堂,又西来,至此皆面水。隔岸有山,亦合沓而西,为之障焉。由楼右小庭垣角斜出,即为赤栏曲桥。历山径二十余武,豁然开朗,一亭中立,椴桂十余本周绕之,天香坞也。群芳阁踞其东南。由阁底入,更东南行,绕漾月轩之后,而入于其中。轩东向濒水,故其前不可入也。迤南沿池为堤,过竹扉,转向东行,经一亭,可六七十步,始北转至十二楼。南向面水者为南楼,其左东向者为东楼,转而北向者为北楼,亦面水,与古藤水榭斜相望。由南楼之西,有山路达于水滨。水似溪,通以小矼。过溪山下有堤,南行陟山。寻折西而北,登群芳阁。道旁有树,本分而复合者,交枝枫也。若不陟山,则缘堤北行,出于阁下,复经天香坞,斜趣西北,入月门。经一小楼,又西北入一扉,睹木香满架。架旁翠竹,幽荫深秀,西走折而北出,水次小堤,迤北而接以虹梁,称环桥。桥之南,西折入竹扉,有亭北向,为方胜之形。亭后修竹秀石，翛然意远，迤西东向跨水而居者，为"竹深荷净"，环桥正当其面。左出过璞石之桥，甚小，可一人行，转向池之北岸。沿之而东，十三四步，有径北去，循行至筠香之馆。馆之名，纯庙之所命也。盖是处多竹，左右翠竿弥望，内外不相窥，故得是名。馆左丛竹之中，又别有径东去，复曲而南，环桥之北，当以小壁，绿篆蒙苢，路顿穷，循壁西转，其途始见。旁有小屋临池，可望"竹深荷净"。一门在道右，窥之琅玕正绿，即筠香馆东别出之径也。东行数武，北望有层楼耸然，掩映于竹树之间，意复为之无尽，然无他奇径，亦至楼而止耳。

舍是而东，倏入山径，左右皆高岭，古木凌汉，风篁成韵，池亭台馆不复可见，仿佛有猿啼狖啸鹣鹤悲鸣之象。向登和风皎月之亭，所言西望云树苍郁万重者，至此始信其境之果不同也。山渐开，径亦渐宽，一举首而寝宫在望矣。寝宫旧称赐闲堂，自奉宸居而其额遂撤。为屋三架，架各三层，譬井田然，周以步栏，三面若一，皆拾级而登。东则别为二廊。前一廊东去为梅林，山遍种梅，厥类不一，林尽板桥，隔岸有屋相接，即环碧堂之后楼也。稍北一廊亦东去，入一门，有屋三架，后有楼亦如之，以为宸游翰墨怡情之所。其东皆屈曲步廊，一东一南行，或接以飞楼，或联以栈阁，委宛而达于老人自居之室。宫后一峰矗立，多植篁筼，西北有磴可上，逼视城陴。自山径来，在宫之右，转步而前，庭广数亩，宽平如砥，栏俯清流，縠文缈远，望隔湖山色，在烟光杳霭之中。夏日荷翠翻风，花红绚日，虽西湖三十里，无以过之。缘湖西南堤往，抵碕石矶，有亭俯于水滨，可偃卧垂钓。返行数武，有登山之径，在绿篆间。寻之至巅，又一亭，榜曰翠微，四围皆箭竹，密不可眺瞰。绕亭而北，亦有径可下云。若命舟，则于梅林板桥之西，便可鼓枻，西入于寝宫前之大湖。又西循堤而行，南过碕石矶，有港西北去，遂入环桥，迄"竹深荷净"璞石之桥而止。宫前放乎中流，东南过曲桥，分两道。一南行，水渐狭，经群芳阁下之堤，过石矼，乃出溪口，西至□月轩而东，迄于十二楼之南楼。一东行，经挼藻楼，与环碧堂及古藤水榭，乃北转过小石梁，又北入于飞楼，亦渐狭不胜篙揖，然涓涓者仍西流，而达于梅林之板桥焉。

若夫负陵踞麓，依木临流，或藤盖一椽，或花藏数甑，因地借景，点缀间之，皆有可观，不能殚记。嗟乎！天地之道，以变化而能久，故成毁恒相倚伏。蛇虺狐兔之区，忽焉而湖山卉木，骚人文士，佳冶窈窕，听莺而携酒，坐花而醉月，览时乐物，咏歌肆好，日落欢闲，流连不去，何其盛也。至于水阁依然，风帘无恙，而其人既往，事不可追，有心者犹俯仰徘徊，兴今昔之感，矧当华屋山邱，遗踪歇绝，其慨叹当复何如耶？夫自湖山卉木，而更渐即于蛇虺狐兔之时，非数百年不能尽复其故，而硕果之剥，必有值其时而无可如何者。又况生也有涯；神智易□，更不若草木之坚，与花鸟之往来无息也，不尤可太息耶？自老人殁，一再传于今，园稍稍衰矣。一丘一壑，风景未异，犹可即其地而想象曩时。过此以往，年弥远而迹日就湮，余恐来者之无所征也，故记之⑤。

8.关于建筑的经典文字轶闻。袁枚题海宁陈家安澜园壁诗曰："百亩池塘十亩花，擎天老树绿槎枒。调羹梅也如松古，想见三朝宰相家。"沈三白亦谓："游陈氏安澜园，地占百亩，重楼复阁，夹道回廊，池甚广，桥作六曲形，石满藤萝，凿痕全掩，古木千章，皆有参天之势，鸟啼花落，如入深山，此人工而归于天然者。余所历平地之假山园亭，此为第一。⑥""世宗宪皇帝赐陈元龙'林泉耆硕'四字，恭奉园中，赐安堂楼。乾隆二十七年皇上阅视海塘，驻跸于此，赐名安澜园，有御制即事杂咏五律六首诗，三十年、四十五年、四十九年俱有御制叠前韵六首诗，又有御书水竹延清筠香馆各匾额。⑦"

参考文献

①（清）翟均廉：《海塘录》卷八。

②④陈从周：《园林谈丛》。

③(清)翟均廉:《海塘录》卷八、《御制文集》二集卷十。

⑤(清)陈瑸卿:《安澜园记》,《海宁州志稿》建置志二〇。

⑥(清)沈三白:《浮生六记》。

⑦(清)翟均廉:《海塘录》卷八。

十四、高旻寺行宫

1.建筑所处位置。江苏省扬州市城南门外三汊河西岸。

2.建筑始建时间。清顺治八年(1651),漕运总督吴惟华因扬州频遭水灾,购地建寺①。

3.最早的文字记载。扬州城南茱萸湾高旻寺,本曰塔庙。始于顺治八年辛卯,恭顺侯漕台大人吴公讳惟华者,念维扬水患频遭,心伤意惨,发心购地,庀材集料,于是年春兴工创建天中宝塔。于十一年甲午秋,周四年而功成。②

4.建筑名称的来历。高旻寺名,乃康熙皇帝于康熙四十二年(1703)南巡时所赐。他说:"朕自三十八年(1699)奉皇太后銮舆偕行,晨昏侍养,视河既毕,勉从舆情,览吴会民生风俗,见茱萸湾塔岁久寝圮,朕欲颁内帑略加修葺,为皇太后祝厘。而众商以被泽优渥,不待期会,踊跃赴功,庀材协力唯恐或后不日告竣。……因书额赐之曰'高旻寺'"③。

5.建筑兴毁及修葺情况。"圣祖南巡,赐名'茱萸湾',行宫建于此,谓之塔湾行宫。上御制诗有'名湾真不愧'句,即此地也。④"从扬州乘船到瓜洲,途经三汊河,相传此为九龙佛地,所以从隋代起即有人在此建寺,屡兴屡废,但于文献无征。到清顺治年间时,漕运总督吴惟华因扬州频遭水灾,购地建寺。四年后,又在此建成天中塔,庙亦为天中寺。康熙三次南巡时,因为皇太后祝福,计划颁内帑略加修葺,众盐商主动捐献建成。康熙四次南巡时曾登临该塔,极顶四眺。至今康熙手书的"敕建高旻寺"汉白玉石额仍存。而院中现存的四个旗杆墩,青石所制,厚重工稳,雕镂细致。因康熙曾在此驻跸,为感圣恩,两淮盐商、普通百姓纷纷捐款修造梵庙,规模越盖越大。其后康熙又曾赐金佛一尊于寺,曹寅又在该寺之西建行宫,康熙两次南巡,乾隆的六次南巡都曾在此驻跸。

6.建筑设计师及捐资情况。吴惟华、曹寅、两淮盐商及百姓。

7.建筑特征及其原创意义。"行宫在寺旁,初为垂花门,门内建前中后三殿、后照房;左宫门前为茶膳房,茶膳房前为左朝房;门内为垂花门、西配房、正殿、后照殿。右宫门入书房、西套房、桥亭、戏台、看戏厅。厅前为闸口亭,亭旁廊房十余间,入歇山楼:厅后石板房、箭厅、万字亭、卧碑亭。歇山楼外为右朝房,前空地数十,乃放烟火处;郡中行宫以塔湾为先,系康熙间旧制。⑤"今上南巡,先驻是地,次日方入城至平山堂;御制诗有"纤棹平山路"句,诗注云:"自高旻寺行宫策马度郡,至天宁行宫,易湖船,归亦仍之,以马便于船,且百姓得以近光。"谓此。盖丁丑以前皆驻跸是地,天宁寺仅一过而已;迨天宁寺增建行宫,自是由崇家塘抵扬,先驻天宁行宫,次驻高旻行宫,由瓜洲回銮,先驻高旻行宫,次驻天宁行宫。是地赐有邗江胜地、江表春晖、罨画窗三扁,"众水回环蜀冈秀,大江适应广陵涛"一联,"碧汉云开,晴阶分塔影;青郊雨足,春陌起田歌"一联,东佛堂:"法云回荫莲花塔,慈照长辉贝叶经"一联。西佛堂:"塔铃便是广长舌,香篆还成妙鬘云"一联,"绿野农欢在,青山画意堆"一联,罨画窗本避暑山内匾额,因是地相似,故以总名名之;诗云:"虚窗正对绿波涯,名借山庄号水斋。却似石渠披妙迹,水容山态各臻佳。⑥"

8.关于建筑的经典文字轶闻。高旻古刹一支香,高旻寺的出名在于"坐禅",亦称"坐香",即坐禅以香计。近期为此修禅堂两座,堂高18米,呈不等边八面体近圆结构,内部周边皆为禅床,中间供佛像,打禅七时人人面向中间佛祖。据说康熙皇帝南巡驻跸高旻寺,也到禅堂"坐香"凑热闹,由于未能心注一境,被手执"巡香板"的下座打了一香板,这位皇帝才稍稍静下心来打禅⑦。

参考文献

①②释昭月:《天中塔记》。

③康熙御制:《高旻寺碑记》。

④⑤李斗:《扬州画舫录》,山东友谊出版社,2002年。

⑥朱江:《扬州园林品赏录》,上海文化出版社,1990年。

⑦潘宝明:《扬州名胜》,内蒙古人民出版社,1994年。

十五、倚虹园

1.建筑所处位置。江苏省扬州市虹桥东南。

2.建筑始建时间。乾隆年间为迎接乾隆南巡驻跸建。

3.最早的文字记载。"倚虹园,在虹桥东南,一称虹桥修禊。奉宸苑卿衔洪征治建。其子候选道肇根重修。①"

4.建筑名称的来历。清代洪征治修筑为其别墅,俗称"大洪园"。乾隆南巡时曾驻跸于此,赐名"倚虹园"。见乾隆《游倚虹园因题句》:"虹桥自属广陵事,园倚虹桥偶问津。闹处笙歌宜远听,老人年纪爱亲询。柳拖弱絮学垂手,梅展芳姿初试颠。预借花朝为上巳,冶春惯是此都民。②"

5.建筑兴毁及修葺情况。元崔伯亨花园,后为洪氏别墅。洪氏有二园:虹桥修禊,为大洪园;卷石洞天,为小洪园。虹桥为王文简赋冶春处,后卢转运复修禊于此。其实独倚虹园圯无存③。

6.建筑设计师及捐资情况。洪征治,洪肇根。

7.建筑特征及其原创意义。园门在渡春桥东岸,门内为妙远堂,堂右为饯春堂,临水建饮虹阁,阁外"方壶岛屿"、"湿翠浮岚"。堂后开竹径,水次设小马头,逶迤入涵碧楼。楼后宣石房,旁建层屋,赐名致佳楼。直南为桂花书屋,右有水厅面西,一片石壁,用水穿透,杳不可测。厅后牡丹最盛,由牡丹西入领芳轩。轩后筑歌台十余楹,台旁松柏杉楮,郁然浓阴。近水筑楼二十余楹,抱湾而转,其中筑修禊亭。外为临水大门,筑厅三楹,题曰"虹桥禊"。旁建碑亭,供奉乾隆御制诗二首。一云:"虹桥自属广陵事,园倚虹桥偶问津。闹处笙歌宜远听,老人年纪爱亲询。柳拖弱絮学垂手,梅展芳姿初试擘。预借花朝为上巳,冶春惯是此都民。"妙远堂,园中待游客地也。湖上每一园必作深堂,饬庖寝以供岁时宴游,如是堂之类。联云:"河边淑气迎芳草(孙邈),城上春阴覆苑墙(杜甫)。"堂右筑饯春堂,联云:"莺啼燕语芳菲节(毛熙震),蝶影蜂声烂漫时(李建勋)。"旁通水阁十余间如曲尺,额曰"饮虹阁",峭廊飞梁,朱桥粉郭,互相掩映,目不暇给。涵碧楼前怪石突兀。古松盘曲如盖,穿石而过。其右密孔泉出,迸流直下,水声泠泠,入于湖中。有石门划裂,风大不可逼视,两壁摇动欲摧。崖树交抱,聚石为步,宽者可通舟。下多尺二绣尾鱼,崖上有一二钓人,终年于是为业。楼后灌阴郁葺,浓翠扑衣。其旁有小屋,屋中叠石于梁栋上,作钟乳垂状。

8.关于建筑的经典文字轶闻。乾隆二十七年、三十年、四十五年、四十九年四次南巡都曾到过倚虹园,并留有诗句。中有妙远堂,联云:"河边淑气迎芳草;城上春阴覆苑墙。"其右为饯春堂,联云:"莺啼燕语芳菲节;蝶影蜂声烂漫时。④"龚自珍(1839)度西湖泛舟憩倚虹园作《己亥六月重过扬州记》(调寄《清平乐》)云:"兰桡去后,人立河桥久。金粉飘零湖亦瘦。花比夕阳红否。争如江水多愁。长堤杨柳丝柔。怕有箫声飞到,玉人何处高楼。";

"画舫录中人半死,倚虹园外柳如烟。⑤"

参考文献

①(清)阮亨:《广陵名胜图记》。

②(清)爱新觉罗·弘历:《御制诗集》三集卷十九。

④李斗:《扬州画舫录》,山东友谊出版社,2002年。

③⑤(清)钱泳:《履园丛话》,中华书局,1979年。

十六、逸园

1.建筑所处位置。江苏省苏州市吴县西脊山之麓。

2.建筑始建时间。清康熙四十五年丙戌(1706)①。

3.最早的文字记载。袁枚《西碛山庄记》,蒋恭棐《逸园纪略》②。

4.建筑名称的来历。"逸园在吴县潭西,太湖滨,孝子程介庵先生庐墓处也。康熙四十五年丙戌,孝子卜葬赠儒林郎孝先生于西碛山之南麓,筑室墓旁庐墓。四十八年(1709)己丑,何义门先生榜曰'九峰草庐'。五十三年(1714)甲午,邵北崖先生题逸园二字于壁。③"

5.建筑兴毁及修葺情况。清初孝子程文焕庐墓之所。其后人钟葺为逸园,移家其中,有清晖阁、寒香堂、钓雪槎、藻渌亭、腾啸台诸胜。乾隆庚子(1780)南巡,临幸其地,后废④。

6.建筑设计师及捐资情况。程文焕、江橙里⑤。

7.建筑特征及其原创意义。园广五十亩,临湖,四面皆树梅,不下数万本,前植修竹数百竿,槽栾夹池水。

过"饮鹤涧",古梅数本,皆叉牙入画。历广庭,拾级而登,为"九峰草庐",义门先生题额云:"其前远近高下为峰有九",故名。庭前丘壑隽异,花木秀野,庭后牡丹一、二株,旁构小阁,良常玉虚舟先生颜曰:"花上",后为"寒香堂",秀水朱竹垞先生题额。堂西偏之室,曰"养真居",孝子庐墓时栖止之所。草庐之东,为"心远亭",山阴戴南枝高士所书。亭北崖壁峭拔,有室三楹,曰"钓云槎"。栏槛其旁,以为坐立之倚。佳花美木列于西檐之外,下则凿石为涧,水声潺潺,左山右林,交映可爱。槎之东,银杏一本,大可三、四围,相传为宋、元间物。梢东有廊,曰"清阴接步"。又东为"清晖阁",虞山王艮斋先生题额。"蟠螭"、"石壁"界其前,"铜井"、"弹山",迤逦其左。凭栏东望,高耸一峰,端正特立,尤为峥嵘。其下梅林,周广数十里,琴川钱东涧先生《游西碛》诗云"不知何处香,但见四山白",最善名状。草庐之西,曰"梅花深处"。引泉为池,曰"涤山潭"。潭上有亭,曰"藻渌",石梁跨其上,曰"盘"。之北,过"芍药圃",竹篱短垣,石径幽邃,则"白沙翠竹山房"也。旁有斗室,曰"宜奥"。每春秋佳日,主人鸣琴竹中,清风自生,翠烟自留,曲石奥趣。后为"山之幽",古桂丛生,幽荫蓊蔚,是为园之北。其由竹篱石径折而西,飞桥梯架岩壑,下通人行,为"迪山",今名"涤山"。由"西碛"逶迤成陇,高二十余丈,周百余亩,其中平坦处,石台方广丈余,登其巅,则"莫匣"、"缥缈"诸峰,隐隐在目,白浮长空,近列几案间。东则丹崖翠巘,云窗雾阁,层见叠出,西则粘天浴日,不见其际,风帆沙鸟,烟云出没,如在白银世界中,为"逸园"最胜处⑥。

8.关于建筑的经典文字轶闻。康熙中,孝子程文焕庐墓之所。右临太湖,左有茶山、石壁诸胜。每当梅花盛开,探幽寻诗者必到逸园,其主人程在山先生名钟,即孝子孙也。少工诗,同邑顾退山太史择为佳婿。太史之女曰蕴玉者,自号生香居士,亦能诗,与在山更唱迭和,较赵凡夫之与陆卿子殆有过之。在山尝有诗云:"空斋尽日无人到,惟有山妻问字来。"可想见其高致也。当时如沈归愚大宗伯、彭芝庭大司马、金安安廉访诸老,入山探梅,辄留宿园中。余年十二三时,尝随先君子游逸园,并见先生及生香居士,其所居曰生香阁,阁下为在山小隐,琴尊横几,图籍满床,前有钓雪槎,其西曰九峰草庐、白沙翠竹山房、腾啸台,下临具区,波涛万顷,可望缥缈、莫厘诸峰,虽员峤、方壶,不是过也。嗣生香没后,在山亦旋卒,一子尚幼,为地方官买得而造行宫,则向之亭台池馆,皆化而为方丈瀛州矣。乾隆四十五年,高宗纯皇帝南巡,驻跸于此,有御制诗五古一首,其结句云:"园应归故主,吾弗更去矣。"回銮后,此园遂废,今隔四十年,已成瓦砾场,无有知其处者⑦。

参考文献

①②③⑥(清)蒋恭棐:《逸园纪略》,《吴县志》卷三九。

⑤⑦(清)钱泳:《履园丛话》,中华书局,1979年。

④张郁文,陈其弟点注:《光福诸山记·山水》。

十七、燕园

1.建筑所处位置。常熟市古城区新峰巷①。

2.建筑始建时间。清乾隆四十五年(1780)②。

3.最早的文字记载。张丰玉《瓶花庐诗词抄》中有关此园图题句云:"新竹幽而静,新柳娇且妍,新月一笑来,成此三婵娟。傲他林处士,独抱梅花眠。③"

4.建筑名称的来历。初名"蒋园",为清乾隆间台湾知府蒋元枢所筑。后为其侄泰安县令蒋因培所有,延请叠石名家晋陵戈裕良叠黄石假山一座,取名"燕谷",园因名"燕园"。一说:乾隆四十五年,当时任福建台澎观察使兼学政的蒋元枢,渡海遇险,回常熟后,取其回常似"燕归来"之意,故名燕园④。

5.建筑兴毁及修葺情况。道光二十七年(1847),园为邑人知县归子瑾购得。光绪年间,燕园重归蒋家,元枢玄孙鸿逵重得。时至晚清,燕园于1908年为曾任光绪朝外务部郎中张鸿购得,故又称张园,张鸿且自号"燕谷老人"。1949年后,燕园先后为市(县)公安局、文化馆、皮革厂等单位使用。1982年公布为江苏省文物保护单位。同年根据常熟城市总体规划,市皮革厂开始动迁其在该园所建的部分用房,并即由市基建局主持组织园林处陆续进行修复,1998年6月,由常熟市杨园园林建设工程公司承建修复,其中假山整修由该公司假山工韩炎均承担。依次按原样落地翻建了五芝堂与门屋(已均属结构危房);在原址重建了童初仙馆、梦青莲花庵;翻建三婵娟室前临池廊桥;整修"七十二石猴"湖石假山与山间小径,重建假山前环池叠石,并整修恢复新发现的西侧山洞;重建了燕谷过云桥东部假山,整理了西部假山北侧山体;重建了赏诗阁及与之相通的绿转廊与诗境景点;重建了天际归舟旱船与船前水池;重建完成了东园墙、园内各类铺地与主次园路的铺装工作;落地翻建了南园墙与大门,并在大门上方嵌置拓自燕谷老人张鸿手迹的"燕园"砖刻门额⑤。

6.建筑设计师及捐资情况。台湾知府蒋元枢构筑,戈裕良叠石一堆⑥。

7.建筑特征及其原创意义。燕园占地约4亩余,平面呈狭长形,南北长而东西较狭,布局独运匠心,空间组合划分灵活而富有变化,曲折得宜,别具一格。

全园总体可划分为南、中、北区。入园门至东西横廊为一区,利用园西长廊和东西横廊前庭院中丛丛翠竹,掩隐其后园景色,使人产生空间幽邃、深莫能测之感。该区之东又巧辟小园一方,北为鸳鸯式四面厅"三婵娟室",原有蒋因培题匾。室前有荷花池,池水曲折逶迤。池旁假山耸立,怪石嶙峋,状如群猴汇集,奔、跳、卧、立,姿态各异,形象生动,别具情趣,因名"七十二石猴"。山间植白皮松一株,高达数丈,苍劲挺拔,虬枝曲屈,气势雄伟,是为珍品。由庭院而至山林池水,极尽空间转换变化之胜。山南置"童初仙馆",馆内为书斋四间,布局顺应自然地形,由园东临池短廊与小桥导入,曲折幽静,饶有趣味。"三婵娟室"东侧为两层建筑"梦青莲花庵",登小楼可远眺虞山风光⑦。

由东西横廊至"五芝堂"为第二区,五芝堂为昔日园主人迎会亲友之所,中有戈裕良所叠两座假山,东南隅用湖石,西北一山则用黄石;湖石假山堪称绝胜,世人称之为"燕谷"。道光年间钱叔美为蒋因培作"燕园八景图"。向与苏州环秀山庄、扬州小盘谷假山齐名,为戈氏存世黄石假山杰作。而假山之东沿院墙又有以高低错落之廊道与修竹构成的"诗境",引人遐想,兴味无穷。由此顺廊道可北入"赏诗阁",出阁下山,可至名曰"天际归舟"的临水旱舫,人移景换,组合巧妙,使该区以"燕谷"为主体之园景,曲折多变,新意迭出,堪称佳绝。假山之西长廊逶迤,沿园西院墙贯通全园南北,直抵五芝堂⑧。

五芝堂后至园后门则为第三区,西为"冬荣老屋",东侧小院,建有"一希瓦阁"、"十愿楼",该区为园主人日常生活起居之处。

8.关于建筑的经典文字轶闻。燕园历史上为园主与文人雅集之地,"赏诗阁"中曾罗列朝野名流诗章,如清代名人阮元、郭麐、钱泳等吟赏唱和之作皆罗列其中,益使园林增色。昔园中有清人(佚名)集蒋因培诗句所撰楹联曰:"虹桥树合楼对峙,燕谷天开涧半弯。"书斋有蒋因培撰联:"熟读离骚,便可称名士;涉猎传记,不能为醇儒。"

清蒋鸿逵《燕园幽居杂咏》:"故园荷净绝尘埃,怪石玲珑布绿苔。岭上云归千嶂合,池中月映一奁开。风廊水榭如盘转,玉竹银藤费剪裁。长夜纳凉惟小饮,樽前稚子共栽培⑨。"

参考文献

①③⑥(清)钱泳:《履园丛话》,中华书局,1979年。

②童隽:《江南园林志》,中国建筑工业出版社,1963年。

④⑤⑦⑧⑨陈从周:《常熟园林》,上海同济大学出版社,1958年。

十八、筱园

1.建筑所处位置。江苏省扬州市北郊廿四桥旁。

2.建筑始建时间。康熙四十五年(1716)。

3.最早的文字记载。"太史少颖异,弱冠以诗鸣。追入承明,宦情早淡。丁内艰,归筑筱园,并漪南别业以居,不复再出。①"

4.建筑名称的来历。本名小园,"是园向有竹畦,久而枯死,马秋玉以竹赠之,方士庶为绘《赠竹图》,因以名园。②"

5.建筑兴毁及修葺情况。康熙四十五年(1706),翰林程梦星告归,购小园为家园。乾隆乙亥(1755),园就圮。两淮都盐运使卢雅雨,与扬州程梦星为同年友。他在"筱园"里葺治三贤祠。以"春雨阁"祀宋欧阳修、苏轼、王士禛,而其他诸贤从祧,即后人所称的三贤祠。以"小漪南水亭"改名"苏亭",以"今有堂"改名"旧雨亭"。在堂后仿照弹指阁样式建"仰止楼",又建小室十数间,招僧竹堂居于此,以守三贤香火。其下增小亭,颜曰"瑞芍"。筱园于乾隆甲辰(1784)归盐商汪廷璋,人称为汪园。为观赏芍药盛开美景,他特意在筱园芍药圃中兴工建了一座"瑞芍亭",以给三贤祠平添景致。自筱园归汪氏后,又撤三贤神主到长春桥西桃花庵花园之桐轩③。

6.建筑设计师及捐资情况。程梦星、卢雅雨等。

7.建筑特征及其原创意义。据《扬州画舫录》的记载,仅面积就有三十多亩,其中芍药花十多亩,梅花近十亩,荷花十多亩,从取景的名称上推测,还种有松树和桂花树。是当时扬州"八大名园"之一。

"园方四十亩,中垦十余亩为芍田,有草亭,花时卖茶为生计。田后栽梅树八九亩。

其间烟树迷离,襟带保障湖,北挹蜀冈三峰,东接宝城,南望红桥。""中筑厅事,名今有堂,种梅百本,构亭其中,名修到亭。凿池半规如初月,植芙蓉,蓄水鸟,跨以略约。今有堂南,筑土为坡,乱石间之,名南坡。于竹中建阁,可眺可咏,名来雨阁,又筑轩,名畅余轩。堂之北偏,杂植花药,缭以周垣,上复古松数十株,名馆松庵。轩旁桂三十株,名曰桂坪"④。

8.关于建筑的经典文字轶闻。自筱园归汪氏后,又撤三贤神主到长春桥西桃花庵花园之桐轩。卢见曾撰联:"一代两文忠,到处风流标胜迹;三贤同俎豆,何人尚友似先生。"郑板桥撰联:"遗韵满江淮,三家一律;爱才如性命,异世同心。"许祥龄《过筱园》云:"楼当曲处疑无地,竹到疏时始见天。"

参考文献

①③④李斗:《扬州画舫录》,山东友谊出版社,2002 年。

②阮元:《淮海英灵集》,中华书局,1985 年。

十九、万石园

1.建筑所处位置。江苏省扬州市新城花园巷东首①。

2.建筑始建时间。清雍正十二年(1734)②。

3.最早的文字记载。《扬州揽胜录》说到"上人(石涛)兼工垒石,扬州余氏万石园出自上人之手。③"

4.建筑名称的来历。以石涛上人画稿布置为园。用太湖石以万计,故名万石园④。

5.建筑兴毁及修葺情况。原为汪氏邸宅,清雍正十二年,余元甲积十余年而筑成⑤。

6.建筑设计师及捐资情况。余元甲,石涛。

7.建筑特征及其原创意义。该园山与屋分,过山方有屋。入门见山,山中大小石洞数百,用太湖石以万计,所以叫万石园。有樾香楼、临漪栏、援松阁、梅舫诸胜。乾隆间,元甲死,园遂废,山石归康山草堂。今已无迹可考⑥。

8.关于建筑的经典文字轶闻。余元甲,字葭白,一字柏岩,号茁村,江都邑诸生,工诗文。雍正十二年,通政赵之垣以博学鸿词荐,不就。筑万石园,积十余年殚思而成。今山与屋分,入门见山,山中大小石洞数百,过山方有屋。厅舍亭廊二三,点缀而已。时与公往来,文酒最盛。葭白死,园废,石归康山草堂⑦。

参考文献

①②⑤汪菊渊:《中国古代园林史》下卷,中国建筑工业出版社,2006 年。

③(清)钱泳:《履园丛话》,中华书局,1979 年。

④(清)阿克当阿、姚文田嘉庆重修:《扬州府志》。

⑥陈从周:《园林谈丛》,上海文化出版社,1980 年。

⑦李斗:《扬州画舫录》,山东友谊出版社,2002 年。

二十、蔚秀园

1.建筑所处位置。北京大学西校门对面。

2.建筑始建时间。史无明确记载。

3.最早的文字记载。《燕园史话》中奕譞的《蔚秀园新葺山弯小室晚坐》一诗①。

4.建筑名称的来历。原名含芳园,为圆明三园附属园林之一,是皇族爱新觉罗·载铨的赐园。清道光十六年（1836）载铨袭封为定郡王，咸丰三年（1853）加亲王衔，所以又称定王园。四年载铨死，园收归内务府所管。八年（1858）转赐醇亲王奕譞，咸丰皇帝为含芳园赐名"蔚秀园"②。

5.建筑兴毁及修葺情况。咸丰十年（1860）英法联军火烧圆明园时，该园也遭焚毁，破坏十分严重。后重加修葺。奕譞于光绪十六年（1890）去世，园收归内务府，直到清覆亡前夕，才赐给他的第五子载沣。民国初年曾一度被地方军阀占用。民国 20 年（1931）12 月 12 日燕京大学购得作为教工宿舍③。

6.建筑设计师及捐资情况。咸丰朝的工部官员，公帑。

7.建筑特征及其原创意义。园域西至万泉河，南与畅春园遗址接壤，北与圆明园遗址隔路相望。现在园中仅有东南部分湖泊相连，土山、刻石、旧迹尚明晰可见。湖岛上遗存的建筑物，并非 1860 年前园中建筑之布局，而是后来奕譞修整园中部分建筑之遗迹，从平面图上看，遗留下来的这部分只有当时蔚秀园的四分之一。时园门朝南，入园门跨河池北岸，为园之主体建筑，前轩濒临水面。建工字殿、正厅、曲廊、小亭，置景自然清丽。转过山谷。东西小溪一道，过平桥，有一组别院，院中植桂树；回廊曲折迂回，院内外似隔非隔，四周山崖水际欲断实连，为庭园憩息之佳境。院东北山环中建单檐六角亭一座，四周散置假山，为园主人停步览胜之处④。

8.关于建筑的经典文字轶闻。《蔚秀园新茸山弯小室晚坐》一诗云："开窗恰值秋容丽，山色波光一览收。砌有幽丛工点缀，杯余新酿尽勾留。风皱翠藻浮池面，霞灿丹枫舞岸头。日暮酒阑新月上，芦花深处唤扁舟。⑤"

参考文献

①②③⑤侯仁之：《燕园史话》，北京大学出版社，1988 年。

④程里尧：《中国古建筑大系·皇家苑囿建筑》，中国建筑工业出版社，1993 年。

二十一、谐趣园

1.建筑所处位置。北京市西北郊万寿山东麓，是清漪园的园中之园①。

2.建筑始建时间。乾隆十六年（1751）②。

图 13-1-15　谐趣园

3.最早的文字记载。乾隆亲题"惠山园八景"③。

4.建筑名称的来历。原名惠山园，盖因所仿之寄畅园位于无锡惠山东麓故。

5.建筑兴毁及修葺情况。乾隆十六年（1751）仿无锡寄畅园而建，十九年（1754）园成，名惠山园。嘉庆十六年（1811）于水池的北岸建涵远堂，面阔五间带围廊，以其巨大的体量成为园内的主体建筑物，并更名为谐趣园。咸丰十年（1860）遭英法侵略军焚毁。光绪十八年（1892）重建，但建筑风格及造园艺术都远逊于被毁之前④。

6.建筑设计师及捐资情况。乾隆以及乾隆、嘉庆两朝工部官员。经费国拨。

7.建筑特征及其原创意义。惠山园原有八景，这里环境深邃幽静，园内水池数亩，有后湖之水经万寿山东麓之人工峡谷及水瀑而流入，又临近东

宫门、宫廷区，为后湖水道的后端，水陆交通皆便。

谐趣园以水池为中心，周围环布轩榭亭廊，形成深藏一隅的幽静水院。富于江南园林意趣⑤。

8.关于建筑的经典文字轶闻。"江南诸名墅，唯惠山秦园最古，我皇祖赐题寄畅。辛未（1751）春南巡，喜其幽致，携图以归，肖其意于万寿山之东麓，名曰惠山园。一亭一径，足谐奇趣。⑥"

参考文献

①②④周维权：《中国古典园林史》，清华大学出版社，1999年。

③陈文良、魏开肇、李学文：《北京名园趣谈》，中国建筑工业出版社，1983年。

⑤潘谷西：《中国建筑史》，中国建筑工业出版社，2000年。

⑥（清）爱新觉罗·弘历：《御制文初集》卷五。

二十二、九峰园

1.建筑所处位置。江苏省扬州市城南古渡桥旁。

2.建筑始建时间。清初。

3.最早的文字记载。"《题九峰园》诗小序：九峰园故多佳石。大者逾丈，小亦及寻。如仰如俯，如拱如揖，如鳌背，如驼峰、如蛟舞螭盘，如狮尊象盘，千形万态，不可端倪。石间罗植卉木，又筑临池小榭以拟右军墨池。南为风漪阁，可供眺望。①"

4.建筑名称的来历。"歙县汪氏得九莲庵地，建别墅曰南园"，亦名"砚池染翰"。乾隆南巡临幸，有《九峰园小憩》诗：观民缓辔度芜城，宿识城南别墅清。纵目轩窗饶野趣，遣怀梅柳入诗情。评奇都入襄阳拜，举数还符洛社英。小憩旋教进烟舫，平山翠色早相迎。自注云："园有九奇石，因以得名。非山峰也。②"把九峰园得名的原因交待得很清楚。

5.建筑兴毁及修葺情况。该园为九莲庵旧址，盐运使何煨所建。后为歙县汪玉枢所得，改建别墅，曰南园。乾隆二十六年（1761）又得太湖峰石九尊于江南。乾隆五十八年（1793）曾修葺该园，丹徒陆晓山绘之以图。嘉庆、道光年间（1796—1850），该园逐渐颓废，不过四五石而已。民国初年于城内建公园，该园久圮，仅存一峰，将其移至迎曦阁前。现该峰屹立在史公祠内梅花仙馆。

6.建筑设计师及捐资情况。何煨、汪玉枢。

7.建筑特征及其原创意义。九峰园大门临河，左右子舍各五间。水有系舟，陆有木寨系马。门内三楹，设散金绿油屏风，屏内右折为二门，门内多古树。右建厅事，名曰"深柳读书堂"。堂前构玻璃房，三四折入"谷雨轩"，右为"延月室"，其东南阁子，额曰："玉玲珑馆"。是屋两面在牡丹中，一面临湖。轩后多曲室，车轮房结构最精，数折通御书楼。楼右为雨花庵，庵屋四面接檐，中为观音堂，右为水廊，廊外即市河。楼前门上，石刻"砚池染翰"四字。门外石板桥，过荷塘至堤上，方亭颜曰："临池"，东构小厅事，颜曰"一片南湖"，至此全湖在目。旁为"风漪阁"，左有长塘亩许，种荷芰，沿堤芙蓉称最。最东小屋虚廊在丛竹间，更幽邃不可思议。阁后曲室广厦，轩敞华丽，窗棂皆置玻璃，大至数尺，不隔纤翳。窗外点宣石山数十丈，赐名"澄空宇"匾额，厅右小室三楹，室前黄石壁立，上多海桐，颜曰"海桐书屋"，屋右开便门，门外乃园之第二层门也。深柳读书堂联云："会须上番看成竹（杜甫），渐拟清阴到画堂（薛远）。"堂前黄石叠成峭壁，杂以古木阴翳，遂使冷光翠色，高插天际。盖堂为是园之始，故作此壁，欲暂为南湖韬光耳。旁有辛夷一树，老根隐见石隙，盘踞两弓之地，中为恶虫蚀空，不绝如缕，以杖柱之，其上两三嫩条，生意勃然，花时如玉山颓。雨轩种牡丹数千本,春分后植竹为枋柱,上织芦荻为帘旌,替花障日。花时绮牖洞开,联云:"晓艳远分金掌露(韩琪),夜风寒结玉壶冰(许浑)。"轩旁为延月室,联云:"开帘见新月(李端),倚树听流泉(李白)。"东南构玉玲珑馆,联云:"北榭远峰闲即望(薛能)。南园春色正相宜(张谓)。"辟"卍"字径,开"川"字畦,朝日夕阳,莲炬明月,最称佳丽。花过后各户全扃。雨轩旁多小室,中一间窗牖作车轮形,谓之"车轮房",一名"蜘蛛网"。

御书楼即雨花庵旧址,楼右开门,嵌"雨花庵"旧额石刻于门上。中供千手眼准提像,昏钟晓磬,园丁司之。雨花庵门外嵌石刻曰"砚池染翰"。联云:"高树夕阳连古巷(卢纶),小桥流水接平沙(刘兼)。"门前石板桥三折,桥头三人立,其洞穴大可蛇行,小者仅容蚁聚,名曰"玉玲珑",又名"一品石"。《图志》云,相传为海岳庵中旧物。赵云崧诗云:"九峰园中一品石,八十一窍透寒碧。"盖谓此也。园中九峰,奉旨选二石入御苑,今止存七石。高东井文照《九峰园诗》云:"名园九个丈人尊,两叟苍颜独受恩;也似山王通籍去,竹林惟有五君存。"石板桥外湖堤上建方亭,额曰"临池",联云:"古调诗吟山色里(赵嘏),野声飞入研池中(杜荀鹤)。"亭前为园中舣舟处,有画舫名曰移园,为汪氏自制。

砚池例备水围。先下水网,用三桨船,分左右翼,方舟沿岸棹入合围。平时土人取鱼,亦往往在是。临池亭旁,由山径入,一石当路,长二丈有奇,广得其半,巧怪岩,藤萝蔓延,烟霭云涛,吞吐变化,此石为九峰之一。旁构小厅,额曰"一片南湖";联云:"层轩皆画水(杜甫),芳树曲迎春(张九龄)。"是屋窗棂,皆贮五色玻璃,园中呼之为"玻璃房"。

"一片南湖"之旁,小廊十余楹,额曰"烟渚吟廊"。联云:"阶墀近洲渚(高适),亭院有烟霞(郭良)。"其东斜廊直入水阁三楹,额曰"风漪",联云:"隔岸春云邀翰墨(高适),绕城波色动楼台(温庭筠)。"是阁居湖北漘,湖水极阔。中有土屿,松榆梅柳,亭石沙渚,共为一邱。其下无数青萍,每秋冬间,艾陵野凫,扬子鸿雁,北郊寒鸦,皆觅食于此。风雨时作激涌,状如下石。钟山对岸,南堤涧中,飞动成采,此湖上水局最胜处也。高东井诗云:"芦芽短短钓船低,向晚浓烟失水西。半晌风漪亭上立,无情听杀郭公啼。"风漪阁后东北角有方沼,种芰荷,夹堤栽芙蓉花。沼旁构小亭,亭左由八角门入虚廊三四折,中有曲室四五楹,为园中花匠所居,莳养盆景。

"烟渚吟廊"之后,多落皮松、剥皮桧。取黄石叠成翠屏,中置两卷厅,安三尺方玻璃,其中或缀宣石,或点太湖石。太湖即九峰中之二峰,名之曰玻璃厅,上悬御扁"澄空宇"三字,及"雨后兰芽犹带润,风前梅朵始敷荣"一联,"纵目轩窗饶野趣,遣怀梅柳入诗情"一联,"名园依绿水,野竹上青霄"一联。石工张南山尝谓"澄空宇"二峰为真太湖石。太湖石乃太湖中石骨,浪激波涤,年久孔穴自生,因在水中,殊难运致。惟元至正间(1341—1367)吴僧维则门人运石入城,延朱德润、赵元善、倪元镇、徐幼文共商,叠成狮子林,有狮子含辉吐月诸峰,为江南名胜。此外未闻有运致者,若郡城所来太湖石,多取之镇江竹林寺、莲花洞、龙喷水诸地所产。其孔穴似太湖石,皆非太湖岛屿中石骨。若此二峰,不假矣。海桐书屋联云:"峭壁削成开画障(吴融),垂杨深处有人家(刘长卿)。"室后二峰屹立,至是九峰乃全。是本九莲庵故址,九莲本名"二分明月"。庵为宏觉国师木陈建,取唐人"古渡月明闻棹歌"句,自入园中,庵遂不复重建。汪玉枢,字辰垣,号恬斋,歙县人。早岁能诗,山林性成。南园之盛,由恬斋始也[④]。

8.关于建筑的经典文字轶闻。乾隆南巡有《题九峰园》诗,曰:"策马观民度郡城,城西池馆暂游行。平临一水入澄照,错置九峰出古情。雨后兰芽犹带润,风前梅朵始敷荣。忘言似泛武夷曲,同异何须细致评。[⑤]"

参考文献

①(清)高晋:《钦定南巡盛典》卷八四。

②③(清)高晋:《钦定南巡盛典》卷一二。
④⑤李斗:《扬州画舫录》,山东友谊出版社,2002年。

二十三、趣园

1.建筑所处位置。江苏省扬州市北郊长春桥东岸。

2.建筑始建时间。清康熙年间①。

3.最早的文字记载。《钦定南巡盛典》趣园诗曰:"偶涉亦成趣,居然水竹乡。因之道彭泽,从此擅维扬。目属高低石,步延曲折廊。流云凭木榻,喜早晤宦光。自注:亭中木榻甚古朴,刻赵宦光题'流云'二字及董其昌陈继儒题语,虽属伪作,颇惬幽赏。②"

4.建筑名称的来历。四桥烟雨,亦名黄园,黄氏别墅也。上赐名"趣园"③。"趣园,旧称四桥烟雨。四桥者,南为春波,北为长春,西为玉版,又西则曰莲花"④。

5.建筑兴毁及修葺情况。后归补候道张霞重修。该园于嘉庆(1796—1819)后毁荒,光绪三年(1877)于四桥烟雨旧址,曾重修三贤祠,祀欧阳修、苏轼、王士祯三名士。祠内附设冶春诗社,祠外植女桑,绿阴满野。民国初年,祠宇日益荒废。1949年后修筑整复,以复昔日景观之大概⑤。

6.建筑设计师及捐资情况。清奉宸苑卿黄履、张霞。

7.建筑特征及其原创意义。"四桥烟雨",一名黄园,黄氏别墅也。黄氏兄弟好构名园,尝以千金购得秘书一卷,为造制官室之法,故每一造作,虽淹博之才,亦不能考其所从出。是园接江园环翠楼,入锦镜阁,飞檐重屋,架夹河中。阁西为"竹间水际"下,阁东为"回环林翠",其中有小山逶迤,筑丛桂亭;下为四照轩,上为金粟庵。入涟漪阁,循小廊出为澄碧堂。左筑高楼,下开曲室,暗通光霁堂。堂右为面水层轩,轩后为歌台。轩旁筑曲室,为云锦淙,出为河边方塘,上赐名"半亩塘",由竹中通楼下大门。

锦镜阁三间,跨园中夹河。三间之中一间置床四,其左一间置床三,又以左一间之下间置床三。楼梯即在左下一间下边床侧,由床入梯上阁,右亦如之。惟中一间通水,其制仿《工程则例》暖阁做法,其妙在中一间通水也。集韩联云:"可居兼可过,非阁复非船。"阁之东岸上有圆门,颜曰"回环林翠"。中有小屋三楹,为园丁侯氏所居。屋外松楸苍郁,秋菊成畦,畦外种葵,编为疏篱。篱外一方野水,名侯家塘。阁之西一间,开靠山门,联云:"扁舟荡云锦,流水入楼台。"阁门外屿上构黄屋三楹,供奉御赐扁"趣园"石刻及"何曾日涉原成趣,恰直云开亦觉欣"一联。亭旁竹木蒙翳,怪石蹲踞。接水之末,增土为岭,岭腹构小屋三椽,颜曰"竹间水际"。联云:"树影悠悠花悄悄(曹唐),晴云漠漠柳毵毵(韦庄)。"阁之东一间开靠山门,与西一间相对。门内种桂树,构工字厅,名"四照轩"。联云:"九霄香透金茎露(于武陵),八月凉生玉宇秋(曹唐)。"轩前有丛桂亭,后嵌黄石壁。右由曲廊入方屋,额曰"金粟庵",为朱老匏书。是地桂花极盛,花时园丁结花市,每夜地上落子盈尺,以彩线穿成,谓之桂球;以子熬膏,味尖气恶,谓之桂油;夏初取蜂蜜,不露风雨。合煎十二时,火候细熟,食之清馥甘美,谓之桂膏;贮酒瓶中,待饭熟时稍蒸之,即神仙酒造法,谓之桂酒;夜深人定,溪水初沉,子落如茵,浮于水面,以竹筒吸取池底水,贮土缶中,谓之桂水。涟漪阁在金粟庵北,联云:"紫阁丹楼纷照耀(王勃),修篁灌木势交加(方干)。"阁外石路渐低,小栏款敦,绝无梯级之苦,此栏名"桃花浪",亦名"浪里梅"。面路皆冰裂纹。堤岸上古树森如人立,树间构廊,春时沉钱谢絮,尘积茵覆,不事箕帚,随风而去。由是入面水层轩,轩居湖南,地与阶平,阶与水平。联云:"春烟生古石(张说),疏柳映新塘(储光羲)。"水局清旷,阔人襟怀。归舟争渡,小憩故溪,红灯照人,青衣行酒,琵琶碎雨,杂于橹声,连情发藻,促膝飞觞,亦湖中大聚会处也。涟漪阁之北,厅事二,一曰"澄碧",一曰"光霁"。平地用阁楼之制,由阁尾下靠山房一直十六间,左右皆用窗棂,下用文砖亚次。阁尾三级,下第一层三间,中设疏寮隔间,由两边门出;第二层三间,中设方门出;第三层五间,为澄碧堂。盖西洋人好碧,广州十三行有碧堂,其制皆以连房广厦,蔽日透月为工,是堂效其制,故名"澄碧"。联云:"湖光似镜云霞热(黄滔),松气如秋枕簟凉(何上元)。"由澄碧出,第四层五间,为光霁堂。堂面西,堂下为水马头,与"梅岭春深"之水马头相对。联云:"千重碧树锁青苑(韦庄),四面朱楼卷画帘(杜牧)。"是地有一木榻,雕梅花,刻赵宦光"流云"二字,董其昌、陈继儒题语。(乾隆)御制《木榻诗》云:"偶涉亦成趣,居然水竹乡。因之道彭泽,从此擅维扬。目属高低石,步延曲折廊。流云凭木榻,喜早晤宦光。"光霁堂后,曲折逶迤,方池数丈,廊舍或仄或宽,或整或散,或斜或直,或断或连,诡制奇丽。树石皆数百年物,池中苔衣,厚至二三尺,牡丹本大如桐,额曰"云锦淙"。联云:"云气生虚壁(杜甫),荷香入水亭(周口)。"过云锦淙,壁立千仞,廊舍断绝,有角门可侧身入,潜通小圃。圃中多碧梧高柳,小屋三四楹。又西小室侧转,一室置两屏风,屏上嵌塔石。塔石者,石上有纹如塔,以手摸之,平如镜面。从屏风后,出河边方塘,小亭供奉御匾"半亩塘"石刻,及"目属高低石,亭延曲折廊"一联;"妙理静机都远俗,诗情画趣总怡神"一联;"潆水和抱中和气,平远山如蕴藉人"一联。石刻"有凌云意"四字,临苏轼书一卷。

"水云胜概"在长春桥西岸,亦名黄园。黄园自锦镜阁起,至小南屏止,中界长春桥,遂分二段,桥东为"四桥烟雨",桥西为"水云胜概"。"水云胜概"园门在桥西,门内为吹香草堂,堂后为随喜庵。庵左临水,结屋三楹,为"坐观垂钓",接水屋十楹,为春水廊。廊角沿土阜,从竹间至胜概楼,林亭至此,渡口初分,为小南屏。旁筑云山韶之台,黄园于是始竟。吹香草堂联云:"层轩静华月(储光羲),修竹引薰风(韦安石)。"南人随喜庵,供白衣观音像,为"普陀胜境"。"坐观垂钓"三楹,与春水廊接山。春水廊中用枸木,无梁无脊;"坐观垂钓"则用歇山做法,以此别于廊制也。联云:"秋花冒绿水(李白),杂树映朱栏(王维)。"春水廊,水局极宽处也。北郊诸水合于长春岭,西来则九曲池、炮山河、甘泉、金柜诸山水,出莲花、法海二桥;北来则保障湖,出长春桥;南来则砚池、花山涧,出虹桥,皆汇于是。波光滑笏,有一碧千顷之势。临水岸,构矮屋名"春水廊",众流汇合,皆如褰裳昵就于廊中者。联云:"夹路浓华千树发(赵彦昭),一渠流水两家分(项斯)。"

胜概楼在莲花桥西偏,联云:"怪石尽含千古秀(罗邺),春光欲上万年枝(钱起)。"楼前面湖空阔,楼后苦竹参天,沿堤丰草匝地,对岸树木如昏壁画。登楼四望,天水无际,五桥峙中,诸桥罗列,景物之胜,俱在目前。此楼仿瓜洲胜概楼制。瓜洲胜概楼创自明正统间,王尚书英曾为记⑥。

8.关于建筑的经典文字轶闻。乾隆对扬州园林甚为欣赏,每次南巡都要留恋扬州名园。当时四桥烟雨一景颇得乾隆的赏识。乾隆壬午(1762)御题额曰'趣园'。联曰:潆回水抱中和气,平远山如蕴藉人。又联曰:目属高低石,步延曲折廊。乙酉御书联曰:何曾日涉原成趣,恰值云开亦觉欣。甲辰御书额曰半亩塘。联曰:妙理清机都远俗,诗情画趣总怡神。因了这四桥烟雨,园林的主人黄履也因此官升一级。四桥烟雨也被改名为"趣园"。

参考文献

①朱家华:《扬州旅游手册》,江苏人民出版社,1982年。

②(清)高晋等《钦定南巡盛典》卷一二。

③⑥李斗:《扬州画舫录》,山东友谊出版社,2002年。

④(清)高晋等:《钦定南巡盛典》卷八四。

⑤朱江:《扬州园林赏录》,上海文化出版社,1984年。

二十四、小有天园

1.建筑所处位置。浙江省杭州市南屏山麓。

2.建筑始建时间。清乾隆年间。

3.最早的文字记载。"旧名壑庵,郡人汪之萼别业,石皆瘦削玲珑,似经洗剔而出,可证晁无咎洗土开南屏语。契嵩所称幽居洞等迹,皆萃于此。盖此实南屏正面也。有泉自石罅出,汇为深池,游人称赛西湖。乾隆十六年(1751)圣驾临幸,御题曰:小有天园。二十七年(1762)又题半山亭曰胜阁"①。

4.建筑名称的来历。乾隆十六年圣驾临幸,御题"小有天园"。②

5.建筑兴毁及修葺情况。是园也,本名"壑庵",为汪孝子之萼庐墓所居,其后遂为别业。适当"慧日峰"之下,其东即"净慈寺"也。孝子身后,孙守益葺之,筑"南山寺"于峰上,于以封植嘉树,无忘角弓……乾隆十有六年,天子南巡狩,孝子之后人等更复辟治,新其轩序,浚其池塘,增其卉木,以为大吏点缀湖山之助。嘉庆年间(1796—1819)售予他人。咸丰年间(1851—1860)毁于兵火。现仅余荒草。乾隆帝曾仿其制而于北京长春园内,亦毁于英法联军之役。

6.建筑设计师及捐资情况。汪之萼③。

7.建筑特征及其原创意义。按:关于小有天园,史料无多。知其旧名壑庵,郡人汪之萼别业,石皆瘦削玲珑,似经洗剔而出,可证晁无咎《洗土开南屏》语。契嵩所称幽居洞等迹,皆萃于此。盖此实南屏正面也。有泉自石罅出,汇为深池,游人称赛西湖。乾隆十六年圣驾临幸,御题"小有天园"。二十七年又题半山亭曰"胜阁"。建筑早废,遗迹今仍可寻④。

8.关于建筑的经典文字轶闻。乾隆题《小有天园》诗:南屏峰下圣湖隈,小有天园清跸来。了识曰门及曰径,依然为榭复为台。山多古意鸟忘去,水有清音鱼喜陪。昔写斜枝红杏在,恰同庭树一时开。⑤御书额曰:"小有天园"。壬午(1762)御书额曰"胜阁"。联曰"每闻善事心先喜,或见奇书手自抄。⑥"

乾隆南巡,《再游小有天园》诗云:"不入最深处,安知小有天。船从圣湖泊,迳自秘林穿。万卉轩春节,千峰低齐烟。明发旋翠毕,偷暇重留连。⑦"

清梁章钜《浪迹丛谈》:"此余五十年前亲到园中所目击手扪者,此后即无由再到其地。嘉庆中重游南屏,尚闻汪氏要出售此园,后亦不知果易主否,亦不知何时废为平地。窃谓南北山亭馆之美,古迹之多,无有出此园之右者,乃转眼即鞠为茂草,今且沦于无何有之乡,幸余犹及见之,且能言之,中年以后所遇知好,则皆未曾涉此园者,亦无从与之饶舌矣。山灵有知,能无与余同此浩叹哉!"⑧

参考文献

①③④(清)翟灏等:《西湖文献》丛书,《湖山便览》卷七,上海古籍出版社,1998年。

②(清)全祖望:《小有天园记》《鲒埼亭集外编》卷二〇。

⑤(清)高晋等:《南巡盛典》卷九。

⑥(清)高晋等:《南巡盛典》卷八六。

⑦(清)爱新觉罗·弘历:《御制诗集》三集卷二三。

⑧(清)梁章钜:《浪迹丛谈·续谈》卷一,中华书局出版社,1997年。

(二)志宫

一、沈阳太清宫

1.建筑所处位置。沈阳市沈河区西顺城街北口。

2.建筑始建时间。清康熙二年(1663)。

3.最早的文字记载。"康熙癸卯春,奉省畿内,旱且甚。祖师郭守真,迎请至奉,尊为师长,择省垣砖城西北角楼外水泡一段。撤水填平。特建道庙一区,……本慈恩寺名三教堂",至乾隆四十三年(1778),房屋计三十五楹。翌年,赵一尘任监院,重修扩建,祠宇达八十八楹,规模始备,遂改名为"太清宫①"。

4.建筑名称的来历。原名"三教堂",清乾隆四十四年(1779)重修,改称"太清宫"。

5.建筑兴毁及修葺情况。光绪三十年(1904)玉皇楼被火烧毁,光绪三十四年(1908)监院葛月潭重修玉皇阁及大殿,善功祠和翻修一些旧的房屋。沈阳太清宫是我国东北道教最大十方丛林之一,自清代道光三年(1823)由孙抱一方丈开始传戒,至民国33年(1944)受戒弟子2000余人,开坛传戒成为沈阳太清宫的一大特征。民国年间都有过扩建和重修。

6.建筑设计师及捐资情况。镇守辽东等处将军乌库理为关东道士郭守真创建。

7.建筑特征及其原创意义。太清宫是创建于清代康熙年间为数不多的著名宫观之一,历时两年完工,坐北面南,"有三殿三楹、经楼三楹、后殿三楹、配殿八楹、耳房四楹、前殿三楹、大门一楹、左右边门各一楹。②"山门开于东侧,主要建筑有山门、灵官殿、关帝殿、老君殿、玉皇阁、三官殿、吕祖楼、郭祖殿、丘祖殿、善功祠、郭祖塔等;原有殿堂楼阁及道舍等房室100余间,面积5200余平方米,是东北著名的道教全真十方丛林。

8.关于建筑的经典文字轶闻。郭守真祖师是道教全真龙门派名师之高徒,师出名门的他先后在辽东本溪县九顶铁刹山八宝云光洞和奉天城外攘关角楼西三教堂,即后来的太清宫,收度王太祥、刘太琳、秦太玉、高太护等弟子共十四人,使道教全真派在东北地区发展兴盛起来③。

参考文献

①《太清宫特建世系承志碑》,见该宫法堂前壁上。

②(清)阿桂、于敏中:《钦定盛京通志》卷九七。

③李治国、冯禹铭:《沈阳太清宫与东北道教》,《中国道教》,2003年第2期。

二、沈阳故宫

1.建筑所处位置。沈阳市旧城中心沈阳路171号。

2.建筑始建时间。后金天命十年(1625)。

3.最早的文字记载。康熙皇帝《至盛京故宫日作》:"精禋敬展十年思,莅止留都驻羽旗。秩秩肯堂钦祖德,依依爱日奉亲慈。气回嫩暖情均畅,云放新晴喜共知。信拟贞观敬案侧,武功得句再巡时。"①乾隆《驻盛京故宫有怀》:"三临溯皇祖,几宿驻陪京。肯构励今笃,开基缅始营。百年孳富庶,万户畅宁盈。奉养殊前度,凄然一缒情。自注:癸亥(1743)甲戌(1754)两次诣盛京皆奉圣母承欢行庆追忆曷胜凄怆。"关于沈阳故宫的兴建,近年在辽宁鞍山析木镇侯姓村民侯维云家发现的《侯氏宗谱》记载:"大清高皇帝兴师吊伐以得辽阳,即建都东京,于天命七年(1622)修造八角金殿,需用琉璃龙砖彩瓦,即命余曾祖振举公董督其事,特授夫千总之职。后于天命九年(1624)间迁至沈阳,复创作宫殿龙楼凤阙以及三陵各工等用。又赐予壮丁六百余名以应运夫差役驱使之用也。余曾祖公竭力报效,大工于是乎兴。选择一十七名匠役,皆竭力报效。②"

4.建筑名称的来历。努尔哈赤建立后金政权(1616)后,于天命十年(1625)定都沈阳,改名为盛京,并开始营建宫殿,历史上称之为盛京皇宫。清兵入关以后,盛京改为留都,称留都宫殿,或奉天行宫,今俗称沈

图 13-2-1 沈阳故宫崇政殿

图 13-2-2 沈阳故宫大政殿

图 13-2-3 沈阳故宫凤凰楼

阳故宫。1926 年在故宫内设立东三省博物馆,日伪政权时期曾改称奉天故宫博物馆,1945年"八一五"光复后,复成立国立沈阳博物院,1949 年改为沈阳故宫陈列所,1955 年,命名为沈阳故宫博物馆,1986 年 8 月 5 日至今,定名沈阳故宫博物院。

5.建筑兴毁及修葺情况。沈阳故宫建造大致分为三期,东路大政殿及十王亭始建于天命十年(1625)努尔哈赤时代;中路大清门、崇政殿、凤凰楼及后五宫始建于天聪六年(1632),即努尔哈赤之子皇太极初年;中路两侧的东西两所行宫及崇政殿配套建筑建于乾隆十年(1745);西路文溯阁及嘉荫堂戏台建于乾隆四十六年(1781)③。1961 年被列为第

图 13-2-4 沈阳故宫文渊阁内景

一批全国重点文物保护单位，并于 2004 年 7 月 1 日作为明清皇宫文化遗产扩展项目列入《世界遗产名录》。

除日常保养维护，沈阳故宫新中国成立以来亦历经数次较大规模修缮，最近的两次分别在 2003 年 3 月至 7 月的"一宫两陵"申遗维修，以及 2006 年建院 80 周年庆典维修工程，包括两坊、戏台、嘉荫堂、文溯阁碑亭屋面、西所垂花门屋面、东大门及太庙地仗油饰等。

6.建筑设计师及捐资情况。沈阳故宫营建属皇家工程，主持中路主要工程的匠师是刘光先④，据《海城县志》中《重修缸窑岭伯灵庙碑记并序》"清初修理陵寝宫殿，需用龙砖彩瓦，因赏侯振举盛京工部五品官……"推断，负责"烧制琉璃瓦的管窑人"是由辽宁海城迁入沈阳的侯振举负责。

7.建筑特征及其原创意义。沈阳故宫建筑群共有单体建筑 419 间，占地约 63000 平方米，为我国现存仅次于北京故宫的最完整的皇宫建筑群。

全宫总体布局分为三部分，中路是皇太极日常处理军政要务、会见外国使臣的场所，采用"前朝后寝"布局形式。经过群臣候朝的大清门，便是主体建筑崇政殿，五开间单檐硬山屋顶，殿后两侧东有师善斋、日华楼，西有协中斋、霞绮楼。全部寝宫筑于 3.8 米高台之上，两重宫墙，戒备森严略见一斑。作为出入口的凤凰楼是当年盛京城内的最高建筑，同时亦是皇帝小憩及宴会之所，登楼观日出谓沈阳八景之一"凤楼晓日"，寝宫主体建筑清宁宫及左右配殿，是皇帝和嫔妃寝馈之所。乾隆年间增建的大清门左侧太庙和中路轴线两侧的行宫，供清帝东巡盛京驻跸，皇太后居东所，皇帝及妃嫔居西所。

东路是早期政权中心，主体建筑为八角攒间顶的大政殿，原名笃恭殿是皇帝举行大典的地方，两翼辅以按八旗制度的方位排列方亭 10 座，是左右翼王、八旗大臣的办公所在，称十王亭。

西路建筑是以庋藏《四库全书》副本的文溯阁为契机而兴建的一组读书、娱乐的建筑群，分为两部分。南部为嘉荫堂、戏台，与两侧角房共同组成闭合院落，是皇帝观戏之处；北部为文溯阁，仰熙斋及梧桐院一组书房建筑，为读书之所。文溯阁建于乾隆四十六年（1781），是存放《四库全书》及《古今图书集成》两部大书的地方。建筑全仿宁波大藏书家范钦所建天一阁形制，六开间，两层，硬山黑琉璃瓦顶⑤。

整个皇宫体现了我国古代建筑艺术的优秀传统和独特风格，反映了满、汉、蒙古族文化融合在建筑上的辉煌成就。

8.关于建筑的经典文字轶闻。沈阳故宫是清王朝统一中国以前（1625—1644）清太祖努尔哈赤和清太宗皇太极的宫殿，清世祖福临（顺治）亦在此即位，是清初政权纷争的载体，特别是三路建筑分别代表了"八和硕贝勒共治国政"、"皇太极南面独尊"、"康乾盛世"三个时期社会发展的基本特征。

参考文献

①(清)阿桂、于敏中:《钦定盛京通志》卷一三。

②《侯氏宗谱》,见《今参考》2006 年第 19 期,《沈阳故宫四大谜团》以及《辽沈晚报》2007 年 1 月 27 日《揭秘沈阳故宫生日之谜》。

③⑤孙大章:《中国古代建筑史》(五卷本)第五卷,中国建筑工业出版社,2002 年。

④杨永生:《中国古建筑之旅》,中国建筑工业出版社,2003 年。另有贾世韬《中华百工百艺圣祖宗师歌》亦持是说。

三、雍和宫

1.建筑所处位置。北京市东城,南临北新桥,西毗雍和宫大街,北抵环城地下铁道的北环线。

2.建筑始建时间。康熙三十三年(1694)①。

3.最早的文字记载。"雍和宫,在安定门内,国子监东,世宗宪皇帝潜邸也。雍正三年(1725),命名曰雍和宫,十三年九月重修,暂安奉世宗宪皇帝梓宫。外有石坊,前曰:寰海尊亲,后曰:群生仁寿,门曰:昭泰门,其内曰:雍和门,前殿曰:永佑殿,七楹,后殿曰:绥成殿,五楹,殿之后为雍和宫,七楹,南北袤一百二十一丈,东西广四十九丈。乾隆元年(1736),奉安神御于此,岁时展礼,洎重建寿皇殿,落成遂移奉焉,有御制碑文。②"

4.建筑名称的来历。雍和宫,原为雍正的封邸,雍正继位后将其命名为"雍和宫",列为"龙潜禁地"。

5.建筑兴毁及修葺情况。清代雍和宫的基址在明代是一片民房,清朝定鼎北京后,将这座巨宅没收,康熙三十二年(1693)十二月,康熙降旨,将此拨给四子允禛,改建府邸。康熙六十一年(1722)十一月,康熙驾崩,允禛即位,雍正帝改名允禛为胤禛。从此他由保泰街的雍亲王府迁居皇宫。自乾隆八年(1743)雍和宫行宫改建庙宇工程施工的筹备策划开始,至乾隆十五年(1750)雍和宫万福阁工程的竣工,前后历时六年,雍和宫改庙主体工程施工告成。1961 年,雍和宫被列为全国重点文物保护单位。

6.建筑设计师及捐资情况。据大量的汉、藏史料载述,雍和宫改建庙宇工程的规划和施工,是由当时的驻京喇嘛印务处掌印扎萨克达喇嘛三世章嘉·若毕多吉国师督办,清皇家内务府养心殿造办处承建施工。

7.建筑特征及其原创意义。据《钦定日下旧闻考》记载:

"宫之前左右宝坊各一。左之前榜曰'慈隆宝叶',后曰'四衢净辟'。右之前榜曰'福衍金沙',后曰'十地圆通'。正中石坊一,南向,额曰'寰海尊亲'。后曰'群生仁寿'。天王殿内额曰'现妙明心',联曰'法镜交光六根成慧日,牟尼真净十地起祥云。'宫内联曰:'接引群生扬三千大化,圆通自在住不二法门。'又曰'法界示能仁福资万有,净因争广慧妙证三摩。'宫后为永佑殿等。谨按永佑殿联曰'般若慈源觉海原无异派水,菩提元路德山相见别峰云。'永佑殿后为法轮殿,左右山殿各三间等。法轮殿左右山殿西为戒坛,乾隆四十四年命照热河广安寺戒坛之式改建,方坛三层,每层各围石栏,用列佛像。东为药师坛,是年并改建,重楼上下各五楹,与戒坛相配。四十五年八月落成。法轮殿额曰'恒河筏喻',联曰'是色是空莲海慈航游六度,不生不灭香台慧镜启三明。'又曰'鬘云采护祥轮,锦轴光明辉万象;龙沼庆贻宝地,玉毫圆足聚三花。'戒坛内额曰'律持定慧',联曰'法启无边,共守真如愿力;律宗超最上,总持实相因缘。'东楼上额曰:'能仁普度。'联曰:'宝地偏沾功德润,香台恒拥吉祥花。'楼下额曰:'慈云应念。'联曰:'广一切善缘现庄严相;普如是功德发欢喜心。'法轮殿后为万福阁。东为永康阁。西为延宁阁。阁后为绥成殿等。

万福、永康、延宁三阁并峙，上有阁道相通，东向西向则别为配殿也，万福阁内，额曰'缘觉妙谛'，又曰'放大光明'，南向联曰'以不可思议说微妙法，具无量由旬作清净身。'北向联曰'说法万恒沙金轮妙转，观心一止水华海常涵。'西向联曰'丈六显金身非空非色，大千归宝所即境即心。'东向联曰'合大地成形非有为法，与众生同体作如是观。'中层檐前额曰'净域慧因。'下层檐前额曰'圆观并应。'联曰'慧日丽璇霄光明万象，法云垂玉宇安隐诸方。'永康阁联曰'慧日朗诸天圆辉宝相，吉云垂大地净扫尘根。'延宁阁联曰'狮座宝花拈来参妙谛，檀林法乳触处领真香。'[3]"

雍和宫整体布局为长方形，建筑主要有三座高大的牌楼和天王殿、雍和宫正殿、永佑殿、法轮殿、万福阁等五进大殿组成。雍和宫前半部疏朗开阔，后半部从昭泰门以北，建筑密集起伏，殿阁错落，飞檐宇脊纵横，和前半部形成鲜明的对照。

最后面的万福阁呈左中右三阁并列，万福阁居中，左右为永康阁、延绥阁，以飞阁复道跨空与主阁相联，造成复阁连属的天宫仙阁的气象，是我国早期佛教建筑的做法，在唐代壁画中可以看到，所以万福阁是一组可贵的建筑实例。万福阁外观三层，内部全为中空，供奉一尊 18 米高的弥勒佛站相。

8.关于建筑的经典文字轶闻。雍和宫的地形不符合"聚龙窝凤"的原则，原来它的地形是平坦的，可是在建造的时候却是将殿基垫高，形成南低北高的地势。雍和宫的建筑是以汉式风格为主，同时结合了藏族寺院中某种独特的建筑形式，就是在殿脊上建起天窗式的暗楼，又在暗楼脊上安设了"舍利宝塔"，这种舍利宝塔是西藏式的。雍和宫的建筑在汉族风格的宫殿上给戴了一顶藏式的帽子，体现了汉藏建筑艺术的交融。这种建筑样式并非乾隆朝首创，而是仿造故宫外西路明代建筑雨花阁的建筑样式。

参考文献

①孙大章：《中国古代建筑史》（五卷本）第五卷，中国建筑工业出版社，2002 年。
②《大清一统志》卷一。
③《钦定日下旧闻考》卷二一。

（三）志寺

一、卜奎清真寺

1.建筑所处位置。黑龙江省齐齐哈尔市建华区礼貌胡同 1 号。

2.建筑始建时间。清真寺分东、西寺两部分。东寺由伊斯兰教"格迪木"派穆斯林于清康熙二十三年（1684）建，西寺由伊斯兰教"哲赫林耶"派穆斯林于咸丰二年（1852）建。

3.最早的文字记载。"卜奎"为齐齐哈尔旧称[1]。清朝光绪三十一年（1905），卜奎清真寺成为黑龙江省第一个助学的社会团体，为此，光绪皇帝御赐该寺"急公好义"匾额一方。可能是保存至今的最早的文字。

4.建筑名称的来历。卜奎为齐齐哈尔旧称,故名。

5.建筑兴毁及修葺情况。清康熙时,为抗击沙俄的侵略,根据康熙皇帝的谕旨,作战基地设在齐齐哈尔一带,在马神庙附近设立卜奎驿站,并修筑齐齐哈尔城,从山东、河北移来戍边的回民在建城的当年(1684),盖起几间茅舍即为最初的东寺,1852年,甘肃十二家伊斯兰教徒放逐于齐齐哈尔,他们属于"哲赫林耶"教派,因其宗教仪式与"格迪木"派有别,于是另建西寺。东寺创建于康熙二十三年(1684),初始只是几间草房。在此基础上,嘉庆年间(1796—1819)重修大殿。咸丰元年(1851)、光绪十九年(1893),又先后进行了两次维修、重建和扩建才形成现在的规模。西寺建于咸丰二年(1852),原为4间草房。光绪二十年(1894)翻建。西寺建成后,东、西两寺合称清真寺,共占地6400平方米,建筑面积2000平方米。该清真寺早于卜奎建城七年草创,故有"先有清真寺,后有卜奎城"之说。该清真寺由最初的几间草房逐步修建扩大。2006年被列为国家重点文物保护单位[2]。

6.建筑设计师及捐资情况。当地穆斯林教徒集资。

7.建筑特征及其原创意义。该寺分东、西两区。东、西寺布局相似,均为宫殿式砖木结构。西寺毁坏较严重。东寺保存较完好。主体建筑由大殿(礼拜殿)、窑殿、拱廊组成。附属建筑有门楼、对厅、教长室、讲经堂、沐浴室、殡葬室等。东寺大殿374平方米,西寺大殿173平方米,共可容纳450人朝拜。大殿坐西朝东,殿前为宽阔巷棚式庑廊,飞檐彩椽相接,数重龙爪菊似的斗拱由6根大红柱衬托,正门上悬挂阿拉伯文"太斯米"横匾,左题有"急公好义"匾额一方,20扇活页门雕刻着琴棋书画、四季花卉和精美花纹,大殿内两面山墙上装饰着砖雕。密殿由塔基、塔身、塔顶组成。东寺窑殿为3层方形塔式,正面石雕上刻"天房捷镜"4个金字,中间一层通体砖雕,图案为柱形、齿形、回纹形,每面还有9个圆形砖雕,上刻阿拉伯文的圣主名字和圣形。塔顶莲花座上镶有高1.9米、直径0.9米的镀金铜质葫芦,葫芦顶上有40厘米长月牙状装饰物,为伊斯兰教"变月涵星"的象征,这种莲花、葫芦和新月在一起的清真建筑在全国极为鲜见。西寺窑殿为2层,塔顶砖雕莲花座上镶有高1米、直径0.5米的六棱形中为半圆、下为碗状的锡制装饰物。属于清代清真寺的风格。

参考文献

① (清)西清:《黑龙江外纪》。

② 国家文物事业管理局:《中国名胜辞典》,上海辞书出版社,2006年。

二、归元禅寺

1.建筑所处位置。武汉市汉阳区翠微路西端、汉阳钟家村。

2.建筑始建时间。清顺治十五年(1658)。

3.最早的文字记载。"归元寺在汉阳县西二里,本朝顺治中建。[1]"另有《归元寺藏经阁记》、《汉阳归元寺地藏殿记》、《重修归元寺大雄宝殿暨念佛堂碑记》[2]。

4.建筑名称的来历。"归元"二字出自佛经《楞严经》:"归元无二路,方便有多门",意指万法归一,方便于人的门道很多。在佛教中,归元寺属于曹洞宗(该宗系禅宗五家七宗之一),故又称归元禅寺。

5.建筑兴毁及修葺情况。归元禅寺创建于清顺治十五年(1658),康熙年间(1662—1722),道光年间(1821—1850)重建。后因战乱被毁,寺庙仅存殿堂,重建于同治三年(1864),光绪二十一年(1895)以及民国初年、1972年维修[3]。

6.建筑设计师及捐资情况。创始者为浙江僧人释白光主峰。历代僧侣及信徒如民国总统黎元洪等多捐资修复。寺内现存有清朝道光皇帝赐给释白光德明主峰德昆的玉玺。为岫玉雕刻,通体呈墨绿色,高约12厘米,长宽各为8厘米左右,上面是一头睡狮,下面是玺台。玉玺印面上刻有"钦赐归元禅寺传曹洞三十一世白光主峰祖师印"文字。

7.建筑特征及其原创意义。寺内林木苍郁葱茏,与巍峨的殿阁建筑协调一致。整座寺庙分东、南、西、北、中五个庭院,现存殿堂楼阁二十八栋,俯看平面布局似"袈裟"形状。走进该寺门楼是一处庭院,由庭院进入山门,黄色门墙上书"归元禅阁"四字。迈过山门,便进入归元寺内院。院内由云墙分割成为北院、中院和南院三个各具特色的院落。大雄宝殿、藏经阁和罗汉堂分别组成三个院落的主题建筑群,通过两个圆洞门把院落和建筑群融为一体。山门内便是中院(即正院),只见左右耸立钟鼓二楼,正门上有一块红底匾额,上书"归元古刹"四个金字。门两旁有对联一副:"大别临江侍,江城荷日朝。"门两厢花坛种有海桐、夹竹桃等绿叶红花植物,与粉墙映衬,色彩鲜丽。门前有座用石栏围圈的长方形水池,为观鱼池。池中立有掇石假山,绿叶红莲,金鱼穿梭其间。观鱼池的北面,过翠微妙境圆门,便是北院。院内梅花、玉兰、紫薇、桂花、笔柏和棕榈等花木,红绿相映,五彩缤纷。院内有翠微山、翠微泉、翠微古池和翠微一亭、二亭、三亭。与北院形成对景的是南院,南院洞门题额"法相庄严"。虽不及北院场地广阔,也是一处引人入胜的院落。

8.关于建筑的经典文字轶闻。归元寺藏经阁里收藏的佛经有:影印本宋刻《碛砂藏》一部,清代《龙藏》一部,清末民初上海印《频伽藏》一部。另外还有两件珍品:一是清光绪元年(1875),湖南衡山69岁老人李舜千书写的"佛"字(由《金刚经》和《心经》内容组成的书法精品)。李氏所书"佛"字是在长宽不超过6寸的纸上所写的《金刚经》和《心经》,原文共5424个字。每个字只有芝麻大,肉眼分辨不清。用30倍放大镜看,笔力挺秀,是书法珍品。合成一个佛字。另一件是武昌僧人妙荣和尚刺血调和金粉抄成的《华严经》和《法华经》,字体娟秀,堪称精品。

归元寺五百罗汉是湖北黄陂区王氏父子用九年时间塑成的。黄陂至今是湖北的雕塑之乡,有悠久的泥塑历史传统,技艺娴熟,艺人辈出。据《归元丛林罗汉碑记》,归元寺的五百罗汉,是以南岳衡山祝圣寺的五百罗汉石刻拓本为依据,进行加工提炼,创造而成的。工艺上采用"脱胎漆塑",又称"金身托沙塑像"。先用泥胎塑成模型,然后用葛布生漆逐层粘贴套塑,称为漆布空塑,最后饰以金粉。它的特点是抗潮湿,防虫蛀,经久不变。两百年间罗汉堂几次受水灾侵袭,罗汉满堂漂,但水退后罗汉仍完好无损,可见雕塑工艺之高超。中国汉地佛教尊崇五百罗汉是从五代时开始的。当时,吴越王钱氏在天台山方广寺造五百铜罗汉。显德元年(954),道潜禅师得吴越钱忠懿王的允许,在杭州净慈寺创建了五百罗汉堂。宋太宗雍熙二年(985),造罗汉像五百一十六身(十六罗汉与五百罗汉),奉安于天台山寿昌寺,从此各地大寺院多建五百罗汉堂。关于五百罗汉的名号,五代时《复斋碑录》有关于天台山石桥寺五百罗汉的名号,今已不存。另有宋绍兴四年(1134)工部郎高道素所录江阴军《乾明院五百罗汉尊号碑》,将五百罗汉一一起名造姓。佛教研究者认为,碑中所举五百罗汉的名号毫无典据,是宋人附会之谈而已。但此后,凡寺院建五百罗汉堂,皆援用其名。

参考文献

①《大清一统志》卷二六一。

②《归元寺志》,湖北人民出版社2008年。

③罗哲文、刘文渊、韩桂艳:《中国名寺》,百花文艺出版社,2002年。

三、清真大寺

1.建筑所处位置。天津市红桥区西北角小伙巷大街前 8 号。

2.建筑始建时间。关于该清真寺创建的年代,有不同的说法,一说为明代[①],一说为清顺治元年(1644),嘉庆六年(1801)重修,翌年冬竣工[②]。

3.最早的文字记载。《本原共溯》匾额上的跋文记载"封翁石义广以寺狭且朽宜修,首先捐助,众乡老有余者捐资,不足者出力,兼有人力钱力并出者,莫不鼓舞从事,七年冬工程始竣。[③]"

4.建筑名称的来历。因规模大于市内其他的清真寺,故又称清真大寺[④]。

5.建筑兴毁及修葺情况。清真大寺始建于明代,清康熙十八年(1679)曾进行扩建,礼拜殿加大到 30 余间。嘉庆六年(1801)第二次扩建。以后,又进行多次续建工程。咸丰二年(1852),建石制群廊护台和 300 余平方米沐浴室。同治四年(1865)建两个亭式楼阁和北南二道门楼、光绪三十一年(1905)于大门对面修建了高大照壁。宣统元年(1909)在礼拜殿前院内两侧各建一座石碑。解放以后,于 1960 年曾进行过一次较大修缮。1979 年,全面贯彻落实宗教信仰自由政策,恢复开放清真大寺,再次明确清真大寺为市级重点文物保护单位,政府拨款 40 余万元,将该寺修葺一新,使这座古建筑重放异彩[⑤]。

6.建筑设计师及捐资情况。石义广带头捐助,众乡老有余者捐资,不足者出力,兼有人力钱力并出者[⑥]。

7.建筑特征及其原创意义。寺前隔街有砖照壁,大门三间,门内有左右厢房各三间,对门设礼拜殿,大殿分为三部分勾连在一起,前为卷棚,作为殿前的敞厅,并附建有宽大的月台。中为内殿,为单檐庑殿,顶两侧山墙配有腰檐。后窑殿较内殿的面阔加宽,两侧各伸出一间。最有趣的是后窑殿的屋顶是在四坡水的屋顶上加盖了五座攒尖亭式顶,两侧四座为重檐六角亭,正中为重檐八角亭。五亭一字排开,高低参差,屋面坡陡,翼角高翘,有冲天挺拔之感[⑦]。

礼拜殿建筑面积 890 平方米,前厦 110 平方米,共计 1000 平方米,能容纳千人做礼拜[⑧]。殿内金碧辉煌,装饰典雅,彩绘精致,是天津市保存最完好的宫殿式伊斯兰教建筑群,历来是天津伊斯兰教徒的活动中心。

8.关于建筑的经典文字轶闻。寺北二门楼上镶嵌砖雕精品一组,为砖刻名家马少清生前所作。

参考文献

①⑤⑧路秉杰、张广林:《中国伊斯兰教建筑》,上海三联出版社,2005 年。

②张文江:《古寺今逢新岁月　春来更有好花枝——记天津清真大寺》,《中国宗教》,2006 年第 1 期。

③⑥《本源共溯》匾额上的跋文记载。

④来新夏、章用秀:《天津的园林古迹》,天津古籍出版社。

⑦孙大章:《中国古代建筑史》(五卷本)第五卷,中国建筑工业出版社,2002 年。

四、五当召

1.建筑所处位置。内蒙古自治区包头市东北约 70 千米的五当沟内。

2.建筑始建时间。清乾隆十四年(1749)[①]。

3.最早的文字记载。"广觉寺,在萨拉齐厅西五当沟内,班第达呼图克图居住寺内。②"

4.建筑名称的来历。原名巴达嘎尔庙,藏语巴达嘎尔意为"白莲花"。蒙古语五当,意为"柳树",召为汉语"庙宇"的意思。因庙前峡谷柳树繁茂,故称五当召,而整座寺庙为白色建筑。故在藏语中称其为白莲花。乾隆二十一年(1756)由乾隆皇帝赐名广觉寺。

5.建筑兴毁及修葺情况。五当召的活佛是清代驻京八大呼图克图之一,称"额尔德尼·莫日根·洞科尔·班智达",名望及地位均相当之高。第一世活佛本名罗桑坚赞,法名阿旺曲日莫,诞生于土默部。自幼聪慧过人,酷爱各种书籍。他曾去多伦诺尔汇宗寺向甘珠尔瓦呼图克图学经,几年后,呼图克图又送他入藏深造。他在西藏留学期间,以优异成绩获得了哲蚌寺拉然巴学位。从西藏返回内蒙古后,他的经师甘珠尔瓦呼图克图将他升为多伦诺尔汇宗寺喇嘛。康熙五十九年(1720),他应聘进京参加蒙文《甘珠尔经》的编译工作。乾隆十四年(1749),经章嘉、锡埒图、济隆等驻京呼图克图们的许可,在五当沟动工修建了一座寺庙,即现在的洞科尔殿,也就是时轮大殿。这是五当召有据可考的最早的大型建筑,也是五当召四大学部之一的洞科尔扎仓(时轮学部大殿)。因为第一代活佛学问最深,通达五明,对时轮学尤为擅长,清廷封他为"洞科尔·班智达"即"时轮学大学者"的意思,时轮学部以专门研究天文、历法、数学和占卜为主。乾隆十五年(1750),在洞科尔殿的西侧建造了一座两层楼的殿堂称为"当圪希德殿",供奉众金刚,故亦称金刚殿。乾隆十九年(1754),章嘉国师若比多吉(1717—1786)转呈清廷理藩院请赐寺名,清廷钦赐满、蒙、汉、藏四体文字的"广觉寺"匾额。第二年(1755)建造了五当召最主要的建筑——苏古沁殿(大经堂)。

乾隆二十八年(1763),第一代活佛阿旺曲日莫在五当圆寂③。光绪三十一年(1905)五当召因地震倒塌。光绪三十四年(1908)重修,成今日之规模。五当召的活佛共转世七代,最末一代活佛于1955年病故。此后五当召再也没有条件请回活佛了。

6.建筑设计师及捐资情况。由第一世活佛罗布桑加拉措按照从西藏带回来的建筑图样建造的④。

7.建筑特征及其原创意义。五当召(广觉寺)的主体建筑,现由六大经堂、三座活佛府、一幢安放本召历世活佛舍利塔的灵堂以及九十四栋(共两千余间,现存四十余栋)喇嘛住宿的白色藏式小土楼组成,占地三百多亩⑤。建筑物外墙洁白方整,开有深暗的柱廊和窗洞,屋顶为平板式四方形。

五当召主要建筑坐落在山谷内一处凸出的山坡上,包括苏古沁独宫、洞阔尔独宫、当圪希独宫、却衣林独宫、阿会独宫、日木伦独宫、甘珠尔府、章嘉府、苏波尔盖陵等,两侧还有一座座喇嘛居住的房舍。鼎盛时期庙内喇嘛有一千多人。苏古沁独宫坐落全庙的最前部,是举行全体集会诵经的场所。宫内陈设富丽堂皇,经堂内的立柱全用龙纹的栽绒毛毯包裹,地上满铺地毯,墙壁绘有彩色壁书,后厅及二、三层内供奉释迦牟尼、宗喀巴及历代佛师。在苏古沁独宫西面与其并列的却衣林独宫,是讲授佛教教义的地方,殿内的十公尺高释迦牟尼铜像是全召最大的铜铸佛像。高踞这两宫之上的,是洞阔尔独宫,是讲授天文、地理的场所,门楣上悬挂着用汉、满、蒙、藏四种文字书写的"广觉寺"匾额,宫前有讲经台,是喇嘛学经和口试之处。阿会独宫位于山坡最高处,是传授医学的学部。日木伦独宫为教义学部,专门传授喇嘛历史、教义、教规。宫即殿。

8.关于建筑的经典文字轶闻。关于寺庙的创建,在《洞阔尔·班第达一世活佛传》中有一段记载:"他承担起创建寺庙的重任,与席勒图活佛、章嘉活佛、吉隆活佛共同绘制了吉忽伦图、恰素太、扎拉等三处地方的地形和方位的图纸,去北京审定。席勒图、章嘉、吉隆三位活佛都叙述各自的梦境预兆。虽然梦境各异,也颇合罗布森扎拉森意愿,故商定在吉忽伦图山之阳创建寺庙。寺庙建成后,便成为寺主——一世活佛额尔德尼·莫日根·音库尔·班第达·呼图克图。⑥"

参考文献

①⑤宫学宁:《内蒙古藏传佛教格鲁派寺庙——五当召研究》,西安建筑科技大学学位论文,2003年。

②(清)罗石麟等监修:《山西通志》。

③杨贵明、马吉祥编译:《藏传佛教高僧传略》,青海人民出版社,1992年。

④孙大章:《中国古代建筑史》五卷本(第五卷),中国建筑工业出版社,2002年。

⑥翁斯德·公格撰述,呼和巴雅尔编译:《洞阔尔·班第达一世活佛传》。

五、敏珠林寺

1.建筑所处位置。西藏自治区扎囊县扎囊河以东的扎朗区。

2.建筑始建时间。清康熙九年(1670)①。

3.最早的文字记载。"扎巴恩协(即札巴烘协)的转世为多安林巴,他的转世为法主德达林巴,德达本名居美多吉,又建邬坚敏珠林寺……可惜为时不久,准噶尔率兵入藏,宁玛四(按即多吉札寺、邬坚敏珠林寺、尊圣寺)全部被毁……邬坚寺的达摩寺利译师……皆无故被害……此后不久,多吉札与邬坚敏珠林二寺逐渐恢复旧观。②"

4.建筑名称的来历。敏珠林寺意为汉语"成熟解脱洲"。

5.建筑兴毁及修葺情况。清康熙五十七年(1718)准噶尔袭扰西藏,敏珠林遭劫被毁,后总理藏政颇罗鼐重修③。

6.建筑设计师及捐资情况。由宁玛派的一位伏藏大师德达林巴·吉美多杰创建;颇罗鼐作为朝廷驻藏大臣自然也参与其事。

7.建筑特征及其原创意义。寺院坐西朝东,四面群山环抱,山清水秀,环境十分优美。敏珠林寺建筑规模较大,面积约10万多平方米。由祖拉康、曲果伦布拉康、堆对曲登塔、桑俄颇章、朗杰颇章等大小建筑组成。主殿祖拉康及杜康的平面和空间组合及结构用材等均与黄教的扎仓相同,说明黄教宗教文化在西藏的影响力。该寺仅主殿朝东,殿内壁画以暖色为底色,人物形象多有文鼻、深眼、卷发等域外风格是为其特色④。

8.关于建筑的经典文字轶闻。寺主由父子(或翁婿)相承,寺僧以注重书法著称⑤。

参考文献

①③陈耀东:《中国藏族建筑》,中国建筑工业出版社,2007年。

②土观·罗桑却季尼玛著,刘立千译注:《土观宗派源流》,西藏人民出版社,1999年。

④孙大章:《中国古代建筑史》五卷本(第五卷),中国建筑工业出版社,2002年。

⑤任宝根、杨光文:《中国宗教名胜》,四川人民出版社,1989年。

六、拉卜楞寺

1.建筑所处位置。甘肃省甘南藏族自治州夏河县(拉卜楞镇)县城西边约1千米处。

2.建筑始建时间。清康熙四十八年(1709)①。

3.最早的文字记载。王辅仁著《西藏佛教史略》以及苗滋树、李耕编著《拉卜楞寺概况》②。

4.建筑名称的来历。"拉卜楞",是藏语"拉章"的译音,意即佛宫。

5.建筑兴毁及修葺情况。经历代寺主嘉木样活佛和广大僧众的开发,已成为包括

图 13-3-1 甘肃夏河县拉卜楞寺

显、密二宗，有闻思、续部下、续部上、医学、时轮、喜金刚六大学院，108 个属寺和八大教区的大型寺院。是西藏以外，藏传佛教格鲁派的又一中心，朝圣者终年不断，最盛时寺内僧侣达 4000 人。1980 年拉卜楞寺对外开放，1982 年列为全国重点文物保护单位。

6.建筑设计师及捐资情况。第一世嘉木样活佛于藏历图牛年（1709）利用宗喀巴建立拉萨甘旦寺 300 周年的纪念会机会，为在甘南择吉建寺，遣弟子作了吉祥长净仪式，作为建寺开始。翌年，选定扎西曲滩为寺地址，嘉木样大师亲率弟子举行了隆重的建寺奠基，参加僧俗达万余人。金兔年（1711）三月，河南亲王派卡加六族运输木料，其他部落出差役，正式动工修建寺院。首先修建了 80 根柱子的大经堂一座，于同年秋竣工。木马年（1714）建成大囊让，火猴年（1716）建成下密宗经院。此即为格鲁派六大丛林之一的拉卜楞寺。金鼠年（1720）康熙皇帝册封嘉木样大寺为"护法禅寺师班智达额尔德尼诺门汗"，颁赐金敕金印③。

7. 建筑特征及其原创意义。该寺占地 1234 亩，佛宫 30 院，经论房 500 间，僧舍 500 多间。建筑风格有藏式，汉式，汉藏结合式三种，藏式建筑系当地土石，茼麻，木材砌筑而成，体现了"外不见木，内不见石"的建筑特征④。

图 13-3-2 甘肃夏河县拉卜楞寺扎仓的拉康

拉卜楞寺的佛殿、扎仓等主要建筑的布局、空间处理、门窗、色彩以致细部装饰等，均采用藏族传统的造型、用材及结构做法，同时也较多地使用歇山式瓦顶及金顶。但活佛公署及僧舍等布局，则采用当地常见的汉、回民居院落式，土墙平顶；外檐装修多用木制棂花格扇门窗。不少活佛公署内部除用木雕彩绘外，还大量使用西北地区流行的砖雕，说明甘南地区的藏传佛寺已经受到地域及民族文化的影响。但因体量大的佛殿、扎仓等主要建筑，仍采用藏式做法，而又处于寺内高敞显眼处，所以总体看来，全寺仍为藏式建筑风格⑤。

8.关于建筑的经典文字轶闻。每年有七次规模较大的法会，以正月毛兰姆法会、七月柔扎法会和九月时轮法会规模最大，最为隆重。拉卜楞寺与西藏的哲蚌寺、色拉寺、甘丹寺、扎什伦布寺、青海的塔尔寺合称我国喇嘛教格鲁派（黄教）六大寺院。

参考文献

①罗哲文：《中国著名佛教寺庙》，中国城市出版社，1996 年。

②③杨贵明、马吉祥编译：《藏传佛教高僧传略》，青海人民出版社 1990 年。

④傅润三：《漫谈寺院文化》，宗教文化出版社，1999年。

⑤孙大章：《中国古代建筑史》五卷本（第五卷），中国建筑工业出版社，2002年。

七、艾提尕清真寺

1.建筑所处位置。新疆维吾尔自治区喀什市中心的艾提尕广场西侧。

2.建筑始建时间。关于始建时间共有三说：一说"相传始建于1798年，中间经多次修建，直到1838年才形成今日规模"①；一说"1524年米尔扎阿巴伯克尔扩建为大寺，1788年又加扩建……1804年又修建房屋、水池、栽植树木，1835年由喀什首长罕日丁特别大修，1874年阿古柏进一步扩建"；②一说为明正统七年（1442）③。

3.最早的文字记载。艾提尕大清真寺修建的最初年代，是东察合台汗国的杜格拉特部族首领赛亦德·阿里统治喀什噶尔的时期（1435—1458）；据《拉失德史》④中说："喀什噶尔的许多宗教建筑物和慈善事业都是这位艾米尔（即首领）创立的。"艾提尕寺可能就是其中之一。

4.建筑名称的来历。这里既是宗教圣地，又是节日喜庆的场所，"艾提尕"的意思是"节日礼拜与集会之所"、同时"艾提尕"又有全新疆最大的伊斯兰教礼拜寺的意思⑤。

5.建筑兴毁及修葺情况。相传1442年前后，赛亦德·阿里的长子桑尼斯·米尔扎（当地人称萨克斯孜·米尔扎，即后来建立喀什噶尔汗国的阿巴拜克日的生父），为了给自己亡故的祖先做祈祷，在乃父的大力支持下，在今寺礼拜殿的位置上，建起了一座不算很大的清真寺，这便是今日艾提尕大清真寺的雏形了。当时，寺址所在地还是苇草丛生的一片坟地，表面上不大起眼，但却以安葬喀什噶尔历代王公贵族和著名宗教人士而闻名，号称"阿勒吞鲁克"——黄金墓地。新疆穆斯林圣贤的墓地——麻扎，往往同时就是宗教活动的重要场所，在这里兴修礼拜寺是很正常的事。

1538年（回历944年），叶尔羌汗国时期的喀什噶尔总督吾布里哈德尔伯克，为了报答其叔父米尔扎·艾则孜外里生前对自己的恩德，就将原来仅能做日常礼拜的小清真寺，扩建为能在"居玛日"做礼拜的中等清真寺——也叫做"加储"。（据《大霍加传》）1787年（回历1201年），今疏勒县罕南力克乡的一名叫祖鲁裴叶海尼姆的维吾尔族妇女，是一个拥有200个女仆的女巴依（财主），她用女仆们日夜织布所卖的金钱作路费，打算前往阿拉伯麦加城朝圣，路经伊朗时波斯人正在内战，没奈何只好返回。为了补偿没有了结的心愿，她慷慨解囊取出没用尽的路费，再度扩建了该寺，并在喀什噶尔城南部的阳合太克里村，一下购置了3000亩地，捐献给寺院当"瓦合甫"地。自此寺院有了常年管理人员和修缮经费。这时，这座清真寺大概已经是很有些名气了。1798年，又有一个名叫古丽拉米娜的外地女穆斯林，前往巴基斯坦路上，途经喀什噶尔后病故，其亲属遵照遗嘱用她所携资财，拓展旧寺与门前空场，规模已是大备，清真寺级别也够得上头等，于是正式定名为"艾提尕"。

1870年，正是中亚浩罕入侵者阿古柏统治时期，为了加强宗教控制，他在各地广修麻扎和清真寺，喀什噶尔的艾提尕清真寺是他最重视的宗教建筑之一。他曾调集大批民工和巧匠，在寺前改修成了我们今天所见到的寺门塔楼，同时还在庭园内的东、北、南三侧，修起了24栋72室的经文教堂，可供400名"塔里甫"（宗教学员）居住学经；庭园东北角上，又建了一座可供百余人净身的浴室。此时艾提尕大清真寺的现有规模已完全形成，寺院的宗教活动达到全盛时期。

据史料记载，阿古柏扩建翻新艾提尕大清真寺，前后用了整整3年时间，至1872年底才全部竣工,不知耗费了多少人力和钱财。

以后历年间,又在寺内局部改建并不断修缮。1955 年新疆维吾尔自治区成立时,曾由政府拨专款进行过全面加固维修。十一届三中全会后,党的民族、宗教政策进一步落实,从 1980 年至今,国家每年都要拨付专款,用于寺院修缮、补建和管理。

1902 年 8 月 22 日上午,历史记载中新疆最大的一次地震在喀什爆发,震区裂度超过 10 度,持续了 1 分半钟,房屋倒塌近万间。艾提尕大清真寺前的寺门塔楼严重损坏,左右两侧塔柱上的"邦克"也落地,墙体裂开大缝。余震连续两年方止。1904 年,喀什富商吐尔地巴依和克力木巴依兄弟俩。带头捐资,各界穆斯林纷纷解囊相助,清朝驻喀官府出面组织民工,重又修复了倒塌的寺门塔楼⑥。2001 年列为全国重点文物保护单位。

6.建筑设计师及捐资情况。吾布里哈德尔伯克、祖鲁裴叶海尼姆、罕日丁、阿古柏。

7.建筑特征及其原创意义。礼拜寺总平面呈不规则方形,坐西朝东,布局无明显对称轴线关系。寺门位于东部偏南处,为一穹隆顶建筑,两侧挟持着 10 余米高的塔楼。进门右绕有通路直通礼拜殿,院内遍植白杨树,并有两座涝坝(水池),绿荫蔽院,环境自然宜人。礼拜殿为一横长的建筑,是典型的维吾尔族礼拜殿的形制,全长 140 米,38 间,进深 15 米,4 间,是国内最长的建筑,重要节日礼拜殿内外可同时容纳六七千人。大殿分内外两殿,内殿面阔 10 间,有砖墙围护,供冬季礼拜之用;外殿为敞口厅形式,采用梁柱密肋式平顶构架,全部为露明的廊柱、油饰绿色,柱上托替木纵梁,交搭密集的楞木,油饰成为白色。为避免呆板和重点突出,在大殿中部内殿前做抱厦四间,深三间,在抱厦中部减去若干柱子,使天花板上形成一块藻井,以木条浮嵌出各式几何形图像,格间填饰彩绘。内殿入口的券门以彩色石膏花饰装饰,有万字纹、套八方、花叶纹、半团花等纹样。花纹密集,疏密相间,底色填以红、兰、绿、橙、白等色,表现华贵、跳动、纤柔的艺术特色,饰伊斯兰教特定的装饰风格。这座礼拜寺的木柱甚高,比例细长,开间与柱高比例为 1:1.45,冬季阳光可直射到厚墙,虽然殿内木柱达 140 余根,但并不觉闭塞。寺院左右各有厢房 20 余间,为阿訇、教师、学生的居住之所⑦。

参考文献

①孙大章、喻维国:《中国美术全集·建筑艺术篇·宗教建筑》,中国建筑工业出版社,1988 年。

②中国建筑科学研究院:《中国古建筑》,中国建筑工业出版社,1983 年。

③路秉杰、张广林:《中国伊斯兰教建筑》,上海三联出版社,2005 年。

④米尔扎·穆罕默德·海达尔著,新疆社科院历史所译:《拉失德史》,新疆人民出版社,1985 年汉译本。

⑤⑥喀什市地方志编委会:《喀什市志》,新疆人民出版社,2002 年。

⑦孙大章:《中国古代建筑史》五卷本(第五卷),中国建筑工业出版社,2002 年。

八、回族大寺

1.建筑所处位置。新疆维吾尔自治区伊宁市新华东路南侧。

2.建筑始建时间。清乾隆二十五年(1760)①。

3.最早的文字记载。"掌教人吴之科,肖成拍、众乡老马代、马霞、马登魁、杨宗成、周玉、李坤带领下,费银八百三十两,历时二十年,两次修成。"(见现存于寺内一幅匾额)

4.建筑名称的来历。回族大寺在历史上曾冠以多种名称,在寺院落成后曾称"宁固寺",取永固安宁之意。18 世纪末,回族大寺的西部和西北两侧相继修建了维吾尔族、乌孜别克族、塔塔尔族做礼拜的寺院。从高处俯瞰,这几座寺院构成了一只凤凰图形,回族大寺是其头部,因此称为"凤凰寺"。后来又称陕西大寺,主要是因为原籍陕西、甘肃的回民来此寺做礼拜的甚多。该寺之被称为回族大寺,是因为该寺执教人都是回族穆斯林,它又是回族教民礼拜的集聚地,故最后定名为回族大寺。

5.建筑兴毁及修葺情况。乾隆四十六年(1781)完成。

6.建筑设计师及捐资情况。掌教人吴之科,肖成拍、众乡老马代、马霞、马登魁、杨宗成、周玉、李坤。

7.建筑特征及其原创意义。伊犁回族大寺原建筑面积约6000平方米,现存3000多平方米,整个建筑采用中国古典宫殿式造型,又兼有阿拉伯伊斯兰教风格,形成中国式的伊斯兰教建筑。寺门两侧有旁门,各有双重八字影壁,大门内矗立着一座3层的邦克楼。礼拜殿面积600多平方米,分外殿、中殿、后殿,共42间,可容1000多人礼拜。3个屋顶为勾连搭结构。后殿外形是4层八角的攒亭式建筑,内部是穹窿结构。窑殿前壁上雕刻有阿拉伯文的"清真言",两侧旁均刻有《古兰经》经文,并各有雕花窗棂和门扇。殿两门内壁上刻有《古兰经》,右门外壁上刻"认主独尊",左门外壁上刻"赞主清净"。中殿与后殿、外殿均有玻璃窗隔开。礼拜殿北、东两面均建有讲经堂。大寺从正门到礼拜殿及两侧讲堂,都是檐廊阁式结构,形成较为完整的建筑群体,布局合理,气势雄伟,是西北边陲著名清真寺[2]。

8.关于建筑的经典文字轶闻。据传,当初修建大寺时,当地衙门允许乡老到内地写"乜贴",并从关内延聘建筑师来到祖国边疆的西大门修建了这座中国宫殿式的清真寺。这不仅是一件宗教事业,同时,也标志着伊犁地区是祖国不可分割的领土。

参考文献

①路秉杰、张广林:《中国伊斯兰教建筑》,上海三联出版社,2005年。

②中国建筑科学研究院:《中国古建筑》,中国建筑工业出版社,1983年。

九、龙山寺

1.建筑所处位置。台湾省中部彰化县的港口城市鹿港金门街81号。

2.建筑始建时间。清乾隆五十一年(1786)[1]。

3.最早的文字记载。寺内有道光九年(1829)重修题记。大殿曾于咸丰八年(1858)重修,有题记。山门内的石狮有嘉庆三年(1798)的铭文[2]。

4.建筑名称的来历。台湾之龙山寺,系福建泉州晋江龙山寺之因借,以为闽人来台之心神凝聚处所。

5. 建筑兴毁及修葺情况。由台湾省佛教开山祖肇善禅师所建,清乾隆五十一年(1786),由泉州陈邦光君偕郡人迁建现址,建设过程曾"遇警中止",一直到道光十一年(1831)才告竣事[2]。咸丰二年(1852)由船户泰顺号捐资,将拜殿前木柱易为石柱及龙柱,八年再由泉厦八郊集资修建庙宇。民国12年(1923)后殿失火烧毁,27年重建,并修山门、中门及正殿完成。1958—1965年间,曾进行油漆及戏台木柱抽换为水泥柱等修缮工作。1974年由东海大学孙全文讲师负责修建两厢。1983年正式指定为第一级古迹,1986年开始修复工作,1991年完成[3]。

6.建筑设计师及捐资情况。肇善禅师、陈邦光、闽粤名匠。

7.建筑特征及其原创意义。鹿港龙山寺坐东面西,占地1600平方米,共有99个门,规模宏大,气宇轩昂。该寺建材如砖石、福杉等皆由泉州批运,并以巨资延聘闽粤名匠来台兴建;全寺占地1600余坪。龙山寺的格局是四进三院,山门前及后殿均有庭园空间,长宽之比例约为3:1,面宽约35公尺,进深之长约115公尺,院落极富特色[4]。

整个庙宇分为前殿、中殿和后殿。前殿分为午门及殿台,午门也叫山门,山门的特色是高而窄,尊贵气派;殿台也叫三川殿,其屋脊采用了中央高耸、两翼递降的三川脊式,尾脊似燕尾翘首,和谐典雅;中殿也就是正殿,供奉着观音菩萨像,旁边有十八罗汉,中殿共有 40 根柱子,浩大的气势在台湾古建筑中可谓独树一帜。

鹿港龙山寺中庭的戏亭,是寺内最具特色的建筑。戏亭的精华是上部的八角藻井,它是台湾现存最古老、跨度最大的藻井。藻井共分五层,当中有金龙盘绕,斗拱上有精致的山水、人物、花鸟画面,美妙绝伦。鹿港龙山寺被誉为台湾省最美的古建筑,素有"台湾紫禁城"之称。寺庙的石柱、石门及石壁上雕梁画栋,简单的材料被能工巧匠们赋予了灵气,这里的每一个构图都取自于禅宗经典或民间传说而作,雕工精美、古朴雄浑,特别是前殿的龙柱,生动活泼,栩栩如生。鹿港龙山寺的梁柱、门窗、神笼、天花等,也都被饰以细致的雕刻和彩绘。这叫太极雕窗,采用的是两面透雕的手法,中间的两条鱼喻示太极两仪,四条小龙表示四相,八边形隐喻八卦,另有四只蝙蝠是"赐福"的意思。

8.关于建筑的经典文字轶闻。龙山寺格局宏伟,雕刻精致,公认是台湾省现存最佳的清代传统建筑,有台湾省紫禁城之称,列为第一级古迹,为台湾省三大古刹之首。

历来评价极高,但台湾学者李乾朗在充分肯定龙山寺的经典性前提下,指出该寺建筑设计"唯一需要斟酌的是拜殿太宽,(为三开间)挡住了正殿的翼角出檐。因此当观者由五门戏台看出去时,无法得到一个歇山重檐正殿应有的整体独立形态。[5]"

参考文献

①⑤李乾朗:《台湾建筑史》,(台)雄狮美术,1979 年。

②王兰佩:《重修龙山寺碑》。

③汉光建筑师事务所主持:《鹿港龙山寺修复工程记录与研究工作报告书》,1994年。

④罗哲文:《鹿港龙山寺》,《古建园林技术》,1998 年第 1 期。

(四)志教堂

一、望海楼教堂

1.建筑所处位置。天津市三岔口一带海河北岸。

2.建筑始建时间。光绪二十二年(1896)。

3.最早的文字记载。"望海楼在河北望海寺前"[1];"三岔河口,北运河北岸望海寺前,登楼便可望海,故称胜境,今为西人于此建天主教堂矣。[2]"

4.建筑名称的来历。同治元年(1862),清政府被迫将望海楼及其西侧的崇禧共 15 亩土地租给法国。法国传教士拆毁了望海楼和崇禧,于同治八年(1869)由教士谢福音主持修建了天津第一座天主教堂——圣母得胜堂。但是,这个洋教堂不为群众所认可,人们仍然习惯地称这个地方为望海楼。通常说的望海楼教堂,指的就是望海楼地方的教堂[3]。

5.建筑兴毁及修葺情况。"海河楼在三岔河口北岸,崇禧东。乾隆三十八年(1773)建,御题'海河楼'榜字赐之,每次巡幸津沽行香各庙,于此为进茶膳之所。有房一百五十二间,亭池台榭略备,层楼峻矗,俯瞰流波,尤据形势之胜。嘉庆(1796—1819)以后銮辂弗莅,栋宇失修,遂致荒圮。咸丰之末(1860)外兵入境,以之界与法人,为天主教堂,就地起洋楼,一仍旧址,故居人犹以'河楼'呼之。同治九年(1870)教案猝起,楼已被毁,危壁独存,后以地让还,欲改医院善堂而未果,空闲二十年之久。光绪庚子(1900)议和,仍为法人所有。今岿然河上者,聿复旧观矣。④"

清同治八年(1869)由法国天主教会建,次年因发生"天津教案",于 6 月 21 日被群众烧毁。1897 年帝国主义分子用清政府赔款重建,1900 年义和团运动中第二次被烧毁,现存的望海楼教堂,是光绪三十年(1904)第三次重修的。1976 年 7 月唐山大地震时又严重损坏,1983 年修复,1988 年列为全国重点文物保护单位。

6.建筑设计师及捐资情况。法国传教士谢福音主持,用清政府赔款修建。

7.建筑特征及其原创意义。现在看到的望海楼天主堂,是 1904 年使用"庚子赔款"第三次修建的,建筑仍然仿照原来格局,只是在原堂身的基础上加长加宽,平面呈长方形。教堂长 56 米,宽 16 米,塔高 22 米,建筑面积为 812 平方米。青砖墙面,尖券门窗。正面有呈笔架形的三座塔楼,堂内正厅东西各有 8 根圆柱,支撑拱形天顶,形成三通廊,祭台位于北端。宽大的窗面由五彩玻璃组成几何图案,地面有精美的花砖。整体装饰典雅,古色古香,完好保存至今⑤。

望海楼教堂位于东方,建筑平面也是非拉丁十字的……望海楼教堂的主立面其粗壮的扶壁把整个立面纵向分为三段,两条水平的腰线又把三段横向联系了起来,层层收进的塔楼指向天空。不同于一般哥特式教堂的是:它的主立面上部不是由对称的两个塔楼或中间的一个塔楼组成,而是由四个对称的小塔楼夹着中间一个大塔楼。

同中世纪时期的许多教堂建筑一样,望海楼教堂的门窗洞口也是逐层向内凹入的带状装饰,它使厚重的墙体显得轻巧,其门窗洞口的尖券拱顶,完全是哥特式的。而其细部的装饰由于没有圣像,则更接近罗曼建筑的细部装饰⑥。

8.关于建筑的经典文字轶闻。1870 年夏,与望海楼教堂仅有一河之隔的仁慈堂三、四十名儿童,由于法国传教士和修女的虐待,再加上流行瘟疫,被折磨而死。随后,这些儿童的尸体被胡乱地埋在荒野里,不少尸体露出地面,遭到野狗争食,四肢离散,惨不忍睹。当时,天津又发生几起拐骗儿童事件,罪犯被抓获后,都供认受望海楼教堂教民的指使。于是,天津人民对侵略者郁积已久的仇恨,终于爆发了,书院开始停课,士绅纷纷集会,反洋教的揭帖很快贴满大街小巷。6 月 21 日,数千群众在望海楼教堂前示威。一贯无视中国人民的法国领事丰大业,带着秘书西蒙,气势汹汹地闯入通商衙门,见到三口通商大臣崇厚就破口大骂,鸣枪进行恐吓,将屋内陈设砸得粉碎。归途中,丰大业举枪向天津知县刘杰射击,刘杰一闪身,子弹击伤了身旁的随从。西蒙也在一旁鸣枪恐吓群众。在场的群众到了怒不可遏的地步,当场打死了民愤极大的丰大业和西蒙。紧接着,又鸣锣聚众涌向望海楼教堂,打死了谢福音和其他二十多名教士、修女等,放火焚烧了望海楼教堂和法国领事馆、仁慈堂。这就是"天津教案"爆发的过程。

参考文献

①(清)薛柱斗纂修:(康熙)《天津卫志》卷一,建置·楼阁条。

②宋蕴璞辑:《天津志略》,台湾省安雅书店文化事业有限公司,民国 20 年(1931)铅印本。

③郭凤岐:《海河楼就是望海楼》,《天津青年报》,2003 年 6 月 26 日。

④(民国)高凌雯:《天津县新志》,1931 年刻本。

⑤勒依·王伟:《百年沧桑史册载麦粒落地起新生——记天津望海楼天主堂》,《中国宗教》,2007 年

第 1 期。

⑥何力军：《望海楼教堂与哥特艺术》，《城市》，1993 年第 2 期。

二、徐家汇天主教堂

1.建筑所处位置。上海市徐家汇南蒲西路 158 号。

2.建筑始建时间。1906 年建造，1910 年 9 月 20 日落成①。

3.最早的文字记载。"教堂高 79 米，宽 28 米，正祭台处宽 44 米，可容纳 2500 余人。②"

4.建筑名称的来历。正式的名称为"圣母为天主之母之堂"。因主保为圣依纳德，故正名为"圣依纳德"。

5.建筑兴毁及修葺情况。徐家汇天主教堂于清光绪三十一年（1905）在徐光启墓园附近地区动工，完工于清宣统二年（1910）。"文革"时期，徐家汇天主堂遭严重破坏，连已拆下十字架的两个尖顶和大管风琴也不能幸免，教堂被用作仓库，宗教活动中断。1978 年后恢复，1980 年重修，1982 年圣诞节，修复尖顶十字架，重现大教堂哥特式风貌。

6.建筑设计师及捐资情况。由陶特凡建筑师设计，法国上海建筑公司耗时六年建成③。

7.建筑特征及其原创意义。整体建筑高耸挺拔，采用尖拱代替圆拱，墙壁较薄，窗户面积增大，以绘有《圣经》故事图案的彩色玻璃窗装饰，塔楼上加以锥形尖塔，将观者视线引向天空。教堂正门有雕像和浮雕装饰，庄严华美。平面呈拉丁十字形，巴西利卡式大厅，纵向形成前厅、中厅、后厅，后厅上是唱诗楼，横向形成南北两厢。内有祭台座，大祭台在堂后部，中央有耶稣、圣母像，中间大祭台是复活节从巴黎运来的，具有较高的宗教艺术价值。堂内有石雕凿的直柱，每根又由小圆柱组合而成。地坪铺方砖，中间一条通道铺花瓷砖。门窗都是哥特尖拱式，嵌彩色玻璃，镶成图案和神像。立面的正中有大玫瑰窗，外观是典型的欧洲中世纪哥特式，双尖顶砖石结构。尖顶上的两个十字架直插云霄。堂上也有一个十字架，颇似轮盘状暗喻生命恰如驾驭轮盘。外部结构采用清一色红砖，屋顶铺设石墨瓦，饰以石雕，纯洁而安详。徐家汇天主教堂是上海最大的天主教堂，规模巨大、造型美观、工艺精湛，当年被誉为远东最壮观宏丽的天主堂④。

8.关于建筑的经典文字轶闻。1842 年，法国巴黎省耶稣会派遣传教士等来上海。1847 年，耶稣会主教罗类思确定徐家汇为耶稣会在华活动总部，强占大片土地修建教堂。同年 7 月 20 日，80 多个当地居民聚集工地阻止修建。在法国驻沪领事的要挟下，上海知县将这次抗争压制下去，并宣布将徐家汇民地售予罗类思建造堂宇，这就是徐家汇教堂案事件⑤。

参考文献

①④周小燕：《上海徐家汇教堂区研究（1608—1949）》，上海师范大学硕士论文，2006 年。

②(清)王钟撰、胡人凤续撰：《法华乡志》卷七。

③杨嘉佑：《上海老房子的故事》，上海人民出版社，2006 年。

⑤萧一华：《徐汇区志》，上海社会科学院出版社，1997 年。

（五）志台

吴淞炮台

1.建筑所处位置。上海市吴淞口。

2.建筑始建时间。清顺治十七年（1660）。

3.最早的文字记载。"边海汛地紧要,凡炮台烽墩桥路宜修葺高广,豫备不虞。[①]""郎廷佐,汉军镶黄旗,顺治十三年总督江南,捍海寇有功。[②]"

4.建筑名称的来历。因位于吴淞口而名。

5.建筑兴毁及修葺情况。顺治十七年（1660）,江南总督郎廷佐奉命在黄浦江西岸吴淞杨家嘴口修筑炮台。康熙五十七年（1718）又在杨家嘴对岸修筑炮台,两座炮台夹江对峙,东岸的炮台称东炮台,西岸的老炮台改称西炮台。鸦片战争后,海防形势发生变化,防御设施集中于黄浦江西岸。东炮台未再修复,西炮台则屡加改建。工程仿照西洋式样,架木排桥,外用三合土筑造。后又三面围筑土城,长550米、高4~6米,垛墙高2~3米,内设暗炮台11座、明炮台3座、弹药总库2所、小库11所,装配弹药房2间、兵房46间,共安装大炮12门、小炮6门。中法战争结束后,于光绪十二年在吴淞南石塘北端增设北炮台,与西炮台互为犄角。光绪十五年（1889）,又在月浦长江岸边建狮子林炮台。光绪二十六年,自强军营务处总办沈敦和指挥士兵炸毁西炮台,终成一片废墟。西炮台被毁后,清政府责令两江总督刘坤一"迅筹规复,以振南洋要口"。刘坤一委盛军统领班广盛在吴淞南石塘南端新筑一座炮台,称为南炮台,与北炮台首尾衔接,长750米,总称吴淞炮台。民国21年一二八淞沪战争中,毁于日军飞机大炮下[③]。

6.建筑设计师及捐资情况。江南总督郎廷佐、两江总督刘坤一。

7.建筑特征及其原创意义。现遗址新建景点"吴淞古炮台",占地约1500平方米,刻有"平夷靖寇将军"的古铁炮,安置在景点中心的大理石平台上。

参考文献

①《钦定八旗通志》卷一八九。

②《大清一统志》卷四九。

③上海地方志办公室:《吴淞区志》,2005年。

（六）志陵

一、清东陵

1.建筑所处位置。河北省东北部燕山余脉昌瑞山南麓。

2.建筑始建时间。顺治十八年（1661）。

3.最早的文字记载。"章皇帝尝校猎遵化,至今孝陵处,停辔四顾曰'此山王气葱郁非常,可以为朕寿宫'。①"

4.建筑名称的来历。因在北京以东 125 千米,俗称"东陵"。

5.建筑兴毁及修葺情况。清东陵自顺治十八年（1661）开始营建,以后历代帝王续建,历时 247 年才告结束。2000 年被列入《世界遗产名录》。

6.建筑设计师及捐资情况。文献记载,此处陵域是顺治帝亲自择定的,并未经风水堪舆家参与②。设计师当系清初工部匠官。经费由朝廷划拨。

7.建筑特征及其原创意义。清东陵陵区东侧的鹰飞倒仰山如青龙盘卧,势皆西向,俨然左辅;西侧的黄花山似白虎雄踞,势尽东朝,宛如右弼。靠山昌瑞山龙蟠凤翥,玉陛金阙,如锦屏翠障;朝山金星山形如覆钟,端拱正南,如持笏朝揖。案山影壁山圆巧端正,位于靠山、朝山之间,似玉案前横,可凭可依;水口山象山、烟墩山两山对峙,横亘陵区之南,形如阙门,扼守隘口。马兰河、西大河二水环绕夹流,顾盼有情;群山环抱的堂局辽阔坦荡,雍容不迫。这天然造就的山川形势,对于镶嵌于其中的陵寝形成了拱卫、环抱、朝揖之势,实为不可多得的风水宝地。

陵寝格局:清东陵的 15 座陵寝是按照"居中为尊"、"长幼有序"、"尊卑有别"的传统观念设计排列的。入关第一帝清世祖顺治皇帝的孝陵位于南起金星山,北达昌瑞山主峰的中轴线上,其位置至尊无上,其余皇帝陵寝则按辈分的高低分别在孝陵的两侧呈扇形东西排列开来。孝陵之左为圣祖康熙皇帝的景陵,次左为穆宗同治皇帝的惠陵;孝陵之右为高宗乾隆皇帝的裕陵,次右为文宗咸丰皇帝的定陵,形成儿孙陪侍父祖的格局,突现了长者为尊的伦理观念。同时,皇后陵和妃园寝都建在本朝皇帝陵的旁边,表明了它们之间的主从、隶属关系。此外,凡皇后陵的神道都与本朝皇帝陵的神道相接,而各皇帝陵的神道又都与陵区中心轴线上的孝陵神道相接,从而形成了一个庞大的枝状系,其统绪嗣承关系十分明显,表达了瓜瓞绵绵、生生不息、国祚绵长、江山万代的愿望。

建筑序列:清东陵各座陵寝的序列组织都严格地遵照"陵制与山水相称"的原则,既要"遵照典礼之规制",又要"配合山川之胜势"。在这方面,世祖顺治皇帝的孝陵足可称为成功的范例。

孝陵以金星山为朝山（陵寝正前方所对之山）,以影壁山为案山（墓穴与朝山之间的小山）,以昌瑞山为靠山（陵墓后靠之山）,三山的连线即为孝陵建筑的轴线。由于金星山、昌瑞山之间的距离长逾 8 千米,为突出体现二山的关系而又能形成恢宏的气势,营造者特意设置了一条长约 6 千米的神路(专供棺椁、神牌通过的甬路),将自石牌坊(用石料构筑的牌楼,是陵区入口的标志物)至宝顶(地宫之上的封土)的几十座建筑贯穿在一起,并依山川形势分成了三个区段。一是石牌坊到影壁山间长约 1.5 千米的区段。在这个区段内,配置了宽大的石牌坊和高耸的神功圣德碑亭(内竖为皇帝歌功颂德的石碑的方亭,亦称大碑楼),与拔地而起的金星山及平圆的影壁山相呼应。二是影壁山至五孔桥间长约 3.5 千米的区段。在这个区段内,配置了石像生(设在神路两旁的石人、石兽雕塑群)、龙凤门(由三间石雕火焰牌楼和四段琉璃壁组成的门坊)、一孔桥、七孔桥和五孔桥等低平建筑,以同周围的平坦地势相协调。三是五孔桥至宝顶间长约 1 千米的区段。在这个区段内集中配置了神道碑亭(内竖镶刻帝后谥号石碑的方亭)、隆恩门(陵院的大门)、隆恩殿(举行大祭活动的主要殿堂)、方城(砖砌的方形城台)、明楼(建在方城之上的内竖墓碑、檐挂陵名匾额的方亭)、宝顶、宝城(围绕宝顶的城墙)等主要礼制性建筑。并且这些建筑由南至北依次升高,以与昌瑞山及两侧护砂(陵寝左右的山丘)相互配合。这些建筑的配置与组合,均以风水学中的形势理论为指导,其大小、高低、远近、疏密皆以"百尺为形,千尺为势"的尺度进行视觉控制。并将山川形胜纳于景框之中,作为建筑的对景、底景和衬景,实现了"驻远势以环形,聚巧形而展势"的目的,给人以"高而不险,低而不卑,疏而不旷,密而不逼"和"静中有动,动中有静"的良好的视觉印象和强烈的艺术感受。

孝陵神路:孝陵神路南起金星山下的石牌坊,北到昌瑞山下的宝城、宝顶,沿朝山、案山、靠山的三山连线,将孝陵的数十座形制各异、多彩多姿的建筑相贯串,形成一条气势宏伟、序列层次丰富、极为壮观的陵区建筑中轴线。它虽然因势随形,多有曲折,但曲不离直,明确显现了南北山向的一贯,配合了山川形势,强化了主宾朝揖的天然秩序,产生了极富感染力的空间艺术效果。孝陵神路是清陵中最长的神路,也是最壮观、最富艺术性的神路。

清东陵是中国陵墓营建活动高峰期的代表作。在环境质量、山川形势、陵寝建筑以及陵寝建筑的配置与山川形势的结合上都达到了最为完美的地步,成为中国历代皇家陵园中最富特色的例证之一。③

8.关于建筑的经典文字轶闻。在清东陵陵寝规划建设过程中,围绕泰陵(雍正皇帝陵)前神道能否设置石像生问题,工部主事的臣工和乾隆皇帝意见相左。大臣们奏称"原相度风水之巡抚高其倬、户部员外郎洪文澜金称:泰陵甬道,系随山川之形势盘旋修理,如设石像生,不能依其大尺,整齐安供,而甬路转旋之处,必有向背参差之所。则于风水地形,不宜安设。"乾隆作为儿子,想法则是:"朕思陵前石像生,系典礼之一节,若因甬道前地势盘旋,难于安设,或将大红门、龙凤门,展拓向外,俾地势宽敞,位置修宜。尔等同和亲王带领通晓风水之洪文澜,再加敬谨相度妥协定议具奏。"工部大臣等再赴现场踏勘,回奏说"大红门""实天造地设之门户,不便展拓向外。"仍坚持不设石像生。其理论依据即"陵制与山水相称"。④在清东陵下葬人物中,不乏对清代历史有重要影响的人物,如:辅佐世祖、圣祖的清初女政治家孝庄文皇后;开创"康乾盛世"的圣祖康熙大帝和高宗乾隆皇帝;清末两次垂帘听政,统治中国达 48 年之久的慈禧皇太后等。民国初年,孙殿英武装盗墓,将慈禧陵及裕陵地宫洗劫一空,即为震惊中外的东陵盗宝案。

参考文献

①(清)昭梿:《啸亭杂录》卷一。

②③王齐亨:《清代陵寝风水:陵寝建筑设计原理及艺术成就钩沉》,《风水理论研究》,天津大学出版社,1992年。

④《清高宗实录》。

二、清西陵

1.建筑所处位置。河北省易县城西 7.5 千米。

2.建筑始建时间。雍正八年(1730)①。

3.最早的文字记载。"己丑,上崩,年五十八。是岁十一月丁未,恭上尊谥曰敬天昌运建中表正文武英明宽仁信毅睿圣大孝至诚宪皇帝,庙号世宗。乾隆二年三月,葬泰陵。②"

4.建筑名称的来历。在北京以西 140 千米,俗称"西陵"。

5.建筑兴毁及修葺情况。清西陵,始建于清雍正八年(1730),完工于 1915 年,时间长达 185 年。这是清西陵营建的第一座皇帝陵寝。与此同时兴建的还有雍正皇帝 21 位嫔妃的园寝——泰妃园寝。雍正皇帝的孝圣宪皇后,由于比雍正皇帝死得晚,按照清朝规制为她另建了陵寝。

嘉庆元年(1796),清朝入关第五代皇帝仁宗爱新觉罗颙琰即位,他在泰陵之西 500 米处选定了陵址,于当年开始兴建,到嘉庆八年(1803)完工。工程结束后,陵寝定名为"昌陵"。这是清西陵营建的第二座皇帝陵寝。与此同时兴建、同时完工的还有嘉庆皇帝 17 位嫔妃的园寝——昌妃园寝。嘉庆皇帝的孝和睿皇后死于道光末年,她的陵墓于咸丰元年(1851)开始兴建,咸丰三年(1853)完工,地址位于昌陵之西,故名为"昌西陵"。嘉庆二十五年(1820),清朝入关第六代皇帝宣宗爱新觉罗旻宁即位,按照制度,在遵化县清东陵的宝华峪选定了陵址,于翌年开始兴建,约六年完工。但是,后来发现地宫浸水,因此,将陵墓拆除,又在清西陵的龙泉峪重新选定了陵址,用了五年建成,陵墓名称为"慕陵"。这样道光皇帝的陵寝经历了兴建与拆迁的历史。这是清西陵营建的第三座皇帝陵寝。与道光皇帝陵寝同时兴建,同时拆迁的还有他的 16 位嫔妃的妃园寝,这座妃园寝由于后来埋葬了一位孝静成皇后,成为特殊的后、妃合葬的形式。并且由于皇后的葬入而提高了妃园寝的等级,因此,这组建筑名称也跟着升格,叫做"慕东陵"。1949 年后,各级政府特别重视对清西陵的保护,多次拨款对清西陵古建筑进行维修,使其比较完整地保存下来,成为驰名中外的文物保护区。2000 年被列入《世界遗产名录》。

6.建筑设计师及捐资情况。在清西陵古建筑群中,昌陵是由"样式雷"第四代传人雷家玺主持设计建造的,慕陵、慕东陵、昌西陵是由第五代传人雷景修主持设计建造的,崇陵是由第七代传人雷廷昌主持设计建造的③。

7.建筑特征及其原创意义。清西陵规模宏大、内涵丰富,其建筑技艺之精湛、品种之齐全,在中国皇家陵寝建筑中绝无仅有。泰陵是清西陵中建筑最早、布局与形制最符合中国的"风水"观,规模最大、功能最完备的帝陵。泰陵前 3 座精美的石牌坊和大红门构成西陵的总门户。昌陵建筑与泰陵规制相同,但其隆恩殿内以花斑石漫地非常独特,有"满堂宝石"之誉;慕陵隆恩殿、配殿建筑木构架均为楠木,并以精巧的雕工技艺雕刻出 1318 条形态各异的蟠龙和游龙。崇陵之木构架均为钢铁木,质地坚硬,被称为铜梁铁柱,其地宫内的石雕佛像精美无比。永福寺、行宫和亲王、公主园寝则是清陵建筑中完整保存的珍品。整个清西陵气势磅礴,雄伟壮观,实为中国陵

图 13-6-1 清西陵入口牌坊及红门

寝古建筑中的精美杰作。

　　清西陵402座古建筑,基本上是相沿明代帝后妃陵寝建筑样式修筑而成,它依据清官式作法,在严格遵守森严等级制度的同时,又不拘泥于典制,具有很强的创造性。大红门前石牌坊一改历代皇家陵寝均设1架的规制而增加至3架,在用料、工艺上更细腻、精美;慕陵殿宇的楠木雕刻已突破了其他清陵油饰彩绘作法,采用在原木上以蜡涂烫,壮美绝伦。自道光始,在陵寝建筑上稍有衰落,但是裁撤石像生、圣德神功碑亭、明楼、方城等建筑和以石牌坊代替琉璃门,又形成了一个小巧玲珑的新模式。昌西陵罗圈墙及宝顶前神道产生回音效果,隆恩殿内藻井独有的丹凤彩绘,又成为中国陵寝建筑的一个特殊例证。正由于清西陵拥有众多的独到之处,从而构成清代陵寝建筑最具特色的例证。

　　8.关于建筑的经典文字轶闻。雍正元年,即清朝入关第三代皇帝世宗即位之初,追随其父亲和祖父在河北省遵化县马兰峪的九凤朝阳山选择了陵址,但是因为那里"规模虽大,而形局未全,穴中之土又带砂石,实不可用"而被废掉。后来,雍正帝命王公大臣在全国各地卜择万年吉地,最后发现河北省易县太平峪一带"山脉水法条理详明,形势理气诸吉咸备,堪称上吉之壤"④,因此,于雍正八年(1730)开始营建,到乾隆二年(1737)完工。此即列入世界遗产名录的清西陵。

参考文献

①孙大章:《中国古代建筑史》五卷本(第五卷),中国建筑工业出版社,2002年。

②(民国)赵尔巽:《清史稿》卷九。

③王丽娟:《保存完好的"样式雷"古建筑群——清西陵》,《文物春秋》,2005年第3期。

④《清世宗宪皇帝实录》卷八九。

三、清北陵

　　1.建筑所处位置。辽宁省沈阳市内北部。

　　2.建筑始建时间。清崇德八年(1643)。

　　3.最早的文字记载。"庚午,上御崇政殿。是夕,亥时,无疾崩,年五十有二,在位十七年。九月壬子,葬昭陵。冬十月丁卯,上尊谥曰应天兴国弘德彰武宽温仁圣睿孝文皇帝,庙号太宗,累上尊谥曰应天兴国弘德彰武宽温仁圣睿孝敬敏昭定隆道显功文皇帝。①"

　　4.建筑名称的来历。本名昭陵,为清太宗皇太极和他的后妃的陵墓。坐落在沈阳市区北郊隆业山,又称北陵②。

图13-6-2　清北陵碑亭

　　5.建筑兴毁及修葺情况。该陵历时八年竣工,清康熙时又增修了碑楼。建筑形式与东陵相似,而无108磴。1949年后加以扩建和修缮,拓造了人工湖,堆建了隆业山,增设了一些文化娱乐设施,辟为北陵公园。

　　6.建筑设计师及捐资情况。清太宗皇太极及当年的工部官员。

图13-6-3　清北陵陵门

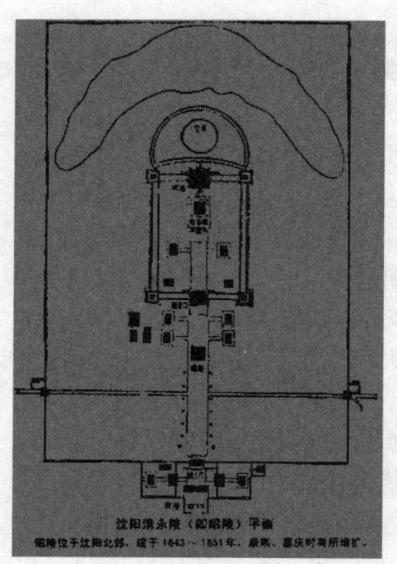

图 13-6-4　清北陵平面

沈阳清永陵（昭陵）平面

昭陵位于沈阳北郊，建于 1843～1851 年，康熙、嘉庆时有所增扩。

7.建筑特征及其原创意义。昭陵选址用地较平坦，建筑布局亦较紧凑，后有隆业山为障，沿纵轴分为正红门、碑亭院、方城宝城三部分，形制与福陵类似[3]。

建筑以方城为主，前有正红门。正红门内外有石雕华表、骆驼、狮子和牌坊等。方城有隆恩门、隆恩殿以及东、西配殿。隆恩殿建筑在雕刻精美的花岗石台基上，雕梁画栋，富丽堂皇。

此外昭陵的另一特点即是宝城后的隆业山不是自然山峰，而是人工堆造的假山，说明此时清陵规划开始吸取风水景观的某些原则。昭陵建筑布局尺度比较合宜，疏密得体，建筑空间感较强，陵区建筑、石刻、砖刻、琉璃饰面砖应用较多，具有强烈的装饰效果，且刀法刚劲，刻缕深邃，表现出北方艺术特色[4]。

8.关于建筑的经典文字轶闻。清朝逊国之后，昭陵虽然仍由三陵守护大臣负责管理，但由于连年战乱，国库入不敷出，对昭陵无力做大的修缮，以至陵园建筑残破凋零。当时有位文人写过这样一首《游北陵》诗"：涉足昭陵户与庭，辉煌眩目未曾经。莓苔满径无人管，杨柳山中犹自青"。写出了当时昭陵的真实面貌。清代"陪京（沈阳）八景"里有"北陵（昭陵）红叶"。金梁在《奉天古迹考》中说："北陵多枫柳，西风黄叶红满秋林，故名北陵红叶。"

参考文献

①（民国）赵尔巽：《清史稿·太宗本纪》，中华书局，1977 年 8 月重印本。

②③④孙大章：《中国古代建筑史》五卷本（第五卷），中国建筑工业出版社，2002 年。

四、福陵

1.建筑所处位置。辽宁省沈阳市东北 11 千米的丘陵上。

2.建筑始建时间。后金天聪三年（1629）[1]。

3.最早的文字记载。"崇德元年（1636）夏四月乙酉，祭告天地，行受尊号礼，定有天下之号曰大清，改元崇德，群臣上尊号曰宽温仁圣皇帝，受朝贺。始定祀天太牢用熟荐。遣官以建太庙追尊列祖祭告山陵。丙戌（1646），追尊始祖为泽王，高祖为庆王，曾祖为昌王，祖为福王，考谥曰承天广运圣德神功肇纪立极仁孝武皇帝，庙号太祖，陵曰福陵"[2]。

4.建筑名称的来历。福陵，在沈阳东郊，又称东陵，是清太祖努尔哈赤（1560—1627）和他的后妃叶赫纳喇氏·富察氏的陵寝。

5.建筑兴毁及修葺情况。清康熙、乾隆两朝加以增修。

6.建筑设计师及捐资情况。清太祖努尔哈赤和当时的工部官员以及康熙乾隆朝的工部官员。

7.建筑特征及其原创意义。福陵布置在天柱山山坡下，占据部分台地，南有浑河环绕，北有天柱山雄峙，背山面水，雄峙四方，环境景观极佳[3]。

建筑以方城为主，前有正红门和砖砌的台阶——108 磴。正红门内外有石雕华表、骆驼、狮子和牌坊等。108 蹬上的台地上建有牌楼和祭祀用的茶果坊、省牲亭等。方城有隆恩门、隆恩殿以及东、西配殿。方城后面的月牙城，即努尔哈赤和那拉氏葬处。整个建筑规模宏伟，气魄浩大。

福陵的规制明显受明陵影响,其中的长磴道、古松林及城堡式的方城,又反映出后金时期自然放牧环境及占高地经营城堡的民族特色④。

8.关于建筑的经典文字轶闻。进了正红门,过了宽广的参道,就是沿着天然陡坡修建的一百零八个台阶。这就是东陵著名的"一百零八蹬"。一百零八,这是取三十六天罡星、七十二地煞星之数。一说是把一百零八个天罡地煞星踩在脚下,取吉祥之意,一说是象征帝王是天上最大的星宿,一百零八个天罡地煞星只能伏在脚下,显威赫之势⑤。

参考文献

①罗哲文、罗扬:《中国历代帝王陵寝》,上海文化出版社,1984年。

②赵尔巽:《清史稿·太宗本纪》,中华书局,1977年8月重印本。

③⑤于余:《盛京三陵之二——福陵》,《兰台世界》,1992年第3期。

④孙大章:《中国古代建筑史》五卷本(第五卷),中国建筑工业出版社,2002年。

五、阿巴和加麻札

1.建筑所处位置。新疆维吾尔自治区喀什市的东北郊。

2.建筑始建时间。明崇祯十三年(1640)①。

3.建筑名称的来历。"麻札"汉语意为陵墓,此为喀什地区伊斯兰教白山派首领阿巴和加及其家族的墓地,故名。

4.建筑兴毁及修葺情况。清康熙十八年(1679)阿巴和加借为先父修建麻札的名义大肆扩建,同时在西北侧修建了一座经堂和礼拜寺,在西南侧修建了大门和低礼拜寺。清朝统一新疆后,乾隆皇帝下令进行第一次修理。19世纪70年代进行第二次修理,扩建了大礼拜寺,重建小礼拜寺。虽屡经修葺,但在基本规模和造型上未有较大的变动②。1956、1972和1982年文物部门3次维修加固。1988年列为全国重点文物保护单位。

5.建筑设计师及捐资情况。阿巴和加及族人。

6.建筑特征及其原创意义。阿巴和加麻札包括墓祠、礼拜寺、讲经堂,总面积约5万平方米。

东部墓祠是陵园的主体,面阔35米,进深29米,通高26米。中部为土坯砌成的大穹隆顶,直径长17米,顶上置圆筒形的小亭。四周为厚墙,四角建半嵌在墙体中的圆柱形塔楼,直径约3.5米,内设楼梯,顶端各有一个小巧玲珑的召唤楼,楼顶有一弯表示伊斯兰标记的新月。圆拱外表铺饰绿色玻璃砖,塔楼、墙面以黄、绿色玻璃方砖与白色墙面和谐组合。门上绘有精美图案,两侧墙壁装饰米黄色的石膏花饰,雕刻精细。整个建筑造型稳重简练。墓祠内全部粉刷成白色,气氛庄严、静穆。

陵园西侧分布大礼拜寺、小礼拜寺、讲经堂等建筑。大礼拜寺,是节日期间前来朝觐的教徒们进行礼拜之处。外殿为敞廊式,面阔15间。廊檐由70多根雕镂不同图案的木柱支撑,显得宽敞壮观。后部则由19个低矮的圆拱组合而成,显得幽暗神秘。小礼拜寺在大礼拜寺与陵墓之间,供宗族成员平日礼拜。前殿为面阔4间、进深3间的平顶式敞廊。后殿为覆盖绿琉璃砖的穹隆顶,直径11.6米,高16米。

7.关于建筑的经典文字轶闻。传说清乾隆皇帝宫中容妃(又称香妃)为玛木特玉素甫后裔,讹传死后葬于这个麻札,故世人又称之为"香妃墓"③。

参考文献

①②路秉杰、张广林:《中国伊斯兰教建筑》,上海三联出版社,2005年。

③孙大章:《中国古代建筑史》五卷本(第五卷),中国建筑工业出版社,2002年。

（七）志庙

一、虎头关帝庙

1.建筑所处位置。黑龙江省虎林县的虎头镇，背依树木苍翠的小山，面向蓝色的乌苏里江。

2.建筑始建时间。雍正年间(1723—1735)。

3.最早的文字记载。"设险守国，此为要塞，吾汉族踪迹至此最早，县西南有关帝庙，额提案：嘉庆己巳(1809)重修，是至近汉人居住已有千年。①"

4.建筑名称的来历。为纪念三国时期蜀汉大将关羽所建庙宇。

5.建筑兴毁及修葺情况。据《清史稿》、《清朝续文献通考》记载：雍正年间兴建起关帝庙。乾隆、嘉庆、咸丰年间，关帝庙均曾修复过②。关帝庙后来倒塌，嘉庆十四年(1809)重修。1860年不平等的中俄《北京条约》签订之前，这里一直是乌苏里江两岸的各族人民进行祭祀和集市贸易的中心场所。清末之后，关帝庙屡遭破坏，庙内文物被洗劫一空。1927年又进行了大修，1984年第三次重建。

6.建筑设计师及捐资情况。乌苏里江采参人集资修建。

7.建筑特征及其原创意义。关帝庙占地160平方米，庙长17米，高4.54米。依山而建，分前殿、正殿两进院落。由朱墙围绕，立着挑檐带龙脊的牌楼式山门，门口有一对石狮把守，两侧悬挂一副对联，上联：知我者其惟春秋乎；下联：乃所愿则学孔子也。前殿八根明柱，皆雕二龙戏珠图案，两侧兵器架上摆置着金瓜、钺斧、朝天镫、枪、刀、矛、戟。进入廊檐，并排四根明柱，下端石鼓柱础，上端燕尾雕龙，迎面四幅绘有"百古图"的阁扇。正殿，悬山式屋顶，殿内有七尊塑像——正中关羽，下有六配，左配：地藏佛、判官、关平；右配：山神、小鬼、周仓。塑像后面和左右彩屏上绘有"五龙藏云"、"赵高求寿"、"青松白鹤"、"三国图"等画面，十分壮观。

关帝庙依山傍水，古木葱茏，西侧掩映于绿树之中，它是清初黑龙江各族人民共同开发乌苏里江流域的历史见证，同时在建筑结构和雕刻艺术方面也有独特的价值。

8.关于建筑的经典文字轶闻。根据记载"雍正年间内地民亦多在吉林领采参凭照(俗称龙票)，跋涉远来，及冬而返，咸以江东为落趾之地，而以江口为会集之场，久之，集人渐伙，获利益厚，遂于江畔陡崖之间，捐资建关帝庙一座，虔诚以祀，殆昭示深山幽谷中求财全命，惟有信义是崇云。③"这说的是在清朝，黑龙江盛产人参，山东，河北，山西等地的穷苦人为谋生路纷纷出关，来寻参觅宝。人参俗称棒槌，又叫宝，生于深山老林中，采挖十分艰辛，常有人因遇野兽或迷路而送掉了性命。因此都三五结伴，且"三四月间往，九十月间归"。其中，到乌苏里江一带的原始森林里挖人参的人也为数不少。后来，有些人采参发了财，就集资修建了这座关帝庙，希望关羽保佑自己。

参考文献

①顾次英:增订《吉林地理记要》,油印本,1969年。

②国家文物事业管理局主编:《中国名胜辞典》,2006年。

③《虎林政况》(1935)。

二、恭城孔庙

1.建筑所处位置。广西壮族自治区桂林市恭城瑶族自治县城西山南麓。

2.建筑始建时间。明永乐八年(1410)①。

3.最早的文字记载。《恭城县志》②。

4.建筑名称的来历。因祭祀孔子而名。

5.建筑兴毁及修葺情况。原在县城北凤凰山,成化十三年(1477)迁往城西黄牛岗,嘉靖三十九年(1560)迁至今址。现存孔庙是清道光二十二年至二十四年(1842—1844)间仿山东曲阜孔庙而建,1949年后经过全面维修,是广西迄今保存最完整、规模最宏大的古建筑,也是全国现存三大孔庙之一③。列为广西壮族自治区重点文物保护单位。

6.建筑设计师及捐资情况。湘粤两省能工巧匠④。

7.建筑特征及其原创意义。庙背靠西山,前临茶江,依山布局。中轴线上依序建有状元门、棂星门、状元桥、大成门、大成殿、崇圣祠。两侧分别配建礼门、义路、更衣所、忠孝祠、省牲斋、宿所、名宦祠、乡贤祠、杏台、东西庑、昭文楼、尊经阁,配置清代乾隆御制孔子赞碑和四配赞碑。状元桥桥拱与桥下半月形泮池组成"日月同升"画面。棂星门原是第一正门,构筑最为精巧:六根方形石柱一字排列,以石梁横贯连属,上下梁间分嵌石匾,两面刻二龙抢珠、双凤朝阳、拜相封侯、鱼跃龙门、六合长春等吉祥图案。大成门的门、窗均为雕花,屋顶饰人物雕像。大成殿祭祀"大成至圣文宣先师"孔子及四配、十二哲神位,是全庙主体,建筑雄伟堂皇。崇圣祠为中轴末端,地势虽高但建筑高度低于大成殿,祭祀孔子五代先祖。

8.关于建筑的经典文字轶闻。孔庙建成百余年,尽管常年香火不断,而孔圣人并不显灵,恭城还是出不了状元,便又有人认为,是孔庙建筑规模太小,所处之地风水不好,尊孔敬孔之心不诚之故。于是将孔庙由原址的城北凤凰山脚,迁至现在的城西印山处。1841年,又由两名进京应试的瑶家举子,专程赴山东曲阜,将曲阜孔庙图形一一描绘,回恭后便依图规划设计,花重金,请来湘粤两省能工巧匠,历时两年,遂扩建成广西规模最大最完整的孔庙⑤。

参考文献

①④⑤黄云光:《恭城孔庙记趣》,《中国文化报》,2000年11月16日。

②(清)陶壿:(光绪)《恭城县志》。

③李东泽:《从恭城孔庙和程阳风雨桥看儒侗和谐审美观的差异》,《社会科学家》,1998年第4期。

三、台北孔庙

1.建筑所处位置。台湾省台北市大龙峒①。

2.建筑始建时间。清光绪五年(1879)②。

3.最早的文字记载。《台湾府志》。

4.建筑名称的来历。为祭祀儒家圣人孔子所建③。

5.建筑兴毁及修葺情况。台北孔庙肇始于台北府府城的建造。时在光绪元年(1875)。光绪七年建成主体建筑大成殿、仪门与崇圣祠。光绪八年(1882)在士绅的捐助下建完礼门、仪路与棂星门与万仞宫墙。光绪十年(1884)竣工。清光绪三十三年(1907)被日本侵略者拆毁,民国14年,耗资26万多元台币重建,五年落成④。

6.建筑设计师及捐资情况。由建造万华龙山寺的福建泉州名匠王益顺按闽南式建筑风格设计⑤。

7.建筑特征及其原创意义。中轴线上的主要建筑依序为万仞宫墙、泮池、棂星门、仪门、大成殿及崇圣祠;东西两侧各置东庑、东厢及西庑、西厢;右畔空地为明伦堂,作为集会之用。

孔庙的门(西边门)与泮宫(东边门)皆为重檐式牌楼,屋脊作燕尾起翘,中辟拱门,两侧为圆窗,是孔庙主要的入口,分列左右;酒泉街上一座高大的照墙,即万仞宫墙,墙的典故出自《论语》子贡纠正叔孙的话,但"万仞宫墙"最初是由明人胡瓒宗题写。为孔庙所必备,照墙内壁彩绘麒麟则象征吉祥之意。走进去,经过礼门,即可通往棂星门及泮池。棂星门也是孔庙的必备建筑,列在孔庙之前,中央的蟠龙石柱,用的石材是来自泉州的青斗石与泉州白石。过棂星门,第二座殿为仪门,仪门又称大成门,是进入大成殿的主门,其中门两旁的蟠龙围炉窗,线条流畅,造型一气呵成,为木雕杰作。大成殿是孔庙的主殿,正中神龛供奉至圣先师孔子的牌位,上悬"有教无类"黑底金字匾额,左右墙供奉四配:颜子、曾子、子思子、孟子与十二哲;大成殿为歇山重檐式屋顶,面宽五开间,进深六开间,共用42根巨柱,四周设走马廊,形制宏伟,结构谨严。

该庙采用古宫殿式,以黄琉璃瓦盖顶,庄严中透出华丽,檐梁墙桩等装饰着鲜艳五彩的瓷砖。大成殿坐北朝南,后有崇圣祠明伦堂圣祖祠等殿堂,四方围拥,构成整体。

8.关于建筑的经典文字轶闻。每年9月28日孔子诞辰,台北孔庙都会举行隆重的祭孔大典,由市长担任正献官,民政局局长担任纠仪官,仪礼之肃穆庄严,总领全台。与孔庙隔壁的台北市大同区大龙国民小学每年教师节(9月28日)祭孔时都担任释奠佾舞的表演,至今犹然。

参考文献

①司雁人:《学宫时代》,中国社会科学出版社,2005年。

②③④肖冰,臧向:《台湾知识手册》,重庆出版社,1992年。

⑤胡迅:《台湾的孔庙》,《台声》,2007年第12期。

四、文武庙

1.建筑所处位置。香港岛上环荷里活道和楼梯街交界处①。

2.建筑始建时间。清道光年间(1821—1849)。

3.最早的文字记载。《重修香港文武二帝庙堂碑记》。

4.建筑名称的来历。因庙宇供奉文昌帝君和武帝关云长而得名。

5.建筑兴毁及修葺情况。《重修香港文武二帝庙堂碑记》记载,该庙曾于清代道光庚戌年间(1850)重修,曾作为七约乡公所办事处,至1954年新乡公所落成后,该庙改为供奉文武二帝,是新界首座保护的建筑物。1984年被列为香港法定古迹。

6.建筑设计师及捐资情况。七约乡民集资。

7.建筑特征及其原创意义。庙宇金碧辉煌,香塔高悬,庙堂庄严肃穆。文武庙构筑精巧,色彩绚丽,周围有护栏拱卫,庙堂平面呈两进式,有前后殿之分,中间是一加盖天井,后殿正中供奉文、武两帝,其左侧为城隍,右侧为包公,中间置有香案。前殿有屏风以及十殿阎王,福德祠。庙堂纵深约 24 米,庙内墙上装饰有精致的雕刻及壁画,庙内有 1874 年铸造的一个铜钟,还有 1851 年铸造一座大鼎及两乘迎神銮舆②。

8.关于建筑的经典文字轶闻。文武庙虽经多次修建,仍保持旧貌,香火鼎盛。它代表着民间信仰与道教的折中组合。进殿迎面是一堵巨大木雕屏风,屏首金匾书"神威普佑"四个大字,乃光绪御笔之宝,下有光绪年间刻"帝德同沾"匾。屏风两侧廊柱上,红底漆字,苍劲醒目:"乃圣乃神德遍香江咸被泽,允文允武恩敷粤海不扬波。"

参考文献

①②周侃:《港澳台自助游》,东方出版社,2006 年。

(八)志祠

阳明祠

1.建筑所处位置。贵州省贵阳市区扶风山。

2.建筑始建时间。明嘉靖十三年(1534)①。

3.最早的文字记载。"余自里中赴贵阳,及抵贵谒先生祠,芜陋特甚,盖先生旧有祠院二所,自贵阳迁入一为郡治,一为庠,故废堕至此,余复为怃然茫然。②"

4.建筑名称的来历。明代哲学家、教育家王阳明被贬谪为贵州龙场(今贵阳市修文县)驿丞。在贵州三年中,他先后在修文龙岗书院和贵州文明书院讲学。他逝世后,贵阳人为纪念他而修建该祠。

5.建筑兴毁及修葺情况。贵阳阳明祠始建于明嘉靖十三年(1534),初址为白云庵旧址。隆庆五年(1571)迁址于城东现省府路贵山书院旧址。清嘉庆十九年(1814)始建于扶风寺南侧,嘉庆二十四年(1819)续建完成③。光绪五年(1879)由云南布政司唐炯,礼部主事罗之彬主持重建。同时主持重建者还撰写了《贵阳扶风山阳明祠碑记》和《阳明先生祠碑记》以记其事。1949 年以后,对阳明祠又进行了多次重修,其中大修两次,使阳明祠有了今天这样的规模②。2006 年列为全国重点文物保护单位。

6.建筑设计师及捐资情况。云南布政司唐炯,礼部主事罗之彬。

7.建筑特征及其原创意义。阳明祠以享堂为中心,加上回廊,正气亭,桂花厅等建筑组成了一个小巧玲珑的祠堂建筑群。享堂,又称大殿,这是贵阳阳明祠的主体建筑,为重檐歇山式屋顶,砖木混筑。桂花厅位于享堂院落之外,桂花厅门上挂有一匾,上书"王阳明先生祠",为当代贵州籍著名女书法家萧娴的手迹④。

8.关于建筑的经典文字轶闻。明嘉靖十三年五月,巡按贵州监察御史王杏建王公祠于贵阳。"师昔居龙场,诲抚诸夷。久之,夷人皆式崇尊信。提学副使席书延至贵阳,主教书院。士类感德,翕然向风。是年杏按贵阳,闻里巷歌声,蔼蔼如越音;又见士民岁时走龙场致奠,亦有遥拜而祀于家者;始知师教入人之深若此。门人汤啐、叶梧、陈文学等数十人请

765

建祠以慰士民之怀。乃为赎白云庵旧址立祠，置膳田以供祀事。杏立石作《碑记》。记略曰："诸君之请立祠，欲追崇先生也。立祠足以追崇先生乎？构堂以为宅，设位以为依，陈俎豆以为享，祀似矣。追崇之实，会是足以尽之乎？未也。夫尊其人，在行其道，想象于其外，不若佩教于其身。先生之道之教，诸君所亲承者也。德音凿凿，闻者饫矣；光范丕丕，炙者切矣；精蕴渊渊，领者深矣。诸君何必他求哉？以闻之昔日者而倾耳听之，有不以道，则曰：'非先生之法言也，吾何敢言？'以见之昔日者而凝目视之，有不以道，则曰'非先生之德行也，吾何敢行？'以领之昔日者而潜心会之，有不以道，则曰：'非先生之精思也，吾何敢思？'言先生之言，而德音以接也；行先生之行，而光范以睹也；思先生之思，而精蕴以传也，其为追崇也何尚焉！⑤"

参考文献

①⑤《王阳明全集》顺生录之十一年谱附录一。

②（清）鄂尔泰、尹继善：《贵州通志》卷四十，冯成能：《阳明祠记》。

③高丁：《栖霞胜境——阳明祠》，《贵阳文史》，2003 年第 2 期。

④罗哲文、刘文渊、刘春英：《中国名祠》，百花文艺出版社，2006 年。

⑤（清）周作楫修：（道光）《贵阳府志·山水副记》。

（九）志桥

一、泸定桥

1.建筑所处位置。四川省甘孜藏族自治州泸定县城西大渡河上。

2.建筑始建时间。清康熙四十四年（1705）。

3.最早的文字记载。蜀自成都行七百余里，至建昌道属之化林营。化林所隶曰沈村、曰烹坝、曰子牛，皆泸河旧渡口，而入打箭炉所经之道也。考《水经注》，泸水源出曲罗，而未明指何地，按《图志》，大渡河水即泸水也。大渡河源出吐番，汇番境诸水，至鱼通河而合流入内地，则泸水所从来远矣。打箭炉未详所始，蜀人传，汉诸葛武乡侯铸军器于此，故名。元设长河西宣慰等司，明因之，凡藏番入贡及市茶者皆取道焉。自明末蜀被寇乱，番人窃踞西炉，迄至本朝，犹阻声教。顷者，黠番肆虐戕害我明正土官，侵逼河东地，罪不容逭。康熙三十九年冬，遣发师旅，三路徂征。四十年春，师入克之，土壤千里，悉隶版图，锅庄木鸦万二千余户，接踵归附，而西炉之道遂通。顾入炉必经泸水，而渡泸向无桥梁，巡抚能泰奏言："泸河三渡口，高崖夹峙，一水中流，雷犇矢激，不可施舟楫，行人援索悬渡，险莫甚焉！兹偕提臣岳升龙相度形势，距化林营八十余里，山趾坦平，地名安乐，拟即其处仿铁索桥规制建桥，以便行旅。"朕嘉其意，诏从所请，于是鸠工构造。桥东西长三十一丈一尺，宽九尺，施索九条，索之长视桥身余八丈而赢，覆板木于上，而又翼以扶栏，镇以梁柱，皆镕铁以庀事。桥成，凡使命之往来，邮传之络绎，军民商贾之车徒负载，咸得安驱疾驰而不致病于跋涉。绘图来上，深惬朕怀，爰赐桥名曰泸定。任事著劳诸臣，并优诏奖叙，仍申命设兵戍守。夫事无小大,期于利民;功无难易,贵于经久,然即肇建,兹举俾去危而即安,继自今岁时缮修,协力维护,皆官斯土者责也。尚永保勿坏,以为斯民贻无穷之利。是为记①。

4.建筑名称的来历。康熙皇帝赐名曰"泸定"。

5.建筑兴毁及修葺情况。康熙四十四年四月建成。泸定桥在1961年被国务院定为全国重点文物保护单位。1977年,国家拨款重修,加固了桥梁,改建了桥头建筑。当地工匠用传统技巧,在建筑物的屋脊上,手塑二龙戏珠,龙、凤、麒麟等装饰。修缮红军楼,建立了展览馆,展出中国工农红军飞夺泸定桥的战斗史料。

6.建筑设计师及捐资情况。用"税茶市"办法筹款建成的,桥成后,还强迫附近人民,负修理之责②。"泸定桥,在泸水上,康熙四十五年所制铁索桥也。西炉复木鸦,附置戍守,税茶市而桥因以建。桥工费甚巨,以水势汹涌,其水达西炉,旧有皮船三渡……今皆废而集于桥。沈冷本天全部属,桥即成,檄天全工力修葺。③"

7.建筑特征及其原创意义。泸定桥净跨100米(铁链跨长101米),净宽2.8米,桥面距枯水位14.5米。采用13根铁链作为承重索,其中底索9根,上面覆盖木桥面,桥面纵横木板之间留有很大空隙,符合现代吊桥抗风要求。余下4根分列两边,作为扶手,铁链悬挂空中,两头锚系于两岸桥台后面。每根铁链长39丈多(127.45米),重1.6吨多,整座泸定桥共用铁40吨。桥建成后,康熙对其甚为重视,亲笔题名,并在桥东头立了康熙《御制泸定桥碑记》,在桥东和桥西分别铸造了长约1米的铁犀牛一头和浮雕蜈蚣一条,但两件文物现已丢失。桥两端还建有石砌桥台,桥台后面开有宽2米,长5米,深6米的落井4个,近井底部,土里有生铁铸的直径为14—20厘米的铁地龙桩,东桥台有7根,西桥台有8根,重1800斤。另有直径4米的桩锚一根,横于地龙桩之下以系铁索。桥台上建亭,一方面防止雨水流入落井,一方面是为了启闭关卡。

8.关于建筑的经典文字轶闻。《打箭炉(今康定)厅志》记载了泸定桥从前的管理方法,每年三月初一开桥,十月初一封桥,改用船渡。每日开桥时间从上午九时至下午四时,桥上税官一人,税丁二人,过桥收实物税或过桥费。

泸定桥奇险的雄姿,历来是文人墨客题咏的对象,清人查礼咏诗曰:"蜀疆多尚竹索桥,松维茂保跨江饶。几年频涉竟忘险,微躯一任轻风飘。斯桥熔铁作坚链,十三铁条牵两岸。巨木盘根系铁重,桥亭对峙高云汉。左治犀牛右蜈蚣,怪物镇水骇龙宫。洪涛奔浪走其下,迢迢波际飞长虹"。红军二万五千里长征时飞夺泸定桥的英雄事迹,更使泸定桥蜚声海内外。

参考文献

①爱新觉罗·玄烨:《御制泸定桥碑记》,《四川通志》卷三十九。

②茅以升:《重点文物保护单位中的桥——泸定桥、卢沟桥、安平桥、安济桥、永通桥》,《文物》,1963年第9期。

③《天全六番志宣慰使司关梁考·泸定桥》,《古今图书集成·职方典》第六四六卷。

二、程阳桥

1.建筑所处位置。广西壮族自治区三江侗族自治县城北20千米的程阳村,横跨林溪河。

2.建筑始建时间。民国辛亥年(1911)①。

3.最早的文字记载。"石砌大礅五,上架四丈余长盈抱之杉树,凡三层,横跨江流。桥上设亭24间,中亭作塔形,祀关帝,两头建八角亭,置栏杆板凳,供人游息。②"

图 13-9-1　广西三江程阳桥

4. 建筑名称的来历。本名永济桥,因坐落在程阳村附近,又叫程阳桥③。

5. 建筑兴毁及修葺情况。程阳桥址,在清代原有条石板桥,为马安村杨金华等人所建……辛亥年(1911),程阳乡马安村陈栋材等人,遂发起在此修建风雨桥的倡议。民国元年(1912),马安、岩寨、平坦三村群众,推举五十二位寨老为首士(即建桥的领头人),正式备料兴工。民国 3 年(1914)农历 8 月 16 日,程阳八寨举行程阳桥奠基典礼。为了临时通行,民国 5 年(1916)人们曾用松木架设简易大梁。经过长期施工,至民国 9 年(1920)才更换杉木大梁,并安装桥亭。程阳村民还完成了程阳桥的装修,并在民国 14 年(1925)举行了竣工典礼④。民国 26 年(1937)和 1983 年该桥先后两次被洪水冲毁部分结构,均按原貌修复⑤。1962 年、1984 年亦有修缮。1982 年被列为全国重点文物保护单位。

6. 建筑设计师及捐资情况。该桥是程阳、马安等八寨的五十多位侗族老人领头,侗乡千家万户捐木、捐钱、捐粮、献工,当地木匠莫士祥主持设计。

7. 建筑特征及其原创意义。程阳桥全长 76 米,四孔五墩,每孔跨 22.88 米,净跨 14.2 米,桥宽 3.4 米,高 10.6 米。桥的正梁由直径 1.6 尺的 7 根连排杉木,分上下两层叠合而成,犹如古代建筑中的斗拱一样,两边层层向河中挑出,在桥中间相接,上面铺板、竖柱、盖瓦,构成一条长廊式过道,故又称"廊桥"。桥面用木板,上面铺石板,石砌桥墩,上下游高分水尖。每座桥墩上,都建有一座五层楼阁,中央一座高 10 余米,为八角攒尖顶。两边为四角攒尖顶,再两边为殿形楼阁,共 5 座楼阁。这些富有侗族民族特色的塔形、殿形阁,阁檐层层向上翘起,如鸟儿展翅欲飞。在桥楼和桥廊的板壁上,雕刻着许多精美的侗族图案。长廊两旁,设有长杌,如同游廊一般,供行人观赏休息和躲避风雨,所以这种桥又叫"风雨桥"。

程阳桥的梁、桥面、栏杆、楼阁、屋顶,都用三江盛产的杉木制作。

8. 关于建筑的经典文字轶闻。1965 年 10 月郭沫若为该桥题诗:"艳说林溪风雨桥,桥长百丈四层高。重瓴联阁怡神巧,列砥横流入望遥。竹木一身坚胜铁,茶林万载苗新苗。何时得上三江道,学把犁锄事体劳。⑥"

杨唐富是修建程阳桥的最初发起人之一……杨唐富在修建程阳桥的十一二年间,除了戌日休息之外,每天都出工。每逢出工的日子,他四更天亮前必到村寨的庙里烧香,祈求神灵保佑一切顺利。回来后,他就组织出工之事。大家天阴时搬石头,天晴时砍木头。冷天的时候,木匠、石匠等就聚集在杨堂富家里,围着火塘,聊天,烤火。虽然杨唐富家里不算富裕,但是他年年捐款修桥,倾尽全家之力来修建程阳桥。当时杨唐富家里只有母亲、妻子,妻子没有生育子嗣。侗族民间认为修桥是做好事,可以积阴德。杨唐富一直尽心尽力修桥,其实还是有所求的。天公作美,在程阳桥建成后没有多久,杨唐富的儿子杨善仁就出生了。尔后,杨善仁生养了五个儿子,儿孙满堂⑦。

参考文献

①④⑦杨筑慧:《民族学视野下的侗族风雨桥——以广西三江程阳桥为例》,中央民族大学硕士论文,2007年。

②陈栋梁:《永济桥序》,《三江县志》卷三。

③罗哲文:《中国名胜——寺塔桥》,机械工业出版社,2006年。

⑤吴世华:《程阳桥的建筑艺术和侗族的传统道德》,《中南民族大学学报》(人文社会科学版),1989年第2期。

⑥郭诗刻于大理石碑上,镶嵌在程阳桥中部。

三、颐和园十七孔桥

1.建筑所处位置。北京市西郊海淀区。

2.建筑始建时间。清乾隆年间(1736—1795)。

3.最早的文字记载。《知鱼桥》:自注:水乐亭之东长桥卧波与秋水濠梁同趣。"屐步石桥上,轻倏出水游。濠梁真识乐,竿线不须投。子我嗤多辩,烟波匪外求。琳池春雨足,菁藻任潜浮。①"

4.建筑名称的来历。拱桥桥身由17个券洞组成,故名。

5.建筑兴毁及修葺情况。十七孔桥历经200多年至今完好无损。

6.建筑设计师及捐资情况。清高宗乾隆主持规划建造。

7.建筑特征及其原创意义。

十七孔桥飞跨于昆明湖的东堤和南湖岛之间,是一座石拱桥。桥长150米,宽8米,由17个券洞组成,是颐和园中最大的石桥。桥面微微隆起,形如初月出云,又似长虹饮涧,西连南湖岛,东接廓如亭。其造型兼有卢沟桥和苏州宝带桥的特点。在辽阔的昆明湖上,十七孔桥借着西山层峦叠嶂的衬托,把颐和园美丽的水光山色装点得更加绚丽多姿。

图 13-9-2　颐和园十七孔桥

桥栏望柱上有石狮544只,雕刻精细,形态各异,栩栩如生。桥头还有石雕异兽,形象威猛。桥东的廓如亭,习称八角亭。是我国现存的亭子中最大的一个,由内外3圈24根圆柱和16根方柱支撑,八角屋顶重檐攒尖,枋檩全部饰以旋子彩画,造型舒展而稳重,气势雄浑,和十七孔桥相映生辉,是颐和园的重要景点之一。

8.关于建筑的经典文字轶闻。相传,乾隆年间造十七孔桥的时候,从各地请来了能工巧匠。他们从北京房山县大石窝子里采来汉白玉石料,整天忙着修桥。有一天,修桥工地上不知从哪里来了一个七八十岁的老头,满天吆喝卖龙门石,转悠了三天都没有人理他,老头就离开工地,到六郎庄一棵大树下天天雕琢他那一块龙门石,有一天下大雨,老石匠见老头没处安身,就把他领回家管他吃住。这个老头还是天天雕琢他那一块石头。过了一年,老头告辞,房东要他带走龙门石,他说,放在这里吧,到了节骨眼上还能值一百两银子。十七孔桥快要完工了,桥上要安放最后一块石头,工匠们叫做"合龙门"。乾隆听说了要来观看。可是在这个时候"合龙门"的那块石头就是雕不好,非大即小,反正不合适。这时造桥总监想起了卖龙门石的那个老头,找到了收留老头的老石匠,老石匠拿出龙门石,总监高兴得不得了,就问这块石头要多少钱。老石匠说:"也不用多少钱,那位师傅在我家住了一年吃了一年,你就给我一百两银子算食宿费吧。"回到工地上把龙门石往石桥中间一放,不大也不小,大桥的龙门顺利合上了。事后有人说,那个卖门石的老头其实是从天上掉下来的神仙——石匠的祖师爷鲁班②。

参考文献

①(清)爱新觉罗·弘历:《御制诗集》二集卷四五。

②罗哲文:《中国名胜——寺塔桥》,机械工业出版社,2006年。

四、瘦西湖五亭桥

1.建筑所处位置。江苏省扬州市北门外莲性寺(旧名法海寺)后,距城约 1.5 千米处,跨瘦西湖,南接何园,北连寿安寺。

图 13-9-3　扬州瘦西湖五亭桥

2.建筑始建时间。清乾隆二十二年(1757)①。

3.最早的文字记载。"莲花桥……上置五亭,下列翼洞,正侧凡十有五。月满时每洞各衔一月,金色荡漾。②"

4.建筑名称的来历。莲性寺位于水中央,有如莲花,寺后有堤名莲花埂,五亭桥就建在莲花埂上,因此又叫莲花桥。

5.建筑兴毁及修葺情况。此桥是两淮巡盐御史高恒为了讨乾隆欢心而建造的。五亭桥自建至今,已有 240 多年的历史了,太平天国时(1851—1864),桥上亭廊被焚,清朝光绪时重建。1933 年,因桥破损严重,又按旧制重修。1951 年和 1953 年又两次增修,使五亭桥重现昔日的风采。

6.建筑设计师及捐资情况。两淮巡盐御史高恒主持并捐资③。

7.建筑特征及其原创意义。此桥上置五亭,下列四翼,正侧有 15 孔,最大孔的跨度达 7.13 米。桥身为拱券形,由三种不同的券洞联合,桥基的平面分成 12 个大小和形状不同的桥墩。

五亭桥形态独特,仿自北京北海金鳌玉蝀桥和五龙亭,但又创造性地将五亭聚合,再将桥亭合二为一构筑而成。五亭之中,中间一亭重檐,略高,四角四亭单檐,略低。五亭之间有短廊相接。上覆金黄色琉璃瓦,空花脊,二十四个檐角平出后又略略飞出,似盛开时的金莲花花瓣。桥上朱红亭柱下,周遍护以石栏,并有条石供人憩坐④。

8.关于建筑的经典文字轶闻。五亭桥是清代扬州两淮盐运使为了迎接乾隆南巡,特雇请能工巧匠设计建造的。桥的造型秀丽,黄瓦朱柱,配以白色栏杆,亭内彩绘藻井,富丽堂皇。桥下列四翼,正侧有十五个券洞,彼此相通。每当皓月当空,各洞衔月,金色荡漾,众月争辉,倒映湖中,不可捉摸。正如清人黄惺庵赞道:"扬州好,高跨五亭桥,面面清波涵月镜,头头空洞过云桡,夜听玉人箫。"

著名桥梁专家茅以升誉之为"中国古代交通桥与观赏桥结合的典范"。五亭桥已成为瘦西湖和扬州城的标志⑤。

参考文献

①②③(清)李斗:《扬州画舫录》桥西卷,江苏广陵古籍出版社,1984年。

④⑤许少飞:《扬州园林》,苏州大学出版社,2001年。

五、建水双龙桥

1.建筑所处位置。云南省建水县城西4千米处。

2.建筑始建时间。清乾隆年间(1736—1795)。

3.最早的文字记载。桥碑记载,"桥上建有飞阁三座,中间一阁层累为二,高接云霄。更加左右两阁,互相辉映,巍巍乎西望大观也!"

4.建筑名称的来历。坐落在沪江和塌冲两河汇合处,二水犹如双龙盘曲相连,此桥有一桥镇"双龙"的意思,故称双龙桥。

5.建筑兴毁及修葺情况。最初跨沪江建3孔石拱桥,后来于道光十九年(1839),乡人李某"由个旧炉号捐资",又补建14孔石拱桥,分跨在沪江和塌冲河上,与原建的3孔雁齿蝉联计17孔。双龙桥自建成以来200多年间,曾多次进行维修和重建,其中规模较大的是

图13-9-4 建水双龙桥

嘉庆二十年(1815)和光绪二十二年(1896)两次重建。2006年被列为全国第六批重点文物保护单位。

6.建筑设计师及捐资情况。当地民众。

7.建筑特征及其原创意义。双龙桥桥身为不等跨尖拱,但因是分期扩建,所以拱跨变化不一致,其中有13孔净跨为4.63米,3孔净跨为5.8米,1孔净跨为6.5米。桥中央飞檐阁下为一孔,桥面宽16.15米。南桥为9孔,北桥为7孔,桥长148米。桥栏杆用3层条石垒筑,朴素无雕饰。

桥中原建两层阁楼,下留有泄水孔洞,桥的南北两端各建一阁,三阁交相辉映。后因咸丰年间战火,三阁均化为灰烬。光绪二十二年(1896)再建三阁,护国战争中叛军逃溃时,焚毁了北端的桥亭。现存桥中飞阁增为3层,底层进深各5间,呈方形,边长16米,高达20米,为桥身的通道,中间设佛龛,西北角有楼梯,可登高远眺。上两层覆以歇山式屋顶,飞檐交错,巍峨壮丽。南端桥亭高2层13米,重檐攒尖顶,桥头原有一对石像守护,亦不知所终。

8.关于建筑的经典文字轶闻。茅以升在他的著作《中国古桥建筑技术》一书中,曾给该

桥以极高的评价。

参考文献

①唐寰澄：《中国科学技术史——桥梁卷》，科学出版社，2000 年。

②唐寰澄：《中国古代桥梁》，文物出版社，1987 年。

③金大均、李明绍、潘洪萱：《桥梁史话》，上海科学技术出版社，1979 年。

（十）志寨

石宝寨

1.建筑所处位置。重庆市忠县境内长江北岸边，距忠县城 45 千米。

2.建筑始建时间。天子殿始建于明万历年间（1573—1620），寨楼始建于清嘉庆二十四年（1795），"必自卑"石坊建于清道光二十六年（1846）①。

3.最早的文字记载。"忠州石宝山，一石突高，围三、四丈余，根狭小。旁有一孔如盂，通明其顶。（《重庆府部杂录》）。"另（明）蹇达《西南平播碑》有关于万历年间杨应龙、谭宏等据险为患，朝廷平叛的描述，文长不具引②。

4.建筑名称的来历。此处临江有一高十多丈，陡壁孤峰拔起的巨石，相传为女娲补天所遗的一尊五彩石，故称"石宝"。此石形如玉印，又名"玉印山"。明末谭宏起义，据此为寨，"石宝寨"名由此而来③。

5.建筑兴毁及修葺情况。天子殿始建于明万历年间，清代曾多次重修，檩枋两次题记分别为咸丰七年（1857）及咸丰八年（1858）。寨楼原建九层，隐含"九重天"之意，《忠县县志》载"清道光二十六年（1846），修葺一新"，顶上三层则为 1956 年修补时所建。现奎星阁是 1956 年改建，1980 年又改为钢筋混凝土仿木三层楼阁建筑。在 1956 年前，为两层木构方亭④。

6.建筑设计师及捐资情况。邓洪愿。《忠州直隶州治》卷一山川载，"乾隆初年（1736）土人创建岑楼，盘石若谷，贯铁索于壁，攀援而跻，历年久远。嘉庆二十四年（1819）贡生邓洪愿等更新旧制，楼冠山巅，游人轹转螺旋，不事依附之劳，直达最高顶上。"

7.建筑特征及其原创意义。石宝寨拔地而起，依山挺立，飞檐展翼，相传乃当地的能工巧匠根据雄鹰展翅盘旋直上玉印山而构思设计。建筑群由山下寨门；上山甬道及"必自卑"石坊；九层高依山而建的寨楼；峰顶与寨楼相连的奎星阁和天子殿五部分组成。

进入寨门（新建）蹬条石铺砌的山道向西行达"必自卑"石坊。石坊全部用紫红色砂岩条石砌筑……三间三楼，通面阔 4.62 米，通高 6.41 米。明楼、次楼均为整石凿制的庑殿顶盖。明楼正脊中及两端有石刻卷草纹饰，次楼正脊外端各有一石制小兽。檐下为石制方斗形构件。明间两柱正、背面各有一组抱鼓石，石鼓中刻鹿。

寨楼为石宝寨主体建筑，首层七间，通面阔 17.85 米。向上逐层缩减，至顶层只剩一间，面阔 2.23 米。寨楼通高 33.46 米，建筑面积 407 平方米。各层进深随崖壁凸凹变化逐层内收,或7—8米,或2—3米,各有不同。内部木楼梯的布置也随山形和平面的变化随宜处理。到顶层露面,距顶峰尚差2米有余,再设楼梯一段,登梯后,径直进入奎星阁的底层,即登上了峰顶。寨楼第六层还随地形向东悬挑出栈楼两间,布置佛坛,与崖壁连为一体。

奎星阁为三重檐的三层四角攒尖顶方阁……在正立面上,寨楼与奎星阁连为一体,构成通高达45米的十二层塔形楼阁。

峰顶为平坝,在奎星阁以东建天子殿,又名"绀宇宫",三进,布置有前殿、正殿及后殿。前殿前有一平面略呈三角形的平台,连接奎星阁。平台南部保存有传说中的"鸭子洞"古迹。

前殿面阔三间,通面阔13.08米;进深三间,通进深8.78米,高5.63米……前殿与正殿之间为5米见方的天井,两侧厢房各一间。

正殿面阔三间,通面阔12米;进深三间,通进深8.9米……构架做法与前殿同。

后殿前檐接有歇山抱厦一间,三面敞开,似戏台做法,其檐柱上塑有盘龙。后殿面阔三间,通面阔10米;进深三间,通进深7.3米;高6.13米。出后殿,有一个供人远眺的平台(后坝)[5]。

8.关于建筑的经典文字轶闻。明万历年间(1573—1619),知州伊愉倡修天子殿,当时上山无路,为运砖、木等建筑材料上山,便加固拓宽古栈道、石梯,"贯铁索于壁"。扶索而上,便为"链子口",在这里能够很好地欣赏滚滚长江水东流而逝的美景[6]。

另,三峡工程的兴建,库区水位将上涨到海拔175米(吴淞高程),石宝寨景区采取就地"护坡贴墙"的保护方式,把整个石宝寨围堤加固,抬高山门,解决寨基被水淹没的难题。完工后的石宝寨,四面环水。届时,石宝寨将以"世界最大盆景"的形象,镶嵌于长江三峡库区之中。

参考文献

①③④⑤汤羽扬:《崇楼飞阁别一天台——四川省忠县石宝寨建筑特色谈》,《古建园林技术》,1996年第2期。

②《重庆府部杂录·西南平播碑》,《古今图书集成·职方典》第六一二卷。

⑥四川省地方志编纂委员会:《四川省志·地理志》上册,成都地图出版社,1996年。

(十一)志楼

一、大观楼

1.建筑所处位置。云南省昆明市城区西南部,地处滇池北滨,与太华山隔水相望。

2.建筑始建时间。清康熙二十九年(1690)①。

3.最较早的文字记载。孙髯翁长联;清同治五年(1866)马如龙的《重建大观楼记》。

4.建筑名称的来历。大观楼原为二层,因面临滇池,登楼四顾,景致极为辽阔壮观,故命名为"大观楼"。

5.建筑兴毁及修葺情况。"康熙二十九年（1690），巡抚王继文巡察四境，路过此地，看中这里的湖光山色，命人鸠工备材，修建亭台楼阁……因取名大观楼。[2]"清道光八年（1828），云南按察使翟觐光将大观楼由原来的二层建为三层。清咸丰六年（1856）云南回民起义反清，大观楼毁于战火，云南署提督马如龙同治三年（1864）重建大观楼。"大水，两廊皆圮，楼亦倾斜，光绪九年（1883），总督岑毓英重修。[3]"由住持性田和尚负责重修。民国8年（1919）唐继尧修葺大观楼及公园券拱牌坊式大门，将孙铸（字铁舟）同治年间榜书"大观楼"三字刻石，嵌于园门，并为孙铸所书题写了跋识，叙述了马如龙请孙铸楷书楼匾之经过。民国19年（1930），云南省主席龙云嘱时任昆明市市长庾恩锡修葺近华浦，庾恩锡聘请造园大师赵鹤清协助。"仿西湖之白堤、苏堤，则三桥鼎峙"，修筑长堤，环浦可通人行。"增一榭，如秋月平湖"，大观楼前"峙三塔如三潭印月"[4]。大观楼曾于20世纪50年代和70年代进行维修，1998年，为迎接1999年世界园艺博览会，再次对大观楼进行落架大修[5]。

6.建筑设计师及捐资情况。康熙年间巡抚王继文、同治年间提督马如龙、光绪年间总督岑毓英、唐继尧、庾恩锡以及匠师赵鹤清等。

7.建筑特征及其原创意义。大观楼为一座三重檐攒尖顶云南传统古建筑，平面呈方形，占地面积400平方米，底层建筑面积为140平方米。四周设有月台，南面面水，月台东西方向宽21.30米，进深4.75米，台高1米，设有石栏杆，通过七级台阶下到地面，使大观楼的正面蔚为壮观。月台南北方向长18.90米，北面月台因西面缩回，宽18.60米，进深2.40米，由于北面地坪抬高，月台仅0.15米高。整个月台周边为石灰岩方整石所砌，上墁石板，建筑西面和长廊相接（长廊为后建）。大观楼的平面布局简洁，主要入口在南北向，东西向各有两道拱形小门（因管理不便已封）。两座楼梯在建筑东西两侧，从底层上楼到二层，经过走廊再进入室内，走廊和室内用樘板门窗分隔；三层设有外廊，通过楼梯直接进入室内[6]。

大观楼的屋面，刀把头似龙口含珠。屋面采用金黄色琉璃筒瓦、脊、宝顶及兽头，灰色底瓦。宝顶造型独特，宝顶和四脊上的走兽之间坠一铁链。脊采用七线脊，即用七层构件组成的脊（用花篮、托盘砖、瓦组成）。挑头采用龙头状木雕，由于挑头过长，故挑头下安有吊牙（装饰物）。两层檐枋之间设有吞口和如意托（装饰物），檐枋下有挂落（北方称倒挂楣子）。大门的安装，下用石门枕，上用连楹，门扇、窗扇的中部为透空斜格梅花纹样、两头为木浮雕，门窗均漆果绿色（1998年装修被改为栗色）。建筑外装修为栗色柱、白墙，柱头、梁坊采用云南风格彩画。云南古建筑受内地影响，彩画为北方的旋子彩画和苏式彩画结合，但细部处理和这两种彩画都不尽相同，带有浓郁的云南地方特色。

8.关于建筑的经典文字轶闻。大观楼之所以出名，在很大程度上是因为在它的大门两侧悬挂了一副被誉为"古今第一"的长联。这副长联是清代寒士孙髯翁所撰，共180字，颜体楷书，严谨浑厚，被视为云南省文化艺术的瑰宝之一。上联写滇池风物，把大观楼四周的美丽景色，描绘得像一幅活生生的图画；下联写云

图13-11-1 云南昆明大观楼

南历史,既回顾了云南数千年封建社会的历史烟云,又表达了封建社会必将没落的发展趋势。气势磅礴,感情充沛,而且文辞对仗工整,音韵铿锵有力,状物写情,令人叫绝。上联:"五百里滇池,奔来眼底。披襟岸帻,喜茫茫空阔无边。看东骧神骏,西翥灵仪,北走蜿蜒,南翔缟素;高人韵士,何妨选胜登临。趁蟹屿螺洲,梳裹就风鬟雾鬓。更苹天苇地,点缀些翠羽丹霞;莫辜负四围香稻,万顷晴沙,九夏芙蓉,三春杨柳。下联:数千年往事,注到心头。把酒凌虚,叹滚滚英雄谁在。想汉习楼船,唐标铁柱,宋挥玉斧,元跨革囊;伟烈丰功,费尽移山心力。尽珠帘画栋,卷不及暮雨朝云。便断碣残碑,都付与苍烟落照;只赢得几杵疏钟,半江渔火,两行秋雁,一枕清霜。"

参考文献

①②余嘉华:《云南风物志》,云南人民出版社,1997年。

③光绪十四年《新纂云南通志稿》。

④梅立崇等:《祖国文化》,人民日报出版社,1984年。

⑤李琦:《大观楼建筑实测简析》,《古建园林技术》,2002年第1期。

⑥云南省地方志编纂委员会,云南省民族事务委员会:《云南省志·民族志》,云南人民出版社,2002年。

二、纪堂鼓楼

1.建筑所处位置。贵州省黎平县肇兴乡纪堂寨上。

2. 建筑始建时间。下寨鼓楼始建于嘉庆十八年（1813），上寨鼓楼始建同治十二年（1873）。

3.最早的文字记载。"罗汉楼以大木一株埋地,作独脚楼,高百尺,烧五色瓦覆之,望之若锦鳞矣。男子歌唱饮啖,夜缘宿其上。①""邻近诸寨共于高坦建一楼,高数层,名聚堂。②"

4.建筑名称的来历。侗族凡大村庄都建造鼓楼。如多姓聚居,则各姓皆建鼓楼。甚至有一姓不同分支房派的,也各建鼓楼,并引为自豪。此鼓楼因位于纪堂侗寨而名。

5.建筑兴毁及修葺情况。下寨鼓楼在民国16年（1927）修整,至1966年"文革"期间遭到严重破坏,仅剩空架,1978年纪堂侗家人再次筹措经费修整;上寨鼓楼1957年受火灾烧毁,1963年重建。另有一座鼓楼(侗语"鼓已")1940年因受火灾烧毁尚未恢复,其原址还在。1982年列为贵州省省级重点文物保护单位。

6.建筑设计师及捐资情况。纪堂侗寨寨人。

7.建筑特征及其原创意义。鼓楼是侗族独有和少不了的古建筑物,其社会功能是集会、娱乐、迎送宾客、丧葬文化的仪式等活动。侗族鼓楼系全木结构,选用优质杉木凿槌衔接而成。整座鼓楼由中间四根对称的粗大挺拔的立柱为骨架,外围分别立有八根立柱。也有只有中间一根顶梁柱的一柱楼。工匠们采用穿斗构造方法,利用杠杆原理,排枋纵横交错,层层支撑而上。不用一根铁钉,却结构严密稳固。站在鼓楼里面向上仰望,可以看到密密麻麻的大小木方条,横穿直套,纵横交错,结构异常严密。令人眼花缭乱,鼓楼内部装饰也很讲究,楼顶上、檐角上和封檐板上多许彩塑和绘画,内容多花鸟虫鱼、人物故事、侗乡风情等。鼓楼底层呈方形,四周用木板密封,中壁正中设供奉本寨祖先的神台,周边设有长凳,中间设有火塘。鼓楼门外有宽敞平场的地坪,供节日举行各种集体娱乐活动。

侗族鼓楼一般有厅堂式、干栏式和密檐式三种建筑形式。厅堂式乃初期鼓楼的结构形式,平面呈矩形。营造时采用穿斗与抬梁相结合的方法,以中间四柱作为支点,以枋条迎承重柱,层层依次抬高,直至楼顶,从外观看有重檐叠起视觉感。干栏式系下部架空的构造方法。集会厅堂设在二层。密檐式是侗乡最流行的鼓楼建筑形式。其底部平面较宽大,上部有多达7—15层的密檐。③下寨鼓楼是由十二根大杉树原木支撑而起的11层重檐,塔身八边形,而顶层却变化为四角攒尖顶花重檐。上寨鼓楼9层重檐、宝顶呈四方形。鼓楼周围的地面和民居的走道上都以卵石镶嵌成象征喜庆吉祥的图案。

8.关于建筑的经典文字轶闻。鼓楼的中柱四根由德高望重的寨老捐,边柱12根由一般的寨老或有地位者自愿捐,尖顶柱要选合适生辰八字建鼓当年的岁次、不能做刹的人捐,捐梁是有名声或掌握本寨事物的人捐,其余的木料进行分摊或折价购买。制作鼓楼、包括把整个楼建成需要1000个工日左右。

鼓楼一词含义,本是侗寨古时悬挂皮鼓之楼。因此,有鼓则有楼,有楼则置鼓,后来人民习惯,俗称鼓楼。鼓以桦树作身,名为"桦鼓",安放于鼓楼高层。在侗族历史上,凡有重大事宜商议,起款定约,抵御外来官兵骚扰,均击鼓以号召群众。由寨中"头人"登楼击鼓,咚咚鼓声响彻村寨山谷,就能迅速把人集中起来。无事是不能随便登楼击鼓的。

参考文献

①(明)邝露:《赤雅》。

②(清)李宗昉:《黔记》。

③覃彩銮:《壮侗民族建筑文化》,广西民族出版社,2006年。

(十二)志亭

一、陶然亭

1.建筑所处位置。北京市区南部、右安门东北陶然亭路南。

2.建筑始建时间。清康熙三十四年(1695)。

3.最早的文字记载。"京东南隅有慈悲庵,居南厂之中。康熙乙亥岁,余以工部郎中监督厂事,公余清暇,登临览观,得至其地。庵不数楹,中供大士像,面西有陂池,多水草,极望清幽,无一尘埃气,恍置身于山溪沼沚间,坐而乐之。时时徙遊焉。因构小轩于庵之西偏,偶忆白乐天有'一醉一陶然'之句,余虽不饮酒,然来此亦复有心醉者,遂颜曰'陶然',系之以诗。①"

4.建筑名称的来历。亭名取自唐白居易《与梦得沽酒闲饮且约后期》诗:"更待菊黄家酿熟,与君一醉一陶然"。因亭由江藻所建故又名江亭②。

5.建筑兴毁及修葺情况。陶然亭原建筑毁于清末,1952年北京市人民政府在陶然亭原址新建亭榭。将之辟为公园。

6.建筑设计师情况。清康熙三十四年(1695),当时任窑厂监督的工部郎中江藻在慈悲庵园内建亭,并取唐代诗人白居易"更待菊黄家酿熟,与君一醉一陶然"之诗意,为亭题额曰"陶然",为清代名亭、我国四大名亭之一,公园名称也由此而来。

7.建筑特征及其原创意义。陶然亭原为四合院式建筑。陶然亭的建筑样式,是仿古制式。此亭面阔三间,进深一间半,面积 90 平方米。亭上有苏式彩绘,屋内梁栋饰有山水花鸟彩画。两根大梁上绘《彩菊》、《八仙过海》、《太白醉酒》、《刘海戏金蟾》等图案,内梁栋饰有山水花鸟彩画③。

8.关于建筑的经典文字轶闻。近代的陶然亭,有着光辉的历史篇章。五四运动前后,中国共产党的创始人和领导人李大钊、毛泽东、周恩来曾先后来陶然亭进行革命活动。1920年 1 月 18 日,毛泽东与"辅社"在京成员,集会商讨驱逐湖南军阀张敬尧的斗争,会后在慈悲庵山门外大槐树前合影留念。1920 年 8 月 16 日,天津"觉悟社"、北京"少年中国学会"等进步团体,在北厅讨论五四以后革命斗争的方向以及各团体联合斗争的问题。1921年 7、8 月间,李大钊通过《少年中国学会》会员陈愚生,以其夫人金绮新葬于陶然亭畔守夫人墓为名,租赁慈悲庵南房两间,在此进行秘密活动,到 1923 年间,邓中夏、恽代英、高君宇等常来参加会议。

参考文献

①(清)江藻:《陶然吟并引》,见《钦定日下旧闻考》卷六一。
②(唐)白居易:《白氏长庆集》卷三四。
③《北京园林年鉴》编辑委员会:《北京园林年鉴》(2004 年版)。

二、景真八角亭

1.建筑所处位置。云南省西双版纳傣族自治州,海县景真寨。

2.建筑始建时间。傣历 1063 年(清康熙四十年,公元 1701 年)①。

3.最早的文字记载。见景真地方史书《博岗》②。

4.建筑名称的来历。这座佛亭呈八角之状,屹立于昔日勐景真王宫之旁,人们依其形状和所在地称之为景真八角亭。当地傣族称为"波苏景真"。"波苏"意为莲花之顶冠,"波苏景真"意为景真莲花顶冠佛亭③。

5.建筑兴毁及修葺情况。傣历 1214 年(1852),八角亭因"射门火"(黄牛驮子事件)而遭到破坏,亭内金银饰物被劫。后来经过一次修葺,至"十年动乱"期间又遭破坏。20 世纪 70 年代末,国家拨款数万在"尽量保持原貌"的原则下重新修复,于 1981 年 4 月 30 日举行竣工典礼。近年,勐海县政府又拨专款对亭子进行复整,并将亭门从东侧移至南侧。

6.建筑设计师及捐资的情况。《博岗》记载:"景真八角亭系佛教高僧厅蚌叫所建。"为修建景真八角亭,厅蚌叫曾到泰国、缅甸参观亭塔式样。返回景真后,聘请一位"贺勐缅"(直译为普洱汉人)作技术指导,是傣汉两个民族共同劳动的结晶。

7.建筑特征及其原创意义。景真八角亭是景真中心佛寺的重要建筑,坐落在景真村旁一座紧靠流沙河的圆形山丘之巅。占地面积 74 平方米。八角亭形呈八角之状,属砖木结构,亭约 20 余米高,由亭座、亭室、亭宇和风铃杆等几个部分组成。亭座为亚字形砖砌须弥座,有 31 个面,32 个角。亭座上下垂直,中部渐向内收缩呈台阶状,用蓝、黄、红、绿、白等色分台粉饰,使每一台阶格外清晰。亭身乃分 8 面,每面设有两根外突的方形台柱,柱间凹陷处设墙,颇似八道关闭的门。门形壁上绘有象、狮、虎、牛、彩云等彩色图案,组成一座以动物为主的画廊。亭身南面设有一门(此门原设在亭身以东,近年改建),是与亭基相连的拱门式建筑,拱门上方设有一个佛龛,内供铜质佛像一尊。亭室直径约 6 米,高 2.5 米左右,室内有 24 面墙壁,用金粉绘有许多精美图案。两座用红棒木制作的大门上,分别雕绘有傣式太阳花和双龙交尾图案。拱形门外有一对麒麟分立两旁,并有神龙舞爪塑像。亭子的外墙上镶嵌着玻璃,阳光斜射之时,亭墙便闪射出奇光异彩,使八角亭显得更加瑰丽。

8.关于建筑的经典文字轶闻。据说,亭的整体形状是信奉佛教的傣族人仿照佛祖释迦牟尼的帽子式样建造的。又有传说,它是景真山下龙王显圣,委派八条青龙抬了龙宫之宝"水上八角亭"移放到山上的。

其实,更为可信也颇感人的倒是另一个传说。清朝初年,有一位爱游历的"贺勐缅宁"(傣语:内地汉人)来到景真,他为此处的艳丽风光所陶醉,想造一个纪念性建筑,得到当地傣族居民赞同,他汇集能工巧匠,设计、绘图、备料,建造了这座奇绝可人的亭。又说,基座刚建好,那位汉人得信,家中有急事需要他立即返回。他回了家,心里惦记着八角亭,就委派了一位傣族朋友来景真,继续完成建亭工程。竣工时,他不能亲到,就命仆人捎来一块地毯。地毯放置到亭中间地上,尺寸形状严丝合缝④。

参考文献

①孙大章:《中国古代建筑史》五卷本(第五卷),中国建筑工业出版社,2002年。

②邱宣充:《西双版纳景洪县傣族佛寺建筑》,云南民族出版社,1985年。

③西双版纳傣族自治州地方志编纂委员会:《西双版纳傣族自治州志》,新华出版社,2002年。

④《傣家八角亭》,《中国旅游报》,2002年2月25日。

三、大钟亭

1.建筑所处位置。江苏省南京市鼓楼岗东北,原在鼓楼岗西,后移此。

2.建筑始建时间。光绪十五年(1889)。

3.最早的文字记载。明洪武二十八年(1395)明钟楼位于鼓楼西①。民国:"碑楼(鼓楼)旁为倒钟厂,有明钟二,钟楼中故物也②。""大钟亭,在鼓楼东侧,俗称倒钟。③""钟楼原在坐子铺,建于明洪武十五年(1382),楼上悬鸣钟一口,洪武二十四年(1391)四月二十日,铸造立钟一口于楼前,洪武二十五年(1392)十二月十四日,造卧钟一口于府军卫后岗。④到了清康熙年间(1662—1721),钟楼倒塌,鸣钟、立钟皆毁,唯独卧钟尚存,半陷于土中,俗称倒钟厂(卧钟铸造日期与现存大钟铭文有误)。卧者于光绪十五年(1889)由江宁布政使许振祎在此建亭悬挂,称铁柱亭(大钟亭)。门首'元音再起'匾额已不存。"由上所述,民国时期的大钟亭俗称倒钟厂,并非原钟楼所在地(坐子铺)。

4.建筑名称的来历。原钟楼于清初康熙年间倒塌,二钟坠地,立者咸丰年间被毁,卧者于光绪十五年(1889)年在此建亭悬挂,遂称"大钟亭"。

5.建筑兴毁及修葺情况。1949年后,南京市人民政府多次拨款对大钟亭进行维修、绿化,因为该公园地处市中心,游人如织,仅1700平方米的公园已不能适应客观的需要。市政府决定对公园进行扩建和改造,并于1991年底破土动工。现在大钟亭公园面积已增至4340平方米。

6.建筑设计师及捐资情况。许振祎主持最初的工程。近现代南京市政府续有修建和扩建。

7.建筑特征及其原创意义。重檐六角攒尖顶,灰筒瓦屋面,以六根铁柱支撑的大钟亭,高14.5米,上架六角交叉梁,大钟悬挂在梁下,古色古香,轻巧雅逸,与西侧三姑殿组成景点。大钟亭与鼓楼成掎角之势,一钟一鼓,"晨钟暮鼓",构成市中心鼓楼岗的特有气氛。其中大钟系紫铜浇铸,高3.65米,口径2.3米,底边厚0.17米,重23000千克。钟的顶部铸阳纹莲瓣一周,提梁上饰以云纹和波浪纹,上铸有"洪武二十一年(1388)九月吉日铸"的铭文。钟形质精美,声音洪亮,充分体现了600多年前劳动人民在铸造技术上的高超水平。叩之,其声隆隆,数里可闻。门首原有"元音再起"四字的匾额,现已不见⑤。

参考文献

①明《洪武京城图志》。

②民国《首都志》。

③《南京小志》。

④《南京都察院志》。

⑤陈雷:《园林景观详细设计图集》,中国建筑工业出版社,2001年。

(十三)志塔

额敏塔

1.建筑所处位置。新疆维吾尔自治区吐鲁番市东郊2千米处的木纳格村。

2.建筑始建时间。清乾隆四十三年(1778)①。

3.最早的文字记载:在塔下过道内有乾隆四十三年(1778)碑可证。碑文字迹已多模糊,记谓:"大清皇帝旧仆吐鲁番国照额敏和卓……修塔一座,费银七千两,经□□碑记,以垂永远,可以名教以报天恩于万一矣。乾隆四十□年端日。②"

4.建筑名称的来历。全称是"额敏和卓报恩塔",是吐鲁番郡王额敏和卓的长子苏来满出资7000两银子修建的,故又称苏公塔;维吾尔族人民还称其为吐鲁番塔。

5.建筑兴毁及修葺情况。1961年,苏公塔经历了12级大风的考验,安然无恙。为了以防不测,妥善保护古塔,目前在塔体外加了三道铁箍固定它。1985年列为国家重点文物保护单位。

6.建筑设计师及捐资情况。清代维吾尔族建筑大师伊布拉音等人设计,吐鲁番郡王额敏和卓的长子苏来满出资营造。

7.建筑特征及其原创意义。苏公塔高44米,基部直径10米。塔身上小下大,呈圆锥形。塔中心有一立柱,呈螺旋形向上逐渐内收直至塔顶,沿塔内71级螺旋阶梯,可登临塔顶。人们沿梯可直上塔顶的瞭望室欣赏四周风光。这是新疆伊斯兰教的著名建筑。塔系砖木结构。在不同方向和高度,留有14个窗口,塔身外部有几何图案15种之多,可谓精妙绝伦。

此塔在寺前右隅,与广州怀圣寺及泉州清净寺布置相同,但此塔直接与大殿相连,交通更为直接方便。此种平面布置在我国古建筑中至为少见,是一种伊斯兰教建筑较早的制度③。

8.关于建筑的经典文字轶闻:额敏和卓曾是吐鲁番地区维吾尔族的首领。他的家族世代反对外来侵略和分裂割据,功绩显著。雍正十一年(1733)晋封镇国公,乾隆二十三年又正式封为郡王,并下诏"世袭罔替",其爵位待遇世代相传④。

779

参考文献

①邱玉兰、于振生：《中国伊斯兰教建筑》，中国建筑工业出版社，1992 年。

②③刘致平：《中国伊斯兰教建筑》，新疆人民出版社，1985 年。

④杨永生：《中国古建筑之旅》，中国建筑工业出版社，2003 年。

图版目录

　　《中国历代名建筑志》是一本前后累计长达十年才写成的书。为便于读者了解，借此书出版的机会，将著者的想法记录如下：

　　一、名建筑既取现存之古建，亦取已废之古迹。不废有大名有历史之新近修复之古迹。各于正文中说明之。"物无不弊，弊则新，是名大道。"（明张宇初《中庵集》卷十九）这就是传统中国人对遗产的理解。传统的中国人重视遗产的信息真实性传承，而于其载体的真实性则并不十分执著。因为传统的中国人是读《周易》长大的，知道世间没有永恒不变的事物。同时也因为我中华物华天宝，历史上盛产木材，作为建材，取之不尽，用之不竭。故弊则新、变则新的意识深入人心。

　　二、每一名建筑即一遗产之载体。或因建筑之创新有足述者，或因遗构有益认识该时代建筑之演进者，或因其历史影响有足称道者，或因文学名篇广为传诵者，或因某重大事件发生于此有不得不述者。收录标准，大抵如斯。

　　三、每一名建筑单独成篇。由所处位置、最早记载、名称由来、兴毁经过、建筑特征、设计师及捐资者、经典传闻、建筑图片等十个方面构成。著者希望能大体揭示该建筑之面目演变过程和存在价值。

　　位置在历史上无变易者，不另出文说明。凡有变易，必明时地始建年月。同一建筑，诸书所记往往不一。著者本秉笔直书之传统精神，多元并存，或取其一说，以示著者意见。其他意见原文照录。

　　最早记载，多数可考。亦有少数仿佛迷离无法确考者。所谓最早，如此类者，只能算较早。以一书体例不能自乱。故仍用"最早记载"不变。

　　名称由来。不少名建筑有多种说法。多说并存，以存史实。兴毁过程即该建筑之变迁小史，有兴必书，有毁必书。不惧文长，存史实也。

　　建筑特征之认识，乃专门之学。本项多转录诸建筑史名家著作，以存学术见解之真实。

　　设计师一项，至为复杂，文献难征故也。此项下或有明确记载建筑匠师者则书之。若无,则主持其事者亦书其姓氏。若两者皆无,只有当权者如帝王,如大臣,则书之以存线索。至于捐资,或者朝廷,或者地方,或者个人。或者公款,或者捐俸,或者集资,必明白言其类属。

经典传闻,总原则是只记录与该建筑有关之名篇,趣闻,传说。虽涉神怪不避。旨在存史实。

图纸。古人左图右史,以便对照、实是著书之良法。若每座名建筑均配一图,则此书篇幅过于浩繁,同时也因为世异时迁,文献难征,天灾人祸,古建罕存。故图纸不求齐全,但务求搜罗宏富,以便直观。本书图版共二百余幅。辑自相关考古发掘报告和中国古代建筑史、城市规划史经典著作。

以上十大信息,均注明文献原始出处,以示负责,以便读者。

四、全书以时间为纲,以各类名建筑分类为纬。全书分先秦、两汉、三国魏晋南朝、北魏、隋、唐、五代、宋、辽、金、元、明、清十三章。每章前有绪论,述本时期建筑之大略。每专志前,加小序一篇。出在首次,后不复出。

五、本书引文甚多。大部分出自《四库全书》。限于篇幅,本书不单列引用书目清单。凡出四库者,但注明书名,卷次。其他引用书初出时注明出版单位和时间。

文库主编高介华先生以八十五岁高龄,夜以继日地在建筑文化领域奋斗,忙《华中建筑》杂志的编务,忙建筑文化的学术会议,忙全国各地高校硕、博士论文评审。深夜里,他还经常在办公室给我打电话,问进展,催速度。他的执著和奉献精神,对我就是最好的鼓舞和鞭策。

本书撰著任务的完成,还得感谢东南大学建筑学院著名古建筑专家朱光亚教授。我本人之由旅游文化而拓展到建筑遗产领域,与他的影响密不可分。他拉我一道组建遗产学院,他鼓动支持我申报成功东南大学第一个国家文物局科研课题即《文化遗产保护与风景区建设》。使我的学术研究逐渐由比较宏观的旅游文化走向比较微观的建筑遗产。

全书起例发凡,由喻学才总体设计。全书导语,各章前之绪论,各专志前之小序,均由喻学才撰写。全书初稿分工:喻学才负责先秦、两汉、隋、唐、辽、金、元部分;贾鸿雁负责三国魏晋南北朝部分;张维亚负责宋代部分,龚伶俐负责明清部分(交来初稿后即赴日读博)。全书的修改加工和完善,由喻学才负责。如果本书有错漏,则责任在主著者。在十年漫长的著述过程中,南京理工大学的林源源博士(现供职于南京财经大学旅游系)在协助本人设计全书目录的过程中,作出了贡献。东南大学旅游学系的张飞、刘成伟、王小玲、汪灵硕士曾协助本人做过元代名建筑的资料工作。本书旷日持久能够完成,与内人毛桃青副教授的支持也是分不开的。没有她甘于寂寞,甘于清贫,全力支持我从事学术研究的精神境界的鼓舞,我也许抵挡不住外界做规划赚钱等世俗的诱惑。

中国历代名建筑数量庞大,历史悠久,分布空间广泛,沿革变迁复杂。前贤和时贤大多有专门的研究著述,企图在一部著作中将前贤和时贤的研究心得包罗殆尽,显然是不切实际的,因此挂一漏万或所难免。切盼海内外读者批评指正,匡我不逮。

喻学才

2012 年 10 月 25 日于

东南大学旅游规划研究所

（鄂）新登字 02 号

图书在版编目（CIP）数据

中国历代名建筑志（上、下）册/喻学才著.
—武汉：湖北教育出版社，2015.2
（中国建筑文化研究文库/高介华主编）
ISBN 978－7－5351－9487－9

Ⅰ.中…
Ⅱ.喻…
Ⅲ.建筑史－研究－中国
Ⅳ.TU－092

中国版本图书馆 CIP 数据核字（2014）第 303273 号

中国历代名建筑志　ZHONG GUO LI DAI MING JIAN ZHU ZHI

出 版 人	方　平		
责任编辑	李作君　张　伟	责任校对	魏志军
封面设计	牛　红　张岑玥	责任督印	张遇春

出版发行	长江出版传媒	430070	武汉市雄楚大街 268 号
	湖北教育出版社	430015	武汉市青年路 277 号
经　　销	新 华 书 店		
网　　址	http://www.hbedup.com		
印　　刷	湖北新华印务有限公司		
地　　址	武汉市汉口解放大道 145 号		
开　　本	890mm×1230mm　1/16		
印　　张	52.25		
字　　数	1250 千字		
版　　次	2015 年 2 月第 1 版		
印　　次	2015 年 2 月第 1 次印刷		
书　　号	ISBN 978－7－5351－9487－9		
定　　价	420.00 元（上、下册）		